U0230588

兽医公共卫生系列教材

兽医公共卫生学
Veterinary Public Health

主编 柳增善 刘明远 任洪林

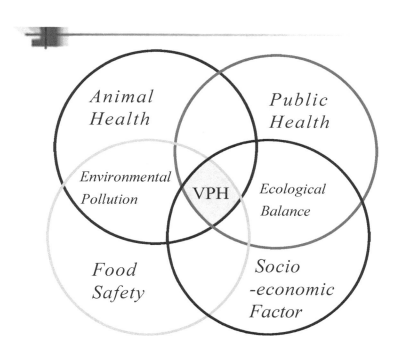

科学出版社
北京

内 容 简 介

　　兽医公共卫生学是以兽医学和相关的公共卫生学知识和技术直接保障人类健康的一门科学，是国家公共卫生的重要组成部分。本教材以全新的框架和理论体系阐释了兽医学在人类文明发展中的内涵和外延，明确了兽医公共卫生在国家政治经济发展、安全保障和人们日常卫生健康中的重要作用。全书共分7篇13章，分别对动物性食品卫生与生产监督，人兽（畜）共患病的卫生监督与检验、兽医实验室生物安全、风险评估，比较医学与动物健康福利，生态平衡与生物入侵，环境卫生与微生物耐药，在国家生物安全中兽医的作用及兽医公共卫生的未来发展趋势进行了系统阐述，具有理论全面和实践性强的特点。

　　本教材适合作为动物医学（兽医学）、兽医公共卫生学、动物检疫检验、公共卫生、食品安全、预防医学、动物科学、生物技术、环境保护、医学检验、动物保护等相关专业本科生、研究生的教材及参考书，同时也可作为疾病控制中心、动物防疫检疫、动物临床等工作者和教师的参考书。

图书在版编目（CIP）数据

兽医公共卫生学/柳增善，刘明远，任洪林主编. —北京：科学出版社，2016

兽医公共卫生系列教材

ISBN 978-7-03-048758-2

Ⅰ. 兽… Ⅱ. ①柳… ②刘… ③任… Ⅲ. 兽医学-公共卫生学-高等学校-教材 Ⅳ. S851.2

中国版本图书馆 CIP 数据核字（2016）第 131740 号

责任编辑：林梦阳/责任校对：贾伟娟　贾娜娜
责任印制：张　伟 / 封面设计：铭轩堂

科 学 出 版 社 出版

北京东黄城根北街 16 号
邮政编码：100717
http://www.sciencep.com

北京虎彩文化传播有限公司 印刷

科学出版社发行　各地新华书店经销

*

2016 年 6 月第 一 版　开本：889×1194 A4
2023 年 7 月第八次印刷　印张：28
字数：1 047 000

定价：98.00 元
（如有印装质量问题，我社负责调换）

《兽医公共卫生学》编委会

前　言

　　兽医公共卫生学是社会文明发展到一定阶段的产物，它是利用一切有关人类和动物健康的知识、活动及物质资源，保障社会公共卫生和人类健康的一门综合性应用学科。也就是利用兽医科学和公共卫生知识与技术直接保障人类健康的一门学科，是兽医学在人类文明社会发展到一定阶段的必然产物，是国家公共卫生体系的重要组成部分，具有不可替代性。兽医公共卫生与人们的健康密切相关，重要性不言而喻。公共卫生具有社会共同性，无时不在，无处不有，人人参与，人人共享等特点。兽医公共卫生除了具有公共卫生的共同性之外，还在人兽共患病源头和动物性食品安全控制等方面具有不可替代性，具有独特的社会经济因素相关性。发达国家对兽医公共卫生非常重视，这也是我国与发达国家现代文明程度的差距之一。

　　当前，我国人兽共患病、食品安全、疾病与食品安全的风险评估、生态环境、公共卫生安全、进出口贸易、国家可持续发展战略及建立相关教育体系等发展态势，迫切要求兽医公共卫生随着人们生活质量的提高和健康的需求而快速发展。同时我国现阶段发展环境也提供了推动兽医公共卫生这一学科体系发展的良好契机。我国兽医公共卫生与发达国家相比需要解决更多的问题，特别是尚有待提高人们的认识和政府的关注度，以及高等教育人才培养与社会需求不适应等方面。

　　本教材在构建了新的兽医公共卫生学基本框架和基本知识的基础上，力求编入最新的相关知识，体现学科知识的系统性、新颖性和实用性的特点，同时也要体现兽医公共卫生与人们健康紧密的相互关系和在公共卫生中的重要地位。本教材可作为动物医学、公共卫生、兽医公共卫生、动物检疫、预防医学、食品安全等相关专业的本科生、研究生的教材和大专院校教师的教学参考书。同时，也可作为食品质量与安全、医学疾病控制中心、动物疾病控制中心、进出口检疫检验、生态与环境保护、动物福利与健康、公共卫生安全等相关工作者的参考书。

　　本教材主要由以吉林大学人兽共患病教育部重点实验室动物医学学院的老师为主编写而成，由吉林大学高水平课程体系项目资助出版。在本教材成稿、知识体系构建、文字润色等方面，科学出版社的编辑给予了合理化建议，使本教材成功出版，在此一并表示感谢！

　　本教材采用了大量图片（500 余张），但基于教材经济性方面考虑，印刷版以黑白照片印刷。如已购买本教材，且有教学需要，可通过电子邮件（zsliu1959@sohu.com）索取本教材的电子版彩色图片，并欢迎提出指导性建议。

柳增善

2016 年 3 月

目　录

兽医公共卫生学

人类健康、畜牧业和动物卫生是紧密相连的，这不仅涉及养殖动物给人类带来的危险，如人畜共患病、食品中毒性物质残留和生态系统中的微生物污染；也包括动物生产给人带来的利益，如动物作为食品原料、工作动力、人的伴侣和环境变化的指示剂等。

1951 年，世界卫生组织/联合国粮农组织（WHO/FAO）的专家给出的兽医公共卫生学（veterinary public health，VPH）的定义为"兽医科学在预防疾病、保护生命和促进人类社会全面发展所作出的各项努力。"1975 年又将其定义为"兽医公共卫生学是专业的兽医技术、知识和策略用于保护和促进人类健康的公共卫生活动组成部分。"人的健康，包括身体的、心理的和社会的良好状态。兽医促进了公共卫生的实施，并且作出了很多突出的贡献，在很多方面具有不可替代性。简单地说，所有保护人类健康的兽医活动都属于 VPH。

兽医公共卫生在 20 世纪 70 年代和 80 年代的焦点主要集中在环境和食物链的污染。然而，在过去的 20 多年里，再发的和新发现的动物性（人兽共患）传染性疾病已经引起了全球性关注。兽医工作在人兽共患病的预防控制中已经起到不可替代的重要作用，这种重要作用主要表现在两方面：一方面，人类和宠物之间的关系越来越密切，范围也不断扩大，动物健康与人类卫生安全问题也越来越突出。另一方面，由于肉、蛋、奶等动物源性食品营养丰富，美味可口，深受世界各国人们的喜爱，但这类产品易受到多种病原污染且适宜病原繁殖，动物源性食品的卫生与安全问题也相对突出。依据公共卫生和社会发展的速度，国际组织和各个国家将不得不增强他们在动物和人类健康方面的参与性。

目前，兽医公共卫生面临许多急需解决的问题。例如，牛海绵脑病和人类克-雅氏病之间的关系需要更进一步阐明。了解并战胜汉坦病毒和西尼罗河病毒，需要人医、兽医和生物学家的合作。动物源性食品和人类健康问题中的焦点之一——动物源性细菌的耐药性需要解决。全球流行性感冒的威胁需要进行哺乳动物和鸟类病原相关性分析的更新性研究。

兽医公共卫生学包括传统兽医的各学科知识，主要有微生物学、病毒学、寄生虫学、病理学、食品卫生学、饲料卫生学、流行病学、人兽共患病学、环境卫生和毒理学等。此外，比较医学和生态平衡与人们的健康直接相关，也是现代兽医公共卫生关注的重点之一。兽医公共卫生学也是兽医多种技能和特殊领域综合应用的科学，是动物医学与医学相交叉从而保护人类健康的科学。目前，至少有 200 种动物疾病作为人兽共患病而使人医和兽医科学紧密结合，使兽医公共卫生学的目标更加突出。动物-食品-人所引起的广泛性问题使兽医公共卫生学的任务非常复杂，而这些复杂的问题在兽医流行病学中表现最为典型，其关键点是动物、食品与人。

人类社会发展进步最重要的目的之一是促进人类大家庭中每个成员的健康发展，也就是人们所说的生活质量的不断提高和寿命的不断延长，这主要是通过公共卫生事业的发展来体现和衡量的。公共卫生问题如果不能很好地解决，将直接危害人们的生存，即使经济发展取得一些进步，也会被消耗殆尽。因此，公共卫生的指标直接标志着人类生存的状况，公共卫生危机就是人类生存的危机，公共卫生事业的发展有赖于医学和动物医学事业的发展，更有赖于社会的政治、经济、文化的发展。中国改革开放 30 多年来，特别突出地强调了经济的发展，在此基础上公共卫生事业也得到了一定程度的发展。但是总体情况却是不能令人满意的，甚至在某些方面还出现了严重的危机。

当前我国公共卫生体系面临着十分严峻的挑战。从全球看，当前疾病流行模式有 3 种：一是营养不良和传统的传染性疾病，患病人群与较差的经济状况直接相关；二是慢性、非传染性疾病，患病多是与经济发展后不良的生活行为和生活方式有关；三是新生传染病，诸如埃博拉、艾滋病和严重急性呼吸道综合征（SARS），新生传染病与人口剧增、社会行为、公共卫生设施不全有关，多发生在经济相对发达的都市，并已形成全球传播。我国人口众多、地域辽阔，各地区之间经济、社会发展不平衡，实际上存在着社会的二元结构。3 种疾病流行模式存在于不同地区甚至同一地区，卫生服务需要量大，且差异明显。也就是说在我国的中西部，特别是农村地区，疾病谱实际上是典型的发展中国家疾病谱；而在东部相对发达地区的疾病谱已成为发达国家的工业化疾病谱。

公共卫生问题已成为中国经济的软肋。根据 WHO 的中国医疗卫生评估报告，中国医疗卫生地区差异非常严重。东南沿海地区卫生水平已接近发达国家，但是西部地区的婴儿和儿童死亡率比东部沿海地区要高出 3～4 倍。结核病和布鲁氏菌病是中国非常重要的传染病，其发生率又重新有上升势头，可以说这是再生疾病，西部的传染率明显高于东部。统计数字表明，中国农村一半人口是因病致贫，一些人脱贫又返贫，绝大部分是因病返贫。随着社会的不断发展，公共卫生事业的进步，这些问题都会逐步得到解决。

在世界范围内，农业生产或人们日常的各项活动使动物和人之间经常发生疾病的互相传播，即所谓的人兽共患病。人兽共患病所涉及的内容非常宽泛，但关键是要了解其预防传播的方式，以减少人兽共患病的发生或传播。兽医在人兽共患病源头控制上起到关键性作用。对强致病性人兽共患病病原的科学研究、鉴定涉及实验室生物安全问题，国家也有明确规定，也是兽医公共卫生学需要加强教育、普及的重要领域。兽医公共卫生的任务主要是关注疾病的流行情况，现在也应该注意生态学、文化、社会、伦理等方面，以便更好地控制人兽共患病的发生。

兽医公共卫生在推动人类健康发展方面发挥着不可替代的重要作用，主要任务涉及：人兽共患病的调查、风险评估（包括重大动物疫病的预防和控制）；预防食源性疾病的发生；人类消费的食品安全；保证动物健康，促进动物生产和食品的供应，保证经济发展；环境保护，可以预防来自于家畜和宠物等潜在的危险；用于健康研究的生物医学模型的发展和实验动物的固有作用；动物福利事业健康发展；与动物相关的生态平衡及外来生物入侵。

兽医公共卫生存在众多的问题与挑战。兽医公共卫生面临的现实状况：一是农村和农村周边家畜饲养及生产系统中污染在加重；二是传统的牧业和农牧业产量下降，还没有上升到安全层次；三是重要的人兽共患病再发或新发。在这些现实状况下，兽医公共卫生最突出的问题表现为：重要的人兽共患病如牛海绵脑病（BSE）、口蹄疫（FMD）、甲型流感、尼帕病毒病（NVD）等流行及危害都很猛烈，特别是在发展中国家更突出。主要原因是生态、环境变化过快，尤其是温度上升过快，发展中国家还没有及时的应对措施及机制。

此外，现有的运行系统对经典的人兽共患病控制不利，如布鲁氏菌病、人兽共患结核病及绦虫病等。在农村及其周边地区，食源性感染、中毒及家畜残留污染继续恶化，如沙门菌中毒、产肠毒素大肠杆菌感染和黄曲霉毒素中毒等。新发人兽共患病严重威胁家畜生产系统；动物及动物产品贸易全球化快速增加，动物饲养密度增加，同时也增加了人兽共患病和食源性疾病的危险；动物饲料来源多样性，使污染来源多样化等。

兽医公共卫生现在和将来主要面临以下几方面的挑战。

（1）改变与人兽共患病和食源性疾病感染有关的生态学和畜牧生产系统

许多国家在大力扩展畜牧养殖业的同时将增加重要人兽共患病传播的机会，由于集中饲养，一些人兽共患病如禽流感、沙门菌病、布鲁氏菌病、旋毛虫病等的发生概率也将提高。改变饲养习惯就会引起兽医公共卫生和食品安全问题，如药物和农药残留。改变动物农场生态环境将产生兽医公共卫生问题，加强灌溉会增加蚊虫和寄生媒介性疾病，毁林种田会引起新的野生动物疾病传播给人。

（2）制度和结构调整的影响

单就家畜疾病控制而言，畜牧养殖业结构调整对兽医公共卫生和食品安全方面的影响很大，在发展中国家影响可能更大。较原始的动物饲养模式是散养或小规模饲养，现在是集中饲养，一旦发病，危害巨大。社会制度调整会影响饲养模式及安全问题，因为人们已经建立了应对以往模式较好的卫生习惯和兽医公共卫生意识。

（3）政治和社会的不稳定对兽医公共卫生的影响

例如，非洲津巴布韦、布隆迪、卢旺达、索马里、伊拉克、叙利亚等因为民族、军事冲突导致社会不稳定，人兽共患病发生率、食肉感染发生率都提高了。人们消费不安全的动物产品增加了，食品安全水平下降。

（4）气候变化对兽医公共卫生和食品安全的影响

全球气候变暖将影响媒介源性人兽共患病的发生，如美国的西尼罗河病毒病发生率增加，华支睾吸虫病在缅甸、中国等发生率增加，洪水使霍乱和疟疾增加；同时也影响疾病流行模式，如在高海拔地区出现一些原本不存在的蚊虫，带来媒介源性疾病流行。

（5）贸易与风险性评估问题

动物和畜产品全球贸易增加的同时也增加了人兽共患病和食源性疾病的风险。世界贸易组织（WTO）相应地制定了《实施动植物卫生检疫措施的协议》（SPS），主要目的是控制人兽共患病和食源性疾病。但对发展中国家来说，由于技术的原因，这方面容易受来自发达国家的非贸易技术壁垒的影响，影响了贸易的往来。这里由于对食品质量与安全、质量与卫生要求、食品安全检测标准与国家贸易、区域与国际贸易检测标准和国际需求之间有不同理解，产生了许多混乱。现在的动物宰前和宰后检验都有严格的程序控制，但在许多国家这种程序对控制某些疾病可能并不十分有效。如果灵活使用危害分析关键控制点（HACCP），针对当地特点，可能会更好地控制屠宰动物疾病的发生。动物疾病、食品安全风险评估是 VPH 必须深入研究和探讨的问题。

（6）动物健康福利，与动物有关的生态平衡、环境污染

动物健康福利是社会发展的必然要求，同时也关系到食品质量与安全、环境、国际贸易等，是兽医公共卫生必须关注的问题之一。与动物有关的生态平衡、环境污染都与人们的生活息息相关，植物生态平衡失调，可能导致一些动物生态平衡失调，进而引起疾病发生，危及人类，兽医公共卫生必须关注这些问题。

第一篇

动物性食品卫生与生产监督

第一章
动物性食品卫生概论

一、动物性食品卫生学的概念

动物性食品卫生学是以兽医学和公共卫生学的理论为基础，研究肉、乳、鱼、蛋等动物性食品及其副产品的生产、加工、贮存、运输、销售及食用过程中的卫生监督和卫生检验问题，以保障食用者安全，防止人兽共患病和畜禽疾病传播的综合性应用学科。

动物（源）性食品是指来源于猪、牛、羊、马、驴、鹿、狗、兔、驼、禽及水产类动物等可供人食用的肉、乳、蛋及其制品和副产品。

动物性食品富含优质的蛋白质，可为人体提供丰富的营养，但同时又具有容易腐败变质的特性。不健康的畜禽及其产品常带有致病微生物和寄生虫。因此，人们吃了不卫生的动物性食品，常会感染某种传染病和寄生虫病，甚至发生食物中毒，损害食用者的健康。

二、动物性食品卫生（检验）学的特点

（1）法规性

动物性食品卫生学属于食品卫生学的范畴，其内容必须严格依照国家的食品卫生安全法规，并根据目前科学的发展水平和社会需要进行系统的理论研究和实践应用。

（2）综合性

动物性食品卫生学是以相关学科的发展水平为基础而建立并发展起来的学科，它需要多学科的知识来为食品安全和人的健康服务。因此它是一门综合性的学科。

（3）应用性

该学科总结了古今中外在食品卫生和检验实践上形成的经验，并一直在实践应用中经受检查。尤其是在近代，该学科已发展成为为广大群众服务的应用学科。

三、动物性食品卫生学的任务

动物性食品卫生学的目的：安全而有益地利用各种动物性食品及其他产品；防止疫病，特别是人兽共患病的传播，防止有害物质经由动物性食品危害人类；保护人类赖以生存的环境，提高人们的生活质量。

（1）防止疫病的传播

动物的传染病和寄生虫病中有 200 多种可以传染给人，其中通过肉用动物及其产品传染给人的有 100 多种。比较重要的有：炭疽、鼻疽、口蹄疫、猪丹毒、布鲁氏菌病、结核病、假性结核病、囊虫病、旋毛虫病、弓形虫病、钩端螺旋体病等。动物性食品卫生监督管理的任务之一就是要把患有人兽共患病的病畜检查出来，认真处理以防止人兽共患病的传播。

病畜禽及其产品的周转流通往往是一些疫病流行的重要因素。各畜禽屠宰加工部门，作为最集中的屠宰产品集散地，在防止畜禽疫病的流行方面占有重要地位。屠宰场的肉品及其他动物性产品的兽医卫生检验实际上是对社会上的畜禽疫病起了监视哨的作用。一旦发现在屠宰场有疫情出现，除及时加以处理外，还应追踪调查，尽早控制和消灭疫情。因此，在屠宰加工场所进行的兽医卫生检验工作可以形象地比喻为畜禽疫病菌的"过滤器"。

（2）防止动物性食品污染中毒

有些对人体健康有害的农药，如有机汞、有机氯等，能在人体内长期积聚而引起慢性损害。有些致癌物质，如亚硝胺、黄曲霉毒素、3，4 苯并（α）芘等，也常常通过污染动物性食品而进入人体，长期摄食这种食品，有时就能使人发生癌症。有些化学物质，如雌激素和有机汞等可以引起胎儿的畸形。人们长期食用被放射性物质（如 ^{226}Ra、^{90}Sr 等）污染的食品，可以引起组织破坏和致癌。这些有害物质，直接被摄入人体的机会很少，但可以通过饲料→动物→人体的食物链传递方式进入人体。

（3）维护动物性食品贸易的信誉

随着我国社会主义市场经济的成熟和发展，以肉类为主的动物性食品贸易量日益增多。同时，急需开辟国际市场。随着形势的发展，我国已经参加、并将陆续加入各种国际性的贸易组织。参加世界贸易竞争，必须提高贸易信誉。我国动物性食品生产当前仍存在疫病多、质量差、掺杂使假及卫生监督检验手段跟不上形势发展等因素，常使消费者蒙受损失，国际贸易信誉受到损害。在国内，群众对肉食品卫生质量差反应强烈；在国外，则失去竞争力，使肉类出口受阻。这些都有赖于建立良好的兽医卫生监督机制和先进的检验手段去解决。

（4）完善、普及、执行食品安全法规

目前已经颁布施行的《中华人民共和国食品安全

法》、《中华人民共和国动物防疫法》、《生猪屠宰管理条例》等，是根据我国当前的国情和实际需要而制定的。以后，随着社会的进步和科学的发展，将逐步建立和完善整个食品卫生法规体系。本学科在动物性食品的监督检验和安全性评价上应严格依照国家和相关行业规定的标准，以求在贯彻和执行这些法规方面作出贡献。

四、动物性食品卫生学与相关学科的关系

动物性食品卫生学，又称为兽医警察学或肉品卫生学，在我国将很快"升级"为肉品安全学。目前，已有一些与此相联系的国际组织，如联合国粮农组织（FAO）中的动物保健部、国际兽疫局（OIE），世界卫生组织（WHO）中的兽医公共卫生部等。20 世纪 50 年代，随着我国兽医卫生检验工作的建立和开展，陆续在一些高等农业院校的兽医专业中开设了兽医卫生检验课，成立了兽医卫生检验教研室。80 年代，在一些高等农业院校和商业院校设置了兽医卫生检验专业。

动物性食品卫生学是以兽医学和公共卫生学的理论为基础的学科。因此该学科与食用动物解剖学、兽医微生物学、动物流行病学、家畜传染病学和家畜寄生虫病学等学科有着密切的关系。这些学科奠定了人畜共患病与畜禽群发病检验和防制的理论基础。该学科还与食品营养卫生学、食用动物卫生病理学、食品卫生微生物学、兽医药理学、食品毒理学、食品理化检验学等学科密切相关，并应用这些学科的知识来研究和保障动物性食品的卫生质量。此外，食品加工工艺学、食品保藏学、食品卫生管理学等也是学习动物性食品卫生学中需要了解和掌握的内容。

五、我国动物性食品卫生的历史、现状及前景

（1）我国动物性食品卫生事业的历史回顾

古代，人类在长期吃肉的实践中，产生了动物性食品卫生观念的萌芽，已经懂得死畜病畜肉不可食用。周朝时还设置了官职，专门管理肉品的卫生。东汉时期，张仲景著《金匮要略》，其中记载："六畜自死，皆疫死，则有毒，不可食之"；"肉中有如朱点者不可食之"；"秽饭馁肉臭鱼，食之皆伤人"。南北朝时期的《养生要集》、《食经》、《皇帝杂饮食忌》，唐代孙思邈著的《急备千金要方》，元代忽思慧的《饮食正要》等著作都记载了有关动物性食品卫生的内容。

我国自南北朝以来，历代都设有光禄寺卿为统治者的肉食安全服务，宫廷御膳房中有专职人员检验肉品，有时还利用侍从人员进行试验品尝。在几千年的封建社会中，我国积累了极其丰富的食品卫生知识被用来作为统治者和剥削阶级的养生之道，从来没有真正为广大人民服务过。因此，几千年来一直没有建立公共的动物性食品卫生事业。

近代，帝国主义侵入我国，强占租界，他们为了掠夺我国的畜产资源，相继在上海、南京、青岛、武汉和

哈尔滨等地设立了较大规模的屠宰厂、蛋品厂，用来加工牛肉和蛋品，以供出口。在这些加工厂里，帝国主义者按照他们国家的规定由他们派来技术人员进行检验，使我国兽医卫生工作从一开始就带有半殖民地的色彩。1928 年，国民党政府曾公布《屠宰规则及施行细则》，但是没有组织、人员和经费的保证，不过是一纸空文。1935 年，实业部又发布了《肉类检验施行细则》，这个法规只对部分出口的鲜肉、冷藏肉等实行检验，而我国广大人民消费的动物性食品，则一直没有进行过真正意义上的检验。

真正建立为人民服务的动物性食品卫生工作制度是从 1949 年新中国成立后才开始的。新中国成立后，由于生产关系的变革，我国的畜牧业生产和动物性食品的加工业得到了迅速发展，为了保障广大人民的健康，在 1950 年就开始对食品加工企业进行卫生管理。各地农业部门建立了畜牧兽医站，广泛开展了兽疫防治工作，彻底消灭了牛瘟，基本上消灭了牛肺疫、羊痘，控制了炭疽和各种畜禽疫病的蔓延，大大减少了动物疫病对食品的污染。在大中城市，国家兴建了许多肉类联合加工厂、蛋品加工厂、水产品加工厂。大部分县都有了合乎卫生要求的屠宰厂。与此同时，也实行了真正意义上的兽医卫生检验工作。具体表现如下。

1）统一了组织管理。针对我国动物性食品生产和卫生检验工作缺乏统一组织管理的现状，1955 年国务院下达文件将全国的肉类联合加工厂、蛋品厂、屠宰厂统一划归商业部中国食品公司领导。同时规定，中国食品公司要在农业、卫生和国家商检局监督下组织好我国的肉品、蛋品的卫生检验工作。鉴于乳品、水产品生产比较集中，其产品卫生仍由本企业自行检查，由卫生部门进行市场管理。

2）开始走上法制化监督检验轨道。1959 年制定了《肉品卫生检验试行规程》，也称为"四部规程"（由农业部、卫生部、外贸部、商业部联合制定）。这一规程是第一部全国性的兽医卫生检验法规，并具有法律效力，是长期以来做好动物性食品兽医卫生检验工作的根据和保证。1979 年国务院颁发了《中华人民共和国食品卫生管理条例》、《肉与肉制品管理办法》。1982 年全国人民代表大会常务委员会发布了《中华人民共和国食品卫生法》。这些法规的颁布和实施，使我国的食品卫生工作开始走上法制化管理的轨道。

3）建立了专业人员队伍。在统一管理和加强法制化建设的同时，全国农业院校培养了许多高级兽医卫生检验人员，此外还有许多中等专业学校的毕业生投入到卫生检验事业中来，再加上一些短期培训的人员，已基本形成了我国自己的兽医卫生检验队伍。这支队伍在全国广泛开展兽医卫生检验工作，是提高产品质量的重要力量。

4）开展了动物性食品卫生的科学研究。广大兽医卫生检验人员结合生产的实际需要，在病理学、微生物学、

寄生虫学和理化学等方面做了大量工作，取得了一批重要的科研成果。例如，屠畜疫病快速检验方法，屠宰加工过程的卫生监督管理，消化法检查猪旋毛虫，畜禽肿瘤的分类和分布，动物性食品中农药残留的调查，宰后污水处理等，以及单克隆技术、酶标技术、核酸探针技术和 PCR 技术等动物性食品检验中的应用研究。这些科研工作对提高我国兽医卫生检验水平起了很大作用。

（2）我国动物性食品卫生的现状及前景

改革开放以来，肉类等动物性食品加工业打破了由国家统一经营的格局，一度出现过私杀滥宰成风，肉品卫生检验失控的局面。这时，人民群众一方面由于肉食品供应充足和方便而高兴，另一方面也由于肉品卫生质量的下降，市场出现病害肉、掺水肉而不满意。1987 年国务院及时下达了"定点屠宰，集中检验，统一纳税，分散经营"的批示，使私杀滥宰、肉检失控的局面有所遏制，但问题并没有得到彻底解决。1995 年江泽民总书记针对这一问题提出，要让人民吃上"放心肉"，而引起了全国高度重视。1998 年 1 月 1 日全国人民代表大会和国务院又颁发施行了《中华人民共和国动物防疫法》和《生猪屠宰管理条例》，各地相继成立了一些专门的定点屠宰和肉品管理机构，以期使牲畜屠宰加工和肉品卫生监督检验走上正轨。目前存在的私杀滥宰、屠宰点过多的状况正在逐步得到纠正，但要形成有效的动物性食品卫生监督机制和规范化的卫生检验制度，赶上国际先进水平，还有一段较大的差距。

我国已成为世界肉类生产第一大国，人均肉类占有量已超过世界平均水平，我国的综合国力已大大增强，人们的文化水平和生活质量已大为提高，绝对不能容忍肉品卫生检验失控的局面，实行集约化的规模屠宰和规范化的卫生检验是大势所趋。只有这样才能达到防疫灭病的目的，提高综合社会效益；才能参与国际竞争，开辟国际市场；才能提高肉品卫生质量，保障人民身体健康。

我国已加入 WTO，《中华人民共和国食品安全法》也正式实施，国家各级政府和民众越来越重视食品安全，食品工业是我国第一大行业。在国内外因素的影响下，相关法规不断完善，公众的食品安全意识逐步提高，我国的动物性食品安全与发达国家的差距逐步缩小，在不长时期内将与国际食品安全水准同步而行。

第二节 动物性食品污染与安全性评价体系

一、动物性食品污染

（一）食品污染的概念

食品污染（food pollution）是指食品中原来含有的，以及混入的，或者加工时人为添加的各种生物性或化学性物质，其共同特点是对人体健康具有急性或慢性危害。食品在生产、加工、贮藏、运输、销售等各环节，有可能受到各种各样的污染；人们食用被污染的食品后可能引起疾病，甚至危及生命。环境污染是造成食品污染的主要来源，进入环境的各种化学污染物主要来自工农业生产，其中工业"三废"是造成食品污染的重要来源。

在动物性食品的污染过程中，食物链起到非常重要的作用。污染物可以通过食物链最终进入人体，危及健康。食物链（food chain）是指在生态系统中，由低级生物到高级生物顺次作为食物而连接起来的一个生态系统。与人类有关的食物链主要有两条：一条是陆生生物食物链，即土壤→农作物→畜禽→人；另一条是水生生物食物链，即水→浮游植物→浮游动物→鱼类→人。相对于污染而言，食物链的突出特点是生物富集作用（bioconcentration），它是指生物将环境中低浓度的化学物质，在体内蓄积达到较高浓度的过程。环境污染物，如多氯联苯（PCB）在河水和海水中的浓度只有 0.000 01～0.001mg/L，但经过食物链富集后，在鱼体中可达到 0.01～10mg/kg，在食鱼鸟体内可达到 1.0～100mg/kg，人食用上述鱼类，使脂肪中多氯联苯达 0.1～10mg/kg。两条食物链中的畜禽、鱼类、农作物均为人类的食品资源。由此可见，如果大气、土壤或水体受到某种污染，均有可能沿食物链逐级传递并通过生物富集，最终殃及居于食物链顶端的人类。用于治疗畜禽疾病的各种药物和促进畜禽生长的添加剂，都可以在一定时期内造成畜禽体内药物残留而污染食品。此外，农药在农业生产中的广泛使用也是造成食品污染的因素之一。环境中的微生物是造成食品污染的重要来源之一，食物中毒性微生物污染食品则更加危险。动物性食品常成为人畜共患病的主要传播媒介，其可以通过动物性食品而传播给人。

（二）动物性食品污染来源

动物性食品污染，按其来源主要有生物性、化学性和放射性 3 个方面。

1. 生物性污染

包括微生物、寄生虫、有毒生物组织和昆虫所造成的污染。

（1）微生物污染

食品是各种微生物生长繁殖的良好基质，在生产、加工、运输、贮藏、销售及食用过程中，都可能被各种微生物污染。污染食品的微生物，包括人畜共患传染病的病原体，以食品为传播媒介的致病菌，以及引起食物中毒的细菌、真菌及其毒素。此外，还包括大量仅引起食品腐败变质的非致病性细菌。许多病毒也能通过食品和水传播给人，如甲型肝炎病毒、埃可病毒等都能经海产品传播给人。

（2）寄生虫污染

人畜共患寄生虫及食源性寄生虫可以通过动物性食

品使人发生感染，这类寄生虫有很多，常见的有旋毛虫、绦虫、弓形虫、棘球蚴等100多种。

（3）有毒生物组织污染

主要是指本身具有毒性，食用后对人体会产生不良影响的生物组织，如动物甲状腺和肾上腺、河豚等。

（4）昆虫污染

主要是指肉、蛋、鱼及其他熟制品中的蝇、蛆、甲虫、螨、皮蠹等。食品被这些昆虫污染后，使食品的感官性状不良、营养价值降低，甚至完全丧失食用价值。

2．化学性污染

包括各种有害的金属、非金属、无机化合物、有机化合物等化学性物质所造成的污染。

从污染来源可以分为以下几类。

（1）"三废"污染

随着工业生产的发展，废气、废水、废渣（统称"三废"）大量产生并排放，致使空气、水源和土壤等自然环境受到严重污染，沿食物链富集而污染食品。进入环境的化学污染物种类繁多，其中镉、铅、汞、砷、多氯联苯、苯并芘等被联合国环境规划署列为目前普遍污染人类食品的物质。因此，加强对工业"三废"的治理是关系到人类生存的重要课题。

（2）农药污染

农药是指那些用于预防、消灭、驱除各种昆虫、啮齿动物、霉菌、病毒、野草和其他有害动植物的物质，以及用于植物的生长调节剂、落叶剂、贮藏剂等。农药的广泛使用，常造成动物性食品的农药残留。农药残留是指农药的原形及其代谢物蓄积或储存于动物的细胞、组织或器官内。动物性食品的农药残留是因为对动物体和厩舍使用农药或在运输中受到农药污染而发生，但主要是通过食物链而来，即来源于饲草、饲料。引起食品污染的主要是有机氯、有机磷、有机汞、有机砷等农药。

（3）兽药污染

防治动物疾病所使用的抗生素、磺胺制剂、抗球虫药、生长促进剂和各种激素制剂等，可在动物体内发生反应并形成残留。人食用这种动物性食品，将对人体健康产生影响，这种影响主要表现为变态反应与过敏反应、细菌耐药性、致畸、致突变、致癌、激素样作用等。为了防止食品中残留药物对人类的危害，目前世界上许多国家都有明确的规定，对使用过药物的动物要经过规定的休药期后方可屠宰或允许其产品上市。

（4）食品添加剂污染

食品添加剂是指为改善食品的品质，增加其色、香、味，以及防腐和满足加工工艺的需要而加入食品中的化学合成的或天然的物质。食品添加剂除少数为无毒的天然物质外，多数为人工合成的化学物质，具有一定的毒性。食品添加剂在一定范围内使用一定剂量对人体无害，但若滥用则会造成食品的污染，对食用者的健康造成危害。所以，各国都制定了食品添加剂的卫生标准，规定了允许使用的添加剂名称、使用范围和最大使用量。

3．放射性污染

食品吸附或吸收外来的放射性核素，使其放射性高于自然放射本底时，称为食品的放射性污染。随着科学技术的发展和核能的利用，放射性物质的开采、冶炼、核爆炸试验，工农业、医学和其他科学实验中使用核素，核废物排放不当或意外事故等均可造成环境污染。这些放射性物质直接或间接地污染食品，将危及食用者的健康，甚至危及生命。

（三）动物性食品污染的途径

动物性食品污染的途径是多方面的，与食品生产、加工、运输、贮藏、销售等有关的各个环节都可能成为动物性食品污染的途径，一般可分为两大类，即内源性污染和外源性污染。

1．内源性污染

内源性污染也称为食用动物的生前污染或第一次污染，即动物在生长发育过程中，由本身带染的生物性或从环境中吸收的化学性或放射性物质而造成的食品污染。

（1）生长发育过程中的污染

动物在其生长发育过程中所带染的生物性污染一般包括以下4类。

1）非致病性和条件致病性微生物：在正常条件下，它们寄生在动物的某些部位，如动物的上呼吸道、消化道及体表等。当动物在屠宰前，处于不良条件下，如长途运输、过度疲劳、饥饿等，机体抵抗力降低时，这些微生物便有可能侵入肌肉、肝脏等部位，造成动物性食品污染。

2）致病性微生物：在动物生长发育过程中被致病性微生物感染，它们的某些组织器官内常存在病原微生物。有的在其产品中也可带染某种病原微生物。例如，结核病牛的乳汁中可检出结核杆菌，禽类感染了沙门菌后其蛋中可带染沙门菌。病原微生物污染食品，往往造成人的食物感染。

3）微生物毒素：有些微生物在适宜的条件下，可以在食品或其他基质上生长并产生毒素。例如，肉毒梭菌可产生肉毒毒素，葡萄球菌可产生肠毒素，黄曲霉菌可产生黄曲霉毒素等。这些毒素可以同微生物一起存在于食品中，也可以单独污染食品而引起食物中毒，特别是微生物毒素单独存在时，往往不能从食品中检测到产生毒素的微生物，容易被忽视。例如，黄曲霉毒素不但在发霉的植物性食品或食品原料（花生、玉米等）中经常存在，而且可以通过动物饲料污染动物性食品。因此，应当重视各种微生物毒素的检验。

4）病毒：病毒通过食物传播的较少，主要是从水污染、食物制作过程中污染。通过水及水产品污染的病毒种类很多，但能引起人类感染的仅有甲型肝炎病毒、脊髓灰质炎病毒、埃可病毒、柯萨奇病毒和诺瓦克病毒等少数几种。另外一些病毒较少见，但也能经动物性食品传播，如引起羊瘙痒病的朊病毒（或称为瘙痒病毒）及其他慢病毒类。

此外，食用动物在生长发育过程中，会通过多种途径感染寄生虫，使动物性食品受到寄生虫污染。

（2）食物链的污染

由于工业生产的发展，大量的化学物质，其中包括许多有毒化学物质在工业、农业、医疗卫生及日常生活等各个方面广泛应用，因此造成一些有毒的化学物质以各种形式存在于周围环境中，这些物质可以通过食物链进入人体。由于食物链中的每一环节的生物都有富集作用，因此这些食品被食用后，就可能产生毒性作用。例如，农药的使用可使农作物发生农药残留，作为畜、禽饲料原料的作物果实、外皮、壳、根茎等会受到农药的污染，畜禽饲用这类饲料后就会造成农药残留。这类动物性食品即可危害人体健康。环境中的放射性物质，也可以通过食物链的传递方式进入人体。

2．外源性污染

外源性污染又称为食品加工流通过程的污染或第二次污染，即食品在生产、加工、运输、贮藏、销售等过程中所造成的污染。食品的外源性污染常见的有以下几种。

（1）通过水的污染

水是食品生产、加工中的重要原料，同时也是一种特殊的食品。各种天然水源，除含有各种自然水栖生物外，还可能存在微生物、寄生虫及虫卵，这样的水就成了污染源。如果饮用含有大量生物性污染物质的水，尤其是含大量致病性微生物的水，必然造成动物性食品的生物性污染。水质的化学性污染及放射性污染主要来源于未经处理的工业废水、生活污水、油轮漏油及农药随雨水冲刷等。除此之外，还有需氧污染物质，它包括碳水化合物、蛋白质、亚硫酸盐、硫化物、亚铁盐等，这类物质在水中氧化，大量消耗水中的溶解氧，导致水质恶化。放射性物质常见的有 ^{226}Ra、^{40}K、^{210}Po 等。在生产加工食品时，若使用了上述受污染的水源，则易造成食品的污染。

（2）通过空气的污染

食品通过空气污染也是比较重要而又常见的污染途径之一。空气中含有大量的微生物、工业废气，这些有害因素可在气流的作用下，逐渐向周围扩散，自然沉降或随雨滴降落在食品上而直接造成污染，或者污染水源、土壤造成间接污染。此外，带有微生物的痰沫、鼻涕与唾液的飞沫，可以随空气直接或间接地污染食品。进入空气中的尘土、雾滴也可以构成对食品的污染。

（3）通过土壤的污染

土壤中除含天然的自养型微生物和金属元素外，还存在各种致病性微生物和各种有毒的化学物质。动物性食品在加工、生产、贮藏、运输过程中，接触了这种被污染的土壤，或风沙、尘土沉降于食品表面就会造成食品的直接污染，或者成为水及空气的污染源而间接污染

食品。土壤、空气、水的污染都不是孤立的，而是相互联系、相互影响的，污染物质在三者之间相互转化和迁移，往往形成环境污染的恶性循环，从而造成污染物质对食品更严重的污染。

（4）生产加工过程中的污染

食品生产加工过程中每个加工环节都会造成食品的污染。例如，食品加工器具、设备不清洁，则可能造成食品微生物及化学性有毒物质的污染。挤乳过程中，由于挤乳工人的手在挤乳前或过程中未经严格消毒，有可能将微生物带入乳汁中。如果挤乳工人是呼吸道或胃肠道传染病的带菌者，就有可能将病原菌传播到乳汁中。加工过程中的熏烤会造成食品的苯并芘污染，或由于使用添加剂造成食品的亚硝胺污染。

（5）运输过程中的污染

交通运输是造成食品污染的重要因素之一。在运输过程中的装、运、卸、贮等环节，如果管理不善、制度不严，会造成食品的严重污染。例如，运输和装卸工具洗刷、消毒不净，就会造成食品的微生物及化学性有毒物质的污染；在运输过程中，若无防护设备，则易受灰尘、泥沙、雨水中微生物及化学物质的污染。

（6）保藏过程中的污染

食品在保藏过程中，往往由于环境被污染而造成食品的污染。例如，将食品贮存于阴冷潮湿的仓库内，容易受到霉菌污染；存于露天，容易受空气中微生物及化学物质的污染。

（7）鼠类与害虫的污染

鼠类与害虫是指通过食品传播疾病的啮齿类及破坏并吞噬食品的昆虫，包括老鼠、苍蝇、蟑螂及甲虫等。这些害虫的表面均带有大量的微生物，特别是致病性微生物。食品在生产、加工、运输、贮藏、销售过程中，被这类害虫叮咬，就会造成食品的污染。

二、动物性食品的安全性评价体系

动物性食品的安全性评价是指对动物性食品及其原料进行污染源、污染种类和污染量的定性、定量评定，确定其食用安全性，并制订切实可行的预防措施的过程。其评价体系包括各种检验规程、卫生标准的建立，以及其对人体潜在危害性的评估。常用的一些食品卫生指标有安全系数、日许量、最高残留限量、休药期、菌落总数、大肠菌群最近似数（MPN）、致病性微生物、食品安全风险性评估等，通过这些卫生指标可以有效地确定动物性食品对人体的安全性。

（一）安全系数和日许量

（1）安全系数（safety factor）

在对食品进行安全性评价时，由于人类和实验动物对某些化学物质的敏感性有较大的差异，为安全起见，由动物数值换算成人的数值（如以实验动物的无作用剂量来推算人体每日允许摄入量）时，一般要缩小 100 倍，

这就是安全系数。它是根据种间毒性相差约 10 倍，同种动物敏感程度的个体差异相差约 10 倍制定出来的。实际应用中常根据不同的化学物质选择不同的安全系数。

（2）日许量（acceptable daily intake，ADI）

人体每日允许摄入量简称日许量，是指人终生每日摄入同种药物或化学物质，对健康不产生可觉察有害作用的剂量。用相当于人体每日每千克体重摄入的毫克数表示 [mg/（kg·d）]。ADI 值是根据当时已知的相关资料而制订的，并随获得的新资料而修正。制订 ADI 值的目的是规定人体每日可从食品中摄入某种药物或化学物质而不引起可觉察危害的最高量。为使制订出的 ADI 值尽量适用，应采用与人的生理状况近似的动物进行喂养试验。

（二）最高残留限量

最高残留限量（maximum residue limit，MRL）是指允许在食品中残留化学物质或药物的最高量或浓度，又称允许残留量或允许量（tolerance level），具体指在屠宰、加工、贮存和销售等特定时期，直到被消费时，食品中化学物质或药物残留的最高允许量或浓度。

（三）休药期

休药期（withdrawal time）是指畜禽停止给药到屠宰和准予其产品（蛋、乳）上市的间隔时间，又称廓清期或消除期。凡供食用动物应用的药物或其他化学物质，均须规定休药期。休药期的规定是为了减少或避免供人食用的动物组织或产品中残留药物或其他化学物质超量。在休药期间，动物组织或产品中存在的具有毒理学意义的残留可逐渐消除，直至达到安全浓度，即低于最高残留限量。

（四）菌落总数

天然食品内部没有或仅有很少的细菌，食品中的细菌主要来源于生产、贮藏、运输、销售等各个环节的污染。食品中的细菌数量对食品的卫生质量具有极大的影响，食品中细菌数量越多，食品腐败变质的速度就越快，甚至可引起食用者的不良反应。有人认为食品中的细菌数量通常达到 100 万～1000 万个/g 时，就可能引起食物中毒；而有些细菌数量达到 10～100 个/g 时，就可引起食物中毒，如志贺菌。因此，食品中的细菌数量对食品的卫生质量具有极大的影响，它反映了食品受微生物污染的程度。细菌数量的表示方法因所采用的计数方法不同而有两种：菌落总数和细菌总数。

（1）菌落总数

菌落总数是指一定重量、容积或面积的食物样品，在一定条件下（如样品的处理、培养基种类、培养时间、温度等）进行细菌培养，使适应该条件的每一个活菌必须而且只能形成一个肉眼可见的菌落，然后进行菌落计数所得的菌落数量。通常以 1g 或 1mL 或 1cm^2 样品中所含的菌落数量来表示。

（2）细菌总数

细菌总数是指一定重量、容积或面积的食物样品，经过适当的处理（如溶解、稀释、揩拭等）后，在显微镜下对细菌进行直接计数。其中包括各种活菌数和尚未消失的死菌数。细菌总数也称细菌直接显微镜计数。通常以 1g 或 1mL 或 1cm^2 样品中的细菌数来表示。

在实际运用中，不少国家包括我国，多采用菌落总数来评价微生物对食品的污染。因显微镜直接计数不能区分活菌、死菌，菌落总数更能反映实际情况。食品的菌落总数越低，表明该食品被细菌污染的程度越轻，耐放时间越长，食品的卫生质量越好，反之亦然。

（五）大肠菌群最近似数

大肠菌群（coliform group）是指一群在 37℃ 能发酵乳糖、产酸、产气、需氧或兼性厌氧的革兰氏阴性的无芽胞杆菌。从种类上讲，大肠菌群包括许多细菌属，其中有埃希氏菌属、枸橼酸菌属、肠杆菌属和克雷伯氏菌属等，以埃希氏菌属为主。大肠菌群最近似数（most probable number，MPN）是指在 100g（mL）食品检样中所含的大肠菌群的最近似或最可能数。食品受微生物污染后的危害是多方面的，但其中最重要、最常见的是肠道致病菌的污染。因此，肠道致病菌在食品中的存在与否及其存在的数量是衡量食品卫生质量的标准之一。但是肠道致病菌不止一种，而且各自的检验方法不同，因此选择一种指示菌，并通过该指示菌来推测和判断食品是否已被肠道致病菌所污染及其被污染的程度，从而判断食品的卫生质量。

1）食品污染程度指示菌应具备以下条件：①和肠道致病菌的来源相同，且在相同的来源中普遍存在及数量甚多，易于检出；②在外界环境中的生存时间与肠道致病菌相当或稍长；③检验方法比较简便。

2）大肠菌群有两种表示方法，即大肠菌群 MPN 和大肠菌群值：①大肠菌群 MPN 是采用一定的方法，应用统计学的原理所测定和计算出的一种大肠菌群最近似值；②大肠菌群值是指在食品中检出一个大肠菌群细菌时所需要的最少样品量。故大肠菌群值越大，表示食品中所含的大肠菌群细菌的数量越少，食品的卫生质量也就越好。

目前国内外普遍采用大肠菌群 MPN，并为国家标准采用。

（六）致病性微生物

食品中一旦含有危害人体健康的致病性微生物，其安全性就随之丧失，当然其食用性也就不复存在。就安全性而言，尽管食品中致病性微生物的存在与疾病的发生很多情况下并不一定存在着对等的关系（与食用者的抗病能力有关），但是与菌落总数和大肠菌群相比，致病性微生物与食物中毒和疾病发生的关系已不再是推测性和潜在性的，而是肯定性和直接的。所以，各国的卫生部门对致病性微生物都做了严格的规定，把它作为食品卫生质量最重要的指标之一。

动物性食品中致病性微生物及引起食物中毒或其他疾病的微生物很多，根据食品卫生要求和国家食品卫生标准规定，食品中均不能有致病菌存在，即不得检出，这是一项非常重要的卫生质量指标，是绝对不能缺少的指标。由于食品种类繁多，致病性微生物也有很多种，包括细菌及其毒素、真菌毒素、病毒及寄生虫等。在实际操作上不能用少数几种方法将多种致病菌全部检出，而且在大多数情况下，污染食品的致病菌数量不多。所以，在食品致病菌检验时，不可能将所有的病原菌都列为重点检验，只能根据不同食品的特点，选定某个种类或某些种类致病菌作为检验的重点对象。例如，蛋类、禽类、肉食品类以沙门菌检验为主，罐头食品以肉毒毒素检验为主，牛乳以结核杆菌和布鲁氏菌检验为主。

（七）风险评估

风险评估是食品安全性评价中逐渐被采用的一种重要方式，见第七章第九节。

第二章
动物性食品污染的危害、卫生监督与控制

一、食物中毒相关概念

1．食肉传染的概念

食肉传染是指人类通过接触或食用患病动物及其产品、制品而引起的某种传染性或寄生虫性疾病。食肉传染是动物性食品的主要卫生问题之一。患有人兽共患病的动物在屠宰、加工、贮藏、运输等环节，可直接或间接地经动物性食品传播给人，危害人体健康。食肉传染是导致人兽共患病传播和流行的重要原因。

2．食肉传染的危害

人畜共患病在各个国家的危害性因地区而不同。据中国人民解放军兽医大学在20世纪80年代的不完全统计：国外已发现人兽共患病232种；在我国，据不完全调查，人兽共患病有200多种。1987年上海暴发甲型肝炎，造成30余万人发病，其原因是食用了污染有甲肝病毒的水产品（毛蚶）。某地曾因食用假冒烤羊肉串而发生旋毛虫病和因食用火锅而引起口蹄疫病的事件。2009年2月因食用猪肉造成20多人旋毛虫感染，1人死亡。1999年马来西亚流行猪病毒引起的日本脑炎，258人感染，100人丧生，90万头生猪被销毁。人畜共患病不仅通过食物传染给人，危害人体健康，同时也会因畜产品及其废物处理不当，造成动物疫病流行，影响畜牧业的健康发展。

3．食物中毒的概念

食物中毒是指健康人食用正常数量的食品，人们误食了食物中毒性微生物及其毒素、有毒化学物质污染的食品，或其他有毒生物组织（如甲状腺、肾上腺、毒鱼、毒蕈等）所引发的急性、慢性疾病。而食肉中毒则专指因食用正常数量的肉类及制品而引起的急性疾病。食肉中毒常常是因为食用了污染有某些中毒性微生物或微生物毒素、有毒化学物质的肉类食品或误食了有毒生物组织，如甲状腺、脑垂体、肾上腺、毒鱼等而引起的。

食源性疾病（foodborne disease/illness）是指由食品引起的对人健康有危害的所有类型的疾病。其含义要比食物中毒的概念宽泛得多，除食物中毒本意外，还应包括食物感染性疾病及其他类型的疾病，现在多数情况有食源性疾病代替食物中毒概念的趋势。

4．食物中毒的特点

食物（肉）中毒的共同特点：潜伏期短，来势急剧，短时间内可能有大量患者同时发病；所有患者都有类似的临床表现，并有急性胃肠炎的症状，患者在一段时间内都食用过同样食物，一旦停止食用这种食品，发病随即停止；发病曲线呈突然上升又迅速下降的趋势，一般无传染病流行时的余波。

5．食物中毒的分类

食物中毒按其原因可分为生物性食物中毒和化学性食物中毒两大类。生物性食物中毒包括微生物及其毒素引起的中毒、有毒生物组织中毒。化学性食物中毒主要指一些有害金属或非金属、农药、食品添加剂等化学物质污染食品而引起的食物中毒。各种治疗药物和饲料添加剂造成的食品污染与残留，也能严重危害人类健康。

二、微生物性食物中毒

（一）概述

因食用被中毒性微生物或微生物毒素污染的食品而引起的食物中毒，称为微生物性食物中毒。其原因是某些中毒性微生物污染食品并急剧繁殖，以致食品中存在大量活菌或产生大量毒素。微生物性食物中毒可分为细菌性食物中毒和霉菌毒素性食物中毒。

1．细菌性食物中毒

细菌性食物中毒是指人们吃了被大量活的中毒性细菌或细菌毒素污染的食品所引起的中毒现象。食品在生产、加工、运输过程中极易受到微生物的污染，并在一定条件下繁殖，以至食品中存在大量活菌或产生一定量毒素，单独引发食物中毒或共同引起某些疾病。

2．霉菌毒素性食物中毒

霉菌毒素性食物中毒是指某些霉菌如黄曲霉菌、赭曲霉菌等污染了食品，并在适宜条件下繁殖，产生毒素，摄入人体后所引起的食物中毒。长期少量摄入某种霉菌毒素，则可发生"三致"作用。霉菌极易在各种粮食中生长繁殖，并产生毒素，动物性食品中的霉菌毒素往往是通过被污染的饲料发生生物富集作用而来的。霉菌毒素对脂肪具有亲嗜性，且耐热，如黄曲霉毒素的裂解温

度为 380℃，一般加工温度不能将其破坏。因此，要禁用发霉原料生产食品，禁用发霉饲料饲养动物。

3．微生物性食物中毒的共同特点

1）与饮食有关，不吃者不发病。

2）除掉引起中毒的食品，新的患者不再发生。

3）呈暴发性和群发性，众多人同时发病。

4）有季节性，多发生在夏秋季节，6～9 月为高峰期。

5）多数显现恶心、呕吐、腹痛、腹泻等急性胃肠炎症状，且不相互传染。

6）能从所食食物和呕吐物、粪便中同时检出同一种病原菌。

（二）细菌性食物中毒

1．沙门菌食物中毒

沙门菌属（*Salmonella*）对食品的污染是多方面的，

对动物性食品的污染尤为常见。沙门菌广泛存在于各种动物的肠道中，甚至存在于内脏或禽蛋中，当机体免疫力下降时，菌体就会进入血液、内脏和肌肉组织，造成食品的内源性污染；畜禽粪便污染了食品加工场所的环境或用具，也会造成食品的沙门菌污染，引起食物中毒。沙门菌食物中毒是一种重要的人畜共患病。

（1）病原特性

沙门菌属包括2300多个血清型，我国已发现100多个血清型。它们在形态结构、培养特性、生化特性和抗原构造方面都非常相似，为革兰氏阴性杆菌（图2-1～图2-3），主要寄居于人和其他温血动物的肠道中，可引起多种疾病。根据沙门菌的致病范围，可将其分为以下三大类群。

1）对人适应，一些血清型如伤寒沙门菌和副伤寒沙门菌对人类高度适应，没有其他自然宿主。

2）对人和动物均适应，该类菌具有广泛的宿主范

图2-1　沙门菌革兰氏染色

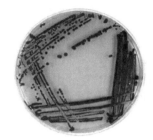

图2-2　沙门菌平板生长

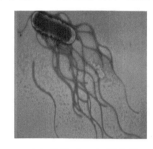

图2-3　沙门菌鞭毛（扫描电镜照片）

围，具有重要的食品卫生学意义。

3）对某些动物适应。例如，猪霍乱沙门菌，偶可感染人类。

（2）致病性

沙门菌经口进入人体以后，在肠道内大量繁殖，并经淋巴系统进入血液，造成一过性菌血症。随后，沙门菌在肠道和血液中受到机体的抵抗而被裂解、破坏，释放大量内毒素，使人体中毒，出现中毒症状。沙门菌在禽可引起鸡白痢等疾病。沙门菌食物中毒的潜伏期为 6～12h，最长可达24h。主要病变是急性胃肠炎，临床表现为恶心、头痛、出冷汗、面色苍白，继而出现呕吐、腹泻、发热，体温高达 38～40℃，大便水样或带有脓血、黏液，中毒严重者出现寒战、惊厥、抽搐和昏迷等，致死率较低。

（3）沙门菌的检验方法

沙门菌对食品造成的污染越来越受到食品加工企业、卫生检疫部门及广大消费者的重视。沙门菌绝大多数为非致病性，致病性菌株的检验按《中华人民共和国国家标准-食品卫生检验方法（微生物学部分）》的沙门菌检验方法（GB/T 4789.31—2013）进行。

2．肉毒梭菌食物中毒

肉毒梭菌（*Clostridium botulinum*）是一种腐物寄生菌，在自然界分布很广，土壤、霉干草和畜禽粪便中均存在。肉毒梭菌食物中毒（肉毒中毒）是一种较严重的食物中毒，它是肉毒梭菌外毒素所引起的。肉毒中毒主

要是食品在调制、加工、运输、贮存的过程中污染了肉毒梭菌芽胞，在适宜条件下，发芽、增殖并产生毒素所造成的。中毒食品种类往往与饮食习惯有关，在国外，引起肉毒中毒的食品多为肉类及各种鱼、肉制品、火腿、腊肠，以及豆类、蔬菜和水果罐头。在我国也有肉毒中毒的报道，因肉类食品及罐头食品引起的中毒较少，新疆肉毒中毒的调查统计，臭豆腐、豆豉、面酱、红豆腐、烂马铃薯等植物性食品占 91.48%；其余的 19 起（占8.52%）源于动物性食品，包括熟羊肉、羊油、猪油、臭鸡蛋、臭鱼、咸鱼、腊肉、干牛肉、马肉等。婴儿食品危害就更大，如蜂蜜。

（1）病原特征

肉毒梭菌的抵抗力一般，但其芽胞的抵抗力很强，可耐煮沸达 1～6h 之久，于180℃干热 5～15min或 120℃高压蒸汽下 10～20min 才能杀死；10%盐酸须经 1h 才能破坏；在乙醇中能存活 2 个月，其中以 A、B 型菌的芽胞抵抗力最强（图2-4）。这一点对于罐头食品的灭菌很重要，应特别注意。肉毒毒素抵抗力也较强，80℃ 30min 或 100℃ 10min 才能被完全破坏。正常胃液和消化酶 24h 也不能将其破坏，仍可被肠道吸收而中毒。

肉毒梭菌目前可根据产生毒素的不同分为 A、B、C、D、E、F、G 7 个菌型，其中 C 型有 Cα 和 Cβ 两个亚型。引起人中毒的主要是 A、B、E 三型，C、D 主要是畜禽

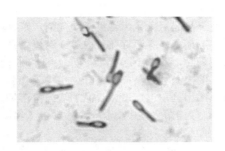

图2-4 A、B型肉毒梭菌

肉毒中毒的病原，F型只见报道发生在个别地区的人，1980年从瑞士5名突然死亡病例中发现G型毒素。肉毒毒素在肉毒梭菌芽胞中产生，由菌体释放到培养基中，经滤过除菌所得滤液即毒素液。毒素形成的最适温度为28～37℃，低于8℃或pH4.0以下则不能形成。肉毒毒素是一种神经毒素，是目前已知化学毒物与生物毒素中毒性最强的一种，对人的致死量为10^{-9}mg/kg，毒力比氰化钾还要大1万倍。

（2）致病性

肉毒毒素是一种与神经亲和力较强的毒素，经肠道吸收后，作用于外周神经肌肉接头、植物神经末梢及颅脑神经核，毒素能阻止乙酰胆碱的释放，导致肌肉麻痹和神经功能不全（图2-5）。临床表现以中枢神经系统症状为主。肉毒毒素中毒潜伏期长短不一，短者2h，长者可达数天，一般为12～24h。中毒症状，早期为瞳孔散大、明显无力、虚弱、晕眩，继而出现视觉不清和雾视，越来越感到说话和吞咽困难，通常还可见到呼吸困难。体温一般正常，胃肠道症状不明显。病程一般为2～3d，也有长达2～3周之久的。肉毒毒素中毒病死率较高，可达30%～50%，主要死于呼吸麻痹及心肌麻痹。如早期使用型特异性或多价抗血清治疗，病死率可降至10%～15%。

图2-5 鸭肉毒毒素中毒——松软瘫痪

（3）检验

1）细菌常规检验：培养检测，对样品先煮沸10～15min，冷却后在明胶半固体培养基和胰蛋白胨葡萄糖酵母浸膏琼脂（TPGYT）培养基中培养分离。培养检测没有最终意义，细菌检出后还必须进行毒性鉴定。

2）肉毒毒素检测：样品直接稀释后离心，取上清液注射小白鼠。死亡者为有毒性。必要时进行毒素分型鉴定。检验标准按国家标准检验方法进行（GB/T 4789.12—2003）。也可以用基因和免疫学方法进行快速检测鉴定。

3. 葡萄球菌食物中毒

金黄色葡萄球菌（*Staphylococcus aureus*）广泛存在于空气、土壤、水及物品中。在人和家畜的体表及其与外界相通的腔道，检出率也相当高。葡萄球菌可分为金黄色葡萄球菌、表皮葡萄球菌和腐生性葡萄球菌。引起食物中毒的主要是金黄色葡萄球菌产生的肠毒素。通常是通过患病动物的产品或患化脓创的食品加工人员及环境因素引起食品的污染，如果条件适宜，即可大量繁殖并产生肠毒素。其也是一种人畜共患病病原菌，如引起皮肤化脓、动物乳房炎等。

（1）病原特性

葡萄球菌（图2-6）的抗原结构较复杂，细胞壁经水解后，用沉淀法可得到两种抗原成分，即蛋白质抗原和多糖类抗原。

蛋白质抗原主要为葡萄球菌A蛋白（*Staphylococcus protein A*，SPA），是一种表面抗原，从人分离到的菌株均有SPA，来自动物的少见。90%以上的金黄色葡萄球菌有此抗原，因而只具有种的特异性而无型的特异性。SPA的分子质量为13 000～42 000Da，它能与人及哺乳动物血清中IgG的Fc片段发生非特异性结合。

多糖类抗原为存在于细胞壁上的半抗原，是该菌的一个重要抗原，有型特异性。其抗原决定簇为磷壁酸中核糖醇单位，此抗原可用于该菌的分型。金黄色葡萄球菌依据噬菌体分型共分5个群。引起食物中毒的主要是噬菌体Ⅲ群和Ⅳ群。

金黄色葡萄球菌在生长繁殖过程中还产生多种毒素和酶，其中主要有溶血毒素、肠毒素、杀白细胞素、血浆凝固酶、DNA酶、耐热性核酸酶和透明质酸酶等。

在无芽胞的细菌中，葡萄球菌的抵抗力最强。在干燥的脓汁中可生存数月，湿热80℃ 30min才能将其杀死。耐盐性强，在含盐7.5%～15%的培养基上能生长，但对染料较敏感，如培养基中加入$5×10^{-6}$g/mL龙胆紫液可抑制其生长。对磺胺类药物敏感性较低，对红霉素、链霉素、氯霉素及四环素较敏感。肠毒素的耐热性强，食物中毒素煮沸120min方能破坏，故一般的消毒及烹调不能破坏。低温下2个月以上失去毒力，可抵抗0.3%甲醛达48h，pH3～10不被破坏，但在0.915mg/L氯溶液中3min即可被破坏。

（2）致病性

金黄色葡萄球菌感染后可出现毛囊炎、疖、痈乃至败血症等（图2-7）。造成肠道菌群失调后可引起肠炎。在动物和人可引起化脓、乳房炎及败血症等，产生肠毒素的菌株能引起食物中毒。潜伏期一般为1～6h，最短者为0.5h。主要症状是恶心、呕吐、流涎，胃部不适或疼痛，继之腹泻。呕吐为多发症，为喷射状呕吐。腹泻后多见有腹痛，初为上腹部痛，后为全腹部痛。呕吐物或粪便中常可见有血和黏液。少数患者有头痛、肌肉痛、心跳减弱、盗汗和虚脱现象。体温不超过38℃，病程2d，呈急性经过，很少有人死亡，预后良好。金黄色葡萄球

菌耐药株对人的危害非常大，如耐二甲氧苯青霉素钠（MRSA）每年在美国可致死 19 000 人，有的能耐 30 几

种抗菌药，成为超级耐药菌。

致病物质主要有毒素和酶。

图 2-6　葡萄球菌菌体

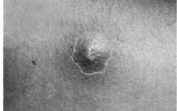　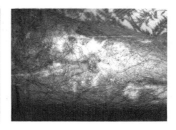

图 2-7　葡萄球菌所致皮肤病

1）溶血素：金黄色葡萄球菌产生的溶血素有 α、β、γ、δ、ε 等溶血素。对人有致病性的葡萄球菌多产生 α 溶血素。

2）肠毒素：金黄色葡萄球菌的某些溶血菌株能产生一类引起急性胃肠炎的肠毒素，此类菌株污染牛奶、肉类、鱼虾、糕点等食物后，在室温（20℃以上）下经 8～10h 能产生大量毒素，人摄食该菌污染的食物 2～3h 后即表现中毒症状。目前，发现肠毒素有 A、B、C₁、C₂、D、E、F～Y 等 23 种类型。其中 A 型引起的食物中毒最多，B 型和 C 型次之。肠毒素是一种可溶性蛋白质，耐热，100℃煮沸 30min 不被破坏，对胰蛋白酶有抵抗力，可致呕，但一般不引起腹泻，可使人、猫、猴发生急性胃肠炎，TSST-1（中毒性休克综合征毒素）引起休克。

3）杀白细胞素：大多数致病性葡萄球菌能产生杀白细胞素，它能破坏人或兔的粒细胞，具有抗原性、不耐热，能通过细菌滤器。

4）血浆凝固酶：能使家兔或人的枸橼酸钠或肝素抗凝血浆凝固。大多数致病性葡萄球菌能产生此酶，非致病性的则不产生此酶。

（3）检验

葡萄球菌的国家标准检验方法为 GB/T 4789.10—2010。此外，还可进行肠毒素的测定、血清学试验、噬菌体分型试验等。

4. 副溶血性弧菌食物中毒

副溶血性弧菌（*Vibrio parahaemolyticus*）又称嗜盐杆菌、嗜盐弧菌，是一种海洋性细菌，存在于海水和海产品中。据调查，海产品中以墨鱼带菌率最高，为 93%，梭子鱼为 78.8%，带鱼为 41.2%，黄鱼为 27.3%。另外在其他食品，如肉类、禽类、淡水鱼中也有本菌的存在。本菌的致病性菌株可引起人的食物中毒，最早报道于日本，引起发病的食物主要是海产品，其后在沿海地带及岛屿地带均有发现，位居沿海地区食物中毒之首。

该菌引起的中毒多呈暴发性，散发的较少。食物中毒大多发生于 6～10 月气候炎热的季节，寒冷季节则极少见。主要由生食海产品、烹调加热不足或交叉污染引起。

（1）病原特性

副溶血性弧菌为 G⁻，在 CHROMagar 呈色（图 2-8，

图 2-9），溶血试验发现，从患者样品中分离的菌株能在含有人血和家兔红细胞的培养基中生长，产生 β 型溶血，而从海水及海产品中分离的菌株则否，特称为神奈川（Kanagawa）现象。能在神奈川培养基上产生 β 型溶血者，称为神奈川试验阳性。从患者样品分离出的菌株，神奈川阳性率为 96.5%，阴性只有 3.5%。相反，从海水及海产品中分离的菌株，阴性率占 99%，阳性率只占 1%。志愿者口服（2×10⁵）～（3×10⁷）个神奈川阳性菌就能引起胃肠炎，而食入（1×10⁶）～（2×10⁶）个神奈川阴性菌也不能引起发病。副溶血性弧菌的此种溶血性与肠道致病性有关。

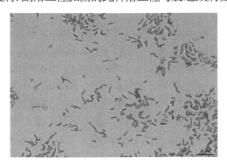

图 2-8　副溶血性弧菌菌体

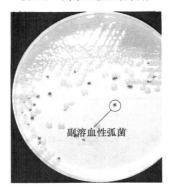

图 2-9　副溶血性弧菌在 CHROMagar 上显色

本菌有 3 种抗原成分。鞭毛抗原（H 抗原），不耐热，经加热 100℃ 30min 即被破坏。菌体抗原（O 抗原），耐热，加热 100℃ 2h 仍保持其抗原性。包膜抗原（K 抗原），存在于活菌的表面，可阻止抗菌体血清与 O 抗原发生凝集。但 K 抗原也不耐热，在菌种保存过程中，往往发生变异。

副溶血性弧菌在淡水中 1d 左右即死亡，在海水中则

能存活47d以上，在pH6以下即不能生长，但在含盐6%的酱菜中，虽pH降至5.0，仍能存活30d以上。本菌对热敏感，65℃ 5～10min或90℃ 1min即可将其杀死。15℃以下生长即受抑制，该菌对酸的抵抗力较弱，2%乙酸或食醋中1min即死亡。

（2）致病性

食物中毒以急性发病、腹痛、腹泻、呕吐等为主要症状，但也有大便混脓血者，一般病后3～5d痊愈，但重症者也可造成脱水、休克。发生无年龄、种族的差异，而主要与地域和饮食习惯有很大关系。食用同样污染的食物，经常接触该菌的人不易发病。本菌食物中毒的发病机制目前尚不十分清楚，有报道证实，中毒与该菌产生的溶血素有关。耐热性溶血素可使小鼠、豚鼠的回肠段、心肌细胞发生变性，是一种心脏毒素。

（3）检验

副溶血性弧菌主要采用国家标准方法（GB/T 4789.7—2013）进行检验。

5. 致病性大肠杆菌食物中毒

大肠埃希氏菌（*Escherichia coli*）通常简称为大肠杆菌，它主要寄居于人和动物的肠道内，由于人和动物活动的广泛性，决定了本菌在自然界分布的广泛性，在水、土壤、空气等环境都有不同程度的存在。它属于条件致病菌，其中有些血清型能使人类发生感染和中毒，一些血清型能致畜禽疾病。致病性大肠杆菌是指能引起人和动物发生感染与中毒的一群大肠杆菌。致病性大肠杆菌与非致病性大肠杆菌在形态特征、培养特性和生化特性上是不能区别的，只能用血清学的方法根据抗原性质的不同来区分。致病性大肠杆菌根据其致病特点进行分类，目前分类方法尚不统一，一般被分为6类：肠产毒性大肠杆菌（enterotoxigenic *E.coli*，ETEC）、肠侵袭性大肠杆菌（enteroinvasive *E.coli*，EIEC）、肠致病性大肠杆菌（enteropathogenic *E.coli*，EPEC）、肠出血性大肠杆菌（enterohemorrhagic *E.coli*，EHEC）、肠黏附性大肠杆菌（enteroadhesive *E.coli*，EAEC）和弥散黏附性大肠杆菌（diffusely adherent *E.coli*，DAEC）。

致病性大肠杆菌主要是通过牛奶，家禽及禽蛋，猪、牛、羊等肉类及其制品，水产品，水及被该菌污染的其他食物导致人们的食物感染与中毒，致病性大肠杆菌常见的血清型较多，其中较为重要的是EHEC O157∶H7，属于肠出血性大肠杆菌，能引起出血性或非出血性腹泻、出血性结肠炎（HC）和溶血性尿毒综合征（HUS）等全身性并发症。据美国疾病控制中心（CDC）估计，在美国每年约2万人被EHEC O157∶H7引起发病，死亡可达250～500人。近年来，在非洲、欧洲和加拿大、澳大利亚、日本等许多地区和国家均有EHEC O157∶H7引发的感染中毒，有的地区呈不断上升的趋势。我国自1987年以来，在江苏、山东、北京等地也有陆续发生EHEC O157∶H7散发病例的报道。

健康人肠道致病性大肠杆菌带菌率一般为2%～8%，高者达44%；成人肠炎和婴儿腹泻患者的致病性大肠杆菌带菌率较成人高，为29%～52.1%，饮食业、集体食堂的餐具、炊具，特别是餐具易被大肠杆菌污染，其检出率高达50%左右，致病性大肠杆菌检出率为0.5%～1.6%。食品中致病性大肠杆菌检出率高低不一，低者在1%以下，高者达18.4%。猪、牛的致病性大肠杆菌检出率为7%～22%。

（1）病原特性

本属细菌为两端钝圆，散在或成对的中等大杆菌，多数菌株有5～8根周生鞭毛，运动活泼，周身有菌毛。少数菌株能形成荚膜或微荚膜，不形成芽胞。对一般碱性染料着色良好，有时菌体两端着色较深，革兰氏染色阴性。

本属细菌能发酵多种糖类产酸、产气，也有不产气的生化型，大多数菌株可迅速发酵乳糖，仅极少数迟缓发酵或不发酵，约半数菌株不分解蔗糖。

（2）致病性

大肠杆菌（图2-10，图2-11）的病原性是由许多致病因子综合作用的结果，它们包括黏附因子、宿主细胞的表面结构、侵袭素和许多不同的毒素及分泌这些毒素的系统。大肠杆菌引起的特征性胃肠炎主要分为如下3型。

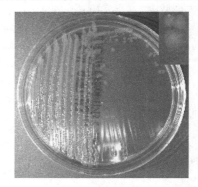

图2-10 EHEC O157∶H7在山梨醇琼脂上

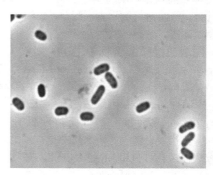

图2-11 大肠杆菌菌体

急性胃肠炎型 潜伏期一般为10～15h，短者6h，长者74h。由ETEC所致，是致病性大肠杆菌食物中毒的典型症状，比较常见。主要表现为腹泻、上腹痛和呕吐。粪便呈水样或米汤样，每日4～5次。部分患者腹痛较为剧烈，可呈绞痛。吐、泻严重者可出现脱水，乃至循环衰竭。发热，38～40℃，头痛等。病程3～5d。

急性菌痢型 潜伏期 48～72h。由 EIEC 型引起，主要表现为血便、脓血、脓黏液血便，里急后重、腹痛、发热，部分患者有呕吐。发热，38～40℃，可持续 3～4d。病程 1～2 周。

出血性肠炎型 潜伏期一般为 3～4d，短者 1d，长者 8～10d。主要由 EHEC O157∶H7 引起，主要表现为突发剧烈腹痛、腹泻，先水样便后血便，甚至全为血水。也有低热或不发热者。严重者出现溶血性尿毒综合征（HUS）、血小板减少性紫癜等，老人和儿童多见。病程 10d 左右，病死率为 3%～5%。根据大肠杆菌致病性特点，将致病性大肠杆菌分成以下 6 类。

1）肠产毒性大肠杆菌：肠产毒性大肠杆菌主要对人群致病，是发展中国家儿童和旅行者腹泻的主要致病因素之一，污染的水和食物是主要感染源。感染的临床症状有些表现为温和型腹泻，也有些发展为严重的霍乱样症状。该菌的两个主要毒力因子是黏附素和肠毒素。最常见的黏附素是菌毛，ETEC 黏附并定居于肠道黏膜首先需要通过菌毛介导，ETEC 菌毛致病有重要特征，即有种特异性，如表达 K99 的 ETEC 菌株对牛、羊、猪致病，表达 K88 的 ETEC 可引起猪致病，含有决定定居的菌毛 CFA（肠产毒型大肠杆菌的定植因子）的 ETEC 分离株对人致病。

2）肠致病性大肠杆菌：肠致病性大肠杆菌是发展中国家婴儿腹泻的主要致病菌，其流行病学最显著的特征是主要引起 2 岁以下儿童发病，成人感染剂量为 10^8～10^{10}cfu。能在感染肠上皮细胞或在组织培养细胞表面形成特征性的组织病理学损伤，这种损伤称为黏附与脱落（attaching and effacing，A/E），其病理学变化是细菌与肠上皮细胞紧密黏附，肠微绒毛消失，并使细菌黏附部位的肠上皮细胞骨架发生改变，丝状肌动蛋白聚集等。

3）肠出血性大肠杆菌：牛、羊被认为是天然带菌动物。但是，其具体传播途径是复杂多样的。感染人群中儿童和老年人最易发病且症状较为严重，容易并发溶血性尿毒综合征和血小板减少性紫癜。EHEC O157∶H7 是 EHEC 的代表菌株，能引起出血性或非出血性腹泻、出血性结肠炎和溶血性尿毒综合征等全身性并发症。

4）肠侵袭性大肠杆菌：主要引起大龄儿童和成年人腹泻，已经暴发的 EIEC 感染通常是食物源性或水源性的，其症状主要表现为水样腹泻，少数人出现痢疾。该菌主要侵袭大肠上皮细胞，临床上表现出类似痢疾的症状。

EIEC 具有侵袭上皮细胞的能力，并在细胞间扩散，可引起豚鼠角膜炎，常用此方法检测大肠杆菌的侵袭力。与毒力相关的特征是在 HeLa 细胞单层中形成噬菌斑。

5）肠黏附性大肠杆菌：许多大肠杆菌能黏附于 Hep2 细胞，区分黏附显型的主要特征是：EPEC 呈局灶性黏附（LA），非 EPEC 菌株呈现弥散性黏附（DA）。大肠杆菌黏附又分成两类：聚集性黏附（AA）和弥散性黏附（DA）。按此黏附类型进行分类的两类大肠杆菌分别是：肠黏附性大肠杆菌和弥散黏附性大肠杆菌。

肠黏附性大肠杆菌是一种新出现的肠道致病菌，主要发生于旅行者或发展中国家和工业化国家的地方性腹泻，EAEC 感染后主要症状是长时间腹泻（≥14d）。症状主要是呕吐和水样、黏液样腹泻，无发热症状。该菌通常不分泌肠毒素 LT 或 ST，AA 型能黏附于 Hep2 细胞，在感染患者和动物模型中其重要的组织病理学变化是 EAEC 菌株能增强黏膜肠液分泌。

6）弥散黏附性大肠杆菌：弥散黏附性大肠杆菌最初是指能黏附于 Hep2 细胞但不形成 EPEC 的微菌落型黏附的大肠杆菌，随着 EAEC 的发现，多数人认为 DAEC 是致泻性大肠杆菌的一个独立的类别。但目前对 DAEC 导致腹泻的病理特征了解得还很有限。

大肠杆菌的抗原比较复杂，主要由 O 抗原、H 抗原和 K 抗原 3 部分组成。

大肠杆菌产生的毒素包括内毒素、肠毒素、细胞毒素等，在致病过程中起重要作用。

（3）检验

目前我国国家标准中大肠杆菌的检测方法主要有：GB/T 4789.31—2013《食品中大肠菌群的测定方法》、GB/T 4789.31—2013《食品中致泻大肠埃希氏菌检验方法》、GB/T 4789.31—2013《应用肠杆菌科噬菌体检验食品致泻大肠埃希氏杆菌的检验程序和方法》。

6. 变形杆菌食物中毒

本属细菌曾分为普通变形杆菌（Proteus vulgaris）、奇异变形杆菌（P. mirabilis）、摩根变形杆菌（P. morganii）、雷极氏变形杆菌（P. rettgeri）及无恒变形杆菌（P. inconstans）。后根据表型和基因的差异研究，将变形杆菌属分为 3 个独立的菌属，即变形杆菌属、摩根氏菌属和普罗菲登斯菌属。将雷极氏变形杆菌和无恒变形杆菌引入普罗菲登斯菌属，而摩根变形杆菌变为摩根氏菌属。现在的变形杆菌属共包括普通变形杆菌、奇异变形杆菌、彭纳氏变形杆菌和产黏液变形杆菌 4 个种。与食物中毒有关的变形杆菌是普通变形杆菌、奇异变形杆菌和摩根变形杆菌。

变形杆菌为腐物寄生菌，在自然界分布较广，如水、土壤、腐败有机物及人和动物肠道中均有变形杆菌存在，所以食品受其污染的机会很多。据调查报告，动物带菌率为 0.9%～62.7%，食品污染率为 3.8%～8.0%，食品污染率高低与食品新鲜度、运输、贮存的卫生条件有密切关系，特别是不遵守操作规程，肉用动物屠宰解体时割破胃肠道等情况下，肉类及其产品污染率更高。

变形杆菌食物中毒也是一种比较常见的细菌性食物中毒，特别是熟肉类和凉拌菜，以及吃病死畜禽肉而引起变形杆菌食物中毒更常有发生。变形杆菌是人类尿道感染最多的病原之一，也是伤口中较常见的继发感染菌。变形杆菌在一般情况下对人体无害，因此，仅从食品中检出变形杆菌没有什么意义。在检验时，除了进行一般的分离和鉴定变形杆菌外，还需做每克食品中变形杆菌的数量测定。

（1）病原特性

本属细菌为革兰氏阴性、两端钝圆的小杆菌，无芽胞、无荚膜（图2-12）。有明显的多形性，有时呈球形、杆状、长而弯曲或长丝状，有周身鞭毛，活泼运动。

需氧或兼性厌氧菌，营养要求不高，在普通培养基上生长良好，由于生长速度快，在普通琼脂上呈迁徙性生长（图2-13）。在10～45℃均可生长，最适生长温度为34～37℃。

本菌抵抗力中等，与沙门菌类似，对巴氏灭菌及常用消毒药敏感，对一般抗生素不敏感。

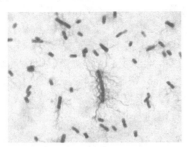

图2-12 变形杆菌革兰氏染色

图2-13 变形杆菌平板生长及迁徙现象

（2）致病性

变形杆菌属能在人类体内不同的部位致病。侵袭因子包括菌毛、鞭毛、外膜蛋白、脂多糖、荚膜抗原、脲酶、免疫球蛋白A蛋白酶、溶血素、氨基酸脱氨酶等多种因子，其最重要的特性——迁徙生长能够使其定居并存活于更高级组织中。

变形杆菌食物中毒分为急性胃肠炎型和过敏型两种。

急性胃肠炎型中毒是由于大量变形杆菌随同食物进入胃肠道，并在小肠内繁殖引起感染过程。同时，变形杆菌可以产生肠毒素，肠毒素为蛋白质和碳水化合物的复合物，具有抗原性。由肠毒素引起中毒性胃肠炎。变形杆菌食物中毒潜伏期短，发病快，一般为3～5h，最短者仅1h。主要表现为恶心、呕吐、腹痛剧烈如刀割、腹泻、头痛、发热、全身无力等。腹泻一日数次至数十次，多为水样便，有恶臭，少数带黏液。病程较短，一般为1～3d。

过敏型中毒主要是因为摩根变形杆菌产生很强的脱羧酶，使食品中的组氨酸脱羧形成组胺。例如，在微酸性（pH5～6）的条件下，鱼肉中的游离组氨酸即可生成组胺。摩根变形杆菌可引起过敏反应，潜伏期一般为30～60min，也可短至5min或长达数小时。主要表现为颜面潮红、酒醉状、头痛、血压下降、心率过速等。有时也伴有发热、呕吐、腹泻等症状。多在12h内恢复。水产品引起这类中毒较多，主要是组胺积蓄到一定量时，人食后即发生中毒。

（3）检验

参考国家标准GB 4789.28—2013、WS/T9—1996及GB 14938—1994。变形杆菌检验时需要做菌体计数。注意冷藏食品的该菌检验。

7. 小肠结肠炎耶尔森氏菌食物中毒

小肠结肠炎耶尔森氏菌（*Yersinia enterocolitica*）是国际上引起重视的人畜共患病病原菌之一，也是一种非常重要的食源性病原菌。耶氏菌共有4个亚种，小肠结肠炎耶尔森氏菌是其中一个亚种，其他还有鼠疫耶氏菌（*Yersinia pestis*）、假结核耶氏菌（*Yersinia pseudotuberculosis*）和鱼红嘴疫耶氏菌（*Yersinia ruckeri*）。而小肠结肠炎耶尔森氏菌包括4个种，即典型小肠结肠炎耶尔森氏菌、弗氏耶氏菌（*Y. frederiksenii*）、中间型耶氏菌（*Y. intermedia*）、克氏耶氏菌（*Y. kristensenii*），典型菌株是致病的，后三者均为非致病的。通常所说的小肠结肠炎耶尔森氏菌即指典型小肠结肠炎耶尔森氏菌。

本菌主要存在于人和动物的肠道中，据调查报告，从人及猪、牛、羊、马、狗、猴、猫、骆驼等许多哺乳动物，鸡、鸭、鹅、鸽等多种禽类，鱼、虾等水生动物，蛙、蜗牛等冷血动物，昆虫均曾分离到本菌。食用动物带菌率较高，通过食品加工过程造成对食品的污染也较严重，据调查报告，德国市场出售的鸡肉带菌率为28.9%，猪肉为34.5%，牛肉为10.8%，我国报告猪肉检出率为10.8%，鸡肉为34.5%，牛肉为14.6%。

食品污染率高，所以对人体健康造成严重威胁，除引起皮肤结节红斑、丹毒样皮疹、关节炎和假阑尾综合征等感染性疾病外，还经常引起暴发性食物中毒。动物性食品常常被本菌污染，常见的有肉类、奶类食品。

本菌在4℃条件下存活18个月，冷藏食品可防止其他病原菌的繁殖，而本菌在0～4℃仍能继续繁殖并产生毒素，对人仍具有感染性，对这种可通过食物传播而又具有嗜冷性的致病菌必须足够重视。

（1）病原特性

本菌为短小、卵圆形或杆状的革兰氏阴性杆菌，22～25℃幼龄培养物主要呈球形，无芽胞，无荚膜。30℃以下培育有鞭毛，37℃则无鞭毛。25℃生长的培养物细菌具有1～8根周身鞭毛，其鞭毛数根据生物型的不同而多少不一，生物1～3型的菌株有2～6根鞭毛，多者达18根鞭毛，生物4～5型的菌株多数只有1根鞭毛，动力不活泼，在陈旧培养物呈多形性，亚甲蓝染色可显示两极浓染。

本菌为需氧和兼性厌氧菌，最适生长温度为25～30℃。生长的pH为4～10，最适生长pH为7.2～7.4。对营养要求不高，在普通培养基上均能生长，但生长缓慢（图2-14），对胆盐、煌绿、结晶紫、孔雀绿及氯化钠均有一定的耐受性。

图 2-14 耶氏菌在 XLD 琼脂上生长的菌落

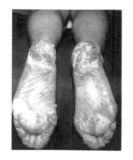

图 2-15 耶氏菌病

本菌有耐盐性，NaCl 浓度达 5%仍能生长，7% NaCl 才可以抑制耶氏菌生长。

（2）致病性

小肠结肠炎耶尔森氏菌已经明确的毒力因子包括 V 和 W 抗原、两种侵袭素（inv 和 ail）及肠毒素和 LPS 内毒素等。另外，质粒编码的温度诱导性外膜蛋白 Yops 和染色体编码的高分子质量铁诱导蛋白 HWMP2 也对其致病性有重要影响。

V 和 W 抗原 已知该菌的某些菌株具有与鼠疫耶氏菌和假结核耶氏菌在免疫学上相同的 V 和 W 抗原。在 37℃生长时需要钙而在 25℃生长时不需要钙的菌株即含 V 和 W 抗原。

潜伏期一般 3～5d。中毒表现还是以消化道症状为主，腹痛、腹泻、发热、水样便，少数患者为软便，体温 38～39.5℃。其次是恶心、呕吐、头痛等表现。病程一般为 2～5d，长者可达 2 周。儿童发病率比成人高，通常为 50%。

中毒表现多种多样，且随着年龄不同而不同，2 岁以下以腹痛、发热、胃肠炎为主；儿童和青少年以类似急性阑尾炎的表现，成人以结节性红斑、关节炎等常见（图 2-15）；如出现败血症，可致死亡，病死率高达 34%～50%。

根据 O 抗原，结合 H 抗原和 K 抗原，将本菌分成 50 余个血清型，目前我国采用 49 个 O 因子血清分群。

多数菌株只含 1 个 O 抗原因子，部分菌株含有 2 个以上的 O 抗原因子。小肠结肠炎耶尔森氏菌的血清型随地区、人群和动物种类不同而有差别，如美国和加拿大最常见者为 O：8 型，在非洲和日本主要是 O：3 型，其次是 O：5、O：9 型。我国发现的菌型为 O：3、O：7、O：8、O：10、O：16、O：9、O：21。已知感染人的主要血清型是 O：3、O：5、O：8、O：9。

小肠结肠炎耶尔森氏菌的部分菌株能产生一种耐热性肠毒素，分子质量为 10 000～50 000Da，该毒素在 121℃ 30min 不被破坏，4℃放置 7 个月不失其活性。pH1～11 的环境中不被破坏，肠毒素只在室温（25℃）下培养能迅速产生，37℃则不产生。

（3）检验

国家标准检验方法《食品卫生微生物学检验小肠结肠炎耶尔森氏菌检验》（GB/T 4789.8—2008）适用于食品中小肠结肠炎耶尔森氏菌的检验。

8. 空肠弯曲菌食物中毒

空肠弯曲菌（Campylobacter jejuni）为弯曲菌属中的一个种，是引起散发性细菌性肠炎最常见的菌种之一，也是一种重要的人畜共患病的病原菌。该菌常通过污染饮食、牛奶、水源等被食入，或与动物直接接触被感染（图 2-16）。

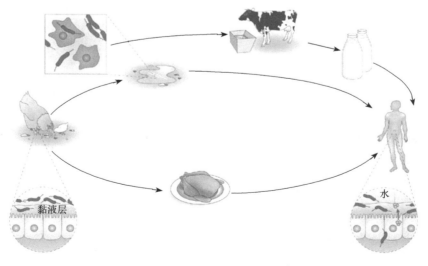

图 2-16 空肠弯曲菌传播途径示意图

019

空肠弯曲菌广泛存在于家禽、鸟类、狗、猫、牛、羊等动物体中，猪盲肠带菌率为59.9%，牛盲肠为26.5%，鸡为60%～90%。苏州调查显示鸡带菌率为89.3%，狗为75%，猪为61.5%，鸭为79.2%。在肉品的污染也是严重的，英国检查的6169个牛和猪的肉样，总阳性率为1.6%，屠宰场肉样为4%。日本调查猪肘子的本菌检出率为10%，肝脏为16.6%。吉林省某地肉联厂屠宰猪胴体表面阳性检出率为56.1%；江苏的半净膛鸡阳性率为10%。

本菌对人体健康的危害是比较严重的，在英国、日本、美国等国家均有本菌引起的食物中毒报道。例如，英国于1981年因饮用污染本菌的生乳，暴发病例达2500人，日本发生一次性污染水源引起7751人发病。

（1）病原特性

本菌在感染组织中呈弧形、撇形或S形，经常见两菌连接为海鸥展翅状，偶尔为较长的螺旋状（图2-17）。在培养物中，幼龄时较短；老龄者较长，有的其长度可超过整个视野。另外，在老龄培养物中也可见到球状体。不形成芽胞或荚膜，但某些菌株特别是直接采自动物体病料内的细菌，具有荚膜。撇形者为一端单鞭毛，S形者可为两端鞭毛。运动甚为活泼。在暗视野相差显微镜下观察，呈螺旋形滚动，如投掷标枪式迅速前进。DNA中的G＋C含量为31%。

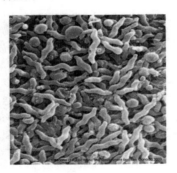

图2-17 空肠弯曲菌

染色时，用沙黄不易着色，5倍稀释的石炭酸复红效果较佳，革兰氏染色阴性。

微需氧，在大气和绝对无氧环境中不能生长，以在5%氧气、85%氮气与10%二氧化碳环境中生长最为适宜（图2-18）。生长温度为37.0～43.0℃，但以42～43℃生

图2-18 血平皿上的空肠弯曲菌

长最好，25℃不生长，在其最适温度中培养既有利于本菌生长发育，又可抑制肠道部分杂菌的生长。新鲜组织或胃内容物等培养基生长良好。本菌生化反应不活泼，不发酵糖类。

抵抗力较弱。培养物放置冰箱中很快死亡，56℃ 5min即被杀死，干燥、日光也可迅速致死，培养物放室温可存活2～24周。但冷冻干燥可保存其生活力达13～16个月。

（2）致病性

潜伏期一般 3～5d。突然发生腹泻和腹痛。腹痛可呈绞痛，腹泻一般为水样便或黏液便，重患者有血便，每日腹泻数次至十余次，带有腐臭味。发热，38～40℃，特别是当有菌血症时出现高热，也有仅腹泻而不发热者。还有头痛、倦怠、呕吐等。偶有重者死亡。

空肠弯曲菌是一种重要的人畜共患病的病原菌，它可引起羊流产，猪、狗、猫、猴等动物的肠炎，牛乳房炎，禽类肝炎及人类的腹泻和败血症等。本菌还可以作为致病菌和正常菌群的成员存在于动物肠道中，尤其是鸡和猪的带菌率很高，可以达80%～100%。随粪便排出体外，污染环境、水源。本菌致病因素主要是侵袭力、耐热性肠毒素（ST）及内毒素。

（3）检验

参考GB/T 4789.9—2008。

9. 蜡样芽胞杆菌食物中毒

蜡样芽胞杆菌（*Bacillus cereus*）为需氧芽胞属成员，在自然界分布广泛，常存在于土壤、灰尘和污水中，植物和许多生熟食品中常见。已从多种食品中分离出该菌，包括肉、乳制品、蔬菜、鱼、土豆、酱油、布丁、炒米饭及各种甜点等。在美国，炒米饭是引发蜡样芽胞杆菌呕吐型食物中毒的主要原因；在欧洲大都由甜点、肉饼、色拉、奶和肉类食品引起；在我国主要与受污染的米饭或淀粉类制品有关。该菌于20℃以上的环境中放置，能迅速繁殖并产生肠毒素，同时，由于本菌不分解蛋白质，食品在感官上无明显变化，无异味。

引起食物中毒的食品必须含有大量的细菌菌体，每克或每毫升食品中需含 10^7 个以上的蜡样芽胞杆菌才能引起食物中毒。食物中毒分两种类型：①呕吐型。由耐热的肠毒素引起，于进餐1～6h发病，主要是恶心、呕吐，仅有少数有腹泻。病程平均不超过10h。②腹泻型。由不耐热肠毒素引起，进食后发生胃肠炎症状，主要为腹痛、腹泻和里急后重，偶有呕吐和发热。此外，该菌有时也是外伤后眼部感染的常见病原菌，引起全眼球炎。在免疫功能低下或应用免疫抑制药的患者中还可引起心内膜炎、菌血症和脑膜脑炎等。

（1）病原特性

蜡样芽胞杆菌为革兰氏阳性大杆菌，菌体直或稍弯曲，兼性需氧，形成芽胞，芽胞不突出菌体，菌体两端较平整，位于菌体中央，多数呈链状排列（图2-19）。具周身鞭毛，能运动，不形成荚膜。DNA中的G＋C含量为31.7%～40.1%。

蜡样芽胞杆菌生长温度为 25～37℃，最佳温度为30～32℃。在肉汤中生长混浊，有菌膜或壁环，振摇易乳化。在普通琼脂上生成的菌落较大，直径 3～10mm，灰白色、不透明，表面粗糙似毛玻璃状或融蜡状，边缘常呈扩展状。偶有产生黄绿色色素，有的菌株产生淡红褐色弥散性色素，也有的菌株在含铁丰富的淀粉培养基上产生红色色素，在 MYP（甘露醇-卵黄多黏菌素琼脂）上菌落通常是伊红粉色（图 2-20，图 2-21）。

蜡样芽胞杆菌在 4℃、pH4.3、盐浓度 18%的条件下仍能存活或生长，耐热。

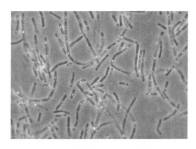

图 2-19 蜡样芽胞杆菌菌体

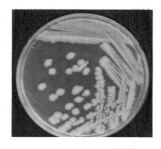

图 2-20 Luria agar 培养

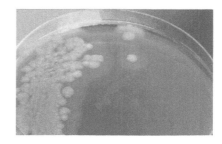

图 2-21 MYP 上产卵磷脂酶

（2）致病性

蜡样芽胞杆菌引起食物中毒是由于该菌产生肠毒素。已知有 3 种毒素，即溶血（haemolysin）致死性肠毒素 BL、非溶血性肠毒素和细胞毒性肠毒素。引起腹泻型综合征的是一种大分子质量蛋白，此毒素不耐热，能在各种食物中形成；而引起呕吐型综合征的被认为是一种小分子质量、热稳定的多肽，称为 cereulide（cyclic dodecadepsipeptide），由核糖体肽酶合成、ces 基因编码，100℃ 30min 不能被破坏，常在米饭中存在。cereulide 主要阻止人的自然杀伤细胞，因此具有免疫调节作用。致呕吐（emetic）型综合征的肠毒素和致腹泻型综合征的肠毒素已被提纯，基因已被克隆。致腹泻的肠毒素能使小白鼠致死。潜伏期短，一般为 2～3h，最短为 30min，最长为 5～6h。中毒症状：呕吐 100%，腹痉挛为 100%，而腹泻则少见，约为 33%。一般经过 8～10h 而治愈。腹泻型中毒由各种食品中不耐热肠毒素引起，潜伏期在 6h 以上，一般为 6～14h。中毒特点：腹泻 96%，且腹泻次数多，腹痉挛 75%，而呕吐却不常见，约为 23%。病程为 24～36h，两型均少见体温升高，愈后良好。

（3）检验

参考 GB/T 4789.14—2014。

10. 坂崎肠杆菌食物中毒

坂崎肠杆菌（Enterbacter sakazakii）为肠杆菌属的一个种，是人和动物肠道内寄生的一种革兰氏阴性无芽胞杆菌，也是环境中的正常菌属。曾被称为黄色阴沟肠杆菌，直到 1980 年才被命名为"坂崎肠杆菌"。该菌被广泛地发现于家庭和医院的食品、水和环境中，而且从制造婴儿食品的环境中也发现了该菌。一般对成人影响不大，但对婴儿危害极大，尤其是早产儿、出生体重偏低、身体状况较差的新生儿，感染引发脑膜脑炎、脓血症和小肠结肠坏死，并且可能引起神经功能紊乱，造成严重的后遗症和死亡。婴儿感染率较低，为 1/100 000，低出生体重婴儿为 8.7/10 000。也有小部分成人感染骨髓炎和菌血症的报道，成人患病与婴儿相比显著轻微。由坂崎肠杆菌引发的婴儿、早产儿脑膜脑炎、败血症及坏死性结肠炎散发和暴发的病例已在全球范围内相继出现，在某种情况下，由其引发疾病而致死的病例可高达 40%～80%。从调查病例的分析中，婴儿暖箱、孕妇产道、婴儿配方奶粉为可疑的感染源，特别是干燥的婴幼儿配方奶粉是致病的主要来源。流行病学调查研究显示，该菌广泛存在于食品厂（奶粉、巧克力、谷物类食品、马铃薯和面食）、家庭和医院的食品、水和环境中。

（1）病原特性

坂崎肠杆菌作为肠杆菌科肠杆菌属的一种，随着对该菌认识的加深，根据坂崎肠杆菌与阴沟肠杆菌 DNA-DNA 杂交、生化反应、色素产生和抗生素敏感性的不同，研究人员对该菌的分类提出了质疑。1976 年，Steigerwalt 等发现肠杆菌属菌株可分为与"黄色素存在或缺失"相关的两种不同的 DNA 杂交群。

坂崎肠杆菌为革兰氏阴性，无芽胞的棒状杆菌，有动力。大小只有（0.6～1.1）μm×（1.2～3.0）μm。典型坂崎肠杆菌的菌落形态包括：①在 VRBG 琼脂上紫色菌落周围伴随着紫色的胆汁酸沉淀光环；②在 TSA 琼脂上典型菌落出现黄色色素沉着。

坂崎肠杆菌兼性厌氧，营养要求不高，能在营养琼脂、血平板、麦康凯（MacConkey）琼脂、MAQ 琼脂、伊红亚甲蓝（EMB）琼脂、脱氧胆酸琼脂等多种培养基上生长繁殖（图 2-22）。所有的坂崎肠杆菌都能在胰蛋白酶大豆琼脂（trypticase soy agar，TSA）上 36℃条件下快速生长，24h 后形成直径 2～3mm 的菌落；25℃生长 24h 后形成直径 1～1.5mm 的菌落，48h 后形成直径 2～3mm 的菌落（图 2-23）。在结晶紫中性红胆盐葡萄糖琼脂（violet red bile glucose agar，VRBG）平板上首次划线分离时，生长 24h 后可生成两种或两种以上的菌落形态，一种干燥或黏液样，周边呈放射状，用接种环触碰可发现菌落极富弹性；另一种是典型的光滑型菌落，极易被接种环移动。

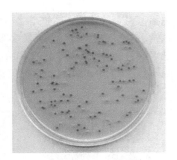

图 2-22 Oxoid 产色素坂崎菌琼脂

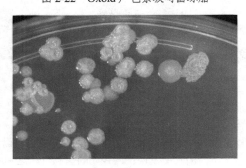

图 2-23 胰蛋白酶大豆琼脂上的菌落

坂崎肠杆菌能够在冷藏温度和接触到婴幼儿奶粉的进料设备处生长。此外，还能够在乳汁、聚碳酸酯、硅和不锈钢上附着和生长。它在室温下重新溶解的婴儿配方奶粉中生长非常快，其最适生长温度为 37～44℃，某些菌株在 50～60℃时还能生长。在婴幼儿奶粉中生长最低温度为 6℃。

坂崎肠杆菌和其他肠杆菌之间的不同点是：坂崎肠杆菌 α-葡糖苷酶活性均为阳性，其他肠杆菌均为阴性，包括产气肠杆菌（*Enterbacter aerogenes*）、阴沟肠杆菌（*Enterbacter cloacae*）、成团肠杆菌（*Enterbacter agglomerans*）；所有试验菌株中只有坂崎肠杆菌缺少磷酰胺酶。

和其他种类的肠道菌相比，坂崎肠杆菌具有很强的抵抗渗透和烘干压力的能力，这很可能与细胞内大量的海藻糖酶有关。因为耐干燥，故容易在污染奶粉中长期存活。

（2）致病性

坂崎肠杆菌引发的婴儿、新生儿脑膜脑炎、败血症和坏死性小肠结肠炎散发和暴发的病例在世界范围内多有报道，致死的病例可高达 40%～80%。有关坂崎肠杆菌的毒力因子和致病性知之甚少。但有研究表明，并非所有坂崎肠杆菌均具有致病性，有些菌株产生类似肠毒素的化合物。婴幼儿配方奶粉中含有极低水平的坂崎肠杆菌也存在危险，因为该菌在奶粉贮存、冲调等过程中生长很快，配方奶粉中坂崎肠杆菌达到 3cfu/100g 时即可引起感染。婴幼儿感染坂崎肠杆菌风险高的原因是婴幼儿胃酸缺乏，高铁配方奶粉、奶粉没有更严格无菌加工等。

坂崎肠杆菌具有很强的增殖能力。对坂崎肠杆菌进行危险性评估发现，与本底相比，25℃放置 6h，该菌的

相对危险性可增加 30 倍；25℃放置 10h 可增加 30 000 倍。因此，即使婴儿配方奶粉中只有极微量的坂崎肠杆菌污染，在食用前的冲调期和贮藏期，该菌也可能会大量繁殖。

（3）检验

最新的国家标准 GB 4789.40—2010 包含两种方法：坂崎肠杆菌检测和坂崎肠杆菌计数。

11. 河弧菌食物中毒

根据流行病学调查，河弧菌（*Vibro fluvialis*）病是水产养殖中常见的主要病害，自从 1975 年 Furniss 等分离到该菌，人工养殖的鲍鱼、虾、贝类、鱼等的河弧菌病国内外均有报道。河弧菌在弧菌属中仅次于霍乱弧菌和副溶血性弧菌，是沿海地区腹泻病和食物中毒的重要病原菌，尤其是港湾地区。河弧菌属不凝集弧菌，广泛分布于海水、稍带盐水的港湾水和河水区域。龙虾和小虾最常见，其他如鱼、蟹、牡蛎、蛤、蚶、螺等也存在污染，熟食品也可能被海产品或工具污染。

食用生鱼或加热不彻底的海产品，或食入被海产品、水产品污染的食物为传播媒介，可引起腹泻病的发生。婴幼儿、青少年易感染，也可发生在无海水接触史及无食海产品史的患者，多为散发性腹泻。国内报道的食物中毒多为淡水源或淡水产品污染所致。例如，1983 年徐州市两煤矿因供水系统污染，导致 780 人河弧菌腹泻；连云港市曾因猪头肉污染而引起几十人中毒，其后在上海、福建闽东地区、新疆等地都有检出。福建省 1988 年调查指出，共检验样品 729 份，海产品 46 份阳性，占 6.3%。其中贝壳类 197 份，12 份阳性，占 6.1%；甲壳类 214 份，14 份阳性，占 6.5%；鱼类 318 份，20 份阳性，占 6.3%。生物 I 型占 89.1%，生物 II 型占 10.9%。上海腹泻患者粪便中的分离率为 1.2%，近海鱼的带菌率为 1.5%～30%。

（1）病原特性

菌株为革兰氏阴性杆状或略弯曲杆菌，有时为短杆状，无芽胞，无荚膜，兼性厌氧，以单根极生鞭毛运动，悬滴标本观察动力，活动似穿梭样。能产生不耐热肠毒素。

生长温度为 15～42℃，最适温度为 30～37℃；在 pH6～11 均可生长，pH 为 6 时生长最佳；菌株可在 1%～7% NaCl 浓度生长，2%～3% NaCl 浓度生长最好，无 NaCl 的培养基中不生长。

目前，河弧菌分成 I、II 两个生物型，发酵葡萄糖不产气、能水解七叶苷者为 I 型，常见于人的粪便；反之为 II 型，又称弗尼斯弧菌（*V. furnissii*），常见于牛、猪、兔的粪便。这些菌株在血琼脂平板上都呈现溶血现象。本菌有特异的 O 抗原和共同的 H 抗原，根据本菌的 O 抗原不同进行血清型分型。国内报道，从人粪便分离出来的血清型有 FV_1、FV_7、FV_8、FV_9、FV_{11}、FV_{25}、FV_{28} 等。

（2）致病性

河弧菌与嗜水气单胞菌在生化性状方面有许多相似

之处，而且二者同属于弧菌科，彼此可有部分共同抗原。吸收处理的河弧菌多价血清及单价分型血清发生迅速的强凝集反应。我国从人的粪便中分离出 FV_1、FV_7、FV_8、FV_9、FV_{11}、FV_{25} 和 FV_{28} 等血清型菌株。腹泻患者的带菌率为 3.75%，健康人带菌率为 0.25%。河弧菌引起人的疾病主要是胃肠炎，导致以腹泻、呕吐为主的表现。腹泻为水样便，少数便中有血液和黏液，腹泻可持续 1～4d，大多数 2d 左右。还有的会腹痛、发热，但发热的患者不多。

青岛市北区卫生防疫站、烟台市芝罘区卫生防疫站首次从遗传角度提出霍乱 CT 和溶血素为河弧菌致病因子的论据。CT 毒素：小鼠结袢试验、小鼠致病力试验均为阳性反应。

（3）检验

参考 GB/T 4789.7—2013《食品卫生微生物学检验副溶血性弧菌检验》。

12. 拟态弧菌食物中毒

拟态弧菌（*Vibro mimicus*）又称模拟弧菌，是 1981 年美国疾病控制中心肠道小组的 Davis 等发现的一个新种，在形态和培养特性上与霍乱弧菌相似。拟态弧菌分布很广，多呈散发或暴发，一年四季均有发病，以夏季为多。发病年龄不限，但少儿少见。发病者多有生吃牡蛎、虾蟹史，以牡蛎和小龙虾多见，水螂、贝壳类也能够分离到。该菌引起的食物中毒季节集中在夏秋季，传播媒介主要为海产品，该菌可引起某些地区的散发性与流行性腹泻和食物中毒暴发。可从美洲的水域和水生贝类动物分离到，还曾在孟加拉、墨西哥、新西兰、关岛、加拿大和亚洲国家及地区分离到。国内山东、福建和江苏等省都有中毒的报道。日本已将此菌列为食物中毒中必须检验的病原菌。

（1）病原特性

该菌为单极毛、菌体略弯曲、革兰氏阴性杆菌。悬滴标本镜下动力十分活泼，其形态学及 DNA 序列与霍乱弧菌极相似，但生化反应不典型，故取名为拟态弧菌。

（2）致病性

拟态弧菌的致病性并不取决于某一毒力因子，而是在病原菌侵袭宿主而致宿主发病的过程中，各种毒力因子在分子水平上协同作用的结果。

目前已知的该菌毒力因子有黏附素、内毒素和外毒素。

拟态弧菌产生的毒性胞外酶种类很多，包括明胶蛋白酶、酪蛋白酶、金属蛋白酶、卵磷脂酶、几丁质酶、血浆凝固酶等。这些胞外酶在细菌致病中是必不可少的，其致病作用主要包括分解破坏宿主组织成分，以利于病原菌的进一步侵袭；破坏机体血淋巴凝血系统的酶活性，影响红细胞功能；破坏血清的免疫功能等。

拟态弧菌肠毒素有不耐热肠毒素（CT 样毒素）、耐热性肠毒素（ST）、辅助霍乱肠毒素（ACE）和小带联结毒素（ZOT）4 种，虽然它们的生物学特性不完全相同，但具有相同的致病性，均能引起小肠液聚集，导致水泻样或痢疾性腹泻。拟态弧菌可产生一种铁载体（siderophore），该物质能吸附和螯合微量铁，以供细菌生长繁殖。拟态弧菌产生的溶血素可使血液中的游离血红蛋白和铁元素增加，因此这两种毒力因子相互作用，使宿主体内的铁消耗增加，从而加重病症。

（3）检验

参考 GB/T 4789.7—2013《食品卫生微生物学检验副溶血性弧菌检验》。

13. 创伤弧菌食物中毒

创伤弧菌（*Vibrio vulnificus*）与副溶血性弧菌很相似，常从海水、鱼类、贝壳类分离到。目前世界上大部分沿海国家都有创伤弧菌感染的病例报告，主要分布在近海和海湾的海水、海底沉积物及内陆咸水湖中。创伤弧菌对人类引起的感染主要有败血症和软组织感染，由于感染途径不同，临床症状也有差别。一是经口感染，能迅速通过肠黏膜侵入血液，引起原发性败血症，表现发热、畏寒、衰竭等症状；二是通过皮肤伤口侵入，首先在伤口周围出现红斑，继而表现急性炎症，皮肤病变明显，最终引起败血症，但没有呕吐、腹泻等副溶血性弧菌的中毒症状。感染后不出现消化道症状为本菌区别于本属其他菌的一大特点。创伤弧菌感染有明显的季节性，主要集中在每年的 5～8 月，常见于水温 20℃，含盐为 0.7%～6% 的海水中。因这段时间水温较高，有利于细菌的繁殖，感染者多为从事渔业者或水上活动爱好者。

本菌对糖尿病、酒精性肝病、肝硬化、肝炎及原因不明的肝功能障碍或其他重病患者的危害也相当严重，正因为如此，创伤弧菌食物中毒在一些国家（尤其是美国）备受关注。在我国，近年来也发现了由创伤弧菌引起的急性腹泻暴发和散发病例的报道。

中毒的食品多为海产软体动物，特别是牡蛎，国内一些海产品带菌率为 2.1%。食入的半生或生的牡蛎等引起食物中毒。1995 年辽宁报道，在甲壳类、贝壳类海产品中检出率为 2.8%。交叉污染也可引起本菌的食物中毒。

（1）病原特性

该菌最适宜的生存条件为 37℃，10～20g/L 盐度。其生化特征与副溶血性弧菌和溶藻弧菌极为相似，其中最显著的不同点为该菌能发酵乳糖，故曾称为乳糖发酵弧菌。该菌染色形态为革兰氏阴性，逗点状，单极端，单鞭毛，无芽胞，无异染颗粒，未发现荚膜。

（2）致病性

创伤弧菌易感人群为慢性肝脏病（如肝硬化、酒精性肝病）、血友病、慢性淋巴细胞性白血病、慢性肾衰、消化性溃疡、滥用甾体类激素、器官移植受体等患者，有这些基础疾病的患者感染创伤弧菌的危险性比正常人大 80 倍。

1）毒素：创伤弧菌的致病机制尚不十分清楚，产生的一种多糖被膜能抵御吞噬细胞的吞噬和消化，可能是其致病力的基础物质。它产生的细胞外蛋白酶、胶原酶、弹性蛋白酶、溶细胞毒素、细胞毒素等都可能是致病因子。借助于这些致病因子的作用，创伤弧菌能迅速地穿过肠黏膜入血，引起败血症和蜂窝织炎（图2-24）。

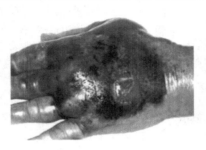

图 2-24　创伤弧菌引起人的感染

溶细胞毒素　溶细胞毒素是一种创伤弧菌分泌的分子质量为 5.1kDa 的水溶性多肽，这种亲水蛋白质不耐热，胆固醇或蛋白酶可使之失活。纯化的溶细胞毒素对多种哺乳动物的红细胞有溶细胞作用。

胞外酶　属细胞外蛋白酶。60℃加热 10min 可使之失活。该酶具有出血活性和增强血管通透性的作用，与皮肤损伤有密切关系。

弹性蛋白酶　是细胞外蛋白酶的一种，有助于病菌侵入含有弹性蛋白和骨胶原的组织，该酶与感染局部发生组织坏死有关。

铁载体　创伤弧菌的致病性与其获得的铁密切相关。此种摄铁能力是由菌体的铁载体所介导，使菌能吸附和螯合宿主体内的微量铁，以供菌生长繁殖之需。而溶细胞毒素可使血液中的游离血红蛋白和铁元素增加，这两种毒力因子相互协同，使患者体内的铁消耗骤增，提高了患者的死亡率。

2）抗原：创伤弧菌菌株均具有共同的鞭毛抗原和多种菌体抗原，Shimada 等通过对 70 株创伤弧菌的血清学分析已证明了 7 种菌体抗原。血清型的鉴别有利于追踪污染源和传染途径，是流行病学调查方面唯一可靠的方法。

3）中毒表现：食物中毒表现为恶心、呕吐、腹痛、腹泻、水样便，一般无发热症状。创伤弧菌食物中毒的潜伏期一般在 24～48h。还有一种比较恶性的感染，初期发热、寒颤、痉挛性腹痛、肌肉痛，后为败血症或蜂窝织炎、出血性大疱、休克，甚至死亡，病死率可高达 60%。

（3）检验

食物中毒样品的检测程序参考 GB/T 4789.7—2013《食品卫生微生物学检验副溶血性弧菌检验》。

14. 霍利斯弧菌食物中毒

霍利斯弧菌（Vibrio hollisae）是广泛分布于海洋、海口和近海岸的重要致病菌，不仅有数量优势且毒力及感染力均有一定强势。20 世纪 80 年代初期发现时原称肠道 EF-13 群弧菌，1982 年经 DNA 杂交研究，被确认为另一个嗜盐海原性弧菌新种，主要引起人类腹泻，有的还有呕吐、发热症状。

本菌主要存在于沿海水中，食海产品与生牡蛎易染病，患者多为青年，其他还有蛤和小虾。它不仅可引起肠道感染，还可引起小鼠伤口感染。

（1）病原特性

本菌为较细小的革兰氏阴性杆菌，稍呈弯曲，顶端有单根极端鞭毛，动力活泼。

在嗜盐琼脂平板上生长良好，18～24h 长出 1～2mm 光滑、湿润的菌落。在 TCBS 琼脂上生长较差，37℃孵育 18～24h 菌落较小、蓝绿色、凸起。在 S.S 琼脂上为圆形、光滑、扁平淡灰色。在麦康凯琼脂上为针头大、光滑、圆形无色透明菌。

此菌不易在无盐营养肉汤、无盐胨水及常用的培养基中生长。

（2）致病性

其毒性因素主要是肠毒素。曾在患有慢性肝病患者的血液中检测到该菌，美国有多起食物中毒报道。主要的毒性是引起中毒胃肠炎，同时也能引起原发性败血症。

毒力试验　动物试验取小白鼠，将含 10^9 个/mL 霍利斯弧菌分别进行腹腔注射，全部试验组小白鼠 8h 开始发病，出现烦躁不安、发烧、呼吸急促等表现。高剂量组全部死亡，对照组正常，死亡动物解剖后，皮下明显出血，心脏淤血，肝脾明显肿大，肠黏膜明显充血水肿，取肝组织做革兰氏染色及培养获霍利斯弧菌，肝组织未见此菌。

（3）检验

本菌的检验程序参考 GB/T 4789.7—2013《食品卫生微生物学检验副溶血性弧菌检验》。

15. 溶藻弧菌食物中毒

溶藻弧菌（Vibro alginolyticus）是弧菌属中较晚被发现的一个种别，过去曾把它划归为副溶血性弧菌生物Ⅱ型，现在认为是一个独立的菌种。大多数菌株来自创伤和接触海水后的感染伤口及耳、眼部感染等。溶藻性弧菌是一种有较强致病能力的弧菌，主要分布于海水和海产品中，可引起脓毒血症、人类创伤感染和败血症，偶尔从急性肠炎患者粪便中检出。这种嗜盐菌曾认为对人无致病性，后发现可引起人的败血症和创伤感染，纪舒萍等1989 年首次证实其为食物中毒的病原菌。

溶藻弧菌属于条件致病菌，当菌量达到一定量时可以引起食物中毒。在夏秋季节该菌极易在盐分较高的食品中生长繁殖，2h 后即可达到中毒菌量。7～10 月是该菌造成食物中毒的高发季节。在有生食海产品史的人群中有较多患者成批出现的特点，在人体内的潜伏期为 4～17h。

（1）病原特性

为革兰氏染色阴性，两端极浓染的粗短杆菌。具鞭毛，无荚膜，无芽胞，小杆状，稍弯曲，运动活泼如穿梭。兼性厌氧，S.S 平板不生长，pH6～10 最适宜生长，3%～12% NaCl 胨水生长，大于 14% NaCl 胨水不生长，在氯化钠琼脂上呈无色半透明，挑之有黏丝。爬行试验阳性，神奈川现象阳性，产生耐热肠毒素。

（2）致病性

溶藻弧菌食物中毒的机制目前尚不十分明确，可能与溶藻弧菌能产生耐热肠毒素有关，患者恢复期血清抗体滴度可比发病初期明显增高，目前认为该菌引起食物中毒的机制，是溶血毒素所致。表现为脓毒血症、创伤感染和败血症，也能引起急性肠炎。

（3）检验

检测程序及方法参考 GB/T 4789.7 — 2013《食品卫生微生物学检验副溶血性弧菌检验》。

16. 嗜水气单胞菌食物中毒

嗜水气单胞菌（*Aeromonas hydrophila*）属于弧菌科气单胞菌属，分为有动力嗜温群和无动力嗜冷群。普遍存在于淡水、污水、淤泥、土壤和人类粪便中，对水产动物、畜禽和人类均有致病性，是一种典型的人-兽-鱼共患病病原。可引起多种水产动物的败血症和人类腹泻，往往给淡水养殖业造成惨重的经济损失，已引起国内外水产界、兽医学界和医学界学者的高度重视。熟肉制品气单胞菌带菌率为 39.6%，熟虾为 5%，淡菜为 11.1%，从牛奶中也能分离出嗜水气单胞菌。淡水及淡水鱼体均可带菌，与金鱼接触者或钓鱼者都可因外伤或咬伤而感染。北京和吉林都曾发生过嗜水气单胞菌食物中毒事件。

（1）病原特性

嗜水气单胞菌可分为 3 个亚种：嗜水亚种（*A. hydrophila hydrophila*）、不产气亚种（*A. hydrophila anaerogenes*）、解胺亚种（*A. hydrophila proteolytica*），前两种是赖氨酸脱羧酶阴性，后一种是赖氨酸脱羧酶阳性。

该菌为革兰氏阴性、无芽胞、无荚膜或有薄荚膜的短杆菌，有时也可呈双球状或丝状。单个或成对排列，长 0.5～1.0μm。极端单生鞭毛，有运动力，兼性厌氧，特殊培养条件下有荚膜产生。

4～45℃均能生长，最适生长温度为 30℃，pH5.5～9。在 6.5% NaCl 中不生长。嗜水气单胞菌及杀鲑气单胞菌与霍乱弧菌一样，存在所谓活的非可培养状态，实际上是一种休眠状态，其菌体缩小成球状，耐低温及不良环境，接种培养基在常规培养条件下不生长。一旦温度回升及获得生长所需的营养条件，这种非培养状态的细菌又可回复到正常状态，重新具有致病力（图 2-25）。

图 2-25 血麦康凯琼脂培养索布瑞里氏气单胞菌

（2）致病性

嗜水气单胞菌有广泛的致病性，感染包括冷血动物在内的多种动物如鱼类、禽类及哺乳类，导致败血症或皮肤溃疡等局部感染，是水生动物尤其是鱼类最常见的致病菌（图 2-26）。在水温高的夏季可造成暴发流行。人类感染运动性气单胞菌引致急性胃肠炎等，目前在国外已将本菌纳入腹泻病原菌的常规检测范围，是食品卫生检验的对象。

图 2-26 嗜水气单胞菌性鱼肝肿大

嗜水气单胞菌毒力因子有 3 类，一是胞外产物，如蛋白酶类（弹性蛋白酶、酪素水解酶、明胶水解酶）、酯酶类（碱性磷酸酯酶、酸性磷酸酯酶、酯酶、乙酰胆碱酯酶）和其他酶类（亮氨酸芳香基酰胺酶、脂肪酶、β-葡糖苷酶、淀粉酶等）；二是黏附素，如 S 蛋白型菌毛、外膜蛋白、溶血毒素、细胞毒素、细胞兴奋肠毒素、溶细胞毒素、气溶素和 bec 毒素等；三是铁载体，如含铁细胞和皮肤坏死因子等。

（3）检验

检验按 GB/T 18652 — 2002 进行。

17. 类志贺邻单胞菌食物中毒

类志贺邻单胞菌（*Plesiomonas shgelloides*）的命名，主要是根据它与志贺菌具有共同抗原及类似腹泻感染的关系而定的，属弧菌科邻单胞菌属内唯一的一个种。

类志贺邻单胞菌属是引起沿海城市、热带和亚热带地区散发性或流行性急性传染性腹泻和食物中毒的潜在病因之一，类志贺邻单胞菌具有一定的侵袭力，侵袭肠黏膜引起炎症反应和上皮细胞脱落，产生不同程度的腹泻。近几年发现由该菌引起的集体食物中毒有增多趋势，有的国家已将它规定为食物中毒病原菌，然而，由该菌引起腹泻的机制尚不清楚。该菌以污染的水和食物为途径经口感染，夏秋季发病较多，人群普遍易感。

淡水鱼、禽肉、畜肉及被含本菌的淡水污染的海产品等是常被累及的食品。国外报道，淡水鱼带菌率为10.2%。国内报道，9种淡水鱼带菌率为44.1%，农贸市场鲢鱼为40%，鲫鱼为37.5%，草鱼为33.3%，猪肉为4.3%，鸭肉为20.9%，鸡肉为13.9%，海产品为8.4%，甲壳类、贝壳类海产品带菌率为12.1%。

人和动物的粪便携带本菌污染水源和环境，致使食品受到污染。腹泻患者的带菌率为1.7%～2.7%，观赏动物带菌率为28.2%。

（1）病原特性

类志贺邻单胞菌是弧菌属革兰氏阴性兼厌氧杆菌，呈单个排列，两端钝圆，呈单、双或短链状，属偏端丛毛菌，1～5根鞭毛，有动力，电镜下菌体表面有砌砖样组织结构，宽度不一，可能代表此菌的O抗原，无芽孢，微荚膜或胞外黏液物质。生存菌体中有包涵体样结构，可能是菌体处在不利条件时的产物。

本菌在选择性不强的S.S琼脂、麦康凯和改良DC琼脂平板上生长较佳，在30～41℃均能生长，最适生长温度为37℃。

类志贺邻单胞菌为兼性厌氧菌，适宜pH是6.4～10，最佳pH为8.4。大多数菌在以氨作唯一氮源、葡萄糖作唯一碳源的无机盐培养基上生长。

（2）致病性

1）动物试验：将分离菌接种肉汤，37℃培养18h，取培养物注射于小白鼠腹腔，应于24h内全部死亡。

2）毒素：类志贺邻单胞菌属各菌株菌体裂解后都能释放出强烈的内毒素，是引起人体全身反应的因素，如发热、毒血症、休克，以及大肠黏膜的血管收缩、缺血、坏死与溃疡等。类志贺邻单胞菌除内毒素外，尚可产生外毒素，有两种，即耐热性肠毒素（ST）与不耐热肠毒素（LT），用兔肠祥结扎实验和乳鼠饲喂试验验证毒素情况。因此推测类志贺邻单胞菌产生肠毒素是一种新的类型肠毒素。类志贺邻单胞菌的主要致病因素是侵袭力，通过侵袭力，可直接侵入肠黏膜上皮细胞，并在其内生长繁殖。溶细胞毒素（cytolysin）：对Vero细胞、Y1细胞、Hep2细胞、INT407细胞及CHO细胞均表现较为强烈的细胞毒性。

溶血素在铁存在情况下的人血平板能看到有溶血现象。

另外，还产生弹性蛋白分解酶，与致病性有关的质粒、组胺、河豚毒素等毒性物质。

类志贺邻单胞菌能引起细胞机能障碍和坏死，其致病性具有下述特点：①具有光滑型脂多糖（LPS）体壁O抗原，是该菌与细胞相互作用的作用因子，具有毒力的标志，受质粒控制。无毒株引入此质粒，可对上皮细胞产生侵袭性。②具有侵袭上皮细胞、在细胞内繁殖的能力。③侵入细胞后能合成毒素。

类志贺邻单胞菌有40种血清型，截至2000年，已经发现102种O抗原和51种H抗原。

（3）检验

参考GB/T 4789.20—2003。

18. 志贺菌属食物中毒

志贺菌属（Shigella）是人类及灵长类动物细菌性痢疾（简称菌痢）最为常见的病原菌，俗称痢疾杆菌（dysentery bacterium）。本属包括痢疾志贺菌（S. dysenteriae）、福氏志贺菌（S. flexneri）、鲍氏志贺菌（S. boydii）、宋内志贺菌（S. sonnei），共4群44个血清型。4群均可引起痢疾，它们的主要致病特点是能侵袭结肠黏膜上皮细胞，引起自限性化脓性感染病灶。但各群志贺菌致病的严重性和病死率及流行地域有所不同，本菌只引起人的痢疾。我国主要以福氏志贺菌痢疾和宋内志贺菌痢疾流行为常见，年统计病例为200万左右，发病率有逐年下降趋势，但仍居24种法定传染病的首位。引起人食物中毒的主要是对外界抵抗力较强的宋内志贺菌。食物中毒的主要原因是食品加工、集体食堂、饮食行业的从业人员中患有痢疾或者是痢疾带菌者。在他们与食品接触的过程中，污染了食品，特别是液体或湿润状态的食品，在适宜的温度下，细菌大量繁殖，临食前未充分加热，就有可能引起食物中毒。据资料报道，感染剂量在20～10 000个细菌，属于致病较强的菌种。

（1）病原特性

志贺菌的形态与一般肠道杆菌无明显区别，为革兰氏阴性短小杆菌。无芽孢，无荚膜，有菌毛。长期以来人们认为志贺菌无鞭毛，无动力。最近重新分离志贺菌，电子显微镜证实有鞭毛，有动力。

志贺菌为需氧或兼性厌氧菌，对营养要求不高，在普通培养基上生长良好，形成半透明光滑型菌落。最适生长温度为37℃，最适pH为7.2～7.8。

普通琼脂：37℃培养18～24h，菌落呈圆形、微凸、光滑、湿润、无色半透明、边缘整齐，直径约2mm。宋内志贺菌菌落一般较大，不很透明，并常出现扁平粗糙的菌落。

S.S琼脂：菌落形态和沙门菌相似，为无色半透明中等大或较小的菌落，边缘整齐，光滑，稍隆起。由于志贺菌不产生硫化氢，故在S.S琼脂培养基上的菌落中心不形成黑色。

本属细菌都能分解葡萄糖，产酸不产气。除宋内志贺菌个别菌株迟缓发酵乳糖（一般需3～4d）外，均不分解乳糖。甲基红试验阳性，乙酰甲基甲醇试验（V-P试验）阴性，不分解尿素，不产生H_2S，分解甘露醇和产生靛基质的能力，因菌种而异。根据生化反应可进行初步分类，根据志贺菌属的细菌对甘露醇分解能力的不同可分为两组：不发酵甘露醇的为A群，即痢疾志贺菌1～10个血清型；发酵甘露醇的3个群，B群即福氏志贺菌1～6个血清型，C群即鲍氏志贺菌1～15个血清型，还有D群，即宋内志贺菌。再根据乳糖的分解与否及靛基质的产生，进一步分型。

生化试验：经克氏双糖铁琼脂（KI）、动力吲哚-尿素培养基（MIU）于35℃培养18～24h后，生化试验符合表2-1，做氧化酶试验并与志贺氏菌多价、单价血清凝集，阳性者，初步定为志贺菌属。

表2-1 志贺菌初步鉴定

KI			MIU			氧化酶	志贺菌抗血清凝集	
斜面乳糖	底层葡萄糖	气体	H₂S	动力	吲哚	脲酶		多价	单价*
－	＋	－/＋	－	－	－/＋	－	－	＋	＋

（此处为表格，列对应：斜面乳糖、底层葡萄糖、气体、H₂S、动力、吲哚、脲酶、氧化酶、多价、单价）

*与某一志贺菌单价血清发生凝集

福氏志贺菌6型生化特性与A或C群相似，并为甘露醇阴性。福氏志贺菌1、2、3、5型，鲍氏志贺菌3、14型有个别菌株为甘露醇阴性。

志贺菌属细菌有O和K两种抗原，缺少H抗原，其抗原结构主要由O抗原组成。O抗原是分类的依据，分群特异性抗原和型特异性抗原，根据生化反应和O抗原结构的差别，将志贺菌分为A、B、C和D 4个群及40多个血清型（包括亚型）（表2-2）。

表2-2 志贺菌的抗原分类

菌种	群型	亚型
痢疾志贺菌	A1～10	8a,8b,8c
福氏志贺菌	B1～6, X, Y变型	1a, 1b, 2a, 2b, 3a, 3b, 3c, 4a, 4b, 5a, 5b
鲍氏志贺菌	C1～18	
宋内志贺菌	D1	

注：A群，即痢疾志贺菌，不分解甘露醇，有10个血清型，其中8型尚可分为3个亚型；B群，即福氏志贺菌，均发酵甘露醇，现有15个血清型（包括变型和亚型），各群间有交叉反应，我国以2a型为最常见血清型；C群，即鲍氏志贺菌，生化反应近似于福氏志贺菌，有18个血清型，各型间无交叉反应；D群，即宋内志贺菌，抗原单一，只有一个血清型，发酵甘露醇。宋内志贺菌有Ⅰ相和Ⅱ相两个交叉变异相。Ⅰ相呈S型菌落，对小鼠有致病力，多从急性期感染患者标本中分离获得。Ⅱ相为R型菌落，对小鼠不致病，常从慢性患者或带菌者检出。Ⅰ相抗原受控于一个140MDa的大质粒，若质粒丢失，Ⅰ相抗原不能合成，菌则从有毒的Ⅰ相转变为无毒的Ⅱ相

主要抗原包括以下几种。

1）型特异性抗原：型多糖抗原为菌体抗原的一种，是光滑型菌株所含有的重要抗原，可用于鉴别各菌株的型别。

2）群特异性抗原：为光滑型菌的次要抗原，也是菌体抗原的一种，特异性较低，常在数种近似菌内出现。

3）表面抗原（K）：在新分离的某些菌株菌体表面含有此种抗原。不耐热，100℃加热1h后被破坏。具有此种抗原的菌株，可阻止菌体抗原与相应免疫血清发生凝集。

（2）致病性

人类对志贺菌有较高的敏感性，一般只要10个菌以上就可以引起人的感染，儿童和成人易感染，特别是儿童，易引起侵袭性或感染性痢疾。

1）致病因子如下。

A．侵袭力：志贺菌有菌毛，能黏附于回肠末端和结肠黏膜的上皮细胞。继而穿入上皮细胞内生长繁殖。一般在黏膜固有层内繁殖形成感染灶，引起炎症反应。入侵结肠黏膜上皮细胞是各群志贺菌的主要致病特性，细菌侵入血流罕见。各群志贺菌的侵袭相关基因都定位于1个140MDa大质粒上。而侵袭基因的完全表达则受质粒和染色体上多个基因的正、负调控。志贺菌穿透上皮细胞的能力由质粒编码的ipaB、ipaC和ipaD蛋白介导，病菌在细胞内外的播散则由质粒上的 *virG*（*icsA*）基因控制。志贺菌只有侵入肠黏膜后才能致病。否则，即使菌量再大也不引起疾病。

B．内毒素：志贺菌所有菌株都有强烈的内毒素。内毒素作用于肠黏膜，使其通透性增高，进一步促进对内毒素的吸收，引起发热、神志障碍，甚至中毒性休克等一系列症状。内毒素破坏肠黏膜，可形成炎症、溃疡，呈现典型的脓血黏液便。内毒素尚能作用于肠壁植物神经系统，使肠功能发生紊乱，肠蠕动失调和痉挛。尤其是直肠括约肌痉挛最明显，因而出现腹痛、痢疾等症状。

C．志贺毒素（Shiga toxin, SX）：为外毒素，多由痢疾志贺菌Ⅰ型和Ⅱ型产生。ST能引起Vero细胞病变，故称Vero毒素（Vero toxin, VT）。SX的DNA序列、氨基酸序列与EHEC的VT-Ⅰ基本相同，与VT-Ⅱ则有60%的同源性，痢疾志贺菌产生的ST属VT-Ⅰ型。ST具有3种生物学活性：①肠毒性，像大肠埃希氏菌VT毒素一样引起腹泻；②细胞毒性，阻止小肠上皮细胞对糖和氨基酸的吸收；③神经毒性，在痢疾志贺菌引起的重症感染者可作用于中枢神经系统，造成昏迷或脑膜脑炎。ST由位于染色体上的 *stxA* 和 *stxB* 基因编码；同EHEC产生的ST一样也由一个A亚单位和5个B亚单位组成。B亚单位与宿主细胞糖脂（Gb3）结合，导入细胞内的A亚单位作用于60S核糖体亚单位的28S rRNA，阻止与氨酰tRNA的结合，致使蛋白质合成中断。

志贺菌侵入宿主后，内皮细胞成为ST攻击的主要靶细胞。ST和内毒素有协同作用，两者在体外可加重对人血管内皮细胞的损伤。在志贺菌感染的溶血性尿毒综合征（HUS）等并发症中，ST和内毒素持续存在的联合作用可能与之有关。因此Ⅰ型痢疾志贺菌感染的临床症状较重，除血便、高烧外，常伴有血尿综合征和白血病样反应，病死率较高。新近发现福氏志贺菌及宋内志贺菌也可产生少量类似的毒素。

2）所致疾病：志贺菌引起细菌性痢疾。传染源是患者和带菌者（包括恢复期带菌者、慢性带菌者和健康带菌者），无动物宿主。主要通过粪便传播。志贺菌随饮食进入肠道，潜伏期一般为1～3d。痢疾志贺菌感

染患者病情较严重，宋内志贺菌多引起轻型感染，福氏志贺菌感染易转变为慢性，病程迁延。我国主要的流行型为福氏志贺菌和宋内志贺菌。志贺菌感染有急性和慢性两种类型，病程在两三个月以上者属慢性。急性细菌性痢疾常有发热、腹痛、里急后重等症状，并有脓血黏液便。急性感染中有一种中毒性痢疾，以小儿为多见，无明显的消化道症状，主要表现为全身中毒症状。因其内毒素致使微血管痉挛、缺血和缺氧，导致弥散性血管内凝血（DIC）、多器官功能衰竭、脑水肿，死亡率高，各型志贺菌都可能引起。志贺菌引起的感染性食物中毒有两型：①肠炎型，以腹痛腹泻为主，水样便；②痢疾型，有典型的痢疾症状。

3）免疫特性：志贺菌感染局限于肠黏膜层，一般不入血，故其抗感染免疫主要是消化道黏膜表面的分泌型IgA（SIgA）。

（3）检验

参考 GB/T 4789.31—2013。

19. 粪链球菌食物中毒

粪链球菌（*Streptococcus faecalis*）广泛分布于自然界，如人、动物的肠道及粪便中，植物表面，食品，土壤，特别是屠宰场所。阴沟污水中也有大量的本菌存在。粪链球菌是人和温血动物肠道正常菌群之一，往往和食物中毒有关。但其易于在食品和食品加工设备上繁殖，却很少为粪便污染。具有重要意义的是粪链球菌为发酵产品有益菌种之一。例如，乳制品制造中，该菌可促使含酪胺的干酪成熟，并具特殊风味。因此对粪链球菌及其亚种需要深入研究。

粪链球菌及其变种与人肠道的关系比其与动物肠道的关系更为密切，具有高度显示人粪污染指示的特性。屎链球菌、坚忍链球菌在猪肠道内的检出率比粪链球菌要高。牛链球菌、马链球菌分别在牛、马的肠道内检出率也较高。人、猪、牛、羊的粪便中粪链球菌的检出率稍高于大肠菌群。粪链球菌还常见于不同温度的牛奶中，并参与牛奶的腐败变质，在10℃以下保存因细菌繁殖较慢，牛奶很少出现凝固。高于这一温度时，因凝乳酶和产酸的共同作用，几天内形成面糊块。在20℃时，细菌群中约90%由链球菌组成，致使牛乳迅速凝结。有的还参与牛奶的腐败变质：例如，在37～50℃时，粪链球菌参与牛奶变酸；粪链球菌液化亚种参与牛奶蛋白质分解，从而加速了腐败变质。

引起粪链球菌食物中毒的食品，常见的是肉类和乳品，如新鲜肉、碎肉、乳酪、牛奶、冷冻海产、冷冻水果、蔬菜及果汁中均可分离到本菌，以前3种食品中最多。

（1）病原特性

本菌为圆形或椭圆形，呈双或短链排列（图2-27），少数菌株有荚膜，无芽胞，肠球菌中有时也出现运动性菌株。革兰氏阳性，老龄培养可呈阴性。

为兼性厌氧菌，可在10～45℃生长，最适温度为

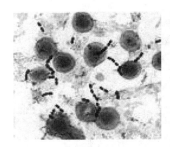

图 2-27　粪链球菌

37℃，最适 pH 为 7.5。普通培养基上生长稍差，在培养基中需添加某些矿物质元素（如 S、P）、维生素 B、氨基酸（丙氨酸、精氨酸、天冬氨酸等）。在血液培养基或腹水培养基上生长良好。

葡萄糖肉汤　于37℃培养18～24h,呈均匀混浊生长。

血琼脂平板　菌落灰色、透明、圆形、凸起、表面光滑。其溶血性不定，有些菌株为 β-溶血或 γ-溶血，少数为 α-溶血。

M-肠球菌琼脂（Slanetz 或 Bartley）简称 ME 琼脂；KF 链球菌琼脂（Kenner）简称 KF 琼脂。D 群链球菌在这两种平板上的菌落形态基本相同。

1）粪链球菌（包括变种）：菌落圆形，中央突起，边缘整齐，直径 0.5～2mm，呈紫红色。10 倍放大镜观察，菌落中心为暗紫色，四周有密集的暗紫色颗粒。

2）屎链球菌（*S. faecium*）：菌落形态、大小与粪链球菌大致相同；菌落中央突起部呈粉红色，周围为灰白色。以 10 倍放大镜观察菌落，菌落中心呈红色，周围无色，其上有稀疏的放射状条纹。

3）坚忍链球菌（*S. durans*）：与粪链球菌相似，唯色更淡，呈淡粉红色。

4）牛链球菌（*S. bovis*）与屎链球菌相似。

5）鸟链球菌（*S. avium*）与坚忍链球菌相似，只是菌落更小。

对不良环境抵抗力：在冰冻食品、干燥食品中生存力强；能在 6.5% NaCl 肉汤中生长，可耐 65℃ 30min。因此以肠球菌作为冷冻食品的指示菌具有其优越性。

葡萄糖发酵产酸不产气，在 6.5% NaCl 中能够生长，催化酶阳性，吡咯烷酮芳香酰胺酶（PYR）和亮氨酸酶（LAP）阳性，短链菌体，具有 D 抗原。胆汁七叶苷（aesculin）反应阳性。

（2）致病性

本菌的某些菌株可引起食物中毒。当食品中有大量活菌存在，即每克含有 $10^8\sim10^9$ 个时，可使人发生中毒症状。本菌引起的食物中毒，潜伏期常比沙门菌食物中毒短，症状比葡萄球菌中毒轻。发病快者仅 1～3h，慢的达 36h，平均 6～12h，病程持续 1～2d。主要症状有恶心、腹痛、下痢及偶尔呕吐，很快可恢复。本菌还可致泌尿道、胆道、伤口感染及败血症、心内膜炎、膜腔脓肿等病症（图2-28）。对人有致病性，对猪等没有致病性。

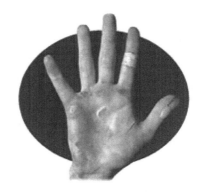

图 2-28　链球菌感染皮肤表现

（3）检验

1）直接镜检及活菌计数：直接涂片镜检（同其他食物中毒的检验）发现链球菌时，即进行倾注培养作粪链球菌计数。

2）分离培养：将检样分别接种于下述培养基——血琼脂平板、ME 琼脂、KF 琼脂和葡萄糖肉汤。将上述可疑菌落做涂片镜检，为革兰氏阳性链球菌者，即接种于数支葡萄糖肉汤，置不同温度培养，并做胆汁及牛乳亚甲蓝还原试验等。

20．香港海鸥型菌食物中毒

香港海鸥型菌（*Laribacter hongkongensis*, gen.nov., sp.nov.）于 2001 年在香港一名 54 岁肝硬化患者的血液和胸腔脓汁中首先分离到，这种细菌可以导致人类发生严重的肠胃炎，属于新发现的菌种。香港海鸥型菌主要存在于淡水鱼的肠道内，目前发现香港海鸥型菌与社区性肠胃炎和旅行者腹泻相关，该菌在中国香港和大陆、瑞士、日本、非洲等地均已分离出，说明香港海鸥型菌在全球普遍存在。

（1）病原特性

香港海鸥型菌属革兰氏阴性菌，为变形菌门（Proteobacteria）B-变形菌纲（Betaproteobacteria）奈瑟菌科（Neisseriaceae）的一个新属，两端生有鞭毛，菌体弯曲似海鸥状或螺旋杆状（图 2-29），大小为（0.79～2.5）μm×1μm。基因组大小为 3Mb，16S rRNA 基因序列特征与目前已知细菌存在差异。在进行细菌培养时，可出现无色、透明的微小菌落。

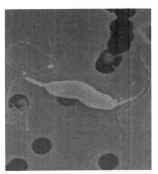

图 2-29　香港海鸥型菌鞭毛

香港海鸥型菌是一种嗜温菌，对热和酸的抵抗力较强。在低于 15℃和高于 42℃的条件下，香港海鸥型菌不能生长，最适生长温度为 28℃。pH 为 5.0～9.5 的环境内可以生长，最适宜生长的 pH 环境为 5.5～6.0。加热灭活试验表明，65℃的肉汤中 15min、在 90℃的肉汤中 5min、在 100℃的肉汤中 1min 即可被灭活。

（2）致病性

一旦感染香港海鸥型菌，患者均会发生腹泻，其中 80%患者的腹泻呈水状，20%患者的排泄物中带血；严重的患者每天腹泻可达 30 次，腹泻持续的时间最长为 90d。

由于香港海鸥型菌主要存在于淡水水域和淡水鱼的肠道内，因此人们应尽量避免喝生水；在吃鱼的时候，应该把鱼彻底加工、炖熟。

进食鱼类和异地旅游时出现腹泻也与香港海鸥型菌有密切关系。香港大学医学院感染及传染病研究中心发现：25%的淡水鱼和 15%的加工过的新鲜鱼肉中，含有香港海鸥型菌。它是近 20 年来医学界发现的第一种可引致患者腹泻，甚至严重肠胃炎的新病菌。

对 20 位受香港海鸥型菌感染患者的调查结果显示：其中 80%患者的腹泻排泄物呈水状，而另外 20%的腹泻排泄物中则带血；最严重的患者每天腹泻的最高次数可达 30 次，最严重个案出现腹泻现象持续的时间长达 90d。对近期发病的 17 名患者调查，发现 94%患者曾在出现腹泻前 3d 内进食过鱼类，29%患者此期间食用加工过的鱼肉，59%患者曾外出旅游。

现在，亚洲的中国及日本、欧洲的瑞士、非洲的突尼西亚及中美洲的古巴等国，已相继出现香港海鸥型菌感染个案，这显示病菌已于全球各地广泛传播。

2005 年，我国对广西、广东、福建、浙江和河北 5 个沿海省份的水产品批发市场、零售市场和饭店采集的鱼类产品中香港海鸥型菌的监测调查，在 5 省 1097 份鱼类样本中，有草鱼 247 份、鲤鱼 248 份、其他淡水鱼 431 份和海水鱼 171 份。草鱼的检出率为 7.69%（19/247），鲤鱼为 0.81%（2/248），其他淡水鱼为 0.23%（1/431）。河北省淡水鱼香港海鸥型菌的污染状况调查，是采用 API 20NE 及 VITEK 全自动微生物分析系统进行鉴定，纸片法进行药敏试验。结果：340 份淡水鱼中检出 2 株香港海鸥型菌，检出率为 0.6%，其中草鱼的检出率为 2.6%，其余鱼种未检出香港海鸥型菌。

（3）检验

采用改良头孢哌酮麦康凯琼脂（CMA）、头孢哌酮血琼脂、S.S、XLD、CCDA、TCBS 作为分离培养基，以 API 20NE 鉴定系统鉴定结果作为确认依据，做 MM 琼脂，氧化酶试剂，APPONE 生化试纸条，NFC 生化鉴定卡，药敏纸片等试验。

24h 培养后，香港海鸥型菌在头孢哌酮血平皿上呈针尖大小、圆形突起微溶血的菌落，在头孢哌酮麦康凯琼脂几乎不生长。经 40～48h 在头孢哌酮血平皿上生长为浅绿色半透明光滑菌落，大小为 1～2mm，不溶血；在改良头孢哌酮麦康凯琼脂上菌落为无色半透明，菌落周围常有淡淡的黄色。涂片染色镜检为革兰氏阴性无芽胞杆菌，形状呈海鸥状或 S 状。

以 16S rRNA 为扩增对象，上游引物 P1：5'-TTGA GGGTGCCGAACGGGA-3'，下游引物 P2：5'-CTACCCA CTTCTGGCGGATT-3'。反应条件：94℃ 5min；94℃ 0.5min，55℃ 0.5min，72℃ 1min，35 个循环；72℃ 5min。

预防感染的最佳方法是将鱼类和加工过的鱼肉彻底煮熟后现食用。不要将未经煮熟的肉类及熟肉放在一起，以防止交叉污染。

21．真菌及真菌毒素食物中毒概述

真菌广泛分布于自然界，种类多，数量庞大，与人类关系十分密切，有许多真菌对人类是有益的，而有些真菌对人类是有害的。一小部分真菌污染食品或在农作物上生长繁殖，使食品发霉变质或使农作物发生病害，造成巨大经济损失。有些霉菌在各种基质上生长时产生有毒的代谢产物——真菌毒素（mycotoxin），这些毒素引起人和动物发生各种疾病，称为真菌毒素中毒症（mycotoxicoses）。

自从发现黄曲霉毒素以来，霉菌与霉菌毒素对食品的污染日益引起重视。近年来，有关这方面的理论研究与防治实践取得了很大进展。迄今发现的霉菌毒素已达几百种，有些与人畜急性或慢性中毒及产生癌肿瘤有关，有些为研究某些原因不明性疾病提供了新的线索，而且多数与食品关系密切。因此，在食品卫生学中，将霉菌及霉菌毒素作为一类重要的食品污染因素。

真菌性食物中毒主要是指真菌毒素的食物中毒。其中产毒素的真菌以霉菌为主。霉菌在自然界产生各种孢子，很容易污染食品。霉菌污染食品后能产生各种酶类，不但会造成食品腐败变质，而且有些霉菌在一定条件下可产生毒素，误食霉菌毒素造成人畜中毒，并产生各种中毒症状。霉菌毒素通常具有耐高温、无抗原性、主要侵害实质器官的特性，而且霉菌毒素多数还具有致癌性。

Hesseltine 通过对瑞典、苏丹、印度尼西亚、美国、波兰、匈牙利、南斯拉夫、中国、日本、荷兰、法国、意大利、德国、南非、印度等 30 个国家和地区调查结果表明，按真菌毒素的重要性及危害性排列，排在第一位的是黄曲霉毒素，以下依次排列为赭曲霉毒素、单端孢霉烯族化合物、玉米烯酮、橘霉素、杂色曲霉素、展青霉素、圆弧偶氮酸等（表 2-3～表 2-5）。

表 2-3　主要真菌毒素分类

毒素种类	毒素名称	主要产毒菌株	毒性作用	动物中毒（自然或实验）
肝脏毒素	黄曲霉毒素（aflatoxin）	黄曲霉、寄生曲霉	急性中毒、慢性中毒、致癌。肝小叶周围或中心性坏死、胆管异常增殖	火鸡 X 病、鳟鱼肝癌、鸭、牛、猪、狗、猫、兔、鱼、大鼠、小鼠、豚鼠、地鼠、羊、猴
	杂色曲霉毒素（verciolorin）	杂色曲霉、构巢曲霉	急性中毒：致肝、肾坏死（大鼠、猴）。慢性中毒：肝癌（大鼠）	大鼠、小鼠、猴
	黄天精（luteoskyrin）	冰岛青霉	急性中毒：肝小叶中心性坏死。慢性中毒：肝硬化、肝癌	大鼠、小鼠、小鸡、猴、"黄变米"中毒
	岛青霉毒素（islanditoxin）	冰岛青霉	肝细胞坏死出血	小鼠
	赭曲霉毒素（ochratoxin）	赭曲霉	肝脏严重脂肪变	雏鸭中毒
	皱褶青霉素（rugviosin）	皱褶青霉、缓生曲霉	肝脏损害（脂肪变、肝硬化）、肾变性肾病	小鼠
	红青霉毒素（rubratoxin）	红青霉、紫青霉	肝脏、肾脏损害，脏器出血	狗 X 肝炎、小鼠、牛、猪
	灰黄霉素（griseofulvin）	灰黄青霉、黑青霉	肝肿大、肝细胞坏死、肝癌	小鼠、大鼠
肾脏毒素	桔青霉素（citrinin）	桔青霉、暗蓝青霉、错乱青霉、展青霉、土青霉、白曲霉	肾脏损害、肾小管上皮变性	大鼠、小鼠、"黄变米"中毒
	曲酸（kojicacid）	米曲霉、溜曲霉、黄曲霉、构巢曲霉、白曲霉、寄生曲霉	慢性肾脏损害	大鼠、狗
神经毒素	展青霉素（patulin）	展青霉、荨麻青霉、扩展青霉	中枢神经系统出血、上行性麻痹、心肌及肝细胞变性	牛中毒、小鼠
	棒曲霉素（claviformin）	棒状曲霉、土曲霉		

续表

毒素种类	毒素名称	主要产毒菌株	毒性作用	动物中毒（自然或实验）
神经毒素	黄绿青霉素（citreoviridin）	黄绿青霉	中枢神经系统出血、脊髓及延髓运动神经元受损、上行性麻痹、呼吸麻痹	牛X病、上行性麻痹症、小鼠、狗、猴
	麦芽米曲霉素（maltoryzine）	米曲霉小孢子变种	中枢神经损害、肌肉麻痹、肝脂肪变、肝坏死	奶牛中毒、小鼠
造血组织毒素	拟枝孢镰刀菌素（sporofusariogenin）	犁孢镰刀菌、禾谷镰刀菌	食物中毒性白细胞缺乏症、造血组织坏死	牛、马、猪、狗
	雪腐镰刀菌烯酮（nivalenol）	雪腐镰刀菌	造血障碍	牛、马
	葡萄穗霉毒素（satratoxin）	黑葡萄穗霉	葡萄穗霉毒素中毒性白细胞减少、组织出血坏死	人、马、羊、狗、猪、小鼠
光过敏性皮炎毒素	孢子素（sporidesmin）	纸皮思霉	光敏感性皮炎	羊、牛
	菌核病核盘毒素（psoralen）	菌核病盘霉	光敏感性皮炎	家畜
其他	木霉素（trichodermin）	绿色木霉	内脏出血	牛、猪、家禽
	豆类丝核菌毒素（slaframine）	豆类丝核菌	下痢、食欲不振、软弱	牛、猪、羊
	赤霉菌毒素（zearalenone）	小麦赤霉菌	赤霉病变中毒	猪、羊

表 2-4　致癌性真菌毒素

真菌毒素	致癌部位	敏感动物	产毒真霉
AFB$_1$	肝、肾、肺（癌）	大鼠	黄曲霉、寄生曲霉
AFG$_1$	肝、肾、肺（癌）	大鼠	黄曲霉、寄生曲霉
AFM$_1$	肝（癌）	大鼠	黄曲霉、寄生曲霉
杂色曲霉素	肝（癌、肉瘤）、皮下组织肉瘤	大鼠	杂色曲霉、构巢曲霉
黄天精	肝癌	小鼠	冰岛曲霉
环氯素	肝癌	小鼠	冰岛曲霉
皱褶青霉素	肝癌	小鼠	皱褶青霉、缓生青霉
灰黄霉素	肝癌	小鼠	灰棕青霉、黑青霉等
赭曲霉毒素	肾、肝癌	小鼠	赭曲霉、纯绿青霉等
纯绿青霉素	肺（腺瘤、癌）	小鼠	纯绿青霉
麦角碱	耳（神经纤维瘤）	大鼠	麦角菌
T-2 毒素	胃肠（腺癌）	大鼠	三线镰刀菌
展青霉素	皮下组织肉瘤	大鼠	展青霉等
青霉酸	皮下组织肉瘤	大鼠	圆弧青霉、赭曲霉等
念珠毒素	皮下组织肉瘤	小鼠	白色念珠菌等
伏马菌素 B$_1$	肝、肾（癌）等	大鼠、小鼠	串珠镰刀菌等

表 2-5　几类食品中霉菌菌落总数国家标准

标准号	标准名称	项目	指标/（cfu/g）
GB 5420—2003	硬质干酪卫生标准	霉菌	≤50
GB 7101—2003	固体饮料卫生标准	霉菌	≤50
GB 14884—2003	蜜饯食品卫生标准	霉菌	≤50
GB 14891.2—2003	辐照花粉卫生标准	霉菌	≤100
GB 14891.4—1994	辐照香辛料卫生标准	霉菌	≤100
GB 14963—2003	蜂蜜卫生标准	霉菌	≤200
GB 2759.2—2003	碳酸饮料卫生标准	霉菌	≤10
GB 10327—2003	乳酸菌饮料卫生标准	霉菌	≤30
GB 17324—2003	瓶装饮用水卫生标准	霉菌	不得检出
GB 17325—2003	食品工业用浓缩果蔬汁（浆）卫生标准	霉菌	≤20
GB 17399—2003	胶姆糖卫生标准	霉菌	≤20
GB 7099—2003	糕点、面包卫生标准	霉菌	≤50　热加工出厂
			≤100　热加工销售
			≤100　冷加工出厂
			≤150　冷加工销售

22. 黄曲霉及黄曲霉毒素食物中毒

黄曲霉（*Aspergillus flavus*）在自然界分布十分广泛，其中有30%～60%的菌株能够产生黄曲霉毒素（aflatoxin，AF），寄生曲霉和温特曲霉也能产生黄曲霉毒素。这些菌株主要在花生、玉米等谷物上生长，并同时产生毒素。也有报道在鱼粉、肉制品、咸干鱼、奶和肝中发现黄曲霉毒素。我国很早就制定了食品中黄曲霉毒素允许量标准。黄曲霉毒素在化学上是蚕豆素的衍生物，已明确结构的有十余种，其中以黄曲霉毒素 B$_1$ 毒性最强，产生的量也最多，黄曲霉毒素 G$_1$、黄曲霉毒素 B$_2$ 次之。一般所指主要是指黄曲霉毒素 B$_1$。将黄曲霉毒素污染的饲料用于畜牧业，使毒素积于动物组织中。用这种饲料喂养的畜禽，能在肝脏、肾脏和肌肉组织中测出黄曲霉毒素 B$_1$。

在奶牛场，如饲料中含有黄曲霉毒素，饲喂奶牛后可转变为一种存在于乳中的黄曲霉毒素代谢产物——黄曲霉毒素 M$_1$。这种代谢产物同其母体化合物一样，是一种强致癌物质。据研究证明，饲料中含黄曲霉毒素超过每 60μg/kg 时，就能造成奶的污染。例如，黄曲霉毒素 B$_1$ 浓度约为 100μg/kg 时，使牛奶含黄曲霉毒素的浓度达到 1μg/kg。当小鸡所食用的饲料含 100μg/kg 黄曲霉毒素时，即能发现烧烤小鸡的肝和肌肉组织中有黄曲霉毒素 B$_1$ 的残留。当人们经常进食每公斤含有几微克的黄曲霉毒素的食物时，就足以引起原发性肝癌，这种威胁在我国南方地区因潮湿而较为严重。

从流行病学资料看，黄曲霉毒素的污染是较为严重的，如非洲国家，食用花生中有 15% 的样品污染黄曲霉毒素达 1000μg/kg，有 2.5% 样品可达 10 000μg/kg，美国玉米样品有 7.1% 含有黄曲霉毒素，泰国食用花生有 49% 污染黄曲霉毒素，35% 玉米，其含量有的高达 1000～5000μg/kg，甚至高达 10 000μg/kg。对人体的危害也有很多实际例子。例如，1974 年印度两个邦中 200 个村庄暴发黄曲霉毒素中毒性肝炎，397 人发病，106 人死亡。我国台湾省曾报道 3 名农民共 39 人，其中 25 人因吃霉大米发生黄曲霉毒素中毒。

由于黄曲霉毒素具有很强的毒性和致癌性，其限量标准：食品中黄曲霉毒素 B$_1$ 5μg/kg，食品中黄曲霉毒素 B$_1$、B$_2$、G$_1$ 和 G$_2$，总和为 20μg/kg，牛乳中的黄曲霉毒素 M$_1$ 为 0.05μg/kg；乳牛饲料中的黄曲霉毒素 B$_1$ 为 10μg/kg。

（1）病原特性

基本形态包括营养菌丝体、分生孢子梗、分生孢子头、顶囊、瓶梗及梗基、分生孢子等结构。

在察氏培养基上生长较快，于 24～26℃培养 10d，菌落直径可达 4～6cm，生长较慢的直径也可达 3～4cm，通常由薄而质地紧密的基部菌丝及直立的分生孢子梗上的分生孢子头组成。一般呈扁平状，但偶尔也出现放射沟状或皱褶，呈脑回状。最初带黄色，然后变为黄绿色，再后颜色变暗。反面无色或带淡褐色。有些含菌核的菌株，呈暗红褐色，无气味。

（2）黄曲霉毒素

黄曲霉毒素是一类结构类似的化合物。其基本结构都是二氢呋喃杂萘邻酮的衍生物，它包括一个二呋喃环和香豆素（氧杂萘邻酮）（图 2-30）。根据紫外线照射下发出的不同荧光颜色，将黄曲霉毒素分为两类：一类为蓝色荧光的 B 类，包括 B$_1$、B$_2$、B$_2$α；另一类为绿色荧光的 G 类，包括 G$_1$、G$_2$、G$_2$α、M$_1$、M$_2$、P$_1$、GM$_1$、毒醇、四氢脱氧黄曲霉毒素 B$_1$ 等。构象关系研究发现，二呋喃环末端有双键者毒性较强，并具有致癌性，其中黄曲霉毒素 B 类的毒性和致癌性最强，在天然污染的食品中也最常见，所以在食品检测中通常以黄曲霉毒素 B$_1$ 作为污染的指标。

黄曲霉毒素的纯品为无色结晶，低浓度的纯毒素在

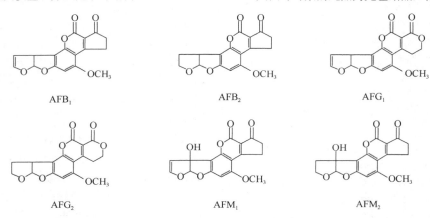

图 2-30 黄曲霉毒素化学结构

紫外线下易被分解破坏。黄曲霉毒素能被强碱（pH9～10）和氧化剂分解，毒素在水中溶解度低，溶于油及一些有机溶剂，如三氯甲烷（俗称氯仿）、甲醇，但不溶于乙醚、石油醚及正己烷中。

黄曲霉毒素对热稳定，一般烹调加工温度不能将其破坏，裂解温度在 280℃以上。

（3）致病性

黄曲霉毒素的致病性分为毒性和致癌性。

1）急性毒性：根据黄曲霉毒素对动物的半数致死量来看，它属于剧毒毒物，毒性比氰化钾还高。黄曲霉毒素对动物的毒性因动物的种类、年龄、性别及营养状况等不同而有差异。年幼动物、雄性动物较敏感。最敏感的动物是雏鸭，其 LD$_{50}$ 为 0.24mg/kg。

雏鸭的肝脏急性中毒病变具有一定特征，可作为生物学鉴定的指标。一次口服中毒剂量后，可出现如

下症状。

A. 肝实质细胞坏死。24h 可出现病变，48～72h 病变更明显。

B. 肝细胞脂质消失延迟。雏鸭孵出后肝脏有大量脂质，但正常者在孵出 4～5d 可逐渐消失，而黄曲霉中毒者，脂质消退延迟。

C. 胆管增生。中毒后 48～72h 病变明显，剂量不同，增生程度有差异。

D. 肝出血。中毒者肝出血，中毒死亡者出血更为严重。

其他组织如脾、胰等也可有病变，但不如肝脏明显。黄曲霉毒素对肝脏的损伤，若是小剂量则是可逆的，如剂量过大或多次重复感染毒素，则病变不能恢复。

2）慢性毒性：黄曲霉毒素持续摄入所造成的慢性毒性，在某种意义上说，比急性中毒更有意义，更为重要。

慢性中毒表现为动物生长障碍，肝脏出现亚急性或慢性损伤。表现如下。

A．肝功能的变化。血中转氨酶、碱性磷酸酶、异柠檬酸脱氢酶的活力和球蛋白升高。白蛋白、非蛋白氮、肝糖原和维生素 A 降低。

B．肝组织变化。肝实质细胞变性，坏死。胆管上皮细胞增生，纤维细胞增生，形成再生结节。猴可形成肝硬化。有些动物在低蛋白条件下可出现肝硬化。

C．其他症状。食物利用率下降，体重减轻，生长发育缓慢，母畜不孕或产仔少。

3）致癌性：黄曲霉毒素能引起多种动物和人发生癌症，主要表现为诱发肝癌。实验证明，小剂量反复摄入或大剂量一次摄入均可引起癌症。黄曲霉毒素可诱发鱼类、鸟类、哺乳动物类和灵长类动物肝癌。但不同动物的致癌剂量差别很大，其中以鳟鱼最为敏感，用含有 15μg/kg 黄曲霉毒素 B_1 的饲料喂大鼠，68 周时 12 只雄鼠全部出现肝癌，80 周时 13 只雌鼠也全部出现癌症。黄曲霉毒素致癌性非常强，其致癌能力约为奶油黄（二甲基偶氮苯）的 900 倍，二甲基亚硝胺的 75 倍。

黄曲霉毒素不仅引发动物的肝癌，在其他部位也可引发肿瘤，如胃腺癌、肾癌、肺癌、直肠癌、乳腺癌、卵巢癌、小肠肿瘤。

（4）检测

检验参考 GB/T 4789.16—2003、GB/T 5009.24—2010、GB/T 5413.37—2010 进行。乳和乳制品中黄曲霉毒素 M_1 的测定参考 GB/T 5009.23—2006。

产毒黄曲霉的检测鉴定主要是通过镜检观察霉菌的菌丝和孢子的形态特征、孢子排列，以及菌落生长特征等方式进行；在鉴定出菌株的基础上再进行毒素的检测，黄曲霉毒素的检测方法主要包括薄层色谱法（TLC）、高效液相色谱法（HPLC）、微柱筛选法或微柱层析法、酶联免疫吸附法（ELISA）、免疫亲和柱-荧光分光光度法、免疫亲和柱-高效液相色谱（HPLC）及生物测定法等。

23．赭曲霉毒素食物中毒

赭曲霉又称为棕曲霉，其毒素又称为棕曲霉毒素。棕曲霉属于棕曲霉群，常寄生于谷类，特别是在贮藏中的高粱、玉米及小麦麸皮上。

赭曲霉主要侵染玉米、高粱等植物性谷物，并产生赭曲霉毒素 A。实验动物食入含赭曲霉毒素的饲料，于各种组织内（肾、肝、肌肉、脂肪）均可检出残留毒素。来自赭曲霉污染大麦饲喂农场中的猪，各组织中均发现有赭曲霉毒素残留。在瑞典有 25%、丹麦有 35% 的宰猪场，发现猪肾中有赭曲霉毒素 A 的残留，含量在 2～104μg/kg，肌肉组织中残留达 30μg/kg。另外，在花生、胡椒、火腿、鱼制品、棉籽、咖啡、香烟等都分离出产毒的赭曲霉菌，最高污染含量达 631.7μg/kg。赭曲霉能在小麦、裸麦、稻米、荞麦、大豆及花生上生长并产毒。其毒性作用主要是肝、肾毒性作用，引起变性坏死等病理变化。毒素引起肾病的人死亡率可达 22%。

（1）病原特性

分生孢子头幼龄时为球形，老后分裂为 2～3 个分叉，其整体直径为 750～800μm。分生孢子梗一般长 1～1.5mm，直径为 10～14μm，呈明显的黄色，壁厚、极粗糙，有明显的麻点。顶囊呈球形，壁薄，无色，直径为 30～50μm。小梗覆盖于全部顶囊，密集而生，属双层小梗系，大小不一，多为（15～20）μm×（5～6）μm。分生孢子着生在小梗上，呈链状球形，一般直径为 2.5～3μm（图 2-31）。

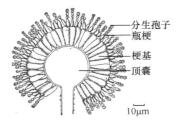

图 2-31　赭曲霉分生孢子头

多数菌产生菌核，呈乳酪色、淡黄色、淡红色等。产生菌核的菌系分生孢子头较少。有些菌系不产生菌核，但产生的分生孢子头甚多。

本菌在察氏琼脂培养基上菌落生长稍局限，室温培养发育较慢，于 24～26℃培养 10～14d，菌落直径 3～4cm。菌落硫黄色、米黄色至褐色，表面绒状，反面带黄褐色至绿色。通常扁平或略有皱纹，有时或多或少地在边缘形成环带，褐色或浅黄色。基质中菌丝无色或具有不同程度的黄色或紫色（图 2-32）。微具蘑菇气味。

图 2-32　赭曲霉

（2）毒素

赭曲霉毒素（ochratoxin，OA）因其结构不同，又可分为赭曲霉毒素 A、B 两组，A 组的毒性较大。产生的适宜基质是玉米、大米和小麦，培养适宜温度是 20～30℃，在 30℃和水活性值 0.953 时产毒最多，在 15℃时要求水活性值为 0.997。赭曲霉毒素类含 7 种结构类似的化合物，其中赭曲霉毒素 A 毒性最大，并且能在食品自然污染后检出。

赭曲霉毒素是由赭曲霉、硫色曲霉（*Aspergillus sulphureus*）、蜂蜜曲霉（*A. melleus*）及青霉属的鲜绿青霉（*Penicillium viridicatum*）、徘徊青霉（*P. palitans*）和圆弧青霉（*P. cyclopium*）等真菌产生的一类毒素。赭曲霉毒素 B 除了可以由赭曲霉毒素 A 衍生外，还可由红色青霉（*P. rubrum*）产生，而鲜绿青霉在 5～10℃即可产生赭曲霉毒素 A。

赭曲霉毒素 A 纯品为无色结晶，分子式为 $C_{20}H_{12}O_6NCl$（图 2-33），相对分子质量为 403，熔点为 94～96℃，易溶于氯仿、甲醇、乙烷、苯及冰醋酸等有机溶剂，微溶于水。赭曲霉毒素又分为赭曲霉毒素 A、B、C 三种，这三者的差异在于赭曲霉毒素 B 是赭曲霉毒素 A 的氯原子被氢原子取代，赭曲霉毒素 C 是赭曲霉毒素 A 的乙酯化合物。已发现的赭曲霉毒素有 5 种衍生物，依毒性强弱，依次为 A、C、B、α、β。赭曲霉毒素是异香豆素环与苯丙氨酸相连接的一种化合物，在异香豆素环上有一个羟基和一个氯原子。赭曲霉毒素 A 的水解产物 α 的毒性明显降低，构象关系表明异香豆素环上酚性羟基对赭曲霉毒素 A 的毒性是至关重要的。在新鲜干燥的粮食和饲料中赭曲霉毒素天然存在很少，但在发热霉变的粮食中赭曲霉毒素含量很高，主要是赭曲霉毒素 A。当粮食中的产毒菌株处于 28℃ 的温度下，产生的赭曲霉毒素 A 含量最高，在温度低于 15℃ 或高于 37℃ 时产生的毒素极低。

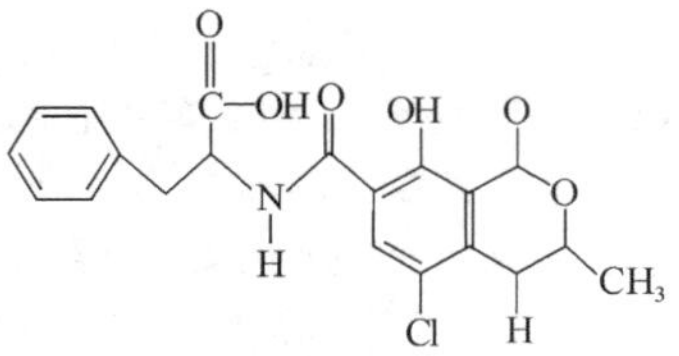

图 2-33　赭曲霉毒素 A 化学结构

（3）致病性

赭曲霉毒素具有较强的肾脏毒性和肝脏毒性，还可导致肺部病变。慢性接触可诱发鼠的肝、肾肿瘤。在猪体内赭曲霉毒素 A 的残留半衰期为 4.5d，在肝脏是 4.3d。

赭曲霉毒素 A 污染饲料后可引起猪和家禽肾炎，呈地方病性，死亡率较高。另外，赭曲霉毒素 A 还被认为与人的慢性肾病，即巴尔干地方性肾病有关。巴尔干地方性肾病主要发生在前南斯拉夫、罗马尼亚和保加利亚等的某些地区，呈地方性，主要沿着溪谷的村庄发生，某些地区的死亡率高达 22%，在多发地区居住 10 年以上的人易患该病。给猪食入赭曲霉毒素 A 后，肾脏病变、肾功能

改变、病理变化与巴尔干地方性肾病极其相似，而且流行地区的食品中赭曲霉毒素 A 的含量高于非流行地区。

（4）检测

检验按 GB/T 25220—2010 进行。

24. 黄绿青霉及黄绿青霉素中毒

黄绿青霉（Penicillium citreo-viride）又名毒青霉（P. toxicarum），最初是由黄变米中分离出来的，稻米水分在 14.6% 时，最适于黄绿青霉生长繁殖，并使米霉变发黄。黄绿青霉素（citreoviridin）能引起人和动物的肝肿瘤、中枢神经麻痹和贫血。

（1）病原特性

本菌分生孢子梗自紧贴于基质表面的菌丝生出，壁光滑，一般为（50～100）μm×（1.6～2.2）μm，有时也可从基质上产生，较长，可达 150μm。帚状枝大多数为单轮生，偶尔有一二次分枝，（9～12）μm×（2.2～2.8）μm。小梗密集成簇，有 8～12 个。分生孢子呈球形，直径 2.2～2.8μm，壁薄，光滑或近于光滑。黏成链时，具有明显的孢隔，链长可达 50μm 以上。

黄绿青霉属单轮青霉组，斜卧青霉系。在察氏培养基上生长局限，表面皱褶和纽扣状，有的中央凸起或凹陷，由柔韧的菌丝组成绒毯状，边缘逐渐变薄。淡黄灰色，仅微具绿色，表面绒状或稍现絮状，营养菌丝细，带黄色。渗出液很少或没有，反面及培养基呈亮黄色。大部分菌株呈明显的柠檬黄色乃至黄绿色，约经 14d 后变成浊灰色。

（2）毒素

黄绿青霉的代谢产物为黄绿青霉毒素，该毒素是一种很强的神经毒。黄绿青霉素主要由黄绿青霉、赭鲑色青霉、垫状青霉和瘿青霉等产生。黄绿青霉毒素纯品为橙黄色星芒状集合结晶体（图 2-34），分子式为 $C_{23}H_{30}O$，相对分子质量为 402，熔点为 107～110℃。易溶于乙醇、乙醚、苯、三氯甲烷和丙酮，不溶于水和乙烷。紫外线照射 2h，大部分毒素被破坏，此毒素耐热，加热至 270℃ 时才能失去毒性，在紫外线下呈黄色荧光，有特殊臭味。

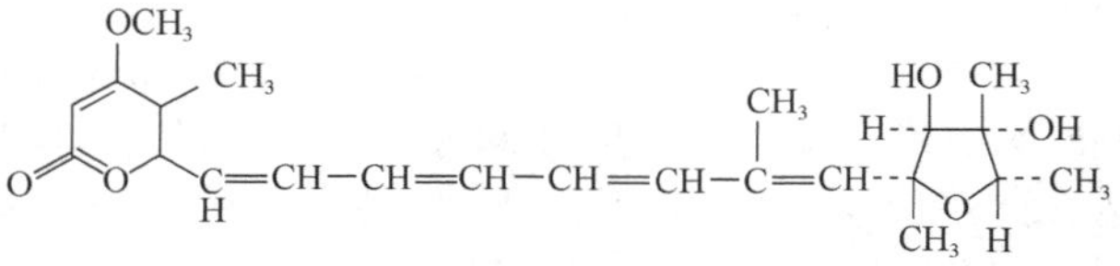

图 2-34　黄绿青霉毒素化学结构

黄绿青霉毒素主要损害神经系统。黄绿青霉毒素黄变米的乙醇提取物可使动物急性中毒，典型症状是上行性进行性神经麻痹，其他症状包括呕吐、痉挛和呼吸系统紊乱，进一步发展为心血管系统损害、肌肉麻痹、体温下降，进而为呼吸系统紊乱导致的呼吸困难和昏迷，重者可引起死亡。

（3）检测

检验按 GB/T 4789.16—2003 进行。

25. 岛青霉及毒素中毒

本菌也称冰岛青霉，产生岛青霉（Penicillium islandicum）毒素（islandicin, islanditoxin）、黄天精、环氯素及红天精等，这些毒素均为肝脏毒，能引起人及动物的肝损害，并能引起肝癌。1959 年首先由日本佐藤在黄变米中分离出来。本菌对谷物的污染比较严重，主要在大米、玉米、大麦中生长并产生毒素。毒素属于肝脏毒，主要引发肝癌、肝硬变。

（1）病原特性

本菌属双轮对称青霉群，绳状青霉系。分生孢子梗短，一般为50～75μm，几乎完全成为分枝形式，从隆起的气生菌丝或菌丝索上产生，偶尔从基质产生。大小为（100～150）μm×（2.5～3）μm。帚状枝为双轮对称，小梗平行密集，每簇5～8个，较短，顶端骤尖。大小为（7～9）μm×（1.8～2.2）μm，分生孢子呈椭圆形，(3.0～3.5)μm×(2.5～3.0)μm，壁厚，光滑，产生短的结节状分生孢子链。

在察氏培养基上生长缓慢，菌落生长局限，于室温培养14d，菌落直径可达2.5～3.0cm。通常具有显著的环带及轻微放射状皱纹。菌落呈黄色、橘黄色、褐色及暗绿色等多种颜色。菌落边缘为粉红色或橘红色，宽1～4mm。背面呈浊橙色乃至红色，最后变成浊红褐色。

（2）毒素

岛青霉可产生多种毒素，分别为黄天精（luteoskyrin）、环氯青霉素（cyclochlorotine）、岛青霉素、岛青霉毒素及红天精等。黄天精纯品为黄色六面体的针状结晶，熔点为287℃，分子式为$C_{30}H_{22}O_{12}$，相对分子质量为574。在苯溶液重结晶后呈黄色六面针状结晶。黄天精易溶于丙酮、甲烷、正丁醇及乙醚等有机溶剂，不溶于水。在某些溶剂中对光敏感，易分解。

黄天精是一种强烈的肝脏毒，急性中毒表现为肝脏损害，以肝细胞中心性坏死和脂肪降解为特征（图2-35）。用接种岛青霉经培养制成的霉大米，按不同比例掺入饲料中，结果以100%霉料饲喂的小鼠，于3～8d内大部分死于急性肝萎缩，少数死于肝纤维组织增生和腹水，30%和10%霉米组，除少数死于肝萎缩，大部分于300d后出现明显的肝硬化和弥漫性肝萎缩。

环氯素和岛青霉毒素：两者的元素组成一样，分子式均为$C_{24}H_{31}O_7N_5Cl_2$，相对分子质量为571，但在结构上有所差异（图2-36，图2-37）。环氯素纯品为白色针状结晶，在紫外下呈蓝色荧光，熔点为251℃，呈水溶性。环氯素肝脏毒对动物的作用与黄天精相似，但比黄天精急骤。能干扰糖原代谢，病理变化主要见于肝脏的空泡变性、坏死，特别严重的整个小叶有出血。环氯素对小鼠的LD_{50}为0.33mg/kg（腹腔注射）、0.47mg/kg（皮下注射）和6.55mg/kg（经口）。

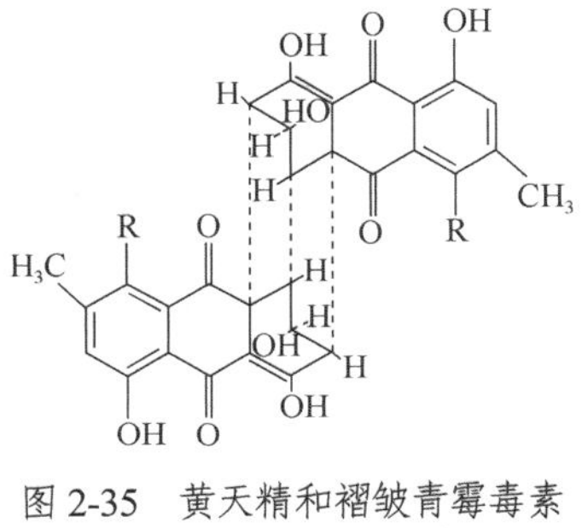

图2-35 黄天精和褶皱青霉毒素
黄天精（R＝OH），褶皱青霉毒素（R＝H）

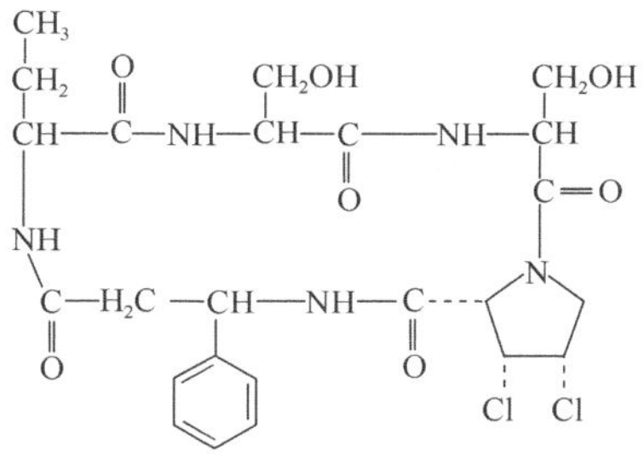

图2-36 环氯素化学结构

岛青霉毒素在理化性质和生物学作用上与环氯素相似，两者在结构上的不同仅在于氨基酸序列不同（图2-37）。其急、慢性中毒的结果与环氯素极其相似。对肝脏损害的病理学表现为肝细胞降解和肝脏血液循环阻滞。

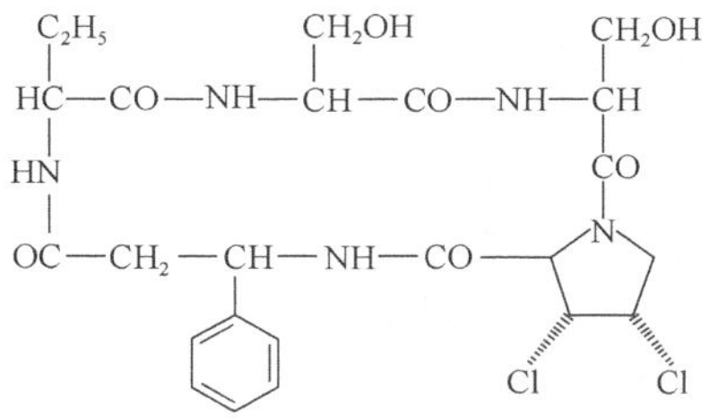

图2-37 岛青霉毒素结构

红天精是由岛青霉分离出来的红色色素，纯品为橘红色结晶，熔点为130～133℃，相对分子质量455，易溶于氯仿、甲醇、苯、乙酸和吡啶中，在乙醚、乙烷和石油醚中溶解度较小。红天精对小鼠腹腔LD_{50}为60mg/kg，绝对致死量（LD_{100}）为600mg/kg体重。中毒时，动物多出现麻痹、昏迷，然后死亡。主要损伤肝脏，并有肾脏、淋巴结、脾脏、胸腺等损害。

（3）检测

检验按GB/T 4789.16—2003进行。毒素检测主要利用微柱层析，根据荧光强度测定毒素含量；也可用液相色谱仪进行测定。

26．桔青霉及桔青霉毒素中毒

桔青霉（*Penicillium citrinum*）属于不对称青霉群，绒状青霉亚群，桔青霉系。自然界分布广泛，是粮食常见的霉菌。本菌侵染大米后产生桔青霉毒素（citrinin），形成有毒黄变米。最初在黄变米中发现，后来在许多粮食和饲料中都有分离的报道，且往往与赭曲霉毒素同时存在。桔青霉毒素属于肾脏毒，主要致肾小管上皮变性。桔青霉毒素除由桔青霉产生外，纠缠青霉（*Penicillium implicatum*）、暗蓝（铅色）青霉（*P. lividum*）、瘿青霉（*P. fellutanum*）、詹森青霉（*P. jensenii*）、黄绿青霉、扩展青霉（*P. expansum*）、点青霉（*P. natatum*）、变灰青霉（*P. caneocens*）、白曲霉（*Aspergillus candidus*）和雪白曲霉（*A. niveus*）等都可产生。

（1）病原特性

本菌分生孢子梗大部分自基质上产生，也有自菌落中央气生菌丝上生出的。壁光滑，一般不分枝，帚状枝由3～4个轮生而略微散开的梗基构成。每个梗基上簇生6～10个略密集平行的小梗。分生孢子呈球形或近似球形，产生分生孢子链。

在察氏培养基上生长局限，于20～26℃培养10～14d，菌落直径一般为2.0～2.5cm，具有典型的放射状皱纹，大多数菌株为绒状，有的菌株则为絮状，呈艾绿色，反面黄色至橙色，培养基颜色相仿或略带粉红色，渗出液丰富，常为淡黄色。有些菌株有明显的蘑菇气味，有的则不明显。

（2）毒素

1931年，Raistrick等从桔青霉中首次分离到该毒素，桔青霉毒素为柠檬针状结晶，分子式为$C_{13}H_{14}O_5$，相对分子质量为250。从不同溶剂获得结晶的熔点不一样。易溶于乙醚、三氯甲烷和无水乙醇中，难溶于水。在紫外线下呈现黄色荧光。桔青霉毒素对荧光敏感，在酸性及碱性条件下均可溶解。

桔青霉毒素具有很强的肾脏毒，主要引起肾脏功能和形态学改变，包括肾脏肿大，肾重增加，尿量增加，汉韧襻以下肾单位变性及扩张；皮髓质交界处，肾小管上皮细胞增生变性脱落，并可堵塞肾小管管腔。

桔青霉毒素对大鼠的LD_{50}为50mg/kg（经口）和67mg/kg（皮下注射），对小鼠LD_{50}为58mg/kg（腹腔注射）和60mg/kg（皮下注射），兔经口的LD_{50}为19mg/kg，豚鼠皮下注射为37mg/kg。桔青霉培养物及桔青霉污染的大米对动物均有损害，但菌丝对动物无损害。

（3）检测

检验按GB/T 4789.16—2003进行。

27. 镰刀菌毒素

（1）病原特性

镰刀菌属种类多，分布广，从平原到珠穆朗玛峰的高山，从海洋到高空，从植物到动物均可检出本属的菌株。其中许多是危害各种作物的病原菌，如引起小麦、水稻、玉米和蔬菜等病害及各种作物的病原菌。有些寄生在植物上，如粮食及饲料上，使其霉变，并产生毒素，人和动物食后发生中毒。

镰刀菌属的分类与曲霉和青霉相比更加困难，镰刀菌属在马铃薯-葡萄糖琼脂或察氏培养基上气生菌丝发达，高达0.5～1.0cm，较低的为0.3～0.5cm，或者气生菌丝稀疏，甚至完全无气生菌丝。由营养菌丝组成的集团组织称为子座。通常子座上生长分生孢子梗座，分生孢子梗座产生大量分生孢子时，黏聚成的黏团，称为黏孢团。

孢子的形态是分类的依据之一。分生孢子有两种类型，即大分生孢子和小分生孢子。大分生孢子由气生菌丝或分生孢子座产生，或产生在黏孢团中，形态多种多样，有镰刀形、线形、纺锤形、披针形、柱形、腊肠形、蠕虫形、鳝鱼形等。顶细胞形态不一，呈短喙形、锥形、钩形、线形、柱形等。大分生孢子为多细胞、多隔。小分生孢子生于分枝和不分枝的分生孢子梗上，小分生孢

子的形态也不一样，呈卵形、梨形、椭圆形、圆形、纺锤形等，一般是单细胞，少数有1～3个隔。通常小分生孢子的量比大分生孢子多。

气生菌丝、黏孢团、子座、菌核可呈现各种颜色，基物也可被染成各种颜色。菌丝与大分生孢子上有时有厚垣孢子，厚垣孢子间生或顶生，单个或多个成串，或呈结节状。有时生于大分生孢子的孢室中，无色或有色，光滑或粗糙。

有些镰刀菌具有有性繁殖器官，即产生闭囊壳，其内含有子囊及8个子囊孢子。子囊壳产生于子座上，子囊壳卵圆形或圆形，深蓝色至黑紫色，粗糙或光滑，子囊孢子椭圆形、梭形或新月形，无隔或可有3个隔，无色。

在镰刀菌属中，很多菌种都可产生毒素，引致人畜的中毒症，而且许多种可同时产生多种毒素，其中重要的产毒菌有禾谷镰刀菌（F. graminearum）、梨孢镰刀菌（F. poae）、拟枝孢镰刀菌（F. sporotrichioides）、雪腐镰刀菌（F. nivale）、三线镰刀菌（F. tricinctum）和串珠镰刀菌（F. moniliforme）。

（2）镰刀菌毒素

镰刀菌毒素主要通过霉变的粮食和饲料来感染人和动物。由于镰刀菌在自然界中的分布广泛，且产毒菌株与产生的毒素种类之多，对人和动物危害较大，是目前优先研究的霉菌毒素之一，镰刀菌属引起人和动物中毒是由其产生的毒素作用的结果。

镰刀菌引起的人和家畜中毒症比较常见，早在19世纪末，苏联和日本就已开展了研究。1882年，苏联的远东地区曾发生由镰刀菌霉变的谷物而引致人和动物中毒，称为"醉谷病"。在1913年和第二次世界大战末期前后，苏联西伯利亚地区发生因谷物被拟枝孢镰刀菌和梨孢镰刀菌侵染而产生强烈毒素，致使人食后发生皮肤出血、粒细胞缺乏、坏死性咽炎、骨髓再生障碍等病症。中毒死亡率可达50%～60%，称为食物中毒性白细胞缺乏症（alimentary toxic aleukia, ATA）。镰刀菌毒素是由镰刀菌属及个别其他菌属产生的有毒代谢产物的总称。主要分为单端孢霉烯族化合物（又称为单端孢霉素类）（trichothecenes）、玉米赤霉烯酮（zearalenone）、串珠镰刀菌素（moniliformin）、伏马菌素（fumonisins）及丁烯酸内酯（butenolide）等毒素。常引起人和动物中毒的毒素有玉米赤霉烯酮、T-2毒素、镰刀菌烯酮-X、雪腐镰刀菌烯酮、新茄病镰刀菌烯醇和丁烯酸内酯等。

1）单端孢霉毒素：单端孢霉烯族化合物是由雪腐镰刀菌、禾谷镰刀菌、梨孢镰刀菌、拟枝孢镰刀菌等多种菌产生的一类生物活性和化学结构相似的毒素。它是引起人畜中毒最常见的一类镰刀菌毒素。此类毒素包括40多种真菌毒素（表2-6），化学组成上均含有C、H、O三种元素，且均具有倍半萜烯（sesquiterpene）结构，又称为12，13-环氧单端孢霉素（12，13-epoxy trichothecene），12，13-环氧基结构是此类毒素毒性的化学结构基础（图2-38，图2-39）。

表2-6 单端孢霉毒素类的化学结构

型别	毒素名称	R_1	R_2	R_3	R_4	R_5
A型	T-2毒素	OH	OAC	OAC	H	$(CH_3)_2CHCH_2OCO$
	HT-2毒素	OH	OH	OAC	H	$(CH_3)_2CHCH_2OCO$
	二乙酸镰草镰刀菌烯醇	OH	OAC	OAC	H	H
	新茄病镰刀菌烯醇	OH	OAC	OAC	H	OH
B型	雪腐镰刀菌烯醇	OH	OH	OH	OH	=O
	镰刀菌烯酮-X	OH	OAC	OH	OH	=O
	二乙酰雪腐镰刀菌烯醇	OH	OAC	OAC	OH	=O

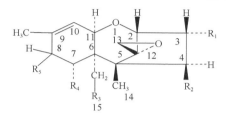

图2-38 单端孢霉毒素类的化学结构式

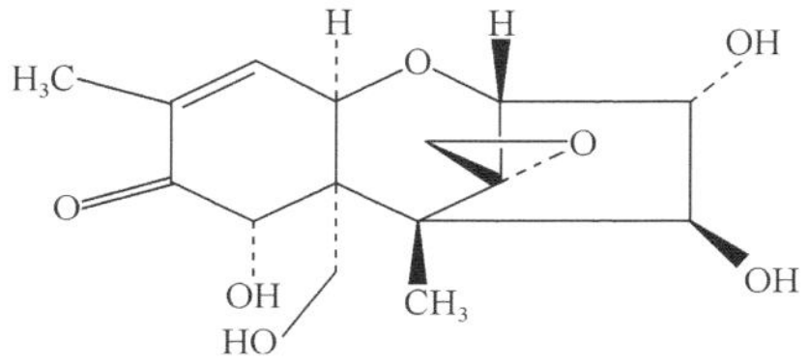

图2-39 雪腐镰刀菌烯醇的化学结构式

单端孢霉毒素化学性质稳定，一般能溶于中等极性的有机溶剂，微溶于水。在实验室条件下长期保存不变，在烹调过程中不易破坏。根据环上R_1～R_5上的取代基不同，区分为若干不同的毒素，有A、B、C、D四型，主要分为A型和B型两种。

A型毒素：A型毒素主要有T-2毒素、HT-2毒素、二乙酸镰草镰刀菌烯醇（DAS）和新茄病镰刀菌烯醇。

T-2毒素最初是从带菌玉米中分离出来的，产生该毒素的真菌有三线镰刀菌、拟枝孢镰刀菌、梨孢镰刀菌、半裸镰刀菌、木贼镰刀菌及黄色镰刀菌等。T-2毒素的纯品为白色针状结晶体，分子式为$C_{24}H_{34}O_9$，熔点为151～152℃。T-2毒素对大鼠的LD_{50}为3.8mg/kg（腹腔注射），染毒后的实验动物可引起呕吐反应。T-2毒素可引起血液中白细胞的减少，现已肯定为ATA的病原物质。其毒性作用机制是抑制蛋白质在多聚核糖体上合成时的起始阶段。T-2毒素猫急性中毒的症状主要表现为呕吐、腹泻、厌食、后肢供给失调等，慢性中毒主要表现为白细胞减少。尸检可见骨髓、小肠、脾和淋巴结等部位广泛的细胞损伤，脑脊膜出血，肺出血，以及肾小管空泡性降解等。此外，T-2毒素还可引起皮肤坏死和口腔损伤。

二乙酸镰草镰刀菌烯醇的产生菌主要有草镰刀菌和木贼镰刀菌。该毒素与T-2毒素有许多相似之处，如损害实验动物骨髓等造血器官，白细胞持续减少，心肌退变出血等。此外，它还可使脑与中枢神经细胞变性，淋巴结、睾丸与胸腺受损害。发生胃肠炎、眼和体腔水肿及动物抗体减少等。

产生新茄病镰刀菌烯醇的菌有茄病镰刀菌、梨孢镰刀菌、拟枝孢镰刀菌、燕麦镰刀菌及黄色镰刀菌等。新茄镰刀菌烯醇的熔点为171～172℃，小鼠腹腔注射LD_{50}为14.5mg/kg。有人报道这种毒素引起马、骡和驴等动物的中毒病，中毒后发生痉挛、狂躁、呼吸障碍及脑出血等症状。

B型毒素：B型毒素主要有雪腐镰刀菌烯醇、二乙酰雪腐镰刀菌烯醇及镰刀菌烯酮-X。

脱氧雪腐镰刀菌烯醇（DON），也称致呕毒素（vomitoxin），能产生该毒素的镰刀菌有禾谷镰刀菌、黄色镰刀菌和雪腐镰刀菌等。该毒素对动物的急性毒性属于剧毒或中等毒性。DON是赤霉病的病原物质，其毒性作用主要是致呕吐。DON对皮肤的坏死作用小于其他单端孢霉烯族化合物，其有致癌、致畸和致突变作用。多数研究证明，DON有明显的胚胎毒性和一定的致畸与致突变作用，其致癌作用尚无报道。肾脏可能是DON排泄的主要途径之一，DON在体内有一定的蓄积作用，但无特异的靶器官。

雪腐镰刀菌烯醇和镰刀菌烯酮-X：雪腐镰刀菌烯醇可由雪腐镰刀菌、单隔镰刀菌产生，镰刀菌烯酮-X可由单隔镰刀菌、雪腐镰刀菌、水生镰刀菌、尖孢镰刀菌等产生。雪腐镰刀菌烯醇为白色长方形结晶，相对分子质量为312.3，熔点为222～223℃。易溶于水、甲醇、氯仿和二氯甲烷。不溶于己烷和正戊烷。

雪腐镰刀菌烯醇和镰刀菌烯酮-X可引起人的恶心、呕吐、疲倦、头痛；引起大鼠与小鼠的体重下降，肌肉张力下降与腹泻。此外，还有与二乙酸镰草镰刀菌烯醇相似的作用，如骨髓与中枢神经损害、脑毛细血管扩张及脑膜、肠道和肺出血等。雪腐镰刀菌烯醇对小鼠的LD_{50}（腹腔注射）为4.1mg/kg，镰刀菌烯酮-X对小鼠的LD_{50}为3.4mg/kg（腹腔注射）。

单端孢霉毒素类在食品卫生学上的意义比较重要。已经阐明它引起食物中毒性白细胞缺乏症，也定义为赤霉病麦中毒的病原物质。此外，它也和某些地方病及原因不明的中毒有关。单端孢霉毒素类涉及的产毒菌甚多，产毒条件复杂，所以在食品中出现的机会较多，急性毒性较强。现在此类毒素和黄曲霉毒素一样，是最危险的食品污染物。

T-2毒素是单端孢霉烯族真菌毒素中一个具有代表性的毒素。T-2毒素的检测方法有薄层色谱法、气相色谱法、酶联免疫吸附法、免疫亲和柱-荧光柱法。

检测 单端孢霉烯族真菌毒素一般用免疫亲和柱-荧光柱法、色谱柱分离测定、薄层色谱法进行检测。

2）玉米赤霉烯酮（zearalenone，ZEN）：玉米赤霉烯酮可由多种菌产生，如禾谷镰刀菌、黄色镰刀菌、粉红镰刀菌、串珠镰刀菌、三线镰刀菌、茄病镰刀菌、木贼镰刀菌、尖孢镰刀菌等。

玉米赤霉烯酮的纯品为一种白色结晶，化学名称为6-（10-羟基-6-氧基-1-十一碳烯基）β-雷琐酸-u-内酯［6-（10-hydroxy-6-oxo-1-undecenyl）β-resorcylic acid-u-lactone］（图2-40）。相对分子质量为318，熔点为164～165℃。不溶于水，溶于碱性水溶液、乙醚、苯、二氯甲烷、乙腈和乙醇，微溶于石油醚。

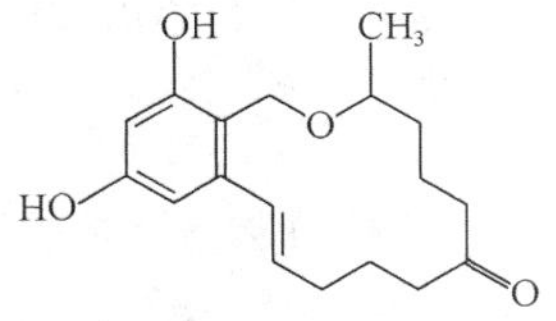

图2-40　玉米赤霉烯酮化学结构式

玉米赤霉烯酮可使畜、禽和啮齿类动物发生雌性激素亢进症。在性未成熟的雌猫和雌性幼鼠可引起子宫肥大和阴道肿胀及乳腺隆突，但长期给予可使卵巢萎缩。在雄猪可引起乳房突起。此外，还可引起牛不孕与流产和孕猪流产，与雌酮相比，其活力较弱，约为雌酮的1/1000（皮下注射）和1/100（经口）。

玉米赤霉烯酮具有较强的生殖毒性和致畸作用，可引起雌动物发生雌流毒亢进症，导致动物不孕或流产。如果人食用了含玉米赤霉烯酮的面粉也可引起中枢神经系统的中毒症状，如恶心、发冷、头疼、精神抑郁、共济失调等。ZEN由口进入血液，7d后可在尿中检出。

目前玉米赤霉烯酮的测定方法有免疫亲和柱-荧光柱法、薄层色谱法、气相色谱法、高效液相色谱法等。

3）丁烯酸内酯（butenolide）：丁烯酸内酯（图2-41）为棒状结晶，相对分子质量为138，熔点为113～118℃。易溶于水，微溶于二氯甲烷和氯仿。在碱性水溶液中极易水解。

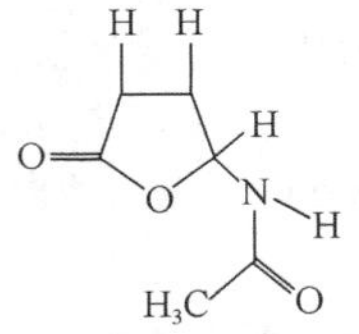

图2-41　丁烯酸内酯化学结构式

产生丁烯酸内酯的菌主要有三线镰刀菌、雪腐镰刀菌、木贼镰刀菌、拟枝孢镰刀菌、梨孢镰刀菌、粉红镰

刀菌、砖红镰刀菌和半裸镰刀菌等。

三线镰刀菌在沙氏加麦芽糖液体培养基上，3℃暗处培养20～30周，或15℃培养8周，可产生3种毒素，其中丁烯酸内酯为最多。可用二氯甲烷提出，去除溶媒后即得结晶。

丁烯酸内酯的简易测定法是将产毒菌株培养物经如上提取，在薄板上层析，遇硫酸呈蓝色荧光，喷以2，4-二硝基苯肼呈黄色。

此毒素主要引起牛烂蹄病，牛吃了三线镰刀菌污染的牧草而引起。此种牧草俗称酥油草［学名为苇状羊草（Festuca arundinacea）］，故此病也称为酥油草烂蹄症。丁烯酸内酯是血液毒，对家兔、小鼠和牛有毒性。由于此物为五圆环内酯，故不能排除具有致癌作用的可能。本品除对家兔涂皮有明显反应外，小鼠经口 LD_{50} 为275mg/kg。

4）伏马菌素（fumonisins）：1988年，Gelderblom等从串珠镰刀菌MRC826培养物中分离出一组新的水溶性代谢产物，命名为伏马菌素（图2-42）。在短期内促癌生物分析试验中，伏马菌素 B_1（fumonisin B_1，FB_1）表现出促癌活性，能明显诱发肝脏 γ-谷胱苷肽转移酶阳性的形成。这说明 FB_1 对大鼠的促癌作用与毒性作用密切相关。FB_1 引起的病理改变表现为进行性肝炎样毒性。随喂养时间的延长，大鼠的肝炎病变进行性加重。

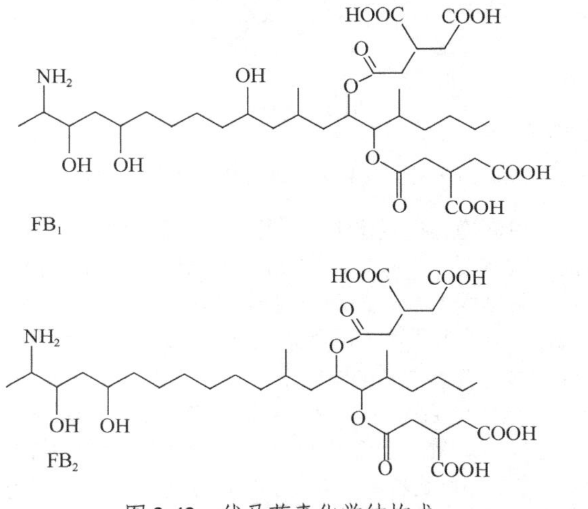

图2-42　伏马菌素化学结构式

FB_1 污染粮食作物的情况比较严重，从意大利、西班牙、波兰和法国等地的玉米、高粱、小麦和大麦中均分离到数种镰刀菌（表2-7）。

表2-7　世界部分国家玉米及其制品中 FB_1 污染情况

品种	国家	阳性样品数/总样品数	FB_1 含量/（mg/kg）
玉米	加拿大、美国	324/729	0.08～37.9
	阿根廷、乌拉圭、巴西	126/138	0.17～27.05
	奥地利、克罗地亚、意大利、匈牙利、德国、波兰、捷克、瑞士、英国、意大利	248/714	0.007～250
	贝宁、肯尼亚、马拉维、莫桑比克、津巴布韦、坦桑尼亚、赞比亚、南非	199/260	0.02～117.5
	中国、印度尼西亚、泰国、菲律宾、尼泊尔	361/614	0.01～155
	澳大利亚	67/70	0.3～40.6

续表

品种	国家	阳性样品数/总样品数	FB$_1$含量/(mg/kg)
玉米粉、粗玉米粉	加拿大、美国	73/87	0.05～6.23
	博茨瓦纳、埃及、肯尼亚、南非、赞比亚、津巴布韦	73/90	0.05～3.63
	中国、印度、日本、泰国、越南	44/53	0.06～2.6
各种玉米食品	美国	66/162	0.004～1.21
	秘鲁、委内瑞拉、乌拉圭	5/17	0.07～0.66
	捷克、法国、德国、荷兰、意大利、西班牙、瑞典、瑞士、英国	167/437	0.008～6.1
	博茨瓦纳	8/17	0.03～0.35
	日本、中国台湾	52/199	0.07～2.39
玉米粉、碱处理玉米粒	秘鲁、委内瑞拉、乌拉圭	5/17	0.07～0.66
	乌拉圭、美国得克萨斯州—墨西哥边界	63/77	0.15～0.31
玉米粥、粗玉米、粗面粉	奥地利、保加利亚、意大利、西班牙、法国、德国、荷兰、捷克、瑞士、英国	181/258	0.008～16
面筋	中国、印度、日本、泰国、越南	44/53	0.06～2.6
玉米饲料	美国	586/684	0.1～330
进口玉米	德国、荷兰、瑞士	143/165	0.02～70
玉米粉	新西兰	0/12	

用 MRC826 的产毒培养物饲养马，脑部病理学检查发现有明显的肝病样病理改变和延髓质水肿。给马静脉注射 FB$_1$ 出现明显神经症状，包括精神紧张、偏向一侧的蹒跚、震颤、共济失调、行动迟缓、下嘴唇和舌轻度瘫痪等。

FB$_1$ 对大鼠具有肝脏毒性，并且在较低浓度时对大鼠具有肾皮质损伤作用。

最易受伏马菌素污染的粮食是玉米，其中对人体毒性作用最大的是 FB$_1$。伏马菌素检测方法主要有免疫亲和柱-荧光柱法、免疫亲和柱-HLPC 法、毛细管电泳法、液相色谱/质谱法。

5）镰刀菌素 C：串珠镰刀菌产生一种具有致突变性的有毒物质，命名为镰刀菌素 C（fusarin C）。镰刀菌素 C 不耐热，在 100℃条件下不稳定，在高 pH 条件下迅速降解。

该毒素的分子式为 C$_{24}$H$_{29}$O$_7$，与其结构相似的还有镰刀菌素 A 和 D。镰刀菌素 C 是一种具有高度致突变性的物质，其致突变性质与 FB$_1$ 和杂色曲霉素相似，而镰刀菌素 A 和 D 不具有致突变性。

用镰刀菌素 C 处理裸鼠食管上皮细胞后有细胞恶性转化的特征出现，可以在无表皮生长因子的选择性培养基和半固体琼脂上生长形成细胞集落，染色体数量增加，致基因 c-myc 和 v-erb-B 表达增强。

三、动物性食物（组织）中毒

生物（组织）毒素性食物中毒由食入含生物（组织）毒素食品所引起。某些动植物含有天然毒素成分，如河豚中毒；外来污染和存放或处理不当，产生有毒物质，如蜂蜜中毒、鱼类组胺中毒；过量食入某些食品，如动物肝脏中毒、动物三腺中毒等，这些组织是动物的解毒器官，有积累毒性物质的特性，含毒性物质比其他器官组织多，这些均属于生物毒性食物中毒。世界上有毒鱼类有 600 余种，我国有 170 种左右。

1. 河豚中毒

河豚中毒主要发生于日本、东南亚和我国，我国所产河豚鱼有 40 多种（图 2-43），均属于豚形目（Tetrodontiformes）。我国的河豚中毒多由豹纹东方豚和弓斑东方豚所引起。东方豚内脏所含毒素的量，因部位及季节而有差异，河豚的卵巢、睾丸、鱼子和肝脏毒性最强，其次为肾脏、血液、眼睛、鳃和皮肤，鱼死后较久，内脏毒素溶入体液并逐渐渗入肌肉内，使肌肉具有毒性。每年春季为河豚卵巢发育期，其毒性最强；6～7 月产卵后，毒性减弱。河豚毒素有河豚素、河豚酸、河豚卵巢毒素及河豚肝脏毒素。一个体重 70kg 的人可被 0.5mg 河豚卵巢毒素毒死。河豚毒素易溶于稀乙酸中，对热稳定，220℃以上才被分解，盐腌和日晒也不被破坏；在 pH7 以上和 pH3 以下时不稳定，有胃酶存在时，0.2%～0.5% 盐酸中 8h 可被破坏，煮沸 2h 则毒性减半。100℃ 4h、115℃ 3h、120℃ 20～60min、200℃以上 10min 可使毒

图 2-43 河豚

素全部破坏；河豚毒素也可被碱类分解破坏。河豚毒素毒性单位为毒力单位，是指 1mL 原液或 1g 原料所能杀死的小白鼠的克数，又称小鼠单位。对人的最小致死量约为 20 万小鼠单位，含毒力 200 小鼠单位以下的河豚组织不能使人致死，毒力为 100～200 小鼠单位者为弱毒，2 万小鼠单位者为剧毒。豹纹东方豚产卵期卵巢毒素的毒力为 2 万～4 万小鼠单位，肝脏毒力可高达 10 万小鼠单位。

河豚毒素中毒的特点为发病急速而剧烈，潜伏期为 10min～3h，首先感觉手指、唇和舌刺痛，然后出现恶心、呕吐、腹泻等胃肠道症状，并有四肢无力、发冷、口唇、指尖和肢端麻痹，有眩晕，重者瞳孔及角膜反射消失，四肢肌肉麻痹，以致身体摇摆、共济失调，甚至全身麻痹、瘫痪。以后言语不清、紫绀，血压和体温下降。呼吸先迟缓浅表，后渐困难，以致呼吸麻痹，最后死于呼吸衰竭。河豚毒素中毒尚无特效药物，多对症治疗。

2. 鱼类组胺中毒

组胺中毒是一种过敏性食物中毒。不新鲜鱼含一定数量的组胺，组胺是鱼体中的游离组氨酸在组氨酸脱羧酶的催化下，发生脱羧反应形成的。容易形成组胺的鱼类有鲐鱼、青花鱼、鲹巴鱼、油筒鱼、蓝圆鲹、竹夹鱼、扁舵鲣、鲔鱼、金枪鱼、沙丁鱼等。这些鱼几乎都有青皮红肉的特点。人类组胺中毒与鱼肉中组胺含量及鱼肉的食用量有关，有人认为 100g 鱼肉中组胺含量为 100～150mg 可引起轻度中毒，150～400mg 可引起重度中毒。鱼类食品中组胺最大允许含量，我国建议为 100mg/100g。

组胺中毒主要是组胺使毛细血管扩张和支气管收缩所致，临床特点为发病快、症状轻、恢复快，潜伏期为数分钟至数小时。主要表现为颜面部、胸部及全身皮肤潮红和眼结膜充血等。同时还有头痛、头晕、心悸、胸闷、呼吸频数和血压下降。体温一般不升高，多在 1～2d 内恢复。可用抗组胺药物治疗或对症处理。

在鱼类产、贮、运、销各个环节进行冷藏，不吃腐败变质的鱼类和加强鱼类的检验，有利于防止组胺中毒的发生。

3. 贝类中毒

贝类中毒实际上与一些藻类毒素有关，贝类中毒与藻类生长地区、季节有关，主要为甲藻类，特别是一些属于膝沟藻科的藻类（图 2-44～图 2-46），麻痹性贝类中毒与"赤潮"有关。藻类是一种单细胞低等植物，体内含有叶绿素、叶黄素和胡萝卜素等物质，通过光合作用吸收二氧化碳和盐作为养料而生长。藻的种类很多，为了生存，会产生一些使食藻类动物毒化的次级代谢产物——化学毒素，通过水产品食物链引起食物中毒，也可以引起鱼、虾、贝类动物死亡。藻类毒素可引起麻痹性中毒（PSP）、腹泻性贝毒中毒（DSP）、神经性毒素贝毒中毒（NSP）、记忆缺失性贝毒中毒（ASP）、肝毒

素及其他毒素中毒等。除了能引起急性毒性外，有些毒素还有致癌性，对人类和水产动物的健康是一个极大威胁，特别是近些年来，全球变暖，"赤潮"和"绿藻"泛滥，使藻类大量繁殖，产毒藻类对水源和海产品的安全影响很大。

图 2-44　三角鳍藻

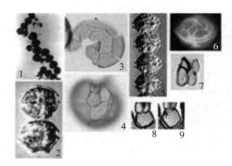

图 2-45　链状亚历山大藻

图 2-46　蓝藻

引起 PSP 的藻类毒素主要包括石房蛤毒素、膝沟藻毒素、新石房蛤毒素、西加鱼毒素等；引起 DSP 的藻类毒素主要包括鳍藻毒素 1～4 型、大田软海绵酸、虾夷贝毒素等；引起 NSP 的藻类毒素与 PSP 基本一致，但还包括短裸甲藻毒素、半短裸甲藻毒素、鱼腥藻毒素；记忆缺失性毒素如硅藻毒素（软骨藻酸）；致癌性毒素如微囊藻毒素、大田软海绵酸；肝毒素如泥筒孢藻毒素或简胞毒素、微囊藻毒素等；氨代螺旋酸贝类毒素也能引起 DSP 症状。这些藻类毒素为非蛋白质性物质，耐热，有些为脂溶性，能耐高温处理，一般烹调温度难以破坏，食品安全意义重大。

石房蛤毒素（saxitoxin），属神经毒素，为非蛋白质毒素，易溶于水，耐热，胃肠道易吸收。其毒性很强，小鼠经腹腔的 LD_{50} 为 5～10μg/kg 体重，可以阻断神经和

兽医公共卫生学

骨骼肌细胞间神经冲动的传导。石房蛤毒素的计量单位是小鼠单位，即在 15min 内能将体重 20g 的小鼠致死的毒素量，相当于纯品 0.18μg。石房蛤毒素对人经口的中毒量为 3000～5000 小鼠单位，对人经口致死量为 0.54～0.9mg。

贝类中毒的潜伏期为数分钟至数小时，初期唇、舌、指尖麻木，继而腿、臂、颈部麻木，然后运动失调。伴有头痛、头晕、恶心和呕吐。随病程发展，呼吸困难加重，严重者在 2～24h 内因呼吸麻痹而死亡。

贝类中毒的预防措施是在贝类生长的水域进行藻类显微镜检查，发现有大量有毒藻类存在时应予以警报；或者是对水产品和水域中藻类毒素进行液-质联谱监测，并提出预警报告。美国食品药品监督管理局（FDA）规定，石房蛤毒素在新鲜、冷冻和制罐贝类中的最高允许量为 400 小鼠单位或 80μg/100g，加拿大规定罐头原料的贝类毒素含量不得超过 160μg/100g。由于贝类的毒素主要积聚于内脏，因此有的国家规定要去除内脏才能出售；有的国家规定仅贝类的白色肌肉可供食用。

4. 动物内分泌腺食物中毒

内分泌腺食物中毒主要是指动物的甲状腺、胆、肾上腺、肝脏等引起的食物中毒。

（1）甲状腺中毒

食用未摘除甲状腺的肉或误将制药用甲状腺当肉食用，可引起中毒。一般猪、牛、羊的新鲜甲状腺分别为10.8g、18g、3.6g 左右。造成甲状腺食物中毒的是所含的甲状腺素，其理化性质较稳定，加热到 600℃才被破坏，一般的烹调方法不能将其除去。一次摄入大量甲状腺后，体内甲状腺素显著增加，组织细胞氧化速度增高，

代谢加快，引起糖、脂肪、蛋白质代谢严重紊乱，基础代谢率极度增高，导致神经体液调节失调。据报道，食入 1.8g 新鲜甲状腺（折合干粉为 0.36g）即可引起中毒。甲状腺中毒的潜伏期为 12～24h，表现为头昏、头痛、心悸、烦躁、抽搐、恶心、呕吐、多汗，有的还见腹泻和皮肤出血。病程 2～3d，发病率为 70%～90%，病死率为 0.16%。

（2）肾上腺中毒

见于大量摄入肾上腺时，肾上腺素浓度超过生理浓度，引起水、盐、糖、蛋白质、脂肪的代谢紊乱，出现肾上腺皮质功能亢进症。肾上腺中毒的潜伏期为 15～30min，表现为头晕、恶心、呕吐、心窝痛、腹泻，严重者瞳孔散大、颜面苍白。

（3）肝脏和胆中毒

某些动物的肝脏或胆也可引起食物中毒，如狼、狗、海豹、北极熊、鲨鱼等动物的肝脏及草鱼、鲤鱼、青鱼、鲢鱼、鳙鱼等的胆可以引起食物中毒。动物肝脏中毒是所含大量维生素 A 引起的，表现为头痛、皮肤潮红、恶心、呕吐、腹部不适、食欲不振等症状，之后有脱皮现象，一般可自愈。动物胆中毒是由于胆汁毒素引起的，潜伏期为 5～12h，最短为 0.5h，初期表现为恶心、呕吐、腹痛、腹泻等，之后出现黄疸、少尿、蛋白尿等肝、肾损害症状，重度中毒出现循环系统及神经系统症状，因中毒性休克及昏迷而死亡。症状的轻重与摄入量有关。因此，在加工鱼类时要注意取出鱼胆。

禽类的腔上囊（尾部）、海螺的部分组织等食用过量都能引起中毒。海螺尾部的部分组织还具有迷幻性中毒作用，所以在食海螺时尽量不吃其尾部组织。

第二节　食物感染性病原

在人类食品中，动物源性食品占有重要比例，是人体营养和必需成分的重要来源，往往由于动物在生活过程中感染某些疫病，致使在其肉和产品中带染病原微生物。人们通过生产加工、运输、贮藏、销售、烹调等过程接触到这些病原微生物，或进食了未经彻底加热的带有病原微生物的食品而发生人类的感染，称为食物感染。由于食物感染主要发生在动物性食品，又称为肉源性食物感染或食肉感染。发生食物感染的微生物主要是人畜共患疫病病原微生物。也有的在动物源性食品加工、烹调或（和）食用动物、产品接触而感染的。

一、食物感染性细菌

1. 霍乱弧菌

（1）食品卫生学意义

霍乱弧菌（Vibrio cholera）是弧菌属的一个种，是烈性传染病霍乱的病原菌。此菌包括两个生物型：古典生物型（classical biotype）和埃尔托生物型（Eltor biotype）。这两种型别除个别生物学性状稍有不同外，

形态和免疫学特性基本相同，在临床病理及流行病学特征上没有本质的差别。自 1817 年以来，全球共发生了 7 次世界性大流行，前 6 次病原是古典生物型霍乱弧菌，第七次病原是埃尔托生物型霍乱弧菌所致。至 2009 年 1 月，津巴布韦已经有 6 万人感染霍乱，3100 人死亡。1992 年 10 月在印度东南部又发现了一个引起霍乱流行的新血清型菌株（O139），它引起的霍乱在临床表现及传播方式上与古典生物型霍乱完全相同，但不能被 O1 群霍乱弧菌诊断血清所凝集，抗 O1 群的抗血清对 O139 菌株无保护性免疫。在水中的存活时间较 O1 群霍乱弧菌长，因而有可能成为引起世界性霍乱流行的新菌株。

霍乱弧菌对人引起的疾病称为霍乱。霍乱是人类传染病，动物不发生，患者和带菌者是传染源。霍乱弧菌存在于含有一定盐分和有机营养物质的水体、海湾沿岸、江河出海口的海水中。流行一般在 5～11 月，高峰为 7～9 月，全年均可流行。在人群分布上主要与生活习惯有密切关系，如渔民、流动人口患病率较高。霍乱

的传播途径：①经水传播。水是霍乱最主要的传播途径。②食源性传播。食物在生产、运输、加工、贮存和销售中可能被污染的水或被患者、带菌者污染，这些受污染的食物在霍乱的传播甚至暴发中起重要作用，如婚宴或聚餐发生霍乱是食物型霍乱感染的主要形式之一。③经生活必需品接触传播。与患者、带菌者或被该菌污染的物品接触而感染。④经苍蝇等昆虫传播。昆虫将病菌带到食物上，起传播作用。

潜伏期 1～2d，短的为数小时至 5d，主要表现为头昏、疲倦、腹胀、腹泻，强烈腹泻是霍乱的主要特征。

（2）病原特性

霍乱弧菌菌体弯曲呈弧状或逗点状。新分离到的菌株形态比较典型，经人工培养后失去弧形而成杆状。取患者米泔水样粪便作涂片镜检，可见菌体排列如"鱼群样"。菌体一端有单根鞭毛和菌毛，运动活泼，呈穿梭状，无荚膜与芽胞。革兰氏染色阴性（图 2-47）。营养要求不高，属兼性厌氧菌，生长温度为 16～42℃，最适生长温度为 37℃，在 pH8.8～9.0 的碱性蛋白胨水或平板中生长良好。因其他细菌在这一 pH 不易生长，故碱性蛋白胨水可作为选择性增殖霍乱弧菌的培养基。在碱性平板上菌落直径为 2mm，圆形，光滑，透明。霍乱弧菌是生长最快的细菌之一，在固体培养基上，一般为无色、圆形、透明、光滑、湿润、扁平或稍凸起、边缘整齐的菌落。

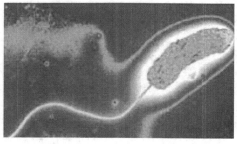 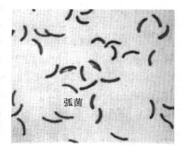

弧菌

图 2-47 霍乱弧菌

根据弧菌 O 抗原不同，分成VI个血清群，第 I 群包括霍乱弧菌的两个生物型（表 2-8）。第 I 群 A、B、C 三种抗原成分可将霍乱弧菌分为 3 个血清型：含 AC 者为原型（又称稻叶型），含 AB 者为异型（又称小川型），A、B、C 均有者称中间型（彦岛型）。B、C 抗原因子为型特异性抗原。

胞与肠腺使肠液过度分泌，从而使患者出现上吐下泻，泻出物呈"米泔水样"并含大量弧菌，此为本病典型的特征。

表 2-8 两种生物型的鉴别抗原构造分型

鉴别试验	O1 群霍乱弧菌生物型	
	古典生物型	埃尔托生物型
第Ⅳ组霍乱弧菌噬菌体裂解	＋	－（＋）
多黏菌素 B 敏感	＋	－（＋）
鸡红细胞凝集	－（＋）	＋（－）
V-P 试验	－	＋（－）
溶血	－	＋，－

（3）致病性

霍乱弧菌进入人体小肠后，在细菌定居因子及黏附因子共同作用下，黏附于肠道上皮，大量繁殖并产生致泻性极强的肠毒素。

在自然情况下，人类是霍乱弧菌的唯一易感者，主要通过污染水源或食物经口传染（图 2-48）。在一定条件下，霍乱弧菌进入小肠后，依靠鞭毛运动，穿过黏膜表面黏液层，可能借菌毛作用黏附于肠壁上皮细胞上，在肠黏膜表面迅速繁殖，经过短暂的潜伏期后便急骤发病。该菌不侵入肠上皮细胞和肠腺，也不侵入血流，仅在局部繁殖和产生霍乱肠毒素，此毒素作用于肠黏膜上皮细

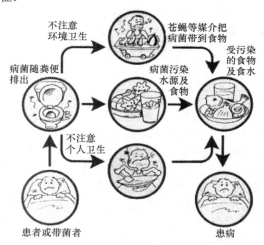

图 2-48 霍乱传染途径

霍乱肠毒素本质是蛋白质，不耐热，56℃经 30min 即可破坏其活性。对蛋白酶敏感而对胰蛋白酶抵抗。该毒素属外毒素，具有很强的抗原性。霍乱弧菌古典生物型对外环境抵抗力较弱，Eltor 生物型抵抗力较强，在河水、井水、海水中可存活 1～3 周，在鲜鱼、贝壳类食物上存活 1～2 周。

霍乱肠毒素致病机制如下：毒素由 A 和 B 两个亚单位组成，A 亚单位又分为 A1 和 A2 两个肽链，两者依靠

二硫键连接。A 亚单位为毒性单位，其中 A1 肽链具有酶活性，A2 肽链与 B 亚单位结合参与受体介导的内吞作用中的转位作用。B 亚单位为结合单位，能特异地识别肠上皮细胞上的受体。1 个毒素分子由一个 A 亚单位和 5 个 B 亚单位组成多聚体。霍乱肠毒素作用于肠细胞膜表面上的受体（由神经节苷脂 GM1 组成），其 B 亚单位与受体结合，使毒素分子变构，A 亚单位进入细胞，A1 肽链活化，进而激活腺苷环化酶（AC），使腺苷三磷酸（ATP）转化为环磷酸腺苷（cAMP），细胞内 cAMP 浓度增高，导致肠黏膜细胞分泌功能大为亢进，使大量体液和电解质进入肠腔而发生剧烈吐泻，由于大量脱水和失盐，可发生代谢性酸中毒，血循环衰竭，甚至休克或死亡。

（4）检验

由于霍乱流行迅速，且在流行期间发病率及死亡率均高，危害极大，因此早期迅速和正确的诊断，对治疗和预防本病的蔓延有重大意义。参考 GB 15984—1995 和国家传染病诊断标准 WS289—2008 进行检验。

2. 单核细胞增多性李氏杆菌

（1）流行病学和食品卫生学意义

李氏杆菌属（Listeria）包括 7 个种：单核细胞增多性李氏杆菌（L. monocytogenes）、绵羊李氏杆菌（L. ivanovii）、威尔斯李氏杆菌（L. welshimeri）、赛林格李氏杆菌（L. seeligeri）、无害李氏杆菌（L. innocua）、格氏李氏杆菌（L. grayi）和默氏李氏杆菌（L. murrayi），其中前两种有致病性，但仅单核细胞增多性李氏杆菌可引起人的疾病。李氏杆菌属的代表种为单核细胞增多性李氏杆菌，该菌是人和动物李氏杆菌病的病原体，也是致死性食物源性条件致病菌。怀孕妇女、新生儿、老年人和免疫力低下者易感染此病。人和家畜感染后主要表现为脑膜脑炎、败血症和流产；家禽和啮齿动物表现为坏死性肝炎和心肌炎。

单核细胞增多性李氏杆菌（以下简称李氏杆菌）广泛分布于自然界，在土壤、健康带菌者、动物的粪便、江河水、污水、蔬菜、青贮饲料及多种食品中分离出该菌，患病动物和带菌动物是本菌的主要传染源，患病动物的粪尿、精液及眼、鼻、生殖道的分泌液都含有本菌，一旦污染到食品上，当人们接触和食入，即可发生感染。一般认为，李氏杆菌传播给人的主要途径，是通过从水源到厨房的食物链中任何一个环节上的食品原料污染。人主要通过食入软奶酪、未充分加热的鸡肉、未再次加热的热狗、鲜牛奶、巴氏消毒奶、冰淇淋、生牛排、羊排、卷心菜色拉、芹菜、西红柿、法式馅饼、冻猪舌等而感染，85%～90%的病例是由被污染的食品引起的。李氏杆菌在 4～6℃低温下能够繁殖，对一般冷藏食品不能保证其安全性。

消毒牛奶污染率为 21%，肉制品为 30%，国内冰糕、雪糕中检出率为 17.39%，家禽为 15%，水产品为 4%～8%。销售、食品从业人员也可能是传染源，人粪便分离

率为 0.6%～1.6%，人群中短期带菌者占 70%。虽然单核细胞增多性李氏杆菌食物中毒或感染的事件发生得较少，但其致死率较高，平均达 33.3%。2006 年法国因食物感染引起 200 人感染，67 例死亡。

自然发病在家畜以绵羊、猪、家兔的报道较多，牛、山羊次之，马、犬、猫很少；在家禽中，以鸡、火鸡、鹅较多，鸭较少。许多野兽、野禽、啮齿动物特别是鼠类都易感染，且常为本菌的储存宿主。

（2）病原特性

革兰氏染色阳性，老龄培养物呈阴性。形态与培养时间有关。37℃培养 3～6h，菌体主要呈杆状，随后则以球形为主；3～5d 的培养物形成 6～20μm 的丝状；不产生芽胞（图 2-49）。室温（20～25℃）时为 4 根鞭毛的周毛菌，运动活泼，呈特殊的滚动式；37℃时只有较少的鞭毛或 1 根鞭毛，运动缓慢。将细菌接种于半固体琼脂培养基，置于室温孵育，由于动力强，细菌自穿刺接种线向四周弥漫性生长，在离琼脂表面数毫米处出现一个倒伞形的"脐"状生长区，是本菌的特征之一。

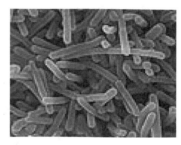

图 2-49 单核细胞增多性李氏杆菌电镜照片

本菌为需氧和兼性厌氧菌，在 22～37℃均能生长良好，生长温度是 1～45℃，在 4℃中也能生长。根据此特性，可将污染众多杂菌的标本置 4℃进行冷增菌，有利于本菌的分离。营养要求不高，普通培养基上均可生长，如加入少许葡萄糖、血液、肝浸出物则生长更好，最适 pH 为 7.0～7.2。

血液琼脂：形成表面光滑、透明圆形的小菌落。绵羊血琼脂平板上菌落周围有狭窄的 β 溶血环。

肝汤琼脂：形成圆形、光滑、透明的小菌落。血清肉汤：光滑型均匀混浊，粗糙型颗粒状生长。在含有 0.1% 亚碲酸钾培养基上，菌落较小，呈黑色，边缘发绿。

李氏杆菌属具有菌体抗原和鞭毛抗原，菌体抗原以Ⅰ、Ⅱ、Ⅲ……Ⅻ表示，鞭毛抗原以 A、B、C、D 表示。不同的菌体抗原及鞭毛抗原组合成 16 个血清变种。

单核细胞增多性李氏杆菌具有 12 个血清变种：1/2a、1/2b、3a、3b、3c、4a、4ab、4b、4c、4d、4e 和 7。其中人和动物感染的李氏杆菌病 90%以上是由 1/2a、1/2b、4b 三种血清型引起，其他的血清型经常可以从污染的食物中分离到。

（3）致病性

1）致病作用：单核细胞增多性李氏杆菌所引起的疾

病可分为腹泻型和侵袭型两种，腹泻型主要表现为腹泻、腹痛及发热；侵袭型可引起脑膜脑炎、大脑炎、败血症、心内膜炎、流产、脓肿或局部性的损伤等，且许多病症已证实是致死性的。免疫系统有缺陷者、婴儿等易出现败血症、脑膜脑炎；孕妇可流产、死胎或婴儿健康不良，幸存的婴儿也易患脑膜脑炎，少数患者仅表现流感样症状。

家畜主要表现为脑膜脑炎、败血症和妊畜流产；家禽和啮齿动物则表现为坏死性肝炎和心肌炎，有的还可出现单核细胞增多。

2）致病机制：单核细胞增多性李氏杆菌的致病因子现在已经了解得很多，但还不是很全面，*L. innocua*（无害李氏杆菌）和单核细胞增多性李氏杆菌的基因组已完成测序。李氏杆菌的感染模式（图 2-50）：主要通过肠道感染，从肠道进入后第一侵害的靶器官为肝脏。在肝脏中李氏杆菌能大量繁殖，直到细胞免疫反应强烈后才停止。最常见的传播媒介是食品，作为经常刺激的抗原，身体中经常有抗李氏杆菌的记忆细胞，而对于免疫能力低下的患者，李氏杆菌长期在肝脏中，造成菌血症，导致侵入第二个靶器官——脑和怀孕的生殖道，直到引起临床疾病。单核细胞增多性李氏杆菌和绵羊李氏杆菌（*L. ivanovii*）是专性巨噬细胞内寄生，并可侵袭各种吞噬细胞，如上皮细胞，直接扩散进入邻近细胞，完成一个侵袭过程。这个过程包括：从吞噬泡中逃逸→快速在细胞质内繁殖→诱导肌动蛋白运动→直接扩散到邻近细胞。然后再启动另一个循环。

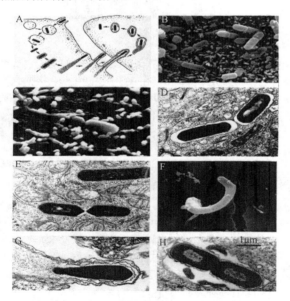

图 2-50 单核细胞增多性李氏杆菌致病机制

A. 李氏杆菌细胞内寄生感染示意图；B. 李氏杆菌吸附在细胞表面；C. 李氏杆菌吸附在细胞表面并侵入细胞膜；D. 李氏杆菌在侵入细胞的吞噬泡内；E. 李氏杆菌释放入细胞质；F. 李氏杆菌侵入细胞膜；G. 李氏杆菌在肌动蛋白推动下侵入下一个细胞；H. 在侵入细胞内包含体菌体二分裂

李氏杆菌的抗原成分和致病性之间有相互联系。最

明显的例子是 *L. ivanovii* 血清型 5 能在所有反刍兽中见到，尤其是羊。在这些动物中，血清型 5 菌株引起产期感染，而不是脑炎，最典型的例子是羊的李氏杆菌感染表现。进一步证据是人和动物超过 90% 的病例是由 1/2a、1/2b、4b、4b 型引起的，但菌株 1/2（1/2a、1/2b、1/2c）主要见于污染的食品中。

在人的病例中，血清型 4b 常发生于胎儿，但与怀孕没有任何关系，在绵羊情况中，单核细胞增多性李氏杆菌感染具有两种临床表现形式：脑膜脑炎和流产，没有倾向于同时发生。根据分子流行病学角度和血清学分组情况可大致分成三个组：第一组（血清型 1/2b、4b）包含所有食源性分离株、人和动物流行株；第二组（血清型 1/2a、1/2c、3a）包含人和动物分离株，但不包含食源性分离株；第三组（血清型 4a）包含动物分离株。

宿主的易感性在李氏杆菌病中起到重要作用，许多病例中都存在 T-细胞介导的免疫学生理或病例缺陷。从这可以判断李氏杆菌属条件致病菌所属类群。最危险人群是怀孕妇女和新生儿、老弱（55～60 岁或更老）、免疫缺陷患病衰弱者。在成年非怀孕者中，绝大多数病例（＞75%）是肠道被屏蔽，李氏杆菌通过淋巴、血液到肠系膜淋巴结、脾、肝。李氏杆菌被肝、脾中的巨噬细胞快速从血流中清除掉，大约 90% 的菌体聚集在肝脏中，主要是被窦状隙中 Kupffer 细胞捕获，大多数菌体被这些细胞杀死，并不是所有的李氏杆菌都能被破坏，也有的在体内器官中生长、繁殖。从肝细胞到肝细胞直接胞内感染方式导致感染病灶的形成。李氏杆菌扩散进入肝实质未经过免疫系统的体液效应，这就能解释为什么在李氏杆菌免疫中抗体并不起主要作用。

3）毒性因子。

溶血素（hemolysin） 李氏杆菌溶血素（LLO）是一种多功能毒性粒子，在宿主寄生物的反应中比吞噬泡破裂具有更加重要的作用。外源性和内源性接触 LLO 能诱导宿主细胞的许多反应，如细胞增殖，转染纤维细胞中心形成作用，肠细胞中黏膜细胞外渗作用，经钙信号的内化作用调节，在巨噬细胞中细胞因子的表达，树突细胞中的凋亡，磷脂代谢等作用。LLO 在对李氏杆菌感染的保护性免疫反应中起到一个关键作用，方式有两种：一种是 LLO 介导细菌向泡液中释放和随后的胞内增长，主要的组织相容复合物（MHC）第 I 型-限制李氏杆菌抗原的存在，并能诱导特异性保护性细胞毒 CD8＋T 细胞产生；另一种是 LLO 本身，就是 CD8＋李氏杆菌特异性识别的保护性抗原。

磷脂酶（PLc） 李氏杆菌具有 3 种主要的磷脂酶，即 PLcA、PLcB、SMcL。无溶血素（Hly）的李氏杆菌能逃逸吞噬泡进入胞质，并在人一定的上皮细胞内生长，说明李氏杆菌膜活性能产生破坏吞噬泡更强的活性，它能用磷脂酶将吞噬泡膜破坏。Hly 能有效破坏第一次的吞噬泡膜。PLcB 也可以介导细胞吞噬泡中李氏杆菌的逃逸，它能将第二个空泡膜溶解，从而对李氏杆菌细胞-细胞之间的传播起到关键的作用。从巨噬细胞扩散到不同的哺乳动物细胞的胞内扩散，PLcB 是必需的，包括微血管内皮细胞。PLcB 毒性作用相对较小，仅在从吞噬泡中逃逸时起到一定作用。SMcL 介导第一次空泡破裂和将菌体释放到胞质中。PLc 在李氏杆菌选择适应宿主细胞、菌体胞内生长时的组织炎性反应和宿主组织居住化等过程中具有重要作用。PLc 能破坏宿主细胞信号通道。

肌动蛋白调节因子（ActA） 在宿主细胞内，李氏杆菌利用 ActA 将细胞内的肌动蛋白汇聚于自己菌体的尾部，变成菌体的前进动力，使菌体向前运动，并顶着宿主细胞膜镶嵌入另一个细胞内，从而使下一个细胞形成吞噬泡，菌体进入下一个细胞内。因此，ActA 是细胞内寄生菌必不可少的侵袭性元素之一。

内化素（internalin） 李氏杆菌的内化素有 InIA 和 InIB 两种，能够使菌体内化入宿主细胞内。

其他的毒性因子还有 IP60、抗氧化因子、铁还原酶应急反应介质、PrfA 等。这些因子的致病作用有的已经很清楚。

本菌在青贮饲料、干草、干燥土壤和粪便中能长期存活。对碱和盐耐受性较大，在 pH9.6 的 10%食盐溶液中能生存。

（4）检验

1）镜检：采取检样直接涂片，进行革兰氏染色，镜检如发现散在的、呈"V"形排列的或并列的革兰氏阳性的小杆菌，可以作出初步诊断。

2）分离培养：取上述检样划线接种于 0.5%~1%葡萄糖琼脂或 0.05%亚碲酸钾胰蛋白胨琼脂平板上，37℃培养后挑取典型菌落进行鉴定。

3）免疫学检测：以特异性单克隆抗体建立的夹心 ELISA 方法能于 20~24h 内检测出 8~10 个细胞/mL。

4）聚合酶链反应（PCR）和连接酶链反应（LCR）：用溶血素基因片段（606bp）进行 PCR 诊断。用 LCR 检测李氏杆菌属内的不同种，证实 LCR 对单核细胞增多性李氏杆菌有高度的特异性，且 12h 内能报告 LCR 结果。

磁免疫 PCR（MIPA），以单核细胞增多性李氏杆菌的单抗 MAb55 包被磁珠，直接从样品中分离以上两种细菌，经裂解，细菌释放出 DNA，以溶血素 O 基因和迟发型变态反应（DTH）基因来设计引物，经 30 个循环，即可得到单核细胞增多性李氏杆菌的 PCR 产物，样品中污染了一个菌即可检测出来。

（5）卫生评价与处理

1）头和其他所有患病部分剔除作工业用或销毁。肉尸高温处理后出场。

2）出现李氏杆菌病症状的牲畜，一般不能作为食用，但恢复健康的允许宰杀。

其他食物感染性细菌如结核分枝杆菌、布鲁氏菌、猪丹毒杆菌、鼻疽杆菌、土拉杆菌、钩端螺旋体、巴氏杆菌等都可以通过食物的途径引起感染。

二、食品传播性病毒

1. 概述

与细菌和真菌相比，人们对食品中病毒的情况了解较少，这有多方面原因。第一，病毒必须依赖于活的细胞方能生存与繁殖，否则，生命将停止。食品这种媒介对于病毒来说既适合生长繁殖，又不适合生长繁殖，在食品处于活鲜阶段是有生命的，非常适合病毒存活，也就是动物在宰杀前带染病毒是非常正常的。第二，并不是食品安全专家关心的所有病毒都能用现有的技术进行培养。例如，诺瓦克病毒现在还难以人工培养，即现有技术还难以满足对一些食品中病毒的检测需要。第三，作为完全寄生性的微生物，病毒并不像细菌和真菌那样能在培养基上生长，培养病毒需要组织培养和鸡胚培养。第四，因为病毒不能在食品中繁殖，它们的可检出数量要比细菌少得多，所以提取病毒必须采用一些分离和浓缩方法，因此目前还难以有效地从食品（如绞碎牛肉）中提取 50%以上的病毒颗粒。第五，科研实验室中的病毒技术还难以应用到食品微生物检测实验室中。但随着分子生物学技术的快速发展，有些技术还是可以尝试的，如逆转录聚合酶链反应（RT-PCR）检测方法能直接检测一些食品（如牡蛎和蛤类组织）中存在的病毒基因。粪-口模式对病毒通过食品媒介传播是非常重要的。病毒通过吸收进入人体，在肠道中繁殖，从粪便中排出。非肠道病毒也可能出现在食品中，但由于病毒具有组织亲和性，因此食品只能作为肠道病毒或肠道病毒传播的载体。这些病毒可以在某些贝壳类海产品中积累达到 900 倍的水平。可能发生于食品中的病毒见表 2-9。

表 2-9 可能导致食品污染的人肠道病毒

病毒科类	病毒种型	所致病症
小核糖核酸病毒	脊髓灰质炎病毒 1~3 型	脊髓灰质炎、运动障碍
	柯萨奇病毒 A1~24 型	脑炎、肌炎等
	柯萨奇病毒 B1~6 型	脑炎、肌炎等
	ECHO 病毒 B1~6 型	脑炎、肌炎等
	肠病毒 68~71	呼吸道、消化道疾病
	A 型肝炎病毒	肝炎等
呼肠孤病毒	呼肠孤病毒 1~3 型	呼吸道和胃肠炎症
	轮状病毒	呼吸道和胃肠炎症
细小病毒	人胃肠道病毒	消化道疾病
乳头多瘤空泡病毒	人 BK 和 JC 病毒	致癌等
腺病毒	人腺病毒 1~33 型	胃肠炎等

从病毒在食品和环境中分布发生的频率看，胃肠炎病毒最常见于贝类食品中。甲壳类动物不能浓缩病毒，但作为软体动物的贝类是可以浓缩进入其体内的病毒的，因为它们对食物有筛滤作用。当 1 型脊髓灰质炎病毒存在于水中时，蓝蟹会被感染，但是它们并不能浓缩这种病毒。人为地感染脊髓灰质炎病毒到牡蛎，在保存

于冷藏条件下 30～90d 后，病毒存活率为 10%～13%。当水中病毒浓度低于 0.01pfu/mL 时，牡蛎和蛤类不太可能吸收这些病毒。分离方法可以检出每只贝中 1.5～2.0pfu 病毒。

大肠菌群数难以反映食品中病毒的污染状况，因此，细菌学卫生指标不能作为病毒的参考指标。

病毒在食品中存活能力表现各异。肠道病毒在绞碎牛肉中于 23℃或 24℃条件下存活了 8d，存活状态不受污染细菌生长的影响。蔬菜中病毒在自然状态下都没有发现活的病毒，也就是说病毒难以在蔬菜等样品中存活。而水产品如贝壳类较多见污染病毒。猪瘟病毒和非洲猪瘟病毒在肉类加工制品中存活状况是不一样的，在腌肉罐头、香肠中未检出病毒，但在猪肉被腌制后检出了病毒，而在加热后则不能检出病毒。在香肠原料肉中添加腌制调料和发酵菌种之后，非洲猪瘟病毒能够存活，在发酵 30d 后全部死亡，在肉加热 93℃时，立即被杀死，口蹄疫病毒感染的淋巴组织在 90℃加热 15min 能存活，但加热 30min 后就不能存活了。水产品在煮熟后其中的一般病毒均能被杀死，偶有个别能检出，在炖煮、油炸、烘烤或蒸煮的牡蛎中发现一种脊髓灰质炎病毒。从烘烤较轻的汉堡（内部温度 60℃）中分离出肠道病毒。总的来说，食品中病毒的存在或污染是相当少的。

2. 诺瓦克病毒

（1）食品卫生学意义

诺瓦克病毒（Norwalk virus）又称诺如病毒（Norovirus，NV），感染的患者、隐性感染者及健康携带者均可作为传染源。

主要传播途径是粪-口传播。原发场所包括学校、家庭、旅游区、医院、食堂、军队等，食用被病毒污染的食物如牡蛎、冰、鸡蛋、色拉及水等最常引起暴发性胃肠炎流行，近年来流行主要是以水如瓶装水感染为主。生吃贝类食物是导致诺瓦克病毒胃肠炎暴发流行的最常见原因。1987～1992 年，在日本 Kyushu 地区暴发的急性诺瓦克病毒胃肠炎中，有 4 次被证实与生食牡蛎密切相关。2009 年 4 月，日本新潟县一家老年人保健院发生诺瓦克病毒集体感染事件，保健院职员及入住的老年人共有 45 人感染病毒，其中两名老年女性死亡。人-人接触传播、空气传播也是诺瓦克病毒传播的途径，后者可由患者周围的人吸入含病毒的微粒（患者排出的呕吐物在空气中蒸发）而传播。暴发期间经常发生最初病例接触被污染的媒介物（食物或水）引起，而第二、第三代病例由人对人传染引起。1996 年 1 月～2000 年 11 月，美国 CDC 报告指出诺瓦克病毒胃肠炎暴发 348 起，经食物传染的占 39%，人与人接触传染的占 12%，经水传染的占 3%，还有 18%不能与特定传染方式相联系，28%无资料。美国每年约有 2300 万人感染该病毒，占腹泻患者的 40%。

易感人群中，诺瓦克病毒多侵袭成年人和较大年龄儿童，具有症状较轻、自限性、易引起暴发和无明显季节性等特点。

近几年，我国北京、浙江、广东等多地出现诺瓦克病毒暴发疫情，暴发流行主要由水引起，2015 年 10 月上海普陀区一小学 54 名学生、2 名教师感染诺瓦克病毒。2014 年 2 月，嘉兴海宁市、海盐县两地部分学校暴发诺瓦克病毒，总计有 400 多名学生感染就医，现查明罪魁祸首原来是受污染的桶装水。

各种诺瓦克病毒胃肠炎临床表现与轮状病毒相似。潜伏期为 24～48h，可短至 18h，长至 72h。起病突然，主要症状为发热、恶心、呕吐、腹部痉挛性疼痛及腹泻。大便为稀水便或水样便，无黏液脓血，2h 内 4～8 次，持续 12～60h，一般 48h。儿童一般呕吐多见，而年长者腹泻症状更严重。可伴有头痛、肌痛、咽痛等症状，预后较好。对儿童及病情较重者，需住院补液、对症治疗。Nakamura 等报道，在日本暴发的 1 次 644 例成人诺瓦克病毒胃肠炎中，有 15 人出现眼睛不适，应予注意。

（2）病原特征

1972 年，Kapikian 等在美国 Norwalk（诺瓦克）镇暴发的一次急性胃肠炎患者的粪便中发现一种直径约为 27nm 的病毒样颗粒，将之命名为诺瓦克病毒（Norwalk virus，NV）。此后，世界各地陆续自胃肠炎患者粪便中分离出多种形态与之相似但抗原性略有差异的病毒样颗粒，均以发现地点命名，如美国的 Hawaii virus（HV）、Snow Mountain virus（SMV），英国的 Taunton virus、Southampton virus（SV）等，日本的 1～9 SRSV 等，统称为诺瓦克样病毒（Norwalk-like virus，NLV），诺瓦克病毒是这组病毒的原型株。1993 年通过分析其 cDNA 克隆的核酸序列，将诺瓦克病毒归属于杯状病毒科（Calicivirus）。诺瓦克样病毒成员庞杂，目前已对其 100 多个分离株进行基因测序。根据 RNA 聚合酶区或衣壳蛋白区核苷酸和氨基酸序列的同源性比较，将诺瓦克样病毒分为两个基因组：基因组 I，代表株为 NV，包括 SV 等、Desert Shield virus（DSV）等；基因组 II，代表株为 SMV，包括 HV、Mexio virus（MX）等。诺瓦克样病毒有许多共同特征：①直径 26～35nm 的圆形结构病毒，无包膜；②分离自急性胃肠炎患者的粪便；③不能在细胞或组织中培养；④基因组为单股正链 RNA；⑤在 CsCl 密度梯度中的浮力密度为 $1.36～1.41g/cm^3$；⑥电镜下缺乏显著的形态学特征（图 2-51）。

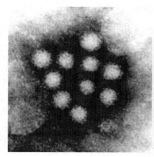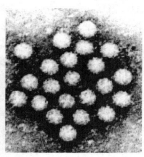

图 2-51　诺瓦克样病毒（扫描电镜照片）

（3）检测

1）电镜（EM）：诺瓦克病毒被发现后很长一段时间内，电镜一直是检测的主要手段，具有直接、可靠的优点。

2）酶联免疫吸附法（ELISA）：由于诺瓦克病毒培养还未成功，原来用作试剂的病毒抗原数量受到限制。用分子生物学技术已经可以人工重组 NV 的衣壳蛋白，ELISA 的发展不再受粪便标本中病毒数量的影响。

3）杂交技术和逆转录聚合酶链反应（RT-PCR）：能更准确、灵敏地检测标本中的诺瓦克病毒，尤其是低浓度的诺瓦克病毒感染，最大的优点在于可以进一步对病毒进行血清型和基因型的研究。

4）血清学检测：有免疫电镜法（IEM）、放射免疫法（RIA）和生物素-亲和素法。

（4）预防

加强水源、食物的管理，切断粪 - 口途径等防治肠道传染病的综合措施是预防诺瓦克病毒胃肠炎暴发或流行的重要措施。所有进食了污染病毒食品的人均可致病，常见于成人或年龄较大的儿童。因此，预防的主要手段就是避免吃污染的食品。桶装水在一定间隔时间需要清洁处理。

3. 轮状病毒

（1）食品卫生学意义

人轮状病毒（HRV）最早由于 1973 年澳大利亚学者 R. F. Bishop 从澳大利亚腹泻儿童肠活检上皮细胞内发现，形状如轮状，故命为"轮状病毒"。

轮状病毒（*Rotavirus*，RV）性肠炎是波及全球的一种常见疾病，主要发生在婴幼儿，同时可以引起成人腹泻，发病高峰在秋季，故又名"婴幼儿秋季腹泻"。全世界每年因轮状病毒感染导致约 1.25 亿婴幼儿腹泻和 90 万婴幼儿死亡，其中大多数发生在发展中国家。例如，在越南每年因轮状病毒引起儿童死亡人数为 2700～5400 人，而美国每年因轮状病毒引起儿童死亡人数为 20～40 人，并由此给全球带来巨大的疾病负担。1981 年，美国科罗拉多州发生了一起团体饮水感染事件，128 人有 44% 患病，其中多数为成人。至今尚无特效药物进行治疗。

人轮状病毒感染常见于 6 个月～2 岁的婴幼儿，成人中也有暴发流行病例。除粪-口传播外，证实可经呼吸道空气传播，在呼吸道分泌物中测得特异性抗体。感染的从业人员在食品操作时可以再污染食品，不经过进一步烹调的食品或即食食品（ready-to-eat），如沙拉、水果都可造成感染。病毒侵入小肠细胞的绒毛，潜伏期为 2～4d。病毒在胞质内增殖，受损细胞可脱落至肠腔而释放大量病毒，并随粪便排出。感染后血液中很快出现特异性 IgM、IgG 抗体，肠道局部出现分泌型 IgA，可中和病毒，对同型病毒感染有作用。一般病例病程 3～5d，可完全恢复。隐性感染产生特异性抗体。由于病毒流行株在各个地区及各个地区不同时期都会发生变化，具有多变性。中国重庆 1998～2000 年监测结果显示当地流行株从 G_1 型转变为 G_3 型，澳大利亚 1973～1989 年的监测结果显示流行株从 G_1 型转变为 G_2 型，并在 1999～2000 年首次检出 G_9 型，其所占比例逐渐增加至 10%，泰国的调查也发现近年 G_9 的比例在增加，印度的监测结果显示以前从未测到的 G_9 占 1993 年分离的 RV 病毒株的 22%，由此可见 RV 的流行具有多变性。

（2）病原特征

轮状病毒归类于呼肠孤病毒科轮状病毒属。病毒体的核心为双股 RNA，由 11 个不连续的 RNA 节段组成，纯化的病毒在电子显微镜下呈球状，具有双层衣壳，每层衣壳呈二十面体对称，其中内膜衣壳子粒围绕中心呈放射状排列，类似辐条状，病毒外形类似车轮。病毒颗粒在大便样品和细胞培养中以两种形式存在，一种是含有完整外壳的实心光滑型颗粒，为 70～75nm，另一种是不含外壳且仅含有内壳的粗糙型颗粒，为 50～60nm，具双层衣壳的实心病毒颗粒具有传染性（图 2-52）。轮状病毒在环境中相当稳定，在蒸汽浴样品中都曾检测到病毒颗粒，普通的对待细菌和寄生虫的卫生措施似乎对轮状病毒没有效果。

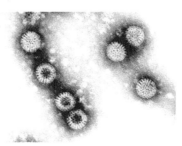

图 2-52　轮状病毒

在抗原与分型上，RV 内壳蛋白 VP_6 为群和亚群的特异性抗原，根据 VP_6 抗原性的不同，目前将 RV 分为 A、B、C、D、E、F、G 七个群，A 群主要感染婴幼儿，B 群主要感染成人，C 群主要引起散发病例，D、E、F、G 群主要感染各种动物。RV 的外壳结构蛋白 VP_4、VP_7 能中和抗原活性，刺激机体产生中和抗体，VP_7 为糖蛋白，依其抗原性不同区分的血清型称为 G 型，G_1、G_2、G_3、G_4 因最常见而被用于制备疫苗；VP4 为蛋白酶敏感蛋白，按其抗原性区分的血清型称为 P 型。在轮状病毒外衣壳上具有型特异性抗原，在内衣壳上具有共同抗原。根据病毒 RNA 各节段在聚丙烯酰胺凝胶电泳中移动距离的差别，可将人轮状病毒至少分为 4 个血清型，引起人类腹泻的主要是 A 型和 B 型。

（3）检测

通过检测患者的腹泻粪便可以明确诊断，对食物样品等可用酶免疫分析（EIA）法进行筛选，对 A 型轮状病毒已有几种诊断试剂盒；应用 RT-PCR 可确诊 3 种血清型的轮状病毒。胶乳凝集法也可进行分析诊断，而电子显微镜仍然是检测的主要或基本工具。但目前还没有常规的食品中病毒检测方法。

预防措施主要是控制好粪-口传播途径，对即食食品把好卫生关，加热要彻底。

4. 肠腺病毒

（1）食品卫生学意义

肠腺病毒胃肠炎是肠腺病毒（*Enteric adenovirus*）感染最常见的病症，肠腺病毒是婴幼儿腹泻的重要病原体。主要侵犯婴幼儿，通过人与人的接触传播，也可经粪-口途径及呼吸道传播。本病无明显季节性，夏秋季略多，可呈暴发流行。临床表现为较重的腹泻，稀水样便，每日3～30次。常有呼吸道症状，如咽炎、鼻炎、咳嗽等，发热及呕吐较轻，可有不同程度的脱水症，病程8～12d。多数患儿病后5～7个月内对蔗糖不耐受，并可伴有吸收不良。引起感染的食品多为水产品中的贝类。食品中的检出率还不是十分清楚。

在世界各地报道的儿童腹泻病例中，肠腺病毒占2%～22%，仅次于轮状病毒，占病毒腹泻病原第2位。肠腺病毒腹泻主要传播方式为直接接触传染，潜伏期较其他病毒性腹泻稍长，临床症状也较轻。我国台湾地区报道肠腺病毒40及41型引起年幼儿童严重急性腹泻。发病无季节性，多数（76.6%）为＜2岁儿童。临床表现水泻（72.2%），其中20%大便可有脓血，伴发热及轻度脱水，为儿童急性胃肠炎重要的病原之一。肠腺病毒腹泻（enteric adenovirus diarrhea）腺病毒是一大群能在呼吸道、眼、消化道、尿道及膀胱等引起疾病的病毒。可根据其病毒结构多肽、血凝特性、DNA同源性等分为A～F6个亚属，47个血清型。

（2）病原特征

属于普通腺病毒的40、41血清型，外形与普通腺病毒相同，为直径70～100nm的双链DNA病毒，末端有重复序列，为二十面体对称无包膜的病毒。病毒表面衣壳由252个亚单位组成，其中240个为六邻体，12个为五邻体，每个五邻体上有底部向外延伸一个末端为球形的纤突（图2-53）。腺病毒科由两个属组成，其中禽腺病毒属仅包括致禽类疾病的腺病毒，而哺乳动物腺病毒属包括人、猴、牛、马、猪等47个型，分为6个亚属。型特异性抗原主要由六邻体及纤突上末端"球体"部分决定，亚属根据腺病毒血凝性不同而划分。能引起人类腹泻者仅为F组的40和41型，主要感染两岁以下儿童。

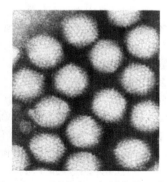

图2-53　肠腺病毒（扫描电镜照片）

（3）检测

诊断主要依据电镜直接查找病毒。新的诊断方法是从粪便抽提病毒DNA，进一步作探针杂交或序列分析。另已发展针对腺病毒40及41型的单克隆抗体，建立了对粪便进行免疫检测的方法。免疫电镜检测粪便中肠腺病毒颗粒或用免疫荧光法等检测粪便中肠腺病毒抗原。

5. 嵌杯状病毒

（1）食品卫生学意义

1952年，在鲜猪肉中发现有嵌杯状病毒（*Calicivirus*），原因是一位旅客从芝加哥和洛杉矶带回蔬菜放在猪肉上后废弃，然后喂猪，引起传染。1976年，Madeley等和Flewett等在急性腹泻婴幼儿粪便标本中分别发现此病毒，此后英国、加拿大和日本等国先后报告一些婴幼儿暴发嵌杯状病毒性胃肠炎，进一步证实嵌杯状病毒与小儿胃肠炎的关系。国内于1984年由婴幼儿腹泻粪便中查出此病毒，但检出率很低，迄今为止未见与嵌杯状病毒相关的急性胃肠炎的暴发。智利报道其是儿童散发性急性腹泻的重要病原之一。在流行监测中，约占腹泻病例的3%。嵌杯状病毒的临床与其他病毒性腹泻无法区别。其流行多发生在学校或孤儿院。儿童时期感染发展的抗体可持续到成人，并具有一定的免疫保护作用，此点与其他腹泻病毒不同。

（2）病原特征

迄今对嵌杯状病毒认识尚较少。为小RNA病毒科中的1个属。病毒颗粒外观六边形，立体对称型，边缘不清楚，直径为30～34nm。电镜检查时可见颗粒内部高密度区为数根明亮的交叉线条，低密度区是7个发暗的凹陷，中央1个，周围6个，构成六芒星样图像，形态似花边杯状或花萼状（图2-54）。1981年国际病毒分类委员会将此类病毒提升，定名为杯状病毒科。在电镜下可见病毒表面呈杯状凹入或内陷，形成特殊的形态而得名。病毒核心为单链RNA，能用免疫电镜检查与诺瓦克病毒相区分。但两者也有一定的交叉免疫反应。

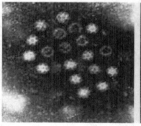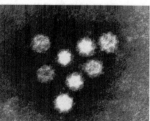

图2-54　嵌杯状病毒

（3）检测

除电镜外已发展免疫检测方法诊断，可从粪便中直接检测病毒抗原。治疗和预防也与其他病毒性腹泻相同。

6. 冠状病毒

（1）流行病和食品卫生学意义

冠状病毒（*Coronavirus*）病是由冠状病毒引起的一群疾病，是一种典型的人兽共患病。冠状病毒引起15种人和各种动物冠状病毒病，3 种为人冠状病毒病。其中动物冠状病毒病包括禽传染性支气管炎（IB）、猪传染性胃肠炎（TGE）、猪流行性腹泻（PED）、猪血凝性脑脊髓炎（PHE）、初生犊腹泻（BC）、幼驹胃肠炎（FGE）、猫传染性腹膜炎（FIP）、猫肠道冠状病毒病（FEC）、犬冠状病毒病（CC）、鼠肝炎（MH）、大鼠冠状病毒病（RC）、火鸡蓝冠病（TC）等，3 种人冠状病毒病是人呼吸道冠状病毒病、人肠道冠状病毒病和新发现的严重急性呼吸道综合征（severe acute respiratory syndrome，SARS）。

冠状病毒感染在世界上非常普遍。人群中 10%～30% 的冬季上呼吸道感染是由冠状病毒引起的，是普通感冒中居第 2 位的病因。冠状病毒主要发生于冬季和初春，并且在一个流行季节，通常只由单一血清型引起。冠状病毒的传播方式可分为两种：侵犯呼吸道的冠状病毒是通过呼吸道飞沫传播；侵犯肠道的冠状病毒经口传播，并且排毒时间较长。冠状病毒在人群中可引起隐性感染，人能排出病毒，这更促进潜在性传播。约 45%感染者出现临床症状。动物体内冠状病毒的带毒现象非常普遍，常常在无临床表现的动物呼吸道、粪便中发现有病毒粒子的存在。它们通常具有很强的宿主特异性，只感染相应的动物并引起特定的疫病；有些冠状病毒也可感染其他种类的动物，并在这些动物体内引起或不引起相应的临床症状。人与动物接触，与动物产品或食品接触，食用动物性产品，如果子狸肉等途径可获得此病，因此，具备食源性感染的特点。SARS 病毒对人的危害巨大，仅2003 年就使全球8098 人受到感染，774 人丧生，造成全球经济损失约 800 亿美元，我国损失约百亿美元。

（2）病原特征

1）病原体：冠状病毒是 RNA 病毒，因在电子显微镜下发现其表面有形状似日冕的棘突犹如王冠而得名。各种动物冠状病毒在分类上属于冠状病毒科（Coronaviridae）冠状病毒属（Coronavirus）。冠状病毒科下设 2 个属，即冠状病毒属和隆病毒属，两者在基因组结构及复制策略上有许多共同特点。隆病毒属及动脉病毒科家族的所有成员都只感染动物，但是两者病毒粒子形态及基因组长度不同。

冠状病毒颗粒多为圆形、椭圆形或轻度多形性，直径为 60～220nm，表面有多个稀疏的棒状突起，长约20nm。病毒包膜是长的花瓣形状的突起，使冠状病毒看起来像王冠（拉丁语，corona），核衣壳是可变的长螺旋。冠状病毒科的其他特征还包括 3′端套结构的 mRNA、独特的 RNA 转录策略和基因组结构，核苷酸序列同源性及其结构蛋白质的特点，病毒颗粒内有由病毒 RNA 和蛋白质组成的核心，外面有脂质双层膜。病毒粒子内是大小为 27～32kb 的单链正义基因组 RNA，是所有 RNA 病毒基因组中最大的。RNA 基因组与 N（核衣壳）磷蛋白（50～60kDa）相结合以形成一可变的长螺旋核衣壳。当从病毒粒子释放时，核衣壳是直径为 14～16nm 延伸的管状链。近来研究表明，在至少两种冠状病毒［猪传染性胃肠炎病毒（TGEV）和鼠肝炎冠状病毒（MHV）］中，螺旋状核衣壳包裹于直径为 65nm 球形的并且可能形式上是二十面体的"内部核心结构"内。核心由 M（膜）糖蛋白（并且可能还有 N 蛋白）组成。病毒核心包裹于脂蛋白包膜中，在病毒从细胞内膜出芽时形成。两类显著的突起排在病毒粒子外部，由 S（突起）糖蛋白组成的长突起（20nm）存在于所有冠状病毒；短突起，包括 HE（血凝素-脂酶）糖蛋白，仅存在于某些冠状病毒。包膜还含有 M 糖蛋白，横穿过脂双层 3 次。因此，M 蛋白既是内部核心结构，又是包膜的成分。包膜还含有 E（包膜）蛋白，其数量远少于其他病毒包膜蛋白（图 2-55，图 2-56）。

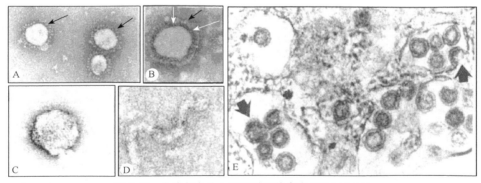

图 2-55　负染制备的人呼吸道冠状病毒 HCoV-OC43

A. 火鸡肠道冠状病毒 TcoV；B. 大花瓣样由 S 糖蛋白组成的突起（黑箭头），由血凝素-脂酶（HE）糖蛋白组成的短突起（白箭头）；C. 猪传染性胃肠炎病毒（TGEV）的内核；D. 螺旋核衣壳；E. 人呼吸道冠状病毒 HCoV-229E 感染的人细胞（A～D. 原始放大 90 000 倍；E. 原始放大 60 000 倍）

2）冠状病毒的致病机制：一般认为冠状病毒的复制首先是病毒颗粒经受体介导吸附于敏感细胞膜上，一些包膜上含有 HE 蛋白的冠状病毒则通过 HE 或 S 蛋白结合于细胞膜上的糖蛋白受体，而不含 HE 蛋白的冠状病毒则以 S 蛋白直接结合细胞膜表面的特异糖蛋白受体。然后吸附在敏感细胞膜上的病毒颗粒通过膜融合或细胞内吞侵入，其膜融合的最适 pH 一般为中性或弱碱性。病毒感染敏感细胞后经过 2～4h 潜伏期，开始出现增殖，培养 10～12h 就完成一步生长曲线，感染后细胞刚出现病变时，病毒增殖已达高峰。

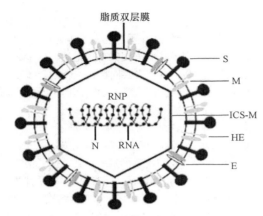

图 2-56　冠状病毒结构模式图

S. 突起糖蛋白；M. 膜糖蛋白；E. 小包膜蛋白；HE. 血凝素脂酶糖蛋白；N. 核衣壳磷蛋白；ICS-M. 糖蛋白组成的内部核心壳；RNP. 核蛋白

3）病毒抗原性：由于人冠状病毒分离较难，对器官培养分出的毒株缺乏简便定型方法，而冠状病毒抗原性又较弱，不易制出高效价特异性免疫血清，因此人冠状病毒有多少血清型别，至今还不清楚。

（3）致病性

动物冠状病毒具有胃肠道、呼吸道和神经系统的嗜性，特别是鼠肝炎病毒 JHM 毒株可以引起小鼠的脱髓鞘性脑脊髓炎。潜伏期短。例如，鸡传染性支气管炎的潜伏期为 18h～3d，能在 2～3d 内迅速传播蔓延至全群；猪传染性胃肠炎潜伏期为 18～72h，感染后很快传遍整个猪群，大部分猪 2～3d 内发病；犬冠状病毒感染的自然病例潜伏期为 1～3d，人工感染 24～48h，传播迅速，数日内即可蔓延至全群。

鸡传染性支气管炎的病型复杂，通常分为呼吸型、肾型、胃肠型等多种，其中还有一些变异的中间型。该病毒血清型多，变异快，常常容易引起免疫失败，并导致鸡的增重和饲料报酬降低。呼吸型幼龄鸡感染传染性支气管炎主要引起呼吸器官功能障碍，表现为突然甩头、咳嗽、喷嚏、流泪、喘息、气管罗音、鼻分泌物增多，偶尔出现脸部轻度水肿。肾型主要发生于 2 周龄雏鸡，发病初期可能有短期的呼吸道症状，但随即消失，临床表现主要为病雏羽毛松乱、减食、渴欲增加，排白色稀粪，严重脱水。

猪传染性胃肠炎在临床上表现为胃肠型和呼吸道型，不同年龄猪都可迅速感染发病。胃肠型表现为仔猪短暂呕吐，很快出现水样腹泻，粪便呈黄色、绿色或白色，常含有未消化的凝乳块，粪便恶臭；体重快速下降，严重脱水；2 周龄以内仔猪发病率、死亡率极高；超过 3 周龄哺乳仔猪多数可以存活，但生长发育不良。呼吸道型通常呈亚临床型，往往需要通过组织学检查才能发现间质性肺炎变化；有时可见轻度或中度的呼吸道症状，增重明显减慢，但某些毒株感染则可引起严重的肺炎，死亡率高达 60%。当猪呼吸道冠状病毒（PRCV）与其他呼吸道病原体共同感染时，能造成保育猪、育成猪或育肥猪严重的呼吸道症状，致使猪群死淘率明显增加。

病犬发病后嗜眠、衰弱、厌食，最初可见持续数天的呕吐，随后开始腹泻，粪便呈粥样或水样，黄绿色或橘红色，恶臭，混有数量不等的黏液，偶尔可在粪便中看到少量血液，临床上很难与犬细小病毒区别，只是冠状病毒（CCV）感染时间更长，且具有间歇性，可反复发作。

冠状病毒引起的人类疾病有两类，首先是呼吸道感染，其次是肠道感染。冠状病毒是成人普通感冒的主要病原之一，在儿童可以引起上呼吸道感染，一般很少波及下呼吸道。冠状病毒感染的潜伏期一般为 2～5d。典型的冠状病毒感染呈现流涕、不适等感冒症状。不同型别病毒的致病力不同，引起的临床表现也不尽相同。冠状病毒可以引起婴儿、新生儿急性肠胃炎，主要症状是水样大便、发热、呕吐，每日 10 余次，严重者可以出现血水样便。

（4）检测

1）病毒的分离和培养：一般用鼻分泌物、咽漱液混合标本分离病毒阳性率较高，用人胚器官培养或细胞培养后分离病毒，电镜检查病毒颗粒。中和试验、补体结合试验和血凝抑制试验等测定患者急性期和恢复期血清中的抗体滴度。由于病毒抗原的免疫原性较弱，约有 50% 的人感染后可能检测不出抗体。

2）间接 ELISA 法：采用双倍细胞接种 229E，上清液为抗原，包被苯乙烯板，该法敏感、简便、迅速。

3）放射免疫测定法：该法与间接 ELISA 法同样为诊断冠状病毒感染较优的方法。

4）免疫荧光法：该法是目前常用的病毒快速诊断方法，细胞培养感染冠状病毒，在胞质出现免疫荧光，在核周最强，可以计数进行病毒定量，比镜检细胞病变及蚀斑试验敏感。

7.　甲型肝炎病毒

（1）食品卫生学意义

甲型病毒（hepatitis A virus，HAV）性肝炎简称甲型肝炎，是由甲型肝炎病毒引起的一种肠道传染病，是全世界较为普遍的由病毒引起的肝炎感染，我国为高发区。现在，这种病已经可以通过安全而有效的免疫注射来预防。甲型肝炎是一种攻击肝的病毒，急性发病有发烧、怕冷、食欲下降、无力、肝肿大及肝功能异常。大部分人没有症状，只有少数人出现黄疸，一般不转为慢性和病原携带状态。感染了的儿童粪便通常是在社区中彼此传染的根源，这些儿童通常是没有症状的。甲肝患者自潜伏末期至发病后 10d 传染性最大。甲肝一般发生于儿童和青少年，在成人中较少见。

甲型肝炎病毒是甲型肝炎的病原体，其传染源是甲型肝炎患者及病毒携带者。HAV 主要随粪便排出，但在血液、唾液、胆汁和十二指肠液也可查出。其中无黄疸型肝炎患者容易漏诊或误诊，是重要的传染源，具有重要的流行病学意义。除患者外，还有亚临床感染，其无症状或有较轻微病状，转氨酶轻度升高，血清中可查出抗 HAV IgM，粪便中可检出 HAAg 或 HAV 颗粒，也是不可忽视的较重要的传染源。

甲肝流行主要是人与人的接触传播，污染的食品、饮水、饮料，尤其贝壳类水产品，可造成较大流行。主要是通过粪-口途径，如经日常生活接触传播，经污染饮水或食物而传播。甲型肝炎病毒可在牡蛎中存活两个月以上。美国在 1973 年、1974 年、1975 年分别发生了 5 起、6 起和 3 起感染事件，其感染人数为 425 人、282 人、173 人，色拉、三明治和挂糖衣面包圈是病毒的载体。上海市 1989 年初暴发的 30 余万人的甲型肝炎，由毛蚶引起。

甲型肝炎病毒经粪-口途径进入消化道后，首先在肠上皮和局部淋巴结细胞内繁殖，然后进入血液形成病毒血症，经血液循环到达其靶器官——肝细胞中定居繁殖，引起肝功能异常。

（2）病原特征

1）病毒体特征：甲型肝炎病毒为单股正链 RNA 病毒，是一种小核糖核酸病毒，直径约 27nm、呈二十面立体对称的球形颗粒，有空心和实心两种颗粒，无囊膜（图 2-57）。

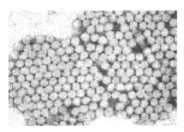

图 2-57　甲型肝炎病毒（扫描电镜照片）

2）肠道病毒属的特征：肠道病毒（Enterovirus）群属 RNA 病毒类的小 RNA 病毒科（Picornaviridae），包括脊髓灰质炎病毒（Poliomyelitis virus，PV）、柯萨奇病毒（Coxsackie virus）、埃可病毒（Enteric cytopathic human orphan virus，ECHO virus）、甲型肝炎病毒（hepatitis A virus，HAV），以及 1968 年以来新发现的肠道病毒 68～72 型（从 68 型开始新鉴定的型别统称为肠道病毒，不再划入柯萨奇病毒或埃可病毒）（表 2-10）。肠道病毒主要通过粪便传播，细胞的内吞是病毒进入的一个主要方式，复制主要发生在呼吸道和消化道组织中。它们具有许多共同特点：A 属 RNA 病毒类，病毒颗粒核酸内核为单股正链 RNA，核酸相对分子质量为（2～2.8）×10^6，具有 6～9 个基因。B 病毒颗粒体积极小，为球形，直径 20～30nm，有 32 个壳微粒形成的衣壳，呈二十面体，立体对称，病毒颗粒裸露无包膜。C 对一般理化因素抵抗力强，抗乙醚、乙醇、煤酚皂液等一般消毒剂，耐低温、耐酸；而对氧化剂（游离氯、高锰酸钾等）很敏感，对热、干燥和紫外线也较敏感。阳离子（Mg^{2+}、Ca^{2+}、Na^+）可以增加病毒对温度的稳定性。D 除柯萨奇 A 组病毒的大多数血清型以外，肠道病毒都能在组织培养中引起特殊的细胞病变。E 肠道病毒存在于许多动物体内，如人、牛、猪和鼠。F 在人类肠道属暂居性，与偶然经过肠道的病毒及始终寄生于肠道的病毒不同。G 本类病毒感染遍及世界各地，散发或引起局部流行或大流行。北半球多见于夏秋季节，小儿发病较成人为多。因成人一般已具有抗体，多数经人至人直接传播，也可经水、食物、苍蝇等间接传染。H 病毒可侵犯人体不同器官，引起临床表现复杂多样，病情轻重悬殊，但以轻型、隐性为多。由肠道病毒 71 型为主的肠道病毒引起的手足口病近几年在我国广泛蔓延，主要因为饮食、饮水及环境卫生等造成。2009 年 3 月全国通过传染病网络直报系统报告的手足口病病例是 54 713 例，死亡 31 例。全国累计报告手足口病例 115 618 例，其中重症 773 例，死亡 50 例。

3）分子生物学特征：HAV 基因组全长约含 7500bp，各 HAV 株间序列中的核苷酸数略有不同。其中 HAV 野毒株 HM-175 基因组全长 7478bp，分 5′端非编码区和 3′非编码区及居于中间的可读框架区（编码区）3 部分。

051

表 2-10　肠道病毒及相关的临床疾病

种类（血清型总数）	血清型	临床疾病
脊髓灰质炎病毒（Poliovirus，PVs）（3）	人脊髓灰质炎病毒 1~3（Human polioviruses）	脊髓灰质炎、小儿麻痹症
Human enterovirus A（HEV-A）（12）	人柯萨奇病毒 $A_{2\sim8}$、$A_{10\sim14}$、A_{16}（Human coxsackievirus）	脑（脊）膜炎、麻痹、心肌炎、疹
	Human enterovirus 71	
Human enterovirus B（HEV-B）（37）	人柯萨奇病毒 A_9、$B_{1\sim6}$（Human coxsackievirus）	脑（脊）膜炎、麻痹、心肌炎、肠胃炎
	人埃可病毒 1~7、9、11~21、24~27、29~33（Human echoviruses）	
	Human enterovirus 69、73	
Human enterovirus C（HEV-C）（11）	人脊髓灰质炎病毒 A_1、A_{11}、A_{13}、A_{15}、$A_{17\sim22}$、A_{24}（Human coxsackievirus）	呼吸道感染、结膜炎
Human enterovirus D（HEV-D）（2）	Human enterovirus 68、70	结膜炎

5′非编码区含有识别和连接宿主核蛋白体的重要遗传信息。可读框架区编码2227个氨基酸的多聚蛋白，被一个天冬酰胺密码子分开的2个蛋氨酸密码中的任何一个可能是翻译的起点；其编码多聚蛋白的基因从5′端开始可分为3个区，即P1区、P2区和P3区。P1区位于HAV RNA 735～3107位核苷酸区域，为HAV衣壳蛋白编码区，可编码791个氨基酸。P1区编码4个衣壳蛋白1A～1D，通常称为VP$_1$、VP$_2$、VP$_3$和VP$_4$。

HAV的变异主要有自然变异、生物学变异和细胞培养变异及减毒变异。自然变异主要发生在P1区，其中VP$_1$和VP$_3$区变异较多见；HAV氨基酸的变异常发生在VP$_3$的65位、70位，VP$_1$的102位、105位、174位、178位和221位，而VP$_3$的70位几乎在所有的HAV株中都存在变异。

（3）检测和控制

由于生物技术的发展，肝炎的研究取得了较快的进展，商品化配套试剂盒的供应可方便检测各类样品，如ELISA、免疫电镜法观察（44 000倍左右）、RT-PCR方法等。

预防主要是切断传染途径，控制传染源，加强饮水、饮食、环境卫生（包括粪便的管理）。烹调食品要彻底加热，对海产品、尤其是吃火锅时要特别注意，要防止海产品的交叉污染。

8．戊型肝炎病毒

（1）食品卫生学意义

戊型肝炎（hepatitis E）是一种经粪-口传播的急性传染病，自1955年印度由于水源污染第一次戊型肝炎大暴发以来，先后在印度、尼泊尔、苏丹、苏联及我国新疆等地都有流行。1989年9月东京国际HNANB及血液传染病会议正式将其命名为戊型肝炎。

HEV传播主要是通过水、食品造成的。水是主要途径之一，常发生于卫生条件不好的热带、亚热带地区，水生贝壳类食品是主要累及的食品，如意大利曾发生的E型肝炎病毒感染。HEV随患者粪便排出，通过日常生活接触传播，并可经污染食物、水源引起散发或暴发流行，发病高峰多在雨季或洪水后。潜伏期为2～11周，平均为6周，临床患者多为轻中型肝炎，常为自限性，不发展为慢性HEV，主要侵犯青壮年，65%以上发生于16～19岁年龄组，儿童感染表现亚临床型较多，成人病死率高于甲型肝炎，尤其孕妇患戊型肝炎病情严重，在妊娠的后3个月发生感染，病死率达20%～30%。HEV感染后可产生免疫保护作用，防止同株甚至不同株HEV再感染。绝大部分患者康复后血清中抗HEV抗体持续存在4～14年。

猪、牛、绵羊、山羊和大鼠等动物常分离到HEV样病毒，表明HEV为一种人兽共患病毒。

（2）病原特征

1）形态与分子结构：戊型肝炎病毒是单股正链RNA病毒，呈球形，直径为27～34nm，无囊膜，核衣壳呈二十面体立体对称（图2-58）。目前尚不能在体外组织培养，但黑猩猩、食蟹猴、恒河猴、非洲绿猴、须狨猴对HEV敏感，可用于分离病毒。HEV基因组长7.5kb，为ssRNA，在氯化铯分离的高盐液中稳定，有3个可读框（ORF），ORF1位于5′端（约2kb），是非结构蛋白基因，含依赖RNA的RNA多聚酶序列，ORF2位于3′端（约2kb），是结构蛋白的主要部分，可编码核衣壳蛋白，ORF3与ORF1和ORF2有重叠（全长369bp），也是病毒结构蛋白基因，可编码病毒特异性免疫反应抗原，可用于血清学诊断。

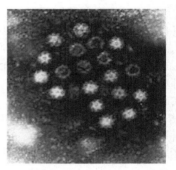

图2-58　戊型肝炎病毒

2）基因型分类：根据HEV各分离株核苷酸、氨基酸同源性的大小及系统进化树分析，将目前世界上已有的HEV分为7个基因型：基因型1（原称基因型Ⅰ），即缅甸类似株群，以缅甸株为代表，包括中国的新疆株、缅甸株、巴基斯坦株、吉尔吉斯斯坦株、印度株及非洲株。各HEV分离株总的核苷酸同源性均在92%以上，遗传距离为0.0120～0.0850。Arankalle等又将此型分为4个亚型，即ⅠA、ⅠB、ⅠC和ⅠD亚型。ⅠA包括大部分印度株、缅甸株和尼泊尔株，ⅠB包括中国新疆分离株、巴基斯坦株、前苏联株和2个印度株，ⅠC包括非洲各株，ⅠD包括3个印度株。基因型2（原称基因型Ⅱ），代表株为墨西哥株。与基因型1各株之间的核苷酸同源性小于76.1%，遗传距离大于0.3053。基因型3（原称基因型Ⅲ），包括分离自美国的HEV US-1株和US-2株及猪HEV株。此型各株与缅甸类似株及墨西哥株之间的核苷酸同源性小于74.3%，遗传距离大于0.3295。US-1和US-2之间的遗传距离为0.0805。在核苷酸和氨基酸水平上，3株间ORF2同源性分别为92%和98%～99%，ORF3同源性分别是95%～98%和93%～97%。基因型4，包括分离自中国的台湾、北京、辽宁、广州、厦门等地的HEV分离株，目前划归基因型4-中国/台湾基因型。基因型5，主要是意大利分离株。对最近分离的意大利株HEV进行系统进化树分析，属于一独立分支，证实为新的基因型。意大利株ORF2与缅甸株、墨西哥株、美国各株之间核苷酸同源性分别为：83.3%、79.7%和87.7%。基因型6和基因型7，分别包括希腊分离株1和希腊分离株2。另外，有学者将阿根廷株划为基因型8，其理由是从该国无旅行史的急性肝炎患者粪便样品中扩增得到部分

HEV基因，对其ORF1和ORF2进行不完全序列分析，结果表明其与以往的任何分离株都有很大差异。

目前HEV分型尚无统一的标准，对基因型的分类也存在分歧。

（3）检测

1）免疫电子显微镜：用患者恢复期血清作抗体，检测急性期患者的粪便及胆汁中病毒抗原；或用已知病毒检测患者血清中相应的抗体。

2）免疫荧光法：检测肝组织中戊型肝炎病毒抗原。

3）酶联免疫吸附试验：检测血清抗-HEV。

4）应用基因重组肝病毒多肽作为抗原，建立蛋白印迹试验（WB）：检测血清抗-HEV。

5）反转录聚合酶链反应（RT-PCR）和套式反转录聚合酶链反应（NRT-PCR）：检测胆汁、血清和粪便及食物样品中的戊型肝炎病毒核糖核酸（HEV RNA）。

9. 脊髓灰质炎病毒

（1）流行病学和食品卫生学意义

脊髓灰质炎是一种古老的疾病，早在公元前3700年，医书上就有此病的记载。脊髓灰质炎病毒（Poliomyelitis virus，PV）能够侵染中枢神经系统引起急性传染病，多见于儿童，因脊髓前角运动神经受损而造成肌肉迟缓性麻痹，又称为小儿麻痹症。该病流行于全世界，曾严重威胁人类健康。20世纪初期，在世界各地大多数呈零星发病状态，很少见大范围的流行。二次世界大战后，欧美国家常有此病流行。1955年，Jonas Salk研制成功注射用脊髓灰质炎灭活疫苗（IPV），标志着人类战胜脊髓灰质炎的开始；1961年，Albert Sabin研制的口服脊髓灰质炎灭活疫苗（OPV）问世，给免疫工作带来极大的便利。

骨髓灰质炎一年四季均可发生，但流行多在夏、秋季。一般以散发为多，带毒粪便污染水源可引起暴发流行。引起流行的病毒型别以Ⅰ型居多。潜伏期通常为7～14d，最短2d，最长35d。在临床症状出现前后患者均具有传染性。

海蟹、贻贝中都可检测到，在海蟹中每克组织可达10 000个空斑单位。Ⅰ、Ⅱ、Ⅲ型在牡蛎中都能见到，毛蚶中可检出Ⅰ、Ⅱ型；在去壳的冰冻牡蛎中污染有Ⅰ型。在冰冻牡蛎中脊髓灰质炎病毒可活存30～90d，虾仁于−20℃时可生存300余天。在蟹体内可延长其生存期。据报道，4种常见的加工方法，即蒸汽、干炸、烘烤和炖煮加热后，牡蛎中脊髓灰质炎病毒仍有7%～13%存活。牡蛎中Ⅰ型脊髓灰质炎病毒对γ射线有较高的抵抗力，如果要灭活90%以上至少需要400krad。

（2）病原特征

1）形态结构及分子生物学基础：脊髓灰质炎病毒属微小RNA肠道病毒，呈球形，直径24～30nm，无包膜，衣壳呈二十面体对称（图2-59）。可以由细胞膜上的小孔直接侵染细胞。

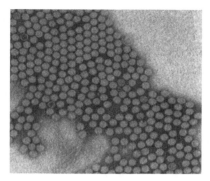

图2-59　脊髓灰质炎病毒（扫描电镜照片）

其病毒基因为单股正链RNA，长约7.5kb。病毒衣壳由VP₁、VP₂、VP₃和VP₄ 4种多肽组成，暴露于病毒衣壳表面的主要是VP₁，其次是VP₂和VP₃，VP₄在衣壳的内部与RNA相连接；VP₁是病毒与宿主细胞受体相结合的部位，也是中和抗体的主要结合点；VP₄在维持病毒构型中起到重要的作用，但与中和试验无关。已知脊髓灰质炎病毒有3个血清型，预防接种时，三型疫苗均需应用。

2）培养特征：脊髓灰质炎病毒仅能在灵长类动物细胞中增殖，常用猴肾、人胚肾及人羊膜细胞等进行体外培养。病毒在胞质中增殖后出现典型的溶细胞型病变，细胞变圆、坏死、脱落，病毒粒子从溶解的细胞中大量释放。非灵长类动物细胞膜表面由于缺少脊髓灰质炎病毒的受体，因而对该病毒不易感。

3）抗原性：应用ELISA或补体结合试验可以将脊髓灰质炎病毒分成3个血清型。所有型别的脊髓灰质炎病毒都具有两个不同的抗原，即D（dense）抗原和C（coreless）抗原，电镜下观察，D抗原具有病毒的RNA，是完整的病毒颗粒，又称N（native）抗原；C抗原不含RNA，是D型颗粒经56℃灭活后，RNA释放出来所形成的无核酸空心衣壳，故又称H（heated）抗原。不同型病毒之间的C抗原可能发生交叉反应，但D抗原无交叉反应发生。

用中和试验可把脊髓灰质炎病毒分成3个抗原型：1型为Brunhild；2型为Lansing型；3型为Leon型。三型之间无交叉反应。

（3）致病性

脊髓灰质炎在任何年龄都可以发病，但主要的得病群体是3岁以下的儿童，所占比例超过50%。脊髓灰质炎最终多数是导致终生瘫痪，严重时患者可因窒息致死。人类是脊髓灰质炎病毒的唯一宿主，这是因为在人细胞膜表面有一种受体，与病毒衣壳上的结构蛋白VP₁具有特异的亲和力，使病毒得以吸附到细胞上。受病毒感染后，绝大多数人（90%～95%）呈隐性感染，而显性感染者也多为轻症感染（4%～8%），只有少数患者（1%～2%）发生神经系统感染，引起严重的症状和后果。通过患者的粪便或口腔分泌物传染。

病毒感染首先从口进入，在咽、肠等部位繁殖，随后进入血液，侵犯中枢神经系统，沿着神经纤维扩散。病毒破坏了神经细胞，这些神经细胞不能再生，从而使其控制的肌肉失去正常功能。而腿部肌肉比手臂肌肉更容易受到影响。有时，病毒对神经系统的破坏影响到了躯干和胸部、腹部肌肉的正常功能，会导致四肢瘫痪。在严重的情况下，病毒攻击脑干神经细胞，使患者呼吸困难，无法正常说话和吞咽。

脊髓灰质炎典型的临床经过依次为潜伏期、前驱期、瘫痪前期、瘫痪期、恢复期和残留麻痹6个阶段。

（4）检测

1）病毒分离：可取检测样本加抗生素处理后，接种于人胚肾或猴肾细胞培养，出现细胞病变者表明有可疑病毒，需要中和试验作进一步鉴定。

2）血清学诊断：使用中和试验、补体结合试验、ELISA等方法检测样品中病毒。

3）核酸杂交及PCR技术：近几年根据脊髓灰质炎病毒基因组序列保守区及可变区的核酸序列差异性，设计出相应的核酸探针和引物，通过核酸杂交或PCR技术检测脊髓灰质炎病毒。

10. 柯萨奇病毒

（1）食品卫生学意义

柯萨奇病毒（*Coxsackie virus*）通过粪-口途径感染后，多数人不呈现明显症状，呈隐性感染，只有极少数人发病。对热敏感，50℃能迅速灭活病毒，低温可较长期存活，对环境的抵抗力较强。1983年在天津发生的由柯萨奇病毒A16引起的手足口病，5个月发生7000余例。1986年又暴发，感染者粪中可排出大量的病毒。在自来水中可存活2～168d，土壤中存活2～130d，在牡蛎中超过90d，水也是常见传播途径之一。有报道，柯萨奇病毒B_2污染水源导致疾病流行。可分成A、B两组，A组病毒大约为24个血清型，B型为6个血清型，牡蛎中见有CoxB2、CoxB3、CoxB4、CoxA18、CoxA13、CoxA3，蚝中为CoxA18。柯萨奇病毒以引起病毒性心肌炎为主，同时还可引起疱疹性咽峡炎、急性淋巴性或结节性咽炎、无菌性脑膜脑炎、麻痹症、皮疹、手足口病、婴幼儿肺炎、普通感冒、肝炎、婴儿腹泻、急性出血性结膜炎、肋肌痛等多种疾病。

（2）病原特征

具有小RNA病毒的基本性状，病毒呈球形，多为28nm，一般为17～30nm，病毒核衣壳呈二十面立体对称，无包膜，由60个蛋白质亚单位构成，每个亚单位由VP1、VP2、VP3和VP4 4条多肽形成（图2-60）。单股RNA可分为A、B两组。柯萨奇病毒为肠道病毒属，其基因结构具有小RNA病毒科的共同特征，可分为衣壳蛋白基因区、无性繁殖功能区和非编码区，其5′端即位于衣壳蛋白基因外的碱基序列同其他小RNA病毒具有较高的交叉性。

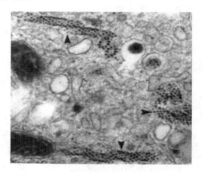

图2-60　柯萨奇病毒（扫描电镜照片）

柯萨奇病毒A13、A18、A21型的细胞受体是ICAM-1（intercellular adhesion molecule-1），柯萨奇病毒B1～B6型的细胞受体是CAR（coxsackievirus-adenovirus receptor），柯萨奇病毒A21、B1、B3、B5型的第二细胞受体是CD55、DAF（decay accelerating factor），柯萨奇病毒A9型一般以αvβ3和αvβ6 ibpegrin为第一受体，β2 microglobulin（β2m）为第二受体。

（3）致病性

柯萨奇病毒主要致病性见表2-11。

表2-11　柯萨奇病毒感染引起的主要临床症状

主要临床症状	组别	主要型别	主要临床症状	组别	主要型别
无菌性脑膜脑炎	A	2、4～7、9、10、12、16	急性上呼吸道感染	A	2、10、21、24
	B	所有型别		B	2～5
麻痹疾病	A	4、7、9	疱疹性咽峡炎	A	1～6、8～10、16、21、22
	B	3～5	手足口病	A	16
流行性胸痛	A	4、6、8～10	心肌炎	B	2～5
	B	1～5	心包炎	B	1～5

（4）检测

利用PCR和RT-PCR方法检测人柯萨奇病毒，按常规方法收集鼻咽分泌物、粪便、心肌活检材料及脑脊髓液等标本后，进行PCR检测。

柯萨奇病毒检测试剂盒：SECIRON ELISA classic抗体检测试剂盒，可对柯萨奇病毒抗体分型检测。

预防措施主要是饮水的卫生，不生吃海产品。

11．埃可病毒

（1）食品卫生学意义

埃可病毒（Enteric cytopathogenic human orphan virus, ECHO virus）通常经口侵入机体，少数也可以通过呼吸道感染，主要引起新生儿和儿童发病。1991年，埃可病毒30型引起的病毒性脑炎和脑膜脑炎在上海流行，引发2000余人发病。1991年7月，云南楚雄由B_4和B_6型引起病毒性心肌炎，发病60余人，死亡13人，传播途径都是经粪-口途径。带病毒的粪便可通过污染手指、餐具、食物经口进入消化道后，在咽和肠道淋巴结组织中初步增殖，潜伏期为7～14d，然后进入血液，乃至扩散到全身，最后进入靶器官（脊髓、脑、脑膜、心肌和皮肤等），表现肠道以外症状。埃可病毒的感染所累及的食品主要有牡蛎、毛蚶等。

（2）病原特征

病原体 埃可病毒的特性基本同柯萨奇病毒和脊髓灰质炎病毒，属小RNA病毒。病毒呈球形，大小为17～30nm，二十面立体对称，无包膜，衣壳由60个蛋白质亚单位或原粒构成（图2-61）。每个原粒由VP_1、VP_2、VP_3及VP_4个多肽组成。单股正链RNA，病毒基因长约7.5kb；埃可病毒目前有29个血清型（1～9、11～21、24～27、29～33），在牡蛎中见有1～3、9、13、15、20、23及30等型。对人除产生溶细胞性感染外，还存在着持续性感染，但多数人感染后呈现隐性感染，只有极少数表现有临床症状（表2-12）。该病毒对热敏感，对低温稳定，对去污剂等化学试剂耐受性较强，对外界环境有较强的抵抗力。

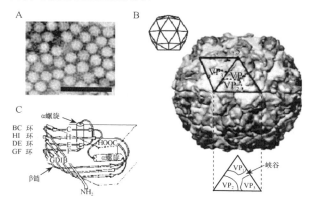

图2-61 EV1病毒及模拟结构

A. EV1的病毒颗粒电镜照片，比例尺100nm；B. EV1的病毒衣壳简图，由60个衣壳粒组成，每一个衣壳粒分别含有一分子VP_1、VP_2、VP_3和VP_4蛋白，VP_4埋藏在衣壳的里面；C. 衣壳蛋白质VP_1、VP_2、VP_3层相同的核心结构，8个通过环相连接的β折叠

表2-12 柯萨奇病毒和埃可病毒相关临床症状及病毒血清型

临床综合征	柯萨奇病毒 a组	柯萨奇病毒 b组	埃可病毒及新型肠道病毒（e）
无菌性脑膜脑炎	2, 4, 7, 9, 10	1, 2, 3, 4, 5	4, 6, 9, 11, 16, 30; e70, e71
肌无力和麻痹	7, 9	2, 3, 4, 5	2, 4, 6, 9, 11, 30; e71
皮疹、黏膜疹	4, 5, 6, 9, 10, 16	2, 3, 4, 5	2, 4, 5, 6, 9, 11, 16, 18, 25
心包膜炎、心肌炎	4, 16	2, 3, 4, 5	1, 6, 8, 9, 19
流行性肌痛、睾丸炎	9	1, 2, 3, 4, 5	1, 6, 9
呼吸道疾病	9, 16, 21, 24	1, 3, 4, 5	4, 9, 11, 20, 25
结膜炎	24	1, 5	7; e70
全身性感染（婴儿）	—	1, 2, 3, 4, 5	3, 6, 9, 11, 14, 17, 19
疱疹性咽峡炎	2, 6, 8, 10, 16	—	

埃可病毒无易感动物，对乳鼠不致病，只能在人及灵长类动物组织细胞内增殖。在29个型的病毒中，有11个型的病毒具有血凝素，能凝聚人的O型红细胞，但血凝的最适温度随病毒的型别不同而异。

EV1的衣壳由60个互相嵌合的结构单元组成，VP_1～VP_4是一种衣壳蛋白组成一个结构单元，5个结构单元聚合成一个五聚体，12个五聚体组成一个病毒衣壳。

埃可病毒（EV1）型受体是：α2β1 integrin；EV1衣壳上的峡谷可以与受体α2β1上的α2 I区域特异性结合。埃可病毒3、6、7、11～13、20、21、24、29、30型的细胞受体是CD55和DAF，EV6型和某些型的第二受体是硫酸肝素，某些血清型EV第二受体是β2 microglobulin（β2m）。

（3）致病性

埃可病毒多为隐性感染，严重感染者少见。较重要的有无菌性脑膜脑炎、类脊髓灰质炎、瘫痪、心肌炎、肌无力等中枢神经系统疾病；有些型别的病毒可引发出皮疹性发热、呼吸道感染和婴幼儿腹泻等，感染后机体可产生特异性中和抗体，对同型病毒感染具有持久性免疫力。

（4）检测和控制

检验以分离病毒、免疫电镜法、RT-PCR和抗体检测（ELISA Classic 埃可病毒 IgG/IgM/IgA 试剂盒）为常见方法。

预防措施主要是针对海产品加工、烹调等方面，加热要彻底，防止交叉污染。

三、食物感染性寄生虫

寄生虫通过食品感染人的原因有很多，如国际旅行、饮食多样化和食品全球化等，感染的结果是严重威胁人类身心健康，尤其是食品卫生工作者不注意或还不太明了的寄生虫，对食品安全构成威胁就更大。

机会致病性寄生虫，如隐孢子虫病、弓形虫病、粪类圆线虫病引发疾病时有报道。目前，由于市场开放，家畜、肉类和鱼类等商品供应渠道增加；城乡食品卫生监督制度不健全；生食、半生食的人数增加等，使一些食源性寄生虫病的流行程度在部分地区有不断扩大和多样化趋势，如旋毛虫病、带绦虫病、华支睾吸虫病的流行地区各有20多个。

存在于新鲜水源中的原虫，可能是受到含虫卵的人和动物粪便污染造成的，用污染的水浇灌蔬菜和水果，使这些寄生虫寄生于其表面或成为感染的来源。弓形虫有时存在于生鲜肉中，尤其是猪肉，需要通过充分的烹调消灭它们。一些原虫非常特殊，仅存活在一种动物中，有些则存在于人、动物中，人和动物也可能是其宿主。

食源性寄生蠕虫主要包括绦虫和线虫，家畜和鱼内可能含有蚴绦虫，在人的肠道中能够发展为成虫。除猪和牛是绦虫的宿主外，鱼也是某些绦虫的主要宿主。一些寄生于鱼肠道的寄生虫是不进入肌肉中的，远海打捞的鱼需要冷藏或冷冻，当温度逐渐降低的时候，这些寄生虫就向温度尚高的肌肉中移动，因此，对这类鱼的产品检验时也要注意其肉中寄生虫的检验。绦虫的卵可以存在于施过肥的水果或蔬菜中，或者是用污染的水源清洗也可使其带染寄生虫。如果人消化了猪绦虫或牛绦虫，蚴虫从卵囊中孵化出来，穿过肠道，游动到肌肉、脑和身体其他部位，再成囊，并引起严重后果。有些如旋毛虫、颚口线虫和异尖线虫等，在肉中形成包囊，当人吃了含包囊的肉后在人体内发育成成虫；广州管圆线虫、脊形管圆线虫利用两个宿主，分别存在于蜗牛和蔬菜叶子上。

在不发达地区，尤其是农村的贫苦人群中，多种寄生虫混合感染常见。有人称寄生虫病是"乡村病"、"贫穷病"，它与社会经济和文化的落后互为因果。从不发达国家移民，可能在移民当中带染寄生虫，并通过食品传播给其他人。生食或轻微烹调，可能增加与寄生虫接触的机会。缺乏相应的免疫功能的人群，寄生虫感染可能造成严重后果，如隐孢子虫病暴发。朝鲜等一些国家海岸线周围居民喜欢生吃鱼片等，因此而感染一些从来没有发生在人类的寄生虫病，从而也使人们认识了一些新的人源或食源性寄生虫病。

1. 控制食源性寄生虫病的措施

一些如提高卫生条件和对食品适当烹调的基本战略对所有寄生虫病都是十分有用的，而其他的方式仅对部分寄生虫有用，而不是全部。食源性寄生虫病按食物来源一般可分为六大类：①植物性寄生虫病，如姜片吸虫病；②肉源性寄生虫病，如旋毛虫病、牛带绦虫、住肉孢子虫病；③螺源性寄生虫病；④淡水甲壳动物源性寄生虫病，如肺吸虫病；⑤鱼源性寄生虫病，如肝吸虫病；⑥水源性寄生虫病，如隐孢子虫病等。直接和最危险的引起食源性寄生虫病的方式是生吃肉源性食品和鱼源性食品，如生吃小牛肉、白斩鸡、生鱼片、清蒸海螺、生鸡蛋等；生吃蔬菜也是一个重要的传染途径。

（1）强化卫生条件

1）适当处理人和动物的废弃物，以减少食品和水源的污染，是一种对防止粪-口传播最好和最基本的战略。然而，在发展中国家，这些废弃物却作为作物的肥料，这个阶段适当的处理可杀死寄生虫卵。

2）控制苍蝇、蟑螂和其他昆虫可防止寄生虫污染食品。

3）通过洗刷生鲜蔬菜和水果可除去卵囊、包囊和寄生虫卵，但难以彻底去掉一些带叶蔬菜和草莓上的寄生虫或卵。经常洗手，清洁食用器皿，食品加工过程中防止交叉污染，尤其是生熟食品的交叉污染。

（2）加强畜牧养殖业管理和强化检测手段

1）良好的饲养实践可减少猪等对污染饲料和粪便的接触，在发达国家已经证明能够明显减少人类的旋毛虫和猪绦虫的感染，我国也初见成效。

2）控制啮齿动物对预防啮齿动物所携带的寄生虫引起猪的感染非常有用。

3）已经感染的食用动物用药物处理可杀死寄生虫，疫苗也可以预防一些寄生虫感染。

4）良好的检测系统可以检测猪肉、牛肉、鱼的寄生虫，可以达到所食用的肉类无寄生虫。

（3）卤汁、腌渍、烟熏和发酵

1）热熏加工能够杀死异尖线虫，但在冷熏加工条件下能够存活。

2）腌制在2.6%乙酸和8%～9%盐浓度下6周后能杀死异尖线虫，如果盐浓度在5%～6%则需要12周的时间。

3）传统的腌渍方法可杀死带状绦虫。

4）发酵肉生产干制香肠和火腿也可灭活原虫和寄生蠕虫的蚴虫，低pH和低水分活性联合使用也能灭活寄生虫。

（4）烹调和热处理

对于感染阶段的寄生虫可以用适当的烹调和热水煮破坏寄生虫。微波烹调对肉和鱼中所有寄生虫并不可靠，因为加热不均匀和冷点可能有寄生虫存活。建议充分加热烹调猪肉，内部温度必须达到71℃，烹调鱼60℃10min或70℃7min就能杀死异尖线虫。

（5）冷冻

对于生食食品如鱼和一些肉类，冷冻几天能灭活或杀死一些寄生虫。鱼在-30℃15h以上或-20℃7d以上可杀死异尖线虫。其他寄生虫需要或长或短的时间。在-17℃20d、-23.3℃10d或-29℃6d可破坏猪肉中的旋毛虫，但对于野生动物感染的旋毛虫并不合适。

（6）过滤、氯化和其他消毒

1）过滤系统能除去水中的原虫包囊和卵囊，但几个隐孢子虫病暴发的例子说明过滤措施并不始终有效。

2）氯化作用可以除去水中的细菌和一些寄生虫，但包囊和卵囊对氯有抵抗力。

3）1.5%漂白溶液、醋、饱和冷盐能够破坏感染性线虫和吸虫蚴虫。但在盐腌1周的鱼中还可发现活的吸虫。

4）10%的氢氧化氨3h能杀死94%的华支睾吸虫，但对其他寄生虫并不有效。

（7）其他物理加工

1）辐射能够破坏生鲜食品中的寄生虫，低剂量辐射（0.5～0.7kGy）损伤蚴虫和阻止感染，但大剂量（6～7kGy）可杀死所有的肉中旋毛虫。0.1～0.15kGy的辐射剂量能杀死鱼中的吸虫包囊，但原虫卵囊完全灭活却需要5kGy。

2）高静压能够非热性杀死异尖线虫。

3）紫外线能消毒水中的贾第虫包囊。

4）臭氧能杀死水中的原虫。

5）超声可杀死水中的隐孢子虫卵囊。

（8）生活史的靶向控制

控制寄生虫的另一种好的方式是找出寄生虫生活史中的薄弱环节，并使其生活史破坏。例如，感染有带状绦虫成虫可用驱肠虫药，去除其产生的卵。寄生虫以包囊或卵的形式在环境中存活很长时间，这需要抵抗干燥和其他不利因素。例如，肝片吸虫包囊在流水中可存活122d，在腐殖质中存活一年，贾第虫包囊在冷水中存活几个月。许多寄生虫在不同生活阶段寄生在一个或多个动物体内，控制这些动物可潜在减少寄生虫数量。完全除去野生动物是不可能的，试图消灭中间宿主也是不实际的。

2. 寄生虫的生活史

寄生性蠕虫通常有两个阶段，即蚴虫和成虫，两个阶段生活在不同种类的动物中，作为成虫的宿主称为限定性宿主；作为蚴虫的宿主称为中间宿主。寄生虫也可能存在于其他宿主中，称为转运宿主，但在这些宿主中并不等于经历生长或发育。有的寄生虫具有复杂的生活史，包括几个宿主动物，而其他的一些情况是一个动物或人具有不良生活习惯，可能自身直接再感染。许多寄生虫具有抗性，在休养阶段（卵或包囊）的环境中可存活很长时间，甚至卫生处理也能存活，存在于肉、鱼或贝壳类中的蚴虫对热具有耐受性，轻微的热烹调并不能杀死它们。原虫的体细胞在生活的不同阶段有差别，而另一些则并没有限定性宿主和中间宿主。

（1）直接再感染

肠道中的寄生虫→粪中的卵或包囊→污染于手、水中、新鲜水果或蔬菜上的卵或包囊被食进，如异尖线虫、隐孢子虫、环孢子虫、贾第虫、肠阿米巴。

（2）在一个宿主中完成生活史

吃进感染肉包囊性蚴虫，在人的GI（胃肠）产生蚴虫并扩散到肌肉中，包囊化。当另一动物再食进时就发展为成虫，如旋毛虫。

（3）一个中间宿主

蜗牛/蛞蝓作为唯一的宿主 在人肠道或肺中的寄生虫→从粪或痰排除的卵→在水中卵变为蚴虫→蚴虫穿进蜗牛后再发育→来自于蜗牛的蚴虫和水中的包囊→进入人用水或植物中，如肝片吸虫→人吃了生的或轻微烹调的或含有蚴虫的蛞蝓，如线虫。

贝壳类作为宿主 寄生于人肠道→粪便中的包囊或冲进水中→包囊被蛤、牡蛎、蚌类等食入→人再食进生的或未熟的污染贝壳类，如隐孢子虫。

哺乳动物作为唯一中间宿主 寄生在人肠道→粪中的卵或包囊扩散进环境中→被猪或牛消化卵或包囊→蚴虫或原虫移动进入肌肉→人食入感染肉，如绦虫、弓形虫。

（4）两个中间宿主

蜗牛、甲壳类和鱼作为中间宿主 寄生虫在人的肠道或肺→卵从粪便或痰中释放→卵在水中发育为蚴虫→蚴虫进入蜗牛并继续发育→蚴虫从蜗牛中出来，进入甲壳类中（蟹、虾或小龙虾）或鱼中→人生吃或轻微烹调的鱼或甲壳类。

哺乳动物作为中间宿主 寄生虫在人的肠道或肺→粪便中包囊扩散到环境中→包囊被猪或其他动物吃到→感染的肉被猫吃到→猫粪中的卵囊→被人吃到或吸到，如弓形虫。

3. 溶组织内阿米巴

（1）流行病学和食品卫生学意义

溶组织内阿米巴（*Entamoeba histolytica*）在人误食被成熟包囊污染的食物或饮用污染水时传播，如冰淇淋和水果，因此具有重要的食品卫生学意义。对全国30个省（直辖市、自治区）的调查，溶组织内阿米巴感染呈全国性分布，平均感染率为0.95%。西南5个省的感染率在2%以上，12个县感染率超过10%，感染呈明显的家庭聚集性。在我国溶组织内阿米巴感染仍是重要的公共卫生问题。传染源主要为慢性和恢复期患者粪便排包囊者和带虫者。由于滋养体抵抗力弱，急性患者不起传染源作用。溶组织内阿米巴呈世界性分布，主要流行于热带、亚热带地区，尤其是经济发展滞后、营养匮乏、卫生条件差的地区。

肠道阿米巴病无性别差异，阿米巴肝脓肿男性较女性多，可能与饮食、生活习惯和职业等有关，但是确切的原因有待探讨。近年来，阿米巴的感染率在男性同性恋中特别高，在欧美国家中以迪斯帕内阿米巴为主，而在日本同性恋者中则以溶组织内阿米巴感染为主。溶组织内阿米巴主要寄生于结肠，是阿米巴痢疾和阿米巴性结肠炎的病原体，并可侵犯肝、肺、脑等其他器官，引起肠外阿米巴病。它可在人和动物间自然传播，是一种人畜共患原虫病。在动物中，尤其是和人接触十分密切的家畜，可能成为人阿米巴病的保虫宿主。

全球每年因阿米巴病死亡人数超过5万，在寄生虫病致死人数中，阿米巴病位居第三位（疟疾、血吸虫病分别位居第一、二位）。

溶组织内阿米巴除了人感染外，犬、猫、猪、猴、猩猩等均有自然或可实验感染，但作为保虫宿主意义不

057

大。包囊的抵抗力较强，在适当温湿度下可生长数周，并保持有感染力，通过蝇或蟑螂的消化道仍具感染性。但对干燥、高温的抵抗力不强。人体感染主要是经口感染，食用含有成熟包囊的粪便污染的食品、饮水或使用污染的餐具为感染方式；食源性暴发流行则发生于不卫生的用餐习惯或食用由包囊携带者制备的食品。另外，口-肛性行为的人群，粪便中的包囊可直接经口侵入。

（2）生物学特性

溶组织内阿米巴形态可分为滋养体（trophozoites）、囊前期（precyst）、包囊（cyst）和囊后期（postcyst）4个阶段。在粪便中常见滋养体和包囊，在组织中仅有滋养体阶段（图2-62）。

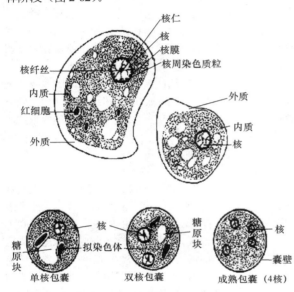

图2-62　溶组织内阿米巴滋养体形态

当人误食被成熟包囊污染的食物或饮用污染水时，包囊通过胃和小肠，在小肠环境及消化酶的作用下，囊壁变薄，形成囊后期。随着囊内虫体伸缩活动，含有4核的滋养体脱囊而出，并迅速分裂形成8个单核滋养体。这些滋养体逐渐向结肠移行，在结肠的上端以细菌和肠内容物为食，以二分裂方式增殖。在结肠中随着肠内容物继续下行，由于肠内环境改变，如水分被吸收等可刺激虫体排出未消化的食物，体形变圆，形成囊前期，后者分泌囊壁成囊，大量包囊随粪便排出。

滋养体在外界存活时间短暂，即使被吞食，通过消化道时也会被消化液杀死。包囊抵抗力强，在外界环境中存活时间较长（数日至数月），但于干燥环境中极易死亡。

（3）致病性

溶组织内阿米巴致病作用与原虫的毒力、寄生环境中的理化、生物因素及宿主的免疫状态有关。滋养体是致病阶段，具有侵入性。人体被感染后，可以表现为无症状带虫者、肠外阿米巴病或肠阿米巴病等多种临床类型，病理和病程变化复杂。

溶组织内阿米巴滋养体侵入黏膜机制与3种重要因子有关，即半乳糖/乙酰氨基半乳糖凝集素（Gal/GalNAc lectin）、阿米巴穿孔蛋白（amoebic pore-forming protein amoebic perforin）和半胱氨酸蛋白酶（cysteine proteinase），前者与吸附宿主组织细胞有关，阿米巴穿孔蛋白造成组织细胞孔状破坏，后者可溶解宿主组织。滋养体借助上述致病因子通过接触溶解（contact lysis）侵入肠黏膜组织，吞噬红细胞，还借助血液循环播散至肝脏及其他的脏器。当滋养体侵入组织后，直接暴露于宿主的免疫系统（如补体）的虫体可以逃避补体系统的攻击。

肠阿米巴病（intestinal amoebiasis）　溶组织内阿米巴可引起阿米巴性结肠炎、肠阿米巴肿和一些相关的并发症。

1）阿米巴性结肠炎：临床上可分为急性和慢性阿米巴性结肠炎。急性期常见的临床表现为阿米巴痢疾，典型的阿米巴痢疾常伴有腹痛、腹泻、里急后重、黏液血便，每天数次（4～6次），持续1～3周，血便腥臭味，内含黏膜坏死组织和阿米巴滋养体。

2）并发症：常见的并发症有肠阿米巴肿、中毒性巨结肠（toxic megacolon）和阿米巴性腹膜炎（amoebic peritonitis）等。

肠外阿米巴病（extra-intestinal amoebiasis）

1）阿米巴肝脓肿（amoebic liver abscess）：是肠外阿米巴病最常见的类型，约占全部阿米巴病例的10%。临床症状有发热、寒战、厌食、右上腹疼痛并向右肩放射；体征有肝肿大、黄疸、体重下降等。

2）阿米巴性肺脓肿（amoebic lung abscess）：患者主要症状为发热、胸痛、咳嗽、咳痰，痰呈咖啡色、果酱状。病变还可累及支气管，导致支气管瘘形成，脓液可排入气管，随痰咳出体外。

3）其他肠外阿米巴病：阿米巴脑脓肿（amoebic brain abscess），常呈现中枢皮质单一性脓肿，临床症状有头痛、呕吐、眩晕和精神异常。皮肤阿米巴病（cutaneous amoebiasis），常因直接接触阿米巴滋养体而引发，以及肝脓肿穿孔部位皮肤阿米巴病等。其他的异位损伤还有脾、肾、心包、生殖器阿米巴病等。

动物阿米巴病　动物感染时，有隐性带虫、急性发作、慢性型和异位感染等类型。本病的潜伏期为3～4d。急性病例频繁出现带有黏液和血液的下痢，患畜腹痛、呕吐和发热。过了急性期转入慢性期后，患畜经常出现轻度腹痛、腹胀，以及腹泻与便秘交替出现的肠道机能紊乱等症状。由于滋养体侵入肠组织并大量增殖，从而引起组织损伤，形成溃疡。犬、猫感染后多呈急性发作，而且只排出滋养体，不排出包囊。野生鼠类也可发生感染，感染后滋养体可能在肠道内共生，也可能造成典型的阿米巴痢疾症状。猴的隐性感染率高，可高达55.4%，家鼠的感染率为55.7%，猪和猫自然感染的较少，牛阿米巴病也有报道。

（4）检测

根据流行病学、临床症状和病理变化仅能作出初步推断，而病原体的检查是确诊的依据。

1）病原学检查：从患者的脓血便、稀便和病灶组织内检测阿米巴滋养体，以及从慢性患者和带虫者的成形粪便中检测包囊是确诊的最可靠的依据。

粪便检查：①生理盐水涂片法；②碘液涂片法。

2）血清学诊断：血清学诊断常用的方法有 ELISA、免疫荧光试验（IFA）、间接血凝试验（IHA）和对流免疫电泳等。

3）核酸诊断：PCR 结合特异性引物对来自患者排泄物、脓肿穿刺物、活体组织等提取的 DNA 进行扩增反应。

4．小颊犬内阿米巴

（1）食品卫生学意义

小颊犬内阿米巴（*Entamoeba chattoni*）与溶组织内阿米巴为相近种，灵长类是该虫的主要保存宿主，寄生于脊椎和非脊椎动物肠道，主要感染猴子、猪，也可感染人类。在猴子中检出率为 2.8%，在乌干达猴子中检出率高达 70.3%，是对人类构成巨大潜在威胁的虫种。在食品加工者的腹泻患者肠道中曾分离出该虫。

（2）生物学特性

滋养体含 1 个核，并具有可变化的特性（含多个核）；包囊含 1 个核，也具有可变的特性，即含多个核的包囊（图 2-63，图 2-64），可寄生于盲肠和结肠。与溶组织内阿米巴的 3 种同工酶——葡萄糖磷酸异构酶、葡萄糖磷酸变位酶及 L-苹果酸-NADP＋氧化还原酶明显不同。为裸阿米巴，没有线粒体，在核膜内表面具有滴状染色质。为单核阿米巴的变种，为肠阿米巴属。

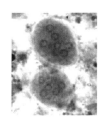

图 2-63 小颊犬内阿米巴

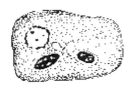

图 2-64 小颊犬内阿米巴滋养体

（3）致病性

滋养体可感染猴子、猪，也可感染人类。本虫体在猴子等死后能够侵入到其盲肠黏膜中。图 2-64 就是从食品加工者的腹泻患者肠道中分离出来，表现为周期性阵发性腹泻，寄生性包囊大小变化较大，含有 8～16 个核。

（4）检测和控制

形态与溶组织内阿米巴相同，但要与其区别。现在已经能够用核酸（利用 PCR 技术）与其他阿米巴虫种相区别（图 2-65）。

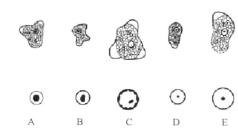

图 2-65 比较肠内阿米巴核形态

A. 溶组织内阿米巴；B. 哈氏内阿米巴；C. 结肠内阿米巴；D. 微小内蜒内阿米巴；E. 小颊犬内阿米巴

5．侵袭性内阿米巴

（1）食品卫生学意义

侵袭性内阿米巴（*Entamoeba invadens*）是龟类等水产动物一个非常重要的致病性寄生虫性病原，与有鳞动物疾病经常有关。同时也经常能够在食品、水和食品加工者中检测到。对龟类动物常具有致命作用。蛇体也经常可检测到。

（2）生物学特性

形态与生活史和溶组织内阿米巴基本一致。纯培养时不能像溶组织内阿米巴那样充分形成包囊。基因遗传区域与溶组织内阿米巴有 74%一致，基因间相似率为 50%。

（3）致病性

在人体肠道中可引起与溶组织内阿米巴类似的疾病。

（4）检测和控制

基本同溶组织内阿米巴。

另外与内阿米巴形态和生物学特性都非类似的几个内阿米巴均为非致病性的，如莫氏内阿米巴（*Entamoeba moshkovskii*）、波列基内阿米巴（*Entamoeba polecki*）、哈特曼内阿米巴（*Entamoeba hartmenni*）等，在食品、水源和食品加工者中均能见到污染或带菌，属于无症状带虫者，由于一般认为是非致病性的，在这里不再赘述。

6．波列基内阿米巴

（1）食品卫生学意义

波列基内阿米巴（*Entamoeba polecki*）多寄生在猪、猴、牛、山羊、绵羊及犬的结肠内，偶见人体感染，不致病，分布较广。国内曾有零星报道，国外报道人体感染 10 余例。在食品、水源和食品加工处理者中可检出。通常情况下寄居于猪和猴的大肠中，通过粪便污染食品和水源。热带的东南亚较为普遍。

（2）生物学特性

波列基内阿米巴的滋养体与结肠内阿米巴相似，活动迟缓，细胞核的特征介乎结肠内阿米巴和溶组织内阿米巴二者之间。染色后，见细小且居中偏位的核仁及多数排列整齐的核固染粒，细胞质颗粒较粗，空泡多，食物泡内含细菌、酵母菌等。约半数包囊可含 1～2 个圆形或卵圆形不很清晰的非糖原性包含块。

（3）致病性

波列基内阿米巴对人体的侵害感染较少，有时也可引起人体腹泻，但临床症状较轻，如腹泻、血便、发热、恶心、呕吐、腹痉挛、呼吸促迫和体重降低。

（4）检测和控制

检测粪便的虫卵形态。注意食品卫生，食品要经过充分烹调后才能食用。

7. 迈氏唇鞭毛虫

（1）食品卫生学意义

通常认为迈氏唇鞭毛虫（*Chilomastix mesnili*）寄生于人的肠道内，被认为不致病。但近 10 多年来，国内外有关迈氏唇鞭毛虫感染人体的情况屡有报道。迈氏唇鞭毛虫存在于食品、水源和食品加工处理者身体上均能检出，除

在蟹表面发现阿米巴包囊外，因水质肮脏及死蟹腐败感染，蟹也可能成为迈氏唇鞭毛虫等寄生虫滋生的"温床"。很多地方吃香辣蟹很普遍，很多人因为香辣蟹已经高温烹制而掉以轻心。但高温绝不是万能的，现在各家餐馆里的香辣蟹，从活杀、清洗、烹制到上桌大多在 15min 内就速成了，绝对不能杀死寄生在蟹的表面或是寄养在蟹肌肉中的寄生虫。保证高温煮熟半小时以上，也只能称作是比较安全，因为蟹壳硬，不易煮透，寄生虫的存活率仍相当高。

（2）生物学特性

迈氏唇鞭毛虫滋养体形状呈梨形或泪滴状，前端钝圆，末端尖锐，单核，20μm。具有"细胞口"（cytostome）的细胞嘴样结构。包囊也是单核，柠檬形，细胞质含颗粒状结构，12μm，有时可见支撑纤维（图 2-66，图 2-67）。

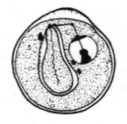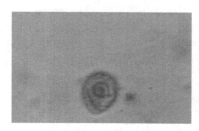

图 2-66　迈氏唇鞭毛虫滋养体　　　　　　　　　　　　　图 2-67　迈氏唇鞭毛虫包囊

感染人的主要途径是粪-口途径。迈氏唇鞭毛虫滋养体寄生在人的结肠中，主要寄生于回盲部。虫体前部有 3 个前鞭毛，有一个较长的细胞口结构。

（3）致病性

因食用了污染迈氏唇鞭毛虫的食品可使人发生腹痛、腹泻等消化道症状。发病主要是因为粪变污染和消化道状态不良。但致病情况不严重，发生概率较小。人的带染率有的地方可高达 8.7%～16.64%。

（4）检测和控制

常用人粪变虫卵检查及食品虫体检查方法进行。染色或用像差显微镜观察。

8. 人肠滴虫

（1）流行病学和食品卫生学意义

人的粪便中有大量人肠滴虫存在，能够在食品、水源和食品加工者身体中检出。人肠滴虫（*Enteromonas*

hominis）病的症状为腹泻、腹痛及便秘。传染源为人，即滴虫患者和带虫者，主要通过性交直接传染，也可通过公共浴池、游泳池、坐式马桶等间接传播。我国许多地区都有人体感染报道，感染率为 1%～10%，台湾省猕猴粪检，本虫感染率为 8%。

（2）生物学特性

滴虫病（trichomoniasis）是由人肠滴虫引起的，滴虫的生活史较简单，仅有滋养体，以二分裂法增殖。通过直接和间接方法传播。

滋养体小，滋养体都只有 1 个核，在前部，呈梨形或球形，但人肠滴虫和中华内滴虫的核仁都较大，肠内滴虫的核较细小，人肠滴虫滋养体有 4 根鞭毛（3 前 1 后），肠内滴虫和中华内滴虫滋养体都只有 2 根鞭策毛（1 前 1 后），肠内滴虫和中华内滴虫的核仁都较大，肠内滴虫的核较细小（图 2-68）。

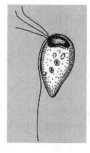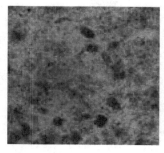

图 2-68　人肠滴虫滋养体

铁苏木素染色，虫体可见有一个核，核仁较大，其他结构看不清楚（815×）

（3）致病性

通过食品和水及食品加工人员传播，使人感染人肠滴虫病。人肠滴虫病的症状为腹泻、腹痛及便秘。通过性交和水等途径传播的阴道滴虫感染也常波及尿道而引起尿频、尿急、尿痛、发热等泌尿系感染症状。本虫呈世界性分布，各地感染率不等，滋养体为感染阶段，随污染的食物、水或污染的手进入人体，在肠腔内以二分裂法繁殖。其是条件性致病，该病的临床表现多为长期腹泻、稀便、腹痛、食欲减退、消瘦等。并可反复发作，迁延不愈。

（4）检测和控制

检测时检测人的粪便中虫卵的形态，注意食品卫生，食品加工人员应定期检查。

9. 蓝氏贾第鞭毛虫

（1）食品卫生学意义

蓝氏贾第鞭毛虫（*Giardia lamblia*）也称为 *G. intestinalis* 或 *G. duodenalis*，主要寄生于人和某些哺乳动物的小肠，引起腹泻和消化不良等病症，也称蓝氏贾第鞭毛虫病。在食品、水源和食品加工者中都能检出。污染的水源、未煮熟的食品及粪便污染的食品都是蓝氏贾第鞭毛虫的传播途径。

贾第虫病呈全球性分布，感染率为 1%～20%。一些家畜和野生动物也常为本虫的宿主，故贾第虫病也是一种人兽共患病。粪便中含有蓝氏贾第鞭毛虫包囊的人和动物均为本病的传染源。动物储存宿主包括家畜（牛、羊、猪、兔等）、宠物（猫、狗等）和野生动物（河狸）。水源传播是感染贾第鞭毛虫的重要途径。贾第鞭毛虫是水源中普遍存在的微生物。食物的污染主要来自食物的加工者或管理者中，人也是贾第鞭毛虫的携带者。此外，在儿童中间相互分享贾第鞭毛虫污染的食物或水果也可感染。任何年龄的人群均易感。儿童、年老体弱者和免疫功能缺陷者尤其易感。本病多见于儿童和旅行者，故又称"旅行者腹泻"。如今贾第鞭毛虫病已被列为全世界危害人类健康的十种主要寄生虫病之一。

（2）生物学特性

滋养体呈纵切的半个梨形，两侧对称，前端宽钝，后端尖细，背部隆起，腹面扁平并形成两个大的吸盘（图 2-69，图 2-70），吸到肠腔的柱状细胞上。一对细胞核位于虫体吸盘的中央部位。

图 2-69 蓝氏贾第鞭毛虫滋养体

包囊呈椭圆形，壁较厚，与虫体间有明显的间隙。未成熟的包囊内含 2 个细胞核，成熟包囊含 4 个核。胞质内

可见中体和鞭毛的早期结构。

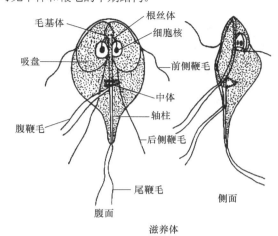

图 2-70 蓝氏贾第鞭毛虫滋养体结构图

蓝氏贾第鞭毛虫的生活史有滋养体和包囊两个时期（图 2-71，图 2-72）。滋养体为营养繁殖时期，包囊为传播时期。人或动物摄入被包囊污染的水源或食物而被感染。包囊在十二指肠脱囊形成 2 个滋养体，后者主要寄生于十二指肠或小肠上段。虫体借助吸盘吸附于小肠绒毛表面，以二分裂方式进行繁殖。在外界环境不利时，滋养体分泌囊壁形成包囊并随粪便排出体外。包囊在水中和凉爽环境中可存活数天至一个月之久。

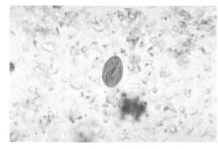

图 2-71 蓝氏贾第鞭毛虫包囊

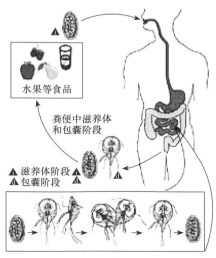

图 2-72 蓝氏贾第鞭毛虫生活史

（3）致病性

寄生在人肠道绒毛表面。感染后多为无症状带虫者。临床症状主要表现为急、慢性腹泻，吸收不良。后者常伴有吸收不良综合征。潜伏期一般为1~2周。

（4）检测

1）病原学检查：粪便检查采用直接涂片法检查急性期粪便中的滋养体；直接涂片碘液染色检查亚急性期或慢性期粪便中的包囊。

2）免疫学实验：用ELISA、对流免疫电泳、间接荧光抗体试验等方法检测血清中的特异性抗体。

3）分子生物学方法：PCR方法等。

10. 结肠小袋纤毛虫

（1）食品卫生学意义

结肠小袋纤毛虫（*Balantidium coli*）侵入肠壁引起动物源性寄生虫病，寄生于人体结肠引起人的一种以腹泻为主要症状的肠道原虫病。本虫是人体内最大的寄生原虫，猪是主要传染源。传播途径除了与猪接触外，尚可通过蝇的携带传播。由结肠小袋纤毛虫引起的疾病呈世界性分布，主要分布在热带和亚热带地区，其中以菲律宾、新几内亚、中美洲等地区最为常见。我国的云南、广西、广东等省有散发病例报告。饮水污染，如猪圈与水井距离较近或猪圈受雨水冲刷溢入水井中，直接饮用生水所致。食物污染主要是因为利用猪粪作蔬菜肥料的地区或在猪圈旁从事食品的加工业造成的。也可通过家蝇携带滋养体或包囊污染食品，都有可能感染本病。

（2）生物学特性

生活史包括滋养体和包囊两个时期。滋养体呈长圆形，无色透明，或淡灰略带绿色。全身披有纤毛，活的滋养体可借纤毛的摆动呈迅速旋转式运动。虫体（图2-73）极易变形，前端略小，向体表凹陷形成漏斗状胞口和胞咽，后端较圆，有一小的胞肛，在胞口处的纤毛较长，摆动时食物沿口沟进入胞口和胞咽，在底部形成圆形食物泡，食物在其中消化，不能消化的废物从胞肛排出体外。包囊污染的食物和饮水经口进入宿主体内，在胃肠道脱囊逸出滋养体并下移至结肠内寄生，以淀粉颗粒、细菌及肠壁脱落的细胞为食，迅速生长，经二分裂繁殖，有时也行接合生殖。

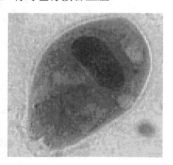

图2-73 结肠小袋纤毛虫

（3）致病性

猪圈与水井距离较近或猪圈受雨水冲刷溢入水井中，直接饮用生水能够引起结肠小袋纤毛虫病。食物污染是由于利用猪粪作蔬菜肥料或在猪圈旁从事食品的加工业。

临床表现和症状主要分以下3型。

1）无症状型：即初期潜伏期，从排出的粪便中可找到本虫，而临床上无症状表现。

2）慢性型：是最常见的类型，此期患者具有较轻的症状，如嗜酸性粒细胞增多，局限性结肠炎等。短期轻度腹泻呈周期性，粪便呈粥样或水样，上腹部有阵发性疼痛，回盲部及乙状结肠部有压痛，体重轻度下降。

3）急性型：发病突然，较慢性型腹泻次数增加，且伴有里急后重。严重的可伴有脱水、营养不良及显著消瘦。

（4）检测

粪便检查是用生理盐水涂片法检查新鲜粪便中的滋养体和包囊，以获确诊。由于虫体排出呈间歇性，故需反复检查提高检出率。鉴别特征是虫体呈椭圆形，前端右纵裂的胞口，有一个大核和一个小核。诊断上需与阿米巴痢疾、细菌性痢疾及肠炎鉴别。

11. 贝氏等孢球虫

（1）食品卫生学意义

由于宿主食入成熟卵囊污染的食物和饮水而感染，因此引起食品卫生学研究者的注意。人体感染贝氏等孢球虫（*Isospora belli*）的报告日趋增多。传染源为猫、狗和食肉野生动物，人群感染率在热带地区比温带地区高。在美国艾滋病患者中的带染率为15%；国内有多起病例报告。常见于新鲜的食品、水源和食品加工处理者中，其来源主要是由于动物的粪便污染了水源或食品，而使水源或食品带染虫卵。

（2）生物学特性

等孢球虫为真球虫目艾美耳科的球虫，广泛存在于哺乳类、鸟类和爬行类动物的肠道内。一般认为寄生于人体的等孢球虫有贝氏等孢球虫和纳塔尔等孢球虫（*I. natalensis*）。

贝氏等孢球虫卵囊为长椭圆形，未成熟卵囊内含1个大而圆的细胞，成熟卵囊内含2个孢子囊，每个孢子囊含有4个半月形的子孢子和1个残留体，无囊塞（图2-74）。

生活史　本虫经口感染，在肠上皮细胞内发育，生活史不需中间宿主。由于宿主食入被成熟卵囊污染的食物和饮水，卵囊进入消化道后，子孢子在小肠逸出并侵入肠上皮细胞发育为滋养体。滋养体经裂体增殖发育为裂殖体，产生的裂殖子再侵入附近的上皮细胞继续进行裂体增殖，部分裂殖子形成雌、雄配子体，两性配子结合形成合子，发育成卵囊，卵囊落入肠腔随粪便排出体外。

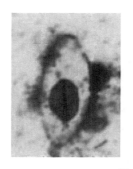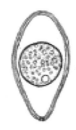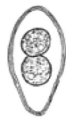

图 2-74 贝氏等孢球虫卵囊

（3）致病性

贝氏等孢球虫感染常无症状或具自限性，但也可出现慢性腹泻、腹痛、厌食等症状。有时引起严重的临床症状，如起病急、发热、持续性或脂肪性腹泻、体重减轻等，甚至可引起死亡。患者在恢复期中，卵囊的排出可持续 120d。发病具有一定地方性，在正常人多引起暂时性自限性腹泻。

（4）检测

粪检发现该虫卵囊，即可确诊。因卵囊微小，常易漏检。作十二指肠活组织检查，可提高检出率。

12．环孢子虫

（1）食品卫生学意义

环孢子虫（*Cyclospora cayetanensis*）病是一种新出现的人兽共患寄生性原虫病，主要引起宿主的胃肠炎和慢性腹泻。目前，环孢子虫分别从蛇、食虫动物和啮齿动物中分离到。其传播方式可能与饮用或食入污染环孢子虫卵囊的水或食物有关。曾经认为环孢子虫病是发展中国家的地方性疾病，也可引起旅行者腹泻。但 1996～1999 年，美国和加拿大相继暴发了大规模的食源性环孢子虫病，因此引起发达国家公共卫生机构的重视，美国11 个州的 1000 多人发病，感染肠道并引起腹泻、体重下降和疲劳无力。寄生虫成为食源性疾病的大流行病的原因是罕见的，现在出现的这种流行病是最近几年来首次出现的全国性大流行病。随着世界范围内食品贸易往来和国际旅游的增加，环孢子虫病更易于在全球传播。我国也报道了多起环孢子虫感染的病例。累及的食物有木莓、草莓、莴苣、牛奶等。

（2）生物学特性

已报道环孢子虫生活史中有卵囊、滋养体和裂殖子阶段。在新鲜的腹泻物中，环孢子虫的卵囊为圆形，内含成团的可反光的包在膜内的小体，除个别卵囊外，绝大多数卵囊仍未孢子化。卵囊的孢子形成需要 1～2 周，如果暴露在干燥环境 15min，卵囊壁就可能破裂。卵囊的囊壁由内外两层组成，较粗糙，内膜较平滑。环孢子虫卵囊有两个孢子囊，且每个孢子囊有两个子孢子。具极体和卵囊余体。孢子囊余体为数个大型的小球体。子孢子有一个膜包被的核和一个棒状体，这是顶复门的典型特征（图 2-75～图 2-77）。

图 2-75 环孢子虫卵囊模式图

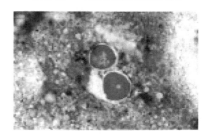

图 2-76 环孢子虫孢子化卵囊

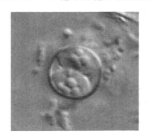

图 2-77 环孢子虫孢子染色

生活史 其传播方式可能与饮用或食入污染环孢子虫卵囊的水或食物有关。认为其生活史与其他一些新发现的肠道致病原虫相似，即卵囊随食物或水经口感染，进入肠道后，子孢子释出并侵入肠道细胞，最初是小肠细胞。在肠细胞内的感染包括两个阶段，即裂殖生殖和孢子生殖。裂殖生殖阶段包括裂殖子在感染细胞内的裂殖、复制、成熟和发展过程。这个无性繁殖阶段在宿主即使没有重复感染的情况下，仍使感染扩散到其他肠道细胞。孢子生殖阶段包括卵囊的成熟和发展。感染的细胞死亡后，卵囊即从细胞内释出，进入肠腔，然后随粪便排出体外。

（3）致病性

目前已从爬行动物、食虫动物、啮齿动物及人的粪便中分离到环孢子虫。在全世界都有发现，报道的环孢子虫病例大多来自发展中国家的居民或因旅游等曾到过这些国家的人。我国的云南、安徽、浙江等地有个别环孢子虫感染病例报告。

传播途径　尽管目前对环孢子虫的传播途径仍不清楚，一般认为环孢子虫的传播途径是经水源或水果、蔬菜等食物传播。经流行病学调查，美国 1990 年首次环孢子虫病暴发与饮用水有关。在尼泊尔，感染环孢子虫的腹泻患者比无腹泻患者更习惯于饮用未经处理的水和本地牛奶，而本地牛奶多用未经处理的水稀释。美国芝加哥一医院员工发生的环孢子虫病暴发，经查与该医院提供的饮用水有关。美国 1996 年发生的环孢子虫病暴发流行，被确认为是进食了从危地马拉进口的山草莓所致。1999 年夏天，美国密苏里州发生了一次环孢子虫病的暴发，由患者食用的沙拉传播。与环孢子虫病暴发有关的食物有木莓、草莓、莴苣、罗勒等。

致病作用　环孢子虫病的潜伏期是 2～11d，最短 12～24h，之后绝大多数患者可出现急性腹泻。在正常宿主，环孢子虫所引起的腹泻平均可持续 3～25d，甚至更长，也可伴有如厌食、食欲下降、恶心、呕吐、乏力、体重减轻、发热、寒颤等。腹泻开始时，还可伴随有肌肉、关节酸痛。为研究人环孢子虫的宿主，试图建立一个环孢子虫的实验动物模型都以失败告终，其中包括 9 个品系的小鼠（免疫功能正常的成年鼠、幼鼠和免疫功能缺陷的近交品系与远交品系）、大鼠、沙鸡、鸭、兔、白鼬、猪、狗、恒河猴、猕猴等。人类有可能是环孢子虫完整生活史的唯一必需宿主，也可能还有尚未发现的宿主。

（4）检测和控制

人的环孢子虫病可根据临床症状，结合当地流行病学资料进行初步诊断。

1）直接涂片法：目前诊断环孢子虫感染主要依靠显微镜检查粪便中环孢子虫卵囊，多采用新鲜粪便直接涂片镜检。

2）染色法：目前最常用，效果较好的是改良抗酸染色法，经该方法染色后，卵囊多呈深红色，带有斑点。

3）孢子化实验：室温下，环孢子虫卵囊于 2.5%重铬酸钾溶液中，经 7～13d 可完成孢子化。镜检可见 2 个孢子囊，每个孢子囊含 2 个子孢子。此法可区分隐孢子虫和环孢子虫卵囊。

4）PCR 技术：Relman 等利用环孢子虫的 18S rDNA 基因序列设计引物，建立巢式 PCR，随后研究证明这些引物可成功地检测环孢子虫。

（5）预防

由于环孢子虫病主要经水源和食物传播，因此加强水源的卫生监控，减少环境污染非常重要。生活中要养成良好的卫生习惯，蔬菜、水果吃前应该彻底清洗或去皮。

13.微孢子虫

（1）流行病学和食品卫生学意义

微孢子虫（microsporidia）是专性细胞内寄生原虫，宿主范围广泛，常见于节肢动物和鱼类，也感染人类和其他哺乳动物。目前已发现至少有 6 个属，约 14 种微孢子虫能感染人。一般认为引起哺乳动物和人疾病的有下列几种：脑炎微孢子属的兔脑炎原虫（*Encephalitozoon cuniculi*）、荷兰脑炎原虫（*E. hellem*）、肠上皮细胞微孢子属的双年肠孢虫（*Enterocytozoon bieneusi*），以及微粒子属（*Nosema*）、匹里虫属（*Pleistophora*）的某些种。微孢子虫病是一类人兽共患寄生虫病，它广泛分布于亚洲、非洲、欧洲、美洲各地，我国香港、广州也已发现人体微孢子虫病。

微孢子虫、兔脑炎原虫、双年肠孢虫和荷兰脑炎原虫等均能通过水源和食品、食品加工者等途径传播，经动物途径传播更为常见。孢子对外界抵抗力极强，污染食品后生存能力强。

（2）生物学特性

微孢子虫属微孢子虫纲微孢子虫目。现已报道的微孢子虫有 150 多属，包括 1000 多种，统称微孢子虫。本虫是原始真核生物，虫体内无线粒体，无中心粒，含有类原核的微粒体，但仍具有原核生物的某些特点。由于其独特的结构及特殊的生物学特性，将其列为一独立的原生动物门——微孢子门（Microspora）。

成熟孢子呈椭圆形，其大小随虫种不同而异，一般为 1～3μm，用韦伯氏染色，孢子被染成红色具折光性，孢壁着色深，中间淡染或苍白。许多孢子还可呈现典型的带状结构，即呈对角线或者垂直红染的腰带状（图 2-78）。

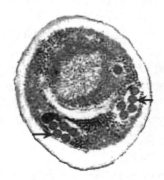

图 2-78　双年肠孢虫孢子形态

生活史　不同的微孢子虫发育周期有所不同，但一般认为，生活史主要包括裂体生殖和孢子生殖两个阶段，且在同一宿主体内进行，无有性生殖。生活史周期一般为 3～5d。有的微孢子虫是在宿主细胞胞质中的纳虫泡（parasitophorous vacuole，也称围虫泡）内生长繁殖，有的则直接在宿主细胞的胞质中生长。

生活史的第一阶段是裂体生殖时期，具感染性的成熟的孢子被宿主吞食。孢子侵入细胞的方式特殊，其先伸出极丝穿入宿主细胞，然后孢子质通过中空的极丝注入宿主细胞胞质内。第二阶段是孢子生殖时期，形成大量的孢子，并逐渐发育成熟为感染性孢子。这些孢子可感染宿主的其他细胞并开始新的生活周期。当宿主死亡或被其他宿主吞食，孢子被释出并感染新的宿主。肠道微孢子虫常寄生于空肠和十二指肠的肠绒毛顶部。

（3）致病性

微孢子虫的传播方式尚不十分清楚。可能是宿主吞食了成熟的孢子所致；从本虫最常见于艾滋病患者，尤其是人免疫缺陷病毒（HIV）阳性的男性同性恋者来看，提示有性接触传播的可能；食品和水源污染也可能是一个危险的传播途径。

不同种的微孢子虫对人体致病性有所不同。作为机会致病病原体，微孢子虫感染的临床表现轻重与人体免疫状况密切相关。临床症状依感染部位不同而异，感染好发于空肠及十二指肠，虫体聚集在病变部位，病理变化通常较轻，可见肠绒毛轻度低平，变钝，严重时萎缩，肠上皮细胞退化，坏死，脱落。晚期形成肠囊肿。患者的症状主要是慢性腹泻、水样便，腹泻可引起脱水、低钾低镁血症，常有 D-木糖和脂肪吸收不良。其他部位常可至肝、肾、脑、肌肉、角膜等其他组织器官，并导致相应的病变和临床症状，如角膜炎、肝炎、胆囊炎、尿道炎、肾炎、膀胱炎和肌炎等。

（4）检测

电镜检查病原体是目前诊断本病最可靠的方法，并可确定其种属。利用光镜检测粪便、尿液、十二指肠液、胆汁液及其他体液。免疫学检测微孢子虫抗体，可使用 IFAT、ELISA、PAP 等技术。PCR 检测 DNA，免疫荧光试验检查抗体或用皮内试验检查。

14. 微小隐孢子虫

（1）流行病学和食品卫生学意义

隐孢子虫是一种重要的机会性致病原虫。隐孢子虫病（cryptosporidiasis）是一种人兽共患病，呈世界性分布。目前，在多种脊椎动物包括哺乳动物、鸟类、爬行类和鱼类中分离出 20 余种隐孢子虫，其中感染人等多数哺乳类动物的为微小隐孢子虫（*Cryptosporidium parvum*）。它能引起哺乳动物（特别是犊牛和羔羊）的严重腹泻，也能引起人（特别是免疫功能低下者）的严重疾病。隐孢子虫卵囊污染土壤、水源、饲草及空气等周围环境，通过消化道传染。卵囊污染水源是国际间旅行者感染的主要因素之一，特别是 1993 年在美国威斯康星州的 Milwaukee，403 000 人由于水源污染暴发隐孢子虫病引起了强烈的反响；1987 年，美国佐治亚州的 Carrollton 发生 13 000 人的隐孢子虫病，这是第一次报道城市供水系统引发的该病发生。食品也是其重要传播途径，水生贝壳类生物如牡蛎、蛤蜊、贻贝等体内都能检出卵囊；在市场销售的蔬菜表面也发现有隐孢子虫卵囊，冷、湿润的蔬菜提供了一个最适合与其生存的环境，在

蔬菜的叶子、根、生菜、萝卜、西红柿、黄瓜、卷心菜、芹菜、辣椒、韭菜等蔬菜中都发现过隐孢子虫的卵囊。蔬菜可以被来自动物的肥料或人粪便污染，用于灌溉或湿润产品的污染水污染，被农场工人、生产操作者、食物生产者的脏手污染，蔬菜包装、贮藏、销售或贮藏过程中污染的表面而污染。曾涉及 50 个学校众多儿童的隐孢子虫病暴发与牛奶有关，英国因农场的牛奶污染引起暴发；美国缅因州的新鲜苹果汁引起 160 人的暴发。在美国的明尼苏达州一次联欢活动的 50 人因吃鸡肉色拉集体感染；在华盛顿因吃了未完全烹调熟的绿葱导致 51 人发病。媒介食品主要是生鲜蔬菜、苹果汁、牛奶、新鲜腊肠等。

流行特征 隐孢子虫病呈世界性分布，在澳大利亚、美国、中南美洲、亚洲、非洲和欧洲均有该病流行。各地腹泻患者中隐孢子虫检出率不等，低者仅为 0.6%，高者可达 10.2%。国内于 1987 年首次报道 2 例隐孢子虫病后，有关江苏南京、福建福州、福建漳州、江苏徐州、江苏徐淮、河南开封、湖南湘中、山东青岛、江西赣州、福建南平、江苏海安等地区腹泻患者隐孢子虫病感染率也有报道。隐孢子虫卵囊对常规饮用水消毒剂有高度抵抗力。

分子流行病学 应用分子生物学手段已经证实，人型微小隐孢子虫（基因型 I）和牛型微小隐孢子虫（基因型 II）均可造成暴发流行，不同地区有着不同的流行虫株。在美国、加拿大和澳大利亚，人型微小隐孢子虫（基因型 I）是主要的流行株，表明在这些地区，人源性的传播循环占有重要地位。而在英国，主要流行株随着地区差异而有所不同，散发病例主要是由牛型微小隐孢子虫（基因型 II）引起，而两起大的水源性暴发则是由人型微小隐孢子虫（基因型 I）引发的。

（2）生物学特性

感染人体的微小隐孢子虫，经口食入卵囊后，在小肠内子孢子自囊内逸出，子孢子侵入肠黏膜上皮细胞，发育为滋养体后行无性繁殖，形成成熟的含 8 个裂殖子的 I 型裂殖体，裂殖子释出后再侵入其他肠上皮细胞，经滋养体再发育为成熟的含 4 个裂殖子的 II 型裂殖体，裂殖子释出分化成雌、雄配子体，经有性生殖形成卵囊。

生活史中有子孢子、滋养体、裂殖体、裂殖子、配子体、雌雄配子、合子和卵囊等发育阶段，其中卵囊为本虫唯一感染阶段。

微小隐孢子虫寄生于哺乳动物小肠上皮细胞上。卵囊（oocyst）呈圆形或卵圆形，较小。卵囊内有 4 个裸露的、呈香蕉形的子孢子，围绕着 1 个较大的残体（residual body）。卵囊有 2 种，一种为薄壁卵囊，子孢子在肠道内直接孵出侵入肠黏膜上皮细胞，导致宿主体内重复感染；另一种厚壁卵囊（图 2-79～图 2-81），经粪便排出后再感染人或其他哺乳动物。

隐孢子虫的生活史简单，整个发育过程无需宿主转换。繁殖方式包括无性生殖（裂体增殖和孢子增殖）及

图 2-79　隐孢子虫

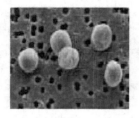

图 2-80　隐孢子虫卵囊及模式图

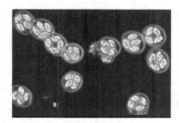

图 2-81　隐孢子虫卵囊及子孢子

有性生殖（配子生殖），两种方式在同一宿主体内完成。虫体各发育期均在由宿主小肠上皮细胞膜与胞质间形成的纳虫空泡内进行。

裂体生殖　卵囊随宿主粪便排出体外后即具感染性，被人和易感动物吞食后，在消化液作用下，子孢子从囊内逸出，附着于肠上皮细胞并侵入细胞，在纳虫空泡内进行裂体增殖。子孢子从裂缝中钻出，以其头端与黏膜上皮细胞表面接触后，发育为球形滋养体。滋养体经 2～3 次核分裂后形成球形的裂殖体。隐孢子虫共有 3 代裂体生殖，第 1、3 代裂殖体内含 8 个裂殖子，第 2 代裂殖体内含 4 个裂殖子。裂殖子之间填充着颗粒状残余体并包围着一个大的球形残余体。

配子生殖　第 3 代裂殖子进一步发育为雌、雄配子体。成熟的小配子体含 16 个子弹形的小配子和 1 个大残体，小配子无鞭毛和顶体。小配子附着在大配子上授精，在带虫空泡中形成合子。合子外层形成囊壁后即发育为卵囊。

孢子生殖　孢子生殖过程也是在纳虫空泡中完成的。在宿主体内可产生两种不同类型的卵囊，即薄壁卵囊和厚壁卵囊。前者占 20%，在宿主体内自行脱囊，从而造成宿主的自体循环感染；后者占 80%，卵囊随粪便排至体外，污染周围环境，造成个体间的相互感染。

（3）致病性

隐孢子虫病患者、无临床症状的卵囊携带者，其粪便中可排出大量的卵囊，为主要传染源；动物传染源包括家畜，如羊、猫、犬、兔和新生小牛等隐孢子虫易感动物，都是重要的传染源。

隐孢子虫卵囊污染水源是国际间旅行者感染的主要因素之一，几次暴发病例与井水污染、表面水和游泳池水污染有关。水流中表面水的污染与各种农业生产，尤其与奶牛场有关。隐孢子虫卵囊在供应饮水中出现是饮水工业面临的关键性问题。在与牛场和污水出口处相邻的海洋中的牡蛎可被卵囊污染，蚌类和贻贝也可从污染的水中过滤和滞留有感染性的卵囊。水鸟也是传播的媒介。医务人员、实验室工作者、与牲畜密切接触者如兽医、屠宰工及同性恋肛交者均有较多的感染机会。由于隐孢子虫在发育过程中能产生薄壁卵囊，因而隐孢子虫可发生自身感染。

卵囊是通过粪便-口途径从感染宿主传播到易感宿主。传播途径可以是：①通过直接或间接接触的人到人之间的传播，可能包括性行为；②动物到动物；③动物到人；④通过饮水或娱乐用水传播；⑤食物传播；⑥可能的空气传播。主要传染源和传播途径分为三大类：动物源性的传播、环境造成的传播和人与人之间的传播。

人隐孢子虫病的病情与宿主免疫功能有关。免疫功能正常时，主要表现为急性胃肠炎症状，带黏液的水样便，有的伴有明显腹痛。此外，尚有恶心、呕吐、低热及厌食。水泻 1 周即可恢复。当免疫功能抑制时，则表现为慢性腹泻，水泻难以控制，病程可长达数月，并伴有呕吐、上腹痉挛、体重减轻等。儿童患者还表现为生长迟缓和发育不良。此类患者从粪便持续排出大量卵囊。部分患者可表现为胆囊炎，出现上腹部疼痛、恶心、呕吐，同时伴有严重肠炎。

（4）检测和控制

粪检卵囊，可用改良 Kinyoun 抗酸染色，国内韩范报道用改良金胺-酚染色效果较好，卵囊染成玫瑰红色，成熟卵囊内含 4 个月牙形子孢子。

1）病原学检查：主要是应用组织切片染色、黏膜涂片染色、粪便集卵法或新鲜黏膜涂片染色直接观察各发育阶段的虫体，由此可作出确切的诊断。

2）动物实验：要求所用动物为 1～5 日龄的易感动物，主要用于进一步确诊经集卵法和染色法认为可疑的病例。

3）免疫学检测：包括酶联免疫吸附试验（ELISA）、免疫荧光试验（IFA）、单克隆抗体（McAb）技术、免疫印迹法、免疫酶染色技术（IEST）、免疫酶染色试验、间接血凝试验（RPH）、流式细胞仪（FC）免疫检测等。

4）生物化学检测技术：初步研究阐明了微小隐孢子虫分离物之间株的差异、微小隐孢子虫和贝氏隐孢子虫之间种的差异、隐孢子虫属和相关生物体之间种系发育的关系。

5）分子生物学方法：核酸技术用于隐孢子虫病诊断，可以鉴别隐孢子虫的近源种或不同株型，在流行病学调查中确定传播途径或考核治疗效果。现已建立了多种方法:常规PCR、PCR结合探针标记技术、嵌套式PCR、随机引物多态性DNA PCR、逆转录PCR、半定量PCR、免疫磁性捕获 PCR。

6)环境样本检测法:水中隐孢子虫卵囊的检测需浓集后进行,主要包括 4 个步骤:卵囊的浓集;卵囊的纯化;卵囊的检测与计数及活性分析。

(5)预防措施

已对隐孢子虫卵囊灭活疫苗、隐孢子虫亚单位疫苗和隐孢子虫核酸疫苗等隐孢子虫疫苗进行了研究,但尚不能应用于临床。以下措施有助于预防本病。

1)加强对患者和病畜的粪便管理:患隐孢子虫病的患者和动物粪便中含有大量感染性隐孢子虫卵囊,患病犊牛排出的粪便中每克粪便含卵囊数可高达 $10^5\sim10^7$ 个。应隔离隐孢子虫病患者和病畜,其粪便可用 10%甲醛或 5%铵水消毒处理。

2)加强个人卫生:不吃不干净的食物,不喝生水,不饮生奶,不吸吮手指,饭前便后洗手。接触有腹泻和呼吸道症状动物的人要洗手。家中有宠物时,应保持其清洁,并定期请兽医检查宠物的粪便中是否有隐孢子虫卵囊。

3)医疗人员严格遵守卫生措施:护理隐孢子虫病患者、接触隐孢子虫病患者或动物标本的兽医、医护人员和实验室工作人员应严格遵守卫生措施。例如,在诊疗过程中使用手套,摘去手套后洗手,患者用过的肠镜等器材和便盆等在 3%漂白粉澄清液中浸泡 15min 后再予清洗。

4)加强水源管理:隐孢子虫的厚壁卵囊对环境和消毒剂的抵抗力远比其他原虫强,居民供水系统如果受到污染可能引起该病的暴发。除自来水外,湖水、河水、海水、游泳场、水上公园和观赏性喷泉也有可能被带有隐孢子虫的人或动物的排泄物所污染,所以不要直接饮用湖水或河水,不要去有可能污染的水域游泳,在游泳或嬉水时注意不要呛水。目前缺乏可靠而经济的预防隐孢子虫传播的水处理和消毒方法。

15. 十二指肠钩虫

(1)流行病学和食品卫生学意义

钩虫病是由十二指肠钩虫(*Ancylostoma duodena*)寄生于人体小肠引起的肠道寄生虫病。在我国,寄生于人体的钩虫主要是十二指肠钩虫和美洲钩虫。钩虫感染几乎遍及全球,在我国除少数气候干燥、寒冷地区外,其他各省均有钩虫感染或流行。

人们常因从事田间种菜、耕作等劳动活动时,脚或手部皮肤直接接触含有钩虫幼虫的泥土或农作物后感染。也可因生食含有钩虫幼虫的不洁蔬菜、瓜果而受到感染。

钩虫病(hookworm disease, ancylostomiasis)在临床上表现为贫血、营养不良、胃肠功能失调等,可减弱患者体力,降低其工作效能,严重者可导致发育障碍及心功能不全,甚至危及生命。钩虫病呈世界性分布,尤

以热带及亚热带地区的国家流行更为严重,据估计全世界钩虫感染人数已超过 9 亿(Rogcrs,1986),其中有临床表现的有 2000 万人左右。在我国,钩虫感染者约 2 亿,出现严重或比较严重临床症状的患者有数百万之多。

(2)生物学特性

成虫 钩虫头端向背面作不同程度的仰曲,因呈小钩状而得名。虫体圆柱形,活时淡红色,半透明,死后灰白色。

虫卵 椭圆形无色透明,壳很薄,外层为酰质层,其内的脂层在正常情况下不易看见,只有当渗透压改变而皱缩时才能见到。随粪便排出时,卵内多数含 2～8 个卵细胞,以 4 个细胞多见,细胞与卵壳之间有明显的空隙(图 2-82,图 2-83)。

 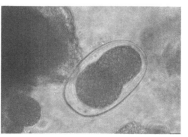

图 2-82 十二指肠　　　图 2-83 十二指肠
钩虫口囊　　　　　　钩虫虫卵

幼虫 分杆状蚴和丝状蚴两个阶段。杆状蚴有两期,其头端钝圆,尾端尖细,口腔细长,能进食(图 2-84)。

图 2-84 十二指肠钩虫

生活史 成虫寄生于人体小肠,以小肠上段为多,雌虫排卵于肠腔内,每日平均产卵 10 000～30 000 个。虫卵随粪便排出体外,在未经稀释的粪便中发育缓慢,如经稀释,特别是和泥土混合后,即很快发育。刚孵出的第一期杆状蚴虫体很小,它在土壤里以细菌和有机物为食,生长很快,3d 后蜕皮成为第二期杆状蚴。其生活习性与第一期相同。再经 5～6d,蜕皮后变为具感染性的丝状蚴。丝状蚴有向温性,当接触皮肤时,尤以手指、足趾间皮肤较薄处或破损部位,即可钻入。十二指肠钩虫丝状蚴还可通过口腔黏膜侵入人体。丝状蚴侵入皮肤数小时后进入微血管或淋巴管,随血流经右心到肺,穿过肺微血管进入肺泡,并循支气管、气管上行至会厌部,然后经过吞咽而入小肠。在人体内移行的时间为 7～10d。幼虫到达小肠后,再蜕皮两次,约 2 周后发育为成虫。

（3）致病性

人体感染钩虫后是否出现症状，与感染程度和身体的营养状况有关。感染较轻、寄生虫数少时，虽可引起一定的病变，但常不表现临床症状，称为钩虫感染。如寄生虫数较多，则常出现临床症状，即钩虫病。

感染性幼虫侵入皮肤引起机械性损伤，约 1h 之内即感觉局部皮肤有烧灼、针刺、奇痒感，继则出现斑疹或丘疹，在 1～2d 内可形成水疱，称为钩蚴皮炎，俗称"粪毒"、"着土痒"、"粪疙瘩"等。幼虫移行至肺部，穿过肺微血管进入肺泡时，可引起局部出血和炎症，如感染较重，可出现与蛔虫幼虫移行至肺部时相类似的咳嗽、含血丝痰等症状，重者可表现为嗜酸性粒细胞增多性哮喘。

钩虫对人的损害主要在成虫期引起。成虫以口囊内的钩齿或切板咬附肠壁引起局部损伤，可出现散在性出血点或小溃疡，组织中有嗜酸性粒细胞及淋巴细胞浸润。感染后 1～2 个月逐渐出现消化道功能紊乱，上腹部隐痛或不适，食欲减退、消化不良、腹泻或腹泻与便秘交替出现等。

（4）检测和控制

1）病原检查：从粪便中检出钩虫卵或孵出钩蚴是确诊的依据。

A．直接涂片法：每克粪便中虫卵数如少于 400 个时，常不易检出。

B．饱和盐水浮聚法：此法是检查钩虫卵的常用方法，检出率远较直接涂片法高。

C．钩蚴培养法：此法检出率与饱和盐水浮聚法相近，且镜下可鉴别虫种。

2）免疫诊断：皮内试验诊断钩虫感染虽较敏感，但假阳性率也高。间接荧光抗体试验以钩蚴作抗原，有一定的敏感性，但特异性低。

3）预防和控制：粪便管理在钩虫病的防治上有重要意义。粪尿混合贮存可加速虫卵的杀灭。密封式沼气池和三坑式沉淀密封粪池也有效。不用新鲜人粪施肥。

16．异尖线虫属

（1）食品卫生学意义

异尖线虫是一类成虫或第三期幼虫寄生于某些哺乳海栖鱼类（鲸鱼、海狗、海豹）的线虫，可引起人体异尖线虫病（anisakiasis）。人不是异尖线虫的适宜宿主，但幼虫可寄生于人体消化道各部位，也可引起内脏幼虫移行症。人的感染主要是食入了含活异尖线虫幼虫的海鱼和海产软体动物而引起，如在吉林省口岸的长胴鱼检出异尖线虫（图2-85）。异尖线虫有 30 个属，可引起人体异尖线虫病的虫种主要有 5 属，即异尖线虫属、海豹线虫属、钻线虫属、对盲囊线虫属和鲔蛔线虫属。我国报道的主要是异尖线虫属和鲔蛔线虫属的虫种。对人致病的最常见的为简单异尖线虫（*Anisakis simplex*）和典型异尖线虫（*A. typica*）。

图 2-85　异尖线虫

异尖线虫的中间宿主多为海洋鱼类，分布遍及全球。人因生食有幼虫寄生的海鱼而感染，可引起剧烈腹痛和过敏症。东海与黄海的 25 种鱼、北部湾的 15 种鱼有异尖线虫幼虫感染。

宁波对部分菜场和饭店出售的海鱼进行随机抽样调查中，共检查海鱼 63 条，其中 18 条鱼体内分离到异尖线虫幼虫，有一条海鱼体内分离到 129 条异尖线虫幼虫。深圳市场销售海鱼总感染率为 31.89%，感染率高的鱼种有带鱼、海鳗、小黄鱼、大黄鱼、大眼鲷等，总感染强度为 2～88 条/尾，平均强度为 17.48 条/尾。

日本、西欧（特别是斯堪的纳维亚地区）和拉丁美洲的太平洋沿岸地区，因习惯于食用生的或半熟的海鲜，大多数本病患者源于此地区。生的或半熟的（腌渍、酒渍、烟熏或冷冻）的章鱼、墨鱼和海鱼（如三文鱼）都

是较为危险的。

（2）生物学特性

成虫虫体稍粗短，头部细，向尾部渐渐变粗，体长 65mm，宽 2mm，白色略带黄。幼虫虫体呈长纺锤形，无色微透明，体长 12.5～30mm，两端均较细，头部为融合的唇块。在人体寄生的均为第三期幼虫（图2-86）。

（3）致病性

成虫寄生在鲸、海豚等海生哺乳动物的胃内形成肿物，成熟后产卵，幼虫寄生在海鱼或鱿鱼体内，人们在进食不熟带幼虫的海鱼肉后受感染，进食可疑污染食品后，通常在 6h 内出现症状。人体感染本虫后，幼虫钻入胃或小肠黏膜而形成嗜酸性粒细胞性肉芽肿，但不能发育成熟，主要寄生于胃肠壁。轻者仅有胃肠不适，重者发病急骤，酷似外科急腹症，表现为在进食后数小时上腹

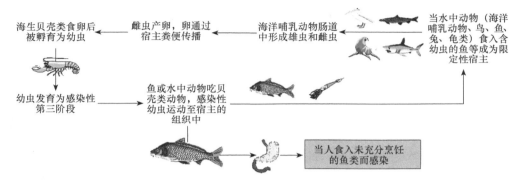

图 2-86　异尖线虫生活史

部突发剧痛伴恶心、呕吐、腹泻，纤维胃镜可见胃黏膜水肿、出血、糜烂、溃疡，晚期患者可见胃肠壁上有肿瘤样物。还可引起过敏症。

（4）检测和控制

从人胃内检获幼虫。检测患者血清中特异性抗体，是本病的重要辅助诊断方法。

将鱼烹熟后食用是预防异尖线虫病最好的方法，但这对喜食生鱼的居民往往比较困难。慎食生鱼片。捕获的或购买的海鱼，应尽快处理，以减少幼虫移行入鱼肉内的机会。

17. 广州管圆线虫

（1）食品卫生学意义

广州管圆线虫（*Angiostrongylus cantonensis*）主要寄生于啮齿类动物，尤其是鼠类的肺部血管，其引起的疾病为一种人兽共患病。人因食或半生食含感染性幼虫的中间宿主和转续宿主而感染，生吃被感染性幼虫污染的蔬菜、瓜果或喝生水也可被感染。感染后可引起嗜酸性粒细胞增多性脑膜脑炎或脑膜脑炎。广州管圆线虫是陈心陶（1933，1935）首先在广州捕获的家鼠和褐家鼠体内发现的，命名为广州肺线虫，褐家鼠为主要终末宿主。后由 Matsumoto（1937）在台湾报道，到1946年才由 Dougherty 订正为本名。2006年北京因吃福寿螺而感染23人，5人症状严重。螺是主要储存宿主，如东风螺藏有广州管圆线虫，而且感染度极高，最多的一只螺内有6000条以上。

（2）生物学特性

成虫细长，呈线状，体表光滑具微细环状横纹。头端钝圆，头顶中央有一小圆口，缺口囊，食道棍棒状，肛孔位于虫体末端。雄虫长 11～26mm，雌虫长 17～45mm（图2-87～图2-89）。

图 2-88　广州管圆线虫第一期幼虫

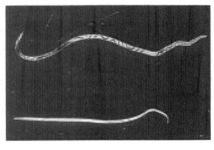

图 2-89　广州管圆线虫成虫（上雌，下雄）

成虫寄生于终宿主褐家鼠及家鼠的肺动脉内。雌虫在肺动脉内产卵，虫卵随血流入肺毛细血管，孵出第一期幼虫，此幼虫穿破肺毛细血管进入肺泡，沿呼吸道上行至咽，再被吞入消化道，随宿主粪便一起被排出。当幼虫被吞入或主动侵入中间宿主（螺类及蛞蝓）体内后，在其组织内经2次蜕皮发育为第三期幼虫，即感染性幼虫。鼠类等终宿主因吞食含有感染性幼虫的中间宿主、转续宿主及被感染性幼虫污染的食物而受感染（图2-90）。

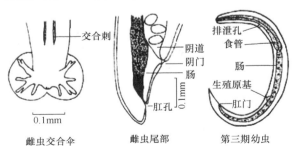

图 2-87　广州管圆线虫

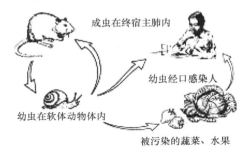

图 2-90　广州管圆线虫生活史

人是广州管圆线虫的非正常宿主，本虫在人体内的移行、发育大致与鼠类相同。但幼虫一般只停留在脑和脊髓，不在肺血管完成发育。故在人体内虫体停留在第四期幼虫或成虫早期（性未成熟）阶段。但当机体免疫力低下时，虫体可移入肺动脉似可完成发育。

在我国发现的本虫中间宿主有褐云玛瑙螺、皱疤坚螺、短梨巴蜗牛、中国圆田螺、方形环棱螺、福寿螺和蛞蝓，其中褐云玛瑙螺和福寿螺对管圆线虫幼虫的自然感染率为29.76%和69.5%；转续宿主有蟾蜍、蛙、蜗牛、咸水鱼、淡水虾、蟹、陆栖蜗牛等。广州管圆线虫可寄生于几十种哺乳动物，包括啮齿类、犬类、猫类和食虫类。终宿主以褐家鼠和黑家鼠较多见。

（3）致病性

潜伏期为20～47d，人的感染通常是自限性的，症状不明显，但具有致命结果。主要症状是头痛，也有其他症状，包括痉挛、呕吐、面瘫、机能异常、颈部僵硬和发热。人体广州管圆线虫主要侵犯中枢神经系统，认为与幼虫嗜神经的向性有关。幼虫侵犯人体中枢神经系统后，在脑和脊髓内移行造成组织损伤及其死亡后引起的炎症反应，可导致嗜酸性粒细胞增多性脑膜脑炎或脑膜脑炎。病变集中在脑组织，除大脑和脑膜外，还可波及小脑、脑干和脊髓。其幼虫主要侵犯人体中枢神经系统，表现为脑膜脑炎、脊髓膜炎和脊髓炎，可使人致死或致残。

（4）检测和控制

本病的诊断主要依据为有吞食或接触含本虫的中间宿主或转续宿主史，典型症状与体征。

对广州管圆线虫的中间宿主和转续宿主必须熟食，洗干净并去除附着在蔬菜上的小型软体动物，不喝生水，加工螺类、虾及蟹类时注意防护和防止污染厨具。积极灭鼠，消灭传染源。

18. 脊形管圆线虫

（1）食品卫生学意义

脊形管圆线虫（*Angiostrongylus costaricensis*）又称为哥斯达黎加管圆线虫，脊形管圆线虫移行症是由寄生于鼠类的本虫幼虫侵入人体后所致的疾病。本病多见于中美洲、南美洲，非洲也有本病患者。脊形管圆线虫成虫寄生在鼠类回肠小动脉内，虫卵沉积在肠壁组织引发本病，主要通过食品（钉螺）、水和蔬菜传播给人。

（2）生物学特性

虫卵卵圆形，大小为90μm，壁薄。成年雌虫42mm×300mm，雄虫22mm×140mm（图2-91）。生活史基本同广州管圆线虫，但与广州管圆线虫不同的是脊形管圆线虫的幼虫能够穿过肠壁，引起炎症，这里是生活史的末端。

（3）致病性

最常见的症状是疼痛、轻微发热、呕吐及腹泻。有明显的肿瘤样物质，而且通常是恶性的。虫体经常在淋巴结中发现，在精动脉破坏精索结构，并引起坏死（图2-92）。偶尔幼虫可到达肝脏，嗜酸性粒细胞增多。

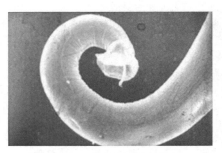

图 2-91　雄成虫尾部交合伞

图 2-92　成虫寄生在大白鼠肠道

（4）检测和控制

检测、预防和控制参考广州管圆线虫。

19. 人蛔虫

（1）食品卫生学意义

人蛔虫（*Ascaris lumbricoides*）也称似蚓蛔线虫，寄生于小肠，是人体常见的寄生虫，引起蛔虫病（ascariasis）。蛔虫是危害地域最广、感染人数最多的病原生物之一，全球蛔虫感染者约14亿，我国感染人数为近全国人口的一半，遍及各省。蛔虫成虫在小肠寄生，可引起营养不良，导致发育障碍，尤其是营养差或感染严重的儿童。通过食品、水和蔬菜（新鲜的卷心菜）等感染给人。蛔虫具有高度的宿主特异性，人是人蛔虫的唯一宿主，人体感染因经口食入感染期蛔虫虫卵所致。

（2）生物学特性

成虫　长圆柱形，活时略带粉红色或微黄色，体表有横纹，两条侧线明显。雌虫长200～350mm，雄虫长150～310mm。

虫卵　有受精卵和未受精卵两种。受精卵宽椭圆形（图2-93）。卵内含有一个大而圆形的卵细胞，两端与卵壳之间留有月牙形的空隙。未受精卵一般为长椭圆形。

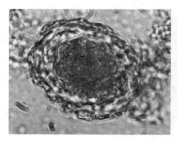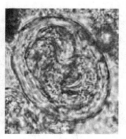

图 2-93　人蛔虫虫卵

生活史 成虫寄生于小肠，以肠内半消化的食物为营养。雌、雄虫交配后，雌虫产卵，卵随粪便排出体外，受精卵在温暖（20～30℃）、潮湿和有氧的环境，经 20d 左右发育为幼虫，并在卵内蜕皮一次，发育为感染性虫卵。此卵被人吞食后，进入小肠，幼虫分泌含有酯酶、壳质酶及蛋白酶的孵化液，消化卵壳，幼虫孵出。幼虫孵出后侵入小肠黏膜和黏膜下层，而后侵入小静脉，循门静脉系统到肝，经右心至肺，穿过肺毛细血管进入肺泡。幼虫也可侵入肠壁淋巴管，经胸导管入静脉而达肺部。在肺内幼虫蜕皮两次，发育为第四期幼虫，然后沿支气管、气管向上移行至咽，随吞咽动作经食道再到小肠，经第四次蜕皮后，逐渐发育为成虫。从感染性虫卵进入人体到雌虫产卵，需60～75d。成虫可在人体存活 1 年左右。每条雌虫每日排卵约 20 万个。宿主体内的成虫数目一般是一至数十条，个别有上千条的。

（3）致病性

幼虫移行过程中穿破肺毛细血管进入肺泡，可造成点状出血，引起炎症和嗜酸性粒细胞浸润。大量感染时，可导致蛔虫性肺炎，出现咳嗽、胸痛、哮喘、呼吸困难、痰中带血丝，有时可从痰中查见幼虫。

成虫在肠内以消化食物为自己的食物，不仅掠夺营养，还影响宿主对蛋白质的消化、吸收。寄生的虫数较多时，可出现腹部不适、脐周围阵发性疼痛、消化不良、恶心、呕吐、腹泻或便秘等。

（4）检测

在粪便中查见虫卵是确诊的主要依据。因雌虫产卵量大，一般用粪便直接涂片法检查。

20. 肝毛细线虫

（1）食品卫生学意义

肝毛细线虫病（hepatic capillariasis）是由肝毛细线虫（*Capillaria hepatica*）寄生于宿主的肝脏引起的人兽共患病。肝毛细线虫寄生于鼠类和多种哺乳动物肝脏，偶尔感染人体，导致人体患肝毛细线虫病。通过鱼类、蔬菜等食品中污染的虫卵而感染人。迄今全世界确诊为肝毛细线虫病的患者共 25 例，尽管报道的病例不多，但大多数引起死亡，故应予以注意。

（2）生物学特性

肝毛细线虫虫体细长，体前部狭小，后部膨大粗厚，末端钝圆（图 2-94）。雄虫体长为 53～78mm，宽为 0.11～0.20mm。雌虫体长为 24～37mm，食管占体长的 1/2。雄虫在突出的鞘膜内有一个纤细的交合刺，刺鞘无棘。虫卵形态与鞭虫虫卵相似，椭圆形，卵壳上有放射状条纹。

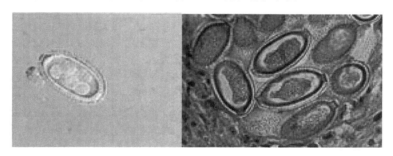

图 2-94 肝毛细线虫虫卵和肝中虫体

（3）致病性

成虫寄生于肝脏，产出的虫卵多数沉积在肝实质里，引起肝脏肉芽肿病变。肉眼可见肝表面有许多点状珍珠样白色颗粒，或灰黄色小结节。肝实质内为多发性脓肿样灶性坏死，继而肉芽肿形成。脓肿的中心部位由成虫、虫卵和坏死细胞组成。虫体体壁完整或部分崩解，虫卵内的组织结构大部分变性、死亡或钙化，部分卵内可见分裂的卵细胞。

（4）检测

本病罕见，所以临床上诊断很困难。免疫学方法如免疫荧光试验、间接血凝试验对诊断有参考价值。

21. 菲律宾毛细线虫

（1）食品卫生学意义

菲律宾毛细线虫病（capillariasis philippinensis）又称肠毛细线虫病（intestinal capillariasis），是由菲律宾毛细线虫（*Capillaria philippinensis*）寄生于人体小肠而引起的疾病，临床上以慢性腹泻及吸收不良综合征为主要表现。其虫卵通过污染食品而传播给人，主要是生吃鱼类或未完全烹调好的鱼类食品而致。鱼作为中间宿主，主要是咸水鱼，鸟类吃了这些鱼而携带虫体或虫卵，也是一种中间宿主。

（2）生物学特性

菲律宾毛细线虫的成虫细小（图 2-95）。本虫寄生在人体小肠，特别是空肠内，虫体前端插入肠黏膜内。在宿主粪便中见到的虫卵呈柱状，有带条纹的厚壳，类似花生，两端有扁平的透明塞状物。虫卵在水中经 5～10d 发育为含胚胎的卵，被淡水鱼吞食后，在鱼的肠管内发育为感染性幼虫。

人类是因吃生的或未充分加热的感染咸水鱼而发病，也可因吃或饮入污染患者粪便中幼虫的食物或饮料而受感染（图 2-96）。泰国和我国台湾的一些食鱼鸟类也可感染本虫，因此它们在自然界中对菲律宾毛细线虫的传播也可能具有重要意义。

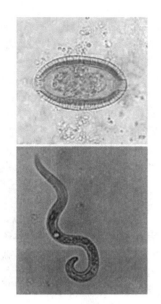

图 2-95　菲律宾毛细线虫虫卵和成虫

（3）致病性

本病的主要病理变化在小肠，特别是空肠，肠壁增厚，肠腔及黏膜内可见到大量各期虫体，包括成虫及幼虫，部分虫体埋在黏膜内。有些患者 1L 空肠液中有 10 000～20 000 条成虫和幼虫。组织学检查，在十二指肠下端空肠及上部、肠的黏膜和腺体内可见到大量成虫、幼虫和虫卵。肠绒毛变平，腺体扩张，少数腺体萎缩，间质液体增多。

（4）检测

在患者粪便中找到虫卵或幼虫即可确诊为本病，但虫卵常易与鞭虫虫卵相混淆，必须加以鉴别。鞭虫虫卵较大，且外形呈桶状，两端有黏液塞状物。

不要吃生的或不熟的鱼。

22. 麦地那龙线虫

（1）食品卫生学意义

麦地那龙线虫病（dracunculiasis, dracontiasis）是由麦地那龙线虫（*Dracunculus medinensis*）寄生于人体所引起的。本病是一种人兽共患寄生虫病。人的感染除了误饮含剑水蚤的自然界外水体外，通过饮用污染的水而使人感染，也可因生食泥鳅引起。据世界卫生组织（1990）

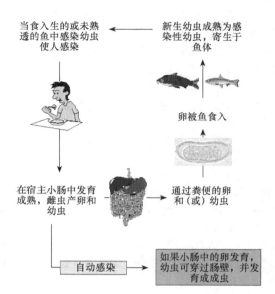

图 2-96　菲律宾毛细线虫生活史

统计的资料显示，全球每年有 500 万～1000 万人患麦地那龙线虫病，估计有 1.2 亿人受该病威胁，可以感染人、犬、猫及其他一些哺乳动物。主要流行于非洲和南亚，我国有犬感染的报道。麦地那龙线虫病在我国流行状况还不清楚。

（2）生物学特性

麦地那龙线虫雄性孕虫发育成熟后为大型线虫，体长为 70～120cm（图 2-97）。头端钝圆，尾端略向腹面呈 90℃的弯曲。体表光滑，乳白色，镜下可见体表布有细环纹。

雌虫交配后在人等终宿主腹股沟或腋窝等处组织内发育成熟后，接着移行到四肢、腹部、背部等皮下组织，头端伸向皮肤。此时子宫内含有大量幼虫，致使孕虫体内压力增高，加上虫体成熟后其头端体壁衰老退化，发生自溶，导致孕虫前端体壁和子宫破裂，释放出大量的第一期幼虫，这些幼虫引起宿主强烈的免疫反应，结果在其皮肤表面形成水疱，水疱最后破溃。当破溃处与冷水接触时，虫体因受刺激，其伸缩性加强，虫体自宿主皮肤破溃处伸出，而子宫可从虫体前端破裂口处脱垂，排出数以万计活泼的第一期幼虫（杆状蚴）。

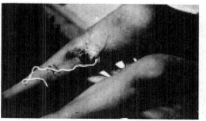

图 2-97　麦地那龙线虫生活史和成虫

杆状蚴在水中不停地活动，可存活 4～7d，但经 3d 后其感染力下降。若被中间宿主剑水蚤吞食，幼虫借其

运动和头端齿状突的作用，在 1～4h 内穿过剑水蚤的肠壁，到达血腔，大多在肠的背面。在 25℃时，经 12～14d

在剑水蚤体内发育并经二次蜕皮，而变为感染期幼虫。在 19℃以下时，幼虫发育停止。含感染期幼虫的剑水蚤，被终宿主（人、犬、猫等）饮水食入后经消化作用，幼虫逸出到十二指肠。

人体感染后第 10～14 个月，皮肤上出现水疱，接着破溃。这时雌虫即可从溃疡处钻出，产幼虫入水。成虫除寄生于人体外，还可寄生于犬、猫、马、牛、狼、豹、猴和狐等多种动物储存宿主。

（3）致病性

本虫主要致病作用是由成熟后的孕虫所引起。当成熟后的孕雌虫移行至皮肤时，由于虫体前端体壁组织衰退或溶解、释放出大量的代谢物进入宿主组织内，可引起宿主强烈的变态反应。患者可出现皮疹、红斑、瘙痒、腹泻、恶心、呕吐、呼吸困难、头晕、晕厥及局部水肿等症状。最常见的部位多在腿的下端和足部，但身体其他各部皮肤也可发生。我国首例患者为安徽省一农村 12 岁男童，其病变部位为左侧腹壁的皮下肿块。

（4）检测和控制

对可疑病例诊断时，注意检查皮肤上的典型水疱，水疱破后从伤口上检出第一期幼虫杆状蚴即可确诊。幼虫在低倍镜下运动活泼，十分醒目，很易查出。

预防感染是防治麦地那龙线虫病的重要环节。重点在农村，大力开展卫生宣教工作，不要饮用沟、塘、坑井中生水。因为水中有麦地那龙线虫的中间宿主剑水蚤，其被人吃下有感染的可能。而夏秋季节人们到沟、池塘中游泳，剑水蚤也可随水进入口中，以致造成感染。

23. 蠕形住肠线虫

（1）食品卫生学意义

蠕形住肠线虫（*Enterobius vermicularis*）寄生于盲肠、阑尾、结肠、直肠及回肠下段，引起蛲虫病（enterobiasis）。在食品、水和食品加工者中均能检出。当患儿用手搔肛门时，虫卵污染手指，再经口食入而形成自身感染。感染期卵也可散落在衣裤、被褥或玩具、食物上，经吞食或随空气吸入等方式使人受染。蛲虫病是一种常见的人体寄生虫病，国内各地人体感染较为普遍。一般存在城市高于农村、儿童高于成人、在集体机构（如幼儿园等）生活的儿童感染率更高的特点。儿童感染率在 40%以上，但近年由于广泛开展儿童保健工作，儿童的感染率普遍下降。

（2）生物学特性

成虫细小，乳白色，体前端两侧的角皮膨大成头翼。雌虫较大，长 8～13mm，雄虫小，长 3～5mm。虫卵无色透明，为不对称的长椭圆形（图 2-98）。

雌虫　雄虫 雌虫　　　　虫卵

图 2-98 蠕形住肠线虫和虫卵

生活史　成虫在寄居部位可游离于肠腔或借其唇瓣和咽管球的收缩作用附着于肠黏膜，以肠腔内容物、组织或血液为食。雌、雄虫交配后，雄虫很快死亡而被排出体外，成熟的雌虫子宫内充满了虫卵，由于含卵子宫压迫咽管球，雌虫不能牢固地附着在肠壁而向宿主消化道的后部移动，经结肠至直肠。一部分雌虫在夜间宿主睡眠后肛门括约肌较松弛时移行至肛门外，在肛门周围皮肤上产卵，因卵壳具有黏性，大多粘在皮肤上。每一雌虫平均产卵约 1 万个，产卵后的雌虫多数枯萎死亡，有少数排出体外的雌虫可再爬进肛门或进入阴道、尿道等处，引起异位损害。虫卵经口被咽下后，在小肠内受消化液的作用，卵内幼虫孵出，逐渐发育并向结肠移行，感染后一个月左右发育为成虫并产卵。雌虫在人体内可存活 2～4 周。

（3）致病性

一般无明显症状，雌虫产卵所引起的肛门和会阴部皮肤瘙痒及炎症是蛲虫病的主要症状。患者常有烦躁不安、失眠、食欲减退、消瘦、夜间磨牙及夜惊等症状。

反复感染而长期不愈可影响儿童身心健康。虫体附着处有轻度损伤，可致慢性炎症，消化功能紊乱。若有异位寄生时可致严重后果，如成虫侵入女性生殖系统，可致阴道炎、子宫内膜炎、输卵管炎等。

（4）检测和控制

根据蛲虫在肛门周围产卵的特点，检查虫卵应在肛门周围皮肤上取材，时间宜在清晨解便前，检查方法为肛门拭子法，现多用透明胶纸法，也可用棉拭子法，在粪便中或夜间在肛门周围检出雌虫也可确诊。

注意公共卫生和个人卫生，勤剪指甲，饭前便后洗手，勤换洗内衣裤，纠正吮指的习惯。不吃生食，注意饮水卫生，游泳水是重要传播途径。

24. 颚口线虫属

（1）食品卫生学意义

颚口线虫属（*Gnathostoma*）的雌、雄成虫多寄居于终宿主的胃壁内，并可导致虫体周围患部产生炎性反应、溃疡和纤维增生。本虫是人畜共患寄生虫病的重要病原体之一，在我国分布广泛，猫的感染率可高达 40%。在我国已发现的有棘颚口线虫（*G. spinigerum*）、刚棘颚口线虫（*G. hispidum*）和多氏颚口线虫（*G. doloresi*）。在食品和软体动物中发现存在。在犬、猫等肉食动物常见，人感染已经报道于中国、日本、泰国、远东和菲律宾等国。人感染主要是因食用生鲜鱼类。

（2）生物学特性

成虫较粗壮，生活时鲜红色，略透明（图2-99），常一至数条虫体盘绕在胃壁的瘤块内。雄虫长 11～25mm，雌虫长 25～54mm，小型宿主体内的虫体相应较小。头部球形，上有 8 环小钩，口周为 1 对肉质的唇，颈部狭窄。头后两端均向腔面弯曲。

图 2-99　有棘颚口线虫

虫卵椭圆形，表面粗糙不平，一端有帽状隆起。第二期幼虫长 0.3～0.4mm，全身被有微棘，头球上有 4 环小钩，每环平均小钩数目自前向后分别为 43.2、44.8、46.7 和 52.3，这些数目在鉴别虫种时有重要意义。第三期幼虫头球上也有 4 环小钩，其数目和形状同样有重要的鉴别意义。在大多数标本，每环的头钩数均超过 40，自前向后逐渐增多，平均数为 44.3、47.3、49.6 和 52.0。

生活史　有棘颚口线虫在发育过程中，需要 2 个中间宿主和 1 个终宿主。终宿主是犬、猫、虎或豹等；第一中间宿主是剑水蚤，第二中间宿主主要是淡水鱼，如乌鳢和泥鳅等。世界各地已报道可作为有棘颚口线虫第二中间宿主和转续宿主的有 104 种，包括鱼类、两栖类、爬行类、鸟类和哺乳类等。有的资料认为剑水蚤吞入的是第二期幼虫，以后在其体内发育为早第三期幼虫，鱼体内发育为晚第三期幼虫。近年来在动物有棘颚口线虫病严重流行的江苏洪泽地区，发现有 14 种经济鱼类自然感染本虫，以乌鳢、黄鳝、鳜、黄颡鱼、沙鳢感染最重，感染率达 35.5%～69.4%。鱼、蛙、蛇、鹭、鸟、鸡、鸭和黄鼬等也可作第二中间宿主，美国蝲蛄、蟹鱼、鲑、龟、蛇、鸡、夜鹰、鼠及猪等 30 多种动物可能是其转续宿主。

虫卵随粪便排出，发育成为含有第一期幼虫的卵，7d 后幼虫开始孵出。如被第一中间宿主吞食，即可脱去鞘膜，钻进宿主胃壁到达体腔，经 7～10d，成长为第二期幼虫。

当含有成熟的第二期幼虫的剑水蚤被第二中间宿主吞食时，幼虫穿透后者的胃壁，大部分移行至肌肉，一个月后长成第三期幼虫，两个月后开始结囊，囊的直径约 1mm。当第二中间宿主或转续宿主被终宿主犬、猫、虎或豹等吞食后，第三期幼虫穿过终宿主的胃壁，少数穿过肠壁，进入肝脏，然后游移于肌肉或结缔组织间，逐渐长大。在将近成熟时，虫体返回宿主的胃壁，形成特殊的瘤块。最早在感染后 2 个月，终宿主粪便即可出现虫卵。

（3）致病性

人并非是颚口线虫的适宜宿主，除个别病例外，可见的虫体多为第三期幼虫或未完全成熟的早期成虫。其致病性是由于虫体的机械损伤及其分泌的毒素所致。在人体的寄居方式可分为静止型和移行型两种，致病部位极为广泛，几乎遍及全身各处。

皮肤鄂口线虫病　鄂口线虫侵入人体后，穿过胃壁或肠壁，进入肝脏，暂时停留后在肌肉或皮肤出现。幼虫入侵后 3～4 周（有时在 2 个月以上），患者开始有食欲不振、恶心、呕吐，特别是上腹部疼痛等前驱症状。在很多情况下，身体各部分也可发生皮肤肿块。肿块大小或如蚕豆、或如鸡蛋，肿块发生部位包括额、面、枕、胸、腹、手臀、乳房、颈、背、腋下、面颊等部位。泰国有由于吃鸡肉发生指头肿块的病例。

内脏型鄂口线虫病　此型病例在各脏器均有报告，包括肺、气管、胃肠道、尿道、子宫、阴茎、眼、耳、脑和脊髓等。其临床表现随寄生部位而异。

（4）检测和控制

病原检查　人体鄂口线虫病皮肤型以取得虫体而确诊。

免疫诊断　有皮内试验、沉淀反应、对流免疫电泳试验、酶联免疫吸附试验、间接荧光抗体试验等作为辅助手段。

不吃生的或未煮熟的上述肉类是预防本虫的首要措施。还应防止切鱼所用的刀具、砧板、餐具及手等的污染，以免感染。在流行区应提醒职业人员和家庭成员及需要长期处理各种肉类的人们注意手的保护，建议常用肥皂洗手或戴橡皮手套进行作业。此外，饮水卫生也是十分重要的。

25. 兽比翼线虫

（1）食品卫生学意义

兽比翼线虫属（*Mammomonogamus*）寄生于家畜和数十种哺乳动物中，可偶尔感染人体，当人和动物误食被虫卵污染的水或食物时而感染。国外病例报告已超百例，均由喉比翼线虫（*M. larygeus*）感染所引起。该虫体是草食动物如牛、羊和绵羊等常见寄生虫。而在国内到目前为止，还没有该虫寄生于家畜和哺乳类动物的记载。自 1997 年才陆续报道人体感染该虫病例，李道宁（1998）发现一新虫种感染人体，命名为港归兽比翼线虫（*Mammomonogamus gangguiensis*），病例多为吃生的或半生不熟的龟血、龟内脏而引起。在水源和蔬菜中也常能

兽医公共卫生学

检出。

（2）生物学特性

本科线虫的特征是：有一很发达的口囊。其口孔前缘形成一个厚的花瓣样的几丁质唇瓣（六瓣或无）。而在囊的底部有放射状排列的齿样突起，称为小齿，其数目与虫种有关。雄虫明显比雌虫小，雄虫交合伞一旦与雌虫交配，整个生命期间永不分离，而呈典型的"Y"字形，短小的一侧为雄虫，粗长的一侧为雌虫。交合刺有或无，有些种类还只有导刺带。雌虫尾端圆锥状，末端尖，阴门在体前部或中部，子宫平行排列（图2-100）。虫卵呈椭圆形，中等大小，卵的两端或一端具塞样盖，或两端无盖。卵壳表面具皱样花纹，卵内为多细胞期。

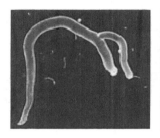

图 2-100　兽比翼线虫和虫卵

本虫的生活史尚未完全阐明。

（3）致病性

大量感染时，由于幼虫自毛细血管钻入肺泡的移行过程中造成机械性损伤，可引起肺出血、水肿和大叶性肺炎。咳出的痰中，往往伴有淡红色血液或血丝；幼虫移行到支气管和气管壁上，把宿主气管壁的黏膜层吸入口囊以固着寄生，造成机械性损伤，引起一系列呼吸道的症状。虫体寄生在气管里，影响呼吸畅通，虫体的蠕动使患者咽喉有虫爬感和干咳，呼吸困难及哮喘。

（4）检测和控制

感染严重时（多对虫时），痰、粪、支气管内镜冲洗液中均有可能找到虫卵。一般涂片即可发现，卵少时可采用浓集法检查。支气管纤维镜检查气管和支气管发现虫体可确诊。

本虫感染的预防，最关键的是守住口这一关，但似乎很不容易。因各国各地区各民族都有生吃或半生吃各种动物肉的习惯，目前还盛行生吃各种蔬菜和凉拌生菜的嗜好；有些人喜饮生水，尤其是野外作业的人，更是走到哪里喝到哪里等，都是感染本虫的途径。

26. 前盲囊线虫属

（1）食品卫生学意义

前盲囊线虫属（Porrocaecum）虫体寄生于鱼类、鸟类及食鱼的哺乳类。太湖的鳡、黄颡鱼、蒙古红鲌的体腔内有此属虫种的寄生记录；黑龙江鲤鱼食道壁上也有此属的寄生报告。水禽类寄生常见，是一类潜在威胁人体安全的寄生虫。

（2）生物学特性

口有具齿的嵴，间唇存在，通常很发达。腺食道缩小，腺食道无后端附属物，有一盲突，存在肠盲囊。雄虫无翼膜，肛后突7对，一部分位于腹面，另一部分在侧面，肛前突数对。交合刺长，具翼，等或不等长。阴门在身体前区，卵生，寄生于脊椎动物（图2-101）。

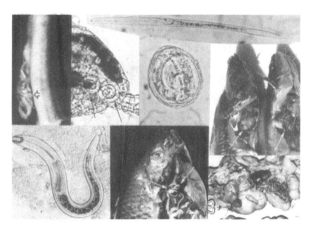

图 2-101　前盲囊线虫寄生在鱼体内

（3）致病性

对动物主要是肠道寄生，引起水禽肠道炎症。由于能够寄生于哺乳动物体中，是鱼类消化道中常见寄生虫，对人也是一个潜在的威胁。

（4）检测和控制

根据虫体的特征进行检测。少吃生鱼类食品。

27. 艾氏同小杆线虫

（1）食品卫生学意义

艾氏同小杆线虫病（rhabditelliasis）是由艾氏同小杆线虫（Rhabditis rhabditella）偶然侵犯人体泌尿系统或消化系统引起的一种寄生虫病。食品、水源和蔬菜上能够检出，食用了污染虫卵的食品、蔬菜或饮用污染的水即可感染。人感染主要是吃生鱼或未完全烹调熟透的鱼类食品，犬、牛、马中均见带染，人少见。个别可引起死亡。

（2）生物学特性

艾氏同小杆线虫的成虫纤细，圆柱状，表皮光滑。雄虫体长1.18～1.30mm，雌虫长1.38～1.83mm。生殖器官为双管型，子宫内含虫卵4～6个，生殖孔位于虫体中部稍前（图2-102）。虫卵呈椭圆形。

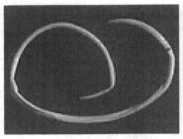

图 2-102 艾氏同小杆线虫

（3）致病性

本虫可侵犯人体泌尿系统和消化系统，泌尿系统感染可引起发热、虚弱、头痛、腰痛、血尿、尿频或尿痛等症状，消化道感染者可表现出顽固性的腹痛及腹泻。在哺乳动物的肾脏和腹腔能够发现。

（4）检测

从患者尿液或粪便中检出虫体或虫卵即可确诊。预防本病应注意避免饮用或接触污水及腐败植物。

28．毛首毛首线虫

（1）食品卫生学意义

毛首毛首线虫（*Trichuris trichiura*）又称为鞭形蠕虫，哺乳动物的鞭形蠕虫大约有 60 个种，其中只有两个种对人构成危害，毛首毛首线虫就是最主要的一种，另一个是犬毛首毛首线虫（*Trichuris vulpis*）。这两种虫种具有高度寄生种属特异性，但犬毛首毛首线虫偶尔也感染人。毛首毛首线虫利用其前端特有结构寄生在大肠黏膜细胞上，每个雌虫每天可产生超过 10 000 个虫卵，蠕形虫可存活几年。当人食用了污染有此虫卵的食品、蔬菜和水源而感染本病（图 2-103）。在亚洲热带、非洲和南美洲流行。

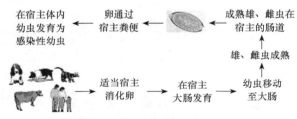

图 2-103　毛首毛首线虫生活史

（2）生物学特性

成虫为鞭样结构，雄虫长 30～45mm，雌虫长 35～50mm，成虫以其线形虫体寄生在较薄的前半部肠黏膜中。盲肠和结肠是最经常寄生的部位。缺乏组织移行阶段。从摄入卵到发育为成虫大约需 3 个月，成熟雌性虫可排卵 5 年。卵具有两端的楔形物结构（图 2-104～图 2-106）。

（3）致病性

多数感染者不表现症状，但由于此虫可较长期寄生或反复感染人体，临床表现也可进一步发展，包括腹痛、腹泻和贫血，偶引起嗜酸性粒细胞肉芽肿。儿童的中毒感染有神经症状。全球大约超过 5 亿人感染。

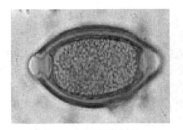

图 2-104　毛首毛首线虫虫卵

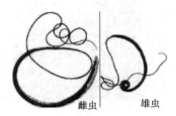

雌虫　　　雄虫

图 2-105　毛首毛首线虫成虫

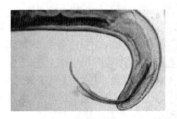

图 2-106　毛首毛首线虫的交合刺

（4）检测

主要是检查虫卵，根据特殊形态进行鉴别。

29．毛圆线虫

（1）食品卫生学意义

毛圆线虫（*Trichostrongylus* spp.，又称为黑痢蠕虫）是人兽共患寄生虫病病原体。毛圆线虫感染遍布全世界。我国也有发现，已查到本虫感染者的省、直辖市共 18 个，但临床症状都不明显。食品与蔬菜是毛圆线虫传播给人的主要途径。

（2）生物学特性

毛圆线虫成虫纤细，呈线状，白色透明，大小为（4.3～6.5）mm×0.072mm。毛圆线虫没有中间宿主，成虫主要寄生在胃和十二指肠内，虫卵随粪便排出后，在温暖潮湿的土壤中发育，经 24～36h 幼虫孵出，经过 2 次蜕皮后，4d 发育成感染性幼虫丝状蚴，丝状蚴随食物进入宿主消化道，第三次蜕皮后侵入胃和十二指肠黏膜发育，经过 4d 自黏膜下层逸出，进行第四次蜕皮，然后以前端插入肠黏膜，附着于肠壁，经 25～30d 发育成熟、产卵。虫卵长椭圆形，一端钝圆，另一端稍尖。其中含有 12～20 个细胞（图 2-107，图 2-108）。

（3）致病性

自然宿主为草食动物，主要经口感染，也可经皮肤感染。感染性幼虫经皮肤入侵，其移行路线与钩虫相似，随血液至肺，经气管、咽、食道、胃到达寄生部位。自感染至排卵所需时间，经口为 16～36d，经皮肤为 28～36d。

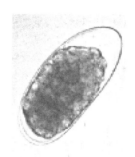

图 2-107 毛圆线虫虫卵

图 2-108 毛圆线虫成虫

广泛施用生粪肥地区易流行。人感染轻度者，常无任何症状；感染严重者，可出现胃肠道症状，表现恶心、呕吐、食欲不振、腹部不适、腹泻、头痛、乏力、易疲劳、贫血（血红蛋白低）等。动物感染多无明显表现，仅少数严重感染的，表现消化不良、黏液便、消瘦等。

（4）检测和控制

本病诊断以粪便中查见虫卵为准。该虫不需要中间宿主或媒介昆虫传播，即可直接经口或皮肤感染，因此应注意个人和环境卫生，饭前洗手，特别是施用生粪肥地区，更应注意防护，施粪后彻底消毒，或戴防护手套等。

30．美洲重翼吸虫

（1）食品卫生学意义

美洲重翼吸虫（*Alaria americana*，又称犬重翼吸虫）在人体引起变态反应和肺气肿症状。在死者的肺及其他组织中发现本虫的中尾蚴。通常寄生在野生肉食动物（如狐狸）和蛙的肠道中。人感染非常少见，目前只有 3 例报道。

（2）生物学特性

虫体前端扁平，后端圆锥状。属小型吸虫，长 0.5mm。有着非常复杂的生活史，首先是狐狸等粪便的虫卵发育为可游泳的毛蚴阶段，然后被水中钉螺摄入，继续发育为尾蚴离开钉螺，感染蝌蚪。继续发育，然后感染青蛙。当狐狸等肉食动物食入了带虫的蛙，发育为中蚴，进入体腔和肺（图 2-109）。几周后肺的虫体再进入肠道，在这里发育为成虫。

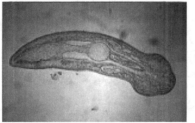

图 2-109 美洲重翼吸虫及脾中的中蚴

（3）致病性

人感染的病例可看到在腹腔、支气管、脑、心、肾、肝、肺、淋巴结、胰腺、脊髓、脾和胃中能见到上千只虫体。患者表现为发热、呼吸和脉搏增快，颜面部和躯干、腿部出现小紫癜。人的感染主要是因为吃了未充分烹调好的鲜鱼和犬肉，可引起人和动物严重的肠炎，严重肠炎可引起死亡。

（4）检测和控制

通过虫卵进行鉴别。注意不食生或未烹调好的蛙类动物。

31．齿形背茎吸虫

（1）食品卫生学意义

齿形背茎吸虫（*Apophallus donicus*）感染人主要是美国的报道，感染食品主要是鱼类及虫体的保藏宿主，如狗、猫、鼠、狐狸和兔子等动物。

（2）生物学特性

虫体微小，成虫体长一般为 0.3～0.5mm，体表具有鳞棘。卵小，自宿主体内排出时卵内已含成熟的毛蚴。

生活史 成虫寄生于终宿主鸟类及哺乳动物的肠道，产出的虫卵随宿主粪便进入水里。虫卵被第一中间宿主淡水螺类吞食，毛蚴在其体内孵出，历经胞蚴、雷蚴（1～2 代）和尾蚴阶段后，尾蚴从螺体逸出，侵入第二中间宿主鱼或蛙体内，发育为囊蚴。终宿主吞食含有囊蚴的鱼或蛙而获感染，囊蚴在终宿主消化道内脱囊，在小肠发育为成虫并产卵。

（3）致病性

成虫体小，在肠道寄生时有钻入肠壁的倾向，因而虫卵可进入肠壁血管。齿形背茎吸虫在小肠一般只引起轻度炎症反应，如侵入肠壁则可造成组织脱落，压迫性萎缩与坏死，可导致腹泻或其他消化功能紊乱，重度感染者可出现消化道症状和消瘦。

临床表现因寄生的虫数多少及是否有异位寄生而异。虫数少时症状轻微甚或无明显表现，虫数多时可引起消化功能紊乱，如有异位寄生则视虫卵沉积的部位而定。若虫卵沉积于脑、脊髓，则可有血栓形成，神经细胞及灰白质退化等病变，甚至血管破裂而致死；如虫卵沉积在心肌及心瓣膜，可致心力衰竭。

（4）检测和控制

常规的病原学检查方法是用粪便涂片法及沉渣法镜检虫卵。对生吃或未完全烹调熟透的鱼类食品要注意。

32. 台湾棘带吸虫

（1）食品卫生学意义

属异形吸虫，感染人的台湾棘带吸虫（*Centrocestus formosanus*）（图2-110）主要存在于鱼类及其鱼卵中。人吃生的或未熟透的这类食品而感染。

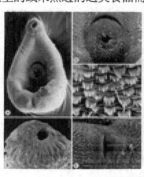

图2-110　台湾棘带吸虫及其头棘

（2）生物学特性

小型吸虫，成虫呈长梨形，体长仅0.3～0.5mm，最大者也不超过2～3mm。卵小。

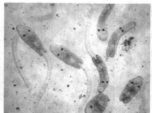

图2-111　舌隐穴吸虫

（3）致病性

在鱼类主要涉及皮肤呈现黑斑病。通过中间宿主可以传播给动物和人，但一般并不引起疾病。人感染一般不表现明显症状，但能检出虫体。

（4）检测

目前国内还没有见该虫。主要是发现虫体。

34. 伊族棘口吸虫

（1）食品卫生学意义

伊族棘口吸虫（*Echinostoma iliocenum*）是人类肠道

生活史　成虫寄生于鸟类及哺乳动物的肠道，第一中间宿主为淡水螺类，第二中间宿主包括鱼和蛙。在螺体内经过胞蚴、雷蚴（1～2代）和尾蚴阶段后，尾蚴从螺体逸出，侵入鱼或蛙体内发育成囊蚴，终宿主吞食囊蚴后成虫在小肠寄生。

（3）致病性

成虫体小，在肠道寄生时有钻入肠壁的倾向，因而虫卵可进入肠壁血管，并随血流到达脑、脊髓、肝、脾、肺、心肌等组织或器官，造成严重后果。重度感染者可出现消化道症状和消瘦。

（4）检测和控制

常规的病原学检查方法是粪便涂片及沉渣镜检虫卵。若能获得成虫，可根据成虫形态进行判断。不吃未煮熟的鱼肉和蛙肉。

33. 舌隐穴吸虫

（1）食品卫生学意义

舌隐穴吸虫（*Cryptocotyle lingua*）主要存在于东太平洋的海鱼中，所涉及的鱼类为海水鱼。欧洲的钉螺也是人感染的食品之一，狐狸带染率为3.6%。

（2）生物学特性

非限定性宿主是海鸟，典型的是海鸥，中间宿主是软体动物，如螺类和鱼。海鸥是因为吃了螺类和鱼（如青鳕，一种食用小鱼）而带染（图2-111）。

常见的吸虫，在东南亚流行（感染率为1%～30%），广东地区犬有该虫寄生。主要是因为常吃生的或未完全烹调好的污染伊族棘口吸虫后囊蚴的淡水螺类动物、鱼和蛤等而感染。

（2）生物学特性

成虫大小为（2.5～10）mm×（0.5～1.5）mm，寄生在鸟和哺乳动物的肠道内，特征是在头部环盘绕有1～2排交合刺环，共51个交合刺（图2-112）。螺类是伊族棘口吸虫的中间宿主。

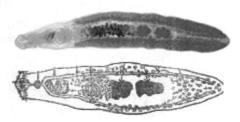

图2-112　伊族棘口吸虫及其虫卵

（3）致病性

人感染后通常无症状，重度感染可引起肠壁的炎性反应和溃疡、腹泻、血便及腹痛。

（4）检测和控制

检测粪便中的卵。控制鱼类、蚌类等食品烹调温度和时间，充分烹调，保证安全。

35．矛形双腔吸虫

（1）食品卫生学意义

矛形双腔吸虫（*Dicrocoelium dendriticum*）又称枝歧腔吸虫，属双腔科双腔属。虫体寄生于牛、羊等反刍兽及猪、马、兔的肝脏、胆管和胆囊内，偶尔也寄生于人体内。通过食品、蔬菜和转续宿主感染人。

（2）生物学特性

比片形吸虫小，棕红色，扁平而透明；前端尖细，后端较钝，因呈矛形而得名。虫体长5～15mm（图2-113）。矛形双腔吸虫在发育过程中需要两个中间宿主，第一中间宿主为多种陆地螺（包括蜗牛），第二中间宿主为蚂蚁。当易感反刍兽吃草时，食入含有囊蚴的蚂蚁而感染，幼虫在肠道脱囊，由十二指肠经胆总管到达胆管和胆囊，在此发育为成虫。

图2-113 矛形双腔吸虫和虫卵

病畜肝内成虫排出的虫卵随胆汁进入肠道，随粪便排出体外，被陆地螺吞食后，在其体内经毛蚴、母胞蚴、子胞蚴及尾蚴等发育阶段，成熟尾蚴自螺体逸出后粘在植物上，被蚂蚁吞食后形成囊蚴，牛、羊等吃草时吞食了含囊蚴的蚂蚁而受感染。幼虫由十二指肠经胆总管、

在人即胆管内寄生，经72～85d发育为成虫。

（3）致病性

无特异性临床表现。疾病后期可出现可视黏膜黄染，消化功能紊乱，慢性消耗性腹泻或便秘，右上腹痛，逐渐消瘦，皮下水肿，最后因体质衰竭而死亡。病理特征是慢性卡他性胆管炎及胆囊炎。本病的分布几乎遍及全世界，多呈地方性流行。在我国动物疾病主要分布于东北、华北、西北和西南等省和自治区，尤其以西北各省、自治区和内蒙古较为严重。宿主动物极其广泛，哺乳动物达20余种，除牛、羊外，马、骆驼、鹿、兔等家畜和许多野生偶蹄动物均可感染。

在温暖潮湿的南方地区，第一、第二中间宿主蜗牛、蚂蚁可全年活动，因此，动物几乎全年都可感染。

（4）检测和控制

虫卵检查。不要吃生蔬菜和未熟透的食品。

36．曲领棘口吸虫

（1）食品卫生学意义

曲领棘口吸虫（*Echinoparyphium recurvatum*）病主要见于亚洲东部和东南亚，以日本、朝鲜和我国报道的病例较多，多数是散发病例。在我国主要分布于福建、江西、湖北、云南、海南、安徽、新疆、广东、湖南等地。曲领棘口吸虫病是人兽共患病，在我国动物体内很常见，人多因食入含囊蚴的鱼、蛙及螺类而感染。

（2）生物学特性

虫体长形，体表有棘。口吸盘位于体前端亚腹面，周围有环口圈或头冠，环口圈或头冠之上有1圈或2圈头棘。腹吸盘发达，位于体前部或中部的腹面。卵大，椭圆形，壳薄，有卵盖（图2-114）。第一中间宿主为淡水螺类，毛蚴侵入螺体后经胞蚴和2代雷蚴阶段后发育成尾蚴。第二中间宿主包括鱼、蛙或蝌蚪。但曲领棘口吸虫对第二中间宿主的要求不很严格，尾蚴也可在子雷蚴体内结囊，或逸出后在原来的螺体内结囊，或侵入其他螺蛳或双壳贝类体内结囊，有的还可在植物上结囊。

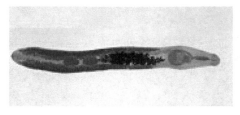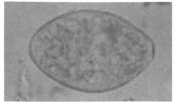

图2-114 曲领棘口吸虫和虫卵

（3）致病性

成虫多寄生于小肠上段，以头部插入黏膜，引起局部炎症，轻度感染者常无明显症状，或者仅出现腹痛、腹泻或其他胃肠道症状，严重感染者可表现为厌食、下肢浮肿、贫血、消瘦、发育不良，甚至死亡。

（4）检测

实验室诊断常用粪便检查方法，如直接涂片法、沉

淀法等。

37．卷棘口吸虫

（1）食品卫生学意义

卷棘口吸虫（*Echinostoma revolutum*）呈世界性分布，宿主种类多，特别是在鸟类和哺乳类中多见。人体寄生病例在我国台湾省一妇女体内用绵马浸膏驱出虫18条，并认为是因吃蚬而感染。云南大理白族居民中也曾发现

本虫。人吃蜗牛和蚌类是人感染的主要来源。

（2）生物学特性

虫体呈淡红色，长叶状，体表有小刺。虫体大小为（7.6～12.6）mm×（1.26～1.6）mm。头襟发达，具有头棘。口吸盘位于虫体前端。两个椭圆形睾丸前后排列于体中部后方，生殖孔位于肠管分叉后方、腹吸盘前方（图2-115）。虫卵呈金黄色、椭圆形，一端有卵盖，内含一个胚细胞和很多卵黄细胞。

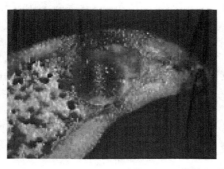

图 2-115　卷棘口吸虫成虫和虫卵

卷棘口吸虫的发育需要两个中间宿主，第一中间宿主为折叠萝卜螺、小土蜗和凸旋螺，第二中间宿主除上述 3 种螺外，尚有半球多脉扁螺、尖口圆扁螺和蝌蚪。

成虫在禽的直肠或盲肠内产卵，虫卵随粪便排到外界，落入水中的卵在 31～32℃ 条件下仅需 10d 即孵出毛蚴；毛蚴进入第一中间宿主后，约经 32d 先后形成胞蚴、雷蚴、尾蚴；尾蚴离开螺体，游于水中，遇第二中间宿主即钻入其体内形成囊蚴。终末宿主禽类吃入含囊蚴的螺蛳或蝌蚪后即遭感染。囊蚴进入消化道后，囊壁被消化，幼虫逸出，吸附在肠壁上，经 16～22d 即发育成成虫。

（3）致病性

卷棘口吸虫都有头棘和体棘，对肠黏膜可造成机械性损伤；肠绒毛、固有层、黏膜及其下层因损伤而引起炎症。卷棘口吸虫病患者出现腹痛、排黄白色粪便。卷棘口吸虫日本变种致人患病，患者表现食欲不振、腹痛、腹胀、头晕。人体主要是吃未煮熟淡水鱼感染，吞食生的蝌蚪等也可能感染。

（4）检测和控制

检查粪便发现虫卵并结合症状可确诊。预防通过勤清除粪便，堆积发酵，杀灭虫卵；对患禽群定期驱虫；用化学药物消灭中间宿主。

38. 人似腹盘吸虫

（1）食品卫生学意义

人似腹盘吸虫（*Gastrodiscoides hominis*）是人的一种肠道寄生性吸虫，引起肠道的炎症、腹泻、腹痛、水肿等病症，还表现营养不良和贫血等特征。在蔬菜、螺类等食品和饮水中常能检出其虫卵。在印度、菲律宾等东南亚国家流行。

（2）生物学特性

成虫为鲜红的椎体形或金字塔形，大小为（4～6）mm×（5～10）mm，前部有一个球状的口吸盘和一个突出的生殖椎体。腹部后部有一个凹进很深的腹吸盘。虫卵椭圆形或斜椭圆形，浅土黄色；卵盖小；内含一个卵细胞和许多卵黄细胞（图2-116～图2-118）。

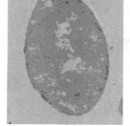

图 2-116　人似腹盘吸虫成虫（一）　　图 2-117　人似腹盘吸虫虫卵　　图 2-118　人似腹盘吸虫成虫（二）

（3）致病性

为不常发生的人寄生虫病，人感染主要表现胃肠道炎症，腹痛、腹泻。

（4）检测和控制

常规检查粪便中的虫卵。注意饮水、食品（主要是蔬菜、螺类）的卫生。

39. 徐氏拟裸茎吸虫

（1）食品卫生学意义

徐氏拟裸茎吸虫（*Gymnophalloides seoi*）为复殖目拟裸茎科，1988 年首次在韩国一例诊断为急性胰腺炎的妇女中被发现，引起拟裸茎吸虫病。此病仅发现于朝鲜与韩国地区，在流行区域的居民有 72% 的带染率。感染者表现为腹痛、消化不良、发热、厌食、消瘦、易疲劳和衰弱。

（2）生物学特性

成虫非常小，是人肠道寄生虫最小的一种，长为

0.4～0.5mm，宽为 0.2～0.3mm。具有大的口吸盘，小的腹吸盘，盲肠短，两个致密的卵巢，一个腹部凹陷。卵为椭圆形，（20～30）mm×（11～15）mm，卵壳薄，透明（图 2-119，图 2-120）。第一中间宿主现在还不知道，但第二中间宿主为牡蛎，人和牡蛎捕获者是天然的限定性宿主。

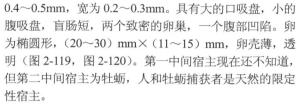
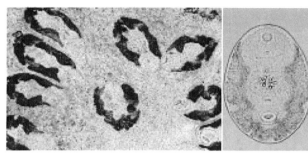

图 2-119 徐氏拟裸茎吸虫中蚴和虫卵　　　　　图 2-120 徐氏拟裸茎吸虫

（3）致病性

感染者为消化道病症表现，腹痛，消化不良，发热，厌食，消瘦，易疲劳和衰弱。

（4）检测和控制

检测虫卵，但常规检测方法不易检测到。主要是不生吃牡蛎等海产品。

40. 异形异形吸虫

（1）食品卫生学意义

异形异形吸虫（*Heterophyes heterophyes*）属于异形科（Heterophyidae）的小型吸虫，在我国常见的异形异形吸虫有 10 多种，已有人体感染报告的共 5 种，包括本种。在鸡蛋的卵清、食品和鱼类中能够检测到。人的感染主要是吃了未烹调透的鱼等食品。

（2）生物学特性

虫体微小，成虫体长一般为 0.3～0.5mm，大的也不超过 2～3mm，虫体呈长梨形或椭圆形，前半略扁，后半较肥大，体表具有鳞棘（图 2-121）。除口、腹吸盘外，有的种类还有生殖吸盘，口吸盘较小、腹吸盘大，其左前方有一生殖吸盘。卵小，卵长为 29μm。

图 2-121 异形异形吸虫

异形异形吸虫的成虫寄生于鸟类、哺乳动物和人的

肠道，第一中间宿主为淡水螺类，第二中间宿主包括鱼和蛙。在螺体内经过胞蚴、雷蚴（1～2 代）和尾蚴阶段后，尾蚴从螺体逸出，侵入鱼或蛙体内发育成囊蚴，终宿主吞食囊蚴后成虫在小肠寄生。

（3）致病性

成虫体小，在肠道寄生时有钻入肠壁的倾向，因而虫卵可进入肠壁血管，并随血流到达脑、脊髓、肝、脾、肺、心肌等组织或器官，造成严重后果。重度感染者可出现消化道症状和消瘦，引起肠道的浅溃疡、轻度炎症和表层坏死，严重的心力衰竭而死亡。

（4）检测和控制

常规的病原学检查方法是粪便涂片及沉渣镜检虫卵。若能获得成虫，可根据成虫形态进行判断。

注意饮食卫生，不吃未煮熟的鱼肉和蛙肉是避免异形吸虫感染的重要方法。

41. 诺氏异形线虫

（1）食品卫生学意义

诺氏异形线虫（*Heterophyes nocens*）所引起的疾病流行于朝鲜地区的西南海岸线地区，流行地区的居民带染率为 75.0%，人的感染主要是因为生吃鱼和鱼卵及其他相关食品而引起，鰕虎鱼、鲱鲵鲣、猫都能带染。

（2）生物学特性

虫体长梨形，大小为（1～1.7）mm×（0.3～0.4）mm，有腹吸盘和生殖吸盘，圆形生殖吸盘位于身体前 1/3 处，睾丸 2 个，位于肠支末端的内侧。贮精囊弯曲，卵巢在睾丸之前紧接卵膜。子宫很长，曲折盘旋，向前通入生殖吸盘。虫卵棕黄色，有卵盖（图 2-122，图 2-123）。螺是中间宿主，多种鱼是第二中间宿主。毛蚴从水中的卵孵出后进入螺体内，后尾蚴感染鱼类，人吃了被感染，在人主要寄生于肠道中。

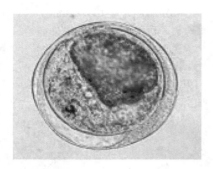

图 2-122 诺氏异形线虫虫卵

图 2-123 诺氏异形线虫

（3）致病性

患者主要表现胃肠道症状，如上腹痛和消化不良，腹泻、腹痛，有心脏损伤，如心律不齐等症状。

（4）检测和控制

主要是检查虫卵。不要吃未煮熟的鱼肉和蛙肉，以防感染。

42. 拟异形吸虫

（1）食品卫生学意义

拟异形吸虫（*Heterophyopsis continua*）通过咸、淡水鱼而感染，引起异形线虫病，临床表现为上腹痛、厌

食、易疲劳。在中国、日本和韩国等东北亚流行。

（2）生物学特性

成虫较长，长为 2.7～2.8mm，在身体中间肠分叉处后有较大的、肉性的腹吸盘。子宫内的卵较粗，小，壳厚（图 2-124，图 2-125）。第二中间宿主是鲱鲵鲣、鲈鱼、鲱鱼类及甜鱼类，鸭、猫和海鸥是天然的限定性宿主，人也有感染的报道。

（3）致病性

拟异形吸虫引起人的感染主要是胃肠道症状，如上腹痛、腹泻、厌食、易疲劳等表现。目前只发现 5 例左右。

图 2-124 拟异形吸虫

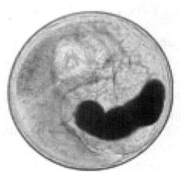

图 2-125 拟异形吸虫后囊蚴

（4）检测和控制

检查虫卵。不吃生的鱼类食品是控制该病发生的最好办法。

43. 锥状低颈棘口吸虫

（1）食品卫生学意义

锥状低颈棘口吸虫（*Hypoderaeum conoideum*）在环境中分布很广，如狐狸、哺乳动物，包括人。人感染主要是因为吃了蜗牛、海产品感染锥状低颈棘口吸虫病。本病在泰国的东北地区流行，我国台湾也有人的感染。

（2）生物学特性

锥状低颈棘口吸虫长形或香肠形，大小为（5.2～11.8）mm×（0.83～1.79）mm。腹吸盘比口吸盘大 3～4倍。卵巢 2 个，前后列于虫体中部稍后，呈腊肠形。卵巢圆形，位于虫体中央。子宫在卵巢与腹吸盘之间。卵黄腺发达，分布于两体侧，前自腹吸盘后缘开始至虫体亚末端。睾丸后方的卵黄腺至虫体中央汇合（图 2-126）。

图 2-126 锥状低颈棘口吸虫

淡水蜗牛作为天然第一中间宿主，螺类和蝌蚪作为第二中间宿主。成虫寄生在鹅、鸭中。

（3）致病性

寄生在人小肠，临床表现症状不明显，多为亚临床症状。即使有症状，也只是轻微的胃肠道不舒适的感觉。

（4）检测和控制

检查虫卵。不生吃蜗牛和蚌类水产品。

44. 横川后殖吸虫

（1）食品卫生学意义

横川后殖吸虫（*Metagonimus yokogawai*）虫体较小，人因食用淡水鱼如鲑鱼而感染，可进入血液，分布到身

体的各个器官，对人造成较为严重的危害。

（2）生物学特性

虫体微小，成虫体长一般为 0.3～0.5mm。虫卵棕黄色，有卵盖，椭圆至卵形。卵壳相当厚，表面光滑，肩峰不明显，内含毛蚴（图 2-127～图 2-129）。成虫寄生在鸟类与哺乳动物的肠管中。第一中间宿主为淡水螺，种类很多。第二中间宿主为鱼类，包括鲤科与非鲤科鱼类，偶也可寄生在蚌类中。生活史包括毛蚴、胞蚴、雷蚴（1～2 代）、尾蚴与囊蚴。

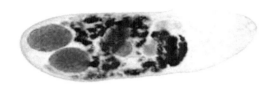

图 2-127　横川后殖吸虫成虫

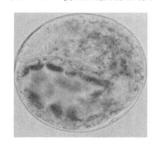

图 2-128　横川后殖吸虫后囊蚴

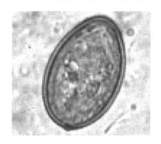

图 2-129　横川后殖吸虫虫卵

（3）致病性

成虫很小，在肠管寄生时可侵入肠壁，虫体和虫卵可能通过血液到达其他器官。曾在心肌中发现成虫，脑、脊髓、肝、脾、肺、心肌见有虫卵，可能造成严重后果。一般表现消化道症状。

（4）检测和控制

检查虫卵。不吃生鲑肉和鱼肉是最好的控制本病发生的办法。

45. 麝猫后睾吸虫

（1）流行病学和食品卫生学意义

后睾吸虫病是后睾科猫后睾吸虫和麝猫后睾吸虫（Opisthorchis viverrini）所引起的，为一种人兽共患病。麝猫后睾吸虫寄生于猫、犬等动物的肝胆管内。麝猫后睾吸虫病流行于南欧、中欧、东欧、土耳其、印度和日

本也有报道。麝猫后睾吸虫寄生于猫、犬、狐、猪和其他哺乳动物及人的肝胆管中。人因食用含有囊蚴的鱼类和动物的肉制品而感染。严重危害着人、畜的健康，引起消化道和肝胆疾病。

（2）生物学特性

麝猫后睾吸虫的成虫形态与猫后睾吸虫相似，体长6.0mm。卵呈卵圆形（图 2-130～图 2-132）。

图 2-130　麝猫后睾吸虫模式图　图 2-131　麝猫后睾吸虫

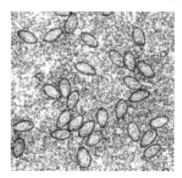

图 2-132　麝猫后睾吸虫虫卵

本虫的虫卵随宿主粪便排出后，被数种豆螺所吞食，在其消化道内孵化为幼虫。幼虫期包括毛蚴、胞蚴、雷蚴及尾蚴。尾蚴的一般构造及姿态，与华支睾吸虫和猫后睾吸虫的尾蚴很相似。

第二中间宿主为若干淡水鱼，尾蚴侵入鱼的组织内变为囊蚴。脱囊后的后尾蚴呈长椭圆形，全身被小刺，食道相对较长。

（3）致病性

成虫寄生于胆道，可以引起胆管上皮细胞的炎症反应与增生，以致胆管纤维化，严重时可以波及胆囊，并由于压迫性坏死而导致门静脉周围肝硬变。一般患者症状：腹痛、腹胀、嗳气、恶心、呕吐、食欲减退、无力、消瘦，以及经常有腹泻或便秘。

食肉动物如患本病，食欲下降，有时呕吐、便秘或腹泻，逐渐消瘦，被毛逆立。结膜呈黄疸。腹部因腹水而明显增大，常蹲坐不动，头部下垂。解剖观察肝脏增大，表面有很多不同形状和大小的结节。

（4）检测和控制

发现虫卵才是确定本病的依据。

防治应注意如下两点：①在疫区应普查普治患者及食肉家畜。不吃生的或不熟的鱼，注意防止切生鱼的刀和砧板被囊蚴污染而误食感染。喂给宠物的鱼类也应该煮熟。②结合生产情况清理塘泥，清毒鱼塘，这对消灭尾蚴、灭螺均有一定的效果。此外，也要禁止在水塘上修建厕所以防止污染。

46．猫后睾吸虫

（1）流行病学和食品卫生学意义

猫后睾吸虫（Opisthorchis felineus）病呈地区性流行，分布于欧洲、西伯利亚、印度等地。寄生于猫、犬、狐、猪、

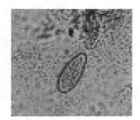

图 2-133　猫后睾吸虫虫卵

在其消化道内孵化为幼虫。幼虫期包括毛蚴、胞蚴、雷蚴及尾蚴。尾蚴的一般构造及姿态，腹吸盘不明显，位于排泄囊的稍前方。排泄囊呈圆形。

第二中间宿主为若干淡水鱼，尾蚴侵入鱼的组织内变为囊蚴，呈卵圆形或圆形。囊蚴的排泄囊呈卵圆形，内含黑色颗粒团块，可以看到其口吸盘和腹吸盘。脱囊后的后尾蚴呈长椭圆形，全身被小刺。食道相对较长。人因食用含有囊蚴的鱼类而感染。

生活史　成虫寄生于猫、犬及人胆道中，排出的虫卵随胆汁进入小肠，经粪便排出体外。此时虫卵内含有已经发育的毛蚴，但它不能在水中孵出。当中间宿主吞食该虫卵后，在其肠道内孵出毛蚴，毛蚴呈梨形。毛蚴穿过螺的肠壁进入螺的体腔，在此大约经过一个月发育成含有雷蚴的胞蚴，雷蚴自胞蚴逸出进入螺的肝内。此后，雷蚴体内发育成尾蚴。尾蚴为冠尾蚴，体前端密布细棘，体后端无棘。逸出的尾蚴在水中游动，如果遇到第二中间宿主——鱼类，便脱掉尾部经皮钻入鱼的组织内。当终宿主生食或半生食感染猫后睾吸虫囊蚴的鲤科鱼时，囊蚴经胃肠液的作用，后尾蚴自囊逸出，经胆管和胆囊钻入肝脏的胆管内，经3~4周即发育至成虫。从虫卵至成虫的全部发育约需4个月（图 2-135）。

（3）致病性

终宿主因吃入含有活囊蚴的鱼而感染，基本同麝猫后睾吸虫。猫后睾吸虫感染可致门脉周围性肝硬化，这些肝硬化均可能导致门静脉高压症伴发食管静脉曲张破裂引起大出血。

（4）检测和控制

基本同麝猫后睾吸虫。

47．珍珠新穴吸虫

（1）食品卫生学意义

由珍珠新穴吸虫（Neodiplostomum seoulensis）引起

猪獾和其他哺乳动物及人的肝胆管中。严重危害着人、畜的健康，是一种人兽共患病。在上述地区，估计约有 1 亿人受猫后睾吸虫感染。人因食用含有囊蚴的鱼类而感染。在自然界，此虫虫卵的存活期受环境因素的影响而很不稳定。

（2）生物学特性

猫后睾吸虫成虫体长 7~12mm。体表无棘，但未成熟的成虫有时还可以见到尾蚴所具有棘的痕迹。虫卵呈浅黄色，长椭圆形，与华支睾吸虫虫卵相似，但是长宽比例稍有不同，卵壳内含有一个成熟的毛蚴（图 2-133，图 2-134）。

本虫的虫卵随宿主粪便排出后，被数种豆螺所吞食，

图 2-134　猫后睾吸虫

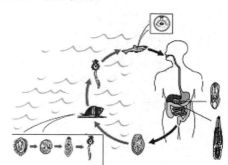

图 2-135　猫后睾吸虫生活史

的人类疾病［珍珠新穴吸虫病（neodiplostomiasis）］目前仅发现于朝鲜和中国。人的感染主要是因为食用生的和半生不熟的蛇和蛙所引起。

（2）生物学特性

成虫呈勺形，长 0.8~1.2mm，腹侧面凹槽发育良好，吸盘类似圆形或椭圆形，位于虫体的 1/3 处，正好是腹吸盘后沿的后边。卵为金黄色，呈不对称椭圆形（图 2-136，图 2-137）。

生活史　第一中间宿主是淡水螺、圆扁螺和隔扁螺。第二中间宿主是蝌蚪和青蛙。家鼠和蛇是终末宿主。

（3）致病性

与其他吸虫病比较症状轻微，一般为轻微的胃肠炎。人感染发病后的主要症状为：头痛、上腹部痉挛、发胀和不适，以及突然高热。

（4）检测和控制

检测主要依据回收的虫卵。预防措施主要是禁止食用生的和半生不熟的蛇和蛙。

48．斜睾吸虫

（1）流行病学和食品卫生学意义

斜睾吸虫（Plagiorchis spp.）的分布地区很广，人体

成虫　　　虫卵

图 2-136　珍珠新穴吸虫及其虫卵

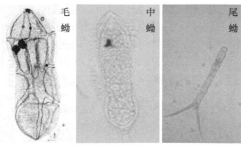

图 2-137　珍珠新穴吸虫 3 个发育阶段的形态

感染报告见于日本、北美、爪哇、菲律宾及泰国东北部，是一种人兽共患病病原体。人体因食生螺蛳而被感染，也可能由于吞入或饮用含摇蚊幼虫的水而被感染。菲律宾某些地区的土著人有吃食昆虫幼虫（蜻蜻）的习惯，也可成为本虫的感染源。爪哇斜睾吸虫（*P. javensis*）、哈氏斜睾吸虫（*P. harinasutai*）、鼠斜睾吸虫（*P. muris*）等斜睾吸虫在泰国和印度尼西亚的患者中发现。在我国已发现兆斜睾吸虫（*P. glyptothoraxis*）寄生于宽鳍纹胸兆肠中；鳜斜睾吸虫（*P. sinipercae*）寄生于鳜鱼，分布于江西。此外，还有 1 种摩林斜睾吸虫（*Metaplagiorchis molini*），寄生于缨口鳅，分布于福建。2003～2006 年，对河南省 9 个产地 2 科 4 属 7 种 59 只蝙蝠的消化道进行调查，发现斜睾科斜睾属吸虫 2 种：朝鲜斜睾吸虫（*P. koreanus*）和蝙蝠斜睾吸虫（*P. vespertilionis*）。前者在宿主中的感染率为 25.42%，后者在宿主中的感染率为 3.39%。在内蒙沙狐中发现有优美斜睾吸虫（*P. elegans*），感染率为 5.3%。

（2）生物学特性

体为卵圆形，具棘，长为 2.9mm。睾丸一对，前后排列，阴茎囊发达，不具受精囊，生殖孔开口于肠支分叉与腹吸盘之间。卵巢位于睾丸之前，卵黄腺起自腹吸盘之前，可延伸至体末端。排泄囊囊状（图 2-138）。

成虫寄生于人和动物的小肠。有的种还寄生于动物的胆囊、输尿管和泄殖腔。对终末宿主的损害不清楚。离开人、兽宿主的虫卵如鼠斜睾吸虫的虫卵随宿主粪便排出，被第一中间宿主椎实螺（*Lymnaea emarginata*）吞食后孵化出毛蚴。经母胞蚴、子胞蚴产生尾蚴。一些尾蚴有早熟现象，在第一中间宿主螺体内的子胞蚴中结囊为囊蚴。其他尾蚴从第一中间宿主逸出，侵入第二中间宿主摇蚊幼虫、淡水虾和某些椎实螺发育为囊蚴。鸟、

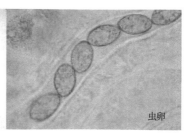

成虫　　　　　虫卵

图 2-138　斜睾吸虫和虫卵

狗和鼠也可作为第二中间宿主。

（3）致病性

成虫寄生于人和动物的小肠。有的种还寄生于动物的胆囊、输尿管和泄殖腔。对终末宿主的损害不清楚，致病力不强或不致病。在软体动物体内的发育对宿主繁殖功能有抑制作用。雷蚴能侵蚀宿主螺的性腺组织及神经内分泌系统；胞蚴对宿主螺有"阉割"作用。

（4）检测和控制

粪检虫卵，驱虫鉴定。生吃昆虫等食品应注意安全。

49. 原角囊吸虫

（1）食品卫生学意义

原角囊属包含哥氏原角囊吸虫（*Procerovum calderoni*）、多变原角囊吸虫（*P. varium*）、施氏原角囊吸虫（*P. sisoni*）和陈氏原角囊吸虫（*P. cheni*）。人感染见于中国、非洲和菲律宾等，主要是因为食用了未充分烹调的鱼类而感染。

（2）生物学特性

成虫形态特征为腹吸盘发育不全，睾丸单个，贮精囊远端囊壁增厚成驱出管。虫体微小，成虫体长一般为 0.3～0.5mm，最大不超过 2～3mm，体表具有鳞棘。呈椭圆型，前半略扁，后半较肥大，除口、腹吸盘外，很多种类还有生殖吸盘。卵小，各种异形吸虫的虫卵形态相似，自宿主体内排出时卵内已含成熟的毛蚴（图 2-139，图 2-140）。

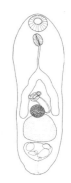

图 2-139　多变原角囊吸虫　　图 2-140　原角囊吸虫后尾蚴

各种原角囊吸虫的生活史基本相同，成虫寄生于终宿主鸟类及哺乳动物的肠道，产出的虫卵随宿主粪便进入水里。虫卵被第一中间宿主淡水螺类吞食，毛蚴在其

085

体内孵出，历经胞蚴、雷蚴（1～2代）和尾蚴阶段后，尾蚴从螺体逸出，侵入第二中间宿主鱼或蛙体内，发育为囊蚴。终宿主如鸡、鸭和鼠类吞食含有囊蚴的鱼或蛙而获感染，囊蚴在终宿主消化道内脱囊，在小肠发育为成虫并产卵。

（3）致病性

临床表现因寄生的虫数多少及是否有异位寄生而异。虫数少时症状轻微甚或无明显表现，虫数多时可引起消化功能紊乱，主要表现为腹痛、腹泻。

（4）检测和控制

检查虫卵。不吃生鱼是防止本虫感染最好的办法。

50. 斑皮吸虫

（1）食品卫生学意义

斑皮吸虫（*Stictodora fuscata*）属异形科异形吸虫，体形较小，常寄生于脊椎动物宿主的肠道中，在人类寄生虫病中并不常见，能引起斑皮吸虫感染（stictodoriasis）。有记载的为来源于食鹤和哺乳动物，来自于常吃咸水鱼的青年人粪便中。患者习惯于吃生鲜鲱鲅鲦、鲈鱼和鰕虎鱼等，这些在朝鲜海边的鱼类感染率为 6.7%。

（2）生物学特性

虫体长为 0.9～0.98mm，口腔吸器圆形，直径为 0.08mm，前咽短，咽直径 0.07mm；食管细长；盲肠宽，壁厚，分叉后有个卷曲，延伸至虫体末端，生殖盘下软组织中有腹吸盘。特殊结构包括带刺腹殖盘（有 12～15 个刺状突起），并未遮盖生殖孔（图 2-141，图 2-142）。

图 2-141　斑皮吸虫

图 2-142　斑皮吸虫后囊蚴

（3）致病性

患者表现为疲劳、衰弱、消化不良、心悸。在粪样中见有卵，患者常吃鲱鲅鲦、鲈鱼和鰕虎鱼等。

（4）检测和控制

粪便检查虫卵，鱼类检查虫体。对生吃或烧烤鱼类食品要非常注意其卫生状况，最好熟透再吃。

51. 大复殖孔绦虫

（1）食品卫生学意义

大复殖孔绦虫（*Diplogonoporus grandis*）是鲸常见的寄生虫。海鱼为第二中间宿主。人体感染日本报告 200 多例，主要是因为吃了没有充分烹调好的鱼类食品而感染。虫体引起腹痛、交替性腹泻和便秘、继发性贫血、倦怠和脉搏加快。

（2）生物学特性

此虫每个节片有一套生殖器官，成虫全长为 273cm。虫卵前端厚，后端薄，卵壳较厚。大复殖孔绦虫成熟节片宽大于长，每节内含 2 套或 2 套以上的雌雄生殖器官。睾丸和卵黄腺分布于中线和两侧，雄茎、阴道和子宫开口于子宫纵行上。子宫盘曲紧密（图 2-143，图 2-144）。

图 2-143　大复殖孔绦虫头节

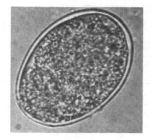

图 2-144　大复殖孔绦虫虫卵

（3）致病性

成虫主要寄生于人的小肠，引起人的胃肠道症状，腹痛、腹泻、便秘、贫血。

（4）检测和控制

检测粪便中的节片和虫卵。不吃生鱼类食品。

52. 阔节裂头绦虫

（1）流行病学和食品卫生学意义

阔节裂头绦虫（*Diphyllobothrium latum*）寄生于人和多种食鱼动物，如犬、猫、狐、熊、狼、狮、虎等动物，成虫主要寄生于犬科食肉动物，也可寄生于人，裂头蚴寄生于各种鱼类，是一种人兽共患病病原体。人的感染多由于食用了没有熟透的鱼类食品。在人群中感染率最高的是北加拿大的爱斯基摩人（83%），其次是前苏联（27%）和芬兰（20%～25%）。我国仅在黑龙江和台湾省有数例报道。不同国家和民族虽食鱼方式不同，但喜吃生鱼及鱼片，或用少量盐腌、烟熏的鱼肉或鱼卵、果汁浸鱼，以及在烹制鱼过程中尝味等都极易受感染。流行地区人类污染河湖等水源也是一重要原因。阔节裂头绦虫主要分布在欧洲、美洲和亚洲的亚寒带和温带地区，以俄罗斯患者最多。

（2）生物学特性

成虫虫体较长大，可长达 10m，最宽处 20mm，具有 3000～4000 个节片。头节细小，呈匙形，长 2～3mm，

其背、腹侧各有一条较窄而深凹的吸槽，颈部细长。虫卵近卵圆形，呈浅灰褐色，卵壳较厚，一端有明显的卵盖，另一端有一小棘（图 2-145，图 2-146）。

其生活史见图 2-147。

图 2-145　鱼体内的阔节裂头绦虫

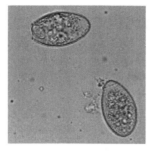

图 2-146　阔节裂头绦虫虫卵

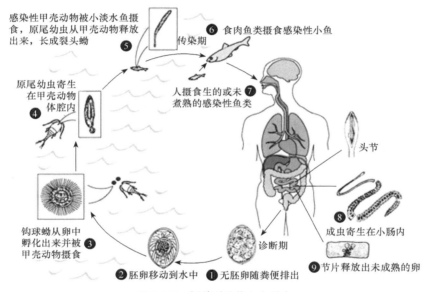

图 2-147　阔节裂头绦虫生活史

（3）致病性

成虫寄生于人、兽宿主小肠。人体感染多无明显症状，有些患者有轻度腹痛、腹泻，自感疲乏、无力和肢体麻木。由于虫体夺取宿主的维生素 B$_{12}$，引起相似于恶性贫血的大红细胞贫血，并常发生感觉异常、运动失调、深部感觉缺陷等神经症状。动物临床表现与人相似，主要为呕吐、腹痛和轻度慢性肠炎。被毛粗硬、蓬乱，皮肤干燥，有的出现贫血神经症状。

（4）检测和控制

检查粪便中的虫卵和节片。

加强卫生宣传教育，改变食鱼习惯，不食生的和不熟的鱼肉，也不用生鱼或其废料饲喂犬、猫。避免粪便污染河湖。在本病流行区，特别是在嗜食生鱼的地区，供应市场的鱼类事先作冷冻处理可降低人群感染率。

53．双线绦虫

（1）食品卫生学意义

双线绦虫（Digramma brauni）对人的感染或寄生非

常少见，是一种机会感染寄生虫。人因食用了未熟透的鱼类食品而感染，引起人的贫血等病症。

（2）生物学特性

第一中间寄主为桡足类，钩球蚴进入其体腔中经过 9～10d 的发育，变为成熟的原尾蚴。第二中间寄主为鱼类，鱼吞食了感染原尾蚴的桡足类，原尾蚴在鱼类体腔内发育，通常要到第二年才能达到侵袭期。终寄主为食鱼鸟类，原尾蚴在终寄主的肠内发育，很快就变为成虫。双线绦虫易感寄主主要是鲢鱼种，而鲤鱼种感染种类以舌状绦虫裂头蚴居多。

（3）致病性

双线绦虫的幼虫寄生在鱼的体腔内，人因食用含该寄生虫的没有熟透的鱼类食品偶然感染，一般引起腹泻、贫血等损害。双线绦虫主要对鲢鱼种造成较大危害，最高的池塘感染率达 92%。患病鱼种越冬死亡率最高为8.4%，但各年段感染不尽一致，主要和水体环境改变（因干旱引起水面积减小）和水鸟的活动有关。患病鲢鱼从外观看，腹部膨大，局部凸起，早春冰融后体质明显消

瘦，腹部膨大更加明显，腹肌极薄，用力挤压腹部，裂头蚴可从胸鳍处钻出。

（4）检测和控制

虫体和节片作为检测依据。不吃生鱼类是控制本病的最好方法。

54. 缩小膜壳绦虫

（1）食品卫生学意义

缩小膜壳绦虫（*Hymenolepis diminuta*）在鼠类中感染极为普遍，人体感染比较少见。人体感染主要是因误食了含有似囊尾蚴的昆虫而引起。缩小膜壳绦虫的中间宿主种类较多，分布广泛，特别是它的最适中间宿主大黄粉虫和谷蛾等都是常见的仓库害虫，生活在仓库、商店和家庭的粮食中。

（2）生物学特性

缩小膜壳绦虫又称长膜壳绦虫，主要流行于鼠类，偶然寄生于人体，引发人群中的膜壳绦虫病（hymenolepiasis diminuta）。成虫与微小膜壳绦虫基本相同，但虫体较微小膜壳绦虫大（表2-13，图2-148，图2-149）。

表 2-13　缩小膜壳绦虫与微小膜壳绦虫形态区别

区别	微小膜壳绦虫	缩小膜壳绦虫
虫体	小型绦虫，长5～80mm	中型绦虫，长200～600mm
节片数	100～200节	800～1000节
头节	顶突发育良好，可自由伸缩，上有小钩20～30个	头节呈球形，直径0.2～0.5mm，顶突发育不良，凹入，不易伸缩，无小钩
孕节	子宫袋状	子宫袋状，但四周向内凹陷呈瓣状
虫卵	较小，圆形或近圆形，（40～60）μm×（36～48）μm，无色透明，卵壳较薄，胚膜两端有4～8根丝状物	稍大，多为长圆形，（60～79）μm×86μm，黄褐色，卵壳较厚，胚膜两端无丝状物，但卵壳与胚膜间有透明的胶状物

图 2-148　缩小膜壳绦虫虫卵

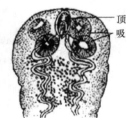

图 2-149　缩小膜壳绦虫成虫

与微小膜壳绦虫的生活史相似，但发育必须经过昆虫中间宿主。中间宿主包括蚤类、甲虫、蟑螂、倍足类和鳞翅目昆虫等20余种，以大黄粉虫、谷蛾、具带病蚤和印鼠客蚤多见。成虫寄生在终宿主小肠中，脱落的孕节和虫卵随粪便排出体外。虫卵被中间宿主吞食后，在其肠中孵出六钩蚴，然后穿过肠壁至血腔内经7～10d发育成似囊尾蚴，鼠类或人吞食了带有似囊尾蚴的昆虫后，似囊尾蚴在肠腔内经12～13d发育为成虫。

（3）致病性

感染者一般无明显的临床症状，或仅有轻微的神经和胃肠症状，如头痛、失眠、磨牙、恶心、腹胀和腹痛等，严重者可出现眩晕、精神痴呆或恶病质。

（4）检测和控制

用定量透明法（即改良加滕氏厚涂片法）易检出，且可定性和定量。

应注意个人卫生和饮食卫生，积极消灭仓库害虫等中间宿主和作为保虫宿主的鼠类，杜绝传染源。

55. 微小膜壳绦虫

（1）食品卫生学意义

微小膜壳绦虫（*Hymenolepis nana*）又称短膜壳绦虫，是寄生于人或鼠类的小肠而引起的一种人兽共患的肠道寄生虫病。本虫发育无需中间宿主，也可通过昆虫（鼠蚤和面粉甲虫）作为中间宿主。

微小膜壳绦虫在食品、水源和食品加工者中均能分离到，呈世界性分布，在温带和热带地区较多见。国内分布也很广泛，有17个省、自治区、直辖市查到感染者，各年龄组人群都有受感染记录，但以10岁以下儿童感染率较高。

由于微小膜壳绦虫生活史可以不需中间宿主，由虫卵直接感染人体，故该虫的流行主要与个人卫生习惯有关。虫卵主要通过手-口的方式进入人体，特别是在儿童聚集的场所更易互相传播。鼠类在本病的流行上起着储存和传播病原体的作用。

（2）生物学特性

成虫大小为（5～80）mm×（0.5～1）mm，平均长度为20mm。头节呈球形，直径0.13～0.4mm，具有4个吸盘和1个短而圆可自由伸缩的顶突，顶突上有一圈小钩，20～30个排成单环状。卵巢呈分叶状，位于节片中央。孕节子宫呈袋状，充满虫卵并占据整个节片（图2-150）。

虫卵椭圆形或圆形，无色透明，卵壳很薄，其内有

图 2-150 微小膜壳绦虫

较厚的胚膜，胚膜内含有一个六钩蚴。

微小膜壳绦虫的发育分为不经过中间宿主和经过中间宿主两种不同方式而完成其生活史。成虫寄生在鼠类或人的小肠内，脱落的孕节或虫卵随宿主粪便排出体外，若被另一宿主吞食，虫卵在其小肠内孵出六钩蚴，然后钻入肠绒毛，约经 4d 发育为似囊尾蚴（cysticercoid），6d 后似囊尾蚴突破肠绒毛回到肠腔，以头节吸盘固着在肠壁上，逐渐发育为成虫（图 2-151）。

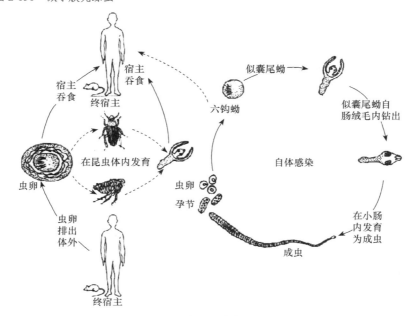

图 2-151 微小膜壳绦虫生活史

若虫卵在宿主肠道内停留时间较长，也可直接孵出六钩蚴，然后钻入肠绒毛经似囊尾蚴发育为成虫，即在同一宿主肠道内完成其整个生活史，称自体感染（autoinfection），并可在该宿主肠道内不断繁殖，造成自体内重复感染。

经中间宿主发育 印鼠客蚤、犬蚤、猫蚤和致痒蚤等多种蚤类幼虫和面粉甲虫（Tenebrio sp.）和拟谷盗（Tribolium sp.）等均可作为微小膜壳绦虫的中间宿主，虫卵可在昆虫血腔内发育为似囊尾蚴，鼠和人若食入此种昆虫，即可获得感染。

成虫除寄生于鼠和人体外，还可感染其他啮齿动物如旱獭、松鼠等。在犬粪便中发现过微小膜壳绦虫虫卵。

（3）致病性

人体感染虫数少时，一般无明显症状，感染严重者特别是儿童可出现胃肠道和神经症状，如恶心、呕吐、食欲不振、腹痛、腹泻，以及头痛、头晕、烦躁和失眠，甚至惊厥等，少数患者还可出现皮肤瘙痒和荨麻疹等过敏症状。除寄生于肠道外，微小膜壳绦虫还可侵犯其他组织。

（4）检测

从患者粪便中查到虫卵或孕节为确诊的依据。采用水洗沉淀法或浮聚浓集法均可增加检出虫卵的机会。

56．曼氏迭宫绦虫

（1）食品卫生学意义

曼氏迭宫绦虫病和曼氏裂头蚴病（sparganosis mansoni）由曼氏迭宫绦虫（Spirometra mansoni）寄生于人体引起。曼氏迭宫绦虫又称孟氏裂头绦虫，成虫主要寄生在猫科动物，偶然寄生于人体。但中绦期裂头蚴可在人体寄生，导致曼氏裂头蚴病，其危害远较成虫为大。国内分布于青海、西藏、广西、贵州；国外分布在世界各地区。人体感染途径主要有两种：裂头蚴或原尾蚴经皮肤或黏膜侵入，或误食裂头蚴或原尾蚴。主要感染方式如下：①生食或半生食蛙、蛇、鸡或猪肉；②局部贴生蛙肉，在我国某些地区，民间传说蛙有清凉解毒作用，因此常用生蛙肉敷贴伤口，若蛙肉中有裂头蚴可经伤口、正常皮肤或黏膜侵入人体；③误食感染的剑水蚤，游泳时或饮用生湖水、塘水等，误食入感染的剑水蚤。

（2）生物学特性

大型个体，成虫体长 60～100cm。头节细小，呈指状，其背腹面各有一条纵行的吸槽。卵巢由左右两瓣组成。子宫具 15～30 个两侧分支。卵与六钩蚴均呈球形。裂头蚴长带形，白色，约 300mm×0.7mm，头部膨大，末端钝圆，体前端无吸槽，中央有一明显凹陷，是与成虫相似的头节。体不分节但具横皱褶（图2-152）。

（3）致病性

成虫感染　曼氏迭宫绦虫成虫偶尔寄生于人体小肠，虫体机械性和化学性刺激可引起腹部不适、微痛、恶心呕吐等消化道症状。

裂头蚴病　裂头蚴寄生于人体引起裂头蚴病，较多见。被寄生部位可形成嗜酸性肉芽肿囊包，致使局部肿胀，甚至发生脓肿。常见的有：眼裂头蚴病；皮

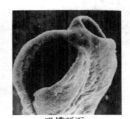

虫卵　　　　　吸槽　　　　　吸槽顶面

图2-152　曼氏迭宫绦虫头节吸槽和吸槽顶面、虫卵

下裂头蚴病，可形成游走性皮下结节，多见于四肢、胸部、颈部等处；口腔颌面部裂头蚴病；脑裂头蚴病；内脏裂头蚴病。曼氏迭宫绦虫的幼虫裂头蚴可以寄生在人体。幼虫还可以寄生在人的四肢、皮肤、口腔和内脏。

（4）检测和控制

检测其虫卵和节片。不生食或半生食蛙、蛇、猪等肉，不用蛙肉贴敷伤口，不饮用生水等以防感染。

57．中殖孔绦虫

（1）食品卫生学意义

寄生于犬、猫和野生食肉动物（狐狸、皖熊、郊狼等）的小肠中，线中殖孔绦虫（*Mesocestoides lineatus*）是食肉动物的绦虫，偶见于人体。欧洲、亚洲、非洲及北美洲等地均有分布，在我国的北京、长春、浙江、黑龙江、甘肃及新疆的犬体内、黑龙江的猫及人体内均有发现。人体一般只有通过非正常饮食习惯才能感染，感染是由于食入有四盘蚴的第二中间宿主的肉、血、胆和其他脏器所致。

（2）生物学特性

虫体乳白色，长30～250cm。头节大，顶端平而稍凹陷，具有4个长圆形的吸盘，无顶突和小钩。卵长圆形，有两层薄膜，内含六钩蚴。颈节很短，成节近似方形，每节有一套生殖系统。

生活史尚未完全阐明，一般认为整个生活史需要3个宿主才能完成。多数中殖孔绦虫需啮齿类、爬行类、鸟类或哺乳类作为第二中间宿主，在这些动物体内发现的幼虫称为四盘蚴。

（3）致病性

人或其他终宿主食入感染期幼虫四盘蚴受到感染。

人体感染时呈现食欲不振、消化不良、精神烦躁、体渐消瘦等。病畜呈现食欲不振、消化不良、被毛无光泽。严重感染时有腹泻。在腹腔内可引起腹膜炎及腹水等。

（4）检测

粪便检查时，发现极活跃的2～4mm长呈桶状的孕节即可作出诊断。人感染后3～4个月后开始自粪便中排出米粒大小的"白点"状物，即孕节。

58．德墨拉瑞列绦虫

（1）食品卫生学意义

德墨拉瑞列绦虫（*Raillietina demeraiensis*）寄生于人、野生啮齿类和猴类。可引起人兽共患的德墨拉瑞列绦虫病。分布地区为南美北部、西印度群岛、圭亚那、厄瓜多尔、古巴和巴西。人的感染主要是吃生鱼类食品造成的。

（2）生物学特性

成虫长10～20cm，有5000个节片，节片宽大于长。头节具有卵圆形的吸盘4个，每个吸盘上有8～10排小钩，顶突具有两圈小钩。成节有睾丸26～46个。卵巢位于节片中央，椭圆形，有10～15个分瓣。孕节长稍大于宽，每节含200～250个储卵囊。

（3）致病性

德墨拉瑞列绦虫可感染鸟类、家禽和哺乳动物，人类也有被感染的报道。被感染者表现为消化系统紊乱，如轻度腹泻等。

（4）检测和控制

虫体和节片是检测依据。不吃生鱼类食品是防止本病发生的最好办法。

第三节　动物性食品化学性污染的危害

一、概述

近年来，我国杀虫剂、除草剂等农药使用量在增加，无论是人工合成的还是天然合成的农药（包括代谢产物）对人类健康都有潜在危害，严重时可致人死亡。这些农药一般为开放性使用，能够对大气和水源造成污染。有些物质还会在环境中持久存在，并可以通过食物链在生态系统中产生生物放大效应。农药的使用对食品安全直接产生的影响有：农药通过残留形式进入食品，敏感个体只要少量接触就会产生有害生物学效应，而滥用和事故性污染也可能大量超标。而那些在环境中不容易降解、化学性质稳定的有机污染物称为环境持久性有

机污染物。

此外，环境内分泌干扰物对人体的危害也是严重的，现已被证实的内分泌干扰物的环境化学物质达数百种之多，可来自天然和人工合成化学品，包括烷基酚类、二噁英及来自塑料和食品包装材料的邻苯甲酸酯类等。对人影响尤为严重，可损害儿童认知功能。

除了农药残留之外，在动物饲养过程中预防和治疗动物疾病时使用兽药也会造成兽药残留问题。其中首先被关注的是抗微生物制剂，它们的潜在危害使人们在治疗疾病时产生抗药性、肠道菌群失调，污染来源包括农药、染料、洗涤剂、塑料制品原料、食品添加剂等。

二、化学性食物中毒

化学性食物中毒主要指一些有害的金属、非金属及其化合物如农药、亚硝酸盐等化学物质污染食品而引起的中毒。化学性食物中毒包括有害元素（金属、非金属）食物中毒、农药食物中毒、食品添加剂食物中毒等。化学物使用或污染食品后，数量大时可引起急性食物中毒，但多数情况下是出现蓄积性的慢性食物中毒。

1. 有害元素食物中毒

有些物质通过食物进入人体后呈现毒性作用，危害人类健康，称为有害元素。目前已证实的有害元素主要有汞、镉、铅、砷、铬、锡等。多数有害元素的生物半衰期较长，如汞形成的甲基汞在比目鱼等水产品中生物半衰期为 400～700d，在人体内为 70d，铅和镉在人体内的生物半衰期分别长达 1460d 和 16～31 年，随着有害元素在人体内蓄积量的增加，机体便出现各种病理反应。有害元素能否对人体造成危害与其在食品中存在的量和浓度有密切关系。例如，汞元素虽被定为世界公害之一，但在食品中的含量很微时，不会对人体引起毒害作用。反之，虽然有的元素是必需元素，若含量过多、浓度过大，也会产生不良影响，成为有害元素。因此，有害元素对人体健康的影响是相对的。有害元素对食品的污染在国内外都是一个十分严重的问题。据我国有关部门检测，汞、铅、镉、砷、铬、锡等有害元素对我国的食品有不同程度的污染，在粮食、谷类、鱼、肉、蛋、乳、蔬菜中都可检出，动物性食品的检出率较高。因此，必须对食品中有害元素进行检测，以了解有害元素的种类和含量，防止有害元素通过食品危害人体健康，同时给食品生产和卫生管理提供科学依据。

（1）汞引起的食物中毒

汞及其化合物都是有毒物质，不同汞盐的毒性主要取决于它的浓度和存在形式，有机汞的毒性比无机汞大得多。进入人体的汞主要是来自被污染的食物，被污染的鱼、贝类是食物中汞的主要来源，且无机汞经鱼体及微生物作用，甲基化后转化成毒性更强的有机汞。通过食物摄入体内的汞，主要是甲基汞。甲基汞进入人体后不易降解，排泄很慢，在人体中的生物半衰期为 70d，特别易在脑中积累，造成神经中枢损伤。"易兴奋症"、

汞毒性震颤、汞毒性口炎等为汞中毒的典型症状。甲基汞主要侵犯神经系统，特别是中枢神经，损害最严重的是小脑和大脑，在体内易与巯基结合，干扰蛋白质和酶的生化功能。中毒有急性、亚急性、慢性和潜在性中毒 4 个类型。此外，甲基汞还可通过胎盘损害胎儿，引起胎儿先天性汞中毒。通过食物被吸入人体的甲基汞可直接进入血液，主要与红细胞结合，少数存留在血液中，两者之比约为 10∶1。有人调查，红细胞的汞含量一般为 0.004～0.005μg/g，而日本水俣病患者可达 0.4μg/g。我国个别地区水中汞含量高达 55μg/L，甲基汞为 0.7μg/L；水产品中的汞含量为 0.054mg/kg，其中甲基汞为 0.05mg/kg；鱼体汞为 0.74mg/kg，其中甲基汞达 0.44mg/kg。污染了汞的食品，加工时很难将其去除，如食用汞含量为 5～6mg/kg 的粮食，15d 后即可有中毒现象出现，食用汞含量为 0.2～0.3mg/kg 的粮食，半年后即可能有中毒发生。国外报道，成人正常膳食中平均摄入汞量为 10μg/d。

我国食品中汞最大容许残留限量（MRL）标准是：牛奶 0.01mg/kg，鱼和其他水产品 0.3mg/kg，肉、去壳蛋和油 0.05mg/kg，粮食 0.02mg/kg，蔬菜、水果 0.01mg/kg 等。有的国家规定商品鱼中汞含量应小于 0.7mg/kg。1972 年 WHO 建议：成人每周暂时允许摄入量应小于 0.3mg/kg，约相当于 0.05mg/kg 体重，其中甲基汞摄入量不得超过每人每周 0.2mg，约相当于 0.033mg/kg 体重。1978 年，美国鱼汞限量为 0.5μg/g，每日进食汞量小于 30μg/70kg 体重。

（2）镉引起的食物中毒

镉在工业上应用十分广泛，在工业"三废"中含有大量的镉。含镉工业废水排入水体，可使水中生存的鱼类、贝类和水生生物体受到污染。水生生物能从水中富集镉，其体内镉的浓度可比水体高 4500 倍。据报道，海产品的生物富集系数可达 10^5～（$2×10^6$）。在污染区贝蚧中镉的含量可高达 420mg/kg，而非污染区仅为 0.05mg/kg。含镉废水和废渣还可直接污染土壤，有些农作物能从土壤中吸收镉而使其含量增加。镉的毒性较大，是最常见的污染食品和饮料的有害元素之一。镉可通过污染的土壤、生物富集、含镉化肥的使用及容器污染而导致食品污染。据报道，日本东京湾地区鱼虾含镉量为 0.1～0.3mg/kg。我国的镉污染也比较严重，沈阳、天津、上海、湖南、江西、桂林、河南等地均有不同程度的镉污染。各种食物被镉污染的情况差异较大，甜菜、洋葱、豆类和萝卜最易受污染，而大麦、番茄、洋葱稍差；谷类能蓄积较多的镉。海产食品、肉类含镉量较高，特别是肾脏、脂肪、油类、食盐、烟叶中的镉平均含量比饮料、水果和蔬菜高。在海产食品中，贝类含镉量最高。有些食品容具和包装材料，特别是金属容具，可在与食品接触过程中造成镉的污染。

镉经口摄入后有 1%～6% 被吸收，其吸收率与食物中镉的存在形式有关，与食物中的蛋白质及维生素 D

和钙的含量也有关。水溶性的镉盐，如氯化镉、硝酸镉对人体的毒性较高。镉主要在人体的肾脏，其次为肝脏中蓄积。进入人体内的镉最初存在于血清中，随后多数进入红细胞，并与红细胞中的血红蛋白及金属巯基组氨酸三甲基钠盐结合。其中大部分进入肾脏和肝脏，美国对 18 名死亡的男子进行了镉含量分析，肾脏中镉的浓度为 30.7mg/kg，肝脏中为 2.34mg/kg。成人体内肝脏和肾脏中的镉约占体内总量的一半。镉的生物半衰期长达 40 年，随食品进入人体的镉因蓄积作用而长期潴留在体内，可产生慢性中毒。镉中毒主要表现在肾脏严重受损，发生肾炎及肾功能不全，出现蛋白尿、糖尿及氨基酸尿，骨质软化、疏松或变形，全身刺痛，易发生骨折。镉还可引起高血压、动脉粥样硬化、贫血及睾丸损伤等。镉可以干扰含锌的酶系统，当进入机体的镉大于生物体的锌量时，通过镉、锌的置换，使需锌的酶系统的活力受到抑制和破坏，并引起一定的毒性表现，特别是高血压等。

世界卫生组织 1972 年建议，镉的日许量（ADI）应为"无"，而暂时允许每周摄入量为 400～500μg/成人，或 8.3μg/kg 体重。

（3）铅引起的食物中毒

铅在采矿、冶炼、蓄电池、汽油、印刷涂料、焊接、陶瓷、塑料、橡胶和农药工业中广泛使用，可以通过工业"三废"污染环境和食品，是一种较常见的有害金属。食品在生产、加工、贮藏时均可能遭到铅的污染，如罐头食品铁罐的锡焊部分可溶出铅进入食品中；皮蛋加工时其辅料黄丹粉（氧化铅），由于渗透作用使皮蛋中含铅量达 30mg/kg；在陶瓷容器的釉料中加有氧化铅，未形成硅酸铅的铅，易被食品中的弱酸溶出，造成水平污染，特别是长时间存放酸性食品即可使铅大量溶于食品中。劣质食品添加剂、含铅杀虫剂的使用及生物富集作用也是造成食品污染的重要来源。汽车用的汽油常用四乙基铅作为防爆剂，汽车尾气中排除大量的铅，一辆汽车一年可向空气中排放 2.5kg 铅，其中一半可飘落到公路两侧 30m 内的农作物上，公路附近的农作物含铅量可高达 3000mg/kg。

铅及其化合物对人体都有一定的毒性，有机铅比无机铅毒性更大，尤其是作为汽油防爆剂的四乙基铅及其同系物的毒性更大。人体内的铅主要来自食物，据报道，人体每日摄入的铅来自食物者约为 400μg、水 10μg、城市空气 26μg、农村空气 1μg、吸烟 8μg。食物中的铅经消化道可吸收 10% 左右，食物中铅在人体内的吸收率受食物中蛋白质、钙和植酸等的影响，主要在十二指肠吸收，经肝脏后一部分随胆汁再次排入肠道，体内铅主要经肾脏和肠道排泄。铅在体内的生物半衰期为 1460d，在体内随着蓄积量的增加，机体出现一些毒性反应。铅对有机体的毒性作用主要表现在神经系统、造血系统和消化系统。中毒性脑病是铅中毒的重要病症，表现为增生性脑膜脑炎或局部脑损伤。成年人血铅超过 0.8μg/mL

时，则会出现明显的临床症状，表现为食欲不振、胃肠炎、口腔金属味、失眠、头晕、头痛、关节肌肉酸痛、腰痛、便秘、腹泻和贫血等。铅与机体内的 S-氨基乙酰丙酮脱水酶及血色素合成酶的巯基作用，造成血色素缺乏性贫血，使人外貌出现"铅容"，牙齿出现"铅缘"。另外还可导致肝硬化、动脉硬化，对心、肺、肾、生殖系统及内分泌系统均有损伤作用。

我国食品卫生标准中规定铅的 MRL 为（以 Pb 计，下同）：皮蛋为 2.0mg/kg，冷饮食品、奶粉、甜炼乳、淡炼乳、食盐、味精、酱类、蜂蜜、豆制品、食醋、酒类等为 1.0mg/kg。

（4）砷引起的食物中毒

砷及其化合物在有色玻璃、合金、制革、染料、医药等行业中广泛应用，含砷农药用于畜禽驱虫、疾病防治、种子消毒和防治果树病虫害；含砷添加剂的应用，是环境污染和食品中砷的重要来源。食品中砷的污染主要来自：田间使用含砷农药；含砷矿渣的不适当堆放与流失；被砷严重污染的水和环境对食品的间接污染；使用不符合卫生标准的含砷食品添加剂和食品加工辅助剂。动物组织中的砷含量很低，但水生生物，特别是海洋中的贝蚧类对砷有很强的富集力，其富集系数可高达 3000 以上，一般水产品中砷含量，鱼为 1.9mg/kg，海带和紫菜为 30～40mg/kg，高度污染区的贝类可达 100mg/kg，大海虾为 174mg/kg，小海虾为 15～40mg/kg，鱼肝油中的砷含量为 1.8～30.4mg/kg。鱿鱼中砷含量高达 16mg/kg 左右。水产品中的砷大多以有机砷形式存在，毒性很低。

砷的急性中毒多因误食引起。通过食物长期少量摄入砷主要引起慢性砷中毒，表现为感觉异常、进行性虚弱、眩晕、气短、心悸、食欲不振、呕吐、皮肤黏膜病变和多发性神经炎，颜面、四肢色素异常，称为黑皮症和白斑，心、肝、脾、肾等实质脏器发生退行性病变及并发性溶血性贫血、黄疸等，严重时可导致中毒性肝炎、心肌麻痹而死亡。砷还可通过胎盘引起胎儿中毒。

我国规定砷（均以 As 计）的 MRL：肉、蛋（去壳）、鱼类为 0.5mg/kg，乳为 0.2mg/kg，蔬菜、水果为 0.5mg/kg，粮食为 0.7mg/kg，食用植物为 0.1mg/kg，酱、味精、食盐和冷饮食品为 0.5mg/L，酱油和醋为 0.5mg/L。有的国家规定膳食中砷的允许摄入量为 0.025～0.33mg/kg。WHO 暂定 ADI 为 0.05mg/kg。

2. 食品添加剂食物中毒

食品添加剂具有改善食品的感官性状、防止食品腐败、满足食品加工工艺过程的特殊需要等作用。食品添加剂的种类很多，根据其来源可分为天然食品添加剂和化学合成食品添加剂，每年有 10 000 多种新的添加剂出现在食品加工市场上。天然食品添加剂种类较少，工艺性能差，但无毒性作用或很低；化学合成食品添加剂品种齐全，工艺性能好，但毒性大于天然食品添加剂，特别是因添加剂本身不纯、混有有害物质或用量过大时，易造成对人体的危害。目前在食品中使用的添加剂大多数属于化学合成食品添加剂，少数天然食品添加剂正在开发和推广应用之中。食品添加剂按用途可以分为防腐剂、发色剂、抗氧化剂、漂白剂、食用色素、甜味剂、赋香剂、保水剂、填充剂等共15类。在实际生产中应根据需要和食品添加剂的使用标准予以选择。

按功能可将食品添加剂分成如下几类。

1）通过控制微生物或化学变化而保持食品新鲜，不腐败。

2）保持或改善食品的营养价值，如维生素、矿物质。

3）使产品改善坚硬度、稳定性，帮助油和水的混合，保持潮湿度或预防成块。

4）改善风味或增香，包括香料、风味促进剂、天然的或合成的甜味剂。

5）颜色促进。

使用食品添加剂使食品赋予更多功能，增加货架期和减少浪费。但食品添加剂的使用各国都有相关的规程，严格规定其使用量。对于大多数人来说，食品添加剂是安全的，但极少数可能发生过敏，如食品蛋或小麦成分。

当亚硝酸盐大量进入血液时，将血红蛋白中二价铁离子氧化为三价，正常血红蛋白就转变为高铁血红蛋白，失去输氧能力。高铁血红蛋白大量增加，形成高铁血红蛋白血症。最初，表现为皮肤黏膜青紫；若有20%的血红蛋白转变为高铁血红蛋白，则造成机体组织的缺氧。中枢神经系统对缺氧最为敏感，可引起呼吸困难、循环衰竭及中枢神经系统的损害。亚硝酸盐还有松弛平滑肌的作用，特别是小血管的平滑肌易受到影响，中毒时，造成血管扩张、血压下降。

我国规定硝酸盐（硝酸钠）和亚硝酸盐（亚硝酸钠）只能用于肉类制品和肉类罐头，最大允许使用量分别为500mg/kg和150mg/kg；MRL（以亚硝酸钠计）：灌肠类、肴肉为30mg/kg，火腿、腊肉为20mg/kg，肉类罐头为50mg/kg。

3. 化学污染物引起的其他潜在危害

N-亚硝基化合物按其化学结构分为两大类，即亚硝胺（nitrosamine）和N-亚硝酰胺（N-nitrosamide），亚硝胺比亚硝酰胺稳定，不易分解破坏。两者都是强致癌物并有致畸作用和胚胎毒性。食品中广泛存在亚硝基化合物的前提物，包括：①胺类；②硝酸盐和亚硝酸盐等，可促进亚硝基化。在微生物的作用下，尤其是黑曲霉、串珠镰刀菌等生长繁殖，可使食品中仲胺和亚硝酸盐含量增高，条件合适时，即可形成亚硝胺，人体胃内的酸性环境也有利于亚硝胺的合成。因此，目前认为内源性合成亚硝胺是重要的来源。

肉类、鱼类、酒类、发酵性食品及腌制蔬菜中亚硝基化合物含量较高，食品中的亚硝基化合物主要有二甲基亚硝胺、亚硝基吡咯烷、亚硝基哌嗪、二乙硝基亚硝胺、亚硝基吗啉等。腌制的蔬菜由于硝酸盐还原菌的作用，可将硝酸盐转变为亚硝酸盐，腌制半月左右，亚硝酸盐含量达到高峰。

亚硝胺与亚硝酰胺在致癌机制上是不同的。亚硝酰胺由于其活泼特性，不需经任何代谢激活，即可在接触部位诱发肿瘤，对胃癌的研究有重要意义。而亚硝胺则需在体内经激活后在组织内代谢产生重氮烷，致使细胞和蛋白质甲基化引起遗传因子突变作用而致癌。

多环烃化合物（polycyclic aromatic compound）是食品污染中危害较大的物质之一，包括多环芳烃（PAH）和杂环胺（heterocyclic amines），其中以苯并（α）芘[benzo（α）pyrene，B（α）p]最常见，其主要的污染途径是通过烟尘等工业性污染和食品加工过程中使用烟熏、烘烤等工艺污染，使食品中多环芳烃含量增加。多环芳烃最初发现致皮肤癌，还可使多种器官发生肿瘤。所有的杂环胺都是前致突变物（或致癌物），必须经过代谢活化后才有致癌或致突变作用。经肠道吸收后随血液分布到身体大部分组织，肝脏是代谢杂环胺的主要器官。

烹调食品中的杂环胺类化合物 1977年，Sugimura等科学家发现，直接在明火或炭火上炙烤的鱼和肉烧焦的表面部分，在Ames试验中有强烈的致突变性；其致突变性超过该物质所含苯并芘的致突变活性。家常烹调温度制备的肉类食品也有类似的致突变性。随后的研究证明，这些烹调食品中的致突变物质是一类被称为杂环胺的化合物（heterocyclic amines）。在过去的20年中，已从烹调的鱼和肉类食品及其他含氨基酸和蛋白质的加热材料中分离出了20多种杂环胺，因为杂环胺具有较强的致突变性，且大多数被证明可诱发实验动物多种组织肿瘤。高温烹调肉食品都有致突变性，而不含蛋白质的食品致突变性很低或完全没有。现已证实，食品在100～300℃条件下形成杂环胺的主要前体物质是肌肉中的氨基酸和肌酸或肌酸酐。除了前体物含量外，烹调温度和时间是杂环胺形成的最关键因素。因此，煎、炸、炙、烤的烹调方法所用的温度高，产生的杂环胺多。猪肉从200℃提高到300℃，致突变性可增加5倍。烹调的鱼类和肉类食品是膳食杂环胺的主要来源。

有机污染物以化学农药污染为代表，已有报道表明，癌症发病率的逐年提高与农药使用量成正比，农村儿童白血病的40%～50%诱因是农药。另外，妇女的自然流产率与畸形胎儿出生率的增高都与农药使用有关，某些除草剂可致使胎儿畸形，如小头畸形、多趾等。

三、药物残留的危害

1. 药物残留的概述

药物在动物生产中广泛应用，动物性食品中存在着不同程度的药物残留，即使其残留量很低，对人体的潜在危害也十分严重，药物残留是指药物的原形及其代谢物蓄积或储存于动物的细胞、组织或器官内。动物性食品中的药物残留主要是由于对动物违章用药或用药不当所致。我国近年来也因为药物残留问题而影响动物性食品的出口贸易。

目前世界各国的化学农药品种有 1400 多个，作为基本品种使用的有 40 种左右，按其用途分为杀虫剂、杀菌剂、除草剂、植物生长调节剂、粮食熏蒸剂等；按其化学组成分为有机氯、有机磷、有机氟、有机氮、有机硫、有机砷、有机汞、氨基甲酸酯类等。另外，还有氯化钴、磷化锌等粮食熏蒸剂。农药除了可造成人体的急性中毒外，绝大多数对人体产生的慢性危害多是通过污染食品的形式造成的。某些农药对人和动物的遗传和生殖造成影响，产生畸形和引起癌症等方面的毒素作用。

农药在生产和使用中，可经呼吸道、皮肤等进入人体，主要是通过食物进入人体，占进入人体总量的 90% 左右。

2．药物残留对人体的危害

药物残留对人体的危害一般不表现急性毒性作用，主要表现为变态反应与过敏反应、细菌耐药性、致畸作用、致突变作用、致癌作用及激素样作用等。

（1）变态反应（allergy）与过敏反应（hypersensitivity）

在广泛使用的抗菌药物中有少数药物具有抗原性或进入身体后具有抗原性，能致敏易感个体引起变态与过敏反应，如青霉素、磺胺类药物、四环素及某些氨基糖苷类抗生素等，其中危害最大的为青霉素。变态反应表现形式多样，轻者为红疹，重者发生危及生命的综合征。

（2）细菌耐药性（antibiotic resistance）

细菌耐药性是指有些细菌菌株对通常能抑制其生长繁殖的某浓度的抗菌药物产生耐受性。动物在反复接触某一种抗菌药物的情况下，其体内敏感菌受到选择性抑制，使耐药菌株大量繁殖。在某些情况下，动物体内耐药菌株可通过动物性食品而传播给人，给感染性疾病治疗造成困难。

（3）"三致"作用

由于药物及环境中的化学药品可以引起基因突变或染色体畸变，因此越来越引起人们的关注。例如，苯丙咪唑类抗蠕虫药通过抑制细胞活性，可杀灭蠕虫及其虫卵，故抗蠕虫作用范围广泛。然而，其抑制细胞活性的作用，使其具有潜在的致突变性和致畸性，为此，对所有苯丙咪唑类药物都应进行安全性的毒理学评价，并确定其对消费者的安全界限。人们尤其关注的是具有潜在致癌活性的药物，因为这些药物在肉、蛋和乳中的残留可进入人体。因此，对曾用致癌物进行治疗或饲喂致癌物的食用动物，在屠宰时不允许在其食用组织中有致癌物质残留。氯霉素可引起白血病。

（4）激素样作用

在 30 余年前，具有激素样活性的化合物已作为同化剂用于畜牧业生产，以促进动物生长，提高饲料转化率。由于用药动物的肿瘤发生率有上升的趋势，因而引起人们对食用组织中同化剂残留的关注。1979 年，美国禁用己烯雌酚作为反刍动物及鸡的促生长剂之后，一些国家也相继禁止应用同化剂，尤其是己烯雌酚同化剂。我国

一些水产养殖户用避孕药来增重和增肥水产动物，对人会造成危害。

（5）直接毒害作用

直接毒害的害处是污染环境，危害有益昆虫、鸟类及食品残留。全世界每年至少有 2 万人死于农药污染，100 万人因此得病。农药残留包括用于防治植物的虫、细菌、杂草的农药在食品中和食品上的残留，在食品运输、贮藏、生产、销售时防害虫和细菌所用农药的残留，还包括防治畜禽体表或体内的寄生虫和螨类的农药残留。直接污染：1972 年，伊拉克农民误吃大小麦种子（甲基汞）使 6530 人中毒，459 人死亡。间接污染：使用农药周围环境如水、空气；食物链感染人；事故性污染，如投毒事件、印度毒气泄漏事故，人数以万计；动植物吸收农药，有些易于在脂肪内存留，在体内，有些随时间推移毒性变小，有些则增加了。在体内呈现各种毒性作用：生殖毒性、致癌性、神经毒性等。

四、食品添加剂及食品包装材料对动物性食品安全性的危害

1．关于食用色素的安全性

我们生活中、餐桌上的很多食品都含有色素，允许在食品中添加的食用色素使食品商业价值提高，增加人们的感观诱感，增加食欲，合成色素色彩鲜艳、着色力强、价格便宜。那么人们吃了这些带有色素的食物对身体有没有害处呢？食品中的色素有多少才算是不超标呢？哪些食品可以添加色素，哪些又是不能添加色素的呢？在规定范围内适量添加一些国家允许食用的食品色素是可以的，但是如果超量滥用色素则会危害人们的健康。

食用色素分为天然色素和人工合成色素两种。天然色素主要从植物组织中提取，也包括来自动物和微生物的一些色素。人工合成色素主要指用人工合成方法所制得的有机色素，我国允许使用的食用合成色素有苋菜红、胭脂红、赤藓红、新红、诱惑红、柠檬黄（图 2-153）、日落黄、亮蓝、靛蓝 9 种。天然色素中除藤黄外，其余的都是安全无害的，厂家只要按照生产需要添加使用就可以，但国家对每一种天然食用色素也都规定了最大使用量，以保证安全。而人工合成色素则都是一些合成的化学物质，这些物质并不是对人体有用的营养物质，过量地使用往往会表现出一定危害，所以我国制定了严格的使用规范，每一种人工合成色素都规定了使用量和使用范围。但食品中本身存在的天然色素，在加工保存过程中容易退色或变色，在食品加工中人工添加天然色素成本很高，而且染出的颜色不明快，其化学性质也不稳定，容易退色，因此很多食品生产企业就选择一些合成色素来代替天然色素。婴幼儿食品禁用合成色素。为了保证人们的饮食安全和身体健康，我国对可食用的合成色素在食品中允许使用的品种、范围和添加量都做了严格的规定。《食品添加剂使用卫生标准》明确规定食品

中添加食用色素的范围和用量。例如，苋菜红在果汁（味）饮料类、碳酸饮料等食品中的最大使用量为 0.05g/kg，而在冰淇淋、雪糕、冰棍中的最大使用量仅为 0.025g/kg。亮蓝用于做绿芥末的最大使用量为 0.01g/kg。而粮食和水果等初级产品、牛奶、纯水、肉制品（如肉干、肉脯、肉松）、炒货（如瓜子、松子）等则禁止添加人工合成色素。

现在色素滥用情况确实存在，主要有几种情形，首先是超范围使用，根据国家食品卫生法，色素不允许用在作为原料出售的食品上，即粮食、水果等初级产品上。但一些商贩利用消费者喜欢营养价值高的天然食品如黑米、黑豆、黑芝麻等的心态，在普通的食品上添加色素；其次，一些食品中使用的色素不是允许的食品添加剂种类，而是化工原料；再次，通过过量使用色素来掩盖食品的缺陷。现在比较严重的是超量使用色素，人如果长期或一次性大量食用色素含量超标的食品，特别是含有柠檬黄、日落黄等色素的食品，可能会引起过敏、腹泻等症状。当摄入量过大、超过身体负荷时，便会在体内蓄积，对肾脏、肝脏产生一定伤害。有关试验结果也表明，大量摄入人工合成的色素可引起过敏症，如哮喘、喉头水肿、鼻炎、荨麻疹、皮肤瘙痒及神经性头痛等；某些人工合成的色素作用到人的神经，会影响神经冲动的传导，从而导致一系列的症状。

世界各国在食用色素的管理、使用方面均有严格规定，多种合成色素已被禁止或限用。丹麦禁止在基本食物中使用色素，并要求所有添加的色素都必须在食品标签上注明；日本现已禁止使用 16 种合成色素；美国允许使用的合成色素只有 7 种；瑞典、芬兰、挪威、印度、丹麦、法国等早已禁止使用偶氮类色素，其中挪威等一些国家还禁用任何合成色素。食品生产加工过程中使用

了着色剂，必须在食品的标签上标示所使用的着色剂的具体名称。要看清食品标签上的成分表，尽量少食用含有人工合成色素的食品。一种食品添加了两种或两种以上的着色剂，要标示着色剂，再在其后加括号，标示规定的着色剂的代码，着色剂的代码可以通过 GB 2760—1996 进行查找。例如，某食品添加了姜黄、诱惑红、亮蓝 3 种着色剂，它们的代码分别是 102、012、007，则可以在标签上标示"着色剂（102、012、007）"。

2006 年曝光的河北一些鸭农给鸭子喂含有苏丹红四号的饲料，导致所谓"红心蛋"中存在大量的苏丹红四号成分。在家禽饲料中，可以限量使用虾黄素、加丽素红等添加剂。蛋用家禽一般在饲料中使用加丽素红，家禽吃了后，蛋黄颜色会变红。为了预防可能会出现的不良影响，对饲料添加剂当中的色素添加量有具体限制，这种限量是为了保证消费者的安全。我国明确规定，加丽素红添加量的允许比例是每吨饲料不得多于 30g。从安全来说，色素只要在国家许可范围和标准内使用，就不会对健康造成危害。

通过鼠类研究的试验表明，过量地摄入人工合成色素，至少可导致小白鼠体重减轻，分泌雄性激素减少；更令人吃惊的是：它普遍具有致癌性，甚至引起遗传因子的损伤和变异。苋菜红（图 2-153）在 1968 年曾被苏联学者做过实验，用苋菜红作饲料喂养 25 只白鼠，用量为 0.8%～1.6%，25 个月后有 11 只出现肿瘤；又用含有 2% 苋菜红的饲料喂 55 只白鼠，33 个月后有 31 只发现肿瘤。也有报道它可以引起白鼠畸胎和死胎。虽未被证实是否与杂质有关，但色素问题不容忽视。随着科学技术水平的提高，人工合成食用色素的危害还有待人们的不断发现和证实。

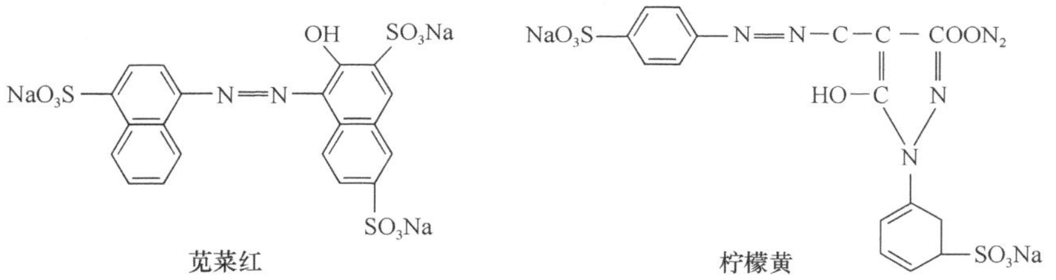

图 2-153 苋菜红和柠檬黄化学结构

苏丹红是一种人工合成的偶氮类、油溶性的化工染色剂，1896 年科学家达迪将其命名为苏丹红并沿用至今。目前，苏丹红系列常见的有 4 种，其中二号、三号和四号均为一号的化学衍生物。苏丹红一号为暗红色；二号为红色；三号为有绿色光泽的棕红色；四号为深褐色（图 2-154）。

1995 年，欧盟和其他一些国家已开始禁止在食品中添加苏丹红一号；我国 1996 年出台的《食品添加剂使用卫生标准》中不包含苏丹红及其系列色素（标准中没有公布的添加剂不准用于食品中）。2003 年 6 月，欧盟规定所有进口的辣椒及制品必须检测苏丹红项目，确定

未添加后方可进口，并要求成员国对市场上销售的辣椒及其制品进行随机抽样检测。偶尔食用被苏丹红污染的食品，致癌的概率非常低。

为了降低致癌的风险性，确保消费者的安全，包括我国在内的世界上绝大多数国家都禁止将苏丹红作为食品添加剂用于食品中。国际癌症研究机构（IARC）也将其归为三类致癌物，而像黄曲霉毒素、亚硝胺、苯并芘等则是一类致癌物。

目前，我国检出苏丹红的食品以辣椒类制品为主，在膳食结构中所占比例不大，且含量大多低于 10mg/kg，参照国外的研究结果，导致食用者致癌的风险很小。

095

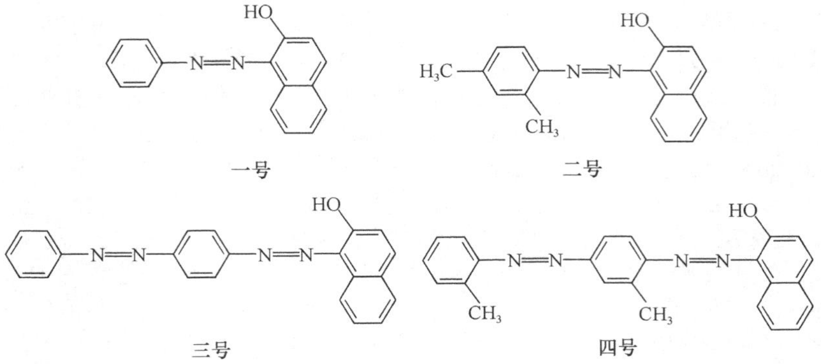

一号

二号

三号

四号

图 2-154 苏丹红化学结构

孔雀石绿 是一种带有金属光泽的绿色结晶体，又名碱性绿、严基块绿、孔雀绿（图 2-155），它既是杀真菌剂，又是染料，易溶于水，溶液呈蓝绿色。科研结果表明，孔雀石绿具有高毒素、高残留和致癌、致畸、致突变等不良反应。鉴于孔雀石绿的危害性，许多国家都将孔雀石绿列为水产养殖禁用药物。我国也于 2002 年 5 月将孔雀石绿列入《食品动物禁用的兽药及其化合物清单》中，禁止用于所有食品动物。

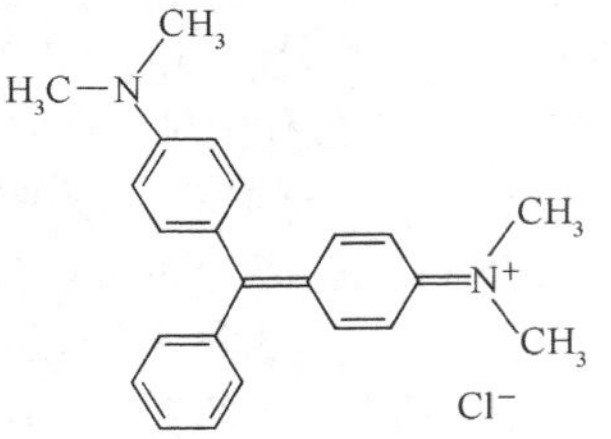

图 2-155 孔雀石绿化学结构

在我国很多地方，尤其是水产养殖业发达地区和水产品贩运中，孔雀石绿仍在被普遍使用。鱼从鱼塘到当地水产品批发市场，再到外地水产品批发市场，要经过多次装卸和碰撞，容易使鱼鳞脱落。掉鳞会引起鱼体霉烂，鱼很快因此死亡。为了延长鱼生存的时间，绝大多数贩运商在运输前都要用孔雀石绿溶液对车厢进行消毒，不少储放活鱼的鱼池也采用这种消毒方式。同时，一些酒店为了延长鱼的存活时间，也投放孔雀石绿进行消毒。而且，使用孔雀石绿消毒后的鱼即使死亡后颜色也较为鲜亮，消费者很难从外表分辨。

加拿大在 1992 年发现人类若进食了含孔雀石绿的鱼类，会对健康构成重大影响，主要是孔雀石绿中的三苯甲烷基团可引致肝癌发生。因此，孔雀石绿被列为第二类危险物质。不过，基于孔雀石绿低廉的生产成本及容易使用，不少监管较弱的国家依然在使用中。

柠檬黄 是目前世界上应用最广泛的一种食用合成色素，也是我国允许使用的 6 种食品色素之一。作为一种合成色素，柠檬黄色素对人体没有任何营养，对人体也没有任何帮助，只能够使食品的颜色发生变化，让人更加愿意接受。食用过多柠檬黄对人体是有害的，柠檬黄色素的分子为偶氮化合物，偶氮化合物在体内分解，可形成丙种芳香胺化合物，芳香胺在体内经过代谢与靶细胞作用后可能引起癌肿。同时，在生产过程中还可能混入砷和铅，导致皮下肉瘤、肝癌、肠癌和恶性淋巴癌等。因此，我国在柠檬黄色素使用上有严格的品种和剂量限制，严格禁止在肉制品中添加柠檬黄色素。2004 年江苏省发现一起在卤鸡爪中、山东省在馒头中添加柠檬黄色素现象。2005 年国内外监测显示，在超市下架的产品中，有近 10%因柠檬黄色素超标引起。目前，柠檬黄色素污染已经成为国外食品中化学污染的首要因素。

据我国《食品添加剂使用卫生标准》（GB 2760—1996）规定：柠檬黄只可用于果汁饮料、配制酒、糖果等食品，而且最大使用量为 0.10g/kg。若长期或一次性大量食用柠檬黄、日落黄等色素含量超标的食品，可能会引起过敏、腹泻等症状，当摄入量过大，超过肝脏负荷时，会在体内蓄积，对肾脏、肝脏产生一定伤害。

2. 食品容器包装材料对食品安全的危害

食品在生产加工、贮存运输、流通使用过程中，都离不开容器包装材料，很多容器包装材料都有可能对食品安全造成生物性、化学性污染。食品包装材料除了具有耐冷藏、耐高温、耐油脂、防渗漏、抗酸碱、防潮、保香、保色、保味等性能外，还要注意其材料对食品的污染。食品容器包装材料根据卫生学特性可以分成三大类：木、纸、布等传统材质；金属和含有金属盐或金属氧化物的搪瓷、陶瓷等；用高分子化合物制成的包装材料。三大类食品容器包装材料对食品产生的危害分析如下。

（1）用布、纸等传统材质制成的食品包装材料

其主要特点是表面粗糙，质地疏松，渗水性强，因而会增加生物性污染的机会。在出口羊肉检验检疫过程中，曾发现有的伊斯兰国家仅要求用白布包裹羊胴体，如果这种布的质量和清洗、消毒效果不好，那么对胴体羊肉将会产生污染。用于食品包装的包装纸，主要是防止再生纸中细菌、病毒对食品的污染和回收废品纸张污染的化学物质残留在包装纸上对食品造成污染。使用石蜡制作的浸蜡包装纸必须符合食品添加剂的标准，控制其中多环芳烃含量。彩色包装纸的油墨也应符合卫生标

准。许多包装纸箱也存在卫生问题，有的用来盛装水果等食品的包装箱质量低劣，原材料来源复杂，有的甚至是包装过剧毒化学药品的废弃包装箱经过再生利用的制成品，这种包装纸箱对人的身体危害极大。

（2）金属和含有金属盐或金属氧化物的搪瓷、陶瓷等容器

其主要特点是质地坚硬，表面光洁不渗水，存在有害金属溶出的可能。铝制品包装材料对食品卫生危害主要是铸铝中的杂质金属和回收铝中的杂质，禁止用回收铝制造食品容器。对成品限制溶出物的杂质金属有锌、铝、镉、砷等重金属。陶瓷瓷釉中加入铅盐可降低熔点，容易烧结，但铅盐也会渗透到食品中。含铅较多的陶瓷食品容器有时可因铅溶出量过多而导致人的食物中毒。接触食品面上的彩料有的因不再烧釉上彩而容易脱落，并给人身体造成危害。

（3）用高分子化合物制成的食品包装材料

其主要特点是分子质量越大，越难溶、化学反应趋于惰性，因而毒性越弱。一般来说，充分聚合的高分子化合物本身难以移行到食品中，而且毒性并不成问题。但是在一些低分子化合物的塑料制品中，却含有未参与聚合的游离单体、聚合不充分的低聚合度化合物、添加剂或加工过程中残留的化学处理剂、低分子降解产物，使用这些低分子化合物制成的食品容器、包装材料有可能会对食品产生毒性。

（4）包装材料的迁移

包装材料向食品的迁移是指食品包装中的物质在使用过程中不断析出，并且渗入或影响所接触的食品。一些塑料用添加剂比其他种类的物质更易于迁移。过去关心的主要是增塑剂的浓度，增塑剂可以改善包装材料的弹性，它们用于塑胶的范围很宽，尤其是用于聚氯乙烯（PVC）薄膜。因为人们知道这种增塑剂在许多PVC与食品接触的情况下会析出，所以塑料制品业已经行动起来改进接触性薄膜的种类，以降低增塑剂析出的可能性。迄今为止，没有证据显示析出于食品的增塑剂对人体健康构成威胁，但是这种不必要的污染物接触必须避免。这是目前已制定的综合性国际法规的要求。

（5）回收循环使用的塑料和纸张

目前，对塑料和纸材料的循环使用时到底发生了什么化学变化的研究工作开展很少。家庭包装废物的再生在包装行业已实行多年。然而，在消费者使用后包装材料的回收利用，除了玻璃和金属外，可能有很多问题，因为它们的污染源来自许多不同的方面。如果不对这种材料的使用和处理程序加以控制，将对包装的食品造成污染。

总之，尽管许多物质有可能从包装中迁移到食品里，但相对来讲，很少发生相关的食品安全事故。这是由于包装行业已了解可能发生的问题，并在包装材料的选择和制造工艺等方面进行不断完善和监控。

（6）美国食品包装材料安全管理模式

随着全社会对食品安全问题的关注程度不断增加，由食品容器、包装材料导致的食品安全问题逐渐引起了社会各界的注意。食品容器和包装材料对于食品安全有着双重意义：一是合适的包装方式和包装材料可以保护食品不受外界的污染，保持食品本身的水分、成分、品质等特性不发生改变。二是包装材料本身的化学成分会向食品中迁移，如果迁移的量超过一定界限，会影响到食品的安全卫生。随着食品包装新型材料的不断出现，各国政府对食品包装材料的安全性都给予了高度关注。

根据美国联邦食品药品化妆品法（FFDCA），食品包装材料属于食品添加剂管理的范围。食品添加剂的定义中包括了通过直接或间接地添加、接触食品成为食品成分或者影响食品性质的所有物质。因包装、贮存或其他加工处理过程中迁移到食品中的物质属于间接添加剂。美国对食品添加剂的管理都是在危险性评估的基础上进行的，如果能证明一种化学物质通过食品对人体造成的危害微乎其微，则对该类物质不需要专门的审批程序。在美国，证明化学物质对人体危害程度的工作需要由申请人来完成。

五、动物性食品放射性危害

天然放射性物质在自然界中分布很广，它存在于矿石、土壤、天然水、大气及动植物的所有组织中，特别是鱼贝类等水产品对某些放射性核素有很强的富集作用，使得食品中放射核素的含量可能显著地超过周围环境中存在的该核素比放射性。放射性物质的污染主要是通过水及土壤，污染农作物、水产品、饲料等，经过生物链进入食品，并且可通过食物链转移，食品可以吸附或吸收外来干涉的放射性核素。对人体卫生学意义较大的天然放射性核素主要为^{40}K、^{226}Ra。另外，^{210}Po、^{131}I、^{90}Sr、^{89}Sr、^{137}Cs等也是污染食品的重要的放射性核素。

1．食品中重要的天然放射性核素

^{40}K在自然界分布较多，是通过食品进入人体最多的天然放射性核素，主要储存于软组织中，骨含量只有软组织的1/4。^{226}Ra在动植物组织中含量略有差别，植物比动物含量略偏高。主要通过食品进入人体，以蔬菜类和谷类为主，有80%～85%沉积于骨中。

2．放射性核素的污染途径

1）核试验的降沉物的污染。

2）核电站和核工业废物的排放污染，主要是水体。

3）意外事故泄漏造成局部性污染，如前苏联切尔诺贝利的核事故、放射性核素丢失等。

3．放射性核素的危害

人体通过食物摄入放射性核素一般剂量较低，主要涉及慢性及远期效应。放射性核素对人及动物可引起多种基因突变及染色体畸变，即使小剂量也会对遗传过程发生影响。

第四节　饮用水和食品加工用水污染的危害

一、概述

水污染是指水体因某种（些）物质的介入，而导致其化学、物理、生物或者放射性等方面特征的改变，从而影响水的有效利用，危害人体健康或者破坏生态环境，造成水质恶化的现象。由于水质直接影响和决定食品的品质，国家也制定了水质标准和检验方法。饮用水和食品加工用水检验包括物理学性质、化学性质（元素和离子含量）、微生物情况等。水作为一种特殊食品，水质的好坏在食品卫生上具有重要意义。

水污染有两类：一类是自然污染，另一类是人为污染。当前对水体危害较大的是人为污染。水污染可根据污染杂质的不同而主要分为化学性污染、物理性污染和生物性污染三大类。

污染物主要有：①未经处理而排放的工业废水；②未经处理而排放的生活污水；③大量使用化肥、农药、除草剂的农田污水；④堆放在河边的工业废弃物和生活垃圾；⑤水土流失；⑥矿山污水。

水污染主要是由人类活动产生的污染物而造成的，它包括工业污染源、农业污染源和生活污染源三大部分。

二、水污染的危害

日趋加剧的水污染，已对人类的生存安全构成重大威胁，成为人类健康、经济和社会可持续发展的重大障碍。据世界权威机构调查，在发展中国家，各类疾病 8% 是因为饮用了不卫生的水而传播的，每年因饮用不卫生水至少造成全球 2000 万人死亡，因此，水污染被称为"世界头号杀手"。

水体污染影响工业生产、增大设备腐蚀、影响产品质量，甚至使生产不能进行下去。水的污染，又影响人民生活，破坏生态，直接危害人的健康。

（1）危害人的健康

水污染后，通过饮水或食物链，污染物进入人体，使人急性或慢性中毒。砷、铬、铵类、笨并（a）芘等，还可诱发癌症。被寄生虫、病毒或其他致病菌污染的水，会引起多种传染病和寄生虫病。重金属污染的水，对人的健康均有危害。被镉污染的水、食物，人饮食后，会造成肾、骨骼病变，摄入硫酸镉 20mg，就会造成死亡。铅造成的中毒，引起贫血，神经错乱。六价铬有很大毒性，引起皮肤溃疡，还有致癌作用。饮用含砷的水，会发生急性或慢性中毒。砷使许多酶受到抑制或失去活性，造成机体代谢障碍，皮肤角质化，引发皮肤癌。有机磷农药会造成神经中毒，有机氯农药会在脂肪中蓄积，对人和动物的内分泌、免疫功能、生殖机能均造成危害。稠环芳烃多数具有致癌作用。氰化物也是剧毒物质，进入血液后，与细胞色素氧化酶结合，使呼吸中断，造成

呼吸衰竭窒息死亡。由水的不洁引起人类五大疾病，包括伤寒、霍乱、胃肠炎、痢疾、传染性肝类。饮水氯化消毒副产物（cdbps）对人体健康的影响，当前极受关注。目前已检测到的 cdbps 多达数百种，其中氯仿的致癌作用已为众多研究者证实。研究表明，氯仿主要是通过非遗传毒性作用诱导动物产生肿瘤。

遮光剂/滤紫外线剂：遮光剂/滤紫外线剂主要用于美容剂、唇膏、喷发剂、染发剂和洗发液等个人护理用品中。这类物质具有内分泌和发育毒性，可以通过洗澡、洗涤衣物、游泳等方式进入水生环境，由于其大多数为亲脂化合物，故对环境和人体健康存在一定的风险。

（2）对工农业生产的危害

水质污染后，工业用水必须投入更多的处理费用，造成资源、能源的浪费，食品工业用水要求更为严格，水质不合格，会使生产停顿。这也是工业企业效益不高、质量不好的因素，特别是食品加工企业影响更大。农业使用污水，使作物减产，品质降低，甚至使人畜受害，大片农田遭受污染，降低土壤质量。

（3）水的富营养化的危害

在正常情况下，氧在水中有一定溶解度。溶解氧不但是水生生物得以生存的条件，而且氧参加水中的各种氧化-还原反应，促进污染物转化降解，是天然水体具有自净能力的重要原因。含有大量氮、磷、钾的生活污水的排放，大量有机物在水中降解放出营养元素，促进水中藻类丛生，植物疯长，使水体通气不良，溶解氧下降，甚至出现无氧层。以致使水生植物大量死亡，水面发黑，水体发臭形成"死湖"、"死河"、"死海"，进而变成沼泽。这种现象称为水的富营养化。富营养化的水臭味大、颜色深、细菌多，这种水的水质差，不能直接利用，水中的鱼大量死亡。

三、生活饮用水卫生标准

生活饮用水是指人类饮用和日常生活用水，包括个人卫生用水，但不包括水生生物用水及特殊用途的水。制定《生活饮用水卫生标准》是根据人们终生用水的安全来考虑的，它主要基于 3 个方面来保障饮用水的安全和卫生，即确保饮用水感官性状良好；防止水介传染病的暴发；防止急性和慢性中毒及其他健康危害。

（1）微生物学指标

水是传播疾病的重要媒介。饮用水中的病原体包括细菌、病毒，以及寄生型原生动物和蠕虫，其污染来源主要是人畜粪便。在不发达国家，饮用水造成传染病的流行是很常见的。这可能是由于水源受病原体污染后，未经充分消毒，也可能是饮用水在输配水和贮存过程中受到二次污染所造成的。

理想的饮用水不应含有已知致病微生物，也不应有人畜排泄物污染的指示菌。为了保障饮用水能达到要求，

定期抽样检查水中粪便污染的指示菌是很重要的。为此，我国《生活饮用水卫生标准》中规定的指示菌是总大肠菌群，另外，还规定了游离余氯的指标。我国自来水厂普遍采用加氯消毒的方法，当饮用水中游离余氯达到一定浓度后，接触一段时间就可以杀灭水中细菌和病毒。因此，饮用水中余氯的测定是一项评价饮用水微生物安全性的快速而重要的指标。

（2）水的感官性状和一般化学指标

饮用水的感官性状是很重要的。感官性状不良的水，会使人产生厌恶感和不安全感。我国的饮用水标准规定，饮用水的色度不应超过 15 度，也就是说，一般饮用者不应察觉水有颜色，而且也应无异常的气味和味道，水呈透明状，不浑浊，也无用肉眼可以看到的异物。其他和饮用水感官性状有关的化学指标包括总硬度、铁、锰、铜、锌、挥发酚类、阴离子合成洗涤剂、硫酸盐、氯化物和溶解性总固体，规定了最高允许限值。

（3）放射性指标

在饮用水卫生标准中规定了总 α 放射性和总 β 放射性的参考值，当这些指标超过参考值时，需进行全面的核素分析以确定饮用水的安全性。

第五节 食品污染的控制措施

食品污染对人类造成的危害十分广泛而严重，为了提高食品的卫生质量，减少或杜绝食品污染对人类的危害，保证人民身体健康，必须对食品的安全性进行全面评价，采取措施防止食品污染。

1. 食品加工环境卫生

根据《加强食品质量安全监督管理工作实施意见》的有关规定，食品生产加工企业必须具备保证产品质量的环境条件，主要包括食品生产企业周围不得有有害气体、放射性物质和扩散性污染源，不得有昆虫大量孳生的潜在场所；生产车间、库房等各项设施应根据生产工艺卫生要求和原材料贮存等特点，设置相应的防鼠、防蚊蝇、防昆虫侵入、隐藏和孳生的有效措施，避免危及食品质量安全。动物性食品由于含油脂多，在运输、贮藏、销售等环节都易受环境灰尘、泥土、工具、人体和动物体等的污染。特别是一些中小食品加工企业、饭店的加工生产环境，如烧烤档、小型饮食摊档等的环境卫生，直接影响食品安全，对人健康的危害也最大。对于即食食品加工的环境卫生要求更高。

2. 严格执法，加强畜禽卫生防疫及检疫工作

严格执行各项卫生法规，加强食品卫生检查和监督工作，并依法进行防检疫工作。坚持以预防为主，做好畜禽的卫生防疫工作，提高食用动物的健康水平。切实开展动物检疫工作，防止人畜共患病及其他疾病的发生，同时做好动物性食品生产、加工、运输、销售过程中各个环节的卫生管理与检验工作。

3. 积极治理"三废"，消除食品中有毒化学物质污染的来源

有关工矿企业要积极改革工艺，把工业"三废"消灭在生产过程中，不将含有有害物质的废水、废气、废渣随意排放到自然环境中，防止对环境的污染。同时，要积极开展环境分析和食品卫生监测工作，及时采取防止食品污染的有效措施。

4. 加强对农药生产和使用的管理，严格规定食品中农药 MRL

对农药的生产和使用必须有完善的法规，严格执法，在使用农药时应配备必要的防护设备。禁止和限制使用高残留、剧毒农药，研制推广低残留低毒农药。开展食品中农药残留的检测工作，严格规定食品中农药的MRL，禁止使用农药残留量超标的任何原料生产食品。

5. 加强对兽药生产和使用的管理，严格规定药物的休药期和 MRL

对兽药的生产和使用进行严格管理，制定药物（包括药物添加剂）管理条例，确实做好兽药的具体管理工作。生产实践中合理应用抗菌药物，限制容易产生耐药菌株的抗生素在畜牧业生产上的使用范围，不能任意将这些药物用作饲料添加剂。规定药物和药物添加剂的休药期，以法规形式制定肉、蛋、乳等动物性食品中药物的 MRL。

6. 加强食品生产过程中的卫生监督

1）生产车间的卫生良好与否，直接影响到动物性食品的卫生质量，除经常保持生产车间清洁外，还必须做好生产工具、设备的清洗消毒工作，生产中要严格执行各项卫生制度。

2）从事食品工作的人员应特别注意个人卫生，要有良好的卫生习惯，并应定期进行健康检查，检查的重点是消化道传染病，以及口腔、手、皮肤等部位的化脓创等。

3）及时合理地处理食品加工场（厂）周围的废弃物、废水、污物等，避免周围环境对食品的污染。

4）食品生产用水必须符合国家饮用水质量标准。

7. 加强食品卫生的宣传教育，提高人们对食品卫生重要性的认识

食品卫生意识的提高与人类的文化水平有着密切的关系，这要依靠全人类的共同努力。

第三章
肉品质量与卫生监督

肉及肉品是人们主要饮食蛋白质来源之一，由于肉与其他动物源性食品相比具有加工复杂、品种多样、食物链长、易于微生物污染和生长等特点，是动物性食品的典型代表，引起的食品安全问题更多更复杂，因此这一章就此稍微详细论述。

第一节　肉品学基础

一、肉的形态结构

肉是由肌肉组织、脂肪组织、骨骼组织和结缔组织组成的。这些组织在肉中所占的数量和比率，因动物种类、品种、性别、年龄、肥度及用途不同而有差异。

1. 肌肉组织

肌肉组织是肉最重要的组成成分，不仅所占比例大，也是最有食用价值的部分。各种畜禽的肌肉平均占活重的27%～44%，或胴体重的50%～60%。而肉用品种畜禽的肌肉组织所占比率高，育肥过的较未经育肥的比率低，幼年与老年、公畜与母畜之间也有差异。肌肉组织在畜禽体内分布很不均匀，通常家畜的臀部、颈部和腰部的肌肉远较肋部和四肢下部的丰满，家禽则以胸肌和腿肌最发达。

肌肉组织的基本单元是肌纤维，50～100 根肌纤维集合成初级肌纤维束，再依次集合成二级、三级肌束，然后形成肌肉块。一块肌肉是由许多肌纤维被结缔组织联合在一起，外面有一层肌膜或肌外膜（图 3-1）。肌纤维因动物种类与性别的不同而有粗细之别，水牛肉的肌纤维最粗，黄牛肉、猪肉次之，绵羊肉最细；公畜肉粗，母畜肉细。故检验时常借助于这种特性来鉴别各种动物肉。肌肉组织没有自己特有的细胞间质，仅在肌纤维之间分布着疏松的结缔组织。结缔组织的含量对肉的品质有直接影响，结缔组织越少，肉的品质越好。老年或使役动物及经常担负较重工作的肌肉群（如颈部和腹壁的肌肉群），都因含有较多的结缔组织和粗大的肌纤维而影响其品质。以骨骼肌和心肌食用价值最高。畜禽的肌肉通常呈不同程度的红色，这是肌纤维内含有肌红蛋白及残存于毛细血管内的血红蛋白的缘故。肌红蛋白和血红蛋白的含量越多，肌肉颜色就越红。不同种类的动物和不同的肌肉群含有不同量的肌红蛋白，肌肉活动越多，肌肉中肌红蛋白的含量也越多。日粮中的含铁量，肌肉中血液和氧供应的多少，决定了肌红蛋白含量的多少，从而影响肌肉颜色。

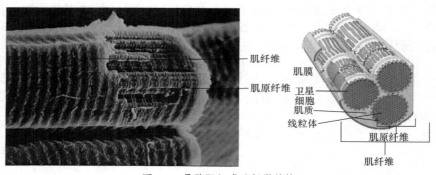

图 3-1　骨骼肌组成及超微结构

2. 脂肪组织

脂肪组织存在于畜禽身体各部分，是由脂肪细胞聚集而成的，脂肪细胞中除脂肪内含物外，尚有少量的细胞质分布在脂肪内含物的表面（图 3-2）。

不同动物体的脂肪组织含量差异较大，少的仅为胴体重的 2%，多的可达 40%。主要分布在皮下、肠系膜、网膜、肾周围、坐骨结节、眼窝、假肋、膝襞，

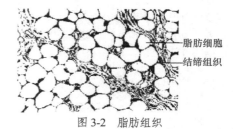

图 3-2　脂肪组织

有时也储存于肌肉间甚至肌束间，而使肉的断面呈大理石样外观。肌肉间脂肪的储积，能改善肉的滋味和品质。

不同种类牲畜的脂肪组织具有不同的颜色，如猪、羊脂洁白，马脂呈黄色，牛脂则呈微黄色。脂肪的颜色不但取决于牲畜的种类，而且因品种、年龄及饲料而改变。不同动物的脂肪硬度、熔点也不同。

3. 结缔组织

结缔组织是构成肌腱、筋膜、韧带及肌肉内外膜的主要成分（图3-3），广布于畜体各部分，包括肌肉组织和脂肪组织中的膜及血管、淋巴管等，在体内主要起支持作用和连接作用，并赋予肉以韧性和伸缩性。结缔组织除了细胞成分和基质外，主要是胶原纤维和弹性纤维。胶原纤维有较强的韧性，不能溶解和消化，只在70～100℃湿热处理时发生水解，变为明胶。弹性纤维在高于160℃时才水解，通常水煮不能产生明胶。富含结缔组织的肉，不仅适口性差，营养价值也很低。

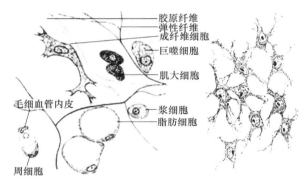

图3-3　结缔组织

4. 骨骼组织

骨骼是由外部的密质骨和内部的松质骨构成的。前者致密坚实，后者疏松如海绵样，两者的比例依骨骼的机能而异。因为骨骼内腔和松质骨里充满骨髓，故松质骨越多，食用价值越高。典型的家畜屠体，骨骼所占的百分比：牛肉为15%～20%，犊牛肉为25%～50%，猪肉为12%～20%，羊羔肉为17%～35%，鸡肉为8%～17%，兔肉为12%～15%。

骨骼中一般含5%～27%的脂肪和10%～32%的骨胶原，其他成分为矿物质和水。故骨骼煮熬时出现大量的骨油和骨胶，可增加肉汤的滋味，并使之具有凝胶性。

二、肉的化学组成

无论何种动物肉，其化学组成都包括水、蛋白质、脂肪、矿物质（灰分）和少量的碳水化合物等。这些物质的含量，因动物的种类、品种、性别、年龄、个体、畜体部位及营养状况而异。根据中国医学科学院卫生研究所的资料，几种主要肉类化学成分见表3-1。

表3-1　畜禽肉的化学组成

名称	含量/%					热量/（J/kg）
	水分	蛋白质	脂肪	碳水化合物	灰分	
牛肉	72.91	20.07	6.48	0.25	0.92	6 186.4
羊肉	75.17	16.35	7.98	0.31	1.92	5 893.8
肥猪肉	47.40	14.54	37.34	—	0.72	13 731.3
瘦猪肉	72.55	20.08	6.63	—	1.10	4 869.7
马肉	75.90	20.10	2.20	1.33	0.95	4 305.4
鹿肉	78.00	19.50	2.25	—	1.20	5 358.8
兔肉	73.47	24.25	1.91	0.16	1.52	4 890.6
鸡肉	71.80	19.50	7.80	0.42	0.96	6 353.6
鸭肉	71.24	23.73	2.65	2.33	1.19	5 099.6
骆驼肉	76.14	20.75	2.21	—	0.90	3 093.2

1. 水分

水是肉中含量最多的成分，不同组织水分含量差异很大，其中肌肉含水量为70%～80%，皮肤为60%～70%，骨骼为12%～15%。畜禽越肥，水分的含量越少，老年动物比幼年动物含量少。肉中水分含量多少及存在状态影响肉的加工质量及贮藏性。肉中水分存在形式大致可分为结合水、不易流动水、自由水3种。

（1）结合水

肉中结合水的含量，大约占水分总量的5%。通常在蛋白质等分子周围，借助分子表面分布的极性基团与水分子之间的静电引力形成一薄层水分。结合水与自由水的性质不同，它的蒸汽压极度低，冰点约为−40℃，不能作为其他物质的溶剂，不易受肌肉蛋白质结构或电荷的影响，甚至在施加外力条件下，也不能改变其与蛋白质分子紧密结合的状态。通常这部分水分分布在肌肉的细胞内部。

（2）不易流动水

不易流动水约占总水分的80%，是指存在于纤丝、肌原纤维及膜之间的一部分水分。这些水分能溶解盐及溶质，并可在−1.5～0℃或稍下结冰。不易流动水易受蛋白质结构和电荷变化的影响，肉的保水性能主要取决于此类水的保持能力。

（3）自由水

自由水指能自由流动的水，存在于细胞外间隙中能够自由流动的水，约占水分总量的15%。

2. 蛋白质

肌肉中除水分外主要成分是蛋白质，占18%～20%，占肉中固形物的80%，依其构成位置和在盐溶液中溶解度可分成以下3种，即肌原纤维蛋白质、肌浆蛋白质和基质蛋白质（表3-2～表3-4）。

（1）肌原纤维蛋白质

肌原纤维是肌肉收缩的单位，由丝状的蛋白质凝胶所构成。肌原纤维蛋白质的含量随肌肉活动而增加，并因静止或萎缩而减少。而且，肌原纤维中的蛋白质与肉的某些重要品质特性（如嫩度）密切相关。肌原纤维蛋白质占肌肉蛋白质总量的40%～60%，它主要包括肌球蛋白、肌动蛋白、肌动球蛋白和2～3种调节性结构蛋白质。

表3-2 肌原纤维蛋白质的种类和含量

名称	含量/%	名称	含量/%	名称	含量/%
肌球蛋白	45	C-蛋白	2	55000u 蛋白	<1
肌动蛋白	20	M-蛋白	2	F-蛋白	<1
原肌球蛋白	5	α-肌动蛋白素	2	I-蛋白	<1
肌原蛋白	5	β-肌动蛋白素	<1	filament	<1
联结蛋白	6	γ-肌动蛋白素	<1	肌间蛋白	<1
(titan) N-line	3	肌酸激酶	<1	vimentin	<1
				synemin	<1

表3-3 肌肉中肌浆酶蛋白的含量

肌浆酶	含量/(mg/g)	肌浆酶	含量/(mg/g)
磷酸化酶	2.00	磷酸甘油激酶	0.80
淀粉-1,6-糖苷酶	0.10	磷酸甘油醛脱氢酶	11.00
葡萄糖磷酸变位酶	0.60	磷酸甘油变位酶	0.80
葡萄糖磷酸异构酶	0.80	烯醇化酶	2.40
果糖磷酸激酶	0.35	丙酮酸激酶	3.20
缩醛酶（二磷酸果糖酶）	6.50	乳酸脱氢酶	3.20
		肌酸激酶	5.00
磷酸丙糖异构酶	2.00	一磷酸腺苷激酶	0.40
甘油-3-磷酸脱氢酶	0.30		

表3-4 结缔组织蛋白质的含量

成分	白色结缔组织/%	黄色结缔组织/%
蛋白质	35.0	40.0
其中:		
胶原蛋白	30.0	7.5
弹性蛋白	2.5	32.0
黏蛋白	1.5	0.5
可溶性蛋白	0.2	0.6
脂类	1.0	1.1

（2）肌浆蛋白质

肌浆是浸透于肌原纤维内外的液体，含有机物与无机物，一般占肉中蛋白质含量的20%～30%。通常将磨碎的肌肉压榨便可挤出肌浆。它包括肌溶蛋白、肌红蛋白、肌球蛋白X和肌粒中的蛋白质等。这些蛋白质易溶于水或低离子强度的中性盐溶液，是肉中最易提取的蛋白质，故称为肌肉的可溶性蛋白质。

肌红蛋白是一种复合性的色素蛋白质，是肌肉呈现红色的主要成分。肌红蛋白由一条肽链的珠蛋白和一分子亚铁血色素结合而成。肌红蛋白有多种衍生物，如呈鲜红色的氧合肌红蛋白、呈褐色的高铁肌红蛋白、呈鲜

亮红色的NO肌红蛋白等。肌红蛋白的含量，因动物的种类、年龄、肌肉的部位而不同。

（3）基质蛋白质

基质蛋白质也称间质蛋白质，是指肌肉组织磨碎之后在高浓度的中性溶液中充分抽提之后的残渣部分。基质蛋白质是构成肌内膜、肌束膜和腱的主要成分，包括胶原蛋白、弹性蛋白、网状蛋白及黏蛋白等，存在于结缔组织的纤维及基质中，它们均属于硬蛋白类。

3. 脂肪

脂肪对肉的食用品质影响甚大，肌肉内脂肪的多少直接影响肉的多汁性和嫩度。动物的脂肪可分为蓄积脂肪和组织脂肪两大类，蓄积脂肪包括皮下脂肪、肾周围脂肪、大网膜脂肪及肌间脂肪等；组织脂肪为脏器内的脂肪。动物性脂肪主要成分是甘油三酯（三脂肪酸甘油酯），约占90%，还有少量的磷脂和固醇脂（表3-5）。肉类脂肪有20多种脂肪酸。其中饱和脂肪酸以硬脂酸和软脂酸居多；不饱和脂肪酸以油酸居多，其次是亚油酸。磷脂及胆固醇所构成的脂肪酸酯类是能量来源之一，也是构成细胞的特殊成分，它对肉类制品质量、颜色、气味具有重要作用。不同动物脂肪的脂肪酸组成不一致，相对来说鸡脂肪和猪脂肪含不饱和脂肪酸较多，牛脂肪和羊脂肪中含不饱和脂肪酸较少。

表3-5 不同动物脂肪的脂肪酸组成

脂肪	硬脂酸含量/%	油酸含量/%	棕榈酸含量/%	亚油酸含量/%	熔点/℃
牛脂肪	41.7	33.0	18.5	2.0	40～50
羊脂肪	34.7	31.0	23.2	7.3	40～48
猪脂肪	18.4	40.0	26.2	10.3	33～38
鸡脂肪	8.0	52.0	18.0	17.0	28～38

4. 浸出物

浸出物是指除蛋白质、盐类、维生素外能溶于水的浸出性物质，包括含氮浸出物和无氮浸出物。

（1）含氮浸出物

含氮浸出物为非蛋白质的含氮物质，如游离氨基酸、磷酸肌酸、核苷酸类（ATP、ADP、AMP、IMP）及肌苷、尿素等。这些物质左右肉的风味，为香气的主要来源。例如，ATP除供给肌肉收缩的能量外，还可逐级降解为肌苷酸，是肉香的主要成分，磷酸肌酸分解成肌酸，肌酸在酸性条件下加热则为肌酐，可增强熟肉的风味。

（2）无氮浸出物

无氮浸出物为不含氮的可浸出的有机化合物，包括有糖类化合物和有机酸。糖类因由C、H、O三个元素组成，氢氧之比恰为2:1，与水相同，故又称碳水化合物。但有若干例外，如去氧核糖（$C_2H_{10}O_4$）、鼠李糖（$C_6H_{12}O_5$），并非按氢2氧1比例组成。乳酸按氢2氧1比例组成，但无糖的特性，属于有机酸。

无氮浸出物主要是糖原、葡萄糖、麦芽糖、核糖、糊精，有机酸主要是乳酸及少量的甲酸、乙酸、丁酸、延胡索酸等。

糖原主要存在于肝脏和肌肉中，肌肉中含 0.3%～0.8%，肝中含 2%～8%，马肉肌糖原含 2%以上。宰前动物消瘦，疲劳及病态，肉中糖原贮备少。肌糖原含量多少，对肉的 pH、保水性、颜色等均有影响，并且影响肉的保藏性。

5. 矿物质

矿物质是指一些无机盐类和元素，含量占 1.5%左右。

这些无机盐在肉中有的以游离状态存在，如镁离子、钙离子；有的以螯合状态存在，如肌红蛋白中含铁，核蛋白中含磷。肉中尚含有微量的锰、铜、锌、镍等（表 3-6）。

6. 维生素

肉中维生素主要有维生素 A、维生素 B_1、维生素 B_2、维生素 PP、叶酸、维生素 C、维生素 D 等。其中脂溶性维生素较少，但水溶性 B 族维生素含量丰富。猪肉中维生素 B_1 的含量比其他肉类要多得多，而牛肉中叶酸的含量则又比猪肉和羊肉高。此外，动物的肝脏中各种维生素含量几乎都很高（表 3-7）。

表 3-6　肉中主要矿物质含量　（单位：mg/100g）

矿物质	钙	镁	锌	钠	钾	铁	磷	氯
含量	2.6～8.2	14.0～31.8	1.2～8.3	36.0～85.0	451.0～297.0	1.5～5.5	10.0～21.3	34.0～91.0
平均含量	4.0	21.1	4.2	38.5	395.0	2.7	20.1	51.4

表 3-7　肉中主要维生素含量　（单位：mg/100g）

畜肉	维生素 A	维生素 B_1	维生素 B_2	维生素 PP	泛酸	生物素	叶酸	维生素 B_6	维生素 B_{12}	维生素 D
牛肉	微量	0.07	0.20	5.0	0.4	3.0	10.0	0.3	2.0	微量
小牛肉	微量	0.10	0.25	7.0	0.6	5.0	5.0	0.3	—	微量
猪肉	微量	1.00	0.20	5.0	0.6	4.0	3.0	0.5	2.0	微量
羊肉	微量	0.15	0.25	5.0	0.5	3.0	3.0	0.4	2.0	微量

第二节　肉在保藏时的变化及其新鲜度检验

牲畜屠宰以后，胴体在组织酶和外界微生物的作用下，会发生僵直→解僵→成熟→自溶→腐败等一系列变化，在僵硬和成熟阶段，肉是新鲜的，自溶现象的出现标志着腐败变质的开始。胴体特指牲畜屠宰后，除去头、尾、四肢、内脏等剩下的躯干部分。

一、肉的僵直

动物死后，体内经过一系列的复杂变化过程，使肌动蛋白和肌球蛋白结合成肌动球蛋白（肌纤凝蛋白），致使肌肉产生永久性收缩，肌肉的伸展性消失并发生硬化，这一现象称为肉的僵直。

1. 肉僵直的机制

肌肉僵直现象是由肌肉永久性收缩造成的。刚屠宰的动物肌肉，肌动蛋白与 Mg^{2+} 及 ATP 以复合体的形式存在，从而阻碍了其与肌球蛋白的结合，此时肌肉具有弹性。活体动物的肌肉运动受神经控制，神经系统将刺激传递给肌纤维，导致肌质网发生变化，释放出 Ca^{2+}。Ca^{2+} 可使 ATP-Mg-肌动蛋白复合体中的 ATP 游离出来，复合体的破裂同时也使肌动蛋白游离。此时 Ca^{2+} 与游离的 ATP 刺激肌球蛋白的 ATP 酶，将 ATP 分解为 ADP 与磷酸，同时释放出能量，促使肌动蛋白与肌球蛋白结合形成收缩状态的肌动球蛋白，从而使肌肉发生收缩。当刺激停止时，肌质网的通透性降低，先前释放出的 Ca^{2+} 通过钙泵收回，从而使肌球蛋白的 ATP 酶活性被抑制，过剩的 ATP 又重新形成 ATP-Mg-肌动蛋白复合体。肌动蛋白与肌球蛋白的分离，使肌肉又重新处于舒张状态。

刚屠宰的动物肌肉，其中的肌动蛋白与 Mg^{2+} 及 ATP 形成复合体，阻碍了与肌球蛋白的结合，使肌肉具有弹性。随着血液和氧气供应的停止，正常代谢中断，肉内糖原发生无氧酵解，由于糖原无氧分解产生乳酸，致使肉的 pH 下降，经过 24h 后，pH 可从 7.0～7.2 降至 5.6～6.0。但当乳酸生成到一定界限时，分解糖原的酶类即逐渐失去活性，而另一酶类——无机磷酸化酶的活性大大增强，开始促使腺苷三磷酸分解，形成磷酸（pH 可以继续下降直至 5.4），致使肌肉中的 ATP 含量急剧降低，从而引起肌质网破裂，释放出 Ca^{2+}（此时 Ca^{2+} 再也不能通过钙泵收回到肌质网中），促使肌动蛋白-Mg-ATP 复合体的解离，导致肌球蛋白与肌动蛋白结合，生成没有伸展性的肌动球蛋白，最终形成了永久性的收缩。

肌肉僵硬出现的迟早和持续时间的长短与动物种类、年龄、环境温度、牲畜生前生活状态和屠宰方法有关，通常开始于宰后 2～8h，经过一段时间后逐渐终止，接着又开始软化。肉僵直的时间越长，保持新鲜的时间也越长；温度越低，僵直保持时间也越长。

2．僵直肉的性状

处于僵直期的肉，肌纤维粗糙硬固，肉汁变得不透明，有不愉快的气味，食用价值及滋味都较差。

肌肉在进入僵硬阶段时，糖原分解产生的乳酸与ATP分解时释放的磷酸，共同形成肉的酸性介质。这种酸性介质不仅能使最初呈中性或微碱性的肉变为酸性，同时还显著地影响着肌肉蛋白质的生物化学性质和胶体结构。

僵直期的肉保水性降低。各种蛋白质的亲水能力大小不同，而蛋白质的等电点（肌肉蛋白质的等电点一般均偏酸性）对其亲水性也有显著的影响，故在不同 pH 时，蛋白质对水的亲和力也不同。肌肉的含水量大体在 pH7 时为肌肉本身的容积，pH6 时为 50%，pH5 时为 25%。但是解僵开始进入成熟阶段时，pH 反而提高，这时亲水性又提高了。

二、肉的成熟

1．肉成熟的概念

肉成熟是指肉僵直后在无氧酵解酶作用下，食用质量得到改善的一种生物化学变化过程。肉僵硬过后，肌肉开始柔软嫩化，变得有弹性，切面富水分，具有愉快香气和滋味，且易于煮烂和咀嚼，这种肉称为成熟肉。

2．成熟肉的性状及特点

成熟肉具有以下主要特征：肉呈酸性环境；肉的横切面有肉汁流出，切面潮湿，具有芳香味和微酸味；容易煮烂，肉汤澄清透明，具肉香味；肉表面形成干膜，有羊皮纸样感觉，可防止微生物的侵入和减少干耗。肉在供食用之前，原则上都需要经过成熟过程来改进其品质，特别是牛肉和羊肉，成熟对提高风味是非常必要的。

3．肉成熟的影响因素

肉中糖原含量与成熟过程有密切关系。宰前休息不足或过于疲劳的牲畜，由于肌肉糖原量少，成熟过程将延缓甚至不出现，而影响肉的品质。此外，肉的成熟速度和程度也受环境因素的影响。

温度对肉成熟影响很大。但是用提高温度的办法促进肉的成熟是危险的，因为不适宜的温度也可促进微生物的繁殖。故一般采用低温成熟的方法，温度为 0～2℃，相对湿度为 86%～92%，空气流速为 0.1～0.5m/s，完成时间为 3 周左右。从开始到 10d 左右约 90%成熟，因此，10d 以后肉的商品价值高。在 3℃的条件下，小牛肉和羊肉的成熟分别为 3d 和 7d。为了加快成熟，在 10～15℃温度下，只要 2～3d 即可。在这样的温度下，为防止肉表面可能有微生物繁殖，可用杀菌灯照射表面。成熟好的肉立即冷却到接近 0℃冷藏，以保持其商品质量。

三、肉的自溶

1．肉自溶产生的条件

肉的自溶是指肉在不合理保藏条件下组织蛋白酶活性增强而发生的组织蛋白质强烈分解的过程。肉的成熟过程，主要依赖于糖酵解酶类及无机磷酸化酶的活性催化作用，而蛋白分解酶的作用几乎完全没有表现出来或者是极其微弱的。如果肉的保藏不适当，如未经冷却即行冷藏，或者相互堆叠无散热条件而长时间保持较高温度，就会引起组织自体分解，这是组织蛋白酶类催化作用的结果。内脏中的组织酶较肉丰富，其组织结构也适合于酶类活动，故内脏在存放时比肌肉类更易发生自溶。

2．自溶肉的性状

肉在自溶过程中，虽有种种变化，但主要是蛋白质的分解，除产生多种氨基酸外，还放出硫化氢与硫醇等有不良气味的挥发性物质，但一般没有氨或含量极微。当放出的硫化氢与血红蛋白结合，形成含硫血红蛋白（H_2S-Hb，也称肌绿蛋白）时，肌肉和肥膘就出现不同程度的暗绿色斑。故肉的自溶也称变黑。此时肌肉松弛，缺乏弹性，无光泽，带有酸味，并呈强烈的酸性反应；硫化氢反应呈阳性。

3．自溶肉的卫生评价

肉自溶发展到具有强烈的难闻气味并严重发黑时不宜销售，必须经过高温或技术加工后方可食用。如轻度变色、变味，则应将肉切成小块，置于通风处，驱散其不良气味，割掉变色的部分，方可食用。

四、肉的腐败

1．肉腐败的概念及产物

肉的腐败是指由致腐微生物及其酶类引起的以蛋白质和其他含氮物质分解为主并形成多种不良产物的生化过程。肉在成熟和自溶阶段的分解产物，为腐败微生物的生长、繁殖提供了良好的营养物质，随着时间推移，微生物大量繁殖必然导致肉的进一步分解。此时，蛋白质在致腐微生物产生的蛋白酶和肽链内切酶等作用下，首先分解为肽类，进而形成氨基酸。在相应酶（脱羧基酶、脱氨基酶）的作用下，氨基酸经过脱羧、脱氨基等进一步分解为各种胺类（包括腐胺、尸胺、酪胺、组胺、色胺等）、有机酸（各种含氮的酸和脂肪酸类），以及吲哚、甲基吲哚、酚、硫化氢、甲烷、硫醇、氨、二氧化碳等。

但在肉食品卫生实际工作中所说的腐败，常包括肉食品其他成分（如脂肪、糖类等）受微生物分解作用，生成甘油、脂肪酸、甲胺类物质、过氧化物、毒蕈碱和神经碱等各类型产物的过程。

腐败过程被认为是变质中最严重的形式，因为腐败分解的生成物，如腐胺、硫化氢、吲哚和甲基吲哚都有强烈的令人厌恶的臭气，胺类还具有很强的生理活性。

例如，酪胺是一种强烈的血管收缩剂，能使血压升高；组胺能引起血管扩张；尸胺、腐胺等胺类化合物都具有一定的毒性作用。

2．肉腐败的原因

肉腐败主要是微生物作用造成的。因此，只有被微生物污染，并且有微生物发育繁殖的条件，腐败过程才能发生和发展。微生物污染一般有以下两种方式。

（1）外部污染

屠宰的健康牲畜胴体，本来应该是无菌的，尤其是深部组织。但从解体直到销售，要经过许多环节，接触相当广泛，所以即使设备非常完善，卫生制度相当严格的屠宰场（厂），也不可能达到胴体表面绝对无菌。加工、运输、保藏以至供销的卫生条件越差，细菌污染就越严重，耐藏性就越差。蛋白质是细菌极好的营养物，如果温度和湿度适宜，非常有利于细菌生长、繁殖。及时冷却和冷冻胴体，对延缓细菌生长和抑制细菌活动有一定意义。否则污染的细菌快速生长，并沿着结缔组织、血管周围或骨膜与肌肉间隙等疏松部分向深部扩散，腐败现象就必然更加严重和扩大。当然由于条件的不同，分解仅限于表面，而深层几乎不被波及的情形也是有的，这与宰前健康状况、充分休息与否，以及宰后冷却、成熟过程有一定关系。

（2）体内感染

另一种情况是屠畜在宰前就已患病，病原微生物可能在生前即已蔓延于肌肉和内脏中；或者牲畜抵抗力十分低下，肠道寄生菌乘机侵入；或者由于疲劳过度，肉的成熟过程进行得很微弱，肉中 pH 没有能达到足以抑制细菌生长的程度，所以腐败过程进行得特别快速。

3．肉腐败及腐败菌

食品的腐败变质是由于受各种因素的影响，食品在感官上发生变化，组成成分的分解，色、香、味和营养成分都发生了质的变化，从而使食品质量降低或完全丧失食用价值。动物性食品的腐败是指食品中蛋白质被微生物分解产生以恶臭为主的变化。腐败完全是由微生物的作用所致。

在一般情况下，肉的腐败分解曲线呈"S"形，即从开始到 A 点分解很慢；经过一定时间，到达 A 点后分解得非常快，产物生成量几乎是直线上升；再经过一定时间达到 B 点时，分解达到了平衡状态，分解产物几乎不再增加。肉腐败过程到达 A 点时，其挥发性盐基氮总量大致为 20～40mg/100g，此界限常与人们用感官方法觉察到的初期腐败状况相符合。影响肉腐败速度的因素是肉的含水量、pH、温度及细菌污染程度。肉的杀菌手段应尽量在 A-B 阶段以前采取。

在食品腐败变质过程中起主要作用的微生物包括细菌、酵母和霉菌，细菌发生的速度快，霉菌发生的速度慢。按微生物呼吸类型可将参与腐败的微生物分为专性

需氧菌、微需氧菌、兼性厌氧菌和专性厌氧菌。需氧性菌如甲单胞菌属、微球菌属、嗜盐杆菌属、嗜盐球菌属、芽胞杆菌属、醋酸杆菌属、无色杆菌属、短杆菌属和八叠球菌属等，还有霉菌、产膜酵母等。兼性厌氧菌如肠杆菌科、弧菌属和黄杆菌属。微氧菌如乳杆菌属、丙酸杆菌属等。厌氧菌如梭状芽胞杆菌属、拟杆菌等。入侵的细菌种类常随着腐败过程的发展而更替，沙门菌一昼夜可向肉深部侵入 2cm 左右。

温度较高时杆菌容易发育，温度较低时球菌容易发育。其侵入深度与细菌的种类有关。肉腐败时，细菌数目大量增加，每克腐败肉中含不同种类细菌有 1 亿多。

细菌引起肉类腐败变质，因环境条件、物理和化学因素而不同。在好气状态下，细菌活动主要使肉出现黏质或变色；在厌气状态下，则酸臭、腐败。

还可以按分解不同物质进行分类，蛋白质分解能力强的菌如霉菌、酵母、芽胞杆菌属、假单胞杆菌属、变形杆菌属、梭状芽胞杆菌属等；蛋白质分解能力弱的菌如微球菌属、葡萄球菌属、八叠球菌属、无色杆菌属、产碱杆菌属、赛氏杆菌属、埃希氏杆菌属等。

还有一些微生物具有脂肪酶，为脂肪分解菌，能降解脂肪为脂肪酸和甘油。一般而言，有强力分解蛋白质的需氧菌中，大多数也具有分解脂肪的能力。具有分解脂肪能力的细菌并不多，如假单胞菌、黄杆菌属、无色杆菌属、产碱杆菌属、赛氏杆菌属、微球菌属、葡萄球菌属和芽胞杆菌等；真菌中以根霉属、地霉属、青霉属、假丝酵母、红酵母属、汉逊氏酵母属等多见。

4．腐败变质肉

引起肉品等腐败变质的因素概括起来有 3 种：物理的、化学的和生物学学等。生物学除微生物作用外，还包括食品中固有的酶、昆虫的侵袭、线虫、蠕虫等污染的作用。食品按其稳定性可分为非易腐的、半易腐的和易腐的，肉、禽、奶、蛋都是易腐的。

肉、蛋、奶、禽和大豆制品等富含蛋白质的食品，主要是以蛋白质分解为其腐败变质特征。必需的条件是要有胞外蛋白酶和肽链内切酶等微生物，只有少数几种微生物有此类酶，如芽胞杆菌属、梭菌属、假单胞菌属和链球菌属等都可产生此类酶。这些酶首先把蛋白质水解为际、胨、肽，再进一步断链为氨基酸，氨基酸和其他含氮低分子物质在相应酶的作用下进一步分解，食品即表现出腐败变质特征（图3-4）。

脂肪水解仅在脂肪本身或其周围介质中有水分时才发生。脂肪的水解产物为脂肪酸和甘油。磷脂可分解为脂肪酸、甘油、磷脂和胆碱。胆碱再进一步生成甲胺、二甲胺、三甲胺和覃毒碱及神经碱。当三甲胺被氧化时，生成三甲胺氧化物，这种物质具有明显的鱼腥味（图3-5）。

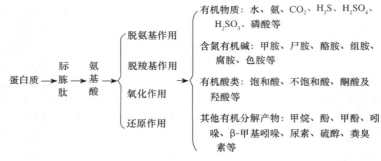

图 3-4 蛋白质腐败的一般分解过程图

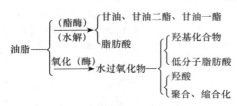

图 3-5 脂肪酸败分解过程图

肉的腐败变质主要是由微生物引起的，而细菌又是主要的原因。鲜肉组织对细菌有较强烈的吸附作用，这种作用表现在两个方面：一方面是易于吸附周围环境的细菌，另一方面是吸附后的细菌不易被除掉。吸附过程可分为两个阶段：第一阶段是可逆吸附，细菌接近肉表面，微弱地结合在肉表面上，细菌呈布朗运动，此时，水洗可除掉细菌；随着时间的延续进入第二阶段，即不可逆阶段，此阶段细菌紧密地吸附在肉的表面，不表现布朗运动，水清洗不掉。吸附持续时间与肉表面的性质和细菌的种类有关，小于 1% 的表面积被细菌覆盖后吸附过程即停止。吸附后的细菌在条件适宜时迅速生长繁殖，逐步引起腐败变质。

肉类腐败变质的感观变化如下。

（1）发黏

有些微生物，主要是细菌在肉表面大量繁殖后，使肉表面附着一层黏性物质，这些黏性物质包括微生物菌落和细菌代谢产物，如胨、胅与水共同形成的物质。当肉表面表现出发黏现象时，表面含菌数一般为 10^7 个菌/cm^2。如假单胞菌属、明串珠菌属、无色杆菌属、微球菌属、链球菌属及一部分乳酸杆菌属的菌种，假单胞菌和明串珠菌在 0℃ 发育时，可引起发黏现象。低温保藏肉品时，发黏现象是最常见的腐败现象，肉质软糜或变脆。

（2）变色

肉类食品一经腐败变质，常在肉的表面出现各种颜色变化，最常见的是绿色，这是由于蛋白质分解，放出的硫化氢与肉质中的血红蛋白结合后而形成硫化氢血红蛋白，这种化合物蓄积在肌肉和香肠表面，即显暗绿色。常由乳杆菌、明串珠菌和假单胞菌引起。另外，不同的菌引起的颜色变化是不同的。例如，黏质沙雷氏菌、玫瑰色微球菌引起红色变化；微球菌引起黄橙色变化；葡萄球菌、黄杆菌引起黄绿色变化；蓝黑色杆菌引起黑色

变化；枯草杆菌、荧光假单胞菌引起褐变等。一些酵母引起白色、粉红色、灰色变化等。

（3）异味

肉类腐败的同时，常伴发一些不正常的或难闻的气味出现。例如，分解蛋白质后产生恶臭，霉菌发育产生霉味。乳酸菌和酵母产生挥发性有机酸，从而形成各种味道。绿脓杆菌产生焦糖味，放线菌产生土腥味，酵母和草莓假单胞菌在羔羊肉腐败时产生马铃薯芳香味；假单胞菌、真菌在食品上生长分解蛋白质，脂肪酸氧化分解，分解碳水化合物等产生苦味。

（4）霉斑

肉表面的霉菌生长时，往往形成霉斑。特别是干腌肉制品更为多见。例如，美丽枝霉、刺枝霉在肉表面产生羽毛状菌丝，白色分枝孢霉和白地霉产生白色霉斑，黄绿青霉产生绿色霉斑，蜡叶枝孢霉是冻肉产生黑斑的原因。一般来说，霉菌的霉变为本身的颜色，酵母的颜色较为丰富。

（5）发光

由于磷光菌的繁殖，在鱼、冻肉还常见有磷光，把肉放在暗处，可见磷光，这是荧光假单胞菌生长繁殖所致。

5. 腐败肉的卫生评价

肉在任何腐败阶段，对人都是有危险的。不论是参与腐败的细菌及其毒素，还是腐败形成的有毒崩解产物，都能引起人的中毒和疾病。因此腐败变质的肉禁止食用，变质油脂不得作为食用油脂。

五、肉品新鲜度检验

肉品新鲜度一般从感官性状、腐败产物的特性和数量、细菌的污染程度等 3 方面检验。肉的腐败变质是一个渐进性过程，变化又非常复杂，同时还受多种因素的影响。只有采用包括感官检查和实验室检验在内的综合方法，才能比较客观地对肉的新鲜度作出正确的判断。

1. 感官检查

肉在腐败变质时，感官性状会发生改变，如强烈的臭味、异常的色调、黏液的形成、组织结构的崩解或其他异味等，可借助人的嗅觉、视觉、触觉、味觉来鉴定肉的卫生质量。通过感官检查可将鲜肉分成新鲜、次鲜

和变质 3 级，界线分明，容易掌握，并能反映肉的质量变化。各类鲜肉应符合表 3-8 和表 3-9 中一、二级鲜度指标。

表 3-8　鲜猪肉感官指标

等级 指标	一级鲜度	二级鲜度	变质肉（不能供食用）
色泽	肌肉有光泽，红色均匀，脂肪洁白	肌肉色稍暗，脂肪缺乏光泽	肌肉无光泽，脂肪灰绿色
黏度	外表微干或微湿润，不粘手	外表干燥或粘手，新切面湿润	外表极度干燥或粘手，新切面发黏
弹性	指压后凹陷立即恢复	指压后的凹陷恢复慢，且不能完全恢复	指压后凹陷不能完全恢复，留有明显痕迹
气味	具有鲜猪肉正常气味	稍有氨味或酸味	有臭味
煮沸后肉汤	透明澄清，脂肪团聚于表面，具有香味	稍有混浊，脂肪呈小滴浮于表面，无鲜味	混浊，有黄色絮状物，脂肪极少浮于表面，有臭味

注：一、二级鲜度引自中华人民共和国国家标准 GB 2722—1981，肉与肉制品感官评定规范 22210—2008

表 3-9　鲜牛肉、鲜羊肉、鲜兔肉感官指标

等级 指标	一级鲜度	二级鲜度	变质肉（不能供食用）
色泽	肌肉有光泽，红色均匀，脂肪洁白或淡黄色	肌肉色稍暗，切面尚有光泽，脂肪缺乏光泽	肌肉色暗，无光泽，脂肪绿黄色
黏度	外表微干或有风干膜，触摸不粘手	外表干燥或粘手，新切面湿润	外表极度干燥或粘手，新切面发黏
弹性	指压后凹陷立即恢复	指压后凹陷恢复慢，且不能完全恢复	指压后凹陷不能恢复，留有明显痕迹
气味	具有鲜牛肉、鲜羊肉、鲜兔肉正常的气味	稍有氨味或酸味	有臭味
肉汤	透明澄清，脂肪团聚于表面，具特有香味	稍有混浊，脂肪呈小滴浮于表面，香味差或无鲜味	混浊，有黄色或白色絮状物，脂肪极少浮于表面，有臭味

注：表 3-8 和表 3-9 中的"变质肉"为 GBn8—1977 和 GBn9—1977 规定内容。表 3-9 中一、二级鲜度引自中华人民共和国国家标准 GB 2723—1981

用感官检查方法判定腐败变质肉类时，总是最先且主要依据其腐败气味。由于畜肉很容易吸收外来气味，特别是少量腐败肉和新鲜肉放在一处，或者没有去净的血污迅速发生腐败时，腐败气味能被新鲜肉所吸收。因此，要采取各种辅助方法作进一步检查。例如，把被检查的肉切成若干重 2～3g 的小块，放入盛有冷水的烧瓶

内，瓶口用玻璃盖住，加热煮沸，然后把盖揭开，判其气味，同时注意肉汤的透明度及其表面浮悬脂肪的状态；或把洁净的刀尖先置热水内加温后，迅速刺入肉内，然后拔出嗅其气味。

2．物理化学检验

肉品新鲜度的感官检查虽然简便，也相当灵敏准确，但是此种方法有一定的局限性。因此在许多情况下，尚须进行实验室检查。

肉品腐败的物理测定方法，主要依据蛋白质分解时低分子物质增多这一现象，曾研究过肉浸液的电导率、折光率、冰点、黏度、挥发性脂肪酸、肉保水量与膨润量等。

关于肉品腐败的化学鉴定指标，主要根据其蛋白质可能产生的分解产物，如氨和胺类、有机酸、硫化氢、肉浸液 pH、吲哚、三甲胺、挥发性盐基氮等进行测定。我国在鉴定肉品新鲜度的化学指标中，只将挥发性盐基氮一项列入了国家食品卫生标准。

（1）肉品挥发性盐基氮测定

挥发性盐基氮（total volatile basic nitrogen，TVBN）是指肉品水浸液在碱性条件下能与水蒸气一起蒸馏出来的总氮量，即在此条件下能形成 NH_3 的含氮物（氨态氮、胺基态氮等）的总称。

在肉品腐败过程中，其蛋白质分解产生的氨及胺类等碱性含氮物质可以与在腐败过程中同时分解产生的有机酸结合，形成一种称为盐基态氮（$NH_4^+ \cdot R^-$）的物质而积累在肉品当中，这种物质具有挥发性，因此称为挥发性盐基氮。

肉品中所含挥发性盐基氮的量，随着腐败的进行而逐渐增加，与肉品腐败程度成正比，因此可用来鉴定肉品的新鲜度。我国制定了使用挥发性盐基氮鉴定肉品新鲜度的判定标准，也制定了其测定方法。肉品挥发性盐基氮的测定方法有半微量定氮法和微量扩散法两种，是利用弱碱剂氧化镁使被检肉样中的碱性含氮物质游离而被蒸馏出来，再用 2% 硼酸（含指示剂）吸收，用标准酸溶液滴定，计算出含量；或者利用弱碱剂饱和碳酸钾溶液，使碱性含氮物质游离出来，在密闭条件下扩散后，被 2% 硼酸（含指示剂）吸收，用标准酸溶液滴定，计算出含量。鲜肉挥发性盐基氮判定指标见表 3-10。

表 3-10　各类鲜肉挥发性盐基氮指标

肉品鲜度	肉品种类	挥发性盐基氮/（mg/100g）
一级鲜度	猪、牛、羊、兔	≤15
二级鲜度	猪、牛、羊、兔	≤25

（2）氨的检验

肉品腐败时，蛋白质分解生成氨和铵盐等物质，称为粗氨。肉中粗氨的含量随着腐败程度的加深而相应增多，因此可用作鉴定肉类腐败程度的指标。肉中粗氨的

检验采用纳氏（Nesslers）试剂法，新鲜肉的氨含量应在20mg/100g以下，当其含量在20mg/100g以上或更高但未超出30mg/100g时，可认为属于腐败初期，应立即食用；含量在31～45mg/100g时，应处理可疑部分，有条件食用并立即消费；46mg/100g以上，则不作食用。

（3）硫化氢试验

在组成肉类蛋白质的氨基酸中，有一些含巯基（—SH）的氨基酸。在肉腐败的过程中，尤其是伴随着臭酸性发酵时，它们在细菌产生的脱巯基酶作用下发生分解，产生硫化氢。因此，测定 H_2S 的存在与否，可判断肉品的鲜度质量。肉中硫化氢的测定采用碱性乙酸铅试纸法，硫化氢作用于碱性乙酸铅试纸而使试纸变黑（生成黑色的硫化铅），表示肉已开始腐败；不变色，表示肉新鲜。

（4）pH 的测定

利用 pH 精密试纸或酸度计检测已制备的肉浸液的pH，新鲜肉为 5.8～6.2，次鲜肉为 6.3～6.7，变质肉在6.8 以上。

（5）蛋白质沉淀反应试验

肌肉中的球蛋白在碱性环境中呈可溶解状态，而在酸性条件下不溶。新鲜肉呈酸性反应，因此肉浸液中无球蛋白存在。而腐败的肉，由于大量有机碱的生成而呈碱性，其肉浸液中溶解有球蛋白；腐败的越重，溶液中球蛋白的量就越多。因此，可根据肉浸液中有无球蛋白和球蛋白的多少来检验肉品的鲜度质量。采用重金属离子沉淀法测定肉中的球蛋白，重金属离子可使蛋白质变性而产生沉淀，从而判断溶液中球蛋白的有无与多寡。一般使用的重金属盐为硫酸铜，也可采用乙酸沉淀法来测定球蛋白。判定时，肉浸液澄清透明为新鲜肉，产生混浊为次新鲜肉，产生混浊并有絮状沉淀物为变质肉。

（6）过氧化物酶测定

正常动物的机体中含有一种过氧化物酶，并且这种过氧化物酶只在健康牲畜的新鲜肉中才经常存在。当肉处于腐败状态时，尤其是当牲畜宰前因某种疾病使机体机能发生高度障碍而死亡或被迫施行急宰时，肉中过氧化物酶的含量减少，甚至全无。因此，对肉中过氧化物酶的测定，不仅可以测知肉品的新鲜程度，还能推知屠畜宰前的健康状况。采用联苯胺法测定肉中过氧化物酶，根据肉浸液的颜色变化判定其新鲜度，新鲜肉的颜色呈蓝绿色，不新鲜肉呈青棕色。

与方法（1）（挥发性盐基氮测定）不同，上述方法（2）～（6）中的每一种方法均有其局限性，因此单独使用一种方法容易产生错误的判定结果。为了克服这种局限性，避免误判，需对这几种方法进行综合判定，以得出正确的结果。

3．鲜肉的细菌检验

肉的腐败主要是由于细菌大量繁殖，导致蛋白质分解。故检验肉的细菌污染情况，不仅是判断其新鲜度的依据，也能反映肉在产、运、销过程中的卫生状况。常用的检验方法有细菌菌落总数测定、大肠菌群最近似数（MPN）测定、致病菌检验及触片镜检法。

（1）采样及处理

1）采样：按 GB 4789.17—2003《食品卫生微生物检验方法—肉与肉制品检验》规定，如为屠宰后的畜肉，可于开膛后，用无菌刀采取两腿内侧肌肉 50g（或劈半后采取两侧背最长肌各 50g）；如为冷藏或售卖生肉，可用无菌刀取腿肉或者其他部位肌肉 50g。检样采取后，放入灭菌容器内，立即送检，最好不超过 3h，送样时应注意冷藏，不得加入任何防腐剂。

2）样品处理：先将样品放入沸水中，烫或烧灼 3～5s，进行表面灭菌，再用无菌剪刀剪取检样深层肌肉 25g，放入灭菌乳钵内用灭菌剪刀剪碎后，加入灭菌海砂或玻璃砂研磨；研碎后，加入灭菌水 225mL，混匀后为 1：10 稀释液。

（2）检验方法

见 GB/T 4789.2—2003、GB/T 4789.3—2003 和 GB 4789.1—2003～GB 4789.26—2003。

（3）鲜肉压印片镜检

1）触片制备：从样品中切取 $3cm^3$ 左右的肉块，浸入乙醇中并立即取出点燃烧灼，如此处理 2～3 次，从表层下 0.1cm 处及深层各剪取 $0.5cm^3$ 大小的肉块，分别进行触片或抹片。

2）染色镜检：将干燥的触片用甲醇固定 1min，进行革兰氏染色后油镜观察 5 个视野，同时分别计出每个视野的球菌和杆菌数，然后求出一个视野中细菌的平均数。

4．卫生评价与处理

（1）细菌学评价

我国现行的食品卫生标准中没有鲜肉细菌指标，初步提出以下标准作为参考：细菌总数，新鲜肉为 1 万/g以下；次鲜肉为 1 万～100 万/g；变质肉为 100 万/g 以上。

（2）鲜度判定

新鲜肉触片印迹着色不良，表层触片可见到少数的球菌和杆菌，深层触片无菌或偶见个别细菌，触片上看不到分解的肉组织。次鲜肉触片印迹着色较好，表层触片上平均每个视野可见到 20～30 个球菌和少数杆菌，深层触片也可见到 20 个左右的细菌，触片上明显可见到分解的肉组织。变质肉触片印迹着色极浓，表层及深层触片上每个视野均可见到 30 个以上的细菌，且大都为杆菌；严重腐败几乎找不到球菌，而杆菌可多至数百个或不可计数，触片上有大量分解的肉组织。

（3）处理

胴体或淋巴结中，发现鼠伤寒或肠炎沙门菌，全部胴体和内脏即应作工业用或销毁；仅在内脏发现此类细菌时，全部内脏废弃，胴体切块后高温处理；胴体或淋巴结中发现沙门菌属的其他细菌，内脏作工业用或销毁，胴体高温处理。

第三节　肉品分级与质量评价

一、肉品分级概述

肉在批发零售时，根据其质量差异，划分为不同的等级，按等级论价。每个国家的分级标准都不尽相同。一般都依据肌肉发育程度、皮下脂肪状况、胴体重量及其他肉质情况来决定。分级的形式有胴体分级和部位切割分级两类。动物在宰后，要对其胴体进行分级和分割。

1. 胴体的分级

我国的胴体分级标准正在制订中。一般的胴体分级包括质量级和产量级两部分。

（1）产量级

产量反映胴体中主要肉块的产率，现初步选定由胴体重量、眼肌面积和背膘厚来测算产肉率，产肉率越高等级越高。眼肌面积与产肉率成正比，而背膘厚与产肉率成反比。

（2）质量级

质量级主要反映胴体肉的品质。初步选定由胴体的生理成熟度、脂肪交杂程度及肌肉的颜色来判断。生理成熟度越小、脂肪交杂程度越高的胴体质量越好。

2. 宰后肉的分割

（1）猪胴体的分割方法

我国供市场零售的猪胴体一般分割为以下几部分：臀腿肉、背腰肉、肩颈肉、肋腹肉、前后肘子、前颈部及修整下来的腹肋肉。供内、外销的猪半胴体可分割为颈背肌肉、前腿肌肉、脊背大排、臀腿肌肉四大部分。

（2）牛胴体的分割方法

标准的牛胴体充分割成二分体，然后再分成臀腿肉、腹部肉、腰部肉、胸部肉、肋部肉、肩颈肉、前腿肉7部分。在部位肉的基础上再将牛胴体分割成12块不同的零售肉块：里脊、外脊、眼肉、上脑、嫩肩肉、臀肉、大米龙、小米龙、膝圆、腰肉、脖子肉、腹肉。

（3）羊胴体的分割方法

一般羊胴体可被分割成腿部肉、腰部肉、腹部肉、胸部肉、肋部肉、前腿肉、颈部肉、肩部肉。

我国已有猪肉分级 SB/T10656—2012《猪肉分级》标准。

二、牛肉的等级

牛肉的等级是按部位划分的，一般可进行如下分级，特级：里脊；一级：上脑、外脊；二级：仔盖、底板；三级：肋条、胸口；四级：脖头、腱子。

美国牛肉的质量级依据牛肉的品质（以大理石纹为代表）和生理成熟度（年龄）将牛肉分为：特优（prime）、特选（choice）、优选（select）、标准（standard）、商用（commercial）、可用（utility）、切碎（cutter）和制罐

（canner）8个级别。而年龄则以胴体骨骼和软骨的大小、形状和骨质化程度及眼肌的颜色和质地为依据来判定，其中软骨的骨质化为最重要的指标，年龄小的动物在脊柱骨头上端都有一块软骨，随着年龄增大，这块软骨逐渐骨质化而消失。这个过程一般从胴体后端开始，最终在前端结束，这个规律为判定胴体年龄提供了较可靠的依据。加上对骨骼形状、肌肉颜色的观察，即可判定出胴体的生理成熟度。大理石纹是决定牛肉品质的主要因素，它与嫩度、多汁性和适口性有密切的相关关系，同时它又是最容易客观评定的指标，因而品质的评定就以大理石纹为代表。大理石纹的测定部位为第12肋骨眼肌横切面，以标准板为依据，分为丰富、适量、适中、少、较少、微量和几乎没有这7个级别。当生理成熟度和大理石纹决定后就可判定其等级了，年龄越小，大理石纹越丰富，则级别越高，反则越低。

肉品质档次划分，消费者的需求是主要依据之一（牛肉本身品质的优劣当然不能忽视），因此国外有多种标准，如美国标准、日本标准、欧共体标准等。我国肉牛饲养业起步较晚，尚未形成独立的产业，因此尚无统一的标准，但许多研究单位和国家相关部门正积极进行这方面工作，相信不久的将来就会出台。肉品分级是肉品形成价格的基础。

1. 美国牛肉分级标准

（1）美国牛肉分级的基本依据

1）以性别、年龄、体重为依据的肉牛分级。

2）以胴体质量为依据的分级标准。在确定肉牛胴体等级时，必须考虑两个因素：一是产量级，胴体经修整、去骨后用于零售量的比例，比例大，产量级就高。二是质量级，牛肉品质包括适口性、大理石花纹、多汁性、嫩度等内容。

阉牛、未生育母牛的胴体等级分为8个等级：优质、精选、良好、标准、商售、可利用、次等、制罐用。公牛胴体只有产量等级，没有质量等级。奶牛胴体无优质等级，青年公牛胴体等级分5等：段质级、精选级、良好级、标准级、可利用级。

（2）牛肉分级操作方法

1）影响胴体等级的因素有胴体体表脂肪量；心脏、肾、盆腔脂肪量；12～13肋骨处眼肌横切面面积；胴体重量。

2）确定胴体等级的操作方法：用电锯分开脊柱，使胴体均匀分为两片，在第12～13胸椎处垂直横切眼肌。

3）测定心脏、肾、盆腔脂肪重量：测定眼股肌横切面处腰、背脂肪厚度；测量眼肌面积；挤压眼肌及覆盖眼肌的脂肪。

（3）产量等级分级标准

第一产量级：胴体体表只有肋部、腰部、臀部、

颈部有一薄层脂肪，在肋部、阴囊处稍有沉积，在大腿内外侧和肩肉上有一层薄脂肪，透过胴体许多部位的脂肪层能见到肌肉。胴体重量227kg：12～13肋眼处的脂肪厚为0.76cm，12～13肋眼肌面积为74.2cm²，心脏、肾、盆腔脂肪重量占活重的2.5%。胴体重363kg：12～13肋眼处的脂肪厚为1.00cm，12～13肋肌面积为103.0cm²，心脏、肾、盆腔脂肪重量占活重的2.5%。

第二产量级：胴体体表几乎完全被脂肪覆盖，大腿内外侧、肩部、颈部的脂肪层里可见到瘦肉；腰部、肋部、大腿内侧的脂肪层也较薄，臀部、髋部的脂肪沉积较厚。胴体重227kg时：12～13肋眼处脂肪的厚度为1.27cm，12～13肋眼处眼肌面积为68.4cm²，心脏、肾、盆腔脂肪重量占活重的3.5%。

第三产量级：胴体体表完全被脂肪覆盖，颈部、大腿内侧下部脂肪层较薄，透过脂肪层可以看到瘦肉；在腰部、肋部、大腿内侧上部覆盖稍厚脂肪；臀部、髋部的脂肪层达中等厚度，肋部、阴囊处脂肪层也稍厚。胴体重227kg时：12～13肋眼处脂肪的厚度为1.78cm，12～13肋眼处眼肌面积为90.3cm²，心脏、肾、盆腔脂肪重量占活量的4.5%。

第四产量级：胴体体表完全被脂肪覆盖，只有大腿内、肋部外侧能见到肌肉；腰部、肋部、大腿内侧的脂肪层中等厚；臀部、髋部、颈部脂肪层较厚；肋部、阴囊处的脂肪层也较厚。胴体重227kg：12～13肋眼处的脂肪厚度为2.54cm，12～13肋眼处眼肌面积为58.1cm²，心脏、肾、盆腔脂肪的重量占活重的4.5%。胴体重363kg：12～13肋眼处的脂肪厚度为2.97cm，12～13肋眼处眼肌面积为87.1cm²，心脏、肾、盆腔脂肪的重量占活重的5.0%。

第五产量级：胴体体表脂肪层比第四产量级更厚，胴体体表已看不到肌肉。12～13肋眼处脂肪层厚于第四产量级，12～13肋眼处眼肌面积小于第四产量级，心脏、肾、盆腔脂肪重量大于第四产量级。

（4）以牛肉品质为依据的分级标准

牛肉品质等级评定的主要依据是大理石花纹结合牛的年龄。牛肉的多汁性、口味、嫩度都和肉的大理石花纹有关，所以在评定牛肉品质等级时，离不开牛肉大理石花纹，大理石花纹是由第12～13肋处横切的眼肌面积中脂肪沉积程度来确定的，共分9个等级，一级最好，九级最差。

牛肉的品质还受年龄的影响。由年龄确定牛的生理成熟度，分为5个等级：1级，9～30月龄；2级，30～48月龄；3级，48～60月龄；4和5级，超过60月龄。

国肉牛生产时间久，水平高，牛肉分级严，根据综合评定牛肉等级，牛肉品质等级的分布和牛肉分割见图3-6～图3-8。

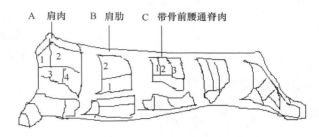

图3-6 美国牛肉分割及部位肉块名称

A：1. 炸炖牛肉、碎牛肉、牛肉馅；2. 无骨肩部通脊、牛肩排；3. 炖无骨前肩肉或牛排、肩部短肋、前腿炖肉块或肉排；4. 肩部短肋、炖用短肋牛肉。B：1. 牛肉馅、炸炖牛肉、胸肋骨；2. 肋通脊、肚大排、去骨肋排。C：1. 上等通脊大排、上等无骨通脊大排；2. 上等通脊大排、T骨大排、上等无骨通脊大排、里脊；3. 上等通脊大排、餐厅大排、上等无骨通脊大排、里脊

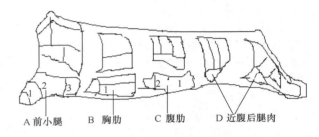

图3-7 牛肉适当的用途

A：1. 脚圈；2. 用于炸炖的牛肉；3. 鲜牛胸肉（用于腌牛胸肉）。B：1. 胸肋骨，炖排骨。C：1，2. 用于炖牛肉、胸肋肉卷、牛肉馅。D. 炒肉片、火锅

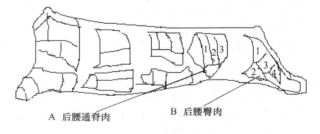

图3-8 牛肉分块及用途

A：1. 去骨的后腰大排、带坐骨的后腰大排；2. 去骨的后腰大排、带平骨的后腰大排；3. 去骨的后腰大排、带T骨的后腰大排。B：1. 臀肉；2. 近腹后腿肉；3. 后腿圆状骨、底部后腿和划成格的肉块（用于肉馅）、上部后腿和去骨后肉块（用于肉排）、后腿肉块；4. 臀根部肉

（5）具体牛肉分级标准

1）以性别、年龄、体重为依据的肉牛分级，见表3-11。

2）以胴体质量为依据的分级标准。

两个因素：产量级，胴体经修正、去骨后用于零售量的比例大，产量级高；质量级，牛肉品质包括适口性、大理石花纹、多汁性、嫩度等内容（图3-9）。

兽医公共卫生学

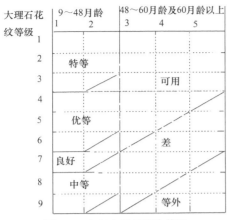

图 3-9　牛肉大理石花纹等级

操作方法：用电锯分开脊柱，使胴体均匀分为两片；在第 3～19 胸椎处垂直横切切断眼肌；测定心脏、肾、盆腔脂肪重量；挤压眼肌及覆盖眼肌的脂肪（表 3-12）。

3）美国官方牛肉分级有 3 个标准，首先是看牛肉在屠宰后是否有经过肉体沉淀的程序，其次是牛肉饲育的方式，最后则是以主饲喂食的饲料来分级。以此三大标准，将牛肉分成八大等级。

第一级为特优级（prime），此类等级的牛肉多数销往高级餐厅。而贩卖此种等级的餐厅门口多半可见"U.S.Prime"字样，代表此间餐厅所选用的牛肉是经过美国政府所认可的最高级牛肉。

第二级为特选级（choice），此等级的牛肉在一般超

表 3-11　以性别、年龄、体重为依据的肉牛分级

不同用途牛	性别	年龄	体重/kg	常用的分级
中等屠宰牛	阉公牛	1 岁	轻型 340、中等 340～430、大型 430 以上	优等，上等，良好，标准，商用，可用，切碎，制罐
		2 岁及以上	轻型 500、中等 500～590、大型 600 以上	同上
	未生育或未去势母牛	1 岁	轻型 340 以下、中等 340～430、大型 430 以上	同上
		2 岁及以上	轻型 430 以下、中等 430～475、大型 475 以上	同上
	公牛（上等及良好等级者为肉用牛）	1 岁	不分重量	同上
		2 岁及以上	轻型 590、中等 590～680、大型 680 以上	同上
	经产母牛	不分年龄	不分体重	优等，上等，标准，商用，可用，切碎，制罐
	大阉公牛	不分年龄	不分体重	同上
种用或育肥架子牛	阉公牛	1 岁	轻型、中等、大型、混合	优等，上等，良好，中等，普通，劣等
		2 岁及以上	轻型、中等、大型、混合	同上
	未生育或未去势母牛	1 岁	轻型、中等、大型、混合	同上
		2 岁及以上	轻型、中等、大型、混合	同上
	母牛	不分年龄	不分体重	不分等级
	公牛	不分年龄	不分体重	不分等级
	大阉公牛	不分年龄	不分体重	不分等级
泌乳或怀孕牛	母牛	不分年龄	不分体重	不分等级
肉用仔牛	不分性别	3 个月以内	轻型 50 以下、中等 50～80、大型 80 以上	优等，上等，良好，标准，可用，淘汰
屠宰仔牛	阉牛、公牛或未生育母牛	3～8 个月	轻型 90 以下、中等 90～140、大型 140 以上	优等，上等，良好，标准，可用，淘汰
种用或架子仔牛	阉牛、公牛或未生育母牛	6～12 个月	轻型、中等、大型、混合	优等，上等，良好，普通，劣等

表 3-12　以胴体质量为依据的分级标准

分级标准	总观	胴体重/kg	12～13 肋眼处脂肪厚/cm	12～13 肋眼肌面积/cm²	心脏、肾、盆腔脂肪重占活重比例/%
第一产量级	体表只有肋部、腰部、臀部、颈部有一薄层脂肪，斜部、阴囊处少有沉积，大腿外侧和肩肉有一薄层脂肪，透过胴体许多部位的脂肪层能见到肌肉	227	0.76	74.2	2.5
		363	1.02	103.2	2.5

111

分级标准	总观	胴体重/kg	12～13 肋眼处脂肪厚/cm	12～13 肋眼肌面积/cm²	心脏、肾、盆腔脂肪重占活重比例/%
第二产量级	体表几乎完全被脂肪覆盖，大腿内外侧、肩部、颈部的脂肪层可见瘦肉；腰部、肋部、大腿内侧的脂肪层较薄；臀部、髋部的脂肪沉积较厚	227	1.27	68.4	3.5
		363	1.52	96.8	3.5
第三产量级	体表完全被脂肪覆盖，颈部、大腿内侧下部脂肪层较薄，透过脂肪层可以看到瘦肉；腰部、肋部、大腿内侧上部覆盖稍厚脂肪；臀部、髋部的脂肪层中等厚度，斜部、阴囊处脂肪层稍厚	227	1.78	61.3	4.0
		363	2.03	90.3	4.5
第四产量级	体表完全被脂肪覆盖，在大腿内、肋部外侧能见到肌肉；腰部、肋部、大腿内侧的脂肪层中等厚；臀部、髋部、颈部脂肪层较厚；斜部、阴囊处脂肪层稍厚	227	2.54	58.1	4.5
		363	2.79	87.1	5.0
第五产量级	体表脂肪层比第四产量级更厚，体表看不到肌肉		>4.00	<4.0	

市均可见，多半切成牛排贩卖。第三级则为优选级（select），此等级多半是以牛肉片、牛肉丝或带骨的牛肉形式贩卖。第四级为标准级（standard），此等级的肉多半为牛后腿部位的肉，常以牛肋条或肉片形式贩卖。第五级则为商用级（commercial），第六级为可用级（utility），第七级为切碎级（cutter），指的是不成形的牛肉碎屑，第八级则是所谓的制罐级（canner），此种等级的牛肉只能用来制作罐头。

美国政府规定，第五级以下的牛肉均必须放在专用的冷冻柜内，绝不可以冷藏方式贩卖。

2．欧盟的牛胴体评定标准

欧盟肉牛胴体的分级标准是根据胴体的肥瘦、胴体的结构和肥度来划分的。根据肥度共分 7 个等级，即 1（最瘦）、2、3、4L、4H、5L、5H（最肥）；根据胴体的结构共分 7 个等级，即 E（最好）、U+、U、R、O、O－、P（最差）。胴体的综合评定见图 3-10。

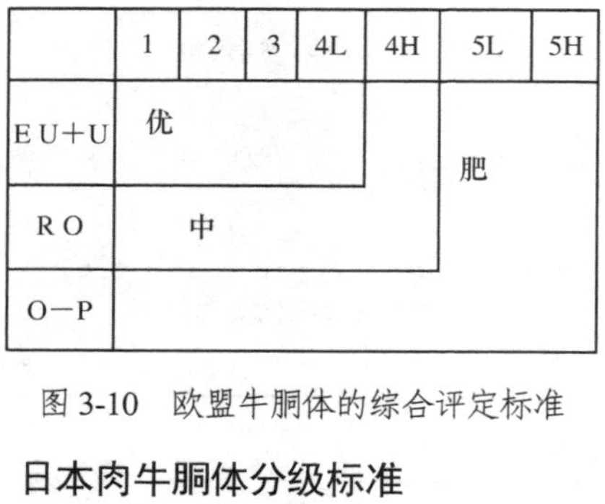

	1	2	3	4L	4H	5L	5H
E U+ U	优					肥	
R O	中						
O－P							

图 3-10 欧盟牛胴体的综合评定标准

3．日本肉牛胴体分级标准

二分体带骨牛肉标准内容如下（分割见图 3-11）。

（1）最小重量

肉片的最小重量分级分别为："精选"130kg，"特等"130kg，"上"120kg，"中"120kg，"下"100kg。

（2）外观

牛胴体外观项目中包括匀称情况、瘦肉的发达程度、脂肪附着、处理情况 4 个内容。

1）匀称情况："精选"、"特等"级，宽而厚，长度适当，整体形状好，前后躯比例匀称。

"上"级：长宽厚度大体较好，整体形状无大问题，前后躯比例大体匀称。

"中"级：长宽厚度、整体形状、前后躯比例及匀称度都一般。

"下"级：整体形状稍差，前后躯比例不够匀称。

2）瘦肉的发达程度："精选"、"特等"级，厚而均匀附着（特别是肩、背、腰、腿），肌肉相当发达，通脊芯粗壮。

"上"级：厚而均匀附着，肌肉发达，通脊芯粗壮。

"中"级：厚度、附着状态、肌肉发达程度没有明显问题，通脊芯略粗。

"下"级：薄而附着状态不好，肌肉不发达，通脊芯小。

3）脂肪附着："精选"、"特等"级，皮下脂肪均匀附着，厚度适当，肾脏也大小适当，内面脂肪相当充足。

"上"级：皮下脂肪的附着状态大致不错，厚度也大致适当，肾脏脂肪的大小及内面脂肪的状态大致良好。

"中"级：皮下脂肪的附着状态、厚度、肾脏脂肪的大小及内面脂肪的状态都很一般。

"下"级：皮下脂肪一般较薄，其附着状态不太好，肾脏脂肪较小，内面脂肪少。

4）处理情况："精选"、"特等"级，放血充分，无疾病引起的损伤，无由于处理不当而引起的污染、损伤。

兽医公共卫生学

"上"级：放血充分，无疾病引起的损伤，几乎没有由于处理不当而引起的污染、损伤。

"中"级：放血好，由疾病引起的损伤不多，没有大的由于处理不当而引起的污染、损伤。

"下"级：放血不太充分，多少有被损伤或污染的现象。

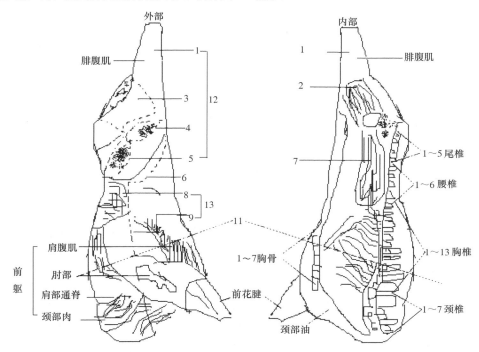

图 3-11　二分体带骨牛肉标准

（3）肉质

牛肉肉质包括瘦肉层大理石花纹状情况、色泽、纹理及致密性、脂肪的质量和色泽等内容。

（4）瘦肉层大理石花纹状况

"精选"、"特等"级，通脊芯及周围肌肉的大理石纹细而充分，肌肉之间的脂肪适度，整个片肉的肌肉露出面的大理石纹好，精选肉的大理石纹情况特别好。

"上"级：通脊芯及周围肌肉的大理石情况大致良好，肌肉之间的脂肪稍微偏厚或偏薄。整个片肉的肌肉露出面的大理石纹大致良好。

"中"级：通脊芯及周围肌肉的大理石纹少，肌肉之间的脂肪偏厚或偏薄。整个片肉的肌肉露出面的大理石纹少。

"下"级：通脊芯及周围肌肉几乎没有大理石纹存在，肌肉之间的脂肪少。整个片肉的肌肉露出面几乎看不到大理石纹情况。

（5）色泽

"精选"、"特等"级：肉呈现红色或接近鲜红色，因为既不偏浓，也不偏淡，所以光泽良好。

"上"级：肉色及光泽大致良好。

"中"级：肉色及光泽均一般。

"下"级：肉色相当浓或相当淡，光泽不好。

纹理及致密性："精选"、"特等"级，纹理细，致密性好。

"上"级：大致良好。

"中"级：均一般。

"下"级：纹理略粗，致密性不好。

脂肪的质量和光泽："精选"、"特等"级，硬而有黏性，呈白色或淡奶油色，光泽充分。

"上"级：硬而有黏性，略带黄色，有相当光泽。

"中"级：不特别软，黏度一般，颜色为黄色，有光泽。

"下"级：软而无黏性，颜色很黄，没有光泽。

等外级：①不符合"ABC"等级要求；②肉片重量特别轻；③外观或肉质非常差；④通过卫生检查，割除部分较多；⑤有异臭异色；⑥明显受到污染。

（6）牛肉分解部位

肋脊部：肋排骨、肉眼、带骨牛仔骨、肥牛肉、牛肋条、肋脊皮盖肉。

肩胛部：上肩、押脊底肌（板腱）、亦板肉、肋眼心、肥牛肉。

后腿部：腰脊球尖肉（牛林）、外侧后腿肉（三叉肉）、上内侧后腿肉、后腿腱心、小腿腱心（牛蹍）。

胸腹部：胸腹肉（顶级肥牛，脂肪较多，间隔有5层或多层）。

前胸部：去骨前胸肉（牛腩）、修清前胸肉、前小腿腱（金钱蹍）。

腹部：腹部肉排（元林片）。

日本牛肉分级标准是根据肌肉的大理石纹、肉的色泽、肉内结缔组织、脂肪的颜色和品质4个方面综合评定，分为3个等级，即A、B、C级，每个等级又分5个级别（表3-13）。

表3-13　日本牛肉分级标准

胴体等级	肉质等级				
	5	4	3	2	1
A	A5	A4	A3	A2	A1
B	B5	B4	B3	B2	B1
C	C5	C4	C3	C2	C1

（7）肉质等级

A级：肉质软，色泽丰富，瘦肉颜色鲜艳，雪花纹丰富（生长期9～30个月）。

B级：轻微硬化，略带红色（生长期30～41个月）。

C级：肉质在A与B之间，颜色深暗点（生长期42～72个月）。

D级：肉质色白而坚硬（生长期72～96个月）。

E级：色白而坚硬，肉色暗红色（生长期96个月以上）。

4．加拿大牛肉分级标准

加拿大牛肉分级标准由政府部门与养牛协会制订。在制订牛肉分级标准时一般考虑3个条件：①胴体的成熟程度，即牛的屠宰年龄；②牛肉品质；③牛胴体中肉的重量。

牛胴体成熟度可分为5等，在每个等级中又划分若干等级，A级最好，E级最差。青年牛（2岁以内的牛）胴体，A级、B级；中间类型牛（2～5岁的牛）胴体，C级；成年或老龄牛（5岁以上的牛）胴体，D级、E级（图3-12）。

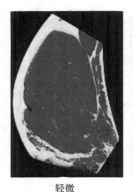 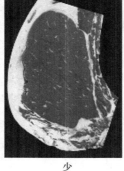 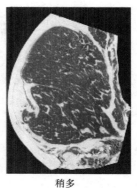

轻微　　　　　　少　　　　　　稍多

图3-12　胴体纹理（肌内脂肪）

各等级的分级标准如下。

A级：肉色鲜红。牛肉质地：牛肉纹理细致、富有弹性。大理石花纹：适当。脂肪色泽：白色或稍带淡黄（或琥珀色），脂肪质地必须具有硬度，胴体体表脂肪覆盖率为100%，但允许腰角处和颈肉处薄一些。胴体表面：无明显缺损。脂肪厚度要求（第11～12肋骨处眼肌上脂肪的厚度）：胴体重小于318kg时，最少0.51cm；胴体重大于318kg时，为0.76cm。

B级：肉色中等暗红色。牛肉质地：硬度中等，胴体体表稍粗糙。大理石花纹状：中等或明显可见。脂肪色泽：淡黄色。脂肪质地：较A级稍软。脂肪质覆盖率：较A级低，腰角部、颈肉部脂肪更少，可清晰见到肌肉。脂肪厚度：胴体重量在318kg以下时，不小于0.25cm；胴体重量大于318kg时，脂肪厚度不小于0.50cm。胴体各部位：无明显的缺损。

C级：肉色暗红色。牛肉质地：较硬，胴体体表较粗糙。脂肪色泽：黄色。脂肪质地：较软。脂肪覆盖率：较B级低，颈肉部、后腿外侧可见到肌肉。脂肪厚度：胴体重小于318kg，脂肪厚不小于0.20cm；胴体重大于318kg，脂肪厚度不小于0.30cm。胴体体表：存在缺损。

D级和E级：牛肉品质低于C级者，均为D级和E级。

5．中国牛肉分级标准

影响当前我国牛肉市场竞争力最关键的因素是牛肉的质量。影响我国优质牛肉生产的因素较多，其中最重要的是我国尚没有全面推行牛肉分级制度，对优质牛肉没有客观评判，这样就很难形成以质论价的良性牛肉市场，优质牛肉生产也就无从做起。世界上凡是肉牛业发达的国家均施行牛肉质量分级制度，对本国牛肉生产起到了极大的导向和推动作用。我国已加入世界贸易组织（WTO）多年，这意味着我国牛肉市场的对外开放程度加大，国际市场波动、政策和规则的变化对我国牛肉进出口贸易影响会明显增加，也进一步要求我们在规范牛肉生产上和国际接轨。牛肉分级技术的应用，对引导牛肉生产的规范化、标准化、有序化及产业化有重要意义。

针对我国牛肉生产目前所面临的形势，当务之急是要提高牛肉的质量，增加国际竞争力；规范牛肉市场，实行优质优价；促进国内牛肉市场良性运转。而要达到此目标，分级是关键。纵观美国、加拿大、日本等肉牛业发达国家的牛肉分级发展史，牛肉分级主要具有以下作用。

1）实现优质优价，促进牛肉市场良性运转。

2）规范和统一国内牛肉产品的质量，促进牛肉生产水平的提高，延长肉牛产业链。

3）对牛肉生产的发展起到导向和推动作用，促进肉牛繁育、饲养肥育、屠宰加工、牛肉制品加工协调发展。

4）使国内整个肉牛产业纳入一个科学的、有序的发展轨道，增强国际竞争力。

根据我国目前肉牛屠宰加工业的情况估计，牛肉分级员作为一个新的职业将为社会提供至少 4000 个就业岗位。这些岗位集中在肉牛饲养、屠宰、加工较为发达的东北（辽宁、吉林和黑龙江）、中原（山东、河南、河北、安徽、江苏、陕西、山西等）、西北（内蒙古、宁夏、甘肃、新疆、青海等）和南方（湖南、湖北、广东、广西、云南、贵州、四川、福建、浙江等）四大肉牛带。如果从以牛肉分级为核心，带动肉牛产业链发展角度看，拉动就业能力将更大，因为肉牛产业的发展，必然会提供更多的相关就业岗位。

牛肉分级员这一新型职业的出现将对拉动地方经济增长，创造社会财富具有重要意义。研究表明，牛肉分级后，其经济附加值大幅度提高，经济效益分别是牛肉分割不分级和不分割不分级的 7.2 倍和 10.6 倍。产生巨大经济效益的同时，也会产生巨大的社会效益。例如，发展肉牛业可有效地利用农作物秸秆，减少因大量焚烧造成的环境污染和资源的浪费，有利于实现生态农业的良性循环。分级制度实施过程中，通过先进技术的示范和一系列农业技术的培训，促进科学技术转化成生产力，大幅度提高科技对农业开发的贡献率，有效提高从业人员的科学技术利用水平和综合素质。

我国肉牛生产起步较晚，又受到"无肉牛品种就不能生产牛肉"的传统观念的影响，直到目前我国尚未正式颁布肉牛胴体分级和牛肉分级标准。1987 年，某企业受商业部的委托，草拟了牛胴体分级标准，即鲜、冻四分体带骨牛肉分级标准，分为 3 级。南京农业大学、中国农业科学院畜牧研究所、国家畜牧兽医总站共同起草了适用于我国黄牛和专用肉牛及其杂交后代的标准，牛肉质量分级标准为 NY/T 676—2003。

等级指标如下。

项目：一级、二级、三级。

一级：肌肉发达，全身骨骼突出，皮下脂及由肩胛至坐骨结节布满整个胴体，在股骨部允许有不显著的肌膜露出。四分体肌肉断面上大理石纹好。

二级：肌肉发育良好，骨骼无明显突出，皮下脂肪由肩胛至坐骨结节布满整个胴体，在股骨及肋骨部允许肌膜露出。四分体肌肉断面上大理石纹大致好。

三级：肌肉发育一致，脊椎骨尖、坐骨及髋骨结节突出，由第八肋骨至坐骨结节布有薄层皮下脂肪，允许有较大面积肌膜露出。四分体肌肉断面上大理石纹少。

四分体重量（kg）≥40；≥30；≥25。

三、猪肉分级

1. 屠宰胴体分级

（1）猪胴体分级

我国猪的半胴体分级，过去按皮下脂肪厚度划分的标准已不适用，现行标准尚未制订。现介绍日本的猪半胴体分级标准。

一级：剥皮半胴体重小于 36kg，大于 27kg。外观特别匀称，长度、宽度适中，深厚，腿、脊背、腹和肩各部肌肉十分充实，肉厚而圆滑，附着特别好，瘦肉比脂肪和骨骼多，背脂和腹部脂肪附着适中，放血充分，肉质质地细密，坚实度特佳，肉色淡灰红色，鲜明有光泽，脂肪色白，特别坚定，有黏性及光泽，沉着适度。

二级：剥皮半胴体重小于 39kg，大于 24kg。长度、宽度适中，腿、背脊、腹和肩各部肌肉厚而充实，对称良好，瘦肉率大体上比脂肪和骨骼高，背脂及腹部脂肪附着适中，放血充分，肉质细密，肉色淡红色或近似鲜明有光泽，脂肪坚实度良好，沉着适中。

三级：剥皮半胴体重小于 42kg，大于 21kg，长、宽、厚度整体及各部匀称性不太好，但无大的缺陷；肌肉附着不太好，瘦肉一般，无大缺陷；放血一般，有污染或损伤，但无大缺陷；肉质、血色、脂肪沉着等都一般，无大缺陷。

四级：剥皮半胴体重小于 42kg，大于 21kg，体形及各部对称有缺陷，肉薄，瘦肉率不好，放血稍有不良，有损伤及污染等缺陷，质地粗糙，肉色过深或过浅，脂肪光泽不佳，沉着过多或过少。

（2）部位切割分级

我国市销零售带皮鲜猪肉分为六大部位 3 个等级。

一等肉：臀腿部、背腰部。

二等肉：肩颈部。

三等肉：肋腹部，前、后肘子。

等外肉：前颈部及修整下来的腹肋部。

猪肉的不同部位肉质不同，常规分法可分为 4 级。特级：里脊肉；一级：通脊肉，后腿肉；二级：前腿肉，五花肉；三级：血脖肉、奶脯肉、前肘、后肘（图 3-13）。

2. 瘦肉型猪活体分级

本标准适用于胴体瘦肉率在 55% 以上瘦肉型猪活体分级，收购商品猪时也可参照使用。

（1）单项分级

根据猪的外形外貌、品种类型、体重和活体膘厚划分为一级、二级和三级。

1）外型分级如下。

一级：头小、无明显腮肉，前后躯丰满，腹部小，体质结实，外形紧凑。

二级：头较小、稍有腮肉，前后躯较丰满，腹部较小，肢蹄结实。

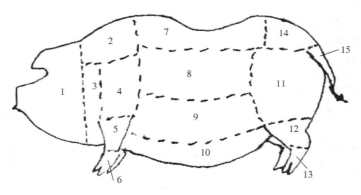

图 3-13　猪肉部位分布图及用途

1. 猪头肉：里面包括上下牙颌、耳朵、上下嘴尖、眼眶、核桃肉等。猪头肉皮厚、质地老、胶质重。适宜凉拌、卤、腌、熏、酱腊等。2. 凤头皮肉：此处肉皮薄，微带脆性，瘦中夹肥，肉质较嫩。适宜卤、蒸、烧和做汤或回锅肉等。3. 槽头肉（又称颈肉）：其肉质地老、肥瘦不分，宜于做包子、饺子馅，或红烧、粉蒸。4. 前腿肉：这个部位的肉半肥半瘦，肉质较老。适宜凉拌、卤、烧、腌、酱腊、咸烧白（芽菜扣肉）等。5. 前肘（又称前蹄膀）：其皮厚、筋多、胶质重。适宜凉拌、烧、制汤、炖、卤、煨等。6. 前脚（又称前蹄、猪手）：质量比后蹄好。此处只有皮、筋、骨骼，胶质重。适宜作烧、炖、卤、煨等用。7. 里脊皮肉：此处肉质嫩、肥瘦相连。适宜卤、凉拌、腌、酱腊或做回锅肉，肥膘部位可做甜烧白等。8. 正宝肋：此处肉皮薄，有肥有瘦，肉质较好。适宜蒸、卤、烧、煨、腌，可烹制甜烧白、粉蒸肉、红烧肉等。9. 五花肉：这个部位的肉因一层肥一层瘦，共有5层，所以称五花肉。其肉质较嫩，肥瘦相间，皮薄。适宜烧、蒸、咸烧白、红烧肉、东坡肉等。10. 奶脯肉（又称下五花肉、拖泥肉等）：其位于猪腹部，肉质差，多泡泡肉，肥多瘦少。一般适宜做烧、炖、炸酥肉等。11. 后腿肉：此处肉好、质嫩，有肥有瘦，肥瘦相连，皮薄。适宜做白肉（凉拌）、卤、腌、汤或回锅肉等。12. 后肘（又称后蹄膀）：质量较前蹄差，其用途相同。13. 后脚（又称后蹄）：质量较前蹄差，其用途相同。14. 臀尖：肉质嫩、肥多瘦少。适宜凉拌（白肉）、卤、腌、做汤或回锅肉等。15. 猪尾：皮多、脂肪少、胶质重，适宜烧、卤、凉拌等

三级：头较重、颈较粗，腮肉明显，后躯欠丰满，腹部较大，肢蹄欠结实。

2）品种类型分级如下。

一级：国外引进的优良瘦肉型品种（系）及其杂种猪；我国培育的杂优猪；国外引进的优良瘦肉型品种（系）与我国培育的瘦肉型新品种（系）间的二元或三元杂种猪。

二级：瘦肉型品种（系）间的杂种猪；国外引进的瘦肉型品种（系）与兼用型品种（系）的二、三元杂种猪；培育的瘦肉型品种（系）的纯种猪；以地方品种（系）为母本，与国外引进的瘦肉型品种（系）为父本的三元杂种猪。

三级：凡不符合一级和二级的瘦肉猪均属三级（不包含地方品种猪）。

3）体重分级如下。

一级：体重在 90～100kg。

二级：体重在 80～89kg 或 101～110kg。

三级：体重在 80kg 以下或 110kg 以上。

4）活体膘厚分级如下。

一级：膘厚在 1.8cm 以下。

二级：膘厚为 1.9～2.5cm。

三级：膘厚在 2.6cm 以上。

（2）活体综合评定分级

活体综合分级时，将各单项指示按其相应的重要性给予适当的加权，再将各单项等级划分为分数，各单项指标所得分数与其加权系数之积的和即综合评分。

四、肉分级的设备

目前主要应用的分级技术有光电探针式分级仪、超声波全胴体扫描分级仪（AutoFom）、核磁共振分级仪（TOBEC）、生猪影像分级仪（imagine-meater）等。其中光电探针式分级仪具有操作便捷、价格适中（约为其他分级设备的 20%）、分级准确度较高等特点，目前广泛应用于欧洲、加拿大、美国、澳大利亚、新西兰等国。像 FOM（丹麦）、CGM（法国）、HoP（新西兰）、DestronPG-100（加拿大）都属于这种类型的分级设备。

1. Lin-Star 线形胴体瘦肉率测定仪

可以测量胴体上各种肌肉和脂肪厚度（图 3-14，图 3-15）。

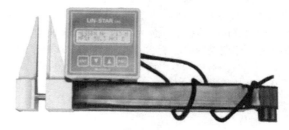

图 3-14　Lin-Star 线形胴体瘦肉率测定仪（一）

图 3-15　Lin-Star 线形胴体瘦肉率测定仪（二）

2. 德国生猪胴体分级系统 IM-03

手持式生猪胴体瘦肉率测量装置，可以很方便地测量统计生猪的瘦肉率。并可以在测量之后给出每头猪的瘦肉率和定级。适合生猪屠宰厂评定猪的瘦肉率并据此和生猪供货方结账，可同时准确地统计猪群的等级并可据此引导养猪者改变养猪方式（图3-16）。

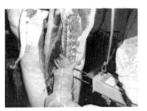

图 3-16　德国生猪胴体分级系统 IM-03

3. FAT-O-MEAT'ERTM 电子胴体分级系统

FAT-O-MEAT'ERTM 在测定时速达 1300 个胴体时都不会出错。已被美国农业部（USDA）和欧洲联盟（EU）认可，被全世界 1000 多个客户作为客观标准广泛使用（图 3-17）。

图 3-17　FAT-O-MEAT'ERTM 电子胴体分级系统

第四节　肉的加工保藏及肉制品的卫生检验

肉中含有丰富的营养成分，在室温下放置过久，由于外界环境、微生物及自身酶等诸多因素的作用，会氧化分解以至腐败变质。因此，必须采取各种加工保藏措施，如低温冷冻、高温熟制、罐藏袋藏、密封辐照等物理学方法及盐腌制、烟熏制、化学添加剂等化学方法，来阻隔外界环境因素的不良作用，抑制或杀灭微生物，抑制和消除肉中酶活性，以保持肉的固有特性，延缓变化或加工成可直接食用的肉制品。

一、肉的冷冻及卫生检验

低温冷冻贮藏是目前应用最广泛的一种肉类贮藏方法。其特点是贮存时间长，贮藏容量大，肉的结构和肉的固有特性等不发生根本变化。在实际应用中已形成完善而现代化的冷冻转运系统——冷藏链，即企业的冷库-冷藏车船-商店的冷藏室-家庭的冰箱。在冷冻条件下，使一般细菌生长繁殖需要的温度和水分受到了限制，因此能阻止细菌在肉品上的生长。但冷冻不能将所有的细菌杀死，特别是一些耐低温的细菌；霉菌也常常在冷冻肉的表面上生长，一般霉菌的耐寒性较强，它们在−6～−2℃仍可生长。为了保证冷冻肉品的卫生安全，必须在做好肉品卫生检验的同时，加强对冷藏链系统的兽医卫生监督和管理。

1. 肉冷冻

肉冷冻的保藏作用是建立在控制微生物的生长繁殖和抑制肉中酶的活性基础上的，遵守肉冷冻所规定的各项技术要求，是保证冻肉达到卫生标准的重要前提条件，因此在肉冷冻生产中必须严格遵守技术操作规程和卫生要求。

（1）肉的冷却

肉的冷却（chilling）是将刚屠宰解体后的胴体（热鲜肉），用人工制冷的方法，使其最厚处的深层温度达到0～4℃的过程。这种肉称为冷却肉（chilling meat）。

1）肉冷却的意义：对刚屠宰解体的肉进行冷却的意义在于，降低肉中酶活性，延缓肉的僵直期、成熟期及

微生物的生长繁殖速度。另外，由于冷却时环境与肉表面温差较大，表面水分蒸汽压很高而蒸发的水分又仅限于表层，使冷却肉表面形成干膜，从而阻止了微生物的生长繁殖，减少了水分干耗，同时延缓了肉的理化和生化变化过程，故肉在一定时间能有效地保持其新鲜度，而且香味、外观和营养价值都很少变化。因此，胴体在修整后都应立即进行冷却加工。

2）肉冷却的卫生要求：肉的冷却是在装有吊轨并有足够制冷量的库房或隧道内完成的。其卫生要求是，冷却室应保持清洁，必要时还要进行消毒。胴体和胴体之间保持 3～5cm 的间距，不能互相紧贴，更不能堆叠在一处。不同等级、不同种类的肉要分别冷却，以确保在相近时间内及时冷却完毕。同一等级而体重差异十分显著的肉，应将大的吊挂在靠近风口处，以加快冷却。根据冷却方法，选择空气流速和湿度。

3）肉冷却的方法：国内外主要采用一段冷却法、两段冷却法和超高速冷却法。

A. 一段冷却法：只有一种空气温度，即 0℃或略低。国内的冷却方法是，进肉前冷库温度已经达到−3～−1℃，进肉后一直保持0～3℃，10h 后温度固定在0℃左右。开始时相对湿度在95%～98%，随着肉温下降和肉中水分蒸发强度的减弱，相对湿度降至 90%～92%，空气流速为0.5～1.5m/s。猪半胴体和牛四分胴体约经20h，羊胴体约经12h，大腿最厚部分中心温度即可达到0～4℃。

B. 两段冷却法：开始冷却库温度在−15～−10℃，经 2～4h 后，肉表面温度降至−2～0℃，大腿深部温度在 16～20℃。第二阶段，库温在−2～0℃，空气流速为0.5m/s，10～16h 后，胴体内外温度达到一致，约 4℃。

C. 超高速冷却法：库温−30℃，空气流速为 1m/s，或库温−25～−20℃，空气流速为 5～8m/s，大约 4h 即可完成冷却。

D. 液体冷却法：以冷水或冷盐水（氯化钠、氯化

钙溶液）为介质，采用浸泡或喷洒的方法进行冷却。禽类多采用此法。

冷却肉不能及时销售时，应移入贮藏间进行冷藏。

（2）冷却肉在贮藏期间的变化

1）变软：由于冷却时的僵硬和成熟，肉的坚实度发生变化。随着保存时间的延长，会出现胶原纤维的软化和膨胀。

2）变色：开始时，肉中肌红蛋白和血红蛋白与空气中的氧气作用形成氧合血红蛋白和氧合肌红蛋白，使肉的颜色变成鲜红色。随后由于继续氧化形成高铁肌红蛋白和肉表面水分蒸发，色素的相对浓度增大使肉色变暗，并略带棕褐色。

3）干耗：即屠宰后，由于水分蒸发而导致的胴体重量的损失。

4）形成干膜：由于冷却时的空气流动和胴体表面水分蒸发，造成胴体表面蛋白质浓缩和凝固，而形成一层干燥的覆盖物。

（3）冻结肉的解冻

解冻是冻结的逆过程，即冻肉中冰晶融化再吸收的过程。冻结肉在加工或食用之前必须经过解冻。肉的解冻方法根据解冻媒介不同可分为空气解冻、流水解冻、真空解冻、微波解冻等。

1）空气解冻：是利用空气和水蒸气的流动使冻肉解冻。合理的解冻方法是缓慢解冻，开始时解冻间空气的温度为 0℃ 左右，相对湿度为 90%～92%；随后逐渐升温，18h 后空气温度升至 6～8℃，并降低其相对湿度，使肉表面很快干燥。肉的内部温度达到 2～3℃，需 3～5 昼夜，解冻即完成。解冻后的肉，再吸收水分，能基本恢复鲜肉的性状，但需要较多的场地、设备和较长的时间。通常情况下，空气解冻在室温下进行，如在 20℃ 条件下采用风机送风使空气循环，一般一昼夜即可完成解冻。过快的解冻，会使冰晶融化形成的水分不能完全再吸收而流失，影响解冻肉的品质。

2）流水解冻：是利用流水浸泡的方法使冻肉解冻。这种方法会造成肉中可溶性营养物的流失及微生物的污染，使肉的色泽和质量都受到影响。方法虽有许多弊病，但由于条件所限，仍有许多单位采用。

3）真空解冻：是利用低温蒸汽的冷凝潜热进行解冻的方法。将冻肉挂在密封的钢板箱中，用真空泵抽气，当箱内真空度达到 94kPa 时，密封箱内 40℃ 的温水，就产生大量低温水蒸气，使冻肉解冻，一般 -7℃ 的冻肉在 2h 内即可完成解冻。这种解冻方法肉的营养成分流失少，解冻肉色泽鲜艳，没有过热部位，是一种较好的解冻方法。其缺点是需要大量的设备和能量，因此用于大批量解冻还有一定难度。

4）微波解冻：利用微波射向被解冻的肉品，使肉中各种组成成分的分子震动或转动，而产生热量使肉解冻。一般频率 915MHz 的微波穿透力较理想，解冻速度也快。但微波解冻耗电量大，费用高，并且易出现局部过热现象。

2．冻肉的兽医卫生检验

为了保证低温保藏肉的卫生质量，无论是在冷却、冻结、冻藏过程中，还是解冻过程中及解冻后，都必须进行卫生监督与管理。

（1）鲜肉的接收与检验

鲜肉在入库前，卫检人员要事先检查冷却间、冻结间的温度和湿度，检查库内工具的卫生情况。冷却间内不应有霉菌生长。入库的鲜肉必须盖有清晰的检验合格印章。凡是因有传染病可疑而被扣留的肉，应存放在隔离冷库内。肉在冷却间和冻结间要吊挂，肉之间要保持一定的距离，不能互相接触。内脏必须在清洗后平摊在冷藏盘内，不得堆积。禁止有气味的商品和肉混装，防止异味污染。冷库内的温度要按规定进行调节和保持稳定。

（2）冻肉调出和接收时的检验

从生产性冷库调出冻肉时，卫检人员必须进行监督，检查冻肉冷冻质量和卫生状况，检查运输车辆、船只的清洁卫生状况，合格后关好车门加铅封，方可开具检验证明书予以放行。

卫检人员在冻肉到达时，要检查铅封和卫生检验证明书，并进行质量检验。在敲击试验中凡发音清脆，肉温低于 -8℃ 的为冷冻良好；发音低哑钝浊、肉温高于 -8℃ 的为冷冻不良。检验时要注意查看印章是否清晰，冻肉有无干枯、氧化、异物异味污染、加工不良、腐败变质和疾病病变等。对于冷冻不良的冻肉要立即进行复冻，复冻的产品应尽快出库，不得久存。对于不符合卫生要求的冻肉要提出处理意见，分别处理并做好记录，发出处理通知单，不准进入冷库。

（3）冻肉在冷藏期间的检验

1）保持冷库温度和湿度稳定：检查库内温度、湿度、卫生情况和冻肉质量情况。发现库内温度、湿度有变化时，要记录好库号和温度、湿度，同时抽检肉温，查看有无软化、变形等现象。已经存有冻肉的冷藏间，不应加装鲜肉或软化肉，以免原有冻肉发生软化或结霜。

2）冻肉周转须先进先出：冷藏间内要严格执行先进先出原则，以免因贮藏过久而发生干枯和氧化。靠近库门的冻肉易氧化变质，要注意经常更换。

3）注意各种冷藏肉的安全期：对临近安全期的冻肉要采样化验，分析产品质量，防止冻肉干枯、氧化或腐败变质。

（4）低温保藏肉常见异常现象处理

1）发黏：多发生于冷却肉，由于吊挂冷却时，胴体相互接触，降温较慢，通风不良，导致细菌在接触处生长繁殖，并在肉表面形成黏液样的物质，手触有黏滑感，严重时有丝状物并发出一种陈腐气味。这种肉若处于早期阶段，尚无腐败现象时，经洗净风吹发黏消失后，可以食用；或修割去表面发黏部分后食用。

2）异味：异味是指腐败以外的污染气味，如鱼腥味、脏器味、氨味、汽油味等。若异味较轻，修割后煮沸试验中无异常气味的，可供作熟肉制品原料。

3）脂肪氧化：脂肪氧化是指冻肉因加工卫生不良，冻肉存放过久或日光照射等影响，脂肪变为淡黄色，有酸败味的一种现象。若氧化仅限于表层，可将表层削去熬工业用油，深层经煮沸试验无酸败味的，可供食用。

4）盐卤浸渍：冻肉在运输过程中被盐卤浸渍，肉色发暗，尝之有苦味，可将浸渍部分割去，其余部分高温后食用。

5）发霉：霉菌在肉表面生长，经常形成白点或黑点。小白点由肉分枝孢霉菌所引起，多在表面，抹去后不留痕迹，可供食用。小黑点是由蜡叶芽枝霉菌所引起的，一般不易抹去，有时侵入深部。如黑点不多，可修去黑色部分供食用。也可在肉表面形成不同色泽的霉斑。

6）深层腐败：常见于股骨附近的肌肉，大多数是由厌气芽胞菌引起的，有时也发现其他细菌。这种腐败由于发生在深部，检验时不易发现，因此，必须注意加工卫生。宰后迅速冷却，可以减少这种损失。

7）干枯：冻肉存放过久，特别是反复融冻，使肉中水分丧失过多而形成。干枯严重者形如木渣，味同嚼蜡，营养价值低，不能供食用。

8）发光：在冷库中常见肉上有磷光，这是由一些发光杆菌所引起的。肉上有发光现象时，一般没有腐败菌生长；有腐败菌生长时，磷光便消失。发光的肉经卫生消除后可供食用。

9）变色：肉的变色是生化作用和细菌作用的结果，某些细菌生长后分泌水溶性或脂溶性色素，如黄、红、紫、绿、蓝、褐、黑等色素，使肉呈现各种颜色。变色的肉若无腐败现象，可在进行卫生清除和修制后加工食用。

10）氨水浸湿：冷库跑氨后，肉被氨水浸湿，解冻后肉的组织如有松弛或酥软等变化则应废弃。如程度较轻，经流水浸泡，用纳氏法测定，反应较轻的可供加工复制。

3．肉冷链加工卫生

"冷鲜牛肉"用最先进的冷鲜牛肉分割生产线成套设备和生产技术，采用机械化自动流水线作业，在温度为0～4℃的低温环境下对冷鲜牛肉进行分割加工，生产各种规格品种小包装分割牛肉。产品严格按照 HACCP 标准把关，在运输、销售场地和器具上均进行严格的卫生消毒，采用冷藏车进行冷链配送，整个生产及暂存、运输过程都保持在冷链状态，极大限度地保持生鲜牛肉品的生鲜度，延长牛肉品的成熟期，同时避免了牛肉品在生产、暂存和运输过程中发生"二次污染"，整个生产过程形成了冷链加工、冷链运输、冷链销售。

"冷鲜牛肉"或"冷链鲜牛肉"是牛肉的成熟过程或排酸过程，使牛肉由僵直变得柔软，持水性增强，牛肉质变得细嫩，滋味变得鲜美。另外，牛肉的 pH 有所下降，显示一定的酸度，在联合冷却温度的作用下，可有效抑制牛肉中有害微生物的生长繁殖，保障食用安全。冷鲜牛肉在加工过程中，采用80%的 N_2 和20%的 CO_2 混合气进行气调包装，使牛肉的色泽、质感、鲜度、口感等指标得到1～2个等级的提高，并使其货架期延长，

最长可达 90d。

对于冷鲜肉加工来说，运用冷链系统保证肉类产品在加工、运输、销售直到烹饪前的整个过程始终处于0～4℃的环境中，中间哪一环节控制不好，都意味着冷链的中断，保持低温是冷链的核心。以专用的冷柜保证终端冷链。

除了保证温度冷链外，在卫生安全保障方面，首先要保证屠宰剥皮的卫生质量，皮毛微生物是最重要的污染来源。进入冷链加工后，切割用具的卫生、人员卫生和环境卫生的保障，喷洒灭菌液的效果，如装肉盘、框等卫生安全，没有滴水，包装卫生。然后就是运输卫生、销售卫生的保障。

二、熟肉制品的卫生检验

熟肉制品是指经过选料、初加工、切配及蒸煮、酱卤、烧烤等加工处理，食用时不必再经加热烹调的肉食品。我国的熟肉制品种类繁多、滋味各异，如灌肠、酱卤肉、酱牛肉、肉松、肉干、烤羊肉串、烧鸡、火腿肠等。熟肉制品是直接入口（即食）的食品，制作和检验时的卫生要求和卫生标准要比其他非熟制食品严格。

1．熟肉制品的加工卫生

（1）严格原料肉的卫生检验

加工剔肉修割前认真检查卫生检验戳，发现有明显传染病、寄生虫病或者不符合现行卫生法规的肉类，不得作为加工熟肉制品的原料。发现有漏摘或残留的甲状腺、肾上腺及病变组织应予摘除和修净，已变质的肉品不能再加工原料。

（2）遵守卫生规程

在熟制过程中，要烧熟煮透，严格贯彻生熟两刀两案制，原料整理与熟制过程要分室进行，并要有专门的冷藏设备。操作人员的双手和工具必须保持清洁，防止污染。

（3）保持加工环境及器械的清洁卫生

注意加工场地和用具、容器的清洁消毒，地板上不准堆放肉块、半成品或制成品。凡接触或盛放熟肉制品的用具和容器，要求做到每使用一次消毒一次。

（4）严格运输及销售的卫生管理

熟肉制品在发送或提取时，须对车辆容器及包装用具等进行检查。运输过程中，要防止污染，须采用易于清洗消毒、没有缝隙的带盖容器装运，同时备有防晒、防雨、防尘设备。销售单位在接收熟肉制品时应严格验收，遇有不符合卫生要求的，应拒绝接收。在销售时，注意用具和个人卫生，减少污染的机会。

（5）及时销售

除肉松、肉干等脱水制品外，要以销定产，随产随销，做到当日售完，隔夜者须回锅加热，夏季存放不得超过12h。若必须保存，要在 0℃以下冷藏，销售前应进行检验，以确保消费者安全。有些产品（如西式火腿等）销售前必须包装的，应在加工单位包装后出厂。

（6）注意个人卫生

定期检查身体，凡有肠道疾病或带菌者及手上有外

119

伤化脓的工人，不准参加熟肉制品的生产和销售工作。

2. 熟肉制品的卫生检验

（1）感官检查

熟肉制品的卫生检验，多以感官检查为主。对熟肉制品进行感官检查时，主要检查其外表、切面的色泽、组织状态、气味、有无变质、发霉、发黏及污物沾染等。夏秋季节，应特别注意有无苍蝇停留的痕迹及蝇蛆，这对整鸡、整鸭更为重要，因为苍蝇常产卵于鸡、鸭的肛门、口、耳、眼等部位，孵化后的幼蛆很快钻入体腔。

（2）实验室检验

对熟肉制品应定期进行细菌学和理化学方面的实验室检验。细菌学检验的项目主要包括细菌菌落总数的测定、大肠菌群最可能数（MPN）的测定和致病菌的检验（方法按GB/T 4789.2—2010《食品卫生微生物学检验 菌落总数测定》，GB/T4789.3—2010《食品卫生微生物学检验 大肠菌群测定》及 GB/T 4789.1—2010～GB/T 4789.28—2010《食品卫生检验方法 微生物学部分》中的各有关致病菌检验）。理化学检验则主要检测亚硝酸盐的残留量和水分含量，方法按国家标准GB/T 5009.33—2010《食品中亚硝酸盐与硝酸盐的测定方法》和GB/T 9695.15—2008《肉与肉制品水分含量测定》中规定的方法操作。

（3）各类熟肉制品的卫生标准

1）烧烤肉品：是指经兽医卫生检验合格的猪肉、禽肉类加入调味料经烧烤而制成的肉制品（按GB2727—1994）。

A．感官指标：见表3-14。

表3-14 烧烤肉类感官指标（GB 2727－1994）

品种	色泽	组织状态	气味
烧烤猪、鹅、鸭类	肌肉切面鲜艳有光泽，微红色，脂肪呈浅乳白色（鹅、鸭呈浅黄色）	肌肉切面压之无血水，皮脆	无异味，异臭
叉烧类	肌肉切面微赤红色，脂肪白而有光泽	肌肉切面紧密，脂肪结实	无异味，异臭

B．细菌指标：见表3-15。

表3-15 烧烤肉类细菌指标

项目	指标	
	出厂	销售
细菌总数/(个/cm²)	≤5 000	≤50 000
大肠菌群/(个/100cm²)	≤40	≤100
致病菌（是指肠道致病菌和致病性球菌）	不得检出	不得检出

2）其他各种熟肉制品：灌肠类、酱卤肉类、肴肉、肉松（太仓式）等熟肉制品，均有相应的国家标准（GB 2725.1—1994、GB 2726—2005、GB 2728—1981 和 GB 2729—1994）作出了类似烧烤肉类的感官指标和细菌指标的规定，有的还有理化指标的规定。

A．感官指标：要求具有符合本产品特征的外观、性状和组织结构，要求无异味、异臭、腐败及酸败味。

B．细菌指标：见表3-16。

表3-16 熟肉制品细菌指标

名称	每克（cm²）中细菌数/个		每 100g（cm²）中大肠菌 MPN 值		致病菌（肠道致病菌及致病球菌）
	出厂	销售	出厂	销售	
灌肠炎	≤20 000	≤50 000	≤30	≤30	不得检出
酱卤肉类	≤30 000	≤80 000	≤70	≤150	不得检出
肴肉	≤30 000	≤50 000	≤70	≤150	不得检出
肉松（太仓式）	≤30 000	≤30 000	≤40	≤40	不得检出

家禽：用灭菌棉拭采胸腹部各 10cm²，背部 20cm²，头肛各 5cm²，共 50cm²。

烧烤肉制品：用灭菌棉拭采正面（表面）20cm²，里面（背面）10cm²，四边各 5cm²，共 50cm²。

棉拭采样方法：用板孔 5cm² 的金属制规格板压在检样上，将灭菌棉拭稍蘸湿，在板孔 5cm² 的范围内揩抹10 次，然后另换一个揩抹点，每个规格板揩一个点，每支棉拭揩抹 2 个点（即 10cm²），一个检样用 5 支棉拭，每支揩后立即剪断（或烧断），均投入盛有 50mL 灭菌水的三角瓶或大试管中立即送检。

其他熟肉制品（酱卤肉、肴肉）、灌肠、香肚及肉松等：一般可采取 200g，做重量法检验（整根灌肠可根据检验需要，采取一定数量的检样）。

C．理化指标：灌肠类、肴肉的亚硝酸盐（以亚硝酸钠计）含量不得超过 30mg/kg；肉松的水分含量不得超过20%。

（4）卫生评价

1）熟肉制品中的细菌菌落总数、大肠菌群数不得超过国家规定指标，不得有致病菌。

2）对于细菌菌落总数、大肠菌群数超过国家规定指标，而无感官变化和感官变化轻微的熟肉制品，或无冷藏设备需要隔夜存放的熟肉制品，应回锅加热后及时销售。

3）对亚硝酸盐含量超过国家标准的灌肠和肴肉、水分含量超标肉松，不得上市销售。

4）肉和肉制品中，包装破坏、外观受损者不得销售。凡有变质征象或检出致病菌者，均不得销售和食用。

三、腌腊肉品的卫生检验

腌腊肉品是应用食盐和其他佐料加工处理肉类所获得的肉制品。腌肉、火腿、风肉、腊肉、熏肉、香肠、香肚等腌腊制品，都是以鲜猪肉为原料，利用食盐加入适量佐料腌渍，再经风晒做形加工而成。这既是肉类保藏的形式，也是改善肉制品风味的一种手段。腌腊制品中加入的盐对微生物有一定的抑制作用，一般食盐浓度达 10%时便能抑制普通细菌的繁殖。但这并非是绝对的，因为细菌对食盐的抵抗力随种类而异，球菌对食盐的抵抗力较杆菌强，球菌甚至在 15% 的食盐溶液中仍能繁殖。非病原菌的抵抗力较病原菌强，如腐败菌在 10% 的盐溶液中才被抑制，伤寒菌类在食盐浓度 8%～9% 时即被抑制。食盐对霉菌及酵母发育的影响，往往因介质的状态和条件而异，通常在 20% 的浓度下仍能繁殖，细菌虽然会发生脱水，但短时间并不死亡，有些耐盐和嗜盐菌在高浓度甚至饱和盐水中也能繁殖。因此，必须加强对腌腊肉品加工和保存中的卫生监督和卫生管理。

1. 腌腊肉品的加工卫生

（1）原料必须卫生合格

腌腊肉品的原料必须来自健康屠畜的、经兽医卫生检验合格的新鲜肉或冻肉，加工时必须割净全部淤血、伤痕、脓疡。患有传染病、寄生虫病、黄脂、皮肤病及放血不良的肉不得加工成腌腊肉品。使用鲜肉原料时，必须经过充分风凉，以免在盐渍作用之前自溶变质。冻肉原料的解冻应在清洁场所进行，切忌用火烤或气蒸。

（2）确保原料质量

选用优质肠衣、膀胱皮，应有弹性，无孔洞、污垢、色泽透明，凡有灰色、褐斑、严重污染及腐败变质的，禁止使用。现在广泛使用人造纤维素肠衣，成本低、使用方便，加热过程中不受温度限制，生产规格化，是很好的肠衣替代品。

（3）保持腌制室和制品保藏室适宜温度

通常应在 0～5℃。温度增高固然能使食盐的渗透加快，但细菌在腌肉中也会迅速繁殖，不待食盐全部渗入就会腐败。

（4）注意室内清洁

所有设备、机械、用具及工人的工作服和手套均应保持清洁。每日工作完毕，要用热水清洗整个车间及各种用具，每 5d 全面消毒一次。仓库力求清洁、干燥、通风，并采取有效的防蝇、防鼠、防虫、防潮、防霉措施。

（5）掌握食盐和各种辅料的质量和用量

对硝酸盐的使用应持慎重态度。虽然使用硝酸盐能使腌腊肉品保持鲜红的颜色，还能抑制肉毒梭菌的生长繁殖，但是也能产生亚硝胺类化合物。使用硝酸盐时必须按照国家食品卫生标准的规定使用，腌腊肉品中硝酸盐或亚硝酸盐的用量不超过 200mg/kg；我国规定，肉制品中亚硝酸盐的残留量（以亚硝酸钠计）不超过 20mg/kg，个别品种不超过 30mg/kg。使用一氧化氮结合抗坏血酸，或者使用葡萄糖代替硝酸盐作为发色剂取得了良好的效果。但这两种发色剂均无抑菌作用，特别是不能抑制肉毒梭菌的生长。

（6）注意个人卫生

定期检查身体，肠道菌类疾病患者或带菌者及手上有肿胀化脓者，不准参加制作腌腊肉品的工作。

2. 腌腊肉品的卫生检验

（1）感官检查

常采用看、刺、切、煮、查的方法进行。

1）看：从表面和切面观察腌腊肉品的色泽和硬度。方法是从腌肉桶（或池）内取出上、中、下三层有代表性的肉，察看其表面和切面的色泽和组织状态。

2）刺：检测腌肉深部的气味，将特制竹签刺入腌制肉品的深部，拔出后立即嗅察气味，评定是否有异味或臭味。在第二次插签前，擦去签上前一次沾染的气味或另行换签。当连续多次嗅检后，嗅觉可能麻痹失灵，故经一定操作后要有适当的间隙以免误判。

整片腌肉常用五签法：第 1 签，从后腿肌肉（臀部）插入髋关节及肌肉深处；第 2 签，从股内侧透过膝关节后方的肌肉插向膝关节；第 3 签，从胸部脊椎骨上方朝下斜向插入背部肌肉；第 4 签，从胸腔肌肉斜向前肘关节后方插入；第 5 签，从颈椎骨上方斜向插入肩关节。

火腿通常采用三签法：第 1 签，在蹄膀部分膝盖骨附近，插入膝关节处；第 2 签，在商品规格所谓中方段、髋骨部分，髋关节附近插入第 3 签，在中方与油头交界处，髋骨与荐椎间插入。

风干肉、咸腿等可参考上述方法进行。咸猪头可在耳根部分和额骨之间颞肌部及咬肌肉外面插签。

当插签发现某处有腐败气味时，应立即换签重试，插签后用油脂封闭签孔以利于保存。使用过的竹签应用碱水煮沸消毒。

3）切：看、刺初检发现质量可疑时，用刀切开进一步检查内部状况，或选肉层最厚的部位切开，检查断面肌肉、内部肉馅与肥膘的状况。

4）煮：必要时还可将腌腊肉品切成块状放入水中煮沸，以嗅闻和品评腌肉、腊肉，以及其他制品的气味和滋味。

5）查：对腌腊制品进行生产场地和原料性状的追踪检查。

A. 腌制卤水检查：良好的腌肉，其卤水应当透明而带红色，无泡沫，不含絮状物，没有发酵、霉臭和腐败的气味，pH 为 5.0～6.2。已腐败的腌肉，其卤水呈血红色或污秽的褐红色，浑浊不清，有泡沫及絮状物，有腐败及酸臭气味，pH 多在 6.8 以上。卤水 pH 的测定方法与新鲜肉 pH 测定方法相同，但在测定前应先经水浴加热（70℃）至卤水中蛋白质凝结，待沉淀后用滤纸滤过，然后进行测定。

B. 腌制肉品虫害检查：各种腌腊肉品在保藏期间，由于回潮而容易出现各种虫害，如酪蝇（Piophila casei）、火腿甲虫（Necrobia rufipes）、红带皮蠹（Dermestes lardarius）、白腹皮蠹（Dermestes maculatus）、火腿螨（Ham mite）等。

为了发现上述害虫，可于黎明前在火腿、腊肉等堆放处静听和观察，有虫存在时常发出沙沙声，若发现成虫则可能有幼虫存在。对于蝇蛆的检查，主要是利用白天注意有无飞蝇逐臭现象，若有则表示制品可能有蛆存在，此时可翻堆进一步查明。对于上述甲虫除敲打驱逐外，可用植物油封闭虫眼，对蝇蛆可将制品再次投入卤

121

池，全部浸没于卤水之中，蝇蛆则很快致死漂浮。

（2）实验室检查

腌腊肉品中的微生物不易生存和繁殖，实验室检查时主要是进行理化检验。经常测定的项目有：亚硝酸盐测定、硝酸盐测定、盐分含量测定、水分含量测定、香肠及香肚中脂肪的酸度测定、腌制品的硫代巴妥酸值［丙二醛值（TBA-value）］测定等。具体方法参见相应的国家标准：《食品中亚硝酸盐与硝酸盐的测定方法》、GB/T 5009.44—2003《肉与肉制品卫生标准分析方法》中的食盐、GB/T 5009.3—2010《食品中水分的测定方法》直接干燥法、GB/T 2716—2005《食用植物油卫生标准的分析方法》、GB 10146—2005《猪油卫生标准》。

（3）常见腌腊肉品的卫生标准

目前已制定国家卫生标准的腌腊肉品，有广式腊肉（GB 2730—2005《腌腊肉制品卫生标准》）、火腿（GB/T 20712—2006，DB 44/421—2007《广式腊味制品》）、板鸭（咸鸭）（GB 2730—2005）、咸猪肉（GB 2730—2005）、香肠（腊肠）、香肚（GB 2730—2005）。以下是 5 种腌腊肉品的感官指标及腌腊肉品理化指标，分为一级鲜度和二级鲜度，见表 3-17～表 3-22。

表 3-17　广式腊肉感官指标（GB/T 22210—2008，SB/T 10003）

项目	一级鲜度	二级鲜度	变质
色泽	色泽鲜明，肌肉呈鲜红色或暗红色，脂肪透明或呈乳白色	色泽稍淡，肌肉呈暗红色或咖啡色，脂肪呈乳白色，表面可以有霉点，但抹后无痕迹	肌肉灰暗无光，脂肪呈黄色，表面有霉点，抹后仍有痕迹
组织状态	肉身干爽，结实	肉身松软	肉身松软，无弹性，指压凹痕不易恢复，带黏液
气味	具有广式腊味固有的风味	风味略减，脂肪有轻度酸败味	脂肪酸败明显，或有其他异味

表 3-18　火腿感官指标（GB/T 20712—2006）

项目	一级鲜度	二级鲜度	变质
色泽	肌肉切面呈深玫瑰色或桃红色，脂肪切面白色或微红色，有光泽	肌肉切面呈暗红色或深玫瑰色，脂肪切面淡黄色或白色，光泽较差	肌肉切面呈酱色，上有各色斑点，脂肪切面呈黄色或褐黄色，无光泽
组织状态	致密而结实，切面平整	较致密，但稍软，切面平整	疏松软，甚至黏糊状，尤以骨髓及骨周围组织更明显
气味和煮熟尝味	具有火腿特有香味，或香味平淡。尝味时盐味适度，无其他异味	稍有酱味或豆豉味，或稍有酸味	有腐败气味、臭味或严重的酸败味及哈喇味

表 3-19　板鸭（咸鸭）感官指标（GB 2730—2005）

项目	一级鲜度	二级鲜度	变质
外观	体表光洁，黄白色或乳白色，咸鸭有时灰白色，腹腔内壁干燥有盐霜，肌肉切面呈玫瑰红色	体表呈淡红色或淡黄色，有少量油脂渗出，腹腔潮湿稍有霉点，肌肉切面呈暗红色	体表发红或呈深黄色，有大量油脂渗出，腹腔潮湿发黏有霉点，肌肉切面呈灰白、淡红或绿色
组织状态	肌肉切面致密，有光泽	切面疏松，无光泽	疏松发黏
气味	具有板鸭固有的气味	皮下及腹内脂肪有哈喇味，腹腔有腥味或轻度霉味	有腐败酸臭味（骨骼周围更明显），有严重哈喇味
煮沸后肉汤及肉味	芳香，液面有大片团聚的脂肪，肉嫩味鲜	鲜味较差，有轻度哈喇味	有臭味、严重哈喇味及涩味

表 3-20　咸猪肉感官指标（GB 2730—2005）

项目	一级鲜度	二级鲜度	变质
外观	外表干燥清洁	外表稍湿润、发黏，有时有霉点	外表湿润、发黏、有霉点或其他变色现象
组织状态及色泽	质紧密而结实，切面平整有光泽，肌肉呈红色或暗红色，脂肪切面白色或微红色	质稍软，切面尚平整，光泽较差，肌肉呈咖啡色或暗红色，脂肪微带黄色	质松软，切面发黏，没有光泽，肌肉切面色泽不均匀，呈酱色，脂肪呈黄色或带绿色，骨骼周围常带灰褐色
气味	具有咸肉固有的风味	脂肪有轻度酸败味，骨组织周围稍有酸味	脂肪有明显酸败味，肌肉有腐败气味

表 3-21　香肠（腊肠）、香肚感官指标（GB 2730—2005）

项目	一级鲜度	二级鲜度	变质
外观	肠衣（或肚皮）干燥且紧贴肉馅，无黏液及霉点，坚实而有弹性	肠衣（或肚皮）稍有湿润或发黏，易与肉馅分离，但不易撕裂，表面稍有霉点，但抹后无痕迹，发软而无韧性	肠衣（或肚皮）湿润发黏，易与肉馅分离，易撕裂，表面霉点严重，抹后仍有痕迹
组织状态	切面坚实	切面齐，有裂隙，周缘部分有软化现象	切面不齐，有明显裂隙，中心有软化现象
色泽	切面肉馅有光泽，肌肉灰红至玫瑰红色，脂肪白色或微带红色	部分肉馅有光泽，肌肉深灰或咖啡色，脂肪发黄	肉馅无光泽，肌肉灰暗，脂肪呈黄色
气味	具有香肠固有的气味	脂肪有轻微酸味，有时肉馅带有酸味	脂肪有明显酸败味

兽医公共卫生学

表 3-22　腌腊肉品理化指标

品种	亚硝酸盐（以 NaNO₂ 计）/（mg/kg）	其他指标
广式腊肉	≤20	水分≤25%，食盐（以 NaCl 计）≤10%，酸价（mg/g 脂肪，以 KOH 计）≤4
火腿	≤20	过氧化值（meq/kg）一级鲜度≤20，二级鲜度≤32；三甲胺氮（mg/100g）一级鲜度≤1.3，二级鲜度≤2.5
板鸭		过氧化值一级鲜度≤197，二级鲜度≤315；酸价一级鲜度≤1.6，二级鲜度≤3.0
咸猪肉	≤30	挥发性盐基氮（mg/100g）一级鲜度≤20，二级鲜度≤45
香肠（肚）	≤20	水分≤25%，食盐为9%，酸价≤4

（4）卫生评价

1）腌腊肉品的感官指标应符合一级鲜度和二级鲜度的要求，变质的腌腊肉品不准出售，应予销毁。

2）凡亚硝酸盐含量超过国家卫生标准的，不得销售食用，作工业用或销毁。

3）腌腊肉品的各项理化指标均应符合国家卫生标准。水分、食盐、酸价、挥发性盐基氮等超过标准要求，可限期内部处理，但不得上市销售，如感官变化明显，则不得食用，应予销毁。

4）腌肉（包括咸、腊肉）中发现囊尾蚴，应予以销毁。

5）腌腊肉品表面出现发光、变色、发霉等情况但未腐败变质的，可进行卫生清除或修割后供食用。

四、肉类罐头的卫生检验

罐头（can）是指各种符合标准要求的原料经处理、分选、烹调（或不经烹调）、装罐（包括马口铁罐、玻璃罐、复合薄膜袋或其他包装材料容器）、密封、杀菌、冷却而制成的具有一定真空度的食品。罐头食品（can food）是一种商业无菌食品。所谓商业无菌（commercial sterility）是一种相对无菌状态，即罐头食品经过适度的杀菌后，不含有致病微生物，也不含有常温下能在其中繁殖的非致病性微生物。肉类罐头是以食用动物肉为原料制作而成的罐头食品。在制作加工中，肉的各种酶类全部被破坏，并达到了商业无菌状态，因此基本消除了罐头内容物自溶、腐败变质及氧化酸败的因素，可达到在一定期限内保藏，并保持其固有风味的目的。

罐头食品是一种特殊形式的食品保藏方法。由于各类罐头食品便于携带、运输和贮存，节省烹调手续，能调节食品供应的季节性和地区性余缺，而备受消费者喜爱，尤其能满足野外勘探、远洋航海、登山探险、边防部队及矿山井下作业的特殊需要。

1．食品罐头分类及罐藏容器

（1）分类

按原料分为以下几类。

1）水果类罐头：以各种果实为原料的罐头。

2）蔬菜类罐头：以各种蔬菜为原料的罐头。

3）水产类罐头：以鱼、贝、虾、蟹及海藻等为原料的罐头。

4）畜产类罐头：以家畜、家禽等为原料的罐头。

按酸度分为以下几类。

1）低酸性罐头食品：pH5.0 以上的食品，如肉类、鱼类、蔬菜类、乳类多属于低酸性食品。

2）中酸性罐头食品：pH4.6～5.0 的食品，如肉汁、酱类。

3）酸性罐头食品：pH3.7～4.6 的食品，如凤梨、番茄及一般的水果制品。

4）高酸性罐头食品：pH3.7 以下的食品，如酸渍品、橘子、山楂汁等。

按加工及调味方法可分为清蒸类罐头、调味类罐头、盐制类罐头、油浸熏制类罐头、糖水水果类罐头、糖浆类罐头、果酱类罐头、果蔬汁类罐头和其他类罐头 9 种类型。

（2）罐藏容器

罐藏容器常用的是金属罐、玻璃罐和塑料复合薄膜（软包装）等。金属罐中使用最多的是镀锡铁罐（马口铁罐）和涂有涂料的镀锡铁罐（涂料罐），其次是铝合金罐和镀铬铁罐。这些容器因较长时间接触内装的食品，因此要求其对人体无毒害作用，并且有良好的密封性、耐腐蚀性、耐高温性，具有一定的物理性强度，适于工业化生产，易于开启，造价便宜。

2．肉类罐头加工的卫生要求

肉类罐头最基本的生产工艺流程是：原料验收（冻肉解冻）→原料处理→预热处理→装罐（加调味料）→排气→密封→灭菌→冷却→保温检验→包装→入库。

（1）原料处理与生产中的卫生要求

1）对罐藏原料的卫生要求：原料肉须来自非疫区的健康动物，并经卫生检验合格。凡是病畜肉、急宰的动物肉、放血不良和未经充分冷却的鲜肉及质量不好或经过复冻的肉，均不能作为生产罐头的原料肉。用于生产水产类罐头的水产品原料都应该是新鲜的，不得使用河豚和变质水产品。

2）原料肉应保持清洁卫生，不得随地乱放或接触地面。不同种类的原料肉应分别处理，以免沾污。原料进厂后要用流水清洗，以清除尘土和杂质。冷冻原料肉的洗涤可与解冻同时进行。经过处理的原料肉不得带有淋巴结、粗血管、粗大的组织膜、色素肉、奶脯肉、伤肉、血刀肉、鬃毛、爪甲及变质肉等。

3）原料辅佐料应符合有关部门规定标准，凡生霉、生虫及腐败变质的材料都不能用于制作罐头食品。

（2）原料的预处理

1）洗涤：为提高产品品质，减少腐败率，必须除去

123

原料上附着的泥沙、尘埃、微生物等。清除方法有浸渍、搅拌及水冲等，可按原料的种类选择适用的清洗方法。

2）清理：除去原料不可食部分和没有价值的部分，或者是对制品有不良影响的部分。例如，鱼类要除去鳞、鳍、头、内脏；家禽要除去头、足、羽毛、内脏；肉类要除去骨、筋腱、淋巴结、肉筋膜等。

3）预煮：原料在装罐前要进行预煮（或漂烫）处理。目的是：①破坏原料中的酶类，使果蔬原料能保持天然的色泽；②排除食品组织中的空气，使罐头灭菌时不致发生罐盖爆裂现象，也避免维生素C的大量损失；③使原料组织软化，便于装罐，由于排除了原料中的部分水分和空气，使其体积缩小，以便有效地利用空罐的容积；④去除原料的不良气味（腥味、膻味）和特殊气味；⑤对原料有一定程度的洗涤作用，可以降低原料的微生物污染程度；⑥增加原料细胞膜的渗透性，使调味汤汁易于渗入等。

4）油炸：在生产油炸鱼类、蔬菜小吃等罐头时，原料还要经过油炸处理。油炸能达到预煮（烫漂）的目的和使成品增添特有的风味。

（3）防止交叉污染

1）在加工过程中，原料、半成品、成品等处理工序必须分开，防止互相污染。

2）工作人员调换岗位有导致食品污染之虞时，须更换工作服、洗手、消毒。

3. 肉类罐头加工保藏变化及变质原因

（1）肉类罐头的加工保藏变化

1）加工中的变化如下。

A. 化学变化：肌肉中的蛋白质，在受热后逐渐凝固而变性，成为不溶性的物质。随着蛋白质的凝固，亲水胶体体系遭到破坏而失去保水能力，即蛋白质发生变性脱水；多肽类化合物发生缩合作用，结为胶冻。同时，维生素在加热过程中会发生氧化、分解，矿物质也会有较大的流失。

B. 物理变化：生肉中肌浆部分，呈溶胶或凝胶状态，当受热后，由于蛋白质的凝固作用肌肉纤维收缩硬化并失去黏性。加热中失去的重量，即以胶体中所析出的水分为主，水煮时猪肉减少24%～25%，牛肉减少35%左右，羊肉减少25%左右。

2）保藏中的变化：对大多数罐头来说，贮藏的最适温度为0～10℃，湿度70%以下。温度稳定，波动变化小，对罐头贮藏有益。如条件不适则可有以下几个方面的变化。

A. 微生物繁殖：罐头贮藏温度过高，达到细菌发育的适宜温度时，罐内残存的细菌芽胞就可能发育繁殖，使食品分解变质甚至发生腐败性膨胀。

罐内微生物生长发育后能分解罐内物质，结果产生两种变质类型：一是生物性膨听，变质的同时产生大量气体，使罐头两底端凸出，即所谓膨听。生物性膨听有如下几种情况。

微膨型（flipper）：是最轻微的变化，指压可缩回，松开后有膨出。

高凸型（springer）：罐头一面有明显膨胀，指压另一面膨出。

膨胀型（swell）：罐头的两头都膨出。

膨胀的微生物腐败有两种，即 TA 腐败和硫化物腐败，TA 腐败时有气体产生，气体中无 H_2S，为 CO_2、氢气等，多由嗜解糖类、厌氧芽胞菌引起。而硫化物腐败时也有气体产生，气体中主要为 H_2S，主要由致黑梭状芽胞杆菌、产芽胞梭菌和厌氧芽胞菌引起。

平酸（flat sour）型：外观正常，罐头内容物已经腐败。多由嗜热脂肪芽胞杆菌、大芽胞杆菌、凝结芽胞菌、嗜热梭状芽胞杆菌、致黑梭状芽胞杆菌等引起。

B. 腐蚀现象：罐头食品常因罐内食品与罐壁的作用而发生腐蚀，腐蚀的速度随着温度的升高而加剧，这种腐蚀不是由于水直接与金属发生化学反应，而常是由于金属表面不同的部位发生短路，电流通过金属与溶液的表面接触，使金属离解至溶液中；随着罐内腐蚀加剧，还会促进气体的产生，使罐内真空度降低或消失。

C. 罐头的"出汗"：当食品罐头温度达到露点或以下时，与罐头表面接触的空气温度也下降，这时空气中的水蒸气就达到饱和及过饱和状态，凝结为水珠而附着于罐头。在罐头从较低温度向较高温度的仓库转移时易发生这种"出汗"现象。这种水珠可造成罐头铁皮的锈蚀。

D. 食物成分的变化：含蛋白质较多的罐头在高温灭菌及贮藏期间，会分解放出硫或硫化氢气体，这些气体易与铁皮接触产生黑色的硫化铁、硫化锡等物质；有些罐头外表虽不表现膨胀，但内容物有发红、变酸现象（由"平酸菌"造成）。此外，温度超过32℃时，食品中的维生素会受到相当程度的破坏。

3）罐头的保存期、保质期：保存期根据罐头品种、包装而异，没有统一的规定要求。从品种上考虑，一般肉禽类罐头为 2 年，蔬菜、水果罐头采用电素铁（不涂涂料的马口铁容器）包装的为 12～15 个月。

（2）肉类罐头变质的原因

变质的罐头，并不仅仅限于那些已不能食用的，凡失去商品价值的都应列入其中。例如，外形失去正常状态或内容物色泽改变等，尽管对食用价值没有影响，但这类罐头不能投入市场，而应作为变质罐头来处理。肉类罐头变质的原因主要是由于微生物和物理化学两种作用的结果。

1）微生物的作用。经过灭菌后的肉罐头仍存在微生物的原因有：①由于操作技术或灭菌器本身的毛病，灭菌不彻底，致使部分嗜热性细菌在罐内残存，当介质的性质适宜时，这些残留的微生物就可能发育或产毒。②原料和配料处理不当，卫生管理不好，被微生物污染严重时，虽在标准灭菌条件下，也难达到完全灭菌的要求。③由于容器封闭不严，如罐盒接缝损坏、锈蚀穿孔等，致使细菌从外界侵入罐内，引起腐败变质。

2）物理化学因素的作用如下。

A．物理、化学性膨听：罐头容器的镀锡铁皮，若镀锡不均匀或损伤脱落，在罐内酸性物质的长期作用下，发生置换反应产生大量氢气，而形成化学性膨听。此外，装罐时装入过多，留的顶隙过小，或装入的肉品温度过低，这类罐头在排气时很难把罐内空气完全排除，在高温处理时可形成物理性膨听；冷冻后的罐头也易发生物理性膨听。

发生物理性膨听和化学性膨听的罐头，对内容物的质量虽没有影响，但不能与腐败变质的罐头相区分。

B．包装材料对内容物的污染如下。

锡的污染：少量锡虽对人体无明显危害，但会对内容物性质带来影响，如色泽的改变、发生金属"罐臭"等；大量的溶出锡（异常腐蚀）会引起食用者中毒。锡含量是判断罐头腐蚀程度的一个重要标志。

铅的污染：罐头中的铅主要来源于镀锡和焊锡。镀锡中含铅量较少，一般不超过 0.1%；而焊锡中含铅量相当高，最高可达 60%，最低也有 40%，这是罐头铅污染的重要来源。

硫化物的形成：硫化物是指内容物与罐壁接触的部位产生的硫化铁（内容物的硫与罐铁作用产生的黑色斑痕）或硫化锡（硫与锡作用形成的紫色斑）。硫化物的形成又称黑变，大多发生在肉、禽类罐头，也见于鱼、蟹等罐头。黑变由原料不新鲜所致，在介质 pH 高时容易发生，且受加热温度的影响，所以只有新鲜的原料才适于罐藏。此外，长时间的高压杀菌或高温贮藏均能促使黑变。

软包装材料在加热后有三聚氰胺等化学物质溶出，具有较大的卫生学意义。

第五节　异常肉品卫生检验与处理

一、一般病畜（禽）肉的鉴定与处理

在宰后检验中，有时会发现各种各样的组织病变影响肉的品质。根据病变部位、程度、性质和波及的范围，有时须废弃部分或全部组织，有时须销毁整个胴体。常见的一些变化如下。

1. 出血

肌肉组织和内脏器官出血可能由各种原因引起，根据病因和病理变化可分为如下几种。

（1）机械性出血

发生于肌间、皮下、肾旁和体腔的局限性出血，多由机械性和物理性作用引起。当肌肉外伤、骨折和畜体遭受猛烈打击时，由于肌肉组织、皮下蜂窝组织、肾旁组织被血液浸润。驱赶、吊宰的屠畜关节、耻骨联合肌肉及大腿部、腰部肌肉和膈肌可出现微小斑点状出血。

（2）电麻出血

电麻引起的出血多见于肺，其次是头颈部的淋巴结、分泌黏液的唾液腺、软腭、脾包膜、肾、心外膜、脊椎骨和颈部肌间结缔组织，呈现边缘不整齐的小红点。肝也可能有出血，但在肝实质的暗色背景下不容易被发现。肺的出血一般见于膈叶背缘的肺胸膜下，呈散在性，有时密集成片。淋巴结多表现为边缘出血，呈圆圈状，特点是淋巴结不肿大。这种出血往往发现于年轻屠畜。

（3）窒息出血

窒息引起的出血主要见于颈部皮下、胸腺和支气管黏膜，其次为纵隔、脊椎沿线、心包膜、肺胸膜，表现为数量不等的暗红色淤点或淤斑，同时见到颈部、胸、腹腔静脉怒张，呈黑红色。

（4）呛血

呛血多见于切颈法屠宰的家畜肺，是由于死前随深呼吸将血液吸入气管所引起，状似出血。多局限于肺膈叶背缘，向下缘逐渐减少。呛血区外观呈鲜红色，范围不规则，由无数弥漫性放射状小红点组成，触之富有弹性，切开时呈弥漫性鲜红色，支气管和细支气管内有游离的凝血块。支气管淋巴结周边可能有出血。

（5）病原性出血

由病原微生物引起的组织出血称为病原性出血。病原性出血多发生于传染性疾病，出血部位多位于皮肤、浆膜和黏膜。为区别是否为病原性出血，首先应根据出血的颜色、性质和程度，其次还须查明是否伴有水肿、炎症、组织坏死和化脓等变化，特别应注意检查出血部位汇集淋巴液的淋巴结。非病原性出血相应部位的淋巴结不会出现炎症变化，反之因病引起的出血相应部位的淋巴结，则有相应的病理变化。

（6）生处理

当机械性出血、电麻、窒息、呛血引起出血时，如变化轻微，胴体和内脏可不受限制出厂；如变化严重，将出血部位和呛血肺废弃，其余部分不受限制出厂。对病原性出血必须查清病原，根据病情的性质进行处理。

2. 组织水肿

当胴体的任何部位发现水肿时，首先应排除炭疽，其次须判明水肿的性质，是炎性还是非炎性。这对于肉品卫生评价非常重要。

卫生处理　当发现创伤性水肿时，仅销毁病变组织。如发现皮下、肾囊、网膜、肠系膜水肿，特别是脂肪组织发生浆液性萎缩而呈淡黄色或红黄色胶冻样物时，肉的处理要十分慎重。肉无变化，从肉的外观上认为可食用时，应进行细菌性检查。检查结果为阴性时，可切除病变部分，迅速出厂利用；阳性时，经高温处理后出厂。如果同时伴有淋巴结肿大、水肿、胴体放血不良、肌肉松软、多水、色泽变淡者，表明是来自重笃疾病或恶病质的患畜，整个胴体应作工业用。

后肢和腹部发生水肿时，应仔细检查心脏、肝脏、肾脏。如果在这些器官能够查明水肿的原因，则切除水肿部位，胴体不受限制出厂。但这些器官发生实质性变性，则要进行沙门菌检查，结果为阴性者，切除病变后迅速出厂利用；阳性者，经有效高温处理后出厂。

3. 蜂窝织炎

蜂窝织炎是发生在皮下、肌间等处疏松结缔组织的一种弥漫性化脓性炎症，有关水肿的检查和处理原则，均适用于蜂窝织炎。根据淋巴结、心、肝、肾等器官的充血、出血和变性等变化，以及胴体放血不良、肌肉有变化、疾病已全身化时，胴体应作工业用。若肌肉仍然保持正常的外观和性质时，须进行细菌学检查，结果为阴性时，切除病变后迅速出厂利用；阳性者，经有效高温处理后出厂。

4. 脓肿

脓肿是宰后检验经常发现的一种病变。不论起因的发生部位如何，当发现脓肿时均须考虑脓毒败血症，尤其是发现无包囊而周围炎性反应明显的脓肿时，更应做如此考虑。一旦查明脓肿是转移性的，可肯定为脓毒败血症。如肠、脾、肾等器官脓肿时，多为转移性脓肿，其原发灶可能在头面部、四肢、子宫、乳房等部位。

卫生处理　当发现形成包囊的脓肿时，将脓肿切除，其余部分不受限制发放。如脓肿为数较多而又难以切除时，将整个器官化制。当发现多发性新鲜脓肿（无包囊、周围炎性反应明显）或脓毒败血症或脓肿具有特殊不良气味时，将整个器官或胴体作工业用。被脓汁污染或与脓肿毗邻吸附有难闻气味的胴体部分，应根据具体情况作适当处理。

5. 败血症

败血症可以是某些传染病的败血型表现，也可以是局部感染灶进一步演化的结果。它没有特异性病变，一般表现为血液凝固不良，皮下、浆膜或黏膜下的结缔组织呈出血性胶样浸润，皮肤、黏膜和浆膜散布点状出血，肺淤血水肿，实质器官变形坏死，淋巴结肿大、出血，有时伴有支气管肺炎，以及不同程度的出血性卡他性胃肠炎。脓毒败血症时，各器官还可见转移性脓肿。

卫生处理　病变轻微，肌肉无明显变化，高温处理后出厂；病变严重或肌肉有明显变化（如出血、水肿、色泽和气味异常、黄疸等），应作工业用。脓毒败血症的胴体，销毁处理。

6. 脂肪坏死

脂肪坏死是指脂肪组织的一种分解变质变化。宰后检验时，牛、羊及猪都可见到。依发生原因，可分为以下3种类型。

（1）胰性脂肪坏死

主要见于猪。因胰腺发炎或因排泄导管阻塞致使胰腺损伤，胰脂肪酶游离储量将脂肪分解所致。病变多发生于胰腺间质及其附近的肠系膜脂肪组织，有时可波及网膜和肾周围的脂肪组织。病变部外观呈小而致密无光泽的浊白色颗粒状，有时呈不正形的牙膏状，质地坚硬，失去正常的弹性和油腻感。

（2）营养性脂肪坏死

常见于牛和绵羊，偶见于猪。发生多伴有慢性消耗性疾病（如结核病、副结核病等）或极度消瘦和恶病质时，又称为恶病质性脂肪坏死。肥胖动物因急度饥饿、消化障碍（肠炎、创伤性胃炎、前胃积食）或其他疾病（肺炎、子宫炎），病畜食欲废绝，大量动用体脂时也可发生。不论何种原因引起，病变的本质主要是由于体脂利用不全，即脂肪的分解速度超过脂肪酸转运速度，致使其部分脂肪积存于脂肪组织中。

营养性脂肪坏死可发生于全身各处的脂肪组织，但以肠系膜、网膜和肾周围的脂肪组织最为常见。眼观病变的脂肪浑浊暗晦，呈白色，坚硬，呈散在的淡黄白色坏死灶，融合大的坏死灶。周围也呈炎性变化。

（3）外伤性或创伤性脂肪坏死

这是皮下脂肪组织最常见的一种病变，由机械性损伤引起。本质是受伤的组织、细胞崩解释放出来的脂酶，将局部的脂肪组织分解的结果。此种变化经常见于猪背部皮下脂肪，牛阴道周围的脂肪组织（可能与产犊期间的损伤有关）。有时猪丹毒皮肤病灶也能引起皮下脂肪坏死。

卫生处理　不论哪一型脂肪坏死，如变化轻微，无损于商品外观，可不受限制发放；变化明显，可将病变部分切除化制，胴体无条件出厂。如为传染病所引起，应结合具体疾病进行处理。

7. 肺骨化

肺骨化是肺组织里出现骨质的一种变化，常见于牛，羊及猪少见。尽管少数肥育牛和个别幼牛也可受害，但肺骨化主要见于老龄牛。患畜体况通常良好，仅少数病畜表现消瘦。根据病畜主动脉、腔静脉及其他动脉、静脉内膜和管壁广泛的动脉硬化性损伤（变性、坏死、纤维化、钙化和骨化），表明肺骨化是一种普通全身性疾病的标志。

剖检所见，患肺实质中散在数量不等的骨针和骨片，肺通常不萎缩，表面不平，质地干实，触之有捻发音。切割时可听到劈啪声。镜检，可见肺间质纤维化的区域里，出现许多包含哈佛氏管、骨陷窝和骨小管的成熟骨片。骨质附近见不到白细胞浸润、含铁血黄素积聚或肺炎的残迹。由于纤维结缔组织、骨质及肺泡气肿的存在，导致肺实质严重变形。

卫生处理　切除病损部位后其他部分发出利用。

8. 骨折和组织创伤

当骨折或组织创伤尚未引起感染时，仅将病损部分提出。如伴有继发感染（局部炎症或出现褥疮）时，肉须进行沙门菌检查。检查结果为阴性时，切除病损部位后迅速发出利用；阳性时，高温处理后出厂。

9. 血红蛋白症和血红蛋白尿

屠畜血液呈鲜红色，稀薄如水；尿呈暗红色或咖啡色。肌肉变性、水肿，呈苍白色或淡黄色。实质器官变性与出血。若屠畜宰前状态显著恶化，则必须进行沙门菌检验。

卫生处理　疾病早期屠宰者，可高温处理后出厂。肌肉已发生病变，且放血不全者，作工业用或销毁。

10．皮肤和器官病变的鉴定与处理

（1）皮肤的变化

在加工带皮猪时，经常见到皮肤的异常变化，有些是疾病所引起的，有些是由于机械性、物理的、生物的、营养的及过敏反应所引起的，在浸烫后可能表现更为明显，常见的有以下几种。

电麻引起的出血：与猪瘟、猪丹毒、猪肺疫等热性传染病时皮肤出血不同，表现为界限不清的红色放射状小点状出血，一般不呈现大面积的弥漫性，见于肩部和臀部皮肤。

外伤性出血：由屠宰前粗暴的鞭打棒击所致。表现为背部、臀部皮肤上出现纵横交错的紫红色条痕或斑块；这种出血有时深入皮肤组织。

弥漫性红染：见于电麻不足、心动功能未停止即行即烫的猪。同样的变化，也见于长途运输未经充分休息立即屠宰的猪。

运输斑：是由于冷空气的侵袭或烈日暴晒引起的充血，以白皮肤猪多见。

梅花斑：在猪的后肢、臀部常见有一种中央暗红，周围有红晕的斑块，常呈两侧对称。细菌学检查往往是阴性，也有分离出溶血性链球菌者。有的认为是一种过敏反应，产生对称性的水肿和出血斑（又称紫斑病）。

荨麻疹：也是一种过敏反应。起因与饲荞麦、马铃薯等饲料有关。病初，于胸下部和胸壁两侧出现淡红色疹块，有时波及全身。疹块扩大，突出皮肤表面，中央苍白，周边发红，圆形或不正形，有时为四边形，很容易与猪丹毒的皮肤疹块相混淆。

皮肤脱屑症：病变部皮肤粗糙，似撒上一层麸皮，由营养缺乏、螨或真菌侵袭所致。

棘皮症：皮肤表面弥漫性地散发小突起，波及较大面积，有时遍及全身。与维生素、含硫氨基酸缺乏有关。

癣：病变多呈圆形，大小不等，病变部皮肤粗糙，少毛或无毛。由皮肤真菌引起。

卫生处理　变化轻微者，胴体不受限制出厂；严重者，则将病变部废弃。

（2）肺脏的变化

肺脏是一个常发各种病变较多的器官，除各种传染病和寄生虫病在肺脏引起的特征病变外，还可见到各种形式的肺炎、胸膜炎、坏疽、气肿、脓肿、严重淤血、水肿、肿瘤及呛血、呛食、呛水等。

坏疽性肺炎：当异物如饲料、药物等被牲畜误食于肺内，可引起肺坏疽（或坏疽性肺炎）。眼观局部肿大，呈污灰色或灰绿色，切面也呈灰绿色斑块状，边缘不整，内含污秽的豆腐渣样内容物，恶臭。有时病变部因腐败溶解形成空洞，流出污灰色恶臭液体。由于本病理过程能引起非组织的腐败分解，产生毒素，故常导致毒血症。

呛水肺：加工带皮猪时，有时将濒死期的猪放入烫池，因猪临终强吸气，吸入池中水，造成呛水肺。常见于尖叶和心叶，有时波及膈叶。表现为肺极度膨大，外观呈浅灰色或淡黄褐色，间质不增宽，透过肺胸膜可见许多细小气泡。切面流出多量温热混浊液体，其中含有污物的残渣。

用伊斯兰方法放血的牛、羊，往往发生瘤胃内容物和血液被呛入肺内，剖检肺时可在气管内发现这些异物。

卫生处理　除呛水肺、呛血肺实行局部切除外，其他所有病变的肺均应作工业用。当肺坏疽、肺脓肿伴发毒血症时，胴体作工业用或销毁。

（3）心脏的变化

心脏除特定疾病和寄生虫病所致的病变外，见于心脏的病变还有脂肪浸润（肥胖病）、心脏肥大、创伤性心包炎、心内膜炎及肿瘤等。

创伤性心包炎：往往是牛吃进金属等坚硬异物刺破网胃和膈、刺破心包，结果引起化脓性心包炎或化脓性纤维素性心包炎。眼观心包腔蓄积多量灰黄浑浊、混有纤维素凝块的渗出物，心包与外膜附着薄层或厚层黄白色绒毛状纤维素性渗出物。病程经久的病例，经常发现网胃、膈、心外膜和心包的粘连。

另外，还可见到心脏的肿瘤、心肌炎、心内膜炎等心脏的疾患。

卫生处理　当心脏肥大、脂肪浸润、慢性心肌炎不伴有其他脏器的变化，可不受限制出厂。其他心脏的疾病，心脏一律化制或销毁。创伤性心包炎，心脏化制；对肉的处理要做沙门菌检查，阴性者，胴体不受限制出厂；阳性者，胴体高温处理出厂。

（4）肝脏的变化

肝脏也是一个常发各种疾病的器官，除传染病和寄生虫病所致的特定病变外，肝脏常见的病变有脓肿、脂肪变性、饥饿肝、肝硬化、坏死、肝中毒性营养不良、毛细血管扩张和"锯屑肝"等。

肝脂肪变性　常因传染和中毒因素引起。初期体积增大，包膜紧张，不同程度的浅黄色或土黄色，质地柔软易碎，切面有油腻感，称为"脂肪肝"。如伴有淤血和变性，形成类似槟榔切面的花纹，称为"槟榔肝"。

肝硬变　复杂原因引起的肝细胞变性和坏死，继而发生肝细胞再生和结缔组织的增生，使肝小叶正常结构遭到破坏，肝脏变硬和变形。肝硬变常为慢性中毒性肝炎（坏死后肝硬变）、肝淤血（淤血性肝硬变）、代谢障碍（门脉性肝硬变）、寄生虫侵袭（寄生虫性肝硬变）及胆管阻塞（胆汁性肝硬变）等病变过程的结果。

萎缩性肝硬变时，肝脏体积缩小，被膜增厚，质地变硬，肝表面呈颗粒状或结节状，色灰红或暗黄，称为"石板肝"。肥大性肝硬变时，肝体积增大2～3倍，质地坚硬，表面光滑，称为"大肝"。

肝坏死　常见于牛。肝表面和实质中散在榛实大或更大一些灰色或灰黄色凝固性坏死，质地脆弱，景象模糊，周缘常有红晕（炎性带）。主要由坏死杆菌引起。

肝中毒性营养不良　以变性、坏死继而很快发生溶解为主的一种病理过程，是全身性中毒或感染的结果。各种牲畜都可发生，以猪常见。病初肝脏体积增大，色黄，质地脆弱，呈脂肪肝样。随后在黄色背景上出现红色斑纹，坏死明显，窦状隙扩张淤血，此时肝体积缩小，柔软。病程转为慢性，导致肝硬变。

肝毛细血管扩张和"锯屑肝"　肝毛细血管扩张又称为"富脉斑"，是物质代谢障碍所引起的一种变性变化。特征为肝表面和实质里存在单个或多个 0.1～1cm 的暗红色病灶，位于肝表面的略有塌陷，切面呈海绵状，是由于窦状隙扩张和充血所致。"锯屑肝"除病灶颜色呈灰色外，其他变化与毛细血管扩张相似，常见于牛，偶见于猪。

肝淤血　轻度淤血时，肝脏肿大不明显，肝实质正常。淤血严重的包膜紧张，肝呈蓝紫色，肿胀，切开肝实质，有较多深紫色血液流出。

卫生处理　脂肪肝、饥饿肝、轻度的肝淤血和肝硬变，不受限制出厂。"槟榔肝"、"大肝"、"石板肝"、中毒性营养不良肝及脓肿、肝坏死，一律化制或销毁。要特别注意疯牛病肝脏的处理，如怀疑，肝脏和胴体一律销毁。

（5）脾脏的变化

宰后检验见于脾脏的病变主要是各种类型的脾肿大、痈肿、梗死、脓肿及肉芽肿性结节等。

急性脾炎　肿大明显，比正常大2～3倍，有时可达5～10倍，呈紫黑色，柔软，切面景象模糊，脾髓软化几乎呈流动状，黑红色，见于败血型炭疽病。败血型猪丹毒、急性猪副伤寒、梨形虫病、锥虫病和一些败血症，脾脏也急性肿大，但脾髓软化不明显。

屠宰脾　脾脏充血肿大，而猪体、淋巴结等都正常，细菌学检查阴性，称为"屠宰脾"。

坏死性脾炎　脾脏不肿大或轻度肿大，主要变化是脾小体和红髓内可见到散在性的小坏死灶和嗜中性粒细胞浸润。见于出血性败血症、鸡新城疫、禽霍乱等。

脾脏脓肿　常见于马腺疫、犊牛脐炎、牛创伤性网胃炎等。

脾脏梗死　常发生于脾脏边缘，扁豆大，常见于猪瘟。

慢性脾炎　脾体积稍大或小，质地较坚硬，切面平整或稍隆起，在深红色背景上可见灰白色或灰黄色增大的脾小体，呈颗粒状向外突出，称为细胞增生性脾炎，主要见于慢性猪丹毒、猪副伤寒、布鲁氏菌病等。在结核和鼻疽病时，可见结核结节和鼻疽结节。

卫生处理　凡具有病理变化的脾脏一律化制或销毁。

（6）肾脏的变化

肾脏除特定的传染病和寄生虫病引起的病变外，尚可发现肾囊肿、肾结石、肾盂积水、肾梗死、肾皱缩、肾脓肿、各种肾炎（肾小球肾炎、间质性肾炎、化脓性肾炎）及肿瘤等。

卫生处理　除轻度肾结石、肾囊肿、肾梗死局部切除后可以食用外，其他所有病变的肾，一律化制。

（7）胃肠的变化

胃肠是消化道感染的门户，可发生多种病理变化，如各种类型的炎症、糜烂、溃疡、坏疽、寄生虫结节、结核、肿瘤及肠气泡症等。猪宰后检验时发现肠壁和局部淋巴结含气泡，称为"肠气肿"。在空肠和回肠段，尤其是肠管和肠系膜连接处出现的气泡最多。

卫生处理　除患有气泡症的肠管，放气后可供食用，其他病变一律化制。

11．一般病害肉的卫生检验

急宰、冷宰和物理性致死畜肉的检验是兽医卫生检验的重要内容之一。对病畜实行的紧急屠宰，称"急宰"；对动物死亡后所施行的宰杀解体放血，称"冷宰"（也称死宰）；电击、枪打、车撞、火烧及摔、压、勒等物理性因素引起的死亡，称"物理性致死"（也称横死）。

（1）放血程度

1）检查部位和方法：观察放血程度应以肌肉和脂肪组织的色泽、血管充血程度和肌肉新鲜切面状态为依据，如带有内脏，还要观察其浆膜面的色泽和肠系膜血管的充盈状况。观察时应在自然光线下进行，必要时可做滤纸浸润试验，即在肌肉新鲜切口中，插入一滤纸条，经数分钟后，观察滤纸条被浸润程度（此方法不适于冻肉和解冻肉）。

2）健康畜禽肉：放血良好，肉呈红色或深红色，脂肪呈白色或黄色；肌肉和血管紧缩，其断面不流出小血珠；胸膜、腹膜下的小血管不显露；滤纸条插入部分轻微浸润。

3）急宰畜禽肉：放血不良，肉呈暗红色或黑红色，脂肪染成淡红色；肌肉断面上可见一处或多处的暗红色血液浸润区，并流出血珠；胸腹膜下小血管显著，往往在小血管内见到凝块状血液；败血症、某些中毒病和窒息畜（禽），则血液凝固不良，剥皮胴体的表面常可渗出血珠，滤纸条被浸湿，并超出插入部分2～3mm。

4）病死或横死畜禽肉：放血严重不良。肉呈黑红色并带蓝紫色彩，脂肪呈红色；血管中充满血液，胸腹膜下血管膨张呈紫红色；肌肉切面上有多处黑红色区域并流出血滴；滤纸条被血液强度浸润超出插入部分5mm以上。

（2）杀口状态

健畜宰后，其杀口和开膛刀口常因肌僵而切面外翻，皮下脂肪切面呈颗粒状凹凸不平，杀口处组织被血红染深达0.5～1mm；急宰或死宰病畜杀口切面和开膛刀口均平整而不外翻，杀口无血液浸染深层情况。

（3）物理性致死痕迹

如压痕、勒痕、皮肤破损、局部淤血，出血及渗出等变化，但须注意区别生前骨折和死后的断骨，主要看局部有无血肿和肌肉撕裂，有血肿的，为生前骨折，否则为死后断骨。

（4）血液坠积的情况

血液坠积的发生是因死后血液状态改变和血液再分

配的结果。检查时，注意观察尸体和器官的底部尤其是躺卧一侧的皮下组织、胸腹膜、肺脏、肾脏、肠及其他器官等有无血液坠积现象。

濒死期急宰或死后冷宰的畜禽尸体卧位侧的皮下组织、胸腹膜和器官，或多或少地呈现紫绀-深红色树枝状坠积性充血。死后数小时的胴体，在其底部的皮下组织中，可见明显的血液浸润区，胴体的浸润部位不同于淤斑，它没有清楚的界线，切开时，流出血样液体。

（5）胴体和脏器的病理变化

病、死畜，大多在体表、皮下组织、胸腹膜、肌肉组织和脏器有不同程度的病理变化。检查时重点观察胴体皮肤、皮下脂肪、肌肉组织、胸腹膜等处有无异常，并注意病变的性质、大小、形态和色泽等。对脏器，应视检其形态、色泽、大小和实质等有无异常及相关淋巴结变化。尤其注意组织器官的隐蔽部分或深层组织的变化。更要注意检查是否有败血症变化。

（6）淋巴结的变化

着重观察具有剖验意义的淋巴结的大小、色泽及切面有无异常，并注意波及范围（局部性或全身性）。健康动物胴体和脏器的淋巴结切面呈灰白色，无异常。濒死期急宰和死后冷宰动物胴体或脏器的淋巴结通常肿大，切面呈紫玫瑰色或其他变化。尤其要注意检查与各种疾病特别是传染病性质相应的病理变化。

（7）病死禽类感官特征

1）禽尸的皮肤呈不同程度的紫红色、暗黑色和铁青色，皮肤干枯或黏腻，毛孔突起，拔毛不净，翼下或腹下小血管淤血或尸体一侧或腹下有大片的血液沉积，或极度消瘦。

2）病、死禽冠和肉髯呈紫红色或青紫色，有的全部呈紫黑色，以边缘部较严重。

3）眼部污秽不洁，眼多全闭，眼球下陷。

4）嗉囊（鸭、鹅为食管膨大部）发青紫，空虚瘪缩，或有液体，或有气体，肛门松弛或污秽不洁。

二、患传染性疾病的病畜肉

1. 猪、牛、马、羊传染病畜肉的检验与处理

（1）猪瘟

猪瘟（swine fever，hog cholera），是由猪瘟病毒引起的一种猪的急性、热性、败血性传染病。以高热稽留和小血管壁变性引起的广泛出血、梗塞和坏死，以及纤维性坏死性肠炎为特征。猪瘟病毒对人无致病性，但在发生猪瘟时有沙门菌继发感染，成为人类食物中毒的缘由。

1）宰前鉴定。

A．最急性型：表现急性败血病症状。突然发病，高热稽留，皮肤和黏膜发绀，有出血点。

B．急性型：精神高度沉郁，发热，食欲不振，寒战，背拱起，后肢乏力，步态蹒跚，重症全身痉挛。两眼无神，眼结膜潮红，口腔黏膜发绀或苍白。在耳、鼻、腹下、股内侧、会阴等处可见出血斑点，先便秘后腹泻，公猪阴鞘内积有恶臭尿液。

C．亚急性型：与急性型表现相似，体温升高，扁桃体、舌、唇与齿龈出现溃疡。身体多处皮肤见有出血点。

D．慢性型：消瘦、便秘与腹泻交替出现。腹下、四肢和股部皮肤有出血点或紫斑。扁桃体肿大。

2）宰后鉴定。

A．最急性型：黏膜、浆膜和内脏有少量出血斑点，但无特征性病理变化。

B．急性型：全身皮肤，特别是颈部、腹部、股内侧、四肢等处皮肤，有暗红色或紫红色的小出血点或融合成出血斑。脂肪、肌肉、浆膜、黏膜、喉头、胆囊、膀胱和大肠也有出血点。全身大部分淋巴结呈出血性炎症变化，淋巴结肿大、暗红、质地坚实，切面外观呈大理石样。脾出血性梗死。肾脏苍白，有暗红色出血点（图3-18）。胃、肠、膀胱黏膜潮红，散布许多小出血点。

图3-18　肾（麻雀斑）淤（出）血

C．亚急性和慢性型：病变主要见于肺和大肠。亚急性病例肺切面呈暗红色，质地致密，间质水肿、出血，局部肺表面有红色网纹。慢性病例肺表面有黄色纤维素，间质增厚，呈大理石样。肺脏、心包和胸膜常发生粘连。大肠病变主要见于结肠和盲肠，肠黏膜上有轮状溃疡（图3-19）。

图3-19　肠纽扣状病变

3）兽医卫生评价与处理。

A．确诊为猪瘟病猪的整个胴体、内脏、血液作工业用或销毁。

B．猪瘟患猪的同群猪只和可疑被污染的胴体、内脏作高温处理。皮张消毒后出厂。

（2）猪痢疾

猪痢疾（swine dysentery）又称血痢，是由猪痢疾密螺旋体引起的一种严重的肠道传染病。

1）宰前鉴定：本病潜伏期为 2d～3 个月，平均为 1～2 周。以拉稀，粪便呈粥样或水样，内含黏液、黏膜或血液为特征。有体温升高和腹痛现象。病程长的还表现脱水、消瘦和共济失调。根据病程长短可分急性、亚急性和慢性 3 型。

暴发初期多呈急性型，随后以亚急性和慢性为主，最急性突然死亡。急性病猪体温升高达 40～40.5℃，食欲减少。腹泻，开始排黄色至灰色的软便，再排含有大量黏液带血丝的稀便，后排水样便，并含有血液、黏液和白色黏性纤维素性渗出物的碎片。亚急性和慢性病情较轻，下痢、粪带黏液和血液，病程长者进行性消瘦，病死率低，生长发育不良。

2）宰后鉴定：主要病变局限于大肠（结肠、盲肠）。急性病猪为大肠黏液性和出血性炎症，黏膜肿胀、充血和出血，肠腔充满黏液和血液；病例稍长，主要为坏死性大肠炎，黏膜上有点状、片状或弥漫性坏死，坏死常限于黏膜表面，肠内混有多量黏液和坏死组织碎片。

3）兽医卫生评价与处理。

A．大肠全部作工业用或销毁，小肠和胃高温处理后出厂。

B．其他内脏如无明显病变，高温处理后出厂；如伴发病变，则作工业用或销毁。

C．肉尸不受限制发放；如消瘦时，则高温处理后出厂。

（3）猪繁殖与呼吸综合征

猪繁殖与呼吸综合征（porcine reproductive and respiratory syndrome，PRRS）是猪群发生以繁殖障碍和呼吸系统症状为特征的一种急性、高度传染的病毒性传染病，又称为猪无名高热或高致病性蓝耳病。自 20 世纪 80 年代末期开始流行，1992 年国际兽医局对其正式命名，主要感染猪，尤其是母猪，该病严重影响其生殖功能，临床主要特征为流产，产死胎、木乃伊胎、弱胎，呼吸困难，在发病过程中会出现短暂性的两耳皮肤紫绀。高致病性猪蓝耳病是由猪繁殖与呼吸综合征病毒变异株引起的一种急性高致死性疫病。

1）宰前鉴定：各种年龄的猪发病后大多表现有呼吸困难症状，但具体症状不尽相同。

母猪染病后，初期出现厌食、体温升高、呼吸急促、流鼻涕等类似感冒的症状，少部分（2%）感染猪四肢末端、尾、乳头、阴户和耳尖发绀，并以耳尖发绀最为常见，个别母猪拉稀，后期则出现四肢瘫痪等症状，一般持续 1～3 周，最后可能因为衰竭而死亡。怀孕前期的母猪流产，怀孕中期的母猪出现死胎、木乃伊胎，或者产下弱胎、畸形胎，哺乳母猪产后无乳，乳猪多被饿死（图 3-20～图 3-22）。

图 3-20　耳水肿或充出血

图 3-21　死胎猪

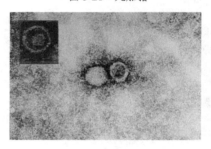

图 3-22　蓝耳病病毒

公猪感染后表现咳嗽、打喷嚏、精神沉郁、食欲不振、呼吸急促和运动障碍、性欲减弱、精液质量下降、射精量少。

生长肥育猪和断奶仔猪病后，主要表现为厌食、嗜睡、咳嗽、呼吸困难，有些猪双眼肿胀，出现结膜炎和腹泻，有些断奶仔猪表现下痢、关节炎、耳朵变红、皮肤有斑点。

哺乳期仔猪染病后，多表现为被毛粗乱、精神不振、呼吸困难、气喘或耳朵发绀，有的有出血倾向，皮下有斑块，出现关节炎、败血症等症状，死亡率高达 60%。

2）宰后鉴定：主要眼观病变是肺弥漫性间质性肺炎，并伴有细胞浸润和卡他性肺炎区，肺水肿，在腹膜及肾周围脂肪、肠系膜淋巴结、皮下脂肪和肌肉等处发生水肿。

对高致病蓝耳病，除肺的上述变化外，还可见脾脏边缘或表面出现梗死灶；肾脏呈土黄色，表面可见针尖至小米粒大出血点斑，皮下、扁桃体、心脏、膀胱、肝脏和肠道均可见出血点和出血斑。部分病例可见胃肠道出血、溃疡、坏死。

3）兽医卫生评价与处理。

A．对发病场（户）实施隔离、监控，禁止生猪及其产品和有关物品移动，并对其内外环境实施严格的消毒措施。

B. 对病死猪、污染物或可疑污染物进行无害化处理。必要时，对发病猪和同群猪进行扑杀并作无害化处理。对死胎、木乃伊胎、胎衣、死猪等，应进行焚烧等无害化处理，及时扑杀、销毁患病猪，切断传播途径。

C. 坚持自繁自养，因生产需要不得不从外地引种时，应严格检疫，避免引入带毒猪。

D. 封锁疫区。由当地兽医行政管理部门向当地县级以上人民政府申请发布封锁令，对疫区实施封锁。

E. 对被污染的物品、交通工具、用具、猪舍、场地等进行彻底消毒；对所有生猪用高致病性猪蓝耳病灭活疫苗进行紧急强化免疫，并加强疫情监测。

（4）猪霉形体性肺炎

猪霉形体性肺炎（mycoplasma pneumonia of swine）也称猪支原体肺炎、猪喘气病、猪地方性流行性肺炎，是猪的一种高度接触性慢性呼吸道传染病，由猪肺炎支

原体引起。本病分布于世界各地，发病率高，死亡率低，临床主要症状为咳嗽和气喘，不能正常生长。

1）宰前鉴定：本病主要表现为咳嗽和气喘。根据病程经过，可分为急性、慢性和隐性 3 型。急性型：比较少见。所有年龄的猪均易感，发病率可达 100%。伴有特征性发热或不发热的急性呼吸困难。慢性型：很常见，小猪多在 3～10 周龄时出现第一批病状，接触后的潜伏期是 10～16d。反复明显干咳和频咳是本型的特征，在早晨喂饲和剧烈运动后咳嗽特别严重。

2）宰后鉴定：在肺脏前叶和心叶，有界线清楚的灰色肺炎病变区，与正常肺组织有明显的分界，通常左右两肺病变对称发生，在肺叶的腹侧边缘有分散的与淋巴样组织相似的肉红色或浅灰色的实变区。具有特征性增大的水肿性支气管淋巴结，在急性病例可见肺严重水肿和充血及支气管内有带泡沫的渗出物（图 3-23，图 3-24）。

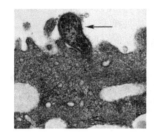

图 3-23　霉形体在鼻腔和肠道黏膜附着

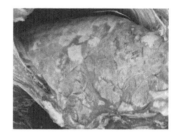

图 3-24　猪霉形体性肺炎中肺实变

3）兽医卫生评价与处理。

A. 有病变的内脏作工业用或销毁，无病变的内脏高温处理后出厂。

B. 胴体不受限制出厂。

C. 并发其他传染病的，可按相应法规结合处理。

（5）牛瘟

牛瘟（rinderpest）是由牛瘟病毒引起的主要发生于牛的一种败血性传染病（图 3-25）。病的特征是黏膜坏死性炎症，消化道黏膜的病变则更具有特征性。我国已经消灭了牛瘟，但对外来引进的牛只的屠宰要特别注意。

图 3-25　欧洲牛瘟发生的情景

1）宰前鉴定：特征性症状是口腔黏膜的变化，初期表现为流涎，口角、齿龈、颊内面和硬腭黏膜呈斑点状或弥漫性潮红，后形成一层均匀的灰色或灰黄色假膜，极易脱

落，露出形状不规则、边缘不整齐的出血烂斑。病畜排出稀糊状污灰色或褐棕色具恶臭的粪便，有时带血和脱落的黏膜。眼、鼻黏膜潮红或溃烂，流出浆液性至脓性分泌物。

2）宰后鉴定：主要特征性病理损害见于消化道、口腔黏膜，特别是唇内侧、齿龈、舌下、舌侧面等处在弥漫性充血的背景上，见有结节或边缘不整齐的红色溃疡或糜烂，覆盖灰黄色麸皮样假膜（图 3-26）。

图 3-26　口腔黏膜溃烂

3）兽医卫生评价与处理。

A. 宰前发现的，立即停止生产，封锁现场并向有关部门报告疫情。

B. 病牛胴体、内脏、血液、骨、角、皮张全部作工业用或销毁。

C. 被污染的胴体、内脏经高温处理后出厂，皮张消毒后出厂。

D. 宰后发现的，立即停止屠宰，封锁现场，对被污染的场地、设备、器具、工作人员的衣物等进行消毒处理，同时采取相应的防疫措施。

（6）牛传染性胸膜肺炎

牛传染性胸膜肺炎又称牛肺疫（contagious bovine pleuropneumonia），是由丝状霉形体引起的牛的一种传染性肺炎。病变主要定位于肺和胸膜，以出现纤维素性肺炎和胸膜炎为特征，主要侵害黄牛、牦牛、犏牛等，水牛和骆驼少发。

1）宰前鉴定。

A. 急性型：呈急性胸膜肺炎症状。体温升高达40～42℃，呈稽留热。鼻孔开张，呼吸困难，按压肋间，有疼痛表现。病牛不愿卧下，呈腹式呼吸，流浆液性或脓性鼻汁，口腔糜烂（图3-27）。胸部叩诊，呈浊音或水平浊音。后期可见胸前腹下水肿，可视黏膜蓝紫色。病牛迅速消瘦，可窒息死亡。

图3-27　舌糜烂

B. 慢性型：消瘦，短咳，胸部听诊和叩诊变化不明显，食欲不良。

2）宰后鉴定。

A. 肺脏：初期，呈支气管肺炎现象，可见到大小不一的不超过小叶范围的灰红色实变区，切面紧密，与周围健康组织有明显的界线。病变主要位于膈叶和中间叶，多为一侧性。后期肺炎区切面呈现典型的纤维蛋白性肺炎变化和特征性大理石样景象（图3-28）。

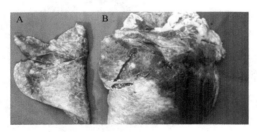

图3-28　正常肺（A）和病变肺（B）

B. 胸膜：病变胸膜增厚，色红而晦暗，附有黄色疏松的纤维蛋白渗出物。胸腔内积有多量黄色透明或混浊液体，有悬浮纤维蛋白絮片。严重病例，胸膜间常发生粘连。

C. 坏死块：坏死块大小不一，自核桃到拳头大，甚至整个肺叶均坏死。坏死块的特征为保留有病变结缔组织的原有结构，其中可见到红肝变和灰肝变的景象，明显增宽的小叶间隔，小叶间结缔组织坏死、机化形成的油脂样条索，淋巴管扩张，淋巴凝栓构成的多孔状，支气管周围有由硬脂状肉芽组织形成的大块机化灶。

D. 淋巴结：纵膈淋巴结和支气管淋巴结，肿大2～3倍，切面多汁，呈黄白色，有坏死灶，不见出血。

3）兽医卫生评价与处理。

A. 胴体及内脏有病变的，全部销毁。

B. 仅肺脏有病变、胴体状况良好的，肺脏销毁，胴体在割除污染部分后高温处理出厂。

C. 牛皮消毒后，用不漏水的工具送至皮革加工厂。

（7）气肿疽

气肿疽（gangrenosis）又称为黑腿病，是由气肿疽梭菌所致反刍动物的一种急性、热性、败血性传染病，也是一种人畜共患病，但人发病极少见。特征是肌肉丰满部位发生气性肿胀，多伴发跛行。黄牛最易感。

1）宰前鉴定：通常见于3～4月龄的牛，病牛体温高达41～42℃甚至以上，反刍停止，精神沉郁，跛行。在臀、股、肩、颈部等肌肉丰满的部位发生气性炎性水肿。肿胀部开始有热痛，以后肿胀部中心变冷，失去知觉，产生多量气体，很快沿皮下及肌肉间向四周扩散，肿胀部皮肤干燥、紧张，呈紫黑色，触诊坚固，有捻发音。肿胀破溃或切开时，流出污红色带泡沫的酸臭液体，肿胀部附近淋巴结肿大。

2）宰后鉴定。

A. 出血性气性炎性水肿：特征病变是在肌肉丰满部位发生出血性气性炎性水肿，患部皮肤肿胀，按压有捻发音，切开病变部位，有暗红色或褐色的浆液性液体流出。皮下结缔组织和肌膜有多量黑红色或黑褐色的出血点，同时有大量红色浆液浸润，并充满气泡。切开流出带酸臭味的液体，并夹杂有气泡。由于气体形成，肌纤维与肌膜之间形成裂隙，横切面呈海绵状。在肌束间充满带泡沫样浸润物，纵切面呈红黄相间的斑纹。

B. 淋巴结肿胀：局部淋巴结急性肿胀，切面布满出血点。

C. 其他病变：体腔内有褐红色混浊渗出物，胸膜、腹膜及心包上覆有灰红色纤维蛋白及胶冻状渗出物，心肌变性，色淡且质脆，心内、外膜有大小不等的出血斑点。肺淤血、水肿，脾脏间或肿胀有气泡。

3）兽医卫生评价与处理。

A. 畜群中发现气肿疽时，一般原则是禁止屠宰；除对患畜用不放血的方式扑杀并销毁外，其同群牲畜经检验体温正常者急宰，体温不正常者予以隔离观察，确诊为非气肿疽时方可屠宰。

B. 宰后发现的，全部胴体、内脏、毛皮、血液销毁。

C. 被污染的胴体、内脏进行高温处理后出厂。

（8）蓝舌病

蓝舌病（bluetongue，BT、BLU）是由蓝舌病病毒引起的一种反刍动物（主发于绵羊）的传染病。该病以发热、颊黏膜和胃肠道黏膜严重的卡他性炎症为特征。

1）宰前鉴定：绵羊蓝舌病的典型症状是以体温升高

兽医公共卫生学

和白细胞显著减少开始。病羊精神委顿、厌食、流涎，嘴唇水肿，并蔓延到面部、眼睑、耳，以及颈部和腋下。口腔黏膜、舌头充血、糜烂，严重的病例舌头发绀，发生溃疡、糜烂，致使吞咽困难（继发感染时则出现口臭），呈现出蓝舌病特征症状（图3-29）。鼻分泌物初为浆液性后为黏脓性，常带血，结痂于鼻孔四周，引起呼吸困难，鼻黏膜和鼻镜糜烂出血。有的蹄冠和蹄叶发炎，呈现跛行。病程为 6～14d，发病率为 30%～40%，病死率为 20%～30%。

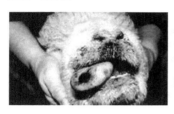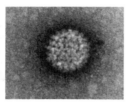

图3-29 蓝舌病羊和蓝舌病病毒

只能经过库蠓和伊蚊叮咬传播。病畜与健畜直接接触不传染。

绵羊最易感，并表现出特有症状，纯种美利奴羊更为敏感，病羊和病后带毒羊为传染源。牛易感，但以隐性感染为主。山羊和野生反刍动物如鹿、麋、羚羊、沙漠大角羊也可感染，但一般不表现出症状。

2）宰后鉴定：主要在口腔、瘤胃、心脏、肌肉、皮肤和蹄部呈现糜烂出血点、溃疡和坏死。唇内侧、牙床、舌侧、舌尖、舌面表皮脱落。皮下组织充血及胶样浸润。乳房和蹄冠等部位上皮脱落但不发生水疱，蹄部有蹄叶炎变化，并常溃烂。肺泡和肺间质严重水肿，肺严重充血。脾脏轻微肿大，被膜下出血，淋巴结水肿，外观苍白。骨骼肌严重变性和坏死，肌间有清亮液体浸润，呈胶样外观。

3）兽医卫生评价与处理。

A．一旦有本病传人时，应按《中华人民共和国动物防疫法》规定，采取紧急、强制性的控制和扑灭措施，扑杀所有感染动物并销毁。疫区及受威胁区的动物进行紧急预防接种。

B．确认为本病的患畜，整个胴体、内脏及其他副产品作工业用或销毁。

C．患畜同群动物及怀疑被污染的胴体、内脏及骨、蹄、角等高温处理后出厂，毛皮消毒后出厂。

（9）牛传染性鼻气管炎

牛传染性鼻气管炎（infectious bovine rhinotracheitis，IBR）是由疱疹病毒（图3-30）引起的一种急性热性传染病，又称坏死性鼻炎和"红鼻子"病。以呼吸道黏膜发炎、水肿、出血、坏死和形成糜烂为特征。

1）宰前鉴定。

A．呼吸型：多数是这种类型。牛只突然精神沉郁，不食，呼吸加快，体温高达42℃；鼻镜、鼻腔黏膜发炎，呈火红色，所以称红鼻子病。咳嗽、流鼻液、流涎、流

泪（图3-31）。多数呈现支气管炎或继发肺炎，造成呼吸困难甚至窒息死亡。

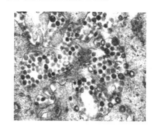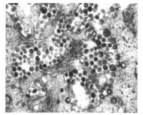

图3-30 在感染组织中的 IBR 病毒颗粒

图3-31 感染牛口呼吸和流涎表现

B．生殖器型：母牛阴户水肿发红，形成脓疱，阴道底壁积聚脓性分泌物。严重时在阴道壁上也形成灰白色坏死膜。公牛发生包皮炎，包皮肿胀、疼痛，并伴有脓疱，形成肉芽样外观。

C．肺炎型：多发生于青年牛和 6 月龄以内的犊牛，表现明显的神经症状。此外，还有流产型和眼结膜型。

2）宰后鉴定：在鼻腔和气管中有纤维性蛋白物渗出为本病的表征。整个口腔黏膜均见有糜烂，咽部、食管等黏膜糜烂很严重，表现大部分黏膜上皮脱落，最有特征的小糜烂斑往往排列成纵行。

3）兽医卫生评价与处理：病变组织和器官作工业用或销毁，肉尸高温处理后出厂，皮张消毒后利用。

（10）牛病毒性腹泻-黏膜病

牛病毒性腹泻-黏膜病（bovine virus diarrhea-mucosal disease，BVD）是由牛病毒性腹泻病毒（图3-32，图3-33）引起的一种急性或慢性传染病。以腹泻、消化道黏膜发炎、糜烂及淋巴结组织损伤为特征。

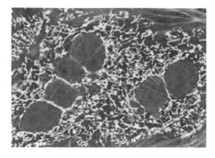

图3-32 BVD 病毒

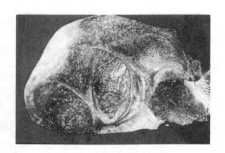

图 3-33　瘤胃黏膜充血与糜烂

1）宰前鉴定。

A. 急性型：病初体温升高达 40.5～41℃，精神沉郁，食欲废绝，反刍停止。唇内、齿龈、上腭、颊部、舌面等部位有散在的糜烂或溃疡（图 3-34）。鼻镜、鼻孔周围见有糜烂或溃疡。口内损害之后常发生严重腹泻，开始水样，后有脓血。有的病牛可发生趾间皮肤糜烂坏死。

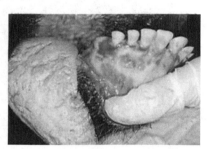

图 3-34　齿龈糜烂

B. 慢性型：发热不明显，其他症状为急性型发展而来，如鼻镜糜烂往往成片，病牛消瘦，虚弱。

C. 母牛流产：妊娠牛感染本病，可发生流产、木乃伊胎，或使胎儿发生先天性畸形。

2）宰后鉴定：主要病变在消化道黏膜糜烂溃疡（图 3-35）。口腔和食道黏膜有特征性的糜烂或溃疡，大小为 1～3mm，形状不规则，瘤胃、瓣胃有少数溃疡。小肠充血，黏膜皱壁常有线状出血斑。肠系膜淋巴结肿胀。

图 3-35　牛小肠黏膜溃疡

3）兽医卫生评价与处理。

A. 体温升高的病畜肉尸、内脏和副产品经高温处理后出厂。

B. 体温正常的病畜，剔骨后的肉尸和内脏经产酸无害化处理后出厂。如不能进行上述处理，同蹄一起高温处理后出厂。

C. 病畜的头、蹄、肠、食管、膀胱、血、骨骼、角及肉屑等，高温处理后出厂。毛皮消毒后出厂。

（11）副结核病

副结核病（paratuberculosis）又称为副结核性肠炎，是由副结核分枝杆菌引起的主要发生于牛的一种慢性传染病，特征是顽固性腹泻和逐渐消瘦，肠黏膜增厚并形成皱壁。

1）宰前鉴定：患畜出现持续性下痢，粪便稀薄，混杂气泡和黏液，恶臭。病牛食欲不振，精神不好，逐渐消瘦，贫血，后臀部仿佛被削成尖，形成“狭尻”，泌乳较少或停止。身体各部出现水肿，下颌及胸垂部更为明显。

2）宰后鉴定：胴体极度消瘦，空肠后段、回肠末端及回盲瓣区域的肠黏膜显著肥厚，一般可达正常的 2～3 倍，最严重的可达 10 倍以上，形成明显的横向的脑回状皱纹，表面多见有充血和出血。肠内容物稀薄发白，有恶臭的肠段淋巴结肿大、苍白和切面多汁。淋巴结粗大呈绳索状，镜检在肠及肠系膜淋巴结病理切片可见上皮样细胞和巨细胞明显增生，并可发现大量丛生或散在的抗酸性、短棒状小杆菌（图 3-36，图 3-37）。

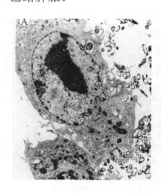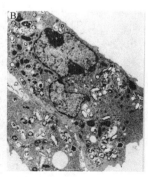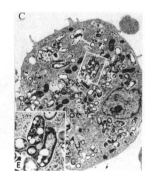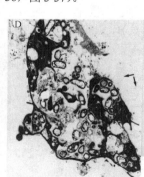

图 3-36　副结核杆菌对淋巴结肿巨噬细胞的侵袭过程

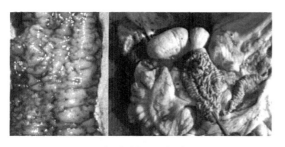

图 3-37 牛副结核肠道的慢性肠炎

3）兽医卫生评价与处理。

A．胴体消瘦的，胴体、内脏作工业用或销毁。

B．胴体不消瘦的，消化道和肠系膜销毁或作工业用，胴体高温处理。

（12）羊快疫

羊快疫（braxy，bradsot）是由腐败梭菌引起的一种急性传染病。以突然发病、死亡、胃出血和坏死为特征。绵羊多发，山羊少发，发病羊多在 6 月龄～2 岁。

1）宰前鉴定：一般经消化道感染，呈地方性流行，多发于秋、冬和初春气候骤变，阴雨连绵季节；于低洼地、潮湿地、沼泽地放牧的羊只易患本病。病羊往往来不及出现临床症状就突然死亡。病程长的病羊离群卧地，不愿走动，强迫行走时，运动失调。腹部膨胀，有痛感，排粪困难，里急后重，有的排黑色稀粪，一般体温不高，数小时内痉挛或昏迷而死。

2）宰后鉴定：尸体迅速腐败膨胀，可视黏膜充血呈现暗紫色。剖解时可看到真胃出血性炎症，胃底部及幽门部黏膜可看到大小不一的出血点及坏死区，黏膜下发

生水肿，肠道内充满气体，经常有充血、出血，严重的可发生坏死和溃疡，体腔积液，心内外膜可见点状出血，胆囊多发生肿胀。主要是真胃出血性炎症变化。

咽喉黏膜出血样胶样浸润，气管黏膜覆有血样黏液。肝肿大，切面有大小不等的坏死灶。胸腔多有积液，有时带血。全身淋巴结水肿。

3）兽医卫生评价与处理：宰前发现的，禁止屠宰。宰后发现病畜时，全部肉尸、内脏、毛皮和血液作工业用或销毁。被污染的肉尸和内脏高温后出厂，皮张及骨骼等消毒后利用。

（13）羊肠毒血症

羊肠毒血症（enterotoxaemia）俗名软肾病（pulpy kidney），是由 D 型魏氏梭菌所致的绵羊的一种急性毒血症。以突然发病、病程短促和死后肾脏软化为主要特征。

1）宰前鉴定：突然发病，表现不安，腹痛、腹胀，离群呆立，有时急跑、圈圈或卧下。间或腹泻，排出黄褐色水便。在濒死期，病羊行步不稳，呼吸加快，全身肌肉颤抖，磨牙，倒地痉挛，左右翻滚，头后仰，口腔黏膜苍白。鼻流白沫，四肢及耳尖发冷，但体温不高。

2）宰后鉴定：皮下和肌肉出血，可在无毛处见有暗红色斑点，胸、腹腔、心包腔积液，心内外膜出血，心脏扩张，心肌松软。肠黏膜特别是小肠黏膜出血，致使整个肠段内壁呈红色，有的还出现溃疡，故有"血肠子病"之称。肠系膜胶样浸润，肠系膜淋巴结急性肿大。特征性病变是肾脏软化，实质呈红色软泥状（图 3-38）。肝脏肿大，呈灰土色，质地脆弱，被膜下带状或点状出血。脾脏肿大，但不软化。

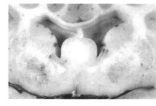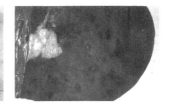

图 3-38 软肾病

3）兽医卫生评价与处理：同恶性水肿。

（14）羊猝疽

羊猝疽（struck）是由 C 型魏氏梭菌引起的一种肠毒血症，以急性死亡、腹膜炎和溃疡性肠炎为特征。

1）宰前鉴定：主要发生于成年绵羊，羔羊和犊牛也可发生。此外，C 型魏氏梭菌还是小猪出血性肠炎和肠毒血症的原因。发病突然，病程短促，通常在数小时内死亡，表现中毒性休克症状。

2）宰后鉴定：病变主要见于肠管，十二指肠、空肠及回肠的一段或全段黏膜高度充血，并有大小不一的溃疡。胸腔、腹腔及心包腔大量积液。腹腔血管，特别是大网膜、小肠及膀胱的血管极度充血，腹膜下显示多发性出血。心脏的浆膜下出血，肾上腺网状层充血，有时出血。

3）兽医卫生评价与处理：同恶性水肿。

（15）山羊传染性胸膜肺炎

山羊传染性胸膜肺炎（contagious caprine pleuropneumonia）是由霉形体引起的山羊的一种接触性传染病。呈急性或慢性经过，特征是：高热，咳嗽，肺和胸膜发生浆液纤维素性炎症，并继发肺组织肉变和坏死。

1）宰前鉴定：按病程分最急性、急性和慢性之分，急性最多见，也最典型。

病羊体温升高，呼吸困难，咳嗽干痛，有浆液性、黏液性乃至带铁锈色鼻液。高热稽留，痛苦表现，头颈伸直，背腰拱起。眼睑肿胀并有浆液性、黏液性或脓性分泌物。

2）宰后鉴定。

A．病变多局限于胸部。胸腔内积有多量黄色渗出

135

液，暴露于空气后有纤维蛋白凝块沉淀。胸膜上附有疏松的纤维絮片，肺胸膜和肋胸膜发生粘连。肺脏病变表现为纤维素性肺炎，肺实质内出现坚硬的、淡红色或暗红色、大小不一的肝变区。

B．慢性病例，常见肝变部分有的变为坏死灶，初期尚可辨认肺组织的纹理，以后变为干燥、硬固、无结构的物质，最后为肉芽组织所包裹；较小的病变，则被机化。支气管淋巴结和纵膈淋巴结肿大，切面多汁并有出血点。心包腔内积有混杂纤维素的黄色液体。脾脏肿大，断面呈紫红色。心、肝、肾等器官变性。胆囊扩张，充满胆汁。

3）兽医卫生评价与处理。

A．胴体和内脏有病变的，病变部分割除作工业用或销毁，其余部分不受限制出厂。

B．胸腔有炎症的，胸腔器官及临近部分作工业用或销毁。

C．被炎性渗出物污染的胴体或内脏，洗净后高温处理后出厂。

D．羊皮经消毒或在隔离的条件下晒干后出厂，或用不漏水的工具直接运至制革厂加工。

（16）马流行性淋巴管炎

马流行病淋巴管炎（epizootic lymphangitis，又称假性皮疽）是由皮疽组织胞浆菌（图 3-39）引起的马属动物（偶尔也感染骆驼）的一种慢性传染病。以皮下淋巴管及其邻近淋巴结发炎、脓肿、溃疡和肉芽肿结节为特征。OIE 将其列为通报性疫病。我国列为二类动物疫病。马、驴、骡易感，骆驼和水牛也可偶然

感染，人也有感染的报道。

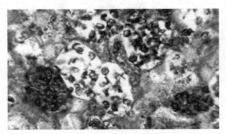
图 3-39 感染组织中的组织胞浆菌

1）鉴定：主要表现为皮肤、皮下组织及黏膜发生结节、脓肿、溃疡和淋巴管索状肿及串珠状结节。

皮肤（皮下组织）结节、脓肿和溃疡：常见于四肢、头部（尤其是唇部），其次为颈、背、腰、尻、胸侧和腹侧。初为硬性无痛结节，随之软化形成脓肿，破溃后流出黄白色混有血液的脓汁，形成溃疡。继而愈合或形成瘘管。

黏膜结节：常侵害鼻腔黏膜，可见鼻腔有少量黏液脓性鼻漏，鼻黏膜上有大小不等黄白色结节，结节逐渐破溃形成溃疡，颌下淋巴结也多同时肿大。口唇、眼结膜及生殖道黏膜，公畜的包皮、阴囊、阴茎和母畜的阴唇、会阴、乳房等处也可发生结节和溃疡。

淋巴管索状肿及串珠状结节：病菌引起淋巴管内膜炎和淋巴管周围炎，使之变粗变硬呈索状。因淋巴管瓣膜栓塞，在索状肿胀的淋巴管上形成许多串珠状结节，呈长时间硬肿，而后变软化脓，破溃后流出黄白色或淡红色脓液，形成蘑菇状溃疡（图 3-40）。

图 3-40 马组织胞浆菌淋巴管索状肿及串珠状结节

2）兽医卫生评价与处理。

A．对新购进的马骡，应作细致的体表检查，注意有无结节和脓肿，防止带入病马。发生本病后，应按《中华人民共和国动物防疫法》规定，采取严格控制、扑灭措施，防止扩散。病马应及时隔离、治疗，禁止屠宰。患病严重的病马予以扑杀。病死马尸体应深埋或焚烧。

B．宰后发现的，胴体、内脏、毛皮和血液全部作工业用或销毁。

C．污染的胴体与内脏高温处理后出厂，皮张及骨骼消毒后利用。

（17）马传染性贫血

马传染性贫血（equine infectious anaemia，EIA，简称马传贫），是由逆转录病毒引起，经吸血昆虫传播，只发生于马属动物，以反复发作、贫血和持续病毒血症为特征的传染性疾病。至今仍是全世界重点检疫的对象，被国家列为二类动物疫病加以控制消灭。目前在我国已呈消灭状态。

1）宰前鉴定：病程最短 5d，最长达 90d。急性型病程在一月以内，最短 3～5d 即可死亡；亚急性型病程 1～2 个月，慢性型病程可达数月至数年，有的未死亡马成为带毒马。

A．高热稽留，马传贫的热型主要为稽留热和间歇热，体温可达 39～41℃甚至以上，持续一段时间后逐渐恢复正常，一旦病马抵抗力下降，体温会再度升高。

B．贫血、黄疸及出血，可视黏膜从初期的充血轻度

黄染，逐渐变为黄白至苍白，常在眼结膜、舌下黏膜等处出现大小不一的出血点，红色或暗红色。

C. 心脏机能紊乱，出现心源性、贫血性浮肿。

D. 全身状态，出现精神沉郁，头低耳聋，食欲减少，逐渐消瘦，走路摇晃等。

E. 红细胞数减少，红细胞沉降速度加快。静脉血中出现吞铁细胞。

2）宰后鉴定：根据发生的状况可分为急性和慢性病理变化。

A. 急性型主要是全身败血症变化，有一定诊断意义的是槟榔肝（图3-41），白髓颗粒状增生的脾，肿大皮质出血点肾，水煮状心。

图3-41 槟榔肝

B. 亚急性和慢性型主要是脾、肝、肾、心脏及淋巴结等的网状内皮细胞的增生，肝脏内见有多量吞铁细胞。长骨的骨髓红区扩大，红髓内有红髓增生灶，慢性严重病例骨髓呈乳白色胶冻状（图3-42）。

图3-42 骨髓脂被暗红色造血组织取代

3）兽医卫生评价与处理：同马流行性淋巴管炎。

（18）恶性卡他热

恶性卡他热（malignant catarrhal fever）是由恶性卡他热病毒引起的一种急性、热性传染病。特征是上呼吸道、鼻窦、口腔及胃肠道等黏膜发生急性卡他性纤维素性炎症，伴发角膜混浊和非化脓性脑膜脑炎。

1）宰前鉴定：病牛体温升高至 41～42℃，呈稽留热，精神沉郁，食欲不振，皮温升高。双眼同时患病，表现羞明、流泪、结膜充血、角膜混浊（图3-43）。鼻镜糜烂，覆有干痂。鼻孔流出黏液性或脓性发臭分泌物，鼻黏膜高度潮红，有的覆有灰色易碎的纤维蛋白性假膜，剥落后留下溃疡面。口腔黏膜潮红，流涎，尤其是齿龈、唇内、硬软腭和颊部常见组织坏死形成的污黄色斑点、假膜和溃疡。

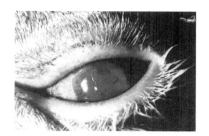

图3-43 早期恶性卡他热表现

2）宰后鉴定。

A. 出血和水肿。眼、鼻腔、口腔的特征性病变具有重要诊断意义，还可以见到头颈部皮下和肌肉出血与水肿；咽部、会厌及食管黏膜也见有糜烂或溃疡与充血、出血变化；心外膜小点出血。真胃和肠黏膜有炎症变化（图3-44），泌尿道黏膜潮红，有点状出血。

图3-44 结肠虎斑纹

B. 淋巴结肿大。全身淋巴结肿大，以头颈部、咽部及肺淋巴结最为明显，呈棕红色，其周围显示胶样浸润，切面隆突、多汁，偶见坏死灶。

C. 神经系统病变。中枢神经系统眼观可见脑膜充血和水肿，为非化脓性脑膜脑炎。

3）兽医卫生评价与处理。

A. 病变仅限于头部（眼、鼻腔、口腔）或气管、肺及胃肠的，割除患部作工业用或销毁，其他部分高温处理后出厂。

B. 多数器官和胴体（或淋巴结）有病变的，全部作工业用或销毁。

（19）梅迪-维斯纳病

梅迪-维斯纳病（Maedi-Visna，MV）是由梅迪-维斯纳病毒（图3-45）引起的以绵羊进行性肺炎为特征的慢

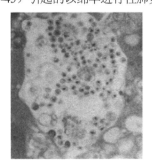

图3-45 MV 病毒

性疾病。主要感染绵羊，多见于两岁以上绵羊。病羊或处于潜伏期的羊为主要传染源。主要经呼吸道和消化道传播，也可通过奶传给羔羊。梅迪-维斯纳病是由同一种病毒引起而临床和病理表现不同的两种病型。梅迪型呈现慢性进行性间质性肺炎，病羊消瘦，呼吸困难，最后死亡；维斯纳型则表现慢性脑膜脑炎和脑脊髓白质炎。

1）宰前鉴定：潜伏期长达2～6年。临床症状有两种类型：①梅迪病。病羊早期症状是缓慢发展的倦怠，消瘦，呼吸困难，呈现慢性间质性肺炎症状，呈进行性加重，最终死亡。②维斯纳病。病羊早期表现步样异常，尤其后肢常见，头部异常姿势，如唇、颜面肌肉震颤，病情缓慢进展并恶化，最后陷入对称性麻痹而死亡。

2）宰后鉴定。

A. 梅迪病剖检变化限于肺及其局部淋巴结。病重者肺的重量要比正常时大2～4倍，体积也有增加，在开胸后，其塌陷程度很小。但体积的变化不如重量的变化明显。肺增大后的形状正常。病部组织致密，质地如肌肉，触之有橡皮样感觉（图3-46）。健康肺的粉红色被特殊的灰棕色所代替。膈叶的变化最大，心叶和尖叶次之。如给病部切面滴加乙酸，很快便会出现针尖大小的小结节。

图3-46 临床上无（MV）症状的母羊的
气管黏膜增厚，肺肿胀

病理组织变化主要为慢性间质性炎症。肺泡间隔呈弥漫性增厚，这主要是大单核细胞浸润的结果。淋巴细胞造成的浸润较轻。经常可看到肺泡间隔平滑肌增生，支气管和血管周围的淋巴样细胞浸润。肺泡的巨噬细胞里会有包含体，常有一个或几个位于胞质里。

B. 维斯纳病剖检时见不到特异变化，病期很长，后肢肌肉经常萎缩。少数病例的脑膜充血，白质的切面上有灰黄色小斑。可见弥漫性脑膜脑炎，淋巴细胞和小胶质细胞增生和浸润及出现血管套现象。大脑、小脑、脑桥、延脑和脊髓白质内出现弥漫性脱髓鞘现象。

3）兽医卫生评价与处理。

A. 胴体消瘦，肺脏病变明显的，全部作工业用或销毁。

B. 胴体状况良好的，肺脏有病变的，全部内脏销毁，胴体高温处理。

（20）绵羊肺腺瘤病

绵羊肺腺瘤病（pulmonary adenomatosis in sheep）又称为驱羊病，是由绵羊逆转录病毒引起的绵羊的接触性局限性肺脏肿瘤性传染病。以渐近性消瘦、咳嗽、呼吸困难和流鼻液，并在肺脏发生多数原发性腺瘤状结节为特征。

1）宰前鉴定：各种年龄和品种的绵羊均能感染，但品种间的易感性有所区别，以美利奴绵羊的易感性最高。病羊是主要传染源，经呼吸道传染，病羊咳嗽时排出的飞沫和深度气喘时排出的气雾中，含有带病毒的细胞或细胞碎屑，健康羊吸入后即被感染。该病主要呈地方性流行或散发性传播，发病率为2%～5%，死亡率可达100%。

病羊常突然出现呼吸困难。病初，病羊随剧烈运动而呼吸加快；随病程进展，呼吸快而浅表，吸气时常见头颈伸直、鼻孔扩张。病羊常有湿性咳嗽；当支气管分泌物积聚于鼻腔时，则出现鼻塞音，低头时，分泌物自鼻孔流出。

2）宰后鉴定：病变局限于肺、胸部。早期，病羊肺尖叶、心叶、膈叶前缘等部位出现弥散性灰白色小结节，质地硬，稍突出于肺表面；切面可见颗粒状突出物，反光性强。随病的进展，肺脏出现大量肿瘤组织构成的结节，粟粒至枣子大小。有时一个肺叶的结节增生、融合而形成较大的肿块。支气管和纵膈淋巴结增大，也形成肿块（图3-47，图3-48）。

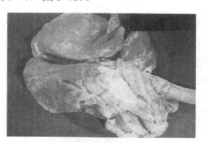

图3-47 肺淡灰色结节

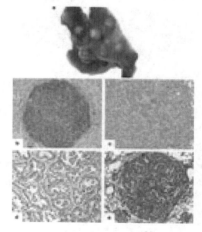

图3-48 肺腺瘤和间质性变化

3）兽医卫生评价与处理：同梅迪-维斯纳病。

（21）犬瘟热

犬瘟热（canine distemper）是一种犬科、鼬科和浣熊科动物的急性热性传染病。主要危害幼犬，病原体是犬瘟热病毒（图3-49）。病犬以呈现双相热型、鼻炎、严重的消化道障碍和呼吸道炎症等为特征，少数病例可发生脑炎。

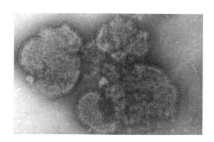

图 3-49 犬瘟热病毒

1）宰前鉴定：犬瘟热潜伏期为 3～9d。症状多种多样，与毒力的强弱、环境条件、年龄及免疫状态有关。犬瘟热开始的症状是体温升高，持续 1～3d。然后消退，很似感冒痊愈的特征。但几天后体温再次升高，持续时间不定。可见有流泪、眼结膜发红、眼分泌物由液状变成黏脓性。鼻镜发干，有鼻液流出，开始是浆液性鼻液，后变成脓性鼻液。病初有干咳，后转为湿咳，呼吸困难。呕吐、腹泻、肠套叠，最终以严重脱水和衰弱死亡。

神经症状性犬瘟热，大多在上述症状 10d 左右出现。临床上以足垫肿胀（图 3-50）、鼻部角化的病例引起神经性症状的多发。由于犬瘟热病毒侵害中枢神经系统的部位不同，症状有所差异。病毒损伤于脑部，表现为癫痫、转圈、站立姿势异常、步态不稳、共济失调、咀嚼肌及四肢出现阵发性抽搐等其他神经症状，此种神经性犬瘟热预后多为不良。

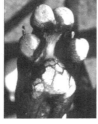

图 3-50 犬足垫肿胀

该病在幼犬死亡率很高，死亡率可达 80%～90%。

2）宰后鉴定：体表可见卡他性或化脓性结膜炎，溃疡性角膜炎，皮肤上有水疱性或脓疱性皮炎。淋巴结肿大，扁桃体红肿。消化道、呼吸道黏膜表现为卡他性炎症、出血性炎症。

3）兽医卫生评价与处理。

A．对无隔离条件的病犬可以捕杀，作销毁处理。

B．确认为犬瘟热的胴体和内脏，全部化制处理。

C．对同群的犬急宰后高温处理出厂。

（22）猪传染性胃肠炎

猪传染性胃肠炎（transmissible gastroenteritis of pig，TGEP）是由冠状病毒引起的猪的一种高度接触性传染病。以呕吐、严重腹泻、脱水、胃肠卡他性肠炎为特征。

1）宰前鉴定：通常不发热，精神沉郁，呕吐，明显脱水，过度腹泻，黄绿色粪便，2～5d 死亡。成年猪一般不表现症状。

2）宰后鉴定：尸体消瘦，明显脱水。胃肠道不同程度的卡他性肠炎，肠道肿胀、充血，肠壁薄而透明，内含大量液体，肠绒毛萎缩（图 3-51，图 3-52）。

图 3-51 肠壁透明含大量液体

图 3-52 肠绒毛萎缩

3）兽医卫生评价与处理：为了防止本病传入，平时注意不从疫区引进猪只。待宰猪如发现可疑本病时，应立即送急宰间屠宰。胃肠等有病器官作工业用或销毁，其余内脏和肉尸高温处理后出厂。皮张消毒后出厂。

（23）水貂阿留申病

水貂阿留申病（Aleutian disease of mink）是由细小病毒属的阿留申病毒引起的貂的一种慢性传染病，又称浆细胞增多症、丙种球蛋白增多症。特点是潜伏期长，严重侵害肾脏，持续性病毒血症，坏死性动脉炎和肾小球肾炎及肝炎。属二类传染病。

1）流行特点：所有品种的水貂都有可以感染发病。雪貂、狐狸也可感染发病。秋末春初本病的发病率和死亡率大大增加。饲养条件较好时，可长期不表现症状。恶劣环境条件可加速死亡。病貂和潜伏期带毒貂是主要传染源。污染的笼箱、器具和人员往来等是主要的传播媒介。本病为终生毒血症，母貂可经胎盘将此病传染给胎儿。

2）鉴定：本病潜伏期一般为 60～90d，有时持续 1 年也不表现病状。最快 2～3d 可死亡。本病为慢性经过，出现食欲减退，毛色无光，换毛延缓。由于肾脏的严重损害，增加了水分消耗，表现高度口渴，暴饮或沉郁。侵害神经系统时，伴有抽搐、痉挛、共济失调、后肢麻痹等症状。高度贫血（水貂贫血主要观察足垫）。常在口腔、齿龈、软腭有出血和溃疡。

尸体营养不良，消瘦、贫血，内脏出血。粪便呈煤焦油样黑色。典型病变为肾脏肿大 2～3 倍，呈麻雀卵样，表面凸凹不平。脾脏肿大 2～3 倍，呈紫红色，有出血斑。

3）控制：水貂阿留申病要定期检疫，严格隔离并处理所有病貂，及时淘汰阿留申病阳性貂、隐性带毒貂，作好预防接种工作，可用阿留申病毒灭活疫苗，同时要加强饲养管理，定期消毒，实行严格的卫生防疫制度，才可以收到良好的防治效果。

（24）伪狂犬病

伪狂犬病（pseudorabies）是由伪狂犬病病毒引起的多种家畜和野生动物的急性传染病。牛、羊以发热、奇痒为主要症状，致死率极高。犬发病的特征为发热，奇痒及脑脊髓炎症状。仔猪主要以兴奋不安等神经症状为主。

1）宰前鉴定：成年猪感染后，症状不典型，仅有呼吸道症状，多呈一过性发热、厌食、咳嗽等。母猪可有繁殖障碍性症状（图 3-53）。

图 3-53　猪伪狂犬病死亡

牛、羊感染后，主要症状为奇痒，多从头部开始，表现为擦蹭痕迹，脱毛，出血，病畜狂躁不安，磨牙，继而衰弱，痉挛加剧，麻痹而死亡。

猫多数病例体温正常，早期表现为异常沉郁，食欲废绝，不安，少数行为暴躁，狂奔乱走，与狂犬病症状相似。奇痒，患猫不时舐皮肤的某些部分。磨牙，抓、搔、咬出现痒感部位的皮肤，致使皮肤严重破损，后期出现麻痹，咽部麻痹而下咽困难、流涎、吼叫、痉挛、呼吸困难，发病后 36h 以内死亡。

2）宰后鉴定：生前没有神经症状的，宰后一般无特殊病理变化。神经症状明显的，可见脑膜充血，水肿，有出血点。体表擦伤及皮下胶样浸润。猫主要为头颈部皮肤损伤，深部组织外露，出血。特异性病变主要是神经系统受损，呈非化脓性脑炎及神经节炎，胶质细胞和神经细胞坏死，脑血管周围形成血管套。在神经细胞内可见核内包含体。

3）兽医卫生评价与处理。

A．发现病畜及早急宰。

B．无明显病变的，胴体和内脏高温处理后出场。

C．病变明显的，胴体和内脏作工业用或销毁。

2．屠宰家兔传染病的检验与处理

（1）兔病毒性出血症

兔病毒性出血症（rabbit viral hemorrhagic disease，

RHD）是由兔病毒性出血症病毒引起的一种急性、高度接触性传染病。

1）宰前鉴定。

最急性：突然死亡，死亡不表现任何病状，只是在笼内乱跳几下，即刻倒地死亡。此类多发生在流行初期。

急性：体温升高至 41℃ 左右，精神沉郁，不愿动，想喝水。临死前突然兴奋，在笼内狂奔，然后四肢伏地，后肢支起，全身颤抖倒向一侧，四肢乱划或惨叫几声而死。有的死兔鼻腔流出泡沫样血液，此类多发生在流行中期（图 3-54）。

图 3-54　兔病毒性出血症

亚急性：一般发生在流行后期，多发生于 3 月龄以内的幼兔，兔体严重消瘦，被毛无光泽，病程 2～3d，大部分预后不良。

慢性型：精神沉郁，前肢向两侧伸展，头低下触地，四肢趴开，不吃不喝，最后衰竭而死。

2）宰后鉴定：本病是一种全身性疾病，所以病死兔的胸腺、肺、肝、脾、肾等各脏器在组织学有明显变性、坏死和血管内血栓形成等特征。门齿齿龈出血，具有特征性。

3）兽医卫生评价与处理。

A．死亡兔尸化制或销毁。

B．胴体和内脏全部化制或销毁。

C．皮毛严格消毒后利用或销毁。

（2）兔梭菌性腹泻

由 A 型产气荚膜梭菌引起的兔的一种急性肠道传染病，以剧烈腹泻、排泄物恶臭和迅速死亡为特征。

1）宰前鉴定：除哺乳仔兔外，不同年龄、品种、性别的家兔对本病菌均易感。以 1～3 月龄仔兔发病率最高。主要通过消化道或损伤的黏膜感染，发病诱因有饲养管理不当、青饲料短缺、粗纤维含量低、饲喂高蛋白饲料或长途运输、气候骤变等。

发病为急剧下痢，临死前水泻。出现水泻前精神和食欲无明显变化。水泻出现后，精神沉郁，不吃食。粪呈水样，有特殊腥臭味，污染臀部及后腿。

2）宰后鉴定：尸体外观消瘦不明显。胃内充满食糜，胃底部黏膜脱落，有大小不一的溃疡。小肠充满气体，肠壁变薄而透明。盲肠和结肠充满气体和黑绿色稀薄内容物，可嗅到腐败味；肝脏质地变脆，脾呈深褐色。

3）兽医卫生评价与处理：同恶性水肿。

（3）兔葡萄球菌病

兔葡萄球菌病（rabbit staphylococcosis）是由金黄色

葡萄球菌引起的兔的一种以致死性脓毒败血症和各器官、组织化脓性炎症为特征的常见传染病。

1）宰前鉴定：人和动物均可感染本菌发病，家兔易感，不分年龄。病菌经各种途径（破损的皮肤、黏膜、脐带残端、呼吸道、哺乳母兔的乳头口和破损的乳房皮肤等）进入体内，仔兔吸吮病母兔乳汁也可发病。仔兔和有些敏感兔常呈败血性经过。

2）宰后鉴定。

A．脓肿：原发性脓肿常位于皮下或某一脏器，以后可引起脓毒血症，并进而在肺、肝、肾、脾、心等部位发生转移性脓肿或化脓性炎。

B．仔兔脓毒败血症：仔兔出生后2～3d，皮肤出现粟粒大的脓疱，1～5d 因败血症而死亡。剖检时肺和心脏多有小脓疱。

C．仔兔急性肠炎（黄尿病）：因仔兔食入患葡萄球菌病母兔的乳汁而引起，一般全窝发生。仔兔肛门周围和后肢被稀粪污染，粪便腥臭，病兔昏睡，体弱，病程2～3d，死亡率高。

D．脚皮炎：兔脚掌下的皮肤充血、肿胀、脱毛，继而化脓、破溃并形成经久不愈的易出血的溃疡。

E．乳房炎：多见于母兔分娩后的头几天。急性时病兔体温升高、沉郁、食欲不振、乳房肿胀、发红，甚至呈紫红色，乳汁中有脓液、凝乳块或血液。慢性时乳房皮下或实质形成大小不一、界限明显的坚硬结节，以后结节软化变为脓肿。

3）兽医卫生评价与处理 仅局部有病变，将病变部分割除作工业用或销毁；全身肉尸病变者，连同内脏一并作工业用或销毁。

（4）兔密螺旋体病

兔密螺旋体病（treponemosis），又称兔梅毒病，是兔的一种慢性传染病，也称性螺旋体病、螺旋体病。由兔类梅毒密螺旋体（*Treponema paraluis-cuniculi*）引起，以外生殖器、颜面、肛门等皮肤及黏膜发生炎症、结节和溃疡，患部淋巴结发炎为特征。

1）宰前鉴定：病初可见外生殖器和肛门周围发红、水肿，阴茎水肿，龟头肿大，阴门水肿，肿胀部位流出黏液性或脓性分泌物，常伴有粟粒大小的结节；结节破溃后形成溃疡；因局部疼痒，故兔多以爪擦搔或舔咬患部而引起自家接种，使感染扩散到颜面、下颌、鼻部等处。

2）宰后鉴定：除上述外生殖器官和其他部位的病变外，腹股沟淋巴结和腘淋巴结可能肿大，但内脏器官没有肉眼可见的病理变化。

3）兽医卫生评价与处理：患部废弃，胴体和内脏高温处理后出厂。

（5）兔假结核病

兔假结核病（rabbit pseudotuberculosis）是由伪结核耶尔森氏杆菌（*Mycobacterium tuberculosis*）引起的一种消耗性疾病，许多哺乳动物、禽类和人，尤其是啮齿动物都能感染发病。多呈散发性，通过污染的饲料、饮水、皮肤伤口、交配和呼吸道而感染。

1）宰前鉴定：患兔初期不显临床症状，而后逐渐消瘦，衰弱，行动迟钝，食欲减少以至停食，毛粗乱，病程缓慢，直至消瘦衰竭而死亡。

2）宰后鉴定：尸体消瘦，浆膜下有大量针帽大小的黄白色结节，浆膜增厚；蚓突增大似小香肠，其浆膜下有无数灰白色乳脂样大的小结节；脾肿大，较正常肿大5倍左右，上有多量黄白色针帽至粟粒大结节（图3-55）；肝肿大质脆，有的表面有黄白色病灶。

图3-55 伪结核干酪样坏死

3）兽医卫生评价与处理。

A．肉尸营养良好而内脏病变轻微者，肉高温处理后出厂，内脏销毁。

B．肉尸消瘦而内脏病变严重者，肉尸和内脏全部作工业用或销毁。

（6）兔泰泽氏病

兔泰泽氏病（Tyzzer's disease）是由毛样芽胞杆菌（*Bacillus piliformis*）引起的（图3-56），以严重下痢、脱水并迅速死亡为特征的一种传染病。本病不仅存在于兔，还存在于多种实验动物及家畜中。

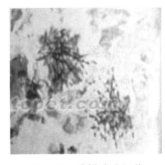

图3-56 毛样芽胞杆菌

1）宰前鉴定：突然发病，严重腹泻，急剧脱水，精神沉郁，食欲废绝，很快死亡，一般病程为12～48h。耐过病例食欲不佳，生长停滞。

2）宰后鉴定：病变可见盲肠、结肠浆膜、黏膜弥漫性充血、出血，肠壁水肿；盲肠内充满气体和褐色糊状或水样内容物，蚓突部有暗红色坏死灶，回肠也有类似变化（图3-57）。慢性病例有广泛坏死的肠段发生纤维素化狭窄。肝脏肿大，有灰白色条斑状坏死灶。

141

图 3-57 大肠浆膜出血

3）兽医卫生评价与处理：胴体营养良好，不受限制出厂；病变器官化制或销毁。胴体消瘦的，高温处理后出厂。

（7）兔博代氏菌病

兔博代氏菌病由支气管败血博代氏菌（*Bordetella bronchiseptica*）引起（图3-58）。主要表现为鼻炎和支气管肺炎，严重时肺部形成脓肿流行特点。

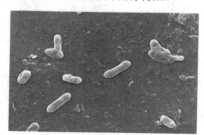

图 3-58 支气管败血博代氏菌

1）宰前鉴定：病菌常寄生在家兔的呼吸道中，机体因气候突变、感冒、寄生虫病等因素影响使抵抗力降低，或其他诱因如灰尘、强烈刺激性气体的刺激，使上呼吸道黏膜脆弱等，都易引起发病。鼻炎型常呈地方性流行，而支气管肺炎型多呈散发性。成年兔常为慢性，仔兔与青年兔多为急性。鼻炎型：比较多发，流浆液性或黏液性鼻液，病程一般较短，多能康复。支气管肺炎型：较少见，流黏液性或脓性鼻液，鼻炎长期不愈，呼吸加快，食欲不振，逐渐消瘦。

2）宰后鉴定。鼻炎型：鼻黏膜潮红，附有浆液性或黏液性分泌物质。支气管肺炎型：支气管黏膜充血、出血，管腔内有黏液性或脓性分泌物。肺有大小不等、数量不一的脓肿，小如粟粒，大如乒乓球。有时胸腔浆膜及肝、肾、睾丸等有脓肿。

3）兽医卫生评价与处理：病变仅限于鼻腔或累及脑组织，将头部作工业用或销毁；肉尸和其他内脏不受限制出厂。若肺发炎时，头和肺脏作工业用或销毁，肉尸高温处理后出厂。皮张经消毒后出厂利用。

3. 屠宰家禽传染病的检验与处理

（1）新城疫

鸡新城疫（New castle disease of chicken）又名亚洲鸡瘟，是由新城疫病毒（New castle disease virus）引起的一种急性热性败血性传染病。鸡最易感，火鸡、鹌鹑和鸽也可轻度感染。水禽则具有极强的抵抗力。人类也可以感染，但报道较少。

1）宰前鉴定：病鸡精神萎顿，行动迟缓，体温升高（43～44℃），食欲减退或废绝，羽毛松乱，冠和肉髯青紫色或黑色，眼半闭或闭合（图3-59，图3-60）。常发咳嗽，呼吸困难，张口伸颈，发出咯咯声。口腔和鼻腔中有大量积液，常作吞咽和摇头动作。嗉囊内充满液体和气体，将病鸡倒提时，从口中流出液体。排黄色、绿色或灰白色恶臭稀便，有时混有血液。病程长时，常出现神经症状，表现下肢瘫痪，翅下垂，全身肌肉运动不协调，头颈向一侧或背后扭曲，行走时转圈或倒退。

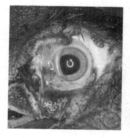 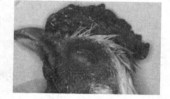

图 3-59　结膜出血　　　　图 3-60　头和髯出血

2）宰后鉴定：全身黏膜、浆膜和内脏出血，腺胃黏膜的出血溃疡最为常见。肌胃角质层下也有出血点，小肠、盲肠发生出血性坏死性炎症，并常见覆有假膜的溃疡。鼻腔、喉头、气管和支气管中积有多量污黄色黏液。喉头和气管黏膜充血或有出血小点（图3-61～图3-63）。肺充血，气囊增厚。心尖和心冠有出血点。

图 3-61　口腔纤维素性坏死渗出

图 3-62　盲肠厚、红-紫色坏死

3）兽医卫生评价与处理。

A．仅内脏有病变而肉尸无病变者，其内脏作工业用或销毁，肉尸高温处理出厂。

B．具有全身性病变者，肉尸和内脏作工业用或销毁。

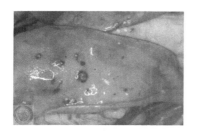

图 3-63　结肠出血与坏死

C．血及羽毛消毒后出厂。

（2）鸡马立克氏病

鸡马立克氏病（Marek's disease，MD）是马立克氏病病毒（Marek's disease virus，MDV）所致的鸡的一种以淋巴样细胞增生为特征的肿瘤性疾病。主要发生于 18 周龄以下接近性成熟的小鸡。几周龄的幼鸡病程更为急剧。

1）宰前鉴定：可按临床症状分为 4 个类型。

A．神经型：以周围神经的淋巴细胞浸润而引起的一翅或一腿进行性麻痹为特征，表现为患翅或患腿拖拉在地，或两腿前后分开呈劈叉状；两腿同时受害的，则倒地不起。

B．内脏型：一般只表现冠和肉髯苍白或黄染。极度贫血，进行性消瘦，精神委顿，闭眼，嗜睡，下痢，以至完全不能站立等。

C．眼型：虹膜色素消失，由正常的橘红色变成灰白色，瞳孔收缩或变形，甚至失明（图 3-64）。

图 3-64　眼型 MD

D．皮肤型：皮肤上可见大小不等的灰白色肿块或结节，有时形成以毛囊为中心的疥癣样小结节，并有结痂（图 3-65）。

图 3-65　皮肤型 MD

2）宰后鉴定。

A．神经型：常为一侧臂神经、坐骨神经或内脏大

神经增粗（有的肿大 2～3 倍），呈灰白色或黄白色，因水肿、变性而呈半透明状，神经干的横纹消失，偶见大小不等的黄白色结节（淋巴组织呈结节状增生），使神经变得粗细不均匀。脊神经节增大。

B．内脏型：常见一种器官或多种器官，如性腺、脾、肝、心、肺、肾、肠管、肾上腺、骨骼等发生淋巴细胞瘤性病灶。增生的淋巴细胞呈结节状肿块或弥漫性浸润，在器官的实质内呈灰白色的肿瘤结节，小的如粟粒大，大的直径数厘米，结节的切面平滑，呈灰白色，很难与淋巴细胞白血病相区别。弥散型病变表现为器官弥漫性增大（数倍）（图 3-66）。

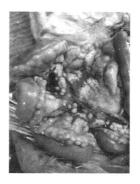

图 3-66　内脏型 MD

母鸡的卵巢病变最为常见，显著肿大，正常结构消失。腺胃和肠管壁增厚、坚实，从浆膜或切面均可见到肿瘤性硬结节病灶。肌肉形成小的灰白色条纹以至肿瘤结节。法氏囊常萎缩，无肿瘤性结节形成，这是与鸡淋巴细胞性白血病不同之处。

C．眼型：虹膜的正常色素消失，呈圆形环状或斑点状以至弥漫的灰白色，所以俗称鸡白眼病或灰眼病。

D．皮肤型：与宰前检验所见相同（图 3-67）。

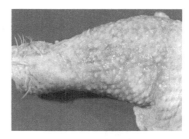

图 3-67　腿肿瘤型 MD

3）兽医卫生评价与处理。

A．仅有内脏病变时，将内脏作工业用或销毁，肉尸高温处理后出厂。

B．如肉尸有病变、贫血和黄疸时，肉尸作工业用或销毁。

（3）鸡传染性法氏囊病

鸡传染性法氏囊病（infectious bursal disease of chicken）又称腔上囊病或传染性囊病，是双 RNA 病毒科的传染性法氏囊病病毒（IBDV）（图 3-68）所致的鸡的一种急性高度接触性传染病。

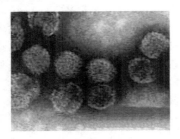

图 3-68　传染性法氏囊病病毒

1）宰前鉴定：早期症状是啄自身肛门周围的羽毛，饮水量增加，随后发生下痢，排淡白色或淡绿色稀粪，肛门周围的羽毛被粪便污染或沾污泥土。随着病程的发展，食欲减退，逐渐消瘦，畏寒发抖，步态不稳，行走摇摆，头下垂，眼睑闭合，羽毛蓬松而无光泽，脱水，最后极度衰竭而死亡（图 3-69）。

图 3-69　鸡传染性法氏囊病

2）宰后鉴定：患鸡或死亡鸡的胸肌、大腿肌常常出现条状及斑点状出血点，各处脂肪组织和皮下均可见到点状出血，十二指肠、腺胃和总泄殖腔的黏膜上常有出血性病变，肾脏肿大呈灰白色，输卵管扩张，有的在输尿管腔内潴留有尿酸盐。

最特征的病变在法氏囊。感染后 4～6d 法氏囊肿大，外观呈黄白色或灰白色，似被黄色果子浆所覆盖的球状物，剖开后见内部储存有奶酪样和混浊的黏液。感染后 7～10d 法氏囊开始萎缩，周围的胶状物也随之消失，囊的实质变得小而硬（图 3-70）。

图 3-70　法氏囊出血变化

3）兽医卫生评价与处理：病变部分作工业用或销毁，胴体高温处理后出厂。

（4）鸡传染性支气管炎

鸡传染性支气管炎由冠状病毒属传染性支气管炎（avian infectious brochitis）病毒（图 3-71）引起的急性高度接触传染性的呼吸道病，鸡是本病的唯一自然宿主。

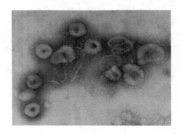

图 3-71　传染性支气管炎病毒

1）宰前鉴定：病初看不到症状，突然出现呼吸系统病症，迅速波及全群为本病的特征。雏病鸡表现为伸颈、张口呼吸、咳嗽、有特殊的呼吸声响，尤以夜间听得更清楚。严重时，精神萎靡，食欲废绝，羽毛松乱，翅膀下垂，昏睡、怕冷，常挤在一起。流出黏性鼻液，流泪，消瘦。两月龄以上或成年鸡主要表现为呼吸困难、咳嗽、喷嚏，气管有罗音。产蛋鸡的产蛋量下降 25%～50%。同时产软壳蛋，畸形蛋或粗壳蛋，蛋白稀薄如水，蛋白和蛋黄分离等。

2）宰后鉴定：大支气管周围小面积的肺炎；气管内卡他或浆液性或干酪样的渗出物；有时可见到肺尖部有出血斑；产蛋鸡卵黄液化，成熟卵泡充血、出血，输卵管萎缩。肾病变型的常见肾高度肿大、苍白，眼观呈花斑状，肾小管和输尿管内充塞大量白色的尿酸盐，呈内脏型痛风，并可见有肠炎的病变（图 3-72，图 3-73）。

图 3-72　肿胀的肾与尿道沉积尿酸盐

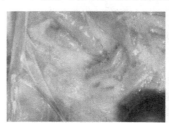

图 3-73　腹部气囊干酪样渗出物

3）兽医卫生评价与处理。

A．病变仅限于喉、气管时，病变部分作工业用或销毁，其余部分高温处理后出厂。

B．内脏出现病变时，连同喉、气管一并作工业用或销毁，其余高温处理后出厂。

（5）鸡传染性喉气管炎

鸡传染性喉气管炎（infectious laryngotracheitis of chicken）是由疱疹病毒引起的一种急性、烈性传染病。在鸡群内传播快、发病急，所以对养鸡业造成很大危害。

1）宰前鉴定：病鸡鸡冠发紫，呼吸极度困难，伸颈张口呼吸，呼吸时发出湿性口罗音，脸肿，流泪；排青、绿色稀粪，产蛋率下降，蛋壳退色且软壳蛋增多；鸡只咳出血痰，在鸡笼上、地上、料槽等处可见到血痰；病鸡用翅支撑身体，伏卧不动，有的鸡因呼吸困难窒息而死。

2）宰后鉴定：病死鸡嘴角和羽毛有血痰沾污；卵巢卵泡变形、充血，喉头红肿充血、出血，气管有黏性渗出物；肿脸者鼻窦肿胀。

3）兽医卫生评价与处理。

A. 病变仅限于喉、气管时，病变部分作工业用或销毁，其余部分高温处理后出厂。

B. 内脏出现病变时，连同喉、气管一并作工业用或销毁，其余高温处理后出厂。

（6）鸡传染性鼻炎

本病是由副鸡嗜血杆菌（chicken *Haemophilus paragallinarum*）所引起的鸡的急性呼吸系统疾病。主要症状为鼻腔与窦发炎，流鼻涕，脸部肿胀和打喷嚏。

1）宰前鉴定：雉鸡、珠鸡、鹌鹑偶然也能发病，病的损害在鼻腔和鼻窦发生炎症者常仅表现鼻腔流稀薄清液，常不令人注意。一般常见症状为鼻孔先流出清液以后转为浆液黏性分泌物，有时打喷嚏。脸肿胀或显示水肿，眼结膜炎、眼睑肿胀。食欲及饮水减少，病鸡精神沉郁，缩头，呆立。如炎症蔓延至下呼吸道，则呼吸困难，病鸡常摇头欲将呼吸道内的黏液排出，并有罗音。咽喉也可积有分泌物的凝块。最后常窒息而死。

2）宰后鉴定：病理变化比较复杂多样，有的死鸡具有一种疾病的主要病理变化，有的鸡则兼有2～3种疾病的病理变化特征。主要病变为鼻腔和窦黏膜呈急性卡他性炎，黏膜充血肿胀，表面覆有大量黏液，窦内有渗出物凝块，后成为干酪样坏死物。常见卡他性结膜炎，结膜充血肿胀。脸部及肉髯皮下水肿。严重时可见气管黏膜炎症，偶有肺炎及气囊炎。

3）兽医卫生评价与处理：同传染性支气管炎。

（7）鸡霉形体病

1）宰前鉴定。

A. 鸡毒霉形体（*Mycoplasma gallisepticum*）病主要感染鸡与火鸡，可经蛋传播给仔鸡，也可经接触传播给同群鸡。鸡以气管炎和气囊炎为特征；火鸡以窦炎和气囊炎为特征。

B. 滑液霉形体（*M. synoviae*）病。鸡和火鸡都可由蛋感染，或经过接触传播。潜伏期10～20d。症状有两类，一以跛行为特征，二为呼吸道型，也可能两种兼有，而以跛行最为常见。严重的伴有全身症状，如精神委顿，生长缓慢，可能出现腹泻等。

2）宰后鉴定：可见喉头、气管内充有透明或混浊的黏液，黏膜表面有灰白色干酪样物，肺充血、水肿、气囊壁上有黄色干酪样渗出物。单独感染时，内脏器官无明显变化，但有时脾脏肿大达正常的4～5倍。滑液霉形体病剖检时患部关节滑液膜上可看到有黏稠乳酪样灰白色渗出物，甚至呈干酪样变化。

3）兽医卫生评价与处理：有病变的器官作工业用或销毁，无病变器官高温处理后出厂。肉尸不受限制发放。

（8）鸭瘟

鸭瘟（duck plague）是由疱疹病毒科的鸭瘟病毒引起的鸭和鹅的一种急性败血性传染病。本病的特点是下痢，高温，以消化道为主的全身败血症变化。

1）宰前鉴定：初期病鸭表现食欲不振，体温升高。头、翅发热。随后食欲消失，口渴好饮，两腿发软，翅下垂，卧地不起。突出症状是流泪和眼睑肿胀，结膜充血，并散有紫红色小出血点。鼻液增多，呼吸困难。

2）宰后鉴定。

全身出血 病鸭颈部以至全身皮肤常有明显出血斑。部分病鸭头颈部皮下炎性水肿，切开后流出淡黄色透明液体。

假膜和溃疡 肠道发生急性出血性卡他。上颚部和咽部黏膜表面有一层灰黄白色或淡黄褐色假膜，假膜下为鲜红色不规则的浅平溃疡。所有病鸭食管黏膜表面均散有灰黄色块状痂皮或覆盖有大片假膜，或同时出现大小不等的出血浅平溃疡和散在出血斑点。同样病变也见于泄殖腔。

其他病变 肝肿大，表面和切面散有小米粒大的坏死灶。脾不肿大，但质地松软、色深，有坏死点。卵泡充血、出血，有时整个卵泡变成暗红色，质地坚实，切开后有血红色浓稠卵黄物流出，或成凝血块（图3-74）。

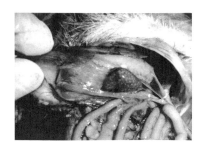

图3-74 卵泡充血、出血

3）兽医卫生评价与处理。

A. 病鸭扑杀后，作销毁处理。

B. 病鸭的胴体、内脏、血液及羽毛等均作销毁处理。

C. 同群鸭，急宰、高温处理后出厂。

（9）禽副伤寒

禽副伤寒（fowl paratyphoid）是由鼠伤寒沙门菌（*Salmonella typhimurium*）、肠炎沙门菌（*S. enteritidis*）、鸭沙门菌（*S. anatum*）等沙门菌引起的一种传染病。各种家禽和野禽均易感。屠宰禽多见于鸭、鹅，鸡则较少见。食用带菌的禽肉可引起人的沙门菌食物中毒。

1）宰前鉴定。

A．急性型：多见于幼禽，雏鸭发病特别普遍和严重。病禽表现精神沉郁，嗜眠，怕冷，头和翅膀下垂，羽毛松乱，有结膜炎和角膜炎。常挤在较暖和的地方，不愿行走。食欲减退或消失。口渴，便秘，继而下痢，粪便初为粥状，后呈黑色液状，肛门周围羽毛常被粪便污染。呼吸困难，常可见痉挛性抽搐，头向后仰，病鸭常很快死亡。

B．慢性型：病禽表现极度消瘦和血痢，有时呈现抽搐、转圈、轻瘫，甚至麻痹，间或关节肿大，出现跛行。

2）宰后鉴定。

A．急性型：肠黏膜呈现出血性卡他，盲肠黏膜多有糜烂或坏死病灶。肝脏肿大，显土黄色，质脆，散在有针尖大小或较大的灰白色坏死灶。胆囊肿大，黏膜充血。

B．慢性型：可见胴体极度消瘦，脱水，肠黏膜坏死，卡他性或纤维素性肺炎，肝脾肿大，卵巢的卵泡和输卵管变形、发炎。

3）兽医卫生评价与处理。

A．宰前确诊或可疑的病禽，急宰处理。

B．胴体无病变或病变轻微的，高温处理后出厂。内脏及血液作工业用或销毁。

C．胴体有明显病变或消瘦的，胴体及内脏全部作工业用或销毁。

（10）禽伤寒

禽伤寒（fowl typhoid）是由鸡伤寒沙门菌（*S. gallinarum*）引起的一种主要发生于鸡和火鸡的禽类败血性传染病。多发生于成年鸡，幼雏较少发病。鸭、鹅也可感染。

1）宰前鉴定：病禽体温升高，精神沉郁，离群独立，继而呆顿，头翅下垂。肉髯、冠及黏膜苍白，羽毛蓬乱。食欲减退或消失，口渴喜饮。下痢，粪便呈黄绿色或褐黄色粥状物。

2）宰后鉴定：肝、脾肿大 3～4 倍，淤血，肝脏外观呈淡褐色或古铜色，切面散布有粟粒大小的灰白色坏死点。胆囊胀大，胆汁淤积。心包积水，心脏扩张，心肌苍白，有坏死小点。肾脏肿大，常有黄色斑点。母鸡的卵泡出血、变形，常因卵泡破裂而导致腹膜炎。公鸡睾丸常有病灶。小肠黏膜呈现出血性卡他性炎症，肠内容物因含有多量胆汁而呈淡黄绿色。

3）兽医卫生评价与处理：与禽副伤寒相同。

（11）小鹅瘟

小鹅瘟是由小鹅瘟病毒（gosling plague virus）（图3-75）所引起的雏鹅的一种急性或亚急性败血性传染病。以精神委顿，小肠中后段黏膜坏死脱落与纤维素性渗出物凝固形成栓子，形如腊肠状为特征。

1）宰前鉴定：潜伏期为 3～5d，以消化系统和中枢神经系统紊乱为主要表现。根据病程的长短不同，可将其临诊类型分为最急性型、急性型和亚急性型 3 种。

最急性型多发生于 3～10 日龄的雏鹅，通常是不见有任何前驱症状，发生败血症而突然死亡，或在发生精

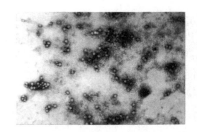

图 3-75　小鹅瘟病毒

神呆滞后数小时即呈现衰弱，倒地划腿，挣扎几下就死亡，病势传播迅速，数日内即可传播全群。

急性型多发生于 15 日龄左右的雏鹅，患病雏鹅表现精神沉郁，食欲减退或废绝，羽毛松乱，头颈缩起，闭眼呆立。病雏鹅鼻孔流出浆液性鼻液，沾污鼻孔周围，病鹅频频摇头；进而饮水量增加，逐渐出现拉稀，排灰白色或灰黄色的水样稀粪，常为米浆样浑浊且带有气泡或有纤维状碎片，肛门周围绒毛被沾污；喙端和蹼色变暗（发绀）；有个别患病雏鹅临死前出现颈部扭转或抽搐、瘫痪等神经症状。

亚急性型通常发生于流行的末期或 20 日龄以上的雏鹅，其症状轻微，主要以行动迟缓，走动摇摆，拉稀，采食量减少，精神状态略差为特征。

2）宰后鉴定：急性型病例，解剖时可见肝脏肿大，充血出血，质脆；胆囊胀大，充满暗绿色胆汁；脾脏肿大，呈暗红色；肾脏稍为肿大，呈暗红色，质脆易碎。肠道有明显的特征性病理变化；病程稍长的病例，小肠的中段和后段，尤其是在卵黄囊柄与回盲部的肠段，外观膨大，肠道黏膜充血出血，发炎坏死脱落，与纤维素性渗出物凝固形成长短不一（2～5cm）的栓子，体积增大，形如腊肠状，手触腊肠状处质地坚实，剪开肠道后可见肠壁变薄，肠腔内充满灰白色或淡黄色的栓子状物。亚急性型病例肠道的病理变化与急性型相似，且更为明显。小肠中后段形成腊肠状栓子（腊肠粪的变化）是本病的特征性病理变化（图3-76）。

图 3-76　肠道呈腊肠状

3）兽医卫生评价与处理。

A．血液、内脏作工业用或销毁，胴体高温处理后出厂。

B．羽毛消毒后出场。

4．屠宰畜禽的寄生虫病（畜禽）肉

（1）细颈囊尾蚴

细颈囊尾蚴病（cysticercosis tenuicollis）由泡状带绦

兽医公共卫生学

虫（*Taenia hydatigena*）的幼虫——细颈囊尾蚴（*Cysicercus tenuicollis*）寄生于猪、羊、牛、骆驼等肠系膜、网膜和肝脏等处，而引起的一种绦虫蚴病。

1）宰前鉴定：细颈囊尾蚴是水泡带绦虫的幼虫，成虫寄生于终末宿主犬、狼、狐等肉食动物小肠内，俗称水铃铛。孕节片随粪便排出体外，破裂后散出虫卵污染草、料和水，其被猪等中间宿主食入，虫卵中的六钩蚴在肠内钻入场壁

血管，随血流到肝实质后渐行到肝表面，或从肝表面落入腹腔而附于网膜或肠系膜上，经 3 个月发育成熟，因此，凡是狗和具以上感染条件的猪群皆可引起本病流行。一般无临床表现，严重感染的猪方可显示病症：消瘦、黄疸。

2）宰后鉴定：剖检可见肝脏肿大，在肝、网膜和肠系膜上有鸡蛋大小的囊泡，泡内充满透明囊液，内有一小白点即头节（图3-77）。

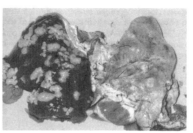

图 3-77　腹腔和肝的水铃铛

3）兽医卫生评价与处理。

A．重患器官，整个作工业用或销毁。

B．寄生量少的，引起病变轻微的，将患部割除，其他部分不受限制出厂。

（2）前后盘吸虫病

前后盘吸虫病（paramphistomiasis）是由前后盘属多种前后盘吸虫引起的一种寄生虫病，主要发生于牛、羊、鹿等反刍动物的胃和小肠里。成虫致病力不强，但当幼虫寄生在真胃、小肠、胆管及胆囊等部位时，致病性强，严重者会有大批宿主死亡。前后盘吸虫的中间宿主是淡水螺。

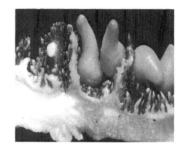

图 3-79　寄生在胃壁上的前后盘吸虫虫体

1）鉴定：前后盘吸虫的成虫致病力弱，大量幼虫的移行和寄生常可导致病牛顽固性拉稀、粪便呈粥样或水样，常有腥味。病牛迅速消瘦，颌下水肿，严重时水肿可发展到整个头部以至全身。随病程的延长，病牛高度贫血，黏膜苍白、血样稀薄。后期极度消瘦衰竭死亡。

前后盘吸虫的外形呈圆锥状，腹吸盘发达，位于体后端，又称后吸盘。最常见者是鹿前后盘吸虫，该虫呈梨状，长 5～13mm，后吸盘特别发达（图3-78～图3-80）。

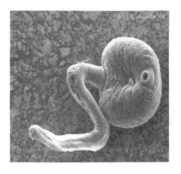

图 3-80　前后盘吸虫尾蚴

（3）肺线虫病

肺线虫病（lungworms disease）是由各种肺线虫于支气管、细支气管内引起的一种慢性支气管肺炎。牛、羊、猪、犬、猫等均能感染。在牛肺中寄生的线虫是胎生网尾线虫，它引起牛的肺丝虫病，猪为猪肺丝虫病或猪后圆线虫病，羊为羊网尾线虫病，犬为肺线虫病。

1）鉴定：主要症状是频咳、呼吸困难、呈腹式呼吸、食欲减退、可视黏膜苍白、肺部听诊有罗音、下痢及腹水等。特征症状是病牛将头颈部伸向前方，张口伸舌，好像要吐出异物那样连续不断地咳嗽。

侵入期：到感染后第 7 天，无任何症状。发病前期：从感染第 7～25 天，是幼虫侵入肺部的时期。从第 11～

图 3-78　前后盘吸虫

2）兽医卫生评价与处理：轻的除去虫体，重的切除虫体侵害部位，其余部分不受限制出厂。

12天开始呼吸次数增加，咳嗽频率增高，感染虫数较多时第三周就会死亡。

发病期：在第25～55天，成虫进入呼吸道内，频咳症状更加强烈，在这个时期死亡的病例最多（图3-81）。

图3-81　感染的肺和寄生虫体

发病后期：从55～75d病牛趋向恢复期，病状会迅速好转。

2）兽医卫生评价与处理：寄生轻的，割除患部；重的整个器官作工业用或销毁。

（4）猪冠尾线虫病

猪冠尾线虫病（stephanuriasis）是由有齿冠尾线虫（*Stephanurus dentatus*）寄生于猪的肾盂、肾周围脂肪和输尿管壁等处所引起的疾病，故又称肾虫病。偶有寄生于肺、肝、腹膜及膀胱等处。主要寄生于猪，也可寄生于黄牛、马、驴和豚鼠等动物。流行广泛，危害性大，常呈地方性流行，是热带和亚热带地区猪的主要寄生虫病。在我国，辽宁、吉林、河南等地也先后发现本病。本病严重影响猪的生长发育，造成公猪不能配种，母猪不孕或流产，常使养猪业蒙受很大损失。

1）鉴定：不论幼虫还是成虫寄生阶段，致病力都很强。幼虫钻入皮肤时，致皮肤创伤，发生红肿和小结节，常引起化脓性皮炎，在腹部皮肤最为常见。肝脏比较严重，常见肝小叶间组织增生，肝硬化和脓肿。在肺部的幼虫引起卡他性肺炎。有的幼虫进入腰椎部形成包囊，引起后躯麻痹。成虫在输尿管上寄生形成包囊，可导致输尿管穿孔，引起尿性腹膜炎而死亡。成虫寄生于肾脏，可造成肾盂肿大，结缔组织增生。

2）宰后鉴定：尸体消瘦，皮肤上可能有丘疹或小结节。解剖病变主要见于肝脏、肾周围组织。肝脏表面可见白色的弯曲虫道，切开时可能发现幼虫。肝肿大呈纤维素炎症，断面结缔组织增生，实质硬化出现灰白色圆形结节，有时形成脓肿（图3-82，图3-83）。在肾盂或肾周围脂肪组织内可见核桃大的包囊和脓肿，其中常含有虫体。虫体多时引起肾肿大，输尿管肥厚变形，弯曲或被阻塞。在肺脏、脾脏或胸膜壁面等处均可见大小不同的结节。

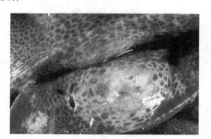

图3-83　虫体移行造成的肝硬化

3）兽医卫生评价与处理：将病变器官与组织作工业用或销毁，其余部分不受限制出厂。

（5）食道口线虫病

食道口线虫病是食道口属（*Oesophagostomum*）的多种线虫寄生于猪结肠中引起的线虫病。虫体的致病力轻微，但严重感染时可以引起结肠炎。由于幼虫寄生在大肠壁内形成结节，故有结节虫之名。猴、羊等动物也可寄生感染。

1）流行病学：感染性幼虫可以越冬。成年猪被寄生的较多。

有齿食道口线虫寄生于结肠，长尾食道口线虫寄生于盲肠和结肠，短尾食道口线虫寄生于结肠。虫卵在外界如夏季的适宜条件下，1～2d孵出幼虫；3～6d内蜕皮两次，发育为带鞘的感染性幼虫。猪经口感染，幼虫在肠内蜕鞘，感染后1～2d，大部分幼虫在大肠黏膜下形成大小为1～6mm的结节；感染后6～10d，幼虫在结节内蜕第三次皮，成为第四期幼虫；之后返回大肠肠腔，蜕第四次皮，成为第五期幼虫，感染后38d（幼猪）或50d（成年猪）发育为成虫。成虫在体内的寿命为8～10个月（图3-84，图3-85）。

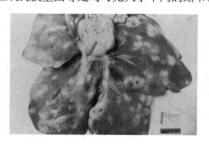

图3-82　猪肾虫病肝

图3-84　食道口线虫成虫

图 3-85　食道口线虫成虫头部

2）致病作用：幼虫在大肠黏膜下形成结节所致的危害性最大。初次感染时，很少发生结节，感染3～4次后，结节即大量发生，这是黏膜产生免疫力的表现。形成结节的机制是幼虫周围发生局部性炎症，继之由成纤维细胞在病变周围形成包囊。除大肠外，小肠（特别是回肠）也有结节发生。结节感染细菌时，可能继发弥漫性大肠炎，个别寄生于食道上（图 3-86）。

图 3-86　食道口线虫寄生于食道中

只有严重感染时，大肠才产生大量结节，发生结节性肠炎。粪便中带有脱落的黏膜，猪只表现腹痛、腹泻或下痢、高度消瘦、发育障碍。

3）宰后鉴定：肠系膜水肿，肠壁上现 2～10mm 的结节，结节压在两块载玻片上可见到幼虫。结节内有深色化脓或钙化。成虫寄生处肠黏膜变厚，呈红色，部分上皮脱落，在大肠内粪块外表黏附着虫体。

4）兽医卫生评价与处理：病变器官与组织作工业用或销毁，其余部分不受限制出厂。

（6）猪浆膜丝虫病

猪浆膜丝虫病（serofilariosis）是由猪浆膜丝虫寄生于猪心外膜淋巴管内引起的。分布于我国北京、山东、河南、江苏、安徽、湖北、福建等地。危害性不很严重。

猪浆膜丝虫（Serofilaria suis）虫体呈细长的线状，雄虫长 20～23mm，尾部指状弯向腹面，长 85～95μm，无引器。雌虫长 55～64mm，尾部呈指状弯向腹面，尾端两侧各有 1 个乳突，胎生。微丝蚴有鞘，可在血液中发现。

1）鉴定：成虫寄生于猪的心脏、肝脏、胆囊、子宫、膈肌、胃、肋膈膜、腹膜及肺动脉基部的浆膜淋巴管中。

虫体大多寄生于猪心外膜的淋巴管内，导致淋巴管扩张，使病猪心脏表面呈现病变，在心纵沟附近或其他部位的心外膜表面形成稍微隆起的绿豆大、灰白色、小泡状的乳斑；或为长短不一、质地坚实的迂曲的条索状物。

2）兽医卫生评价与处理：心脏上有少数病灶的，割除后发放。心脏病灶较多的，修割后高温处理；布满病灶且病变显著的作工业用或销毁。

（7）球虫病

球虫病（coccidiosis）由艾美耳科（Eimeriidae）球虫引起的一种孢子虫病。主要寄生于畜禽的肠上皮细胞，也有寄生于其他器官组织的。牛、绵羊、山羊、猪、兔、鸡、鸭、火鸡和鹅等均可患病，鸡和兔尤为易感，有时呈暴发性流行。

1）生物学特性：球虫对宿主有严格的选择性，不同种的家畜有不同种的球虫，互不交叉感染。不同种的球虫又各有其固定的寄生部位。例如，鸡的柔嫩艾美耳球虫（Eimeria tenella）寄生于盲肠；毒害艾美耳球虫（E. necatrix）寄生于小肠的中 1/3 段。依球虫的孢子化卵囊中有无孢子囊、孢子囊数目和每个孢子囊内所含子孢子的数目，可将球虫分为不同的属：①泰泽属（Tyxzzeria），卵囊内含 8 个子孢子，无孢子囊，主要寄生于鸭和鹅，其中毁灭泰泽球虫（T. perniciosa）对家鸭有严重致病性。②温扬属（Wenyonella），1 个卵囊内含 4 个孢子囊，每个孢子囊内含 4 个子孢子。主要寄生于鸭，其中菲莱氏温扬球虫（W. philiplevinei）对家鸭有中等致病性。③艾美耳属（Eimeria），1 个卵囊内含 4 个孢子囊，每个孢子囊内含 2 个子孢子，寄生于各种畜禽（图 3-87）。牛以邱氏艾美耳球虫（E. zurnii）和牛艾美耳球虫（E. bovis）为最常见，致病性也最强。绵羊和山羊以阿氏艾美耳球虫（E. arloigni）和浮氏艾美耳球虫（E. faurei）为最普遍。兔以寄生于胆管上皮细胞内的斯氏艾美耳球虫（E. stiedai）为最普遍，危害最重。鸡以柔嫩艾美耳球虫和毒害艾美耳球虫致病性最强，常在鸡群中引起暴发型球虫病；致病性比较缓和的是堆型艾美耳球虫（E. acervulina）和巨型艾美耳球虫（E. maxima）。鹅以寄生于肾小管上皮细胞的截形艾美耳球虫（E. truncata）最有害。④等孢属（Isospora），1 个卵囊内含 2 个孢子囊，每个孢子囊内含 4 个子孢子，主要寄生于猫和犬。

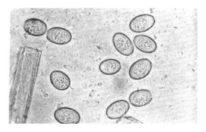

图 3-87　球虫虫卵

2）致病性：鸡球虫病以柔嫩艾美耳球虫的致病力最强，寄生于盲肠，俗称盲肠球虫病（图 3-88）。21～50 日龄雏鸡多发。病初羽毛竖立、缩颈、呆立，以后由于肠上皮细胞的大量破坏和机体中毒，病情转重，出现共济失调、腹泻带血等症状，死亡率高，甚至全群覆没。

图3-88　球虫病的肠道

兔球虫病以断乳后到12周龄幼兔最多见。病兔精神不振，伏卧不动，腹泻和便秘交替，腹围膨大；肝受损害时可发现肝肿大，可视黏膜轻度黄染；末期可出现神经症状，如痉挛、麻痹等，多数极度衰弱而死。死亡率有时可达80%以上。

3）兽医卫生评价与处理：病变器官作工业用或销毁，肉尸不受限制出厂。

（8）贝诺孢子虫病

贝诺孢子虫病（besnoitiosis）主要危害草食兽。以寄生于牛的贝氏贝诺孢子虫（*Besnoitia besnoiti*）的危害性最大，引起皮肤脱色、增厚和破裂，因此称为厚皮病。本病不但降低皮、肉质量，严重时能引起死亡，而且还可引起母牛流产和公牛精液质量下降，严重威胁养牛业的发展。本病是我国东北和内蒙古地区牛的一种常见病。

1）生物学特性：贝氏贝诺孢子虫的包囊呈近圆形，灰白色的细砂粒样，散在、成团或串珠状排列。包囊直径100～500μm。包裹壁厚，由两层构成，外层厚，呈均质而嗜酸性着色；内层薄，含有许多扁平的巨核。包囊中含有大量缓殖子［或称囊殖子（cystozoite）］（图3-89）。缓殖子大小为 8.4μm×1.91μm，呈新月形或梨籽形。在急性病牛的血液涂片中有时可见到速殖子［或称内殖子（endozoite）］，其形状、构造与缓殖子相似，大小为 5.9μm×2.3μm。

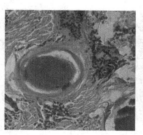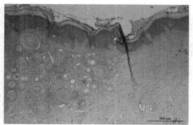

图3-89　贝氏贝诺孢子虫缓殖子

贝氏贝诺孢子虫生活史和弓形虫相似，终末宿主是猫，自然感染的中间宿主是牛、羚羊；实验感染的中间宿主有小鼠、地鼠、兔、山羊、绵羊等。

吃了牛体内的包囊而被感染。包囊内的缓殖子在小肠的固有层和肠上皮细胞中变为裂殖体，进行裂殖生殖和配子生殖，最后形成卵囊随粪便排出。在外界适宜条件下，卵囊进行孢子化，形成含有两个孢子囊、每个孢子囊内含有 4 个子孢子的孢子化卵囊。牛食入了含有孢子化卵囊的饲料和饮水而感染。在消化道中，卵囊内子孢子逸出，并进入血液循环，在血管内皮细胞，尤其是真皮、皮下、筋膜和上呼吸道黏膜等部位进行内双芽生殖。速殖子由破裂的细胞中逸出，再侵入细胞继续产生速殖子。速殖子消失后，在结缔组织中形成包裹。

本病的流行有一定的季节性，春末开始发病，夏季发病率最高，秋季逐渐减少，冬季少发。吸血昆虫可作为传播媒介。

2）致病性：初期病牛体温升高到 40℃以上；因怕光而常躲在阴暗处。被毛松乱，失去光泽。腹下、四肢、有时甚至全身发生水肿，步伐僵硬，呼吸、脉搏增数。反刍缓慢或停止，有时出现下痢，常发生流产；肩前和股前淋巴结肿大。流泪，巩膜充血，角膜上布满白色隆起的虫体包囊。病牛主要出现皮肤病变，皮肤显著增厚，失去弹性，被毛脱落，有龟裂，流出浆液性血样液体。牛群的发病率为 1%～20%，死亡率约为 10%。华北、东北的一些省、自治区，牛贝诺孢子虫病自然感染率达 10.5%～36%。

3）兽医卫生评价与处理：病变器官作工业用或销毁，肉尸不受限制出厂。

（9）鸡组织滴虫病

组织滴虫病（histomoniasis，blackhead）是由火鸡组织滴虫寄生于鸡引起的急性寄生原虫病，该病主要侵害盲肠和肝脏，又称"盲肠肝炎"，病死鸡头部呈黑紫色，又称"黑头病"。

1）生物学特性：火鸡组织滴虫为多形性虫体，大小不一，在肠道中，虫体近球形，有一根粗壮的鞭毛，虫体直径 3～16μm，鞭毛长 6～11μm，常作钟摆样运动，在组织中，虫体无鞭毛，直径为 12～21μm，圆形或变形虫样。组织滴虫在鸡体内寄生以二分裂法繁殖。鸡吃进含组织滴虫的卵或吞食了该卵的蚯蚓后而感染本病。

本病最易感者是 2～16 周龄的火鸡，8～16 周龄的鸡也易感，成年鸡感染症状不明显。吞食了含有组织滴虫的异刺线虫虫卵的蚯蚓、蝗虫、蟋蟀等都是本病的传染源，被病鸡粪便污染的饲料、饮水、用具或土壤都是本病传播媒介。

2）致病性：潜伏期 15～21d，病鸡精神萎靡，身体蜷缩，羽毛蓬乱，两翅下垂，下痢，粪便恶臭呈淡绿或淡黄色，严重时为血便。末期鸡冠呈暗黑色，称"黑头病"。病变主要在盲肠和肝脏，盲肠壁肥厚，腔内充满干酪样渗出、坏死物，形成凝固栓子堵塞整个肠腔，肠管异常膨大变粗，有时发生肠穿孔与粘连（图 3-90）。肝脏病变具有特征性，出现黄色或黄绿色圆形或不规则形坏死病灶（图 3-91）。

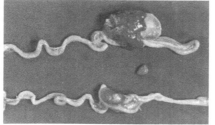

图 3-90　盲肠增粗

图 3-91　肝脏表面密布圆形坏死病灶

3）兽医卫生评价与处理：病变器官废弃，其余部分不受限制出厂。

（10）螨病

螨病是由蛛形纲（Arachnida）蜱螨目（Acarina）的多种螨类寄生于畜禽体表或表皮内所引起的慢性皮肤病，俗称疥癣。

1）生物学特性：为害畜禽的螨类，主要属于两个科：疥螨科（Sarcoptidae）和痒螨科（Psoroptidae）。前者主要有：猪疥螨（Sarcoptes scabiei var. suis）、马疥螨（S. scabiei var. equi）及鸡膝螨（Cnemidocoptes gallinae）等；后者主要有绵羊痒螨（Psoroptes ovis）、牛痒螨（P. bovis）和兔痒螨（P. cuniculi）等。共同形态是体呈圆形或卵形，外皮由坚固的角质构成。没有真正的头，而将其口器称为假头，整个虫体分为假头和躯体两部分，不分节。成虫腹面有 4 对肢，幼虫仅 3 对肢（图 3-92，图 3-93）。两性的形态随种而异。疥螨科的假头背面后方有一对粗短的垂直刺，体表有皱纹和刺等，肢粗短呈圆锥形，足吸盘位于不分节的柄上或缺如；雄虫无性吸盘和尾突等痒螨科的假头背面后方没有短粗的垂直刺，躯体上可能有硬化的板；肢细长，足吸盘位于长而分节的柄上；雄虫具有发达的性吸盘。以刺吸体液、淋巴液或渗出液为营养。雌虫在隧道内产卵，孵出的幼虫爬出隧道，在皮肤上开凿小穴，并在其中蜕化为稚虫，钻入皮肤形成穴道，在其中蜕化后变为成虫。雄虫交配后死去，雌虫存活 4～5 周。发育过程 8～22d。痒螨寄生于宿主皮肤的皮鳞片下面，不在表皮内形成隧道。其发育过程与疥螨相似，

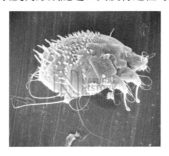

图 3-92　疥螨（侧面观）

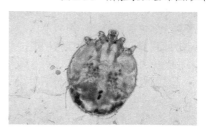

图 3-93　疥螨（腹面观）

终生寄生于宿主体上。

螨病为接触感染，往往冬春流行，而在夏秋有所收敛或使宿主呈"带虫"状态。因春末夏初畜禽更换被毛或剪毛时体表易受烈日照射，螨类不易生存，多潜伏于皮肤的皱襞中或耳壳、会阴、尾根下及蹄间隙等避光部位，幸存者待冬春来临、畜禽被毛丛生、相互接触频繁时再发育繁殖。

2）致病性：疥螨病以剧痒结痂为特征。病变常先从头部被毛稀疏之处开始，逐渐向其他部位蔓延，马和骆驼可达肩、背等处；绵羊、山羊局限于头、面部为主；牛有时可蔓延至颈部；猪可蔓延至腹部和四肢。最初出现小结节、小水疱。因发痒，而将患部擦破后往往流出淋巴液并出血，表面角质层脱落，逐渐形成痂皮，并出现皱褶或龟裂。痒螨病呈现被毛脱落、奇痒，以绵羊为最多发。

3）兽医卫生评价与处理。

A．轻度感染的，病变皮肤切除作工业用或销毁，其余部分不受限制出厂。

B．严重感染且皮下组织有病变的，剥去病变皮肤并切除病变组织后高温处理。

（11）牛皮蝇蛆病

牛皮蝇蛆病是由皮蝇的幼虫寄生于黄牛和牦牛背部皮下引起的一种慢性寄生虫病。

1）生物学特性：主要有牛皮蝇和纹皮蝇。成蝇外形似蜜蜂，被浅黄色至黑色的毛，长 13～15mm。纹皮蝇较小，胸部背面有 4 条黑色的纵纹，牛皮蝇稍大，腹面为橙黄色。卵长圆形，长不到 1mm，浅黄色，有一小柄

附于牛被毛上。雄虫交配后死亡。卵经 4～7d 孵出第一期幼虫，沿毛孔钻入皮下，在组织内移行发育，蜕化长大成第二期幼虫；到第二年春季来临时，所有的幼虫逐渐向背部皮下集中，停留发育，并蜕化成第三期幼虫，体积增大，长可达 28mm。此时寄生部的皮肤呈现一个个肿胀隆起。2～3 个月后，幼虫成熟，自小孔蹦出，落于地面，爬行到松土下或隐蔽处化为黑色的蛹，经过 1～2 个月的蛹期，破蛹皮羽化为皮蝇飞出。一年完成整个生活周期，幼虫在牛体内寄生约 10 个月。

2）致病性：皮蝇的成虫虽不叮咬进食，但追逐牛只产卵时使牛恐惧不安，影响休息和进食，导致健康下降，生产能力减退，甚至引起外伤流产。幼虫在深层组织内移行时，造成组织损伤及炎性反应；在背部皮下时，有不同程度的蜂窝织炎，隆起部的穿孔常因微生物的感染而化脓。感染严重时畜体消瘦，肉质不良，幼畜发育受阻，母牛产奶量减少，役畜使役能力减退；最严重的损害是背部大片皮肤穿孔，造成皮革的经济损失。

3）兽医卫生评价与处理：切除患部组织及食道作工业用或销毁，其余部分不受限制出厂。

（12）鸡住白细胞原虫病

鸡住白细胞原虫病（avian leucocytozoonosis）又称白冠病，是由住白细胞原虫寄生在鸡的白细胞与红细胞中，有时也寄生在内脏器官组织细胞内引起的一种全身出血性疾病。对雏鸡和育成鸡危害尤为严重，主要危害蛋鸡特别是产蛋期的鸡，导致产蛋量下降，软壳蛋增多，常可引起大批死亡。

本病呈地方性流行，靠库蠓传播，因此，流行季节与库蠓的活动季节密切相关。

1）病原特性：危害鸡主要有卡氏住白细胞原虫和沙氏住白细胞原虫，其中又以卡氏住白细胞原虫分布最广、危害最大。卡氏住白细胞原虫的成熟配子体近于圆形，大小为 15.5μm×15.0μm。大配子的直径为 12～14μm，有一个核，直径为 3～4μm；小配子的直径为 10～12μm，核的直径也为 10～12μm，即整个细胞几乎全为核所占有（图 3-94）。

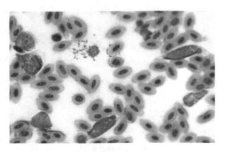

图 3-94　鸡血涂片中的沙氏住白细胞原虫

2）鉴定：本病自然感染潜伏期为 6～12d。病初体温升高，食欲不振，精神沉郁，羽毛松乱，流涎，排白绿色稀粪，贫血，冠髯苍白，严重病例常因出血、咯血、呼吸困难倒地死亡。成鸡主要表现为贫血和产蛋降低，

甚至停产。剖检可见尸体消瘦，血液稀薄，不凝固，全身肌肉和鸡冠苍白。内脏、肌肉出血（图 3-95），肝脏和脾脏肿大，肝表面有时有出血点。肌肉及多处器官有白色小结节，骨髓变黄。

图 3-95　鸡胸肌有散在出血点

3）预防与卫生处理。

A．本病流行前或正在流行期进行药物预防，可收到满意的防治效果。

B．不被蠓叮咬的鸡一般不发病。

C．应淘汰患过本病的鸡只，同时还应避免从外界输入病鸡。

D．病变部分除去，其余部分不受限制出厂。

三、屠宰动物固有病患肉

1．佝偻病

佝偻病（rickets）是由于维生素 D 缺乏引起的幼畜的一种骨化障碍性骨病，特征是成长中骨骼膜内骨化和软骨内骨化受阻，长骨因负重而弯曲，骨端膨大，肋软骨联结处出现圆形膨大的佝偻珠（图 3-96）。常见于仔猪、犊牛和羔羊。

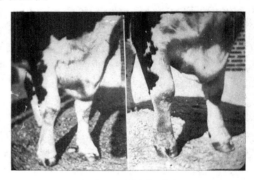

图 3-96　奶牛佝偻病

兽医卫生评价与处理：病初营养良好者可供食用。如肉尸消瘦，肌肉有恶化病质者，则全部作工业用或销毁。

2．骨软症

骨软症（osteomalacia）又称为骨质软化症、骨脆症，病因及发病机制与佝偻病相同，仅发生于成年动物而已，又称为成年性佝偻病。家畜中以成年牛、特别是妊娠和泌乳期的母牛最为多发，也见于山羊和猪。受侵害的骨骼为四肢长骨和肋骨，脊椎骨次之，骨质松软，肋骨骨

折后造成局限性肿大（图 3-97）。在本病过程中常伴发贫血、恶病质、水肿、全身骨骼肌萎缩及关节、腱鞘发炎等病变。

图 3-97　骨软症

兽医卫生评价与处理，同佝偻病。

3. 纤维性骨营养不良

纤维性骨营养不良（fibroid osteodystrophy）是一种营养性或代谢性骨病，其主要特征是在骨钙脱失的同时，骨基质迅速被破坏吸收，为增生结缔组织所代替。本病发生于马、骡，猪、山羊、牛、犬、猫等也有发生，但较少见。

肋骨变软，呈波状弯曲；椎骨表现椎体肿大，表面疏松多孔；四肢长骨以肌腱附着部位变得明显疏松、肿胀，断面骨松质间隙扩大，骨密质疏松多孔。

兽医卫生评价与处理，同佝偻病。

4. 猪桑葚心病

猪桑葚心病（swine mulbery heart disease）是一种以急性心力衰竭和突然死亡，剖检见心外膜广泛出血为特征的疾病。各年龄的猪患病，主要见于 3～4 月龄体况良好的仔猪，有时一圈仔猪可以连续发生多头，成年猪呈散发性发病。可能是水肿病的一种类型。常见的病变是心包和胸腔蓄积富有蛋白质的液体，并伴发肺水肿。心肌变性通常继发于心肌出血。

兽医卫生评价与处理：病变器官作工业用或销毁，肉尸高温处理后出厂。如肉尸膘情良好，又无其他病变时，则不受限制出厂。

5. 黄脂病

黄脂病（yellow fat disease，steatitis）是一种营养代谢病，同时伴发脂肪组织的炎症过程。常见饲喂鱼粉、蚕蛹粕、鱼制品残渣（如鱼肝油渣）及其他高不饱和脂肪酸饲料的猪和水貂，一般在饲喂一个月后即可发生。高不饱和脂肪酸和缺乏维生素 E，可使脂肪组织内形成一种棕色或黄色的小滴或无定形的小体，性质为油状或蜡状，称为类蜡质。这种物质不溶于脂肪，具有刺激性，可引起脂肪组织发炎，病猪比较消瘦，皮下脂肪和腹部脂肪呈亮黄色或淡棕色，稍混浊，质地变硬，具有鱼腥味，加温时更为明显。黄脂病易与黄脂和黄疸相混淆，

应注意鉴别。

兽医卫生评价与处理：

1）黄脂病时，脂肪组织作工业用或销毁，肉尸和内脏不受限制出厂。

2）饲料来源的黄脂肉，在没有其他病变时，完全可以食用。如伴有其他不良气味时，则须作工业用或销毁。

3）黄疸患畜，如黄疸色轻微，肉尸不消瘦，经一昼夜放置后黄色消失，或显著减退而仅留痕迹者，肉尸和内脏不受限制出厂。黄疸色严重，经一昼夜放置黄色不消失，并伴有肌肉变性变化和异常臭味者，肉尸和内脏全部作工业用或销毁。如肌肉无变性变化和臭味时，肉尸腌制或炼食用油，内脏作工业用或销毁。如为传染性黄疸，则应结合具体疾病进行处理。

6. 痛风

痛风（gout）是因核酸或核蛋白代谢障碍引起的以尿酸盐（主要是尿酸钠）沉着于软骨、腱鞘、韧带、滑膜、皮下结缔组织及内脏器官浆膜为特征的一种疾病。多发生于鸡、火鸡、鸽、鸵鸟和水禽，也发生于人和猿猴。

尿酸盐是核酸或嘌呤类化合物分解代谢的最终产物。尿酸的来源有以下 3 条途径。

1）腺嘌呤核苷 $\xrightarrow{\text{(脱氨基酶)}}$ 次黄嘌呤核苷 $\xrightarrow{\text{(磷酸化酶)}}$ 次黄嘌呤 $\xrightarrow{\text{(次黄嘌呤氧化酶)}}$

鸟嘌呤核苷 $\xrightarrow{\text{(核苷酸邻酸化酶)}}$ 鸟嘌呤 $\xrightarrow{\text{(鸟嘌呤酶)}}$ 黄嘌呤

尿酸 $\longleftarrow$ （黄嘌呤氧化酶）

2）由核苷酸分解而形成。

3）由食物中嘌呤类化合物分解而成。

正常时，尿酸生成后大部分经肾脏排出，其余由肠道排泄。当体内核酸与嘌呤类化合物代谢紊乱时，尿酸很难溶于水，很易与钠或钙结合形成尿酸钠和尿酸钙，并容易沉着在肾小管、关节腔或内脏表面。禽类、人多发，是由于这些动物和人体内嘌呤核苷酸分解代谢的最终产物只能到尿酸为止，而不能继续分解的缘故。某些哺乳动物（如犬）体内，尿酸还可以在尿酸（氧化）酶的作用下，继续分解成尿囊素而排出，因此，体内很少有尿酸盐积留。

痛风可分为内脏痛风和关节痛风，两种类型的痛风发病率、临床表现有较大的差异。检验中多以内脏型痛风为主，关节型痛风较少见。

内脏型痛风：零星或成批发生，多因肾功能衰竭而死亡。病禽开始时身体不适，消化紊乱和腹泻。6～9d 内鸡群中症状完全展现，多为慢性经过，如食欲下降、鸡冠泛白、贫血、脱羽、生长缓慢、粪便呈白色稀水样，多数鸡无明显症状或突然死亡。因致病原因不同，原发

153

性症状也不一样。由传染性支气管炎病毒引起者，有呼吸加快、咳嗽、打喷嚏等症状；维生素 A 缺乏所致者，伴有干眼、鼻孔易堵塞等症状；高锰、低磷引起者，还可出现骨代谢障碍。

关节型痛风：腿、翅关节软性肿胀，特别是趾附关节、翅关节肿胀、疼痛、运动迟缓、不能站立，切开关节腔有稠厚的白色黏性液体流出，有时脊柱，甚至肉垂皮肤中也可形成结节性肿胀（图3-98）。

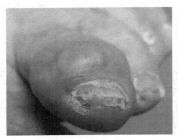
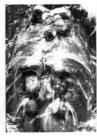
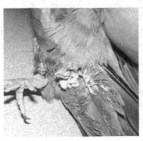

人指尖痛风　　　　　禽内脏痛风　　　　　禽腿痛风

图 3-98　人和动物痛风病

内脏型痛风剖检变化：内脏浆膜如心包膜、胸膜、腹膜、肝、脾、胃等器官表面覆盖一层白色、石灰样的尿酸盐沉淀物，肾肿大，色苍白，表面呈雪花样花纹，肾实质中也可见到。输尿管增粗，内有尿酸盐结晶，因而又称为禽尿石症（urolithiasis）。

关节型痛风剖检变化：切开患病关节腔内有膏状白色黏稠液体流出，关节周围软组织以至整个腿部肌肉组织中，都可见到白色尿酸盐沉着，因尿酸盐结晶有刺激性，常可引起关节面溃疡及关节囊坏死。

兽医卫生评价与处理：病变器官和关节作工业用或销毁，肉尸不受限制发放。

7. 铜缺乏

铜缺乏（copper deficiency）也称为地方流行性运动失调（enzootic ataxia），是由于日粮中缺乏铜所致的营养障碍病。临床上以贫血和中枢神经系统机能障碍为特征，剖检表现大脑和脊髓白质的液化坏死，有的坏死为液体，有的已变成空洞。多发生于羊、牛，幼驹和猪有时发生。幼猪后驱不全麻痹和明显贫血，病程1～3周。肝铜含量很低，脊髓明显脱鞘。牛生长不良，毛退色，犊牛关节肿大，骨质疏松，易发生骨折，并呈巨红细胞低色素性贫血。病牛可因心脏衰竭而死亡，心肌纤维呈现变性与纤维化。

兽医卫生评价与处理：建议将病变器官作工业用或销毁，肉尸高温处理后出厂。

8. 饥饿肝

在牛、羊、猪的屠宰检验中，常见肝脏色泽变淡，甚至土黄色，类似肝脏脂肪变性，主要是由于宰前长途运输、缺乏饲料和饮水引起的，通常称为饥饿肝。这种饥饿肝容易和各种传染性或中毒引起的脂肪变性相混淆。

猪典型饥饿肝呈灰黄色，体积不肿大，肝小叶因水肿而增宽，各个小叶呈黄色斑点状。这种结构可以和一般脂肪变性区别开。饥饿肝不是单一由饥饿引起，还叠加其他应急因素，如机体不安、挣扎或长途运输等，使肌肉活动加强，肌糖原大量消耗，而由肝糖原补偿以维

持血糖水平。此时，肝脏内酸性产物增多，pH 迅速下降，导致肝细胞发生脂肪变性和水疱变性。

兽医卫生评价与处理：当不伴有肉尸和其他内脏异常时，可不考虑败血症，肝脏则不受限制发放。

四、畜禽常见肿瘤的鉴定与处理

所谓肿瘤是指机体在某些内外致瘤因素的作用下，一些组织、细胞发生质的改变，表现出细胞生长迅速、代谢异常、新生细胞幼稚化，其结构和功能不同于正常细胞，出现异常增生的细胞群。屠宰畜禽宰后检验发现的肿瘤，形态多种多样，一般根据肿瘤的来源性质用良性和恶性来命名。

1. 畜禽肿瘤与人健康的关系

肿瘤的本质还没有完全被认识。动物肿瘤与人类肿瘤的关系也尚未弄清楚。目前还无从判定患肿瘤动物的肉品与人类健康的关系如何。一般认为肿瘤不具备传染性，但最近科学家指出，一些肿瘤具备传播性质，可因接触等途径传播，因此，也应注意这方面的卫生学意义。现就已知资料存在如下认识。

（1）区域相关性

人类某种肿瘤高发区也是动物同类肿瘤的高发区。这提示了人和动物肿瘤有相同的环境致瘤（癌）因素，如在人的原发性肝癌高发区，猪、鸭和鸡的肝癌发生率也高；人食管癌高发区，鸡的咽、食管癌和山羊的食管癌比人的发生率还高；人鼻咽癌高发区，也是猪鼻咽癌和副鼻窦癌的高发区。

（2）病原相关性

在肿瘤病因学研究中，发现了某些肿瘤患者与肿瘤动物之间的联系，或动物肿瘤之间的联系。临床观察证明，动物的乳头状瘤与牛白血病可以互相感染。患白血病的犬和直接接触白血病患儿的正常犬的血浆中都检出了 C 型致瘤病毒。某些动物的致瘤病毒可使体外培养的人体细胞发生癌变，人致瘤病毒也可使动物的细胞发生癌变。这些研究证明了动物白血病或恶性淋巴瘤与人白

血病可能有关系。某些癌症与昆虫传播有关，如非洲儿童伯基特淋巴瘤的 EB 病毒感染率高，科学家发现用死亡动物肝喂食鱼类，鱼患癌症。

1980 年,有人发现 I 型人 T 细胞白血病病毒(HTLV-I）能从一个人传给另一个人，引起后者发生成人 T 细胞白血病。动物实验研究也发现，用乳腺癌高发的母鼠哺乳育养低癌母鼠的后代仔鼠，结果这些仔鼠成长后乳腺癌的发生率明显升高，如此乳腺癌就像一种传染性疾病由母鼠的乳汁传播给仔鼠。英国伦敦大学科学家发现犬性病肿瘤可以在犬经过咬舔或交配传染，但未发现癌症能够在人类传播的证据。澳大利亚的塔斯玛尼亚岛的袋獾面部肉瘤就是通过互相舔咬、接触而互相传染。俄罗斯科学家认为人一旦感染了动物病毒就极易患有肿瘤性疾病。

（3）饮食相关性

动物体的肿瘤在充分烹调后与肉等组织一起食用可直接致人肿瘤的可能性极小，但肿瘤细胞内的基因被食入机体后能否诱发人的肿瘤目前不清楚。这也是兽医公共卫生学与医学工作者共同关心的卫生问题。

猪肉等食物含饱和脂肪酸较高，促进胆固醇吸收，它可以增加血中胆固醇和血脂含量，促进动脉粥样硬化和高血压的发生。同时，高脂肪膳食在肠道形成较多的化学物质，加上高脂食物中纤维少，肠蠕动弱，延长了外源性和内源性致癌物质对肠壁毒性作用的时间，可诱发肿瘤的发生。动物实验中饲料脂肪含量占总重量的2%～5%，增加到20%～27%时，动物肿瘤增多，时间提前。流行病学调查表明，西欧、北美、大洋洲的居民结肠癌发病率高于非洲、亚洲地区，可能就是与食用脂肪量多有关。食用脂肪量越多，结肠癌发病就越高。牛肉、羊肉、猪肉等红肉和乳等食品如果每天摄取超过 160g，比吃 80g 的人患结肠癌的风险高出 1/3。因为红肉中含有 neu5GC（N-羟乙酰神经氨酸），刺激机体长出抗体，引起胃肠道炎症，最终可能导致人患肿瘤。WHO 发布警告认为，香肠类、高温加工肉类是高风险致癌类食品，也

是趋于认同饮食与癌症的关系。

（4）经济损失

动物肿瘤性疾病给畜牧业本身造成了严重损失，也给肉品加工业造成了重大经济损失，如鸡马立克氏病、牛白血病等。

2. 畜禽常见肿瘤的鉴定

由于畜禽肿瘤种类繁多，生长部位不同，外观形态和大小差异很大，最终鉴定必须通过组织学检查，以判定肿瘤类型和良性或恶性程度。然而，宰后检验是在高速流水生产线上进行，不可能对发现的病理变化都作组织切片检查，只能就眼观变化作出判断，提出处理意见。

大多数肿瘤呈大小不一的结节状，生长于组织表面或深层，单发或多发，与周围正常组织有明显或不明显的分界。良性肿瘤大多呈球状，表面比较平整，有较厚的包囊；切面灰白色或乳白色，质地较硬。恶性肿瘤大多表面凸凹不平，有的多个结节融合在一起，形状不规则，有较薄或不完整的包囊，或无明显的包膜；切面大多呈灰白色或鱼肉样，质地较嫩，均匀一致或呈分叶状。

（1）乳头状瘤

乳头状瘤（papilloma）属良性肿瘤，各种动物均可发生，反刍动物多发。好发部位为皮肤、黏膜等部位。依间质成分又可分为硬性乳头状瘤和软性乳头状瘤。前者多发于皮肤、口腔、舌、膀胱及食管等处，常常角化，含纤维成分较多，质地较硬。后者多发生于胃、肠、子宫、膀胱等处的黏膜，含纤维成分较少，细胞成分较多，质地柔软，易出血。

乳头状瘤因外形成乳头状而得名，大小不一，一般与基底部正常组织有较大的联系，也有的肿瘤与基底组织只有一短的细柄相连，表面粗糙，有时还有刺样突起。生长于牛皮肤或外生殖器（阴茎、阴道）的纤维乳头状瘤，常呈鞣头状或结节状，有时呈菜花样突起于皮肤或阴道黏膜，表面因外伤而发生出血（图 3-99）。

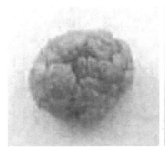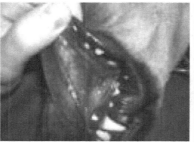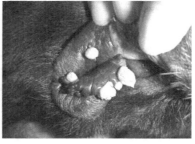

图 3-99　乳头状瘤

（2）腺瘤

腺瘤（adenoma）是发生于腺上皮的良性肿瘤。腺上皮细胞占主要成分的，称为单纯性腺瘤；间质占主要成分的，称为纤维腺瘤；腺上皮的分泌物大量蓄积，

使腺腔高度扩张而成囊状，则称为囊瘤或囊腺瘤。腺瘤眼观呈结节状、息肉或乳头状，多发生于猪、牛、马、鸡的卵巢、肾、甲状腺、肺脏等器官（图 3-100，图 3-101）。

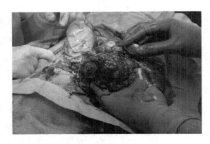

图 3-100　狗肠的腺瘤

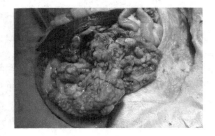

图 3-101　猫腹腔的腺瘤

（3）猪鼻咽癌

猪鼻咽癌（nasopharyngeal carcinoma in swine）患猪生前经常流浓稠鼻涕，有时带血，面部肿胀，逐渐消瘦。剖检见鼻咽顶部黏膜增厚粗糙，呈细微突起或结节状肿

块，苍白，质脆，无光泽，有时散布小的坏死灶。结节表面和切面有新的疤痕。患鼻咽癌的猪往往同时伴发鼻窦癌，其中以筛窦常发，筛窦癌的肿块多呈菜花样，灰白、无光、质脆，切面呈颗粒状。

（4）鸡食管癌

鸡食管癌（carcinoma of esophagus in fowl）多发生于6 月龄以上的鸡咽部和食管上段，中、下段很少发生。外观呈菜花样或结节状，有时呈浸润性生长，使局部黏膜增厚。肿瘤表面易发生坏死，呈黄色或粉红色。坏死周围黏膜隆起、外翻、增厚，切面灰白，质硬，颗粒状。

（5）禽白血病

禽白血病（avian leukosis）是由禽白血病病毒引起的禽传染性肿瘤性疾病，以造血组织发生恶性肿瘤为特征。生前症状不明显，只表现一般全身症状，如冠和肉髯苍白、皱缩，有时变成紫色。宰后检验时主要见有肝、脾和法氏囊发生病变，少见在胃、肺、性腺、心、骨髓及肠系膜，表现为肿瘤形成。根据肿瘤的形态和分布，可分为结节型、粟粒型、弥漫型和混合型 4 种，以弥漫型常见。弥漫型见肝脏增大几倍，质地脆弱，色暗红，表面和切面散在白色颗粒状病灶，整个肝脏的外观呈大理石样色彩，为此病的主要特征，也称为"大肝病"（图 3-102）。此病与鸡马立克氏病极相似，注意鉴别。

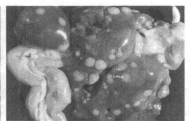

图 3-102　禽白血病病理表现

（6）鳞状上皮癌

鳞状上皮癌（squamous cell carcinoma）是发生于复层扁平上皮或变形上皮组织的一种恶性肿瘤，主要见于皮肤、口腔、食道、胃、阴道及子宫等部位。在这些部位见有细胞团块，也称为癌巢，眼观中心灰白、半透明呈颗粒状，称为癌珠。凡有癌珠的鳞状上皮癌称为角化型鳞状上皮癌（或称角化癌）（图 3-103）。外形呈结节状，生长比较缓慢，切面呈泡沫状构造，挤压时可脱出灰白

色小颗粒。角化型鳞状上皮癌恶性程度高，外形呈菜花样或不规则的形态。

（7）纤维瘤

纤维瘤（fibroma）发生于结缔组织的为良性肿瘤，由结缔组织纤维和成纤维细胞构成。常发生于皮肤、皮下、肌膜、腱、骨膜及子宫、阴道等处，根据细胞和纤维成分的比例，可分为硬性纤维瘤和软性纤维瘤（图 3-104）。

图 3-103　鳞状上皮癌

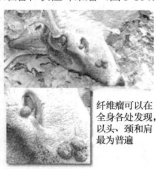

纤维瘤可以在全身各处发现，以头、颈和肩最为普遍

图 3-104　纤维瘤

硬性纤维瘤含胶原纤维多，细胞成分少，质地坚硬，多呈圆形结节状或分叶状，有完整的包膜，切面干燥，灰白色，有丝绢样光泽，可见纤维编织状交错分布。

软性纤维瘤含细胞成分多，胶质纤维少，质地柔软，有完整的包膜，切面淡红色，湿润，发生于黏膜上的软性纤维瘤，常有较细的带与基底组织相连，称为息肉。

（8）纤维肉瘤

纤维肉瘤（fibrosarcoma）是发生于结缔组织的恶性肿瘤。各种动物均可发生，最常见于皮肤结缔组织、骨膜、肌、腱，其次是口腔黏膜、心内膜、肾、肝、淋巴结和脾脏等处。外观呈不规则的结节状，质地柔软，切面灰白，鱼肉样，常见出血和坏死（图3-105）。

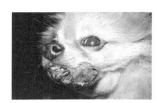

图3-105 纤维肉瘤

（9）鸡卵巢腺癌

鸡卵巢腺癌（adenocarcinoma of ovary in fowl）多发生于成年母鸡，两岁以上的鸡发病率最高。病鸡呈进行性消瘦，贫血，食欲不振，产蛋较少或不产蛋，腹部膨大，下垂，行走时状如企鹅。剖检，腹腔有大量淡黄色混有血液的腹水，卵巢中有灰白色、无包膜、坚实的肿瘤结节，外观呈菜花样，有些呈半透明的囊泡状，大小不等，灰白或灰红色，有些发生坏死。卵巢癌可在其他器官（胃、肠、肠系膜、输卵管等）浆膜面形成转移癌瘤，外观呈灰白色，坚实的结节状或菜花样（图3-106）。

图3-106 鸡卵巢腺癌

（10）原发性肝癌

原发性肝癌（primary hepatocarcinoma）见于牛、猪、鸡和鸭，地区性高发。主要是由于黄曲霉毒素慢性中毒所致。由肝细胞形成的称为肝细胞性肝癌，由胆管上皮细胞形成的称胆管上皮细胞性肝癌。猪的原发性肝癌可分为巨块型、结节型和弥漫型。巨块型肝癌少见，在肝脏中形成巨大的癌块，癌块周围常有若干个卫星结节。结节型最常见，特征是肝组织形成大小不等的类圆形结节，小仅几毫米，大的可达数厘米，通常在肝脏各叶中同时存在多个结节，切面呈乳白色、灰白色、灰红色、胆绿色或黄绿色，与周围组织分解明显。弥漫型不形成明显的结节，癌细胞弥漫地浸润于肝实质，形成不规则的灰白色或灰黄色斑点或斑块。

（11）肾母细胞瘤

肾母细胞瘤（nephroblastoma）是幼龄动物常见的一种肿瘤，如鸡、兔和猪，也见于牛和羊。兔和猪的肾母细胞瘤多数为一侧肾脏发生，少数为两侧。常在肾的一端形成肿瘤，大小不等，小的如小米或绿豆大，一般呈圆形或分叶状，白色或黄白色，有薄层完整的包膜，肾实质受压迫而使肾脏萎缩变形。切面结构均匀，灰白色，肉瘤样，有时有出血和坏死（图3-107）。

图3-107 猪肾母细胞瘤

剖检可见肿瘤的外形和大小出入很大，小的呈淡粉红色结节状，或呈淡黄色分叶状，大的可取代大部分肾脏，或呈巨大的肿块，仅以细的纤维柄与肾脏相连。肿瘤切面呈灰红色，其中散在灰黄色的坏死斑点，偶见钙化灶。有时大的肿瘤形成囊状，囊泡大小不等，含有澄清的液体，切面呈蜂窝状。

（12）黑色素瘤

动物多发的黑色素瘤（melanoma）大多为恶性黑色素瘤，由成黑色素细胞形成的肿瘤。各种动物均可发生，但老龄的淡毛色的马属动物最常见，其次是牛、羊、猪、犬。原发部位主要是肛门和尾根部的皮下组织，呈圆形的肿块，大小不等，切面呈分叶状，深黑色的肿瘤团块被灰白色的结缔组织分割成大小不等的圆形结节。肿瘤生长迅速，瘤细胞可经淋巴结或血行转移，在盆腔淋巴结、肺、心、肝、肾、脾、胸膜、脑、眼、肌肉、阴囊、骨髓等全身组织形成转移瘤（图3-108）。

3. 患肿瘤畜禽的卫生评价

肿瘤病畜禽宰后检验的卫生评价主要依据为胴体的营养状况（即肥瘦），肿瘤的良性、恶性程度，是否转移，在同一组织或器官上发现一个还是多个肿瘤。

1）一个脏器上发现肿瘤病变，胴体不瘠瘦，且无其他明显病变的，患病脏器作工业用或销毁，其他脏器和胴体高温处理后供食用；胴体瘠瘦或肌肉有变化的，胴体和内脏作工业用或销毁。

2）两个或两个以上脏器发现有肿瘤病变的，胴体和内脏作工业用或销毁。

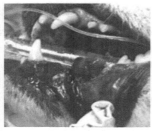

图 3-108　黑色素瘤

3）经确诊为鸡马立克氏病、淋巴肉瘤或白血病的，不论肿瘤病变轻重或多少，胴体和内脏一律作工业用或销毁。

五、性状异常肉

肉的气味和滋味异常，在动物屠宰和保藏期间均可发现。其主要是动物生前长期饲喂某些饲料、未去势的或晚去势的公畜肉，或由动物宰前使用芳香类药物、体内某些病理过程，将胴体或肉品放置于有异味的环境等因素造成的。

1. 气味异常肉的鉴定与处理

（1）饲料气味

动物长期饲喂带有气味的饲料，如苦艾、独行菜、萝卜、甜菜、芸香类植物、油渣饼、蚕蛹粕、鱼粉及泔水等，使肉和脂肪具有特殊气味、鱼腥味等异常气味。

（2）性气味

没有去势或晚去势的公畜肉，特别是公山羊肉和公猪肉，常发出难闻的性气味。主要是由睾酮和间甲基氮茚等物质引起。性气味因加热增强，一般用煮沸或烙烫法鉴定。

（3）药物气味

因治疗需要，屠畜被罐服或注射过具有芳香气味或其他异常气味的药物，如松节油、樟脑、乙醚等，可使脂肪和肉带有药物气味，严重影响肉品品质。屠畜使用这些药物后必须经过 1 个月以上的休药期才可屠宰。

（4）病理气味

某些疾病可使家畜带有特殊气味。例如，患脓毒败血症时，肉常带有脓性恶臭气味；气肿疽或恶性水肿时，肉有陈腐的油脂味；蜂窝织炎、子宫炎、气臌症时，肉带有臭味；泌尿系统疾病时，肉具有尿臭味；酮血症时，有怪甜味；胃肠道疾患时，肉具有腥臭味；砷中毒时，肉有大蒜味；家禽患卵黄性腹膜炎时，肉有恶臭味；自体中毒和严重的营养不良的动物肉，常带有腥臭味。

（5）附加气味

当肉放置于特殊气味如油漆、消毒药物、烂水果、鱼虾、氨味等的环境，使肉带有某种特殊的附加气味。

（6）发酵性酸臭

新鲜胴体由于冷藏条件不好（如挂的过密或堆放），胴体空间不流通，肉深部不易降温，引起自身产酸发酵，使肉质地软化，色泽深暗，带酸臭气味。

（7）卫生处理

这类肉品应在排除其他禁忌症侯情况下，先行通风驱散 24h，然后进行煮沸试验。如煮沸样品时仍然有不良气味，不易新鲜食用，作工业用。仅胴体的个别部位或脏器带有不良气味时，则局部废弃，食用公猪肉可与正常肉按一定比例混合、加香辛料后制作香肠。

2. 色泽异常肉的鉴定与处理

肉的色泽主要依据肌肉与脂肪的颜色来决定，但会因动物的种类、性别、年龄、肥度、宰前状态等不同有所差异。色泽异常肉的出现主要是由病理因素（如黄疸、白肌病）、腐败变质、冻结、色素代谢障碍等因素造成的。

（1）黄疸

黄疸（jaundice）是机体发生溶血、中毒等全身性病理过程引起胆汁排泄发生障碍，致使大量胆红素进入血液将全身各组织染成黄疸色的病理现象。从病因上可分为溶血性黄疸、实质性黄疸、阻塞性黄疸 3 种类型，特征是皮下、腹腔脂肪组织呈现黄色，皮肤、黏膜、结膜、关节滑液囊液、组织液、血管内膜、肌腱甚至实质脏器均呈现不同程度的黄色。黄疸与黄脂是不同的，黄疸肉放置越久颜色越黄。

在发现黄疸时，必须查明黄疸的性质，是传染性还是非传染性，应特别注意钩端螺旋体病的检查。黄疸肉尽量不食，特别是传染性，胴体应作工业用或销毁。

（2）红膘

红膘（red fat）是指脂肪组织充血、出血或血红素浸润的结果，仅见于猪的皮下脂肪，一般认为与感染猪丹毒、猪肺疫和猪伤寒，或者背部受到冷空气和机械刺激有关。有时皮肤也有发红，这时应检查内脏和主要淋巴结。

卫生处理　当内脏和淋巴结有典型病变时，应结合疾病综合判断处理。如内脏和淋巴结没有病变或病变不明显时，将胴体和内脏进行高温处理。

（3）白肌病

白肌病（white muscle disease）主要发生于幼龄动物，特征是心肌和骨骼肌发生变性和坏死。病变常发生于负重较大的肌肉，主要是后腿的半肌腱、半膜肌和股二头肌，其次是背最长肌。发生病变的骨骼肌呈白色条纹或斑块，严重的整个肌肉呈弥漫性黄白色，切面干燥，似鱼肉样外观，常呈两侧对称性损害。组织学检查，可见纤维肿胀、断裂、溶解、为透明样变性或蜡样坏死，甚至钙化。

白肌病发生的原因，一般认为是饲料中缺乏维生素

E 和硒而引起的一种营养性代谢病。因为维生素 E 和硒都是动物体内的抗氧化剂，对细胞膜有保护作用。当其缺乏时，细胞膜受过氧化物毒害发生损伤，进而导致细胞发生变性、坏死。

卫生处理　白肌病为一种营养代谢性疾病，若全身肌肉有变化时，病变的胴体应化制或销毁；病变轻微而限于局部的，修割病变部分作化制处理，其余部分可作为食用。

（4）白肌肉

白肌肉（pale soft exudative，PSE）为宰后检验时经常见有色泽发白、质地松软、表面有液体渗出的肌肉。

主要原因是在宰前运输、拥挤及捆绑等刺激因素作用下引起猪产生应激反应，表现为肌肉强直，机体缺氧，糖原酵解过多。正常猪宰后 2h，肉的 pH 稳定在 6 以上，而 PSE 由于大量乳酸形成，在宰后 1h，pH 即可达到 5.8，以后很快降到 5.0～5.3。

PSE 的好发部位主要在背最长肌、半腱肌、股二头肌等，其次为腰肌、臂二头肌、臂三头肌。病变呈两侧对称性变化。PSE 还表现折光性强，透明度高，严重者甚至透明变性、坏死。肌肉缺乏脂肪组织，肌肉组织结合不良，严重者如烂肉样，手指易插入，缺乏弹性和黏滞性，明显水肿，肌膜上有小出血点，淋巴结肿大、出血。

组织学变化特征为：镜下观察有肌纤维呈波状扭曲，横纹密度降低。肌纤维间有断裂和空隙。肌肉断面可见到肌纤维内容物收缩，与肌膜分离。还可见到由收缩变粗的肌纤维形成的比正常肌纤维粗 3～4 倍的巨大纤维。严重的可见有淋巴细胞、浆细胞、单核细胞和嗜酸性粒细胞浸润。

卫生处理　PSE 加工损失大，不宜作腌腊制品的原料。感官变化轻微者，在切除病变部位后，胴体和内脏不受限制出厂；如病变严重，有全身变化的，切除病变后，胴体和内脏可作为次品加工后出售。

（5）DFD 肉

DFD（dry firm dark）肉是由于屠畜宰前受长时间刺激，肌糖原的消耗多，肌肉产生的乳酸少，且被呼吸性碱中毒时产生的碱所中和，故出现切面干燥、质地坚硬、色泽深暗的肉。这种肉的持水能力特别强，切割时无汁液渗出。表现特征为：肌肉的颜色特别深，暗红色，质地坚实，切面干燥。由于 DFD 肉 pH 接近中性，保水力较强，适宜细菌的生长繁殖，再加上肌肉中缺乏葡萄糖，使侵入胴体的细菌直接分解肌肉中的氨基酸产生氨。DFD 肉在腌制和蒸煮过程中水分损失少，但盐分渗透就会受到限制，结果大大缩短了肉品保存期。

卫生处理　DFD 肉主要是由应激反应产生，一般无碍于食用，但胴体不耐保存，应尽快利用。由于 DFD 肉 pH 高，保水性好，质地干硬，调味料不易扩散，因此不宜做腌腊食品。

（6）黑色素异常沉着（黑变病）

黑变病（melanosis）是指黑色素异常沉着在组织和器官内而引起的病理变化。黑色素正常存在于皮肤、被毛、视网膜、脉络膜和虹膜，是黑色素母细胞中的氧化酶（酪氨酸酶）把蛋白质分解出的酪氨酸氧化成黑色颗粒而形成的。在生理条件下，黑色素赋予富含黑色素部位以相应的颜色，防御阳光的辐射，起到保护动物机体的作用。如果在缺乏黑色素的组织或器官里有黑色素沉着，使组织或器官呈现黑斑者称为黑色素异常沉着或黑变病。常见于犊牛等幼畜或深色皮肤动物及牛、羊的肝、肺、胸膜和淋巴结。黑色素沉着的组织和器官由于色素沉积的数量及分布状态的不同，色素沉着区域呈棕褐色或黑色，分布有斑点到整个器官。在黑色和其他毛色较深的经产母猪的乳腺及其周围脂肪组织，有时可见黑色素沉着现象，俗称"灰乳脯"。成年屠畜黑色素沉着多见于肝，沉着于肺、皮下组织、胸膜及脊髓膜的较少。严重的病例，除肺之外，黑色素还沉着于脾、肾，甚至胸腹膜、筋膜、骨和软骨。可能为先天发育异常，或者与牛、羊采食鹅冠草、猫尾草、席草等有关。汇集来自黑色素沉着区淋巴的局部淋巴结，也常被染成黑色。

卫生处理　黑色素对人无害，其轻度沉着的组织和器官可供食用；重度沉着者，因其外观不良，可作工业用。

（7）卟啉色素沉着

卟啉色素沉着（porphyria）是一种隐性基因控制障碍引起的病理性遗传疾病，动物出生时即可发生，见于各种家畜，表现在尿液、粪便、血液中含有卟啉。卟啉又称为无铁血红素，是血红素不含铁的色素部分。在卟啉代谢紊乱、血红素合成障碍时，体内产生大量的卟啉，在全身组织中沉着。尿液呈红色；皮肤内有大量卟啉沉着时，在无黑色素保护的部分，经日光照射则引起充血、渗出性炎症，随后形成水疱、坏死、结痂和瘢痕；全身骨骼、牙齿、内脏器官均发生红棕色或棕褐色的色素沉着。但骨膜、软骨、腱及韧带均不着色，只沉着于含钙的骨质中，发生于猪称"乌骨猪"，牙齿呈淡棕红色，也称红牙病。

卫生处理　卟啉色素沉着，无碍于肉品卫生，可以食用。

（8）嗜酸性粒细胞性肌炎

嗜酸性粒细胞性肌炎（eosinophilic myositis）是一种慢性、非肉芽肿性肌炎，主要发生于 1～3 岁的牛，也见于猪，偶见于羊。原因目前不清楚。病变的特征是嗜酸性粒细胞浸润肌肉组织，形成一种局灶性或弥散性肌肉炎症。病变仅限于心肌和骨骼肌，其中以胸肌、膈肌、背最长肌、臀部肌肉和心脏最为常见，出现界限清楚的灰白色、淡黄绿色或黄白色病灶。新鲜肌肉中的病灶呈淡绿色，在空气中则退色为白色。陈旧病灶呈灰色、绿灰色或黄色，并发生纤维化。病变肌肉中常见多发性局灶性病灶，也有形成灰色或绿色的长条纹状的弥漫性病灶，条纹可达数厘米，但宽仅 2～8cm，单个肌肉或一群肌肉均可发生。组织学检查主要特征是在病变肌肉中有大量嗜酸性粒细胞浸润，常聚集于肌纤维之间和肌束周

159

围。肌纤维一般不发生严重变性，但可发生坏死。慢性过程有结缔组织增生，动脉壁增厚，此时，嗜酸性粒细胞减少，而被淋巴细胞、浆细胞和组织细胞所取代。

卫生处理　局部有病变的切除废弃，其余部分可以食用。

3. 屠畜应激反应及应激病的鉴定与处理

屠畜（禽）在宰前收购集中和转运过程中，极易发生应激反应和应激性疾病，使屠畜（禽）的肉质下降。

（1）应激反应及其对屠畜的影响

应激反应是机体应对任何需要时的一种非特异性反应，它是指机体受到体内外非特异的有害因子（应激原）刺激所表现的机能障碍和防御反应。如果这种刺激时间过长或程度严重，会对机体产生不良后果。

根据应激反应时出现的症状，可分为以下 3 个阶段。

第一阶段：警觉反应期（动员期），开始时，机体受到应激原的作用，来不及适应而呈现神经系统抑制，血压及体温下降，血糖降低，血细胞减少，血凝加快，但很快就适应，表现为交感神经兴奋性增高，使前面这些现象都普遍提高。剖检时呈现肾上腺皮质细胞内类脂质减少，胸腺、淋巴结、脾脏变小，重量减轻，胃肠道出血、坏死等。局部组织发生变性、萎缩并发生坏死及周围组织水肿。

第二阶段：抵抗期动物对特异性有害刺激的抵抗力增高，对非特异性有害刺激的抵抗力降低。表现为肾上腺肥大，皮质细胞内类脂质增加，说明适应性增强，心跳加快、血压升高。局部表现成纤维细胞、淋巴细胞、吞噬细胞游出增多。还表现为肌糖原的大量分解，肌肉发硬、发热，有时粗线条肌肉和尾部震抖。

第三阶段：衰竭期，有害刺激持续作用，动物则表现对各种刺激的抵抗力降低，严重时可出现死亡。

警觉反应期是机体动员防御力量的时期；抵抗期则是垂体-肾上腺系统机能亢进，机体适应能力最强，呈现生理性反应的时期；衰竭期为不能适应应激原刺激而呈现的病理性反应时期。

如果应激因素强烈时，可成为疾病的诱因，甚至导致死亡，如动物遇到惊吓、抓捕、绑定、运输、驱赶、过冷、过热、拥挤、过劳、咬斗、噪音、电击等。

（2）应激性疾病及其鉴定

猪应激综合征（porcine stress syndrome，PSS）　在应激因子作用下，宰后胴体产生灰白色、质地松软和水分渗出的肌肉，以及其他疾病并伴随突然死亡的猪、牛所表现的症候群。

1）PSE 及 DFD 肉见相关章节。

2）猪的背肌坏死主要发生于 75～100kg 的成年猪，是猪应激综合征的一种特殊表现，并与 PSE 有相同的遗传病理因素。患过急性背肌坏死的猪所生的后代可以自发地发生背肌坏死。病猪表现双侧或单侧背肌肿胀，肿胀无疼痛反应，有的患猪最终以酸中毒死亡。

卫生处理　切除病变部分，其余部分发放。病变严

重者，全部废弃销毁。

（3）猪急性浆液性-坏死性肌炎

这种肉与 PSE 外观相似，用肉眼难以区别。宰后 45min 的 pH 在 7.0～7.7 甚至以上，色泽苍白、质地坚硬，切面多水。病理变化为急性浆液-坏死性肌炎。主要发生于猪后腿的半腱肌、半膜肌，常称为"腿肌坏死"。原因是猪对出售时的运输应激适应性差，而导致发生肌肉坏死、自溶和炎症。

卫生处理　切除病变部分，其余部分发放。病变严重者，全部废弃销毁。

（4）猪胃溃疡

猪胃溃疡是一种慢性应激性疾病，在集约化、机械化封闭式饲养的猪群中发生较多。主要是由于饲养拥挤、惊恐等慢性应激性刺激及单纯饲喂配合饲料而引起肾上腺机能亢进，从而导致胃酸过多使胃黏膜受损伤。平时症状不明显，常于运动、斗架和运输中突然死亡，直接致死原因使胃溃疡灶大出血。宰后检验可见食道部黏膜皱褶减少，出现不全角化、急性糜烂、溃疡等病变。

卫生处理　胃局部有病变者，割除病变部位化制或销毁，其余部分不受限制出厂。若胃大部分发生病变，则胃全部化制或销毁。

（5）咬尾症

在高密度集中饲养而饮水和饲料不足等条件下，可诱发猪的咬尾症。发病时，猪一个咬另一个地连成一串，有的变成秃尾猪。其咬尾形成一个特征性特点，多发生于下午 3 点左右。受伤的猪易形成化脓灶，从尾椎向前蔓延，最后损伤脊髓而死亡。咬尾症猪对外界刺激敏感，食欲不振。

卫生处理　仅尾部受伤或局部化脓者，割去病变部分废弃，其余部分不受限制出厂。若沿尾椎向前蔓延至脊髓而引起死亡者，其尸体进行化制或销毁。

（6）运输病

本病又称为革拉瑟氏病（Glasser）。以发生浆膜炎和肺炎为特征，多发生于运输疲劳之后，其病原主要为猪嗜血杆菌和副溶血性嗜血杆菌。30～60kg 的猪对猪副嗜血杆菌易感性较强，常于运输疲劳后的 3～7d 发病，表现为中毒发热（39.5～40℃），食欲不振，倦怠。病程数日至 1 周。特征性病变为全身浆膜炎、心包膜和胸膜肺炎。镜检可见肺间质水肿增宽，并有圆形细胞浸润及纤维素渗出，支气管黏膜上皮变性、脱落，支气管周围也有圆形细胞浸润和出血。

卫生处理　仅肺和胸膜有病理变化者，将病变部分及其周围组织割除废弃，胴体和其他脏器不受限制出厂。当其他器官和肌肉也有轻微病变者，应作高温处理。病情恶化而死亡者，其尸体应化制或销毁。

（7）运输热

动物在运输中由于超载、通风不良、饮水不足等，往往出现运输热或运输高温。检验时可见大叶性肺炎变

化，出现小叶增宽、浆液性浸润。有时出现急性肠炎和一系列高温症状，在大猪、肥猪更为明显。呼吸加快，脉搏频数，外周血管扩张，皮温升高，精神沉郁，黏膜发紫，全身战栗，有时发生呕吐，体温升高达 42～43℃，往往被其他猪只挤压而死。

卫生处理　仅肺和肠管有病理变化者，则废弃肺脏和肠管，其余部分不受限制出厂。若出现全身性轻微病变时，胴体高温处理后出厂；若全身病变严重，则胴体化制。运输途中死亡者，到达目的地后要化制或销毁。

（8）突毙综合征

突毙综合征是指在牛、羊、猪的运输中经常发生的一种应激性疾病。主要是由于捕捉和捆绑时受到突然的强烈刺激，心肌过度强烈收缩而发生心跳停止。该病常表现为捕捉惊吓或注射时预先看不到任何症状而突然死亡，是应激反应的最重的形式。

卫生处理　凡突然死亡的畜禽尸体，不管发生原因是否清楚，一律化制或销毁。

（9）应激性疾病的预防

预防应激性疾病最根本的措施是选育抗应激品种、减少饲养管理及转运中的应激刺激。

1）品种选育：应挑选应激品种猪，淘汰应激敏感猪，使猪体的应激基因频率下降。从外貌、行为方面看，应激敏感猪瘦肉率高、屠宰率高、脂肪薄、腿短屁股圆，母猪易发生无乳症，公猪性欲减退。根据氟烷试验和测定血液中肌酸磷酸酶（CPK）含量来检出应激敏感猪。

2）饲养管理：猪在受到应激刺激后，对营养的需求量大，对硒和维生素 E 需要量提高，所以应向饲料中添加矿物质和维生素。另外，猪在高温、高湿条件下易造成发育不良，引起肌肉中磷酸化合物少，肌红蛋白下降，促进肌肉糖酵解，使体内酸度增加，所以在饲养条件上应避免高温、高湿和拥挤。

3）转运管理：严禁饱食大肚和装运过多。饱食是应激反应的重要因素之一。装车时不要任意混群，防止咬斗和各种因素突变，避免引起畜群惊恐。赶运时尽量少用电棒刺激。活畜的调运应尽量避开酷热天气。大调运前最好让畜只受一段时间的适应性训练。

4）药物预防：为防止运输及宰前管理中畜只产生应激反应，可以给予药物预防。目前国内、外均有应用氯丙嗪对猪、牛进行肌肉注射达到镇静的目的。所用剂量为 1～2mg/kg。为解除乳酸过多造成的酸中毒可以用 5% NaHCO$_3$ 静脉注射。

5）屠宰加工：为防止宰后出现 PSE，屠宰过程要迅速，尽快摘除内脏，整个屠宰过程应在 30～45min 内完成，以降低宰后胴体温度。胴体温度首先在 15℃以下预冷，然后再进行 5℃冷却。在宰后 10h，臀部肌肉中心温度要降到 10℃以下，最终降至 5℃以下。冷却须逐渐进行，如果温度高的肉直接放在 5℃以下的条件就会发生"冷收缩"，使肉变老、品质下降。

六、中毒动物肉

1．中毒动物病和中毒动物肉的概念

动物因吸入、口服或接触有毒物质而发生动物生理机能失调或病理性反应而引发的疾病称为动物中毒病。严重中毒的动物可发生急性死亡。因发生中毒被急宰的中毒动物胴体称为中毒动物肉。中毒动物肉对人的危害，一方面是由于中毒动物肉里残留的毒物能通过食物链使人发生中毒，另一方面是由于毒物破坏了动物肠网状内皮细胞的防卫功能，机体抵抗力降低，使肠内微生物区系发生异常，而诱发或继发沙门菌等病原菌大量生长繁殖，使胴体含有相当数量的活菌和毒素，而使食用者致病。因此，对中毒畜禽肉的检验，必须在宰前临床检查，宰后脏器和胴体的病变检查及必要的毒物检验等基础之上，进行综合判定。

2．中毒动物肉检查

（1）宰前临床检查

1）中毒情况的了解：了解中毒情况可为检验提供线索。询问时态度要热情、诚恳，注意引导和启发，要特别讲明中毒动物肉的危害性、销售的违法性。详细了解动物生前饲养管理、使役和表现，饲草饲料的种类、调制与喂饮等情况，以及与周围环境接触的情况等。进一步了解发病及死亡情况，即发病时间、病程，发病后表现、治疗经过及死亡头数等。

2）中毒病的发病特点。

A．群发性：多数动物同时或相继发病，一般在饲喂后数小时至数日内乃至数周内突然成群发病或相继发病。

B．共同性：病畜（禽）具有共同的临床表现和相似的剖检变化，其中以消化系统和神经系统的症状为明显。食欲旺盛的健壮畜只症状重剧。

C．同因性：病畜（禽）有相同的发病原因，为饲喂同种饲料饲草引起，条件改变后发病随即停止。

D．无热性：病畜体温多不升高，有的体温低下，但并发炎症或肌肉痉挛时可能发热。

E．无传染性：病畜与健畜间不发生传染。

3）中毒的临床症状。

A．最急性中毒：突然发病，呼吸极度困难，全身抽搐，如不抢救可在 1h 内死亡。

B．急性中毒：①神经症状明显，如瞳孔缩小或散大，精神兴奋或沉郁，肌肉痉挛或麻痹，反射减退或感觉消失等。②严重消化障碍，食欲废绝、流涎、呕吐、腹泻、腹痛、腹胀，粪便混有黏液和血液等。③体温变化不明显，一般正常或低，但十字花科植物中毒初期体温升高；伴有发炎的中毒，如蓖麻中毒可能有中热乃至高热。④其他症状，呼吸困难，心搏动亢进，脉律不齐，多尿血尿及皮肤出现疹块等。

C．慢性中毒：表现消瘦、贫血及消化障碍。

（2）宰后病理学检查

一般来说，多数中毒病都具有一定的病理变化。

1）实质器官变性：病变常见于毒物通过的部位及有关的组织器官，如肝、肾、心、脑等部位。因为肝脏是解毒的器官，肾是毒物排泄的主要途径，而心脑则对毒物特别敏感，所以中毒动物剖检时常有上述器官的充血、出血、水肿、变性、坏死等变化。

2）体表腐蚀：强酸、强碱、重金属盐等具腐蚀性毒物作用于体表部位，可引起皮肤发炎、溃烂。

3）放血不良：中毒动物胴体，通常放血不良，肌肉呈暗红色，主要淋巴结肿大、出血，切面呈紫红色。

4）特征性病理变化：如氰化物中毒血液凝固不良，肌肉呈鲜红色；亚硝酸盐中毒，可视黏膜发绀，血液凝滞呈酱油色；砷制剂中毒时，胴体常发现蚀斑和有大蒜气味；铅中毒剖检病变，实质器官和胃肠道出血，肝硬化，膀胱黏膜充血，骨关节面呈黄色。金属汞及其化合物都是剧毒物质，有机汞化合物的毒性比无机汞化合物毒性大得多，汞中毒除引起严重的中枢神经症状外，甲基汞还可通过胎盘进入胎儿体内，引起胎儿畸形发育不良，甚至引起脑麻痹而死亡。生物碱或有机磷农药中毒时，一般动物宰前神经症状明显，初期兴奋，肌肉震颤、流涎、腹痛、瞳孔缩小；后期麻痹，不及时抢救，则导致死亡。

（3）毒物检验

1）检品的采取、包装、保存及送检。

A．检品采取：无菌采取胃肠内容物、粪便、血液、尿液、心、肝、肾、膀胱、淋巴结等，必要时还可采取可疑的剩余饲料。

B．检品包装：容器应清洁、无菌，不能用消毒剂处理，应多点取样，分别包装。包装时注意无菌操作，密封后详细标注检品名称、采集人、采集地点、采集时间等备查资料。

C．检品的运送和保存：检品采取后，应冷藏，尽快送至检验单位检验。一般不应加防腐剂，如一定要加防腐剂，只可加乙醇，并注明。送检时最好将病志和剖检记录一同送检，以便参考。

2）毒物检验：中毒动物肉检验可按常规方法采取肉样、脏器、血液、洗胃液、淋巴结和胃肠内容物等进行细菌学检查，以排除病原微生物，然后结合临床症状、病理解剖特征、毒物化学分析结果，综合分析得出检验结论。

（4）卫生评价与处理

在评定中毒动物肉卫生质量时，必须考虑到毒物的性质，中毒的方式和剂量，毒物在动物体内的代谢、分布和残留情况，有无继发感染或并发症等。

1）中毒动物的内脏、乳房、脑、胴体淋巴结及毒物渗透处（注射、叮咬、接触、外伤部位）的组织，在所有情况下都应废弃。

2）经化验肉中虽无毒物，但其色泽和气味不正常，或生化检验指标证明牲畜是频死状态下屠宰的，其胴体应作工业用。

3）被毒蛇或毒虫等咬伤而被迫急宰的牲畜肉，在仔细切除和清洗咬伤的部位后，可供食用。

4）生物碱、无机氟制剂、锌盐、铜盐、氯化钠、氯化钾、酸、碱、氨、亚硫酸酐、煤气、氯、脲、杂醇油、甲醛；含有醚油、皂角苷、木焦油和光敏作用物质的植物；毒蕈和霉菌；毛茛科植物、毒芥、瞿麦和大戟中毒时，肉允许食用。乌头碱中毒的牲畜肉，经 1h 以上煮沸后，可供食用。

5）重金属及其盐类中毒时，如果 1kg 肉中的含量不超过：铅 0.5mg、总砷 0.5mg、汞 0.05mg、铬 1mg、亚硝酸盐（以亚硝酸钠计）20mg，肉允许食用。当上述物质超过最大允许量时，肉应作工业用。

6）有机磷农药中毒时，可以作为食用的每千克肉最高允许残留量为：内吸磷 0.2mg、对硫磷 0.3mg、甲拌磷 0.1mg、乐果 0.2mg、其他 0.1mg。但肉必须在 120℃高温下处理 1h，使其中的毒物破坏后方可食用。

7）氰化物、氢氰酸、黄磷、石炭酸、有机酸及其他酚类消毒药中毒时，胴体一律不得食用。

3．饲料中毒

（1）亚硝酸盐中毒（nitrite poisoning）

1）亚硝酸盐中毒：又称"饱潲瘟"或高铁血红蛋白血症（methaemoglobinaemia, MHb），是由于富含硝酸盐的饲料在饲喂前的调制中或采食后的胃内产生大量亚硝酸盐，造成高铁血红蛋白症，导致组织缺氧而引起的中毒。其发病特点是，突然发病，黏膜发绀，血液褐变，呼吸困难，神经紊乱和病程短促。本病常发生于猪、牛、羊较少发生。猪患本病不分年龄、性别，多半是饱食青菜饲料后引起，往往在短时间内造成成群死亡。

2）宰前鉴定：猪患亚硝酸盐中毒，多是在饱食青饲料后十几分钟到半小时突然发病，表现流涎、呕吐、头低垂，呆立或步态跟跄，呼吸短促，心跳加快，皮肤、嘴唇、眼结膜初苍白后变蓝紫色，瞳孔散大，体温下降，很快发生四肢无力，倒地不起，呈昏迷状态，间或发生全身抽搐，四肢乱动。重症病猪多在 30min～2h 死亡。

3）宰后鉴定：宰后常见皮肤、耳、肢端和可视黏膜呈蓝紫色，瞳孔散大，腹部膨隆。血液不凝固呈巧克力色或酱油色。气管与支气管充满白色或淡红色泡沫样液体。肺脏膨满、淤血、水肿、气肿，肺胸膜下散发点状出血。肝、脾、肾等脏器均呈黑紫色，切面淤血显著。胃充满饲料，胃底腺部黏膜弥漫性充血，间或可见密集的点状出血，黏膜易于剥脱。肠管充气，小肠黏膜常有散在性点状出血，肠系膜血管充血。心外膜出血，心肌实质变性。

4）卫生处理：人的亚硝酸盐摄入量 0.4mg/（kg·d）以下属安全，按此以 50kg 体重计算，一日的摄入量不超过 20mg 属安全。因此，亚硝酸盐中毒经急宰放血后的猪可供作食用。由于考虑到猪中毒时肠道致病菌侵入机体组织，故对食用的胴体和内脏应作适当的处理。

A.中毒急宰放血猪，肉质良好者，可盐腌加工食用。

B．内脏无明显病变，质量良好者，高温处理后出厂。

C．内脏有明显病变者作工业用或销毁。

D．血液作工业用或销毁。

（2）食盐中毒（salt poisoning）

1）病性：食盐是动物、特别是草食动物日粮中不可缺少的成分，每千克体重饲喂 0.3～0.5g 食盐可增进食欲，帮助消化，保证机体水盐代谢的平衡。但若摄入量过多，特别是限制饮水时，则可发生中毒。本病常见于猪和鸡，其次是牛、羊和马，以消化道黏膜炎症、脑水肿、变性乃至坏死为特征；猪还伴有嗜酸性粒细胞性脑膜脑炎和大脑灰质层状坏死。

2）宰前鉴定：患猪临床主要表现烦渴、呕吐、腹痛、腹泻、滞呆、失明、耳聋、无目的走动、角弓反张、旋转运动或以头抵墙、肌肉震颤、肢体麻痹及昏迷等症状。

3）宰后鉴定：眼观常无特异性变化，仅见软脑膜显著充血，脑回变平，脑实质偶有出血。胃肠黏膜呈现充血、出血、水肿，有时伴发纤维素性肠炎，猪常有胃溃疡。牛瓣胃和真胃病变比较明显，骨骼肌水肿，常伴发心包积液。慢性中毒时，胃肠病变多不明显，主要病变在脑，表现大脑皮层的软化、坏死。

4）卫生处理：病变器官作工业用或销毁。胴体高温处理后出厂。

（3）棉酚中毒（gossypol poisoning）

1）病性：棉酚中毒是由于单纯以含多量棉酚的棉籽饼粕饲喂畜禽，或放牧时采食过多棉叶而发生。棉酚是棉籽色素腺中的一种有毒的黄色色素，属于复杂的多酚类化合物，在动物体内比较稳定，不易破坏，同时排泄缓慢，有蓄积作用。家畜对棉酚的敏感性不同，其中以猪最为敏感，牛、马次之，羊则有耐受性。

2）宰前鉴定：临床症状主要与吸收棉酚量有关，不同动物表现不同，共同特点为食欲下降、体重减轻和虚弱，呼吸困难和心功能异常，代谢失调引起尿石症和维生素 A 缺乏症。

猪表现为精神不振，减食或拒食、呕吐、心率加快，呼吸困难，体重减轻，有时搐搦，肥育猪出现后躯皮肤干燥和皱裂。仔猪常腹泻、脱水和惊厥，死亡率高。

鸡表现为食欲和体重下降，两腿无力，不活泼。母鸡产蛋小，蛋黄膜增厚，蛋黄呈深绿色，煮熟后的蛋黄坚实（俗称"硬黄蛋"、"橡皮蛋"），蛋白红色，孵化率降低。

牛、羊、犊牛食欲差，精神萎靡，体弱消瘦，腹泻，呼吸迫促。成年牛、羊食欲减退，四肢浮肿，间或有腹痛表现，便中混有血液。心率加快，呼吸喘促，鼻液多泡沫，咳嗽，孕畜多流产。部分牛出现血红蛋白尿或血尿，公畜易患磷酸盐结石。

3）宰后鉴定：病畜呈现全身性水肿变化，表现下颌间隙、颈部及胸腹部皮下组织有胶样浸润，胸腔、腹腔和心包腔蓄积多量淡红色透明液体。其主要剖检特征是：全身水肿，出血性胃肠炎、肺水肿、心肌和肝实质及睾丸曲细精管变性坏死。淋巴结肿大、出血。胃肠道，特别是真胃和小肠黏膜呈现明显的出血性坏死性炎，猪的肠壁常有溃烂变化。心脏扩张，心肌柔软脆弱，心内外膜散布点状出血，病程较长的病例则可见心脏明显肥大。肝脏肿大、淤血，呈灰黄色或土黄色，实质脆弱，有的伴发坏死，表现中毒性肝营养不良的病变特征。肺脏淤血、出血和水肿。肾脏肿大、实质变性，被膜下散发点状出血。膀胱壁水肿，黏膜出血，充满红色尿液。约有 1/3 病猪的骨骼肌出现"白肌肉"现象，色泽苍白。此外，少数病例，还可伴发黄疸。

4）卫生处理：胴体和内脏作工业用或销毁。

（4）油菜籽饼中毒（rapeseed cake poisoning）

1）病性：油菜籽饼中主要有害成分是芥子甙或称硫葡萄糖甙（glucosinolate），虽然其本身无毒性，但在一定条件下受芥子酶的催化水解可产生有毒的异硫氰酸丙烯酯（芥子油）、噁唑烷硫酮（oxazolidinethione）和腈等，可引起动物中毒。

2）宰前鉴定：猪中毒时表现不安，流涎、食欲废绝，急性胃肠炎、腹痛、腹泻，口鼻孔周围有泡沫。重者呼吸困难，心力衰竭，体温下降以至死亡。

3）宰后鉴定：猪中毒时，剖检尸僵不全，口流白色泡沫状液体，腹围膨大，头部和腹部皮肤呈青紫色，皮下淤血，血液凝固不良呈油漆状，浆膜腔积液，胃肠道出血。心脏扩张，心腔积血，心内外膜出血，心肌变性。肺淤血、水肿及气肿，肝淤血变性。肾变性有时可见梗死灶。脾被膜散布点状出血，淋巴结水肿淤血。

4）卫生处理：胴体和内脏全部作工业用或销毁。

（5）马铃薯中毒（solanum tuberosum poisoning）

1）病性：马铃薯的有毒成分包括龙葵素（solanin）、茎叶的硝酸盐、腐败变质块根的腐败素（sepsin）。马铃薯中毒是由于给动物大量饲喂其发芽腐烂块根或开花、结果期茎叶所致的一种中毒性疾病，以出血性胃肠炎和神经损害为其病理和临床特征。各种动物均可发生，主要发生于猪。

2）宰前鉴定：马铃薯的有毒成分龙葵素毒性作用引起的病变主要表现为出血性胃肠炎，中枢神经（延脑和脊髓）损害，肾炎和溶血。重剧中毒，多取急性经过，表现兴奋、狂暴、沉郁、昏睡、痉挛、麻痹、共济失调等神经症状（神经型），一般经 2～3d 死亡。轻度中毒，多取慢性经过，主要表现胃肠炎症状（胃肠型）。各种动物的中毒症状有所不同。

猪马铃薯中毒：多于食后 4～7d 出现呕吐、流涎、腹痛、腹泻等明显胃肠炎症状。神经症状比较轻微。腹部皮下发生湿疹。头、颈和眼睑部出现捏粉样肿胀。

牛马铃薯中毒：除神经系统和消化系统的基本症状外，皮肤病变明显，于口、唇、肛门、尾根、系凹、乳房、阴门等部位发生湿疹或水疱性皮炎，严重的发展为皮肤坏疽。

绵羊马铃薯中毒：除神经症状、胃肠炎症状和皮肤病变外，常显现溶血性贫血和尿毒症。

3）宰后鉴定：腹部皮肤发生湿疹或出现小泡。头、颈、眼部皮下水肿，胃肠道有出血性炎症和水肿，心、肝、肾等实质器官变性。大脑皮层充血、水肿，脑沟变浅。

4）卫生处理：胴体和内脏作工业用或销毁。

（6）酒糟中毒（brewery grain poisoning）

1）病性：酒糟中毒是由于长期单一饲喂霉败变质酒糟而缺乏其他饲料搭配，或突然大量喂用（偷食）酒糟而发生的中毒，见于猪和牛。酒糟中的有毒成分非常复杂，取决于酿酒原料、工艺过程、堆放贮存条件和污染变质情况等。新鲜酒糟中可能存在的有毒成分包括：残存的乙醇；龙葵素（马铃薯酒糟）、麦角毒素、麦角胺（谷类酒糟）、多种真菌毒素（霉败原料酒糟），以及在贮存中可能形成的其他低毒成分。

2）宰前鉴定：基本临床表现是消化道症状和神经症状。猪和牛的表现有所不同。

中毒猪体温升高，食欲减退或废绝，初便秘后下痢，有不同程度腹痛。开始时兴奋不安，步态不稳，以后卧地不起，四肢麻痹，呼吸促迫，心动疾速，死于呼吸中枢麻痹。

中毒牛呈消化不良以至胃肠炎症状，皮肤肿胀、发炎以至坏死（酒糟疹），牙齿松动以至脱落，骨质松脆，容易骨折。孕畜可能流产。

3）宰后鉴定：酒糟中毒的病理变化主要表现胃肠黏膜充血、出血，小肠结肠纤维素性炎症，直肠出血、水肿，肠系膜淋巴结充血，心内膜出血，肺充血、水肿，肝、肾肿胀，质地脆弱。

4）卫生处理：胴体和内脏作工业用或销毁。

4. 有毒植物中毒

（1）蕨中毒（bracken poisoning）

1）病性：蕨中毒是指动物在短期内采食大量蕨（*Pteridum aquilinum*）所致的一种以骨髓损害和再生障碍性贫血为特点的急性致死性综合征。动物中牛易发，绵羊和马次之，猪偶有发生。蕨中可分离纯化出若干化合物，如蕨素、蕨苷、异槲皮苷等，正倍半萜糖苷是蕨的致癌因子和毒性因子。

2）宰前鉴定：不同动物宰前症状不同，牛蕨中毒表现为：常有数周潜伏期。早期症状为精神沉郁，食欲减弱，消瘦虚弱。然后，病中茫然呆立，步态跟跄，后躯摇摆，直至卧地难起。病情急剧恶化时，体温突然升高达40～42℃，个别达43℃，食欲废绝，瘤胃蠕动减弱或消失，流涎、腹痛、频频努责，狂暴不安，粪便干燥色暗红，甚至排出血凝块。怀孕母牛流产，泌乳母牛排血性乳汁、血尿以至排尿困难。可见黏膜有斑点状出血。贫血和黄染，为本病的重要临床特征。皮肤斑点状出血十分明显，尤其在被毛稀疏的耳壳、会阴、腹部和四肢等部。

绵羊除具有牛的症状外，尚有视网膜变性——亮盲，膀胱和其他部位的肿瘤，以及脑灰质软化。

马蕨中毒初期呈轻度运动性共济失调，心率减慢并心律失常。随后四肢运动不协调，驻立时四肢外展，低头拱背。严重时肌肉震颤，最后卧地不起。

猪蕨中毒较为罕见。病猪出现沉郁、呕吐、便秘、呼吸困难及消瘦等。

3）宰后鉴定：牛宰后主要病变特点为，全身泛发性出血，剖检时可见全身浆膜、黏膜、皮下、肌肉、脂肪及实质器官的出血性变化，全身各处疏松结缔组织及脂肪呈胶样水肿。左心内膜及膀胱黏膜出血严重。肌肉出血可形成血肿。骨髓病变有证病意义。四肢长骨的黄骨髓严重胶样化及出血，红骨髓部分或全部为黄骨髓所取代。

马特征性病变为多发性末梢神经炎及神经纤维变性，尤以坐骨神经及臂神经丛最为显著。神经纤维发生浆液性及出血性浸润，以致神经增粗。

猪宰后神经系统无明显变性变化，但可见心房多发性灶性坏死，心脏松弛，心肌扩张。

4）卫生处理：由于蕨具有较强的致癌性，因此无论是急性蕨中毒还是慢性蕨中毒，其胴体和内脏一律作工业用或销毁，皮张可以利用。

（2）氢氰酸中毒（hydrocyanic acid poisoning）

1）病性：氢氰酸中毒是动物采食富含氰甙类植物，在体内生成氢氰酸，使组织呼吸发生窒息的一种急性中毒病。多见于牛、羊，少发于马和猪，以发病突然、极度呼吸困难、全身抽搐、肌肉震颤、病程短促为特征。剖检血液呈鲜红色，可视黏膜樱桃红色，胃内容物苦杏仁味。

2）宰前鉴定：病畜站立不稳，呻吟苦闷，表现不安。可视黏膜潮红，呈玫瑰样鲜红色，静脉血色也呈鲜艳红色。呼吸极度困难，肌肉痉挛，有的出现角弓反张，全身或局部出汗。马表现腹痛，牛、羊可伴发胃膨胀，有时出现呕吐。不久即精神沉郁，全身衰弱，卧地不起，皮肤感觉减退，结膜发绀，血液暗红，瞳孔散大，眼球震颤，脉搏细弱疾速，抽搐窒息而死亡。病程一般不超过1～2h。中毒严重的，仅数分钟即可死亡。

3）宰后鉴定：氢氰酸中毒牲畜的可视黏膜呈樱桃红色，血液暗红，凝固不良。各组织器官的浆膜面和黏膜面，特别是心内、外膜，有斑点状出血，腹腔脏器显著充血，体腔和心包腔内有浆液性液体，肺色淡红、水肿，气管和支气管内充满大量淡红色泡沫样液体。切开瘤胃，有时发出苦杏仁味。

4）卫生处理：胴体和内脏作工业用或销毁。

5. 真菌毒素中毒

（1）黄曲霉毒素中毒（aflatoxicosis）

1）病性：黄曲霉毒素中毒是由黄曲霉毒素（aflatoxin，AFT）引起的中毒症，以引起肝脏损害为特征，甚至可以诱发原发性肝癌。黄曲霉毒素可引起多种动物中毒，以猪和鸭发生中毒的最多，其次是犊牛。

2）宰前鉴定：猪黄曲霉中毒的急性型常见于仔猪，往往无前驱症状即突然死亡。多数病猪为亚急性型，宰

兽医公共卫生学

前主要表现为渐进性，食欲障碍，口渴，粪便干硬呈球状，表面附有黏液和血液。可视黏膜苍白或黄染。精神沉郁，四肢无力。有间歇性抽搐，过度兴奋，角弓反张。慢性型多发生于育成猪和成年猪，食欲减退，异嗜，生长发育缓慢、消瘦，眼睑肿胀，可视黏膜黄染，皮肤发白或发黄，并发痒。

3）宰后鉴定：急性中毒猪主要为贫血和出血。全身黏膜、浆膜和肌肉常有点状或瘀斑状出血，心内、外膜有明显的出血斑点。亚急性和慢性中毒主要表现为肝脏的肿大、变性、坏死和硬化，有时可见肝细胞癌和胆管细胞癌。

4）卫生处理：胴体和内脏全部作工业用或销毁。

（2）黑斑病甘薯中毒（sweet potato poisoning）

1）病性：黑斑病甘薯中毒是由于动物采食感染了黑斑病的甘薯而引起中毒性疾病。甘薯黑斑病的病原为一种真菌，即黑斑细菌和茄病镰刀菌。宰后以肺泡与间质严重气肿和急性肺水肿为特征，多发生于黄牛、水牛和乳牛，猪也偶有发生。

2）宰前鉴定：牛通常在采食后 12～24h 发病。病初精神不振，食欲大减，反刍、嗳气障碍，体温无显著变化。急性中毒病牛，突出的症状为呼吸快速，超过 80～100 次/min。随病势的发展，呼吸运动加深而次数减少。肺区可听到干性罗音或水泡音，继而出现以呼气困难为主的高度呼吸困难。可视黏膜发绀，流泪，眼球突出，瞳孔散大，以至全身抽搐，从鼻孔流出大量混血的泡沫性鼻液，俗称"牛喷气病"。此外，还伴发前胃弛缓，间或瘤胃鼓气、出血性胃肠炎等症状。最终死于肺、心机能衰竭。

3）宰后鉴定：牛最具特征的病变在肺脏。肺胀大 3 倍以上，边缘肥厚、质脆，切面湿润。轻型仅发生肺水肿和肺泡气肿；重型发生间质性肺气肿。纵隔也发生气肿呈气球状。肩肿、背腰部皮下和肌间积聚大小不等的气泡。此外，还见有胃肠出血、坏死等炎性病变，心、肝、胰等脏器变性、出血以至坏死。猪中毒的主要病变也在肺脏。肺肿大，暗红色，间质增宽呈透明状。胃肠黏膜广泛性充血、出血，有的黏膜剥脱。胃底部溃疡。肝肿大，胆囊胀大几倍，充满黑绿色胆汁。

4）卫生处理：胴体和内脏全部作工业用或销毁。

（3）玉米赤霉烯酮中毒（zearalenone poisoning）

1）病性：本病致病毒素为玉米赤霉烯酮，又称 F-2 毒素，它是禾谷镰刀菌的一种代谢产物。引起以阴户肿胀，乳房隆起和慕雄狂等雌激素综合征为主要临床表现的中毒病。主要发生于猪，尤其是 3～5 日龄仔猪，牛、羊等反刍动物偶有发生。

2）宰前鉴定：中毒时，拒食和呕吐。阴道黏膜瘙痒，阴道与外阴黏膜淤血性水肿，分泌混血黏液，外阴肿大 3～4 倍，阴门外翻，往往因尿道外口肿胀而排尿困难，甚至继发阴道脱（占 30%～40%）、直肠脱（占 5%～10%）和子宫脱。妊娠母猪，易发早产、流产。公猪和去势公猪，显现雌性化综合征，有时还继发膀胱炎、尿毒症和败血症等。

3）宰后鉴定：本病的病变集中在生殖系统，表现阴唇和乳腺肿大，乳腺导管发育不全，乳腺间质性水肿；阴道水肿、坏死，子宫颈水肿，细胞增生，子宫角变粗变长，子宫增大，蓄积水肿液。发情前期小母猪，卵巢发育不全。已配母猪，子宫水肿，卵巢发育不全。公猪睾丸萎缩。

4）卫生处理：胴体和内脏全部作工业用或销毁。

（4）马霉玉米中毒（moudy corn poisoning in horse）

1）病性：马霉玉米中毒，又称马属动物脑白质软化症（equine leucoencephalomalacia，ELEM），是一种以中枢神经机能紊乱和脑白质软化坏死为特征的高度致死性真菌毒素中毒病。马、骡、驴都可发生。本病具有明显的地区性和季节性，在我国主要发生于东北、华北的玉米产区，多发生在玉米收割过后的 9～11 月。

2）宰前鉴定：马霉玉米中毒的主要临床症状是中枢神经机能紊乱。病畜或高度沉郁垂头呆立，或极度兴奋，不断转圈，甚至向前猛冲，顶撞围墙，跳跃畜栏。

按神经症状可分为兴奋型（狂暴型）、沉郁型和混合型。兴奋型：病畜精神高度兴奋，以头部撞击饲槽，盲目地乱走乱跑，或向前猛冲。沉郁型：病畜精神高度沉郁，饮食欲减退或废绝，头低耳聋，两眼无神，反应迟钝，常呆立一隅。混合型：病畜有时表现沉郁，有时出现兴奋，交替出现前述症状。

3）宰后鉴定：特征性病变是大脑白质区出现大小不等的软（液）化坏死灶。眼观整个大脑皮层变软、水肿，脑回平坦。切开脑组织，见有一个或多个高粱米乃至鸡蛋大小的软（液）化坏死灶。坏死灶内含有灰黄色、凝固性、胶质样的半透明坏死组织。坏死区及其周围出血。除中枢神经系统的特征性病变外，还有一些非特征性病变，包括胃肠道炎症，实质器官肿大、出血、变性等。

4）卫生处理：胴体和内脏全部作工业用或销毁。

七、掺假和劣质肉

1．公、母猪肉的鉴别

由于公、母猪肉在市场销售肉类中适口性差，不受消费者欢迎。生产实践中往往只适合作某些复制品的原料，采购中须加以注意，检验时主要从以下几方面进行鉴别。

（1）看皮肤

公、母猪的皮肤一般都比较粗糙，松弛而缺乏弹性，多皱襞，且较厚，毛孔粗；公猪上颈部和肩部皮肤特别厚，母猪皮肉结合处疏松。

（2）看皮下脂肪

公、母猪的皮下脂肪很少或缺乏，有较多的白色疏松结缔组织。肉脂硬，公猪的背脂特别硬。母猪皮下脂肪呈青白色，皮与脂肪之间常见有红色，俗称"红线"。手触摸时黏附的脂肪少，而肥猪黏附的脂肪多。

（3）看乳房

公猪最后一对乳房多半并在一起；母猪的乳头细而长，乳头皮肤粗糙，乳孔明显。纵切乳房部可见粉红色海绵状腺体，有的虽然萎缩，但有丰富的结缔组织填充，有时尚未完全干乳，故切开时可流出黄白色的乳汁。

（4）看肌肉特征

一般，公、母猪的肌肉色泽较深，呈深红色，肌纤维粗糙，肉脂少，年老公猪肩胛骨上面有一卵圆形的软骨面通常已被钙化。

（5）嗅性气味

公、母畜肉常发出一种十分难闻，使人不愉快的性臭气味（俗称腥膻气味），又称性臭。这种性气味以公畜肉较明显，尤以公山羊的性气味更浓。这种气味是由 α-睾酮引起的。

去势公猪的性气味，随着去势时间的延长，而逐渐减轻或消失。一般认为在去势后 2～3 周才能消失，对去势的老公猪肉则更晚一些。性气味以臀部肌肉处为浓；脂肪部位性气味消失较慢，在去势后两个半月消失。唾液腺的性气味消失得更慢，因此检查时嗅察唾液腺的气味具有重要鉴别意义。

1）煎炸试验：从胴体上取肉样进行油炸或油煎，以嗅其挥发出的气味。

2）烧烙试验：用热的烙铁按于阴囊、腰部及下腭部，嗅其散发出的气味。

3）煮沸试验：实际工作中采用煮沸试验似乎更适于现场检验。其方法是将待检样品放入清洁凉水中加热煮沸，从散发的热蒸汽可以嗅闻到无性气味。也可采用一种耐高温塑料袋作容器，取背部或腹腔板油两片放入袋中，将袋口扎紧，置于沸水中，待脂肪熔化，切开袋口，嗅其气味。

（6）寻找生殖器官残迹和阉割疤

仔细检查，公猪肉有时还可见阴囊被切的痕迹，阴茎根常出现于胴体的一侧，球海绵肌发达强化，母猪则可见子宫韧带的固着痕迹，有时还可见睾丸或卵巢等生殖腺残留，特别是隐睾猪，此种情况尤为多见。

（7）看腹部特征

母猪腹围较肥育猪宽，母猪的腹直肌往往筋膜化；公猪的腹直肌特别发达。据民间经验，带皮的公、母猪肉，经烧煮后，皮切口外翻者为母猪肉；皮切口内卷者为公猪肉。

（8）看肋骨和骨盆

母猪与公猪相比较，肋骨扁而宽，骨盆腔较宽阔。

2. 掺水肉的检验

开放肉品市场，方便了群众生活。但少数屠宰户，为了牟取暴利，乘机制造和出售掺水肉，严重地影响了肉品的卫生质量，危害人民群众的身体健康。这是一种严重的违法行为。

掺水肉，也称注水或灌水肉，是指临宰前向猪、牛、羊、犬、鸡等动物活体内，或屠宰加工过程中向屠体及肌肉内注水而使重量增加的肉。注水方式有多种：直接注水，即在猪、牛、羊等动物宰后不久用连续注射器向胴体肌肉丰厚部位的皮下或肌肉中注水；间接注水，即往活体动物胃肠内连续灌水，之后再行屠宰，或者切开股动脉、颈动脉放血后，通过血管注水或向心脏灌入大量水，使之渗透进入体内；还有的是将胴体放入水中，长时间浸泡，或往分割肉的肉卷中掺水，然后冷冻。注入的水有自来水、屠宰场的血水，以及含有食盐、漂白剂、明矾的水，更有甚者往肉中注卤水，因卤水能使肉色鲜艳，使蛋白质凝固，注入的水不易流出。

（1）感官检验

1）视检。

A．肌肉：凡掺过水的新鲜肉或冻肉，在放肉的场地上把肉移开，下面显得特别潮湿，甚至积水，将肉吊挂起来会往下滴水。注水肉看上去肌纤维突出明显，肉发肿、发胀，表面湿润，不具正常猪肉的鲜红色和弹性，而呈粉红色、肉表面光亮。

B．皮下脂肪及板油：正常猪肉的皮下脂肪和板油质地洁白，而灌水肉的皮下脂肪和板油轻度充血、呈粉红色，新鲜切面的小血管有血液流出。

C．心脏：正常猪心冠脂肪洁白，而灌水猪的心冠脂肪充血，心血管怒张，有时在心尖部可找到灌水口，心脏切面可见心肌纤维肿胀，挤压有水流出。

D．肝脏：灌水肝脏严重淤血、肿胀，边缘增厚，呈暗褐色，切面有鲜红色血水流出。

E．肺脏：灌水肺明显肿胀、表面光滑、呈浅红色，切面有大量淡红色的水流出。

F．肾脏：灌水肾肿胀、淤血、呈暗红色，切面可见肾乳头呈深紫红色。

G．胃肠：灌水胃肠的黏膜充血、呈砖红色，胃肠壁增厚。

2）触检：用手触摸注水肉，缺乏弹性，有坚硬感和湿润感，手指压下去的凹陷往往不能完全恢复，按压时常有多余水分流出，如果是注水冻肉还有滑溜感。

3）放大镜检查：用 15～20 倍放大镜观察肌肉组织结构变化。正常肉的肌纤维分布均匀，结构致密，紧凑无断裂，无增粗或变细等变化，红白分明，色泽鲜红或淡红，看不到血液及渗出物；注水肉的肌纤维肿胀粗乱，结构不清。肌肉组织中含有大量水分和渗出物。

4）加压检验法：取长 10cm、宽 10cm、高 3～7cm 的待检精肉块，用干净的塑料纸包盖起来，上边压 5kg 重的哑铃一个，待 10min 后观察，注水肉有水被挤压出来；正常肉品则是干燥的或仅有几滴血水流出。

5）刀切检验法：将待检肉品用手术刀将肌纤维横切一个深口。如果是注水肉，稍停一会即可见切口渗水，正常肉品则否。

6）试纸检验法：将新华牌定量滤纸剪成 1cm×10cm 的长条状，在待检肉新切口处插入 1～2cm 深，停留 2～3min，然后观察被肉汁浸润的情况（本法不宜检查鲜冻肉）。轻度注水肉，滤纸条被水分和肌汁湿透，且越出插入部分 2～4mm，纸条湿的速度快、均匀一致；严重注水肉，滤纸条被水分和肌汁浸湿，均匀一致，超过插入部分 4～6mm 甚至以上。同时，注水肉黏着力小，检验滤纸条容易从肉上剥下，纸条拉力小而易碎。

（2）实验室检验

1）熟肉率检验法：将待检精肉切成 0.5kg 重的肉块，放在铝锅内，加水 2000mL，待水煮沸后开始计时并煮沸 1h，然后捞出冷凉后称取熟肉重量，用熟肉重除以鲜肉重，求得熟肉率，一般来说，正常肉品熟肉率大于 50%，而注水肉小于 50%。

2）肉的损耗检验法：将待检肉品吊在 15～20℃通风凉爽的地方，经过 24h，正常肉的损耗率在 0.5%～0.7%，而注水肉可达 4%～6%。

3）常压水分干燥法：常压水分干燥法虽简单，但耗时较长，且结果受注水水质的影响。由于注水中含电解质等物质，而且在种类、数量上有很大差异，因此对肉类注水程度的判定难以掌握，该方法只能粗略判定，方法如下。

A. 取称量瓶置于 105℃烘箱烘 1～2h 至恒量，盖好，取出置干燥器内冷却，分析天平称重量为 W_1。

B. 取待检肉样 3g 左右于称量瓶中，摊平、加盖，精密称重为 W_2，并置入 105℃烘箱烘 4h 以上至恒重（两次重复烘，重量之差小于 2mg 即恒重），经干燥器冷却后称重为 W_3。

C. 结果计算与评价如下。

$$肉品水分 = \frac{W_2 - W_3}{W_2 - W_1} \times 100\%$$

正常鲜精肉水分含量为 67.3%～74%，注水猪肉大于此范围，一般水分含量大于 74%。

（3）掺水肉的处理

1）凡注水肉，不论注入的水质如何，不论掺入何种物质，均予以没收，作化制处理。

2）对经营者予以经济处罚，直至追究刑事责任。

八、肉种类鉴别

在肉类交易中，某些经营者在经济利益驱动下，"挂羊头，卖狗肉"欺骗消费者。另外，由于肉制品的多样化，有时还需查明各种原料肉的比例和真伪等情况，因此经常出现因肉种类而引发的问题，特别是以冻肉的形式出现，肉眼很难区别。进行肉种类鉴别主要依据肉的外部形态、骨的解剖学特征、肉的理化特性及免疫学反应等。目前比较先进的是聚合酶链反应鉴别肉种类的方法，其优点是灵敏，不受肉保存状态的限制；缺点是不能定量，在定性上也受一定限制，只能是对提出的问题，回答"是或者不是"，而对"是什么"的问题，则不能作出满意的回答。肉种类鉴别的重点是在牛肉和马肉，羊肉、猪肉和狗肉及兔肉和禽肉之间，其中以牛肉和马肉、羊肉和狗肉之间的鉴别为主。

1. 外部形态学特征比较

各种动物肉及脂肪形态学特征受品种、年龄、性别、阉割、肥育度、使役、饲料、放血程度及屠畜应激反应等因素的影响，因此只能作为肉种类鉴别时的参考。牛肉与马肉，羊肉、猪肉与狗肉，兔肉与禽肉外部形态学特征比较见表3-23～表3-25。

表 3-23　牛肉与马肉外部形态学特征比较表

肉类	肌肉			脂肪		气味
	色泽	嫩度	肌纤维性状	色泽和硬度	肌间脂肪	
牛肉	淡红色、红色或深红色（老龄牛），切面有光泽	质地坚实，有韧性，嫩度较差	较细，眼观断面有颗粒感	黄色或白色（幼龄牛和水牛），硬而脆，揉搓时易碎	明显可见，切断面呈大理石样纹斑	固有气味
马肉	深红色、棕红色，老马更深	质地坚实，韧性较差	比牛肉粗，切断面颗粒明显	浅黄色或黄色，软而黏稠	成年马少，营养好的也多	固有气味

表 3-24　羊肉、猪肉与狗肉外部形态学特征比较表

肉类	肌肉			脂肪		气味
	色泽	嫩度	肌纤维性状	色泽和硬度	肌间脂肪	
绵羊肉	淡红色、红色或暗红色，肌肉丰满，肉粘手	质地坚实	较细短	白色或微黄色，质硬而脆，油发黏	少	膻味浓
山羊肉	红色、棕红色肌肉发散，肉不粘手	质地坚实	比绵羊粗长	除油不粘手外，其余同上	少或无	固有肉腥气味
猪肉	鲜红色或淡红色，切面有光泽	肉质嫩软，嫩度高	细软	纯白色，质硬而黏稠	富有脂肪，瘦肉型断面呈大理石样	固有气味
狗肉	深红色或砖红色	质坚实	比猪肉粗	灰红色，柔软而黏腻	少	

表 3-25　兔肉与禽肉外部形态学特征比较表

肉类	肌肉			脂肪		气味
	色泽	嫩度	肌纤维性状	色泽和硬度	肌间脂肪	
兔肉	淡红色或暗红（老龄兔或放血不全）	质松软	肌纤维细嫩	黄白色，质软	沉积极少	兔肉固有的土腥味
禽肉	呈淡黄、淡红灰白或暗红等色，急宰肉多呈淡青色	质实较细嫩	纤维细软，水禽的肌纤维比鸡的粗	黄色，质甚软	肌间无脂肪沉积	禽肉固有的气味

2. 骨解剖学特征比较

各种动物的骨都有着固定的种类特征，因此通过骨的解剖学特征来鉴别肉种类是准确而可靠的方法，见表 3-26 和表 3-27。

表 3-26　牛骨与马骨的比较表

部位	牛	马
第 1 颈椎	无横突孔	有横突孔
胸骨	胸骨柄肥厚，呈三角形（水牛为卵圆柱形）不突出于第 1 肋骨，胸骨体扁平形，向后渐变宽	胸骨柄两侧压扁，呈板状，且向前突出，胸骨体的腹嵴明显，整个胸骨呈舟状
肋骨	13 对，扁平，宽阔，肋间隙小。水牛更小	18 对，肋窄圆，肋间隙大
腰椎	6 个，横突长而宽阔，向两侧呈水平位伸出，以 2~5 腰椎最长，1~5 横突的前角处有钩突。黄牛钩突不明显	6 个，横突比牛短，3~4 腰椎最长，后 3 个向前弯，无钩突
肩胛骨	肩胛冈高，肩峰明显而发达	肩胛冈低，无肩峰
臂骨（肱骨）	大结节非常大，有一条臂二头肌沟，三角肌粗隆没有马的发达	大、小结节的体积相似，有两条臂二头肌沟，三角肌粗隆发达
前臂骨	尺骨比桡骨细 1/3，且比桡骨长。有 2 个前臂间隙，上间隙最明显	尺骨短，近端粗，远端尖细，附着于桡骨体的中部，只有一个前间隙
坐骨结节	黄牛、奶牛为等腰三角形，水牛为长三角形。外上方宽有 2 个突起，内下方窄，延为坐骨弓	只有 1 个结节，为上宽下窄的长椭圆形，由前上方斜向外，向后下方
管骨	由 2 块骨（大掌骨和大跖骨）组成，背侧正中有一血管沟，另有一个不明显的小掌（跖）骨	由 1 块骨［大掌（跖）骨］组成，另在该骨的两侧有 2 个小掌（跖）骨
指（趾）骨	有 2 指（趾），每指（趾）有 3 节	有 1 指（趾），3 节
股骨	无中转子和第三转子，小转子呈圆形突出	有中转子和第三转子，小转子呈嵴状
小腿骨	腓骨近端退化，只有一个小突起（水牛只有痕迹），远端形成踝骨	腓骨比牛的大，呈细柱状，下端与胫骨远端的外踝愈合。有小腿间隙

表 3-27　羊骨、猪骨和狗骨的比较表

部位	羊	猪	狗
寰椎	无横突孔	横突孔在寰椎可见，向寰椎翼后缘突出	有横突孔，寰椎翼前方有翼切迹
胸骨	无胸骨柄，胸骨体扁平	胸骨柄向前钝突，两侧稍扁呈楔形，胸骨体扁平比犬的短	胸骨柄为尖端向前的三角形，胸骨体两侧稍扁，略呈圆柱状
肋骨	与胸骨相连处呈锐角，楔形。肋骨 13 对，真肋 8 对，前部肋骨弯曲度大	肋扁圆 14~15 对，7 对真肋弯曲度没有犬的大，肋间隙比犬小，第 1 肋的下部很宽，封闭胸廓前口的下部	第 1 肋与胸骨相连处呈前弧形，肋 13 对，真肋 9 对，最后肋常为浮肋，肋弯曲度大，肋间隙大
腰椎	6 个，横突向前低，末端变宽，棘突低宽	5~7 个，一般为 6 个，横突稍向下弯曲，稍前倾，棘突稍前倾，上下等宽	7 个，横突较细，微伸向前下方，棘突上窄下宽
肩胛骨	肩峰明显	肩峰不明显，冈结节异常发达，并向后弯曲	肩峰呈钩状，肩胛冈高，把肩胛骨外表面分成两等份

续表

部位	羊	猪	狗
臂骨	大结节较直,比小结节高得多	大结节发达,二头肌沟深	骨干呈螺线形扭转,大小结节高度一致
前臂骨	比猪的直,微弯曲。尺骨比桡骨长且细得多	尺骨弯曲且比桡骨长,粗细相当。前臂间隙很小	较直,尺骨比桡骨长而稍细
掌骨及跖骨	2个大掌骨愈合成1块,背面有血管沟,无小掌(跖)骨	大掌(跖)骨1对;小掌(跖)骨位于大掌(跖)骨后两侧	有4个大掌(跖)骨和一个很小的小掌(跖)骨
指(趾)骨	1对主指(趾)骨,悬指骨退化变形	1对全指(趾)骨和1对悬指(趾)骨	4个主指(趾),悬指(趾)非常小
坐骨结节	扁平外翻,长三角形	明显向后尖突	与马的坐骨结节相似
股骨	大转子略低于股骨头,第三转子不明显,髁上窝浅	大转子与股骨头水平位无第三转子,髁窝不明显	大转子低于股骨头,无第三转子,无髁上窝
小腿骨	腓骨近端退化成1个小隆突,远端变为踝骨	胫骨和腓骨长度相等。小腿间隙贯穿全长,腓骨比胫骨细,上半部呈三菱形	胫骨和腓骨长度相等,但尺骨很细,上半部有较宽的小腿间隙

3. 淋巴结特征比较

主要是牛与马的淋巴结鉴别。牛的淋巴结是单个完整的,多呈椭圆形或长圆形,切面在灰色或黄色的基础上往往有灰褐色或黑色的色素沉着。马的淋巴结是由多个大小不同的小淋巴结联结成的淋巴结团块,呈纽结状,比牛的淋巴结小,切面色泽灰白或黄白。

4. 脂肪熔点的测定

每种动物脂肪所含饱和脂肪酸和不饱和脂肪酸的种类和数量不同,其熔点也不相同,故可作为鉴别肉种类的依据。

（1）直接加热测定法

从检肉中取脂肪数克,剪碎,放入烧杯中加热,待熔化后,加适量冷水(10℃以下),使液态油脂迅速冷却凝固并浮于液面。插入一支温度计,使液面刚好淹没其水银球。将烧杯放在石棉网上加热,并随时观察温度计水银柱上升和脂肪熔化情况。当液面的脂肪刚开始熔化和完全熔化时,分别读取温度计所示读数,即被检脂肪的熔点范围。

（2）毛细管测定法

将毛细管直立插入已熔化的油样中,当管柱内油样达0.5~1.5cm高时,小心移入冰箱内或冷水中冷却凝固。取出后,用橡皮圈固定毛细管于温度计上,并使油样与水银球在同一水平面上,然后将其插入盛有冷水的烧杯中,使温度计水银球浸没于液面下3~4cm处。缓慢加热,不时搅拌,使水温传热均匀并保持水的升温速度为每分钟

0.5~1℃,直至接近预计的脂肪熔点时,在脂肪开始熔解时注意观察并分别记录毛细管内油样刚开始熔化和完全澄清透明时的温度。将毛细管取出,冷却。再按上述方法复检3次,计算平均温度,即该脂肪样品的熔点。

（3）判定标准

各种动物脂肪的熔点与凝固点温度见表3-28。

表3-28　各种动物脂肪的熔点与凝固点温度

脂肪名称	熔点温度/℃	凝固点温度/℃
猪脂肪	34~44	22~31
马脂肪	15~39	15~30
牛脂肪	45~52	27~38
牛乳脂肪	30~41	19~26
羊脂肪	44~55	32~41
犬脂肪	30~40	20~25
水牛脂肪	52~57	40~49
鸡脂肪	30~40	—
兔脂肪	35~45	—

5. 免疫学反应

本反应是以被检测动物的血清作抗原接种家兔,然后分离兔血清作为特异抗体。用已知的兔抗血清检测未知的被检动物的肉样浸出液。可采用沉淀管法,观察是否产生白色沉淀环,也可采用平板凝集法,观察是否有云雾状物。

第六节　病害肉的卫生处理和消毒

屠宰加工中产生的不符合食用卫生要求的有条件食用产品、废弃品及死亡动物等,须进一步加工处理,以便生产出适于各种用途的合格产品,同时净化生产场地和环境,这是屠宰加工企业的重要工作,并具有重要的卫生学意义和经济意义。为防止人畜共患病和畜禽疫病的传播,还须进行经常性消毒和突击性消毒工作。

一、有条件利用肉的无害化处理

1. 无害化处理的概念

无害化处理是指对于不适于直接食用或利用的病害

肉,经一定技术条件处理后使其传染性、毒性消失或不对环境产生危害的过程。凡经检验认定为有条件食用的产品,一般是指患有一般性传染病、轻度寄生虫病和病理性损伤的胴体和脏器,经过高温、炼制等处理后,使其传染性、毒性消失,寄生虫全部死亡,可以被人体食用的产品。凡经检疫认定为国家规定的恶性传染病或经检验认定为应予废弃处理的胴体或内脏,以及病死的畜禽尸体,必须进行无害化处理,不可食用。无害化处理的方法有销毁、化制、高温和炼制食品油几种处理手段。

根据我国《四部规程》的规定,对可食用肉的无害化处理主要包括以下几个方面,即冷冻处理,主要是针对囊尾蚴病;国外有的国家用冷冻法处理旋毛虫肉;盐腌处理,主要是针对囊虫病。以上这些方法均可用高温处理的方法来加以取代。因为冷冻法、产酸法、盐腌法进行无害化处理时,针对的范围小,仅为个别的疫病,所以在国家发布的新标准,即《畜禽病害肉尸及其产品无害化处理规程》中,对可食用产品的无害化处理仅保留了高温处理一项。对人及动物危害较大的传染病和寄生虫病,规定了两种处理方法,即销毁和化制。

2. 无害化处理的方法

（1）销毁

销毁是对危害特别严重的恶性传染病、人畜共患病、恶性肿瘤、多发性肿瘤和病腐动物尸体及其他具严重危害性的废弃物所采取的化制、焚烧等完全消灭其形体的处理方法。

1）适用对象:确认为炭疽、鼻疽、牛瘟、牛肺疫、恶性水肿、气肿疽、狂犬病、羊快疫、羊肠毒血症、肉毒梭菌中毒症、羊猝疽、马流行性淋巴管炎、马传染性贫血病、马鼻肺炎、马鼻气管炎、蓝舌病、非洲猪瘟、猪瘟、口蹄疫、猪传染性水疱病、猪密螺旋体痢疾、急性猪丹毒、牛鼻气管炎、黏膜病、钩端螺旋体病（已黄染胴体）、李氏杆菌病、布鲁氏菌病、鸡新城疫、马立克氏病、鸡瘟（禽流感）、小鹅瘟、鸭瘟、兔病毒性出血症、野兔热、兔产气荚膜梭菌病等传染病和恶性肿瘤或两个器官发现肿瘤的病畜禽整个尸体;从其他患病畜禽各部分割除下来的病变部分和内脏。

2）操作方法:在有关销毁的各项操作过程中,运送尸体和各肢节的部分均应采用密闭的和不漏水的容器。

A. 湿法化制:利用湿化机,将整个尸体投入化制（熬制工业油）。

B. 焚毁:将整个尸体或割除下来的病变部分和内脏投入焚化炉中烧毁炭化。

（2）化制

化制是在一定的技术设备条件下,将屠畜及其产品炼制成骨肉粉和工业油等可利用产品的无害化处理方法。在前面的"卫生评价和处理"中所提的"工业用"指的就是此种处理方法。

1）适用对象:凡病变严重、肌肉发生退行性变化的,除适用于销毁的传染病以外的其他传染病、中毒性疾病、囊虫病、旋毛虫病及自行死亡或不明原因死亡的畜禽整个尸体或胴体和内脏。不能在无害化处理后食用者,也应炼制工业油或骨肉粉。

2）操作方法:可利用大型干化机将原料分类,分别投入化制。也可以利用湿化机,将整个尸体投入化制。目前我国广泛采用的是大型立式高压罐,安装在上下两层操作房的车间内。这种立式高压罐可并排安装数个,上部开口在第二层操作间,整个畜禽尸体或其他废弃物可以由此填进罐中,然后加水,加盖密封。由过热蒸汽通过双层罐壁的夹层加热、加压。经过一段时间,罐内容物分为3层,上层为油脂,中层为溶解的蛋白质有机物,下层为肉骨残渣。这3层中的物质可分别作为生产工业油、蛋白胨和骨肉粉的原料。

（3）高温处理

高温处理按照一定的技术条件,以100℃及100℃以上的温度对某些危害人畜健康的传染病和寄生虫病畜及其他可利用可食用产品进行的一种无害化处理方法。

1）适用对象:猪肺疫、猪溶血性链球菌病、猪副伤寒、结核病、副结核病、禽霍乱、传染性法氏囊病、鸡传染性支气管炎、鸡传染性喉气管炎、羊痘、山羊关节炎脑炎、绵羊梅迪-维斯纳病、弓形虫病、梨形虫病、锥虫病等病畜的肉尸和内脏。

确认为应销毁的传染病畜禽的同群畜禽及怀疑被其污染的肉尸和内脏都应进行高温处理。

2）操作方法。

A. 高压蒸煮法:将肉切成厚不超过8cm,重不多于2kg的肉块。在112kPa（1.3个大气压）压力下的密闭锅内,蒸煮1.5～2h。

B. 普通烧煮法:用普通敞口锅烧煮同样大小的肉块,经2～2.5h,使肉深处温度达到80℃以上,此时牛肉的深处切面呈灰色,猪肉呈灰白色,无血色液体外流。

C. 血液的处理:须进行高温处理的病畜,其血液处理的具体方法是,将已凝固的血液切成豆腐方块,放入沸水中烧煮,至血块深部达到黑红色并成蜂窝状时为止。

（4）炼制食用油

炼制食用油即利用高温将不含病原体的脂肪炼制成食用油的方法,炼制温度要求在100℃以上,历时20min。

二、废弃品的卫生处理

1. 废弃品

在动物的屠宰加工过程中剔出的不适于食用的产品称为废弃品。屠宰加工修整和卫生检验中剔出的废弃品包括各种病变组织和器官、腺体、生殖器官、碎屑等,以及屠宰前死亡和急宰的畜禽尸体。对这些废弃品通过"化制"及其他适当处理,可以生产出具有一定经济价值的产品,如工业用油脂、蛋白胨、动物胶、动物饲料及肥料等。

2. 废弃品的化制

（1）化制车间的卫生要求

废弃品的化制都是在专用的车间或厂、站中进行的。

不论是大型屠宰加工企业，还是小型的屠宰场，都应建立处理加工废弃品的化制车间（室），设置一定的加工设备，其中包括高温炼油锅、高温高压蒸煮罐和复杂的真空化制机等进行无害化处理的设备。

1）场所的选择：屠宰加工厂内的化制车间（厂、站）应是一座单独的建筑物，地址的选择应与屠宰加工企业总的卫生原则要求一致，应位于工厂的边缘部。如果屠宰厂和肉联厂无化制车间和化制设备，可将化制原料送到化制厂（站），但必须做好运输卫生。化制厂（站）可在大、中城市设置，集中处理全市或区的屠宰废弃品，更便于卫生管理。其厂址的卫生要求与屠宰场相同。

2）建筑物的结构与工序安排：化制厂（站）或化制车间的建筑原则除与畜禽屠宰工厂或车间基本一致外，为适应工作程序的排列和安置，其建筑物的结构与布局应有严格的要求。无论规模大小，化制厂（车间）的建筑都应严格地分为两部分：第一部分包括原料接收剖解室、化验室、消毒室和皮张处理保存室，房屋建筑要求光线充足，通风良好，有完善的供水、排水与防蝇设备。第二部分为化制加工部分，有化制加工室、制成品仓库及工作室等。原料接收和化制加工这两个部分，即俗称的原料和成品两个部分必须严格隔绝，在第一部分分割好的原料只能经过一定的孔道直接进入化制部分的化制器或化制锅内。

在建筑上，化制车间的地面、墙裙及通道均应用不透水的材料建成，各个门口应设置浅消毒槽。化制车间的污水，不得直接排入下水道或河流，必须经过净化处理，经卫生机关许可后方可排入排水沟内。

化制车间的全部工作人员，均应严格遵守兽医卫生规则，不得随意在两个隔绝的加工部分互相往来，为避免污染，设备器材不得换用。

（2）化制原料的搬运

化制车间（厂、站）的加工原料，都是极其危险的废弃品，如病死畜（禽）尸和胴体、内脏等。在由屠宰场或牲畜死亡地点向化制厂（或车间）搬动废弃物与畜尸过程中，以及在化制厂内转移化制原料时，都应严格注意防止污染和散失病菌。因此，要求采用密闭、不漏水和便于消毒的专用运输工具。

如果条件不足，需要用一般车辆搬运畜尸时，必须用浸渍消毒药液的湿布或棉球，塞住尸体的所有天然孔，以防血液、排泄物和分泌物外流。运输完毕后应对所有的运输工具进行彻底的消毒清洗。

（3）化制方法

1）土灶熬油法：适用于生产规模小而废弃物少的情况，设置时尤其要注意将其安排在距离卫生要求高的公共场所较远的地点。

A．设备：化制锅和化制灶。

化制锅有普通熬油锅与蒸锅两种。前者是大型生铁锅，直径约1.3m，每次可熬油膘100kg；后者是在大锅上加设一个高90cm的圆形木筒，上有木盖，基底部有一层竹篾，使化制物不与锅底接触，以免烧焦而影响出油率。这种蒸锅每次可蒸煮原料600kg左右。

化制灶也有两种，一种是家庭用的普通土灶，另一种是特制的四眼土灶。四眼土灶装有四口锅，一个烟囱位于中央。

B．化制方法：土灶炼油法一般将出油率高的组织，如肥膘板油等与出油率较低的组织，如肌肉、内脏器官等分别进行。出油率高的常用普通熬油锅，而出油率低的则常用蒸锅化制。锅内应先盛有1/3容量的清水。用中等火力熬煮，蒸煮约6h。

C.评价方法：该法基建费用低廉，适用于小量废弃物的处理。但其容量小，产品质量差，不耐保藏，成品容易再污染，而且熬煮时臭味大，劳动条件差。

2）湿化法。

A．湿化法的原理：湿化法是一种销毁处理的手段，它是以湿化机来化制畜尸与废弃品的方法。湿化机实际上就是一个大型的高压蒸汽消毒器，其不同点是容量较大，其容量一般为2～3t，有的为4～5t。大型畜尸可以不经解体，直接进入湿化机，是一种完全彻底的卫生处理方法。湿化机利用高压饱和蒸汽直接与废弃品及畜尸组织接触，蒸汽凝结成水时，放出大量热能使油脂熔化、蛋白质凝固，借助高温将病原体完全杀灭。

在化制车间内，湿化机应设置于两层楼之间。借助两层楼之间的隔层，把化制机的原料进口部分与产品出口部分严格分开，以保证化制后的产品不受污染。

B．化制方法：包括装料、化制、取油等步骤。

装料：对于整个畜尸和胴体可使用起重机将原料移入化制器内。对于零散的原料最好先装大块废弃品，再装小块碎料，最后再压一层大块的原料。这种装法可以使蒸汽在机内充分流通，也可避免蒸汽将碎肉块顶入放气阀门内，影响放气。装料量不应超过化制器容量的3/4。

化制：装料加盖，对称旋紧盖口螺丝，先排净化制器内的冷气，再紧闭排气阀，继续通入蒸汽，直至气压表指针升到60磅（约27kg），调节水汀阀，保持此压力2～5h（以组织和肉尸全部焖烂为度）。然后关闭水汀阀，静置一夜，让油脂初步沉清，以便提取。

取油：化制完毕后，打开排气孔，徐徐排气，压力降低至零磅时，放取油脂，最后清除油渣。

C.评价方法：湿化法的主要优点在于可以有效地利用因患恶性传染病而死亡的大型家畜全尸，以提取工业用油脂与肥料用油渣。其缺点是取得的油脂质量较低，这是因为湿化时，蒸汽直接与原料接触，所得油脂虽经蒸发处理，其含水量仍较高。由于高温高压作用，肉中分离出的蛋白质和皮中析出的明胶质及随着全尸进入化制机的胆汁等物质具有乳化剂的作用而使部分油脂乳化，形成混浊的乳浊液，致使油脂色泽不良。另外，由于湿化时大部分可溶性蛋白质都溶于水而混入油脂，此后虽经蒸发与沉淀，也难完全清除，含蛋白质多的油脂不耐久藏。

171

因此，湿化法所取得的油渣利用价值也不大。这是因为其中蛋白质含量不高，水分含量太多，易于氧化，气味色泽不良，常有臭味，故只能作肥料，不宜作饲料。

3）干化法。

A．干化法的原理：干化法是使废弃物在化制机内受干热与压力的作用而达到化制的目的。热蒸汽不直接接触化制的废弃物，而循回于夹层中。

干化法化制机是一种卧式或立式的圆桶形机器，机身由双层钢板组成，两层间保留有间隙，并有进出的孔道分别与水蒸气管和排水管相通。化制时，通入蒸汽。圆筒的内腔称为化制锅，顺锅的长轴有一个带桨的滚轴搅拌器，可顺转、逆转，从而将化制物搅拌或排出化制物残渣。

化制车间应分为互相隔绝的3个部分。第一部分专管原料的粉碎与向化制机内装填原料；第二部分安装化制机与动力设备，并在此进行操作；第三部分为成品的出口，取出成品并加以包装，这样可保证成品不被污染。

B．化制方法：干化法分以下步骤进行。

装料：先开放水汽阀，使化制机套锅增压到160磅（约73kg），转动搅拌器后将切碎并清理好的原料加入化制锅，紧闭锅盖。

排气：装好原料后，开动抽气机，将锅内废弃品和尸体所蒸发的水分抽出，经冷却装置后，排入下水道，以免臭气回溢，影响公共卫生。

做磅：是使锅内压力增高到一定程度，并维持一定时间，以使热力透入大块组织。当抽气到一定程度时，先后将排气孔与抽气机关闭，使内压上升，达到20磅（约9kg），保持压力20min，则完成做磅任务。

退磅：做磅完毕后，打开排气阀，使锅内压力逐渐降低至零。退磅的速度，应视化制物的种类而异，一般每10min减5～10磅（2.3～4.5kg）。

干燥：用抽气机排气，使压力达负20磅（约9kg）并保持20～30min，这时肉渣呈肉松样色泽，且有特殊肉香味。

出品：干燥完毕，停止抽气，关闭水汽阀，徐徐旋开气门，慢慢缓解锅内负压。使滚轴反时针方向转动，以助油渣的排出。

分离油脂：化制后，可用离心法或压榨法使油脂与油渣分离。离心法抽油率较低，所需时间较长。压榨法出油率高，所需时间短。

C．评价方法：与湿化法的优缺点恰好相反，干化法主要缺点是不能化制大块的原料和全尸。因此，不准用干化法处理患恶性传染病的畜尸。

由于干化法与湿化法在优缺点上互补长短，因此合理的化制厂或车间，应同时有两种设备，分别处理不同原料。

（4）化制时的卫生监督

一切进入化制厂（车间）的原料必须先经兽医检验或尸体剖检，以便进行分类加工处理。对于进入化制厂的动物尸体应编号登记，并悬挂牌号，以便识别。登记卡中应注明畜尸种类、来自何处、诊断情况、病理变化、实验室检查、结果与尸体加工种类等项。

对炭疽、鼻疽等恶性传染病的尸体，禁止解体，只能以整尸化制或焚化。

废弃物及尸体的化制或焚化处理应及时，不得迟于运到处理地点后48h。

废弃品和畜尸的处理工作，必须在兽医人员监督下进行。处理完毕后，所有被污染的场地、用具、车辆、工作服、胶靴，以及操作人员的手，都应进行消毒。

处理后所有成品，必须经兽医检验鉴定后方准运出。

（5）废弃品的销毁

废弃品的销毁一般有3种方法，即湿化法、焚化法和深埋法。这里需要说明的是"深埋法"在国家新的标准《畜禽病害肉尸及其产品无害化处理规程》（GB 16548—1996）中没有提及，在实际应用中也有很多弊端，如容易造成环境污染和疫情扩散等。此种方法除在偏远的山区、林区外，应尽量少用或不用。

1）湿化法：与前文所述相同。

2）焚化法：焚化法即用火将废弃物或畜尸焚毁炭化的方法。这种全部焚毁的方法是处理最彻底、最合乎卫生要求的方法。因此，对恶性传染病如炭疽、狂犬病、鼻疽等肉尸，都必须采用整体焚化法处理。常用的焚化法是：焚化炉焚化法，即用煤等作燃料，在专用的焚尸炉中焚毁畜尸的方法。大城市中的垃圾焚毁炉也可附带用来焚尸。须注意：焚尸炉的烟囱要高，焚尸味要在高空中散失，不影响周围的环境。

在不具备上述条件焚尸时，可根据对传染病的防疫要求，采取土坑焚尸法或斜坡焚尸法。具体方法有十字坑法、单坑法和双层坑法。

A．十字坑法：按十字形挖两条坑，其长、宽、深分别为2.6m、0.6m、0.5m，在两坑交叉处的坑底堆放干草或木柴，坑沿横架数条粗湿木棍，将尸体放在架上，在尸体的周围及上面再放些木柴，然后在木柴上倒些柴油，并压以砖瓦或铁皮，从下面点火，直到把尸体烧成黑炭为止，并将其掩埋在坑内。

B．单坑法：挖一条长、宽、深分别为2.5m、1.5m、0.7m的坑，将取出的土堆堵在坑沿的两侧。坑内用木柴架满，坑沿横架数条粗湿木棍，将尸体放在架上，以后处理同上法。

C．双层坑法：先挖一长宽各2m、深0.75m的大沟，在沟的底部再挖一长2m、宽1m、深0.75m的小沟，在小沟沟底铺以干草和木柴，两端各留出18～20cm的空隙，以便吸入空气，在小沟沿横架数条粗湿木棍，将尸体放在架上，以后处理同上法。

焚烧时应注意焚烧后所剩的骨及骨灰必须埋于土中，焚烧的场所及其附近，必须消毒。

3）掩埋法：此法简单易行，因此常被实际工作者采用，但安全性较差。据统计一具中型畜尸约需经14年的时间才能全部腐烂。尸体掩埋时应注意下列问题。

尸体掩埋的地点要选择远离住宅、农牧场、水源、草原及道路的偏僻地方,沙质土壤最好,因为沙土干燥多孔,可以加快尸体腐败分解;地势要高,地下水位低,并避开山洪的冲刷。集中掩埋地还应筑有 2m 高的围墙,墙内挖一个 4m 深的围沟,设有大门,平时禁止人畜进入。掩埋坑的长度和宽度以能容纳侧卧尸体即可,从坑沿到尸体表面不得少于 1.5~2m。掩埋时,坑底要铺以 2~5cm 厚的石灰,将尸体或废弃物放入,使之侧卧,并将污染的土层和运尸时的有关污染物如垫草、绳索等一并入坑,然后再铺盖 2~5cm 厚的石灰,填土夯实。尸体掩埋后,上面应作 0.5m 高的坟丘,以示标志。必要时还要记载:病名和家畜种类、掩埋日期及禁止挖掘期限和其他必要事项。

三、卫生消毒

屠宰加工企业是屠畜集中场所,也往往是传播病原体和食物中毒菌集中的场所,因此,作好屠宰加工场所的消毒工作,具有重要的兽医公共卫生意义。

消毒是消灭或清除散播于外界环境中有传播可能的存活的病原体,其目的是切断传播途径、阻止疫病继续蔓延。因此,为了及时消除病原传播的威胁,真正使屠宰加工部门成为畜禽疫病的滤过器,对屠宰加工场所,其中包括场地、器械、设备、环境及饲养屠畜的栏圈等,都必须定期施行卫生消毒。无论是大型屠宰加工企业还是小型屠宰站,都应当把消毒工作放在兽医卫生工作的重要位置上,建立经常性(定期的)和临时性(发生疫情时突击性消毒)的卫生消毒制度。

1. 常用的消毒方法

消毒方法有物理消毒法、化学消毒法和生物消毒法。可根据病原体特性、被消毒物体特性及经济价值选择使用。

(1)物理消毒法

1)机械清除:以清扫、冲洗、洗擦等方式达到清除病原的目的,是最常用的一种消毒方法。但机械清除不能杀灭病原体。当发生传染病时,须先用药物消毒,然后再进行机械清除。

2)阳光照射:利用太阳光作为天然的消毒剂,太阳光谱中紫外线有较强的杀菌能力,同时阳光的灼热和蒸发水分引起的干燥也有杀菌作用。

3)焚烧:是一种彻底可靠的消毒方法。通常用于被烈性传染病污染的现场。消毒对象是烈性传染病的尸体及其污染的无利用价值的物品,如垫草、粪便等。

4)煮沸:是一种既经济又方便、实用,且效果良好的消毒方法。常用于一些小型器械如刀、剪、检验工具等的消毒。

5)热水浸泡:是一种屠宰加工过程中临时消毒刀具的简便消毒法。将要消毒的检验刀、钩放在82℃热水消毒筒内浸泡即可达到消毒的目的。

6)蒸汽消毒:利用水蒸气的湿热所放出大量热能透入菌体,使菌体蛋白质变性凝固而达到使病原体死亡的目的。蒸汽消毒分高压蒸汽消毒和流通蒸汽消毒。前者主要用于废弃物和尸体的化制,后者适用小件物品或小块废弃物的消毒。

(2)化学消毒法

化学消毒法是利用化学药品的溶液或蒸汽对目的物进行的消毒。现介绍几种最常用的化学消毒剂。

1)漂白粉:又称含氯石灰,是在卫生消毒中应用最广泛的一种含氯的化合物。新鲜漂白粉含有效氯 25%~36%,有效氯每月要散失 1%~3%,所以要装于密闭、干燥容器中妥善保存。当有效氯低于 16% 时,则不宜用于消毒。在使用前,应测定其有效氯含量。

2)过氧乙酸:又名过醋酸,是一种广谱高效杀菌剂,纯品为无色透明液体,在低温下仍具有杀菌和杀芽胞能力。蒸发后无不良气味,一般用作冷库熏蒸消毒。

3)甲醛:市售的为 36%~40% 的甲醛溶液。甲醛能使蛋白质凝固变性,具有强大的杀菌作用。

4)氢氧化钠:又称苛性碱、烧碱,是很有效的消毒剂。2%~4% 的溶液可广泛地杀灭病毒和繁殖型细菌。一般使用 2%~4% 溶液,可获得良好的消毒效果。本品不适于对金属容器或金属工具消毒。

5)环氧乙烷:又名氧化乙烯,沸点为 10.3℃,在常温常压下为无色气体,温度低于沸点即成为无色透明液体。环氧乙烷为高效广谱杀菌剂,对细菌、芽胞、霉菌和病毒等都有杀灭作用。环氧乙烷不能用于湿物品的消毒,实践中主要用于生干皮张的炭疽消毒。

化学消毒时,可根据需要选择消毒剂使用。

(3)生物消毒法

生物消毒法是指对粪便、污水和其他废弃物进行生物发酵处理。生物发酵处理常用来消灭处理物中污染的非芽胞型菌、寄生虫幼虫及卵。在堆积发酵过程中,利用粪便中微生物发酵产热,温度可达 60~75℃,从而杀死某些病原微生物。但不适用于污染有产芽胞致病菌(如炭疽、气肿疽)的粪便等的消毒,这类污染物应予以焚毁。

2. 生产车间的消毒

屠宰加工企业各生产车间的消毒,按卫生条例规定有经常性消毒和临时性消毒两种。

(1)经常性消毒

经常性消毒是指在日常清洁扫除的基础上所进行的定期消毒,每日工作完毕,必须将全部生产地面、墙裙、通道、排污沟、台桌、设备、用具、工作服、手套、围裙、胶靴等彻底洗刷干净,并用82℃热水或化学消毒剂进行消毒。

按规定,每周末进行一次大消毒。在彻底扫除、洗刷的基础上,对生产地面、墙裙和主要设备用 1%~2% 氢氧化钠(烧碱)溶液或 2%~4% 次氯酸钠溶液进行喷洒消毒,保持 1~4h 后,用水冲洗。这些消毒剂经济实用,消毒效果良好,尤其对病毒性传染病的消毒效果更好。据试验,1% 氢氧化钠溶液能在很短时间内杀灭猪的主要病原体,如猪瘟病毒、猪丹毒丝菌、猪巴氏杆菌等，其中加入5%～10%食盐时，还可提高对炭疽杆菌的杀灭能力。此外，还具有除去油腻的作用。刀和器械可用82℃热水消毒或0.015%的碘溶液消毒。工作人员的手可用75%的乙醇擦拭消毒或用0.0025%的碘溶液洗手消毒。胶鞋、围裙等橡胶制品，可用2%～5%的甲醛溶液进行擦洗消毒。工作服、口罩、手套等应煮沸消毒。

（2）临时性消毒

临时性消毒是指在生产车间发现炭疽等恶性传染病或其他必要情况下进行的以消灭特定传染病原为目的的突击性消毒。具体作法可根据传染病的性质分别采用有效的消毒药剂。对病毒性疾病，多采用3%的氢氧化钠溶液喷洒消毒。对能形成芽胞的细菌如炭疽、气肿疽等，应用10%的氢氧化钠热水溶液或10%～20%的漂白粉溶液进行消毒，国外多用2%的戊二醛溶液进行消毒。消毒的范围和对象，应根据污染的情况来决定。消毒时药品的浓度、剂量、消毒时间等必须准确。

3．圈舍场地的消毒

需先进行清扫，将粪便、垫草、表土和垃圾集中后按规定进行处理。对地面、墙壁、门窗、饲槽，用1%～4%的氢氧化钠溶液或4%的碳酸钠（食用碱）溶液喷洒消毒，$1m^2$需消毒药液1～2kg。喷洒后关闭门窗2～3h，然后打开门窗通风，并用水冲洗饲槽以除去药味。圈舍墙壁还可以定期用石灰乳粉刷。

4．车船和其他运输工具的消毒

凡载运过屠畜及其产品的车船和其他运输工具，按规定都应进行消毒。对装运过健康动物及其产品的车船，清扫后用60～70℃的热水冲洗消毒；装运过由不形成芽胞的病原菌感染引起的一般性传染病畜及其产品的车船，清扫后用4%的氢氧化钠溶液或0.1%的碘溶液洗涤消毒，清除的粪污应进行生物热消毒；装运过由形成芽胞的病原菌感染引起的恶性传染病畜及其产品的车船，先用4%的甲醛溶液喷洒，然后清扫，再用4%的甲醛溶液喷洒消毒，$1m^2$需消毒药液0.5kg。保持半小时后再用热水仔细冲洗，最后再用上述药液喷洒消毒，$1m^2$用量为1.0kg。清除的粪便焚烧销毁。

5．消毒效果的检查

（1）影响消毒效果的因素

1）浓度：这是影响消毒效果的主要因素。应用化学消毒药物必须掌握好有效浓度。一般来说，浓度愈高，抗菌作用愈强，但浓度达到一定程度后则抗菌作用不再增高。为了取得良好的消毒效果，必须选用适宜的药液浓度。

2）微生物的特性：各种病原微生物在抵抗力和侵袭性方面的特性各不相同，消毒时应根据这些特性选用适宜的消毒方法和消毒药液。例如，病毒对酚类消毒剂有耐受性，而对碱则很敏感，因此，由病毒所致的污染，采用1%～4%的氢氧化钠溶液消毒，能收到良好的效果。结核杆菌对热的抵抗力差，采用82℃热水消毒就能奏效。即使是同一种细菌，由于其生长型和芽胞型之间的差异，选用的消毒药剂和浓度也不一样。

3）作用时间：消毒药剂与病原微生物接触的时间长短，也能影响消毒效果。接触时间过短，往往达不到杀灭的目的。为了保证消毒的效果，消毒药剂与微生物作用接触的时间，必须达到规定的作用时间。

4）温度：采用加热消毒时，温度愈高，杀菌能力愈强。一般地讲，温度每增加10℃，消毒效果会增加1～2倍。

5）化学拮抗：两种或两种以上消毒药物合用时，有些消毒药物会发生相互拮抗而降低消毒效果。例如，季铵盐类是一种阳离子表面活性剂，对机械、设备有理想的消毒效果，但在使用时切忌与肥皂或阴离子去污剂配合使用，否则会显著降低消毒效果。

6）相对湿度：湿度对熏蒸消毒的影响比较大。甲醛、过氧乙酸熏蒸消毒时，室内的相对湿度以60%～80%为宜，否则会影响消毒效果。

（2）消毒效果检查的内容和指标

1）清洁程度的检查：检查车间地面、墙壁、设备及圈舍场地扫除的情况，按卫生要求必须做到干净、卫生、无死角。

2）选择使用消毒药剂正确性的检查：查看消毒工作记录，了解选用消毒药剂的种类、浓度及其用量。检查消毒药液的浓度时，可从剩余的消毒药液中取样进行化学检查。要求选用的消毒药剂高效、低毒，浓度和用量必须适宜。

3）消毒对象的细菌学检查：对消毒以后的地面、墙壁及设备，随机划区（10cm×10cm）数块，用消毒的湿棉签，擦拭1～2min后，将棉签置于30mL中和剂或生理盐水浸泡5～10min，然后送化验室检验菌落总数、大肠菌群和沙门菌。根据检查结果，评定消毒效果。

第四章
各类动物产品的加工卫生与检验

第一节 乳与乳制品的卫生检验

一、鲜乳的卫生

1. 乳的概念

乳是哺乳动物怀孕分娩后从乳腺分泌出的一种白色或稍带微黄色的不透明液体物质。乳中含有丰富的蛋白质、脂肪及幼畜生长发育所必需的各种营养物质。产乳畜的各泌乳阶段乳的成分有所不相同。

（1）初乳

母畜在产犊后最初 7d 内所分泌的乳称为初乳。初乳呈黄色，浓厚而有特殊气味，化学成分与常乳有着明显的差异。蛋白质含量高达 17%，超出常乳数倍之多，蛋白质中球蛋白和清蛋白含量较高，有利于迅速增加幼畜的血浆蛋白；初乳中还含有大量白细胞、酶、溶菌素、维生素等，有利于提高幼畜的抗病能力；初乳中无机盐的含量较高，乳糖含量较低。初乳中的镁，有轻泻作用，可促进胎粪排出。总之，初乳对幼畜生长发育极为有利。

（2）常乳

初乳期过后到干奶期前这一时期所产的乳称为常乳。常乳成分及性质基本趋向稳定，是加工乳制品的原料。

（3）末乳

母畜停止泌乳前 1 周左右所产的乳称为末乳。末乳中各种成分的含量，除脂肪外均较常乳高。末乳具有苦而微咸的味道，解脂酶增多，又带有油脂的氧化味，不宜贮藏，加工时也不可与常乳混合，否则会影响产品质量。

（4）异常乳

初乳、末乳、盐类不平衡乳、乳房炎乳及混入杂质等不适于饮用或生产乳制品的乳，都属于异常乳。其中初乳、末乳称为生理异常乳。实践生产中常把 70%乙醇试验产生絮状凝块的乳，称为异常乳，也称乙醇阳性乳。但是乙醇阳性乳也不一定都是异常乳，而有的异常乳，乙醇试验却为阴性。异常乳种类很多，变化也很复杂，但不论哪一种异常乳，都不能作为生产优质乳制品的原料。

2. 乳的化学组成及物理性状

（1）乳的化学组成

牛乳化学成分十分复杂，但主要是由水分、脂肪、蛋白质、乳糖、盐类、维生素和酶等组成。正常牛乳的各种成分含量大致稳定，但会受到品种、泌乳期、健康状况、饲料及挤乳等因素的影响而有所变化。其中脂肪的变动最大，蛋白质次之，乳糖则很小。牛乳的营养价值和质量主要取决于乳中的干物质。正常牛乳几种主要成分的平均值见表 4-1 和表 4-2。

表 4-1 山羊奶、人奶、牛奶主要营养成分分析比照

名称	酸度/°T	脂肪/%	乳糖/%	蛋白质/%	干物质/%	矿物质/%	钙/(mg/100g)	磷/(mg/100g)	维生素/(mg/100g)	胆固醇/(mg/100g)	消化时间/min
山羊奶	11.46	4.00	4.44	3.67	12.58	0.86	214	96	780	10	20
人奶	10.40	4.05	637.00	2.01	12.02	0.30	60	40	495	20	30
牛奶	13.69	3.85	4.96	3.39	11.63	0.72	169	94	700	11	120

表 4-2 牛乳中维生素含量

种类	含量/mg	种类	含量/mg
维生素 A	0.02~0.20	维生素 B_1	0.03~0.05
维生素 D	0.2~0.4	维生素 B_2	0.1~0.2
维生素 B	0.06~0.42	维生素 B_6	0.03~0.15
维生素 C	0.5~2.0	泛酸	0.28~0.56

（2）乳的物理性状

乳的物理性状包括色泽、气味、滋味、稠度、比重、密度、pH、酸度、冰点与沸点等。这些性状与乳品质有极大关系。

1）色泽：正常新鲜牛乳是一种白色或略带黄色的不透明液体，乳的色泽与季节、饲料及泌乳牛的品种有一定关系。

2）气味：乳中存在有挥发性脂肪酸及其他挥发性物

质，如丙酮酸、醛类等，所以牛乳带有令人愉快的特殊香味。

3）滋味：新鲜牛乳略带甜味，这种甜味来源于乳糖。除甜味外，还因含氯离子而稍带咸味。乳的苦味则来自 Ca^{2+}、Mg^{2+}。异常乳如乳房炎乳，因氯的含量高而有较浓厚的咸味。

4）稠度：也称黏度。乳的稠度实际上是指乳中各分子的变形速度与切变应力之间的比例关系。乳中的蛋白质、脂肪含量越高，稠度也越高。此外，乳的稠度也受脱脂和杀菌过程的影响。初乳、末乳、病牛乳的黏度都较高。温度对稠度的影响也较大，温度愈高，牛乳的稠度愈低。

5）pH 与酸度：正常牛乳的 pH 为 6.5～6.7，平均 pH 为 6.6。乳的酸度通常是指以酚酞作指示剂中和 100mL 牛乳所需 0.1mol/L 氢氧化钠的毫升数，以°T 表示，正常牛乳的酸度通常为 16～18°T。这种酸度称为自然酸度。自然酸度与贮存过程中微生物繁殖所产生的乳酸无关，主要由乳中的蛋白质、柠檬酸盐、磷酸盐及 CO_2 等酸性物质所形成。另外，牛乳在存放过程中，由于微生物分解乳糖产生乳酸而酸度升高，特称发酵酸度。自然酸度与发酵酸度之和，称为总酸度。通常所说的牛乳酸度是指其总酸度。

乳的酸度增高，可使乳对热的稳定性降低，也会降低乳的溶解度和保存期，对乳品加工及乳品质量有很大影响。所以乳酸度是乳品卫生质量的重要指标，在贮藏鲜乳时为防止酸度升高，必须迅速冷却，并在低温下保存。

6）密度与比重：乳的密度是指乳在 20℃时的质量与同容积水在 4℃时的质量之比。乳的比重是指乳在 15℃时的重量与同容积同温度水的重量之比。在同一温度下乳比重和乳密度的值差异很小，乳的密度较比重小 0.002。正常乳的密度为 1.028～1.032，平均为 1.030，而乳的平均比重则为 1.032。

乳密度的大小由乳中无脂干物质的含量决定。乳中无脂干物质愈多，则密度愈高，乳中脂肪增加时，密度变小。因此，在乳中掺水或脱脂，都会影响乳的密度和比重。此外，乳的密度与比重还随温度而变化。在 10～25℃时，温度每变化 1℃，乳密度相差 0.0002。

3．影响乳品质的因素

乳品质的优劣受多种因素制约。了解这些影响因素，便于在乳与乳制品生产过程中进行卫生监督，提高产品质量。

（1）品种

在影响乳品质的诸因素中，乳畜的品种对乳化学组成影响最大。我国的水牛、牦牛、黄牛所产的乳汁浓厚，干物质和乳脂率高，而荷兰牛、杂交黑白花牛则相反。一般来说，泌乳量高的牛，其干物质和乳脂率相对较低。

（2）年龄

乳畜的年龄及分娩次数，对泌乳量和乳的成分有明显影响。在壮年期内产的乳量大而乳脂率高。牛在第 7 胎以后乳脂率多呈下降趋势。

（3）饲养管理

科学合理的饲养管理不仅能提高产乳量，还可以增加乳中干物质含量。例如，当饲料中含有足够的蛋白质时，均能使干物质和乳中蛋白质含量维持在一个较高的水平上。另外，饲料的种类及品质，对乳的色泽、风味、维生素含量等均有较大影响。当乳畜食入艾类、野葱、洋葱、大蒜等具有刺激味的植物后，其乳汁也往往具有不良刺激气味和苦涩味。

（4）泌乳期

在乳畜同一个泌乳期的不同时间，乳的组成、性质和产量存在明显差异。由于常乳的成分及性质稳定，常作为加工乳制品的原料。但基于初乳中免疫球蛋白含量十分丰富的特点，国内市场上出现了利用初乳作为原料生产的功能保健食品——免疫乳制品。但是作为一般的通用性食品，末乳不宜作为生产乳制品的原料。

（5）健康状况

乳畜的健康状况好坏，对乳产量和品质的影响是不言而喻的。当乳畜发生疾病如乳房炎、乳房肿胀时，乳中的成分会产生明显的变化，最常见的变化是干物质、脂肪、乳糖等含量急剧下降，而矿物质和氯离子的含量却有所增加。至于发生其他疾病，如炭疽、肺结核、口蹄疫及传染性流产等，都会导致乳中成分的改变。

（6）挤乳情况

挤乳次数、挤乳前后的乳房按摩、挤乳员的变动等，都会引起产乳量、乳脂含量的变化。试验证明，每日 3 次挤乳与两次挤乳比较，前者的产乳量可提高 20%～25%，并且脂肪含量也有所提高。在相同饲养管理条件下，采取乳房按摩可增加 10%左右的产乳量。而挤乳员的突然变更，挤乳量也会受到影响。

（7）微生物污染

乳是微生物生长繁殖的良好培养基。刚挤出的乳中含有溶菌酶，能抑制细菌的生长。生乳保持抑菌作用的时间与乳中菌数和温度有关。菌数少、温度低，抑菌作用维持时间就长。例如，生乳的抑菌作用在 0℃、10℃、30℃条件下可分别保持 48h、24h、3h。故挤出的乳应及时冷却。此外，在挤乳、乳加工中要十分重视卫生管理工作，否则将导致微生物在乳中大量繁殖，使牛奶酸败变质，危害消费者健康。为此应注意以下几个方面。

1）乳房：乳房污染主要来自两个方面：其一是乳房内部的乳腺管及贮乳池存在有微生物。正常情况下乳腺中或多或少存有一些微生物，它们来自机体各器官和外界污染，而外界污染则是主要的来源。细菌经乳头管到达贮乳池下，再进入乳房。其二是乳房外部沾染含有大量微生物的粪屑和杂质，这些微生物可以通过乳管进入乳房。所以最初挤出的乳，含菌数比最后挤出的多。因此，挤乳时最好将头几把乳扔掉。

2）牛体：牛舍中的垫草、尘土及牛的排泄物中，含有大量的微生物，多数为带芽胞的杆菌和大肠杆菌。这些污物沾染牛体，尤其是乳房部位，很容易混入乳中。

3）空气：畜舍内通常每升空气中含有 50～100 个细菌，污染有尘土的可多达 10 000 个细菌以上，其中多数是带有芽胞的杆菌和球菌。此外也含有大量霉菌孢子。

4）容器和用具：挤奶与盛奶的用具，如奶桶、挤乳机、滤乳布和毛巾等不清洁，是造成乳污染的重要途径。尤其在炎热季节洗刷不彻底和消毒不严密，往往引起乳的酸败变质。

除上述各种因素造成乳的细菌污染之外，还有许多可能引起细菌污染的环节。例如，挤奶员的卫生状况不佳、洗涤水不清洁等，擦拭乳房的毛巾较长时间没有彻底洗净等均可引起细菌污染，甚至可能引起病原菌的传播。

（8）残毒污染

农牧业生产中所使用的各种药剂、农药和其他化学制剂均有可能直接或间接污染乳汁，进而给人体带来危害。所以对农药的使用，应予以限制。乳畜经治疗后，休药期内的乳汁不应作为商品出售。化学物残留量超过允许限量的乳不应作为食品或食品工业原料。

（9）病畜乳

来自结核病、布鲁氏菌病、炭疽、口蹄疫、李氏杆菌病、耶尔森氏菌病、胎儿弯曲菌病等病畜的乳，常能成为人们疾病的传染来源。来自乳房炎、副伤寒患畜的乳，可能诱发食物中毒。所以对乳畜的健康状况必须严格监督，定期检查。

凡是结核菌素试验阳性并有临床症状的开放性结核病畜乳，一律不许食用，病畜应予淘汰。布鲁氏菌病牛，应予隔离；缺乏临床症状或仅呈现凝集反应阳性而无临床症状的慢性病牛乳，对人都能造成危害，应该消毒后供食用，不得用作制造奶酪。口蹄疫患畜可经乳排出病毒，所以乳不得食用。但对封锁区内那些体温正常的病畜乳，经煮沸 5min，或经 80℃、30min 巴氏消毒，可供食用。乳畜患炭疽病，泌乳量常减少或停止，后期乳中常有血迹，完全失去食用意义。凡是可能被污染的乳，都应经有效消毒后废弃。

乳房炎多为葡萄球菌或链球菌等引起，故乳房炎患畜乳不得混入正常乳中，因为它不仅有引起相应疾病的可能，而且还有引起金黄色葡萄球菌等细菌性食物中毒的可能。传染性黄疸、狂犬病、Q 热、恶性水肿、猩红热和沙门菌病等病畜乳，均严禁食用和作食品工业原料，应在有关部门监督下销毁。

二、鲜乳的生产卫生及检验

1．乳牛定期检疫

目前，我国乳类以牛乳为主，牛群的健康是直接关系优质卫生牛乳的先决条件，因此鲜乳及制品的卫生监督和检验要从对乳牛的检疫和免疫做起。按照中华人民共和国国家标准《奶牛场卫生及检疫规范》（GB 16568—

1996）的规定，奶牛场在每年春秋两季对全群牛进行布鲁氏菌病、结核病的实验室检验，检疫密度不得低于 90%。对健康牛群中的阳性牛，采取扑杀、深埋或焚毁的方式处理；对非健康牛群中阳性牛或可疑阳性牛，采取隔离、淘汰的措施进行净化。对口蹄疫、蓝舌病、牛白血病、副结核病、牛肺疫、牛传染性鼻气管炎和黏膜病进行临床检查，必要时作实验室检验。除按国家标准执行各病的检疫要求外，兽医卫生人员应经常进行牛群疫病的临床检查，并按免疫要求进行预防接种。

2．鲜乳的初加工卫生

（1）取乳卫生

畜体及畜舍的卫生直接影响鲜乳的卫生质量。为最大限度地减少对乳的污染，避免微生物在乳中生长繁殖，必须注意下列各方面。

1）畜体卫生：为获得卫生合格的鲜乳，必须保持乳牛体表的清洁。为此在挤奶前要刨刷牛体，在这样做以后通常可提高牛乳产量 6%左右。刨刷时要注意由下而上、由后而前，逆毛刨刷，重点是后躯、后肢内侧及乳房周围。此操作要在挤奶前 1h 结束。

还须注意乳房的清洁，挤奶前应用 50℃温水清洗乳房，用 0.2%高锰酸钾或 0.3%过氧乙酸消毒，再用温水清洗。每隔 3 个月将乳房及邻近的体毛修剪一次。

2）畜舍卫生：畜体的卫生状态在很大程度上取决于畜舍的卫生状况。畜舍中灰土及尘埃飞扬，昆虫的大量存在，会使畜体带有大量细菌，并通过挤乳而污染乳汁。所以畜舍必须保持干燥、通风，垫草应常换，粪便应及时清理，饲槽要保持清洁，畜舍每年消毒两次，限制非工作人员进入畜舍。在撒布驱虫剂时，须防止药剂污染乳。

3）挤乳员的卫生：挤乳员的卫生直接影响乳的品质，因此挤乳员必须严格遵守卫生制度，定期检查身体，保持个人卫生。凡患有传染病、化脓性疾病及腹泻的，不得参加挤乳。此外，挤乳员还需保持头发、衣服、手指等的清洁卫生。

4）挤乳及挤乳用具的卫生：乳头导管中常存在较多的微生物，故应把最初的几把乳废弃或挤入专用容器中，另行处理，以减少乳的含菌量。盛乳用具应彻底刷洗后消毒备用。自动挤乳机清洗消毒必须彻底，防止黏附、残留乳汁。

（2）乳的过滤与净化

在牧场中刚挤出的乳要及时过滤，以便除去混入乳中的粪便、饲料、垫草、蚊蝇等污染物。常用的方法是用 3～4 层纱布进行过滤。用过的纱布经清洁、消毒、干燥后可继续使用。一般每块纱布的过滤量不得超过 50kg。在乳品厂为了使乳汁达到最高的纯净度，除去极小的机械杂质和细菌，多使用离心净乳机进行净化。

（3）乳的冷却

刚挤下乳的温度约在 36℃，是微生物生长发育的最适温度，迅速冷却可以抑制微生物的繁殖，延长乳中抑菌酶的活性。因此，冷却可以使鲜乳的新鲜状态保持较长的时间，其效果见表4-3。

表4-3　乳的冷却与乳中细菌菌数的关系（单位：个/mL）

贮存时间	冷却乳	未冷却乳
刚挤出的乳	11 500	11 500
3h 以后	11 500	18 500
6h 以后	8 000	102 000
12h 以后	7 800	114 000
24h 以后	62 000	1 300 000

乳中抑菌酶所产生的抑菌效果不仅与温度有关，还与乳污染程度有关。乳的污染程度和冷却温度越低，抑菌酶的抑菌作用维持的时间也越长。乳的抑菌作用与污染程度的关系见表4-4。

表4-4　乳的抑菌作用与污染程度的关系

乳温/℃	抑菌作用时间/h	
	挤奶时严格遵守卫生制度	挤奶时未严格遵守卫生制度
37	3.0	2.0
30	5.0	2.3
16	12.7	7.6
13	36.0	19.0

（4）乳的贮存运输

冷却能够抑止微生物的生长繁殖，因此，冷却后的乳应尽可能保存于低温处，并防止温度升高。乳的冷却温度与酸度的关系见表4-5。

表4-5　乳的冷却温度与酸度的关系

乳的贮存时间	乳的酸度/°T		
	未冷却乳	冷却到18℃的乳	冷却到13℃的乳
刚挤出的乳	17.5	17.6	17.5
挤出后3h	18.5	17.5	17.5
挤出后6h	20.9	18.0	17.5
挤出后9h	22.5	18.5	17.5
挤出后12h	变酸	19.0	17.5

乳的运输是乳品生产的重要环节，必须防止温度升高。特别是在夏季，应将运输安排在夜间或清晨，并用隔热材料遮盖。运输的容器必须清洁卫生，并加以消毒，容器应闭锁严密，且应装满乳，防止因振荡而发生乳脂分离。

（5）乳消毒

乳及时进行消毒或杀菌，可防止腐败变质，长时间保持新鲜度。目前常用的消毒和杀菌方法有以下几种。

1）保温杀菌法：将乳加热至61～65℃，维持30min。此法所用时间长，虽可保持乳的原状和营养成分，但不能有效地杀灭某些病原微生物，目前较少使用。

2）高温短时杀菌法：将乳加热至72～75℃保持15s，或80～85℃保持10～15s。这种方法，可杀灭大部分微生物，但不能杀灭芽胞型的细菌，能引起蛋白质及少量磷酸盐沉淀。

3）超高温瞬时灭菌法：将乳加热至130～150℃，维持0.5～3.0s。此方法可杀灭全部微生物。经该法处理过的乳可在常温下保存1周，但蛋白质及维生素A、维生素C等会受到一定程度的破坏。

4）喷汽式超高温灭菌法：本法可分为蒸汽喷入乳中及乳喷入蒸汽中两种方法，温度达150℃，维持0.75～2.4s。此法可杀灭全部微生物，且营养物质破坏较小。

3. 鲜乳的卫生检验

（1）采样

将乳桶中的乳充分混匀，按1：1000进行取样，每份样品不得少于250mL。若为小包装乳，取整件原装的样品按生产班次分批取样或按批号取样。生产量为1万瓶，抽取1～5瓶，每增加1万瓶增抽1瓶，5万瓶以上每增加2万瓶增抽1瓶。所取样品分为3份，分别供检验、复检和备查用。取样时温度高于20℃时，应在2～6℃条件下冷藏。用于理化检验的乳，每100mL样品可加入1～2滴甲醛进行防腐。

所取各批样品均应进行容量或重量的鉴定，实际容量与标签上标示的容量误差不超过±1.5%。此批样品中至少有1瓶作微生物学检验，其余作感官检验及理化检验。

（2）感官检验

将乳样置于15～20℃水中保温10～15min，充分摇匀后检查乳的色泽、气味、滋味有无异常。用搅拌棒搅动观察有无红色、绿色或明显的黄色，有无杂质、凝块或发黏现象。正常鲜乳，应为白色或稍黄色的均质胶态液体，微甜，具有固有的乳香味，无杂质、无沉淀、无发黏现象。

（3）理化检验

1）乳脂率的测定：见第四章中"乳的质量检测"。

2）比重的测定：见第四章中"乳的质量检测"。

3）酸度的测定：乳酸度的测定方法有滴定法、乙醇试验法和煮沸试验法。

滴定法：见第四章中"乳的质量检测"中"乳酸度的测定"。

乙醇试验法：将样品加入68°、70°、72°乙醇，若出现絮状凝块，表示乳酸度分别高于20°T、19°T、18°T。

煮沸试验法：将乳煮沸，若出现凝块，表明乳酸度高于26°T。这种临界酸度法，测定速度快，但不如滴定法准确，且受其他因素影响，因此不适用于作为乳新鲜度的鉴定标准。

（4）微生物学检验

对乳和乳制品的微生物学检验包括菌落总数测定、大肠菌群测定、沙门菌检验及其他致病菌和霉菌的检验。具体操作方法参见中华人民共和国国家标准 GB

19301—2003 鲜乳卫生标准中的规定。生鲜牛乳的微生物指标须符合表 4-6 的规定。消毒牛乳的细菌总数（个/mL）≤30 000，大肠菌群（个/100mL）≤90，致病菌不得检出。

表 4-6　生鲜牛乳中细菌含量卫生指标（单位：个/mL）

	特级	一级	二级	消毒牛乳
细菌总数	≤5×10⁵	≤1×10⁶	≤2×10⁶	≤3×10⁴

（5）乳房炎乳的检验

采用测定氯糖数的方法。氯糖数即乳中氯与乳糖的百分数之比。正常鲜牛乳氯糖数不超过 4，患乳房炎病牛的乳氯糖数则高达 6～10。还可采用溴甲酚紫法进行测定。

4．掺假乳的检验

乳中掺假是某些不法经营者为增加乳量或掩盖其劣点而在牛乳中加入非乳物质的恶劣行为，常见的掺假物质有如下几种。①电解质类：主要包括中性盐及强碱弱酸盐类。这类物质在水中可完全电离，多用于改变乳的酸度，如食盐、芒硝、石灰水、白矾、苏打、碳酸铵及洗衣粉等。②非电解质晶体类：在乳中以真溶液的形式存在，如金属、蔗糖、尿等。③胶体类：为大分子溶液，可改变牛乳的稠度，如豆浆、米汤、淀粉、动物胶等。④防腐剂类：用于抑制或杀灭乳中的微生物，如各种防腐剂、抗生素等。⑤杂质：如粪土、砂石等。

牛乳中掺入的非乳物质会降低牛乳的食用价值，还会影响牛乳的卫生质量，加速乳的酸败，甚至会使乳带毒，这些不卫生不合格的伪劣牛乳会给消费者带来危害。

掺假乳的检验可根据牛乳的比重、滴定酸度、含脂率及冰点等综合指标来进行。

1）比重的测定：正常牛乳的比重为 1.028～1.032，掺水或脱脂可使比重下降，同时乳酸度及乳中各种成分相应降低。掺水并掺入电解质、非电解质或胶体物质的，其比重可以达到正常水平，因此难以发现。在这里需要说明的是，在 GB 5409—1985 中已把乳的密度定义为乳的比重。

2）滴定酸度：正常牛乳的滴定酸度小于 18°T，微生物的生长繁殖会使酸度升高。乳中加水或加入中和剂后，酸度降低。乳房炎乳的酸度明显降低。

3）乳脂率的测定：正常牛乳的含脂率不低于 3%，并且比较稳定。乳中加入非乳物质，则乳脂率降低。

4）冰点测定：乳的冰点一般比较稳定，加入水或电解质等都会使冰点下降。

5）电导率测定：乳中离子含量比较稳定，因此电导率也是稳定的。乳中加入电解质，则电导率明显增加。

6）乳发酵时间的测定：乳中加入抗生素或防腐剂后，可以使微生物的繁殖受到抑制，因此乳的发酵时间较正常乳长。将待测乳与正常乳相同时间内的产乳酸量相比，可以判定乳中是否掺入了抗生素或防腐剂。

5．鲜乳的卫生评价与处理

乳经过全面检查后，应符合下列要求。

1）乳的色泽、滋味、气味均应正常，无沉淀、无杂质、无凝块。

2）20℃乳的密度为 1.028～1.032，全乳固体物质≥11.20%，乳脂肪≥3.0%，乳酸度不超过 22°T。

3）消毒牛乳的细菌总数不得超过 3×10⁴ 个/mL，大肠菌群不得超过 90 个/100mL，致病菌不得检出。

4）乳中不得检出掺水及掺假物。

5）下列乳不宜食用。

A．感官性状有异常的。

B．产前 15d 的胎乳。

C．产后 7d 内的初乳一般不宜食用，但在特殊情况下也可单独加工后食用；特别要注意不得将初乳与常乳混合。

D．用抗生素等对牛乳有影响的药物进行治疗期间及停药后 3d 内所产的牛乳。

E．添加有防腐剂、抗生素等有碍食品卫生物质的牛乳。

F．炭疽、狂犬病、钩端螺旋体病、开放性结核、乳房放线菌病等患畜乳一律不准食用。

G．下列病畜乳须经严格卫生处理后可食用。

a．无临床症状的布鲁氏菌病患畜乳，经巴氏消毒或煮沸后出场。

b．无临床症状，但结核菌素试验阳性牛的乳，经巴氏消毒方能出场。

c．无临床症状的口蹄疫患畜乳，经 80℃、30min 加热或者煮沸 5min 后，就地食用，不得出场。一旦出现临床症状，所产的乳则就地销毁，不得食用。

d．乳房炎乳区所产的乳不可食用，经 70℃、30min 加温后作饲料，其他乳区所产的乳经 70℃、30min 加热处理后可供食用。

e．接种炭疽芽胞疫苗后所产的乳，煮沸后可供食用。

三、乳制品的卫生检验

1．奶粉的卫生检验

奶粉是以乳为原料，经杀菌、浓缩和喷雾干燥而制成的粉末状产品。奶粉生产去除水分的目的是为了保持鲜乳的品质及营养成分，减轻重量便于携带运输，从而增加可保存性。

（1）样品的采取

1）箱桶包装：无菌操作，用采样扦自容器的四角及中心各采一扦，搅匀后，取总量的 1/1000 作检验用。开启数为总数的 1%。

2）听、瓶、袋、盒装：按照批号，从其不同堆放部位，采取总数的 1/1000 作检验用，但不得少于 2 件。尾数超过 500 件的，须增取 1 件。

（2）检验方法

参见中华人民共和国国家标准 GB 19644—2005《乳粉卫生标准》中乳粉检验方法。

（3）感官、理化及细菌学指标（表 4-7）

表 4-7　全脂乳粉的卫生指标

指标	标准要求	
感官指标	颜色统一为白色或稍带浅黄色粉末，干燥，均匀一致，无结块，无杂质，具有牛乳固有的香味，无异味，冲调后无团块，无沉淀物	
理化指标	水分≤3%，脂肪25%～30%，复原乳酸度≤20°T，蔗糖≤20%，溶解度≥97%，杂质度≤16mg/kg，铜≤4ppm，汞≤0.01ppm，铅≤0.5ppm	
细菌指标	细菌总数	特级乳粉≤20 000 个/g
		一级乳粉≤30 000 个/g
		二级乳粉≤50 000 个/g
	大肠菌群	特级乳粉 40 个/100g
		一、二级乳粉≤90 个/100g
	致病菌	不得检出

注：ppm. 百万分之一

（4）卫生评价

1）制造奶粉原料乳的卫生指标应为不低于国家标准的新鲜常乳。

2）乳粉的生产及卫生指标必须符合国家颁布的标准管理办法及其各项指标。

3）乳粉净重误差不超过商标标示的±1%。

4）乳粉中有化学药物气味或其他异味，以及发生霉变、吸湿、生虫、变色，不得销售。

2．炼乳的卫生检验

鲜乳经预热、浓缩、均质、装罐、灭菌而制得的产品称为炼乳。甜炼乳是在牛乳中加16%左右的砂糖并浓缩至原体积的40%左右而成；淡炼乳是将牛乳浓缩至原容积的1/2.5后的制品。

（1）样品的采取

以浓缩锅或结晶罐分批取样，或按生产批号取样，每锅取样 2～3 罐，成批产品不能分锅者，则按 1/1000 采样，但不得少于 2 罐，尾数超过 500 罐的，增取 1 罐。

（2）检验方法

参见中华人民共和国国家标准 GB 13102—2005 检验方法。

（3）感官、理化、细菌学指标（表 4-8）

表 4-8　炼乳的卫生指标

指标	淡炼乳	甜炼乳
感官指标	均匀的乳白色或乳黄色，质地均匀，组织细腻，具有明显的高温杀菌乳的滋味及气味，黏度适中，无凝块，无脂肪上浮，无异味	甜味正，具有消毒牛乳的滋味和气味，乳白色或乳黄色，质地均匀，组织细腻，黏度适中，倾倒时呈线状或带状流下，无凝块，无霉斑，无脂肪上浮，无异味

续表

指标	淡炼乳	甜炼乳
理化指标	酸度≤48°T	酸度≤48°T
	全乳固体物质≥25%	全乳固体物质≥28%
	脂肪≥7.5%	脂肪≥8%
	杂质度≤4mg/kg	杂质度≤8mg/kg
	铜≤4mg/kg	蔗糖≤45.5%
	铅≤0.5mg/kg	铜≤4mg/kg
	锡≤50mg/kg	铅≤0.5mg/kg
	汞≤0.01mg/kg	锡≤10mg/kg
		汞≤0.01mg/kg
细菌指标	不得检出任何杂菌和致病菌	细菌总数≤50 000 个/g
		大肠菌群≤90 个/100g
		致病菌不得检出

（4）卫生评价

1）原料乳要求同乳粉。

2）产品的各项卫生指标须符合国家标准。

3）甜炼乳中除加糖外，不得添加或带有任何防腐剂。

4）罐筒膨胀及感官指标异常的，如有异常色调、苦味、腐脂味、金属味的，不得销售。

3．酸奶的卫生检验

经杀菌处理，冷却后加入纯乳酸菌发酵剂，保温发酵制成的乳产品称为酸乳。酸乳制品除普通酸乳外，还有嗜热酸乳、牛奶酒和马奶酒等。酸奶是一种非常理想的营养食品，由于乳酸菌发酵作用使乳中蛋白质更易于机体吸收，提高 Ca、P、Fe 的利用率，微生物合成的维生素弥补了牛乳的不足。此外，酸乳还可以增强胃肠功能，抑制肠道微生物的繁殖，对患有胃病、糖尿病、便秘等疾病的患者有一定的辅助治疗作用，是增进人体健康的优良食品。

但对益生菌类乳品食用也要注意其安全问题，荷兰乌得勒支大学医学中心公布在 2004～2007 年服用益生菌酸奶饮料后 24 人死亡。为研究益生菌是否能影响胰腺炎，这家医学中心的研究人员对 296 人展开临床实验，结果其中 24 人死亡。研究人员说，如果这些胰腺炎患者不服用益生菌饮料，他们其中一些人可能至今依然健在。研究人员因此警告说，病情严重者应避免饮用益生菌产品。荷兰医生已接到通知，不能给器官衰竭患者、住在重症监护病房的患者或使用伺管进食的患者服用益生菌产品。这是新出现的问题，值得关注。

（1）样品的采取

按生产班次或日期分批取样，不足 1 万瓶的，抽取 2 瓶，1 万～5 万瓶者每增加 1 万瓶增取 1 瓶，5 万瓶以上者每增加 2 万瓶增取 1 瓶。样品应保存于 2～10℃的冷藏箱内。不合格的酸乳，不得出售，一律废弃。

（2）检验方法

参见中华人民共和国国家标准 GB 19302—2003《酸牛乳卫生标准》。

（3）感官、理化及细菌学指标（表4-9）

表4-9 酸奶的卫生指标

指标	标准要求
感官指标	具有纯乳酸发酵剂制成的酸牛乳特有的滋味和气味，无乙醇发酵味、臭味和其他不良气味，凝块均匀细腻，无气泡，允许有少量乳清析出，呈均匀一致的白色或稍带微黄色
理化指标	酸度70～110°T，脂肪≥3.00%，全乳固体物质≥11.50%，砂糖≥5.00%，汞≤0.01ppm
细菌指标	大肠菌群≤90 个/100mL，致病菌不得检出

（4）卫生评价

1）原料乳要求同乳粉。

2）所取样品的净重与标签标明的重量相差不应超过±2%。

3）各项卫生指标均须符合国家标准。

4）感官及微生物指标不合格或表面生霉的，不得出售，一律废弃。

4. 奶油的卫生检验

奶油也称黄油，是将乳离心分离得到的稀奶油，经杀菌、成熟、搅拌、压炼加工后制成的脂肪制品。按加工工艺可分为3类：鲜制奶油、酸制奶油、重制奶油。

（1）样品采取

按奶油搅拌器分批采样，每批产品取两件。大包装产品应从箱内的不同部位取样。

（2）检验方法

参见中华人民共和国国家标准 GB 19646—2005《奶油、稀奶油卫生标准》中的检验方法。

（3）感官、理化及细菌学指标（表4-10）

表4-10 奶油的卫生指标

指标	无盐奶油	加盐奶油
感官指标	具有奶油的纯香味，呈均匀淡黄色，表面紧密，组织状态正常，无霉斑，无大水珠，允许有少量沉淀物，无异味，无杂质，铸型良好	
理化指标	水分≤16%	水分≤16%
	脂肪≥82%	脂肪≥80%
	酸度≤20°T	食盐≤2%
	汞≤0.01ppm	酸度≤20°T
细菌指标	细菌总数（个/g）：特级品≤20 000，一级品≤30 000，二级品≤50 000	
	大肠菌群（个/100g）：特级品≤40，一级品≤90，二级品≤90	
	致病菌：不得检出	

（4）卫生评价

1）制造奶油的原料乳应为新鲜常乳，酸度不超过22°T。超过25°T的，只能制造重制奶油。

2）产品的各项指标须符合国家标准。

3）腐败、生霉或有强烈异味的应废弃。

4）微生物超标的，可加工重制奶油。

5. 牛乳的复原与复合及其卫生检验

牛乳复原是指利用奶粉和水制成液态乳的工艺过程，这种乳通常称为复原乳或还原乳。

牛乳复合是指将脱脂奶粉复原成脱脂乳后，再加入所需乳脂而成全脂液态乳的工艺过程，这种乳通常称为复合乳或再制乳。由新鲜乳与复合乳混合而成的，则称为混合乳或调和乳。

黄油和奶粉便于贮藏运输，利用黄油和奶粉制成复原乳、复合乳及混合乳，可弥补乳源地区性及季节性不足。复合乳、混合乳的卫生指标见表4-11。

表4-11 复合乳、混合乳的卫生标准

指标	标准要求
感官指标	乳白色或稍黄色的均匀一致的胶态液体，无沉淀，无凝块，无杂质，具有消毒牛奶的香味和滋味，无其他异味
理化指标	比重（4～20°T）1.028～1.032
	脂肪≥3.0%
	无脂干物质≤8.2%
	酸度≤18°T
	杂质度≤2mg/kg
	汞≤0.01ppm
细菌指标	细菌总数≤30 000 个/mL
	大肠菌群≤90 个/100mL
	致病菌不得检出

四、乳的质量检测

1. 乳脂率的测定（盖勃氏法）

乳脂率的测定方法有：盖勃氏（Gerbers）法、哥特里-罗丝（Gotflile-Roess）法、巴勃科克（Babcock）法等。盖勃氏法因测定简便迅速而较为常用，但因糖容易焦化，故此法不适用于含糖量高的样品，而适用于酸性的液态或粉状和脂肪含量高的样品。

（1）原理

在牛乳中加入一定量的浓硫酸以破坏样品乳的胶态，减少脂肪的附着力，硫酸与乳中酪蛋白酸钙作用生成可溶性的硫酸酪蛋白及硫酸钙，而使脂肪从液体中分离出来并浮于表面。然后加入异戊醇，以降低脂肪球表面张力，促使其结合成为脂肪团，异戊醇与硫酸作用转变为硫酸异戊酯，加速了脂肪球的汇合。随后加热离心，使脂肪完全而迅速地析出于乳脂中的刻度部位，即可读出脂肪含量。

反应式如下。

$$NH_2-R-(COOH)_4-(COO)_2Ca+2H_2SO_4\longrightarrow$$
酪蛋白酸钙

$$H_2SO_4-NH_2-R-(COOH)_6+CaSO_4$$
硫酸酪蛋白

$$2C_5H_{11}OH+H_2SO_4\longrightarrow(C_5H_{11}O)_2SO_4+2H_2O$$
异戊醇   硫酸异戊酯

（2）试剂与器材

1）离心机。

2）盖勃氏乳脂计（颈部刻度为 8%，最小刻度为 0.1%）。

3）吸管（11mL 的牛乳吸管）。

4）浓硫酸（密度 1.82～1.85）。

5）异戊醇（20℃时比重为 0.811～0.812，沸点为 128～132℃）。

（3）方法

1）吸取浓硫酸 10mL，移入乳脂计内，再沿管壁小心地加入 11mL 乳，使样品与浓硫酸混合，然后再加入 1mL 异戊醇，塞紧橡皮塞。

2）用力摇动，使乳凝块溶解。将乳脂计瓶口向下静置数分钟后，于 65～70℃水浴中保温，5min 后取出。

3）放入离心机中以 800～1200r/min 的速度，离心 5～10min，取出乳脂计瓶，将瓶口向下放置于 65～70℃

水浴中保温 5min。

4）取出乳脂计，用手指调节胶塞，使脂肪柱的底边达到颈部一整数刻度处，按脂肪柱上部凹形面的底缘读数，即样品中脂肪的百分数。

（4）卫生评价

生鲜牛乳的脂肪含量为 ≥3.10%。

2．乳比重的测定

（1）定义

根据国家标准 GB 5409—1985，其定义为 15℃时乳重量与同温度同容积水的重量之比。

（2）器材

1）乳稠计，有 20℃/4℃ 和 15℃/15℃ 两种。

2）玻璃圆筒（或 200～250mL 量筒）。

（3）操作方法

1）将 10～25℃ 的乳样品注入量筒中，加至量筒容积的 3/4，勿使发生泡沫。

2）用手拿住乳稠计上部，小心沉入标尺 30° 处，放手让乳稠计在乳中自由浮动，但不能与筒壁接触。

3）静止 1～2min 后，读取乳稠计读数，以乳表面与乳稠计的接触点为准。

（4）计算

根据牛乳温度和乳稠计度，查牛乳温度换算表，见表 4-12。将乳稠计度换算成 20℃或 15℃时的度数。

比重（r_4^{20}）与乳稠计度数的关系式为

$$乳稠计度数=(r_4^{20}-1000)\times1000$$

表 4-12　乳稠计温度换算表

乳稠计读数	牛乳温度/℃															
	10	11	12	13	14	15	16	17	18	19	20	21	22	23	24	25
	换算为 20℃时牛乳乳稠计度数															
25	23.3	23.5	23.6	23.7	23.9	24.0	24.2	24.4	24.6	24.8	25.0	25.2	25.4	25.6	25.8	26.0
25.5	23.9	23.9	24.0	24.2	24.4	24.5	24.7	24.9	25.1	25.3	25.5	25.7	25.9	26.1	26.3	26.5
26.0	24.2	24.4	24.5	24.7	24.9	25.0	25.2	25.4	25.6	25.8	26.0	26.2	26.4	26.6	26.8	27.0
26.5	24.6	24.8	24.9	25.1	25.3	25.4	25.6	25.8	26.0	26.3	26.5	26.7	26.9	27.1	27.3	27.5
27.0	25.1	25.3	25.4	25.6	25.7	25.9	26.1	26.3	26.5	26.8	27.0	27.2	27.5	27.7	27.9	28.1
27.5	25.5	25.7	25.8	26.1	26.1	26.3	26.6	26.8	27.0	27.3	27.5	27.7	28.0	28.2	28.4	28.6
28.0	26.0	26.1	26.3	26.5	26.6	26.8	27.0	27.3	27.5	27.8	28.0	28.2	28.5	28.7	29.0	29.2
28.5	26.4	26.6	26.8	27.0	27.1	27.3	27.5	27.8	28.0	28.3	28.5	28.7	29.0	29.2	29.5	29.7
29.0	26.9	27.1	27.3	27.5	27.6	27.8	28.0	28.3	28.5	28.8	29.0	29.2	29.5	29.7	30.3	30.2
29.5	27.4	27.6	27.8	28.0	28.1	28.3	28.5	28.8	29.0	29.3	29.5	29.7	30.0	30.2	30.5	30.7
30.0	27.9	28.1	28.3	28.5	28.6	28.8	29.0	29.3	29.5	29.8	30.0	30.2	30.5	30.7	31.0	31.2
30.5	28.3	28.5	28.7	28.9	29.1	29.3	29.5	29.8	30.0	30.3	30.5	30.7	31.0	31.2	31.5	31.7
31.0	28.8	29.0	29.2	29.4	29.6	29.8	30.1	30.3	30.5	30.8	31.0	31.2	31.5	31.7	32.0	32.2

乳稠计读数	牛乳温度/℃															
	10	11	12	13	14	15	16	17	18	19	20	21	22	23	24	25
	换算为20℃时牛乳乳稠计度数															
31.5	29.3	29.5	29.7	29.9	30.1	30.2	30.5	30.7	31.0	31.3	31.5	31.7	32.0	32.2	32.5	32.7
32.0	29.8	30.0	30.2	30.4	30.6	30.7	31.0	31.2	31.5	31.8	32.0	32.3	32.5	32.3	33.0	33.3
32.5	30.2	30.4	30.6	30.8	31.1	31.3	31.5	31.7	32.0	32.3	32.5	32.8	33.0	33.3	33.5	33.7
33.0	30.7	30.8	31.1	31.3	31.5	31.7	32.0	32.2	32.5	32.8	33.0	33.3	33.5	33.8	34.1	34.3
33.5	31.2	31.3	31.6	31.8	32.0	32.2	32.5	32.7	33.0	33.3	33.5	33.8	33.9	34.1	34.6	34.7
34.0	31.7	31.9	32.1	32.3	32.5	32.7	33.0	33.3	33.5	33.7	34.0	34.3	34.4	34.8	35.1	35.3
34.5	32.1	32.3	32.6	32.8	33.0	33.2	33.5	33.7	34.0	34.2	34.5	34.8	34.9	35.3	35.6	35.7
35.0	32.6	32.8	33.1	33.3	33.5	33.7	34.0	34.2	34.5	34.7	35.0	35.3	35.5	35.8	36.1	36.3
35.5	33.0	33.3	33.5	33.8	34.0	34.2	34.4	34.7	35.0	35.2	35.5	35.7	36.0	36.2	36.5	36.7
36.0	33.5	33.8	34.0	34.3	34.5	34.7	34.9	35.2	35.6	35.7	36.0	36.2	36.5	36.7	37.0	37.3

（5）计算举例

乳样温度为 16℃，用 20℃/4℃乳稠计测得比重为 1.0305，即乳稠计读数为 30.5°。换算成温度 20℃时乳稠计度数，查表 4-12，同 16℃、30.5°对应的乳稠计度数为 29.5，即 20℃时乳比重为 1.0295。如若需要换算成 15℃/15℃的乳稠计度数，可直接从 20℃/4℃的乳稠计读数 29.5°加 2°求得，即 29.5°＋2°＝31.5°。

（6）卫生评价

正常乳的比重为 1.028～1.032。

3．乳酸度的测定

（1）定义

乳的酸度也称滴定酸度或总酸度，是以酚酞为指示剂，用中和 100mL 牛乳所需 0.1mol/L NaOH 的毫升数表示。

牛乳放置时间过长，则微生物特别是乳酸菌大量繁殖，乳糖发酵，乳酸增多。乳房炎乳或牛乳中加水或加入其他非乳物质，则酸度降低。因此，乳的酸度是检验乳质量的重要指标。

（2）方法

1）吸取 10mL 牛乳，移入 250mL 锥形瓶中，加入 20mL 中性蒸馏水，滴入 0.5%酚酞乙醇溶液 0.5mL，摇匀，用 0.1mol/L NaOH 溶液滴定，出现微红色并在 1min 内不消失为终点。

2）将滴定时所消耗的 0.1mol/L NaOH 溶液毫升数乘以 10，即得 100mL 乳的酸度（°T）。

（3）卫生评价

新鲜常乳的酸度为 16～18°T，消毒牛乳为 14～18°T。乳酸度降低，表明乳中可能掺了非乳物质。

4．乳中血与脓的检验

（1）原理

健康乳牛所分泌的乳中含有多种酶类，过氧化物酶是其中的一种，但含量极少。当奶牛患有疾病，如乳房炎时，乳中会带有血或脓，过氧化物酶在乳中的含量会因此而提高。

过氧化物酶与 H_2O_2 反应放出 O_2，将指示剂联苯胺氧化成为二酰亚胺代对苯醌，该物质与未被氧化的联苯胺可形成蓝色化合物，若乳中混有血与脓则溶液呈深蓝色。

（2）方法

取少量联苯胺溶于盛有 2mL 96%乙醇的试管中，加入 2mL 3% H_2O_2 溶液，摇匀后再加入 3～4 滴冰醋酸，吸取 4～5mL 乳样，放入上述试管溶液中，轻摇混匀 20～30s 后观察。

（3）卫生评价

20～30s 后，溶液变成深蓝色，表示有血、脓存在，说明乳中混入了乳房炎乳或其他病畜乳。

5．淀粉的检验

（1）原理

被稀释的牛奶中加入淀粉或米汤可增加其稠度，检测时可根据淀粉遇碘变蓝原理进行检测。

（2）方法

1）取 5mL 乳样，移入试管中，加入 0.5mL 20%酸溶液后振摇，使蛋白质凝固过滤，取 1 滴滤液于洁净的玻片上，滴 1 滴 0.01mol/L 碘液于样液旁，观察两者的接触面的颜色反应。

2）若乳中掺入淀粉较多时可直接取样品 3～5mL 于试管中煮沸，冷却后加入碘液，观察颜色反应。

（3）判定

出现蓝色的，表明掺有淀粉。

6．掺入豆浆的检查

（1）原理

豆浆中含有皂角素，与 NaOH 或 KOH 作用生成黄色化合物，根据颜色的变化来判定是否掺入了豆浆。

（2）方法

吸取 2mL 乳样于试管中，加入 3mL 1:1 醇醚混合液和 5mL 25% NaOH，摇匀，静置 5～10min，同时吸取 2mL 蒸馏水或正常乳作对照。

（3）判定

出现黄色的，表明乳中掺有豆浆。

7．掺碱的检验

（1）原理

牛乳中掺碱可掩盖牛乳的酸败。加碱后，由于乳中氢离子浓度发生了变化，因此，可引起溴麝香草酚蓝显示出不同的颜色反应，并可根据颜色的不同粗略得出牛乳中的掺碱量。

（2）试剂

0.04%溴麝香草酚蓝乙醇溶液。

（3）方法

1）取被检乳样 3mL 于试管中，将试管倾斜，沿管壁加入 0.04% 溴麝香草酚蓝溶液 2～3 滴于液面上，转动试管，使指示剂与乳液面充分接触，勿振摇。

2）将试管垂直，静置 2min 再观察液面间颜色。掺碱量与颜色的深浅呈一定的对应关系，见表 4-13。

表 4-13　乳中掺碱量与颜色反应的对应关系

掺碱量/%	无	0.05	0.1	0.3	0.5	0.7	1.0	1.5
颜色	黄色	浅绿色	绿色	深绿色	青绿色	淡蓝色	蓝色	深蓝色

8．乳房炎乳的检查（溴甲酚紫法）

（1）原理

乳房炎乳中的蛋白质含量增多，在碱性条件下能出现沉淀。

（2）试剂配制

称取 60g 碳酸钠（$Na_2CO_3 \cdot 10H_2O$），溶于 100mL 蒸馏水中，再称取 40g 无水 $CaCl_2$ 溶于 300mL 蒸馏水中。二者须均匀搅拌、加温、过滤，然后将两种滤液倾注一起，予以混合、搅拌、加温和过滤，于第二次滤液中加入等量的 15% 的 NaOH 溶液，搅拌、加温、过滤即试液。加入溴甲酚紫于试液内，有助于结果的观察。试剂宜放在棕色玻璃瓶中保存。

（3）方法

吸取乳样 3mL 于白色平皿中，加 0.5mL 试液，立即回转混合，约 10s 后观察结果，见表 4-14。

表 4-14　乳房炎乳检查结果判定（溴甲酚紫法）

结果	判定
无沉淀及絮片	－（阴性）
稍有沉淀发生	±（可疑）
肯定有沉淀（片条）	＋（阳性）

续表

结果	判定
发生黏稠性团块并继之分为薄片	++（强阳性）
有持续性的黏稠性团块（凝胶）	+++（强阳性）

9．其他乳掺假物的检验

（1）掺水

常用比重法进行检测。正常牛奶的比重（20℃/4℃）为 1.028～1.032，牛奶掺水后使比重降低，每加 10% 的水可使牛奶比重降低 0.003。测定牛奶比重时，取牛奶 150～200mL，沿壁注入玻璃圆筒或 200～250mL 的量筒中（圆筒高度应大于乳稠计的长度，其直径大小应使在沉入乳稠计时其周边和圆筒内壁的距离不小于 5mm），把乳稠计放入，静置 2～3min，读取比重值。同时测定牛奶的温度（℃）。

测比重时牛奶的标准温度为 20℃。在 10～25℃ 时，牛奶温度每比 20℃低 1℃，要从乳稠计读数中减去 0.0002；相反，每比 20℃高 1℃，要给乳稠计读数加上 0.0002。例如，在牛奶温度为 16℃ 时，测得牛奶的比重为 1.030，则校正为 20℃ 时的比重应为 1.030－4×0.0002＝1.0292。

（2）掺食盐

取乳样 10mL 于试管中，加入 5mL 0.01mol/L 硝酸银溶液，滴入 2 滴 10%铬酸钾溶液混匀，充分摇匀。若红色消失，变为黄色，说明有食盐加入。

当食盐掺进奶中，则牛奶的氯离子（Cl^-）含量增多，可与硝酸银作用，生成氯化银沉淀，并与铬酸钾作用呈黄色。检验时，取 5mL 0.01mol/L 硝酸银溶液于试管中，加入 2 滴 10%铬酸钾溶液，混匀，加被检牛奶 1mL，充分混匀。同时用纯牛奶作空白对照试验。如果被检奶样呈黄色，说明掺入了食盐，而对照管呈原乳色。

（3）掺芒硝

在 5mL 牛乳中加等量水，滴入 25%硝酸汞。如有黄色沉淀生成，说明掺有芒硝。在 1mL 乳清中逐渐滴入 20% $BaCl_2$ 溶液 10 滴。如生成白色沉淀且不溶于酸溶液则表明掺有硫酸盐。

掺入芒硝（$Na_2SO_4 \cdot 10H_2O$）的牛奶中含有较多的 SO_4^{2-}，可与氯化钡生成硫酸钡沉淀，并与玫瑰红酸钠作用呈色。检验时，取被检奶样 5mL 于试管中，加 1～2 滴 20%乙酸、4～5 滴 1%氯化钡液、2 滴 1%玫瑰红酸钠乙醇溶液，混匀，静置。同时用纯牛奶作空白对照试验。如果牛奶中掺有芒硝，则呈玫瑰红色；纯牛奶呈淡褐黄色。

（4）掺硝土

1）马钱子碱法：取约 0.1g 马钱子碱晶体置于点滴板上，加入浓硫酸 2～3 滴，再加被检乳清 2～3 滴搅匀。如立即出现血红色，逐渐变为橙色，证明有硝酸根离子存在。

2）铜屑法：取被检乳清 2mL，加入铜屑或铜丝 2~4 粒，再加入浓硫酸 1mL 并加热。如存在硝酸根离子即产生红棕色的二氧化氮气体。

（5）掺化肥

掺入牛奶的化肥以铵盐为主，如碳铵、硝铵、硫铵、过磷酸钙、二倍磷肥。因此只要检验牛奶中有无铵离子即可证明有无化肥。游离氨或铵离子与纳氏试剂反应生成黄色沉淀（碘化二亚汞铵），其沉淀物多少与氨或铵离子的含量成正比。此反应非常灵敏，特异性很强。如进一步确诊是哪一种化肥可再进行阴离子鉴定，如 Cl^-、NO_3^-、SO_4^{2-}、CO_3^{2-} 等。

（6）掺石灰水

石灰水掺入牛奶中可增加牛奶重量和中和乳酸。由于加入 $Ca(OH)_2$ 溶液使乳呈碱性，用酸碱指示剂可检出。

正常牛奶中含钙量小于 1%，加入硫酸钠溶液、玫瑰红酸钠溶液及氯化钡溶液后呈现红色。如牛奶中掺有石灰水，则生成硫酸钙沉淀，呈白土色。检验时，取 5mL 奶样于试管中，加入 1%硫酸钠溶液、1%玫瑰红酸钠溶液及 1%氯化钡溶液各 1 滴，同时用纯牛奶作空白对照试验。如果奶样中掺入石灰水，则呈白土色沉淀；而纯牛奶呈红色。

（7）掺尿素

在 3mL 被检乳中加入 1% $NaNO_3$ 溶液和浓硫酸各 1mL 摇匀，待气泡稍落，加入黄豆粒大的格里斯试剂，混匀观察颜色。如呈现黄色，说明牛乳中掺有尿素。此外，尿素和氨基硫尿在强酸性条件下生成红色的二嗪衍生物。根据显色反应也可判断是否加入了尿素。在测定中，奶中的碱、硫酸盐，少量的蔗糖对测定结果没有干扰，高含量的蔗糖（2.0%以上）、坏酸奶对测定结果有干扰。

（8）葡萄糖物质

有少量奶农为了提高鲜奶的密度和脂肪、蛋白质等理化指标，常在原料奶中掺入葡萄糖类物质，包括葡萄糖粉、糖稀、糊精、脂肪粉、植脂沫等。

监测方法：取尿糖试纸一条，浸到奶样中 2s 后取出，在 2min 内对照标准版，观察现象。含有葡萄糖类物质存在时，试纸即有颜色变化。

（9）掺抗生素

发酵法：取 150mL 奶样于 250mL 三角瓶，在电炉上加热煮沸后，冷却至 42℃，加入 15mL 经接种后的乳酸菌菌种，然后置于 42℃的培养箱中发酵，1h 后观察。如果奶样发酵，证明无抗生素。

（10）掺双氧水

取牛奶样品 1mL 置于试管中，加入 0.2mL 碘化钾淀粉溶液置于试管中，混匀。再加入硫酸溶液 1 滴，摇匀。1min 后若出现蓝色则证明牛奶中掺有双氧水。

备注：配制碘化钾淀粉溶液（现用现配）：将 3g 可溶性淀粉溶解于 5~10mL 冷却蒸馏水中，再少量逐渐加入蒸馏水至 100mL，冷却；将 3g 碘化钾溶解于 3~5mL 蒸馏水中，然后缓慢加入淀粉溶液中，混合均匀。

（11）掺洗衣粉

检验掺洗衣粉牛乳有荧光法、亚甲蓝法及氯化钡法等。其中亚甲蓝法检出限量大于 10mg/100mL，适合现场操作，灵敏、操作简易，有一定的实用价值。

牛奶中掺洗衣粉后，十二烷基磺酸钠在紫外线下发荧光。检验时，取 10mL 奶样于蒸发皿中，在暗室中置波长 365nm 的紫外线分析仪下观察荧光。同时采用纯牛奶作空白对照试验。如果牛奶中掺有洗衣粉，则见发银白色荧光；纯牛奶无荧光，呈乳黄色。本法灵敏度为 0.1%。

（12）掺硝酸盐

1）单扫示波极谱法：单扫示波极谱法测定牛乳中硝酸盐。

2）甲醛法：将 5mL 检样乳与 2 滴 10%甲醛溶液混合，另将 3mL 硫酸注入混合液中。如 1000mL 牛乳中含有 0.5mg 的硝酸盐，经 5~7min 便出现环带。

（13）掺亚硝酸盐

利用亚硝酸盐在弱酸性条件下与磺胺重氮化后，再与盐酸萘乙二胺偶合形成紫红色染料的原理，可以检测出样品中的亚硝酸盐。

（14）掺白矾

取 1g 金黄色素三羧酸铵盐，溶于 100mL 蒸馏水中，配成 1%铝试剂溶液。再取牛乳 5mL 于试管中，滴加 1%的铝试剂 3~5 滴，如牛乳生成红色便有铝离子存在。

（15）掺陈乳

1）煮沸法：将 10mL 乳样置沸水浴中 5min，若产生凝块或絮片则不新鲜。

2）乙醇法：等量的重型乙醇与牛乳混合，振摇后不出现絮片的牛乳是新鲜的。

（16）掺植物油

掺入的植物油种类不同，奶油折射计的牛奶脂肪读数则不同。依照此原理，建立纯牛乳的读数范围则能判断是否掺入了植物油。另外，波长在 700~1124.8nm 的近红外光谱也可以检测牛乳中植物油的存在，且错误率低。

（17）防腐剂

主要为焦亚硫酸钠的监测。

原理：焦亚硫酸钠具有强烈的还原性和漂白性，它能使碘失去遇淀粉变蓝的能力。

所用试剂如下。

1）淀粉试剂：10g 碘加 20g 碘化钾溶于 500mL 蒸馏水中。

2）1%淀粉溶液：1g 淀粉溶于 100mL 蒸馏水中（必要时可以加热溶解）。

操作方法：取 3mL 奶样于试管中，滴加 1 滴淀粉试剂，振荡摇匀 3~5s，再加 2 滴 1%的淀粉溶液，振荡摇匀观察现象。蓝色为正常，白色为含防腐剂。

（18）牛奶中掺牛尿的检验

牛尿中含有肌酐，在 pH12 的条件下，肌酐与苦味酸反应生成红色或橙红色的复合物苦味酸肌酐。其方法是事先配制好饱和苦味酸液，即取 2g 苦味酸，加蒸馏水至 100mL，煮沸，冷却至室温，待有结晶析出时，倒出上清液即得。检测时，取 5mL 被检奶样于试管中，加入 4～5 滴 10%氢氧化钠溶液，再加 0.5mL 饱和苦味酸液，充分摇匀，放置 10～15min。如为掺尿牛奶，则呈现明显的红褐色，而纯牛奶对照试验呈现苦味酸固有的黄色。此法灵敏度为掺尿 2%以上。

五、乳和乳制品的腐败变质现象

乳是一种营养非常丰富的食品，同时也是各种微生物生长繁殖的良好基质。因此，鲜乳及其制品极易受微生物的污染，发生腐败变质。

1. 鲜乳的微生物性腐败变质

在乳房中、挤乳及其以后的系列过程中都能使鲜乳污染一定数量的微生物，在一定的温度下生长繁殖。由于菌群交替现象，乳发生各种感官变化，如凝固。这时候由于细菌发育产生凝乳酶而使乳汁凝固成块，细菌分解乳糖产生酸性产物，乳汁 pH 下降而发生酸性凝固，使乳汁中的酪蛋白凝固。在各种微生物的作用下，发生色、香、味等的变化。

2. 炼乳的微生物性变质

由微生物引起炼乳变质的常见变化如下。

1）凝固成块状：是由于糖浓度不足，乳中葡萄球菌、需氧性芽胞杆菌发育所致。

2）膨胀乳：因微生物法致产生大量气体，使罐头膨胀。主要是球拟酵母引起。

3）霉乳：乳的表面因霉菌生长，形成菌落。有时菌落能覆盖乳的整个表面。可有各种颜色，如红色、白色、黑色、绿色、黄色等，有时还伴有腐烂气味或霉变味。常见由葡萄曲霉引起。

3. 奶油的微生物性变质

奶油腐败变质主要是霉变，有各种霉变颜色。

六、原料乳与乳制品中三聚氰胺检测方法

2008 年我国发生奶中三聚氰胺事件，累计人数有 6 万以上，住院儿童也在 50 000～60 000 甚至以上，主要造成儿童的肾结石，甚至死亡。动物长期摄入三聚氰胺会造成生殖、泌尿系统的损害，膀胱、肾部结石，并可进一步诱发膀胱癌。因此国家颁布了《原料乳与乳制品中三聚氰胺检测方法》国家标准（GB/T 22388—2008）。标准规定了高效液相色谱法、气相色谱-质谱联用法、液相色谱-质谱/质谱法 3 种方法为三聚氰胺的检测方法，检测定量限分别为 2mg/kg、0.05mg/kg 和 0.01mg/kg。标准适用于原料乳、乳制品及含乳制品中三聚氰胺的定量测定。检测时，根据被检测对象与其限量值的规定，选用与其相适应的检测方法。还有一些快速检测方法依情况选择使用。

第二节　蛋与蛋制品的卫生检验

禽蛋含有人体所必需的各种氨基酸、脂肪、碳水化合物、类脂质（主要是卵磷脂）、无机盐及维生素等。这些营养成分易于被人体消化和吸收，是人们膳食中主要的动物性食品之一。常见的食用蛋主要是鸡蛋，其次是鸭蛋和鹅蛋，也有少量的鹌鹑蛋等。蛋类也可成为食物中毒的原因，也可能因携带某种病原菌而成为家禽疾病流行的原因。因此，进行禽蛋的卫生检验对保护消费者健康具有重要意义。

一、蛋的构造及化学组成

1. 蛋的构造

禽蛋呈卵圆形，一头较大为蛋的钝端，另一头较小为蛋的锐端，其平面上的投影为椭圆形。蛋的纵径大于横径，纵向较横向耐压，所以在运输过程中应大头朝上，以减少破损。蛋的大小因产蛋禽的种类、品种、年龄、营养状况、季节等而有差异。通常鸡蛋重 40～70g，鸭蛋重 60～90g，鹅蛋重 100～230g。蛋主要由蛋壳、蛋白及蛋黄 3 部分组成（图4-1）。

（1）蛋壳

蛋壳是蛋的外层硬壳，它使蛋具有固定的形状，并起保护作用。蛋壳的厚度和颜色，因禽的种类而有较大

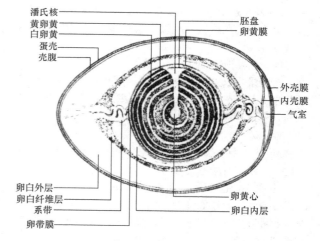

图 4-1　禽蛋的结构

差异。通常鸡蛋壳的平均厚度为 0.35mm，鸭蛋壳为 0.43mm，鹅蛋壳为 0.62mm。鸡蛋壳呈白色或深浅不同的褐色，鸭蛋壳和鹅蛋壳一般呈青灰色或白色。

蛋壳是由外蛋壳膜、石灰质蛋壳和壳下膜构成。

1）外蛋壳膜：又称壳外膜，是蛋壳外面由胶性黏液干燥而成的一层薄膜，所以又称为胶样膜或粉霜。它是

由母禽输卵管分泌的一种透明可溶性无定形结构的胶质黏液干燥而成。完整的薄膜有阻止微生物的侵入，防止蛋内水分蒸发和二氧化碳逸散、避免蛋重减轻的作用。胶样膜易溶于水，不耐摩擦，久藏受潮或水洗，可使其溶解而失去保护作用。外蛋壳膜的有无及性状可作为判断蛋新鲜度的指标之一。

2）蛋壳：又称石灰质蛋壳，是包裹在鲜蛋内容物外面的一层硬壳。其主要成分是碳酸钙（约占 94%），其次有少量的碳酸镁、磷酸钙、磷酸镁及角质蛋白质。蛋壳的厚度一般为 0.2～0.4mm。由于禽的品种、气候条件和饲料等因素的差异，蛋壳的厚度略有不同。蛋壳上有 1000～1200 个气孔，这些气孔在蛋壳表面的分布不均匀，大头较多，小头较少。蛋产后贮存时蛋内的水分和气体可由气孔排出，而使蛋的重量减轻。微生物在外蛋壳膜脱落时，可以通过气孔侵入蛋内，引起蛋的腐败。

3）壳下膜：是由两层紧紧相贴的膜组成。其内层紧接蛋白，称蛋白膜或内壳膜；外层紧贴石灰质蛋壳，称内蛋壳膜或外壳膜。蛋白膜和内蛋壳膜是由很细的纤维交错成的网状结构。内蛋壳膜的纤维较粗，网状结构空隙大，细菌可通过此进入蛋内，该膜厚 $41.1～60.0\mu m$。蛋白膜厚 $12.9～17.3\mu m$，纤维结构致密细致，细菌不能直接通过此进入蛋内，只有在细菌分泌的蛋白酶将蛋白膜破坏之后，才能进入蛋内。所有霉菌的孢子均不能透过这两层膜进入蛋内，但其菌丝体可以透过，并能引起蛋内容物发霉。

蛋产出时，由于外界温度比家禽体温低，蛋内容物收缩，空气从气孔进入蛋内，使蛋的钝端壳下的两层膜分离形成气室，随着存放时间的延长，蛋内水分蒸发，气室也会不断增大，因此，气室大小可作为判断蛋新鲜度的指标之一。

（2）蛋白

蛋白也称蛋清，无色透明，是蛋白膜下的黏稠胶体物质，占蛋重的 45%～60%。鲜蛋中蛋白由外向内分为 4 层。第一层为外稀蛋白层，贴附在蛋白膜上，占蛋白总体积的 23.2%；第二层为中层浓厚蛋白层，占蛋白总体积的 57.3%；第三层为内层稀薄蛋白层，占蛋白总体积的 16.8%；第四层为系带膜状层，占蛋白总体积的 2.7%。蛋白按其形态分为两种，即稀蛋白和浓蛋白。

浓蛋白呈浓稠胶状，含有溶菌酶，在保存期间，由于受温度和蛋内蛋白酶的影响，浓蛋白逐渐变稀，所含溶菌酶也随之消失。细菌易侵入造成蛋污染变质。

稀蛋白呈水样胶状，自由流动，不含溶菌酶。随着保存时间的延长和温度的变化，浓蛋白减少而稀蛋白增加，使蛋的品质降低。

在蛋白中，位于蛋黄两端各有一条白色带状物，称为系带。其作用是固定蛋黄位于蛋的中心。系带为白色不透明胶体，呈螺旋状结构。新鲜蛋白系带色白而有弹性，含有溶菌酶，含量是蛋白中溶菌酶的 2～3 倍。随着温度的升高和贮藏时间的延长，系带在酶的作用下会发

生水解，逐渐失去弹性和固定蛋黄的作用，造成蛋黄贴壳。因此系带状况也是鉴别蛋的新鲜程度的重要指标之一。

（3）蛋黄

蛋黄由蛋黄膜、胚胎和蛋黄液所组成。新鲜蛋黄呈球形，两端由系带牵连，位于蛋的中央。它是一种浓厚、不透明、呈半流动的黄色黏稠物，由无数含有脂肪的球形细胞所组成。

1）蛋黄膜：是包在蛋黄外面的透明薄膜，结构微细而紧密，具有很强的韧性，使蛋黄紧缩呈球形。陈旧的蛋黄膜，韧性丧失，轻轻震动蛋黄膜即可破裂，出现散黄现象。因此，蛋黄膜的韧性大小和完整程度，是判断蛋新鲜度的重要标志。

2）蛋黄液：是一种黄色的半透明乳胶液，约占蛋重的 32%，比重为 1.028～1.030。蛋黄液呈多层次的色泽，中央为淡黄色，周围由深黄色蛋黄液和浅黄色蛋黄液交替组成。

3）胚盘（球）：是一直径 3～3.5mm 大小的灰白色斑点，位于蛋黄上侧表面的中央部，未受精胚胎呈椭圆形，受精胚胎为正圆形。受精胚在较高的温度保存时胚胎发育，从而影响蛋的品质和降低蛋的贮藏性。

2. 蛋的化学组成

蛋是具有很高营养价值的动物性食品之一，含有蛋白质、脂肪、碳水化合物、类脂、矿物质及维生素等。这些营养成分的比例、含量与品质，因家禽的种类、品种、年龄、饲料、产蛋季节等而有所不同。

（1）蛋白质

蛋中含有多种蛋白质，其中占比例最大的是蛋白中的卵白蛋白和蛋黄中的卵黄磷蛋白。这些蛋白都是全价蛋白，含有人体所必需的各种氨基酸，除蛋氨酸和胱氨酸略有不足外，皆符合人体需要，生物价高达 94%。

（2）脂肪

蛋中 99% 的脂肪存在于蛋黄中，占蛋黄重的 30%～33%，其中甘油酯约占 20%，磷脂约占 10%。磷脂主要包括卵磷脂、脑磷脂和神经磷脂等，它们对神经系统的发育具有重要意义。卵磷脂中还有一定量的胆固醇，其含量占蛋黄的 1.2%～1.5%。

（3）碳水化合物

蛋中的碳水化合物，主要是葡萄糖，也有少量乳糖。

（4）矿物质

蛋中含有多种矿物质，其中以磷和铁含量较多，而且易被吸收。

（5）维生素

蛋中除维生素 C 含量较少外，其他的如维生素 A、维生素 B、维生素 D 等含量均较丰富。

（6）酶

蛋中含有蛋白酶、二肽酶和溶菌酶，溶菌酶具有一定的杀菌作用。

（7）色素

蛋白内含有核黄素。蛋黄内含有黄体素、核黄素、

胡萝卜素、玉米黄质等。这些色素不能在禽体内合成，而由饲料转移而来，其含量多少决定蛋黄呈浅黄乃至橙黄色。

二、蛋的卫生检验

1. 蛋在保藏时的变化

（1）重量的变化

蛋在贮存中，由于蛋壳表面有气孔，使蛋内容物中的水分、二氧化碳不断逸出，重量逐渐减轻。蛋的重量损失与保管的温度、湿度、蛋壳气孔大小、空气流通情况等因素有关。在气温高湿度小气流快时蛋的失重大。

（2）气室的变化

鲜蛋气室的变化和重量损失有明显关系。随着蛋重量的减轻，气室相对增大。故可根据气室大小判断蛋的新鲜度。

（3）水分的变化

贮存过程中蛋内水分会发生变化，主要是蛋白水分的减少。蛋白水分除一部分蒸发外，另一部分水分因渗透压差向蛋黄内移动，使蛋黄中含水量增加。蛋内水分变化受贮存时间和温度的影响。

（4）蛋白层结构的变化

新鲜蛋浓稀蛋白层的结构层次较明显。蛋在贮存过程中，由于浓蛋白被蛋白中的蛋白酶逐渐分解变为稀蛋白，其中溶菌酶也随之被破坏，失去杀菌能力，使蛋的耐贮性大大下降。因此越陈旧的蛋，浓蛋白含量越低，稀蛋白含量越高，越易被细菌侵染，造成腐败。

（5）卵黄指数的变化

卵黄指数也称为蛋黄系数。所谓卵黄指数是指将破壳的蛋置于平板上，蛋黄高度与直径之比。正常鲜蛋的蛋黄系数在0.35以上。随着贮存时间延长，蛋黄膜的弹性减弱，使蛋黄系数降低。当蛋系数下降到0.25以下时，蛋黄就会破裂，出现散黄现象。

（6）微生物的污染

健康家禽所产的蛋，其内容物里是没有微生物的。蛋中的微生物污染通常有两种途径：一是产前污染，即家禽由于患病，生殖器中的病原微生物在蛋形成过程中进入蛋内；二是产后污染，即当蛋产出后，外界微生物通过气孔进入蛋内。新鲜蛋含有溶菌酶，能杀死侵入的各种微生物。但在室温条件下，经过1～3周蛋内溶菌酶就会失去活性，此时侵入的微生物就可以到达蛋黄而大量繁殖，使蛋变质。

（7）蛋的腐败变质

引起蛋腐败变质的主要因素是微生物，其次是蛋存放环境的温度、湿度。在适宜的温度、湿度下，侵入蛋内的微生物会生长繁殖，并释放出蛋白水解酶，使蛋白质逐渐水解，黏度消失，蛋黄位置改变。蛋的最初变质特征是蛋白变稀，呈现淡绿色。然后系带逐渐变细甚至消失而失去作用，使蛋黄向蛋壳靠近而粘壳。待蛋黄膜破裂，蛋黄和蛋白相混在一起后，进一步变质。最后蛋

白呈现出蓝色和绿色荧光，有腐臭味，蛋黄呈褐色。

如果有霉菌在蛋壳上生长，菌丝也可由气孔侵入蛋内，并逐渐形成霉斑。大的霉斑可以覆盖蛋的整个表面。蛋白变为水样液，并与蛋黄混合，或蛋白变得黏稠呈凝胶状，蛋黄硬化呈蜡样，蛋内呈黑色并带有浓烈的霉味。

2. 蛋的新鲜度检验

鲜蛋的检验方法很多，如感官检验、灯光透视检验、盐水比重检验、气室高度测定、卵黄指数测定等方法。在禽蛋收购和加工上常采用感官检验和灯光透视检验相结合的方法。

（1）感官检验

1）看：主要观察蛋的形状、大小、色泽、清洁度，有无霉斑，有无裂纹及硌窝等。

蛋的清洁度不但具有商品学意义，而且有极重要的卫生学意义。因为不清洁的禽蛋极易腐败变质。

新鲜蛋的外壳完整，无裂纹和硌窝，壳上附着一层白霜样的颗粒。若蛋壳异常光亮，可能是孵化蛋。不新鲜蛋和变质蛋由于贮存时间长或保管不当，蛋壳表面失去白霜，色泽乌灰、油亮，严重的蛋壳上出现灰黑斑点、斑块、霉点和大理石纹。

2）听：将蛋夹在手指间，靠近耳边轻轻摇晃。新鲜蛋内容物无流动感，无活动声；陈旧蛋由于水分蒸发，内容物缩小，有晃荡声。另外，以蛋相互碰撞来鉴别蛋壳的完整性。如相撞发生咔咔声则蛋壳完整，如发出哑音则为裂纹蛋。

3）嗅：用鼻闻蛋有无异味。

感官鉴定是一种有效的检验方法，但必须有一定的实践经验。该方法的不足是该指标在定性上可以，在定量上欠缺，因此须与其他方法配合使用。

（2）灯光透视检验

蛋的灯光透视检验法简便易行，是检验蛋新鲜度最常用的方法之一。检验须在暗室内或弱光的环境中进行。方法是将蛋的大头向上，紧贴在照蛋器的照蛋孔上，并使蛋和照蛋器约成30°倾斜（图4-2）。透视时，首先观察气室大小，然后用食指和拇指把蛋旋转两个不同方向的半圆，根据蛋的透光性和蛋内容物旋转情况，判断气室大小和蛋壳致密度、蛋白黏稠度、系带的松弛度、蛋黄性状和是否有胚胎发育等情况，以及蛋内有无污斑、黑点和其他异物等。

图4-2　手提快速灯光照蛋器

新鲜正常的蛋在灯光下的状态是：气室小（高度不超过7mm），蛋内透光，呈橘红色。蛋白浓厚、清亮，

兽医公共卫生学

包于蛋黄周围。蛋黄位于中央偏钝端，呈朦胧暗影，中心色浓，边缘色淡。蛋内无斑点和斑块。

（3）蛋黄指数测定（卵黄系数测定）

见"卵黄指数的变化"。

（4）气室测定

将蛋放在照蛋器上画出气室的界线（图4-3）。将蛋的气室端放入气室测量器的凹陷内，记录下气室两侧的高度，然后将两侧高度（h_1、h_2）之和除以2，即气室高度。

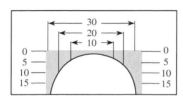

图4-3 气室测量尺（单位：mm）

3．蛋的质量分类

鲜蛋在商品上的质量分类为新鲜蛋、次质蛋和劣质蛋，主要是根据蛋的大小、色泽，蛋壳的清洁度和灯光透视的结果而评定的。

（1）新鲜蛋

应符合中华人民共和国国家标准GB 2749—2015。蛋壳清洁完整，灯光透视时整个蛋呈微红色，蛋黄不见或略见阴影；打开后蛋黄凸起完整，系带有韧性，蛋白澄清透明，稀稠分明。冷藏鲜蛋其品质也应符合鲜蛋标准。理化指标：汞（mg/kg，以Hg计）≤0.05。

（2）次质蛋

次质蛋分一类和二类两个层次。

1）一类次质蛋

A．裂纹蛋：鲜蛋受压，使蛋壳破裂成缝，蛋膜未破，把蛋握在手中相撞时发出哑音，所以也称"哑子蛋"。

B．硌窝蛋：鲜蛋受挤压，使石灰质蛋壳局部破裂凹陷，而蛋壳膜未破。

C．流清蛋：鲜蛋受挤压破损，蛋壳膜破裂而蛋液轻度（破口小于1cm）外溢。

D．血圈蛋：受精蛋，因受温热而胚胎开始发育，透视时蛋黄部呈现鲜红色小血圈。

E．血筋蛋：由血圈继续发育形成的，透视时蛋黄呈现网状血丝。

F．壳外霉蛋：鲜蛋受潮湿，外壳生霉，但壳内壁及内容物完全正常。

G．绿色蛋白蛋：透视时蛋白发绿，蛋黄完整；打开后除蛋白颜色发绿外，其他与鲜蛋无异，这是由饲料因素造成的。若蛋黄扩大、扁平，蛋白稀薄发绿、混浊，并有异常气味的，是细菌所致腐败的非食用蛋。

2）二类次质蛋。

A．热伤蛋：未受精的蛋，受热后，胚珠增大。光照时可见蛋黄阴影大，蛋白稀薄，气室大，此类蛋不宜

保存。

B．重流清蛋：蛋壳破碎，破口较大，蛋白大部分流出。

C．红粘壳蛋（贴壳蛋）：蛋在贮存过程中，没及时翻动或受潮，蛋白变稀，系带松弛，原本小于蛋白比重的蛋黄上浮，贴在蛋壳上。透视时气室大，粘壳处呈红色。打开后可见蛋壳内壁有蛋黄粘连痕迹，蛋黄与蛋白界限分明，无异味。

D．轻度黑粘壳蛋：红粘壳蛋形成日久，粘壳处变黑。透视黑色面积占粘壳蛋黄面积1/2以下，蛋黄粘壳处部分呈黑色阴影，其余部分蛋黄呈红色。打开后可见粘壳处有黄中带黑的粘连痕迹，蛋白变稀，蛋白与蛋黄界限分明，无异味。

E．散黄蛋（陈蛋散黄）：贮存日久，或受热、受潮，蛋白变稀，水分渗入蛋黄而使蛋黄膨胀，蛋黄膜破裂。透视时可见蛋黄不完整，散如云状。打开后蛋白、蛋黄混杂，但无异味。

F．轻度霉蛋：鲜蛋在运输、保管中受潮或雨淋后生霉。透视时壳膜内壁有霉点。打开后见内容物无霉点和霉气味，蛋黄和蛋白界限分明。

（3）劣质蛋

1）泻黄蛋（细菌散黄）：由于贮存条件不良，细菌侵入蛋内所致。透视时蛋内透光度差，黄白相混，呈均匀的灰黄色或暗红色。打开见蛋液呈灰黄色，蛋黄、蛋白全部变稀且相混，并有一种不快的气味。

2）黑腐蛋（臭蛋、坏蛋）：这种蛋严重变质，蛋壳呈乌灰色。透视时蛋大部分或全部不透光，呈灰黑色。打开蛋后，蛋液呈灰绿色或暗黄色，并有硫化氢样恶臭味。

3）重度霉蛋：霉变严重。透视时见蛋壳及内部均有黑色斑点或粉红色斑点，打开见壳下膜和蛋液内部都有霉斑，或蛋白呈胶胨样霉变，并有严重的霉气味。

4）重度黑粘壳蛋：由轻度粘壳蛋发展而成，其粘壳部分超过整个蛋黄面积1/2以上，蛋液变质发臭。

4．蛋的卫生评价

1）新鲜蛋，正常鲜销。

2）一类次质蛋，准许鲜销，但应限期销售。超过期限或限期内有变化的，可根据质量情况，按二类次质蛋处理，或按劣质蛋处理。

3）二类次质蛋，不许鲜销，经高温处理后可供食用。

4）劣质蛋，不准食用。应作非食品工业用或作肥料。孵化蛋一般也应按劣质蛋处理，但在有食用习惯的地区，须经当地卫生部门同意后，按规定条件供食用。

5）鲜蛋在运输中破损的外溢部分，不得供食用，应作非食品工业用或作肥料。

6）水禽蛋常污染沙门菌，为预防水禽蛋所致的沙门菌食物中毒，在制作冰淇淋、奶油糕点、煎蛋饼、煎荷包蛋时，不得使用鸭蛋和鹅蛋。

7）经细菌检验，凡发现肠道致病菌、沙门菌、志贺

菌的蛋，不得销售。应在卫生部门监督下，供高温再制利用，但必须保证充分加热煮熟烧透，并防止生熟交叉污染。此外，也可按《蛋与蛋制品卫生管理办法》有关规定，制作冰蛋、干蛋制品。

三、蛋制品的卫生检验

1．干蛋品

干蛋品一般有干蛋粉和干蛋白片。目前在生产上多以干蛋粉为主。

（1）干蛋粉

干蛋粉可分为全蛋粉、蛋白粉和蛋黄粉，是将鲜蛋经打蛋后，将全蛋（包括蛋白和蛋黄）搅拌、过滤，在干燥室内喷雾干燥，使其急速脱水，并杀灭大部分细菌，再经过筛后，制成的粉状制品。有时在将蛋液过滤后，先进行巴氏消毒，再行喷雾干燥而成。

干蛋品卫生标准：见中华人民共和国国家标准 GB 2749—2015 和 GB/T 5009.47—1996。

1）感官指标：粉末状或极易松散的块状，淡黄色，气味正常，无杂质。

2）理化指标：见表4-15。

3）细菌指标：见表4-16。

（2）干蛋白片

干蛋白片是将鲜鸡蛋的蛋白液经过发酵，加热干燥脱去水分而制成的蛋制品。

干蛋白片卫生标准：见中华人民共和国国家标准 GB 2749—1996。

1）感官指标：干蛋白片的状态呈透明晶片和碎屑，色泽浅黄，气味正常，无杂质。

2）理化指标：见表4-17。

3）细菌指标：致病菌（是指沙门菌）不得检出。

表4-15 全蛋粉和蛋黄粉理化指标

项目	全蛋粉	蛋黄粉
水分/%	≤4.5	≤4.0
脂肪/%	≥42	≥60
游离脂肪酸/%	≤4.5	≤4.5
汞/（mg/kg）	按蛋折算*	按蛋折算*

*蛋（去壳）：汞允许量≤0.05mg/kg

表4-16 全蛋粉和蛋黄粉细菌指标

项目	全蛋粉	蛋黄粉
细菌总数/（个/g）	≤50 000	≤50 000
大肠菌群/（个/100g）	≤110	≤40
致病菌（是指沙门菌）	不得检出	不得检出

表4-17 干蛋白片理化指标

项目	水分/%	汞（以 Hg 计）/（mg/kg）	酸度（以乳酸计）
指标	≤16.0	按蛋折算	不得超过 1.2%

2．冰蛋品

冰蛋品可分为冰全蛋、冰蛋白和冰蛋黄 3 种。它们是全蛋液、蛋白液或蛋黄液经打蛋、过滤、装听、低温下冻结而成的相应产品。后两种目前很少生产。如在过滤后，先经巴氏消毒，再装听，经低温冻结而成的称"巴氏消毒冰蛋"。近几年，由于养鸭业的发展，因此又增加了冰鸭全蛋。

冰蛋品卫生指标：见中华人民共和国国家标准 GB/T 5009.47—1996、GB 2749—1996。

（1）感官指标

1）冰鸡全蛋：坚洁均匀，黄色或淡黄色，具有冰鸡全蛋的正常气味，无异味和杂质。

2）冰鸡蛋黄：坚洁均匀，黄色，具有冰鸡蛋黄的正常气味，无异味和杂质。

3）冰鸡蛋白：坚洁均匀，白色或乳白色，具有正常冰鸡蛋白的正常气味，无异味和杂质。

（2）理化指标

见表4-18。

（3）细菌指标

见表4-19。

表4-18 冰鸡蛋品理化指标

项目	冰鸡全蛋	冰鸡蛋黄	冰鸡蛋白
水分/%	≤76	≤55	≤88.5
脂肪/%	≥10	≥26	—
游离脂肪酸/%	≤4.0	≤4.0	—
汞（以 Hg 计）/（mg/kg）	≤0.05	≤0.05	≤0.05

表4-19 冰鸡蛋品细菌指标

项目	冰鸡全蛋	冰鸡蛋黄	冰鸡蛋白
细菌总数/（个/g）	≤10^6	≤10^6	≤10^6
大肠菌群/（个/100g）	≤$1.1×10^7$	≤$1.1×10^7$	≤$1.1×10^7$
致病菌（是指沙门菌）	不得检出	不得检出	不得检出

3．再制蛋

再制蛋是我国民间习惯生产和很受人们喜爱的一类制品，主要有咸蛋、皮蛋和糟蛋 3 种。

（1）咸蛋

咸蛋是将蛋放在浓食盐溶液中或以粘土食盐混合物敷在蛋的表面腌制而成的产品。

1）优质咸蛋的质量要求：蛋壳完整、无裂纹、无破损、表面清洁、气室小、蛋白清白透亮、蛋黄鲜红、变圆且黏度增加，煮熟后蛋黄呈红黄起油或有油流出，口感起沙，蛋白纯白细嫩、咸淡适中而无异味。

2）次、劣蛋及处理。

泡花蛋：灯光透视时，蛋内容物有水泡花，将蛋转动时，水泡花随蛋转动。煮熟后内容物呈"蜂窝状"，这种蛋称泡花蛋，不影响食用。

混黄蛋：灯光透视时内容物模糊不清，颜色发暗。

蛋转动时，蛋黄蛋白分辨不清。打开后，蛋白呈白色与淡黄色相混的粥状物。蛋黄外部边缘呈淡白色，并发出腥臭味。这种蛋称混蛋。初期可食用，后期不能食用。这种蛋是由于原料蛋不新鲜，腌制后又贮存时间过久而造成的。

黑黄蛋：灯光透视时，蛋黄发黑，蛋白呈混浊白色，这种蛋称为"清水黑黄蛋"。该蛋进一步发展变质，便成为具有臭味的"混水黑黄蛋"。前者可以食用，有的人喜爱吃这种蛋，后者不能食用。这两种统称为黑黄蛋，此种蛋多是由于腌制时温度过高，成熟过久造成的。

损壳蛋：蛋壳有裂纹。

此外，还有红贴皮咸蛋、黑贴皮咸蛋、散黄蛋、臭蛋等，是由于加工原料蛋不新鲜，甚至原来就是坏蛋所造成的。

（2）皮蛋

皮蛋又名松花蛋，是我国独创的食品品种，有着悠久的生产历史。皮蛋是指鲜鸭、鸡蛋等禽蛋，经用生石灰、碱、盐等配制的料汤（泥）或氢氧化钠等配制的料液加工而成的蛋制品。各项卫生指标见中华人民共和国国家标准 GB 2749—2003。

1）感官指标：蛋外包泥或涂料均匀洁净，蛋壳完整无霉变，敲摇时不得有响水声，剖开时蛋体完整，蛋白呈青褐、棕褐或棕黄色半透明状，有弹性，蛋黄呈深浅不同的绿色或黄色，略带溏心或凝心。具有皮蛋应有的滋味和气味，无异味。

2）理化指标：见表4-20。

3）细菌指标：见表4-21。

表4-20 皮蛋的理化指标

项目	指标
铅（以 Pb 计）/（mg/kg）	≤3
砷（以 As 计）/（mg/kg）	≤0.5
pH（1∶15 稀释）	≥9.5

表4-21 皮蛋的细菌指标

项目	指标
细菌总数/（个/g）	≤500
大肠菌群/（个/100g）	≤30
致病菌（是指沙门菌）	不得检出

（3）糟蛋

糟蛋是用优质的鲜鸭蛋经优良的糯米酒糟糟制而成的一种再制蛋。成熟后的糟蛋需进行外观特征、色泽、蛋白和蛋黄状况、风味等项评定，然后再按糟蛋的重量进行分级。

1）糟蛋的质量要求：蛋壳和蛋壳膜完全分离，蛋壳全部或大部分脱落；蛋白乳白光洁，呈胶冻状；蛋黄橘红色，半凝固状，和蛋白界限分明；具有浓郁的酒香味，略有甜味。

2）分级：在质量达到要求后，还需按重量进行分级，其标准见表4-22。

表4-22 糟蛋重量分级标准 （单位：kg）

级别	特级	一级	二级
千枚重量	77.5～85	70～77	65～69.5

注：蛋与蛋制品的卫生检验与分析方法请参见中华人民共和国国家标准 GB/T 4789.19—2003《食品卫生微生物学检验 蛋与蛋制品检验》，以及 GB5009.47—2003《蛋与蛋制品卫生标准的分析方法》

四、蛋与蛋制品腐败变质现象

刚产的鲜蛋约有 10% 可检出细菌。蛋的腐败变质主要是由于腐败细菌引起的。表现为浓稠度降低，甚至稀薄如水，系带松弛后而溶解，蛋黄位置改变。蛋黄膜失去韧性，继而破裂，蛋黄与蛋白掺混。由于腐败菌的发育产生氨基态氮和蛋白质分解产生硫化氢，使蛋发生强烈的腐蛋臭气，有时由于二氧化碳和氨类气体的不断增加，最后引起蛋壳炸裂。

由微生物引起蛋的腐败变质，一般分为两大类，即霉变与腐败。

霉变是在较高的湿度，禽蛋被霉菌侵染所引起的一种变质。霉菌首先由蛋的大端气室部分的蛋壳上的气孔侵入，在气室部的蛋壳膜下生长，形成黑色或淡色霉斑，此时蛋白和蛋黄可能正常，并无异常气味。如果霉菌进一步发展，霉斑逐渐扩大，有时布满整个蛋壳膜，菌丝透过壳膜，侵入到蛋白，蛋白逐渐被溶解，与蛋黄混合。蛋内颜色变黑，并产生霉味。

腐败可分为以下 4 种类型。

白色腐败　蛋白液化，蛋黄破裂，蛋黄蛋白掺混呈水溶液状态，之后呈稀粥状，浑浊，发腐败臭味。

黑色腐败　初期主要由荧光假单胞菌引起，使蛋白质分解，呈青白色，黏稠混浊。之后在变形杆菌的作用下，蛋白逐渐变得稀薄，因含硫氨基酸的分解，产生硫化氢与甲基硫醇，与蛋黄中磷蛋白中的铁结合，形成硫化铁，致使蛋白由青白色逐渐转变为绿色甚至黑绿色，蛋黄由橘色变为黑绿色或黑色液状物。由于硫化氢的大量产生，不仅发出浓厚的臭蛋气味，往往引起蛋壳爆裂。

混合腐败　是白色腐败与黑色腐败过程混合变化。

红色腐败　变红色或蔷薇色腐败，由假单胞菌、玫瑰色微球菌、黏质沙雷氏菌及其他微生物引起。红色腐败使蛋内各种物质变红。

第三节 水产品的卫生检验

水产品是动物性食品的重要来源之一。我国河湖纵横，海域宽阔，水产资源极其丰富，各种鱼类有 2000

191

余种，沿海渔场面积有 1.5 亿 hm²，占世界渔场的 1/4。水产品富含人体必需的各种营养物质，风味独特，深受广大消费者喜爱。但是，水产品不耐保藏，极易发生腐败变质及被致病菌污染，食用不当时极易发生食物中毒；水产品中常含有很多对人体有害的污染化学物质，一些能感染人的寄生虫存在于鱼、蟹等体内。因此，要加强水产品的卫生检验，确保消费者食用安全。

一、鱼在保藏时的变化

1. 鲜鱼的变化

鱼类在被捕获之后，除少数淡水鱼尚可存活短时间外，绝大多数很快死亡。其变化过程分为以下几个阶段（鱼的结构名称见图 4-4）。

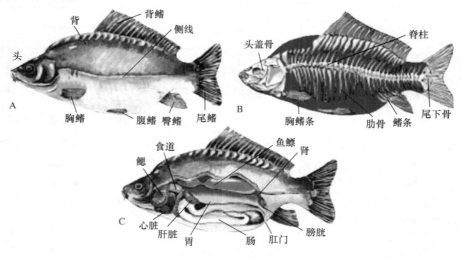

图 4-4 普通硬骨鱼的示意图
A. 外观；B. 骨骼；C. 内脏器官

（1）黏液分泌阶段

鱼在垂死时，从皮肤腺分泌出较多的黏液，覆盖于整个体表。新鲜鱼的黏液透明，随着污染微生物对黏液分解作用的加强，逐渐变浑浊。而后鱼体相继发生僵硬、自溶和腐败，黏液也变得有臭味。

（2）僵直

鱼类同畜禽肉一样，死后经过一段时间即可出现僵直现象。鲜鱼肉柔软，pH 为 7.0～7.3，糖原含量少。鱼死后糖原酵解生成乳酸，pH 下降；随之磷酸肌酸分解减少，同时 ATP 也迅速减少，肌肉便开始僵直，其僵直的机制与畜禽肉相同。僵直由背部肌肉开始，逐渐遍及整个鱼体。处于僵硬状态的鱼，手握鱼头时，鱼尾一般不会下弯，指压肌肉不显现压迹，口紧闭，鳃盖紧合。处于僵直阶段的鱼体，鲜度是良好的。

（3）自溶

鱼体在僵直阶段后期，由于受到体内多种酶（尤其是磷酸化酶和组织蛋白酶）的作用，蛋白质逐渐分解成氨基酸，肌肉组织软化、失去固有的弹性，这便进入了自溶阶段。由于鱼肉组织原来就很软嫩，因此，肉质经自溶变软是不受欢迎的。处在自溶过程中的鱼类，鲜度质量开始下降，不宜保存，应立即消费。

（4）腐败变质

鱼体腐败变质是腐败细菌在鱼体内生长繁殖并产生相应的酶类使鱼体组织分解的结果。分解产物与畜禽肉类分解产物相同，主要有氨、胺类（包括三甲胺）、酚类、硫醇、吲哚、硫化氢、四氢吡啶等，并产生特殊腥臭味。

细菌繁殖和组织分解，几乎是与僵硬、自溶过程同时发生的，僵硬和自溶初期，细菌的繁殖和含氮物的分解比较缓慢，到自溶后期，细菌繁殖与分解作用加快加强。当细菌繁殖到一定数量，低级分解产物增加到一定程度，鱼体即产生明显的腐败臭味。

鱼体微生物主要有两部分：一是鱼体原来就带染的细菌；二是来自捕获后环境的污染。捕获后污染的细菌多自鳃和眼窝开始，其次是皮肤和内脏。由于鳃血管丰富，加之鳃盖上的黏液分泌物，为细菌污染和生长繁殖提供了有利条件。故鳃部细菌的繁殖较鱼体其他部位又早又快，这是腐败初期的标志之一。

随着腐败分解的进行，鱼鳃由鲜红色变为褐色以至土灰色。眼球因其固定的结缔组织与结膜被分解而下陷，且变得浑浊无光，有时虹膜及眼眶被血色素红染。由于体表的细菌在分解体表黏液之后，沿鳞片侵入皮肤，使鳞片与皮肤相连的结缔组织分解，鳞片松弛易脱落，也是鱼体腐败的象征。当肠内细菌大量繁殖并产生大量气体时，腹部出现膨胀，肛门外凸，此时鱼体置于水中则自动上浮。内脏器官发生自溶，胆汁外渗，并在周围形成印迹，产生俗称的"走胆"现象。脊柱旁大血管分解破裂，周围因血液成分外渗变红，形成所谓的"脊柱旁红染"现象。由于体表与体腔的细菌进一步向鱼体深部入侵，肌肉组织最后也被分解，而变得松弛并与鱼骨分离，形成所谓的"肉刺分离"现象。至此，鱼体已达严重腐败阶段，不能食用。这时，鱼产生吲哚、粪臭素、硫醇、氮、硫化氢等臭味。

2．冰冻鱼的变化

冻结、冷藏既可抑制腐败菌的生长发育，也能减弱酶类的活性。因此将鲜鱼在不高于−25℃的条件下冻结，再置于−18℃以下的库内冷冻，借以抑制腐败菌类的生长繁殖和酶类的活性，已成为鱼货保鲜的一种常用手段。

应该注意的是低温只能抑制细菌的生长繁殖和酶的活性，而不能使鱼体的各种变化完全停止，仅仅是变化的速度非常缓慢而已。天长日久不免要使冷冻鱼品的质量有所下降。鱼体在冰冻过程中变化是非常复杂的，其中最明显的是体内水分形成冰晶，使鱼体凝固。冻结时形成的冰晶体，在冷藏过程中可发生变化，特别是当库温发生波动时，库温升高可使原有的冰晶部分融化；库温降低，融化的水再结冰，使原来遗留下来的晶体不断增大。加之，大小不同的晶体周围的水汽压力不同，往往促使小晶体向大晶体转移，大晶体越来越大，小晶体越来越小，从而使冻鱼组织受到挤压损伤，当解冻时，组织水分流失就增多。

（1）干缩和重量损耗

这是水分流失的结果，在含水分高而个体小的鱼类中特别显著。此外，冻结方法和冷藏温度、相对湿度和空气流速等都有较大影响。水分散失严重时，可导致冷冻鱼品的外形和风味发生不良变化，从而降低质量。

（2）脂肪氧化

鱼体脂肪极易受空气中氧的作用而被氧化，造成色泽改变及出现哈喇味，多脂鱼类（如鲐、鲱等）尤为突出。

（3）预防措施

为了使上述几种变化所造成的影响尽可能降低，除了要求原料新鲜、冻前处理恰当、设计合理的冷库和设备装置，以及保证快速冻结和低温冷藏外，还必须创造最适宜的冷藏条件，如尽量避免库温波动，要求空气流速为 0.04～0.08m/s 等，包冰冷藏和冷藏期间定期包冰，都是有效的措施。这种包冰的做法，既可减少干缩、防止氧化，还可减缓小晶体向大晶体转移。

3．咸鱼的变化

咸鱼是用食盐对鱼体进行处理加工的制成品，也是鱼的一种保藏手段。食盐是一种吸水性很强的物质，进入鱼体后，一方面使鱼体脱水，使细菌和酶的活动条件受到限制；另一方面当鱼体和卤水中的食盐浓度增大到一定数值时，细菌也脱水而难以发育。但食盐的脱水作用有一定的限度，经盐腌的鱼制品，组织内仍有一定量的水分，加之食盐并无杀菌作用，因此咸鱼也存在腐败变质的问题。特别是在气温高卫生条件差，原料新鲜度差或原料处理不当，食盐品质差及用盐量和用盐方法不当等情况下，都容易造成咸鱼在加工贮藏过程中发生腐败变质。这种情况常发生在鱼体内部，食盐不容易渗透或用盐不均匀的部位；或因卫生条件不好，鱼体血污未能洗净及鱼体可溶性含氮物渗出到卤水里，结果使卤水发生腐败。

咸鱼贮运不当，会出现发红和油酵等变质现象。前者是嗜盐菌类（最常见的是黏质沙雷氏菌）在鱼体繁殖产生红色素（灵杆菌素）的结果，后者是油脂氧化的结果，两者都是咸鱼品质降低的表现。

4．干鱼的变化

干鱼是利用天然或人工热源加温及真空冷冻升华，除去鱼体中的水分以延长保藏期的制品。其水分含量比咸鱼要少得多，大多数在 40%左右。淡干品以 20%者居多，故淡干品比盐干品容易保藏。

干鱼在保藏中可能发生的变化，主要是霉变、发红、哈喇及虫害。

（1）霉变

霉变的发生多与最初干度不足或者吸水回潮有关。特别是一些小型鱼虾干制品，因其体型小，表面积大，在潮湿空气中吸湿很快。含盐的制品，更易回潮。干度不足或回潮后的干鱼，按其水分含量，少者霉变，多者腐败变质，严重地影响到产品质量，不耐保藏，甚至霉烂发臭。

（2）发红

干鱼发红是由产生红色素的嗜盐菌引起的，主要见于盐干品，虾皮等煮干品也有发生。严重时形成有氨臭的红色黏块，这是由于食盐污染，干燥不完全或吸收了空气中水分造成的。

（3）哈喇

干鱼的哈喇味，是鱼体脂肪被氧化的结果。因鱼体脂肪含不饱和脂肪酸多，比一般动植物脂肪更易被氧化。这在多脂鱼类制品尤其严重，外观和风味都受到影响。因此在加工保藏时，要注意减少或避免光和热的影响。

（4）虫害

干鱼在贮藏中常出现虫害，常见的有甲壳虫类及软毛幼虫，如鲣节虫、红带皮蠹（即火腿鲣节虫）、脯虫及鲞蠹等。

二、鱼及鱼制品的加工卫生及检验

为了提高鱼及鱼制品的加工卫生质量，使鱼及鱼制品能耐久保藏，保持良好的品质和营养价值，注意加工卫生是非常重要的。

1．原料卫生

用于加工的鱼要新鲜，其运输工具、存放容器都必须保持洁净、卫生。腐败变质和被有害、有毒、异味物质污染的鱼不得用于加工水产食品。

2．用水卫生

鱼类食品加工生产用水，对鱼类食品卫生质量影响很大，应完全符合《生活饮用水卫生标准》的规定。生产鱼类罐头或熟食制品，生产用水中的重金属盐、硫化氢、氨、硝酸盐及铁盐都不得超过有关规定的指标，同时不得有病原菌和耐热性微生物及其他有害物质存在。

3．用冰卫生

鱼类保鲜使用的冰有人造冰和天然冰两种。人造冰必须使用符合生活饮用水水质标准的自来水或井水制取。天然冰由于含杂质多，不符合食品卫生要求，不得用于鱼的加工产品。

4．用盐卫生

腌制品加工用盐应洁净无异味。罐头生产用食盐应为精盐，要求洁白干燥，含氯化钠在98.5%以上。

5．辅料卫生

水产食品加工所用的食品添加剂应符合下列条件：必须经过毒理学鉴定，认为在限量使用范围内对人体无害，长期摄入后不会引起慢性中毒；应有严格的质量标准，有害杂质不得检出或不能超过限量；对食品的营养不应有破坏作用，也不应影响食品的风味；使用方便，易于贮藏、运输，价格便宜；在食品中容易检出，使用中不易分解产生其他有害物质；两种添加剂同时使用时不应有毒性协同作用。

加工河豚，必须单独处理，去净内脏（肝、卵等）和贴骨血，对血污应彻底冲洗干净。

三、贝甲类的卫生检验

贝甲类是指贝壳类和甲壳类水产动物，前者包括淡水产的蚌、蚬、田螺和海产牡蛎（蚝）、蛏、蛤、贻贝及鲍鱼等；后者包括对虾、鹰爪虾、青虾、河虾、龙虾、毛虾、梭子蟹、青蟹、河蟹等。这些贝甲类都是富有营养，味鲜可口的水产食品，不仅肉可以鲜食，还可以制成各种加工品和调味品（如蚝油、虾油、蛏油等），具有很高的经济价值。

贝甲类水生动物不仅含有较多的水分，还含有相当多的蛋白质，其生活环境多不洁净，体内污染带菌的机会多，加之捕、运、购、销等流通环节较多，极易发生腐败变质。国内有的地区暴发人的甲型肝炎，究其来源，就是因为食用了不卫生的蚝蛏所致。此类水产品以鲜、活者为佳。除对虾、青虾等可在捕捞离水或死后及时冷藏或冰冻贮藏加工外，其他各种贝类、河蟹、青蟹死后均不宜作食用。

贝甲类水产品，一般感官检查即可，必要时才进行理化学和细菌学检验。

1．感官检查

（1）虾及其制品的检查

1）鲜虾。

A．感官检查：虾类主要感官检查项目如下。观察虾体头胸节与腹节连接的紧密程度，以确定虾体的肌肉组织和结缔组织是否完好。在虾体头胸节末端存在着胃和肝，容易腐败分解，并影响头胸节与腹节连接处的组织，使节间的连接变得松弛。观察虾体腹节背沿内的黑色肠管是否明显可辨，以及头胸节中的内脏是否变色，以确定虾体是否自溶或开始变质。观察虾体体表是否干燥，有无发黏变色。观察虾体是否能保持死亡时的姿态，是否可加外力使其改变伸、曲状态，以确定其肌肉组织是否完好。

B．感官指标：河虾（GB 2740—1994），虾体具有各种河虾固有的色泽，外壳清晰透明，虾头与虾体连接不易脱落，尾节有伸屈性，肉质致密，无异臭味。海虾（GB 2741—1994），本指标适用于对虾、海白虾、虾蛄、鹰爪虾等海虾，不适于其盐腌、干制品。

体表：虾体完整，体表纹理清晰、有光泽。

肢节：头胸节与体节间连接紧密，允许稍松弛；壳允许有轻微红色或黑色。

眼球：眼球饱满突出，允许稍萎缩。

肌肉：肌肉纹理清晰，呈玉白色，有弹性，不易剥离。

气味：具有海虾的固有气味，无任何异味。

不新鲜或变质虾（包括河虾），体表无光泽、暗淡，体色变红，体质柔软，外表被覆黏腻物质，头节与躯体易脱落，甲壳与虾体分离，肉质松软、黏腐，切面呈暗白色或淡红色。内脏溶解，有腥臭味。严重腐败时，有胺臭味。

2）冻虾仁：良质冻虾仁呈淡青色或乳白色，无异味，肉质清洁完整，无脱落之虾头、虾尾、虾仁及杂质。虾仁冻块中心在−12℃以下，包冻衣外表整洁。

劣质虾仁，色变红，肉体不整洁，组织松软，有酸臭气味。

3）虾米：良质虾米，外观整洁，呈淡黄色而有光泽，无搭壳现象，虾尾向下盘曲，肉质紧密坚硬，无异味。

变质虾米，碎末多，表面潮润，暗淡无光，呈灰白至灰褐色，搭壳严重，肉质酥软或如石灰状，有霉味。

4）虾皮：良质虾皮，外壳清洁，淡黄色有光泽，体型完整，尾弯如钩状，虾眼齐全，头部和躯干紧联。以手紧握一把放松后，能自动散开，无异味，无杂质。

变质虾皮，外表污秽，暗淡无光，体形不完整，碎末较多，呈苍白或淡红色。以手紧握后，粘结而不易散开，有严重霉味。

（2）蟹及其制品的检查

1）海蟹。

A．感官检查：蟹类检查的主要感官项目如下。①观察蟹体腹面脐部上方是否呈现黑印，以确定蟹胃是否腐败。②观察蟹体的步足与躯体连接的紧密程度。③持蟹体加以侧动，辨察内部有无流动状，以确定蟹体内脏（蟹黄）是否自溶或变质。④检视体表是否保持固有色泽，以确定蟹体外壳所含色素是否已受氧、氨的作用而分解变化。⑤除上述各项体表检查指标外，在必要时可剥开蟹壳，直接观察蟹黄是否液化，鳃丝是否发生变化和混浊现象。

B．感官指标：GB 2743—1994 适用于三疣梭子蟹、日本鲟、锯缘青蟹，以及在身体结构上与上述蟹类相似的海蟹，不适用盐腌制品。感官指标有：①具有海蟹的固有气味，无任何异味。②体表纹理清晰，有光泽，脐上部无胃印。③步足与躯体连接紧密，提起蟹体时步足不松弛下垂。④鳃丝清晰，白色或微褐色。⑤蟹黄凝固不流动。⑥肌肉纹理清晰、有弹性，不易剥离。

变质的死蟹：外表光泽暗淡，脐前部有褐色或微绿色的印迹。蟹黄发黑或呈液状，鳃呈褐色。肉质黏糊，并有腐败臭味。步足和躯体连接松弛，提起蟹体时，步足下垂甚至脱落。煮熟食之肉发糟，鲜味差，严重者有臭味。

2）河蟹：良质的活鲜河蟹动作灵活，好爬行，翻身自如，提起时有沉重感，外表纹理清晰有光泽，背壳青褐色或紫色，腹部和螯足内侧呈白色，眼光亮，蟹黄凝固不流动。鳃丝清晰，白色或稍带褐色。肉质致密，肉多黄足有韧性，色泽洁白，无异味。步足与躯体连接紧密，提起蟹体时，步足不松弛下垂。次品河蟹表现为不愿爬动，精神委靡，不能及时翻身恢复正常状态。

3）醉蟹与腌蟹：优质的醉蟹或腌蟹，外表清亮，甲壳坚硬，螯足和步足僵硬。蟹黄凝固，呈浅黄或深黄色，鳃丝清晰呈米色。肉质致密，有韧性，咸度均匀适中并有醉蟹或腌蟹特有的鲜味和滋味。

变质的醉蟹或腌蟹，壳纹浑浊，螯足和步足松弛下垂，甚至经常脱落。蟹黄流动或呈液状，鳃不洁呈褐色或黑色，肉质发糊，有霉味或臭味。严重者，壳内肉质空虚，重量明显减轻或壳内流出大量发臭卤水，卤水不洁净，甚至飘浮油滴。

（3）贝蛤类的检验

1）活贝蛤。

Ａ．感官检查：贝蛤类应以死活作为可否食用的标准。活贝蛤两壳张开时，稍加触动就会立刻闭合，并有清晰的水自壳内流出，贝壳紧闭时，不易揭开。凡死亡的贝类两壳常分开，触动后不闭合；但也有个别闭合的，此时可采用放手掌上探重和相互敲击听音等方法检查。已死亡贝体一般都较轻，在相互敲击时发出咯咯的空音（但内部积有泥沙反会较重）；活的贝体在相互敲击时发生笃笃的实音。

对大批贝类的检验，先抽检一个包件。静置一段时间后，用重物突然触动之，如活贝较多，即发出较响的嚓嚓声（受惊后两壳合闭之声）；否则发出声音就较轻。发现此种情况后应进一步从包件内抽取一定数量的贝体作上述探重和敲击检查，逐一检查死活。如死亡率较高，则整个包件须逐只检查或改作饲料等用。

Ｂ．感官指标：牡蛎、花蛤、缢蛏等感官指标如下。①牡蛎（蚝、海蛎子）感官指标（GB 2742—1981），蛎体饱满或稍软，呈乳白色，体液澄清，白色或淡灰色，有牡蛎固有气味。②花蛤感官指标（GB 2744—1981），外壳具固有色泽，平时微张口，受惊闭合，斧足与触管伸缩灵活，具固有气味。③缢蛏感官指标（GB 2745—1981），外壳紧闭或微张，足和触管伸缩灵活，具固有气味。

2）死贝蛤：剖检时，死贝蛤两壳一揭就开，水汁浑浊而稍带微黄色，肉体干瘪，色变黑色或红褐色，并有腐败臭味。必要时，可以煮熟后进行感官评定。

3）毒贝蛤：有些贝蛤含有毒素，尤其是生活在不流动水中的贝，其肝内含有蛤贝素，如藻类毒素或海洋毒素，人食用后可引起贝中毒。毒贝常发微甘、具有变质牛肉汤样臭味，使人发呕。其壳宽而易于破碎，肝较大而又柔软。煮过毒贝的水，常呈淡青色。浸毒贝壳于乙醇中，则乙醇可被染成浓金黄色；如再滴数滴硝酸加热则变为灰色。毒贝的肉为黄色，无毒的为白色或乳白色。

4）螺：田螺可抽样检查。将样品放在一定容器内，加水至适量，搅动多次，放置15min后，检出浮水螺和死螺。

咸泥螺，良质的贝壳清晰，色泽光亮，呈乌绿色或灰色，并沉于卤水中，卤水浓厚洁净，有黏性，无泡沫，深黄色或淡黄色，无异味。变质的贝壳稍有脱离而使壳略显白色，螺体上浮，卤液浑浊产气，或呈褐色，有酸败刺鼻气味。

2．理化检验

（1）理化指标

贝甲类水产品理化指标见表4-23。

表4-23　贝甲类水产品理化指标*

项目	海虾	海蟹	河虾	牡蛎	缢蛏	花蛤
挥发性盐基氮/（mg/100g）	≤30	≤25	≤20	≤15	≤10	≤8
汞（以 Hg 计）/（mg/kg）	≤0.3	≤0.3	≤0.3	≤0.3	≤0.3	≤0.3
六六六/（mg/kg）	≤2.0	≤2.0	≤2.0	≤2.0	≤2.0	≤2.0
滴滴涕/（mg/kg）	≤1.0	≤1.0	≤1.0	≤1.0	≤1.0	≤1.0
无机砷（鲜重计）/（mg/kg）	≤1.0	≤1.0	≤1.0	≤1.0	≤1.0	≤1.0

*依据中华人民共和国国家标准 GB 2740—1994、GB 2741—1994、GB 2743—1994、GB 2742—1981、GB 2744—1981、GB 2745—1981

（2）检验方法

贝甲类的挥发性盐基氮检验方法与肉类的相同，参见国家标准 GB 5009.4—2003。汞、六六六、滴滴涕（DDT）、无机砷的测定方法与鱼类的相同，见相关章节。

3．水产品的卫生评价

1）新鲜水产品（一级品），不受限制出售、食用。

2）次鲜鱼（二级品），立即出售供食用。严格限定时间售完，不得继续贮藏。如发现进一步变质时，应按腐败变质鱼处理。

3）腐败变质的鱼，禁止出售供食用。变质轻微的可作饲料，变质严重的不能作为饲料。

4）良质咸鱼可供食用。

5）不良质咸鱼缺陷轻微的，经局部处理后可食用，但有下列变化的，不得供食用。

Ａ．有腐败分解变化。

Ｂ．脂肪氧化蔓延至深层。

Ｃ．严重的"锈斑"或"发红"变化已侵入肌肉深层。

Ｄ．苍蝇和甲虫的幼虫侵入皮下或腹腔内。

6）凡青皮红肉的鱼类，如鲣鱼、鲐鱼等易分解产生大量组胺的鱼，在出售时必须注意检验鲜度质量，在不能及时鲜销或需外运供销时，应及时劈半加 30%的盐腌制，以保证食用安全。

7）在鱼肉中发现有阔节裂头绦虫的裂头蚴和吸虫类的囊蚴，以及染患溃疡、肿瘤的鱼类，均不得作食用，应作工业用或销毁。

8）含有自然毒的鱼类，如鲨鱼、鲅鱼、旗鱼等必须除去肝脏；鳇鱼应除去肝、卵；严禁河豚流入市场，对已流入市场的禁止出售，均应剔出，妥善销毁。如量大需加工食用时，应在有条件的地方集中加工。加工前必须先除去内脏、皮、头等含毒部位，洗净血污，鱼肉经盐腌晒干后完全无毒方可出售。其加工废弃物应妥善销毁。

9）虾类，虾肉组织变软，无伸屈力，体表发黏、色暗、有臭味等，说明虾已自溶或变质，不能食用。

10）黄鳝、甲鱼、乌龟、蟹、各种贝蛤类均应鲜、活出售。含有自然毒的贝蛤类，不得出售，应予销毁。

11）凡因化学物质而中毒致死的水产品，不得供食用。

四、有毒鱼类的鉴别

有些鱼类含有生理毒素（经常性的或一时性的），能使食用者发生中毒，毒性剧烈者可引起死亡。产于我国的有毒鱼类有 170 余种，可分为：毒鱼类和刺毒鱼类。

1. 毒鱼类

这类鱼的肌肉或内脏器官含有毒素，可引起食用者中毒。

（1）肉毒鱼类（ciguatera-producing fishes）

主要生活在热带海域，肌肉和内脏含有雪卡毒。这是一种对热稳定，既溶于水又溶于脂肪的外因性和积累性神经毒素，具有抑制胆碱酯酶的作用，与有机磷农药性质相似。中毒时表现为下痢、呕吐，还有关节痛和倦怠感，皮肤感觉异常，接触冰水、冷物时有强烈的刺激感觉。

肉毒鱼类含毒原因十分复杂，有些鱼类在某些地区是无毒的食用鱼，但在另一地区则成为有毒鱼；平时无毒，生殖期则毒性加强；幼体无毒，大型个体有毒。其毒素的形成，普遍认为是摄入和转移积累的结果。肉毒鱼类的外形和一般食用鱼几乎没有什么差异，从外形不易鉴别。我国肉毒鱼类主要分布于南海诸岛、广东沿岸、东海南岸和台湾，有 30 余种，其中肌肉有强毒或猛毒的有：点线鳃棘鲈、侧牙鲈、金焰笛鲷、单列齿鲷、露珠盔鱼、黄边裸胸鳝、斑点裸胸鳝和波纹裸胸鳝、大鱼予、云斑栉鱼、虾虎鱼、黑尻鱼参和大眼鱼参等。

（2）豚毒鱼类（poisonous puff-like fishes）

河豚（*Spheroides vermicularis*）一般都具有下列形态特征：体形椭圆，不侧扁，体表无鳞而长有小刺，头粗圆，后部逐渐狭小，类似前粗后细的棒槌，小口，唇发达；有气囊，遇敌害时能使腹部膨胀如球样；背鳍与臀鳍上下对称，大小相似，并位于近尾部，无腹鳍；背面黑灰色或杂以其他颜色的条纹（斑块），满生棘刺，腹部多为乳白色。

（3）卵毒鱼类

这类鱼的卵子含有鱼卵毒素。成熟卵子毒性最大，鱼卵毒素是一种脂蛋白，有些能被热破坏，有些能耐热，煮食后仍会中毒。成人一次摄食毒鱼卵 100～200g，很快出现中毒症状。人食后 2～6h 可引起呕吐、腹痛、下痢、头痛、胸痛、头晕等。多数患者在 2～3d 后可恢复，也有的陷于昏睡而死亡。卵毒鱼类除卵有毒外，肉无毒，可食用。

鲤科鱼类中产于我国西北及西南高原地区的裂腹鱼亚科各属的许多鱼类，卵有毒。这些鱼类有产量较大、经济价值较高的青海湖裸鲤、软刺裸裂尻鱼和小头单列齿鱼，鲤科的鲅亚科光唇鱼属的一些鱼类，如半刺光唇鱼、条纹光唇鱼、薄颌光唇鱼、长鳍光唇鱼和鲇科的鲇鱼等。

（4）血毒鱼类

这类鱼血液中含有血毒素。鱼血毒素能被热和胃液破坏，故煮熟后进食不会中毒，大量生饮鱼血，或人体黏膜受损后接触毒血则会中毒。我国血毒鱼类目前仅知两种，即广泛分布于江河的鳗鲡和黄鳝。

（5）肝毒鱼类

这类鱼的肝含有丰富的维生素 A、维生素 D 和脂肪，故进食不当能引起维生素过多症。肝油中还含有鱼油毒、痉挛毒和麻痹毒（这些毒素在鱼肝油加工过程中，经专门处理不会发生中毒），进食后也会引起中毒。我国肝毒鱼类常见者有蓝点马鲛，其肉无毒。

（6）含高组胺鱼类

含高组胺鱼类中毒是由于食用含有一定数量组胺的某些鱼类而引起的过敏性食物中毒。引起此种过敏性食物中毒的鱼类主要是海产鱼中的青皮红肉鱼（如鲐巴鱼、金枪鱼、秋刀鱼、鲭鱼、沙丁鱼等）。腌制咸鱼时，如原料不新鲜或腌的不透，含组胺较多，食用后也可引起中毒。

（7）胆毒鱼类

我国胆毒鱼类中毒病例仅次于河豚中毒，在国内居有毒鱼类中毒的第二位。中毒地区主要是发生在南方有吞服鱼胆治病习惯的地区。

胆毒鱼类的胆汁含有胆汁毒素，不易为乙醇和热所破坏。中毒是因为胆汁毒素严重损伤肝、肾，造成肝变性坏死和肾小球损害，集合管阻塞，肾小球滤过减少，尿流受阻，在短期内导致肝、肾功能衰竭，脑细胞、心肌受损，出现神经系统和心血管病变，直至死亡。

其典型代表鱼为草鱼、青鱼、鲤鱼、鳙鱼和鲢鱼。

2. 刺毒鱼类

这类鱼具有毒棘和毒腺，被刺后毒液由毒棘注入人体，引起疼痛以至麻木、神志丧失和死亡。

我国的刺毒鱼类，在沿海主要是虎鲨类、角鲨类、鱼工类、鲇类和鲉类；在江河主要是鲇类和鳜鱼类。刺毒鱼的毒液一般都不稳定，易被热和胃液破坏，所以刺毒鱼完全可以食用，只是在捕捉鱼虾与潜水作业时，要预防致伤。有些鱼类死后，其棘刺的毒力可保持数小时，烹饪时也应注意。

3. 毒鱼类的利用及中毒的预防

上述各科毒鱼虽然有毒，但其含毒部位不同，故并不是所有的毒鱼都不能食用，只是肉毒鱼类与几种河豚的肌肉有毒不宜食用，其他毒鱼仅某些器官或组织有毒，鱼肉并不影响人们食用。它们之中有些甚至是重要的经济鱼类或上等食用鱼类。例如，卵毒鱼类中的青海湖裸鲤，胆毒鱼类中的草鱼、青鱼、鳙鱼、鲢鱼，血毒鱼类中的鳗鲡，肝毒鱼类中的蓝点马鲛，含组胺高的蓝

圆鲹参、鲐鱼等，只要处理得当，弃去有毒脏器或破坏其毒素，都是营养价值很高的食用鱼类。

毒鱼类的利用和中毒的预防，首先应普及识别毒鱼及预防中毒的宣传教育，加强对水产品的管理，严禁河豚类上市，不得擅自处理和乱扔毒鱼及其有毒的脏器。对卵毒、胆毒、血毒鱼类，只要不吃有毒的鱼卵，不乱吞食鱼胆治病，不吃生鳗和不生饮鳗血，就可避免中毒。对含组胺高的鱼类，要选择新鲜者食用，变质者废弃。组胺为碱性物质，烧煮时加入醋、雪里蕻或山楂等能减少鱼肉中组胺的含量，可避免过敏性食物中毒。

第四节 食用油脂的加工卫生与检验

生脂肪，又称贮脂，是指皮下、大网膜、肠系膜、肾周围等处的脂肪组织。生脂肪通过炼制除去结缔组织及水分后所得的纯甘油酯称为油脂。食用油脂在保存时，由于受日光、水分、温度、金属、空气及外界微生物的作用，会发生一系列水解、氧化过程而使油脂变质酸败，形成对人体有害的各种醛、醛酸、酮、酮酸及羟酸等化合物。

1. 油脂的变质

油脂变质分解的主要形式为水解和氧化，分述如下。

（1）水解作用

水解作用在生脂肪较易发生。因本身含有大量的水分、脂肪酶和其他含氮物质，如果不及时熔炼，其中的甘油酯便发生水解作用，产生游离脂肪酸及甘油。游离脂肪酸可使油脂的酸值升高，气味和滋味发生异常。甘油溶于水中而流失，使脂肪的重量减轻。

（2）氧化作用

氧化作用在炼制油脂时较易发生。由于光的作用，

特别是紫色和黄色光线的作用，使混合甘油酯中的不饱和脂肪酸在其双键处与氧结合形成过氧化物，或通过生成氢过氧化物自由基，再进一步形成醛、醛酸、酮、酮酸及羟酸等产物，使油脂的酸值、过氧化值、丙二醛值（TBA 值）及熔点增高，碘值降低。同时使油脂产生不愉快的气味和苦涩滋味。油脂的氧化过程通常称为酸败，根据油脂酸败的变化及所形成的产物可分为以下几种。

1）醛化酸败：多发生于不饱和脂肪酸，其特征是形成醛和醛酸。

首先是不饱和脂肪酸被氧化产生过氧化物；然后过氧化物在水的作用下，发生氧的转移，生成过氧化氢；而在生成过氧化氢时，常游离出臭氧，臭氧与不饱和脂肪酸结合，生成臭氧化物。臭氧化物在水的作用下发生碳链断裂，生成醛及过氧化氢，这时部分醛被氧化，形成醛酸及二羧酸。而油脂水解时释出的甘油，则分解脱水形成丙烯醛；丙烯醛是一种具有强烈臭味和焦味的物质，它可进一步氧化形成环氧丙醛。

甘油   丙烯醛   环氧丙醛

2）酮化酸败：发生于饱和脂肪酸和不饱和脂肪酸。其特征是形成酮和酮酸。

首先是不饱和脂肪酸被氧化生成过氧化物，再由过氧化物分解生成游离的氧和脂肪酸氧化物，而脂肪酸氧化物经碳链重新排列生成酮酸。酮化酸败的另一个途径是经饱和脂肪酸氧化脱氢，生成不饱和脂肪酸和过氧化氢，再由不饱和脂肪酸在水的作用下形成醇酸，最终醇酸被氧化脱氢生成酮酸。

3）酯化：是脂肪的又一种氧化形式。其特征是形成羟酸，使油脂变硬，熔点增高，颜色变白，出现陈腐气味和滋味。其反应途径是由不饱和脂肪酸氧化产生过氧化物，而过氧化物则在水的作用下发生氧转移，生

成过氧化氢，最后过氧化氢与不饱和脂肪酸作用生成羟酸。

总之，油脂经一系列氧化分解过程后生成的过氧化物等中间产物极不稳定，往往进一步分解生成各种醛、醛酸、酮、酮酸及羟酸等对人体有毒害作用的化合物。为了延缓油脂的氧化过程，常向油脂中加入抗氧化剂，以保持其稳定性。

2. 食用油脂的卫生检验

（1）感官检查

1）生脂肪的感官检查：检查项目包括颜色、气味、组织状态和表面污染程度等。发生坏死病变的生脂肪，不得作为炼制食用油脂的原料。寄生有细颈囊尾蚴的肠

197

系膜脂肪，摘除虫体后，脂肪可不受限制利用。各种动物生脂肪的感官指标见表4-24。

2）炼制油脂的感官检查：检查项目包括色泽、气味、硬度和透明度。食用动物油脂的感官指标见表4-25。

表4-24　生脂肪感官指标

项目	良质生脂肪			次质生脂肪	变质生脂肪
	猪脂肪	牛脂肪	羊脂肪		
颜色	白色	淡黄色	白色	灰色或黄色	灰绿色或黄绿色
气味	正常	正常	正常	有轻度不愉快味	有明显酸臭味
组织状态	质地较软、切面均匀	质地坚实、切面均匀	质地较硬、切面均匀	质地、结构有异常	质地、结构有异常
表面污染程度	表面清洁干燥，无粪便及泥土污染			表面有轻度污染	表面发黏，污染严重

表4-25　食用动物油脂的感官指标

项目	猪油			牛油		羊油	
	特级	一级	二级	特级	一级	特级	一级
在15~20℃时的色泽	白色	白色，略带淡黄色暗影	白色，略带淡黄色及淡灰色暗影	黄色或淡黄色	黄色或淡黄色，略带绿色暗影	白色或淡黄色	白色或微黄色，略带淡绿色暗影
气味	正常，无杂味及异臭	同特级品，可略带微焦味	同特级品，可略带焦味及轻微的新鲜油渣味	正常，无杂味及异臭	同特级品，可略带轻微焦味	正常，无杂味及异臭	同特级品，可略带轻微焦味
在15~20℃时的硬度	软膏状	软膏状	软膏状	坚实	坚实	坚实	坚实
熔化时的透明度	透明	透明	透明或微浊	透明	透明	透明	透明

（2）实验室检验

1）水分的测定：油脂中的水分是油脂发生水解的基础。所以，油脂中水分的含量决定其品质的优劣。测定油脂的水分，采用直接干燥法。

油脂中的水分含量标准：一级≤0.20%，二级≤0.30%。

2）酸价的测定：酸价是指中和1g油脂中游离脂肪酸所需氢氧化钾的毫克数，是表示油脂水解酸败的重要指标，用中和滴定法测定。

油脂的酸价标准（mg KOH/g）为≤1.5，次质油脂不得高于3.5，变质油脂则高于3.5，但牛油脂例外，有时酸价虽高达4.88~6.73时，仍可作为食用。因为牛油脂往往含有乳酸而使其酸价增高，所以牛油脂应在感官检查的基础上进行综合判定。

3）过氧化值测定：过氧化值是指1kg油脂中所含过氧化物从氢碘酸中析出碘的毫克当量数。油脂的过氧化值用间接碘量法测定。

油脂的过氧化值标准为≤16meq/kg；变质油脂则大于16meq/kg。

4）席夫（Scheiff）氏醛反应：油脂酸败所产生的醛与席夫氏试剂（品红亚硫酸试剂）发生反应，生有醌型结构的紫色色素，使溶液呈紫红色。本反应相当灵敏，在油脂酸败的感官指标显现以前，即能发现醛。

良质油脂呈阴性（－）结果；次质油脂呈阳性（＋）反应，但缺乏油脂酸败的感官变化；变质油脂呈阳性（＋）反应，且感官指标有明显酸败变化。

5）丙二醛值（TBA值）测定：丙二醛值是指100g油脂中所含丙二醛的毫克数，是油脂氧化酸败的重要指标，用比色法测定。由于油脂中不饱和脂肪酸氧化分解产生的丙二醛（CHO—CH₂—CHO），在水溶液中以烯醇型（CHOH═CHCHO）存在。在酸性实验条件下，随水蒸气蒸发、冷凝收集后，与TBA试剂反应生成红色化合物，在波长538nm处有吸收高峰，利用此性质即能测出丙二醛含量，从而推导出油脂酸败的程度。

油脂的丙二醛值标准为≤0.25mg%，次质油脂＞0.25mg%。

（3）食用油脂的卫生评定

食用动物油脂，应以感官检查结合实验室检验进行综合卫生评定。感官指标发生明显酸败变化的油脂，无论其实验室检验结果如何，都不得作为食用。

1）良质油脂：感官指标符合规定标准，即色泽正常，无异常气味，熔化后透明澄清。其酸值不得高于1.5mg KOH/g，水分含量不超过0.2%，过氧化值≤16meq/kg，TBA值≤0.25mg%，醛和过氧化物反应均为阴性（－）反应。

2）次质油脂：感官指标无异常变化或变化轻微。其酸值不得高于3.5mg KOH/g，水分含量不超过0.3%，醛和过氧化物反应均呈阳性（＋）反应。说明油脂已处于酸败初期阶段，必须迅速利用，不得继续保存。

3）变质油脂：感官指标有明显的酸败变化，酸值大于3.5mg KOH/g，过氧化物值大于16meq/kg，TBA值大于0.25mg%，醛和过氧化物反应均呈明显阳性（＋）结果。变质油脂不得作为食用。

在我国（国外也有）使用地沟油假作食用油销售，危害人体健康。地沟油实际上是一个泛指的概念，是人们在生活中对于各类劣质油的通称。通俗地讲，地沟油可分为以下几类：一是狭义的地沟油，即将下水道中的油腻漂浮物或者将宾馆、酒楼的剩饭、剩菜（通称泔水）经过简单加工、提炼出的油；二是劣质猪肉、猪内脏、猪皮加工及提炼后产出的油；三是用于油炸食品的油使用次数超过规定要求后，再被重复使用或往其中添加一些新油后重新使用的油。垃圾油是质量极差、极不卫生，过氧化值、酸价、水分严重超标的非食用油。它含有毒素，流向江河会造成水体营养化，一旦食用，则会破坏白细胞和消化道黏膜，引起食物中毒，甚至致癌。"过菜油"之一的炸货油在高温状态下长期反复使用，与空气中的氧接触，发生水解、氧化、聚合等复杂反应，致使油黏度增加，色泽加深，过氧化值升高，并产生一些挥发物及醛、酮、内酯等有刺激性气味的物质，这些物质具有致癌作用。"泔水油"中的主要危害物——黄曲霉素的毒性则是砒霜的100倍。经实验测定，"地沟油"的酸败指标远远超出国家规定，长期摄入，人们将出现体重减轻和发育障碍，易患腹泻和肠炎，并有肝、心和肾肿大及脂肪肝等病变。此外，地沟油受污染产生的黄曲霉毒性不仅易使人发生肝癌，在其他部位也可以发生肿瘤，如胃腺癌、肾癌、直肠癌及乳癌、卵巢癌、小肠癌等。

第五节 畜禽副产品的加工卫生与检验

所谓副产品，这里主要是指动物屠宰加工后所获得的主产品——胴体之外的一些产品，如头、蹄、内脏器官、内分泌腺、血液、脂肪及皮毛等。这些副产品不但是轻重工业、医药工业的原料，而且也是对外贸易中重要的出口物质。根据其用途不同，一般可分为食用副产品、医用副产品和工业用副产品三大类。由于这些副产品富含蛋白质、水分等，如果收集、贮运、加工不当，极易发生自溶和腐败，从而降低其使用价值和商品价值。因此，从收集到加工利用的各个环节必须进行严格的卫生监督和检查，以保证屠宰加工副产品的卫生质量。

1. 食用副产品的加工卫生与检验

（1）食用副产品

食用副产品包括头、蹄（腕、跗关节以下的带皮部分）、尾、心、肝、肺、肾、胃肠、脂肪、乳房、膀胱、公畜外生殖器、骨、血液及可食用的碎肉等，其中头、蹄、心、肝、肾、胃肠等食用副产品经适当加工后可制成独特风味的食品，其价值甚至超过了肉本身。食用副产品必须来自健康畜禽，经卫生检验合格后方可进行加工，加工过程中应严格遵守卫生规则。

（2）食用副产品的加工卫生

食用副产品多来自牛、羊、猪的屠体，其他畜禽（如兔）较少。头、蹄、尾、耳、唇等带毛的副产品在加工时，应除去残毛、角、壳及其他污物，并用水清洗干净。牛、羊的真胃、瘤胃、网胃、瓣胃，猪的胃及肠等，在加工时应先剥离浆膜上的脂肪组织，切断十二指肠，小胃小弯处切胃壁，翻转倒出胃内容物，用水洗后套在圆顶木桩上，用刀剔下黏膜层，用作生化制剂原料，其余部用水洗净；大肠则须翻倒内容物后用水洗净。无毛、无黏膜、无骨的产品，如肝、肾、心、肺、脾脏和乳房等，加工时应分离脂肪组织，剔除血管、气管、胆囊及输尿管等，并用清水洗净血污。上述加工后的食用副产品，应置于4℃冷库中冷却，最后可作为灌肠、罐头或其他制品的生产原料，或直接送往市场鲜销。加工过程中剔除的骨骼可加工为食用骨粉、骨油和骨髓油，或炼制骨胶。

（3）食用副产品检验

来自屠宰车间的副产品，虽然经过卫生检验，但在副产品车间内，仍须经常实施卫生监督和检验。因为在副产品中仍可能存在初检时没有发现的病理变化。因此，在每个工作点附近应设置挂架或检验台，以便放置副产品供检验人员检查。凡是水肿、出血、脓肿和发炎的组织，以及具有增生、肿瘤、寄生虫损害、变性或其他变化的废弃组织与器官，均全部送化制。

所有未经初步加工或因加工质量差，产品受到毛、血、粪、污物污染的食用副产品，不得发出利用，以免沙门菌污染而引起人的食物中毒或传播疫病。

2. 医用副产品的加工卫生与检验

（1）医用副产品的种类

医用副产品是指动物的脏器、腺体、分泌物、胎盘、毛、皮、角和蹄壳中可用制取医用生化制剂的原料。用这些组织和脏器制取的生化制剂毒性低、不良反应小、疗效可靠，在现代医学中占有重要地位。自古以来我国劳动人民就有用鸡内金、牛黄、马宝、胆汁、胎盘等动物原料进行防治疾病的实践经验，收入《本草纲目》的1892种药物中，来自动物的就有400多种。目前我国上市的生化药物达170多种，其中载入药典的有37种，国外上市的生化药物有140多种。另有近200种正在研究中。

动物屠宰后可收集的药用腺体、脏器主要有松果体、脑下垂体、甲状腺、甲状旁腺、胸腺、肾上腺、胰腺、卵巢、睾丸、胚胎、肝脏、胆囊、脾脏、肺脏、腮腺、颌下腺、舌下腺、猪胃、牛羊真胃、肠、胃、脑、眼球和血液等。

（2）医用副产品采集与保存的卫生要求

1）迅速采集：动物生化制剂原料易腐败变质，特别是内分泌腺所含的激素极不稳定，死后不久就失去活性，故采集腺体应与屠畜解体取出脏器同时进行。为了使有效成分不受破坏，必须在短时间内取出。脑垂体的采集和固定不得迟于宰后45min，胰腺不得迟于20～50min，松果体和肾上腺不得迟于50～60min，其他腺体和脏器也不得迟于2h。

2）剔除病变：脏器生化制剂原料必须来自健康畜体，不得由传染病患畜屠体上取得。凡有腐败分解、钙化、硬节、化脓、囊肿、坏死、出血、变性、异味或污染的，都不得作为制药原料采集。要由专门人员用完全洁净的手和器械采取，尽可能不伤及腺体表面。

3）低温保存：为使激素的活性不致发生变化，采集好的腺体应迅速保存，最好在－20℃左右或不高于－12℃的温度下迅速冰冻。

3. 肠衣的卫生检验

（1）肠衣的卫生指标

家畜屠宰后的新鲜肠管，经加工除去肠内外的各种不需要的组织，剩下一层坚韧半透明的薄膜（猪肠和羊肠为黏膜下层），称为肠衣。

肠衣主要用于灌制香肠和灌肠，故必须严格执行卫生检验与监督。肠制品的检验以感官检查为主，注意其色泽、气味、坚韧性等特征。良质的肠衣呈乳白色，其次为淡黄色或灰白色，薄而坚韧，透明均匀，不应有霉败腐臭气味。猪肠衣要求薄而渗水，羊肠衣则以厚些为佳，但不能有明显筋络，肠衣的感官指标见表4-26。

表4-26 肠衣感官指标

指标	良质	次质	变质
色泽	淡红色及乳白色	淡黄色、灰白色或青灰色	黄色、紫色、黑色
气味	无腐臭	稍有氨味或霉味	腐臭味
质地	坚韧、无杂质及筋络	韧性稍差，略带筋络	松软、薄厚不均，有明显筋络和杂质
伤痕	无任何伤痕	有轻微的蚀痕及少量砂眼或硬孔	有明显破洞、齿痕及蚀痕

（2）肠衣的不良变化及卫生处理

凡有下列缺陷的肠衣，应列为次品或劣品，根据不同情况作出处理。

1）腐败：主要因盐腌不当或高温所致。腐败初期，腌制大肠尚保持原来的状态，但较湿润，而小肠则呈现黑色斑点（硫化铁）。高度腐败时，盐腌肠衣变黑、发臭、黏腻、易撕破。初期轻度腐败时，可放在通风处抑制腐败分解，或用0.01%～0.2%高锰酸钾溶液冲洗。显著腐败时应作工业用或化制。

2）污染：由于肠内容物黏附肠壁所致。轻度污染去污后可以利用。重度污染而又不能去掉污垢的，作工业用或销毁。

3）褐斑：由于盐腌使用的食盐内混有铁盐（0.005%以上）和钙盐（微量），而与肠蛋白质形成不溶性蛋白化合物所致。特殊的嗜盐微生物也可能参与褐斑的发展过程。带褐斑的肠段无弹性，肠管缩窄而有粗糙的岛屿样组织，用水不能洗掉，褐斑多见于温热季节。对轻度褐斑的肠衣可2%的稀盐酸或乙酸处理，再用苏打溶液洗涤除去褐斑后利用。具有严重褐斑的肠段经受不住水和空气及填充物的压力，不能作食用。

为了鉴定肠管内的褐斑可进行氧化铁和氧化亚铁反应。即在培养皿中倾入新配制的硫酸酸化的10%黄血盐水溶液，放入泡软的健康肠段和可以被检肠段。经3～5min，被检肠段褐斑区呈青色，形成普鲁氏蓝，而健康肠段无变化。

4）红斑：盐腌肠在12～35℃经10d以上保存，在未被盐水浸泡着的肠段上有时会出现红色或玫瑰色斑点。这是嗜卤素肉色球菌和一些杆菌所引起的，会使肠带有大蒜气味。此种红斑浅在，容易除掉。其病原体对人无害，可以利用。

5）霉层：干燥肠衣生霉，是各种霉菌在肠衣上发育的结果。如没有显著的感官变化，且能用刷子刷掉，可以利用，对人体无害。

6）青痕：盐腌肠装在含有鞣酸的木桶内，鞣酸和食盐或肠衣内的铁盐化合物使肠衣带上黑色。用蒸汽或沸水冲洗处理木桶。

7）肠脂肪的败坏：盐腌猪大肠的肠壁中含有15%～20%的脂肪，盐腌牛肠内面有3%～5%的脂肪。在不良保藏条件下，肠脂肪在空气、光照、高温和微生物的影响下迅速分解（酸败），并放出特殊不良气味。去脂不良的干肠衣制品的脂肪分解更强烈。如用肠脂肪败坏的肠衣制作腊肠，则因败坏脂肪的融化而使肠馅变为不能食用。

8）肠产品中的昆虫：红带皮蠹和蠹鱼及其蚴虫，在温暖季节常钻入干肠制品。被昆虫穿孔及其分泌污染过的干肠制品部分，不能用于腊肠生产。为了预防昆虫对肠制品的损害，可用"灭害灵"处理仓库和干燥室的墙壁、地板、天花板及肠产品的包装皮。

肠原料和肠制品在任何运输条件下，均应附送兽医证明书。备有证明书的肠产品，用于生产时仍应重复检查。2002年我国出口欧洲的一批肠衣曾被检出氯霉素残留，产品被销毁，造成较大损失。

4. 皮、毛的加工卫生与检验

（1）皮张的加工卫生与检验

1）皮张的加工卫生：由屠宰加工车间获得的各种动物皮张，在送往皮革加工厂之前，必须进行初步加工。首先除去皮张上的泥土、粪污、肉屑、脂肪、耳软骨、蹄、尾骨、嘴唇等。其次是防腐，通常采用干燥法、盐腌法或冷冻法。

干燥法 适用于北方干燥地区，通过自然干燥的方法除去皮张中的水分。干燥时以皮肉面向外搭在木架上晾干为好，切忌在烈日下暴晒，以免皮张干燥不均和分层。

盐腌法 适用于南方潮湿地区，通过盐的高渗作用，使皮张脱水。盐腌时除注意正确执行技术操作外，还应注意盐的质量。不得用适于葡萄球菌、链球菌和八叠球菌等微生物繁殖的钙盐和镁盐。盐中水分不得超过3%。在大规模加工时，为了增强食盐的防腐作用，可在食盐中加入盐重3%的纯碱或2%的硅氟酸钠。后者功效显著，但有毒，有时要特别注意。此外，加工时盐水应清洁，不得用废盐和含嗜卤素菌的盐，最好用熬制盐。

冷冻法 是鲜皮最简单的防腐法，适用于北方地区。但冷冻可使皮张脆硬易断，运输不便，容易风干，长途运输或长期贮存时不宜采用。

2）皮张的卫生检验：从事皮张鉴定工作的兽医检验人员必须掌握健皮、死皮和有缺陷皮张的特征。此外，尚须熟悉传染病动物和死亡动物皮张的特征。皮张的质量，以真皮的致密度、背皮的厚度、弹性、有无缺陷（生前的或是加工后的）等作为评定指标。皮张的质量取决于品种、年龄、性别和动物生前的役用种类及屠宰季节。

A．健皮（正常皮张）的特征：健康动物的生皮，肉面呈淡黄色（上等肥度）、黄白色（中等肥度）或淡蓝色（瘦弱动物）。没有放血或放血不良的生皮，肉面呈暗红色。盐腌法保存的生皮颜色与鲜皮一致。真皮层切面致密，弹性好。背皮厚度适中且均匀一致，无外伤、血管痕、虹眼、癣癞、腐烂、割破、虫蚀等缺陷。剥下后数小时之内打卷的皮张，干燥后起肉面变暗，此种现象也见于日光干燥的皮张。

B．死皮的特征：由死亡动物尸体上剥离下来的皮张称为"死皮"。死皮的特征是肉面呈暗红色，且往往带有较多的肉和脂肪，常因坠积性充血而使皮张肉面的呈蓝紫红色，皮下血管充血呈树枝状。

根据兽医条例，禁止从炭疽、鼻疽、牛瘟、气肿疽、狂犬病、恶性水肿、羊快疫、羊肠毒血症、马流行性淋巴管炎、马传染性贫血等恶性传染病死亡的动物尸体上，以及根据国家标准GB16548—1996中需要作销毁处理的患病动物尸体上剥取皮张。从患传染病死亡动物尸体上剥取的皮张，也属于死皮。与一般死皮不同之处在于其肉面被血液高度污染而呈深暗红色。例如，炭疽病尸体鲜皮染成黑红色，干燥的则为深紫红色，最后判定有待于实验室检查。

C．皮张的缺陷：可分成生前形成、屠宰加工时形成和保存时形成3种情况。

a．动物生前形成的缺陷包括以下几种：鞍伤、挽伤，由于鞍具和挽具不良磨损皮肤所致；鞭伤，打击部位的真皮发生淤血，皮面留有暗红色或青紫色的鞭痕；烙印伤，烙印标记留在皮上的伤痕；针孔，医疗时针头刺的空洞所致；虹眼，牛皮蝇幼虫寄生形成的皮面小孔，向内逐渐扩大成喇叭状，或伤口内有积脓，或虫体出来已久伤口封闭；虱疮，虫咬部分形成的红斑丘疹甚至小脓疱；癣癞，皮肤粗糙，生屑脱层呈小节状态，有渗出物凝固，有时则形成裂孔和空洞；疮疤，外伤愈合后形成的瘢痕。

b．屠宰加工时形成的缺陷常见的有剥皮时切割穿孔、削皮及肉脂残留。

c．皮张保存时形成的缺陷包括腐烂，为剥皮后日晒

或干燥过急，皮的毛面和肉面已干燥，但其中仍处于潮湿状态，在适宜条件下便开始腐烂，或受较高温度而胶化变性；烫伤（塌晒），主要是在夏季，将新鲜皮张铺于已晒热的地面或其他过热的物体上，干燥使脂肪融化，渗入纤维组织使之变质；霉烂，皮张在贮存或运输过程中受潮使霉菌和其他细菌生长繁殖引起霉烂；虫伤，皮张遭受蛀虫虫（褐色火腿甲虫、皮蠹及其幼虫）的蛀食形成的深沟纹和空洞。

（2）毛类的卫生检验

1）猪鬃：由猪体上收集的毛，统称为鬃毛，其位于背部的长达5cm以上的鬃毛，特称猪鬃。猪鬃曾是我国的重要出口物质，多产于未改良的猪种，平均每头可产鬃60g左右。从猪体收集的鬃须经整理并按色分类，用铁质梳除去绒毛和杂质后，按其长度进行分级、扎捆成束。鬃毛的根部由于带有表皮组织，如不及时处理很容易变质、腐败、发霉，影响其品质。泡烫后刮下的湿鬃毛，为了除去毛根部的表皮组织，可将其堆放2～3d，通过发热分解其表皮组织促进其表皮组织腐败脱落。然后加水梳洗，除去绒毛和碎屑，摊开晾晒，送往加工。也可采用弱碱溶液蒸煮浸泡法，使表皮组织溶解，效果也较好。

2）毛：包括羊毛、驼毛、马毛和牛毛（特别是牦牛毛），是很有价值的轻工原料。牲畜的产毛量和品质，取决于动物的年龄、品种、营养状况、气候及饲养管理条件等。

毛的来源可分为两种：一种是按季节从动物体剪下的毛，另一种是屠宰加工时从屠体和皮张上褪下的毛，如猪毛、马毛和牛毛等。从畜体剪下的毛，应注意检疫和消毒，以免疫病的传染。同时也应注意毛的清洁和分级。在肉联厂所获得的毛，多是从宰后屠体褪下的毛。这种毛经过加工、清洗和消毒，也可以作为良好的轻工业原料。

3）羽毛：禽类的羽毛质地松软，且富有弹性，是重要的轻工业原料，我国每年有大量出口。羽毛品质的好坏，多数取决于羽毛的收集方式和加工方法。工业用羽毛应采自健康无病的家禽。屠宰时为了防止羽毛被血污染，可采用口腔放血法。拔毛的方式分干拔和湿拔，以干拔的羽毛为佳。羽绒业收集羽毛，多采用干拔法。屠宰加工时，多采用湿拔法。拔毛时要注意把禽体上的片毛和绒毛都拔下来，尤其是鸭、鹅的绒毛，具有较高的经济价值。

鉴定羽毛品质时应注意是否混入血管毛、食毛虫、杂毛、虱和其他杂质，也要注意有无发霉、腐败和分解现象。

第六节　其他动物性食品安全

1．蜂蜜的安全性

蜂蜜是由蜜蜂采集植物蜜腺分泌的汁液酿成。蜂蜜的主要成分为糖类，其中60%～80%是人体容易吸收的

葡萄糖和果糖，主要作为营养滋补品、药用和加工蜜饯食品及酿造蜜酒之用，也可以代替食糖作调味品。蜂蜜是一种天然食品，含有与人体血清浓度相近的多种无机

盐和维生素，铁、钙、铜、锰、钾、磷等多种有益人体健康的微量元素，以及果糖、葡萄糖、淀粉酶、氧化酶、还原酶等，具有滋养、润燥、解毒等功效，是中医药中重要成分。

按生产蜂蜜的不同生产方式，可分为分离蜜与巢蜜等。分离蜜，又称离心蜜或机蜜，是把蜂巢中的蜜牌取出，置在摇蜜机中，通过离心力的作用摇出，并经过滤的蜂蜜，或用其他方法从蜜牌中分离出来的蜜。这种新鲜的蜜一般处于透明的液体状态，有些分离蜜经过一段时间就会结晶。例如，油菜蜜取出不久就会结晶。有些蜂蜜在低温下或经过一段时间才会出现结晶。巢蜜，又称格子蜜，是在规格化的蜂巢中，酿造出来的连巢带蜜的蜂蜜块。巢蜜既具有分离蜜的功效，又具有蜂巢的特性，是一种被誉为最完美、最高档的天然蜂蜜产品。蜂产品行业第一个强制性国标——《蜂蜜国家强制性标准》（GB18796—2005）于 2006 年 3 月起正式实施。此标准主要有 3 个特点：一是规范了蜂蜜名称，只要是蜂蜜就必须执行此国标，假蜜将被逐出市场；二是明确了蜂蜜等级，蜂蜜今后只分为"一级品"和"二级品"，一级品水分在 20% 以下，二级品水分在 24% 以下；三是明确了抗生素残留指标，执行强制性国标的蜂蜜，安全性更有保障。

蜂蜜水分含量少，属高渗食品，保存性能良好，细菌和酵母菌都不能在蜂蜜中存活，但某些厌氧菌（如肉毒杆菌）可以以非活性的孢子形态存在其中，因为婴幼儿肠胃消化器官不发达，胃酸的分泌较差，所以，一岁内的婴儿不要食用没有经过消毒的蜂蜜。蜂蜜中孢子并不会繁殖产生毒素，一般情况下，蜂蜜中的厌氧菌也没有在人体内繁殖的危险。蜜蜂在花中采蜜时，难免会将一些有毒、有害的植物花粉也采集在内，吃了以后可引起中毒或过敏反应。另外，肉毒梭菌在自然界分布极广，极易在蜜蜂采花粉时混入蜂蜜，并在酿蜜时的缺氧环境中大量繁殖，分泌毒性极大的肉毒梭菌毒素。一旦中毒没有特效的解毒剂，死亡率极高。

对蜂蜜等蜂产品污染还有"药残"，主要是来自为防治蜂病施用的蜂药和防治作物病虫害喷洒的农药。据美国 FDA 网站消息，2002 年驻马店欧亚蜂产品有限公司出口到美国的 10 个批次中国蜂蜜被查出氯霉素超标。农药频频施用及生物对蜂药、农药的浓集作用，也是必须正视的污染源。要长期防范"两药"在蜂蜜中形成"药残"，乃是提高蜂蜜安全性，保障人们健康的需要。有毒蜜源主要是指卫矛科雷公藤属植物，这种蜜含有剧毒的雷公藤生物碱，食用后能够引起中毒。

2. 蚕蛹的安全性

蚕蛹是蚕变态过程中储藏营养最为丰富的阶段，体内富含的多种天然活性物质和信息素是支持蚕蛾羽化、飞翔、生殖和胚胎发育的能源，具有重要的营养价值和保健功能。卫生部 2004 年 17 号公告将蚕蛹列为新资源普通食品。

蚕蛹是人们喜欢的一类佳肴，但有时会发生莫名的中毒现象，具体原因目前不清楚。例如，文登市口子医院 2003～2005 年共发现蚕蛹中毒 45 例，不分男女老少和年龄，其中 28 例为服炒制新鲜活蚕蛹所致，17 例为服隔餐蚕蛹所致。2008 年 10 月，潍坊市人民医院急症科陆续接诊 23 名中毒患者，经初步确定为食用蚕蛹引发的中毒。在进食蚕蛹后，出现不同程度的头晕、恶心、腹泻等症状。中国医科大学第二临床学院 1989～1992 年收治了 6 例蚕蛹中毒患者。栖霞市蚕茧业较发达，食用蚕蛹中毒时有发生，1990～1998 年发生 16 例。四川省攀钢集团公司职工总医院 2001 年发现有 22 例中毒，中毒后均表现为类胆碱样症状，经应用抗胆碱类药物治疗有效。可排除农药所致，因蚕在整个生存过程中不接触农药，也经受不住农药。食用蚕蛹造成中毒的原因，可能与蚕蛹污染、变质、蛋白质变性产生毒素等有关，吉林大学曾经对中毒蚕蛹进行病原微生物和毒素分析，没有分离到微生物和毒素。食用蚕蛹中毒的潜伏期为数小时至 1 周，中毒常见表现有恶心、呕吐、眩晕等症状，重者会出现狂躁、说胡话、产生幻觉、眼睛斜视，同时伴有面部、颈部、躯干部、四肢肌肉阵发性抽搐。中毒者站立不稳、眩晕（或视物旋转，或自身感觉旋转）、呕吐频繁。

预防食用蚕蛹中毒需要注意以下几点。

1）慎食蚕蛹，不食用没有经过处理加工的蚕蛹，如凉拌、盐渍等。

2）不食用不新鲜、变色发黑或呈粉红色、有异味或麻辣感等感官异常及腐败变质的蚕蛹。

3）食用新鲜蚕蛹，贮存期冷天不超过一周，热天不超过 30h。食用前，必须充分加热，可在沸水中煮 15min 再烹炒、油炸。一次尽量少吃，未吃完的蚕蛹放置后，应彻底加热后再食用。

4）有食物过敏体质的人，不要食用。

5）一旦出现食用蚕蛹中毒现象，应迅速到医院治疗。

3. 食用昆虫的安全

昆虫不仅蛋白质质量好，人体所需各类营养素含量也十分丰富。食用昆虫作为新食品资源，除了要达到常规食品需检测的卫生指标外，还需经过国家卫生部规定的新食品资源检验程序检验和评估。在检测各种营养成分的同时，也要检测有害物质含量和通过安全性毒理试验。而且这些检测试验必须经由卫生部门指定的检测机构来做。

食用昆虫经适当加工后，营养素含量高，质量也好，作为食品新资源开发很有价值。但因以往多没有经过严格的检测，为保证食用者的安全，根据我国食品新资源卫生管理办法规定，必须对其进行食用安全性毒理学评价程序中前两阶段的毒性试验（包括急性毒性、遗传毒性、传统致畸试验），结果证明完全无害后，再进行 90d 喂养试验。

虫体的有害物质含量是否超过食品卫生指标，需要检测。检测的主要项目有砷、铅及农药残留量等。这对人工养殖的昆虫来说，其有害物质的来源在于饲料。昆虫对饲料中的微量元素及有害物质蓄积性较强，因而饲料卫生是十分重要的。安全性毒理学试验主要使用实验动物，如大白鼠、小白鼠、狗或兔子等动物。对实验动物投喂一定数量的检测材料（即虫子样品），以检查该食品是否对动物有害，以此来判断是否可将该材料作为人类的食品。主要检测项目有：小鼠急性试验、7d 喂养试验、精子畸形试验、微核试验、排杂试验、大鼠致畸试验和大鼠 90d 喂养试验等。以黄粉虫为原料开发食品及保健品，是具有前途的，经过用科学方法加工的黄粉虫食品，味美可口，营养丰富。黄粉虫的表皮可提取几丁质，是制造多功能食品及药品的原料之一。经大鼠毒性试验，未经特殊处理的黄粉虫对鼠脏器有一定的毒性。可能大多数昆虫体内都会含有一定量的对动物有害的物质，至少虫体消化道杂物是有毒的，黄粉虫的防卫毒素苯醌就是一种毒性物质。

4. 食用两栖类动物的安全

由于农田大量使用农药，昆虫吞食含有农药的农作物后，体内聚集农药残毒。青蛙吞食了这些昆虫，体内也会有一定量农药残毒的集聚。食青蛙肉者，就把聚集在蛙肉体内的大量毒素吃进肚子里，造成慢性中毒。

在青蛙的肌肉间隙内，还寄居一种称为孟氏裂头蚴的寄生虫，裂头蚴在青蛙的大腿及小腿分布最多。如果吃了带有裂头蚴的蛙肉，裂头蚴可随食物寄生于人体的各个部位，而以皮下、眼部及腹壁较为常见。裂头蚴寄生在腹部、腿部等皮下时，局部呈结节隆起，有压痛；寄生在眼部，能使眼红肿、视力下降，长期流泪。严重的可致眼角膜溃疡，眼球突出，甚至双目失明。青蛙体内携带一种称为"双槽幼"的寄生虫、曼氏迭宫绦虫、珍珠新穴吸虫、诺氏异形线虫和美洲重翼吸虫等寄生虫，人吃后会影响健康，重者危及生命。有人吃了青蛙肉虽

然不会马上中毒，但经常食用，害处是不小的。国家禁止捕食青蛙，既是为了保护人类的天然朋友，维护生态平衡，也是为了避免因食青蛙肉而给人体带来痛苦。所以最好是不要吃蛙肉。动物带染虹彩病毒（*Ranavirus*）、壶菌（*Batrachochytrium dendrobatidis*）及红腿病菌（*Aeromonas hydrophila*），会对养殖和食用安全带来隐患，牛蛙带染壶菌非常普遍。

5. 食用小龙虾的安全

淡水小龙虾金属含量高，小龙虾对 Cu、Cd 的富集量很大，且随浓度增大而上升，与浓度呈正比关系；在相同时期内，对 Cd 的浓缩系数为 200～250 倍，对 Cu 的浓缩系数为 377～1036.6 倍。小龙虾体内寄生肺吸虫，严重的肺吸虫病还会侵入人的肝胆、肌肉、眼睛甚至脑部，危及人的生命。肺吸虫不仅相当耐高温，而且在动物体内的抵抗力也很强，浸在酱油、黄酒、盐水、醋里都不会被杀死。这种寄生虫在 70℃ 以上的环境里至少可以存活 5min，有时加热温度不高或者加热面积不全面，如烤、炸等，它尚能存活。因此最好在烹调时使温度达到 100℃，并持续几分钟直到其熟透。

骨骼肌溶解症：2009 年，媒体报道南京发生近 20 例进食小龙虾发生横纹肌溶解症患者，其他零星发生也有致死的报道。主要表现口渴及胸部肌肉收缩、胸闷、全身疼痛等症状，背部肌肉麻木，脖子无法动弹，全身肌肉开始出现剧烈疼痛，全身毛孔冒汗等状况。除南京外，北京、福州均出现了进食小龙虾导致横纹肌溶解症的病例。目前关于进食小龙虾导致骨骼肌溶解症的具体毒素有待毒理方面的进一步分析。而且并非所有吃了小龙虾的人都出现症状。造成这种现象的机制目前不清楚，小龙虾体内的细菌和毒素大都集中在外壳、鳃和内脏中。所以，吃小龙虾时只能吃小龙虾的肉，而避免吃其头和内脏（包括很多人喜欢吃的虾黄）。小龙虾食用前要妥善处理。

无公害食品在我国是指产地环境、生产过程和最终产品符合无公害食品的标准和规范并经有关部门认定的安全食品。

在我国，同时存在着无公害食品、绿色食品、有机食品（图5-1～图5-3）3种食品标准体系。三者都是应用科学技术原理，结合产品清洁生产过程中必须严格遵循的、在食品认证时必须严格依据的、生产单位必须遵照执行的强制性技术文件。有机、绿色、无公害食品标准体系都包括产地环境标准、生产技术标准、产品质量标准和包装运输标准等系列标准。但三者之间也存在明显的不同。对于三者的关系，可以形象地用"金字塔"来形容，从塔底到

图 5-1　无公害食品标志

图 5-2　绿色食品标志

图 5-3　有机食品标志

_____

① 1 里=500m

塔尖依次为无公害食品、绿色食品、有机食品。

无公害食品在其检测中，果蔬类主要明确限定其相关的残留农药量、重金属含量、亚硝酸盐含量。禽畜肉蛋类主要限定其微生物（如菌落总数、大肠杆菌数、沙门菌数等）、富集类农药、重金属、药类等的含量。

简单来说，无公害食品是在一定安全范围内允许有农药残留、药物残留及痕量重金属存在的。理论上来说应该是我国食品安全的最低要求，但实际上我国许多食品远没有达到此标准。无公害食品是针对我国当前消费市场上各种食品特别是农产品中的有害物质超标严重的情况提出来的，其宗旨是保障老百姓的食品安全，更大众化、更适合中国的现实国情。严格来讲，无公害是食品的一种基本要求，普通食品都应达到这一要求。

绿色食品是较无公害食品高级的食品，其要求更为严格，品质也更好。

与无公害食品及绿色食品比较，有机食品的要求更严格。有机食品属纯天然食品，在生产过程中完全不用人工合成的化肥、农药、生长调节剂和牲畜饲料添加剂。甚至禁止基因工程技术和经过辐射处理的产品标示为有机食品或作为有机食品出售。有些国家甚至要求有机农产品产地方圆20里①内，并且20年前至今不能有工厂。可以说有机食品想要并且试图杜绝一切人工因素，实现自然绿色。在更健康的同时，有机食品的价格也因为其成本而很高。

有机食品包括粮食、蔬菜、奶制品、禽畜产品、蜂蜜、水产品、调料等。有机食品与其他食品的区别主要有3个方面。

第一，有机食品在生产加工过程中绝对禁止使用农药、化肥、激素等工业合成物质，并且不允许使用基因工程技术。其他食品则允许有限使用这些物质，并且不禁止使用基因工程技术，如绿色食品对基因工程技术和辐射技术的使用就未作规定。

第二，有机食品在土地生产转型方面有严格规定。考虑到某些物质在环境会残留相当一段时间，土地从生产其他食品到生产有机食品需要2～3年的转换期，而生产绿色食品和无公害食品则没有转换期的要求。

第三，有机食品在数量上进行严格控制，要求定地块、定产量，生产其他食品没有如此严格的要求。

总之，生产有机食品比生产其他食品难度要大，需要建立全新的生产体系和监控体系。

第一节 无公害食品的生产与质量控制

国家针对无公害食品出台了一系列法规、政策，保证其生产和质量控制。我国加入 WTO 后，农产品面临入世的竞争与考验。国家质检总局及时制定下发了《无公害农产品标志管理规定》，随之又批准发布了《无公害蔬菜安全要求》、《无公害蔬菜产地环境要求》、《无公害水果安全要求》、《无公害水果产品环境要求》、《无公害畜禽肉产品安全要求》、《无公害畜禽肉产地环境要求》、《无公害水产品安全要求》、《无公害水产品产地环境要求》8 项有关农产品安全质量的国家标准。"无公害茶叶"、"无公害食用菌"、"无公害蛋及蛋制品"、"无公害乳及乳制品"、"无公害蜂产品"等国家标准也将陆续发布。《无公害农产品管理办法》于 2002 年由农业部、国家质量监督检验检疫总局令第 12 号发布。

相关国标于 2001 年产生，GB 18406—2001《农产品安全质量》分为以下 4 部分。

GB 18406.1—2001《农产品安全质量 无公害蔬菜安全要求》

GB 18406.2—2001《农产品安全质量 无公害水果安全要求》

GB 18406.3—2001《农产品安全质量 无公害畜禽肉安全要求》

GB 18406.4—2001《农产品安全质量 无公害水产品安全要求》

一、感官识别无公害水产品

国家于 2006 年又出台了相应的无公害标准。2006 年 11 个水产类无公害产品标准如下。

NY 5058—2006《无公害食品 海水虾》

NY 5066—2006《无公害食品 龟鳖》

NY 5073—2006《无公害食品 水产品中有毒有害物质限量》

NY 5152—2006《无公害食品 鲆鲽鳎》

NY 5160—2006《无公害食品 鲑鳟鲟》

NY 5288—2006《无公害食品 蛤》

NY 5325—2006《无公害食品 螺》

NY 5326—2006《无公害食品 头足类产品》

NY 5327—2006《无公害食品 鲻科、鲹科、军曹鱼科海水鱼》

NY 5328—2006《无公害食品 海参》

NY 5329—2006《无公害食品 海捕鱼》

按《无公害水产品安全要求》国家标准的规定，水产品是指供食用的鱼类、甲壳类、贝类（包括水足类）、爬行类、两栖类等鲜活和冷冻品。在无公害水产品的安全要求里，有一项是感官指标，即决定一种水产品是否符合无公害条件，除了专业检测手段外，还要通过感官上的检验。

在购买无公害水产品时，除了看是否贴有无公害标志外，还可以看该产品的外观是否合格。首先是鱼类（包括海水鱼和淡水鱼），根据标准的要求，鱼类的体表应该是鳞片完整或者较完整，鳞片不易脱落，体表黏液透明、呈固有色泽；鳃应该是鳃丝鲜红或暗红，黏液不浑浊；眼球饱满、黑白分明、或稍变红；在切开鱼以后，其肌肉应紧密、有弹性，内脏清晰可辨、无腐烂。

贝类，其中有壳类的外壳或盾应紧闭或微张，足及水管伸缩灵活，受惊闭合；外壳呈活体固有色泽；肌肉紧密、有弹性。头足类的背部及腹部呈青白或微红色，鱿鱼可有紫色点；去皮后肌肉呈白色，鱿鱼允许有微红色，肌肉紧密、有弹性。

甲壳类，包括虾和蟹。其外壳应亮泽完好，眼睛黑亮，透明；活体反应敏捷，活动自如；鳃丝清晰，白色或微褐色；蟹脐上部无胃印；肌肉纹理清晰、紧密、有弹性，呈玉白色。

爬行类，包括龟和鳖。其体表完整，无溃烂，爬动自如，呈活体固有体色；肌肉紧密、有弹性。

两栖类，包括养殖蛙等。其体表光滑有黏液，腹部呈白色或灰白色，弹跳自如；具有活体固有体色；肌肉紧密、有弹性。

另外，所有无公害水产品的气味都应呈相应水产品固有气味、无异味。

二、农产品安全质量无公害畜禽肉产地环境要求

8 项关系到农产品安全质量的国家标准于 2001 年开始实施，这为全国范围内无公害农产品的监督管理提供了统一技术依据。实施的上述 8 项国家标准由国家质量监督检验检疫总局批准发布，针对蔬菜、水果、畜禽肉、水产品 4 类农产品，每一类农产品都有"安全要求"和"产地环境要求"两个标准。其中，关于安全要求的 4 项标准是强制性的，关于产地环境要求的 4 项标准是推荐性的。

除已发布的 8 项"农产品安全质量"国家标准外，后又陆续发布"无公害茶叶"、"无公害蛋与蛋制品"、"无公害乳与乳制品"、"无公害蜂产品"、"无公害食用菌"等 10 项国家标准。国家质检总局依据这些标准开展无公害农产品的安全认证和监督管理。

1. 范围

GB/T 18407.3—2001 规定了无公害畜禽肉类产品生产加工环境的质量要求、试验方法、评价原则、防疫措施及其他要求。

适用于在我国境内的畜禽养殖场、屠宰场、畜禽类产品加工厂及产品运输贮存单位。

2. 规范性引用文件

GB 4789.3—2010《食品卫生微生物学检验 大肠菌群

测定》

GB/T 6920—1986《水质 pH 的测定 玻璃电极法》

GB/T 7467—1987《水质 六价铬的测定 二苯碳酰二肼分光光度法》

GB/T 7468—1987《水质 总汞的测定 冷原子吸收分光光度法（eqvISO 5666-1～5666-3：1983）》

GB/T 7475—1987《水质 铜、锌、铅、镉的测定 原子吸收分光光度法（neqISO/DP8288）》

GB/T 7483—1983《水质 氟化物的测定 氟试剂分光光度法》

GB/T 7485—1987《水质 总砷测定 二乙基二硫代氨基甲酸银分光光度法（neqISO6595：1982）》

GB/T 7486—1987《水质 氰化物的测定 第一部分：总氰化物的测定（eqvISO6703-1：1984）》

GB/T 7492—1987《水质 六六六、滴滴涕的测定 气相色谱法》

GB 7959—2012《粪便无害化卫生标准》

GB/T 8170—2008《数值修约规则》

GB 8978—1986《污水综合排放标准》

GB 11667—1989《居住区大气中可吸入颗粒物卫生标准》

GB/T 11896—1989《水质 氯化物的测定 硝酸银滴定法》

GB 12694—1990《肉类加工厂卫生规范》

GB 14554—1993《恶臭污染物排放标准》

GB/T 14668—1993《空气质量 氨的测定 纳氏试剂比色法》

GB/T 14675—1993《空气质量 恶臭的测定 三点比较式臭袋法》

GB/T 15262—1994《环境空气 二氧化硫的测定 甲醛吸收-副玫瑰苯胺分光光度法》

GB/T 15264—1995《环境空气 铅的测定 火焰原子吸收分光光度法》

GB/T 15432—1995《环境空气 总悬浮颗粒物的测定 重量法》

GB/T 15433—1995《环境空气 氟化物的测定 石灰滤纸·氟离子选择电极法》

GB/T 15436—1995《环境空气 氮氧化物的测定 Saltzman 法》

GB 16548—2006《畜禽病害肉尸及其产品无害化处理规程》

GB 16549—2006《畜禽产地检疫规范》

GB/T 17095—1997《室内空气中可吸入颗粒物卫生标准》

中国环境监测总站《污染环境统一监测分析方法（废水部分）》

国家环境保护部《水和废水监测分析方法》

《中华人民共和国动物防疫法》

3．术语

全进全出是将同一生产单元内的所有畜禽同时转进转出，并进行清洗、消毒、净化的养殖模式，这样可有效切断疫病的传播途径，防止病原微生物在群体中形成连续感染和交叉感染。

4．要求

（1）选址与设施

1）畜禽养殖地、屠宰和畜禽类产品加工厂必须选择在生态环境良好、无或不直接受工业"三废"及农业、城镇生活、医疗废弃物污染的生产区域以外的地域生产。选地应参照国家相关标准的规定，避开水源防护区、风景名胜区、人口密集区等环境敏感地区，符合环境保护、兽医防疫要求，场区布局合理，生产区和生活区严格分开。

2）养殖区周围 500m 范围内、水源上游没有对产地环境构成威胁的污染源，包括工业"三废"、农业废弃物、医院污水及废弃物、城市垃圾和生活污水等污物。

3）与水源有关的地方病高发区，不能作为无公害畜禽肉类产品生产、加工地。

4）养殖地应设置防止渗漏、径流、飞扬且具一定容量的专用储存设施和场所，设有粪尿污水处理设施，畜禽粪便处理后应符合 GB 7959—2012 和 GB 14554—1993 的规定，畜禽病害肉尸及其产品无害化处理应符合 GB 16548—2006 的有关规定，排放的生产和加工废水应符合 GB 8978—1996 的有关规定。

5）饲养和加工场地应设有与生产相适应的消毒设施、更衣室、兽医室等，并配备工作所需的仪器设备，肉类加工厂卫生应符合 GB 12694—1990 的有关规定。

（2）畜禽饮用水、大气环境

1）畜禽饮用水质量指标应符合表 5-1 的要求。

2）生产加工环境空气质量应符合表 5-2 的要求。

3）畜禽场空气环境质量应符合表 5-3 的要求。

（3）水质要求

无公害畜禽类产品加工水质应符合表 5-1 的要求。

（4）防疫要求

1）按照《中华人民共和国动物防疫法》及 GB 16549—2006 规定的要求进行。

2）采用"全进全出"养殖管理模式，生产地应建有

表 5-1 畜禽饮用水质量指标

项目	指标	项目	指标
砷/（mg/L）	≤0.05	氟化物（以 F 计）/（mg/L）	≤1.0
汞/（mg/L）	≤0.001	氯化物（以 Cl 计）/（mg/L）	≤250
铅/（mg/L）	≤0.05	六六六/（mg/L）	≤0.001
铜/（mg/L）	≤1.0	滴滴涕/（mg/L）	≤0.005
铬（六价）/（mg/L）	≤0.05	总大肠菌群/（个/L）	≤3
镉/（mg/L）	≤0.01	pH	6.5～8.5
氰化物/（mg/L）	≤0.05		

表 5-2 生产加工环境空气质量指标

项目	日平均	1h 平均
总悬浮颗粒物（标准状态）/（mg/m³）	≤0.30	
二氧化硫（标准状态）/（mg/m³）	≤0.15	≤0.50
氮氧化物（标准状态）/（mg/m³）	≤0.12	≤0.24
氟化物/（μg/dm³）	≤3（月平均）	
铅（标准状态）/（μg/m³）	季平均1.50	

表 5-3 畜禽场空气环境质量指标

序号	项目	单位	场区	舍区 禽舍 雏	舍区 禽舍 成禽	猪舍	牛舍
1	氨气	mg/m³	5	0	15	25	20
2	硫化氢	mg/m³	2	2	10	10	8
3	二氧化碳	mg/m³	750	1500	1500	1500	1500
4	可吸入颗粒（标准状态）	mg/m³	1	4	1	2	
5	总悬浮颗粒物（标准状态）	mg/m³	2	8	3	4	
6	恶臭	稀释倍数	50	70	70	70	

隔离区。

3）实施灭鼠、灭蚊、灭蝇，禁止其他家畜禽进入养殖场内。

4）发现疫情应立即向当地动物防疫监督机构报告，接受防疫机构的指导，尽快控制、扑灭疫情，病死畜禽按 GB 16548—2006 规定进行无害化处理。

5）消毒要求：养殖场应建立消毒制度，定期开展场内外环境消毒、畜禽体表消毒、饮用水消毒等。使用的消毒药应安全、高效、低毒、低残留。进出车辆和人员应严格消毒。

A．试验方法。

畜禽饮用、加工水质检测 砷的测定按 GB/T 7485—1987 执行；汞的测定按 GB/T 7468—1987 执行；铜、铅、镉的测定按 GB/T 7475—1987 执行；六价铬的测定按 GB/T 7467—1987 执行；氰化物的测定按 GB/T 7486—1987 执行；氟化物的测定 GB/T 7483—1983 执行；氯化物的测定按 GB/T 11896—1989 执行；六六六、滴滴涕的测定按 GB/T 7492—1987 执行；大肠菌群的检测按 GB/T 4789.3—2010 执行；pH 的测定按 GB/T6920—1986 执行。

B．环境空气质量检测：总悬浮颗粒物的测定按 GB/T 15432—1995 执行；氧化硫的测定按 GB/T 15262—1994 执行；氮氧化物的测定按 GB/T 15436—1995 执行；氟化物的测定按 GB/T 15433—1995 执行；铅的测定按 GB/T 15264—1994 执行。

C．场区、舍区环境质量检测：氨气的测定按 GB/T 14668—1993 执行；硫化氢的测定按中国环境监测总站《污染环境统一监测分析方法》（废水部分）执行；二氧化碳的测定按国家环境保护部《水和废水监测分析方法》执行；可吸入颗粒的测定场区按 GB 11667—1989 执行；舍内按 GB/T 17095—1997 执行；恶臭的测定按 GB/T 14675—1993 执行。

（5）评价原则

1）无公害畜禽类产品生产加工环境质量必须符合 GB/T 18407.3—2001 中关于本部分的规定。

2）取样方法按相应的国家标准或行业标准执行。

3）检验结果的数值修约按 GB/T 8170—2008 执行。

产地和产品必须经过认定才能成立，对产品进行编号，还要适时进行监督。

第二节 农场到餐桌安全措施

一、产地安全

1. 无公害畜产品从源头抓

无公害畜产品产地认定和产品认证，通过产地认定工作，能有效地实施畜产品质量源头控制，为畜产品获得市场准入条件和申报无公害畜产品认证奠定基础；通过产品认证工作，可明显提高进入市场的畜产品质量安全水平。

2. 怎样进行无公害畜产品认证

无公害畜产品，是指产地环境、生产过程和产品质量符合国家有关标准和规范的要求，经认证合格获得认证证书并允许使用无公害农产品标志的未经加工或者初加工的畜产品。

1）产地环境、生产过程和产品质量符合国家有关标准和规范的要求。例如，鸡蛋的产地环境需符合 GB/T 18407.3—2001《无公害畜禽肉产地环境要求》或 NY/T 388—1999《畜禽场环境质量标准》的要求，生产过程需符合 NY 5040—2001《无公害食品蛋鸡饲养兽药使用准则》、NY 5041—2001《无公害食品蛋鸡饲养兽医防疫准则》、NY 5042—2001《无公害食品蛋鸡饲养饲料使用准则》、NY 5043—2001《无公害食品蛋鸡饲养管理准则》的要求，产品质量需符合 NY 5039—2001《无公害食品蛋鸡》的要求。

2）经认证合格获得产品认证证书。

3）允许使用无公害农产品标志。目前，无公害种植业产品、渔业产品和畜产品使用同一个标志，已于 2002 年 11 月 25 日由农业部和国家认证认可监督管理委员会联合公告。

4）未经加工或者初加工的畜产品。这里所说的初加工是不能使畜产品的性质发生变化或添加其他成分。无公害畜产品认证的管理部门《无公害农产品管理办法》规定，农业部门、国家质量监督检验检疫部门、国家认证认可监督管理委员会按照"三定"方案的职责和国务院有关规定，分工负责，共同做好全国无公害畜产品的管理和监督工作。

3．无公害畜产品产地认定实施

实施主体：省级畜牧兽医行政主管部门负责组织实施本辖区内的无公害畜产品产地认证工作。

申请程序：申请人→县级畜牧兽医行政主管部门→市级畜牧兽医行政主管部门→省级畜牧兽医行政主管部门。

现场检查：主要内容有产地环境、区域范围、生产规模、质量控制措施、生产计划等。

检测：现场检查符合要求的，通知申请人委托具有

资质的检测机构，对产地环境进行检测。

颁证：省级畜牧兽医行政主管部门对材料审核、现场检查和产地环境检测结果符合要求的申请人予以颁发无公害畜（或农）产品产地认定证书，证书有效期为3年。

4．无公害畜产品认证实施

实施主体：目前，具体的认证工作由农业部农产品质量安全中心畜牧业产品认证分中心（依托全国畜牧兽医总站）负责。

申请程序：申请人→省级无公害畜产品认证归口管理部门→农业部农产品质量安全中心畜牧业产品认证分中心（图5-4）。

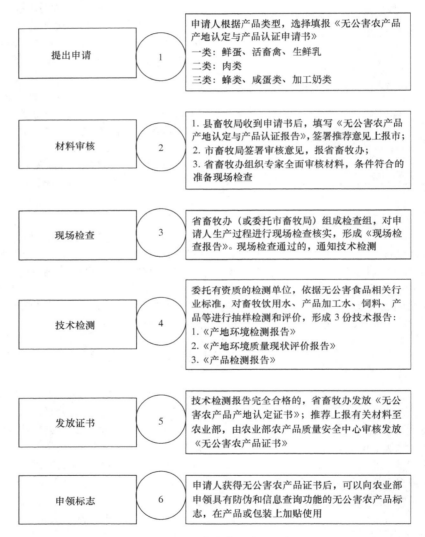

图 5-4　无公害畜产品认证程序

现场检查：主要内容有产地环境、区域范围、生产规模、质量控制措施、生产计划、标准和规范的执行情况等。

检测：现场检查符合要求的，认证机构应当通知申请人委托具有资质的检测机构，对产品进行检测。具有资质的检测机构已向社会公布，并实行动态管理。

颁证：认证机构对材料审核、现场检查和产品检测

结果符合要求的申请人予以颁发无公害农产品认证证书，证书有效期为3年。

二、无公害畜产品生产的条件与要求

1．产地环境要求

产地环境是无公害畜产品生产的基础。养殖场必须

进行科学的选址与布局，加强污水和粪便的无害化处理，保持产地环境的清洁，才能保障无公害畜产品生产。畜禽养殖基地应选择在生态环境良好，没有或不直接遭受工业"三废"的污染，避开水源防护区、风景名胜区等环境敏感地区的区域。养殖区周围离农村、城镇生活区、医院、屠宰厂、交通要道至少 500m 以上。地下水质要符合农业部颁布的 NY 5027—2001《无公害食品畜禽饮用水水质》标准，与水源有关的地方病高发区不能作为无公害畜产品生产产地。

布局与设施：生产区和生活区严格分开。根据不同的畜禽种类，场区要科学、合理布局，净污道要分开。生产区和生活区门口要有消毒间和消毒池，消毒池的长度不能小于车轮的一周半，畜禽舍前也要有小的消毒池或消毒盆。舍内要安装通风、保温和降温设施，保持良好的通风和温湿度。场区内设有兽医室、隔离室、污水和粪便、病死猪无害化处理等设施，并配有与之相适应的药品和设备。

2．人员与管理

要建立畜产品质量安全生产的管理组织和各项管理制度，明确分工，责任到人。无公害畜产品产地要有与生产规模相适应数量的畜牧兽医技术和饲养人员。技术人员在指导生产的同时，要定期检查饮水卫生、饲料的加工和贮运是否符合卫生防疫要求，畜禽舍、用具、隔离舍、人员的消毒是否落实，防疫是否到位，粪便、污水是否进行无害化处理。饲养员应取得健康证后方可上岗，并应定期进行健康检查，有传染病的人不能当饲养员。饲养员应认真执行饲养管理制度，细致观察饲料有无变质，注意观察畜禽采食、饮水、运动、呼吸、排粪等状态，发现不正常现象及时报告技术员。非生产人员进入生产区时要遵守有关规定，不得随意进入。认真做好日常生产记录，建立完整的养殖档案。生产记录内容包括引种、消毒、防疫、兽药采购与使用、饲料采购与使用、疫病诊断和监测、病死畜禽的无害化处理、销售等。生产记录应尽可能长期保存，最少保留 2 年。

3．动物防疫

建立科学的免疫程序和免疫操作规程，切实抓好动物的免疫，并按有关要求进行免疫标志。免疫用具在免疫前后应彻底消毒，剩余或废弃的疫苗及使用过的疫苗瓶要作无害化处理，不得乱扔。养殖场应建立消毒制度，定期开展场内外环境消毒、畜禽体表消毒、饮用水消毒等，杀灭场内舍内病原菌。使用的消毒药应安全、高效、低毒、低残留，进出车辆和人员应严格消毒。对奶牛场不准使用醛类和酚类消毒药。建立疫情监测、疫情报告、疫苗使用与管理等制度，切实加强动物疫病的监测。具体监测的疫病，在无公害畜产品标准中不同的畜禽种类有不同的要求。发现疫情应立即向当地动物防疫监督机构报告，接受防疫机构的指导，尽快控制、扑灭疫情，病死畜禽按 GB 16548—1996 规定进行无害化处理。严格对引进种畜禽进行检疫，至少隔离饲养 30d，确定健康

后方可混群饲养，防止病原的传入。配备有对害虫和啮齿类动物等的防护措施，减少疫病的传播。发现疑似有病动物要及时隔离观察。饲养区不得饲养其他畜禽。

4．兽药的使用

畜禽疾病以预防为主，进行预防、治疗和诊断疾病所用的兽药必须符合《中华人民共和国兽药典》、《中华人民共和国兽药规范》、《兽药质量标准》、《兽用生物制品质量标准》、《进口兽药质量标准》和《饲料药物添加剂使用规范》的相关规定。所用兽药必须来自具有《兽药生产许可证》和产品批准文号的生产企业，或者具有《进口兽药许可证》的供应商。所用兽药的标签应符合《兽药管理条例》的规定。使用兽药时还应遵循以下原则。

允许使用《中华人民共和国兽药典》收载的用于动物的中药材、中药成方制剂。

允许在临床兽医的指导下使用钙、磷、硒、钾等补充药、微生态制剂、酸碱平衡药、体液补充药、电解质补充药、营养药、血容量补充药、抗贫血药、维生素类药、吸附药、泻药、润滑剂、酸化剂、局部止血药、收敛药和助消化药。

允许使用抗菌药和抗寄生虫药，其中治疗药应凭兽医处方购买，严格遵照规定的用法与用量。畜禽用药要严格执行农业部第 278 号公告关于休药期的规定。未规定休药期的品种，肉不应少于 28d，弃蛋期、弃奶期不应少于 7d。

禁止使用原料药、人用药和农业部禁止使用的药物，不准使用麻醉药、镇痛药、镇静药、中枢兴奋药、化学保定药及骨骼肌松弛药。

5．饲料和饲料添加剂的使用

饲料中使用预混合饲料和饲料添加剂应是农业部颁发生产许可证的正规企业生产的、具有产品批准文号的产品。饲料添加剂的使用应遵照饲料标签所规定的用法和用量，饲料原料要色泽新鲜一致。有害物质及微生物允许量应符合 GB 13078—2001 的规定。不应使用未经无害处理的泔水及其他畜禽副产品。饲料中尽量减少杂粕的使用，制药工业副产品不作饲料原料。使用允许使用的药物饲料添加剂应严格执行休药期制度。在产蛋期、产乳期严禁使用药物饲料添加剂。

6．饲养管理

需要引进种畜禽时，应从具有种畜禽生产经营许可证的种畜禽场引进，并按照 GB 16567—1996 进行检疫。不得从疫区引进畜禽。实施"全进全出"饲养工艺，并根据畜禽不同的生长时期采取分阶段饲养，饲养密度要适宜。根据畜禽不同生长时期和生理阶段的营养需求，配制不同的配合饲料。养猪企业不应给肥育猪使用高铜、高锌日粮。饲料每次添加量要适当，少喂勤添，防止饲料腐败或被污染。夏季注意降温，冬季注意保温，舍内温度、湿度环境应满足不同生理阶段的畜禽需求。舍内通风良好，空气中有毒有害气体含量应符合 NY/T 388—1999 要求。每天打扫畜禽舍卫生，经常清洗消毒

饮水、料槽设备，保持料槽、水槽、用具干净和地面清洁，避免细菌滋生。

只有按照无公害畜产品标准组织生产，才有可能生产出无公害畜产品。要社会承认无公害畜产品，还必须进行产品认证。各养殖企业要自觉组织标准化生产，积极申报无公害畜产品认证，创品牌，增效益，促进企业发展。

第三节　食物链的安全措施

确保了产地环境、初产品和原料的安全，即能保证食物链的源头安全。通过食物链的有效监督就能保证全链的安全。

为维护消费者的健康，促进我国畜牧业可持续发展和参与国际竞争，实现农业增效和农民增收，动物饲养、生产、加工、流通企业和个人必须按规定生产无公害畜产品，各级政府和行业主管部门必须加强畜产品的质量安全监督管理，强化无公害畜产品从饲养到餐桌的全程监管（无公害肉品标准见表 5-4～表 5-7）。

表 5-4　无公害猪肉理化指标

项目	指标	项目	指标
解冻失水率/%	≤8	金霉素/（mg/kg）	≤0.10
挥发性盐基氮/（mg/100g）	≤15	土霉素/（mg/kg）	≤0.10
汞（以 Hg 计）/（mg/kg）	≤0.05	氯霉素	不得检出
铅（以 Pb 计）/（mg/kg）	≤0.50	磺胺类（以磺胺类总量计）/（mg/kg）	≤0.10
砷（以 As 计）/（mg/kg）	≤0.50	喹乙醇/（mg/kg）	≤0.004
镉（以 Cd 计）/（mg/kg）	≤0.10	伊维菌素/（mg/kg）	≤0.02
铬（以 Cr 计）/（mg/kg）	≤1.0	己烯雌酚	不得检出
六六六/（mg/kg）	≤0.10	盐酸克伦特罗	不得检出
滴滴涕/（mg/kg）	≤0.10	安定类（以安定类总量计）/（mg/kg）	不得检出

表 5-5　无公害猪肉微生物指标

项目	指标	项目	指标
菌落总数/（cfu/g）	≤1×10^6	沙门菌	不得检出
大肠菌群/（MPN/100g）	≤1×10^4	李斯特杆菌	不得检出
金黄色葡萄球菌/（cfu/g）	≤500	胎儿弯曲杆菌	不得检出

表 5-6　无公害兔肉微生物标准

项目	菌落总数/（cfu/g）	大肠菌群/（MPN/100g）	致病菌			
			沙门菌	志贺菌	金黄色葡萄球菌	溶血性链球菌
指标	≤5×10^5	≤1×10^3	不得检出	不得检出	不得检出	不得检出

表 5-7　无公害兔肉化学物质标准

项目	指标	项目	指标
挥发性盐基氮/（mg/100g）	≤15	金霉素/（mg/kg）	≤0.10
铬（以 Cr 计）/（mg/kg）	≤1.0	土霉素/（mg/kg）	≤0.10
汞（以 Hg 计）/（mg/kg）	≤0.05	磺胺类（以磺胺类总量计）/（mg/kg）	≤0.10
铅（以 Pb 计）/（mg/kg）	≤0.10	敌百虫/（mg/kg）	≤0.10
砷（以 As 计）/（mg/kg）	≤0.50	四环素/（mg/kg）	≤0.10
镉（以 Cd 计）/（mg/kg）	≤0.10	氯羟吡啶/（mg/kg）	≤0.01
六六六/（mg/kg）	≤0.20	呋喃唑酮	不得检出
滴滴涕/（mg/kg）	≤0.20	氯霉素	不得检出

1. 无公害畜产品生产的控制点分析

畜产品的质量安全受产地环境、饲养、防疫、加工、运销各环节及饲料、兽药等投入品的质量等诸多环节影响。从无公害畜产品生产的关键点分析，畜产品的质量安全主要表现在动物疫病、药物和有毒有害物质的残留等。

（1）产地环境

无公害畜产品产地环境要符合农业部批准发布的《无公害畜禽肉产地环境要求》的标准要求，对畜产品生产有影响的土壤、水源、大气等产地环境中的有害物质进行限制。要求土壤中农药、化肥、有机污染物和汞、镉、铅等重金属不能超标；水质外观清澈、无色无味，水中（可溶性）总盐分（TDS），磷酸盐、硝酸盐、亚硝酸盐，铅、汞、砷等重金属，有机农药、氰化物等有毒物质，病原微生物特别是大肠杆菌、寄生虫（卵），有机物腐败产物等不能超标；养殖场环境中一氧化碳、尘埃、病原微生物等不能超标。

（2）生产的过程

包括饲料生产、畜禽养殖、肉类加工等方面。在整个生产过程最应注意的关键点是人畜共患的动物疫病、兽药残留和有毒有害物质等问题，这也是最为重要的控制点。

（3）加工质量

加强畜产品在加工过程中的检验检疫，监督管理，实施全程监督，保证畜产品的加工质量。

2. 无公害畜产品生产的关键点控制

为了更好地生产无公害畜产品，必须对饲料生产、畜禽生产、肉类加工、流通、销售全过程进行有效控制。

1）严格净化生产环境。严格控制工业"三废"和城市生活垃圾对生态环境的污染，按照《畜禽养殖污染防治管理办法》、《畜禽养殖排污标准》及《畜禽养殖排污管理条例》等相关条文执行，保证畜产品的产地环境符合要求。重点解决化肥、农药、兽药、饲料等农业投入品对生态环境和畜产品的污染，要抓紧制定相关畜产品的产地环境标准，全面开展畜产品重点生产基地环境监测，采取切实有效的环境净化措施，保证产地环境符合畜产品生产的要求，从源头上把好畜产品质量安全关。

2）严把检疫监督关，强化动物疫病控制。为了保护畜牧业持续稳定发展和人民群众身体健康，我国政府和行业主管部门一直在不断地加强动物疫病控制工作，并取得了明显成效，一些影响人体健康的动物疫病得到了有效控制。但是当前国内外动物疫病依然十分严重，动物疫病防治工作仍然任重道远。我们要严格遵守国家有关无公害畜产品生产的《兽医防疫准则》，提高全社会动物疫病的防治意识，加强动物疫病的全程监管。

3）严把饲料兽药关，强化兽药残留及有毒有害物质残留控制。要控制、减少兽药残留、重金属和有毒有害等物质，必须引导饲养户遵守《兽药管理条例》、《饲料和饲料添加剂管理条例》规定，按标准统一组织生产，做到坚决不用违禁药物，严格遵守用药剂量、给药途径和停药期，推动标准化、无公害畜禽生产体系建设。同时，各无公害畜产品生产企业和个人要严格执行农业部制定的有关无公害畜产品生产和产品质量标准，严格按《兽药使用标准》、《饲料使用准则》、《饲养管理准则》等生产操作规范组织生产，有效控制兽药等有害有毒物质在畜产品中的残留。

4）完善监控体系。建立健全无公害畜产品监控体系，加大监督检查力度。首先要加快立法工作，完善畜产品安全管理的配套法规，使畜产品质量安全检验工作开展和结果处理有法可依。其次要建立由部级到基层的多级畜产品质量安全检测机构，积极建立无公害畜产品标准体系和检测体系，增加高素质专业技术人员，努力提高畜产品质量安全检测手段和技术水平。

5）建立质量档案，实施"可追溯性"管理模式。在无公害畜产品生产体系中，实行质量档案制度，对原料、饲料、预混料、添加剂、畜禽谱系、饲养过程、防疫、疾病治疗用药、屠宰、加工、贮运等全过程有准确完整的记录，所有记录应归档保存1年以上。一旦发现畜产品不安全因素，分析可能产生危害和影响安全的因素，确定关键限值，突出关键点的控制，建立相关档案，实行质量追溯，确保产品质量。

第六章
动物屠宰加工的兽医卫生监督与检验

第一节　屠宰加工企业的设计

一、屠宰加工场所的选址和布局

合理选择屠宰加工厂（场）的厂址，在兽医公共卫生上具有重要意义。如果厂址选择不当，屠宰加工厂（场）将成为散播畜禽疫病的疫源地和自然环境的污染源，危及人民群众的健康。因此，建立屠宰加工厂（场）时，厂址的选择和建筑设计必须符合卫生要求。

1）凡新建屠宰加工厂（场）须经当地城市规划部门及卫生监督机关的批准。少数民族地区，应尊重民族风俗习惯，将生猪屠宰场和牛、羊屠宰场分开建立。

2）屠宰加工厂（场）的厂址应远离居民区、医院、学校、水源及其他公共场所至少500m，位于居民区的下游和下风向，以免污染居民区的空气、水流和环境。

3）地势应平坦并具有一定的坡度，地下水位不得近于地面1.5m，周围无有害气体和灰尘等有害因素的污染。

4）厂区道路应铺以柏油、水泥，以减少尘土，便于消毒。厂区四周围以基深1m、高2m的围墙，以防鼠和犬进入。此外，还应加强绿化，调节空气和防止风沙。

5）屠宰加工厂（场）附近应有污水处理场所和粪便及胃肠内容物发酵处理场所，未经处理的污水和粪便不得运出厂外。

二、屠宰加工场所布局的卫生要求

根据国家技术监督局《畜类屠宰加工通用技术条件》的有关规定，屠宰加工企业必须设有：验收间、隔离间、待宰间、急宰间、屠宰加工间、分割肉车间、副产品整理间、有条件可食用肉处理间和不可食用肉处理间。在总体规划方面要符合科学管理、方便生产和清洁卫生的原则。各车间和建筑物的配置，要布局合理，既要相互连贯又要做到病健隔离，使原料、产品、副产品和废弃品各行其道，不得交叉，以免造成污染甚至传播疫病。为此应以围墙或绿化带将整个企业建筑群分区管理。

1. 分区管理

根据原料产品和废弃品的生产产出过程和相互不交叉污染的原则，将整个建筑群划分为4个区。

（1）屠畜宰前饲养管理区

包括屠畜卸载台、检疫栏、宰前预检分类圈、隔离

圈、健畜圈、兽医室等，有条件的单位应设置运畜车辆的消毒清洗场所。

（2）屠宰加工区

包括屠宰加工车间、内脏整理车间、肉品及复制品加工车间、冷藏库、副产品综合利用与生化制药车间、兽医办公室与化验室及动力生产设备等建筑群。

（3）病畜隔离处理区

包括病畜隔离圈、急宰间、化制间、兽医室及污水处理设施。

（4）行政生活区

包括办公室、车库、库房、食堂及宿舍等。

2. 卫生要求

以上各区之间应有明确的分区标志，尤其是屠畜宰前饲养管理区、生产区或屠宰加工区和病畜隔离处理区，应以围墙隔离，设专门通道相连，并要有严密的消毒措施。各区间以道路相连，道路要平坦光洁。生产区只允许健康活畜进入，以保证屠宰加工产品的卫生质量。行政生活区应与生产区和病畜隔离处理区保持一定的距离，无关人员一般不得随意进入。生产区和病畜隔离处理区的工作人员也不准相互往来。

肉制品、制药、炼油等食用生产车间应远离屠畜宰前饲养区。病畜隔离圈、急宰间、化制间及污水处理站应设置在屠宰加工区的下风点。锅炉房应临近使用蒸汽动力的车间及浴池附近，距食堂也不宜太远。

厂区之间人员的交往，原料（活畜等）、成品及废弃物的转运应分设专用的门户与通道，成品与原料的装卸站也要分开，以减少污染的机会。所有出入口均应设置消毒池。各个建筑物之间的距离，应不影响彼此间的采光。

3. 屠宰加工场所组成部分的卫生要求

肉类联合加工厂或屠宰场的建筑设施主要包括宰前饲养管理场、病畜隔离圈、急宰车间、候宰圈、屠宰加工车间、供水系统和污水处理系统等。

（1）宰前饲养管理场

宰前饲养管理场是对屠畜实施宰前检验、宰前休息管理和宰前停饲管理的场所。曾有人给宰前饲养管理场赋予宰前肥育和贮备屠畜的任务，故又有"贮畜场"、"牲

畜仓库"之称。

宰前饲养管理场贮备牲畜的数量，应以日屠宰量和各种屠畜接受宰前检验、宰前休息管理与宰前停饲管理所需要的时间来计算，以能保证每日屠宰的需要量为原则。延长屠畜在宰前饲养管理场的饲养日期，既不利于疫病防治，也不经济，还需要动物福利保障。所以其贮存牲畜的容量一般应超过日屠宰量的 3 倍。为了做好屠宰前检验、宰前休息管理和宰前停饲管理工作，对宰前饲养管理场提出以下卫生要求。

1）宰前饲养管理场应与生产区相隔离，并保持一定距离。

2）设牲畜卸装台、地秤、供宰前检查和检测体温用的分群圈（栏）和预检圈、病畜隔离圈和健畜圈、供宰前停饲管理的候宰圈，以及饲料加工与调制车间。

3）所有建筑和生产用地的地面应用不渗水的材料建成，并保持适当坡度，以便排水和消毒。地面不宜太光滑，防止人、畜滑倒跌伤。

4）宰前饲养管理场的圈舍应采用小而分立的形式，防止疫病传染。应具有足够光线、良好通风、完善的上下水系统及良好的饮水装置。圈内还应有饲槽和消毒清洁用具及圆底的排水沟。在寒冷季节圈温不应低于 4℃。每头牲畜所需面积应符合下列卫生标准：牛为 1.5～3m²，羊为 0.5～0.7m²，猪为 0.6～0.9m²。

5）场内所有圈舍，必须每日清除粪便，定期进行消毒。粪便应及时送到堆粪场进行无害处理。

6）有条件的单位，应设车辆清洗、消毒场，备有高压喷水笼头、洗涮工具与消毒药剂。

7）设置兽医工作室，建立完整的兽医管理制度。

（2）候宰圈

候宰圈是屠畜等候屠宰、施行宰前停饲管理的专用场所，应与屠宰加工车间相毗邻。候宰圈的大小应以圈养 1 日屠宰加工所需的牲畜数量为准。候宰圈由若干小圈组成，所有的地面应不渗水，墙壁光滑，易于冲洗、消毒。圈内不设饲槽，但要有良好的饮水条件。候宰圈邻近屠宰加工车间的一端，设淋浴室，用于屠畜的宰前淋浴净体。

在大型肉类联合加工企业，候宰圈是一幢多层建筑的大楼，各层之间有宽阔、低矮、防滑的楼梯相连贯。

目前许多单位一改过去饲养量过大的做法，采取快来快宰。在新建、改建肉联厂中，有的已将上述候宰圈和牲畜仓库两部分融合在一起，但又有所分隔。这样做，经济效益有所提高，节约大量饲养管理费用，随到随宰，并可防止集中后引起疫病的蔓延。这种作法的不利方面在于屠畜在宰前得不到休息，肉品质量受到影响。因此屠畜仍应有适当的宰前休息时间。

（3）屠宰加工车间

屠宰加工车间是肉类联合加工厂和屠宰场的主体车间，其卫生状况对肉及肉制品的质量影响极大。严格执行屠宰车间的兽医卫生监督是保证肉制品原料卫生的重要环节。

屠宰加工车间的建筑、设施，随规模大小和机械化程度不同相差悬殊，但卫生管理的基本原则是一致的（图 6-1）。例如，无论是高层建筑的大型肉类联合加工厂，还是简易的屠宰场站，都必须做到病健隔离，原料与成品隔离，生、熟品生产隔离，原料、成品、废弃物转运不得交叉，进出应有各自专用的门径，所有设备要保持清洁，产品不得落地。此外，厕所应远离肉品加工车间 25m 以上。

图 6-1　屠宰加工车间

1）房屋建筑的卫生要求如下。

A．车间地面应采用不渗水、防滑、易清洗、耐腐蚀的材料，其表面应平整无裂缝、无局部积水，最好用水泥纹砖铺盖。排水坡度：分割肉车间不小于 1%，屠宰车间不小于 2%。

B．车间内墙面及墙裙应光滑平整，并采用不渗水材料制作，颜色以白色为宜。车间的墙裙应贴 3m 以上的白色瓷砖。

C．地角、墙角、顶角必须设计成弧形或内圆角，避免积留污物。

D．顶棚或吊顶的表面应平整、防潮、防灰尘集聚，如其表面使用涂层时，应涂刷便于清洗、消毒并不易脱落的无毒浅色涂料。天花板的高度，在垂直放血处牛车间不低于 6m，其他部分不低于 4.5m；猪车间的放血部分不低于 4.5m，其他部分不低于 3.5m。

E．门窗应采用密闭性能好、不变形的材料制作。内窗台应向内倾斜 45° 或采用无窗台结构，使其不能放置物品。窗户与地面面积的比例为（1∶4）～（1∶6），以保证车间有充足的光线。

F．成品或半成品通过的门，其门扇面层宜采用防锈金属材料或其他符合卫生要求的材料制作。

G．楼梯及扶手、栏板均应做成整体式，面层应采用不渗水材料制作。楼梯电梯应便于清洗消毒。

H．车间内的采光以自然光为好，但应避免阳光直射。室内光照要均匀、柔和、充足，过强、过弱均会影响工作人员的视力。需要人工照明时，应选择日光灯。

I．在各兽医检验点，如头部检验点、内脏检验点、胴体检验点等应设有操作台，并备有冷热水和刀具消毒设备。在放血、开膛、摘除内脏等加工点，也应有刀具消毒设备。

213

2）传送装置的卫生要求如下。

A．一般采用架空轨道，使屠体的整个加工过程在悬挂状态下进行，既减少污染又节省劳力，还方便检验。轨道与地面高度，猪放血线为 3～3.5m，胴体加工线为：单滑轮 2.5～2.8m，双滑轮 2.8～3m；牛放血线为 4.5～5m；羊放血线为 2.4～2.6m。从主干轨道可分出若干岔道，以便将需要隔离的胴体从生产流程中分离出来。牲畜放血处要设有表面光滑的金属或水泥斜槽，以便收集血液。

B．在悬挂胴体的架空轨道旁边，应设置同步运行内脏和头的传送装置（或安装悬挂式输送盘），以便兽医卫检人员实施"同步检验"。架空轨道运行的速度，猪以每分钟通过 6～10 头屠体为宜，以便使各岗位的工人和兽医卫检人员有足够的时间完成自己的任务，不致发生漏检。

C．为了减少污染，屠宰加工车间与其他车间的联系，最好采用架空轨道和传送带。在大型多层肉类联合加工厂，产品在上下楼层之间的传送可采用金属滑筒。一般屠宰场产品的转运，可采用手推车，但应用不渗水和便于消毒的材料制成。

D．所有用具和设备（包括传送装置）均应使用不锈钢制造。

3）通风：车间内应有良好的通风设备。由于车间内的湿度较大，尤其是在我国北方冬季，室内雾气浓重，可见度很低，所以应安装去湿除雾机。在车间入口处应设有套房，以免冷风直入室内形成浓雾。夏季气温高，在南方应安装降温设备。门窗开设要适合空气的对流，要有防蝇、防蚊装置。室内空气交换每小时为 1～3 次。交换的具体次数和时间可根据悬挂胴体的数量和气温来决定。

4）上、下水。

A．生产用水应符合饮用水标准 GB 5749—2006 和《生活饮用水卫生规范》的要求。

B．车间内需备有冷、热水龙头，以便洗刷消毒器械和去除油污。水龙头尽量不采用手动的，消毒用水温度不低于 82℃。

C．具备通畅完善的下水道系统。每 20m² 车间地面设置一收容坑，坑上盖有滤水铁篦子，以便阻滞污物和碎肉块。车间排水管道的出口处，应设置脂肪清除装置和沉淀池。

（4）分割肉车间

其建筑设计应符合下列卫生要求。

1）分割肉车间一端应紧靠屠宰车间，另一端应靠近冷库，这样可便于原料进入和产品及时冷冻。该车间内应设有分割肉预冷间、加工分割间、成品冷却间、包装间及结冻间、成品冷藏间。附属于它还应设有工人更衣室、磨刀间、洗手间、厕所、下脚料贮存发货间等。这些部位均应与其他车间隔离开，不能共同使用。

2）分割肉车间的面积设计以日生产能力和肉冷却时所需面积为计算依据。还要考虑车间进行生产所要求的原料、成品、运输车辆和人员的进出通道，通道的位置和面积以便于操作、不交叉和不接触产品为原则，车辆通道宽度不少于 1.5m。

3）分割肉车间为封闭式建筑，其空间高度以不影响照明设施的有效使用和空调降温的效能为原则，一般不超过 3m。

4）分割肉车间的各种卫生设施应具有较高的卫生标准。门应是铝合金弹簧门，操作台、工作椅、冷冻箱应该用不锈钢制成。要有空调设备，室温以 10～15℃为宜，并有冷、热水洗手装置，最好为卫生笼头或脚踏式洗手设备。消毒器的水温应达 82℃以上，一般按 20 个工人设置一个消毒器。室内应该有良好的照明设备，日光灯应有防护罩，可以防止灯管破裂后玻璃碎屑落入食品中。

（5）病畜隔离圈

病畜隔离圈是供收养在宰前检验中剔出的病畜，尤其是可疑传染病畜而设置的场所。其容量不应少于贮畜场总畜量的 1%。对于该建筑和使用上的兽医卫生要求如下。

首先是严格隔离。病畜隔离圈应与屠畜宰前检验场和急宰车间保持有限制的联系，四周应砌围墙。用具、饲槽、运输粪便工具等须做到专具专用。病畜专人饲养，一切用具和人员不得与外界随意交流、来往。

其次要方便清洗、消毒。病畜隔离圈应具有不透水的地面和墙壁，墙角和柱角呈弧形。设有专门的粪便处理池，粪尿须经消毒后方可排出。出入口应设置消毒槽，并要有适当的便于消毒的运输工具。

（6）急宰车间

急宰车间是屠宰各种病畜的场所。急宰车间与病畜隔离圈是病畜隔离区的主要部分。急宰车间在设计上要适用于急宰各种牲畜，并便于清洗消毒。其卫生要求除与病畜隔离圈相同外，还应设有屠宰工人的更衣室、淋浴室、污水池和粪便处理池。整个车间的污水在排入公共下水道之前，必须进行严格消毒。除屠宰室外，还须根据实际生产需要建立冷却室、可食用肉的无害化处理室、肠加工室、皮张消毒室及尸体、病料化制室。大型肉联厂应建立单独的病畜化制车间，其中的化制机（锅）以能容纳一头大牲畜的整个尸体为宜。

急宰车间的人员和各种器械、设备、用具均应做到专人专具专用，经常消毒，防止疫源扩散。

（7）高温处理车间

高温处理车间是对部分有条件利用产品，如一般性传染病畜胴体、感官性状不良和其他不良变化的肉品等进行无害化处理和加工的场所。设置高温处理车间，不论在小型的屠宰场，还是在大型肉联厂都是十分必要的。这一方面可以提高经济效益减少不必要浪费，另一方面是可以加强卫生管理的重要措施。

进行高温处理时，最好使用夹层高压蒸汽锅。在条件不具备时可直接用火源加热，此时要注意添燃料处应与锅隔离开来，以避免灰尘污染。对于生产加工中造成的油灰污垢，要经常用热碱水或去污剂洗刷。地表要采用纹砖或打成麻面，以防人员行走时打滑。经高温处理后的产品要迅速冷却，及时销售，不得积压。

4．屠宰动物福利

2007年12月，中国人道屠宰项目在商务部支持下，由世界动物保护协会的培训合作伙伴——北京朝阳安华动物产品安全研究所在河南正式启动。项目主要包括针对屠宰行业管理人员和屠宰企业技术人员开展的人道屠宰培训计划；制订动物福利和人道屠宰技术相关规范和标准，并在全国范围内推广；以及推动人道屠宰技术知识纳入大学兽医专业和行业人员继续教育课程大纲。人道屠宰技术对于提高企业劳动效率，降低劣质肉产出率，改善肉品质量安全状况有着显著的效果。

人道屠宰是动物福利在屠宰生产中最重要的环节之一。在五项基本原则的要求下，运用合适的设备设施，按照正确的人道屠宰操作规范来进行生产，不仅不会增加人员操作难度，反而会提高企业劳动效率，有效降低生产成本，同时降低劣质肉产出率，对改善肉品质量安全状况有着显著的效果。

有关禽畜注水、禽畜活宰、活熊取胆汁、活剥貂皮等情况的报道，已经影响了我国的国际形象。因此，美国、欧盟等国家通过的人道屠宰法案也已经成为限制我国肉类产品出国的壁垒，我国鲜冻猪肉基本上没有出口欧美国家。对此，商务部屠宰管理办公室很重视，并加强中国对人道屠宰方面的立法和相关研究，起草了《人道屠宰技术标准》，从屠宰技术上给予规范。

研究表明，在应急情况下猪会形成恐慌情绪，会分泌一些不好的物质，出现"白肌肉"现象，猪肉的颜色发白，质软，还有渗入的不良体液。通过人道屠宰，猪肉的品质会更好。

无论是常见的猪和鸡的屠宰，还是对大型动物如牛的屠宰过程，所有的操作都应该在以下这五大原则基础上进行。

1）宰前处置和设施应尽量减少动物应激。

2）训练有素并关注动物的工作人员。

3）适当且有效的致晕设备。

4）致晕能快速使动物失去知觉和意识，或者不让动物遭受恶性应激，从而使其进入一段无意识的时期。

5）保证动物在屠宰过程中不会苏醒。

在宰杀猪的过程中，西方国家也有些人道的规定。例如，运输途中，车必须保持清洁，按时喂食和供水，运输时间超过8h就要休息。宰杀前，还规定了必须对猪完全清洗；必须隔离屠宰，不被其他猪看到；杀猪时必须先致晕；在猪完全昏迷失去意识后才能放血宰杀等。

第二节　屠畜的检疫监督和宰前检验

为了保证屠畜健康和宰后的肉品质量，在屠畜宰前需要进行一系列的兽医卫生保障工作，如屠畜的疫病检疫、收购管理、运输监督和宰前检验等。

一、屠畜的疫病检疫

1．屠畜检疫的概念

在兽医词典中，所谓检疫（quarantine）是指政府为预防来自感染国家或地区的动物传染病的传播，而在允许动物与本国（或地区）动物混群之前，将动物置留在入境地点或其他指定集中地点一个时期的规定。检疫是由政府规定的执法行为，其主要工作是进行隔离，并采取相应的措施，目的是防止畜禽疫病扩散蔓延。而此处所说的屠畜检疫是指政府监控屠宰加工企业的一种执法行为，由授权的执法机构和人员按有关法规或文件专门规定的动物疫病范围，按规定的检验程序、方法和判定标准，进行的动物健康状况和动物产品染疫状况的检查。目前，检疫的概念不仅限于早期"隔离"的概念，而是具有了行政强制性、法律规定性、操作规范性和范围确定性的新特点。

2．动物检疫的内容

（1）检疫的疫病分类

动物疫病的种类繁多，一般只把危害较大的疫病、急性传染病、国内尚未发生而国外常发的动物疾病列为检疫对象。国家定期或不定期公布检疫疫病的名单。对屠畜禽的检疫主要集中在产地和运输及饲养环节上。

2008年农业部公布（第1125号公告）了全国动物检疫对象共3类，157种。

1）一类疫病：是指对人畜危害严重，需要采取紧急严厉的强制控制扑灭措施的动物疫病。其包括口蹄疫、蓝舌病、牛瘟、牛肺疫、非洲猪瘟、猪瘟、猪传染性水疱病、鸡瘟（A型流感）、非洲马瘟等。

2）二类疫病：是指可造成重大经济损失，需要采取严格控制扑灭措施防止扩散的动物疫病。其包括炭疽、布鲁氏菌病、结核病、副结核病、狂犬病、流行性乙型脑炎、猪丹毒丝菌病、猪肺疫、猪霉形体肺炎（猪气喘病）、猪密螺旋体痢疾、猪萎缩性鼻炎、牛地方性白血病、牛流行热、牛传染性鼻气管炎、黏膜病、羊痘、山羊关节炎脑炎、绵羊梅迪-维斯纳病、鼻疽、马传染性贫血病、马鼻腔肺炎、鸡新城疫、禽霍乱、鸡马立克氏病、鸡白血病、雏白痢、鸭瘟、小鹅瘟、兔病毒性败血症（暂定名）、兔魏氏梭菌病、兔螺旋体病、兔出血性败血症。

3）三类疫病：是指常见多发，可造成重大经济损失，需要控制和净化的动物疫病。其包括螨病、钩端螺旋体病、日本血吸虫病、弓形虫病、焦虫病、锥虫病、旋毛虫病、猪囊虫病、棘球蚴病、球虫病。

（2）屠畜检疫的范围

随着畜牧业生产的发展及其产业化商品化进程的不断加快，动物检疫的范畴也在不断扩大。表现为：其检疫对象不再局限于活的动物，而且要对动物产品进行检验；检疫的环节不再局限在国境口岸地点，而是已延伸到各生产单位；其检疫不仅在动物产品交易中进行，而且已扩散到其他领域，如邮寄物品、携带物品、运输工具等。检疫的范围也包括水产动物及产品、特种动物及产品如蜜蜂等。

而对屠畜的检疫主要工作环节应集中在屠畜饲养期间的定期检疫，以及产地检疫和运输检疫上。

1）定期检疫：是指在一定时间，一定范围对饲养的动物进行的检疫。

2）产地检疫：是指在畜禽生产地区对出售、收购和运出的畜禽及其产品所进行的检疫，并要出具检疫证明。

3）运输检疫：是指对运输的动物及其产品，在启运站、中转站和到达地点进行的检疫。

在这些检疫中，产地检疫是最重要的。按中华人民共和国国家标准《畜禽产地检疫规范》（GB 16549—1996）的规定，屠畜产地检疫的主要工作内容包括疫情调查、查验免疫证明和临床健康检查等项。所谓疫情调查就是了解当地疫情，确定动物是否来自疫区。查验免疫证明就是检查按国家或地方规定必须强制预防接种的项目，要求动物必须是处在免疫有效期内。临床健康检查就是对畜禽实施的群体检查和个体检查。

二、屠畜收购的兽医卫生监督

不论任何企业或屠宰场，在收购和运输屠畜时，都必须做好检疫和防疫工作，以防止畜禽疾病的传播，并避免收进不合格的家畜、孕畜和有劳动力的役畜。

1. 收购前的准备

（1）了解疫情

卫检人员应深入收购站（点），向当地畜牧兽医站、兽医、饲养员了解兽医检疫、预防接种、饲养管理及有无疫情等情况，并通过认真分析确认是非疫区时，方可收购。

（2）物质准备

收购站（点）应按照卫生要求、地理位置和精简节约的原则备有存放健康牲畜和隔离病畜的圈舍及必要的饲养管理用具，使屠畜能得到妥善安置和合理的饲养管理。同时做好收购用具的准备和检查。

（3）人员准备

应在当地兽医的指导下，对收购检疫工作进行明确分工，从收购到牲畜运至目的地的整个过程中都应有兽医卫生检验人员专门负责。

2. 严格检疫管理

（1）严格检疫

为了避免误购病畜而造成疫病传播，要采取严格的检疫措施。动物收购时应逐头检疫，先进行一般检查，脉搏、呼吸频率及呼吸式，呼吸动作是否正常；全身可视黏膜颜色是否正常，反应是否灵敏，被毛有无光泽；眼睛是否有神，有无脓性黏液及分泌物；鼻镜是否湿润，鼻腔有无分泌物，鼻端有无水疱或溃疡；两耳及颈部动作是否灵活；体表有无创伤、溃疡、疹块、红斑等；体表淋巴结有无肿胀。反刍动物要着重检查颌下淋巴结和腹股沟浅淋巴结，注意检查结核病；下颌骨是否肿胀，因为这是放线菌肿的特征病变；蹄冠周围及蹄叉间有无水疱、溃疡；口腔有无溃疡、水疱。必要时，待动物休息30min后逐头测温。

在收购检疫中发现患病动物应就地处理，不允许将病畜调运至其他地方。如发现恶性传染病时，应采取隔离病畜、彻底消毒污染场所等防治和卫生处理的措施。

（2）加强管理

购入的牲畜应当按牲畜来源和时间分类、分批、分圈饲养，不得混群饲养。注意经常进行场地清扫消毒。购入的牲畜达到足够调运的数量时应及时转运，避免在饲养地长期饲养。在饲养期间尽力保障牲畜的安全和正常采食、休息，防止受冻、发病和掉膘。注意文明饲养，力求做到"八不"和"四防"，即不打、不踢、不渴、不饿、不晒、不冻、不挤、不打架和防风雨、防霜雪、防惊吓、防暴食，确实做到动物福利健康保障。

三、屠畜运输的兽医卫生监督

为了缩短饲养时间，各收购站（点）购入的屠畜，必须尽快送往肉类联合加工厂或屠宰场进行加工，无论采用何种途径运输，都应给屠畜一个舒适卫生的环境，以防止掉膘和途中生病、死亡。同时，要防止疫病扩散。为此，兽医和收购人员必须严格遵守兽医卫生运输规程。

1. 运输前的兽医卫生监督

（1）备好文件和物资

运输之前，根据屠畜种类、肥瘦、性别、大小和不同产地等，事先加以分群，按《商品装卸运输暂行办法》规定：对押运人员进行明确分工，规定途中的饲养管理制度和兽医卫生要求。备齐途中所需要的各种用具，如篷布、苇席、水桶、饲槽、扫帚、铁锹、照明用具、消毒用具和药品等。开具所需证明，如检疫证、非疫区证、准运证等。根据屠畜的数量、路途的远近，备足应携带的饲料。

如运输路程较长，为了防止屠畜产生应激反应而引起掉膘，在装运前10～12d要将准备起运的屠畜改为舍饲，并按途中饲料标准和饲喂方法饲养一段时间，以提高屠畜在车上的适应性而减轻应激反应。

（2）合理装载

运输屠畜要根据当时气候、屠畜种类和路途远近选择运输工具。温热季节，运输不超过1昼夜者，可选用高棚敞车；天气较热时，应搭凉篷并在车门钉上栅栏；寒冷季节，须使用棚车，并根据气温情况及时开关车窗。用双层装载法，上层隔板不能漏水，并沿两层地板斜坡设排水沟，在下层适当位置安放容器，接受上层流下的粪水。运输车辆最好采用专用车辆，凡无通风设备、车架不牢固的铁皮车厢，或装运过腐蚀性药物、化学药品、矿物质、散装食盐、农药、杀虫剂等货物的车厢，都不可用来装运屠畜。

2．运输中的兽医卫生监督

（1）及时检查畜群，妥善处理死畜

运输途中，兽医人员和押运员应认真观察屠畜情况，发现病、死畜和可疑病畜时，立即隔离到车船的一角进行治疗和消毒，严禁将屠畜放血和私宰食用或途中乱抛尸体，也不得任意出售和带回原地。而应立即暂停运输，并通知当地有关部门，在当地兽医指导下妥善处理，必要时，兽医有权要求装运屠畜的车船开到指定地点进行检查，监督车船进行清扫、消毒等卫生处理。

（2）做好防疫工作

运输过程中，如发现恶性传染病及当地已扑灭或从未流行过的传染病时，应遵照有关防疫规程采取措施，防止扩散，并将疫情及时报告当地或邻近的农业和卫生部门及上级机关。妥善处理牲畜尸体及污染场所、运输工具。同群牲畜应隔离检疫，注射相应疫苗血清，待确定正常，无扩散危险时，方可准予运输或屠宰。

（3）加强饲养管理

运输途中，押运员对屠畜要细心管理，按时饮喂，应经常注意屠畜的健康，观察动静，防止聚积堆压。天气炎热时，车厢内应保持通风，设法降低温度，寒冷时则应采取防寒挡风措施。

3．到达目的地时的兽医卫生监督

（1）查验证件

到站岸后，押运人员应首先呈交检疫证明文件。检疫证件是 3d 内填发的，抽查复检即可，不必详细检查。

（2）查验畜群

如无检疫证明文件，或牲畜数目、日期与检疫证明记载不符，而又未注明原因的，或畜群来自疫区，或到站发现有疑似传染病的，则必须仔细查验畜群、查明疑点，作出正确处理。

（3）运输工具消毒

装运屠畜的车船，卸完后须立即清除粪便和污垢，用热水洗刷干净。在运输过程中发现一般性传染病或疑似传染病的，则必须在清除洗刷后消毒。发现恶性传染病的，要进行两次以上消毒，每次消毒后，再用热水清洗。处理程序是，清扫粪便污物，用热水将车厢内彻底清洗干净后，用 10%漂白粉或 20%石灰乳、5%来苏儿液、3%苛性钠液等消毒。各用具也应同时消毒，消毒后经 2～4h 再用热水洗刷一次，即可使用。没有发生过传染病的车船，粪便可不经处理，直接用作肥料。发生过一般传染病的车船，粪便发酵后才准利用。发生过恶性传染病的车船内的粪便应集中烧毁。

四、屠畜宰前管理与检验

屠畜宰前管理与检验是保证肉品卫生质量的重要环节，它在贯彻执行病健隔离、病健分宰、防止肉品污染、提高肉品卫生质量和保障人民身体健康方面起着重要作用。通过宰前检验，可以发现许多在宰后难以发现的人畜共患传染病及其他疾病，从而做到及早发现及时处理，

起到过滤器和疫病关键控制点的作用。合理的宰前管理，可以提高肉品质量，降低屠畜死亡率，提高屠畜屠宰率。

1．宰前管理

屠畜宰前管理包括休息管理和停食管理，以及病、死畜处理。

（1）休息管理

动物经长途运输后，机体的一些生理机能受到抑制，抗病能力下降，致使一些细菌进入血液。实践证明，屠畜长途运输后充分休息，可以提高抗病能力，保证肉品质量。宰前休息时间一般不少于 48h。

（2）停食管理

屠畜经过 2d 以上的宰前休息管理，达到消除疲劳的目的之后，经兽医检查认可，准予送宰。屠畜送宰前，还要实施一定时间的停食管理。按规定，牛、羊应停食 24h，猪停食 12～24h，但必须保证充足饮水，直至宰前 3h。停食管理意义如下。

1）饲料从进入胃内到完全消化要经过一段时间，如牛需 40h 以上、猪需 24h。因此，在宰前一定时间内停止喂料，对屠畜营养并无影响，而且还能节约饲料，便于屠宰时净膛和内脏清洗，减少消化道血液分布，避免脾脏肿大。

2）宰前停食期间机体的部分代谢产物排出，肉的质量得到改善。

3）停食期间足够饮水能冲淡血液，使屠宰时放血充分，从而提高胴体质量。

4）停食可促使肝糖原分解为乳酸和葡萄糖，运输期间肌肉所消耗的大量肌糖原得到补充，从而获得易于保存的优质肉品，还可减少"应激综合征"的发生。

5）停食期间供给充足饮水，屠畜肌肉保持足够的水分，可使剥皮加工等操作更为方便。

（3）宰前沐浴净体

就是用自来水或压力适中的水流喷洒，冲洗畜体。本法一般多用于猪，在电麻放血前进行。须注意：淋浴水温以 20℃为宜，水流压力不宜过大，以喷雾状为最佳。淋浴的卫生学意义如下。

1）清洁皮毛，去掉污物，减少屠宰加工过程中的肉品污染。

2）可使屠畜趋于安静，促进血液循环，保证放血良好。

3）浸湿动物体表，提高电麻效果。

4）病、死畜处理

候宰期间如发现病畜，首先应由兽医人员加以诊断，以便判定属普通病或传染病。前者可暂时隔离观察，并加强饲养管理；后者则须立即处理，送急宰或集中整批屠宰。如为恶性传染病，则必须向上级汇报，及时作出合理处置。屠畜发生死亡，应立即送屠宰加工厂，按其死亡原因作不同处置，如掩埋、焚化、湿化或炼制工业用油。

2．宰前检验的基本步骤和程序

（1）入场（厂）检验

屠畜由产地运到屠宰加工企业后，检验人员要认真

做好以下几项工作。

1）查验证件，了解疫性：首先向押运人员索取产地动物检疫机关签发的检疫证明书，了解产地有无疫情和途中病、死情况，并亲临车、船，仔细观察畜群，核对屠畜的种类和头数。发现产地有严重疫情流行或途中病死的头数很多时，立即将该批牲畜转入隔离圈，做详细的临床检查和实验室诊断，待疾病性质确诊后，按有关规定妥善处理。

2）视检屠畜，病健分群：经过初步视检和调查了解，认为合格的畜群允许卸下，并赶入预检圈，此时，检验人员要认真观察每头屠畜的外貌、运步姿势、精神状况等。如发现异常，立即剔出隔离，待验收后进行详细检查和处理。赶入预检圈的牲畜，必须按产地、批次分圈饲养，不可混杂。

3）逐头检查，剔出病畜：进入预检圈的牲畜，要给足饮水，待休息4h后，再进行详细的临床检查，逐头测温。经检查确认健康的牲畜，可以赶入饲养圈。病畜或疑似病畜则赶入隔离圈。

4）个别诊断，按章处理：被隔离的病畜和可疑病畜，经适当休息后，进行详细临床检查，必要时辅以实验室检查。确诊后，按有关规定处理。

（2）住场检验

入场验收合格的屠畜，在宰前饲养管理期间，检验人员要经常深入圈舍观察。

（3）送宰检验

进入饲养圈的健康屠畜，经2～3d饲养管理之后，可送去屠宰，为了最大限度地控制病畜进入屠宰线，避免污染屠宰加工车间，在送宰之前需要进行详细的外观检查。

3．宰前检验方法

宰前检验时，应采用"群体检查"和"个体检查"相结合的方法。

（1）群体检查

屠畜可按发送的地区或批次分组，或以圈为单位进行下列检查。

1）静态观察：检验人员深入到圈舍，在不惊动牲畜使其保持自然安静的情况下，观察屠畜的精神状况、睡卧姿势、呼吸和反刍状态，有无咳嗽、气喘、战栗、呻吟、流涎、嗜睡和离群等现象。

2）动态观察：经过静的观察后，可将屠畜哄起，观察其活动姿势。注意有无跛行、后腿麻痹、步态摇晃、屈背弓腰和离群等现象。

3）饮食状态观察：观察采食和饮水状态。注意有无停食、不饮等异常状态，少食、不反刍和想食又不能吞咽的，应标以记号，留待进一步检查。

（2）个体检查

经群体检查隔离的病弱牲畜应逐头进行详细的个体检查，通常用看、听、摸、检4种方法。

1）看：观察病畜的精神、行为、姿态，被毛有无光泽，有无脱毛，观察皮肤、蹄、趾部、趾间有无肿胀、丘疹、水疱、脓疱及溃疡等病变。检查可视黏膜是否苍白、潮红、黄染，注意有无分泌物或炎性渗出物，并仔细查看排泄物的性状。

2）听：直接听取病畜的叫声、咳嗽声，借助听诊器听诊心音、肺呼吸音和胃、肠蠕动音。

3）摸：用手触摸屠畜的脉搏，耳、角和皮肤温度，触摸浅表淋巴结的大小、硬度、形状和有无肿胀，胸和腹部有无压痛点，皮肤上有无肿胀、疹块、结节等。结合体温测定结果加以分析。

4）检：对可疑患有人畜共患病的病畜还须结合临床症状，有针对性地进行血、尿常规检查，以及必要的病理解剖学和病原微生物学等实验室检验。

4．宰前检验后处理

屠畜经宰前检验后，可依据检验结果作如下处理。

（1）准宰

经检查认为健康，符合政策规定的牲畜准予屠宰。

（2）禁宰

1）凡属国家或有关部门规定禁宰，或受政策保护的动物一律不准屠宰。

2）确诊为炭疽、鼻疽、牛瘟、恶性水肿、气肿疽、狂犬病、羊快疫、羊肠毒血症、马流行性淋巴管炎、马传染性贫血等恶性传染病的牲畜一律禁宰，采用不放血的方法扑杀。扑杀后销毁。

3）在牛、羊、马、骡、驴畜群中发现炭疽时，除患畜采用不放血的方法扑杀并销毁外，其同群的全部牲畜，立即进行测温，体温正常者急宰，体温不正常者隔离，并注射有效药物，观察3d后，无高温和临床症状的准予屠宰。如无治疗条件，则隔离观察14d，待无高温及临床症状时方可屠宰。

猪群中发现炭疽时，同群猪要立即全部测温。体温正常的，在指定地点屠宰，并认真检验；不正常的，隔离观察，确非炭疽的，方可屠宰。

凡经注射炭疽疫苗的牲畜须经14d方可屠宰。制造炭疽血清用过的牲畜不得作为食用。

4）畜群中发现恶性水肿或气肿疽时，除对患畜用不放血的方式扑杀并销毁外，其同群牲畜经检验体温正常者急宰，体温不正常者予以隔离观察，确诊为非恶性水肿或气肿疽时方可屠宰。

5）牛群中发现牛瘟时，除患畜采用与炭疽等同样处理外，其同群牛应隔离并注射抗牛瘟血清观察7d。未经注射牛瘟血清者观察14d，无高温及临床症状时方可屠宰。

6）被狂犬病或疑似狂犬病患畜咬伤的牲畜，在咬伤后8d内并未发现狂犬病症状者，准予屠宰。其胴体、内脏经高温处理后方可出厂；超过8d者不准出厂，采用不放血的方法扑杀后销毁。

（3）急宰

为减少经济损失，对无碍肉食安全的一般病畜、有死亡危险的一般传染病畜，以及为防止传染扩大，对恶性传染病可疑畜和同群畜所采取的紧急宰杀措施。

1）凡疑似为口蹄疫和猪传染性水疱病的牲畜立即急宰，其同群牲畜也应全部宰完。

2）患结核病、肠道传染病、乳房炎和其他传染病及普通病的患畜，均须急宰。

3）鸡新城疫、鸡瘟、鸡痘、鸡传染性喉气管炎、鹦鹉热、禽霍乱、禽伤寒、副伤寒禽应急宰。

4）兔患巴氏杆菌病、伪结核病、坏死杆菌病、脓毒病、球虫病应予急宰。

5）实施急宰，须有兽医开具的急宰证明，并在急宰间或指定场所进行，须有兽医在场监督，并采取严格的防护和消毒措施。

（4）缓宰

1）一般性传染病或普通病，且有治愈希望的，或疑似患有恶性传染病而又未确诊的牲畜，应予缓宰。但必须考虑有无隔离条件和消毒设备。

2）有饲养肥育价值的牲畜、幼畜、孕畜应予缓宰。

第三节　屠宰加工过程的兽医卫生监督

屠宰加工过程的卫生状况与肉品卫生质量关系密切。为了获得高质量合乎卫生要求的肉类产品，必须加强屠宰加工各环节的兽医卫生监督。

一、屠宰加工工艺及卫生要求

肉用牲畜屠宰加工的程序为致昏、放血、剥皮（燎毛）、

开膛、劈半、胴体整修、内脏整理等（图 6-2）。猪的屠宰过程不得超过 45min，从放血到摘取内脏不得超过 30min。

鹅屠宰加工工艺流程：进鹅→挂鹅→电晕→宰杀→放血→浸烫→脱羽→浸醋→冷蜡→脱蜡→人工摘小毛→开膛→除内脏→清洗→内脏→清洗内脏→预冷→分割→称重→装袋→结冻→装箱。

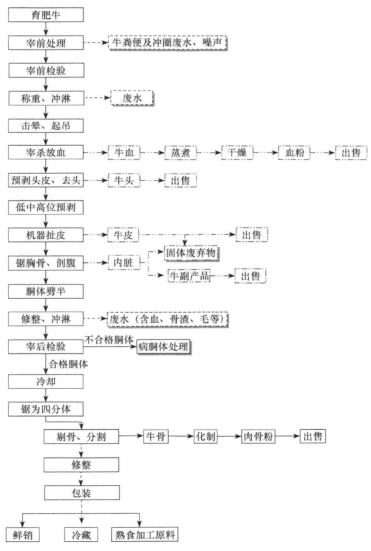

图 6-2　牛屠宰加工工艺流程图

生猪屠宰、分割加工工艺流程如下。

1）屠宰环节工艺流程：生猪验收→静养→淋浴→致昏→刺杀放血→吊挂→烫毛→脱毛→吊挂→燎毛→刮毛→热水冲淋→编号→去尾→雕肛→撬胸骨→开膛→扒内脏→去头→劈半→去蹄→摘三腺→去肾脏→撕板油→修整把关→分级→计量→有机酸喷淋。

2）分割环节工艺流程。

A．分割工艺流程：合格白条接收→下猪→分割剔骨→产品修整→检验把关→上架冷却→计量→包装→冷冻、冷藏→销售（暂存→销售）。

B．冷分割工艺流程：白条冷却排酸→下猪→4号锯分段→1号锯分段→小排锯→肋排锯分段→分割剔骨→产品修整→检验把关→分检→包装→金属检测→冷冻、冷藏→销售（暂存→销售）。

1．致昏

致昏是为实施"文明屠宰"和动物福利而采取的措施，即在牲畜淋浴之后，屠宰放血之前，使用某种技术手段使牲畜迅速进入暂时的昏迷状态。致昏可减少牲畜过度挣扎和痛苦，保证屠宰操作有序进行，并可减少糖原消耗，为宰后肉的成熟提供良好条件。

（1）刺昏法

适用于以牛为主的大家畜。具体方法有以下3种。

1）用匕首或宽针（针体大小为130mm×40mm×8mm、柄长100mm）从牲畜的头后孔刺入，破坏延脑。

2）用匕首或宽针自枕骨与第1颈椎间完全或部分切断脊髓。

3）用针（全长220mm、针体长116mm、直径6mm的针尖）经枕骨与第1颈椎间孔刺伤部分脊髓。

（2）锤击法

适用于老弱大家畜，目前已很少使用。该法是用重2～2.5kg长柄木槌（或铁锤）猛击屠畜前额部，使屠畜发生脑震荡而丧失知觉。打击时力量应适当，以不打破头骨和致死，仅使屠畜失去知觉为度。此时运动中枢依然完好，屠畜肌肉呈痉挛性收缩，有利于宰杀放血。

本法的主要缺点是：安全性不高，当打击不准或力量过轻时，易引起屠畜惊恐、逃窜，甚至伤人毁物。此外，劳动强度大，有时在锤击部位出现血肿。

（3）电麻法

电麻法是目前广泛用于各种畜禽的一种致昏法。电麻时电流通过脑部，造成癫痫状态，屠畜心跳加剧，全身肌肉高度痉挛，能得到良好的放血效果。电麻的致昏效果与电流强度、电压大小、频率高低及作用部位和时间有很大关系。例如，牛的电麻致昏用单接触杆式电麻器，电压不超过200V，电流强度为1～1.5A，作用时间为7～30s；使用双接触杆式电麻器时，70V，0.5～1.4A，2～3s即可。猪的电麻，使用人工麻电器时为70～90V，0.5～1.0A，触电1～3s，盐水浓度为5%；自动电麻器则要求电压不超过90V，电流不大于1.5A，触电时间为1～2s，即可达到暂时性昏迷倒地、全身痉挛、呼吸暂停。

电麻时使用的设备，因屠畜种类而不同。一种是手提式电麻器或电麻头钳，另一种是自动电麻机。不论哪种电麻器，均须根据屠畜的种类和个体大小，掌握好电流的强弱、电压的大小、频率的高低及作用时间的长短。电麻过深会引起心脏麻痹，造成死亡或放血不全；电麻不足则达不到麻痹感觉神经的目的，而引起屠畜剧烈挣扎。

电麻致昏的优点是：安全可靠，操作简便，技术参数规范，适用于大规模流水线生产。缺点是：常因毛细血管破裂和肌肉撕裂引起局部淤血出血，或因心脏麻痹而导致放血不全。由于击晕会影响胴体产生血液浸润（血斑），特别是在腿部和腰部肌肉发生较多。这是因血液中儿茶酚胺的积累，促使血压增高和纤维蛋白分解活性增强，伴随肌肉强烈收缩，使毛细血管破裂，而引起肌肉中产生许多淤血区。电击引起血压升高也会产生淤血斑。国外有的采用高电压、高频率的电击方法，旨在减少电击时间，降低出血斑的发生频率。高电压高频率（矩形或梯形交流电）比低电压低频率的正弦交流电击晕可缩短从击晕到放血的时间（不超过60s），也有降低血斑的效果。这是因为减少了儿茶酚胺的作用。

（4）二氧化碳麻醉法

此法是使屠畜通过含65%～85% CO_2（CO_2由干冰发生）的密闭室或隧道，经15～45s，使屠畜麻醉2～3min，以完成刺杀放血的操作。本法的优点是：对屠畜无伤害，屠畜无紧张感，无噪音，可减少屠畜体内糖原消耗；致昏程度深而可靠，操作安全，生产效率高；呼吸加快，心跳不受影响，放血良好；宰后肉的pH较电麻法低而稳定，利于保存；肌肉器官出血少。缺点是工作人员不能进入麻醉室，电麻设备成本高，CO_2浓度过高时能造成屠畜死亡。

2．刺杀放血

刺杀放血是用刀刺入屠畜体内，割破血管或心脏使血液流出体外，造成屠畜死亡的屠宰操作环节。刺杀放血须在屠畜致昏后立即进行，不得超过30s。屠体放血程度是肉品质量的重要指标。放血完全的胴体，肉质鲜嫩，色泽鲜亮，含水量少，保存期长。放血不完全的胴体，色泽深暗，含水量高，易造成微生物的生长繁殖，容易发生腐败变质，不耐久藏。为了使放血良好，刺杀放血应由指定的熟练操作工来完成。

（1）放血方式

放血的方式分倒挂放血与卧式放血两种。从卫生学角度看，倒挂屠体，放血良好，且利于随后的加工。

（2）放血方法

1）切颈法：即伊斯兰教屠宰法，多用于屠宰牛、羊，适用于信仰伊斯兰教的少数民族。方法是在屠畜头颈交界处的腹侧面作横向切开，切断颈静脉、颈动脉、气管、食管和部分软组织，使血液从切面流出。这种方法的优点是放血较快，屠畜很快死亡，缩短了垂死挣扎的时间。缺点是：同时切断了食管和气管，胃内容物常经食道流出，污染切口，甚至被吸入肺脏。

2）切断颈部血管法：即切断颈动脉和颈静脉，是目前广泛采用的一种放血方法。牛的刺杀部位在颈中线距胸骨16～20cm处下刀，刀尖斜向上方刺入30～35cm，随即向外侧偏转抽刀，切断血管。羊的刺杀部位在下颌角稍后处横向刺穿颈部，切断颈动脉和颈静脉，而不伤及食道。猪的刺杀部位，在颈与躯干分界处的中线偏右约1cm处，也可在颈部第1肋骨水平线下3.5～4.5cm处。刺杀时刀尖向上，刀刃与猪体成15°～20°角，杀口以3～4cm为宜，不得超过5cm（以上部位描述均以倒挂垂直的屠宰方式为准）。放血时间：牛需8～10min，羊需5～6min，猪需6～10min。

这是目前生产中广泛采用的方法。其优点是：杀口小，可减少烫毛池水的污染，不伤及心脏，心脏保持收缩功能，有利于充分放血，操作简便安全。缺点是：杀口较小，如空血时间过短，容易造成放血不全，因此，放血轨道和接血池应具有足够的长度，以保证充分放血。

3）心脏刺杀放血法：该法损伤心脏，影响心脏收缩功能，导致放血不全，故不宜采用。

4）真空刀放血法：国外已广泛采用，我国少数肉联厂曾试验应用取得过较好的效果，还有一些大型肉联厂曾用进口真空放血设备，进行血液深加工综合利用。所用工具是一种具有抽气装置的特制"空心刀"。放血时，将刀插入事先在颈部沿气管做好的皮肤切口，经过第1对肋骨中间直向右心插入，血液即通过刀刃孔隙、刀柄腔道沿橡皮管流入容器中。用真空刀放血可以获得可供食用或医疗用的血液，从而提高其利用价值。真空刀放血虽刺伤心脏，但因有真空抽气装置，放血仍然良好。

3．剥皮或褪毛

（1）剥皮

剥皮分垂直与横卧两种方式，垂直式剥皮多用于大家畜，剥皮是屠畜解体的第一步，应力求仔细，避免损伤皮张和胴体。在整个操作过程中，要防止污物、皮毛等沾污胴体，有条件的企业应尽量采用机械操作。

（2）褪毛

脱去猪屠体表面被毛，是加工带皮猪胴体的工序。操作中必须掌握好水温和浸烫时间。烫池水温以58～63℃为宜，浸烫时间为3～6min。浸烫时应不断翻动猪体，使其受热均匀，防止"烫生"或"烫老"。刮毛力求干净，难刮的残毛或断毛最好不用刀剃或火燎，以免毛根留在皮内。使用打毛机时，机内淋浴水温应掌握在30℃左右，不得打断肋骨伤及皮下脂肪。禁止松香拔毛，以免造成对环境的污染，或引起消费者中毒。吹气（或打气）刮毛也应予以禁止。

4．燎毛与刮黑

刮毛后，为清除留在屠体上的残毛或茸毛，必须施行燎毛或刮黑处理。在先进的大型肉联厂，上述处理是通过燎毛炉和刮黑机完成的。燎毛炉内温度高达1700℃，屠体在炉内停留约12s即可将体表残毛烧掉，屠体表皮

的角质层和透明层也被火烧焦。进入刮黑机，刮去大部分烧焦的皮屑层。然后再通过擦净机械和干刮设备，将屠体修刮干净。最后将屠体送入干燥的清洁区作进一步加工。这样的设备效果很好，但工艺要求复杂，费用较高，故一些中小型屠宰加工厂仍多采用酒精喷灯燎毛、手工修刮的方法。不论采用何种工艺，都必须达到脱净残毛且不损伤皮肤的要求。但要注意，对猪头和蹄爪不得使用松香和沥青进行拔毛。

5．开膛与净膛

所谓开膛、净膛是指剖开屠体胸腹腔并摘除内脏的操作工序，要在剥皮或脱毛之后立即进行，不得超过放血后0.5h。实践证明，延缓开膛会造成某些脏器的自溶分解，还会降低内分泌腺的生物效价，尤其是能使肠道微生物向其他脏器和肌肉转移，从而降低肉品的质量。

开膛时应沿腹部中线剖开腹腔，切忌划破胃肠、膀胱和胆囊，并做到摘除的脏器不落地。胴体如被胃肠内容物、尿液或胆汁污染，则应立即冲洗干净，另行处理。胃肠内容物的污染往往是胴体带染沙门菌、链球菌和其他肠道致病菌的主要来源。摘除的"红下水"（心、肝、肺）和"白下水"（胃、肠、脾）应妥善放置并接受检验。

6．去头蹄、劈半

从环枕关节、腕关节和跗关节分别卸下头蹄，这是屠畜净膛后的一道工序。操作中注意切口整齐，避免出现骨屑。

去头蹄之后，肥猪和大动物的胴体须施行劈半，即沿脊柱将胴体劈成对称的两半（称"半胴体"），以劈开脊柱管暴露脊髓为好。劈面要平整、正直，不得弯曲或劈断、劈碎脊椎。由于猪皮下脂肪较厚，劈半时要先沿脊柱切开皮肤及皮下软组织（即描脊），劈半所用工具，除手工操作的砍刀外，目前国内广泛使用的是手持式电锯与桥式电锯。

牛胴体劈半后，尚须沿最后肋骨后缘将半胴体再分割为前后两部分，使成"四分体"。羊、狗的胴体较小，一般不进行劈半。对胴体施行劈半，既便于检验和运输，又利于冷冻加工和冷藏堆垛。

7．胴体修整

胴体修整是清除胴体表面各种污物，修割掉胴体上的病变组织、损伤组织及游离组织，摘除有碍食肉卫生的组织器官，并对胴体进行修削整形，使胴体具有完好商品形象的加工操作。修整分湿修和干修两种。

（1）湿修

湿修时，最好使用有一定压力的温热水冲刷，将附着在胴体表面的毛、血、粪等污物冲洗干净。对于牛、羊胴体，只冲洗胸腔，不宜冲洗外表，因其皮下脂肪少，肌肉吸附水分后会影响肉表面"干膜"的形成，容易发生变质。

（2）干修

干修时，应将附于胴体表面的碎屑和余水除去，修整颈部和腹壁的游离缘，割除伤痕、脓疡、斑点、淤血

221

部及残留的膈肌、游离的脂肪，摘除甲状腺、肾上腺和病变淋巴结。修整好的胴体要达到无血、无粪、无毛、无污物，具有良好的商品外观。修割下来的肉屑或废弃物，应收集在容器内，严禁乱扔。

8. 内脏整理

摘出的内脏经检验后要立即送往内脏整理车间进行整理加工，不得积压。割取胃时，食管和十二指肠要留有适当的长度，防止胃内容物流出。分离肠管时，切忌撕裂，应小心摘除附着的脂肪组织和胰脏，除去淋巴结及寄生虫。要在指定地点的工作台上翻肠倒肚，胃肠内容物须集中在容器内。洗净后的内脏应迅速处理或冷却，不得长期堆放。内脏整理车间要保证充足的供水。

9. 皮张和鬃毛整理

皮张和鬃毛是有价值的工业原料，要及时整理收集。皮张整理时，应首先抽取尾皮，刮去血污、皮肌和脂肪，然后送往皮张加工车间作进一步加工，不得堆放或日晒，以免变质。

鬃毛的整理，应除去混杂的皮屑，选择适当地点摊开晾晒，待干后进一步加工。

二、屠宰加工车间的卫生管理

屠宰加工车间及其生产过程的卫生状况，对产品的卫生质量影响极大。除建筑设计时的卫生要求外，车间及其生产过程还必须达到下列卫生要求。

1）屠宰加工车间门口设与门等宽的消毒池，池内消毒药液要经常保持其应有的药效，出入人员必须从中走过。

2）车间有充足的自然光线或无色灯光线，冬季应配备除雾、除湿设备。

3）车间地面、墙裙、设备、工具经常保持清洁，每天生产结束时，用热水洗刷。

4）除紧急消毒外，每周用 2%热碱水消毒一次，刀具污染后立即用 82～83℃热水消毒。

5）车间内设备和用具要坚固耐用，便于清洗消毒。

6）烫池水在工作负荷量大时，4h 更换一次，清水池的水保持流动。

7）废弃品及时妥善处理，严禁喂猫、犬。

8）禁止闲人进入车间。参观人员进入车间，须有专人带领并穿戴专用衣、帽、靴，不得随意触摸产品、用具和废弃物。

三、生产人员的卫生

在职人员应每半年进行一次健康检查。招收的新工人，体检合格后方可参加生产。凡患有开放性或活动性肺结核、传染性肝炎、肠道传染病、化脓性皮肤病的患者，均要调离或停止其从事肉食生产的工作，治愈后才能恢复工作。

所有从业人员都要保持良好的卫生素养，要勤洗澡、勤换衣、勤剪指甲。进入车间要穿戴清洁的工作服、口罩、胶靴。与水接触较多的工人应穿不透水的衣裤，并配给护肤油膏。禁止在车间内更衣。从业人员在非工作期间不得穿工作服和胶靴。车间内不准进食、饮水、吸烟。不许对着产品咳嗽、打喷嚏。饭前、便后、工作前后要洗手。

急宰间工作人员要配戴平光无色眼镜，配给乳胶手套、外罩及线手套。

肉品加工厂的全体工作人员，一律接受必要的预防注射和卫生护理。

第四节　屠畜宰后兽医卫生检验

一、宰后检验的意义

屠畜宰后检验是兽医卫生检验人员在屠宰牲畜过程中，对解体后的胴体和器官进行的检查，以及根据有关兽医食品卫生法规进行的综合性卫生评价。屠畜宰后检验是兽医卫生检验最重要的环节，是宰前检验的继续和补充。屠畜经过宰前检验，只能检出具有体温反应或症状比较明显的病畜，处于潜伏期或发病初期症状不明显的病畜则难以发现，往往随着健康屠畜进入加工过程。这些病畜只有在宰后解体的状态下，通过观察胴体、脏器等所呈现的病理变化和异常现象，以及必要的实验室检验，进行综合分析判断才能检出。所以，宰后检验对于保证肉品卫生质量和消费者的食用安全具有重要意义。

屠畜的宰后检验不同于一般尸体剖检，是在高速度流水作业的条件下进行的，因此要求兽医卫生检验人员掌握好兽医病理解剖学知识和有关专业知识，研究和掌握屠畜可能出现的处于不同病变阶段的特有变化，在屠宰加工过程中，按规定的程序及操作要求完成检验任务。

二、宰后检验的组织与要求

1. 胴体和受检器官的编号

（1）编号的重要性

为了保证检验和处理的正确性，受检胴体和器官必须编上同一号码。屠畜是统一的整体，多数疾病有其特征性的病理变化，如猪瘟的特征性病变表现在肾脏、脾脏和大肠。每头屠畜的胴体和器官等编成同一号码，便于检验人员在检验中对照比较，及时找出病畜的胴体、头和脏器，实施卫生处理。

（2）编号方法

1）常用的编号方法有贴纸号法、挂牌法和变色铅笔书写法。一般对去毛带皮的屠畜都采取在耳壳（耳根）与后臀部两侧用变色铅笔或带色染液写号，其内脏用贴带号纸签的办法；对剥皮的屠畜多采取全部贴带号纸签的办法，对剥皮猪用印色在胴体表面写与皮张同一号码的方法。也有的屠宰加工厂（场）采取挂牌的方法。

2）有些大型肉联厂采用与胴体同步的内脏自动分格传送装置，是将每头屠畜的内脏集中于每分格内，每格都具有与屠畜胴体相一致的编号，这样可免除内脏编号手续。

3）缺少机械化设备的小型屠宰厂，除胴体编号外，其内脏无需再编号，但必须放于专用盛内脏的容器内，置于同一胴体前面待检；或按胴体排列顺序，置于胴体相对的检验台上，等检验后再行整理。也有的按生产顺序，将离体后的内脏（主要是头、心、肝、肺）挂在检验架上，架上标有与胴体相同的编号，胃肠置于相应的检验台上。

4）目前，一般屠宰加工厂在检验猪胴体时采取倒挂开膛后头和脏器带在胴体上分步检验的作业方法，这样可减少和避免编号被磨掉或模糊不清的缺点，也能减少污染，防止漏检。但是在采用本法时，由于大部分脏器不能充分展开，检验视野狭小，而容易造成检验不全面的问题。

2．检验点的设置与同步检验

根据我国现有的工艺设备与技术条件，以及对屠畜兽医卫生检验要求，在屠宰加工企业中，宰后检验点的设置如下。

（1）猪的宰后检验点

1）头部检验点：《肉品卫生检验试行规程》规定该检验点设在放血之后入烫池之前剖检颌下淋巴结，以查验猪炭疽病和结核病变。但现在根据专家的意见和实践要求，有的屠宰加工厂已将此点设在屠猪放血和脱毛之后，这既可减少污染，又能提高肉品的卫生质量。另外，在脱毛后还要剖检咬肌，以检查猪囊虫。

2）皮肤检验点：设在脱毛之后，开膛之前，检查皮肤的健康状况。

3）内脏检验点：设在开膛摘出内脏之后。根据生产实际，分为两步进行，即屠宰加工行业称为"白下水"和"红下水"的两个检验点。

"白下水"检验点：设在开膛摘出腹腔脏器之后，主要检验胃、肠、脾、胰及相应的淋巴结。

"红下水"检验点：设在开膛摘出心、肝、肺之后，检验心、肝、肺及相应的淋巴结。

4）旋毛虫检验点：开膛之后，取横膈膜肌脚部作检样，送旋毛虫检验室检验。

5）胴体检验点：设在胴体劈半之后。主要检验胴体各重点部位、各主要淋巴结及腰肌和肾脏。

6）复检点（终末检验点）：上述各检验点发现可疑病变或遇到疑难问题，送到此点作进一步详细检查，必要时辅以实验室检验。此外，还要对胴体进行复检，监督胴体质量评定，加盖检验印章。

上述检验点并非一成不变，工作人员可根据本地疫情和消费者的食用习惯及对肉品品质的要求，在征得有关方面同意后，在不减少检验项目和内容的情况下做适当调整。

（2）牛、羊的宰后检验点

1）头部检验点：检验头部主要部位。

2）内脏检验点：分两步检验。

"白下水"检验点：检验胃、肠、脾、胰等脏器及相应的淋巴结。

"红下水"检验点：检验心、肝、肺等脏器及淋巴结。

3）胴体检验点：检验胴体、主要淋巴结与肾脏。

4）复检点（终末检验点）：同猪检验。

在无传送装置的屠宰场，宰后检验点可根据屠畜种类不同分别设置。猪的检验可分设4个点，即头部炭疽检验点、头部和内脏检验点、胴体检验点及旋毛虫检验点（室）。牛、羊的检验可分设3个点，即头部检验点、内脏检验点和胴体检验点。

（3）同步检验（synchronous inspection）

即在屠宰加工中，使屠畜解体的各部分——头、胴体、内脏同速运行，保持一定的相对关系，以便检验人员能在同一视野中对头、胴体和内脏进行全面观察和综合检验判断的检验方式。在宰后检验中，由于流水作业的生产工艺和现行的各种编号方法不够完善，常有胴体与内脏难以对号的现象发生。特别是在分点检验时，各检验点只能观察到各器官、组织的局部变化，难以综合分析，容易误判或漏检。为了解决这些问题，国内外采用了"同步检验"。此法除猪的头部炭疽检验点仍在脱毛前或脱毛后进行外，在生产流程中，胴体和各种脏器的检验，均控制在同一位置上实施，以便于检验人员对发现的问题能够及时进行综合判定处理。

实行同步检验法的工艺设备有两种：一种是在载运胴体的传送带近旁设一条与之同步运行的传送带，装设许多长方形的不锈钢盘，用以装运相应胴体的各种脏器；另一种是一条带有悬挂式脏器输送盘的自动传送线，这样可使内脏检验与胴体检验同在一个操作平台上进行，便于研究处理发现的问题。

3．检验程序与要点

把屠畜宰后检验的各项程序和内容分别安插在流水作业的屠宰加工过程中，是与各检验点相一致的，一般分头部、内脏及胴体3个基本环节。猪还须增设皮肤与旋毛虫检验两个环节。

（1）头部检验

1）牛头：首先应观察唇、齿龈及舌面有无水疱、溃疡或烂斑（注意牛瘟、口蹄疫等）；触摸舌体，观察上下颌的状态（注意放线菌肿）。然后顺舌骨枝内侧剖检咽后内侧淋巴结和颌下淋巴结，观察咽喉黏膜和扁桃体（注意结核、出败、炭疽等），并沿舌系带纵向剖开舌肌和内外咬肌（检查囊尾蚴，水牛还要注意舌肌上的住肉孢子虫）。如咽后外侧淋巴结留在头上，也一并检验。

2）羊头：一般不剖检淋巴结，主要检查皮肤、唇及口腔黏膜，注意有无痘疮或溃疡等病变。

3）猪头：包括两项内容。第一项，在放血之后、浸烫之前，也可放在浸烫脱毛之后通过放血孔顺长切开的下颌区皮肤和肌肉，剖检两侧颌下淋巴结，主要检查猪的局限性咽喉炭疽。第二项，在脱毛之后，先剖检两侧外咬肌（检查囊尾蚴），然后检查咽喉黏膜、会厌软骨和扁桃体，同时观察鼻盘、唇和齿龈（注意口蹄疫、水疱病）。如果按加工工艺流程规定，劈半之后头仍留在半胴体上，头部检查则在胴体检查时一并进行。

4）马属动物及骆驼头部：与牛基本相似。但应着重观察鼻腔、鼻中隔和鼻甲骨有无鼻疽结节、溃疡和星状瘢痕，并沿气管剖检喉头及颌下淋巴结、咽后淋巴结等。马不剖检咬肌。

（2）皮肤检验

主要对猪进行的检验。在胴体解体开膛之前，对带皮猪直接进行观察和检验，对剥皮猪则对剥下的皮张施行检验。当发现有传染病可疑时，即刻打上记号，不行解体，由岔道转移到病猪检验点，进行全面的剖检与诊断。

（3）内脏检验

1）胃肠脾的检验：首先视检胃肠浆膜及肠系膜，并剖检肠系膜淋巴结（注意肠炭疽），必要时将胃肠移至指定地点，剖检黏膜的变化，注意色泽是否正常，有无充血、出血、水肿、胶样浸润、痈肿、糜烂、溃疡、坏死等病变。牛、羊尚须检查食管，重点检查住肉孢子虫引起的病变。随即检查脾脏，对于牛、羊的脾脏检查，应于开膛后首先进行，检查时注意其形态、大小及色泽，触摸其弹性及硬度，必要时剖检脾髓。

2）心脏、肝脏、肺脏的检验。

A. 肺脏检验：先看外表，剖开支气管和纵隔后淋巴结（牛、羊）。然后触摸两侧肺叶，如触摸到硬结则剖开硬结部分检查，必要时剖开支气管。检查中注意有无结核、实变、寄生虫及各种炎症变化。检查马类与骆驼的肺脏时，要特别注意气管，并仔细剖检肺实质，特别注意有无局限性炭疽病和脓肿，此种病变多位于肺的深层。

B. 心脏检验：仔细检查心包，剖开心包，观察心脏外形、心包腔及心外膜的状态。在左心室肌上作一纵斜切口，露出两侧的心室和心房，观察心肌、心内膜、心瓣膜及血液凝固状态。在猪应特别注意二尖瓣上有无菜花样赘生物（慢性猪丹毒）。检查心肌有无囊尾蚴寄生。

C. 肝脏检验：先观察外表，触检弹性和硬度，注意大小、色泽、表面损伤及胆管状态。然后剖检肝淋巴结，并以刀横断胆管，挤压胆管内容物注意检查有无肝片形吸虫（牛）。必要时剖检肝实质和胆囊，注意有无变性、脓肿、坏死和肿瘤等病变。

D. 肾脏的检验：肾脏连在胴体上，其检验和胴体检验一并进行。首先剥离肾被膜，察看肾外表，触检其弹性和硬度，如发现有某些病理变化，或其他脏器发现病变，如结核结节等病变时，须剖开检查，目的在于检查猪副伤寒、猪巴氏杆菌病、猪丹毒丝菌病、猪痘等传染病。

E. 子宫、睾丸和乳房的检验：在公畜和母畜须剖检睾丸和子宫，特别是有布鲁氏菌病嫌疑时。乳房的检验可与胴体检验一道进行或单独进行，注意检查结核病、放线菌肿和化脓性乳房炎等。

（4）胴体检验

1）判定放血程度：放血不良的特征是肌肉颜色发暗，皮下静脉血液滞留，在穿行于背部结缔组织和脂肪沉积部位的微小血管及沿肋两侧分布的血管内滞留的血液明显可见。切开肌肉，切面上可见到暗红色区域，挤压时切面有少许残血流出。根据放血不良，可怀疑该胴体来自重病，或宰前过度疲劳、衰弱的牲畜，应进行细菌学检查。

胴体放血程度与屠畜致昏和放血方法有关，应与病理性原因引起的放血不良相区别。如果放血不良是非病理性原因引起的，在下一道工序悬吊时，残血即从胴体中流出，次日血液就会流净，肉色也变得鲜艳；相反，如果放血不良是由病理性原因引起的，胴体中血液一般不会流出，到次日更为明显（这是由于血红素的浸润扩散的结果）。所以，在可疑的情况下，放血程度的判定最好延至屠畜宰后的第 2 天。

2）检查病变：对皮肤、皮下组织、肌肉、脂肪、胸腹膜、骨骼、关节及腱鞘等组织，观察有无出血、水肿、脓肿、蜂窝织炎、肿瘤等异常病变。

3）剖检：依次剖检应检淋巴结，如发现可疑病变，必须增检其他有关淋巴结，并剖检两侧腰肌，检查有无囊尾蚴，在囊尾蚴病高发地区应进一步剖检肩胛部、股部的肌肉，以查明虫体分布的情况和感染强度。

（5）旋毛虫检验

开膛取出内脏后，取两侧膈肌脚各 15g，编上与胴体同一的号码，送旋毛虫检查室检查。检验时，先撕去肉样肌膜作肉眼观察，然后在肉样上剪取 24 个小片，进行镜检，如发现旋毛虫时，根据号码查对相应的胴体、头部及内脏。现在已有免疫学快速检测方法。

在以上各环节的检验中，如单凭感官检验不能确诊，就必须进行细菌学或病理组织学等辅助检验，对恶性传染病更应如此。凡确定进行细菌学或病理组织学检验的头、内脏及其胴体，都必须打上特定的标记，以便实验室人员采取病料。

4. 检验的方法与要求

在屠畜宰后检验中主要是通过感官检验和剖检对胴体和脏器病变作出综合判断和处理，必要时可辅以细菌学、血清学、病理组织学、理化学等实验室检验。检验方法主要有如下几种。

（1）感官检验

1）视检：即通过视觉器官直接观察胴体皮肤、肌肉、脂肪、胸腹膜、骨骼、关节及各内脏器官的色泽、形状、大小、组织状态等有无异常，以便为进一步剖检提供方向。

2）触检：即利用触觉器官触摸受检组织和器官，判断其弹性和硬度,检查其深部有无隐蔽和潜在性的变化。必要时将触检可疑的部位剖开后视检。

3)剖检:即借助器械剖开观察胴体或内脏器官的深层组织或隐蔽部分的变化,这对淋巴结、肌肉、脂肪、脏器的检查和疾病的确诊非常必要。

4)嗅检:即通过嗅觉器官嗅辨受检胴体及病变组织器官有无特殊气味,以判定肉品质量和食用价值,并确定实验室的必要检验项目。

(2)实验室检验

根据感官检验不能立即判定疾病性质时,须进行实验室检验。常用的有细菌学、血清学、理化学、病理组织学和寄生虫学等检验。

(3)检验中的要求

在检验实施中,检验人员要注意以下各点。

1)要迅速而准确地检验各类屠畜的胴体和内脏,在高速度流水作业的屠宰加工条件下,养成遵循一定程序和顺序的习惯。

2)为了保证肉品的卫生质量和商品价值,剖检只能在一定部位切开,且要深浅适度,切莫乱划和拉锯式切割,以保持肉品的清洁和完整。

3)剖检肌肉时应顺肌纤维切开,以免因形成大的哆

口而影响肉的卫生质量。

4)胴体部位的淋巴结,尽可能从切割面剖开检查,以保持表面完整。对于带皮胴体则更应注意。淋巴结要沿长轴切口。当病变不明显时,应将淋巴结取下,按其长度切成薄片仔细观察。

5)切开脏器或组织的病损部位时,要尽量防止病料污染产品、地面、设备、器具和卫生检验人员的手及工作服等。

6)每个卫生检验人员均应配备两套专用的检验刀和检验钩,以便污染后替换。被污染的器械,应立即进行消毒。

7)卫生检验人员应做好个人防护,在实施检验工作时须穿戴工作衣帽、围裙、胶靴等。

三、被检淋巴结的选择

1．淋巴系统在肉品检验中的作用

(1)淋巴器官的结构特点

淋巴系统由淋巴管和淋巴器官组成。淋巴器官是由网状细胞和网状纤维组成的网状结构,网眼中充满着淋巴细胞和淋巴组织(图6-3)。分布在淋巴管道上的淋巴结属外周淋巴器官,是机体的重要防御屏障和过滤装置。

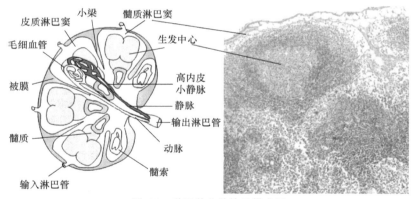

图6-3　淋巴结的结构及模式图

(2)反映病原入侵的途径和程度

机体每个部位的淋巴结收集相应区域的组织或器官的淋巴液。当机体某些器官或局部发生病变时,病原微生物可随淋巴液到达相应部位的淋巴结,该部位淋巴结内具有免疫活性的细胞迅速增殖,从而引起局部淋巴结肿大。严重的,则继续蔓延而使机体其他组织和淋巴结发生相应的病变。

(3)淋巴结阻留病原微生物并呈现相应的病理变化

不同病原引起的疾病,在淋巴结会表现出不同的病理形态特征。特别是某些传染病,往往会使淋巴结发生特殊的病理变化。机体每当发生炎症时首先在淋巴结上发生反应,表现为淋巴结变硬、肿大、化脓、出血、坏死等症状。

2．猪被检淋巴结的选择

屠畜体内的淋巴结很多,分布也很广,检验时必须

有所选择。选择被检淋巴结的原则是:①选择收集淋巴液范围广的淋巴结;②位于浅表而便于剖检的淋巴结;③能反映特定病变过程的淋巴结。猪的全身分布了大量淋巴管和190多个淋巴结,这些淋巴管和淋巴结构成了生猪机体主要防御病原微生物和疾病的淋巴组织系统。

(1)猪头部被检淋巴结的选择

1)颌下淋巴结[lymphonodus(ln.)mandibularis]:位于下颌间隙,左右下颌角下缘内侧,颌下腺的前方,大小为(2~3)cm×(1.5~2.5)cm。主要收集下颌部皮肤和肌肉,以及舌、扁桃体、颊、鼻腔前部和唇等组织的淋巴液;输出管一方面直接走向咽后外侧淋巴结,另一方面经由颈浅腹侧淋巴结,将汇集的淋巴液输入颈浅背侧淋巴结,如图6-4所示。

2)腮淋巴结(ln. parotideus):位于下颌关节的后下方,被腮腺前缘覆盖,长1~2cm。汇集面部、吻突、

图中标注(淋巴结结构模式图):小梁、皮质淋巴窦、毛细血管、被膜、髓质、输入淋巴管、髓质淋巴窦、生发中心、高内皮小静脉、静脉、输出淋巴管、动脉、髓索

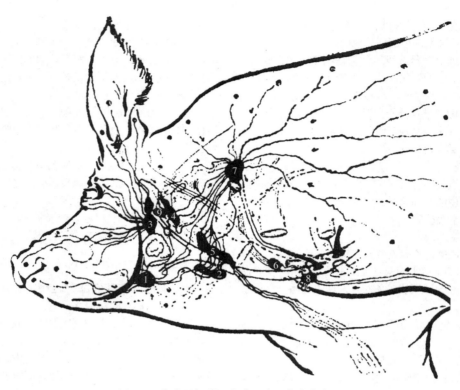

图6-4　猪头颈部淋巴流向及淋巴结的分布图

1. 颌下淋巴结；2. 颌下副淋巴结；3. 腮淋巴结；4. 咽后外侧淋巴结；5. 颈浅腹侧淋巴结；6. 颈浅中淋巴结；7. 颈浅背侧淋巴结；

8. 颈后淋巴结；9. 咽后内侧淋巴结

上唇、颊、腮腺、颌下腺、耳内侧、眼睑的皮肤和肌肉等头上部各组织的淋巴液；输出管走向咽后外侧淋巴结。

3）咽后外侧淋巴结（ln. retropharyngeus lateralis）：位于腮腺的背侧后缘，紧靠腮淋巴结的后方，部分或完全被腮腺背侧端覆盖，长1～2.5cm。汇集除上述两组淋巴结来的淋巴液外，还直接收集头部多数部位的淋巴液，尤其是上述各淋巴结未收集或收集不到的部位（如口部的皮肤、外耳、腮腺、咽喉、腭、扁桃体等）。输出管主要走向颈浅背侧淋巴结，少数走向咽后内侧淋巴结。

4）咽后内侧淋巴结（ln. retropharyngeus medialis）：位于咽喉的背外侧、舌骨枝间，大小为（2～3）cm×1.5cm。主要汇集舌根及整个舌的深部、咬肌、头颈深部肌肉及腭、咽喉、扁桃体来的淋巴液；输出管直接走向气管淋巴导管。

以上各淋巴结中，咽后外侧淋巴结是较为理想的一组可选淋巴结，但是在屠宰解体时常被割破或留在胴体上，并且该部位易受血液污染，不易检查。该淋巴结的输出管走向颈浅背侧淋巴结，受到侵害时，颈浅背侧淋巴结也会有一定程度的变化。另外，猪炭疽和结核病变经常局限在头部的某些淋巴结内，主要是颌下淋巴结。所以，**颌下淋巴结**是猪头部必须剖检的淋巴结。必要时，可剖检头部其他几组淋巴结作为辅助检查。

（2）猪体前半部被检淋巴结的选择

1）颈浅淋巴结（ln. cervicalis superficialis）：分背、

中、腹3组。它们基本上汇集了猪头颈部、胴体前半部深层和浅层组织的淋巴液（图6-5）。

A. 背侧组：颈浅背侧淋巴结，又名肩前淋巴结，位于肩关节的前上方，肩胛横突肌和斜方肌的下面，长3～4cm。主要汇集整个头部、颈上部、前肢上部、肩胛与肩背部的皮肤、深浅层肌肉和骨骼、肋胸壁上部与腹壁前部上1/3处组织的淋巴液。

B. 中间组和腹侧组：分别位于锁枕肌的下方，颈静脉的背侧和肩关节至腮腺之间的颈静脉沟内，沿锁枕肌前缘分布，上方几乎与咽后外侧淋巴结毗邻，下方与颌下副淋巴结邻近。主要汇集颈中部与下部组织、躯体前部和前肢、胸廓肌和骨骼肌及腹壁前半部下1/3部分组织的淋巴液。

颈浅淋巴结汇集的淋巴液，都经由颈浅背侧淋巴结输入气管淋巴导管。由此看来，颈浅背侧淋巴结汇集了猪体前半部绝大部分组织的淋巴液，其余部分的淋巴液，由颈深淋巴结收集。

2）颈深淋巴结（ln. cervicalis profundi）：有前、中、后3组，沿气管分布，从喉的后方延伸到胸腔入口处。汇集头颈深部组织及前肢大部分组织的淋巴液。其中以颈深后淋巴结较为重要，因为它不仅汇集前、中两组淋巴结来的淋巴液，还汇集前肢绝大部分组织的淋巴液，再加上猪没有腋淋巴结和肋间淋巴结，这两组淋巴结的机能由此淋巴结执行，输出管直接走向气管淋巴导管。

猪体前半部最具有剖检意义的淋巴结是颈浅背侧淋

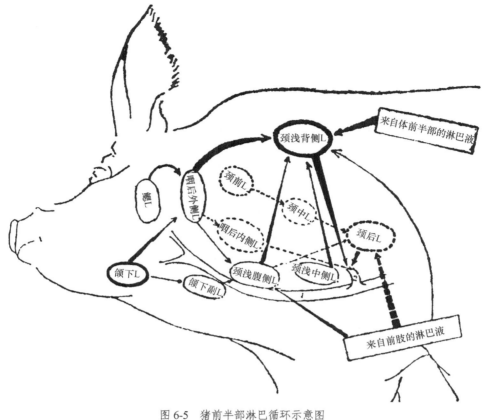

图 6-5　猪前半部淋巴循环示意图

实线表示浅在淋巴结及淋巴流向；虚线表示深在淋巴结及淋巴流向；L 表示淋巴结，下同

巴结和颈深后淋巴结。

（3）猪体后半部被检淋巴结的选择（图 6-6）

1）髂下淋巴结（ln. subiliacus）：位于髋关节和膝关节连线之间，股阔筋膜张肌前缘的中部，呈扁椭圆形，大小为（4～5）cm×2cm，包埋于脂肪内。收集第 11 肋骨以后，膝关节以上，整个后半躯上部、两侧和后部皮肤及表层肌肉的淋巴液。

2）腹股沟浅淋巴结（ln. inguinalis superficialis）：母猪又名乳房淋巴结（ln. suprama-mmarici），位于最后一个乳头稍后上方，大小为（3～8）cm×（1～2）cm。收集猪体后半部下方和侧方的表层组织包括腹壁皮肤、后肢外侧内侧皮肤、腹直肌、乳房和外生殖器官的淋巴液。

3）腘淋巴结（ln. popliteus）：由深、浅两组淋巴结组成。浅组位于股二头肌与半腱肌之间，跟腱后的皮下组织内；深组位于上述两肌的深部，腓肠肌上端后方。宰后检验主要检查浅层组，它们汇集小腿部以下的深层和浅层组织的淋巴液。在后腿肌肉发生水肿时，此淋巴结也会出现相应的病理变化。

以上 3 组淋巴结收集的淋巴液主要汇入腹股沟深淋巴结或髂内淋巴结，少数汇入髂外淋巴结和荐淋巴结。

4）腹股沟深淋巴结（ln. inguinalis profundus）：这组淋巴结往往缺无或并入髂内淋巴结。一般分布在髂外动脉分出旋髂深动脉后，进入股管以前的一段血管旁，有

时靠近旋髂深动脉起始处，甚至与髂内淋巴结连在一起。其作用没有髂内淋巴结重要，其输出管走向髂内淋巴结。

5）髂淋巴结（ln. iliaci）：分髂内和髂外两组。髂内淋巴结（ln. iliaci medialis）位于旋髂深动脉起始部前方，腹主动脉分出髂外动脉处的附近。髂外淋巴结（ln. iliaci lateralis）位于旋髂深动脉前后两支的分叉处。两组汇集淋巴液的部位基本相同，并将收集的淋巴液，大部分经由髂内淋巴结输入乳糜池，其余部分由髂外淋巴结直接输入乳糜池。髂内淋巴结除汇集腹股沟浅、腹股沟深、髂下、腘、腹下和荐外侧淋巴结的淋巴液外，还直接汇集腰部骨骼和肌肉、腹壁和后肢的淋巴液，是猪体后半部最重要的淋巴结。

综上所述，宰后检验时，主要检验颌下淋巴结、颈浅背侧淋巴结、颈深后淋巴结、腹股沟浅淋巴结和髂内、髂外淋巴结及腘淋巴结。必要时，可根据各淋巴结集散淋巴液的情况，增检其他相关淋巴结。

（4）猪内脏被检淋巴结的选择

1）肠系膜淋巴结（ln. mesenterici）：位于小肠系膜上，沿小肠分布呈串珠状。

2）支气管淋巴结（ln. bronchialis）：分左、右、中、尖叶 4 组。分别位于气管分叉的左方背面（被主动脉弓覆盖）、右方腹面、气管分叉的夹角内、右肺前叶支气管的前方，一般检查前两组。

3）肝淋巴结（ln. portalis hepatici）：位于肝门，在门

227

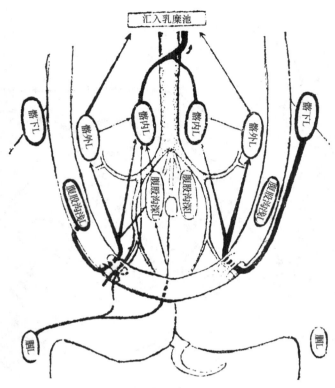

图 6-6　猪后半部淋巴循环示意图

静脉和肝动脉的周围，紧靠胰脏，被脂肪组织所包裹，摘除肝脏时经常被割掉。

以上淋巴结，直接收集相应脏器的淋巴液。

3. 牛、羊被检淋巴结的选择

（1）牛、羊头部被检淋巴结的选择（图 6-7）

1）颌下淋巴结：位于下颌间隙，下颌血管切迹后方，颌下腺的外侧。汇集头下部各组织的淋巴液，输出管走向咽后外侧淋巴结。

2）腮淋巴结：位于颈和下颌交界处，下颌关节的后下方，前半部由皮肤覆盖，后半部被腮腺覆盖。收集头上部各组织的淋巴液，输出管走向咽后外侧淋巴结。

3）咽后内侧淋巴结：位于咽的背外侧，腮腺后缘深部。收集咽喉、舌根、鼻腔后部、扁桃体、舌下腺和颌下腺等处的淋巴液，输出后走向咽后外侧淋巴结。

4）咽后外侧淋巴结：位于寰椎翼前方，被腮腺覆盖。除汇集以上 3 组淋巴结来的淋巴液外，还直接收集头的大部分区域及颈部上 1/3 部分肌肉、皮肤的淋巴液；输出管直接走向气管淋巴导管。

上述 4 组淋巴结中，咽后外侧淋巴结几乎收集了整个头部和颈上 1/3 部分的淋巴液，并将淋巴液由气管淋巴导管直接输入胸导管，是牛、羊头部检验最为理想的淋巴结。在解体时，为了保留咽后外侧淋巴结，应沿第 3、第 4 气管环之间将头卸下。另外，可一并剖检咽后内侧淋巴结和颌下淋巴结。

（2）牛、羊胴体被检淋巴结的选择

1）颈浅淋巴结：又名肩前淋巴结，位于肩关节前的稍上方，臂头肌和肩胛横突肌的下面，主要汇集胴体前半部绝大部分组织的淋巴液；输出管走向胸导管。检查这组淋巴结，基本可以判断胴体前半部的健康状况。

2）髂下淋巴结：位于膝褶中部，股阔筋膜张肌的前缘。主要汇集第 8 肋间至臀部的皮肤和部分浅层肌肉的淋巴液；输出管走向腹股沟深淋巴结。

3）腹股沟浅淋巴结：在公畜位于阴囊的上方，阴茎的两侧。母畜称乳房淋巴结，位于乳房基部的后上方。主要汇集外生殖器和母畜乳房，以及股部和膝部皮肤的淋巴液；输出管走向腹股沟深淋巴结。

4）腘淋巴结：位于股二头肌和半腱肌之间的深部，腓肠肌外侧头表面。收集后肢上部各组织，飞节以下至蹄肌肉的淋巴液；输出管主要走向腹股沟深淋巴结。

5）髂内淋巴结：位于最后腰椎下方髂外动脉起始部。主要汇集来自腰下部肌肉、臀部及股部部分肌肉、生殖器官和泌尿器官的淋巴液。此外，还汇集来自髂下淋巴结、髂外淋巴结、腹股沟深淋巴结和其他几组淋巴结来的淋巴液。输出管直接连接乳糜池。

6）腹股沟深淋巴结：位于髂外动脉分出股深动脉的起始部上方。在倒挂的胴体上，该淋巴结位于骨盆腔横径线的稍下方，骨盆边缘侧方 2～3cm 处。除汇集髂下、腘、腹股沟浅 3 组淋巴结送来的淋巴液外，还直接汇集或间接汇集从第 8 肋间起后半体大部分的淋巴液。其一部分淋巴液经由输出管进入髂内淋巴结并输入乳糜池，其余的直接输入乳糜池。该淋巴结形体较大，容易在胴体上找到，是牛、羊宰后胴体检验的首选淋巴结。

（3）牛、羊内脏被检淋巴结的选择

1）纵隔淋巴结（ln. mediastinalis）：分前、中、后、背、腹 5 组，位于纵隔上，是胸腔中最重要的淋巴结。它们分别汇集整个胸腔脏器和胸腔前部与胸壁肌肉组织的淋巴液；其输出管直接或间接地输入胸导管。检验时，常选用纵隔中、后两组淋巴结，因为它们位于两肺叶间的纵隔上，当肺被摘出时常留在肺上，容易剖检。这两组淋巴结还汇集纵隔背淋巴结、左右支气管淋巴结和肋间淋巴结来的淋巴液。

2）支气管淋巴结：分左、右、中、尖叶 4 组，分别位于肺支气管分叉的左方、右方、背面和尖叶支气管的根部。收集气管、相应肺叶及胸部食管的淋巴液；输出

管进入纵隔前淋巴结或直接输入胸导管。检验时常剖检前两组淋巴结。

3）肠系膜淋巴结：位于肠系膜前后动脉根部的肠系膜中，呈串珠状或彼此相隔数厘米散布在结肠盘部位的小肠系膜上。汇集小肠和结肠淋巴液；输出管经肠淋巴干进入乳糜池。

4）肝淋巴结：位于肝门内，由脂肪和胰脏覆盖，收集肝、胰、十二指肠的淋巴液；输出管走向腹腔淋巴干或纵隔后淋巴结。宰后剖检肝淋巴结的意义在于，肝脏以门脉与小肠相通联，因而对疾病反应极为敏感，这对判定肉品卫生质量有一定作用。

牛宰后检验应选择的主要淋巴结见图 6-7。

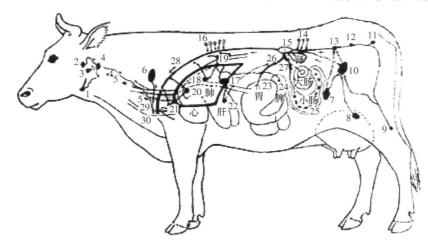

图 6-7　牛全身淋巴结分布与淋巴循环流向示意图

1. 颌下淋巴结；2. 腮淋巴结；3. 咽后内侧淋巴结；4. 咽后外侧淋巴结；5. 颈深淋巴结；6. 肩胛前淋巴结；7. 髂下淋巴结；8. 腹股沟浅淋巴结（乳房淋巴结）；9. 腘淋巴结；10. 腹股沟深淋巴结；11. 坐骨淋巴结；12. 荐淋巴结；13. 髂内侧淋巴结；14. 腰淋巴结；15. 乳糜池；16. 肋间淋巴结；17. 纵隔后淋巴结；18. 纵隔中淋巴结；19. 纵隔背淋巴结；20. 支气管淋巴结；21. 纵隔前淋巴结；22. 肝门淋巴结；23. 胃淋巴结；24. 脾淋巴结；25. 肠系膜淋巴结；26. 腹腔淋巴干（收集胃、部分肝的淋巴液）；27. 肠系膜淋巴干（由大、小肠淋巴结的输出管汇集而成）；28. 胸导管；29. 颈淋巴干；30. 颈静脉

4. 马类家畜被检淋巴结的选择

马类家畜的淋巴结在形态上与牛、羊的有所不同，是由许多小淋巴结联结成大的淋巴结团块，这些淋巴结团块的位置及其汇集淋巴液的区域与牛、羊类同，但也并不始终一致，而且淋巴管之间往往有吻合支联结。宰后检验应选择下述主要淋巴结（图 6-8）。

（1）颌下淋巴结

颌下淋巴结位于下颌间隙的两侧，血管切迹内侧皮下。汇集来自前眼角至咬肌中部的头下部皮肤、肌肉，以及骨骼、舌、腭、下颌关节、口腔、鼻腔前半部及唾液腺的淋巴液。输出管走向颈前淋巴结和咽后淋巴结。

（2）咽后淋巴结

咽后淋巴结是由位于咽背侧壁的咽后内侧淋巴结团块和腮腺下面的咽后外侧淋巴结团块所构成。汇集来自头上部及头颈结合部的肌肉和骨骼、鼻腔后半部、舌根、咽喉、扁桃体及唾液腺的淋巴液。此外，还汇集腮淋巴结和颌下淋巴结的淋巴液。输出管走向颈前淋巴结。

（3）颈浅淋巴结

颈浅淋巴结位于肩关节的前上方，臂头肌的深面。收集来自头中后部、外耳、颈、前躯及腰部前皮肤、前肢大部皮肤、肌肉和骨骼、肩带大部分肌肉的淋巴液。左侧的输出管走向颈后淋巴结；右侧的部分进入颈后淋巴结，部分进入右气管淋巴导管。

（4）颈后淋巴结

颈后淋巴结位于气管的腹侧面，第 1 肋骨前方。该团块与胸腔入口处的胸淋巴结（ln. sternalis）和纵隔前淋巴结团块，常融合成界限难辨的巨大淋巴结团块。收集来自肩胛肌、臂肌、胸肌、颈肌和背肌、食道、气管、胸廓、心脏、横膈膜、肝脏和腹壁下部的淋巴液；同时也汇集颈浅淋巴结、腋淋巴结、颈中淋巴结、纵隔淋巴结及肋间淋巴结来的淋巴液。输出管走向胸导管。

（5）髂下淋巴结

髂下淋巴结解剖位置及汇集淋巴液的区域与牛、羊同名淋巴结类同，只是由第 11 肋骨即开始汇集淋巴液。

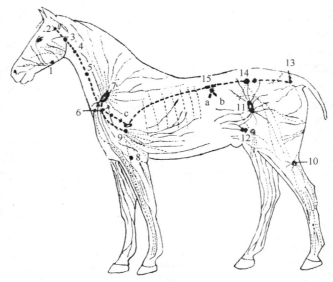

图 6-8　马全身淋巴结的分布与淋巴流向示意图（仿）

1. 颌下淋巴结；2. 腮淋巴结；3. 咽后外侧淋巴结；4. 颈前淋巴结；5. 颈中淋巴结；6. 颈后淋巴结；7. 颈浅背侧淋巴结；

8. 肘淋巴结；9. 腋淋巴结；10. 腘淋巴结；11. 髂下淋巴结；12. 乳房淋巴结；13. 荐淋巴结；14. 髂内侧淋巴结；

15. 乳糜池；a. 腹腔淋巴干；b. 肠淋巴干；c. 胸淋巴干与气管汇入血液循环外的颈静脉

输出管走向髂内和髂外淋巴结。

（6）髂内淋巴结

髂内淋巴结位于髂外动脉和旋髂深动脉起始部的两侧，前面与腰淋巴结毗连。收集来自腰肌、骨盆及股部肌肉和骨骼、胸膜和腹膜、腹肌、部分泌尿生殖器官的淋巴液。此外也汇集髂下淋巴结、髂外淋巴结、腹股沟深淋巴结、坐骨淋巴结（ln. ischiadicae）和荐淋巴结来的淋巴液。输出管经由腰淋巴干进入乳糜池。

（7）支气管淋巴结

支气管淋巴结分为左、右、中 3 组，分别位于支气管的左侧、右侧和气管分叉的背侧。汇集来自肺、气管和纵隔的淋巴液。此外，右侧的还接受心和心包的淋巴液；背侧的还接受食管的淋巴液。输出管经由纵隔前淋巴结进入胸导管。

（8）肝淋巴结和肠系膜淋巴结

肝淋巴结和肠系膜淋巴结与牛、羊同名淋巴结类同。

上述马类家畜的主要淋巴结，仅作为宰后检验时备选的对象，在特殊情况下可酌情增选其他有关的淋巴结。

四、常见的淋巴结病变

在病原微生物等因素作用下，淋巴结出现相应的病理变化，有时形成特殊的病理形态学征象，可作为诊断疾病、肉品卫生评价及卫生处理的重要依据。宰后检验常见淋巴结病变有以下几种。

（1）充血

淋巴结轻度肿胀、发硬、变红、切面潮红，按压时见有血液渗出。见于炎症初期。

（2）水肿

淋巴结肿大，富有光泽，弹性降低，被膜紧张，触

如面团，切面苍白隆凸，质地松软，并流出多量透明淋巴液。多见于炎症初期，为炎性水肿表现。

（3）浆液性炎

淋巴结显著肿大变软、切面红润或有出血，按压时流出多量黄色或淡红色浑浊液汁。多见于急性传染病，尤其是伴有大量毒素形成的病原性感染。

（4）出血性炎

淋巴结肿大，富有光泽，深红至黑红色。切面稍隆起，呈现深红至黑红与灰白相间的大理石样花纹。多见于急性传染病。不同疾病，各有一定的特征性病变。例如，猪炭疽时淋巴结出血，呈砖红色，并散在有污灰色的坏死灶，质硬，周围常有少量的胶样浸润；猪肺疫时，有明显的水肿，切面流出大量的液体；猪瘟时淋巴结切面无液体流出，但出血程度比较严重。

（5）化脓性炎

淋巴结多柔软，表面或切面有大小不等的黄白色化脓灶，按压时流出脓汁，有时整个淋巴结形成一个脓包。多为继发病变，见于脓毒败血性疾病。其病原菌多为双球菌、链球菌和棒状杆菌等化脓菌。

（6）急性增生性炎

淋巴结肿大、松软，切面隆凸、多汁，呈灰白色混浊、颗粒状，外观如脑髓，故有"髓样变"之称。实质内常有黄白色小坏死点。多见于急性、亚急性传染病，如猪副伤寒、猪气喘病等。

（7）慢性增生性炎

间质中有成纤维细胞、淋巴细胞、血管内皮细胞、浆细胞等增生形成的肉芽组织。淋巴结体积显著增大，质地坚实，表面凸凹不平，切面呈灰白色，组织结构致密。多见于慢性经过的传染病。

（8）特异性增生性炎

某些特异性病原微生物所致的一种肉芽肿性炎或传染性肉芽肿，淋巴结肿大、坚硬，切面灰白，可见有粟粒大至蚕豆大的结节，其中心坏死，呈干酪样，往往间有钙盐颗粒。见于结核、鼻疽、放线菌和布鲁氏菌病等。

此外，淋巴结还有纤维素性炎症、坏疽性（腐败性）炎症等病理变化。

五、屠畜宰后检验的处理

1．结果登记

对所发现的各种病变进行详细的登记是屠畜宰后检验的常规程序。登记工作应长期坚持，并指定专人负责。登记项目包括：胴体编号、屠畜种类、产地、畜主姓名、疾病名称、病变组织器官及病理变化、检验人员的结论（包括处理意见）等。严格执行这些登记程序对于提高兽医卫生检验技能，制订兽医防疫措施和改善畜牧卫生基本条件将具有重要的作用。所有登记资料应作为档案，长期保存备查。

在宰后检验及登记过程中发现某种危害严重的家畜流行病或寄生虫病时，应及时通知产地和当地的主管部门，及早采取规定的兽医防治措施，并根据传播情况和危害大小，提出具体建议，必要时停止生产和产品的调运。

2．宰后检验处理和盖印

胴体和内脏经过兽医卫生检验后，根据鉴定的结果提出处理意见。其原则是，首先要确保消费者安全，其次是避免造成环境污染，再就是要尽量减少经济损失。根据我国现行法规，屠畜宰后检验后的处理可归纳为如下几个方面。

（1）适于食用

品质良好，符合国家卫生标准，可不受任何限制新鲜出厂（场）。

（2）有条件食用

凡患有一般传染病、轻症寄生虫病和病理损伤的胴体和脏器，根据病损性质和程度，经无害化处理后，其传染性、毒性消失或寄生虫全部死亡的，可以安全食用的即为有条件地食用。

（3）化制

（4）销毁

以上"有条件食用、化制、销毁"，请参见"病害肉的卫生处理和消毒"的有关部分。

（5）盖印

所谓盖印就是在肉品检验以后，在肉品上标记与检查结果和判定结果相一致的印戳（图6-9）。印戳的内容包括实施检验的单位、检验的日期、能否食用、如何处理等。未经盖印的肉品，应被视为未经检验的肉品，不得上市销售。

A．印戳的分类：目前由于肉品管理权限分为两部分，即肉品品质检验和屠畜检疫，而在印戳的设置上也

分为两部分。屠畜宰后的肉品，按照《中华人民共和国动物防疫法》的规定，须加盖检疫章；按《生猪屠宰管理条例》，须加盖肉品品质检验章。

a．对于健畜宰后，且品质良好的肉品，须同时加盖检疫章或肉品品质验讫章。

b．对于有条件食用肉品，须加盖高温印章、食用油印章和化制印章。

c．对恶性疫病畜禽的肉品或按国家标准（GB 16548—1996）须化制销毁的肉品，须加盖销毁印章。以上各种印章加盖在胴体明显可见的位置上，分割时也须留有可见的部分。按规定，检验印章加盖在臀部；检疫章沿胴体长轴加盖在背侧部；其他印章可根据具体情况加盖在可见的明显部位。

B．印色卫生要求及配方：印章所使用的染料及配制时所使用的化学药品印在肉品上，被食用后直接进入人体，因此要求必须无毒无害，且在烹调或加工时易于退色。同时，为了技术的要求，印色须易于着染在肉品表面上，不与肉品产生化学反应，不浸入组织深部，颜色醒目，迅速干燥而不收缩起皱。

现在屠宰检疫由农业部负责，新的实施方案开始之前仍沿用这些检验措施。

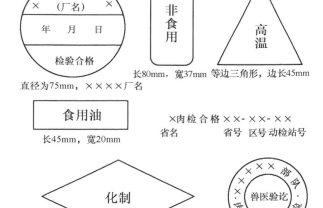

图6-9 部分肉检图章样式

六、家禽的屠宰加工卫生与检验

1．家禽的宰前检验

（1）家禽宰前管理

1）家禽宰前休息管理：家禽在屠宰前必须经过适当的休息管理，因为家禽经过运输后，不但疲劳，而且会精神紧张与恐惧，机体的代谢活动发生紊乱，致使抵抗力降低，肠道内某些条件致病菌乘机进入血液循环，并向肌肉和其他组织、器官转移；同时肌肉中的糖原大量消耗，代谢产物蓄积在肌肉内，影响屠宰后肉的成熟和肉的质量。屠宰前经过适当休息，可使家禽疲劳得到恢

复，排出蓄积的代谢产物，清除肌肉和脏器中的条件致病菌，积累较多的肌糖原，从而减少肉的带菌率，并有利于肉的成熟和提高肉的品质。

经过长途运输的家禽，一般经过24～48h 的休息，即可达到宰前休息管理的目的。

2）家禽宰前停食管理：家禽在屠宰前必须进行适当的停食管理，以避免屠宰时拉断肠管；轻度的饥饿可促使肝糖原分解为葡萄糖进入肌肉，有利于肌肉的成熟；停食还可节约大量的饲料。停食的时间，鸡、鸭一般为12～24h，鹅为 8～16h。停食过短，肠内有积粪，不利于屠宰；停食过长，容易引起不安和吃进泥沙杂物，影响肉的质量。在停食期间，应供给充足的饮水，宰前3h应停止供给饮水。宰前停食时间的长短，取决于禽的屠宰加工方法。与净膛和半净膛的屠宰加工方式相比，不净膛的停食时间可适当延长。停食的时间和效果还与宰前饲喂的饲料种类和调制方法有密切的关系。为了缩短停食时间和改善肉的品质，宰前管理期间最好喂给糠麸、蔬菜等柔软多汁饲料。

（2）家禽宰前检验

1）家禽宰前检验程序。

A．采购和运输检疫检验：要在非疫区采购家禽，运输前要进行兽医检疫检验；对准予运送的家禽，要有兽医部门签发的证明，证明中指明家禽是健康的，禽场是无疫情的。兽医证明3d 内有效。在运输过程中要防止传染病的发生和传播，绝对禁止沿途抛弃死禽。

B．入场验收：当商品禽运到屠宰加工企业后，兽医卫生检验人员应先向押运人员索取家禽产地兽医部门签发的检疫证明，了解产地有无疫情，并亲自到车船仔细查看禽群，核对禽的种类和只数。如发现数目不符或见到死禽和症状明显的禽只时，必须认真查明原因。发现有疫情或有疫情可疑时，不得卸载，立即将该批禽转入隔离圈（栏）内，进行仔细的检查和必要的实验室诊断，确诊后根据疾病的性质按有关规定处理。经上述检验认可的商品禽，准予卸载。

C．住场查圈：入场验收合格的家禽，在宰前饲养管理期间，兽医人员应经常深入圈（栏），对禽群进行静态、动态和饮食状态等的观察，以便及时发现漏检的或新发病的禽只，作出相应的处理。

D．送宰检查：进入宰前饲养管理场的健康禽，经过 2d 左右的休息管理后，即可送往屠宰。为最大限度地控制病禽，在送宰之前需再进行详细的外貌检查，没发现病禽或可疑病禽，方可开具送宰证明。

2）家禽宰前检验方法：商品禽的数量很多，在收购、运输和宰前进行检验时，要求检验人员在较短时间内就能作出家禽是否健康的判断。因此，一般临床诊断方法不能适应商品禽检验的需要。在长期实践中，广大检验人员总结出了与家畜宰前检验相一致的方法，即群体检查与个体检查相结合的检验方法。

A．群体检查：将待检禽按种类、产地、入场批次、分圈、分车（船）进行检查。

静态检查　对车、船、圈、栏、水池滩，在不惊扰禽群的情况下观察，如自然状态、对外界刺激的反应等。如发现有精神委顿，缩颈垂翅，呼吸促迫，天然孔流出黏液或泡沫液体，肛门周围粘有粪便，冠等颜色改变应进一步检查。

动态检查　将禽群哄起，观察禽的反应和行走姿势。发现精神委顿，行动迟缓，步态僵硬跛跚，弯颈拱背，翅尾下垂，落后于禽群，进一步检查。

饮食状态检查　在饲喂时观察禽群的饮食状态，粪便情况，剔除异常禽只进一步检查。

B．个体检查：经群体检查被隔离出的病禽或疑似病禽，应逐个进行个体检查。主要以看、听、摸、检方式进行。

观察头部、口腔黏膜、皮肤、嗉囊及关节等处有无病变或异常。

（3）家禽宰前检验后处理

商品禽经宰前检验后，根据其健康状况作出如下处理。

1）准宰：确认健康的家禽，经休息和停饲管理后，由兽医出具该批家禽的送宰证明书，方可进行屠宰加工。

2）禁宰：确认为禽流感、鸡新城疫、马立克氏病、小鹅瘟、鸭瘟等传染病的家禽，禁止屠宰，须用不放血方法扑杀后销毁。

3）急宰：确认患有或疑似患有鸡痘（鸡白喉）、鸡传染性喉气管炎、鸡传染性支气管炎、传染性法氏囊病、禽衣原体病（鹦鹉热）、禽霍乱（禽巴氏杆菌病）、禽伤寒、副伤寒（沙门菌病）等疾病的家禽，应速急宰。与传染病患禽同群的其他家禽，也应迅速屠宰处理。

4）死禽处理：在运输车、船和圈（栏）内发现的死禽，大都因疾病而死亡，或病弱而被挤压致死，一律销毁，不准食用，并及时查明死因，以确定同群禽的处理方法。确因挤压等纯物理性致死的禽只，经检验肉质良好，并在死后2h 内取出内脏的，其胴体经无害化处理后可供食用。

2．家禽屠宰加工卫生与监督

屠宰加工的卫生状况直接影响禽肉的卫生质量及其耐藏性，因此，正确执行屠宰加工过程各环节的兽医卫生监督，就成了屠宰加工企业兽医卫生检验人员履行职责的重要内容。家禽的屠宰加工方法和程序，虽因屠宰加工企业的设施和工艺流程而有所差异，但基本工序大致相同。

鸡的屠宰加工工序：活鸡宰前检验→候宰→淋浴→吊挂→电晕→宰杀沥血→笼箱清洗→浸烫→脱羽→精处理→拉头→切爪→换挂→割肛开膛→挂钩清洗→内脏检验→净膛→胴体冲洗→预冷→甩干或滴干→称量分级→软包→速冻→装箱入库。

（1）致昏

家禽个体虽小，但好挣扎，加之头颈的扭曲，两翅的抖动，极易造成车间的污染。此外，因过度挣扎会造成肌糖原的大量消耗，影响宰后肉的成熟。所以，在放血前应予致昏，致昏的方法很多，目前多采用电麻致昏法。

电麻时电流通过屠禽脑部造成实验性癫痫状态，引起屠禽心跳加剧，全身肌肉发生高度痉挛和抽搐，可达到放血良好与操作安全的效果。电麻的致昏效果与电压高低、频率高低、作用部位和电麻时间有密切关系。因此，必须掌握好电麻条件的各种参数，才不会因电麻过深而电击致死，或电麻过浅而剧烈挣扎，影响生产和禽肉的品质。

研究结果和实践证明，若采用交流电，以 50V 的电压，60Hz 的频率，放血 60s 效果较好；若采用直流电，以 90V 的电压，放血 90s 的效果较好；若采用脉冲直流电，则以 100V 的电压，480Hz 的频率，放血效果最好。3 种方法中以直流电的致昏效果最佳。

国内用于家禽的电麻器，常见的有两种。一种是呈"Y"形的电麻钳，在叉的两边各有一电极。当电麻器接触家禽头部时，电流即通过大脑而达到致昏的目的。另一种为电麻板，是在悬空轨道的一段（该段轨道与前后轨道断离）接有一电板，而在该段轨道的下方，设有一瓦楞状导电板。当家禽倒挂在轨道上传送，其喙或头部触及导电板时，即可形成通路，从而达到致昏的目的。致昏时，多采用单相交流电，在 0.65～1.0A，60～80V 的条件下，电麻时间为 2～4s。

（2）刺杀与放血

刺杀是整个屠宰操作中的重要环节之一。刺杀操作不正确，容易造成放血不良。因此，刺杀只能由经过培训的熟练工人来操作。放血完全的光禽或胴体，色泽鲜亮，含水量低，保存期长；放血不完全的胴体，色泽深暗，含水量高，有利于微生物的生长繁殖，容易发生腐败变质，不耐久藏。

家禽的刺杀，要求保证放血充分，尽可能地保持胴体完整，减少放血处的污染，以利于保藏。常用的刺杀放血方法有如下几种。

1）颈动脉颅面分支放血法：该方法是在家禽左耳垂的后方切断颈动脉颅面分支，其切口在鸡约为 1.5cm，鸭、鹅约为 2.5cm，放血时间应在 2min 以上。

本法操作简便，放血充分，也便于机械化操作，而且开口较小，能保证胴体较好的完整性，污染面也不大，故目前大多采用这种放血方法。

2）口腔放血法：用一手打开口腔，另一手持一细长尖刀，在上腭裂后约第 2 颈椎处，切断任意一侧颈总静脉与桥静脉连接处。抽刀时，顺势将刀刺入上腭裂至延脑，以促使家禽死亡，并可使竖毛肌松弛而有利于脱毛。用本法给鸭放血时，应将鸭舌扭转拉出口腔，夹于口角，以利血流畅通并避免呛血。

本法放血效果良好，能保证胴体外表的完整。但是操作较复杂，不易掌握，稍有不慎，容易造成放血不良，有时也容易造成口腔及颅腔的污染，不利于禽肉的保藏。

3）三管切断法：为我国民间习惯采用的方法。即在禽的喉部，横切一刀，在切断动、静脉的同时，也切断了气管与食管。

本法操作简便，放血较快，但因切口过大，不但有碍商品外观，而且容易造成污染，影响产品的耐藏性。所以，三管切断法不适用于规模化的屠宰加工厂。

无论采用哪种放血法，都应有足够的放血时间，以保证放血充分，并使屠禽彻底死亡后，再进入浸烫与褪毛工序。放血的时间通常是 1～1.5min，出血量占体重的百分比仔鸡为 3.8%，成年鸡为 4.1%，鹅为 4.5%，小鸡为 3.9%。

（3）褪毛

家禽的羽毛，可用干拔和湿拔两种方法褪除。干拔毛法可以最大限度地保持光禽和羽毛的质量，但由于该法不易掌握，工效低，不便于机械化大批量加工，因此现在用得很少。用热水浸烫，然后再脱毛，是目前最常用的褪毛方法。

目前机械化屠宰加工时，肉鸡的浸烫水温为 58～60℃，淘汰蛋鸡的浸烫水温为 60～62℃，鸭、鹅的浸烫水温为 62～65℃。浸烫水温必须严格控制，水温过高会烫破皮肤，使脂肪熔化，水温过低则羽毛不易脱离。浸烫时间一般控制在 1～1.5min，主要根据家禽的品种、年龄和季节而定。浸烫最好为流水，若为池水浸烫，则应注意换水（一般 2h 换一次），以免浸烫水污浊而污染禽体。浸烫后一般采用机械煺毛，未脱净的残毛用手拔除干净。目前有些国家已采用石蜡脱残毛的处理方法。将石蜡放于 50～60℃水中熔解后，再将褪毛后的屠禽浸入其中数秒，取出后放在冷水中，待体表石蜡凝固、龟裂后取出，在剥下石蜡的同时，残毛即可拔除，一般效果可达 90% 以上，用过的石蜡可反复使用。

（4）净膛

净膛，即去除屠禽的内脏，应在浸烫褪毛后立即进行。家禽有不同的净膛形式。

1）净膛形式：按去除内脏的程度不同，有 3 种净膛形式。

A．全净膛：从胸骨至肛门中线切开腹壁或从右胸下肋骨开口，除肺和肾保留外，将其余脏器全部取出，同时去除嗉囊和腹脂。

B．半净膛：由肛门周围分离泄殖腔，并于扩大的开口处将全部肠管拉出，其他脏器仍留于体腔内。

C．不净膛：即脱毛后的光禽不作任何净膛处理，全部脏器都保留在体腔内。

2）卫生要求。

A．在净膛和半净膛加工时，拉肠管前应先挤出泄殖腔内粪便，不得拉断肠管和扯破胆囊，以免粪便和胆汁污染胴体。体腔内不能残留断肠和应除去的脏器、血块、粪污及其他异物等。

B．净膛和半净膛加工时，内脏取出后应与胴体一起进行同步检验。

C．加工不净膛光禽时，宰前必须做好停食管理，延长停食时间，尽量减少胃肠内容物，以利于保存。

（5）胴体的修整

在家禽的屠宰加工过程中，胴体不可避免被血、粪等污物沾染。有些胴体还有局限性病变组织、损伤组织，大部分胴体的外形也不平整。因此，必须对其进行必要的修整，使胴体具有完好的商品形象。修整分湿修和干修两种。

1）湿修：湿修时全自动生产线是用洗禽机进行清洗，清洗效果很好。半自动生产线是将净膛后的胴体放在清水池中清洗。采用这种湿修方法时，要注意勤换池水，以免造成胴体被水中的微生物污染。

2）干修：干修就是用刀、剪将胴体上的病变组织、机械损伤组织、游离的脂肪等割掉，并将残毛拔掉，最后用剪刀从跗关节处将爪剪下（也有将爪保留的）。

修整好的胴体要达到无血、无粪、无羽毛、无污物、无病变组织和损伤组织。外观要平整，具有良好的商品外观。

修割下来的肉屑或废弃物，应分别收集在容器内，按卫生要求分别处理，严禁乱扔乱放。

（6）内脏的整理

摘出的内脏经检验后，立即送往内脏整理间进行整理加工，不得积压。如果为全净膛，分离出的心脏和肝脏则须收集在专门的容器内。分离出的肌胃，要在专门的地点剖开，清除掉内容物，撕掉角质膜，将肌胃与角质膜分开收集。腺胃和肠收集在一起。

内脏整理间要保证充足的供水，以保证将心、肝、肌胃、肌胃角质膜等清洗干净。

整修后的胴体和洗净后的内脏应迅速包装和冷却，并及时销售或进一步加工。腺胃和肠可加工成饲料。

3.家禽的宰后检验

在家禽的宰后检验中，对淋巴结进行剖检是发现和检出病禽肉的最重要检验项目之一。鸡没有淋巴结，只有淋巴小结，鸭和鹅也只有颈胸和腰部两群简单的淋巴结，而且很小，不便于剖检。所以，对家禽进行宰后检验时，只能检查胴体和内脏本身的状况。

家禽的屠宰加工方式有全净膛、半净膛和不净膛之分。全净膛禽体能检查体腔和内脏，对半净膛者一般只检查胴体表面和肠管，对不净膛者一般只检查胴体表面。

因此，家禽的宰后检验，只能依靠体表的变化和对部分脏器的检查作出判断，这就对家禽的宰后检验提出了更高要求。家禽宰后检验的各项内容被安排在生产流水线的加工过程中。一般分为胴体检验和内脏检验两个环节。

（1）胴体检验

1）判定放血程度：煺毛后视检光禽或胴体皮肤的色泽和皮下血管的充盈程度，以判定放血是否良好。家禽的正常皮肤淡黄略带红色，具有光泽。若皮下血管充盈，皮肤颜色暗红，则为放血不良；若皮肤为紫红色，皮下血管充血，则为濒死期屠宰的病禽；若尾、翅尖部呈鲜红色，则为尚未完全放血致死即被浸烫者。

2）检查体表和头部：仔细观察体表是否有外伤、水肿、大片瘀血、化脓及关节肿大等病理变化；仔细检查眼、口腔、鼻腔有无病变；观察体表的清洁度。

3）检查体腔。

A.全净膛家禽体腔的检验：对于全净膛的光禽，需检查体腔内部有无赘生物、寄生虫及传染病的病变，还应检查是否有粪污和胆汁污染。

B.半净膛家禽体腔的检验：对于半净膛光禽，可用特制的扩张器由肛门插入腹腔内，张开后用手电筒或窥探灯照明，检查体腔和内脏有无病变和肿瘤。发现异常者，应剖开检验。

（2）内脏检验（图6-10）

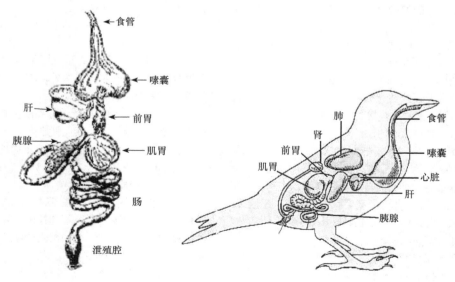

图6-10　禽的消化系统

1）全净膛家禽内脏的检验：采取全净膛加工的家禽，取出内脏后依次进行检验。

A．肝脏：检查外表、色泽、形态、大小及软硬度有无异常，胆囊有无变化。

B．心脏：心包膜是否粗糙，心包腔是否积液，心脏是否有出血、形态变化及赘生物等。

C．脾脏：是否充血、肿大、变色，有无灰白色或灰黄色结节等。

D．胃：腺胃、肌胃有无异常，必要时应剖检。剥去肌胃角质层后，检查有无出血、溃疡，注意腺胃黏膜乳头突起有无出血点、溃疡等。

E．肠道：视检整个肠管浆膜及肠系膜有无充血、出血、结节，特别注意小肠和盲肠，必要时剪开肠管检查肠黏膜。

F．卵巢：母禽应注意检查卵巢是否完整，有无变形、变色、变硬等异常现象。

2）半净膛家禽内脏的检验：采取半净膛加工的家禽，肠管拉出后，按上述全净膛的方法仔细检查。

3）不净膛家禽内脏的检验：不净膛的光禽一般不检查内脏。但在体表检查怀疑为病禽时，可单独放置，最后剖开胸腹腔，仔细检查体腔和内脏。

不净膛的加工方法，不利于禽肉的长期保藏，更不利于宰后检验，许多疾病不易被检出，弊端甚多，不宜采用。

七、家兔的屠宰加工卫生与检验

家兔是一种很有商业价值和食用价值的动物。兔肉蛋白质含量高，脂肪含量低，肉质细嫩，味道鲜美，是人类理想的营养食品之一。

1．家兔宰前检验

（1）家兔宰前管理

1）休息和饲养：进入屠宰场的家兔，如果经过长途运输，往往疲劳，应经过适当时间的休息管理，以恢复肌糖原的含量，降低肌肉带菌率。对留养家兔，应施行肥育管理，限制运动。瘦弱兔要以饲养精饲料为主，公兔应去势。

2）场地卫生：对入场家兔，应按其产地、品种和体型大小分群饲养，每群以 200～300 只为宜。每 100 只应占地 12m²。候宰室必须保持干燥，否则不但影响皮毛质量，而且易污染胴体，降低肉品质量。

3）停饲管理：家兔宰前应停食，以清除胃肠道内容物，便于屠宰加工。停食时间应视具体情况而定，一般不超过 20d。停食期间应供给饮水，直到临宰前 2～3h 停水，这样有利于放血。但饮水不宜过多，以免影响屠宰加工操作。

（2）家兔宰前检验

1）家兔宰前检验程序。

A．入场检查：家兔从外地运到屠宰加工企业时，兽医卫生检验人员先向押运员索取产地的兽医检疫证明，认真核对，如有不符必须查明原因，然后逐笼视检，剔除有明显病症和重伤的个体。发现患有传染病的兔群，应当采取紧急措施，根据疾病的种类按有关规定处理。

B．入场检查：入场后的家兔，在验收圈重休息 4～8h 后进行一次检查，以便最大限度地控制病兔，做到病、健分宰。对检查后临床健康的家兔，开具送宰证明。

2）家兔宰前检验方法：家兔宰前检验一般分为群体视检和可疑病兔重点检查两步。

A．群体视检：健康家兔神态活泼，行动敏捷，两耳直立。白色兔耳呈粉红色，耳内无污垢；双眼圆瞪明亮，眼角干净无分泌物；被毛浓密、润滑而有光泽；肛门洁净，无粪便污染；粪球呈圆粒状，光圆、滑润、匀整；体温 38.8～39.5℃，呼吸 50～60 次/min，脉搏 80～140 次/min。

检查时如发现精神委顿、粪便稀烂等异常现象，表明兔子可能有病。

B．可疑病兔重点检查：群体视检时发现的可疑病兔，应立即隔离，进行重点检查。

a．体表：应着重检查被毛是否蓬乱、稀疏，有脱落斑块；皮肤有无丘疹、化脓或结痂；体表淋巴结，尤其是颌下淋巴结是否肿胀。

b．体态：重点检查站立和运动姿势是否正常，有无神经症状。

c．眼睑有无肿胀，眼结膜是否黄染或贫血，是否潮红，有无脓性分泌物。

d．鼻腔：有无黏性、脓性分泌物。

e．阴部：肛门周围和后肢被毛有无粪便污染；母兔阴道是否有脓性分泌物。

（3）家兔宰前检验后的处理

经宰前检验后，根据检验结果分别作如下处理。

1）准宰：凡经检查认为健康、肥度合格的家兔，准予送宰。

2）禁宰：确诊患有严重传染病或严重人兽共患病的家兔，禁止屠宰，应采取不放血的方法扑杀并销毁。

3）急宰：凡患有一般性疾病或有外伤的家兔，应送急宰车间进行急宰。

4）缓宰：经检查无显著病症的可疑病兔，隔离观察；怀孕兔和瘦弱兔均应留养。

2．家兔屠宰加工卫生与监督

家兔屠宰加工过程中的卫生状况直接关系到肉品卫生质量，因此，对各个屠宰加工环节都有严格的卫生要求。

（1）致昏

致昏的目的是使家兔暂时失去知觉，减少或消除宰杀时家兔的挣扎，便于操作放血，并减少肌糖原的消耗，有利于肉的成熟。致昏的方法如下。

1）棒击法：将兔的两耳提起，用圆木棒猛击后脑，使其震荡昏迷。

2）电麻法：有转盘式和长柄钳子式两种。一般采用电压 70V，电流强度 0.75A，通电 2～4s。电麻不得过度，否则会造成放血不良，兔肉质量降低。

（2）放血

现代兔肉加工企业多采用机械割头法，以减少劳动强度，提高工效，防止毛飞血溅。也可采用将兔体倒挂后切断颈动、静脉血管放血。放血是否充分，对兔肉的品质和耐藏性起着决定性作用。放血时间以 2～3min 为宜，一般不少于 2min。

（3）剥皮

1）操作要求：家兔宰杀后应尽快剥皮，过晚则不易剥离，且容易撕破皮肤或皮张带肉。为避免毛、粪污染胴体，宜采用脱袜式剥皮。现代化兔肉加工企业多采用机械剥皮。有些厂家则采用半机械化剥皮，即先用手工操作，将已宰杀的兔体后脚挂在铁钩上，从后肢膝关节处平行挑开，剥至尾根部，再双手紧握兔皮的腹背剥至前腿处，然后把尾部的皮夹入剥皮机进行剥离。

2）避免污染：在剥皮过程中，凡是接触过皮毛的手和工具，不得再接触胴体，以防兔肉受到污染。家兔在剥皮前需要用冷水湿裆，以防兔毛飞扬。但不要喷湿挂钩和被固定的兔爪，以免污染胴体。

（4）净膛

1）开膛：开膛下刀要深浅适度，避免割破胃、肠而造成胴体污染。自骨盆腔开始，从腹正中线剖开腹腔。

2）取内脏：摘取大小肠和膀胱。摘取大肠时，应以手指按住腹壁及肾脏，以免脂肪与肾脏连同大小肠一并扯下。然后再割开横膈膜，以手指伸入胸腔抓住气管，将心、肺、肝、胃等脏器取出。

（5）修整

1）擦血：用洁净海绵或毛巾擦去颈部血水，用"T"字形擦血架擦出体腔内残留的血水。用真空泵吸出血水最为理想，以避免胴体受到污染。

2）修割。

A．去除残余内脏、生殖器官、耻骨附近的腺体和结缔组织；去除血脖肉、胸腺和胸腹腔内的大血管；去除体表各部位明显的结缔组织；从骨盆处挤出后腿大血管内残存的血水。

B．背部、臀部及腿部外侧等主要部位的外伤必须修割，但不得超过两处，每处面积不超过 $1cm^2$。其他部位外伤也应修割掉，其面积可适当放宽。

C．修割掉暴露在胴体表的脂肪，特别是背部的两条脂肪，以防贮存过程中脂肪氧化变质。

家兔的胴体一般不采用湿修方法，否则体表难以形成干膜，不耐保藏。

3．家兔宰后检验

家兔宰后检验通常以感官检验为主，必要时再做实验室检验。检验时常借助于齿镊和外科尖头剪刀，避免用手接触胴体和内脏。检验者应遵守一定的检验程序，养成习惯，以防止在流水线生产快速检验中遗漏应检项目。

（1）胴体检验

1）观察兔肉颜色和判定放血程度：正常的兔肉为粉红色，呈深红色的为老龄兔；如果兔肉呈暗红色，则是放血不全的表征，用刀横断肌肉时，切面往往渗出小血滴；脂肪黄染而可疑黄疸时，可剪开背、臀部深层肌肉和肾脏，观察肌肉和肾盂的色泽。

2）检查胸腹腔：以左手持镊子固定左侧腹部肌肉，右手持剪，将右侧腹肌撑开，暴露出胸腹腔，检查胸腹腔内有无炎症、出血、化脓、结节等病变，有无寄生虫寄生。同时观察留在胴体上的肾脏有无病变。

3）检查体表和淋巴结：检查体表时，首先观察四肢内侧有无创伤、脓肿。再视检各部位主要淋巴结有无肿胀、出血、化脓、坏死、溃疡等病变。如果发现多处淋巴结肿大，尤其是颈部、颌下、腋下、腹股沟淋巴结呈深红色并有坏死病灶者，应考虑野兔热和坏死杆菌病。

（2）内脏检验

1）腹腔脏器的检验。

胃　观察胃的浆膜、黏膜有无充血、出血及溃疡。

肠　观察盲肠蚓突和圆小囊浆膜下有无散发性和弥漫性灰白色小结节或肿大；注意小肠黏膜是否有许多灰白色小结节（如肠球虫病）；盲肠、回肠后段和结肠前段浆膜、黏膜有无充血、水肿或黏膜坏死、纤维化（泰泽氏病）。

脾脏　观察脾脏的大小、色泽，注意有无出血、结节、硬化等病变。脾脏肿大，有大小不一、数量不等的灰白色结节的，若其切面呈脓样或干酪样，是伪结核病的特征；若其切面有淡黄色或灰白色较硬的干酪样坏死并有钙化灶，则为结核病。

肝脏　注意肝脏的硬度、大小、色泽，有无脓肿及坏死病灶，胆囊、胆管有无病变或寄生虫。如肝脏表面有针尖大小的灰白色小结节，应考虑沙门菌病、泰泽氏病、野兔热、李氏杆菌病、巴氏杆菌病、伪结核病；巴氏杆菌、葡萄球菌、支气管败血波氏菌感染时，肝脏常有脓肿；患肝球虫病时，肝脏实质有淡黄色、大小不一、形态不规则、一般不突出于表面的脓性结节。

肾脏　观察肾脏有无充血、出血、变性及结节。如果肾脏一端或两端有突出于表面的灰白色或暗红色、质地较硬、大小不一的肿块，或杂在皮质部有粟粒大至黄豆大的囊包，内含透明液体，则是肿瘤或先天性囊肿病变。

2）胸腔脏器的检验。

肺脏　注意肺的形态、色泽、硬度有无变化，肺和气管有无炎症、水肿、出血、化脓、结节等病变。

心脏　注意心包腔有无积液，心脏表面有无纤维蛋白渗出物附着或形成粘连；心肌有无充血、出血、变性等病变。

第五节 屠宰加工用水卫生及污水的无害化处理

一、屠宰加工用水卫生

1. 屠宰加工用水卫生的基本要求

屠宰加工用水应不含有病原微生物和寄生虫卵；水中的各项化学指标、毒物学指标等不应超过饮用水标准的容许范围；感官性状无异常。水的来源以市政部门供应的自来水为最好。对于企业自备水源要进行必要的检查和卫生评价，并加以防护。

（1）水源选择

应选择水质良好、水量充沛、便于防护的水源。宜优先选用地下水，地面水取水点最好处于上游地段。水体经净化处理和加氯消毒后，总大肠菌群平均每升不得超过10 000个。经净化处理后感官指标符合饮用水的国家标准。在高氟区或地方性甲状腺肿地区，应分别选用含氟、含碘量适宜的水源水，或根据需要采取相应的其他预防措施。

（2）水源卫生防护

1）取水点上游1000m至下游100m的水域，不得排入工业废水和生活污水，不得有其他可能污染水源的生产活动和物资。

2）取水点周围应明确划定并设立明显标志。在生产区外围不小于10m范围内不得设置生活居住区和修建禽畜饲养场、渗水厕所、渗水坑，不得堆放垃圾、粪便、废渣或铺设污水渠道，应保持良好的卫生状况和绿化。

单独设立的泵站、沉淀池和清水池及地下水水井的外围不小于10m的区域内，有与以上相同的卫生要求。

2. 应符合生活饮用水水质标准

屠宰加工用水的卫生，原则上要求应符合中华人民共和国国家标准《生活饮用水卫生标准》GB 5749—2006。

3. 水质检验

按中华人民共和国国家标准《生活饮用水标准检验法》GB 5750—2006执行。

二、屠宰污水的净化处理

畜禽屠宰加工厂和肉类联合加工厂排出的废水中含有大量废弃的动物组织碎屑和脂肪、血液、胃肠内容物、粪便等污染物，同时也含有大量对人类有害的微生物和寄生虫卵。这种污水如不经处理任意排放将污染水源和地下水，直接造成环境污染并影响居民生活用水的质量，甚至造成疫病传播流行，危害人畜健康。因此，对屠宰污水必须进行净化处理。

1. 污水的测定指标

（1）生化需氧量

生化需氧量（biochemical oxygen demand，BOD）指在一定的时间和温度下，水体中有机物经微生物氧化分解时所消耗的溶解氧量。国内外现都以时间持续5d、水温保持20℃时的BOD值作为衡量水中有机物污染的指标，用BOD_5来表示，单位为mg/L。生化需氧量的大小，表示水被污染的程度。其数值越高，说明水体中有机污物含量越多，污染越严重。污水处理的效果，也常用生化需氧量能否得到有效降低来评定。

（2）化学耗氧量

化学耗氧量（chemical oxygen demand，COD）指用化学氧化剂氧化废水中的有机污染物质和一些还原物质（有机物、亚硝酸盐、亚铁盐、硫化物等）所消耗的氧量。它表示水中生物可降解的和不可降解的有机物及还原性无机盐的总量，单位为mg/L。

（3）溶解氧

溶解于水中的氧气称为溶解氧（dissolved oxygen，DO）。水中溶解氧的含量与空气在水中的分压、大气压、水位等因素有关。当污水中含有还原性有机物时，这些物质会和水中的溶解氧起反应，造成水中溶解氧不足。因此，测定水中溶解氧可以反映水的污染程度。

（4）pH

pH是水质的重要指标之一。生活污水一般接近中性。pH对水中生物及细菌的生长活动影响甚大，当pH升高到8.5左右时，水中微生物生长受到抑制，使水体自净能力受到阻碍。

（5）悬浮物

悬浮物（suspended solid，SS）是水中含有的不溶性物质，包括淤泥、黏土、有机物、微生物等细微的悬浮物质，直径一般大于100μm。污水中的悬浮物，能够影响污水的透明度，从而降低水生植物的光合作用。悬浮物还会阻塞土壤的空隙。

（6）混浊度

混浊度表示水中悬浮物对光线透过时发生的阻碍程度。当1L水中均匀含有1mg白陶土（二氧化硅）时即为1个混浊度单位。

（7）硫化物

污水中的蛋白质分解时会产生硫化氢之类的硫化物。硫化物是耗氧物质，能降低水中的溶解氧，妨碍水生生物的生命活动。硫化氢的存在是水发出异臭的重要原因。

（8）细菌

生活污水和一些生产污水，尤其是肉类加工企业的生产污水中含有大量病原体，其中包括危害人体健康的病原菌、病毒、寄生虫卵。如用这些未处理的污水灌溉农田，易使这些病原体扩散传播。

目前，我国已制定出肉类加工污水排放的国家标准，即《肉类加工业水污染物排放标准》（GB 13457—2010）。该排放标准按污水排入水域的类别划分级别，针对国家规定的水域或海域类别，以及有无污水处理设施，而划分为一至三级标准。另外，该标准还按肉类加工企业建设的时间而提出了不同的要求。

237

2．屠宰污水处理方法

屠宰污水处理通常包括预处理、生物处理、消毒处理3个阶段。

（1）预处理

污水在净化处理前，须先进行清除油脂及粪污残屑的机械处理，主要利用物理学的原理除去污水中的悬浮固体、胶体、油脂、泥沙及毛屑。在加工车间下水道出口处设置脂肪清除装置，收集污水中漂浮的油脂碎屑；并在流入第一池的入口处设几道铁栅栏或格网，筛除部分污物及组织碎块，再流经一系列沉沙池和沉淀池，使污水中的畜毛和污泥沉淀；最后流入净化处理池，经过净化无害处理后排放出厂。

1）格栅和格网：防止碎肉、碎骨及木屑等进入污水处理系统。

2）除脂槽：用于收集污水中的油脂。污水中的油脂，一部分为乳化状态，温度较低时能黏附在管道壁上，使流水受阻，而且还会严重妨碍污水的生物净化。因此，污水处理系统必须首先设置除脂槽。

3）沉淀池：污水处理中利用静置沉淀的原理沉淀污水中固体物质的澄清池，称为沉淀池。该池设于生物反应池之前，也称为初次沉淀池。

（2）生物处理

生物处理是利用自然界的大量微生物氧化有机物的能力，除去污水中的胶体有机污染物质。污水中各种有机物被微生物分解后形成低分子的水溶性物质、低分子的气体和无机盐。根据微生物嗜氧性能的不同，将污水生物处理分为好氧处理法和厌氧处理法两类。污水好氧处理法主要有"土地灌溉法"、"生物过滤法"、"生物转盘法"、"接触氧化法"、"活性污泥法"及"生物氧化塘法"等。

1）好氧处理法的基本原理：污水的好氧处理是在有氧的条件下，借助于好氧微生物的作用对污水中的有机物进行生物降解的过程。在此过程中，污水中溶解的有机物可透过细菌细胞壁为细菌所吸收；对于一些固体和胶体的有机物，则被一些微生物分泌的黏液所包围、附着。这些菌类分泌的黏液是由多糖类、多肽、蛋白质等组成，并含有多种外酶。因此，它不仅能将污水中悬浮的污染物质吸附，形成菌胶团，加速其沉淀速度，还能在酶的作用下将有机物质分解为溶解性物质，再渗透过细菌的细胞壁，进一步转化为无机物质。

细菌通过自身的生命活动过程，把吸收的有机物氧化成简单的无机物，并放出能量。微生物利用分解中获得的能量，把有机物同化，以增殖新的菌体。这些微生物，如果附着在滤料如土壤颗粒的表面，就形成面膜，即"生物膜"。如果在污水中，这些细菌形成的菌胶团（即活性污泥绒粒）就与污水中的某些原生动物（纤毛虫类等）及藻类结合，形成"活性污泥"，悬浮在污水中。生物膜和活性污泥在污水生物处理中，起着主导作用。

污水中的有机物质与生物膜表面接触时，迅速被吸附，而使不溶解的污物转变为溶解性污物，被生物膜吸收，污水中的有机物从而被降解。与此同时，生物膜上的微生物也通过摄取污水中的有机物来营养自己，使生物膜的活力获得再生，从而使污水生物处理装置得以长期保持稳定的净化功能。

2）厌氧处理法（厌氧消化法）的基本原理：污水的厌氧处理就是将可溶性或不溶性的有机废物在厌氧条件下进行生物降解。高浓度的有机污水和污泥适于用厌氧分解处理，一般称为消化或厌氧消化；低浓度的污水一般不适用本法处理。

厌氧消化经历酸的形成（液化）和气的形成（气化）两个阶段。在分解初期，不同的微生物群把蛋白质、糖类和类脂质转变为脂肪酸、甲酸、乙酸、丙酸、丁酸、戊酸和乳酸等有机酸，还有醇、酮、CO_2、氨、硫化氢等，有机酸大量生成和积聚，称为酸性发酵阶段。在分解后期，由于氨的生成，pH逐渐上升，另一群专性厌氧的甲烷细菌分解有机酸和醇，生成甲烷和CO_2，称为碱性发酵阶段和甲烷发酵阶段。

（3）消毒处理

经过生物处理后的污水一般还含有大量的菌类，特别是屠宰污水常含有大量的病原菌，需经过药物消毒处理，方可排出。常用的方法是氯化消毒，将液态氯转变为气体，通入消毒池，可杀死99%以上的有害细菌。

3．常用的屠宰污水生物处理系统

（1）活性污泥污水处理系统

活性污泥处理有机污水，效果较好，应用较广，一般生活污水与工业污水经活性污泥法二级处理均能达到国家规定的标准。肉类加工厂中的污水净化处理，也已广泛采用此法。

这种系统采用曝气方法，使空气和含有大量微生物（细菌、原生动物、藻类等）的絮状活性污泥与污水密切接触，加速微生物的吸附、氧化、分解等作用，达到去除有机物、净化污水的目的（图6-11，图6-12）。SBR是序列间歇式活性污泥法（sequencing batch reactor activated sludge process）的简称。

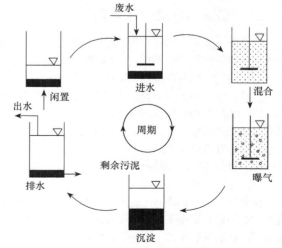

图6-11　SBR工艺反应流程图

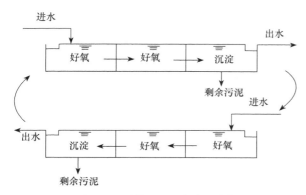

图 6-12　活性污泥污水处理系统

（2）生物转盘法污水处理系统

这是一种通过盘面转动，交替地与污水和空气相接触，而使污水净化的处理方法，属于污水生物膜处理法。此方法运行简便，可按不同目的调控接触时间，耗电量较少，适用于小规模的污水处理（图 6-13）。

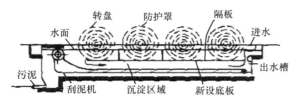

图 6-13　生物转盘法污水处理系统

生物转盘是由轻质、耐腐蚀材料做成的许多圆形盘片，按一定（1～4cm）间隔排列而成，其中心固定于一根可转动的横轴上。每组转盘置于一个半圆形或"V"形水槽中，这样的一组一槽，称为一级转盘。在实际应用中，可将三级、四级甚至更多级的转盘串联起来使用。

污水由生产车间排入厌气消化池，停留 3～10d，进行厌气发酵。发酵污水进入沉淀池，排除沉淀物，然后进入生物转盘。经过一段时间后，转盘表面便滋生一层由细菌、原生动物及一些藻类植物组合而成的生物膜。转盘的旋转，使生物膜交替得到充分的氧气、水分和养料，生物膜即进行旺盛的新陈代谢活动。这些活动对污水产生物理的或生化的吸收、分解、转化、富集作用，使可溶性污染物质转变为不溶的沉淀，小粒的污染物质聚合为大粒的沉淀物，加之一些老化死亡的生物体，共同生成黑色沉淀，它们由转盘底部及二级沉淀池底部分离出来。水中的污染物质被除去，水体被净化。

（3）厌氧消化法污水处理系统

高浓度的有机污水和污泥适于厌氧处理，一般称为污水厌氧消化，常用来处理屠宰污水。铁箅、沉沙池与除脂槽等设置是屠宰污水的预处理装置，用于除去污水中的毛、骨、组织碎屑、泥沙、油脂及其他有碍生物处理的物质。

双层生物发酵池分上、下两层。上层是沉淀池，下层为厌氧发酵池，又称"消化池"。经脱脂后的污水进入上层池的沉淀槽内。污水在沉淀槽中停留时，直径大于 0.0001cm 的悬浮物和胃肠道虫卵沉淀，沉淀物通过槽底的斜缝，进入下层的消化池。此时，污水中的厌氧菌使沉淀物腐败分解，一部分变为液体，一部分变为气体，最后只剩下 25%～30% 的胶状污泥。

第六节　食用动物屠宰加工的兽医卫生监督

动物性食品是食品中的重要组成部分。人类对动物性食品的卫生要求已越来越高，初始阶段是要求有色香味和感官上的良好形象。以后要求肉类不含有严重危害人体健康的寄生虫和病原菌及其他的病原体。目前则要求肉类中不含有危害人体的各种污染物，如有害重金属、农药、药物、激素等，同时要求在生产中建立严格规范的生产管理、卫生监督和卫生检验程序，而且对这些卫生要求已逐步上升到了法律、法规和标准的高度。

一、我国动物性食品卫生监督和管理的发展概况

随着我国经济体制改革的深入，经济建设的发展和食品多渠道生产经营所带来的食品卫生问题日渐突出，建立国家食品卫生法已成为保障食品安全卫生的迫切要求。在全国贯彻 1979 年国务院颁发的《中华人民共和国食品卫生管理条例》及其他有关食品卫生法规的基础上，总结了 30 多年来食品卫生监督、管理工作的经验教训和存在的问题，并参考了外国的食品卫生法规，于 1981 年起草了《中华人民共和国食品卫生法（草案）》，1982 年 11 月 6 日经国务院常务委员会第二十五次会议通过并予公布，自 1983 年 7 月 1 日起试行。《中华人民共和国食品卫生法（试行）》的制定和颁布，标志着我国食品卫生工作进入了法制管理的新阶段。与此同时，为逐渐完善我国的法规体系，全国科技、业务技术人员又开展了大量的科学试验和调查研究工作，相继制定了一批贯彻执行食品卫生法的地方法规。至 1987 年 10 月，已制定国家级食品卫生标准 123 个，管理办法 40 个。从而为保证食品卫生、保障人民群众身体健康，开创了我国食品卫生法制建设的新局面。并把保障食品安全提高到了法律高度。1995 年 10 月 31 日，由中华人民共和国第八届全国人民代表大会常务委员会第十六次会议通过了《中华人民共和国食品卫生法》，从而结束了食品卫生法试行 12 年的历史使命，使我国跨世纪的食品卫生工作又有了新的法律保证。

随着食品卫生法的贯彻落实，又陆续制定发布了许多新的食品卫生标准和检验方法标准，截至 1991 年年底，约有 560 项标准。以后又陆续修改和发布了一些新的食品卫生标准和检验方法，目前正朝着食品安全层次

迈进。1998年1月1日全国人民代表大会和国务院又颁布实施了《中华人民共和国动物防疫法》和《生猪屠宰管理条例》，以期加强动物性食品生产源头的法制管理。这是向全面的、综合的食品卫生监督和检验的法规体系迈出的重要步骤，现在已经由食品卫生层次向食品安全更高层次发展。

2009年2月28日十一届全国人大常委会通过《中华人民共和国食品安全法》，6月1日实施，并且注重从农场到餐桌的食品安全的全程监管。随着我国综合国力的不断增强，我国食品安全的法制化程度又上了一个新台阶，由食品卫生法进步到食品安全法，是国家迈向全面发展和小康社会的具体表现。食品安全法在监管体制上的理顺是食品安全立法的最重要发展之一。现在通过的食品安全法在分段管理、无缝隙衔接、各部门各司其职，并且要依法承担责任方面，做了非常重要的规定。《中华人民共和国食品安全法》新增规定主要包括以下6个方面。

第一，关于食品安全监管体制，草案规定，国务院设立食品安全委员会，协调、指导食品安全监管工作。

第二，关于进一步加强对保健食品的监管，草案中增加了"国家对声称具有特定保健功能的食品实行严格监管"的规定。

第三，关于进一步强化食品安全全程监管，草案明确了食用农产品监管部门的责任，新增了"建立食用农产品生产记录制度"等规定。

第四，关于加强对食品广告的管理，草案新增规定，食品安全监管部门、食品行业协会、消费者协会等机构不得向消费者推荐食品，社会名人代言不符合安全标准的食品，使消费者合法权益受到损害的，将承担连带责任。

第五，关于减轻食品生产经营者负担，草案增加规定：从事个体食品生产经营的人员，不收取个体工商管理费和集贸市场管理费，认证机构实施跟踪调查不收取任何费用。

第六，关于明确民事赔偿责任优先的原则，草案规定：食品企业既受到行政、刑事处罚，又要承担民事赔偿责任时，民事赔偿责任优先。

《中华人民共和国食品安全法实施条例》已经由2009年7月8日国务院第73次常务会议通过，温家宝总理签署实施。条例中建立了风险评估机制、举报机制、食品企业为第一责任人、原料采购控制要求等具体措施，保证食品安全法的顺利实施。

为便于理解食品卫生转变为食品安全历史发展阶段和划时代意义，这里有必要了解食品安全等相关概念。

FAO对food security（食品安全）的定义：所有人在任何时候都能在物质上和经济上获得足够、安全和富有营养的食物以满足其健康而积极生活的膳食需要。这主要涉及4个条件：①充足的粮食供应或可获得量；②不因季节或年份而产生波动或不足的稳定供应；③具有可获得的并负担得起的粮食；④优质安全的食物。

从美国"9·11"事件发生后：food security（食品安全）主要指针对为达到危害和破坏目的而对食品故意的污染（人为地破坏、投毒等）。这里所指的污染一般是指这5种情况之一：生物性、化学性、物理性、核物质、放射物质。

food safety（食品安全）：食品安全是质量安全、数量安全及营养与健康的综合体。食品安全的概念可以表述为：食品（食物）的种植、养殖、加工、包装、贮藏、运输、销售、消费等活动符合国家强制标准和要求，不存在可能损害或威胁人体健康的有毒害物质以导致消费者病亡或者危及消费者及其后代的隐患。该概念表明，食品安全既包括生产安全，也包括经营安全；既包括结果安全，也包括过程安全；既包括现实安全，也包括未来安全。

食品安全应区分为绝对安全与相对安全两种不同的层次。绝对安全被认为是确保不可能因食用某种食品而危及健康或造成伤害的一种承诺。相对安全为一种食物或成分在合理食用方式和正常食量的情况下不会导致对健康的损害。实际上绝对安全是不存在的，随着科学技术的不断发展，在不久的将来还会发现目前技术发现不了的食品安全问题。

food hygiene（食品卫生）：是研究食品中可能存在的、威胁人体健康的有害因素及其预防措施，提高食品卫生质量，保护食用者安全的科学。

食品安全、食品卫生、食品质量三者之间的关系　在我国，已经确立的"食品安全"的法律概念，并以此种概念涵盖"食品卫生"、"食品质量"等相关概念，以《中华人民共和国食品安全法》替代《中华人民共和国食品卫生法》等，具有重要的价值和意义。

以食品安全来统筹食品标准，就可以避免目前食品卫生标准、食品质量标准、食品营养标准之间的交义与重复：食品安全、食品卫生、食品质量的关系，三者之间绝不是相互平行，也绝不是相互交义。食品安全包括食品卫生与食品质量，而食品卫生与食品质量之间存在着一定的交义。以食品安全的概念涵盖食品卫生、食品质量的概念，并不是否定或者取消食品卫生、食品质量的概念，而是在更加科学的体系下，以更加宏观的视角，来看待食品卫生和食品质量工作。由于历史的惯性和习惯，在以后很长一段历史时期和很多方面还会以食品卫生的角度阐述食品安全问题。

二、实施食品卫生监督管理的法律依据和特点

1. 食品卫生监督

对于如何实施食品卫生监督，在《中华人民共和国食品安全法》中明文规定"国家实行食品卫生监督制度"。这就是说食品卫生监督是国家的一个重要的法定制度，全国各地区、各部门、各行业等都要无条件地遵守这个制度。实行食品卫生监督是国家意志和权力的反映，它具有强制的法律性、权威性和普遍约束性，其效力范围

涉及主权国家管辖所有领域之内，因此监督机构与被监督单位之间的关系与一般卫生保健提供者和需要者之间的关系及普通商品供需双方的关系是不同的。它是通过实施国家食品卫生法律、法规和规章，最大限度地减少和控制食品中有害因素对人体的危害来达到保障人民身体健康、增进人民体质的目的。

根据《中华人民共和国食品安全法》规定，食品卫生监督可以认为是各级人民政府卫生行政部门和铁道、交通行政部门设立的食品卫生监督机构对辖区内的或者规定范围内的食品生产经营者、食品生产经营活动及违反《中华人民共和国食品安全法》的行为，行使食品卫生监督职责的执法过程。

2．食品卫生管理

根据《中华人民共和国食品安全法》规定，食品卫生管理可认为是食品生产经营者和各级人民政府的食品生产经营管理部门对食品生产经营的全部活动过程。

1）食品卫生管理是食品生产经营者及其负有管理职责的政府有关行政部门的自身活动，由食品生产经营者的内部管理机构执行。保证食品卫生质量，光靠卫生监督机构是不可能完成的，而主要是依靠食品生产经营者本身的管理体制，增强法律意识，加强内部管理，端正生产经营思想和职业道德，共同对人民健康负责才能为消费者提供高度安全卫生的食品。

2）食品生产经营企业应当健全本单位的食品卫生管理制度，配备专职或者兼职食品卫生管理人员，加强对所生产经营食品的检验工作。因此食品生产经营企业应有实施食品卫生管理的组织机构，制定一套卫生规章制度并配备卫生管理人员，这已成为法律上的规定。国家须重视食品企业的自身管理机构设置和卫生管理人员的质量，食品卫生管理人员不得随便指定，必须是专门学过医学、药学、兽医学、水产学或农业化学等课程的毕业者，这样才能保证自身管理工作的质量。

3）在食品安全管理活动中，对职工的违法行为一般采取批评、教育、制止等道德规范的措施，但也有对职工进行罚款、调离工作甚至取消使用合同等内部行政措施，这些措施属企业内部管理行为，虽与卫生监督机构无关，但如与消费者健康有关，卫生监督机构应参与依法制裁。

4）食品安全管理具有与食品卫生监督同样的社会效益和经济效益，特别是经济效益，它体现了一个企业的风貌和文明，也体现出企业的发展前景。

三、动物性食品卫生监督和管理的规范化

为了加强食品卫生的监督和管理，我国对食品加工企业制定了许多相应的卫生规范，并推行了全面质量管理，以保证产品的卫生质量和保障消费者的利益。介绍几种先进的食品卫生监督管理方法。

1．GMP 管理系统

GMP（good manufacture practice）即食品生产卫生规范，是在食品生产全过程中保证食品具有高度安全性的良好管理系统。GMP 是国际上普遍采用的食品生产先进管理方法。我国目前已颁布了 16 个食品生产卫生规范，并将陆续制定颁布其他的食品生产卫生规范。其基本内容就是食品从原料到成品全部过程中各环节必须遵守的卫生条件和操作规程。

食品生产卫生规范是从药品生产质量管理规范中发展起来的。1969 年，美国食品药品管理局制定了《食品良好生产工艺基本法》，并以此作为依据陆续制定了一系列各类食品的 GMP，在食品工业中形成了一个 GMP 伞体系。

世界卫生组织（WHO）也采纳了这个 GMP 伞体系观点，并建议各参加国政府制定食品的 GMP。因此，在 1969～1985 年，由 WHO/FAO 联合成立的食品法典委员会（Codex Alimentarius Commission）制定的 190 多个食品国际标准中都涉及了 GMP。在食品的国际贸易中，企业 GMP 的执行情况已成为重要的考核内容。例如，日本的罐头出口美国，就得按美国要求，由日本罐头协会提供罐头加热杀菌条件等良好的生产规范资料，并进行实地考察。

自 1988 年至今，中国国家卫生部共颁布了 20 个国标 GMP。其中 1 个通用 GMP 和 19 个专用 GMP，并作为强制性标准予以发布。基本形成了我国食品 GMP 伞体系，已成为我国食品生产和卫生监督管理工作法制化、规范化的重要依据。目前我国 GMP 主要应用于制药工业。食品企业中只有食品出口企业、保健食品和膨化食品企业执行我国以国标形式制定的 GMP，这是远远不够的，还应制定出其他食品的 GMP，并使我国的食品安全法规尽快与国际接轨。

SSOP 即卫生标准操作规范，它是 GMP 中最关键的、食品企业必须遵守的基本卫生条件，也是食品生产中实现 GMP 全面目标的卫生操作规程。SSOP 强调食品生产车间、环境、人员及与食品有接触的器具、设备中可能存在危害的预防及清洁措施，重点是生物性危害。SSOP 的正确制定和有效执行，对控制危害是非常有价值的。这些规范是：①食品企业通用卫生规范（GB 14881—1994）；②罐头厂卫生规范（GB 8950—1988）；③白酒厂卫生规范（GB 8951—1988）；④啤酒厂卫生规范（GB 8952—1988）；⑤酱油厂卫生规范（GB 8953—1988）；⑥食醋厂卫生规范（GB 8954—1988）；⑦食用植物油厂卫生规范（GB 8955—1988）；⑧蜜饯厂卫生规范（GB 8956—1988）；⑨糕点厂卫生规范（GB 8957—1988）；⑩乳品厂卫生规范（GB 12693—1990）；⑪饮料厂卫生规范（GB 12695—1990）；⑫葡萄酒厂卫生规范（GB 12696—1990）；⑬果酒厂卫生规范（GB 12697—1990）；⑭黄酒厂卫生规范（GB 12698—1990）；⑮面粉厂卫生规范（GB 13122—1991）；⑯加工厂卫生规范（GB 12694—1994）。

2．HACCP 系统

HACCP 系统也称为危害分析关键控制点管理模式，

是由食品的危害分析（hazard analysis，HA）和关键控制点（critical control point，CCP）两部分组成的一个系统的管理方式。20世纪60年代美国国家航天局（NASA）研制宇航食品时，逐渐发展并形成了HACCP系统。

HACCP是一个包括各生产阶段、环节的危害因素的确定、评估及控制的全面质量管理系统。HA就是鉴定从原料的生产阶段经过加工工序，产品最终到达消费者手中，这一期间可能发生的所有微生物性及化学性危害，然后评价这些危害的严重程度及危险性。微生物危害的含义是由能影响食品品质和保存期的微生物的污染增殖、残留及其代谢产物产生的危害，同时也包括因腐败变质造成的经济损失；而危险性则意味着发生各种危害的可能性。CCP就是针对不同危害和危险提出的管理标准和监督手段，并及时采取各种修正措施和采用不同方法手段进行控制。由此可见，HACCP是一个能将危害消除或减小到最低程度，从而确保消费者身体健康的质量管理系统（表6-1）。

表6-1　屠畜屠宰加工中HACCP程序表

工艺流程	危害	管理标准	监督	修正措施
屠畜收购	各种病原菌感染	健康家畜有检疫证，无污物残留	产地检疫	就地处置或病健隔离
运输	交叉感染	屠畜适度空腹，充足饮水，合理装载，分群运输	加强途中管理	随时发现病畜及时处理
宰前检验与休息	交叉感染或咬伤冻伤等	充分休息，科学饲养管理病健分群，小圈分立停食管理，便于解体多方位喷淋，20℃水	检测体温	病健隔离 停饲管理
候宰与淋浴	污染肉品	多方位喷淋20℃水清洁体表，水压不宜高	检测水温及水压力	避免暴力驱赶
屠宰	从刀口污染微生物，放血不良	适度电麻（低压高频电）正确放血，刀口宜小，浸烫水温58~63℃	炭疽检验	隔离封锁，屠宰线速度为6头/min
脱毛与剥皮	天然孔或残破处污染微生物	时间5~7min不断搅拌，受热均匀，经常换水为宜	水温检验，皮肤检验	清除水中污物或彻底换水
开膛净腔	胃肠内容物污染体腔	正中线开膛，快速净膛技术要熟练，勿切破胃肠	"红下水"与"白下水"检验	与胴体检验同步
去头蹄劈半	正中劈开椎骨	旋毛虫检验，严格对号		
胴体修整	猪肉宜水洗湿修而牛、羊不宜	修割病变及残余物	注意复验	使用温热水胴体综合判定
冷却	胴体挤堆，热放散不良	室温为0~2℃，相对湿度90%~95%，空气流速0.5~1.5m/s，时间20h，肉中心温度0~4℃	胴体间隔适度	温度、湿度及风速的监测，紫外灯照射
冻结	各种不良变化及干耗	冷却冻结至−18℃以下，相对湿度90%	温度湿度监测，冷库卫生监督	及时周转

（1）HACCP认证

HACCP系统始于1960年。美国太空总署要求提供一种专供宇航员食用的、100%安全卫生的食品。传统的质量控制技术并不能提供充分的安全措施来防止污染。为了尽可能减少风险，确保食品安全，不得不大量地对最终产品进行检验，导致食品生产费用昂贵，产量受限。承担开发任务的Pillsbury公司Bauman博士领导的研究小组与美国宇航局（NASA）及美国陆军Natick实验室研究所共同提出建立一种预防性体系，对生产全过程实施危害分析控制，除对关键工序和环节进行监测外，只需对少量的成品检验即可。这种食品卫生监督管理模式，即最早的HACCP的雏形。事实证明，Pillsbury公司在正确使用这一体系后生产出了高度安全的食品。1993年，FAO/WHO食品法典委员会（CAC）批准了《HACCP体系应用准则》，1997年颁发了新版法典指南《HACCP体系及其应用准则》，该指南已被广泛接受并在国际上得到了普遍采纳，HACCP已被认可为世界范围内生产安全食品的准则。

（2）危害分析与关键点控制基本功能组成

1）分析潜在的危害物：列出所有加工中可能产生的生物、物理和化学危害物。

2）识别加工中的关键控制点（CCP）能防止、减少或消除食品安全危害的步骤，如加热、冷冻等。关键控制点可以划分为2类：CCP1和CCP2。CCP1是自身能有效消除危害的加工步骤，CCP2是生产过程中需要进行危害控制。

3）建立关键控制点的临界范围：临界范围定义为一个与关键控制点相对应的预防措施所必须遵循的尺度，如温度、时间和pH范围及盐浓度等。

4）建立监控系统：监控是指利用一系列计划好的观察和测定（如温度、时间、水分和pH）评估一个关键控制点是否在可控的范围，同时得到精确的记录，用于以后的核实和鉴定程序中。

5）建立校正措施：危害分析与关键点控制系统是一种设计程序，用来识别潜在的健康危害物并建立战略性的方法来防止它们的发生。然而，情况并不可能永远在

兽医公共卫生学

理想状态下，因此当偏差出现时就必须实施适当的校正措施，如纠正或消除会出问题的因素，以及决定是否应将食品处理掉。

6）建立有效的档案系统：将所有的有关记录进行归档。

7）建立检验系统：该功能主要是用于经常性地核查以上各功能是否正常运作。在整个程序中，分析潜在的危害物、识别加工中的关键控制点和建立关键控制点的临界范围这 3 个步骤构成了食品污染风险评估，它属于技术范围，由技术专家来操作。而其他的步骤属于质量管理的范畴。

（3）食品工业中实施危害分析与关键点控制的特点

传统的食品卫生监督管理方式通常从大量的终产品中抽取小量的样品进行分析，在统计学上并不可靠。而对产品进行全量分析是不可能的。HACCP通过对关键控制点的控制，将预防措施系统化、程序化管理，将危害因素消除在生产过程中。检验机构只需监督检查生产企业执行 CCP 的情况。也为进口国对进口食品的安全性检查提供了可靠的依据。

HACCP通过判定生产过程中的危害因素，并在科学的基础上，采取相应新工艺与新设备等预防措施。有利于生产企业集中时间和精力抓住主要环节，既可保证产品质量、提高效率，又能节约生产成本。

3．相关的法规和标准

与兽医公共卫生相关的法规和标准主要包括："HACCP 实施标准"、"ISO22000 食品安全管理体系"、《食品卫生许可证管理办法》、《现代食品快速检测检验鉴别方法与安全卫生质量保障控制国际标准化通用管理》、"出口肉类屠宰加工企业注册卫生规范"、WTO 组织内的《动植物检疫卫生实施措施协议》、《中华人民共和国进出境动植物检疫法》、《中华人民共和国畜牧法》、《中华人民共和国动物防疫法》、《中华人民共和国农产品质量安全法》、《食品安全法》、《新肉品卫生检验试行规程》、《生猪屠宰管理条例》、《肉类加工厂卫生规范》、《猪肉卫生标准》、《牛肉、羊肉、兔肉卫生标准》、《鲜（冻）禽肉卫生标准》、《畜禽病害肉尸及其产品无害化处理规程》、《畜禽产品消毒规范》等。

从中我们应该了解屠宰加工食品法规标准基础知识、国际和发达国家屠宰加工食品法规体系、中国屠宰加工食品标准体系、国外屠宰加工食品标准与采用国际标准、国家相关屠宰加工食品法规、地方相关屠宰加工食品法规、屠宰加工食品违法处罚与程序、食品安全质量控制与认证体系等。

（1）食品安全质量控制与认证体系

随着人们对健康的日益重视，食品的安全性已成为全世界关注的焦点。近年来，我国的食品卫生安全工作已取得了明显的进步，但目前的一些食品安全现状仍令人担忧。据估计，我国每年食物中毒报告涉及的总人数为 2 万～4 万人，但这个数字尚不到实际发生数的 1/10，

也就是说我国每年食物中毒人数是 20 万～40 万人。当前我国食品出口最大的障碍也是食品的安全卫生，或称"绿色壁垒"。西方发达国家为保护国民和动植物生命健康、保护环境的需要而制定了符合国际贸易规则的技术法规和检验程序。由于发达国家科技先进，许多法规、标准和检验手段高于我国现有水平，使我国食品出口贸易面临越来越严格的限制。更有一些发达国家利用国际贸易规则，有意采取隐蔽的带有歧视性的技术手段，形成非关税的"绿色壁垒"，充当贸易保护的重要手段，保护他们自己的企业和市场，对我国食品出口贸易造成极大影响。

为了保证我国国民的身体健康，应对我国加入 WTO 后的挑战，突破国际食品贸易中的"绿色壁垒"，我国食品企业必须尽快提高全员特别是决策者的安全卫生质量意识，加快技术设备改造步伐，积极采用国际标准和发达国家先进标准，提高企业整体素质和产品质量水平，通过三项认证（ISO9000、HACCP、ISO14000），实现食品安全卫生质量管理与国际接轨，保证以高质量的食品取得国内外市场的信任，以做到在国际市场上畅通无阻。

1）ISO9000 认证：1979 年英国标准化研究所（BSI）发表了质量管理系统 BS5750，该系统来源于英国国防部 20 世纪六七十年代的 DEPSTAN 和北大西洋公约组织（NATO）AQAP 系列。有人认为 AQAP 系列发展应归功于美国宇航局（NASA）的阿波罗计划。

国际标准化组织（ISO）在建立有关质量管理系统过程中，要求已建立国家标准的会员呈交他们的标准供其讨论和研究，结果英国和加拿大的标准更接近国际标准化组织的需要，而被用作 ISO9000 系列的基础。1987 年，国际标准化组织质量管理和质量保证标准技术委员会（1SO/TCl76）正式发布 ISO9000 系列的标准，包括 20 个要素 16 个标准。同时英国标准化研究所也发布了与ISO9000 系列相同的BS5750 修订版。

迄今为止，全世界已有 100 多个国家将 ISO9000 标准转化为本国标准并开展质量保证体系认证，建立了质量保证体系认证机构国家认可制度。发达国家和部分发展中国家，已将出口国食品企业是否通过 ISO9000 标准认证，作为选定合格供应（进口）商的基本条件和重要依据。

我国 1992 年发布了等同采用 ISO9000 标准的 GB/T 19000—2008 质量保证系列国家标准。2000 年根据加入 WTO 的新形势需要，发布了修订后的质量管理和质量保证系列标准，使之更好地与国际标准接轨。

基础性文件有①ISO9000—1987：《质量管理和质量保证标准—选择和使用的准则》；②ISO9001—1987：《质量系统—在设计、开发、生产、设备和服务中质量保证的典范》；③ISO9002—1987：《质量系统—在生产和设备中质量保证的典范》；④ISO9003—1987：《质量系统—在最终检查和测定中质量保证的典范》；⑤ISO9004—1987：《质量管理和质量系统的要素-准则》。

特点 ISO 质量保证体系认证，不仅是食品企业产品安全卫生质量的重要保证，而且已成为国际食品贸易的一个合法的"壁垒"。ISO9000 标准的核心内容是建立健全企业的质量管理和质量保证体系，对产品质量实行全过程管理。它的最大特点就是质量管理的规范化、程序化，强调加强企业内部管理，每项工作都落实到人，落实到文字上。规范化的最终目的是为了保证产品质量。

食品工业上的应用 由于 ISO9000 系列是基于普遍适用性而订立的，其条款都比较概括和抽象。对于具体的对象（如食品工业）就必须具体解释那些抽象条款的含义。

英国著名的 Leatherhead 食品研究协会已发布了一个广泛适用于食品工业的指导手册，与 ISO9000 系列相应的企业质量管理步骤如下：①从企业总程开始认识质量的重要性；②了解顾客的愿望；③将顾客的愿望与公司的目标和能力相一致；④使全公司关注一个目标——质量；⑤安排适当的员工培训；⑥监视和检查，对象包括原料包装、贮存和销售；⑦检查和监视系统；⑧以上各步骤均须建立相应的档案系统；⑨复查。

2）ISO14000 认证：ISO14000 环境管理系列标准，由编号 ISO14001～ISO14100 的若干个标准组成，主要包括环境管理体系、环境审核、环境标志、环境行为评价、生命周期评估、产品中环境因素原则、术语和定义等几个部分。其中 ISO14001 环境管理体系标准是该系列的核心标准，是企业建立环境管理体系及实施环境审核的基本准则和依据，是环境管理标准认证的主要内容。该标准通过科学分析管理机制，对企业的活动、产品和服务中的环境因素进行监控，用有效的管理从源头上控制环境污染的产生，为食品企业建立完整、有效的环境管理体系提出了具体的技术方法和手段，其目的是防止环境对食品的污染，以提高食品的安全性。

目前，在世界各国环境污染日益突出，环境对食品的污染日趋严重的情况下，实施清洁生产，增进环保，已是不可逆转的世界潮流。各国制定的环境标准正在成为国际食品贸易中的"绿色壁垒"。有些发达国家已把企业的环境评价作为向本国进口食品生产企业的审核条件。环境管理不过关，食品出口将严重受阻。我国部分食品企业对强化环境管理的重要性认识不足，取得环境管理标准认证的食品企业尚不普遍，很不适应我国加入世界贸易组织后扩大开放的形势要求。食品企业要想顺利地越过环境管理这个"绿色壁垒"，在国际食品贸易中争得更多的市场份额，就必须加快实施 ISO14000 标准，主要是通过 ISO14001 环境管理体系标准认证。环保已成为我国食品企业突破"绿色壁垒"的又一张有效的"通行证"。

3）正确理解各种体系的联系和在食品中的有效运用。

A. ISO9000、HACCP 与 GMP 的关系。ISO9000 与 GMP 的关系 我们若对 GMP 内容和 ISO9000 质量体系要素逐一对照，加以仔细分析，就会发现，它的主要内容也是 ISO9000 标准所要求的。GMP 的主要内容几乎都包括在 ISO9000 质量体系内。如果一个企业实施了 GMP，企业只要按 ISO9000 标准的要求对管理系统方面作适当修改、扩充，就基本具备了 ISO9000 质量体系在这方面的要求。

已经过卫生注册或实施了 GMP、HACCP 的出口食品生产企业，可以将这几种做法有机地结合起来，作适当的修改、补充，以形成自己的 ISO9000 质量体系。可以用质量体系系辖卫生注册、GMP、HACCP 这几个小系统，以免造成管理上的不协调、分散精力或顾此失彼，引起体系混乱。在没有实施 GMP、HACCP 的企业，可以先建立 ISO9000 质量体系。在建立质量体系时，就考虑将 GMP 和 HACCP 的要求和规定充实到 ISO9000 质量体系中，使它们融为一体。

B. HACCP 与 GMP 的关系：GMP 是政府强制性的食品生产、贮存卫生法规。GMP 主要通过控制食品生产全过程中各环节的卫生条件及标准卫生操作来控制危害，既能控制一般危害，又能控制显著危害。HACCP 已成为中国商检部门对出口食品企业实施的一项基本政策，2010 年前所有出口食品企业都必须建立 HACCP 体系。HACCP 侧重于控制食品显著危害，而不是一般卫生问题。

我国现阶段食品企业在实施 GMP 前，可先进行 HACCP 分析，通过 HACCP 关键控制点控制，进一步实施 GMP。一些由 GMP 控制的危害在 HACCP 中可以不作为 CCP，而只由 GMP 控制，从而使 HACCP 更具针对性，避免 HACCP 因关键控制点过多而难操作的矛盾，使 HACCP 更为可靠、有效。

C. HACCP 与 ISO9000 标准的关系：ISO9000 与 HACCP 在体系设计方面存在共同之处。很多要素和程序是相互兼容的，如记录、培训、纠正预防措施、文件控制、内部审核等。如何恰当地处理 HACCP 体系与 ISO9000 体系之间的关系是十分必要的。

HACCP 与 ISO9000 质量管理体系的差异主要为：①ISO9000 系列为一个非强制性的质量保证体系，企业只是在自愿的基础上采纳的标准，而 GMP 和 HACCP 是联合国食品法典委员会（CAC）法规强调采纳的，不少国家 HACCP 是法规强制性采纳的标准。②ISO9000 系列是基于普遍适用性而定立的，其条款都比较概括和抽象。HACCP 分析更为专业、具体、深入。ISO9000 计划可以帮助促进验证程序，但不能替代 HACCP 计划。③CAC 认为，HACCP 可以是 ISO9000 系列标准的一个部分。ISO9001 共有 20 个要素，其中"过程控制"是保证最终产品质量的一个重要程序。而 HACCP 与之相对应。如果推行 ISO9000 的食品加工企业把"过程控制"这个要素突出来，就等于抓住了 HACCP 的根本。④一般来讲，ISO9000 系列标准更多地涉及公司的行政管理，ISO9001 实际上是基于文件管理的质量。HACCP 系统则主要侧重于产品的质量管理，需要食品科学家、工艺师或微生物学家参与。

世界食品工业正越来越普遍地采用 ISO9000 系列标准和 HACCP。在一些国家中，ISO9000 证书正逐步变为一种"准"营业执照。对食品加工企业而言，以"ISO9000 为通则，以 HACCP 为原则"，将两种体系结合，定能将质量管理提高到一个新水平。未来的发展方向是 HACCP 的电脑程序化，并将其与新兴的预测食品微生物学相结合。

4）食品生产加工企业质量安全管理制度：相关内容涉及《食品生产加工企业质量安全管理制度》、《产品质量法》、《标准化法》、《计量法》、《食品安全法》、《工业产品生产许可证试行条例》、《查处食品标签违法行为规定》、《产品标识标注规定》、《加强食品质量安全监督管理工作实施意见》等相关法律、法规的规定食品质量符合国家有关产品标准的要求。

（2）屠宰（食品）加工企业相关法规

1）许可证制度：工业产品生产许可证制度是我国政府为了加强产品质量管理，保证重要产品质量，依据国家的有关法规、规章，对影响国计民生、危及人体健康和人身财产安全的重要工业产品实施的一项质量监控制度。政府根据国民经济发展的需要，确定实施生产许可证管理的产品目录，制定每类产品的质量安全监督管理办法，规定质量标准、安全技术规范、质量保证体系和生产必备条件等要求，并组织有关部门予以实施，以达到贯彻国家质量政策，保证产品质量，保护消费者权益的目的。2006 年 9 月对乳制品、肉制品、饮料、米、面、食用油、酒类等直接关系人体健康的加工食品等 7 种食品实行生产许可证制度。食品生产许可证编号采用英文字母 QS 加 12 位阿拉伯数字编码组成：QS××××-×××-×××。其中，XK 代表许可，前四位（××××）代表受理机关编号，中间四位（××××）代表产品类别编号，后四位（××××）代表企业序号。

2）我国食品市场准入制度：食品质量安全市场准入制度，保证食品的质量安全，具备规定条件的生产者才允许进行生产经营活动，具备规定条件的食品才允许生产销售的监督制度。因此，实行食品质量安全市场准入制度是一种政府行为，是一项行政许可制度。

食品质量安全市场准入制度包括以下 3 项具体制度。

A. 对食品生产企业实施生产许可证制度。对于具备基本生产条件、能够保证食品质量安全的企业，发放《食品生产许可证》，准予生产获证范围内的产品；未取得《食品生产许可证》的企业不准生产食品。这就从生产条件上保证了企业能生产出符合质量安全要求的产品。

B. 对企业生产的食品实施强制检验制度。未经检验或经检验不合格的食品不准出厂销售。对于不具备自检条件的生产企业强令实行委托检验。这项规定适合我国企业现有的生产条件和管理水平，能有效地把住产品出厂安全质量关。

C. 对实施食品生产许可制度的产品实行市场准入标志制度。对检验合格的食品要加印（贴）市场准入标志——QS 标志，没有加贴 QS 标志的食品不准进入市场销售。这样做，便于广大消费者识别和监督，便于有关行政执法部门监督检查，同时，也有利于促进生产企业提高对食品质量安全的责任感。目前，我国一些省市已经开始使用"SC"食品生产许可证，以逐步代替"QS"标志。SC 是生产首字母。

根据《加强食品质量安全监督管理工作实施意见》的有关规定，食品生产加工企业保证产品质量必备条件包括 10 个方面，即环境条件、生产设备条件、加工工艺及过程、原材料要求、产品标准要求、人员要求、储运要求、检验设备要求、质量管理要求、包装标志要求等。

不同食品的生产加工企业，保证产品质量必备条件的具体要求不同，在相应的食品生产许可证实施细则中都作出了详细的规定。

食品质量安全市场准入标志是质量标志，加印（贴）食品质量安全市场准入标志的是食品符合安全基本要求的产品。该标志以"质量安全"的英文名称 quality safety 的缩写"QS"表示。国家质检总局统一制定了食品质量安全市场准入标志（图 6-14）。

图 6-14　食品安全质量标志

国家质检总局统一公布获得食品生产许可证的企业名单，可直接在网上查询，网址为：www.aqsiq.gov.cn 或 www.cqi.gov.cn。

相关的法律、法规很多，如《食品卫生许可证发放管理办法》、《出口食品生产企业卫生注册登记管理规定》、《出口肉类屠宰加工企业注册卫生规范》等法规都涉及准入制度规定。

3）其他食品卫生标准、卫生检验法规、环境及消毒法规：其他有关食品安全的法规有很多，除上述已经涉及的外，还有很多相关法规与规范，由于篇幅所限，不能全部列出，如《中华人民共和国食品卫生管理条例》、《食品安全行动计划》、《标准化法》、《预包装食品标签通则》、《卫生行政处罚程序》、《新资源食品卫生管理办法》、《食物中毒事故处理办法》、《餐饮业食品卫生管理办法》、《辐照食品卫生管理办法》、《转基因食品卫生管理办法》、《食品添加剂使用卫生标准》、《食用合成染料管理暂行办法》、《食品工具、设备洗涤消毒剂卫生标准》、《食物中毒诊断标准及技术处理总则》。另外，还有很多质检总局的相关法规，就不一一列举了，从中可看出，我国逐步完善了食品安全的相关法规，正逐步实现食品安全大国梦。

245

第二篇

人兽（畜）共患病的卫生监督与检验

人兽（畜）共患病是指在人和脊椎动物之间自然传播的疾病或感染。人畜共患病主要指人与家养、驯养、宠物等动物共患的疾病，而人兽共患病则指人和其他所有动物共患的疾病。因此，人兽共患病所指的范围更大。人兽共患病的 OIE 定义指动物自然地传播给人的所有疾病或传染病。世界上已证实的人畜共患病有 400 多种，随着对疾病和病原认识的加深，人畜共患病还将不断增加。国内目前调查资料表明，共有人畜共患病 196 种以上，其中细菌病 53 种，病毒病 36 种，立克次体病 7 种，衣原体病 2 种，支原体病 1 种，真菌病 6 种，寄生虫病 91 种。目前人类疾病（1415 种）的 61 种为人兽共患性质。

人兽共患病主要是由动物传染给人，患病动物既是某些病原体的贮藏库，也是人类某些疫病的传播者。在新的发展时期，人兽共患病也出现了一些新特点：新出现的人兽共患病暴发猛烈，流行迅速，呈全球性分布，如 SARS、尼帕病毒病；老病再发，且表现严重趋势，如结核病、布鲁氏菌病、口蹄疫等；病原复杂，多种病原混合感染，给预防和治疗带来巨大困难；耐药性或抗性增加，基因突变或抗原变异，病原适应环境的能力不断增强；基因重组或基因工程的使用，基因或微生物及产品可直接进入人体，使人体与微生物之间的关系呈现新变化。这些都为公共卫生增加了新的问题与挑战。

人兽共患病感染给人的途径是多方面的，据调查通过食物传播的人兽共患病占半数以上。发生食物感染的主要因素有：缺乏食品卫生知识和加工烹调、饮食习惯带来的感染。当前，通过食品传染给人的常见的人畜共患病病原微生物有 20～40 种。人畜共患病病原微生物污染食品后，除了对人体健康产生严重危害外，对畜牧业的发展也将产生严重危害。为了保证人们身体健康，促进畜牧业的发展，必须加强食品中病原微生物、特别是人畜共患病病原微生物的检验工作，尤其是食用动物或屠宰动物的宰前宰后检验，做好风险评估工作，严把病从口入关，积极发挥兽医公共卫生的社会作用和责任。

全球一体化使全球贸易、旅游及各种交往更加频繁，特别是生态旅游或落后的防范意识及卫生措施使一些新种类人兽共患病暴发，如埃博拉、新冠状病毒等人兽共患病不断出现。今天是遥远国家的"外来病"，明天可能就会直接展现你的眼前。人兽共患病还体现人类与动物的密切关系，动物的健康就是人类的安全，人类的安全需要动物的健康。

按动物与人之间的关系，可将人兽共患病分成如下几类。

犬来源的人畜共患病：犬布鲁氏菌病，弯曲菌病，犬绦虫病（瓜实绦虫），隐孢子虫病，狂犬病，（北美）芽生菌症，艾利希氏体病（Ehrlichiasis），莱姆病，毛囊虫病，抗甲氧苯青霉素金黄色葡萄球菌感染症，犬咬感染症，艰难梭菌相关性腹泻，皮肤/内脏利什曼原虫病，钩端螺旋体病，胃螺杆菌，人胃螺旋体（Gastrospirillum hominis）病，共尾绦虫病，胞虫病（棘球蚴病），内脏仔虫移行症，洛矶山斑疹热，心丝虫病，疥癣虫病，贾弟虫病，粪杆线虫病，皮肤仔虫移行症，沙门菌病，皮癣菌病，小肠结肠炎耶尔森氏菌病等。

猫来源的人畜共患病：猫抓病，鼠疫，弯曲菌病，内脏仔虫移行症，皮肤/内脏利什曼原虫病，Q 热，狂犬病，疥癣虫病，弓形虫病，皮肤仔虫移行症，钩端螺旋体病，巴氏杆菌呼吸道感染症，皮癣菌病，沙门菌病，动物鹦鹉热衣原体病，猫立克次体感染症，孢子丝状菌病，伪结核耶氏菌病，犬绦虫（瓜实虫）病，猫咬感染症等。

牛来源的人畜共患病：炭疽，无钩绦虫病，布鲁氏菌病，口蹄疫，蜱媒脑炎，牛海绵状脑病，牛结核病，狂犬病，伪牛痘，沙门菌病，O157：H7 大肠杆菌感染症，耶氏菌病，牛痘，钩端螺旋体病，链球菌病，贾弟虫病，隐孢子虫病，化脓性放线菌感染症，Q 热，新型库贾氏病，牛、羊肝吸虫病，口蹄疫，日本血吸虫病，新包虫病等。

猪来源的人畜共患病：炭疽，猪钩虫病，猪丹毒丝菌病，隐孢子虫病，有钩绦虫病，黄杆菌感染症，沙门菌病，第二型猪链球菌感染症，肉孢子虫感染症，疥癣虫病，狂犬病，芽胞梭菌感染症，猪水疱病，口蹄疫，弓形虫病，巴氏杆菌病，流行性感冒，旋毛虫病，耶氏菌病，钩端螺旋体病，日本脑炎，其他链球菌感染症，布鲁氏菌病，尼帕病毒感染症，阿米巴感染症等。

羊来源的人畜共患病：弯曲菌病，炭疽，羊接触传染性化脓性口炎，蜱媒脑炎，贾弟虫病，Q 热，沙门菌病，布鲁氏菌病，隐孢子虫病，钩端螺旋体病，狂犬病，跳跃病，裂谷热，兔热病，放线杆菌感染症，耶氏菌病，沙眼衣原体病（绵羊株），牛、羊肝吸虫病等。

啮齿类来源的人兽共患病：阿根廷出血热，鼠咬热，钩端螺旋体病，狂犬病，蜱媒回归热，鼠疫，玻利维亚出血热，汉坦病毒感染症，李氏杆菌病，立克次体痘，皮癣菌病，委内瑞拉出血热，贾弟虫病，拉萨热，恙虫病，地方性斑疹伤寒，土拉菌病（兔热病），淋巴脉络丛脑膜脑炎，耶氏菌病，膜壳绦虫病，短小绦虫病，螺杆菌感染症，猴痘，沙门菌病，毛细线虫病，隐孢子虫病，旋毛虫病等。

马来源的人畜（兽）共患病：狂犬病，炭疽，鼻疽，钩端螺旋体病，沙门菌病，隐孢子虫病，布鲁氏菌病，亨德拉病毒病，耶氏菌病，流行性淋巴管炎，放线杆菌感染症等。

鸟禽来源的人兽共患病：禽流感，弯曲菌病，鹦鹉热衣原体病，丹毒丝状菌病，新城疫，巴氏杆菌病，沙门菌病，组织胞浆菌病，西尼罗病毒热，耶氏菌病，新型流行性感冒，隐球菌病等。

两栖爬行动物来源的人兽共患病：沙门菌病，蛇螨（Ophionyssus natricis）寄生，嗜水气单胞菌感染，大肠杆菌病，幼裂头绦虫病，溃疡分枝杆菌感染症，芽胞梭菌感染症，舌虫感染症（pentastosomiasis），迟钝爱德华氏菌感染症，弯曲菌病等。

蝙蝠来源的人兽共患病：狂犬病，立百病毒感染症，组织胞浆菌病，亨德拉病毒病，SARS等。

非人灵长类来源的人兽共患病：疱疹B病毒感染症，埃博拉病毒出血热，猴痘，马尔堡病毒出血热，杆菌性痢疾，黄热病等。

鱼来源的人兽共患病：霍乱，肉毒杆菌中毒，膨结线虫病（又称巨肾虫病，由 *Dioctophyme renale* 所引起），肠炎弧菌食物中毒，类丹毒，横川吸虫病，异尖线虫病，棘口吸虫病等。

人兽共患病传播模式包括直接人与动物接触传染、食源性人兽共患病、反向人兽共患病、疾病侵袭、移植性人兽共患病、嗜兽癖等方式。

第七章
人兽共患病的卫生监督与检验

第一节　人兽共患细菌病卫生监督与检验

1. 炭疽

（1）流行病学

炭疽（anthrax）是由炭疽杆菌（图7-1，图7-2）引起的人畜共患的一种急性、热性、败血性传染病。临床特征是突发高热，可视黏膜发绀及天然孔出血。剖检以尸僵不全、血凝不良、皮下和浆膜下结缔组织出血性胶样浸润、脾脏急性肿大等败血症变化为特征。

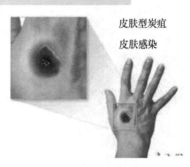

皮肤型炭疽
皮肤感染

图7-3　皮肤型炭疽（一）

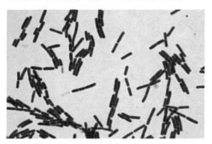

图7-1　炭疽杆菌菌体（革兰氏染色）

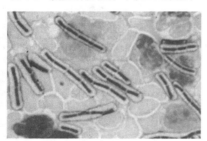

图7-2　炭疽杆菌典型荚膜

传播途径如下。

1）经皮肤黏膜：由于伤口直接接触病菌而致病。病菌毒力强可直接侵袭完整皮肤（图7-3，图7-4）。

2）经呼吸道：吸入带炭疽芽胞的尘埃、飞沫等而致病。

3）经消化道：摄入被污染的食物或饮用水等而感染。

炭疽杆菌是存在于土壤中的野生动物的致病菌，尤其是草食动物，如牛、羊、马、骡子及山羊等。人感染本病往往是直接接触病畜，解剖和处理尸体或染有炭疽病原体的畜产品的结果，故常发生于从事屠宰、制革、梳毛等的人员，食用炭疽病畜肉或含炭疽芽胞的食物可引发肠炭疽，所以本病在公共卫生上的意义重大。

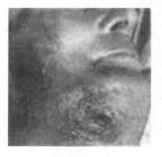

图7-4　皮肤型炭疽（二）

（2）宰前鉴定

1）最急性型与急性型：见于牛、羊。

最急性型多发生于羊，此型发病急剧，其特征表现为：突然站立不稳，全身痉挛，迅即倒地；高热，呼吸困难，天然孔出血，血凝不全，常在数小时内死亡。

急性型多发生于牛，主要表现为：精神不振，体温升高至42℃，反刍停止，食欲废绝，行走蹒跚，肌肉震颤，初便秘，后腹泻带血，腹痛，尿暗红。呼吸高度困难，可视黏膜发绀或有出血点，急性者一般1～2d死亡。

2）亚急性型（痈型炭疽）：症状与急性型相似，但表现缓和。牛、马的痈型炭疽可见颈、胸、腹、咽喉、外阴等部皮肤出现界限明显的局灶性炎性肿胀，称为炭疽痈，开始热痛，不久则变冷无痛，甚至软化龟裂，发生坏死，形成溃疡。病程多为2～5d。

3）咽峡型：猪对炭疽的抵抗力较强，因此，局部症状比较明显。典型症状为咽型炭疽，咽喉部和附近淋巴结肿胀，体温升高，精神萎靡，食欲不振；症状严重时，黏膜发绀，呼吸困难，最后窒息而死。但很多病例，临诊症状不明显，屠宰后才发现有病变。

肠炭疽常伴有消化道症状，便秘或腹泻，轻者可恢复，重者死亡。猪炭疽的败血型极少见。

（3）宰后鉴定

宰后检验见到的炭疽与炭疽病死尸体所见不同，常不典型。多为痈型炭疽、咽峡型炭疽、肠型炭疽和肺型炭疽等。

1）痈型炭疽：牛宰后检验时多见。主要病变是痈肿部位的皮下有明显的出血性胶样浸润，病区淋巴结肿大、周围水肿，淋巴结切面呈暗红色或砖红色，并有点状、条状或巢性出血，还往往有小的坏死灶。个别病牛出现脾脏肿大、脾髓软化等炭疽脾的变化。

2）咽峡型炭疽：猪宰后检验以咽峡型炭疽最为常见，其病变特征是，咽峡部一侧或双侧的颌下淋巴结肿大、充血，周围组织有明显的水肿和胶样浸润，淋巴结的切面呈淡粉红色、樱桃红色或砖红色，并有数量不等的紫黑或黑红色小坏死灶。此外，扁桃体也常发生充血、水肿、出血及溃疡，表面常被覆一层灰黄色痂膜。横切扁桃体，痂膜下有暗红色楔形或犬齿状病灶，其中有针尖大紫黑色、黑色或灰色坏死斑点，涂片镜检，可找到炭疽杆菌。

镜检时，如发现有大杆菌，菌体两端平齐，大多彼此相连成竹节状链条，外有明显荚膜，就可诊断为炭疽。但在猪的病料涂片中，炭疽杆菌往往表现为多形性，排列也很不一致。有的有荚膜，有的没有荚膜，荚膜厚薄不均，并可见到已失去繁殖能力的"菌影"及菌体碎片。如要确诊，须进一步通过动物试验，使变异的炭疽杆菌恢复其典型的形态。

3）肠型炭疽：猪肠型炭疽主要见十二指肠和空肠前半段的少数或全部肠系膜淋巴结肿大、出血、坏死，其病变与咽型炭疽相似。肠型炭疽痈邻近的肠系膜呈出血性胶样浸润，散布纤维素凝块，肠系膜淋巴结肿大、出血，切面呈暗红色、樱桃红色或砖红色，质地硬脆。与病变肠管、肠系膜淋巴结相连的淋巴管，也有出血性炎症而呈明显的红线样或虚线状。少数病例可见到因为炭疽痈形成而使局部肠管变得粗大的现象。

4）肺型炭疽：猪肺型炭疽比较少见。膈叶上有大小不等的暗红色实质肿块，切面呈樱桃红色或山楂糕样，质地硬脆、致密，并有灰黑色坏死灶。支气管淋巴结和纵隔淋巴结肿大，周围胶样浸润。

5）脾炭疽：脾肿大3～5倍，甚至破裂。脾髓呈黑红色，质软如半凝固血液。猪患脾炭疽时，脾组织色泽正常，也无肿胀，仅在脾表面形成若干出血性梗死，突出于表面呈黑红色，脾切面呈黑色或砖红色（图7-5）。

（4）兽医卫生评价与处理

1）宰前在畜群中发现炭疽病畜或可疑病畜时，不能急宰。牛、羊在急宰前，必须进行血片检查。未经检验，不得先行屠宰放血。如果发现喉部肿胀须剔出急宰的猪，除应在急宰间进行外，尚须准备好必要的消毒药品和采取防范措施。

图7-5 炭疽牛脾
脾大、松软呈黑色

2）炭疽患畜的胴体、内脏、皮毛及血（包括被污染的血），应于当日用不漏水的工具运送至化制处或指定地点全部作工业用或销毁。

3）猪慢性局部炭疽，宰前无高温及其他症状，宰后局部淋巴结发现病变和炭疽菌体者，其胴体、内脏应作工业用或销毁。

4）猪慢性局部炭疽，仅于头部一个淋巴结发现菌影，其他淋巴结或血液中未发现菌体或菌影者，除头部作工业用或销毁外，胴体、内脏可先存放于隔离冷藏室中，再将发现菌影的淋巴结进行细菌培养和动物接种，如检查未发现炭疽菌，则高温处理后出场。

5）被炭疽污染或可疑被污染的胴体、内脏应在6h内高温处理后出场，不能在6h内进行者须作工业用或销毁。血、骨、毛等只要有被污染的可能，均应作工业用或销毁。

6）经镜检、血清沉淀反应及细菌培养后，仍判定为疑似炭疽的胴体、内脏及副产品，处理办法同5）。

2．结核病

（1）流行病学

结核病（tuberculosis）是由结核分枝杆菌（图7-6）引起的一种人畜共患慢性传染病。病理特征是在多种组织器官形成特异性肉芽肿和干酪样坏死及钙化病变。该病在屠畜中最常见于牛，其次是猪和鸡，羊少见，马更少见。结核病菌主要分人型、牛型、禽型3种，此外还有对人畜无致病力的鼠型。3种主要结核病的病原体均可感染人体。人感染动物结核病多由牛型结核分枝杆菌所致，而且感染主要是饮用生牛乳引起，也能通过病畜肉传播给人。这说明动物源是人结核病的重要来源。

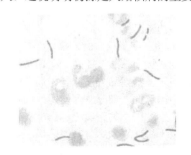

图7-6 结核分枝杆菌

我国是世界上22个结核病高负担国家之一，我国现有结核病患者约 500 万，主要集中在 25 岁及以上人群；其中肺结核病患者 150 万；每年约有 13 万人死于结核病，死亡平均年龄为 55.2 岁。

（2）宰前鉴定

结核病患畜的生前症状随患病器官而不同，其共同表现为全身渐进性消瘦和贫血，尤其是患牛最为明显。

1）肺结核：患畜常出现咳嗽，呼吸迫促，呼吸音粗厉并伴有罗音或摩擦音。

2）乳房结核：有的表现为单纯的乳房肿胀，肿胀界限不明显，同时无热无痛；有的表现为表面凹凸不平的坚硬肿块或乳房实质中有多个不痛不热的坚硬结节。泌乳期可见乳汁稀薄如水，颜色微绿，内含大量白色絮片和碎屑。

3）肠结核：表现为便秘和下痢交替出现，或持续性下痢。

4）淋巴结结核：常见于颌下淋巴结、肩前淋巴结、咽淋巴结和颈淋巴结等。主要特征是淋巴结肿大发硬，无热痛。猪结核在临诊上能被发现的多为淋巴结的结核。

宰前检验确诊该病时，要进行结核菌素点眼或皮内注射。

（3）宰后鉴定

结核病畜的胴体通常都比较消瘦，器官或组织形成结核结节或干酪样坏死是结核病的特征性病变。

1）特异性结核结节：由于动物机体反应性不同，结核结节可分为增生性和渗出性两种类型。

A．增生性结核结节：是最为多见的一种病变，其特点是大小不一，呈针头大、粟粒大乃至鸡蛋大，多为灰白色或淡黄色，坚实；新鲜的结节周围有红晕，陈旧的结节常发生钙化，钙化后在结节周围有灰白色的结缔组织。在浆膜上的结核结节常呈珍珠样的病灶（图 7-7）。

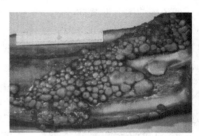

图 7-7　浆膜上珍珠样结节

B．渗出性结核结节：比较少见，其病变比较坚实，切面呈黄白色干酪样坏死，病灶周围有明显的炎性水肿。有时可表现为渗出性炎症过程。组织内出现纤维蛋白性或脓性渗出物，伴以淋巴细胞的弥漫性浸润。

2）干酪样坏死：随着结核病程的发展，特异性结节的中心区多陷于坏死，形成干酪样或灰浆状物质（图 7-8～图 7-10）。

图 7-8　肺结核干酪样结节

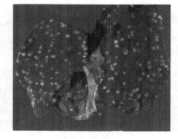

图 7-9　肝结核结节

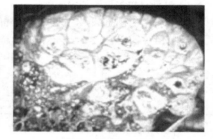

图 7-10　干酪样结核结节

3）发病部位：结核病变可发生在体内任何器官和淋巴结。肉检中，牛以肺、胸膜、支气管淋巴结和纵隔淋巴结的结核病变最为多见；其次，消化器官的淋巴结，腹膜和肝也常发生。猪的结核病变最常见于头部和肠系膜淋巴结，肝和脾病变比牛更为常见。羊的结核病变常见于胸壁、肺和淋巴结。

4）发病程度：宰后检验时，要全面了解结核病的发病程度，明确是局部性结核还是全身性结核，以便准确地评价结核病屠畜的肉品卫生质量。局部性结核病是指个别脏器或小循环的一部分脏器发病，如肺、胸膜及胸腹腔各自的个别淋巴结的结核等。全身性结核是指结核分枝杆菌经由大循环进入脾、肾、乳房、骨和胴体的淋巴结，而使不同部位的组织器官同时出现结核病变。通常肝结核和胴体的某一淋巴结有结核病变不一定就是全身性结核的表现，而粟粒性结核病变则无疑是全身性的表现。

（4）兽医卫生评价与处理

1）患全身性结核病，且胴体瘠瘦者（全身没有脂肪层，肌肉松弛，失去弹性，有浆液浸润或胶冻状物），其胴体及内脏作工业用或销毁。

2）患全身性结核而胴体不瘠瘦者，病变部分销毁，其余部分高温处理后出场。

3）胴体部分的淋巴结有结核病变时，有病变的淋巴结割下作工业用或销毁，淋巴结周围部分肌肉高温处理后出场，其余部分不受限制出场。

4）肋膜或腹膜局部发现结核病变时，有病变的膜割下作工业用或销毁，其余部分不受限制出场。

5）内脏或内脏淋巴结发现结核病变时，整个内脏作工业用或销毁，胴体不受限制出场。

6）患骨结核的家畜，有病变的骨剔出作工业用或销

兽医公共卫生学

毁，胴体和内脏高温处理后出场。

3. 鼻疽

（1）流行病学

鼻疽（glanders）是由鼻疽杆菌引起的单蹄兽（马、驴、骡）的一种传染病。狗、猫、狮、虎等食肉动物和骆驼及人也能感染本病。通常马呈慢性经过，骡、驴多为急性。病变特征是在鼻腔和皮肤形成特异性鼻疽结节、溃疡和瘢痕，在肺脏、淋巴结和其他实质脏器内发生鼻疽性结节。

图7-11 马下颌和齿龈鼻疽病

1）肺鼻疽：常突发鼻衄血，或咳出带血黏液，并可发生干性无力短咳，呼吸次数增加。

2）鼻腔鼻疽：可见一侧或两侧鼻孔流出浆液或黏液性鼻汁，鼻黏膜潮红并有小米粒至高粱粒大小的黄白色小结节，周围绕以红晕。结节迅速坏死，崩解，形成溃疡，溃疡愈合后可形成放射状或冰花状疤痕。颌下淋巴结肿大，初期触摸有痛感，能活动，其后则无痛，且固着不能移动。

3）皮肤鼻疽：主要发生在四肢、胸侧及腹下，尤以后肢较多见。病初局部皮肤炎性肿胀，继而发生鼻疽结节，结节破溃后形成深陷的溃疡。结节常沿淋巴管径路向附近蔓延，形成串珠状肿。

宰前应对鼻疽可疑患畜进行鼻疽菌素点眼试验。

（3）宰后鉴定

1）鼻疽性肺炎：鼻疽的特异病变多见于肺脏。肺脏的鼻疽病变主要是鼻疽结节和鼻疽性肺炎。在肺实质内出现小米粒大至小豆大结节，新生者为灰色胶状透明，中央部呈灰黄色，质坚韧，周围有暗红晕；陈旧者呈灰白色，常发生钙化或干酪化，周围有结缔组织包围，结节通常略高于肺胸膜表面。鼻疽性肺炎有支气管肺炎、小叶性肺炎和融合性支气管肺炎3种情况。

2）其他器官病变：上呼吸道黏膜，尤其是鼻中隔有粟粒大的灰白色或淡黄色小结节并可形成溃疡，重者穿孔，愈合瘢痕常呈现放射状。皮肤、淋巴结、肝、脾等受侵害时，也表现类似的鼻疽结节变化。

（4）兽医卫生评价与处理

1）鼻疽病畜不得屠宰加工，应采用不放血的方法扑杀。

2）鼻疽病畜的胴体、内脏、血液和皮张全部作工业

鼻疽杆菌的生物地理分布范围与其天然宿主的分布相同。而鼻疽病马是本病的重要传染源。人类通过与病畜（马、骡、驴等）直接接触和飞沫传播而致病，人主要通过损伤的皮肤或黏膜感染，也可以经消化道感染，发病后常在病原体入侵处形成鼻疽结节或溃疡，局部淋巴结和输出淋巴管呈现炎性肿胀。

（2）宰前鉴定

根据临诊症状本病可以分为肺鼻疽、鼻腔鼻疽和皮肤鼻疽（图7-11）。

用或销毁。

3）可疑被鼻疽污染的胴体及内脏，高温处理后出场，皮张及骨骼消毒后利用。

4. 布鲁氏菌病

（1）流行病学

布鲁氏菌病（brucellosis）是由布鲁氏菌引起的人畜共患传染病。家畜中牛、羊和猪最为易感。其特征是生殖器官和胎膜发炎，引起流产、不育和各种组织的局部病灶。

人可通过与病畜或带菌动物及其产品的接触，食用病畜肉、未经消毒的乳及乳制品而感染发病。

国际上将布鲁氏菌分为马耳他（羊）、流产（牛）、猪、犬、森林鼠及绵羊附睾等6个生物种，19个生物型，即羊种（3个生物型）、牛种（8个生物型，牛3型和牛6型菌的生物特性是一致的，1982年国际微生物学会布鲁氏菌分类学会将其合并为一个生物型，称为3/6型）、猪种（5个生物型，原为4型，1982年国际会议上增加第5型）、森林鼠种（1个生物型）、绵羊附着（1个生物型）和犬种（1个生物型）。我国以羊种菌占绝对优势，其次为牛种菌，猪种菌仅存在于少数地区。近年发现在23个省区，犬中的犬种感染率为7.5%，五省区抽样调查，人群的感染率为6.1%。人感染来源于犬的可能性也非常大，需要关注。

本病全球分布，每年上报WHO的病例数逾50万。地中海地区、亚洲及中南美洲为高发地区。国内多见于内蒙古、东北、西北等地区，近几年流行较为严重。全国104个疫区均达到基本控制标准，但20世纪90年代以来，散发病例以30%～50%的速度增加，个别地区还发生暴发流行。2007年以来国内呈较为猛烈的上升趋势。

1）传染源：羊在国内为主要传染源，其次为牛和猪。

这些家畜得本病后，早期往往导致流产或死胎，阴道分泌物特别具传染性，其皮毛、各脏器、胎盘、羊水、胎畜、乳汁、尿液也常染菌。病畜乳汁中带菌较多，排菌可达数月至数年之久。

2）传染途径：在国内牧民接羔为主要传染途径，兽医为病畜接生及直接接触也极易感染。此外，剥牛羊皮、剪打羊毛、挤乳、切病毒肉、屠宰病畜、儿童玩羊等均可受染，病菌从接触处的破损皮肤进入人体。实验室工作人员常可由皮肤、黏膜感染细菌。进食染菌的生乳、乳制品和未煮沸病畜肉类时，病菌可自消化道进入体内。病菌也可通过呼吸道黏膜、眼结膜和性器官黏膜而发生感染。

3）易感人群：人群对布鲁氏菌普遍易感，青壮年男性由于职业关系，其发病率高于女性。国内以疫区牧民和兽医人员的感染率最高，多发生于春末夏初或夏秋之间，乃与羊的产羔季节有关。患病后有一定的免疫力。

（2）宰前鉴定

怀孕母畜流产是主要症状，多见于妊娠后期。流产前精神不振，食欲下降，阴唇和乳房肿胀，阴道黏膜红肿，出现红色小结节，流出污秽的分泌物。流产时胎衣往往滞留，胎儿死亡。公畜主要表现为睾丸炎或附睾炎，有些病例呈现关节炎、黏液囊炎，常侵害膝关节和腕关节，关节肿胀、疼痛，出现跛行（图7-12）。必要时可进行全血凝集试验和试管凝集反应，进行确诊。

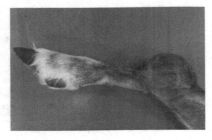

图7-12　羊关节肿胀

（3）宰后鉴定

如发现屠畜有下列病变之一时，应考虑有布鲁氏菌病的可能。

1）牛、羊患阴道炎、子宫炎、睾丸炎等。屠猪有阴道炎、睾丸炎及附睾炎、化脓性关节炎、骨髓炎，子宫黏膜有较多的高粱米粒大的黄白色结节，向子宫内突出，通常称为子宫粟粒性结节（图7-13）。

图7-13　羊睾丸肿胀

2）肾皮质部出现荞麦粒大小的灰白色结节。

3）管状骨或椎骨中积脓或形成外生性骨疣，使骨外膜表面呈现高低不平现象。

为了确诊，可作病变组织切面的印压片或脓肿的涂片，用沙黄-亚甲蓝鉴别染色法染色，布鲁氏菌被染成红色。

（4）兽医卫生评价与处理

1）家畜宰前有症状，并在宰后发现病变确认为布鲁氏菌病者，其胴体、内脏须作工业用或销毁。

2）患病畜毛皮盐渍60d后出场；胎儿毛皮盐渍3个月后出场。

3）宰前血清学诊断为阳性而无症状，宰后检验无病变的家畜，其生殖器官及乳房、内脏作工业用或销毁。胴体高温处理后出场。

5. 丹毒丝菌病

（1）流行病学

丹毒丝菌病（*Erysipelothrix rhusiopathiae* disease）又称猪丹毒（swine erysipelas），是由丹毒丝菌（又名猪丹毒杆菌）引起的一种人畜共患的急性、热性传染病。主要表现为急性败血型和亚急性疹块型，也有的为慢性关节炎或心内膜炎。

本病主要发生于猪（架子猪），其他家畜、家禽及一些鸟类和鱼也可感染。人的感染发病主要是丹毒丝菌从损伤的皮肤或黏膜侵入（图7-14），很多渔民手指感染，也可通过吃肉感染，称为"类丹毒"病。病猪和带菌猪是本病的传染源。35%～50%健康猪的扁桃体和其他淋巴组织中存在此菌。病猪、带菌猪及其他带菌动物（分泌物、排泄物）排出菌体污染饲料、饮水、土壤、用具和场舍等，经消化道传染给易感猪。本病也可以通过损伤皮肤及蚊、蝇、虱、蝉等吸血昆虫传播。屠宰场、加工厂的废料、废水，食堂的残羹，动物性蛋白质饲料（如鱼粉、肉粉等）喂猪常常引起发病。

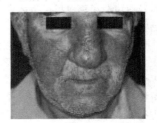

图7-14　人面部红疹

（2）宰前鉴定

1）急性败血型：体温升高达42℃以上，呈稽留热型，寒颤，喜卧阴湿地方，食欲废绝，间有呕吐，离群独卧。发病1～2d后，皮肤上出现红斑，其大小不等，形状不同，耳、腹及腿内侧较多见，指压时退色。

2）亚急性疹块型：特征性症状是在颈、肩、胸、腹、背及四肢等处皮肤上出现圆形、方形、菱形或不规则形的红色疹块，疹块稍高出皮肤表面，边缘部分呈灰紫色，有的表面中心产生小水疱，或变成痂块（图7-15）。有的痂块自然脱落，留下缺毛的疤痕。

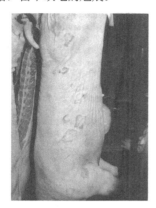

图7-15 疹块型猪丹毒皮肤病变

3）慢性型：四肢关节，特别是腕关节、跗关节常发生关节炎，出现运动障碍。有的病猪皮肤成片坏死脱落，也有耳壳或尾巴甚至蹄壳全部脱落的。

图7-16 慢性猪丹毒疣性心内膜炎

（4）兽医卫生评价与处理

1）急性猪丹毒的胴体、内脏和血液作工业用或销毁。

2）其他类型且病变轻微的，胴体及内脏高温处理后出场，血液作工业用或销毁，皮张消毒后利用，脂肪炼制后食用。

3）皮肤上仅见灰黑色痕迹而皮下无病变的病愈丹毒猪，将患部割除后出场。

6. 巴氏杆菌病

（1）流行病学

巴氏杆菌病（pasteurellosis）是由多杀性巴氏杆菌引起的一种畜禽、野生动物和人共患的传染病。急性病例以败血症和出血性炎症为特征，所以又名出血性败血症，简称"出败"。慢性病例常表现为皮下结缔组织、关节、各脏器的局灶性化脓性炎症，多与其他疾病混合感染或继发。屠畜中以牛、猪和绵羊发病较多。人患本病较少见，多由动物咬伤、抓伤所致。

病畜、病禽的排泄物、分泌物及带菌动物均是本病重要的传染源。主要通过消化道和呼吸道，也可通过吸血昆虫和损伤的皮肤、黏膜而感染。能感染此病的动物很多，家畜中以各种牛、猪、兔、绵羊发病较多，山羊、鹿、骆驼、马、驴、犬、猫和水貂等也可感染发病，但报道较少。禽类中以鸡、火鸡和鸭最易感，鹅、鸽次之。已有20多种野生水禽感染本病的报道。发病动物以幼龄为多，较为严重，病死率较高。

本病的发生一般无明显的季节性，但以冷热交替、气候剧变、闷热、潮湿、多雨的时期发生较多。

（2）宰前鉴定

1）猪巴氏杆菌病（猪肺疫）。

A．最急性型：常无明显症状。病程稍长的，则出现发热，呼吸困难，呈犬坐姿势，口鼻流出泡沫，咽喉部肿胀，有热痛。

B．急性型：主要表现纤维素性胸膜肺炎症状。体温升高，咳嗽，有鼻漏和脓性结膜炎，耳根和四肢内侧有红斑。

C．慢性型：病猪主要表现慢性肺炎或慢性胃肠炎症状。

2）牛巴氏杆菌病（牛出血性败血症）。

A．败血型：病牛普遍表现为精神沉郁，体温升高，呼吸、脉搏加快，食欲废绝，反刍停止，眼结膜潮红，流泪，粪便粥样或带血。

B．水肿型：除全身症状外，可见咽喉部、颈部、垂肉和胸前部的皮下组织有明显的炎性水肿。水肿有时

（3）宰后鉴定

1）急性败血型：胴体的耳根、颈部、胸前、腹壁和四肢内侧等处皮肤上，见有不规则的鲜红色斑块，指压退色。红斑可相互融合成片，微隆起于周围正常的皮肤表面。全身淋巴结充血肿胀，切面多汁，呈红色或紫红色。脾肿大明显，质地柔软，呈樱桃红色，切面外翻，结构模糊不清。肾脏肿大淤血，皮质部可见大小、多少不等的小点状出血，切面常有肿大出血的肾小球显现。肺充血、水肿。心包积液，心冠脂肪充血发红，心内外膜点状出血。胃肠黏膜呈急性卡他性或出血性炎症变化。

2）亚急性疹块型：疹块部的皮肤和皮下结缔组织充血并有浆液浸润和出血，或有坏死。有的疹块坏死脱落，留下灰色的疤痕。内脏病变同败血型。

3）慢性型：主要病变是在二尖瓣上有菜花状赘生物，见图7-16。四肢关节变形肿大或粘连，切开腕关节和跗关节的肿胀部分，有黄色浆液流出，其中常混有白色絮状物。

255

也见于会阴部和四肢。病牛呼吸困难，呻吟，流涎，黏膜和皮肤发绀。

C. 肺炎型：以纤维素性胸膜肺炎为主。病牛呼吸困难，伴有痛苦的咳嗽，流出泡沫状或脓样鼻液。胸部叩诊有浊音区和痛感，听诊有明显的罗音和摩擦音。

3）羊巴氏杆菌病：急性病例，表现体温升高，精神沉郁，呼吸加快，咳嗽，眼结膜潮红并有黏液分泌物，食欲废绝，便秘或拉稀，有时排血样便，颈、胸部水肿。重者常因腹泻虚脱而死亡。慢性病例，可见不食和消瘦，咳嗽，呼吸困难，有黏液脓性鼻液流出，有时颈部和胸部水肿，且有角膜炎，粪便稀薄并发出恶臭难闻气味。

4）鸡巴氏杆菌病（禽霍乱）。

A. 最急性型：发病急骤，常突然摇头倒地，死前看不到明显的临床症状，死前体温升高，冠呈蓝紫色，较肥或高产的禽容易发生。

B. 急性型：病禽精神委顿，呆立一隅，嗜睡，羽毛蓬乱，翅下垂，常将头藏于翅内。食欲不振或废绝，口渴，呼吸困难，从口鼻流出淡黄色泡沫状黏液，冠及肉髯青紫，肉髯肿胀（图7-17）。常发生剧烈下痢。病鸭有拍水表现，常因呼吸困难而张口呼吸，并常摇头，于1～3d死亡。

图 7-17 肉垂暗红色水肿

C. 慢性型：病禽日渐消瘦，精神委顿。冠及肉髯显著肿大，苍白（图7-18）。常见关节肿大，甚至化脓，跛行。严重者鼻流黏液，鼻窦肿大，喉部蓄积分泌物，影响呼吸。

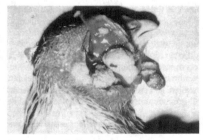

图 7-18 干酪样渗出

（3）宰后鉴定

1）猪：最急性型可见咽喉及其周围组织有明显的出血性浆液性炎症，颌下、咽喉头和颈部皮下呈胶冻样，有多量淡红色略透明的水肿液流出。颌下、咽后和颈部淋巴结明显发红肿大，切面多汁，并有出血点。全身浆膜、黏膜散布有点状出血。

急性型和慢性型以典型的纤维素性胸膜肺炎为特征。肺炎病变主要见于尖叶、心叶和膈叶的前部，严重的可波及整个肺叶。有大小不等的肝变区，颜色从暗红、灰红到棕绿色。肝变区的切面可见间质增宽，常杂有大小不等、形状不一的灰黄色坏死灶，眼观呈大理石样花纹。胸膜也伴发浆液性纤维素性炎症，附有黄白色纤维素性薄膜，胸腔积有含纤维蛋白凝块的浑浊液体。

病程长的，肺炎区往往可见更大的坏死灶，肺胸膜增厚，并与肋胸膜、心包发生纤维素性粘连，肺脏淋巴结肿大、充血和出血，有时可见化脓性坏死性炎症变化。

2）牛：败血型可见全身黏膜、浆膜均散布点状出血。心、肝、肾等实质器官变性。全身淋巴结发红、肿大，切面有出血点。胸、腹腔和心包腔蓄积多量混有纤维素的渗出液。

水肿型的主要病变是头、颈、胸前部等处皮下水肿部位见黄色胶样浸润，有淡黄色稍浑浊的液体流出。颌下、咽后、颈部及纵隔淋巴结显著肿胀、充血，上呼吸道黏膜表现卡他性炎症变化。有时全身浆膜、黏膜也散布点状出血。

肺炎型以纤维素性肺炎和胸膜炎变化为主。其病变基本同猪巴氏杆菌病。

3）羊：常见颈部和胸下部水肿，皮下有浆液性浸润和小点状出血。胸腔积有淡黄色混有纤维素的渗出液。肺水肿、淤血、出血，伴有肝变。胃肠道黏膜呈出血性炎症，其他器官可见水肿、淤血和出血。病程长的，可见纤维素性胸膜肺炎和心包炎。肝有坏死灶。

4）禽：最急性型的病理变化不明显，仅见心冠状沟部有针尖大的出血点，肝脏有细小的灰黄色坏死灶（图7-19）。急性型的在黏膜、浆膜及皮下组织呈现不同程度的出血点，十二指肠严重急性卡他性或出血性肠炎；心外膜有出血点，心包扩张，蓄积较多的淡黄色液体；肺充血，水肿，表面有出血点。肝肿大，柔软，棕色或棕黄色，质地脆弱，表面和切面散布针尖大至针头大灰黄色或灰白色坏死灶。慢性型的在关节和腱鞘内蓄积混浊或干酪样渗出物；有的肉髯肿大，并含有大量干酪样物；有的鼻腔或鼻窦内有渗出物；雌性常见卵泡形状不正，质地柔软，腹腔内有豆腐渣样黄色卵黄。内脏的特征性病变是纤维素性坏死性肺炎、胸膜炎和心包炎。

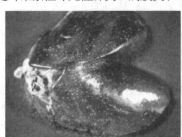

图 7-19 肝脏灰黄色坏死灶

兽医公共卫生学

（4）兽医卫生评价与处理

1）肌肉有病变时，胴体、内脏与血液作工业用或销毁。

2）病变轻微者，胴体及内脏高温处理后出场。

3）皮张消毒后出场。

4）羽毛消毒后出厂。

7. 棒状杆菌病

（1）流行病学

棒状杆菌病（corynebacteriosis）是由棒状杆菌属的细菌所引起的人类和动物共患的多型性传染病。各种动物的棒状杆菌病是由不同种类的棒状杆菌所引起，临床表现不尽一致，但通常以某些组织器官发生化脓性或干酪样病理变化为特征。

绵羊干酪性淋巴结炎，又称为绵羊假性结核病，是由化脓棒状杆菌（图7-20）所致的以淋巴结化脓为主要病理特征的一种慢性传染病。它是棒状杆菌病的典型代表，主要发生于绵羊，山羊和牛偶尔也能感染，但只局限在感染伤口附近的1个或几个淋巴结。

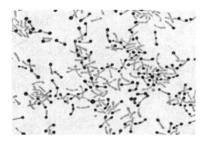

图7-20 化脓棒状杆菌菌体

化脓棒状杆菌感染 化脓棒状杆菌常引起牛、猪、绵羊、山羊、兔的化脓性疾病，其他动物少见，人也可感染。此菌常存在于健康动物的扁桃体、咽后淋巴结、上呼吸道、生殖道和乳房等处，由局部破伤感染，引起局部组织的炎症或脓肿，也可蔓延至其他组织器官发生化脓性病变。

肾棒状杆菌感染 本病以肾盂、肾组织、输尿管和膀胱的炎症为特征。本病主要发生于母牛，公牛很少见，传染可能因病牛的尿通过尾巴摆打污染健牛尿道生殖道口引起。

马棒状杆菌感染 又称幼驹传染性支气管肺炎。以1~6月龄幼驹发生化脓性支气管炎为特征。可经消化道和呼吸道感染。病驹在发病初期精神沉郁，食欲减退，时有咳嗽，随后出现稽留高温，结膜潮红，贫血，随着病情的发展，发生化脓性肺炎，呼吸迫促，鼻腔流脓液性分泌物，以后转为脓性。有的病驹关节肿大，最后卧地不起，多因脓毒败血症而死。

白喉棒状杆菌感染 人感染主要是由白喉棒状杆菌的外毒素引起，称为白喉（diphtheria）。表现为咽、喉、鼻等处黏膜坏死，形成伪膜，并有发热、无力等全身症状。严重者，可因咽喉伪膜脱落，阻塞呼吸道，导致患者窒息死亡。

（2）宰前鉴定

逐渐消瘦。体表淋巴结（多见于肩前和股前淋巴结）肿大，无痛、柔软，有的可达拳头大，化脓成熟时，脓汁初期稀薄，逐渐变成牙膏状、干酪样，严重时可引起运动障碍。侵害乳房时，则局部肿大，形成结节，高低不平。病变波及肺部时，则可见慢性支气管肺炎症状。乳山羊感染时，以头、颈部淋巴结较多见，淋巴结脓肿可自行破溃，结痂后痊愈，但也可在原处或周围再发，有的形成瘘管，老病灶由于钙盐沉着而呈灰砂样。

（3）宰后鉴定

1）淋巴结：本病最常受侵害的组织是淋巴结，主要是肩前淋巴结和股前淋巴结，其次是支气管淋巴结和纵隔淋巴结，腹腔淋巴结则以肠系膜淋巴结受侵害较为经常。淋巴结内形成淡绿色无臭的乳酪状脓汁，较新鲜的脓汁软似油灰，以后变成颗粒状干酪样，整个淋巴结形成一个数倍大的脓肿，周围绕结缔组织性包囊。较陈旧的脓肿常有钙盐沉着而变为白色或灰白色，钙化的干酪样切面脓汁呈同心的轮层状，颇似洋葱切面，在脓肿的周围有厚的结缔组织性包囊。

2）肺脏：肺脏也是最常受侵害的器官，肺部病变为弥漫性支气管肺炎。肺炎区内散布软化的干酪样化脓灶（图7-21），或是大小不等、数量不一的小结节，并常继发胸膜炎，而造成胸膜粘连，胸腔蓄积大量浆液。肺的结节性病灶与淋巴结所见相同，只是病灶的外周还有狭窄的支气管肺炎区。

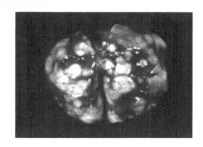

图7-21 肺的红白相间实质变性

病变由肺脏扩散到其他器官的比较少见，但也偶尔在肾皮质可以发现转移性病灶。其他内脏，主要是肝脏和脾脏可能出现典型的孤立性脓肿。

3）乳房：乳房受侵害多半是由局部皮肤伤口感染所引起。急性表现为乳腺的弥漫性化脓性炎症；慢性则形成有包囊的脓肿，脓汁的性状与淋巴结相同。严重的，肌肉内见有多发性脓肿。

在山羊，受侵害的淋巴结以腮淋巴结为最常见，其次是颈部和肩前淋巴结，少数为乳房与股前淋巴结。其脓汁较稀软，黄白色或黄绿色，初如米汤样，后变黏稠，切面没有轮层状结构。陈旧病灶因有钙盐沉着，干酪样物呈灰砂状。

（4）兽医卫生评价与处理

1）患病的器官和淋巴结作工业用或销毁。

2）胴体消瘦且多处淋巴结患病的，胴体、内脏全部销毁或作工业用。

3）胴体不消瘦，仅肺及个别淋巴结患病的，局部割除销毁，其他部分不受限制利用。

8．坏死杆菌病

（1）流行病学

坏死杆菌病（necrobacillosis）是由坏死杆菌引起的多种哺乳动物和禽类的一种慢性传染病。特征是以蹄部皮肤、皮下组织或消化道黏膜的坏死性炎症与溃疡为特征。病原扩散，可使全身组织和内脏形成转移性坏死灶。猪、牛、羊、鹿和马均能感染，禽的易感性较小。人可经皮肤、黏膜创伤而感染（图7-22）。

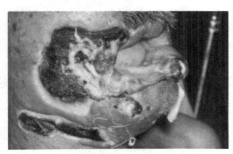

图7-22　人齿龈坏死

本病对猪、绵羊、牛、马最易感染，此病呈散发或地方性流行，在多雨季节、低温地带常发本病，水灾地区常呈地方性流行感染发病，如饲养管理不当，猪舍脏污潮湿，密度大，拥挤、互相咬斗，母猪喂乳时，小猪争乳头造成创伤等情况，都会造成感染发病，如猪圈内有尖锐物体也极易发病，仔猪生齿时也易感染。

（2）屠宰鉴定

1）猪坏死杆菌病：主要有坏死性皮炎、坏死性口炎、坏死性鼻炎、坏死性肠炎等几种类型，其中以坏死性皮炎较多见。病猪以体表皮肤和皮下发生坏死、溃烂为特征，多在体侧、臀部及颈部发生。患病部位可见脱毛、硬肿和囊状坏死灶，灶腔内积有恶臭的灰黄色脓性物质。少数严重病例，坏死性病变常深达肌肉、腱、韧带和骨骼。病灶发生于耳部和尾部，常引起耳根肿大和尾巴脱落。

2）牛、羊坏死杆菌病：多表现腐蹄症状。病畜跛行，蹄冠、蹄踵、趾间等处有炎症表现，有的发生脓肿甚至皮肤坏死（图7-23）。严重病畜可见蹄壳变形或脱落。有些病例可发生坏死性口炎、坏死性子宫炎及坏死性阴道炎等。有些病例（主要是牛）还呈现坏死性肝炎变化，肝脏肿大，可见许多坏死灶，切开时常有脓汁流出。肺脏也常有坏死变化。

（3）兽医卫生评价与处理

1）病变仅限于皮肤和黏膜局部的，切除局部病变部分，其余不受限制出场。

图7-23　牛坏死杆菌腐蹄病

2）呈败血性经过且有多数转移性病灶的，胴体和内脏作工业用或销毁。

3）皮肤经消毒后出场。

9．恶性水肿

（1）流行病学

恶性水肿（malignant edema）主要是由腐败梭菌引起的多种家畜和人的一种创伤性急性传染病。特征是创伤及其周围呈现气性炎性水肿，并伴有全身性毒血症的症状。在肉用家畜中马和绵羊最易感染，猪次之，牛和山羊易感性不大。

在哺乳动物中，牛、绵羊、马发病较多，猪、山羊次之，鸽子也会发病。年龄、性别、品种与发病无关。病畜在本病的传染方面意义不大，但可将病原体散布于外界，不容忽视。该病传染主要由于外伤如去势、断尾、分娩、外科手术、注射等没有严格消毒致本菌芽胞污染而引起感染。本病一般只是散发形式，但外伤（如断尾）在消毒不严时，也会伴发。

（2）宰前鉴定

在感染创伤的周围，有时远离创伤，尤其是富有疏松结缔组织处，出现弥漫性气性肿胀，肿胀迅速向周围蔓延。肿胀初期坚实，有热有痛，后变为无热无痛，触之有捻发音。随着局部气性炎性水肿的急性发展，全身症状也趋恶化，体温升高至41～42℃，精神沉郁，食欲废绝，呼吸困难，心脏衰弱，有时腹泻，粪便恶臭。牛、羊在分娩时感染本病，表现阴唇肿胀，阴道黏膜充血发炎，会阴部和腹下部呈现气性炎性水肿，阴道排出污秽的红褐色恶臭液体。

（3）宰后鉴定

可见水肿部皮下和肌间结缔组织常有大小不等的出血点，有红黄色乃至暗红色液体浸润，含有气泡，具酸臭味（图7-24）。病变部肌肉松软呈煮肉样，容易撕裂，严重的呈暗红色或暗褐色。局部淋巴结肿大，实质器官变性，肺充血水肿，心肌浊变，心包腔积液。因分娩而感染的，子宫收缩不全、水肿、黏膜上被覆有污秽的粥状物；盆腔结缔组织和阴道周围组织明显水肿，并有气泡，局部淋巴结水肿。猪有时还发生胃型恶性水肿，胃壁显著增厚，硬似橡皮。胃黏膜潮红、肿胀，有时出血，黏膜下和浆膜下结缔组织及肌间有淡红色酸臭并混有气泡的浆液浸润。

图 7-24　皮下恶性水肿

（4）兽医卫生评价与处理

1）宰前发现恶性水肿病畜，禁止屠宰。

2）宰后发现的，全部胴体、内脏、毛皮、血液销毁。

3）被污染的胴体、内脏进行高温处理后出场。

10. 破伤风

（1）流行病学

破伤风（tetanus）又名强直症，是由破伤风梭菌引起的一种人畜共患的急性、创伤性、中毒性传染病。临诊特征是，病畜全身肌肉或某些肌群呈现持续性的痉挛，对外界刺激的反射兴奋性增高。各种家畜都能发生破伤风，其中以马属动物最为易感，猪患病也较常见，牛、羊患病较少。人对破伤风也有较高的易感性（图 7-25）。

破伤风梭菌（图 7-26，图 7-27）在伤口的局部生长繁殖，产生的外毒素才是造成破伤风的原因。外毒素有痉挛毒素和溶血毒素两种，前者是引起症状的主要毒素，对神经有特殊的亲和力，能引起肌痉挛；后者则能引起组织局部坏死和心肌损害。破伤风的痉挛毒素由血液循环和淋巴系统转运，毒素附着在血清球蛋白上到达脊髓前角灰质或脑干的运动神经核，到达中枢神经系统后的毒素主要结合在灰质中突触小体膜的神经节苷脂上，使其不能释放抑制性递质（甘氨酸或氨基丁酸），以致 α 运动神经系统失去正常的抑制性，引起特征性的全身横纹肌的紧张性收缩或阵发性痉挛。毒素也能影响交感神经，导致大汗、血压不稳定和心率增速等。所以破伤风是一种毒血症。

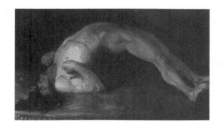
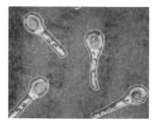
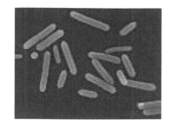

图 7-25　人患破伤风　　图 7-26　破伤风梭菌芽胞　　图 7-27　破伤风梭菌

病菌和带菌动物是本病的主要传染源。它们通过粪便和创口病理产物向外排出大量病菌，严重污染土壤等。易感牛经创口感染可发病，造成破伤风感染。

（2）宰后鉴定

1）病畜临床表现为全身或部分骨骼肌的强直性痉挛和反射兴奋性增高。两耳竖立，鼻孔张大，眼球不能运动，眼睑半闭，瞬膜明显外露，牙关紧闭，头颈伸直，背腰发硬，活动不自如，腹部紧缩，尾根翘起，四肢强直，状如木马，进退转弯困难。猪、牛、羊多横地，四肢僵直，对刺激敏感。病畜一般神志清醒，体温正常。

2）宰后无特征性剖检病变，仅有肺充血水肿，实质器官变性，骨骼肌和心肌可能有变性或坏死灶，躯干和四肢的肌间结缔组织有浆液性浸润，杂有小点出血，个别肌束发生断裂。

（3）兽医卫生评价与处理

1）肌肉无病变的，将创口割除后，不受限制出场。

2）肌肉有局部病变的，病变部分作工业用或销毁，其余部分及内脏高温处理后出场。

3）肌肉多处有病变的，胴体及内脏全部作工业用或销毁。

11. 猪链球菌病

（1）流行病学

猪链球菌是一种重要的人畜共患病病原菌，猪链球菌病是由 C、D、E、L 及 R 群链球菌引起的猪的多种疾病的总称。猪链球菌病可以通过伤口、消化道等途径传染给人，这种病原体早已长期存在于猪群身上，因为外界环境发生的变化使得病原体发生变异，从而突破种群障碍，开始从猪传播给人。自然感染部位是上呼吸道、消化道和伤口。属国家规定的二类动物疫病，养猪业发达国家如美、英、荷兰及爱尔兰等常有本病发生。链球菌分布广泛，常存在于健康动物和人体内，猪链球菌是广泛存在于自然界的一类细菌，一般在猪的体表、

259

呼吸道、消化道等处都可发现。而在以往猪的疾病检测中，30%的猪链球菌都是2型。据报道检出率在国外更高，能达到70%以上。猪链球菌灭活苗虽然有效但免疫效果或预防效果还有待深入探讨。猪链球菌截至目前已发现的荚膜型已超过30种。我国于1958年在广东中山首次在全国发现并鉴定出了猪链球菌，1970～1979年在韶关等地区大范围流行，造成30～60斤重的小猪发高热死亡，1986～1987年在广东证实2型猪链球菌在我国的存在。

本病一年四季均可发生，但以4～10月发生较多。本病常为地方性流行，多呈败血性。短期波及全群，如不进行及时防治，则发病率、病死率很高，慢性常为地方性散发性传染。

人感染情况通常是散发，人感染猪链球菌并发病非常少见，目前全球只有200多例报告。四川这次是规模最大的一次，2005年8月四川省累计报告人感染猪链球菌病病例206例，死亡38例。私自屠宰、并密切接触病猪（宰杀、加工）和食用病猪肉是传播的主要途径。还可以通过伤口或蚊虫叮咬传播。吃了病死猪肉的患者不如直接接触病死猪的严重。大多在发病之前有接触过病死猪或羊的情况。

人感染猪链球菌病潜伏期短，平均为2～3d，最短为数小时，最长为7d。患者感染后发病急，怕寒、发热、头痛、头昏、全身不适、乏力、腹痛、腹泻。部分病例表现为脑膜脑炎，恶心、呕吐，严重者出现昏迷。脑脊液呈脓性改变。皮肤有出血点、淤点、淤斑，有休克表现。发病初期表现高热、全身酸痛、高度乏力、食欲下降等症状，伴有轻微恶心、呕吐。

（2）宰前鉴定

猪链球菌病在临床上有败血型、脑膜脑炎型、关节炎型、支气管炎型等。急性型以脑炎和败血症为主症，慢性型以关节炎、心内膜炎、淋巴结脓肿为特征。本病一年四季均可发生，以冬春季多发，不同年龄均可发病，病猪和病愈带菌猪是本病的主要传染源，病原存在于各脏器、血液、肌肉、关节和排泄物中，主要经消化道和损伤的皮肤感染，根据感染发病的种类不同，发病率及死亡率均有不同。

（3）宰后鉴定

急性败血型病变以败血症伴发浆膜炎为主，病猪死后血液凝固不良，切断血管流出紫红色煤焦油样血液，尸僵较慢，易于腐败；各实质脏器有程度不同的出血点、出血斑；心包胸腔积液呈黄色，有时积液中有纤维蛋白；气管及支气管中常有多量带血性泡沫分泌物，鼻黏膜、喉头、气管、黏膜充血或出血；肺充血、出血及有肝变区，呈紫红色；肝瘀血肿大，边缘略钝，有时与横膈膜部分粘连；脾瘀血肿大，呈暗黄色，病程稍长的多为黄色；全身淋巴结出血肿大或水肿，有的淋巴结周围结缔组织水肿或呈胶冻样；神经症状严重的脑膜充血、出血或脑膜下积液。

（4）兽医卫生评价与处理

1）在有家畜猪链球菌疫情的地区强化疫情监测，各级各类医疗机构的医务人员发现符合疑似病例、临床病例诊断的立即向当地疾病预防控制机构报告。疾控机构接到报告后立即开展流行病学调查，同时按照突发公共卫生事件报告程序进行报告。

2）病（死）家畜应在当地有关部门的指导下，立即进行消毒、焚烧、深埋等无害化处理。对病例家庭及其畜圈、禽舍等区域和病例发病前接触的病、死猪所在家庭及其畜圈、禽舍等疫点区域进行消毒处理。

3）采取多种形式开展健康宣传教育，向群众宣传病（死）家畜的危害性，告知群众不要宰杀、加工、销售、食用病（死）家畜。一旦发现病（死）家畜，要及时向当地畜牧部门报告。

12. 土拉菌病

（1）流行病学

土拉菌病（tularenmia）是由土拉弗朗西斯菌（*Francisellat tularensis*）引起的多种野生动物、家畜及人共患病，在兔也称野兔热，又称兔热病。以体温升高、淋巴结肿大、脾和其他内脏坏死为特征。是一种由扁虱或苍蝇传播的啮齿动物的急性传染病。土拉菌可以被用作生物战中的致病菌，感染者会出现高烧、浑身疼痛、腺体肿大和吞食困难等症状。

土拉弗朗西斯菌（图7-28）的储存宿主主要是家兔和野兔（A型）及啮齿动物（B型）。A型主要经蜱和吸血昆虫传播，而被啮齿动物污染的地表水是B型的重要传染来源。家禽也可能作为本菌的储存宿主。在有本病存在的地区，绵羊比较容易被感染，主要经蜱和其他吸血昆虫叮咬传播。犬极少有感染的报道，但猫对土拉菌病易感，经吸血昆虫叮咬、捕食兔或啮齿动物而被感染，甚至被已感染猫咬伤等途径均可感染。人因接触野生动物或病畜而感染。病原体通过染疫动物、吸血昆虫或通过污染的水、食物、气溶胶等方式传播。人患土拉菌病多急性发作，感染局部淋巴腺肿大（图7-29），病程2～3周，一般对外界环境无污染危险，预后多良好。但呼吸道感染美洲变种菌时，病死率较高。病症会因感染途径不同而有别，包括：发烧、头痛、肌肉痛、皮肤溃疡、淋巴结肿胀、眼痛、肚痛、呕吐、腹泻、咳嗽等。2005年8月俄罗斯中部地区暴发了土拉菌病，有近100人感染。

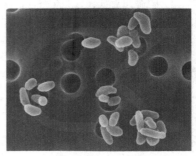

图7-28 土拉弗朗西斯菌

兽医公共卫生学

本病出现季节性发病高峰往往与媒介昆虫的活动有关，但秋冬季也可发生水源感染。

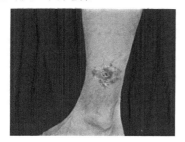

图 7-29　人土拉菌感染

（2）宰前鉴定

土拉弗朗西斯菌通过黏膜或昆虫叮咬侵入临近组织后引起炎症病变反应，在巨噬细胞内寄生并扩散到全身淋巴和组织器官，引起淋巴结坏死和肝脏、脾脏脓肿。一般没有特殊症状，多数病例表现慢性经过。出现鼻炎、体温升高、极度消瘦、体表淋巴结肿胀等。绵羊表现为发热，精神委顿，后肢软弱，步态不稳，呼吸脉搏加快，体表淋巴结肿大。兔多见体表淋巴结肿大、化脓、体温升高，白细胞增多。猫表现为发热、精神沉郁、厌食、黄疸，最终死亡。

（3）宰后鉴定

兔颌下、颈部、腋下及腹沟淋巴结明显肿大，切面深红色并有针头小的灰白色干酪样坏死点，周围组织充血、水肿。脾脏肿大，呈深红色，表面和切面有灰白色或乳白色、大小不一的坏死点。肝、肾肿大并有灰白色粟粒大的坏死点（图 7-30）。

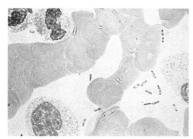

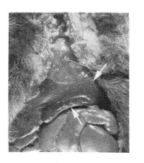

图 7-30　兔肝粟粒性坏死

（4）兽医卫生评价与处理

1）宰前发现的，应采取不放血的方式扑杀后销毁，并向有关部门报告疫情。

2）宰后发现的，其胴体、内脏及毛皮销毁，并向有关部门报告疫情。

3）可疑病兔皮张经消毒液消毒，干燥 30d 后方可供生产用。

13．鼠疫

鼠疫（pestis）是由鼠疫耶尔森氏菌（*Yersinia pestis*）（图 7-31）引起的自然疫源性、烈性人兽共患传染病，也称为黑死病。主要表现为高热、淋巴结肿痛、出血倾向、肺部特殊炎症等。本病远在 2000 年前即有记载。世界上曾发生 3 次大流行，第一次发生在公元 6 世纪，从地中海地区传入欧洲，死亡近 1 亿人；第二次发生在 14 世纪，波及欧洲、亚洲、非洲；第三次是 18 世纪，传播 32 个国家。鼠疫耶尔森氏菌被列为生物战剂之一，故防治鼠疫对我国国防和建设事业仍有非常重要的意义。

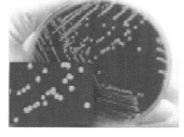

图 7-31　鼠疫耶尔森氏菌

（1）流行病学

1）传染源：鼠疫为典型的自然疫源性疾病，在人间流行前，一般先在鼠间流行。鼠间鼠疫传染源（储存宿主）有野鼠、地鼠、狐、狼、猫、豹等，其中黄鼠属和旱獭属最重要。家鼠中的黄胸鼠、褐家鼠和黑家鼠是人间鼠疫重要的传染源。各型患者均可成为传染源，以肺型鼠疫最为重要。败血性鼠疫早期的血有传染性。腺鼠疫仅在脓肿破溃后或被蚤吸血时才起传染源作用。

2）传播途径：动物和人间鼠疫的传播主要以鼠蚤为媒介。当鼠蚤吸取含有病菌的鼠血后，细菌在蚤胃大量繁殖，形成菌栓堵塞前胃，当蚤再吸入血时，病菌随吸进的血反吐，注入动物或人体内。蚤粪也含有鼠

疫杆菌，可因搔痒进入皮内。此种"鼠→蚤→人"的传播方式是鼠疫的主要传播方式。少数可因直播接触患者的痰液、脓液或病兽的皮、血、肉经破损皮肤或黏膜受染。肺鼠疫患者可借飞沫传播，造成人间肺鼠疫大流行（图 7-32）。

3）人群易感性：人群对鼠疫普遍易感，无性别年龄差别。病后可获持久免疫力。预防接种可获一定免疫力。

4）流行特征

A．鼠疫自然疫源性：世界各地存在许多自然疫源地，野鼠鼠疫长期持续存在。人间鼠疫多由野鼠传至家鼠，由家鼠传染于人引起。偶因狩猎（捕捉旱獭）、考查、施工、军事活动进入疫区而被感染。

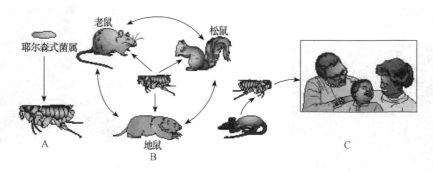

图 7-32　鼠疫传播模式

B．流行性：本病多由疫区借交通工具向外传播，形成外源性鼠疫，引起流行、大流行。

C．季节性：与鼠类活动和鼠蚤繁殖情况有关。人间鼠疫多在 6～9 月。肺鼠疫多在 10 月以后流行。

D．隐性感染：在疫区已发现有无症状的咽部携带者。

（2）临床表现

1）动物鼠疫：啮齿动物及兔类自然感染后，有急性、慢性或阴性感染表现。急性病例可见出血性淋巴结炎和脾炎，其他器官病变不明显。亚急性和慢性病例，淋巴结为干酪样变，脾、肝、肺有针尖样坏死灶。

2）人的鼠疫。

腺鼠疫占 85%～90%。除全身中毒症状外，以急性淋巴结炎为特征。因下肢被蚤咬机会较多，故腹股沟淋巴结炎最多见，约占 70%；其次为腋下、颈及颌下。也可几个部位淋巴结同时受累。局部淋巴结起病即肿痛，病后第 2～3 天症状迅速加剧，红、肿、热、痛并与周围组织粘连成块，剧烈触痛，患者处于强迫体位。4～5d 后淋巴结化脓溃破，随之病情缓解。部分可发展成败血症、严重毒血症及心力衰竭或肺鼠疫而死；用抗生素治疗后，病死率可降至 5%～10%（图 7-33）。

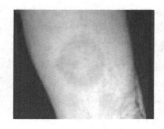 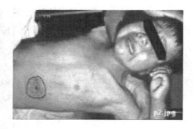 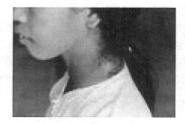

图 7-33　人患鼠疫的不同表现

肺鼠疫是最严重的一型，病死率极高。该型起病急骤，发展迅速，除严重中毒症状外，在起病 24～36h 内出现剧烈胸痛、咳嗽、咯大量泡沫血痰或鲜红色痰；呼吸急促，并迅速呈现呼吸困难和紫绀；肺部可闻及少量散在湿罗音、可出现胸膜摩擦音；胸部 X 线呈支气管炎表现，与病情严重程度极不一致。如抢救不及时，多于 2～3d 内，因心力衰竭，出血而死亡。

败血型鼠疫又称暴发型鼠疫，可原发或继发。原发型鼠疫因免疫功能差，菌量多，毒力强，所以发展极速。常突然高热或体温不升，神志不清，谵妄或昏迷。无淋巴结肿。皮肤黏膜出血、鼻衄、呕吐、便血或血尿、DIC 和心力衰竭，多在发病后 24h 内死亡，很少超过 3d。病死率高达 100%。因皮肤广泛出血、瘀斑、紫绀、坏死，故死后尸体呈紫黑色，俗称"黑死病"。继发性败血型鼠疫，可由肺鼠疫、腺鼠疫发展而来，症状轻重不一。

轻型鼠疫又称小鼠疫，发热轻，患者可照常工作，局部淋巴结肿大，轻度压痛，偶见化脓。血培养可阳性。多见于流行初、末期或预防接种者。

其他少见类型如下。

A．皮肤鼠疫病菌侵入局部皮肤出现疼痛性红斑点，数小时后发展成水疱，形成脓疱，表面覆有黑色痂皮，周围有暗红色浸润，基底为坚硬溃疡，颇似皮肤炭疽。偶见全身性脓疱，类似天花，有天花样鼠疫之称。

B．脑膜脑炎型多继发于腺型或其他型鼠疫。在出现脑膜脑炎症状、体征时，脑脊液为脓性，涂片或培养可检出鼠疫杆菌。

C．眼型病菌侵入眼结膜，致化脓性结膜炎。

D．肠炎型除全身中毒症状外，有腹泻及黏液血样便，并有呕吐、腹痛、里急后重，粪便可检出病菌。

E．咽喉型为隐性感染。无症状，但从鼻咽部可分离出鼠疫杆菌。见于预防接种者。

（3）预防

鼠疫病的动物是严禁剖检的，因此，预防措施尤为重要。发现疫情时要采取重大疫病紧急处理措施，控制疫区，实施紧急隔离措施。

1）患者发现疑似或确诊患者，应立即按紧急疫情上报，同时将患者严密隔离，禁止探视及患者互相往来。

患者排泄物应彻底消毒，患者死亡应火葬或深埋。接触者应检疫 9d，对曾接受预防接种者，检疫期应延至 12d。

2）消灭动物传染源：对自然疫源地进行疫情监测，控制鼠间鼠疫。广泛开展灭鼠爱国卫生运动。旱獭在某些地区是重要传染源，也应大力捕杀。

3）切断传播途径：灭蚤必须彻底，对猫、狗、家畜等也要喷药；加强交通及国境检疫，对来自疫源地的外国船只、车辆、飞机等均应进行严格的国境卫生检疫，实施灭鼠、灭蚤消毒，对乘客进行隔离留检。

其他人兽共患细菌病如沙门菌病、李氏杆菌病、梭菌病、葡萄球菌病、耶氏菌病、空肠弯曲菌病、大肠杆菌病等参考相关章节。

第二节　人兽共患病毒病卫生监督与检验

1. 禽流感（avian influenza）

（1）流行病学

流行性感冒病毒（influenza virus）引起的流行性感冒（简称流感），是指由正黏病毒科病毒引起的在人类中快速传播的卡他热性流行病。现今正黏病毒被认为是人类、马、猪和各种禽类的多种自然感染和疾病的病因，为重大人兽共患病病原，通常侵害上呼吸道。禽流感是由 A 型流感病毒引起的家禽和野禽的一种从呼吸系统到严重的全身性败血症等多种疾病的综合征。鸡流感的死亡率因病毒的病原性而异，高病原性鸡流感的死亡率可达 100%。历史上禽流感发生比较大的暴发频率为 20～30 年一个循环。

动物流感中，唯有高致病性禽流感是世界动物卫生组织（OIE）动物疾病分类中的 A 类病，人类流感的流行，迄今已有百余次之多，20 世纪有详细记载的世界大流行就有 3 次。第一次是发生于 1918～1919 年的"西班牙流感"，死亡人数至少达 2100 万，为第一次世界大战战死总人数的 2 倍以上，第二次和第三次是 1957～1958 年的"亚洲流感"和 1968～1969 年的"香港流感"，死亡人数虽较第一次大为减少，但仅美国这两次的死亡人数就分别有 7 万人和 3.4 万人。近年来在禽类中也频频发生暴发流行。自 2003 年至今已有 253 人感染，全球死于禽流感的人数已超过 100 人。一般，流感病毒显示有宿主种适应性，在同一宿主的个体之间发生最频繁也最容易，偶尔在亲缘关系近的种之间发生种间传播。WHO 报告称 2009 年 3～4 月墨西哥首都墨西哥城感染猪流感确诊达上千人，176 人死亡，疑似病例 4000 多人，为 H_1N_1 型。至 2009 年 8 月，全球已死亡超过 1145 人，在 168 个国家蔓延。斯科蒂塞克和内勒提出了一个有趣的意见，认为猪可能是从禽类和哺乳动物来的流感病毒的"混合容器"。

迄今为止，对禽类呈高致病性的 AIV（禽流感病毒）都是属于 H_5 和 H_7 两个 HA 血清亚型，而所有其他 HA 亚型的毒株对禽类均为低致病性（MP）。OIE、欧盟和美国动物保健协会均制定了区分 HPAIV（高致病性禽流感病毒）和 MPAIV（低致病性禽流感病毒）的标准。虽然 H_5 和 H_7 亚型中的病毒只有一小部分是 HP，但是这些 MP 病毒在合适的条件下是很容易变为 HP 病毒的，因此对分离到这两个亚型病毒的个案必须给予特别的关注。

MPAI（低致病性禽流感）可以由 H_5 和 H_7 亚型中非 HP（高致病性）毒株引起，也可由其他 HA 亚型病毒引起，在前者引起的流行中往往可以演变为 HPAI（高致病性禽流感）。

病禽和带毒的禽是主要传染源。鸭、鹅等家养水禽和野生水禽在本病传播中起重要作用，候鸟也可能起一定作用（图 7-34）。禽流感病毒的易感动物包括各种禽类及野禽。在各种禽类中，火鸡最常发生流感暴发流行，其他易感禽类包括珍珠鸡、雉、鹌鹑、鹧鸪、燕鸥、鸽、鸭和鹅等。试验证明，从鸭体中分离到的流感病毒比任何一种其他禽类都多。这说明在自然情况下，鸭是禽流感病毒携带率最高的动物。除此之外，已经分离出流感病毒的其他禽类还有鹦鹉、海滨鸟和海鸟等。

禽流感的传播方式有与感染禽和易感禽的直接接触和与病毒污染物的间接接触传播两种。可以直接通过接触活的禽类动物、可能的污染禽类产品传播，但禽流感病毒可在污染的禽肉中存活很长时间，可以通过污染食品传播，如冻禽肉。禽流感病毒主要存在于病禽或感染禽的消化道和呼吸道，也存在于病禽的所有组织中。病禽各组织中大多含有高滴度的病毒，病毒可随眼、鼻等分泌物及粪便排出体外。因此，被含毒分泌物及粪便污染的任何物体，如饲料、水、房舍设施、笼具、衣物、空气、运输车辆和昆虫等，都具有机械性传播作用。A 型流感病毒在鸭类中除经粪便-水-口途径传播外，口-水-口也是主要的传播途径之一。禽流感病毒能否通过禽卵垂直传播的问题还没有大量资料能证实，但有从流感病禽卵中分离出禽流感病毒的报道，在美国宾夕法尼亚州暴发禽流感期间也从鸡蛋中分离出 H_5N_2 病毒。用宾夕法尼亚 H_5N_2 毒株人工感染母鸡，在感染后 3d 和 4d 几乎所产的蛋全部都含有流感病毒。食用污染的禽蛋是危险的；污染鸡群的种蛋是不能用作孵化的。

鸭源毒株是鸡高致病力毒株流行的重要传染源之一。野生鸟类也是常见的带毒或传播者，鲜活禽市场是重要的传播场所。禽流感还可感染人类和哺乳动物（猪、马、水貂、海豹、云豹、虎等），这就使得本病在世界范围内广泛分布。

（2）病原特征

流感病毒分为 A、B、C 三型，分别属于正黏病毒科的 A 型流感病毒属（*Influenza virus A*）、B 型流感病毒属（*Influenza virus B*）和 C 型流感病毒属（*Influenza virus C*）。A、B、C 型流感病毒的内部核蛋白（NP）和基质蛋白（M）

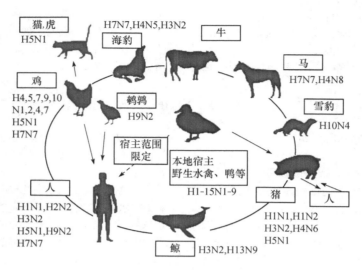

图 7-34　禽流感传染循环图

的抗原性有很大不同，通过琼脂扩散等试验可将它们区分开来。这三型病毒在基因组结构和致病性方面也存在很大差异。

A 型流感病毒粒子呈多形性，直径为 20～120nm，也有呈丝状者。基因组含有由 8 个节段组成的单股 RNA，分别编码 PB_2、PB_1、PA、HA、NP、NA、M_1、M_2、NS_1 和 NS_2 等 10 种蛋白质。图 7-35 为 A 型流感病毒结构模式图。核衣壳呈螺旋对称，外有囊膜，囊膜上有呈辐射状密集排列的两种穗状突起物（纤突），一种是血凝素（HA），可使病毒吸附于易感细胞的表面受体上，诱导病毒囊膜和细胞膜的融合，另一种是神经氨酸酶（NA），可水解细胞表面受体特异性糖蛋白末端的 N-乙酰基神经氨酸，当病毒在细胞表面成熟时，NA 可以除去细胞膜出芽点上的神经氨酸。HA 和 NA 都是糖蛋白。A 型和 B 型流感病毒均有内部抗原和表面抗原。内部抗原为核蛋白（NP）和基质蛋白（M_1），很稳定，具有种特异性，用血清学试验可将两型病毒区分开；表面抗原为 HA 和 NA。A 型流感病毒的 HA 和 NA 容易变异，已知 HA 有 15 个亚型（H_1～H_{15}），NA 有 9 个亚型（N_1～N_9），它们之间的不同组合，使 A 型流感病毒有许多亚型（如 H_1N_1、H_2N_2、H_3N_2、H_5N_1、H_5N_2 等），各亚型之间无交互免疫力，而 B 型流感病毒的 HA 和 NA 则不易变异，无亚型之分。HA 能凝集马、驴、猪、羊、牛、鸡、鸽、豚鼠和人的红细胞，不凝集兔红细胞。HA 和 NA 都有免疫原性，血凝抑制抗体能阻止病毒的血凝作用，并中和病毒的传染性；NA 抗体能干扰细胞内病毒的释放，抑制流感病毒的复制，有抗流感病毒感染的作用。

（3）宰前鉴定

高病原性鸡流感常突然暴发，流行初期的病例可不

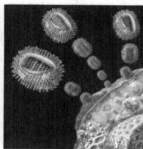

图 7-35　禽流感病毒模式图

见明显症状而突然死亡。症状稍缓和者可见精神沉郁，头翅下垂，鼻分泌物增多，常摇头企图甩出分泌物，严重的可引起窒息。病鸡流泪，颜面浮肿，冠和肉髯肿胀、发绀、出血、坏死，脚鳞变紫，下痢，有的还出现歪脖、跛行及抽搐等神经症状。蛋鸡产蛋停止。

感染低致病性流感病毒的鸡主要表现为呼吸道症状，即咳嗽、打喷嚏、呼吸有罗音、流鼻涕、流泪等。也有出现下痢、头及颜面浮肿等症状的。蛋鸡产蛋率下降或停止。

AIV 是高致病性（HP）还是低致病性（MP）对临诊表现有很大作用，但是禽流感的临诊症状还受到宿主种类、年龄、性别、并发感染、获得性免疫和环境因素等其他因素的影响，所以异常多变。

低致病性禽流感（MPAI）　由 MPAIV 在野禽中引起的大多数感染都不产生临诊症状，但人工感染可使野鸭 T 细胞功能抑制和产蛋下降 1 周时间。鸡和火鸡的表现为呼吸、消化、泌尿和繁殖器官的异常，以轻度乃至严重的呼吸症状最为常见，如咳嗽、打喷嚏、罗音、喘鸣和

流泪等。有并发或继发感染时症状加重，如由 H_9N_2 亚型病毒在肉鸡引起的 MPAI，有时死亡率可高达 20%～30%，这显然是由混合感染所致。

高致病性禽流感（HPAI）　野禽和家鸭通常不产生显著临诊症状，但不同毒株存在差异，一般认为 H_5 和 H_7 亚型是高致病性的毒株。H_5N_1 亚型病毒对 1 月龄以内的雏鹅和雏鸭有较强的致死能力，存在品种间差异。产蛋下降。鸡和火鸡在大多数情况下呈最急性，在观察到任何症状之前已发现有些禽只死亡。如病情较最急性的缓一些，病禽存活 3～7d 则有些鸡出现头颈震颤、不能站立、头颈歪斜、角弓反张、头和肢翅等其他异常的姿势等。鸡的活动性下降，精神沉郁常见，水和饲料消耗显著下降。发病率和死亡率很高（50%～89%），甚至为 100%。鸵鸟对 MPAIV 和 HPAIV 都易感，通常表现为中度发病率和低度死亡率，但小于 3 月龄幼龄禽的死亡率可达 30%，而小于 1 月龄的禽死亡率甚至可高达 80%。

人患禽流感主要表现为高热、咳嗽、流涕、肌肉疼痛等，多数伴有严重的肺炎，严重者心、肾衰竭而死亡。

（4）宰后鉴定

特征性病变是口腔、腺胃、肌胃角质膜下层和十二指肠出血。颈胸部皮下水肿。胸骨内面、胸部肌肉、腹部脂肪和心脏均有散在的出血点。头部青紫，眼结膜肿胀有出血点。口腔及鼻腔积有黏液，并混有血液。眼周围、耳和肉髯水肿，皮下有黄色胶样液体。肝、脾、肺、肾常见灰黄色小坏死灶。卵巢和输卵管充血或出血，产卵鸡常见卵黄性腹膜炎。

自然发病的病变因宿主种类、病毒致病性和存在继发病原体而有很大差异。

MPAI　病变主要在禽呼吸道，尤其是窦的损害，以卡他、纤维性、脓性或纤维脓性为特征。气管黏膜水肿、充血并间有出血。气管渗出从浆液性到干酪性，有时可造成阻塞，导致呼吸困难。眶下窦肿胀，有浆液性到浆液脓性渗出物。

HPAI　家禽的 HPAI 在内脏器官和皮肤有各种水肿、出血和坏死，但最急性型可能无大体病变。病鸡因皮下水肿常导致头部、颜面、上颈和脚部肿胀，并可以伴有点状到斑块状出血。眶周水肿常见。无羽毛处皮肤，尤其是肉冠和肉髯，常可看到坏死、出血和发绀。内脏器官的病变随毒株而异，但最常见的是浆膜或黏膜面出血和实质的坏死灶。出血在心外膜、胸肌、腺胃和肌胃的黏膜尤其突出。

（5）检测

禽流感的确诊需通过临床样品直接检测 AIV 抗原或基因，或分离鉴定 AIV。通过临诊症状、流行病学和病变分析或通过检测 AIV 抗体可以作出初步诊断。

直接检测 AIV 抗原的方法有抗原捕捉 ELISA、荧光抗体法、免疫酶组化法等；直接检测 AIV 基因的方法有标记核酸探针原位杂交法、RT-PCR 法等。

（6）防疫措施

对于禽流感尤其是 HPAI，首先是依靠严格的生物安全措施防止引进；如不幸被引进则应阻止扩散，果断采取隔离封锁、扑杀销毁、环境消毒等措施，做到早、快、严、小。如果在饲养禽中发现，立即报告上级，按重大疫病处理程序处理。

良好的卫生操作实践可以避免病毒以食品传播该病毒：生鲜肉与熟食品避免混放，防止交叉污染；不要用同一个案板或刀具切生鲜肉与熟食品；接触生鲜肉后一定要洗手；不要吃没有煮熟的鸡蛋。烹调时温度要至少 70℃。

（7）兽医卫生评价与处理

1）宰前发现的，病禽和同群禽采用不放血的方法扑杀后销毁。

2）宰后发现的，胴体、内脏和副产品均销毁。

2. 朊病毒病

朊病毒是一类能引起哺乳动物和人中枢神经系统变性疾病的传染性病原因子。Prusiner（1982）将此种蛋白质单体称为朊病毒（prion）或朊病毒蛋白、朊蛋白颗粒（prion protein，PrP）；是一种与人们通常熟悉的病毒和类病毒都不同的蛋白质传染源。根据临床病例分析与随访，发现这类退行性神经系统的疾病可分为传染性、散发性及遗传性（家族性）基因突变 3 种类型。prion 能引起人和动物互相传递的海绵脑病（spongiform，encephalopathies）或白质脑病，病变主要是蛋白质淀粉样变性，而许多疾病与淀粉样变性有关。PrP^{sc} 是没有核酸的病原体，这一发现对生物学的传统观念，即核酸作为各种病原体的传染性基础提出了挑战；而且，PrP^{sc} 的扩增和致病与分子生物学的中心法则和蛋白质折叠的 Anfinsen 原理相抵触。

已知人和动物朊病毒病包括：颤抖病或库鲁（Kuru）病，传染性病毒痴呆病或克-雅氏病［克-雅氏病（Creuzfeldt-Jacob disease，CJD）又称早老性痴呆病（presenile demen-tia）］，吉斯特曼-斯召斯列综合征（Gerstamann- straussler syndrome，GSS），致死性家族失眠症（fatal familial insomnia，FFI）绵羊瘙痒病（scrapie of sheep），山羊瘙痒病（scrapie of goat），大耳鹿慢性消耗病（chronic wasting disease of mule deer，CWD），牛海绵脑病（bovine spongiform encephalopathy，BSE）［通常称疯牛病（mad cow disease）］，猫海绵脑病（feline spongiform encephalopathy，BSE），传染性雪貂白质脑病（transmissible mink encephalopathy，TME）。朊病毒病的共同特征是均能引起致死性中枢神经系统的慢性退化性疾患，病理学特点是大脑皮质的神经元退化、空泡变性、死亡、消失，被星状细胞取而代之，结果为海绵状态。大脑皮质变薄，白质相对增加，临床上相应出现痴呆、共济失调、震颤等症状。

（1）流行病学

1986～1995 年，英国饲养的大约 15 万头牛感染了这种疾病，至今累加至 18 万头，推测疾病来源于用动物尸体制作的饲料，经过加工后进入牛的食物链，引起疯牛病，进而再通过食物链而感染人。但现在还没有充分证据证实通过食物传播给人，多数患者有与牛接触史，但食物链的传播途径是多数科学家认可的。最可能的来源是牛脑、脊髓、牛肉、牛肠道。专家推测，疯牛病蛋白对人的毒性比牛低 10～100 000 倍。20 世纪 70 年代，肉品加工业处理死亡、无劳动能力的病畜作为饲料，以增加饲料中蛋白质含量，饲喂牛、猪、羊和禽，结果导致疯牛病的传播和发生。英国超过 140 人因吃牛肉而感染克-雅氏病（CJD）。含有朊病毒颗粒的组织除神经系统外，还可能包括热狗、碎肉、香肠和其他含明胶的产品等。但由动物传播给人的途径已由多数专家认可，尤其是医源性传播，如角膜移植。已经从英国、美国、日本等国的牛中检出阳性，已有 25 个国家发现该病。英国已先后有多名克-雅氏病患者死亡，年龄在 42 岁以下，平均 27.5 岁。现在已知感染朊病毒后潜伏期长，潜伏期一般最低 10 年以上，多数 10～20 年，平均 20 年，最长可达 50 年。疯牛病同种即反刍兽种间及人可传播，但种间传播具有种属障碍，种间障碍也延长了潜伏期。人传人有二十几个例子。

（2）病原特性

1）朊病毒的生物学特性：朊病毒或朊蛋白颗粒与一般的生物体或病原最大不同点是对外界的抵抗力极强。朊病毒对高压蒸汽 134～138℃ 18min 不完全灭活，其经典测定方法是用注射器插入感染鼠的脑内，取出后高压处理，然后再插入正常鼠脑内，正常鼠能够发病。对紫外线、离子辐射、超声波等抵抗力极强；不能被多种核酸酶灭活，37℃以 200mL/L 甲醛溶液处理 18h 不能使其完全失活，室温下可在 100～200mL/L 甲醛溶液存活 28 个月。朊病毒不具免疫原性；对通常用于灭活病毒的理化因子，如蛋白酶、EDTA、戊二醛等有较大的抗性；蛋白质变性剂可使其失活［如十二烷基硫酸钠（SDS）、尿素等］；免疫抑制和免疫增强剂不能改变 BSE 的发生和发展过程；不破坏宿主 B 细胞和 T 细胞的免疫机能，也不引起宿主的免疫反应；含 2%有效氯的次氯酸钠 1h 或 90%的石炭酸 24h 处理可灭活动物组织中的病原，比较危险的是经过油脂提炼后仍有部分存活，病原在土壤中可存活 3 年。

经典的 Anfinsen 原理认为蛋白质的氨基酸序列是决定其高级结构的唯一因素，PrP^c 和 PrP^{sc} 的一级结构相同，氨基酸序列上完全一致，但二者构象不同，而且某些理化性质也有差异，见表 7-1。

表 7-1 PrP^c 与 PrP^{sc} 的比较

比较项目	α螺旋	β折叠	对蛋白酶抗性	分子质量/kDa	Triton X-100 中的相分配	与特异抗体的反应	糖基化比例	细胞中存在位置	致病性	在去污剂（SDS）溶解
PrP^c	43%	3%	弱	33～35	水相	无反应	高	胞质膜上	无	可溶
PrP^{sc}	34%	43%	强	27～30	Triton X-100 相	有血清反应	低	胞质中或胞质外	有	不可溶

随后研究证明，PrP27～30kDa 是 PrP33～35kDa（即 PrP^{sc}）被蛋白酶 K 不完全消化的产物，两者均有感染性。在细胞培养系统中，只有产生感染性的培养细胞克隆才能检出 PrP^{sc}。因此认为，PrP27～30kDa 或 PrP^{sc} 是痒病病原因子的主要成分。CJD、GSS、库鲁病、FFI 和 BSE 的 PrP^{sc} 与痒病 PrP^{sc} 抗体有高度交叉反应，SAF 也能与抗 PrP27～30kDa 抗体发生反应。

2）结构特点：朊病毒蛋白有两种，一种是称为 PrP^c 的细胞 PrP，它是由人和动物细胞 DNA 中的基因编码的细胞组成型基因表达产物；另一种是称为 PrP^{sc} 的羊瘙痒病的 PrP，来自正常细胞的 PrP^c 与羊瘙痒病的 PrP^{sc} 两者之间是同分异构体，分子质量为 33～35kDa，是宿主 PrP 基因编码的蛋白经构象改变而成的，PrP^{sc} 抗蛋白酶蛋白为其主要成分并在朊病毒病病理发生中起主导作用。复制和分离物（毒株）的不同特性都由其自身和宿主的 PrP 相互作用决定，而不依赖于核酸。20 世纪 80 年代 Merz 等在电子显微镜下发现了羊瘙痒病相关纤维，也是至今朊病毒唯一的可见形态。它是一种特殊的纤维结构，存在形式有两种，Ⅰ型纤维直径为 11～14nm，由两根直径为 4～6nm 的原纤维相互螺旋盘绕而成，螺距为 40nm 不等；Ⅱ型纤维由 4 根相同的原纤维组成，每两根之间的间隙为 3～4nm，Ⅱ型纤维的直径为 27～34nm，每 100～200nm 即出现一个狭窄区，狭窄区的直径为 9～11nm。

（3）致病性

1）致病机制：对 PrP^{sc} 导致 prion 病的详细机制虽不完全清楚，但目前普遍认为 prion 病发生的基本原理是：以 α 螺旋为主的对蛋白酶敏感的不具有感染能力的 PrP^c 转变成以 β 折叠为主的对蛋白酶抵抗的具有感染能力的不溶性 PrP^{sc}。即朊病毒蛋白有细胞型（正常型 PrP^c）和瘙痒型（致病型 PrP^{sc}）两种有差异的空间构象，主要区别在于 PrP^c 仅存在 α 螺旋，而 PrP^{sc} 有多个 β 折叠存在，后者溶解度低，且抗蛋白酶解。一方面，PrP^{sc} 可胁迫 PrP^c 转化为 PrP^{sc}，实现可产生病理效应的自我复制；另一方面，基因突变也可导致细胞型 PrP^{sc} 中的 α 螺旋结构不稳定，当累积至一定量时就会产生伴随 β 折叠增加的自发性转化，最终变为 PrP^{sc} 型并通过多米诺效应倍增致病。结构的改变导致致病作用发生改变的确切机制目前并不十分清楚，这里涉及 PrP 蛋白是正常的组织蛋白，还是从外源来的传染粒的问题。

对于人类而言，朊病毒病的传染有：其一为遗传性，即人家族性朊病毒传染；其二为医源性的，如角膜移植、脑电图电极的植入、不慎使用污染的外科器械及注射取自人垂体的生长激素等；可能的第三种方式是食物传播。

2）朊病毒的多样性：各种朊病毒病的朊病毒生物学特性不同，痒病、CJD、TME 等朊病毒病具有不同生物学特性的不同毒株。英国已分离到 20 个表现型不同的痒病朊病毒毒株。不同毒株的区分主要是依据它们遗传背景确定小鼠产生疾病的特征，特别是潜伏期、神经病理学变化的类型、严重程度和分布（脑病损图，又称病损量变曲线）；不同毒株引起的临床表现及毒株的种间屏障、稳定性、PrP^{sc} 的免疫印迹图谱和对热的抵抗力等也不尽相同。

朊病毒所致主要的疾病类型和主要特征见表 7-2。

（4）宰前鉴定

BSE 的潜伏期差异很大，为 2.5～8 年。发病时出现行为变化，泌乳量减少及体重下降，最常见的神经症状是恐惧，后肢运动失调，触觉和听觉高度敏感。患病母牛有时低头而立，脖颈伸直，耳朵朝后。异常的步态包括臀腰部摇摆和后肢过度伸展，有时会涉及前肢，重者全身衰竭导致摔倒和躺卧不起。最终死亡，病程为 2 周～6 个月。

表 7-2　朊病毒所致主要的疾病类型和主要特征

类别		主要特征
人类疾病	库鲁病/颤抖病（Kuru）	由生吃人脑所致（现已因遏制此恶习而基本无此病）。有传染性，症状不典型，步态不稳，影响下肢，站立不稳尤为严重。手、眼震颤，但不伴有发热。晚期为麻痹性瘫痪，并影响脑干。3～9 个月死亡
	克-雅氏病	散发性、医源性（如因植入角膜、器官等手术传染）或食用被朊病毒感染的动物所致。也由家族性（因发生基因突变）所致。起病缓慢，主要是行为改变，发展为进行性痴呆，一般病后 1 年死亡。患者中 10%有家族性染色体遗传缺损
	GSS（Gersthmann Straussler Scheinker）综合征	家族性，可类似老年性痴呆，在西欧家族中发现可因某一特定氨基酸突变而产生不同症状
	致死性家族性失眠症（fatal familial insomnia，FFI）	严重睡眠失常，最终死亡
动物疾病	羊痒疫（scrapie）	羊群中慢性进行性致死性运动失调、麻痹、瘫痪
	传染性貂脑病（TME）	类似羊痒疫。经口传播，可传递给松鼠、猴等（可能因喂食羊尸或内脏而受感染）
	鹿慢性消耗病（chronic wasting disease，CWD）	临床及病理学类似羊痒疫
	牛海绵状脑病（BSE）	动物运动失调，最终麻痹瘫痪，脑组织有海绵状病变
	猫海绵状脑病（FSE）	猫可因食用被朊病毒感染的牛肉或骨粉所致，症状类似羊痒疫

（5）宰后鉴定

BSE 的病理组织学变化是神经变性，BSE 阳性标准为：灰质神经纤维网和神经元核周围出现空泡，双侧呈对称性分布。

延髓间脑部神经实质性空泡。延髓间脑部未发现明确病变的，则要求检查其他脑区，以便检测有非典型病变或轻微病变的 BSE 病例和建立病理学的鉴别诊断。患病动物扁桃体可作为活检材料检出病原。

朊病毒可以感染多个器官，主要为脑、脊髓，但在潜伏期内除中枢神经系统外，各种组织器官均有感染。该病的共同特征是：均引起致死性中枢神经系统的慢性退化性疾患。病理特点基本是脑组织广泛萎缩，涉及大脑、丘脑、脑干和脊髓，病理改变为弥散性非炎症性的神经元变性或丧失，星形胶质细胞增生，神经元和星形细胞的胞内有空泡形成，使病灶区呈现显著的空泡化或海绵状，即海绵状脑病。海绵状病变稀疏地分布于整个大脑皮层，神经元消失，星状细胞增生，典型为融合性海绵状（图 7-36～图 7-41）。

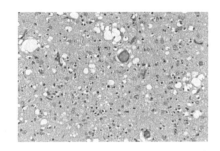 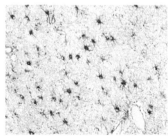 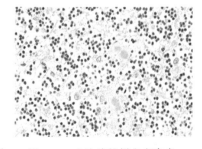

图 7-36　海绵状变化——神经细胞周围空泡　图 7-37　大脑皮质星状细胞数量增加　图 7-38　大脑淀粉样空斑病变

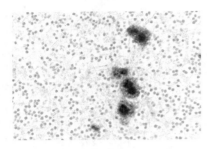
图 7-39　朊蛋白免疫染色-淀粉样空斑

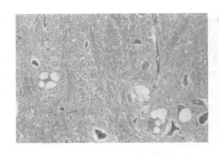
图 7-40　神经元细胞质空泡

图 7-41　羊朊病毒病

克-雅氏病（CJD）反应为脑海绵样变，以基底神经节、丘脑最明显，CJD 多见于大脑皮层。PrP 斑块具有一个致密的嗜酸性中心，外周嗜酸性稍弱，斑周有海绵状病变且广泛分布于大脑和小脑，基底神经节、丘脑和下丘脑数量相对较少。这一病理变化是 CJD 病种所特有的。

（6）检测

目前诊断朊病毒病依据为检测到 PrP^{sc}。

1）脑组织、扁桃体病理：病理检查是诊断本病的主要依据，诊断率达 95%。病灶区神经元丧失，脑组织空泡化，星状神经胶质细胞增生，无炎症反应；病毒包含体及原纤维阳性，均是病理诊断的依据。

2）朊病毒的检测方法。

A．动物传递实验：为早期判断机体是否感染朊病毒、测定感染滴度、研究朊病毒传染性的主要手段。

B．免疫学检测方法

组织印迹法、免疫组化法、ELISA 都有应用。

3）其他。

A．荧光标记肽链的毛细管电泳免疫测定法：灵敏，能检测到 135pg 的 PrP^{sc}，可用于检测朊病毒水平很低的脑外组织（如血液等）。

B．双色强荧光目标扫描法：该法是运用共聚焦双色强荧光相关的分光镜技术检测极其微量的朊病毒。

C．电子显微镜法：电镜检测相关纤维（SAF）是朊病毒检测的另一种方法。

（7）兽医卫生评价与处理

1）禁止食用病牛或疑似病牛的肉、乳，特别是禁食"危险"器官如脑、脊髓、脾、胸腺、扁桃体等。

2）患牛或疑似感染牛必须尽快捕杀，以获得适合样品在认可的实验室检测。屠宰时不能在屠宰场或可能进入人类食物链或动物饲料链的地方屠宰。剖检时，要特别注意将血液及其他污染物对牧场、畜舍或解剖室的污染限制在最小范围。

3）牧场、畜舍中的垫料、饲料等被污染物，尽量消毒、销毁，不能销毁的要用 0.5% 以上浓度的次氯酸钠经 2h 或 1～2mol/L 苛性钠经 1h 消毒。

4）对处理病牛过程中发生的外伤，用次氯酸钠彻底洗净。

5）肉品和其他动物产品的处理：可疑或有风险的肉品和动物产品，必须焚烧或者用其他可接受的方法处理。

6）动物产品和副产品的处理：①感染的动物尸体不得以任何方式加工进入人类食物链或动物饲料链。②确保可能感染的材料全部焚毁。③将骨灰收集起来与生石灰混合，并选择适当地点深埋。

7）对使用的兽医器械要进行清洗消毒。

8）清洗用的消毒剂如下。

A．含 2% 有效次氯酸钠液体 20℃浸泡 1h 以上。对污染的设备、器械要消毒过夜。

B．2mol/L 氢氧化钠（80g/L）20℃浸泡 1h 以上。

C．对组织学样品，用 96% 的甲酸处理 1h。甲醛固定的感染组织的痒病病原稳定性增高，蒸汽高压灭菌不能灭活病原。因此，甲醛固定的组织残留物应焚毁处理。

BSE 病原仅限于临床感染牛的中枢神经系统内，与活牛接触的人和动物没有风险。但为保证安全，在操作时要采取安全防护措施，如口罩、眼罩和手套等。

3．口蹄疫

口蹄疫（foot and mouth disease）是由口蹄疫病毒（图 7-42）引起的偶蹄动物的一种急性、热性、高度接触性传染病。特征是口腔黏膜和鼻、乳头、蹄等部位的皮肤形成水疱和烂斑。家畜中牛、羊、猪、驼、鹿均易感。人可因接触患病动物或饮食病畜生乳或未经充分消毒的病畜肉、乳及乳制品而被感染。小儿易感性较高，常发生胃肠炎，患者发热、呕吐、口干、舌唇生水疱、糜烂，有时手脚指处也可发生（图 7-43）。对儿童危害大，可引发"虎斑心"而死亡。人感染情况非常少见，故也有人不认为该病为人畜共患病。

口蹄疫共有 A，O，C，亚洲 I 型，南非 I、II、III 等 7 个血清型。该病主要感染牛、羊、猪、骆驼等偶蹄动物。2004 年，亚洲 I 型口蹄疫传入我国，近年来国内发生的口蹄疫疫情均属该型。A 型口蹄疫主要分布在亚洲、南美和中东地区，近年来我国周边一些国家也多次发生。A 型口蹄疫病毒与其他血清型的口蹄疫病毒在致病性上并无明显差异，症状基本相同，主要引起口腔黏膜、蹄部和乳房皮肤发生水疱和溃烂。由于口蹄疫传播速度快、感染率高，对畜牧业生产危害严重，世界动物卫生组织将该病列为通报性传染病，我国也将其作为一类动物疫病重点加以防范。

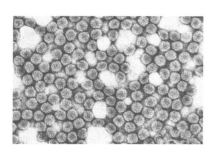

图 7-42 口蹄疫病毒

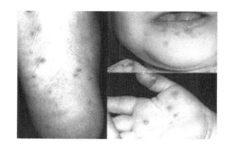

图 7-43 人口蹄疫病

（1）宰前鉴定

口蹄疫主要症状是口腔黏膜和蹄部皮肤形成水疱和溃疡。

1）牛口蹄疫：患牛病初体温升高，食欲减退，闭口流涎。继而在唇内、舌部、齿龈和鼻镜等处出现大小不等的水疱，疱壁较薄，疱内液体呈微黄色或无色。水疱破裂后形成浅表边缘整齐的红色烂斑。趾间和蹄冠也发生水疱，很快破裂形成烂斑（图 7-44）。病畜表现运步困难，重者蹄壳脱落。

图 7-44 牛口蹄疫

2）羊口蹄疫：羊易感性较低，症状与牛基本相似，但较轻微，水疱较少并很快消失。绵羊主要在四肢蹄部见有水疱，偶尔也见于口腔黏膜。山羊的水疱多见于口腔。

3）猪口蹄疫：病猪水疱以蹄部多见，严重者蹄壳脱落。口腔、鼻盘、乳房也可见到水疱和烂斑（图 7-45，图 7-46）。

图 7-45 猪口蹄疫
（一）

图 7-46 猪口蹄疫（二）

（2）宰后鉴定

1）水疱和溃疡：除在口腔、蹄部出现水疱和烂斑外，咽喉、气管和前胃黏膜可见有圆形糜烂，胃肠有时出现出血性炎症。

2）心肌变性坏死：心脏因心肌脂肪变性而柔软扩张。

病势严重时，左心室壁和室中隔往往发生明显的脂肪变性和坏死，断面可见不整齐的斑点和灰白色或带黄色的条纹，形似虎皮斑纹，特称"虎斑心"。心内膜有出血斑，心外膜有出血点。

3）其他病变：肺有气肿和水肿，腹部、胸部、肩胛部肌肉中有淡黄色麦粒大小坏死灶。

（3）兽医卫生评价与处理

1）生前确诊为口蹄疫的患畜予以扑杀销毁。

2）确认为本病的患畜，整个胴体、内脏及其他副产品作工业用或销毁。

3）患畜之同群动物及怀疑被其污染的胴体、内脏及骨、蹄、角等高温处理后出场，毛皮消毒后出场。

4．痘病

痘病（pox）是由痘病毒引起的各种家畜、家禽和人的一种急性、发热性传染病。痘病的发病特征是皮肤和黏膜上发生特殊的丘疹和疱疹。在典型病例，由丘疹变为水疱以至脓疱，干涸结痂，脱落后痊愈（图 7-47，图 7-48）。世界多数国家和地区有本病流行，绵羊痘和禽痘特别广泛。由于传染性强，发病率高，常造成很大的经济损失。

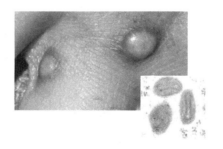

图 7-47 痘病毒

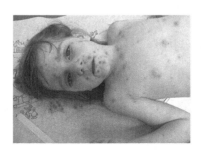

图 7-48 人的痘病

（1）宰前鉴定

1）绵羊：绵羊痘是各种家畜痘病中危害最为严重的一种热性接触性传染病。病初体温升高到41～42℃，黏膜、结膜充血呈卡他性炎，眼、鼻流出黏性或脓性液体，继而在无毛或少毛的部位出现丘疹、红斑。随着发展程度的不同，可表现为水疱、脓疱，甚至结痂等不同形式（图7-49）。黏膜较易形成糜烂；有时痘疹不形成疱而保持硬固成为所谓"石痘"，也有的形成脓疱，之后形成溃疡或坏疽。若因细菌感染引起败血症，则全身症状显著加重。

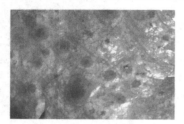

图 7-49　绵羊肺淡粉红色结节

2）其他动物：牛痘、山羊痘多发生于乳房。马痘多见于系部（蹄弯）或表现为脓疱性口炎。猪痘主要发生于躯干的下腹部和肢内侧及背部或体侧等处（图7-50）。

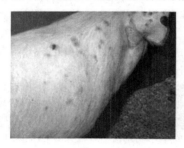

图 7-50　动物痘病

（2）宰后鉴定

除皮肤病变外，有时在猪的口、咽、气管及支气管黏膜也能见到痘疹病变。绵羊呼吸道黏膜有出血性炎症，咽及第一胃有时也有痘疹或溃疡。如并发脓毒血症或败血症，则皮下组织呈浆液性浸润，浆膜有点状出血，淋巴结肿胀。肺有圆形灰白色结节，肝和肾也可能有类似变化。

（3）兽医卫生评价与处理

1）绵羊和猪的胴体有全身性出血或坏疽并确认为痘病者，作工业用或销毁。患良性痘疮而全身营养良好且无并发症者，胴体剥皮后出场，或将痘疮割去后出场。头蹄有病变者，割除病变部分后出场。

2）牛胴体割去病变部分后，不受限制出厂。

3）皮张干燥后出厂，或以不漏水工具直接运至制革厂加工。

5．猪传染性水疱病

猪传染性水疱病（swine vesicular disease，SVD）又称猪水疱病，是由一种肠道病毒引起的急性传染病。本病流行性强，发病率高，其特征为蹄部、口腔、鼻端和腹部乳头周围皮肤发生水疱，与口蹄疫极为相似，但牛、羊等家畜不发病。人有一定的感受性，与病猪直接或间接接触的人，也可发生与猪传染性水疱病相似的疾病。现已证实其病原体为一种肠道病毒，与柯萨奇病毒 B6 在血清学上有密切关系。

（1）鉴定

本病可分为典型、温和型和亚临床型（隐性型）。主要特征是在蹄冠、蹄叉、蹄底等部形成水疱，继而融合、破溃，行走艰难，严重者卧地不起，蹄壳脱落（图 7-51）。有时在鼻端、舌面、乳房上也形成类似的水疱或烂斑。精神沉郁、食欲减退或停食，肥育猪显著掉膘。

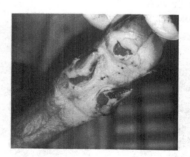

图 7-51　猪水疱病表现

（2）鉴别诊断

本病与口蹄疫、水疱性口炎和水疱疹在临床上极为相似。但从肉用家畜的易感性来看，除水疱疹只感染猪外，口蹄疫和水疱性口炎不仅感染猪，而且牛、羊、马均可感染，这是不同于传染性水疱病的。鉴别这种疾病，必须依靠中和试验、动物接种试验和病原特性检验。

（3）兽医卫生评价与处理

1）宰前确诊为传染性水疱病的患畜扑杀销毁。

2）宰后确认为本病的，整个胴体、内脏及其他副产品作工业用或销毁。

3）患畜之同群动物及怀疑被其污染的胴体、内脏及骨、蹄、角等高温处理后出厂，毛皮消毒后出厂。

由于人有一定感受性，实验室接触病毒人员，兽医及饲养人员都应注意自身防护。

6．狂犬病

狂犬病（rabies）是由狂犬病病毒（图 7-52）引起的

一种人和所有温血动物共患的急性接触性传染病，俗称疯狗病。临床特征是神经兴奋和意识障碍，继之局部或全身麻痹而死亡。本病在世界很多国家存在，造成人畜死亡，致死率几乎 100%，因此已受到国内外普遍关注（图 7-53）。犬是最主要的病毒携带者，野生动物如狼、狐、浣熊、鼬、香猫等是自然宿主，蝙蝠也是主要携带者。

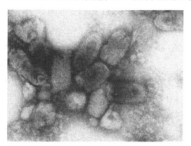

图 7-52　狂犬病病毒

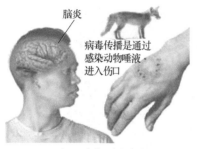

图 7-53　人通过伤口感染中枢神经

（1）宰前鉴定

可根据被犬咬病史，以及特征症状进行诊断。主要表现是吞咽困难，唾液增多，兴奋性增高和异常狂暴，如摇尾、嘶鸣或哞叫、攻击其他动物或人。有的则表现沉郁，常躲在暗处，最后麻痹而死亡。

（2）宰后鉴定

眼观无特殊病变。尸体消瘦，有咬伤、撕裂伤，常见口腔和咽喉黏膜充血或糜烂，胃内空虚或有多种异物，如木片、石头、破布、鬃毛等；胃肠黏膜充血和出血，中枢神经实质和脑膜肿胀、充血和出血。组织学检查，可于大脑海马角或小脑的神经细胞内发现内基（Negri）氏小体。

（3）兽医卫生评价与处理

1）屠畜被狂犬咬伤后 8d 内未显现狂犬病症状的，胴体、内脏经高温处理后利用。不能证明其确实咬伤日期的，一般不作食用。禁止在潜伏期内屠宰。

2）对狂犬病畜采取不放血的方法扑杀并销毁。

7. 肾综合征出血热病

（1）流行病学

肾综合征出血热（hemorrhagic fever with renal syndrome，HFRS）是由汉坦病毒（hantavirus，HV）引起，由鼠类等传播的自然疫源性急性病毒性人兽共患传染病。以往此病在中国和日本被称为流行性出血热，在朝鲜和韩国被称为朝鲜出血热，在前苏联被称为远东出血热和出血性肾炎，在斯堪的纳维亚国家被称为流行性肾病。

1980 年世界卫生组织将其统一命名为肾综合征出血热。

汉坦病毒（图 7-54）可分为两种：一种引起汉坦病毒肺综合征（HPS），另一种引起汉坦病毒肾综合征出血热（HFRS）。前者主要流行于美国，在阿根廷、巴西、巴拉圭、玻利维亚及德国也发现了病例。主要临床表现为，在 4d 左右的发热、头痛等前驱期症状后，出现以非心源性肺水肿和高病死率（52.4%～78.0%）为特征的急性呼吸衰竭，重症患者 3～7d 死亡，生存则很快恢复，无后遗症。后者即我国常见的肾综合征出血热，发病机制主要是病毒的直接致病作用，肾脏是早期原发性损伤器官。

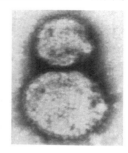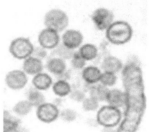

图 7-54　肾综合征出血热病毒

出血热（hemorrhagic fever）不是一种疾病的名称，而是一组疾病，或一组综合征的统称。这些疾病或综合征是以发热、皮肤和黏膜出现瘀点或瘀斑、不同脏器的损害和出血，以及低血压和休克等为特征的。引起出血热的病毒种类较多，它们分属于不同的病毒科。目前在我国已发现的有肾综合征出血热病毒、新疆出血热病毒和登革病毒。

世界上已发现能携带本病毒的鼠类等动物百余种，疫源地遍及世界五大洲。我国是 HFRS 疫情最严重的国家之一，自 20 世纪 30 年代首先在黑龙江省孙吴县发现此病后，疫区逐渐扩大，现已波及 28 个省、直辖市、自治区。其中在我国黑线姬鼠为野鼠型出血热的主要宿主和传染源，褐家鼠为城市型（日本、朝鲜）和我国家鼠型出血热的主要传染源，大林姬鼠是我国林区出血热的主要传染源。自 80 年代中期以来，年发病人数超过 10 万，病死率为 3%～5%，有的地区高达 10%。近几年吉林省该病流行主要与食品卫生有关。

（2）病原特征与致病性

1）病原特性：HFRS 病毒的成熟方式为芽生成熟，多种传代、原代及二倍体细胞均对 HFRS 病毒敏感，实验室常用非洲绿猴肾细胞（VeroE6）、人肺癌传代细胞（A549）等来分离培养该病毒。

现有两种动物模型：一种为感染模型，供分离和培养病毒及感染试验用，如长瓜沙鼠，家兔人工感染后产生一种短程和自限性感染；另一种为致病模型，供发病机制研究及研制疫苗用。如将本病毒接种于 2～4 日乳龄小白鼠脑内，能产生全身弥漫性感染，并发病致死。以肺癌传代细胞、绿猴肾传代细胞及大白鼠肺原代细胞、人胚肺二倍体细胞（2BS）株对病毒繁殖敏感，可用于病毒分离、增毒、诊断抗原制备及研究特效药物等。

采用血清学方法（主要是空斑减少中和试验）及RT-PCR 技术和酶切分析方法,可将 HFRS 病毒分为不同型别,即汉坦病毒（Ⅰ型,又称野鼠型）、汉城病毒（Ⅱ型,又称家鼠型）、普马拉病毒（Ⅲ型,又称棕背鼠型）、希望山病毒（Ⅳ型,又称草原田鼠型）、泰国病毒（Ⅴ型）、Dobrava 病毒（Ⅵ型）、Thottapalaym 病毒（Ⅶ型）,以及1993 年在美国西南部暴发的汉坦病毒肺综合征的病原。其中前 4 型经世界卫生组织汉坦病毒参考中心认定的,而后 4 型则尚未最后认定。从我国不同疫区、不同动物及患者分离出的 HFRS 病毒,分属于Ⅰ型和Ⅱ型,两型病毒的抗原性有交叉。

2）致病性:潜伏期一般为两周左右,起病急,发展快。典型病例具有三大主症,即发热、出血和肾脏损害。临床经过分为发热期、低血压休克期、水尿期、多尿期和恢复期。HFRS 的发病机制很复杂,有些环节尚未完全搞清。目前一般认为病毒直接作用是发病的始动环节,而免疫病理损伤也起重要作用。病毒感染造成病毒血症及全身毛细血管和小血管损伤,引起高热、寒战、乏力、全身酸痛、皮肤和黏膜出现出血点或出血斑,重者还可有腔道或各脏器出血,肾脏损害出现血尿、蛋白尿,电解质紊乱。广泛的毛细血管和小血管损伤引起的出血、血浆渗出和微循环障碍等造成低血压或休克。另外在早期患者体内即可出现大量循环免疫复合物,在血管壁、血小板、肾小球及肾小管上有免疫复合物沉积,血清补体水平下降;血清中也可检出抗基底膜和抗心肌抗体,这些现象表明Ⅲ型和Ⅱ型变态反应造成的免疫病理损伤也参与了 HFRS 的致病。

3）传播途径:主要传播为动物源性,病毒能通过宿主动物的血及唾液、尿、便排出,鼠向人的直接传播是人类感染的重要途径（图 7-55）。

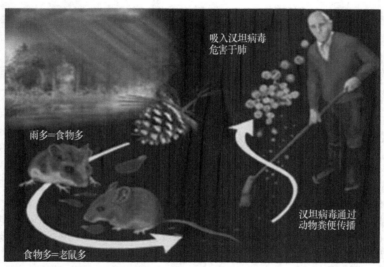

吸入汉坦病毒危害于肺

雨多=食物多

食物多=老鼠多

汉坦病毒通过动物粪便传播

图 7-55　肾综合征出血热病流行模式

目前认为有以下途径可引起出血热传播。

A．呼吸道:含出血热病毒的鼠排泄物污染尘埃后形成的气溶胶颗粒经呼吸道感染。

B．消化道:进食含出血热病毒的鼠排泄物污染的食物、水,经口腔黏膜及胃肠黏膜感染。

C．接触传播:被鼠咬伤,鼠类排泄物、分泌物直接与破损的皮肤、黏膜接触。

D．母婴传播:孕妇患病后可经胎盘感染胎儿。

E．虫媒传播:老鼠体表寄生的螨类叮咬人可引起本病的传播。

（3）预防

采取灭鼠、防鼠、灭虫、消毒和个人防护等措施,严密隔离病例或染疫动物,防止人传人;特异预防方面,目前国内外已初步研制出 3 类 HFRS 疫苗,即纯化鼠脑灭活疫苗（分别由朝鲜、韩国及我国研制）、细胞培养灭活疫苗（包括Ⅰ型疫苗和Ⅱ型疫苗,均由我国研制）和基因工程疫苗（由美国研制）。最近我国研制的二类疫苗已在不同疫区进行大量人群接种,预防效果正在观察监测之中。对食品保藏方式要注意,不要受到鼠的侵害而污染食品。

8．亨德拉病

亨德拉病（Hendra disease）是由亨德拉病毒（Hendra virus,图 7-56）引起的马和人新的人畜共患病。亨德拉尼帕病毒属目前包含两种致命病毒:亨德拉病毒（Hendra virus）和尼帕病毒（Nipah virus）。马以呼吸道症状为主,马匹通常在食用富含病毒的物质（如蝙蝠的粪便或分娩时产生的物质）后感染该病。马感染后出现典型症状为呼吸困难、高烧、口鼻分泌带血泡沫;人以脑炎病症为主。亨德拉病毒病不具备高度的传染性。

（1）流行病学

1994 年 9 月,在澳大利亚布里斯班近郊的亨德拉镇,一个赛马场突然发生了一种导致赛马急性呼吸道综合征的疾病,典型特征是严重呼吸困难和高死亡率,还表现为人接触性感染。驯马师维克瑞尔和 14 匹赛马在几天时间里因病毒感染造成的高烧和呼吸困难而先后

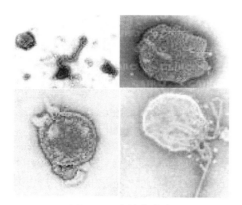

图 7-56　亨德拉病毒

死亡。病原体被分离鉴定后，证明是副黏病毒科家族中的一员，被命名为亨德拉病毒。马匹通常在食用富含病毒的物质（如蝙蝠粪便或分娩时产生的物质）后感染该病。人由于与马接触而感染得病。最可能的传播途径就是马采食了被携带病毒的狐蝠胎儿组织或胎水污染的牧草所致。2012 年我国云南发现墨江副黏病毒（Mojiang paramyxovirus，MojV）引致 3 人死亡。MojV 与亨德拉尼帕病毒及其他副黏病毒科成员具有一些遗传相似性。在同一洞穴中的大鼠中分离到该病原。

（2）宰前鉴定

马感染后出现的典型症状为呼吸困难、高烧、口鼻分泌带血泡沫；还包括忧郁，缺乏食欲，发热，步态不稳，心率过速，呼吸速度加快。死亡率为 30%～60%。

（3）宰后鉴定

有明显肋膜下水肿，伴随肺部淤血和坚实化。猪感染主要表现呼吸道和脑炎症状，肺和脑组织的病理变化可分别出现，也可同时出现。肺主要表现为气管炎、支气管肺炎、化脓性或非化脓性间质性肺炎，呼吸道柱状细胞增生，支气管和细支气管周围有淋巴细胞渗出。显微镜下看到间质性肺炎变化伴随局部坏死性肺泡炎、水肿及融合细胞的形成，主要侵犯血管内皮。

（4）兽医卫生评价与处理

目前我国还没有该病发生。但从疫病国或疫病区引进马匹或有关动物时，应注意该病的检验，严防该病进入我国。应建立检验该病的准确检测方法，制定好措施。

9．埃博拉热与马尔堡热

埃博拉热病毒（Ebola virus，EBV）（图 7-57）是一种能引起人类和灵长类动物产生埃博拉出血热（Ebola hemorrhagic fever，EBHF）的烈性传染病。死亡率很高，为 50%～90%。埃博拉病毒的名称出自非洲扎伊尔的"埃博拉河"。为丝状病毒科丝状病毒属成员。

马尔堡病毒（Marberg virus，MBV）（图 7-58），又名青猴病毒，是迄今为止最具有致命性的病毒之一，能够引起马尔堡病（Marberg disease）。1967 年秋，在西德的马尔堡和法兰克福、南斯拉夫的贝尔格莱德，同时暴发了一种实验室工作人员的严重出血热，31 名患者中死亡 7 人，这些患者大都接触过一批从乌干达运来的非洲绿猴或其

组织培养细胞。将患者的血液和组织，接种豚鼠和细胞培养物，分离获得的病毒与已知病毒在形态学和抗原性上均不相同。根据发病地点，将这种病毒命名为马尔堡病毒。

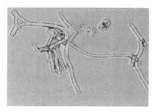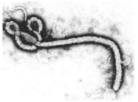

图 7-57　埃博拉病毒

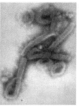

图 7-58　马尔堡病毒

（1）流行病学

1）埃博拉热：埃博拉病毒是一种十分罕见的病毒，这种病毒最早于 1967 年在德国的马尔堡首次发现，但当时并没有引起人们的注意。1976 年，在苏丹南部和扎伊尔即现在的刚果（金）的埃博拉河地区再次发现后，才引起医学界的广泛关注和重视，"埃博拉"由此而得名。该地区靠近 1976 年 Nhoy Mushola 记载的在扎伊尔的 Yambuku 和苏丹西部的 Nzara 第一次暴发的地方。在这次暴发中，共有 602 个感染案例，有 397 人死亡。2014～2015 年，西非大规模暴发，感染人数近 24 350 人，超过 1.4 万人被埃博拉病毒夺去生命。埃博拉疫情暴发以来，几内亚、利比里亚与塞拉利昂是 3 个疫情蔓延最为严重的国家。

2）马尔堡热：1975 年南非的约翰内斯堡，1980 年肯尼亚的内罗毕和 1982 年的津巴布韦也相继发生本病。在安哥拉暴发的马尔堡出血热已有 221 个病例，造成了 203 人死亡。

我国尚无本病发生，鉴于其对人类和养猴业的危害性，应该引起高度重视。

在自然状态下，马尔堡病毒是多形态的，或呈长丝状并且有时有分支，或呈"U"形或"6"形或环形。以磷钨酸负染后电镜观察，可见直径为 80～90nm，长度为 130～2600nm 的病毒粒子。外周有囊膜，表面有长约 10nm 的突起。

人类潜伏期为 3～9d。发病急剧，初发症状为全身疲乏，头痛，发热，畏寒，大量出汗，全身肌肉痛等，类似流感。随后患者表现恶心，大量呕吐，水样腹泻和弥漫性腹痛，约持续 7d。发病 1～2d 内，呕吐物和粪便中含有大量血液。患病 5～7d 时出现皮疹，并从面部向躯干及四肢扩展，起初为丘疹，24h 后发展为斑疹，并逐渐融合为暗红色的斑疹，皮肤无痒感，一般持续 3～

4d 后消退，随后发生脱屑。上述皮肤损害为本病的特征性症状。皮疹出现的同时，患者呈现出血性倾向，如鼻衄、齿龈出血、尿血和阴道出血等，严重者可因发生休克而死亡，并伴有弥漫性血管内凝血。

传播途径：体液，这种病通常是通过体液传染，即可通过接触患者的血液、尿液、排泄物、呕吐物、唾液等传播。

来源：猴子，马尔堡病毒病可从猴子身上传染给人类，但是目前仍然不清楚该病毒的宿主。猴子受感染后比人类死亡更快。因此，科学家认为这种病的宿主是其他动物，这种动物可以将病毒传染给其他同类，自身却很安全。

3）动物马尔堡病：人工感染猴可表现发热，厌食，反应迟钝，体重减轻。在皮肤，尤其是在臀部和股部皮肤上见有淤点状丘疹。发病后猴呼吸困难，濒死时腹泻，直肠和阴道黏膜出血，在发病 6～13d 死亡。豚鼠对该病毒敏感，引起发热和死亡。

（2）兽医卫生评价与处理

这两种病我国目前没有，从该病国或疫情区引进动物时注意检验，建立可靠的检验方法。制定防疫措施，加强港口、海关等相关部门的检疫工作。

10．登革热

登革热（Dengue fever）是登革热病毒（图 7-59）引起、伊蚊传播的一种急性人兽共患病。人主要表现起病急骤，高热，全身肌肉、骨髓及关节痛，极度疲乏，部分患者可有皮疹、出血倾向和淋巴结肿大、白细胞减少等症状。

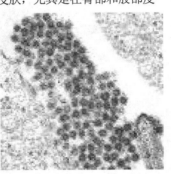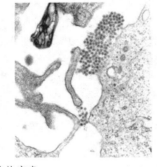

图 7-59 登革热病毒

（1）流行病学

20 世纪，登革热在世界各地发生过多次大流行，病例以数百万计。在东南亚一直呈地方性流行。我国于 1978 年在广东流行，并分离出第Ⅳ型登革热病毒。此后，于 1979 年、1980 年、1985 年小流行中分离出Ⅰ、Ⅱ、Ⅲ型病毒。

传染源　患者和隐性感染者为主要传染源，未发现健康带病毒者。患者在发病前 6～8h 至病程第 6 天，具有明显的病毒血症，可使叮咬伊蚊受染。流行期间，轻型患者数量为典型患者的 10 倍，隐性感染者为人群的 1/3，可能是重要的传染源。

传播媒介　伊蚊，已知 12 种伊蚊可传播本病，但最主要的是埃及伊蚊和白伊蚊。广东、广西多为白纹伊蚊传播，而雷州半岛、广西沿海、海南省和东南亚地区以埃及伊蚊为主。伊蚊只要与有传染性的液体接触一次，即可获得感染，病毒在蚊体内复制 8～14d 后即具有传染性，传染期长者可达 174d。具有传染性的伊蚊叮咬人体时，即将病毒传播给人。

易感人群　在新疫区普遍易感。我国广东是流行地区，1980 年、1986 年在广东流行中，最小年龄 3 个月，最大 86 岁，但以青壮年发病率最高。在地方性流行区，20 岁以上的居民，有 100%在血清中能检出抗登革病毒的中和抗体，因而发病者多为儿童。患者 60 余万，死亡475 人。1995 年中国广东病例数为 5505 例，1997 年中国潮州 500 例，1998 年中国佛山 464 人，2014 年日本150 人感染，2015 年中国台湾有 16658 例，死亡 62 例。

易感动物　乳鼠、低等灵长类和猪，这些动物感染后不发病，呈隐性感染。

（2）致病性

1）典型登革热。

A．所有患者均发热。起病急，先寒战，随之体温迅速升高，24h 内可达 40℃。一般持续 5～7d，然后骤降至正常，热型多不规则，部分病例于第 3～5 天体温降至正常，1d 后又再升高，称为双峰热或鞍型热。儿童病例起病较缓，热度也较低。

B．全身毒血症状：发热时伴全身症状，如头痛、腰痛，尤其骨、关节疼痛剧烈，似骨折样或碎骨样，严重者影响活动，但外观无红肿。消化道症状可有食欲下降、恶心、呕吐、腹痛、腹泻。脉搏早期加快，后期变缓。严重者疲乏无力呈衰竭状态。

C．皮疹：于病程 3～6d 出现，为斑丘疹或麻疹样皮疹，也有猩红热样皮疹，红色斑疹，重者变为出血性皮疹。皮疹分布于全身、四肢、躯干和头面部，多有痒感，皮疹持续 5～7d。疹退后无脱屑及色素沉着（图 7-60）。

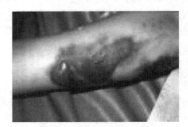

图 7-60 登革热皮疹

兽医公共卫生学

D．出血：25%～50%病例有不同程度出血，如牙龈出血、鼻衄、消化道出血、咯血、血尿等。

E．其他：多有浅表淋巴结肿大。个别病例可出现黄疸，束臂试验阳性。

2）轻型登革热：表现类似流行性感冒，短期发热，全身疼痛较轻，皮疹稀少或无疹，常有浅表淋巴结肿大。因症状不典型，容易误诊或漏诊。

3）重型登革热：早期具有典型登革热的所有表现，但于 3～5d 病突然加重，有剧烈头痛、呕吐、谵妄、昏迷、抽搐、大汗、血压骤降、颈强直、瞳孔散大等脑膜脑炎表现。有些病例表现为消化道大出血和出血性休克。

4）动物登革热：动物感染登革热后一般不表现明显症状，但特异性抗体明显升高。已发现猴、猪、狗、鸡、蝙蝠及某些鸟类有登革热抗体。

（3）预防

防止被蚊叮咬，使用疫苗。

11．裂谷热

裂谷热（Rift Valley fever），又名绵羊和牛传染性地方流行性肝炎，是非洲流行的一种致命的人畜共患病。通过蚊子叮咬传染人类和牲畜，主要表现是急性腹泻和发高烧，进而严重损害人和牲畜的肝和肾，部分患者还会因血管破裂而死亡。

（1）流行病学

裂谷热病毒（图 7-61）属于布尼病毒科中的白蛉热病毒属，为 RNA 病毒。中非的 Zinga 病毒现在被认为与其是同一种。该病毒有很广的脊椎动物寄生谱，绵羊、山羊、牛、水牛、骆驼和人是主要的感染者。在这些动物中，绵羊发病最严重，其次是山羊，其他敏感动物包括羚羊、驴、啮齿动物、狗和猫。

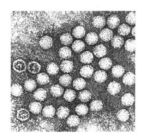

图 7-61　裂谷热病毒

该病毒在脊椎动物寄主和蚊子之间循环。许多种类的蚊子传播该病毒，但库蚊在疫病流行上是最重要的。在南非泰累尔氏库蚊是最重要的媒介，而在埃及为尖音库蚊。

大多数对人的传染是通过接触感染动物的组织、血液、分泌物和排泄物造成的，或在实验室中受到感染。在埃及发生的流行主要是通过排泄物传播，但通过蚊子传播给人也起了重要作用。

裂谷热在暴发过程中的传播机制目前还不清楚。病毒可通过伊蚊的卵传播，伊蚊的卵可在干涸的池塘表面的泥土中保持休眠状态几年。这些地方持续的降雨和洪水可导致伊蚊卵的孵化，这些卵中的一部分可能含有病毒。而大量繁殖的伊蚊偏爱叮咬牛，被感染的蚊子再叮咬其他脊椎动物，反复循环感染。

裂谷热对人呈现致类似严重流感的疾病，可持续 7d。最普遍的并发症是视网膜的损伤，个别的病例则可导致暂时性或永久性致命。其他不常见的并发症有脑炎或肝炎。

（2）宰前鉴定

所有年龄的绵羊均可感染，但对羔羊最严重。发病率在羊群中可高达 100%。在一周龄以内羔羊中，死亡率可高达 95%；在断奶羔羊中，死亡率为 40%～60%；在成年绵羊中死亡率为 15%～30%。

绵羊最急性的病例通常是死亡或驱赶时突然倒地。急性病例潜伏期非常短。然后是发热，脉搏加快，步态不稳，呕吐，流黏液性鼻液，在 24～72h 内死亡。其他症状可见有出血性腹泻和可视黏膜瘀血斑或瘀血点（图 7-62，图 7-63）。

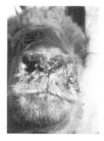 

图 7-62　鼻腔周围皮痂　　图 7-63　绵羊裂谷热病

亚急性病例主要发生在成年绵羊。在 3～4d 潜伏期后，出现发热并伴随有厌食和虚弱。黄疸通常是主要的症状，还有一些羊出现呕吐和腹痛的症状。

感染的母羊流产是不可避免的，可能发生在疾病的急性期或康复期。山羊的裂谷热与绵羊相似，但没有绵羊严重，可造成死胎。

（3）宰后鉴定

最特征性的损伤是肝脏，在不同的组织也有出血。当发生严重感染时，如小羔羊肝脏肿胀。外膜变硬、肝脏的某些部位较脆，肝脏出血。如果不是被血罩住则颜色为灰白、棕色到黄棕色，有许多直径为 1～2mm 的灰白色病灶，分布在整个肝实质。胃肠道出现不同程度的炎症，从卡他性肠道出血至坏死性炎症。大多数内脏器官中出现瘀血点或瘀血斑，也可能出现腹水，心包积水，胸腔积水和肺水肿。这些体液通常被血液浸染。尸体有时出现黄疸。

（4）兽医卫生评价与处理

在进境动物中一旦检出该病，对阳性动物作扑杀、销毁处理。同群动物在隔离场或其他指定地点隔离观察。

12．西尼罗河热

西尼罗河热是由虫媒病毒——西尼罗河病毒（West Nile virus，WNV）（图 7-64）引起的急性人兽共患传染

275

病。西尼罗河病毒最早于 1937 年在非洲乌干达的西尼罗河地区被发现并因此而得名。在人主要观察到该病毒引起的脑炎、脑膜脑炎、脊髓炎及其他神经性炎症。该病已在 7 年中夺去了 800 个美国人的生命。家畜等动物感染后一般不发病，鸟类有大批死亡的。

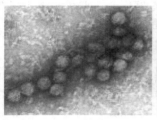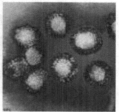

图 7-64　西尼罗河病毒

（1）流行病学

传染源　WNV 的主要传染源包括处于病毒血症期的患者和该病毒的自然宿主——野生鸟类，包括候鸟。一些研究表明，家畜，特别是马和猪也可感染此病毒，因此这些家畜也可能成为西尼罗河热或 WNV 脑炎的传染源。

传染途径　WNV 感染主要经蚊子叮咬传播，WNV 阳性蚊虫主要是库蚊。经卵巢传播或在越冬蚊体内生存，

是该病毒持续存在的主要方式（图 7-65）。

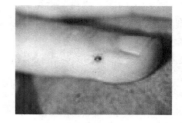

图 7-65　西尼罗河热

易感性　对 WNV 感染的易感人群在不同地区有所不同。在西尼罗河热呈地方性流行的地区，60% 的青壮年中均有该病毒的特异性抗体存在，说明人群中 WNV 的隐性感染很常见。

人类感染西尼罗河病毒后并不相互传播，通常为隐性感染，即对于身体健康的人来说，不会引起什么明显的症状，或只是轻度发热、疲倦，伴有红斑、丘疹、上半身玫瑰疹（图 7-66）。但对于年老体弱、免疫力差的幼童则可能引起较严重的高热（体温高达 40℃ 或以上），剧烈头痛，眼结膜和咽喉部充血，甚至出现中枢神经症状。在急性期，可发生暂时性的脑膜脑炎症状，甚至引起致死性脑炎。

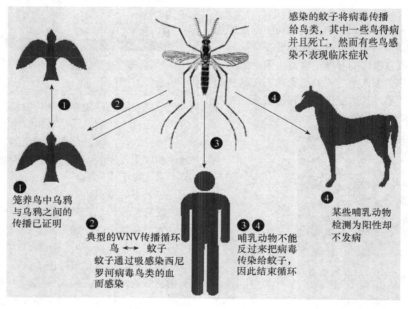

图 7-66　西尼罗河热传播模式

大部分哺乳动物、鸟类、两栖类和爬行动物均可感染，哺乳动物感染后一般不发病，鸟类发病有大批死亡的，青蛙和蛤蟆感染后症状不明显。马主要表现神经症状，共济失调；有时也可看到其他症状，如转圈、后肢软弱无力、不能站立、多肢麻痹、磨牙、急性死亡等。以色列发生鹅西尼罗河病毒感染，鹅表现精神沉郁，体重减轻，活动减少，精神症状为间歇性斜肩、角弓反张，有节奏地来回摇头。

（2）预防措施

蚊虫叮咬是此病的主要传染方式，因此应采取完善的防蚊措施。目前还没有有效治疗药物。

13. 新疆出血热

新疆出血热（Xinjiang hemorrhagic fever, XHF）是由新疆出血热病毒（XHFV）（图 7-67）引起、硬蜱传播的自然疫源性人兽共患病。人以发热、头痛、出血、低血压休克等为特征。本病病死率高，一般在 25% 左右。

动物一般呈隐性感染。

图 7-67 新疆出血热病毒

本病病原体为虫媒 RNA 病毒,归类于布尼亚病毒科(*Bunyaviridae*)内罗病毒属(*Nairovirus*)。对新生的小白鼠、大白鼠、金黄色地鼠均有致病力。

(1)流行病学

本病于 1944 年发现于俄国的克里米亚,1965 年在我国首先发现于新疆的巴楚地区,塔里木河流域为本病的自然疫源地,以上游较为严重。本病在我国西北和西南地区存在着较广泛的自然疫源地。俄国的克里米亚、顿河下游、伏尔加河盆地及非洲等地均有本病流行(图 7-68)。

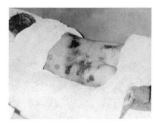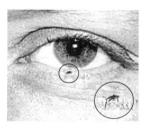

图 7-68 克里米亚-刚果出血热表现

传染源主要是疫区的绵羊和塔里木兔,此外,山羊、牛、马、骆驼、野兔、狐狸也可能为本病的传染源,急性期患者也是传染源。亚洲璃眼蜱(*Hyatomma asiaticum*)(图 7-69)是本病的主要传播媒介,蜱主要存在于胡杨树下的树枝落叶内,通过叮咬传播给人和动物,病毒可经蜱卵传代,故亚洲璃眼蜱也是本病毒的储存宿主。此外,接触带毒的羊血或急性期患者的血液通过皮肤伤口感染人,摄入病毒污染的食物也可感染本病。

图 7-69 亚洲璃眼蜱

人群普遍易感,但以青壮年为多,发病与放牧有关。疫区人群有隐性感染、发病后第 6 天出现中和抗体,两周达高峰,病后可获得持久免疫力。

流行季节为 3～6 月,4～5 月为高峰,呈散发流行。

(2)致病性

患者潜伏期为 2～10d。起病急骤,寒战,高热,头痛,腰痛,全身痛,口渴,呕吐,面与胸部皮肤潮红、球结膜水肿、软腭和颊黏膜有出血点,上胸、腋下、背部有出血点和出血斑,有鼻衄。热程约 1 周,热退前后出现低血压休克、出血现象,如消化道出血、血尿、子宫出血等,病程为 10～14d。

自然感染的动物一般不发病,很少有临床症状,但有抗体产生。小白鼠、乳鼠对此病毒高度易感,可用于病毒分离和传代。实验动物如乳鼠等表现兴奋等神经症状,很快死亡。

本病的基本病理变化是全身毛细血管扩张、充血、通透性及脆性增加,导致皮肤黏膜及全身各脏器组织不同程度的充血、出血,实质性器官肝、肾上腺、脑垂体等有变性、坏死,腹膜有胶冻样水肿。

(3)预防

防蜱、灭蜱是预防本病的主要措施。隔离患者,做好个人防护工作。牧民、兽医、屠宰工人、挤奶工人等尽可能做好防护,在处理和屠宰动物时,应穿防护服、戴手套,严禁喝生奶。我国已研制成功新疆出血热的疫苗,是采用感染乳鼠脑组织后精制而成,在牧区试用的初步结果表明安全有效。

14. 黄热病

黄热病(yellow fever)是由黄热病病毒(图 7-70)引起的急性、热性人兽共患病,经伊蚊传播,主要流行于非洲和中、南美洲。主要特征为发热、剧烈头痛、黄疸、出血和蛋白尿等。

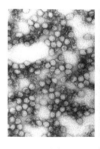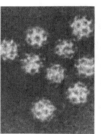

图 7-70 黄热病病毒

(1)流行病学

黄热病主要流行于南美洲、中美洲和非洲等热带地区。包括我国在内的亚洲地区,虽然地理、气候、蚊、猴等条件与上述地区相似,但至今尚无本病流行或确诊病例的报道。3～4 月的病例较多。黄热病可分为城市型和丛林型两种。

1)传染源:城市型的主要传染源为患者及隐性感染者,特别是发病 4d 以内的患者。丛林型的主要传染源为猴及其他灵长类,在受染动物血中可分离到病毒。

2)传播途径:传播途径为蚊虫,城市型以埃及伊蚊为唯一传播媒介,以人-埃及伊蚊-人的方式流行(图 7-71)。丛林型的媒介蚊种比较复杂,在非洲伊蚊、辛普森伊蚊、

277

嗜血蚊属（*Hemagogus*）、煞蚊属（*Sabethes*）等，以猴-非洲伊蚊或嗜血蚊属等-猴的方式循环。人因进入丛林中工作而受染。蚊吮吸患者或病猴血后经9～12d即具传染性，并可终生携带病毒。

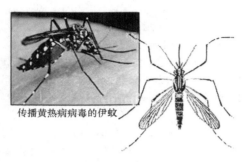

图7-71　伊蚊

3）易感者：在城市中无论男女老少均属易感，但成年人大多已获得免疫，故患者以儿童为多。在丛林型中患者多数为成年男性，感染后可获得持久免疫力。病死率一般为2%～5%，重型可达50%。

（2）致病性

黄热病病毒感染后，5%～20%出现临床疾病，其余为隐性感染。潜伏期为3～7d，轻症可仅表现为发热、头痛、轻度蛋白尿等。重症一般可分为感染期、中毒期和恢复期3期。

1）感染期：起病急骤，伴有寒战，继以迅速上升的高热、剧烈头痛、全身疼痛、显著乏力、恶心、呕吐、便秘等。呕吐物初为胃内容物，继呈胆汁样。患者烦躁焦虑、颜面绯红、结膜充血、舌红绛、肤干燥（图7-72）。本期持续约3d，期末有轻度黄疸、蛋白尿等。

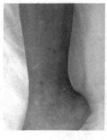

图7-72　黄热病

2）中毒期：一般开始于病程第4天，部分病例可有短暂的症状缓解期，体温升降复升而呈鞍型。高热及心率减慢，黄疸加深，黄热病因此得名。患者神志淡漠、面色灰白、呕吐频繁。蛋白尿更为显著，伴少尿。本期的突出症状为各处出血现象如牙龈出血、鼻衄、皮肤瘀点和瘀斑，胃肠道、尿路和子宫出血等。呕吐物为黑色变性血液。严重患者可出现谵妄、昏迷、顽固呃逆、尿闭等，并伴有大量黑色呕吐物。持续3～4d，死亡大多发生于本期内。

3）恢复期：体温于病程7～8d下降至正常，症状和蛋白尿逐渐消失，但乏力可持续1～2周甚至数月，一般无后遗症。

脊椎动物和节肢动物都可感染，一般为隐性感染。

（3）预防

以防蚊、灭蚊为主，一旦发现病例或疑似病例，应立即报告当地卫生防疫机构，以便及时采取必要的措施。

预防接种是防止暴发流行和保护个人的有效措施。

15. 流行性乙型脑炎

流行性乙型脑炎是由乙型脑炎病毒（Japanese encephalitis virus，JEV）（图7-73）引起、由蚊传播的急性人兽共患病，又称日本乙型脑炎。主要侵犯中枢神经系统，表现为发热、头痛、呕吐和颈项强直等。严重者发生惊厥、昏迷和死亡。猪、马等动物感染后发病，严重者死亡。

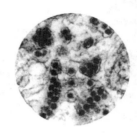

图7-73　乙型脑炎病毒

（1）流行病学

流行性乙型脑炎只在亚洲流行，包括日本、中国、朝鲜、菲律宾、俄罗斯远东地区、东南亚、印度等地。在流行地区儿童发病率高；在非流行地区，各年龄组都可发病，而以幼儿和老人为多，男女无差别。在热带全年都有病例发生，在温带和亚热带地区发病有季节性，限于蚊孳生的夏秋季，蚊是重要的传播媒介，主要是库蚊属，其中在亚洲广泛分布的三带喙库蚊是主要传播媒介。鸟和猪可以受本病毒的感染并产生病毒血症，起扩散感染的作用。

（2）致病性

流行性乙型脑炎的潜伏期是5～15d，最长可达21d。轻型病例的症状是低热、头痛和疲倦，持续几日后自愈。典型脑炎在开始时症状可能与轻型相似，以后体温逐渐上升并出现脑炎的症状；或在开始时即出现高热、头痛、食欲减退、恶心、呕吐。严重者持续高热、颈强直、神情呆滞、惊厥、嗜睡或昏迷、并出现强直性肢体瘫痪、眼球和肢体震颤等。有时可以侵犯延髓出现中枢性呼吸衰竭。

儿童容易发生惊厥，病情严重者在病期第5～9天死于呼吸或循环衰竭，病死率约为20%。高热、频繁惊厥、深度昏迷和呼吸衰竭是预后不良的征兆。

猪是乙型脑炎的主要传染源之一，与蚊形成"蚊-猪"循环传播模式，该病对猪危害大，引起妊娠母猪流产、死胎，公猪睾丸炎，仔猪因脑炎病死。马也极易感染，发热，表现精神兴奋和精神沉郁，多在1～2d内死亡（图7-74）。牛、羊少见，发病也可见神经症状。

（3）宰后鉴定

乙型脑炎为全身性感染，主要病变在中枢神经系统。在猪和马可见软脑膜充血水肿，脑沟变

图7-74　患流行性乙型脑炎病马

浅，脑回变粗，可见粟粒大小半透明的软化灶，或单个，或散在，或聚集，甚至可融合成较大的软化灶。由于神经中枢疾病，多见有外伤。猪睾丸肿胀。

（4）兽医卫生评价与处理

猪是本病的重要疫源动物，预防猪感染对防止人患病具有重要意义。对屠宰后发现的病猪和马匹，内脏及头部作工业用或销毁，肉尸高温处理或销毁。在疫区流行期前一个月注射疫苗。

16．病毒性脑心肌炎

病毒性脑心肌炎是由脑心肌炎病毒（Encephalomyocarditis virus，EMCV）（图7-75）引起的一种人兽共患病。可自然感染啮齿动物、非人灵长类动物和猪，猪自然感染EMCV可造成突然死亡和实质器官的广泛病理损伤，母猪感染还可造成繁殖障碍。人可呈现轻度脑炎症状。

（1）流行病学

老鼠是脑心肌炎病毒主要的保存宿主。这种病可感染很多种脊椎动物，但在北美地区最易

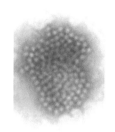

图7-75　脑心肌炎病毒

感染的家畜是猪，其他动物感染多呈隐性。这种病毒在世界上分布广泛，但不同国家和地区之间这种病毒的毒力和致病性不同。欧洲的大部分国家，这种病症状很轻微，很少有猪场发现这种病。澳大利亚和新西兰，这种病就严重得多。在佛罗里达和加勒比海地区，这种病会造成心脏损伤从而导致死亡。而在美国中、西部地区，这种病则会引起繁殖问题。

鼠类的数量增多后会加强本病的传播，引起猪群发病。但在发病猪群当中断奶仔猪和生长猪通常不会表现临床症状。

人类感染后表现为发热、头痛、颈部强直、咽炎、呕吐等。一般不死亡。

（2）宰前鉴定

本病极少造成严重问题。小猪自然感染时一般呈不显性感染，但有时也会呈现急性感染而引发诸多感染小猪的突发性死亡。主要表现有抑郁、无神、震颤、呕吐、运动失调、麻痹、呼吸困难和高热等。死亡率的高低，依感染病毒株而定，哺乳小猪甚至可达100%。较大猪和成猪，通常呈不显性感染，但成猪偶尔也有死亡现象发生。

怀孕母猪遭受感染时，会于近分娩期发生流产、木乃伊胎儿增加和小猪离乳前的死亡。此现象可持续2~3个月，并可波及每头怀孕母猪。

（3）宰后鉴定

猪脑心肌炎病变主要为右心衰竭、肝肿大、心包积水、胸水、肺水肿和腹水。心脏肿大、松弛且苍白，甚至可见心包膜下点状出血（图7-76）。心肌病变，以右心室最为显著，有散发性黄色或白色病灶，或弥漫性心肌坏死苍白区，脑膜出血（图7-77）。流产胎儿之心脏，有时也可见上述心肌病变。

图7-76　心肌表面有灰白色条形坏死

图7-77　软硬脑膜均出血、脑实质出血

（4）预防

预防猪场脑心肌炎发生，最好的方法就是捕杀老鼠，使老鼠不存在于猪场。猪饲料应予妥善贮存以避免老鼠的污染。发现有病死猪时应即刻妥善处理，搬离现场并焚毁，以免其他猪只的沾食，并做好猪场各项自卫防疫与卫生管理措施。

17．森林脑炎

森林脑炎又称为蜱传脑炎（tick-borne encephalitis，TBE）（图7-78，图7-79），为自然疫源性疾病，是由蜱传脑炎病毒（TBEV）感染引起的威胁极大的急性、传染性人兽共患病。以突发高热、昏迷、瘫痪、脑膜刺激等症状为特征。

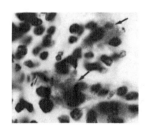

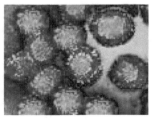

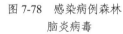

图7-78　感染病例森林　　　图7-79　森林
　　脑炎病毒　　　　　　　脑炎病毒

（1）流行病学

在我国TBE主要分布于东北、西北、西南林区。以（硬）蜱为主要传播媒介，其次是嗜群血蜱和森林革蜱。通过吸食动物血而传染其他动物或人。人也可以通过饮食奶而传播，TBEV可以从鲜乳、酸乳酪、奶酪或奶油

等奶制品中分离到。

易感动物包括山羊、绵羊、猪、牛、马、猴及啮齿动物，人易感，多为伐木工人。流行与蜱活跃期有关。

（2）致病性

人感染可表现疲惫、颈、肩、下背疼痛，体温升高，呕吐、肌束震颤、四肢麻木等，有的出现脑炎症状。可表现为发热型、脑膜型、脑膜脑炎型、脊髓灰质炎型、多发神经根性神经炎型、慢性型等。

动物患病有啮齿动物中鼠类，有的不发病，有的有脑炎症状；山羊、绵羊和猪具有典型的脑炎症状，且易死亡；马、骡、驴感染后，仅牛有体温反应和食欲不振。

（3）预防

加强灭鼠、灭蜱，做好个人防护。隔离病畜，当发现疫情时，采取隔离和封锁措施，防止扩散。对疫区病畜进行扑杀并作无害化处理，对人员及动物免疫接种。

18．水疱性口炎

水疱性口炎（vesicular stomatitis，VS）是由水疱性口炎病毒（vesicular stomatitis virus，VSV）（图 7-80）引起的多种哺乳动物的一种急性高度接触性人兽共患病，以马、牛、猪等动物较易感。主要以舌、唇、口腔黏膜、乳头和蹄冠等处上皮发生水疱为主要特征。当马等发病时，VS 在临床症状上很难与口蹄疫、猪水疱病、猪水疱性疹区别开来。人也偶有感染 VS，引起流感样症状，严重者可引起脑炎。本病被 OIE 列为通报性疫病，在我国 VS 为外来动物病，国家进出境动物检疫对象中将 VS 列为二类疫病。

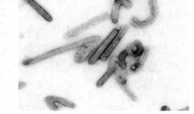

图 7-80　水疱性口炎病毒

（1）流行病学

病毒粒子为子弹状或圆柱状，据 OIE 报道，南美洲、中美洲几乎所有的国家和地区及北美洲的美国等国家在 1996～2002 年暴发了大面积的 VS 流行，造成严重的经济损失。

VS 常呈季节性暴发，易于晚夏零星地流行于热带潮湿地区。多在夏秋季（7～8 月）发生。许多病例还表现为地方性流行及易感动物间的直接传播。

VS 暴发的特点是常在 2h 内突然暴发，侵犯一个牧场的大批畜群，在动物间流行时，接触动物的人可被感染。可侵害多种动物，野羊、鹿、野猪、刺猬、雪貂、豚鼠、仓鼠、小鼠、鸡都易感染，绵羊和山羊也可感染。

传播途径　VSV 能感染多种动物和昆虫。家畜中自然感染 VSV 的有马、牛（羊）、猪。血清学试验证明野生动物（野猪、浣熊和鹿等）可以自然感染。

人感染主要见于实验工作人员和流行地区与家畜接触的人。

VS 的传播机制尚不完全清楚。VSV 可通过皮肤破损处的摩擦接触而感染，但感染并不能发生于上皮细胞完好的诸如齿龈、舌、蹄冠或乳房等处；蚊虫叮咬、吸乳时乳头部擦伤的皮肤等均可引起感染。实验室证明已有 5 种 VSV 属的病毒可通过昆虫叮咬而感染实验动物。

病毒可以气溶胶的形式，通过吸入而感染动物，但不引起典型的损伤症状。

在 VSV 属中已知有 Indiana、NJ、Alagoas、Piry 和 Chandipura 5 个毒株可使人致病。人感染后 20～30h 开始发作，可能开始于结膜，而后出现流感样症状：冷颤、恶心、呕吐、肌痛、咽炎、结膜炎、淋巴结炎。小孩感染可导致脑炎。病程持续 3～6d。

（2）宰前鉴定

受感染的动物表现为发热，嗜睡，食欲下降，口腔、乳头、趾间及蹄冠上出现水疱性病灶和腿部的罐状环带。水疱易破裂，露出肉芽组织，呈红色糜烂，周围有刮破的上皮，常在 7～10d 内痊愈（图 7-81）。水疱性口炎死亡的较少，但可造成局部继发细菌和真菌感染，从而导致跛行、体重下降、出奶下降和乳腺炎，带来重大经济损失。

（3）宰后鉴定

病理组织学变化可见淋巴管增生，感染 4d 后，大脑神经胶质细胞及大脑和心肌的单核细胞浸润。初期在表皮的马尔皮基氏层上皮细胞间浆液蓄积，不久相互融合、扩大形成水疱。水疱上部的上皮细胞不久变性坏死，以致在真皮发生白细胞浸润，真皮炎症达到真皮层呈现不同程度炎症，有时在皮下也发现细胞浸润等炎性变化。

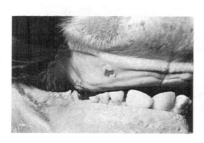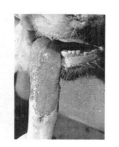

图 7-81　动物水疱性口炎表现

（4）兽医卫生评价与处理

除常规严密消毒、认真检疫外，在发生过该病的地区可接种疫苗预防。一旦发生，应按国家指令进行隔离、消毒，或施以捕杀处理等措施尽快扑灭本病。

19．尼帕病毒病

尼帕病毒病（Nipah virus disease，NVD）由尼帕病毒（Nipah virus，NV）（图 7-82）引起的人、畜共患病，它是 RNA 病毒，属于副黏病毒科亨尼帕病毒属。能引起广泛的血管炎，感染者有发热、严重头痛、结膜炎等症状，给人及动物带来严重危害。从公共卫生的角度出发，本病应引起国内医学和畜牧兽医界人士的高度重视。

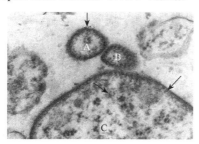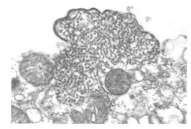

图 7-82　感染组织中的尼帕病毒

（1）流行病学

NVD 是 1997 年在马来西亚森美兰州双溪尼帕新城首次发现的一种严重危害家畜、家禽和人类的新病毒性传染病。

1998 年 10 月至 1999 年 5 月，NVD 在马来西亚猪群和人群中大规模暴发流行，致使 265 名养猪工人发病，105 人死亡，116 头猪被捕杀，随后本病又殃及新加坡。后来从黑喉狐蝠尿液中分离出尼帕病毒，证实狐蝠是病毒的宿主。孟加拉北部毗邻首都达卡的坦盖尔县地区 2005 年 1 月遭到尼帕病毒侵袭，有 12 人死亡，传播媒介为果蝠。数十人出现了类似流感的症状，包括发烧、昏迷及肌肉酸疼，有的进而出现脑炎症状。

NV 具有广泛的宿主范围，如猪、人、猫、犬、马、蝙蝠等。对马来西亚 300 个蝙蝠的病毒分离株进行 RT-PCR 分析，都没有证明蝙蝠是 NV 的贮存库。

病毒在猪的扁桃体、呼吸道上皮组织和呼吸道受感染细胞碎片中繁殖，并通过咽喉部和气管分泌物传播的可能性较大。外排途径可能是通过泌尿系统，或与有病毒感染的体液接触。同一猪场内传播也可能是直接接触病猪的尿、体液、气管分泌物等而引起。此外，也可能是通过使用同一针头及人工授精器械等方式传播。在尼帕病毒感染人的途径中，猪起了关键的作用。患者主要是通过伤口与感染猪的分泌液、排泄物及呼出气体等接触而感染。

人感染后，潜伏期为 1～3 周，颈、腹部痉挛是与其他脑炎病毒相区别的具有诊断意义的症状。开始发热、头痛，随后出现嗜睡和定向力障碍。在 24～48h 后可进一步发展为昏迷，1/3 患者会在昏睡中死亡，耐过昏迷的患者出现永久性脑损伤。少数患者有呼吸道症状，部分患者伴有高血压和心动过速。

（2）宰前鉴定

猪感染本病的潜伏期为 7～14d。不同年龄的猪临床症状有所不同。一般表现为神经症状和呼吸道症状，且发病率高，死亡率低。断奶仔猪和肉猪，高烧、呼吸困难伴有轻度或严重的咳嗽，呼吸音粗粝，严重的病例可见咯血。怀孕母猪症状更明显，肺炎，流出脓性分泌物，甚至流产，同时由于严重呼吸困难，局部肌肉痉挛，麻痹而亡。

（3）宰后鉴定

引起间质性肺炎（肺水肿）、脑脊膜炎、肾小球萎缩及胎盘感染。随着病程延长，内皮细胞发展为多核巨细胞，临床表现为急性呼吸道疾病，明显的神经系统疾病。病毒嗜膜内质和外膜向性，导致血管疾病，但没有明显的临床特征。嗜神经向性，病毒核衣壳集中在神经胶质细胞、大脑皮质、脑干中，并延伸至实质组织，呈现弥散性血管炎，并伴有广大区域稀疏坏死，从而引起严重

281

的神经系统疾病。广泛的血管炎表现。

（4）兽医卫生评价与处理

我国没有尼帕病毒病存在，属于外来病种，在引进疫病国动物时需注意该病的检验。

20. 非典型肺炎

非典型肺炎即严重急性呼吸道综合征（SARS），以高热、伴随急性呼吸道疾病（冷颤、肌肉疼痛、头痛、食欲不振）等症状为特征。是一种人兽共染的急性高度传染性疾病。

（1）流行病学

SARS 冠状病毒为冠状病毒属，单链正义 RNA 病毒（图 7-83）。目前动物中仅在动物果子狸和蝙蝠体内发现，是最可疑的原始传染源。在广东省的狸猫和狸中也发现相应抗体，对横河猴有感染能力。

人与人的亲密接触是传染的主要方式，气溶胶是非常危险的途径（图 7-84）。

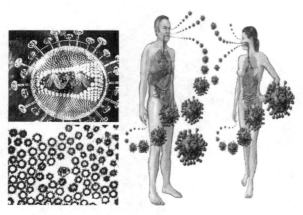

图 7-83　SARS 病毒　　图 7-84　SARS 传播模式

（2）致病性

主要引起人的肺炎，发热，似流行性感冒症状，如肌肉疼痛、食欲不振、干咳、呼吸短促、头痛等（图 7-85）。很多患者表现不典型，病初不发热或仅出现腹泻而无肺炎症状。后期出现发热和肺部病变，可能与合并慢性疾病有关。

（3）预防

由于 SARS 疾病的特殊性，有太多的不明因素需要研究。源头不明，传播途径不明。严禁生吃野生动物或烹调不充分的野生动物肉及相关产品；对呼吸道疾病要注意自身的防护，避免直接接触。

21. 基孔肯雅热

基孔肯雅热（Chikungunya fever）是由伊蚊传播的基孔肯雅病毒（Chikungunya virus，CHIKV）引起的一种人兽共患病，以突然发烧、头疼、呕吐、关节痛及腰下部疼痛为特征。

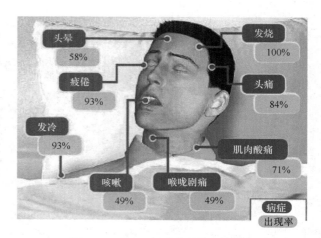

图 7-85　人 SARS 感染后的可能表现

（1）流行病学

主要分布于非洲和亚洲，亚洲主要在南亚和东南亚地区，国内蝙蝠和人血清中分离有该病毒。截至2015 年 1 月，加勒比岛屿、拉丁美洲国家和美国已记录发生 113.5 万多例基孔肯雅热疑似病例。该病在同期还造成了 176 例死亡。加拿大、墨西哥和美国还有输入病例记录。2014 年 10 月，法国蒙彼利埃确认出现了 4 例基孔肯雅热本土感染病例。人和灵长类动物是 CHIKV 的主要宿主，动物宿主有绿猴、狒狒、黑猩猩、牛、马、猪、兔等。急性期患者、隐性感染者和感染病毒的灵长类动物是本病的主要传染源。埃及伊蚊和白纹伊蚊是本病的主要传播媒介。本病主要流行季节为夏秋季，热带地区一年四季均可流行，季节分布主要与媒介的活动有关。实验室内可能通过气溶胶传播，人对 CHIKV 普遍易感。

（2）致病性

"基孔肯雅"是斯瓦希里语，意为"弯曲"，源于得病的人出现关节炎症状，最后弯腰曲背。除了关节和肌肉疼痛外，发病者有时还发热，恶心呕吐，可能并发脑膜脑炎而丧命。

潜伏期为 3～12d。发热患者常突然起病，寒战、发热，伴有头痛、恶心、呕吐、食欲减退、淋巴结肿大。有些患者可有结膜充血和轻度结膜炎表现。关节疼痛与发热同时，患者全身的多个关节和脊椎出现十分剧烈的疼痛，且病情发展迅速，往往在数分钟或数小时内关节功能丧失，不能活动。基孔肯雅热本身不会致命，但它能破坏人体的免疫系统，使人死于其他致命疾病。

灵长类动物表现与人类似，其他动物一般为隐性感染。

（3）预防

消灭蚊虫和清除蚊虫孳生地。

第三节　人兽（畜）共患寄生虫病卫生监督与检验

1. 囊尾蚴病

囊尾蚴病（cysticercosis）是由绦虫的幼虫所引起的一种人畜共患寄生虫病。多种动物均可感染此病。人吞食有钩绦虫的卵可以感染囊尾蚴，发病时在四肢、颈背部皮下可出现半球形结节，重症患者有肌肉酸痛、疲乏无力、痉挛等表现。虫体寄生于脑、眼、声带等部位时，常出现神经症状、失明和变哑等。人吃进生的囊尾蚴病肉，囊尾蚴即可在肠道中发育成有钩绦虫（猪肉绦虫）或无钩绦虫（牛肉绦虫），而引起人的绦虫病，出现贫血、消瘦、腹痛、消化不良和拉稀等症状。

近年来，随着集约化养猪场规模的扩大，猪囊虫的检出率已大大降低。但由于个别地区还存在家庭散养猪现象，因而猪囊虫病仍时有发生，只是感染情况发生了明显变化。主要表现在：①猪囊虫数量减少，感染强度降低，过去在猪的必检部位一刀就可检出数十粒囊虫，而现在一头猪只能检出几粒；②猪囊虫体积变小，过去是米粒至黄豆粒大小，现在只有小米粒至高粱米粒或绿豆大小；③按《肉品卫生检验试行规程》要求，实际检验中个别囊虫病猪必检部位检不出，而在非检验部位却发现猪囊虫。本病在公共卫生上十分重要，如图7-86所示。

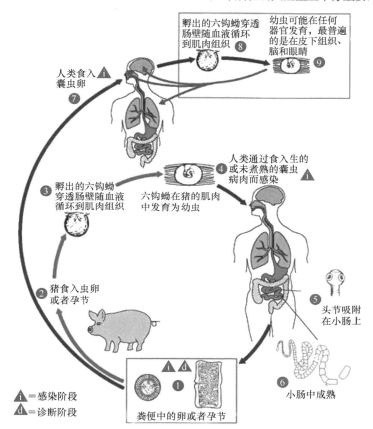

图 7-86　囊虫病传播过程

（1）鉴定

1）猪囊尾蚴病：猪囊尾蚴（*Taenia solium*）病是寄生于人体小肠内的有钩绦虫的幼虫——猪囊尾蚴在猪体内寄生所引起的疾病。

轻症病例，无特殊表现。重症病猪可见眼结膜发红或有小结节样疙瘩，舌根部见有半透明的小水泡囊。有些病猪表现肩胛部增宽，臀部隆起，不愿活动，叫声嘶哑等。

囊尾蚴主要寄生于骨骼肌和心肌的肌纤维间和肌间结缔组织。病猪宰后可见猪囊尾蚴多寄生于肩胛外侧肌、臀肌、咬肌、深腰肌、心肌、颈肌、股内侧肌等部位，所以我国规定猪囊尾蚴的主要检验部位为咬肌、深腰肌和膈肌，其他可检验部位为心肌、肩胛外侧肌和股内侧肌等。囊尾蚴在肌肉中为米粒大至豌豆大的白色半透明囊泡。此囊泡充满液体，呈卵圆形，并有一嵌入囊中的小米粒大乳白色头节。镜检头部，可见4个吸盘，中间有一个齿冠（吻）突，由大小不等的11～16对角质小钩组成。时间长的或死亡的虫体可发生钙化，钙化后的囊尾蚴呈白色圆点状，如图7-87所示。

283

头节上的吻突小钩和吸盘　　　肉上寄生的囊尾蚴

图7-87　猪囊虫头节的吻突小钩和吸盘与
肉上寄生的囊尾蚴

幼虫寄生于人体组织而引起的疾病，又称囊虫病。可因进食污染其虫卵的生菜或感染的肉等食物而感染。最常寄生的部位是皮下及肌肉、脑、眼球（图7-88～图7-90），偶可寄生在心肌或肺脏。急性期可有发热、肌肉肿痛、末梢血液酸性粒细胞数明显增多等临床表现。慢性期可分为以下临床类型：①皮肤肌肉型。皮下或肌肉内可触及囊虫结节。②假性肌肥大症型。患者肌肉内布满囊尾蚴而貌似发达，但极度无力，甚至行走困难。③脑型。根据主要症状又分为癫痫型、颅压增高型、脑膜脑炎型、精神异常型及混合型。④脊髓型。⑤眼型。

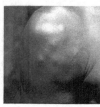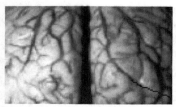

图7-88　皮下寄生的病例　　图7-89　人大脑寄生病例

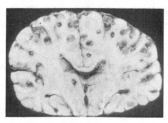

图7-90　大脑寄生的剖面

2）牛囊尾蚴病：牛囊尾蚴病是寄生于人体内的无钩绦虫（肥胖带绦虫）的幼虫——牛囊尾蚴（图7-91）所致牛的一种疾病。人可感染牛绦虫病，但不感染牛囊尾蚴病。

图7-91　牛囊尾蚴吸盘

牛囊尾蚴（*Taenia saginata*）与猪囊尾蚴外形相似，囊泡为白色的椭圆形，大小如黄豆粒，囊内充满液体，囊壁上附着无钩绦虫的头节，头节上有4个吸盘，但无顶突和小钩，这是与猪囊尾蚴的主要区别。幼虫移行时可引起肌肉的急性炎症反应，形成囊泡后炎症反应即行消失。虫体死亡后囊液变得浑浊，终至钙化。多数情况下，牛囊尾蚴寄生密度比猪的低得多，常为散在。囊尾蚴主要寄生在牛的咬肌、舌肌、颈部肌肉、肋间肌、心肌和膈肌等部位。我国规定牛囊尾蚴的主要检验部位为咬肌、舌肌、深腰肌和膈肌。

3）绵羊囊尾蚴病：绵羊囊尾蚴病是由绵羊带绦虫的幼虫——绵羊囊尾蚴引起的绵羊的一种疾病。人不感染此病，成虫寄生于肉食动物肠道。

绵羊囊尾蚴主要寄生于心肌、膈肌，还可见于咬肌、舌肌和其他骨骼肌等部位。我国规定羊囊尾蚴的主要检验部位为膈肌、心肌。绵羊囊尾蚴囊泡呈圆形或卵圆形，较猪囊尾蚴小。

（2）囊尾蚴的抵抗力

囊尾蚴对热和冷的抵抗力较低，从肌肉中摘除的猪囊尾蚴，加热至48～49℃可被杀死；牛囊尾蚴在45℃时可被杀死。据观察在2℃冷藏时，猪囊尾蚴仅可生存52d。此外，囊尾蚴对盐的抵抗力也较低。基于以上原因，我国《肉品卫生检验试行规程》在对囊虫病肉的处理上，根据虫体的寄生密度的不同而分别采取了冷冻、盐腌、高温和化制的卫生处理方法。

（3）兽医卫生评价与处理

1）整个胴体作化制处理。

2）胃肠和皮张，以及除心脏以外的其他脏器检验无囊尾蚴的，不受限制出场。

3）患畜胴体剔下的皮下脂肪和体腔脂肪，炼制食用油。

2．旋毛虫病

旋毛虫病（trichinosis）是由旋毛虫所引起的一种人畜（兽）共患寄生虫病。多种哺乳类动物均可感染，屠畜中主要感染猪和犬。本病对人危害较大，人感染旋毛虫多与吃生猪肉、狗肉或食用腌制与烧烤不当的含有旋毛虫包囊的肉类有关。其是国际间猪及猪肉贸易中必检项目。

（1）流行病学

1）传染源：猪为主要传染源，其他肉食动物如鼠、猫、犬、羊及多种野生动物如熊、野猪、狼、狐等也可感染并通过相互残杀吞食或吃了含有旋毛虫囊包的动物尸体而感染。有人提出本病的两个传播环，即家养动物环和野生动物环。人为此两个传播环的旁系，在无人类感染的情况下，这两个传播环均能各自运转。

2）传播途径：人因吞食含囊包的猪肉、狗肉、羊肉或野猪肉等而感染。暴发流行与食生肉习惯有密切关系（图7-92）。

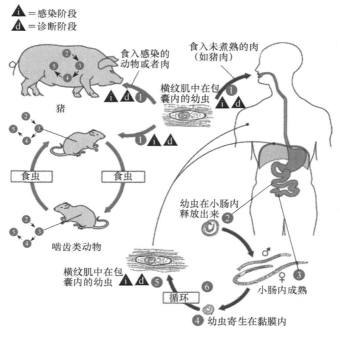

图 7-92 囊尾蚴传播模式

3）流行情况：旋毛虫病散在分布于全球，以欧美的发病率为高。国内主要流行于云南、西藏、河南、湖北、东北、四川等地。近年发病率明显减少，已经很难检出。

（2）致病性

动物感染旋毛虫后一般症状不明显，仅在感染初期出现一过性腹泻。人感染旋毛虫后一般在 7～10d 开始出现恶心、呕吐、腹痛及下痢等症状，随之体温升至 40～41℃。以后旋毛虫侵入肌肉，引起全身肌疼，声音嘶哑，呼吸和吞咽困难，颜面及全身浮肿，经 3～4 周逐渐消退，严重者可引起死亡。肌痛严重，为全身性，有皮疹者大多出现眼部症状，除眼肌痛外，常有眼睑、面部浮肿、球结膜充血、视物不清、复视和视网膜出血等（图 7-93～图 7-95）。重度感染者肺、心肌和中枢神经系统也被累及，相应产生灶性（或广泛性）肺出血、肺水肿、支气管肺炎甚至胸腔积液；心肌、心内膜充血、水肿、间质性炎症甚至心肌坏死、心包积液；非化脓性脑膜脑炎和颅内压增高等。

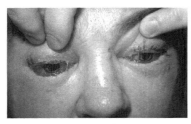

图 7-93 旋毛虫病眼的表现

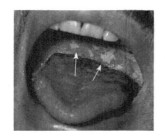

图 7-94 旋毛虫病口腔的表现

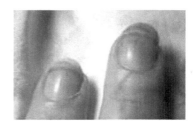

图 7-95 旋毛虫病手指的充血、出血

（3）鉴定

1）常规检验法：我国规定旋毛虫的检验方法是，在每头猪横膈膜肌脚各取一小块肉样，先撕去肌膜作肉眼观察，然后在肉样上剪取 24 个小片，进行压片镜检。

2）旋毛虫病肉的集样消化法：在大规模生产加工企业可采用本法，即每头猪胴体采取膈肌脚 1～2g，20 头份、50 头份或 100 头份为一组，捣碎后用胃蛋白酶消化，经过筛选沉淀后镜检。如发现旋毛虫，须再作压片镜检，以确定感染旋毛虫病的畜体（图 7-96）。

图 7-96　肌肉中的旋毛虫

3）血清学检验法：几乎所有的血清学检验方法，如变态反应法、环蚴沉淀法、免疫电泳法、荧光抗体法、间接血凝法、ELISA 等，都曾被用于旋毛虫病的诊断和检验上。但要在宰后鉴定上进行最终判定，还必须依赖镜检到旋毛虫虫体（图 7-97）。

（4）旋毛虫的抵抗力

猪肉旋毛虫对热和冷的抵抗力较低。当肉温 80℃时，可使旋毛虫死亡；－18℃ 10d、－30℃ 24h、－33℃ 10h、－34℃ 14min，可杀死肌肉中的旋毛虫。因此美国提倡低温处理旋毛虫病肉。犬肉旋毛虫对低温的抵抗力较强。我国《肉品卫生检验试行规程》中规定对 24 个肉片含 5 个包囊以下的旋毛虫病肉采取高温处理方法，高于这个数量则采取化制的处理方法。

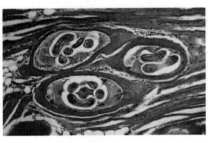
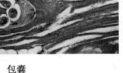

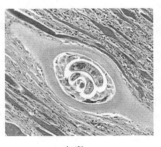

包囊　　　　　　　　　　虫体　　　　　　　　　　包囊

图 7-97　旋毛虫包囊及虫体形态

（5）兽医卫生评价与处理

1）在 24 个肉片标本中，发现旋毛虫包囊或钙化与机化的旋毛虫不超过 5 个者，横纹肌和心肌高温处理后出厂，超过 5 个以上者，横纹肌和心肌作工业用或销毁。

2）皮下和肌肉间脂肪可炼食用油，体腔脂肪不受限制出厂，其他内脏也不受限制出厂。

3. 孟氏裂头蚴病

孟氏裂头蚴病（sparganosis mansoni）是由孟氏裂头绦虫（Spriometra monsoni）的中绦期幼虫——裂头蚴（plerocercoid）寄生于猪、鸡、鸭、泥鳅、鲨鱼、蛙和蛇的肌肉中所引起的一种寄生虫病。成虫寄生于犬、猫等动物的小肠内。猪主要由于吞食了含有裂头蚴的蛙类和鱼类而感染。人的感染主要是吃了生的或半生不熟的含有裂头蚴的肌肉所致，也有因用蛙肉、蛇皮、水草贴敷治疗疾病而感染的。寄生的部位可发生局部炎症出血，并形成结节。

（1）流行病学

裂头绦虫寄生于猫、狗、虎、豹、狐等动物小肠，虫卵随粪便排出体外，在水中孵出钩毛蚴，被第一中间宿主——剑水虱吞食后，在体内脱去纤毛变为原尾蚴，含有原尾蚴的剑水虱被第二中间宿主——蝌蚪吞食发育成裂头蚴，当蝌蚪发育为青蛙时，裂头蚴移居到蛙的大腿、小腿肌肉处寄生，如蛙被蛇、鸟等捕食，蛇、鸟成为转续宿主。若狗、猫等吞食受染的青蛙及转续宿主，裂头蚴就在狗、猫等终宿主体内寄生，发育为成虫。人有可能成为第二中间宿主、转继宿主或终宿主。

该病分布很广，但人体成虫感染少见，仅见于日本、俄罗斯等少数国家。我国在上海、福建、广东、四川、台湾有少许散在病例报告。但裂头蚴病分布范围广泛，除亚洲各国外，美洲、非洲、大洋洲、欧洲均有发现。我国李士伟于 1936 年曾报告 5 例，其中 4 例是用蛙肉敷贴创伤所引起；1981 年，福建陈永康报告 7 例皮肤黏膜裂头蚴病；1982 年，金容鹤报告延边 7 例皮肤裂头蚴病。

（2）鉴定

孟氏裂头蚴为乳白色扁平的带状虫体，头似扁桃，伸展时如长矛，背腹各有一纵行吸沟，虫体向后逐渐变细，体长 8～30cm（图 7-98）。

图 7-98　孟氏裂头蚴

主要寄生于猪的腹肌、膈肌、肋间肌等肌膜下或肠系膜的浆膜下和肾周围等处。宰后检验中最常于腹斜肌、体腔内脂肪和膈肌浆膜下发现，盘曲成团，如脂肪结节状，展开后如棉线样，如寄生于腹膜下，虫体则较为舒展。

裂头蚴寄生在人体可发生在骨以外的任何器官和部位，其临床表现和严重性因裂头蚴的移行和寄生部位而异。最常见的部位是眼部、口腔颌面部、四肢、躯干及内脏。临床可归纳为 4 型：①眼裂头蚴病较常见，多是单侧性，患者表现眼睑红肿、结膜充血、微痛、奇痒、畏光、

兽医公共卫生学

流泪或有虫爬感，在红肿的眼睑下或结膜下可触及游动性、硬度不等的肿块或条索状物质。例如，裂头蚴寄生在眼球可使眼球突出，并发疼痛性角膜炎、虹膜睫状体炎、玻璃体浑浊、白内障、角膜溃疡穿孔甚至失明（图7-99）。②口腔颌面裂头蚴病患处红肿、发痒，有虫爬感，皮下黏膜有硬结，常有裂头蚴逸出。③皮下裂头蚴病在躯干、四肢、外阴等处出现黄豆大至核桃大、圆形、椭圆形、条索状或不规则的皮下结节或肿块（图7-100）。④内脏裂头蚴病此型少见。可寄生于呼吸道引起咯血。寄生于消化道裂头蚴可侵入腹膜引起炎症反应。寄生于尿道、膀胱可引起泌尿系炎症。也能寄生于脑，可引起严重后果（图7-101）。

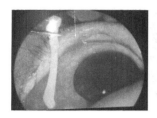

图7-99 眼中的孟氏裂头蚴

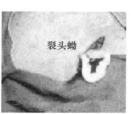

图7-100 皮下孟氏裂头蚴

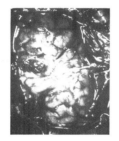

图7-101 脑中孟氏裂头蚴

（3）兽医卫生评价与处理

1）虫体寄生及病变部分，割除作化制处理。

2）胴体状况良好者，可在割除病变后出场。

3）胴体状况不良者，可经高温处理后出场。

4．弓形虫病

弓形虫病（toxoplasmosis）又称弓形体病，主要是由刚地弓形虫（*Toxoplasma gondii*）（图7-102，图7-103）所引起的人畜共患病。猪、牛、羊、禽、兔等许多种动物都可感染，但猪最为多见。人可因接触和生食带虫的肉类而感染。

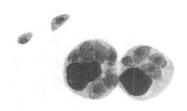

图7-102 弓形虫滋养体

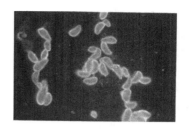

图7-103 弓形虫缓殖子

（1）流行病学

1）传染源：几乎所有哺乳类动物和一些禽类均可作为弓形虫的储存宿主，其在流行病学上所起作用不同，以猫的重要性最大，其次为猪、羊、狗、鼠等。

2）传播途径：①先天性弓形虫病是通过胎盘传染，孕妇在妊娠期初次受染，无论为显性还是隐性，均可传染胎儿。②后天获得性弓形虫病主要经口感染：食入被猫粪中感染性卵囊污染的食物和水，或未煮熟的含有包囊和假包囊的肉、蛋或未消毒的奶等均可受染。猫、狗等痰和唾液中的弓形虫可通过逗玩、被舔等密切接触、经黏膜及损伤的皮肤进入人体。

3）流行情况：本病分布遍及全球，动物和人的感染均极普遍。根据血清流行病学调查，国内弓形虫在家畜中流行很普遍：血清阳性率以猫（15.16%～73%）为最高，余下依次为猪、犬、羊、牛、马等；至于人的感染情况，据国内大多数地区的调查，估计血清阳性率为5%～15%，平均为8.5%，远低于某些西方国家，可能与生活和饮食习惯有关。国内感染动物以猫的检出率最高，其次为猪、羊、狗。猫科动物是弓形虫的唯一终宿主，从粪便排出弓形虫卵囊，常污染饲料、水源和环境。特别是一些与人关系密切的家畜（牛、羊、猪、犬、兔等）感染率相当高，可达10%以上。兽医、屠宰工人、肉品加工销售人员、动物饲养员及家养宠物者都是与动物密切接触的人群，被认为是弓形虫感染的高危人群。

（2）致病性

病猪体温升高，呈稽留热。食欲减少或废绝，流鼻涕，咳嗽或呼吸困难。耳翼、鼻端、下肢、股内侧、下腹部等出现紫红斑或间有小点出血。宰后病变主要有肠系膜淋巴结、胃淋巴结、颌下淋巴结及腹股沟淋巴结肿大、硬结，质地较脆，切面呈砖红色或灰红色，有浆液渗出。急性型的全部肠系膜淋巴结髓样肿胀，切面多汁，呈灰白色；肺水肿，有出血斑和白色坏死点；肝脏变硬，浊肿，有坏死点；肾表面和切面有少量点状出血。

在人体多为隐性感染；发病者临床表现复杂，其症状和体征又缺乏特异性，易造成误诊，主要侵犯眼、脑、心、肝、淋巴结等。孕妇受染后，病原可通过胎盘感染胎儿，直接影响胎儿发育，致畸严重，其危险性较未感染孕妇大10倍，影响优生，成为人类先天性感染中最严

287

重的疾病之一。

（3）兽医卫生评价与处理

1）胴体和内脏高温处理后出场。

2）皮张不受限制出厂。

5．棘球蚴病

棘球蚴病（echinococcosis）也称包虫病（hydatid disease），是由棘球绦虫的幼虫引起的一种人畜共患寄生虫病。其是带科棘球属绦虫的幼虫寄生于牛、羊、猪及人等多种哺乳动物的肝、肺及其他内脏器官内所引起的一类寄生虫病，以牛和绵羊受害最重。OIE 将其列为通

报性疫病。人可因误食虫卵而感染棘球蚴病，所以宰杀犬只的人员应特别注意作好防护。

（1）流行病学

在我国引起动物和人棘球蚴病的病原为细粒棘球绦虫和多房棘球绦虫的棘球蚴，这两种棘球蚴的成虫分别寄生于犬、狼、狐狸的小肠内。两种虫体均为小型绦虫，仅 3～4 个体节，2～6mm 长，头节上有 4 个吸盘，吻突上有 2 排钩（图 7-104）。青海省、新疆家畜棘球蚴病的流行有升高的趋势，主要畜种绵羊和牦牛的平均感染率达 50% 以上。

图 7-104　细粒棘球绦虫及虫卵

患棘球绦虫病的犬、狼、狐等肉食动物把虫卵及孕节排到外界，在适宜的环境下，体节可保持其活力达几天之久。有时体节遗留在犬肛门周围的皱褶内。体节的伸缩活动，使犬瘙痒不安，到处摩擦，或以嘴啃舐，这样在犬的鼻部和脸部，就可沾染虫卵，随着狗的活动，可把虫卵散播到各处，从而增加了人和家畜感染棘球蚴

的机会。此外，虫卵还可助风力散布，鸟类、蝇、甲虫及蚂蚁也可作为搬运宿主而散播本病。

棘球蚴的传播与养犬密切相关。动物与人主要通过与犬接触，误食棘球绦虫卵而感染。绵羊、牛、猪及人均为易感动物。此外，马、兔、鼠类等多种哺乳动物也可感染；绵羊对本病比其他动物易感（图 7-105）。

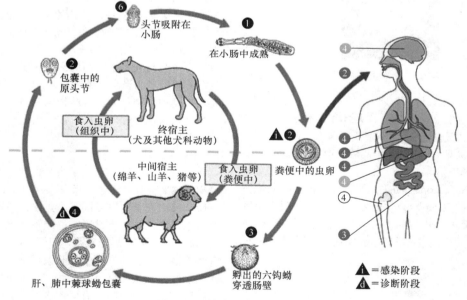

图 7-105　棘球绦虫病传播模式

（2）致病性及鉴定

棘球蚴病的临床表现复杂多样。巨型棘球蚴病多见于腹腔，可占据腹腔的整个空间，挤压膈肌，使肺叶萎缩。肝棘球蚴病常使肝肿大、肝区胀痛。肺棘球蚴病可致气短、胸痛、咳嗽和咯血。脑棘球蚴病的表现与脑瘤

相似，易引起头痛、呕吐及癫痫等颅内压增高症状。骨棘球蚴病多发生于骨盆、椎体中心和长骨两端，破坏骨质，造成骨折。

棘球蚴主要寄生在肝脏，其次是肺脏。虫体包囊一般为核桃大小，可小如豆粒或大如人头。包囊呈球

形，单个或成簇存在而使肝、肺等受害脏器体积显著增大，表面凹凸不平，可在该处找到棘球蚴；有时也可在其他脏器如脾、肾、脑、皮下、肌肉、骨、脊椎管等处发现。

（3）兽医卫生评价与处理

1）严重棘球蚴病的器官，整个作工业用或销毁；轻者则将患部剔除作工业用或销毁，其他部分不受限制出场。

2）肌肉组织中有棘球蚴的，患部作工业用或销毁，其他部分不受限制出场。

6. 肝片形吸虫病

肝片形吸虫病（fascioliasis）是由肝片形吸虫寄生于牛、羊、鹿和骆驼等反刍动物的肝脏胆管而引起的寄生虫病。猪、马属动物及一些野生动物也可寄生。在有生食牛、羊肝习惯的地方，虫体寄生在咽部，可引起咽部肝片形吸虫病，其传播模式见图7-106。

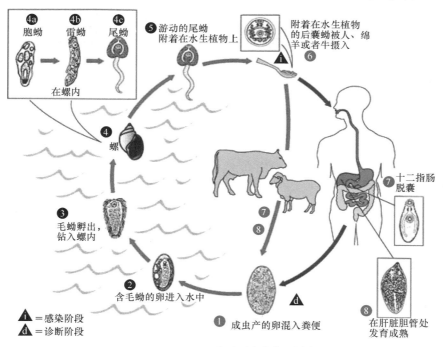

图 7-106　肝片形吸虫病传播模式

（1）鉴定

肝片形吸虫病是一种严重危害牛、羊等反刍动物的蠕虫病，又称肝蛭病。其虫体片形呈棕红色，长 20～75mm，宽 10～13mm（图7-107），寄生于牛、羊的肝脏胆管中，可引起牛、羊消瘦、贫血、水肿、生长发育迟缓，发生功能障碍，常造成牛、羊大批死亡。

图 7-107　牛患肝片形吸虫虫体

牛、羊急性感染时，肝肿胀，被膜下有点状出血和不规整的出血条纹；慢性病例，肝脏表面粗糙不平，颜色灰白，部分胆管显著扩张，常突出于肝脏表面，呈白色或灰黄色粗细不匀的索状。切开肝脏可见胆管壁增厚变硬，管腔内流出污褐色或污绿色黏稠的液体，其中含有虫体。胆管发生慢性增生性炎症和肝实质萎缩、变性，导致肝硬化。

（2）兽医卫生评价与处理

1）损害轻微的，损害部分割除，其他部分不受限制出场。

2）损害严重的，整个脏器作工业用或销毁。

食用牛、羊肝脏时一定要充分烹调。蔬菜要洗净。

7. 卫氏并殖吸虫病

卫氏并殖吸虫病（paragonimosis）是由卫氏并殖吸虫（*Paragonimus westermani*）引起的人兽寄生虫病。

（1）流行病学

目前世界上报道的并殖吸虫有 50 多种，中国报道的有 28 个种。在中国能成为致病者粗略可归纳为两个类型，以卫氏并殖吸虫为代表的人兽共患型和以斯氏狸殖吸虫为代表的兽主人次型。人的感染多因吃进生的或半生的含活囊蚴的溪蟹或蝲蛄而感染,一些动物如野猪、猪、兔、鼠、蛙、鸡、鸟等多种动物已被证实可作为转续宿主,人吃进这些动物的肉也可能获得感染。

卫氏并殖吸虫病在世界各地分布较广,在我国,目前除西藏、新疆、内蒙古、青海、宁夏未报道外,其他23个省、直辖市、自治区均有报道。疫区类型依第二中间宿主种类可分为两种,即溪蟹型流行区及只存在于东北3省的蝲蛄型流行区。目前溪蟹型流行区的特点是疫区患者不多,呈点状分布。蝲蛄型流行区则与当地居民对蝲蛄及其制品特殊的爱好有关。淡水螺类如圆口螺科圆口螺亚科中的圆口螺族、洱海螺族及拟钉螺亚科中的拟钉螺族、厚鳞螺族为第一中间宿主。

能排出虫卵的人和肉食类哺乳动物是本病传染源。本虫的保虫宿主种类多,如虎、豹、狼、狐、豹猫、大灵猫、果子狸等多种野生动物均可感染此虫。而在某些地区,如辽宁宽甸县,犬是主要传染源。感染的野生动物则是自然疫源地的主要传染源。

（2）生物学特性

卫氏并殖吸虫成虫虫体肥厚,背侧稍隆起,腹面扁平。活体红褐色,不停地作伸缩运动。口、腹吸盘大小略同,腹吸盘约在虫体中部。消化器官包括口、咽、食管及两支弯曲的肠道。卵巢与子宫并列于腹吸盘之后,卵巢6叶,两个睾丸分支如指状,并列于虫体后1/3处（图7-108）。虫卵呈椭圆形。

斯氏狸殖吸虫（*Pagumogonimus skrjabini*）于1959年由我国陈心陶首次报道,是中国独有虫种（图7-109）。

图7-108　卫氏并殖吸虫

图7-109　斯氏狸殖吸虫

卫氏并殖吸虫终末宿主为人及多种肉食类哺乳动物。第一中间宿主为淡水螺类,第二中间宿主为甲壳纲的淡水蟹或蝲蛄。成虫寄生于肺,因所形成虫囊与支气管相通,虫卵可经气管排出或随痰吞咽后随粪便排出。卵入水中在适宜的温度下约经3周孵出毛蚴,遇到川卷螺主动侵入,发育经由胞蚴、母雷蚴、子雷蚴、尾蚴。成熟的尾蚴从螺逸出。在水中主动侵入或被溪蟹、蝲蛄吞食,在这些第二中间宿主体内形成囊蚴。囊蚴呈球形,具囊壁两面层,直径为300~400μm。

感染方式:以各种方式吃进生的或半生熟的含活囊蚴的溪蟹或蝲蛄而感染。腌、醉等生吃,烤、煮若时间不足也不能将囊蚴全部杀死。东北地区的蝲蛄豆腐,是将生蝲蛄磨碎、挤汁,后加石膏等物凝固而成,当地居民视为美食（图7-110）。

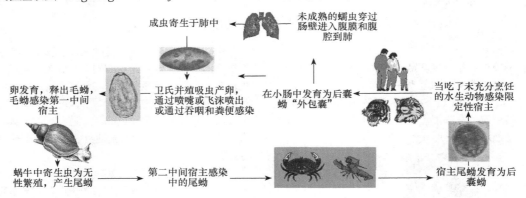

图7-110　卫氏并殖吸虫生活史

（3）致病性

卫氏并殖吸虫的致病主要由幼虫、成虫在组织器官中移行、窜扰、定居所引起。

在动物体内,虫体在肺、胸腔等处结囊,发育至成熟并产卵,引起病变,如侵入肝,在肝浅表部位形成急性嗜酸性粒细胞脓肿,有时还能在肝中成囊并产卵。

人的病例主要发生如下病理过程:急性期表现轻重不一,轻者仅表现为食欲不振、乏力、腹痛、腹泻、低烧等非特异性症状。重者可有全身过敏反应、高热、腹痛、胸痛、咳嗽、气促、肝大并伴有荨麻疹。慢性期为虫体进入肺后引起的病变,其过程大致可分为3期:①脓肿期,主要为虫体移行引起组织破坏、出血及继发感染。②囊肿期,由于渗出性炎症,大量细胞浸润、聚集、死亡、崩解、液化,脓肿内充满赤褐色果酱样液体。③纤维疤痕期,由于虫体死亡或转移至其他地方,囊肿内容物通过支气管排出或吸收,囊内由肉芽组织充填,纤维化,最后形成疤痕。

（4）检测

病原诊断　粪便或痰中找到虫卵、摘除的皮下包块中找到虫体或虫卵即可确诊。

免疫试验　皮内试验常用于普查初筛。ELISA 的敏感性高。

（5）兽医卫生评价与处理

1）损害轻微的，损害部分割除，其他部分不受限制出场。

2）损害严重的，整个脏器作工业用或销毁。

注意不要生吃相关的中间宿主和肉食产品。

8．华枝睾吸虫病

华枝睾吸虫病（clonorchiasis）是由华枝睾吸虫（*Clonorchis sinensis*）寄生于胆管所引起的一种人兽共患寄生虫病。人常因吃生的或不熟的鱼肉、虾而感染。主要侵害肝脏。近些年我国因吃水产品而引起人感染病例增多。

（1）流行病学

华枝睾吸虫病在国内流行于广东、云南、台湾，也散布于河南、山东、江西、安徽、湖北、江苏、东北，国外多见于东南亚。生鱼粥、生烤鱼可成为这种寄生虫

的寄生对象，从其分布及对肝脏造成的损害来看，其严重性仅次于血吸虫病。华枝睾吸虫感染率 2005 年比 1990 年第一次全国调查的结果上升了 75%，流行区的感染率为 2.4%，估计流行区感染者达到 1200 多万人，其中广东、广西、吉林 3 省、自治区分别上升了 182%、164% 和 630%。

成虫所产的虫卵随胆汁进入消化道混在粪便中排出体外，如落入水中，被第一中间宿主淡水螺吞食后，即可在螺消化道内孵出毛蚴。毛蚴进入螺淋巴系统和肝脏，发育为胞蚴、雷蚴和尾蚴。成熟尾蚴离开螺体游于水中，如遇到适宜第二中间宿主——某些淡水鱼和虾，即钻入其肌肉内，形成囊蚴。人、猪、犬和猫等是由于吞吃含有囊蚴的生鱼、虾或未煮熟的鱼或虾肉而遭受感染的。囊蚴在十二指肠脱囊，幼虫沿着胆汁流动逆方向移行，经胆总管到达胆管发育为成虫。从淡水螺吞吃虫卵至尾蚴逸出，共需 100d 左右。幼虫在终末宿主体内经 1 个月后发育为成虫（图 7-111）。

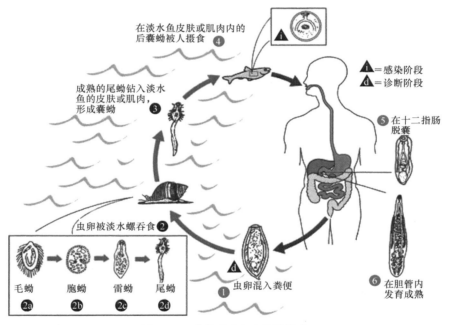

图 7-111　华枝睾吸虫病传播模式

（2）鉴定

华枝睾吸虫虫体较小，窄长、呈薄而透明的乳灰色竹叶形，长 10～25mm，宽 3～5mm，前端较尖，后端略圆（图 7-112）。虫体主要寄生于胆管内，有时见于胆囊、胰腺和十二指肠内。大量寄生时可引起胆管肥厚和扩张，甚至导致肝硬化。肝右外侧叶的胆管病变较之其他各叶为重，基本变化与肝片形吸虫病相似，但程度略轻。

华枝睾吸虫（肝吸虫）寄生于人体肝脏的胆道系统引起疾病，受感染者多无症状，可稍有食欲不振、腹胀、轻度腹泻、疲乏、肝肿大等（图 7-113）。重者可有慢性胆管炎及胆囊炎症状。极少数出现消瘦、黄疸、腹水

等肝硬变的表现。在儿童时期严重感染可致营养不良和发育障碍。寄生胆管在炎症后可引发癌症。

（3）兽医卫生评价与处理

1）损害轻微的，损害部分割除，其他部分不受限制出场。

2）损害严重的，整个脏器作工业用或销毁。带染鱼弃掉。

图 7-112　华枝睾吸虫

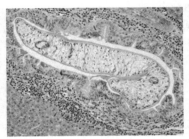

图 7-113 华枝睾吸虫寄生于人肝脏后的病变

9．舌形虫病

（1）生物学特性

舌形虫病（linguatuliasis）是由五口虫纲（Pentastomid）舌虫科（Linguatulidae）舌形虫属的舌形虫所致、由食物传播或水传播的人兽共患寄生虫病（图 7-114）。以锯形舌形虫（*Linguatula serrata*）（图 7-115）为主。该病多见于牛，也见于绵羊。

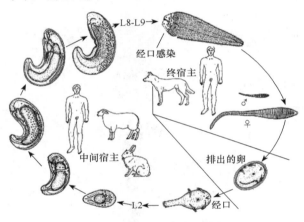

图 7-114 舌形虫病传播模式

内脏舌形虫病可分成两个亚型：成囊内脏舌形虫

病和脱囊内脏舌形虫病，迄今全球已知致病舌形虫 10 种和舌形虫病 11 种。在我国还发现尖吻蝮蛇舌形虫病、串珠蛇舌形虫病和台湾孔头舌形虫病，眼舌形虫病分别在以色列和厄瓜多尔发现，以及在伊朗报道数例鼻咽舌形虫病，表明新疫源地的存在和流行区的扩大。

舌形虫属于节肢动物，也是一种退化了的蠕形动物，无附肢，只在靠近口的部位有两对钩。幼虫有 2～3 对短腿，稚虫与成虫相似，无腿。成虫不侵害肉用牲畜，多见于蛇、鸟、犬和猫的呼吸道。

（2）鉴定

由幼虫和稚虫引起的病变主要见于肠系膜淋巴结，表现为体积增大，变软和水肿，切开后有时可在其腔隙中发现长 4～6mm 乳白色活幼虫。当慢性经过时，在淋巴结内可发现由针头大至豌豆粒大的浅灰或淡绿色坏死结节，质地柔软或干酪样。

同样的坏死结节，有时也见于肺、心、肝、肾等器官。有些病灶不一定含虫体。

在人体，蛇舌形虫感染数量较少时，绝大多数病例为无症状或亚临床表现，仅在尸检或外科手术时发现。重度感染的串珠蛇舌形虫幼虫，具有较长期发热、腹痛、腹水等临床症状。

图 7-115 锯形舌形虫

（3）兽医卫生评价与处理

1）将病变淋巴结切除，作工业用或销毁，胴体和内脏不受限制出场。

2）如在心、肺、肝、肾等器官内发现带虫病灶时，应将病变器官销毁。

10．住肉孢子虫病

住肉孢子虫病（sarcosporidiosis）是住肉孢子虫

（图 7-116）寄生于肌肉间所引起的人畜共患寄生虫病。猪、牛、羊等多种动物均可感染。虫体所产生的肉孢子虫毒素能严重地损害宿主的中枢神经系统和其他重要器官。

（1）流行病学

住肉孢子虫的生活史由有性生殖和无性生殖两个阶段组成。有性生殖是在终末宿主猪、猫、人的小肠中进行的，所产生的卵囊随终末宿主的粪便排出体外，之后卵囊孢子化形成子孢子而具有感染性。当这种卵囊或其释放出的孢子囊或子孢子被猪吞食后，子孢子进入肠壁血管内皮细胞进行裂殖生殖，产生大量的裂殖子，裂殖子再经血液循环带到肌肉内发育为虫囊。终末宿主吞食了肌肉中的成熟虫囊而受感染，虫体在其体内进行有性生殖，形成卵囊。本病的流行与猫、狗有关，并且与农村中随地大小便的情况及猪只的散放有关。

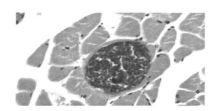

图 7-116　肉中的林氏住肉孢子虫

寄生于猪的住肉孢子虫、猪-猫住肉孢子虫、猪-人住肉孢子虫 3 种中，米氏住肉孢子虫终末宿主为犬；猪-猫住肉孢子虫终末宿主为猫；猪-人住肉孢子虫终末宿主为人。人和猕猴、黑猩猩等食肉类动物为猪、猫肉孢子虫的终宿主，牛、猪分别为人住肉孢子虫和猪住肉孢子虫的中间宿主。

人肠肉孢子虫在我国目前已知分布于云南、广西和西藏，人体自然感染率为 4.2%～21.8%。猪人肉孢子虫在我国主要流行于云南大理、洱源县、下关市等地区，该地区的居民有吃生猪肉和半生不熟猪肉的习惯。1983 年在该地区进行过调查，感染率为 9.1%～62.5%。云南省昆明猪的住肉孢子虫自然感染率为 68%。国内迄今共报告猪-人肉孢子感染 139 例，人肉孢子感染 236 例。

（2）鉴定

1）猪住肉孢子虫病：由猪-猫住肉孢子虫引起的，可发生腹泻、肌炎、跛行、衰弱等；由米氏和猪-人住肉孢子虫引起的，可出现急性症状：高热、贫血、全身出血、母猪流产等。猪住肉孢子虫体型较小，多见于腹斜肌、腿部肌肉、肋间肌及膈肌等处。肉眼观察可在肌肉中看到与肌纤维平行的白色毛根状小体（图 7-117）。显微镜检查虫体呈灰色纺锤形或雪茄烟状，内含无数半月形孢子。如虫体发生钙化，则呈黑色小团块。严重感染的肌肉、虫体密集部位的肌肉发生变性，颜色变淡似煮肉样。有时胴体消瘦，心肌脂肪呈胶样浸润等变化。

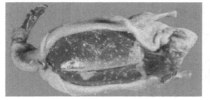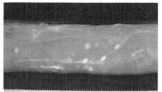

图 7-117　鸭肉和羊肉中的住肉孢子虫

2）牛住肉孢子虫病：水牛、黄牛、奶牛等的虫体主要寄生于食管壁、膈肌、心肌及骨骼肌，虫体是寄生在肌肉组织间，呈白色纺锤形，卵圆形或圆柱状等形状，灰白至乳白色。大小不一，与肌纤维平行的包囊状物（米氏囊、米休尔管），长 3～2cm。牛犊经口感染犬粪中孢子化卵囊后，可出现一定的临床症状，如拒食、发热、贫血及体重减轻等。剖检发现泛发性淋巴结炎、浆膜出血点等。

3）羊住肉孢子虫病：虫体寄生于食管肌，呈半球形突起。小米粒至大米粒大，最大的虫体长达 2cm，宽近 1cm。

4）人住肉孢子虫病：人体感染后可出现消化道症状如间歇性腹痛、腹胀、腹鸣、腹泻、食欲不振、呕吐，严重者可发生贫血、坏死性肠炎等。肌肉中的肉孢子虫囊可破坏所侵犯的肌细胞，当长大时可造成邻近细胞的压迫性萎缩，伴有肌痛、皮下肿胀等，如囊壁破裂可释放肉孢子毒素作用于神经系统（图 7-118）、心脏、肾上腺、肝和小肠等，大量时可致死。

（3）兽医卫生评价与处理

1）虫体发现于全身肌肉，但数量较少的，不受限制出场。

2）较多虫体发现于全身肌肉，且肌肉有病变的，整个胴体作工业用或销毁；肌肉无病变的，则高温处理后出场。

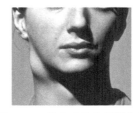

图 7-118　住肉孢子虫病腮包囊

3）局部肌肉发现较多虫体的，该部高温处理后出场；其他部位不受限制出场。

4）水牛食管有较多虫体的，食管作工业用或销毁。

11．盘尾丝虫病

盘尾丝虫病（河盲症）（onchocerciasis）在非洲某些高发地区使 20% 以上的成年人失明；而一些种寄生在牛、马的肌腱、韧带和肌间引起动物的寄生虫病，因此，盘尾丝虫病是一种人畜共患的寄生虫病。

（1）流行病学

盘尾丝虫的生活史始于受到寄生的蚋属（*Simulium*）的雌性蚋（black fly）（图 7-119）吸血的过程，唾液含有第三期幼虫（图 7-120），顺其口器进入下一个宿主体内。这些幼虫从叮咬处移动到皮下组织或其他部位（如眼睛），并且形成椭圆形突起结节，并且在 6～12 个月

293

后化为成虫。人类对盘尾丝虫而言是唯一的最终宿主（图7-121，图7-122）。

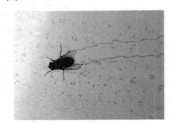

图7-119　雌性蚋

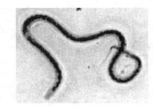

图7-120　盘尾丝虫第三期幼虫

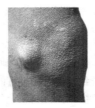

图7-121　盘尾丝虫结节

盘尾丝虫成虫形态呈丝线状，乳白色，半透明，其特征为角皮层具明显横纹，螺旋状增厚部使横纹更为明显。雌雄成虫成对寄生于人体皮下组织的纤维结节内，寿命可长达15年，可产微丝蚴9～10年，估计每条雌虫一生可产微丝蚴数百万条。微丝蚴主要出现在成虫结节附近的结缔组织和皮肤的淋巴管内，也可在眼组织或尿内发现。本虫的中间宿主为蚋，但其种类因地区而异。在非洲主要为憎蚋群和洁蚋群。每当雌蚋叮人吸血时，微丝蚴即随组织进入蚋的支囊，通过中肠，经血腔达到胸肌，经两次蜕皮发育为感染期幼虫并移至蚋的下唇。当蚋再叮人时，幼虫自蚋下唇逸出并进入人体皮肤而感染。本虫仅见蛛猴和大猩猩有自然感染，牛、马等也可感染。

盘尾丝虫病是致盲的重要原因，也是世界卫生组织列为重点防治的热带病之一。该病广泛流行于非洲和热带美洲。本病传播广泛，在流行区可造成5%～20%的成人失明。据WHO 1995年估计，受威胁的有9000万人，受感染的有1760万人，致盲达32.6万人。

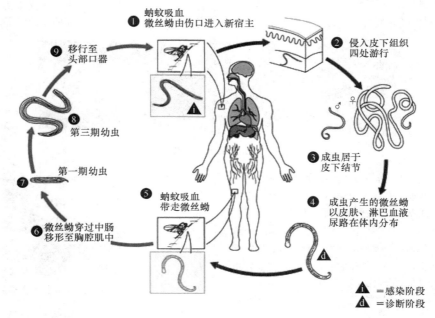

图7-122　盘尾丝虫的生活史

（2）致病性

淋巴结病变表现为淋巴结肿大而坚实，不痛，淋巴结内含大量微丝蚴，这是盘尾丝虫病的典型特征。眼部损害是盘尾丝虫最严重的病损。在非洲某些地区，眼部受损者高达30%～50%。眼部损害的发展较慢，大多数患者的年龄超过40岁。其致病过程为，微丝蚴从皮肤经结膜进入角膜，或经血流或眼睫状体血管和神经的鞘进入眼的后部，在微丝蚴死亡后引起炎症，导致角膜损伤，也可侵犯虹膜、视网膜及视神经，影响视力，甚至失明。

在牛等动物寄生于鬐部、颈部、四肢皮下结缔组织和项韧带、筋膜等处，引起结缔组织增生，形成结节和包囊。

（3）兽医卫生评价与处理

1）动物患病割除患部组织后作工业用或销毁，其余部分不受限制出厂。

2）人的疾病主要是防止蚋等动物的叮咬。用伊维菌素治疗及根除。

12．布氏姜片吸虫病

布氏姜片吸虫（*Fasciolopsis buski*）（图7-123）属肠道寄生大型吸虫，人体感染因生食水生植物茭白、荸荠和菱角等所致。感染主要引起消化道症状，如腹痛、腹泻，营养不良等。

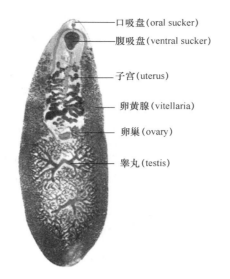

图 7-123　布氏姜片吸虫

口吸盘（oral sucker）
腹吸盘（ventral sucker）
子宫（uterus）
卵黄腺（vitellaria）
卵巢（ovary）
睾丸（testis）

（1）流行病学

布氏姜片吸虫病是人、猪共患的寄生虫病。它主要流行于亚洲的温带和亚热带地区。在我国，除东北和西北地区以外，其他 18 个省、直辖市和自治区均有流行。猪布氏姜片吸虫病的流行区较人布氏姜片吸虫病的流行区广。

造成布氏姜片吸虫病流行的因素：患者、带虫者和猪是本病的传染源，家猪是主要保虫宿主，野猪和犬也有自然感染的报道；新鲜的人和猪粪便向藕田或茭白湖施肥；湖内中间宿主扁卷螺种类多、数量大、分布广；众多的水生植物均可作为布氏姜片吸虫的传播媒介；不少地方的居民有生食菱角、荸荠、茭白和喝生水的不良习惯，农民用新鲜水生植物作猪饲料。这些因素共同构成了人和猪感染布氏姜片吸虫的机制。

该病流行取决于流行区存在传染源、中间宿主与媒介，尤其是居民有生食水生植物的习惯（图 7-124）。

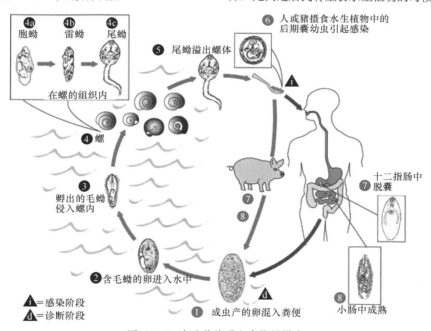

4a 胞蚴　4b 雷蚴　4c 尾蚴
在螺的组织内
⑤ 尾蚴溢出螺体
⑥ 人或猪摄食水生植物中的后期囊幼虫引起感染
④ 螺
③ 孵出的毛蚴侵入螺内
⑦ 十二指肠中脱囊
⑦
⑧
② 含毛蚴的卵进入水中
① 成虫产的卵混入粪便
⑧ 小肠中成熟
i = 感染阶段
d = 诊断阶段

图 7-124　布氏姜片吸虫病传播模式

（2）致病性

病猪发育不良，食欲不振，有下痢症状，消瘦，皮肤松弛。

布氏姜片吸虫虫体大、吸盘发达，吸附力强，造成被吸附的肠黏膜与其附近组织发生炎症反应、点状出血、水肿，甚至可形成脓肿。有时，受损的黏膜发生坏死、脱落，形成溃疡。虫体吸附在小肠壁，争夺宿主营养，若感染虫数较多，虫体覆盖肠黏膜，影响宿主消化与吸收功能，导致营养不良和消化功能紊乱。

布氏姜片吸虫病患者的主要临床表现为上腹部或右季肋下隐痛，间常有消化不良性腹泻，多数伴有精神萎靡、倦怠无力等症状。儿童患者可出现颜面浮肿，苍白也是主要症状之一，应注意与肾病相鉴别。多数儿童可有不同程度的发育障碍，智力减退，甚至衰竭致死。

（3）兽医卫生评价与处理

动物患病割除患部组织后作工业用或销毁，其余部分不受限制出厂。

不生吃未经刷洗过或沸水烫的菱角、荸荠等水生植物，不喝河塘内生水。加强粪便管理：粪便无害化处理，严禁鲜粪下水。

13. 卡氏肺孢子虫病

卡氏肺孢子虫病是由卡氏肺孢子虫（*Pneumocystis carinii*）寄生于肺脏而引起的一种原虫性人畜共患病。

（1）流行病学

卡氏肺孢子虫寄生于鼠、犬、猪、羊、兔等和人的肺上皮细胞中。呈散发性流行，世界性分布，见于欧洲、美洲。第二次世界大战后先在欧洲流行，病例报告达数千例，我国文献报告已有 10 余例。

鼠类可能是传染源，犬可能是储存宿主。传播途径不明，有人认为是通过直接接触传播，还有人认为是经消化道传播。但卡氏肺孢子虫肺炎患者可以通过飞沫把病原体传播给健康人群，在病的传播上起着关键作用。

卡氏肺孢子虫在人和动物肺组织内的发育过程已基本清楚，但在宿主体外的发育阶段尚未完全明了。

卡氏肺孢子虫生活史中主要有两种型体，即滋养体和包囊。滋养体呈多态形，大小为 2～5μm。包囊呈圆形或椭圆形，直径为 4～6μm，囊壁较厚，姬氏染色的标本中，囊壁不着色，透明似晕圈状或环状，成熟包囊内含有 8 个囊内小体（intracystic bodies），每个小体都呈香蕉形，横径 1.0～1.5μm，各有 1 个核。囊内小体的胞质为浅蓝色，核为紫红色（图 7-125）。

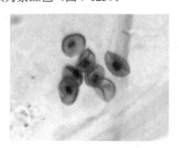

图 7-125　卡氏肺孢子虫

（2）致病性

虫体可感染多种动物，其中包括兔。兔的感染常呈隐性，没有明显的症状和病变，但在使用大量的免疫抑制剂如可的松之后，可出现临床症状。家兔是作为研究人卡氏肺孢子虫病的动物模型，卡氏肺孢子虫肺炎模型已报道的有大鼠、兔子、雪貂和猫。感染严重时引起的机会性卡氏肺孢子虫肺炎多发生在早产儿、营养不良的婴儿和免疫受抑制的儿童和成人。随着 AIDS 的出现、抗恶性肿瘤化疗及器官移植的广泛开展等，卡氏肺孢子虫肺炎发病率呈明显上升趋势，因而引起了广泛的关注。75% AIDS 患者可感染卡氏肺孢子虫而出现致命的卡氏肺孢子虫肺炎，成为 AIDS 的一个重要死因。人患病可表现干咳、气促、呼吸困难和紫绀；发热或无热；偶有腹泻，体重减轻；幼儿可发生纵隔气肿和皮下气肿。

患畜主要表现为呼吸道症状，如咳嗽，呼吸困难，咳带血痰液。病变特征是间质性浆细胞性肺炎。

（3）防控

由于该病传播途径未明，还缺乏有效的预防措施。通过隔离动物或人的方式可能是一种目前认为较好的方法。

14．兔脑炎原虫病

兔脑炎原虫病是由兔脑炎原虫（Encephalitozoon cunculi）（又称为兔微粒子虫）引起的一种人畜共患的专性细胞内寄生虫病。该虫可感染各种动物和人，其中以兔的感染较为严重，多为隐性或慢性感染。兔脑炎原虫具有广泛的宿主范围，对家畜、家禽、野生动物和实验动物等均有易感性，其中家兔的感染率最高，一般为 15%～17%，最高可达 76%，在很多兔场中广泛流行，不但给养兔业造成严重的损失，对人也造成健康危害。消化道是主要感染途径，经胎盘传染也有可能。

（1）病原特性

兔脑炎原虫成熟的孢子呈卵圆形或杆形，长 1.5～2.5μm，内有一核及少数空泡。囊壁厚，两端或中间有少量空泡；一端有极体，由此发出极丝，沿内壁盘绕。孢子可用姬姆萨氏染色、革兰氏染色、郭氏（Goodpasture）石炭酸品红染色（图 7-126）。

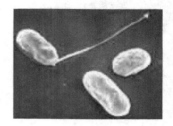

图 7-126　兔脑炎原虫孢子

生活史　目前尚未完全阐明。初步认为，传染性单位是孢子原浆（sporoplasm）；其从孢子中释出的部位是极丝末端，孢子原浆进入宿主细胞后即进行增殖，并发育为孢子。随着孢子的成熟和分离，最后宿主细胞破裂，释出孢子，开始新的生活周期（图 7-127）。

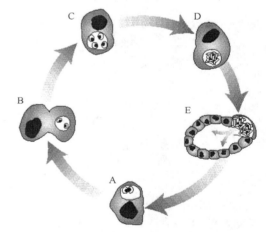

图 7-127　兔脑炎原虫细胞内生活史

A. 孢子感染肾小管型上皮细胞；B. 裂殖体发育过程中；

C. 裂殖体；D. 裂殖体分裂、成熟，孢子体和孢浆体在光镜下可见；

E. 扩大成空泡，破裂释放出孢子进入肾小管腔

（2）致病性

本病主要通过传染性排泄物传播，也可通过胎盘传播。通常为阴性感染，在运输、气候变化或使用免疫抑制剂时就可出现临床症状。病兔逐渐衰弱，体重减轻，出现尿毒症；严重者呈现神经症状，如惊厥、颤抖、斜颈、麻痹和昏迷（图 7-128，图 7-129）。病兔常出现蛋白

尿。病的末期出现下痢，后肢的被毛常被污染，引起局部湿疹，在3～5d内死亡。在家兔和小鼠等实验动物中这种原虫的感染率很高。

图7-128　脑炎原虫病兔

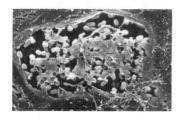

图7-129　人感染兔脑炎原虫细胞内虫体

人常见免疫缺陷的病例，合并引起肝、肾损害。最多见应是神经系统，也包括呼吸道和消化道，脑炎和肾炎多见，也可以引起正常患者严重腹泻。

（3）兽医卫生评价与处理

1）宰前发现以肉芽肿性脑炎和肉芽肿性肾炎为病变特征可疑兔脑炎原虫病兔，应采取不放血的方法扑杀后销毁，并向有关部门报告疫情。

2）宰后发现的，其胴体、内脏及毛皮销毁，并向有关部门报告疫情。

3）可疑病兔的皮经消毒后，干燥30d后方可供生产用。

15．利什曼病

利什曼病（leishmaniasis）是由利什曼原虫属（Leishmania）的多种原虫引起的人畜共患病。利什曼病在节肢动物及哺乳动物之间传播，表现多样，寄生于皮肤的巨噬细胞内引起皮肤病变；寄生于内脏巨噬细胞内，可引起内脏病变，称为黑热病。

（1）流行病学

利什曼病发生于80多个国家，每年新发病例为40多万。动物源性内脏利什曼病（ZVL）是重要的寄生虫病之一。其家畜保虫宿主主要是犬，森林中的保虫宿主为犬科动物。在此病存在的地区，感染的野生动物进入农家掠食家禽时，寄生虫进入居家流行环。此时，庭院附近的白蛉因吸食野生动物血而感染，尔后白蛉将病原传染给家犬，形成人附近的犬-昆虫-犬传播环。如感染的白蛉叮咬人，人即获感染。白蛉属（Phlebotomus）是一类体小多毛的吸血昆虫，全世界已知500多种，我国已报告近40种。

利什曼原虫（图7-130）的生活史有前鞭毛体（promastigote）和无鞭毛体（amastigote）两个时期。前者寄生于节肢动物（白蛉）的消化道内，后者寄生于哺乳

动物或爬行动物的细胞内，通过白蛉传播。对人和哺乳动物致病的利什曼原虫有：引起人体内脏利什曼病的为杜氏利什曼原虫（Leishmania donovani），引起皮肤利什曼病的为热带利什曼原虫（L. tropica）和墨西哥利什曼原虫（L. mexicana），引起黏膜皮肤利什曼病的为巴西利什曼原虫（L. braziliensis）等。我国的黑热病是由杜氏利什曼原虫引起的。

图7-130　利什曼原虫

在流行病学上可分为人源型、人犬共患型和野生动物源型，分别以印度、地中海盆地和中亚细亚的内脏利什曼病（VL）为代表。

（2）致病性

杜氏利什曼原虫的无鞭毛体主要寄生在肝、脾、骨髓、淋巴结等器官的巨噬细胞内，常引起全身症状，如发热、肝脾肿大、贫血、鼻衄等。在印度，患者皮肤上常有暗的色素沉着，并有发热，故又称 kala-azar，即黑热的意思。因其致病力较强，很少能够自愈，如不治疗常因并发病而死亡。

本病流行类型大致分3种：①人源性。患者是主要传染源，尚未发现人以外的动物贮存寄主，在印度和中国部分平原地区如江苏和新疆南部地区流行。②犬源性。家犬是其主要储存宿主，在中国一些山区或半山区，如甘肃、四川北部及地中海沿岸国家如意大利等流行。③野生动物源性。野生动物如鼠类是其主要动物储存寄主，在沙漠新开垦地区或热带丛林中流行。

传播媒介，在中国主要是中华白蛉。犬感染利什曼原虫后主要症状有淋巴结肿大，眼、鼻周围糠状皮炎，皮毛无光泽和脱落，鼻出血，角膜结膜炎，趾甲弯曲，体重明显下降，肝脾肿大，在许多组织内包括皮肤均可发现原虫。在欧洲的犬利什曼病疫点，50%以上阳性犬无症状，但这类犬和有症状的一样能感染白蛉（图7-131）。

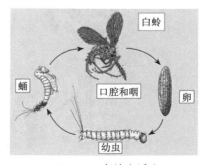

图7-131　白蛉生活史

利什曼原虫在人体内会造成3种不同病症（图7-132）。

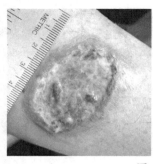

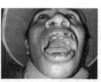
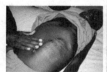

图 7-132　利什曼病

1）内脏型利什曼病（LV），患者肝脾肿大、贫血、不规则高烧、体重锐减。若不及时治疗，死亡率几近100%。

2）黏膜型利什曼病（LCM），患者的鼻腔、口腔和咽喉等部位的黏膜大面积或全部损伤。

3）皮肤型利什曼病（LC），患者的脸部、手臂、大腿等裸露部位的真皮溃疡，并会留下伤疤，这是利什曼病最常见的一种类型，50%～75%的新增患者属于此种类型。

（3）防控

对疫区的患者和患畜及时发现和治疗，防止扩散。病犬是主要的传染源，要加强控制，定期检查。对保虫宿主要尽量清除。预防措施主要是消除传染源，如大面积治疗患者和消灭动物储存宿主犬，每年定期喷洒杀虫剂以消除媒介白蛉。

16. 日本血吸虫病

日本血吸虫病（schistosomiasis japanica）是日本血吸虫（图7-133）寄生于人和家畜门静脉系统所引起，借皮肤接触含尾蚴的疫水而感染。可产生急性或慢性肠炎、肝肿大与压痛、肝硬化、贫血及营养障碍等人畜共患病。本病的传染源为患者和保虫宿主。粪便入水、钉螺的存在和接触疫水是本病传播的3个重要环节。目前，血吸

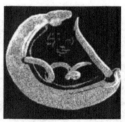

图 7-133　日本血吸虫

虫病流行于世界74个国家和地区。估计有6.25亿人口受威胁，1.93亿感染者，有症状病例1.2亿。

（1）流行病学

除我国外，东南亚也有本病流行。在我国主要分布于江苏、安徽、江西、湖北、湖南、广东、广西、福建、四川、云南及上海等12个省、直辖市、自治区。根据地形、地貌、钉螺生态及流行特点，我国血吸虫病流行区可分为湖沼、水网和山丘3种类型。疫情以湖沼区为严重，钉螺成片分布，有螺面积最广，呈片状分布；水网地区主要是苏、浙两省，钉螺随河沟成网状分布；山丘型见于各省，钉螺面积和患者较少，呈点状分布，给防治工作造成困难（图7-134）。

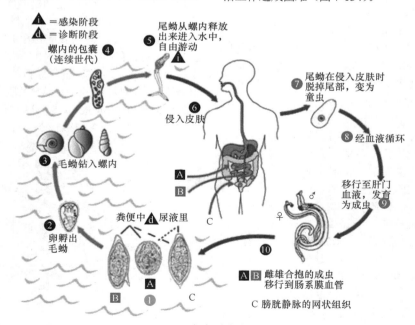

图 7-134　日本血吸虫病传播模式

保护宿主种类较多，主要有牛、猪、犬、羊、马、狗、猫及鼠类。传染源视流行地方而异。在水网地区是以患者为主，湖沼地区除患者外，感染的牛与猪也是重要传染源。而山丘地区野生动物，如鼠类也是本病的传染源。

造成传播必须具备下述3个条件，即带虫卵的粪便入水；钉螺（图7-135）的存在、滋生；接触疫水。①患者的粪便可以各种方式污染水源：如河、湖旁设置厕所，河边洗刷马桶等。有病畜随地大便也可污染水源。②钉螺是日本血吸虫唯一的中间宿主，水陆两栖，生活在水面上下，最适在土质肥沃、杂草丛生、潮湿的环境中生存。③本病感染方式可因生产（捕鱼、种田等）或生活（洗涤、洗手洗脚、戏水等）而接触疫水，遭到感染。饮用生水，尾蚴也可自口腔黏膜侵入。赤足行走在河边也有感染的可能。

图7-135　钉螺

人群普遍易感，与患者的年龄、性别、职业及接触疫水的机会有关，感染后有部分免疫力，无免疫力的非流行区的人如遭受大量尾蚴感染，则呈暴发流行。儿童初次大量感染也常发生急性血吸虫病。

（2）致病性

牛血吸虫病表现急性和慢性经过，多见于3岁龄以下的黄牛，尤其是奶牛，体温升高，或不规则的间歇热，有时也可呈稽留热。精神不振，食欲减退，个别呼吸困难，消瘦。有的最后衰竭、死亡。羊表现食欲不振、消瘦、腹泻、被毛发黄、贫血，严重者死亡。

人急性期有发热、肝肿大与压痛，腹痛、腹泻、便血等，血嗜酸性粒细胞显著增多；慢性期以肝脾肿大或慢性腹泻为主要表现；晚期表现主要与肝脏门静脉周围纤维化有关，临床上有巨脾、腹水等（图7-136，图7-137）。

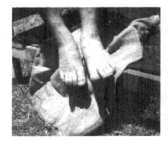

图7-136　日本血吸　　　图7-137　日本血吸
　　虫病性皮炎　　　　　　虫病性腹胀

（3）防控

1）控制传染源：在流行区每年对患者、病畜坚决普查普治。

2）切断传播途径：消灭钉螺是预防本病的关键。粪便须经无害处理后方可使用。保护水源、改善用水。

3）保护易感人群：严禁在疫水中游泳、戏水。接触疫水时应穿着防护衣裤和使用防尾蚴剂等。

17．林多恩斯棘口吸虫病

（1）流行病学

林多恩斯棘口吸虫（*Echinostoma lindoense, Echinostoma echinatum*）成虫主要发现在印度尼西亚的鸭和水禽中，这些动物主要是吃了作为中间宿主的贻贝而带染。属人体常见寄生虫，但多数为偶然感染，传播食品为犬、肉、鱼和软体动物如贻贝等，因为饮食习惯，生食鱼类等最易感染。流行地区中国台湾感染率高达65%，中国大陆为5%，菲律宾为44%。

（2）生物学特性

虫体（图7-138）长3～10mm，有大的腹吸盘和环形交合刺，在口吸盘的侧面和腹侧具有马蹄形交合刺环形结构，表面具有小的交合刺样鳞状片。生活史类似后睾吸虫，螺为第一中间宿主，鱼、犬、软体动物等为第二中间宿主。

尾蚴长873μm，具有6个孔状排泄管，在口吸盘和腹吸盘之间有16～20个腺体，雷蚴较短，且容易成堆，咽非常小（图7-139）。林多恩斯棘口吸虫的终宿主是哺乳动物。

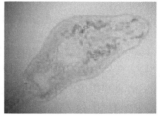

图7-138　林多恩斯棘口吸虫

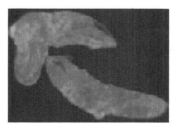

图7-139　林多恩斯棘口吸虫雷蚴

（3）致病性

潜伏期有长有短，多数不表现症状。临床症状依据感染虫量多少表现不同，中度为贫血、头痛、眩晕、胃痛，重度的有嗜酸性粒细胞症、腹痛、水样腹泻、贫血、水肿和厌食。引起肠道的广泛性炎症损伤。

（4）检测和控制

改变饮食习惯，少吃生鱼等可减少或防止本病的发生。

18. 胰阔盘吸虫病

（1）流行病学

阔盘属吸虫在我国已发现 6 种，其中只有胰阔盘吸虫（*Eurytrema pancreaticum*）能引起人和动物发生共患病。本虫分布在亚洲、巴西和委内瑞拉。我国及日本曾有人体感染报告，主要是因为生吃鱼类或其他食品而感染。胰阔盘吸虫成虫寄生于猪、绵羊、黄牛、水牛、骆驼、山羊、猕猴及人的胰管中。感染的人和动物出现胰管炎和胰功能失常，甚至严重威胁生命。

（2）生物学特性

胰阔盘吸虫呈长椭圆形，新鲜时为棕红色，固定后灰白色。胰阔盘吸虫卵小，棕褐色，卵膜较厚，卵盖清晰，内含一毛蚴。胰阔盘吸虫成虫宽厚，边缘不平。口吸盘大于腹吸盘。

生活史　虫卵随胰液到消化道中后随粪便排出体外。虫卵被第一中间宿主陆生蜗牛巴蜗牛（*Bradybaena*）和小丽螺（*Ganesella*）等吞食后，在其肠管中孵出毛蚴，穿过肠壁到肠结缔组织中发育为母胞蚴、子胞蚴和尾蚴。包裹有尾蚴的成熟子胞蚴经呼吸孔排出到外界，被第二中间宿主草螽（*Conocephalus*）吞食，在其血腔中发育为囊蚴。终末宿主吞食到含有囊蚴的草螽而被感染。

（3）致病性

由于虫体刺激胰腺而产生炎症反应，结缔组织增生。分泌机能紊乱，使动物消化障碍，营养不良。下痢，贫血和水肿，逐渐消瘦，重度感染时可因衰竭而死亡。

（4）检测和控制

在低湿、低洼草地放牧的牛、羊易发。根据病状、粪便检查或剖检结果确诊。粪便检查可用沉淀法。

对病畜和带虫畜应定期驱虫；粪便发酵处理；科学放牧；保持饲草及饮水卫生；消灭中间宿主等。注意饮食卫生，不吃生鲜或未熟透的鱼类等食品。

19. 大片形吸虫病

（1）流行病学

大片形吸虫（*Fasciola gigantica*）寄生于牛、羊等反刍动物的肝脏、胆管中，也寄生于人体。本虫能引起肝炎和胆管炎，并伴有全身性中毒现象和营养障碍，危害相当严重，尤其对幼畜和绵羊，可引起大批死亡。在其慢性病程中，使动物瘦弱，发育障碍，乳牛产奶量减少，毛、肉产量减少和质量下降，严重威胁人类和动物的健康。狐狸的检出率为 1.5%，人和动物因吃附在植物上的囊蚴而感染，如水生植物、小田芥。饮食污染的水，吃牛、羊的肝等也能感染。由动物可以传给人，但是尚无由人传给动物的病例报告。

（2）生物学特性

大片形吸虫虫体呈长叶状，大小为（25～75）mm×（5～12）mm，体长与宽之比约为 5：1。虫体两侧缘较平行，后端钝圆，"肩"部不明显。腹吸盘较口吸盘约大1.5 倍。肠管和睾丸的分支更多且复杂。虫卵为黄褐色、长卵圆形（图7-140）。

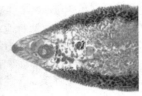

图 7-140　大片形吸虫与肝片形吸虫比较（右图大者为本虫）

生活史　大片形吸虫的终末宿主为反刍动物，中间宿主是螺类。特别是黄牛，成虫寄生于牛的胆管内，幼虫寄生于肝实质中。生活史与肝片吸虫相似，但其寄生期较长，潜伏期为 13～16 周。

（3）致病性

当一次感染大量囊蚴时，幼虫在向肝实质内移行过程中，可机械地损伤和破坏肠壁、肝包膜和肝实质及微血管，导致急性肝炎和内出血。成虫虫体进入胆管后，由于虫体长期的机械性刺激和代谢产物的毒性物质作用，引起慢性胆管扩张，增厚，变粗甚至堵塞；胆汁停滞而引起黄疸。

（4）检测和控制

根据临床症状、流行病学资料、粪便检查和死后剖检等进行综合判定，粪便检查可用反复水洗沉淀法或尼龙绢袋集卵法，只见少数虫卵而无症状出现，只能视为"带虫现象"。急性病例时，在粪便中找不到虫卵，此时可用皮内变态反应、间接血凝试验或酶联免疫吸附试验等免疫学方法进行诊断。

加强动物的饲养管理，注意饮食习惯。禁止动物吃到螺类，可有效防止该病发生。

20. 长菲策吸虫病

（1）流行病学

长菲策吸虫（*Fischoederius elongates*）也称为长形双口吸虫，是食草动物胃中常见的寄生虫。牛、羊吞食附有囊蚴的水草而获得感染。人偶然感染，很可能是误食了附于螺体和蔬菜表面的囊蚴或接触附有囊蚴的水草或饮用了囊蚴污染的生水而受染。

（2）生物学特性

虫体为深红色，长圆筒形，前端稍尖，长为 10～23mm。黄腺呈小颗粒状，散布在虫体的两侧。子宫沿体中线向前通到生殖孔，开口于肠管分叉处的前方。与牛双口吸虫（*Fischoederius cobboldi*）相比，虫体显得很长（图7-141，图7-142）。

生活史与肝片形吸虫基本相同，所不同的是中间宿主为小椎实螺或尖口圆扁螺。羊感染囊蚴后，蚴虫先在真胃、胆管、胆囊、小肠中寄生3～8 周，最后返回到瘤胃中发育为成虫。

图 7-141　长菲策吸虫

图 7-142　牛双口吸虫

（3）致病性

主要寄生在反刍动物的瘤胃上，有时在网胃和重瓣胃也可发现。本虫体可大量寄生于羊，但一般危害并不大。如果有很多幼虫寄生在真胃、胆管、胆囊和小肠时，可以引起严重的寄生虫病。使动物和人消瘦、贫血、血便、下痢和水肿、厌食。

（4）检测和控制

虫卵检测，最常用的鉴别诊断方法是实验室的苏木精-伊红（HE）染色制片。控制措施参考肝片形吸虫。

21．多头绦虫病

（1）流行病学

多头绦虫（*Multiceps multiceps*）主要危害牛、羊等草食动物和犬、狐、狼等肉食动物，引起这些动物严重的脑病，给畜牧业生产带来巨大的经济损失。人误食虫卵而受寄生时，引起失语、癫痫等脑部症状。

（2）生物学特性

多头绦虫体长 40～100cm，最宽处为 5mm，子宫有 9～26 对侧支。节片 200～250 个，头节有 4 个吸盘，顶突上有 22～32 个小钩，分两圈排列；成熟的节片呈方形，长大于宽，睾丸约 200 个（图 7-143，图 7-144）。中间宿主为绵羊、山羊、黄牛及人，幼虫为多头蚴（脑共尾蚴），寄生于中间宿主脑内，有时也见于延脑或脊髓中。多头蚴呈囊泡状，囊内充满透明的液体。外层为角质膜，囊的内膜（生发膜）上生出许多头节。多头蚴上的每个原

图 7-143　羊脑中的多头绦虫多头蚴

图 7-144　多头绦虫

头蚴均可发育成一条绦虫。终宿主为犬、狼、狐、豺，在这些动物中寄生于小肠。

多头绦虫的孕卵节片随大的粪便块排到外界环境中，羊、牛、犬吞食了虫卵而感染。进入羊消化道的虫卵，卵膜被溶解，六钩蚴逸出，并钻入肠黏膜的毛细血管内，而后随血流被带到脑内，继续发育成囊泡状的多头蚴。由感染到发育成多头蚴，需 2～3 个月。寄生于大小肠内的多头绦虫可以生存数年之久，它们不断地排出孕卵节片，成为羊感染多头蚴病的来源。犬、狐等吞食含多头蚴的脑而被感染，经 41～73d 发育为成虫。

（3）致病性

人重症感染时，主要呈现食欲反常（贪食、异嗜），呕吐，慢性肠卡他，便秘与腹泻交替发生，贫血，消瘦，容易激动或精神沉郁。

有的病犬呈现假性狂犬病症状，病犬扑人，发生痉挛或四肢麻痹。

患畜感染后 1～3 周，即六钩蚴在脑内移行时，呈现类似脑炎或脑膜脑炎病状，严重感染的动物常在此时期死亡。感染较轻的动物类似脑炎或脑膜脑炎的症状不久消失，而在数月内表现健康状态。以后开始出现典型症状，呈现异常运动或异常姿势，其症状取决于虫体的寄生部位和大小。虫体常寄生于某一侧脑半球的颞叶表面，患畜将头倾向患侧，并向患侧作团团运动，对侧的眼常失明；虫体寄生在脑的前部（额叶）时，患畜头部低垂，抵于胸前，步行时高抬前肢或向前方猛冲，遇到障碍物时倒地或静立不动。

（4）检测和控制

在粪便中发现绦虫节片或在肛门口挂着尚未落地的孕卵节片即可确诊。

防止犬感染。应把死于该病的羊头割掉、深埋，或用火烧掉，这是最有效的预防办法。广泛进行宣传，向群众进行预防感染的教育；每年给看羊的犬进行驱绦虫工作。加强对犬、猫的饲养管理，每年最好定期进行 3～4 次预防性驱虫，平时饲喂的肉制品一定要煮熟，带犬外出时严禁其乱吃地上的东西。不准以肉品加工厂的废弃物（内有各种绦虫蚴）、特别是未经无害化处理的非正常的肉食品饲喂动物。

22．肾膨结线虫病

（1）流行病学

肾膨结线虫病是由肾膨结线虫（*Dioctophymiasis renale*）引起的一种人兽共患寄生虫病。肾膨结线虫俗称巨肾虫（the giant kidney worm），分布广泛，寄生于犬、水貂、狼、褐家鼠等 20 多种动物的肾脏及腹腔内，主要寄生于猪、貉和犬的肾脏或腹腔内，偶尔可寄生于人体的肾脏或其他部位。存在于鱼类体内，人因吃生的或未熟的鱼类而感染。国内广西和大连都有人感染的报道，泥鳅感染率达 70%。肉食毛皮动物也患此病。

（2）生物学特性

成虫活时呈血红色，固定后呈灰褐色。虫体圆柱形，

似蚯蚓，两端稍细，体表具有不等距的横纹。虫体两侧各有一行乳突，体中部稍稀疏，越向后乳突排列越紧密。雌虫长23～110cm，雄虫长15～49cm，尾端有钟形无肋的肉质交合伞，向腹侧倾斜开口。在不同宿主体内，虫体大小可有差别，寄生于犬肾、腹腔中的虫体长而粗大，体表横纹极为明显；而在鼬、家鼠及人体内的虫体较小（图7-145，图7-146）。成熟虫卵椭圆形，棕黄色，卵壳甚厚，表面密布大小不等的球状突起。

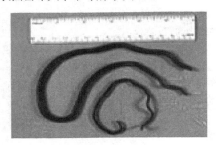

图7-145 肾膨结线虫

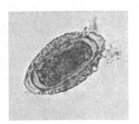

图7-146 肾膨结线虫虫卵

生活史 成虫主要寄生在宿主的肾脏，虫卵经尿液排出体外，受精卵进入水中，含蚴卵被中间宿主蛭蚓科和带丝蚓科的寡毛类环节动物摄食后，在其前肠孵出第一期幼虫。具有口刺，借此穿过宿主肠壁，侵入腹部血管中进行发育，以感染的寡毛环节动物经口感染犬和貂。感染期幼虫在宿主的胃或十二指肠破囊逸出，穿过胃壁或肠壁进入体腔，移行至肝脏或肝组织内寄生，在终宿主体内经2次蜕皮，发育成熟。幼虫也常随血液移行至胃壁、肝、体腔、肾。成虫的寿命为1～3年。第二中间宿主的鱼、蛙，实际上是转续宿主。兽类的感染主要是由于生食或半生食含有第四期幼虫的鱼肉或蛙类，食草动物则因吞食了生水中的或水生植物上的寡毛环节动物而感染。人和猪的感染可能兼有上述两种方式。

（3）致病性

肾膨结线虫主要寄生于宿主的肾，尤其右肾较常见。也可寄生于腹腔、肝脏、卵巢、子宫、乳腺、膀胱、心包及心房等。

人体由于寄生的虫体发育差，个体小，被寄生的脏器损害较轻。患者有腰痛、肾绞痛、反复血尿、尿频，可并发肾盂肾炎、肾结石、肾功能障碍等。当虫阻塞尿路，也有急性尿中毒症状。人体肾膨结线虫病病例发现不多，至今国外报道17例，我国共报道11例。

在犬体则有明显体重减轻、血尿、尿频、肾绞痛及

震颤、贫血，有的还出现腹水。各种神经症状有时颇显著，类似狂犬病。吴淑卿等（1978）在1只水貂腹腔内发现虫体13条，致使水貂生长发育受到很大影响，其体重不到1kg（正常成年公貉为1.6～2.0kg），毛绒稀疏，无光泽，有严重的腹膜炎症状，最终死亡。

（4）检测和控制

临床上对于有生食或半生食鱼肉史，反复出现肾盂肾炎症状，而久治不愈的患者，应考虑有感染本虫的可能。在尿液沉渣中检出虫卵，或发现从尿道排出虫体即可确诊。有生食或半生食鱼或蛙史，从尿液中发现虫体或查见虫卵是确诊本病的依据。

加强卫生宣传教育，不生食或半生食鱼肉，不饮生水。

23.棘头虫病

（1）流行病学

猪巨吻棘头虫（*Macracanthorhynchus hirudinaceus*）成虫主要寄生于猪小肠，也能在鱼和水生贝壳类动物中寄生，偶尔寄生于人，人偶尔因吞食含棘头体的甲虫而感染，引起人体棘头虫病（acanthocephaliasis）。在人体不易成熟，故粪便中难找到虫卵。属人兽共患寄生虫病。

（2）生物学特性

成虫乳白色或淡红色，圆柱形，腹背略扁平，体表有明显横纹。雄虫长5～10cm，雌虫长20～65cm。前端有一可伸缩的球形吻突，上有倒钩5～6行。雄虫后端有钟状交合伞，在交配时突出体外，平时缩入假体腔的后端（图7-147，图7-148）。卵黑褐色，卵壳由3层外壳及一层胚膜组成。猪及野猪是其主要终宿主，天牛及金龟子是其中间宿主。成虫寄生于猪小肠，虫卵随粪便排出。卵被甲虫类幼虫吞食后（图7-149），在肠内发育为棘头体。猪因吞食含感染性棘头体的甲虫而感染，并在猪小肠内发育为成虫。

图7-147 猪巨吻棘头虫头节

成虫外形

雌虫

雄虫

图7-148 猪巨吻棘头虫成虫

兽医公共卫生学

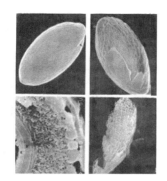

图 7-149 猪巨吻棘头虫虫卵

（3）致病性

成虫以吻突倒钩附于肠壁，引起出血，形成溃疡，加上虫体代谢产物等毒素作用，可引起消化道等症状。吻突穿过肠壁可致肠穿孔（图 7-150）。

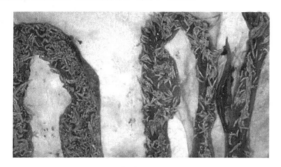

图 7-150 禽棘头虫寄生于肠道

（4）检测和控制

根据流行病学资料、临床症状和粪便中检出虫卵即可确诊。

预防措施包括定期驱虫，消灭感染源；对粪便进行生物热处理；切断感染途径；改放牧为舍饲，消灭环境中的金龟子。

24．犬弓首蛔虫和猫弓首蛔虫病

（1）流行病学

犬弓首蛔虫（*Toxocara canis*）寄生于犬、狼、美洲赤狐、貛、啮齿类和人（引起人的内脏幼虫移行症）。猫弓首蛔虫（*Toxocara cati*）主要宿主为猫，也寄生于野猫、狮、豹，偶尔寄生于人体。狮弓首蛔虫（*Toxascaris leomina*）寄生于猫、犬、狮、虎、美洲狮、豹等猫科及犬科的野生动物。幼虫可在人体内引起内脏幼虫移行症，但不能发育为成虫。这 3 种虫体均为世界性分布，在我国也十分普遍，是犬、猫及野生动物主要的寄生性线虫，也是重要的人兽共患寄生虫，和人类卫生关系密切。常引起幼犬和猫发育不良，生长缓慢，严重时可导致死亡。犬弓首蛔虫、猫弓首蛔虫在食品、蔬菜和水源中发现和检出，人食用了污染的食品、蔬菜和饮用水可引起人食源性感染。

（2）生物学特性

犬弓首蛔虫 头端有 3 片唇，虫体前端两侧有向后

延展的颈翼膜。食道与肠管连接部有小胃。雄虫长 5～11cm，尾端弯曲，有一小锥突，有尾翼。雌虫长 9～18cm，尾端直，阴门开口于虫体前半部，虫卵呈亚球形，卵壳厚，表面有许多点状凹陷（图 7-151～图 7-153）。

图 7-151 犬弓首蛔虫

图 7-152 犬弓首蛔虫寄生于食道内

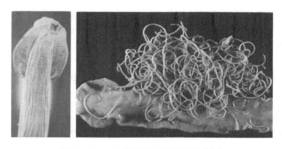

图 7-153 犬弓首蛔虫及肠道寄生

猫弓首蛔虫 外形与犬弓首蛔虫近似，颈翼前窄后宽，使虫体前端如箭头状。雄虫长 3～6cm，雌虫长 4～10cm，虫卵表面有点状凹陷，与犬弓首蛔虫虫卵相似。

狮弓首蛔虫 头端向背侧弯曲，颈翼发达无小胃。雄虫长 3～7cm；雌虫长 5～10cm，阴门开口于体前 1/3 与中 1/3 交界处。虫卵扁卵圆形，卵壳光滑（图 7-154）。

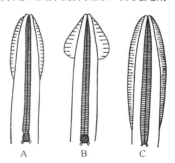

图 7-154 犬弓首蛔虫（A）、猫弓首蛔虫（B）和狮弓首蛔虫（C）

（3）致病性

人体感染后主要引起内脏幼虫移行症，其特征是慢性的嗜酸性粒细胞增加，肝肿大并有肉芽性损害。肺部有细胞浸润，血液中球蛋白增加，特别是 γ 球蛋白增加。此外，还有皮肤红疹。其他症状包括间歇性发热、食欲减退、体重减轻、咳嗽、肌痛及关节痛。幼虫最常侵害的器官是肝、肺、脑及眼部。幼虫侵入眼部，在视网膜上围绕幼虫形成芽肿，影响视力甚至失明。由于该病变与视网膜真性瘤极相似，患者常被摘除眼球。

（4）检测和控制

根据临床症状和粪检中发现虫卵即可确诊。人体幼虫移行病诊断较为困难。

犬、猫应定期驱虫。注意环境卫生和个人卫生，防止感染性虫卵污染环境，犬、猫粪便及时清扫并堆积发酵。不玩弄犬、猫，尤其应避免儿童与犬、猫接近。

25. 犬复孔绦虫病

（1）流行病学

犬复孔绦虫（*Dipylidium caninum*）寄生于犬、猫、狼、獾、狐的小肠中，是犬和猫常见的寄生虫，人体偶尔感染，特别是儿童，是一种人兽共患病。主要是因吃了没有熟透的鱼类食品引起。世界性分布，在我国各地均有报道。犬复孔绦虫在犬、猫中感染率较高，狼、狐等野生动物也感染。全世界人患病例数已达数百例。据我国各地的调查，黑龙江犬的感染率为 25.6%，吉林为 33.8%，四川为 52.3%，山西为 16%，武汉市的猫感染率达到 58.77%。

（2）生物学特性

虫体活时为淡色，固定后为乳白色，最长可达 50cm，约由 200 个节片组成。头节小，呈亚梨形，上有 4 个杯状吸盘，顶突可伸缩，上有 4～5 行小钩。孕节内子宫分为许多储卵囊（egg capsule），每个储卵囊内含虫卵数个至 30 个甚至以上（图 7-155～图 7-158）。虫卵呈球形，内含六钩蚴（图 7-159）。

生活史　犬复孔绦虫的中间宿主为犬、猫蚤和犬毛虱。蚤为刺吸式口器，不能食入虫卵，只有其幼虫具有咀嚼式口器，因而幼虫才能食入绦虫卵，到成蚤时即在其体内发育为似囊尾蚴。终末宿主因舔毛吞入含似囊尾蚴的蚤、虱而受感染，在动物小肠内经 3 周发育为犬复孔绦虫，孕节主动爬出犬肛门或随粪便排出体外，破裂

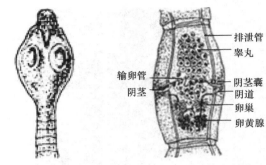

图 7-155　犬复孔绦虫头节　　图 7-156　犬复孔绦虫节片

（图 7-156 标注：排泄管、睾丸、阴茎囊、阴道、卵巢、卵黄腺、输卵管、阴茎）

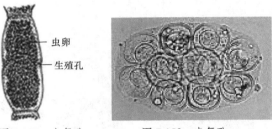

图 7-157　犬复孔　　　　图 7-158　犬复孔
绦虫孕节　　　　　　　　绦虫卵囊

（图 7-157 标注：虫卵、生殖孔）

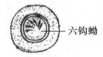

图 7-159　犬复孔绦虫虫卵

（图 7-159 标注：六钩蚴）

后虫卵逸出。人的感染主要是儿童，是因喜玩犬、猫，偶尔误食被感染的昆虫所致。

（3）致病性

轻度感染的犬、猫一般无症状。幼犬严重感染时可引起食欲不振，消化不良，腹泻或便秘，肛门瘙痒等症状。个别的可能发生肠阻塞。人主要表现为食欲不振、腹部不适、腹泻等，常被临床忽略和误诊。

（4）检测和控制

参考临床症状，并在犬粪中找到孕节后，在显微镜下可观察到具有特征性的卵囊，内含数个至 30 个甚至以上的虫卵，依此而确诊。

对犬、猫应定期选用适宜的杀虫剂，消灭虱和蚤类。带入室内玩赏的动物必须进行定期驱虫。驱虫后的粪便应作无害化处理，防止虫卵污染周围环境。不生吃鱼类食品。

第四节　其他人兽共患病与兽医卫生监督

一、人兽共患真菌病

1. 单孢子囊菌病

单孢子囊菌病（adiaspromycosis, haplomycosis）由伊蒙微小菌（*Emmonsia parva*）（图 7-160）引起，也有的称为小金孢子菌，属于生物安全二类疾病病原。人和哺乳动物都能感染，人比较罕见，动物主要发生于小动物，从土壤和小的啮齿动物中可分离到。人和动物通过吸入孢子而

感染。流行于西南美洲、澳大利亚及中欧洲地区。病理表现为肺单孢子囊菌病，引起肺浅黄色改变，一般不感染全身，病变特征是中心支气管性肉芽肿（图 7-161）。人最致命的情况表现为全身衰弱、干咳，下午发热，重量减轻，临床类似结核病。土壤是储存宿主，一些动物起到传播作用。

预防　主要是注意其环境卫生，防止吸入该菌的分生孢子。与啮齿小动物接触也要注意避免感染。

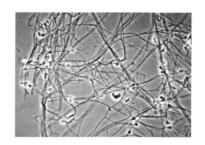

图 7-160　伊蒙微小菌

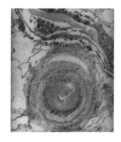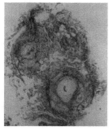

图 7-161　中心支气管性肉芽肿和其中的单分生孢子

2．霉菌病

霉菌能够在植物、粮食的种子上生长并产生毒素，可引起人及动物的肝癌。家畜、野生动物、鸟类都可感染。在人主要有两种表现，一种是吸入感染，以肺部症状为主，肺炎；另一种是侵袭性感染，表现严重（图 7-162）。动物主要是呼吸系统紊乱，在牛、马、狗和狐较多见。其是除念珠菌病以外的第二位的系统性真菌病；致病菌主要有烟曲霉、黄曲霉、黑曲霉、土曲霉和杂色曲霉等，形态见相关章节。曲霉感染遍布全世界。

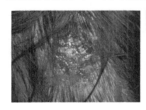

图 7-162　皮肤霉菌感染表现

预防　霉菌的分布较广，吸入及直接接触感染的可能性都有，平时注意环境卫生；与动物接触时也要注意霉菌的感染，特别是与宠物接触时更应注意，皮肤有伤口避免与小动物接触。在屠宰动物如发现可疑真菌感染的皮肤或脏器时，病变器官高温处理后出厂。

3．芽生菌病

芽生菌病（blastomycosis）是由皮炎芽生菌（*Blastomyces dermatitidis*）或称北美芽生菌（*Blastomycosis North American*）感染引起的一种慢性肉芽肿性及化脓性疾病，为一种人兽共患的深部真菌感染。该病通过吸入散在空气中的皮炎芽生菌的孢子或菌丝（图 7-163～图 7-165）而获得感染，肺常为原发感染部位，然后扩散至身体各部。死亡率为 4.3%～22%。目前还不清楚促使播散性感染的危险因素。该菌在不同温度下形态不同，在室温下

常以菌丝形式出现，形成单分生孢子；在 37℃ 条件下，菌体形态为厚壁的酵母状。多从皮肤或呼吸道传入，主要侵犯肺、皮肤及骨骼等器官（图 7-166）。典型损害为一边缘高起的暗红疣状斑块或皮下结节，其内为很多小脓疡，压之有脓液排出，在脓疡内及巨细胞内可见有厚壁芽生孢子。皮损常在暴露部位如手、足、头、面等。愈后留下萎缩疤痕，但在疤痕上又可出现新皮损。犬（尤其是猎犬）、马、狮子、猫等都可感染，表现为体重减轻，慢性咳嗽，呼吸困难，皮下脓肿，发热，贫血，有时失盲（图 7-167）。

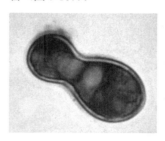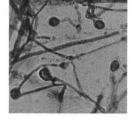

图 7-163　芽生菌的　　　图 7-164　芽生菌的
酵母状态　　　　　　菌丝状态

图 7-165　不同温度培养状态

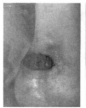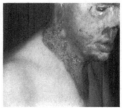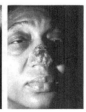

图 7-166　芽生菌病

图 7-167　犬芽生菌病

305

预防　屠宰动物器官如发现感染，应高温处理后出厂。有伤口应避免与宠物或动物接触。

4．念珠菌病

念珠菌病（candidiasis）是由念珠菌属的真菌［白色念珠菌（*Candida albicans*）］（图7-168）为主引起的皮肤、黏膜及内脏器官（主要是生殖器官）的急性或慢性感染。念珠菌是皮肤、黏膜常见污染菌，为机会感染菌。本病有多种表现：①口腔念珠菌病为口腔黏膜上出现白色假膜，基底有红色糜烂，渗出。念珠菌性阴道炎好发于糖尿病及妊娠妇女，阴道黏膜红肿、糜烂，表面有白色薄膜附着，有白色或黄色凝乳状分泌物，自觉剧烈瘙痒。龟头包皮炎常与性接触传染有关，在龟头及冠状沟和包皮内侧有针头大的丘疱疹，表面附着较多白色乳酪状膜，瘙痒剧烈。念珠菌性间擦疹发生于间擦部位，包括指趾间浸渍红斑，糜烂性损害。②丘疹性皮肤念珠菌病夏季好发，多见于颈（图7-169～图7-172）。

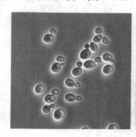 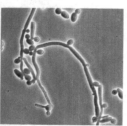

图7-168　白色念珠菌

图7-169　动物（鼠）肾脏脓肿

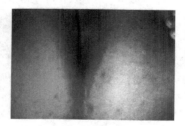

图7-170　人皮肤念珠菌病

图7-171　幼儿念珠菌病结痂型

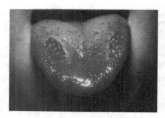

图7-172　舌部念珠菌病

动物在鸡、火鸡及其他禽类常发，主要在上呼吸道，也有神经症状，在鸡嗉囊黏膜有干酪样坏死斑，临床上通常无症状。口腔感染也可见于猪、狗、猫、羔羊、鼠等动物。该菌是动物消化道的正常菌群。念珠菌病在小鸡、幼禽和其他家禽中常常是散发性发病，特别是幼禽中暴发流行时有发生，死亡率为8%～20%。在以色列的一些农场曾经发生过一次奇怪的流行病，许多大鹅因为性交而得病。鸟类的念珠菌病主要感染上呼吸道系统，在幼鸟中常表现为伴随神经症状的急性过程。然而这种疾病通常没有任何症状，只有在死后解剖才能确诊。最常见的损伤部位是嗉囊，形成凝乳状的与黏膜轻轻相连的噬斑。在成年鸟中，念珠菌病为慢性过程，表现为嗉囊变厚，累积形成浅黄色的坏死物质。念珠菌病经常发生在小牛、小马、小羊、猪、狗、猫、实验小鼠、几内亚猪、动物园里的动物。念珠菌病容易导致牛乳腺炎和流产。猫经常发生皮肤损伤和口腔炎。

预防　人念珠菌病是性传播性疾病之一。警惕间接传播：游泳池、浴池都可以成为念珠菌的传播场所。避免滥用抗生素使阴道内菌群失调，从而无法制约念珠菌生长。屠宰禽类等动物时如发现类似病变，病变器官高温处理后出厂。

5．球孢子菌病

球孢子菌病（coccidioidomycosis），又名球孢子菌肉芽肿，是由粗球孢子菌（*Coccidioides immitis*）（图7-173）所引起的一种具有高度感染性的人兽共患病，是一种慢性全身性真菌感染性疾病。本病流行区生活的人和动物，感染后表现为原发性球孢子菌病，少数可发展为进行性球孢子菌病，即成为慢性、恶性、播散性疾病。粗球孢子菌寄生于土壤内，在热季、雨季后发育生出节分生孢子（图7-174），随风沙飘扬，人吸入后即可发病。主要特征是在皮肤、内脏和骨骼，病变部位形成化脓性肉芽肿，严重者可引起死亡。

粗球孢子菌引起一种局限性或播散性疾病，一般为良性，表现为不严重的上呼吸道感染，不久自愈；有少数发

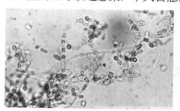

图7-173　粗球孢子菌

兽医公共卫生学

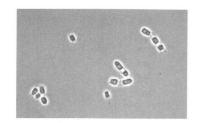

图 7-174 节分生孢子

展为急性或亚急性播散性、致死性的真菌病（图 7-175，图 7-176）。本病主要发生于美国，也见于非洲和南美洲。

本病在自然条件下，马、牛、羊、猪、犬、驴、骆驼、猫及啮齿动物、猴、猿、猩猩、狒狒、野鹿、袋鼠、松鼠、狼等均能感染；实验动物中，家兔、小鼠、豚鼠等易感。

预防　在森林中作业注意呼吸器官的防护，实验室进行类似操作也应注意戴口罩。皮肤受损注意接触土壤、动物皮肤的卫生。屠宰动物发现可疑肉芽肿的器官应高温处理后出厂。

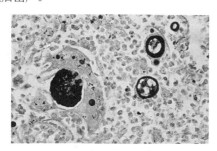

图 7-175　组织中粗球孢子菌

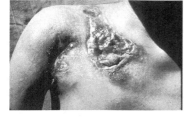 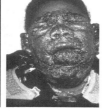

图 7-176　球孢子菌病

6. 隐球菌病

（1）流行病学

隐球菌病（cryptococcosis）是一种人兽共患的深部真菌病，病原主要是新型隐球菌（*Cryptococcus neoformans*）。该病为全身感染，主要侵犯中枢神经系统，约占病例的 80%，病死率高，其次肺部、皮肤、骨骼和前列腺等部位也可感染。对动物可引发化脓性肉芽肿性肺炎、脑膜脑炎，犬、猫、海豚、雪貂及禽类的脑膜脑炎、肺炎或心肌炎等。该病发生呈世界性分布。

（2）病原特性

包括隐球菌属的 17 个种和 8 个变种，大部分为条件致病菌。有致病性的隐球菌除新型隐球菌外，还有浅白

隐球菌（*Cryptococcus albidus*）和罗伦特隐球菌（*Cryptococcus laurentii*）等几个种（图 7-177）。

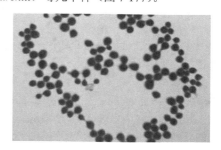

图 7-177　革兰氏染色隐球菌

（3）致病性

动物隐球菌病主要表现呼吸道和神经损伤变化。

1）犬隐球菌病：病犬表现出肺、全身性和眼内症状。通常在鼻黏膜、鼻甲、鼻窦和邻近骨结构中发生肉芽肿性破坏性过程或脑膜脑炎。也可出现原发性的非病变和继发性脑膜脑炎。

2）绵羊隐球菌病：临床表现为上颌窦肿胀，黏液性鼻涕，呼吸困难，咳嗽和厌食。在软脑膜、脑、鼻和上颌窦黏膜及肺中分离到新型隐球菌。

人隐球菌病主要分为肺、神经、皮肤及其他系统隐球菌病。

1）肺隐球菌病：肺部症状可能为隐球菌病的最早表现。但症状较轻微，可类似呼吸道感染或支气管肺炎。

2）中枢神经为球菌病最常见的表现，可为脑膜脑炎型、脑膜脑炎型、肉芽肿型和囊肿型等，类似于结核性或病毒性脑炎及颅内占位病变的表现。

3）皮肤黏膜孢菌病：多数为继发性损害，皮损可表现为单发或多发的丘疹，结节或脓疡，易破溃，排出少量黏性脓液，内有隐球菌。还可表现为肉芽肿样等多种类型损害（图 7-178）。

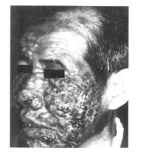

图 7-178　隐球菌病

4）其他系统的隐球菌病：骨、关节、肝、眼、肌肉、心脏、睾丸、前列腺等器官均可出现相应的症状和体征，严重者可发生败血症播散至全身各器官，甚至引起死亡。

（4）预防及兽医卫生评价

1）注意环境卫生及保健：饲养家鸽者应妥善管理，防止鸽粪污染环境及空气。控制城区养鸽，减少鸽粪污

染，可有利于降低该病的发病率。

2）防止滥用抗生素及皮质类固醇激素：尤其对长期应用上述药物而使病情恶化的患者，应及时采取各种方法作真菌学检查，以排除该病的可能。

3）屠宰动物发现可疑器官病变时，该器官高温处理后出厂。

7. 皮霉菌病

皮霉菌病（dermatophytosis）属皮肤真菌病，也称表面真菌病，是指真菌侵染表皮及其附属构造（毛、角、爪）引起的一种以脱毛、鳞屑为特征的慢性、局部性及浅表性的真菌性人畜共患皮肤病，是临床上很常见的一类疾病。在人类根据其感染部位的不同，分别称为头癣（白癣、黄癣、黑癣、脓癣）、体癣、股癣、手足癣、甲癣等；在动物，称为钱癣、脱毛癣、匐行疹等。常见于牛、马、羊、猪、犬和猫等动物，其特征为在皮肤上形成圆形或不规则圆形的脱毛，并覆盖有鳞状皮屑或痂皮。多数以局部剧烈炎症、病程持久和难以治愈为主要特征。目前该病分布于世界各地。

（1）病原特性

病原真菌为嗜角质素的土壤真菌中具有致病性的成员，主要分为表皮癣菌属、小孢子菌属和癣菌属3个属。表皮癣菌属于子囊真菌门真子囊真菌纲瓜甲团囊菌科（Onygenales）表皮真菌属。小孢子菌属于子囊（真）菌亚门瓜甲团囊菌科（Onygenales）皮肤分节真菌属。毛癣菌属于子囊（真）菌亚门真子囊菌纲（Onygenales）皮肤分节真菌属毛癣菌属（图7-179～图7-181）。小孢子菌属和毛癣菌属于对人和动物均致病，而表皮癣菌为仅对人致病的毛癣菌。

根据生态学、流行病学及宿主等方面特性的不同，皮肤真菌最常被分为以下3类。

嗜动物性皮肤真菌，这类真菌主要感染动物，但能被动传染人。

图7-181　红色毛癣菌菌落柔软的边缘

嗜人性皮肤真菌，主要感染人，极少被动传播给动物。

嗜土壤性皮肤真菌，主要存在于土壤，它们常与腐败的毛发、皮肤、蹄和其他角质素源相伴，既可以感染人，也可感染动物。

存在于动物的人兽共患皮肤真菌包括：犬小孢子菌（图7-182，图7-183）、鸡小孢子菌、石膏样小孢子菌、马小孢子菌、矮小孢子菌（图7-184）、生色小孢子菌、马毛癣菌、须疮毛癣菌及须疮毛癣菌存在数个变种（图7-185），一些是人和动物的重要病原，另一些主要感染人，如西米（氏）毛癣菌，疣状毛癣菌。絮状表皮癣菌（图7-186，图7-187）分布于世界各地，人是该菌的主要宿主。

小孢子菌为丝状嗜角质真菌，产生有隔膜的菌丝、小型分生孢子和大型分生孢子。孢子柄呈隔膜状，小粉状孢子单细胞，分散存在，呈椭圆或球棒状，壁光滑透明且薄，呈纺锤和多细胞（2～15个细胞），具有环形褶皱（图7-182，图7-183，图7-188，图7-189）。

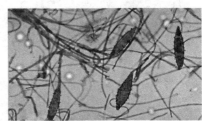

图7-182　犬小孢子菌菌丝和孢子

图7-183　犬小孢子菌含多细胞的大型分生孢子

图7-184　矮小孢子菌含2个细胞的大型分生孢子

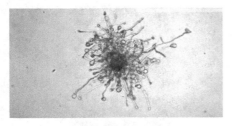

图7-179　疣状毛癣菌菌丝末端的囊泡

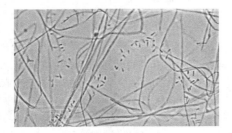

图7-180　红色毛癣菌菌丝和小型分生孢子

图 7-185　须疮毛癣菌小型和大型分生孢子

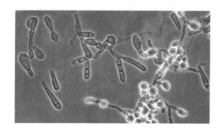

图 7-186　絮状表皮癣菌多细胞棒状的分生孢子和囊泡

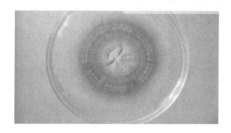

图 7-187　絮状表皮癣菌在真菌培养基上菌落的形态

图 7-188　保拉小孢子菌菌丝和孢子

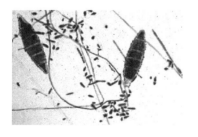

图 7-189　小孢子菌的大型分生孢子和小型分生孢子

（2）流行病学

1）发生与分布：疣状毛癣菌在温暖潮湿的环境中最适生长，因此主要存在于热带和亚热带地区。其地理分布因菌种而异。犬小孢子菌、矮小孢子菌、须疮毛癣菌、疣状毛癣菌和马毛癣菌分布于全球。西米（氏）发癣菌（见于猴）只存在于亚洲，须疮毛癣菌刺猬变种局限于法

国、英国、意大利和新西兰。这些真菌的地理分布与其宿主的分布密切相关。须疮毛癣菌刺猬变种的宿主刺猬只存在于欧洲和新西兰，而且欧洲的刺猬也是由新西兰引入。皮肤真菌病发生的多少与栖息在乡村还是城镇、人和动物间的关系密切相关。犬小孢子菌病主要发生于城镇，此处其自然宿主犬和猫数量多，而且与人密切接触。相反，疣状毛癣菌存在于乡村，主要集中于厩养牛，感染主要发生于阴冷或温和气候。

2）传染源：感染通过接触分节孢子（寄生阶段菌丝上的无性孢子）或分生孢子（自由生长阶段产生的有性或无性孢子）而发生。感染常始于生长中的毛发或皮肤的角质层。皮肤癣菌通常不侵袭休止期的毛发，因为此时其生长所需的基本营养缺乏或受限。菌丝扩散到毛发和角化皮肤，甚至可产生具感染性的分节孢子。

通过接触有症状或无症状的宿主，直接或空气接触感染性毛发或皮屑等，均可造成宿主间的传播。在环境中，存在于毛发和皮屑中的感染性孢子可存活数月到数年，刷子和剪刀等被污染物是重要的传染源。

3）传播途径：皮霉菌病主要经由接触感染，包括感染的毛发及皮屑，或者带有病原的动物、环境或病媒。所有的梳子、刷子、剃剪、寝具、运输笼、遛绳、烘箱、笼子、项圈都可能成为传染的途径；而灰尘、冷气滤网及空气清净机的滤网都曾分离到犬小孢子菌；甚至连访客都可能将病原带入猫舍或家中。动物来源的皮肤真菌可在人与人之间扩散，但并不普遍。病程长、难治愈、易复发，并且可在动物之间、人与动物之间互相传播，造成一定程度的公共卫生问题。相反，嗜人性皮肤真菌极易在人群中扩散，但极少传播给动物。然而，很少感染人的许兰（氏）毛癣菌、红色毛癣菌和断发毛癣菌已在猫中被观察到。

嗜土性皮肤真菌，如矮小孢子菌、生色小孢子菌，通常直接从土壤感染而非其他宿主。体表寄生虫，如虱、蚤、蝇、螨等在传播上也有一定意义。

所有家养动物对皮肤真菌均易感，但其在不同动物间分布不同。

犬和猫：特别是对于猫，犬小孢子菌是最常见的菌种，石膏样小孢子菌和须疮毛癣菌偶尔也被发现。

牛：疣状毛癣菌是最重要的菌种，偶尔也见到须疮毛癣菌、马毛癣菌、石膏样小孢子菌、矮小孢子菌、犬小孢子菌等。

绵羊和山羊：疣状毛癣菌是最常见的菌种，但犬小孢子菌的暴发也有报道。

马：马毛癣菌和马小孢子菌为最重要的菌种，石膏样小孢子菌、犬小孢子菌和疣状毛癣菌偶尔也可见到。

啮齿目动物：以须疮毛癣菌变种感染最普遍，小孢子菌属，包括生色小孢子菌偶尔也可见。

兔：须疮毛癣菌最普遍。

鸟：鸡小孢子菌是鸟类常见的病原，包括家禽、金丝雀和鸽。这些皮肤真菌极少具有人兽共患性。石膏样

小孢子菌和西米（氏）毛癣菌感染偶尔也可见。

4）易感对象：人和所有家养动物对皮肤真菌均易感。

5）流行特点：尽管目前所知皮肤真菌感染相当普遍，其发病情况却不清楚。由于该病不必向卫生当局汇报，很多感染均通过非处方药物得以治疗。在英国，皮肤真菌病是最广泛的人兽共患病，其发病率为24%。儿童的感染较成人更为常见，不同菌种的地理分布及其动物宿主影响着人的感染率。人常通过猫和犬感染犬小孢子菌，该病在市区生活的人群中相当普遍；而疣状毛癣菌在乡下更为多见。在瑞士，一项调查表明，牛场工人的感染率达14%。

对健康人群来说，多数皮肤真菌感染并不严重，然而，因趾间真菌感染所致的皮肤损伤，可引发由机会性细菌感染所致的蜂窝织炎。对于糖尿病患者，这类感染特别值得关注。对于免疫机能不全人群，皮肤真菌病相当严重，他们表现为非典型特征性的、局部渐进性皮肤感染，包括广泛性皮肤病、皮下脓肿和弥漫性感染等。

在小动物中，不同研究所报道的发病率千差万别。通常，皮肤真菌在猫的无症状携带比犬更为普遍。据报道，猫的感染率为6%～88%。一些研究者归纳，总体上，只有极少宠物为无症状的携带者。对于猫，亚临床的皮肤真菌感染很普遍。家养动物中，在寒冷条件下，皮真菌病在长时间厩养动物中特别普遍。牛的钱癣最常见于冬季，除观赏羔羊外，该病在绵羊和山羊中的感染率很低，大洋洲报道，犬小孢子菌暴发使畜群中的20%～90%畜受到侵袭。当与一种皮肤真菌接触后，一个动物能否被感染，可能与年龄、所暴露皮肤的状态、理毛行为等有关。幼龄动物更可能发生有症状性感染。对于免疫机能不全、营养不良和高密度饲养动物，皮肤真菌病也相当普遍。

（3）致病性

皮肤划伤或擦伤，可促使皮肤真菌生长和造成局部感染并侵入表皮和毛囊。由于菌丝的穿透作用，毛根鞘被破坏，毛干脆弱，引起皮肤表面毛干断裂，出现红斑。随病程延长，表皮和真皮呈现出慢性炎症反应，导致上皮细胞增殖、角化，角质层集聚的细胞在周围的皮肤表面上形成短的乳头状突起，皮肤明显地出现鳞屑痂垫。

皮肤真菌对外界因素的抵抗力极强，对干燥耐受性更强。在日光照射或于0℃以下时，可存活数月之久。附着在厩舍、器具、桩柱等上面的皮屑中的真菌，甚至经过5年仍保持其感染力，但在垫草和土壤里的真菌，可被其他生物因素所消灭。

1）人的感染：人感染的潜伏期通常为1～2周。皮肤真菌通常只在角化组织如毛发、指甲或皮肤外层生长，当接触到活细胞或炎症区域时，通常停止扩散，而且黏膜不被侵袭。受侵害的区域不同，临床表现也随之不同。瘙痒是人最常见的症状。皮肤损伤常以炎症为特征，边缘相当严重，且伴有红斑、鳞屑，偶尔还形成水疱。特别是对于体癣，有时可见中央消退，产生特征性的金钱状损伤。头皮和面部毛发丧失（图7-190）。

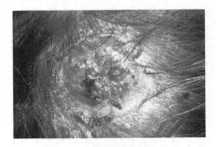

图7-190 犬小孢子菌头癣

从动物或土壤获得的皮肤真菌对人造成的炎性损伤，通常比嗜人性皮肤真菌更为严重。人的皮肤真菌感染也称为癣，其命名也涉及感染部位。例如，儿童体癣常因扩散到面部而引起头癣。头癣，常见于儿童，是毛发和头皮的一种真菌感染。头癣最初表现为小丘疹，然后扩散形成鳞状、不规则或界限清楚的脱发。颈部或枕淋巴结可能发现肿大，有时还可见到癣脓肿和沼泽状的炎症块，随后痊愈。当感染是由嗜动物皮肤真菌所引起时，化脓性损伤也常可见到。嗜人性和嗜动物性皮肤真菌均可引起头癣。在美国，头癣最常由一种嗜人性皮肤真菌——断发毛癣菌所引起。

最常见的病原：奥杜盎（氏）小孢子菌、犬小孢子菌。其他病原：铁锈色小孢子菌、石膏样小孢子菌、矮小孢子菌、生色小孢子菌、麦格尼（氏）毛癣菌、须疮毛癣菌、许兰（氏）毛癣菌、苏丹奈斯毛癣菌、疣状毛癣菌、堇色毛癣菌。

体癣或钱癣，发生于躯干、四肢和脸部。其特征为散在或多在性鳞状环形损伤，伴有轻微的隆起，其边缘呈鳞状或红斑状，界限清楚且中央消退。发生损伤的边缘可见到疱状丘疹、脓疱或水疱，受损部不定性搔痒。嗜动物和嗜人性皮肤真菌常见于儿童及与小孩密切接触的成人颈部和腕部。在部分成人，体癣常由于红色毛癣菌：一种嗜人性皮肤真菌的慢性感染所致。在许多成人，特别是对于由嗜动物或嗜土壤性皮肤真菌引起的体癣，常在数月内不治而愈（图7-191～图7-194）。常见病原：红色毛癣菌、犬小孢子菌、断发小孢子菌、疣状毛癣菌。

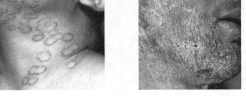

图7-191 犬小孢子菌体癣　　　图7-192 红色毛癣菌须癣

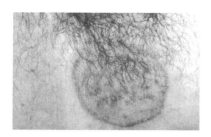

图 7-193 犬小孢子菌感染引起的钱癣

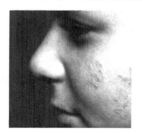

图 7-194 絮状表皮癣菌引起的股癣

须癣是一种须面部毛发和皮肤的真菌感染，常见于男性。其损伤包括：鳞状、囊状脓疱和红斑。须癣可由嗜动物或嗜人性皮肤真菌引起。农场工人最常受到侵害。常见病原：疣状毛癣菌。

面癣见于面部无须部，常表现为瘙痒或奇痒，经阳光照射后，可发生严重烧伤。部分损伤与体癣类似；另一些表现轻微，或根本不出现鳞状或边缘隆起。部分病例，甚至红斑边界都不清楚。由于无典型临床表现，面癣常与其他侵害面部的疾病相混淆。常见病原：在北美地区，为断发毛癣菌；在亚洲，为须疮毛癣菌和红色毛癣菌。

股癣为一种常由嗜人性皮肤真菌引起的腹股沟感染。症状为灼烧痛和瘙痒。在感染区域的活化部位有脓疱和水疱，并伴有软化，表现为红色背景下边缘隆起的鳞状损伤。常见病原：絮状表皮癣菌、红色毛癣菌。

脚癣是一种在趾间、足底和脚侧表面出现的，以开裂、鳞状和软化为特征的脚部皮肤真菌感染（图 7-195）。红斑、小水疱、脓疱及大水疱常可见到。该病由嗜人性皮肤真菌引起。

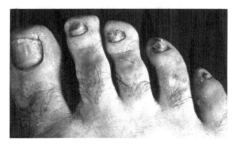

图 7-195 絮状表皮癣菌引起的脚癣

最常见病原：红色毛癣菌、须疮毛癣菌趾间变种和絮状表皮癣菌。

手癣是一种发生于单侧手或双手的皮肤真菌感染。

表现为掌部呈广泛性干裂、鳞状和红斑状。该病常由嗜人性皮肤真菌引起（某些病例缘于脚癣的扩散），但偶尔也可由嗜动物性真菌引起。常见的病原：红色发癣菌。

甲癣是发生于指甲的一种皮肤真菌感染。其特征为指甲变厚、脱色、断裂、营养不良、板与指基分离等。该病可由嗜人或嗜动物性皮肤真菌引起。最常见病原：红色毛癣菌、须疮毛癣菌须疮变种。

2）动物感染：某些皮肤真菌（犬小孢子菌）可暴露后 7d 内使受侵袭被毛产生荧光，在感染后 2～4 周内出现临床症状。

对于动物，皮肤真菌病可能引起或不引起瘙痒。幼龄动物最常被侵害，但对成年动物，无症状感染很普遍。对于犬，皮肤真菌病最常见于幼犬，成年犬感染并不多见，除非其免疫机能不全。常见犬小孢子菌（*Microsporum canis*）损伤可出现在身体任何部位，常表现为小的环状脱发；毛发常在基部折断，留下外观像剃过的区域。损伤的中心部位常伴有灰白的皮肤鳞屑，外观呈屑状，其边缘常呈红斑状。在疾病后期，损伤部常结痂，其边缘肿胀，单个损伤连接在一起形成大的、不规则的肿块（图 7-196）。在感染早期可见到水疱和脓疱。灶性结节（癣脓肿反应）特征为局部严重的炎症并伴有肿胀，皮肤潮湿并有脓汁渗出也可见到。

图 7-196 犬小孢子菌及皮肤病

许多感染猫极少或不产生损伤。特别是长毛成年猫常为亚临床携带者；在某些病例，患猫可能出现微小的损伤，其表现为短茬、秃毛、鳞片或红斑，但这些损伤仅见于细致检查。临床病例常见于小猫，早期损伤见于面部、耳和爪。损伤通常包括灶性秃发。该处只含有少量断发，并伴有鳞屑和结痂，患部可形成薄、灰白色痂皮，或厚而潮湿的痂，有时发生瘙痒。病猫通过梳理过程可将感染散布全身。部分猫表现为瘙痒性粟状皮肤炎，或一处或多处的表皮或皮下结节（假足分枝菌病），该病常见于长发猫。指甲浑浊，指甲表面伴有白色斑纹和碎片。对于短发猫，该病具有自限性，通常在数周到数月内自愈，但在长发猫，该病呈持续性感染，表现或不表现临床症状。

对于牛，该病的严重性随着 1cm 大小的灶性损伤至累及全身的损伤而异。在犊牛表现为非瘙痒性眼周损伤；在母牛和小母牛，损伤常见于胸和四肢；公牛见于垂肉和上颌间皮肤。最初损伤散在，呈灰白色，痂皮干燥区域伴有少量易断的毛。某些区域表现为化脓和痂皮增厚，棕色痂皮也可见到。当痂皮脱落时，留下一个个无毛区。在2～4周内损伤可自行消退（图7-197）。

图7-197　牛疣状毛癣菌引起的金钱癣（多结痂）

对于马，多数皮肤真菌性损伤见于鞍或其他附属部。马毛癣菌性损伤常伴有瘙痒、渗出、无毛和皮肤增厚。这类损伤常不严重，在小的鳞屑部伴有毛发粗硬。在发病早期，皮肤真菌性损伤类似丘疹性荨麻疹。

绵羊和山羊：皮肤真菌病常见于观赏羔羊，在生产群并不多见。最显著的损伤为头面的脱毛区域常有环状厚痂，然而，当动物被剪毛后，也存在广泛性皮肤损伤。

猪产生皱缩性损伤，表面覆盖薄、棕色和易脱落的痂皮，或炎性散在性圆环。皮肤真菌感染在成年猪常不表现临床症状（图7-198）。

图7-198　矮小孢子菌引起猪的慢性非炎症性损伤

大多数啮齿类须疮毛癣菌感染无症状或很少表现临床症状。对小鼠，部分或全身性秃毛、红斑、鳞屑和结痂可观察到，并常出现在尾部；对于大鼠，损伤常出现在背部；豚鼠常发生痛痒，在卵圆形、无毛的隆起区域伴有结痂或鳞屑。这些损伤首先出现在面部，然后扩展到背和四肢。

对于兔，皮肤真菌病最常发生于幼龄、刚断奶兔。在眼周、鼻和耳部常出现灶性脱毛并伴有红斑和结痂，在脚部出现继发损伤。该病常具有自限性。

对于鸟，主要在面、颈部出现秃毛、鳞屑、自残和拔羽（图7-199）。某些损伤呈环状，或出现瘙痒。

图7-199　鸡小孢子菌引起鸡的毛囊癣

（4）预防

1）人的预防：控制患该类疾病的动物可阻止人皮肤真菌病某些病例。感染动物应该得到治疗，而且同时须对污染物进行消毒。在与感染动物接触时须配戴手套并穿防治服，偶尔的接触要尽可能避免。防止嗜人性皮肤真菌的感染时也应采取相似措施。在多种情况下，用吸尘器清扫被认为是最佳的措施。

2）动物的预防：为防止传播，患病动物应在感染消退后才能解除隔离。与患者接触的动物也应该进行隐性感染检查。一些兽医在与动物接触前应用抗真菌药物进行防护。圈舍应该用吸尘器打扫并消毒，有助于阻止其他动物或人的感染。

为防止将皮肤真菌带入群舍，新进的动物应该被隔离，并进行真菌培养检查。

8. 组织胞浆菌病

（1）生物学特性

组织胞浆菌病（histoplasmosis）是具有传染性的荚膜组织胞浆菌（*Histoplasma capsulatum*）引起的以侵犯网状内皮系统或肺部为主的人兽共患深部真菌病。常经呼吸道传染，侵犯肺部引起急慢性肺部损害，严重者可引起进行性全身播散，主要累及单核巨噬细胞系统如肝、脾、骨髓、淋巴结等，也可侵犯肾上腺、骨、皮肤、胃肠道等（图7-200，图7-201）。该病呈世界性流行，我国存在美洲型组织胞浆菌病。

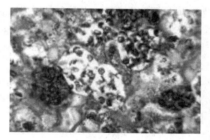

图7-200　组织胞浆菌

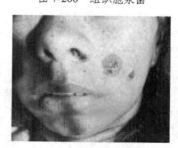

图7-201　人组织胞浆菌病灶

荚膜组织胞浆菌在生活阶段表现为两种形态，寄生阶段为酵母类型，腐生阶段为丝状真菌型，产生大分生孢子和小分生孢子。酵母型在37℃营养丰富的培养基中能够人工培养，有性阶段称为*Emmonsiela capsulatum*。在世界各地均有发现，为地方性，在某些区域该菌可见于禽畜舍、废弃物、孢子污染空气，同时受累于土壤。

疾病人传染人，人和动物患病均因吸入分生孢子引起。在土壤中生长并生成孢子，孢子飞起污染空气。多数被传染的人没有明显的症状表现，主要为呼吸道症状，一般不适的感觉、热病、胸口痛、干燥或非生产性的咳嗽。在美国密西西比河盆地大约有3000万人感染。

（2）致病性

在动物，狗的临床症状或多或少与人有些相似，具体表现在无特征症状，呼吸症状总是在包囊化和钙化后得到恢复。在本病流行时，狗主要表现为消瘦、持续性腹泻、肝脾肿大和淋巴结病变。猫的临床症状同狗的症状相似。本病流行时猫主要表现为贫血、消瘦、精神萎靡、高烧和厌食。

家畜和野生动物也易感，在牛、羊和马均呈地方性，临床上犬似乎更常见。

（3）预防

组织胞浆菌病流行区应加强对高危人群的监测和职业防护，避免接触可能含有动物和鸟粪的灰尘。在有组织胞浆菌尘埃污染的场所工作，可戴口罩或在可能有真菌孢子的地区洒水。加强对患病动物的治疗和监控。

9．足分枝菌病

（1）生物学特性

足分枝菌病（mycetoma）是一种慢性局部进行性的人兽共患病，由不同种类的真菌或放线菌引起的局限性肉芽肿感染。为真菌性真瘤病，多由真性真菌引起，最常见的3种病原菌：马杜拉分枝菌（*Madurella mycetomatis*）、引起人根骨骨髓炎的甄氏外瓶霉（*Exophiala jeanselmei*）、波氏假阿列色菌（*Pseudallescheria boydii*）（也称波氏假性霉样菌、波氏假阿利什菌、尖端赛多孢子菌）（图7-202～图7-204）。这些微生物多与土壤有关，因此，感染也多发于脚和腿。

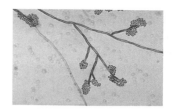

图7-202　甄氏外瓶霉

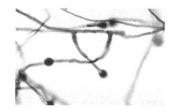

图7-203　波氏假阿列色菌

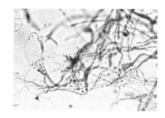

图7-204　马杜拉分枝菌

（2）致病性

足肿病是由多种真菌或细菌引起的临床综合征。临床上以形成脓肿，肉芽肿和窦道为突出表现，可有颗粒排出，其中可检出病原菌。常有外伤史，好发于足，损害局限，呈慢性经过。典型损害为暗红色肉芽性斑块，有脓肿破溃所致的瘘管、窦道，有颗粒排出。直接镜检可发现真菌或放线菌菌丝。脓液或颗粒培养可鉴定致病菌种，损害可侵入深部组织、肌肉等，严重可致骨质损害（图7-205）。

 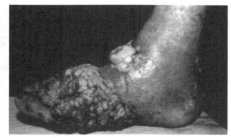 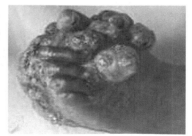

图7-205　马杜拉分枝菌引起的足肿（皮肤）病

全球皆可见，但在热带、亚热带发生率高，大多是从事农业的农夫、家庭主妇或赤足老人得病，因为他们接触土壤病原菌的机会较多。通常放线菌性肉足肿多见于热且干燥的半沙漠地域，真菌性肉足肿多见于热且潮湿的热带地区。

该病需经伤口感染，因为其致病菌并无侵入上皮的能力，需借由伤口到达皮肤深层，且都是局部肉芽肿病变，不会血行感染全身脏器。犬感染后，腹腔感染真菌性肉足肿，是因为手术缝线，导致病菌侵入腹腔。猫也可感染，已有的病例也是由伤口感染而得。

（3）预防

皮肤有伤口的人尽量不接触动物、土壤或外界环境。

10．原藻病

（1）生物学特性

皮肤原藻病（protothecosis）是一种不常见的疾病，是由无叶绿素的、似海藻单孢子生物的原膜球藻属的微生物所引起的人畜共患皮肤病。多见于人类、家畜或野生动物。病变可呈皮肤、皮下甚至系统感染。常因外伤

313

后将菌植入皮下组织而发病，但也可以是一种机会性感染。此菌广布于自然界，可以从无病的人或动物的皮肤、粪便及痰液中分离出此菌。

原藻病流行于欧洲、亚洲、大洋洲、非洲及北美洲，人及猫、狗、牛都可感染。主要由祖菲无绿藻（*Prototheca zopfii*）和小型无绿藻（*P. wickerhamii*）这两种原藻菌引起（图 7-206，图 7-207）。

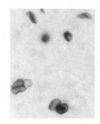 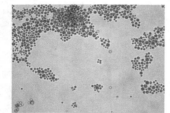

图 7-206　祖菲无绿藻　　图 7-207　小型无绿藻

（2）致病性

人类原藻病分为 3 组：①单纯皮肤型，其特征是在皮肤及其皮下组织上发生单个或多个损害。发展慢，无自然消退倾向。损害为丘疹、结节、结痂性丘疹、溃疡，甚少呈广泛的肉芽肿性皮疹（图 7-208）。②原藻性鹰嘴滑囊炎，所报告的病例中约一半的病变波及此区，大多先有外伤，主要症状是持久性鹰嘴滑囊炎，伴疼痛及软组织肿胀。③机会性原藻感染，如发生于糖尿病或肿瘤患者中，可呈溃疡性丘疹脓疱性损害。此病最常发生在免疫不全的人身上。在犬等动物常见于眼、肾、肝、心、大肠、膈膜、骨骼肌、淋巴结、胰腺、脑等部位（图 7-209）。临床表现依赖于损伤的器官，结肠损伤较常见，肿胀或溃疡。神经中枢损伤，表现精神沉郁、头歪曲、转圈、肢体瘫痪表现，有坏死灶、肉芽肿性结节。眼红肿、失明。皮肤型少见，表现结节和溃疡（图 7-210～图 7-212）。

（3）预防

皮肤有外伤的人不要与动物和外界环境接触。屠宰犬等动物的病变器官高温后销毁，因为该菌感染常常致命。

图 7-208　人皮肤丘疹

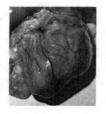

图 7-209　犬心脏上的肉芽肿

图 7-210　犬足垫溃疡

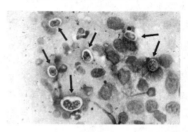

图 7-211　犬直肠损伤处内含颗粒性菌体

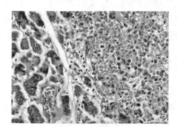

图 7-212　犬胰腺
图右侧原藻细胞增生，左为正常

11. 鼻孢子菌病

鼻孢子菌病（rhinosporidiosis）是由希伯鼻孢子菌（*Rhinospordium seeberi*）引起的慢性感染性人兽共患病，以发生质脆而表面有白点的息肉样损害为特征。常见于儿童和青年，男性多发，外伤可能为其诱因。鼻孢子菌在分类上既不属于真菌，也不属于原虫，是一种真菌样的微生物（图 7-213）。鼻孢子菌为世界性分布，本菌传染途径为吸入和直接接触所致，主要通过接触带菌的污水而引起鼻孢子菌病。我国少见有大动物易于感染的报道，至今未能人工培养，动物接种也未成功。鱼和水生昆虫是该菌的天然宿主。

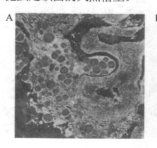 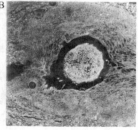

图 7-213　鼻孢子菌孢子囊（A）及孢囊孢子（B）

（1）流行病学

1）发生与分布：本病好发于热带及亚热带，80% 以上的病例发生在印度和斯里兰卡，其次是南美洲的巴西

兽医公共卫生学

和阿根廷。我国虽然邻近流行区，但直至1979年始，才在广州发现首例。本病多见于男性青年，渔民、农民及潜水员易感染，尚无动物传染人或人传染给人的报告。鼻黏膜或眼结膜破损或发炎及不卫生习惯易诱发本病。患者多在20～30岁，男多于女，在流行地区，家畜如牛、马等也可受染，宠物犬也见有感染。

2）传染源：该病可能通过污染水源和带菌尘埃传播，少数病例可通过淋巴管和血液循环而扩散。

3）传播媒介：鱼和水生昆虫是该菌的天然宿主。通过污染水源和带菌尘埃传播，通过直接蔓延和自我接种不断向病灶周围扩散，少数病例可通过淋巴管和血循环而播散。

4）易感对象：在流行地区，家畜如牛、水牛、狗、猫、马等也可受染，但动物传染给人或人与人直接传染尚无报告。

（2）致病性

1）人：本菌主要侵犯咽喉、鼻黏膜、眼结合膜，甚至阴道、阴茎及皮肤黏膜，形成鼻肉样病变。

鼻型 70%病例起病时在鼻孔处的鼻中隔黏膜出现丘疹，逐渐扩大形成乳头样或息肉样损害，日久带蒂突出鼻孔外，色暗红，表面可有很多小"脓点"，刮破后易出血。患者除局部作痒和鼻腔阻塞，通气不畅外，无全身症状（图7-214）。

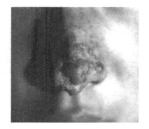

图7-214 鼻部的鼻孢子菌病

眼型 15%病例侵犯眼结膜，特别是眼睑结膜，其次是球结膜，有时泪囊被阻塞。一般为单侧，损害特点与鼻型类似。患者有眼内异物感，如果损害增大，可引起眼睑外翻、流泪、怕光。

皮肤型 皮肤型少见，常发生于皮肤黏膜交接处，初为小丘疹样疣状，逐渐融合成浸润斑块，以后表现出锯齿形，常有溃烂及继发感染。少数可播散成为硬的皮下结节，不痛。

其他型 除鼻、眼型外，外生殖器、肛门、耳道、喉、硬腭、会厌、女阴等处偶有发生，损害特点基本相同。波及脾、肝、肺及脑和耳等。也有侵犯头、手、脚和骨的病例。

2）动物：主要表现在鼻部的息肉，但由于动物皮肤颜色及毛的关系，有时不引人注意（图7-215）。马表现有鼻出血或症状、或有损害，鼻腔黏膜脆弱增生（图7-216）。人可能是其潜在的传染源。

（3）预防

避免接触污水，防风、防沙，讲究卫生，不挖鼻孔，

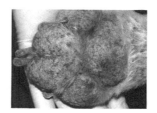

图7-215 犬足垫病变

图7-216 马鼻腔病变

不揉眼，可防感染。旅行会增加感染的机会，应多加注意。

12. 孢子丝菌病

孢子丝菌病（sporotrichosis）是由申克孢子丝菌（*Sporothrix schenckii*）（图7-217）所致的一种人类和动物共患的、慢性或亚急性深部真菌病。主要侵害皮肤、皮下组织及其附近淋巴系统，表现为由感染性肉芽肿形成的结节，继而变软、破溃，变成顽固性溃疡，偶可散播至骨骼和内脏。

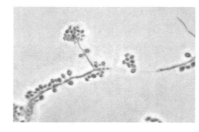

图7-217 申克孢子丝菌及培养特性

（1）流行病学

1）发生与分布：该病呈世界性分布，但主要分布在欧洲、南美洲、北美洲和非洲，是南美洲最常见的深部真菌病。我国几乎在各省、市均有发现，迄今报道的已不下数百例。发病率一般不高，但个别地区可形成流行。

2）传染源：孢子丝菌广泛存在于自然界，极易自土壤、枯草、腐烂植物和木材等处分离出，人类和动物的感染主要来自自然界。马是本菌的自然宿主。患病的动物也是人类发病的一种传染源。Barros等（2004）报道在巴西里约热内卢市1998～2001年有178例经病原分离确诊为该病的患者，其中158人与患该病的猫有接触，97人曾被猫抓伤或咬伤，因此认为家猫是人类该病重要的带菌者和传染源。

3）传播途径：该病主要通过皮肤伤口感染；也可侵犯口腔黏膜，经消化道引起感染；经呼吸道还可侵入肺部或经血行播散至内脏。人类接触患病动物，被动物咬

伤或抓伤常易受到感染。

4) 易感对象：人和马、骡、牛、骆驼、犬、猫、兔、鸡、猴、大白鼠、小白鼠等对该病均易感。任何年龄、不同性别和种族的人均可感染，无明显差异，但男性比女性更常见，成年人多于儿童，尤其是从事土壤、花草蔬菜、木材、垃圾、污水处理职业和饲养宠物的人群常易受到感染。

（2）致病性

1）人孢子丝菌病：可分为下述 4 种临床类型。

A．皮肤淋巴型孢子丝菌病：是较常见的一型，占患者的近 40%，原发损害常位于面部、手、前臂、小腿和踝部等暴露部位。初发为圆形、无痛性、能活动的坚韧皮下结节，溃疡，皮损之间连接的淋巴管变硬如绳索状，结节可延续直至腋下或腹股沟后，病变才停止进展。多数淋巴结不受累，如淋巴结被侵犯，可发生化脓、坏死，但很少引起血行播散。病变发生于面部者，结节呈上下放射状排列，若发生于眼鼻周围则常为环形或半环形排列。

B．局限性皮肤型孢子丝菌病：又名固定型皮肤孢子丝菌病，是近年来最常见的一种病型，占患者总数的近 60%。本型的特点是皮损固定于初发部位，不侵犯淋巴管及淋巴结。本型以面部多见，四肢次之，皮损形态多样化（图 7-218），临床表现也不相同，可分为多种亚型：结节型、肉芽肿型、浸润斑块型、卫星状型、疣状型、溃疡型、囊肿型、痤疮样型、红斑鳞屑型。

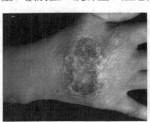

图 7-218　人的孢子丝菌病

C．皮肤黏膜孢子丝菌病：此型较为少见。多为原发，由摄食污染致病菌的蔬菜、水果或接触有孢子丝菌的污水而引起，也可继发于播散性孢子丝菌病。病变多累及口腔、咽喉和鼻部的黏膜和眼结膜，损害初呈红斑、溃疡或化脓性病变，日久变为肉芽肿性、赘生性或乳头样病变。常伴有疼痛、局部红肿，附近淋巴结肿大且硬，愈后有瘢痕形式。

D．皮外及播散性孢子丝菌病：根据其临床表现，又可分为下列 5 种类型。

骨骼孢子丝菌病　是最常见的皮外孢子丝菌病，病变可波及骨膜、滑膜、肌腱、肌肉等，引起残毁性关节炎等。

眼及其附件孢子丝菌病　包括眼睑、结膜、泪囊感染，多为原发性。病变为溃疡或树胶样肿，常无局部淋巴结肿大。

系统性孢子丝菌病　即播散性孢子丝菌病，较少见。

主要发生于免疫功能低下者或糖尿病、结核病及长期使用广谱抗生素、皮质类固醇激素或接受放、化疗的患者。可由血行播散，累及皮肤、骨骼、肌肉，也可引起肾盂肾炎、睾丸炎、乳腺炎，或感染肝、脾、胰、甲状腺和心肌等。播散时常伴发高热、厌食、体重减轻及关节僵直等。若不及时治疗，多于数周或数月死于恶病质。

孢子丝菌脑膜脑炎　较少见，多由血行播散引起。常有头痛、眩晕、精神错乱、体重减轻等表现。

肺孢子丝菌病　罕见，多为原发性，常见于酗酒者。又可分为慢性空洞型和淋巴结病变型。

2）动物孢子丝菌病：动物孢子丝菌病的临床表现基本与人类相同。一般于伤口感染处发生原发病灶，多位于四肢、头部和胸腹部。在真皮及皮下淋巴管形成 1～4cm 大小成串的圆形结节，结节间的淋巴管变粗变硬，多呈弯曲状。结节破溃流出少量浓稠、乳酪样浓汁。马、骡孢子丝菌病的皮肤病变常在鬐甲部和胸部，有时于头颈部皮肤及鼻腔黏膜发生小结节和溃疡。犬孢子丝菌病在继发皮肤病变之后，可发生骨炎、关节炎或腹膜炎。猫孢子丝菌病的皮肤病变常为多病灶，广泛分布的小丘疹结节，坏死性、渗出性溃疡，病猫消瘦（图 7-219）。

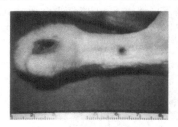

图 7-219　猫后肢孢子丝菌病

（3）预防

该病的预防措施关键是注意避免发生皮肤外伤及与带菌材料的直接接触。防止犬、猫等宠物抓伤、咬伤，患者换下的敷料应予烧毁，以免污染环境，感染他人。平时对人和动物环境、厩舍，尤其体表外伤要严格消毒和及时治疗，以预防孢子丝菌的扩散。

13. 接合菌病

接合菌病（zygomycosis）又称毛霉病（mucormycosis）、藻菌病、白霉菌病，是由接合菌亚门的菌种，主要是毛霉、根霉和犁头霉等所致感染。接合菌能引起人、牛、马、猪、犬、鸟类等的人兽共患病。毛霉菌是一类以土壤生活环境为主的真菌，有些种为全球性分布，46～50 种毛霉与人和动物呼吸道及皮肤溃疡性疾病有关，有些种见于屋内尘埃中，可以引起人的过敏。已知人兽共患接合菌病病原包括卷曲毛霉（*Mucor ramosissimus*）、两栖生物毛霉（*M. amphibiorum*）、印度毛霉（*M. indicus*）、多分枝毛霉（*M. ramosissimus*）、高大毛霉（*M. mucedo*）、总状毛霉（*M. racemosus*）和冻土毛霉（*M. hiemalis*）。

（1）流行病学

1）发生与分布：毛霉菌在自然界广泛分布，在地域上也呈世界性分布，广泛存在于自然环境中，是实验室、空气、食品等的常见污染菌。可以通过吸入、创伤感染发生。冻土毛霉对恶劣的自然环境适应能力特强，特别是抗干燥能力。

2）传染源：土壤、死亡的植物组织材料、马粪、水果、水果汁、树叶、肉、乳制品、动物的毛发及黄麻等中广泛分布，并可能成为传染源。两栖动物如蟾蜍，半水生动物如鸭嘴兽，带菌率较高。

3）传播媒介：一般认为污染空气吸入或直接接触感染。创伤皮肤移植、昆虫叮咬、外科手术和烧伤感染，通过土壤或灰尘使烧伤部位感染。

4）易感对象：人，动物中的牛、马、犬、猪、鸟、鳖、鲀等都易感，实验鼠也易感。

5）流行特点：自然发生的病例非常少，一般为条件致病菌，在疾病治疗中使用免疫抑制剂、尿毒症、鼻窦炎等疾病可继发感染毛霉菌病。

（2）致病性

毛霉广泛存在于自然环境中，常引起食品的霉坏，是人类接合菌病的条件致病菌。多分枝毛霉由面部损害处常见到；高大毛霉为条件致病菌，在某些大量应用抗生素、皮质类固醇激素、免疫抑制剂、器官移植、糖尿病酸中毒及肿瘤患者（淋巴瘤、白血病），可发生感染，病程快，常可致命（如脑脓肿）。常产生毒素。对人还可引起多种疾病，如眼部疾病，也可见到全身性毛霉菌病。肺部、胃肠道、皮肤黏膜均可有毛霉菌病发生。感染性真菌侵害血管并局部化，形成坏死灶（图7-220）。冻土毛霉感染皮肤情况：面部、鼻部、上唇部可见弥漫性浸润性增生样红斑，表面可见溃烂面，有黑色结痂，脓性分泌物，恶臭味，双鼻翼糜烂、缺损，上腭部充血、潮红，可见穿孔（图7-221）。

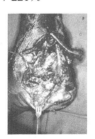

图7-220　接合菌病皮下清创

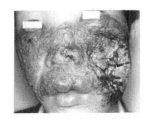

图7-221　冻土毛霉所致的原发性皮肤毛霉病

动物如牛、马、猪、犬、鸟类、两栖类动物都可感染毛霉菌病。冻土毛霉对蛙、蟾蜍及鸭嘴兽等是致死性

的。接合菌病是新出现的、病情进展迅速的致死性感染，不经治疗的患者死亡率高达100%。

1994年7月底，南宁市一外商独资养殖企业进口一批鳖苗，在这批鳖苗进行隔离检疫期间，发现感染毛霉菌病，通过临床观察、病原分离培养及真菌学检查等，诊断为毛霉菌（Mucor）。幼鳖活动反常，拒食饵料，停留在池边，反应迟钝，体表出现零星小白点。一周后有少部分幼鳖死亡，大部分幼鳖体背部出现白斑，半个月后大量死亡，死亡率达86%。其他本场自繁自养的幼鳖池也出现类似的病情。

毛霉菌病并不是总有外部表现，在动物解剖后能够看到肝有淡灰蓝色小结节，死亡的动物非常瘦。鸭嘴兽的冻土毛霉菌病是一个严重的问题，这类动物能经常见到溃疡性皮炎。

急性期主要表现为血管病变，动脉管壁最易受侵，慢性期主要表现为慢性肉芽肿性炎症。

猪毛霉菌病病例中宰后主要病变：猪经宰杀剥皮后，见皮下脂肪、肉色似灰白、发软、渗出性（PSE）肉尸样，开膛后有淡黄色腹水。病猪肝表面覆盖粗糙纤维素性膜，比正常肝肿大3～4倍，整个肝脏分叶不清，表面凹凸不平，质地变硬，切面干燥，见有结构模糊、大小不等的圆形结节，小的如豌豆大，结节切面呈黄白色、灰白色，与周围肝组织分界清楚，胆囊萎缩渗出。

肠道是实验性蟾蜍毛霉菌最先侵袭的第一个器官。肉芽肿瘤在蟾蜍的肝呈灰白色小结节状，在肺、脾、腹膜、膀胱等处也都见有肉芽肿瘤（图7-222～图7-224）。

图7-222　蟾蜍皮肤接合菌病

图7-223　蟾蜍皮肤接合菌病性溃疡

图7-224　蟾蜍毛霉菌性肝肉芽肿瘤

（3）预防措施

外伤要注意预防感染；免疫力低下状况也要防止继发感染。

早期预防很重要，对于重症糖尿病和其他免疫力低下的患者应提高警惕。局限性病灶可切除高温处理后销毁。

14. 着色真菌病

着色真菌是一些在分类上接近、引起的疾病症状近似的真菌总称。感染都发生在暴露部位，病损皮肤变黑，故称着色真菌病（chromomycosis）。着色真菌病也称为着色芽生菌病（chromoblastomycosis），由暗色孢科中一些致病性真菌引起的慢性疣状、结节状或菜花状肉芽肿性皮肤病变。着色真菌病是由几种着色真菌所致的深部真菌病，主要侵犯皮肤，但有时也可累及内脏，严重者可危及生命。以人多见，动物自然或试验性感染也可发生，为人兽共患病病原。

（1）流行病学

世界各地，尤其是在南美洲、亚洲、非洲的一些国家形成流行，但以农村、热带、亚热带地区多见。现在已是临床上比较重要和难以治疗的一类皮肤病。我国于1951年尤家骏在山东章丘发现第一例后，在20多个省、市均陆续报道。

1）发生与分布：着色真菌所引起的皮肤病主要流行于热带、亚热带，温带也有不少，在非洲马达加斯加、巴西的亚马孙河流域更为严重，后者可达1.6例/万人的发生率。该病的发生与机体外伤密切相关，致病菌可以从伤口处侵入皮肤而感染。我国10年（1994～2003年）着色真菌病的发病和治疗情况，发病部位以下肢多见，报道卡氏枝孢霉16例（50%），裴氏枝孢霉8例（25%），1例紧密着色真菌，还有疣状瓶霉。

该病是一种慢性病，可谓沉疴顽疾，常历经几年，甚至数十年而不愈。最后可使患者肢体致残，重症者还可危及性命，故对着色真菌病的防治应予以重视。动物外伤也可感染。

2）传染源：本病的病原菌是裴氏枝孢霉、紧密着色真菌、疣状瓶霉、卡氏枝孢霉及皮炎着色真菌等，其中以裴氏着色真菌（*Fonsecaea pedrosoi*）引起者最常见。但脑脓肿综合征是由另一种暗色真菌毛状分枝孢子所致；囊肿皮下型为高氏瓶霉菌和曾氏瓶霉菌所引起。皮炎着色真菌病多从皮肤或呼吸道传入，再经血循环播散。

多存在于土壤与腐烂木材内，通过损伤的皮肤进入组织，先在侵入处产生损害，以后直接或通过淋巴管蔓延。

3）传播媒介：直接接触或外伤。该病的发生多与外伤有关，外伤如刺伤，刺入物有树枝、木材或竹片等，也有割伤、昆虫咬伤等。宠物如狗、饲养的动物也可起到传播媒介的作用。

4）易感对象：易感对象以农民和与动物接触较多的职业人员为主，尚可见于木工、泥工、饲养员、训兽师等，儿童罕见。男多于女，男性发生占70%，主要与职业有关，另有理论认为与男女激素多少有关，年龄在30～

50岁居多，无种族特异性。在较为少数的动物中如狗、马、蟾蜍、青蛙及海豚等可以发生感染。实验动物如山羊、小白鼠、龟、腮鼠、陆龟、犰狳（带甲兽，armadillos）也可感染，但病情发生与人自然感染有差异。

5）流行特点：裴氏着色真菌以热带雨林为主，干燥沙漠地区以卡氏枝孢霉菌病为主。疣状瓶霉以与动物接触多者为多见。一般人与人之间或人与动物之间不直接传染。海豚感染多发生在大河与海洋入口附近的海洋区域。

（2）致病性

1）人皮肤着色真菌病：本病国内报告主要所见为皮肤淋巴管型、固定型和播散型。

A. 皮肤淋巴管型：本型为最常见，患者绝大多数是体力劳动者，得病前往往有外伤史。病损好发于直接同外界相接触的暴露部位，如手部、腕部、前臂、足背及小腿外侧，而且以活动较频繁的右上肢和下肢为最多，这可能是该肢体习惯于劳动的缘故（图7-225）。此外，头面部、颈部也可被波及。

图7-225 着色组织胞浆菌病

病原菌从外伤处侵入机体后须经数周乃至半年的潜伏期方能发病。最初的皮疹是在原外伤部位出现一个坚实、圆形、且有弹性的结节，临床称此皮损为初疮。这种原发结节无压痛但可移动。其表面皮肤始为淡红色，进而转变成紫红色乃至发黑坏死。随后结节逐渐增大，可与上面皮肤粘连，最终破溃而成溃疡，从中流出少量脓液。

B. 固定型：该型仅次于皮肤淋巴管型，临床上也较多见。好发于面部，尤其是儿童；也可侵犯手背及其他露出部位。皮损往往固定于始发部位，而不沿淋巴管播散。皮疹表现为稍有弹性的坚实结节、无压痛，久之也可化脓破溃而形成溃疡，表现有少许脓液。本型还有少数病例，历经相当岁月之后，损害再沿淋巴管蔓延扩散。

C. 播散型：此型患者罕见，串者常伴有其他的全身性疾病或免疫功能障碍，而且多数已有原发性皮肤淋巴管型孢子丝菌病，经过一定时期后，通过血行性播散而发生全身损害。皮疹再现呈结节、脓肿和溃疡。

D. 疣状皮炎（verrucous dermatitis）或典型着色真菌病：病变多局限于皮肤及皮下组织，不侵犯骨骼，损害起于外伤部位，1～3周后出现丘疹或小结节，表面光滑，暗红至淡褐色。逐渐扩大而成隆起的斑块，进展很慢，最后形成多发肉芽肿，可呈结节状、疣状、乳头状甚至菜花状，有脓液渗出，放出臭味。重者可致深部组织发生纤维化，造成淋巴管阻塞，出现肢体的象皮肿。

E．中枢神经系统着色真菌病：临床症状可有头痛、抽搐、昏迷或复视、步态障碍等，一般按病变受累部位不同出现不同征象。

F．囊肿性及非特异性着色真菌病：常由于穿刺的伤口感染而引起单个或多发性囊肿样损害，其中可见有各种不同形态的棕色真菌。可局限于皮下或肌肉内，为大小不等质硬的囊性肿块，其上覆以高起的增厚表皮。囊肿间或发生穿孔而溃烂，排出着色真菌。

2）动物着色真菌病：蟾蜍是敏感动物，临床表现没有人的严重，其他动物如狗、马、猪、青蛙、海豚等可以发生感染（图7-226）。实验动物如山羊、家兔、小白鼠及豚鼠也可感染，腹腔内注射实验动物主要表现在内脏，呈广泛性感染。静脉注射菌液可使动物迅速死亡。

图7-226　海豚的着色真菌病

（3）预防

预防的关键是防止皮肤外伤，同时尽量避免接触可能带菌的腐烂草木等。在日常生活或劳动生产中，遇有皮肤外伤，须及时妥善处理，如外涂碘酊，则可预防本病发生。

二、其他人兽共患病

1．莱姆病

莱姆病（Lyme disease）是伯氏疏螺旋体引起的人畜共患病，能感染牛、羊、犬、马等多种动物。病原体为伯氏疏螺旋体（*Borrelia burgdorferi*，Bb），通常以硬蜱为传播媒介，在人和动物中广泛流行（图7-227，图7-228），属自然疫源性疾病。本病于1975年在美国康涅狄格州的莱姆镇被发现，故名。

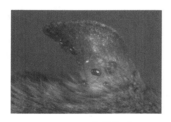

图7-227　犬莱姆病

图7-228　人莱姆病表现

（1）鉴定

蜱叮咬动物时，Bb随蜱唾液进入皮肤，也可能随蜱的粪便污染创口而进入体内，经3～32d潜伏期，病原体在皮肤中扩散，形成皮肤损害，然后侵入血液，引起发热、肢关节肿胀疼痛，以及神经系统、心血管系统和肾脏受损的相应症状。

1）牛：体温升高，沉郁，动作呆板，跛行，关节肿胀疼痛。奶量减少，早期怀孕母牛发生流产。有些出现心肌炎、肾炎和肺炎症状。

2）马：低热，精神沉郁，嗜眠，消瘦，被蜱叮咬部位高度敏感。间歇性跛行或步态异常。蹄叶炎，肢关节肿胀，肌肉压痛，四肢僵硬，不愿走动。有些病马出现脑炎症状，大量出汗，头颈倾斜，尾麻痹，吞咽困难，无目的游走。妊娠马容易发生死胎和流产。

3）犬：发热，食欲不振，嗜眠，关节肿胀，跛行和四肢僵硬，触压关节患部有柔软感，运动时疼痛，局部淋巴结肿胀，关节障碍多见于腕关节，特征是间歇性发作和患部移行。有的出现心脏功能障碍、脑炎症状、肾炎症状及眼部疾患。

4）禽：发热，腹泻，肝脾肿大与坏死。尸体消瘦，冠、肉髯呈黄色。

必要时可用间接荧光抗体试验（IFA）、ELISA、免疫印迹法（WB）等进行确诊。

（2）兽医卫生评价与处理

患部销毁，胴体和内脏高温处理。

2．钩端螺旋体病

钩端螺旋体病（leptospirosis）是由钩端螺旋体（图7-229）引起的一种自然疫源性人畜共患传染病。临床表现形式多样，主要有发热、黄疸、血红蛋白尿、出血性素质、流产、皮肤和黏膜坏死、水肿等。在家畜中主要发生于猪、牛、犬，马、羊次之。

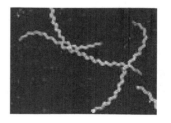

图7-229　钩端螺旋体

人的钩端螺旋体病主要由于肢解病死畜时，沾染牛、猪屠体的尿液而感染，或通过浸泡在水中的皮肤或黏膜进入人体（图7-230），也可通过污染的食物由消化道感染。

图7-230　人钩端螺旋体病

（1）宰前鉴定

患畜体温升高，贫血，水肿，出现黄疸和血红蛋白尿。鼻镜干燥，唇和齿龈呈现坏死性溃疡，耳、颈、背、腹下、外生殖器等处皮肤坏死脱落（图7-231）。有些病例可发生溶血，眼结膜潮红或黄染，皮肤黄染或坏死。

图7-231　猪钩端螺旋体病

（2）宰后鉴定

特征性病变是皮下组织、全身黏膜、肌肉、骨骼、胸腹膜及内脏均呈黄色。皮肤坏死，胴体多水分。肝脏肿大呈黄褐色或土红色，胆囊充满黏稠胆汁。肾脏贫血及间质性炎，慢性经过时肾脏变硬，特别是潜伏型常以肾脏变化为特征。脾脏中度肿大。血液稀薄，久不凝固。肺水肿，心、肠等脏器常有出血点。

（3）兽医卫生评价与处理

1）处于急性期发热和表现高度衰弱的病畜，不准屠宰。

2）宰后病变明显，胴体呈黄色并在一昼夜内不能消失者，胴体及内脏作工业用或销毁。

3）宰后未见黄疸或黄疸病变轻微，放置一昼夜后基本消失或仅留痕迹者，胴体及内脏高温处理后出场，肝脏废弃。

4）皮张用盐腌浸渍法加工或保持干燥状态两个月后送皮革厂。

5）处理钩端螺旋体病畜及其产品时，必须加强个人防护措施。处理被尿污染的废弃物时，更应多加小心。

3. 放线菌病

放线菌病（actinomycosis）是由牛放线菌、伊氏放线菌、林氏放线杆菌（图7-232）引起的牛、马、猪和人的一种慢性化脓性肉芽肿性传染病。本病的特征是头、颈部皮肤、下颌骨和舌发生放线菌肿。主要通过损伤的黏膜和皮肤感染，在牛最为常见，猪也常发病，羊及野生反刍动物则少见。人也可被感染，表现为胸型、腹型和全身型，中枢神经系统也能感染。以散发形式为主。

图7-232　放线菌主要形态

（1）人放线菌病

1）面颈部型：多数继龋齿或拔牙以后发生，首先在面颈部交界处出现皮下结节，待与其上之皮肤粘连后，颜色由正常变为暗红或带紫色，继而软化、破溃，流出稀薄似米汤的脓液，内含针尖大小淡黄色颗粒。不治疗伤口也可自愈，但附近每又出现一个或多个相同损害，结节、破溃、流脓、愈合，循环不已。继发感染和瘘管相继产生，最终形成带紫色的不规则瘢痕。在疾病发展过程中，损害可蔓延至舌、唾液腺、下颌骨（引起骨膜炎、骨髓炎以至死骨形成）、上颌窦、颅骨、脑、眼、中耳及颈、胸部等。

2）胸部型：胸部放线菌病可为原发或继发，前者还可再蔓延或扩散至其他部位，后者可继面颈部、腹部或肝放线菌病后发生。病变常见于肺门区或肺下叶，开始为非特异性炎症，以后形成脓肿，咳出带有颗粒和血丝的脓痰，同时伴发热、胸痛、胸闷和咳嗽。日久损害向胸膜和胸壁蔓延，引起脓胸和瘘管，排出大量带硫磺色颗粒的脓痰。

3）腹部型：多为继发性，可从口腔或胸部蔓延而来。好发于回盲部，临床上类似阑尾炎。病变可由此蔓延至膀胱、输卵管、肝胆、腰肌和脊椎。

4）其他型：放线菌病有时见于除上述以外的其他部位和器官，如脑、肾、膀胱、子宫、眼、脊椎、皮肤等（图7-233）。

图7-233　人放线菌病

（2）动物放线菌病及宰前鉴定

1）牛放线菌病：常见头、颈部皮肤、舌、下颌骨出现放线菌肿，病灶硬且有痛感，病部皮肤破溃后流出带有硫磺样颗粒的脓汁，并可形成瘘管。唇、舌染病，有流涎、采食和咀嚼困难等症状，病久则舌硬肿，有"木舌病"之称。

2）猪放线菌病：主要发生于乳房和耳壳。可见乳房肿大、变硬，常形成溃疡和瘘管。或耳壳部明显肿大和增厚。

3）羊放线菌病：多发于舌间或见于唇、下颌、肺等处。

（3）宰后鉴定

主要可见受害器官和组织的局部形成结节样增生物或最终成为脓肿。下颌骨放线菌肿表现下颌骨肿胀，骨质疏松，常见有黄绿色的颗粒状脓汁流出（图7-234）。舌放线菌肿，可见舌背横沟出现小结节或形成蕈状突起和糜烂，坚硬如木板状故称为木舌。乳房的局部或全部

兽医公共卫生学

变为坚硬的肿块，乳头缩短或继发坏疽。猪耳壳放线菌肿，切开可见有小坏死灶，内含放线菌块。猫皮肤感染后溃疡（图7-235）。

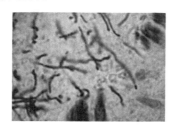

图 7-234　放线菌在感染组织中呈放射、丝状，G+

图 7-235　猫放线菌病的慢性溃疡

（4）兽医卫生评价与处理

1）患放线菌病的家畜，其胴体、内脏和骨骼均有病变时，全部作工业用或销毁。

2）内脏和舌病变轻微的，将有病变部分割下作工业用或销毁，其余部分不受限制出场。

3）头部肌肉组织及骨骼有病变的，整个头部作工业用或销毁。

4．立克次体病

立克次体病（rickettsiosis）由立克次体属（*Rickettsia*）中某些致病微生物所引起的人兽共患病的多种急性感染的统称，呈世界性或地方性流行，临床表现轻重不一（表7-3）。传播媒介主要为节肢动物如蜱、虱、蚤、螨等，也可因家畜如猫、犬等抓、咬而发生。还有一种新的无形体病（anaplasmosis）是一类新发的重要人兽共患自然疫源性疾病，也是由立克次体引起的。

（1）病原特性

近年来，随着立克次体分子生物学研究的进展，旧的立克次体分类已不能完全反映立克次体目中所有种属的全貌，应运而生的是根据遗传物质对立克次体进行新的分类。16S rRNA 序列的分析显示，立克次体可分为两

表 7-3　对人类致病的立克次体分类及病学特点

属	生物型	种	(G+C)%	细胞内定位	抗原类型 可溶性	抗原类型 颗粒性	媒介	储存宿主	所致疾病	外斐氏反应
立克次体属	斑疹伤寒群	普氏立克次体	29	胞质内	群特异性	种特异性	虱	人	流行性斑疹伤寒	OX19
		莫氏立克次体	29	胞质内	群特异性	种特异性	蚤	鼠类	地方性斑疹伤寒	OX19
		加拿大立克次体	29	核内	群特异性	种特异性	蜱	兔	类似斑点热	不明
	斑点热群	立氏立克次体	33	胞质内和核内	群特异性	种特异性	蜱	各种啮齿类、狗、鸟类	落矶山、斑点热	OX19, OX2
		西伯利亚立克次体	33	胞质内和核内	群特异性	种特异性	蜱	啮齿类、家畜、鸟类	北亚热	OX19, OX2
		康氏立克次体	33	胞质内和核内	群特异性	种特异性	蜱	啮齿类、狗	纽扣热	OX19, OX2
		澳大利亚立克次体	33	胞质内和核内	群特异性	种特异性	蜱	啮齿类、有袋动物、家鼠、田鼠	昆士兰热	OX19, OX2
		小株立克次体	33	胞质内和核内	群特异性	种特异性	革螨	啮齿类、有袋动物、家鼠、田鼠	立克次痘	阴性
	恙虫病群	恙虫病立克次体	/	胞质内	株特异性	种与型特异性	恙螨	各种啮齿类、小哺乳类	恙虫病	OX
柯克斯体属		贝纳氏柯克斯体	43～45	胞质空泡内	无	种特异性	蜱	野生小动物、羊、牛	Q热	阴性
罗沙利巴体属		战壕热罗沙利马体	39	胞外	种特异性	种特异性	虱	人	战壕热	阴性

个亚群：α 亚群包括立克次体（*Rickettsia*）、埃立克体（*Ehrlichia*）、埃菲比体（*Afibia*）、考德里体（*Cowdria*）和巴通体（*Bartonella*）；γ 亚群包括柯克斯体（*Coxiella*）和沃巴哈体（*Wolbachia*）。现已发现很多新的种属如日本立克次体（*Rickettsia japonica*）、查菲埃立克体（*Ehrlichia*

chaffeensis）、腺热埃立克次体（*Ehrlicha sennetsu*）、汉赛巴通体（*Bartonella henselae*）等。立克次体（*Rickettsia*）是一类严格细胞内寄生的原核细胞型微生物，是介于最小细菌和病毒之间的一类，为斑疹伤寒、恙虫病、Q 热等传染病的病原体（图 7-236）。

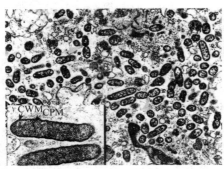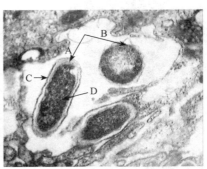

图 7-236　立克次体

CWM（cell wall membrane）．立克次体细胞壁膜；CPM（cell periplasm membrane）．立克次体周质膜；A，B．CPM；C．CWM；D．细胞质

Rickettsia 在形态结构、化学组成及代谢方式等方面均与细菌类似。例如，具有细胞壁并以二分裂方式繁殖；含有 RNA 和 DNA 两种核酸；可在细胞内专性寄生，均与节肢动物关系密切，尤其是在吸血节肢动物体内，使其成为寄生宿主或储存宿主，兼或同时作为传播媒介；虽有多种形态，但主要为革兰氏染色阴性的球杆状，大小介于细菌和病毒之间；由于酶系不完整，需在活细胞内寄生及对多种抗生素敏等特点。

牛埃立克体属无形体科无形体属。为严格细胞内寄生的革兰氏阴性菌，主要寄生在单核细胞、巨噬细胞、粒细胞等吞噬细胞内。引起人和动物埃立克体病，修改后的埃立克体属包括犬埃立克体（*E. canis*）、查菲埃立克体（*E. chaffeensis*）、埃文氏埃立克体（*E. ewingii*）和鼠埃立克体等。

（2）流行病学

立克次体病多数是人畜共患的自然疫源性疾病，它与一些昆虫关系密切，如森林蜱、体虱，都可以是立克次体的宿主或储存宿主，通过它们作为传播媒介而感染人。立克次体能够通过牛奶等食品污染、进而传播感染人，引起 Q 热病的发生。此病原存于尿液、粪便、乳汁及特别是有蹄类家畜的胎衣，一般而言为无症状感染。Q 热是由立克次体病原（*Coxiella burnetii*）所引起的。*C. burnetii* 分布遍及全世界，交叉感染中永存于两个交叉循环感染——在家畜及野生动物和壁虱。感染在家畜内广泛的循环，包括绵羊、山羊和牛，猫、狗和家禽也会感染（图 7-237）。

立克次体病呈世界性发生。在 1918～1922 年，前苏联和东欧有 3000 万人曾患本病，约 300 万人死亡。在国内已基本得到控制，仅寒冷地区的郊区、农村等有散发或小流行。

人粒细胞无形体病（human granulocytic anaplasmosis，HGA）是由嗜吞噬细胞无形体（*Anaplasma phago-*

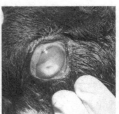

图 7-237　犬立克次体病

cytophilum）［曾称为"人粒细胞埃立克体"（human granulocytic ehrlichiae）］侵染人末梢血中性粒细胞引起的，以发热伴白细胞、血小板减少和多脏器功能损害为主要临床表现的蜱传疾病。该病主要通过蜱叮咬传播。蜱叮咬携带病原体的宿主动物后，再叮咬人时，病原体可随之进入人体引起发病，可以人传染人。

（3）致病性

1）感染途径：人类感染立克次体主要通过节肢动物如人虱、鼠蚤、蜱或螨的叮咬而传播。人虱、鼠蚤在叮咬处排出含有立克次体的粪便而污染伤口侵入人体；以蜱、螨为媒介的传播途径是立克次体在叮咬处直接进入人体；Q 热立克次体的传播可经接触、呼吸道或消化道途径感染人类。已经有充分证据证明 Q 热立克次体可通过牛奶污染而感染人，因而立克次体也是一种食源性感染的病原。人感染后主要表现为高热、剧烈头痛、肌肉疼痛等，危害肝脏和心脏等重要器官。

2）致病机制：立克次体的致病物质主要有内毒素和磷脂酶 A 两类。此外，立克次体表面黏液层结构有利于黏附到宿主细胞表面和抗吞噬作用，增强其对易感细胞的侵袭力。

立克次体侵入皮肤后与宿主细胞膜上的特异受体结合，然后被吞入宿主细胞内。不同立克次体在细胞内有不同的增殖过程。普氏立克次体在吞噬体内，依靠磷脂酶A溶解吞噬体膜的甘油磷脂而进入胞质,并进行分裂繁殖,大量积累后导致细胞破裂。立克次体通过丝状伪足(filopodia)离开细胞;恙虫病立克次体通过出芽方式释放;柯克斯体则主要在有吞噬溶酶体性质的膜性液泡中生长,然后使细胞破裂和释放柯克斯体;五日热巴通体在细胞表面生长释放。

由立克次体产生的内毒素等毒性物质随血流波及全身,引起毒血症。机制基本为:立克次体先在局部淋巴组织或小血管内皮细胞中增殖,产生初次立克次体血症;再经血流扩散至全身器官的小血管内皮细胞中繁殖后,大量立克次体释放入血导致第二次立克次体血症。立克次体损伤血管内皮细胞,引起细胞肿胀、组织坏死和血管通透性增高,导致血浆渗出,血容量降低,以及凝血机制障碍、DIC等。在体内细胞因子(如干扰素等)和细胞毒性T淋巴细胞的作用下,立克次体感染的宿主细胞被溶解。

当人受到感染后,经10~14d的潜伏期,骤然发病,有剧烈头痛、周身痛和高热,4~7d后出现皮疹,严重的为出血性皮疹(图7-238)。有的还伴有神经系统、心血管系统等症状和其他实质器官损害。流行性斑疹伤寒,在人口密集和昆虫繁盛的环境内比较严重。当流行时,患者平均死亡率为20%,严重时可达70%。病原体借人虱在人群中传染,所以灭虱是预防流行性斑疹伤寒的重要措施。

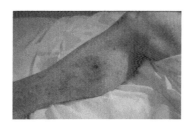

图7-238 人立克次体病

(4)预防

立克次体病在历史上曾发生过多次大流行,造成重大危害。目前流行性斑疹伤寒仍是世界卫生组织流行病学监测项目之一,其预防关键在于防虱、灭虱、灭蜱和广泛开展群众卫生运动。预防本病的重点是控制和消灭其中间宿主及储存宿主,如灭鼠、杀灭媒介节肢动物,加强个人自身防护,能有效地防止斑疹伤寒、恙虫热、斑点热的流行。尤其是近年来又证明能通过一些种类食品传播给人,也应注意食品卫生方面的控制。特异性预防方面,具体工作可分为以下4个方面。

1)管理传染源:患者应予灭虱处理,灭虱后可以解除隔离,但仍宜集中于专门病房或病室。给患者沐浴、更衣,毛发部位需清洗多次,并喷入杀虫剂如1%~3%马拉硫磷等于衣服及毛发内。

2)切断传播途径:加强卫生宣教,鼓励群众勤沐浴、勤更衣。衣、被等可用干热、湿热、煮沸等物理方法来

灭虱,温度需保持在85℃以上30min;也可用环氧乙烷熏蒸法化学灭虱,熏蒸6~24h,适温为20~30℃。

3)保护易感者:灭活疫苗有虱肠疫苗、鸡胚或鸭胚疫苗和鼠肺疫苗3种,国内常用者为灭活鼠肺疫苗,适用于流行区居民、新进入疫区者、部队指战员、防疫医护人员、实验室工作人员等。

4)牛奶等食品应注意卫生,保藏时应注意温度及保藏时间,确保安全;加工时要加热彻底,杀灭其中的微生物。

(5)猫抓病

猫抓病是由汉塞巴尔通体(Bartonella henselae)引起的一种感染,主要由家猫抓人、咬人或密切接触引起的急性传染病。该病为良性、自限性疾病,多数患者均在2、3个月内自愈。猫抓病在全球每年都有流行,发病人数超过4万例,以青少年和儿童居多,男女无差别,温暖季节较寒冷季节多见。约90%患者是通过家猫抓、咬或舔后而患病。少数患者也可被狗抓、咬而得病。病后有持久免疫力,再次感染者罕见。严重的也有死亡的。

病原体存在于猫的口咽部,猫受染后可形成菌血症,并可通过猫身上的跳蚤在猫群中传播,故猫的带菌率相当高,有报道宠物猫的感染率达40%。

猫抓病的潜伏期一般为2~6周。抓伤或咬伤处皮肤有炎症、疼痛,并可化脓;局部淋巴结肿大、压痛,少数患者淋巴结化脓,并可破溃形成窦道;也可有全身淋巴结轻度肿大和脾肿大;约1/3患者可出现发热,体温在38~41℃,伴有头痛、全身不适等;少数患者于病后3~10d出现充血性斑丘疹、结节性或多形性红斑;部分患者有结膜炎和结膜肉芽肿,伴有耳前淋巴结肿大,称为帕里诺氏眼-淋巴结综合征;患者也可发生脑炎、脑膜脑炎、脊髓炎、多发性神经炎、血小板减少性紫癜、骨髓炎等;末梢血白细胞总数及中性粒细胞轻度增高,血沉增快。

(6)心水病

心水病(heartwater),也称牛羊胸水病、脑水病或黑胆病,是由立克次体引起的绵羊、山羊、牛及其他反刍动物的一种以蜱为媒介的急性、热性、败血性传染病。以高热、浆膜腔积水(如心包积水)、消化道炎症和神经症状为主要特征。

心水病仅由钝眼属蜱传播,主要传播媒介是希伯来钝眼蜱。

病原体通过感染蜱侵入动物的血管内皮细胞和淋巴结网状细胞中进行分裂复制而导致一系列组织病变。

由于宿主的易感性和病原株毒力的差异,心水病在临诊上可有4种不同类型。

1)最急性型:通常见于非洲,当外来的牛、绵羊、山羊等种畜引进到地方性心水病疫区时出现。开始发热抽搐,突然惊厥而死亡。

2)急性病型:体温高达42℃以上,呼吸急促,脉

搏短快，精神委顿，拒食，伴发神经症状，磨牙，不断咀嚼；舌头外伸，行走不稳，常作前蹄高抬的步态，转圈乱步，站立时两腿分开。严重病例中，神经症状增加，倒地抽搐，头向后仰，症状加剧，在死前通常可看到奔跑运动和角弓反张。病的后期，通常可见感觉过敏，眼球震颤，口流泡沫。

3）亚急性型：病畜发热，由于肺水肿引起咳嗽，轻微的共济失调。1～2周内康复或死亡。

4）温和型与亚临诊型：也称"心水病热"，发生在羚羊和对本病有高度抵抗力的非洲当地某些品种的绵羊和牛中。唯一的症状是短暂的发热反应。

病理变化　心内外膜出血，胸、腹腔大量积液，咽、喉和气管充满液体，心包积水，心包中可见有黄色到淡红色的渗出液。黏膜充血，真胃和肠道均有类似病变，其他实质器官有充血和肿大。心内膜下层有出血斑，其他部位的黏膜下层和浆膜下层也有出血。

心肌和肝实质变性，脾肿大和淋巴结水肿，卡他性和出血性皱胃炎和肠炎等病变也较为常见。脑仅表现为充血，极少发生其他病变。

5．衣原体病

衣原体病（chlamydiosis）又称为鹦鹉热（psittacosis）或鸟疫（ornithosis），是由鹦鹉热衣原体（图 7-239）引起的畜、禽和人共患的传染病。牛、羊、猪等发病后表现为流产、结膜炎、多发性关节炎、肠炎、肺炎等多种病型。人患病后出现流感或肺炎症状。

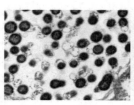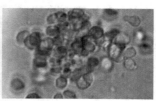

图 7-239　鹦鹉热衣原体

（1）鉴定

1）禽衣原体病：常见于鹦鹉、鸽、鸭、鹅、火鸡及鸡等。临床上分为最急性、急性、亚急性型。一般为全身性感染，缺乏固有的特殊症状和特殊病变，症状消失后成为带菌者。

A．最急性型：常见于鹦鹉、禾雀和金丝雀，往往不见病状而突然死亡。

B．急性型：初期常见结膜炎，眼流浆性至脓性渗出物，有鼻汁，食欲废绝，衰弱，拉稀，粪呈淡黄色、锈色或血色；后期视力模糊，眼下陷，角膜浑浊，羽毛脱落，呆立不动，强迫运动时见摇晃或麻痹症状。

C．亚急性型：症状较轻，病程较长，症状消失后数天又可重新出现，这类禽通常表现生长迟缓，恶病质。

D．主要病理变化：表现为胸、腹腔及气囊的纤维素性炎，以纤维素心包炎及肝周炎最常见。肝、脾肿大，有时可见灰色或黄色针尖大至粟粒大的坏死灶。

2）羊衣原体病：本病由鹦鹉热衣原体的某些菌株所引起，有 4 种病型。

A．羊地方流行性流产：以发热、流产、死产和产弱羔为特征。多发生于密集饲养的绵羊，怀孕的山羊和母牛也可自然发病。没有怀孕的母羊、怀孕到最后 1 个月的羊及羔羊感染后，呈隐性状态，在下一次怀孕时发生流产。

B．绵羊滤泡性结膜炎：以结膜充血水肿、角膜浑浊、在瞬膜和眼睑形成淋巴样滤泡为特征。在病羊中可同时发生多发性关节炎。常呈流行性。多发生于绵羊羔，也可在山羊中发生。

C．羔羊多发性关节炎：以发热、跛行、关节炎、浆膜炎、滤泡性结膜炎和消瘦为特征。多发生于肥育羔羊和吃奶羔羊，尤以 3～5 月龄的羔羊发生最多。

D．山羊和绵羊肺炎：病羊精神沉郁，不食，有水样、黏液样或脓性鼻汁。有时体温升高，呼吸困难，下痢，逐渐消瘦和衰弱。常有巴氏杆菌、链球菌等继发感染。

3）牛衣原体病：有 4 种病型。

A．牛地方流行性流产：其特征为怀孕后期的母牛发生流产，多发生于初次怀孕的母牛，流产率可达 60%，青年公牛发生精囊炎。

B．犊牛肺肠炎：犊牛以发生肺炎和胃肠炎为特征，多发生于 6 月龄以内的犊牛。健康犊牛可长期带菌和排菌。本病的病原体与牛地方流行性流产的衣原体相同。

C．牛散发性脑脊髓炎：又名伯斯病（Buss disease），以发热、衰弱、共济失调为特征。多发生于 2 岁以下的小牛。

D．犊牛多发性关节炎：以发热、关节炎为特征，一般仅发生于 3 周龄以下的犊牛。

4）猪衣原体病：表现为母猪繁殖障碍，如流产、死产、胎儿死亡等。仔猪可出现肺炎、肠炎、多发性关节炎、结膜炎、尿道感染及睾丸炎等多种疾病。表现发热，精神沉郁，食欲废绝，咳嗽，腹泻，跛行，关节肿大等。

猫患病后眼结膜发炎，见图 7-240。

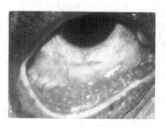

图 7-240　猫衣原体结膜炎

5）人肺炎衣原体（*Chlamydia pneumoniae*，Cpn）主要引起人的非典型性肺炎，同时还可致支气管炎、咽炎、鼻窦炎、中耳炎、虹膜炎、肝炎、心肌炎、心内膜炎、脑膜脑炎、结节性红斑等疾病，也是艾滋病、白血病等继发感染的重要病原菌之一。

（2）兽医卫生评价与处理

1）宰前确诊的，应予扑杀销毁。

2）患病的胴体、内脏及血液全部作工业用或销毁，皮张及羽毛消毒后出场。

第五节　人兽共患病及重大动物疫病发生时现场控制措施

当人兽共患病发生时，特别是重要人兽共患病流行时，兽医和医务工作者必须立即向相关主管部门报告疫情。主管部门依疫情的严重程度，逐级上报疫情。同时，各地主管部门和当地政府应立即采取措施，尽快扑灭疫情。

1．相关概念

重大动物疫情：指重大动物疫病突然发生且迅速传播，导致动物发病率或者死亡率高，给养殖业生产安全造成严重危害，或者可能对公众身体健康与生命安全造成危害的，具有重要的经济社会影响和公共卫生意义。

暴发流行：指一定区域、短时间内发生的波及范围广泛、出现大量患病动物或死亡病例，其发病率远远超过常年发病水平。

疫点：患病动物所在的地点划定为疫点，一般是指患病畜禽类所在的畜禽场（户）或其他有关屠宰、经营单位。

疫区：以疫点为中心，半径 3～5km 区域划定为疫区。疫区划分时注意考虑当地的饲养环境、天然屏障（如河流、山脉）和交通等因素。

受威胁区：疫区外顺延 5～10km 的区域划定为受威胁区。

2．报告疫情

饲养、生产加工、经营、屠宰、运输屠畜禽及其产品的单位和个人，发现《中华人民共和国动物防疫法》附件中规定的所属三类疫病时，必须立即报告当地动物防疫监督机构或主管部门，特别是重大或新发传染病，如高致病性禽流感等须立即报告，同时通知临近单位及有关部门做好预防和协助工作。

3．隔离

隔离的目的是为有序地管理和控制传染源，防止健康人、畜禽继续受到传染源的威胁，以便更加有效地将疫情控制在最小范围内加以就地消灭。根据对当地疫情的各方面判断，可将疫区内全部受检畜禽分为病畜禽、可疑感染畜禽和假定健康畜禽3类，以便区别对待。

（1）病畜禽

具有典型症状或类似症状或其他检查阳性的畜禽，是最重要的传染源和环境威胁群体。应选择不易散播病原体、消毒处理方便的场所或房舍进行隔离。特别注意严密消毒，加强卫生管理和监督工作等生物安全措施。

（2）可疑感染畜禽

症状不明显或无症状，但与病畜禽及环境有接触经过，如同群、同圈、同牧、同食水源或用具等。作为潜在的传染源或潜伏期群体，应在消毒后另选地方将其隔离、看管，有条件的应立即接种预防或预防性治疗。隔

离观察时间的长短，应根据所发疫病的潜伏期长短而定。经预计时间不发病，可取消其隔离。

（3）假定健康畜禽

除上述两类外，疫区内其他畜禽都属于这一类。与前两类群一起隔离饲养，适时应用消毒和相应的防护措施，立即紧急免疫接种，必要时可转移至安全地区。

4．封锁

封锁应由当地政府和兽医行政管理部门进入现场，划定疫点、疫区、受威胁区，采病料，调查疫源，及时报请同级人民政府决定对疫区实行封锁，将疫情等情况逐级上报国务院畜牧兽医行政管理部门。

（1）封锁疫点采取的措施

1）严禁人、畜禽、车辆出入，严禁畜禽产品及可能污染的物品运出。在特殊情况下人员必须出入时，需经有关兽医人员许可，经严格消毒后出入。

2）对病、死畜禽及其同群畜禽，县级以上农牧部门有权采取扑杀、销毁或无害化处理等措施，畜主不得拒绝。

3）疫点出入口必须有消毒设施，疫点内用具、圈舍、场地必须进行严格消毒，疫点内的畜禽粪便、垫草、受污染的草料必须在兽医人员监督指导下进行无害化处理。

（2）封锁的疫区必须采取的措施

1）交通要道必须建立临时性检疫消毒哨卡，配有专人和消毒设备，监视畜禽及其产品转移，对出入人员和车辆进行药物消毒。

2）停止集市贸易和疫区畜禽及其产品的采购。

3）未污染的畜禽产品必须运出疫区时，须经县以上畜牧部门批准，在兽医防疫人员监督指导下，经外包装消毒运出。

4）非疫点的易感畜禽，必须进行检疫或预防注射。农村、城镇饲养的畜禽必须圈养，牧区畜禽与放牧水禽必须在指定地区放牧，役畜限制在疫区内使役。

5）疫区解除封锁后，病愈畜禽需根据带毒时间，控制在原疫区活动，具体办法由当地农牧部门制定。

5．扑杀

发生一类动物疫病时，除采取上述措施外，对明确患病动物或同群动物进行扑杀，依据是《中华人民共和国动物防疫法》。对一些危害性巨大的疫病，扑杀是消灭传染源、防止疫情扩散的最彻底的措施。

扑杀患病或同群动物时，应注意避免扑杀过程中病原体扩散，同时还应善待动物，减少痛苦。比较好的方法是采取：小动物（兔、猫、犬、禽）的处死，用吸入法（麻醉剂、窒息剂）、注射法（静脉注射戊巴比妥钠）、空气栓塞（空气急速注入动脉）等。大动物的扑杀如口

蹄疫发生后，在封锁疫区的基础上，对病畜及同群畜隔离急宰。一般牛用机械（电）击昏法，猪、羊是电击昏法，待动物失去知觉后，再放血致死。也有少数人畜共患病，如狂犬病或可疑狂犬病、炭疽等动物一般不应放血或禁止放血屠宰，在动物失去知觉后，采取注射法、空气栓塞法等使动物死亡。

不管使用何种方法扑杀动物，都应注意对动物血液、排泄物、分泌物、污染场地和用具的彻底消毒，更要注意对扑杀畜禽的尸体进行无害化处理。

6. 病畜禽尸体的无害化处理

病畜禽尸体是最大的危害污染源，严重危害人类健康和畜牧业，必须妥善处理。具体无害化处理方法参考《畜禽病害肉尸及其产品无公害处理规程》（GB 16548—1996）。

第六节　动物疾病的防疫与动物检疫

一、重大动物疫病流行病学监测

持续地、系统地收集和分析数据，并提供具有疾病防控指导意义的信息。动物疾病在时间、地理和群体中不同分布是与疾病的发生原因和后果密切相关的。因此，通过监测，测量疾病的分布变化，可以推断病因、风险、发展态势和防控效果，提出防控措施的建议。

基本流程：提出需求→设计方案→收集信息、采集和监测样品→汇总/整理/分析信息

特定结果的依法处置　　结果归档、上报、发布、利用

1. 监测系统

对动物重大疫病监测系统有两类：全国动物疫病疫情报告系统，动物疾病定点流行病学调查与监测系统。建设监测系统从宏观上必须考量：动物疫病防控中长期规划与长效机制，国家级和省级动物疫病检测工作，人畜共患病，种畜禽场、散养动物、野生动物疫病等因素。

监测系统中抽样方法有两种：概率抽样和非概率抽样。概率抽样又可分为：简单随机抽样、分层抽样、整群抽样、系统抽样、多阶段抽样、双重抽样及 PPS 抽样。

从动物发病情况、死亡情况、主要症状、饮水情况、进食情况等获取有用信息。根据监测目的，分析结果后可得出：疫病分布情况，病原是否发生型别、毒力、耐药性方面的变异，动物群体免疫情况，是否有新的疫病风险，疫情发展有何趋势，有关的控制措施是否被执行。

2. 监测结果分析技术

监测结果有六大分析技术：统计学分析，疫情预测、风险分析和预警，分子流行病学分析，空间信息分析，决策分析，荟萃分析。其计算公式分析（统计学分析）可通过疫病频率的计算、差异显著性分析进行以数学方式的结果分析。疫病频率的计算包括：发病率、累计发病率、患病率、死亡率、病死率等。

二、进出境动物检疫

1. 进出境动物检疫概述

（1）进出境动物检疫的概念

进出境动物检疫是为防止动物病虫害从国外传入和由国内传出，由国家法定的机构和人员，根据有关法律规范，对进出本国国境的动物、动物产品、其他检疫物、装载上述物品的装载容器和包装物，以及来自疫区的运输工具等法定检疫对象实施检疫，并进行相应处理的行政行为。

进出境动物检疫的目的是为了防止动物病虫害从国外传入和从国内传出。所说的动物疫病是指传染病、寄生虫病和相关病原微生物，以及这些疫病病原微生物的媒介生物和中间寄主等其他有害生物。

动物检疫可分进出口检疫和国内检疫两大类。动物进出口检疫指进口或出口的家畜及其产品，以及观赏动物和野生动物等在到达国境界域时所受到的检疫。一般的检疫对象为国内尚未发生、而国外已经流行的疾病，危害较大而又难以防治的烈性传染病和重要人畜共患病等。国内检疫可分产地检疫和运输检疫。前者如集市或牲畜市场检疫，或产地收购检疫，是在贸易过程中进行的。检疫手段一是隔离观察；二是实验室检验。我国规定凡从国外输入的动物及其产品，在到达国境口岸后由国家检疫机构按规定要求检疫。输出动物及其产品由外贸部门负责管理，对合格者签发"检疫证明书"，准予输出。

凡属于检疫范围的物品，贸易性的、非贸易性的（如作为竞赛、演出、展览、援助、样品交换、赠送等）、邮寄的、旅客携带的及享有外交豁免权等的，都必须进行检验。

进出境检疫与国内检疫应该是互相配合：进出境检疫后，动物也绝对不是健康无病的，一旦发现引进动物发生疾病，国内检疫部门应积极配合、默契控制疫情或扑灭。

（2）管理及范围

管理和机构：《中华人民共和国进出境动植物检疫法》规定进出口检验检疫局管理，也包括植物管理。

动物及动物产品：动物是指饲养或野生的动物，如畜、禽、兽、蛇、龟、鱼、虾、蟹、贝、蚕、蜂等；动物产品是指来源于动物未经加工或者经加工但仍有可能传播疫病的产品，如皮张、毛类、肉类、脏器、油脂、动物水产品、奶制品、蛋类、血液、精液、胚胎、骨、

蹄、角等。而在国内动物检疫中不包括水生动物、蚕和蜂，动物产品不包括动物水产品、奶制品及除种蛋以外的蛋类。

范围：检疫法第二条所规定范围。

1）进境、出境、过境的动植物、动植物产品和其他检疫物。

2）装载动植物、动植物产品和其他检疫物的装载容器、包装物、铺垫材料。

3）来自动植物疫区的运输工具。

4）进境拆解的废旧船舶。

5）有关法律、行政法规、国际条约规定或者贸易合同约定应当实施进出境动植物检疫的其他货物、物品。

2．中国进出境动物检疫制度

（1）宗旨

1）防止动物传染病、寄生虫病传入传出国境。

2）保护农牧渔业生产。

3）保护人体健康。

4）促进对外经济贸易发展。

（2）法律体系

《中华人民共和国进出境动植物检疫法》、《中华人民共和国进出境动植物检疫法实施条例》、《检疫规章》等系列法律制度。

（3）管理体制

1）国务院农业行政主管部门主管全国进出境动植物检疫工作。

2）国务院设立国家动植物检疫局统一管理全国进出境动植物检疫工作。

3）国家动植物检疫局在对外开放的口岸和进出境动植物检疫业务集中的地点设立口岸动植物检疫局，实施进出境动植物检疫。

（4）进出境动物检疫对象

1）1992年6月8日，中华人民共和国农业部公布了《中华人民共和国进境动物一、二类传染病、寄生虫病名录》。共97个进境动物检疫对象，其中一类病15种，二类病82种。

2）进出境动物检疫对象：根据进口国家或地区的不同要求，分别在对外签署的双边动物检疫协定和议定书中做明确规定，或者在贸易合同中规定应检的动物疫病种类。

（5）进出境动物检疫制度

进出境动物检疫制度，是国家规定的进出境动物检疫的法律规范。

A．检疫审批制度。

a．进境检疫审批制度：输入动物、动物遗传物质、动物产品，必须依法事先提出申请，办理检疫审批手续。

b．过境检疫审批制度：要求运输动物过境的，必须事先提出申请办理过境审批手续。

B．检疫报检制度。

输出输入检疫物或者过境运输检疫物，必须向口岸

动植物检疫机关申报检疫。

a．进境报检制度：货主或其代理人应在动物、动物产品和其他检疫物进境前或者进境时持输出国或地区的有效检疫证书、贸易合同、进境检疫许可证等单证，向口岸动植物检疫机关报检。

b．出境报检制度：货主或代理人应在动物、动物产品和其他检疫物出境前，向口岸动植物检疫机关报检。

c．过境报检制度：运输动物、动物产品和其他检疫物过境的，由承运人或者押运人持货运单和输出国或地区政府动植物检疫机关出具的有效检疫证书，向口岸动植物检疫机关报检。

d．邮寄物报检制度：邮寄动物、动物产品和其他检疫物进境的，由国际邮件互换局及时通知口岸动植物检疫机关检疫。

e．携带物报检制度：携带动物、动物产品和其他检疫物进境的，在进境时向海关申报并接受口岸动植物检疫机关检疫。

C．产地预检制度。

国家动植物检疫局根据检疫需要，并经输出国动物和动物产品国家或地区政府有关机关的同意，派检疫人员进行预检、监装或者产地疫情调查。

D．注册登记制度。

国家动植物检疫局对中国输出动物产品的国外生产、加工、存放单位，实行注册登记制度。

E．实验室检验制度。

实验室检验是进出境动物检疫工作的基础。有以下几种情况需要进行实验室检验。

a．现场检疫不能得出结果的，需要抽样做实验室检验。

b．现场检疫发现可疑疫情，需要做进一步实验室确诊。

c．进口国要求的实验室检验项目。

d．国家动植物检疫局规定的实验室检验项目。

e．我国对外签署的检疫协定的和议定书中规定的实验室检验项目。

F．检疫出证制度。

检疫证书是检疫结果的书面凭证，输入、输出检疫物，海关凭口岸动植物检疫机关签发的检疫证书验放；进境或过境检疫物，货主或其代理人必须持有输出国或地区的检疫证书；携带动物进境的，也必须持有输出国或地区的检疫证书。

G．现场检疫制度。

口岸动植物检疫机关依照法律规定对登船、等车、登机实施检疫，对进入港口、车站、机场、邮局的检疫物的存放、加工、养殖场所实施检疫，并依照规定采样。

H．隔离检疫制度。

a．进境动物隔离检疫制度如下。

输入种用大中家畜的，应在国家动植物检疫局设立的动物隔离检疫场所隔离检疫45d；输入其他动物的，应在

口岸动植物检疫机关指定的动物隔离场所隔离检疫30d。

b．出境动物隔离检疫制度如下。

输出动物，出境前需要经隔离检疫的，在口岸动植物检疫机关指定的隔离场所进行隔离检疫。

I．检疫监督制度。

国家动植物检疫局和口岸动植物检疫机关对进出境动物和动物产品的生产、加工和存放过程，实行检疫监督制度。

J．调离检疫物批准制度。

a．输入动物、动物产品和其他检疫物，未经口岸动植物检疫机关批准，不得卸离运输工具。

b．动物、动物产品和其他检疫物在过境期间，未经口岸动植物检疫机关批准，不得拆开包装或者卸离运输工具。

c．邮寄动物、动物产品和其他检疫物进境的，未经口岸动植物检疫机关检疫不得运走。

d．隔离检疫的动物，未经口岸动植物检疫机关批准，不得调离。

K．检疫放行制度。

进出境或过境的检疫物，经口岸动植物检疫机关检验检疫合格，同意放行的管理制度。

L．废弃物处理制度。

a．进出境运输工具上的泔水、动物废弃物，须依照口岸动植物检疫机关的规定处理，不得擅自抛弃。

b．过境的动物尸体、排泄物、铺垫材料和其他废弃物，必须按照动植物检疫机关的规定处理，不得擅自抛弃。

M．检疫收费制度。

口岸动植物检疫机关实施检疫依照规定收费。

（6）进出境动物检疫措施

1）禁止进境措施。

禁止进境物：①动物病原体；②动物疫情流行国家和地区有关动物、动物产品和其他检疫物；③动物尸体。

禁止携带、邮寄的进境物：1992年6月8日，农业部公布了《中华人民共和国禁止携带、邮寄进境的动物、动物产品和其他检疫物名录》。

2）检疫处理措施。

A．对进境动物的检疫处理。

a．检出一类病的动物，连同其同群动物全群退回或者全群扑杀并销毁尸体。

b．检出二类病的动物，退回或者扑杀，同群其他动物在隔离场或者指定地点隔离观察。

B．对携带、出境和过境动物的检疫处理。

a．携带动物、经检疫不合格又无有效方法作除害处理的，退回或者销毁。

b．输出或过境运输的动物，经检疫不合格的，不准出境或过境。

C．对进境动物产品检疫处理。

输入动物产品和其他检疫物，经检疫不合格的，作除害处理，无法作除害处理的，作退回或者销毁处理。

D．对出境、过境动物产品检疫处理。

输出或者过境运输的动物产品和其他检疫物，经检疫不合格的，作除害处理，无法作除害处理的，作退回或者销毁处理。

E．对运输工具的检疫处理。

来自动物疫区的船舶、飞机、火车抵达口岸时，发现有检疫对象的，作不准带离运输工具、除害、封存或者销毁处理。

3）防疫消毒措施。

A．对进境车辆的防疫消毒。

B．对装载动物、动物产品的运输工具，上下运输工具或者接触的人员和污染的场地防疫消毒。

4）紧急预防措施：是指在国外发生重大动物疫情并有可能传入中国的紧急情况下，必须迅速采取的防疫措施。

A．国务院采取的紧急措施：①对相关边境区域采取控制措施；②下令禁止来自动物疫区的运输工具进境；③封锁有关口岸。

B．国务院农业行政主管部门采取的紧急措施。

国家动植物检疫局以国务院农业行政主管部门的名义公布禁止从动物疫病流行国家和地区进境的动物、动物产品和其他检疫物名录。

C．有关口岸动植物检疫机关采取的紧急措施。

国家动植物检疫局通知有关口岸动植物检疫机关对可能受疫病污染的进境检疫物采取进境检疫处理措施。

D．地方人民政府采取的紧急措施。

受动物疫情威胁地区的地方人民政府立即组织有关部门制定并实施应急方案，同时向上级人民政府和国家动植物检疫局报告。

（7）法律责任

1）违反《中华人民共和国进出境动植物检疫法》的行政责任：①罚款；②吊销检疫单证；③注销注册登记；④取消熏蒸、消毒资格。

2）违反《中华人民共和国进出境动植物检疫法》的刑事责任：①引起重大动植物疫情；②伪造、变造动植物检疫单证、印章、标志、封识的，按规定处理。

（8）行政执法

1）动植物检疫人员是代表中华人民共和国执法的人员，必须忠于职守、秉公执行。

2）动植物检疫人员滥用职权，徇私舞弊，伪造检疫结果，或者玩忽职守，延误检疫出证，构成犯罪的，依法追究刑事责任；不构成犯罪的，给予行政处分。

3）动植物检疫人员依法执行公务，任何单位和个人不得阻挠。

（9）国际合作与交流

动植物检疫是一项国际性工作，欲达到防止动植物疫情在国际间互相传播，促进国际经济贸易的发展，动植物检疫工作不仅要立足于国内的努力，还需要积极参与国际合作与交流，以国际惯例来规范检疫行为。

1）双边政府间检疫协定：为防止动物疫病传播，保护各自国家农牧渔业生产安全和人体健康，加强两国在动物检疫领域的合作与交流，经过友好协商，中华人民共和国政府已和多个国家政府签署了双边动物检疫合作协定。

2）双边部门间检疫议定书：根据贸易发展的需要，国家动植物检疫局和国外动植物检疫当局，本着科学的态度，代表中华人民共和国农业部和50多个国家的动物检疫主管部门签署了近200个进出口动物、动物遗传物质和动物产品检疫议定书。

3）双边合作项目：为引进国外先进的检疫设备，消化吸收国外动植物检疫先进的管理经验、检疫技术、方法和手段，进一步提高中国进出境动植物检疫水平，加快中国动植物检疫与国际惯例接轨的步伐。

4）多边动植物检疫合作与交流：我国除了积极参与双边的国际合作与交流外，还踊跃地参与多边的国际合作与交流活动，国家动植物检疫局自1991年起派员参与中国恢复关贸总协定缔约国地位和加入世界贸易组织的谈判。

三、履行程序

1. 进境动物检疫检验程序

（1）检疫审批

输入动物、动物遗传物质应在签订贸易合同或赠送协议之前，进口商或接收单位应向国家检验检疫机关提出申请，办理检疫审批手续。国家检验检疫机关根据对申请材料的审核及输出国家的动物疫情、我国的有关检疫规定等情况，对同意进境动物、动物遗传物质发给相关的动物进境检疫许可证。两国之间未签订检疫议定书的，不得引进动物、动物遗传物质。

（2）报检

货主或其代理人在动物抵达口岸前，须按规定向口岸检验检疫机关报检。报检时，货主或其代理人须出具动物进境检疫许可证等有关文件，并如实填写报检单。

（3）现场检疫检验

输入动物、动物遗传物质抵达入境口岸时，动物检验检疫人员须登机、登轮、登车进行现场检疫。现场检疫检验的主要工作是查验出口国政府动物检疫或兽医主管部门出具的动物检疫证书等有关单证；对动物进行临床检查；对运输工具和动物污染的场地进行防疫消毒处理。对现场检疫检验合格的，口岸检验检疫机关出具相关单证，将进境动物、动物遗传物质调离到口岸检验检疫机关指定的场所作进一步全面的隔离检疫。

（4）隔离检疫

进境动物必须在入境口岸进行隔离检疫。输入马、牛、羊、猪等种用或饲养动物，须在国家检验检疫机关设立在北京、天津、上海、广州的进境动物隔离场进行隔离检疫；输入其他动物，须在国家检验检疫机关批准的进境动物临时隔离场进行隔离检疫。在隔离检疫期间，口岸检验检疫机关负责对进境动物监督管理，货主或其代理人必须遵照检验检疫机关的规定派出专人负责饲养管理的全部工作。隔离检疫期间，口岸动物检疫人员对进境动物进行详细的临床检查，并做好记录；对进境动物、动物遗传物质按有关规定采样，并根据我国与输出国签订的双边检疫议定书或我国的有关规定进行实验室检验。大中动物的隔离期为45d，小动物隔离期为30d，需延期隔离检疫的必须由国家检验检疫机关批准。

（5）检疫放行和处理

检疫工作完毕后，口岸检验检疫机关对检疫合格的动物、动物遗传物质出具《动物检疫证书》和相关单证，准许入境。检出农业部颁布的《中华人民共和国进境动物一、二类传染病、寄生虫病名录》中一类病的，全群动物或动物遗传物质禁止入境，作退回或销毁处理；检出《中华人民共和国进境动物一、二类传染病、寄生虫病名录》中二类病的阳性动物禁止入境，作退回或销毁处理，同群的其他动物放行，并进行隔离观察；阳性的动物遗传物质禁止入境，作退回或销毁处理。检疫中发现有检疫名录以外的传染病、寄生虫病，但国务院农业行政主管部门另有规定的，按规定作退回或销毁处理。

2. 出境动物检疫检验程序

（1）报检

当货主或者其代理人输出动物时，应提前向国家质量监督检验检疫总局或口岸出入境检验检疫机构申报，由国家质量监督检验检疫总局根据输入国的检疫要求确认，然后货主与输入国签约。货主或其代理人于动物出境前60d向出境口岸出入境检验检疫机构报检。

（2）产地检疫

出境动物检疫需要产地检疫的，可由动物所在地出入境检验检疫机构根据检疫条款检疫，符合检疫要求的出具产地检疫证书。必要时，离境口岸出入境检验检疫机构可派检验检疫人员到产地进行疫情调查。

（3）口岸检疫

产地检疫合格的动物，需要进行隔离检疫的，货主或其代理人须提供临时隔离检疫场，经口岸出入境检验检疫机构检查、批准签发《出入境动物临时隔离场许可证》后隔离待出境的动物。隔离检疫期间，由出境口岸出入境检验检疫机构派驻检疫人员负责驻场检疫的各项工作。其实验室的检疫工作与入境实验室检验工作相同。经检疫合格的动物，签发动物检疫证书。

（4）离境和押运装运动物出境的运输工具、装运场地必须经口岸出入境检验检疫机构消毒处理。必要时，口岸出入境检验检疫机构派员随押运人员一起了解运输途中的有关情况。

权利义务：检验检疫人员依法对进出境的动物实施检验检疫，并遵守工作纪律，在规定时间内完成工作流程。货主或代理人应配合做好检验检疫工作，提供相应资料。

3. 进境动物产品的检疫工作程序

来源于动物未经加工或虽经加工但仍有可传播疫病的动物产品均按照以下程序进行检验。

（1）进境前

1）申请：要求进境动物产品的单位或个人，首先向中国动植物检疫机关提出书面申请。

2）审批：国家质检总局根据输出国动物疫情、输出国动物检疫管理和技术工作能力等，对进口各类动物产品进行全面风险分析，实施风险管理。

由国家质检总局统一办理进境动物产品的检疫审批手续及管理，受国家质检总局委托，部分口岸动植物检疫机关可办理部分进境动物产品的检疫审批手续。

A．动物疫情：有严重动物疫情者，禁止进口或禁止从疫区进口；无重大动物疫情者，与输出国官方检疫机关商签检疫议定书。

B．检疫议定书与兽医卫生证书：国家质检总局与输出国官方检疫机关商签了检疫议定书，且确认了兽医卫生证书内容与格式，国家质检总局发给动物进境许可证，同意进口。许可证除发给货主或其代理人外，同时发给出口商及有关口岸植物检疫机关。

要求在贸易合同或协议中明确中国法定的检疫要求；国家质检总局与输出国官方检疫机关未商签议定书，未确认证书内容与格式，不得进口。如必要，可考虑与输出国官方检疫机关商签议定书、确认证书。

根据输出国动物疫情的变化，检疫议定书可随时终止执行或进行修订。

3）对输出国向我国出口动物产品的生产、加工、存放单位进行实地考核和注册登记。

4）对国内加工（使用）、存放特定进境动物产品的单位进行考核和注册登记。

5）输出国检疫：输出国官方检疫机关按照两国商定的检疫议定书对输出动物产品实施检疫。

6）出证：输出国官方检疫机关按照两国确认的兽医卫生证书内容与格式出具证书，并有输出国官方检疫机关印章和官方兽医的签字。

（2）进境时

1）报检：货主或其代理人应在进境前持国家质检总局出具的动物产品进境许可证等文件向进境口岸动植物检疫机关报检。

2）现场检疫。

验证：查验输出国官方检疫机关的兽医卫生证书、国家质检总局出具的动物产品进境许可证等必要文件。

验货：检查容器、包装完好。货证是否相符，产品有无腐败变质现象。

检疫处理：符合要求的，允许卸离运输工具。发现散包、容器破裂的，由货主或其代理人负责整理完好，方可卸离运输工具。在口岸动植物检疫机关监督下，用动植物检疫机关批准的药物对运输工具的有关部位及装载动物产品的容器、外表包装、铺垫材料、被污染场地等进行消毒。

（3）进境后

1）检疫：在进境口岸动植物检疫机关辖区内加工、使用、存放的动物产品，由进境口岸动植物检疫机关按照规定采样并进行实验室检验；反之，由目的地动植物检疫机关按照规定采样并进行实验检验。

2）动植物检疫机关按照有关规定对动物产品的加工、使用、存放过程中的检疫监督。

3）放行与检疫处理。

A．经检疫合格的动物产品，由口岸动植物检疫机关在报关单上加盖印章或签发《检疫放行通知单》，海关验放。

B．经检疫不合格的动物产品，由口岸动植物检疫机关签发《检疫处理通知单》，通知货主或其代理人作除害、退回或者销毁处理。经除害处理合格的，准予进境。

4．出境动物产品的检疫工作程序

（1）报检

出境前，货主或其代理人向出境口岸动植物检疫机关报检。

（2）检疫

1）口岸动植物检疫机关按照以下原则实施检疫。

A．两国商签有检疫协定、议定书的，按照协定、议定书实施检疫和检验。

B．输出国官方检疫机关提出具体检疫要求的，按照此要求进行检疫。

C．在贸易合同、协议中明确检疫要求的，按照此要求进行检疫。

D．输出国无具体检疫要求的，按照中国有关规定进行检疫。

2）口岸动植物检疫机关调查动物疫情，检查并确认出境动物产品的生产、加工等兽医卫生条件符合输出国要求。

3）在口岸动植物检疫机关监督下用口岸动植物检疫机关批准的消毒药对运输工具进行消毒。

（3）出证

由口岸动植物检疫机关出具兽医卫生证书，并有官方印章和官方兽医签字。

（4）离境

输出动物产品经检验合格或者经除害处理合格的，准予出境；检验不合格又无有效方法作除害处理的，不准出境。海关凭口岸动植物检疫机关签发的检疫证书或者在报关单上加盖的印章验放。

四、进出境动物隔离检疫场的指定程序

1．项目名称

进出境动物隔离检疫场的指定程序。

2．依据

《中华人民共和国进出境动植物检疫法》第十四条：输入动植物，需隔离检疫的，在口岸动植物检疫机关指定的隔离场所检疫。第二十条：出境前需经隔离检疫的动物，在口岸动植物检疫机关指定的隔离场所检疫。《中华人民共和国进出境动植物检疫法实施条例》第二十四条：输入种用大中家畜的，应当在国家动植物检疫局设立的动物隔离检疫场所隔离检疫45日；输入其他动物的，应当在

口岸动植物检疫机关指定的动物隔离检疫场所隔离检疫30日。第三十三条：输出动物，出境前需经隔离检疫的，在口岸动植物检疫机关指定的隔离场所检疫。

3．许可条件

1）拟指定的隔离检疫场应位于动物非疫区。

2）远离具有潜在传播疫病风险的场所和动物。

3）设施建设符合国家土地使用、环境保护、消防安全、建筑规范等有关规定。

4）隔离、防疫、生活功能及设施齐全，布局合理。

5）具备符合要求的饲养及卫生条件。

6）拥有完善的管理制度和防疫措施。

7）所在地检验检疫局具备完成隔离检疫任务的能力。

8）猪、牛、羊等大中动物的隔离检疫场应靠近入境口岸，入境口岸具备停靠、装卸、运输动物的条件和能力，动物从入境口岸到隔离检疫场均不能途经动物疫区。

9）出境动物隔离检疫场还须符合输入国家或地区的要求。

4．实施机关

1）猪、牛、羊等大中动物受理机构：各直属检验检疫局。审核机构：国家质检总局。

2）其他动物受理与审核机构：各直属检验检疫局。

5．程序

1）申请单位向受理机构提出申请并提交有关材料。

2）受理机构根据申请单位提交的材料是否齐全、是否符合法定形式作出受理或不予受理的决定，并按规定出具书面凭证。

3）受理申请后，受理机构对申请材料内容进行审查，并成立专家评审组对申请单位进行评审和现场考核。

4）审核机构为直属检验检疫局的，直属检验检疫局对评审意见进行审查，作出准予许可或不予许可的决定。准予许可的，于10个工作日内签发《进出境动物隔离检疫场许可证》，不予许可的，于10个工作日内签发《进出境动物隔离检疫场许可证申请未获批准通知单》。

5）审核机构为国家质检总局的，直属检验检疫局将初审意见连同全部申请材料报国家质检总局。国家质检总局根据规定，对申请材料和初审意见进行审查，必要时组织专家组进行现场验收，作出准予许可或不予许可的决定。准予许可的，于10个工作日内签发《进出境动物隔离检疫场许可证》，不予许可的，于10个工作日内签发《进出境动物隔离检疫场许可证申请未获批准通知单》。

6．审查期限

自受理之日起20个工作日内作出许可或不予许可的决定（现场考核、评审的时间不包括在内，由受理机构另行通知）。

7．收费

专家评审费按规定收取。

五、WTO中与兽医法规相关的主要内容

《实施卫生与动植物卫生措施协议》（Agreement on the Application of Sanitary and Phytosanitary Measures）简称 SPS，是世界贸易组织管辖的一项多边贸易协议，是对关贸总协定第二十条第二款的具体化。它既是单独的协议，又是《农业协议》的第八部分。它由前言和正文14条及3个附件组成。主要条款有：总则，基本权利和义务，协商，等效，风险评估和适当的卫生与植物卫生保护水平的确定，适应地区条件（包括适应病虫害非疫区和低度流行区的条件），透明度，控制、检查和批准程序，技术援助，特殊和差别待遇，磋商和争端解决，管理，实施和最后条款。协议涉及动植物、动植物产品和食品的进出口规则。协议适用范围包括食品安全、动物卫生和植物卫生3个领域有关实施卫生与植物卫生检疫措施。协议明确承认每个成员制定保护人类生命与健康所必需的法律、规定和要求的主权，但是保证这种主权不得滥用于保护主义，不能成为贸易壁垒和惩罚措施。协议规定各成员政府有权采用卫生与动植物卫生措施，但只能在一个必要范围内实施以保护人类及动植物的生命及健康，而不能在两个成员之间完全一致或相似的情况下，采取不公正的差别待遇。协议鼓励各成员根据国际标准、指导原则和规范来建立自己的卫生与植物卫生措施。协议的宗旨是规范各成员实施卫生与动植物卫生措施的行为，支持各成员实施保护人类、动物、植物的生命或健康所采取的必要措施，规范卫生与动植物卫生检疫的国际运行规则，实现把对贸易的不利影响减少到最小程度。

附件1为《定义》，对卫生与动植物卫生措施，协调，国际标准、指南和建议，风险评估，适当的卫生与植物卫生保护水平，病虫害非疫区和病虫害低度流行区等作出定义。附件2为《卫生与动植物卫生措施的透明度》，它包括法规的公布、咨询点、通知程序、一般保留等规定。附件3为《控制、检查和批准程序》，它是关于检疫机构在实施卫生与动植物卫生措施时应遵循的程序和要求。

根据协议规定，设立卫生与动植物卫生措施委员会，负责协议的实施。

《实施卫生与动植物卫生检疫措施协议》主要内容如下。

1．卫生与动植物卫生措施的含义

卫生与动植物卫生措施是指，成员方为保护人类、动植物的生命或健康，实现下列具体目的而采取的任何措施。

1）保护成员方领土内人的生命免受食品和饮料中的添加剂、污染物、毒素及外来动植物病虫害传入危害。

2）保护成员方领土内动物的生命免受饲料中的添加剂、污染物、毒素及外来病虫害传入危害。

3）保护成员方领土内植物的生命免受外来病虫害传入危害。

这里的卫生措施是指那些与人、动植物卫生有关的规定，而动植物卫生措施涉及的是动植物的卫生。

2. 应遵循的规则

1）非歧视性实施卫生与动植物卫生措施。

2）以科学为依据实施卫生与动植物卫生措施。成员方实施卫生与动植物卫生措施应以科学为依据，如果依据的科学性不充分，则措施只能是临时性的，并应在合理时间内作出科学评估。

3）以国际标准为基础制定卫生与动植物卫生措施。各成员应根据现行的国际标准制定本国的卫生与动植物卫生措施。如果一个成员实施或维持比现行国际标准更严格的卫生与动植物卫生措施，则必须有科学依据，或符合成员方根据有害生物风险分析所确定的"适当的卫生与动植物卫生保护水平"（也称"可接受的风险水平"），并且这些措施不得与《实施卫生与动植物卫生措施协议》的规定相互抵触。如果没有相关的国际标准，成员方采取卫生与动植物卫生措施必须根据有害生物风险分析的结果。

4）等同对待出口成员卫生与动植物卫生措施的国际标准。如果出口成员对出口产品所采取的卫生与动植物卫生措施，客观上达到了进口成员适当的卫生与动植物卫生保护水平，进口成员应接受该措施，即便这种措施与自己或其他贸易成员所采取的措施不同。

5）根据有害生物风险分析确定适当的保护水平。有害风险分析指进口方的专家在进口前对进口产品可能带入的病虫害定居、传播、危害和经济影响，或者对进口食品、饮料、饲料中可能存在添加剂、污染物、毒素或致病有机体可能产生的潜在不利影响，作出的科学分析报告。该报告是进口方是否进口某种产品的决策依据。

《实施卫生与动植物卫生措施协议》规定：成员方采取卫生与动植物卫生措施必须以有害生物风险分析为基础。

6）接受"病虫害非疫区"和"病虫害低度流行区"的概念。"病虫害非疫区"是指没有发生检疫性病虫害，并经有关国家主管机关确认的地区。"病虫害低度流行区"是指检疫性病虫害发生水平低，已采取有效监测、控制或根除措施，并经有关国家主管机关确认的地区。

如果出口方声明，其相关领土内全部或部分地区是病虫害非疫区或病虫害低度流行区，该出口方就应向进口方提供必要的根据。同时，应进口方的请求，出口方应为进口方提供检验、检测和其他有关程序的合理机会。

7）透明度原则。

第七节　兽医实验室生物安全

由于科学技术的快速进步，特别是 DNA 重组技术的快速发展，打破了自然界生物物种间的生殖隔离的天然屏障，甚至可造出或设计出符合人类意愿的新物种与功能。这些技术的进步，特别是对烈性病原研究的实验室，其实验室的微生物感染问题或散布病原的安全问题也备受各界关注。

一、生物安全防护的相关概念

生物安全是指对病原微生物、转基因生物及其产品、外来有害微生物等生物体对人类、动植物、微生物和生态环境可能产生的潜在风险或现实危害的防范和控制。目前，生物安全主要涉及如下几个方面：①防范生物恐怖；②防止外来生物入侵；③保障转基因生物体安全；④病原微生物的控制，高等级生物安全实验室的建立及管理；⑤生物治疗、干细胞、克隆技术等引发的生命伦理问题。

生物安全实验室是指通过规范的实验室设计建造、实验设备的配置、个人防护装备的使用，严格遵从标准化的工作操作程序和管理规程等，确保操作生物危险因子的工作人员不受试验对象的伤害，确保周围环境不受其污染，确保实验因子保持原有本性的实验室，适用于人和脊椎动物生物病原的临床检验、培养分离、纯化鉴定，以及各种生物因子的基础研究、诊断和防治用药品和试剂的应用性研究等工作。我国在《病原微生物实验生物安全管理条例》中，按危害程度将病原微生物分为 4 类，其中第四类危害程度最低，第一类危害程度最高。第一类、第二类病原微生物统称为高致病性病原微生物，同时规定将"我国尚未发现或者已经宣布消灭的微生物"列为一类病原微生物。

根据实验室所处理对象的生物危险程度和所采取的防护措施将生物安全实验室分为四级，其中一级对生物安全隔离的要求最低，四级最高。一般以 BSL-1、BSL-2、BSL-3、BSL-4 表示相应级别的生物安全实验室；以 ABSL-1、ABSL-2、ABSL-3、ABSL-4 表示相应级别的动物生物安全实验室。

一级防护　包括生物安全柜和个人防护装备，均分成 3～4 个级别。其中安全柜也按其防护水平分为 4 个安全级别。

二级防护　是指实验室屏障设施，其建设有 4 种不同的结构。各种一级防护和二级防护的组合构成不同防护水平级别的实验室。

具有一级防护和二级防护的实验室称为基础实验室，而具有 BSL-3 防护水平的称为生物安全防护实验室；具有 BSL-4 防护水平的称为高度生物安全防护实验室。在 BSL-3 以上级别的生物安全实验室又分成几个功能区：清洁区、半污染区、污染区、缓冲间、传递窗。

美国 CDC/NIH《微生物和生物医学实验室生物安全》第四版中规定：

BSL-1 不会经常引发健康成年人疾病。

BSL-2 人类病原菌，因皮肤伤口、吸入、黏膜暴露而发生危险。

BSL-3 内源性和外源性病原，可通过气溶胶传播，能导致严重后果或生命危险。

BSL-4 对生命有高度危险的危险性病原或外源性病

原；致命、通过气溶胶而导致实验室感染；或未知传播危险的有关病原。

二、实验室生物安全有关部门法律法规和标准

国际间有 WHO 的《实验室生物安全手册》，欧洲经济共同体（EEC）的《转基因生物或病原生物体的隔离使用》《转基因生物的有意释放条例》《关于保护工作人员免受工作中生物因子暴露造成的危害的理事会指令》《口蹄疫实验室生物安全标准》，美国的《微生物和生物医学生物安全》，加拿大的《实验室生物安全指南》，英国的《生物因子危害程度及防护分类》，法国、比利时、荷兰的《感染因子的危害等级分类》，德国的《病原体分类》，瑞士的《基于对人和环境危险性的生物因子分类》等法律法规。国内有《病原微生物实验室生物安全管理条例》《突发公共卫生安全事件应急条例》《实验室生物安全认可准则》《高致病性动物病原微生物实验室生物安全管理审批办法》《高致病性动物病原微生物菌（毒）种或者样本运输包装规范》《实验室生物安全通用要求》《生物安全实验室建筑技术规范》《微生物和生物医学实验室生物安全通用准则》《兽医实验室生物安全技术管理规范》等。

生物安全实验室建设有关标准：《实验动物环境与设施》《生物安全柜》《实验动物设施建筑技术规范》《生物安全实验室污水排放标准》等。这些规范统一了生物实验室的建筑、操作、环境、防护等具体事宜，有利于生物安全防护。

三、病原微生物实验活动危害评估

病原微生物实验活动危害评估是基于微生物危害程度分类，充分考虑实验室活动中可能涉及的传染或潜在传染源等因素，包括：病原微生物或毒素的毒力、致病性、生物稳定性、传播途径，实验室的性质和职能，涉及病原微生物的操作方法等综合评价。危险性评估可帮助操作者正确选择生物安全防护水平（设施、设备和操作），评估职业性风险，制定相应的操作和管理规程。

1. 病原微生物危害程度分类

（1）病原微生物危害程度分类的主要依据（表 7-4）

1）微生物的致病性。

2）微生物致病的传播方式和宿主范围。这可能受到当地人群和动物群体已有的免疫水平、宿主群体的密度和流动、适宜媒介存在及环境卫生水平等因素影响。

3）当地所具有的有效预防措施。包括疫苗接种情况和血清预防情况，卫生措施如食品和饮水卫生，动物宿主或节肢动物媒介的控制水平等。

4）当地所具有的有效治疗措施。

（2）国内外病原微生物危害程度分类比较

按微生物危险程度的大小，我国的病原微生物分为 4 类（表 7-4）。

表 7-4　病原微生物危害等级划分与生物安全实验室的分级

类别	《病原微生物实验室生物安全管理条例》	级别	代号	《实验室生物安全通用要求》（GB 19489—2004）
四类	在通常情况下不会引起人类或者动物疾病的微生物	一级	BSL-1	低个体危害，低群体危害
			ABSL-1	不会导致健康工作者和动物致病的细菌、真菌、病毒和寄生虫等生物因子
三类	能够引起人类或者动物疾病，但一般情况下对人、动物或者环境不构成严重危害，传播风险有限，实验室感染后很少引起严重疾病，并且具备有效治疗和预防措施的微生物	二级	BSL-2	中等个体危害，有限群体危害
			ABSL-2	能引起人或动物发病，但一般情况下对健康工作者、群体、家畜或环境不会引起严重危害的病原体。实验室感染不导致严重疾病，具备有效治疗和预防措施，并且传播风险有限
二类	能够引起人类或者动物严重疾病，比较容易直接或者间接在人与人、动物与人、动物与动物间传播的微生物	三级	BSL-3	高个体危害，低群体危害
			ABSL-3	能引起人类或动物严重疾病，或造成严重经济损失，但通常不能因偶然接触而在个体间传播，或能使用抗生素、抗寄生虫药治疗的病原体
一类	能够引起人类或者动物非常严重疾病的微生物，以及我国尚未发现或者已经宣布消灭的微生物	四级	BSL-4	高个体危害，高群体危害
			ABSL-4	能引起人类或动物非常严重的疾病，一般不能治愈，容易直接或间接或因偶然接触在人与人，或动物与人，或人与动物，或动物与动物间传播的病原体

一类：实验室感染的机会多，感染后发病的可能性大，症状重并能危及生命，缺乏有效的预防方法，以及传染性强，对人群危害性大的烈性传染病，包括国内未发现或虽已发现，但无有效防治方法的烈性传染病毒种。

二类：实验室感染机会较多，感染后的症状较重危及生命，发病后不易治疗及对人群危害较大的传染病毒种。

三类：仅具有一般危险性，能引起实验室感染的机会较少，一般的微生物学实验室采用一般实验技术能控制感染或有对之有效的免疫预防方法的毒种。

四类：生物制品、菌苗、疫苗生产用各种减毒、弱毒菌种及不属于上述一、二、三类的各种低致病性的微生物毒种。

世界卫生组织《实验室生物安全手册》感染性微生物的危险度等级分类如下。

危险度1级（无或极低的个体和群体危险）：不太可能引起人或动物致病的微生物。

危险度2级（个体危险中等，群体危险低）：病原体能够对人或动物致病，但对实验室工作人员、社区、牲畜或环境不易导致严重危害。实验室暴露也许会引起严重感染，但对感染有有效的预防和治疗措施，并且疾病传播的危险有限。

危险度3级（个体危险高，群体危险低）：病原体通常能引起人或动物的严重疾病，但一般不会发生感染个体向其他个体的传播，并且对感染有有效的预防和治疗措施。

危险度4级（个体和群体的危险均高）：病原体通常能引起人或动物的严重疾病，并且很容易发生个体之间的直接或间接传播，对感染一般没有有效的预防和治疗措施。

（3）病原微生物危害分类及其对应的实验室防护水平

病原微生物的危害分类是确定实验室生物安全水平的重要参考指标之一，但病原微生物分类与实验室生物安全水平的关系是相对应而非"等同"的。例如，归入危害程度三类的病原微生物，进行安全工作通常需要二级生物安全水平的设施、仪器、操作和规程。但是，如果特定试验需要发生高浓度气溶胶时，由于三级实验室安全水平通过对实验工作场所内气溶胶实施更高级别的防护，因此更适于提供所必需的生物安全防护。在实际工作中，确定所从事特定工作的生物安全水平时，应根据危害评估结果来进行专业判断，而不应该单纯根据所使用病原微生物所属的某一危害程度分类来机械地确定所需实验室生物安全水平。

2．病原微生物危害评估的相关因素

（1）病原微生物背景材料

试验中所使用的病原微生物或潜在的微生物致病性和感染数量尽量评估准确，暴露后潜在后果突出个体传染过程与结局，应考虑到隐性感染或不显性感染或亚临床感染，显性感染或临床传染病，是否出现个体最严重的结局或个体间的传播，自然传播途径，病原微生物在环境中的稳定性，微生物宿主范围，从动物研究和实验室报告或临床报告中得到的信息，当地是否进行有效的预防和治疗等背景材料。

（2）涉及病原微生物实验室的危险评估

对病原微生物实验的危险评估是危害评估最重要的内容之一，应包括：拟进行的具体实验项目；该项目哪些实验步骤可能导致气溶胶产生或对操作者造成危害；采用何种预防措施可规避危险。在进行危险评估时应考虑：操作所致的非自然途径感染，操作中伤口、眼睛的感染；病原微生物的浓度，大量的操作微生物危险性也增加了；实验操作，如气溶胶产生的一些操作；涉及动物的病原微生物实验，如动物的攻击性、抓咬伤等；工作人员素质等。

3．病原微生物实验室活动危害评估原则

（1）含已知病原微生物的材料

对分离并鉴定的、来源清晰的购买或赠送的病原微生物，可根据对该病原微生物实验室研究、疾病监测和流行病学研究及相关教科书或其他资料进行危害分析。

（2）含未知病原微生物的材料

对样本信息不足的，可利用病畜、禽流行病学资料及相关信息，帮助处理这些样本的危害程度，同时应当谨慎地采取一些较为保守的标本处理方法。操作过程中最低用二级生物防护水平。

（3）可能含有或未含有未知病原微生物的材料

对获得的样品，在日常工作中无法判明可能分离何种病原微生物时，应根据回顾性资料、流行病学资料分析，推测可能分离的病原微生物并进行危害分析。在没有病原微生物存在与否的确切信息时，需要采用常规预防措施。

（4）产生遗传修饰生物体的实验活动

如果重组的生物体可能具有不可预测的不良反应性状，一旦从实验室逸出带来生物学危害，对于要进行基因重组的所有试验都要进行危险性评估。对供体生物的特性、将要转移的DNA序列的性质、受体生物特性及环境特性等都需要进行评估。

4．病原微生物危害评估的用途

病原微生物危害评估的指导价值如下。

1）确定生物安全的防护水平。

2）可制定微生物操作规程；微生物保藏、运输、灭活、销毁程序；潜在危害分析与意外事故处理程序；人员培训、个人防护及健康保障与监督程序。

3）生物危害评估中包括大量的相关微生物背景信息，是所有工作人员必须学习的参考资料。

4）评价病原微生物实验室生物安全状况的客观依据。

四、生物安全实验室的设施设备要求

实验室设施是指实验室在建筑上的结构特征，如实验室的布局、通排风系统等；实验室设备要求主要指安全设备的配置，如生物安全柜的选择、安装，高压灭菌器的型别、离心机安全罩等。一级和二级生物安全防护不需要特殊的设备，但二级安全防护要增加生物安全柜、高压灭菌器、安全离心机罩帽、防浅罩或面罩等。适用于一般病原和少量二类危害的致病性微生物。

三级生物安全实验室及三级生物安全防护：三级生物安全实验室防护是指适用于我国第二类（个别第一类）病原微生物，这些微生物对工作人员的主要危害是自伤、暴露于感染性气溶胶等。三级生物安全实验室（BSL-3）必须有全外排式生物安全柜、双扉生物安全型高压灭菌器、离心机安全罩、洗手装置（非手开）。

四级生物安全实验室及四级生物安全防护：四级生物安全实验室适用于第一类病原微生物操作防护。主要危害是呼吸道暴露于感染性气溶胶、黏膜暴露于感染性飞沫和自我伤害。所有操作可能具有感染性的折断材料、分离培养物及自然或实验感染的动物时，实验室工作人员、社会环境均具有高感染性危险。四级生物安全实验室（BSL-4）必须具有Ⅱ级 B 型和Ⅲ级两种不同型别的生物安全柜，在正压防护服型 BSL-4 实验室内，可以选择Ⅱ级生物安全柜；在生物安全柜型 BSL-4 实验室中，选择Ⅲ级生物安全柜；在混合型 BSL-4 实验室中，应选择Ⅲ级生物安全柜。双扉高压灭菌器、通风互锁传递窗，其他同 BSL-3。

五、动物生物安全实验室及设计要求

1．动物生物安全实验室及分级

1）动物生物安全实验室是指对病原微生物的动物生物学试验研究时所产生的生物危害有物理防护能力的生物安全实验室，也适用于动物传染病临床诊断、治疗和预防研究工作。

2）动物实验生物安全水平（ABSL）分级依据：①ABSL-1，能够安全地进行没有发现肯定能引起健康成人发病的，对实验室工作人员、动物及环境危害小的，特性清楚的病原微生物感染动物的生物安全水平。②ABSL-2，对工作人员、动物和环境有轻微危害的病原微生物能够安全地进行感染动物的生物安全水平。这些病原微生物通过消化道、皮肤及黏膜暴露而产生危害。③ABSL-3，能够安全进行国内和国外的、可通过呼吸道感染、引起严重或致死性疾病的病原微生物感染动物工作的生物安全水平。④ABSL-4，能够安全地从事国内外的、能通过气溶胶传播，实验室感染高度危险、严重危害人、动物的生物实验。

2．各级动物生物安全实验室的设计要求

（1）一级动物生物安全实验室

没有特殊预防和治疗方法的微生物感染动物工作的生物安全水平。生物安全实验室，指按照 ABSL-1 标准建造的实验室，也称为动物实验基础实验室。

1）操作标准：动物实验室工作人员需经专业培训才能进入实验室。人员进入前，要熟知工作中潜在的危险，并由熟练的安全人员指导。严格按照安全手册操作，所有操作过程必须十分小心，以减少气溶胶的产生和外溢；一旦实验中有微生物外溢，要及时消毒处理；从动物室取出的所有废弃物，包括动物组织、尸体、垫料，都要放入防漏带盖的容器内，并作焚烧或其他无害化处理；对培养物和动物操作后必须洗手消毒，离开动物设施之前脱去手套、洗手；在动物实验室入口处要设有安全标志。

2）安全设备：ABSL-1 为初级防护屏障和次级防护屏障。初级防护屏障要穿工作服，与灵长类接触要戴眼镜和面部防护用具，Ⅰ级或 2A 型生物柜。

次级防护屏障：建筑物内动物设施与人员活动不受限制的开放区域用走廊屏障分开。动物设施设计要防虫、防鼠、防尘，内表面墙壁要防水、耐腐蚀。建议不要设窗户，排风不循环。

（2）二级动物生物安全实验室

1）操作标准：制定紧急情况下的标准安全对策、操作程序和规章制度，根据实际需要还要制定特殊的对策。对所有进入人员都要告知潜在的危险，根据实验微生物或潜在的微生物的危害程度，决定是否对实验人员进行免疫接种或检验（如狂犬病疫苗或 TB 皮试）。试验过程中尽量减少或不要产生气溶胶，防止气溶胶外溢。操作传染性材料以后所有设备表面和工作表面用消毒剂进行常规消毒。所有样品收集放在密闭的容器内并贴标签，避免外漏，所有动物实验室的废弃物（包括动物的尸体、组织、污染的垫料、剩下的饲料、锐利物和其他垃圾）应放入密闭的容器中，高压蒸汽灭菌，然后建议焚毁。对病原微生物操作时，入口处标明生物危害标志。严格执行菌（毒）种保管制度。

2）安全设备。

初级防护屏障：在动物室内要穿工作服，离开实验室时脱去工作服。在操作感染性动物和传染性材料时要戴手套。对灵长类要戴防护面罩，进行容易产生气溶胶的操作时，如对感染动物和鸡胚的尸体、体液的收集和动物鼻腔接种，都要使用安全柜、物理防护设备和个人防护器具。

次级防护屏障：建筑物内动物设施与开放的人员活动区分开，进入设施要经过牢固的气闸门，有实验动物时要关紧。设施结构易于保持清洁，内表面防水、防腐，不设窗户，人工或冲洗器洗刷笼子，水温始终保持 82℃以上。设施内传染性废弃物要高压灭菌，在感染动物室内和其他地方分别安装一个洗手池。

（3）三级动物生物安全实验室

适合于具有气溶胶传播潜在危害和引起致死性疾病的微生物感染动物的操作。

1）操作标准：制定安全手册，明确紧急情况下的标准安全对策、操作程序和规章制度，还要根据实际需要制定特殊适用策略。进入人员须知潜在的危险，根据实验微生物或潜在的微生物危害程度，决定是否对实验人员进行免疫接种或检验。避免或尽量减少气溶胶产生和防止外溢，操作台面和设备表面要适当消毒，特别是传染性材料外溢和其他污染时更要严格消毒。所有动物室的废弃物放入密闭的容器内并加盖，容器外表消毒后进行高压蒸汽灭菌，然后建议焚毁。工作人员操作培养物和动物以后要洗手，离开设施前要脱掉手套、洗手。动物室入口必须有危害标志，所有收集的样品贴上标签，放在能防止微生物传播的传递容器内。严格执行菌（毒）种保管和使用制度。

2）安全设备。

初级防护屏障：操作传染性材料和感染性动物都要使用个体防护器具，人员要穿戴工作服，再穿特殊防护服，不得穿前开口工作服，离开动物室前必须脱掉工作服，对工作服要消毒后清洗。操作感染动物时戴手套，实验后以正确方式脱掉，在处理之前和动物实验室其他

废弃物一同高压灭菌。将感染动物饲养放在Ⅱ级生物安全设备中（如负压隔离器）。操作能产生气溶胶危害的感染动物和鸡胚的尸体、收取的组织和体液、鼻腔接种动物时，应该使用Ⅱ级以上生物安全柜，戴口罩或面罩。

次级防护屏障：所试验的感染动物必须在Ⅱ级或Ⅱ级以上的生物安全设备中饲养，操作也须在Ⅱ级或Ⅱ级以上生物安全柜内进行。建筑物中的动物设施与人员活动区分开，要安装闭门器，外门可由门禁系统控制。进入后为一更室（清洁区），其后是二更室（半污染区）。传递窗（室）和双扉高压灭菌器设置在清洁区与半污染区之间，为试验用品、设备和废弃物进出设施提供安全通道。从二更室进入动物室（污染区）经过自动互连锁门的缓冲室，进入动物室的门要向外开。结构要便于清洁和打扫，各种穿孔要密封，窗户要密封，气流是由低污染区向高污染区流向。保证实验室内安全负压，供气需经HEPA过滤，排气经过两级HEPA过滤排放，不许在任何区域循环使用。室内清洁度高于万级。Ⅱ生物安全柜每年检测一次。动物笼在洗刷池内清洗，如用机器清洗水温始终保持在82℃以上。其他按规定执行。

（4）四级动物生物安全实验室

适用于本国和外来的、通过气溶胶传播或不知其传播途径的、引起致死性疾病的高度危险病原体操作，必须使用Ⅲ级生物安全柜系列的特殊操作和正压防护服操作。

1）操作标准：基本同三级生物安全实验室，但进入ABSL-4设施的人必须进行医疗监督，监督项目包括适当免疫接种、血清收集及暴露危险等有效性协议和潜在的危害预防措施。一般来说，感染危险性增加者或感染后果可能严重的人不允许进入动物设施。防止传染性材料和气溶胶外溢，当其发生时必须严格消毒。外溢一旦发生，应由具有从事传染性实验工作训练和有经验的人处理；外溢事故明显造成传染性材料暴露时要立即向设施

负责人报告，也要及时报国家兽医实验室生物安全管理委员会，最后的评估处理报告，也要及时上报。全部废弃物（含动物组织、尸体和污染垫料）、其他处理物和需洗的衣物必须用次级屏障墙壁上的双扉高压蒸汽灭菌器消毒。动物笼具在清洗和拿出动物实验室之前要进行高压灭菌或用其他可靠方法消毒。传染性材料用过之后，对工作台面和仪器用适当的消毒剂进行常规消毒，仪器修理和维修拿出之前必须消毒。

2）安全设备。

初级防护屏障：感染动物在Ⅲ级生物安全设备中饲养，所有操作均在Ⅲ级生物安全柜中进行，并配备相应传递和消毒设施。在防护服型实验室中，工作人员必须穿正压防护服方可进入。感染动物可饲养在局部物理防护系统中，操作可在Ⅱ级生物安全柜中进行。重复使用的物品，包括动物笼在拿出设施前必须消毒，废弃物在拿出设备前必须高压消毒，然后焚毁。

次级防护屏障：动物饲养要保证气溶胶经过高效过滤净化后方可排放至室外，不能进入室内。操作感染动物，包括接种、取血、解剖、更换垫料、传递等，都要在物理防护屏障条件下进行。能在Ⅲ级安全柜内进行的必须在其内进行。根据实验动物大小、数量，要特殊设计感染动物的消毒和处理设施，保证不危害人员、不污染环境。污染区和半污染区之间要放置不外排气体的高压灭菌器，半污染区和清洁区之间再装一台双扉高压灭菌器（二次灭菌），以便灭菌其他污染物，必要时进行再次高压灭菌。实验室的验收参考ISO10648—1994标准检测方法进行密封性测试，检测压力不低于500Pa，半小时的小时泄漏率不超过10%。实验室内外应有合适的通信联系设施（电话、传真、计算机等），进行无纸化操作。

关于生物安全实验室其他相关内容，参照国家相关规定进行。

第八节　动物疫病防疫监督

动物疫病控制的重点在于防，《中华人民共和国动物防疫法》、《动物防疫条件审核管理办法》、《动物免疫标识管理办法》、《动物检疫管理办法》都对动物疫病的防疫监督做了明确规定，如何落实这些规定是控制动物疫病的关键。

一、动物防疫监督的组织与管理

1．政府领导和部门主管动物防疫工作

国务院、省、市、县都有动物防疫部门，在国务院领导下，各级部门共同协调完成国内动物防疫工作。县级以上人民政府应加强对动物防疫的领导，组织制定重大动物疫病防治规划和应急预案，做好相关物质储备，组织协调对动物疫病信息收集、控制和扑灭疫情。动物防疫及监督费用由各级人民政府财政预算。卫生、工商、

交通部门协同做好相应工作，动物防疫监督机构应健全疫情监测体系，并按规定时间统一上报本辖区的动物疫情。个人和单位有责任和义务报告可疑疫情。

2．动物疫病防疫监督人员的管理

1）动物疫病防疫监督机构设动物防疫监督员和动物检疫员，动物防疫监督员不得兼任动物检疫员。

2）各级畜牧兽医行政管理部门领导辖区内动物防疫监督人员的管理工作。各级动物防疫监督机构具体实施动物防疫监督人员的管理。

3）动物防疫监督人员在自己职责范围内代表国家实施动物防疫监督。

4）动物防疫监督员报批程序：单位推荐，报上一级动物防疫监督机构考核，合格后送省畜牧兽医行政管理部门审查批准，由国务院主管部门核发《动物防疫监

督员证》。

5）动物防疫监督员的职责：①对辖区内饲养、经营动物，生产和经营动物产品，以及与动物活动有关的单位和个人遵守动物防疫法律、法规、规章和其他规范性文件的情况进行监督检查。②对动物疫病的免疫计划，控制、扑灭动物疫情进行监督。③对动物检疫员执行国家标准、行业标准及检疫管理办法等进行监督指导，并对检疫结果和处理情况进行监督检查。④对违反《中华人民共和国动物防疫法》、地方性动物防疫条例等的单位和个人，按规定给予行政处罚或报当地动物防疫监督机构处理。

6）动物防疫监督人员在执行任务时应携带执法证，佩带上岗证，统一着装，依法行事。

3．动物防疫监督机构的职责

1）对动物饲养、经营场所和动物产品生产、经营场所进行检查。

2）对动物、动物产品采样、留检、抽检。

3）对染疫、疑似染疫的动物和染疫的动物产品进行隔离、封存和处理。

4）对与动物防疫活动有关证明、合同、发票、账册等资料进行查阅、复制、拍摄、登记保存。

5）法律、法规规定的其他职权。

二、动物防疫监督的主要内容

1．动物防疫条件监督

动物防疫条件是实施动物疫病控制的基本前提之一，也是动物防疫最基本的工作之一。

1）屠宰场、肉类联合加工厂应符合动物防疫条件。

2）动物贮运、中转、交易场所应符合动物防疫条件：选址、布局、建筑、工具符合动物防疫条件；有清洗消毒设备、工具；有病死动物无害化处理能力，有污水、污物处理设施；有采购动物产品检疫情况登记等健全的防疫制度。

3）毛、皮、骨、角加工场所应当符合动物防疫条件：厂房、设施、用具等符合动物防疫条件，有规范的原料贮存场地，有污物、污水处理设施。

4）各类动物隔离饲养场所必须具有动物防疫条件。

5）动物诊疗场所应当符合动物防疫条件：有污物、污水、病死动物无害化处理和清洗设施、设备。不要在人口密集区设址。

6）与动物疾病有关的病原微生物实验室、检验室：必须具备生物安全实验室的条件，见动物实验室生物安全管理部分。

2．《动物防疫合格证》发放与管理

以上所涉及场所，符合上述条件的，可以向所在的地县级动物防疫监督机构呈交书面报告，填写《动物防疫合格证申请表》，申请《动物防疫合格证》。动物防疫机构在收到申请报告和《动物防疫合格申请表》后，应在 30 个工作日内对现场进行审查，合格后发证。合格证有效期一年，需延长，在期满 30 日前申请延长。

对发现的问题参照《中华人民共和国动物防疫法》依法处理。

美国农业部动植物检疫局（APHIS）新近为其电子许可证系统更换了一个以 Web 为基础的生物技术规范系统。这有助于 APHIS 对控制性转基因生物体的田间试验进行启动、处理和追踪。个人可在线进行许可证申请，并追踪处理情况。目前，APHIS 将更容易鉴定、追踪和处理可能存在问题的区域和法规事件。我们国家也要发展类似的系统，以提高执行的效率和管理方便程度。

第九节 兽医公共卫生需要的风险性分析

在国际间动物及动物产品贸易中有利益与风险同存的状况，一方面引进外国优良品种提高本国动物生产性能和质量；另一方面，动物的交换及动物产品的流通会带来传染病和寄生虫病原传入的危险。为了维护本国畜牧业生产安全和人们卫生健康，通过制定相关的检疫法规和技术标准，按照国际上 OIE 的《国际动物法典》、WTO 的《动植物检疫及卫生措施协议》等相关条款，限制或禁止具有风险性高的国外动物和产品进入我国，防止外来动物传染病传入。风险分析就是在动物重大疫病、人兽共患病、食品安全、进口动物和动物产品时对某种疾病传入概率及其危害（风险）进行评估、管理和交流的方法和过程，为决策机构制定进出境动物和动物产品的法律、法规、条款提供科学依据，使决策更加科学、透明、可防御。

风险分析的基本内容包括风险评估、风险管理、风险交流 3 个方面。风险分析的基本方法包括定性风险分析和定量风险分析两种。定性风险分析主要依据先例、经验进行主观估计和判断，可提供决策者低风险、中风险和高风险的定性判定。定量风险分析是利用可行的科学手段或技术为依据，给定性的风险因素赋予数值，最后以 $0 \sim 1.0$ 的概率估计危险性，供决策者参考。定性风险分析常缺乏必要的用于评估的信息和材料，未知因素太多；而风险定量分析科学性强，多数情况两者结合进行最好。

风险性评估：危害识别、危害特征描述、危险性信息交流；如人兽共患病可能的起源因素、途径等。例如，欧洲、FAO 和 WHO 联合建立的"紧急危险鉴别系统"（Emerging Risk Identification System，ERIS）针对食品安全中一些潜在的危害物质或"非预测性危险"允许危险评估工作者进行评估，以便早期预警。它的特点是对未知危险物质进行评估，而现有的安全性评价系统只针对已知的危险物质评价。

对于新出现于动物、动物产品中的一些新的生物、物质，动物出现新的疾病，使用或准备使用于动物的新

的物质、食品添加剂、转基因动物安全风险等，人们都欲或都想知道这些生物或其他物质对人类健康是否构成危险。风险性评估对人类健康、畜牧业健康发展、公共卫生的健康长久发展都是需要的。VPH需要的风险性分析主要有两方面：食品安全风险评估、动物重大疫病风险评估。

一、兽医公共卫生风险性分析的基本概念与方法

1. 风险性分析的概念与基本原则

1）可接受性风险：考虑到风险接受程度的处理决定，在风险性评估过程中对风险性事件在法律层面上的安全性或可接受度。

2）危险因子（agent）：引起疾病的载体（传播媒介）或微生物或其他农业危害的始因。

3）收益成本分析（benefit-cost analysis）：用于评价保证健康防护的收益和花费的经济评价方法。

4）病原携带者（carrier）：一些病原隐藏在人或动物体中，是疾病潜在的感染源。有些携带者表现自身感染症状，有些不表现明显的临床症状。

5）生物材料（commodity）：动物、动物产品、动物遗传材料、饲料配方中一些副产品和非常规饲料资源、生物学产品和病理材料。

6）比较风险分析（comparative risk analysis）：比较和排列各种风险因素，用于鉴别主要的和次要的影响因素。

7）投资效益分析（cost-effectiveness analysis）：以最小投入获得特殊健康防护目标的经济方法。

8）克外罗梅可霍夫模型（Covello-Merkhofer model）：风险评价模型，包括以下4个相关但在概念上有明显区别的步骤。

A. 释放评价（release assessment）：对能够释放入环境或可接近动物和人群的潜在危险因子描述，包括①危险性因子的类型、数量、持续时间和释放的可能性；②可能产生的作用和事件的描述。

B. 接触评估（exposure assessment）：动物和人暴露于特定危险因子时相对条件和特征的描述，包括①对暴露强度、持续时间、频率和持久性的描述；②暴露的途径（如消化、吸入或昆虫叮咬）；③可能暴露群体的数量、种类及特征。是对相对条件和特征风险评价的发展性描述。

C. 影响评价（consequence assessment）（后果评估）：对危险因子特殊的暴露及这些暴露的经济后果相互关系的描述。包括持续暴露特定条件下对动物和人群的影响特殊性。

D. 风险预测（risk estimation）：释放评价、暴露评价和影响评价综合得出的卫生与环境风险的一个量值，包括过去对人们健康造成严重影响的估计数，测定表明对自然环境造成的副反应的性质和程度，以及在这些评价中可能性分布、可信性间隔、其他非确定性平均值。

上述4个步骤为克外罗梅可霍夫模型的完整分析。

9）资料（data）：作为分析用的综合事实、信息或作为决定用的基础数据。

10）数据库（database）：收集相关资料、信息，经过计算机整理排列后的数据。

11）非疫病区（disease-free）：涉及的国家、区域或地区的动物传染的机会很低或危险性小。

12）文件管理（documentation）：为资料、信息资源和分析程序提供参考。

13）经济性分析（economic analysis）：用于保护健康和环境所采取行动的经济回报。

14）证据链（evidence-based）：用于决定或风险性分析的事实、信息和资料。

15）外源性（exotic or foreign）：在一定区域外或不属于本身的东西。

16）专家资源库（expert information approach）：引用风险性分析专家的信息和经验的一种手段。

17）地理信息系统（geographic information system，GIS）：利用计算机的储存、处理、分析及地图资料对风险性分析的系统。

18）危害（物）（hazard）：引起不利效果的危害源（如引起动物疾病的微生物），可能与释放途径有关。危害物可释放到空气、土壤、地表水或地下水中，可能是化学、物理、生物学等物质或能量形式。

19）危害物鉴别（hazard identification）：对生物危害的活性及对易感动物和人的传播途径鉴别过程。

20）模型输入（model inputs）：模型输入表示模型的组成，在风险分析中经常可与其他名词如输入（inputs）、可变性（variables）、系数（factors）或媒介变数（parameters）互换，媒介变数易在实验统计中相混淆。媒介变数是指数学上描述群体的测定，如群体平均值（m）、群体标准误差（s）和二分比（p）。斜率和截距是最小方差不变回归模型的系数。媒介变数用于计算机软件制表中，表示统计学功能偏角和可能分配的媒介变数，如 β 分配的形态媒介变数或正常、平均差及标准误差分配的媒介变数。这里的可能性（variable）定义为依不同时间、不同个体或主体而变化的特征。

21）可忽略性风险（negligible risk，tolerable risk，de minimus risk）：风险性很低，可接受性好或低于一般危害程度。

22）选项评价（option evaluation）：风险性处理评价、估测及比较的过程。

23）风险定量定义（quantitative definition of risk）：$R = \{<s_i, l_i, x_i>\} c$（表 7-5）。这个定义有 3 个答案：出现什么错?可能发生什么？如果发生其结果如何？

表 7-5　风险分析表

可能的状况	可能性	损害
s_1	l_1	x_1
s_2	l_2	x_2

可能的状况	可能性	损害
		续表
s_3	l_3	x_3
⋮	⋮	⋮
s_n	l_n	x_n

可能的状况（s_i）回答第一个问题，这种描述可能是错误的，第二个柱是每一个可能状况发生的可能性（l_i），第三个柱是给定（x_i）损害一个应对措施或几个应对措施。如果这个表能够包括所有的可能状况，3 组关系就可对应。损害系数（x_i）可能是一个多维系数，如一个媒介载体代表动物死亡、人感染、野生动物感染、环境污染等，损害可能是时间依赖性或非依赖性。

24）风险（risk）：有害事件发生及损害程度的可能性。

25）风险分析（risk analysis）：对风险评估、风险处理和风险信息交流的分析过程。

所谓风险分析就是对影响事物朝着人们非期望方向发展的各种不确定性因素（风险因素）进行测试和分析，以便估计事物朝着非期望方向发展的可能性和程度有多大。

26）风险评估（risk assessment）：确定危害和评估风险存在的过程。

风险评估包括危害鉴定、暴露评估、剂量反应评估和风险描述。尽管这是 4 个主要组成部分，但这些术语处于一种流动状态，不断变化。总体上，风险评估应针对每一种危害（如人畜共患病原、兽药残留、食品污染），也经常必须特别针对某一国家、某一种动物或某一种食品。在 VPH 中，风险评估是估计对人和动物之间相互作用的可能性和造成卫生反作用的影响。风险定量评估是被高度期望想得到的，但由于受专门技术、时间、数据和方法的限制很难得到。需要有一个强大的研究、调查和监测的基础设施来提供信息加强风险评估过程。

鉴于化学危害（如兽药残留）的暴露在评定风险中取得了相当大的进步，在评定人畜共患病和食品微生物污染的风险评估中的最新进展，表明未来前景不错。然而，在很多情况下，仅可能得到风险的定性评估，这是由于对相关的和暴露危害的生物学知识的理解。为了促进、评估和加强通过利用模型构建获得的风险评估的可信性，阐明在全程的各个阶段所遇到的假设、数据来源和不确定性是非常重要的。风险管理人员经常强调风险评估，而风险分析的其他结果也是有益的。这包括使用模型确定风险管理干涉和研究需要的潜在效力。对导致动物危害引发人类疾病症状的详细描述也有助于了解这种疾病的发展过程。

27）风险信息交流（risk communication）：对风险信息和观点的交流，以便对风险进行更好的理解并作出正确的处理意见。

28）风险评价（risk evaluation）：推解风险的过程，

包括个体、群体和社会风险可接受的程度。

29）风险管理（risk management）：鉴定、评价、选择和执行优选方案以使风险降低的过程。

30）风险缩减选择（risk reduction options）或风险减轻措施（mitigation measures）：任何减轻风险因素所造成的危害行动（包括对家畜的损害）。可以应用任何物品进行如防疫、诊断试验、检验、限制性应用、加工处理、标记监控等，使风险处于最低程度。

31）安全性（safety）：对风险判断可接受程度；风险可接受度的主观决定。

32）卫生措施（sanitary measure）：减少风险的各项措施，特别适用于特定的疾病。

33）传染病的传播（transmission of infection）。

直接传播（direct transmission）：传染因子直接感染易感宿主，可能是直接的物理接触（如滴虫病—尿道、狂犬病—咬伤）、经胎盘（如牛病毒性腹泻）或呼吸道传播（如牛传染性胸膜肺炎）。

气源性传播（air-borne）：通过直接吸入含病原颗粒的空气或气溶胶而感染，如口蹄疫和猪伪狂犬病。

间接传播（indirect transmission）：主要指媒介传播方式。

媒介传播（vehicle-borne）：感染源经污染材料机械性传播于易感宿主（如口蹄疫）、外科器械（如边虫病、地方性牛白血病）或饲料（如经典的猪瘟）、食品等。这些病原在媒介物上可能繁殖或不繁殖。

媒介传播分两种类型：一是机械性传播，节肢动物外表或吻带染，感染原并不繁殖；二是生物性，在感染前感染原在媒介上经历了必要的生命阶段或繁殖阶段（巴贝西虫病、泰乐梨浆虫病）。

34）变异性（variability）：物质或事物不均一性，如 6 个月大猪胴体重量是不一样的。

35）媒介物（vector）：能够携带和传播疾病的生物。

36）零风险（zero risk）：以往使用的方式排除风险或排除其他有风险方式介入，非常把握的处理方式。

37）健康指标：人类的卫生指标是可变的，有助于直接或间接测量公共卫生状况和评估所获取程序的目标范围。客观的、可证实的和以共同特征为基础的指标是程序制定的逻辑框架的一部分，也是阐明工作活动和计划非常重要的基础。指标应针对监测发展。因此，应选择允许程序执行的定量分析指标。

动物卫生风险分析基本原则：①把人的健康置于最高地位；②决策必须以科学证据为准则；③所有部门和管理部门为保证动物卫生安全而合作。

2. 危险性分析方法

风险分析最重要的步骤是要求生物材料的重要性，其样品是否为直接交付或多重转交的。风险分析具体操作依样品危险程度，要详细了解样品的历史和背景，整体描述，容量、数量、采样次数、时间框架等，对兽医生物制品还要求有产品概要简介。

所谓"风险"是指在特定条件下和时期内，行为主体在实现特定目标的过程中，由于未来行为预期及客观条件的不确定性而可能导致的实际（行为）结果与预期目标发生偏离的非期望特性或特征的总和。

风险评价过程包括危害物鉴别和4个相互关联的评价步骤，风险评估、必须鉴别潜在风险因子描述，结果应使人容易理解。风险评估文件管理要用于进一步的风险信息交流和危害管（处）理。

（1）风险分析的模式

风险分析模式包括因果模式（OIE 风险评估模式）、过程模式、框架模式及系统模式4种。

1）因果模式：一个因果模式描述从开始的条件到最后结果的一系列事件，因果链中的每一个环节对要实现的最后事件都是必要的。

2）事态集：事态集是事物存在和发展的状态的集合，见图7-241。

A. 风险因素集（Rfm）

Rfm＝［状态风险因素集（Refm）］∪［过程风险因素集（Rpfm）］

B. 情景集（Sm）

$$Sm＝Sem∪Spm$$

C. 过程情景集（Spm）和状态情景集（Sem）的区别：

a. 情景模式不同。

过程情景集（Spm）＝（状态0）∩［过程风险因素集（Rpfm）］∩［状态风险因素集（Refm）］＝（e0）∩（Refm）∩（Rpfm）

状态情景集（Sem）＝（状态0）∩［状态风险因素集（Refm）］＝（e0）∩（Refm）

b. 映射方式不同

过程情景集（Spm）：$e0（t）→0n$；

状态情景集（Sem）：$e0→0n$。

c. 风险的生成方式不同

过程情景集（Spm）：风险的异域扩散；

状态情景集（Sem）：风险的同域放大。

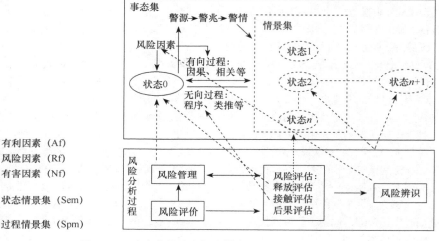

图 7-241 事态集风险分析的模式

（2）风险分析过程

1）对影响事物发展方向的风险因素进行辨识。

2）对各风险因素产生的可能影响及后果进行分析和评估。

3）综合评价各种分析和评估结果得出事物可能的发展方向及偏离预期目标的程度。

4）提出预防事物可能发生偏离的措施（风险管理）（图 7-242）。

二、风险评估步骤

1. 释放评估

释放评估（release assessment）是指描述和定量危险来源释放潜在病原进入环境而接近动物和人群的可能性。在进口活动中可以将危险来源引进进口国家。释放评估能够经典地描述类型、数量、时间和释放病原的可能性，以及随各种活动、事件或措施而可能改变的结果。

释放评估要求如下因素综合分析。

A. 出口国家相关疾病发病率或流行。

B. 临近区域或国家发病率或流行。

C. 对出口国家兽医服务、调查程序及区域、区域系统进行评价。

D. 动物种类、年龄和饲养情况。

E. 病原偏爱场所。

F. 病原污染的容易程度。

G. 处理和灭活程序的效果，如冰冻、热处理、熟化过程、烟熏、盐渍、干燥、巴氏灭菌、热蒸汽、贮藏、化学和机械处理、酸化等。

H. 添加剂的效果。

I. 动物健康认证政策和实践。

J. 接种政策和实践。

K. 诊断检测的效果。

L. 治疗处理的效果。

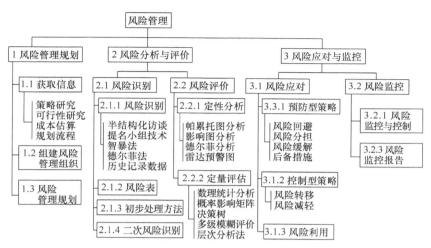

图 7-242　风险管理方法

M．防疫效果。

N．屠宰检验效果（宰前和宰后）。

O．胴体去骨的效果。

P．胴体去掉淋巴和中枢神经系统的效果。

Q．保藏和转运的温度和持续时间。

兽医生物制品引入中的释放评估如下。

A．疫苗产品的稀释效果（生长和维持介质、稳定剂）。

B．疫苗生产中病原放大效果。

C．疫苗批次实验。

D．疫苗生产的灭活效果。

E．疫苗免疫原的灭活效果。

F．疫苗生产过程中分离、浓缩、冻干及重建效果。

2．接触评估

要尽可能地详细描述和定量分析动物及人暴露病原或释放病原的相关环境条件和特性。接触评估（exposure assessment）或暴露评估是一种典型的对动物和人群体可能接触的可能含病原动物或产品数量、时间、频率、接触的持续性、接触途径（消化道吸入、昆虫叮咬）及种类和特征的评估、分析行为。对引入的一些动物或动物产品的接触评估要求进行如下内容评价。

A．潜在的媒介存在。

B．病原的性质和特性。

C．释放原固有性质和计划使用目的。

D．接触途径、传播模型和进入门户。

E．病原的初级、次级和间接宿主。

F．出国人员和动物数量统计学。

G．习惯和培养操作。

H．执行动物和人健康法规情况。

I．对非使用的生物材料或污染物的处理操作。

J．地理环境特征。

对兽医生物制品引进时的接触评估如下。

A．引进数量（剂量）。

B．剂量大小。

C．应用途径。

D．目标和非目标种类。

E．感染域值。

F．免疫低下亚群，包括动物和人针对性如何。

G．环境和宿主存在的情况。

3．后果评估

后果评估（consequence assessment）是对接触病原特殊性和经济后果之间的相互关系进行描述和定量分析。必须存在偶然的机会才能产生对健康和环境的副作用。后果评估是一种特定环境下对动物和人健康影响典型的详细陈述。后果评估可能包括下述情况的结果。

A．动物死亡、除掉和屠宰。

B．生产的损失，包括流产和不育。

C．遗传信息丢失。

D．商业禁止的损失。

E．家畜禁止转运的限制。

F．家畜市场的损失。

G．控制和清除的费用。

H．监督调查、实验室和追回费用。

I．检疫和隔离等的费用。

J．清洁和消毒的费用。

K．其他处理费用。

L．疫苗费用。

M．人疾病和死亡。

N．对环境的不利影响。

4．风险预测

风险预测是对释放评估、接触评估、后果评估对健康和环境风险定量测定的综合分析，最终结果是对健康和环境不利影响进行可能预测，包括可能、不定的特征或这些预测的可信程度。风险预测（risk estimation）是对从危害物鉴别到不期望结果的各种风险途径的全面考虑。一个定量的风险预测是对释放、接触评估的综合分

341

析，最终结果可能包括以下几方面。

A．对动物及动物群体、人在特定时期内受健康影响的数量。

B．这些预测中也包含了可能的分布、不确定性等。

C．各种模型输入的描述。

D．对风险预测结果的可能变化排列出敏感分析输入可能。

E．模型输入依赖和相关性分析。

风险预测的原则如下。

A．风险预测应该是对真实状况的弹性分析，并不是用一种方法处理所有情况。以动物生物材料举例，引进的生物材料可能存在多种危害物，通过流行病学鉴别、检测和调查系统、接触环境等可能鉴别出多种危害物。

B．使用定性和定量风险预测。

C．鼓励将风险评估与风险处理分开，避免受以前有规律的结论的影响。

D．风险评估是根据现在最好的可利用资料进行分析，评估应很好地记录在案，而且要有监视的科学文献资料支持。

E．坚持风险评估的一致性和透明度，以保证其公正合理。一致性可能受到类似生物样品、可利用资料类型和数量的影响。

F．风险评估应说明在风险预测结果中的不确定性。

G．一般来讲风险预测随着生物材料引进容量或数量的增加而增加。

H．当有其他材料可利用时，应对风险评估进行即时修改。

5．风险管理

风险管理（risk management）有很多措施，但在每个风险分析中并不是所有措施都需要。风险管理包括的因素如下。

考虑效益和成本，与企业有关各方、政府和学术机关及公众磋商后，风险管理设法确定降低风险和选择行动的最佳做法。风险管理是发布和执行保护公共卫生的法律和法规的有关个人和组织及负责制定和执行风险降低计划的组织的特有功能（如肉类检验，野生动物的狂犬病疫苗接种，人畜共患病控制）。风险管理人员应运用风险评估的结果优先分配有限的资源。可供选择的风险管理的方案也应阐明，如果可能，这些方案应服从于成本效益分析。

1）风险评价（risk evaluation）首先从风险评估的需求中来考虑风险管理，其次对风险评估材料中风险因素可承受能力阐明、比较、判断其意义并作出决定。

2）选择评价（option evaluation）以风险评估为依据以最小的风险选择适当的卫生措施，尽量减少生物学不利因素和经济影响。评价效力是一个反复过程，包括原始风险评估的再评估，减少风险程度。评价可行性集中在影响危险管理选择的技术、操作、经济因

素手段方面。

3）手段：通过风险管理决定接受或拒绝引进的过程。

4）监督和复审：观察引进过程，如有必要，以风险评估、卫生措施和危险管理决定形成一个复审。风险管理过程见图7-243。

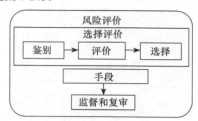

图7-243　风险管理要素

风险管理原则如下。

1）对输入品的风险管理主要是考虑对动物和人不利健康影响因素，即与健康有关的风险评估结果呈直线性相关。这些卫生评价结果又会对经济产生影响，所有的风险管理决定都要符合WTO的《实施动植物卫生协议》。

2）《陆生动物卫生法典》中的国际标准应该是风险管理卫生措施的最佳选择。

6．风险沟通

风险沟通（risk communication）是指风险审查人、风险管理者和其他利益部分对风险信息的交流。开始时需要风险分析，当输入品已经决定接受或拒绝后就进行风险沟通。风险沟通是磋商、讨论和评价的过程，来加强风险评估和风险管理的有效性、高效性和普遍接受性。风险沟通应保证有关各方基于风险分析的结果方便及时地得到通知和提供重要的评论。在许多国家，这是公共政策最重要和最难以解决的领域之一。如果做得多，风险沟通可极大地促进风险分析的质量、可接受性的影响；不能很好地执行风险沟通原则可毁掉精心策划和设计的政策和程序。公众和其他业主的意见在制定风险评估的目标和范围时必须给予考虑。对于评估程序自身，专家和风险管理人员之前的交流是必需的。在选择降低风险的最佳方案时，风险管理人员应评估来自受到影响的各方，风险评估和成本效益的分析资料，然后对所做的决定进行有效的沟通。

风险沟通的原则如下。

A．对输入品决定接受或拒绝后风险沟通应该是公开的、相互的和透明的。

B．风险沟通的主要接受者包括输出国的官员、利益相关者如本国的和外国的工业集团、本国家畜生产者及消费集团。

C．同业互查是风险沟通的一个组成部分，为了获得科学和分析关键，保证科学资料、方法和采取措施的有效性。

D．对模型、模型输入和风险评估的风险预测中的不确定性应该沟通。

三、对进口重要动物和动物产品危害物鉴别

1. 必须考虑的因素（图 7-244，图 7-245）

1）必须考虑 WTO 的 SPS。

2）危害物鉴别必须考虑是否为外来的、国家严格控制的、可能潜在发生的不良反应等。

3）样品来自输出国家一定种类的生物病原。

4）如果病原能够感染或污染生物样本，对于任何治疗或转运过程中都有可能暴露易感宿主的潜在危险。

5）OIE 所列通报性疫病（每年更新），FAO 所列 C 类病原为重要病原。

6）危害物还包括本国未充分认识的媒介传播疾病、进口动物限制疾病的潜在不良反应结果。

7）对于动物产品，病原必须在所使用的各种方法能够存活，包括对易感宿主。如传播模型、暴露靶宿主或动物产品进口中在一些宿主中危险性明显降低等复杂过程。

8）进口产品经口途径暴露于易感宿主是危险的，慎用剩菜或未烹调好的油渣饲喂猪和禽类。

9）鉴别羽毛、肉、血和骨粉的危害物可知道这些材料再污染的可能性。

10）兽医监督、调查程序和区域系统评价对输出国家动物病原危害物鉴别十分重要。

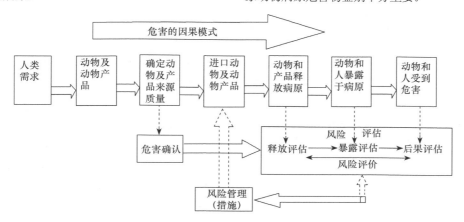

图 7-244 进口动物及动物产品危害的因果结构图

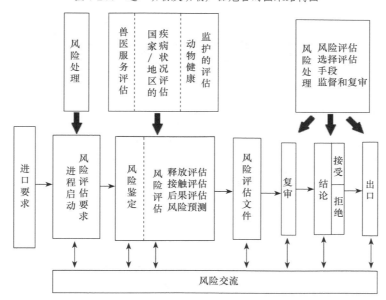

图 7-245 进口危险性分析中危害物鉴别、危害评估、风险处理和危险信息交流之间的关系

2.（进口）胚胎

国际胚胎移植协会（IETS）对体内和试管胚胎移植降低疾病风险提出了建议，并将移植风险病原分成以下 4 类。

1）经适当处理的胚胎可忽略其移植风险。

2）风险可忽略但需要进一步认证其危险状况。

3）主要证据认为其风险可忽略但需要进一步确证。

4）主要工作在进行当中。

1 类和 2 类疾病并不在考虑范围内。用胰蛋白酶处理胚胎可除去或灭活病毒。对试管中孵化的胚胎透明带处理对危险病原无效，因此，IVF 胚胎要分开处理。

3.（引进）精子

用国际上认可的收集、处理和贮藏方法（稀释和

343

加抗生素以除去传播疾病危险）使精子液灭活或除去所含病原，并不考虑动物健康危害。精子和胚胎被引入健康畜群，如人工授精中心，可带来已被证实的生物危害。健康安全地除去这些带来的危害就是我们要进行的工作。

4. 兽医生物制品

动物产品包括各种天然材料都是微生物污染和生长的良好基质，大量不同种类的病原都可能作为潜在的危险因素。来自于不同国家、地区的动物材料都很重要，特别是像 prion 这样非传统病原不可能在常规处理过程中被去除掉。这些最危险的病原在动物材料基质中被放大，其他材料作为动物源性稀释、培养菌种、培养病毒或寄生虫、SPF 蛋用于制备活疫苗等操作中引入危险病原。

GMP（良好的操作实践）对除去兽医生物材料中危险病原非常重要，最可能的污染阶段是"开放"操作阶段，其次是产品在装瓶密封过程中。这些过程包括混合、灌装、冻干。没有充分灭活任何免疫原和交叉污染其他产品都是危险的。对于进口兽医生物制品危害物评估要考虑如下因素：疫苗微生物和免疫原，包括其来源；生产设备的国家和地区；疫苗生产设备中其他可能生物病原；动物源性试剂和它们的来源（如胎牛血清、牛血清白蛋白、牛源含蛋白胨和蛋白水解物）；细胞基质（细胞系、原始细胞、SPF 蛋）和来源；加工过程（培养、浓缩、收获、分离及混合）。

四、动物园和野生动物危害物鉴别的特殊考虑

动物园和野生动物的危害物鉴别缺乏科学信息和特殊疾病信息，只有抗体信息不能充分说明病原的危险，特别是肉食兽和草食兽。捕猎这些动物对人是危险的，人们无防护接触这些动物会带来风险病原，也可能再传播给动物或人一些疾病。做这些动物危害物鉴别时应考虑如下因素。

1）自然感染或分离病原的证据。

2）致病性和流行病学资料。

3）已知易感种类和动物园及野生动物种类之间的系统发生关系。

五、风险分析实例

传染性法氏囊（IBD）病毒通过进口鸡肉产品传入并在庭院鸡群中定殖的定量风险评估（这是一个新西兰从欧盟进口火鸡的风险分析例子）

针对庭院鸡群，进口带毒鸡肉品造成 IBD 在新西兰鸡群中定殖，必须满足以下条件。

进口了感染鸡肉品；饲养庭院鸡群的家庭购买了这些进口感染鸡肉品用以消费；进口鸡肉的生碎料或熟碎料被当作厨房废料处理；含有感染鸡碎肉的厨房废料被用于饲喂庭院鸡群；如果鸡群正处在易感年龄，将造成鸡群感染。

为了验证上述猜想，建立风险分析模型（图 7-246），用 @Risk 软件进行蒙特卡洛模拟。

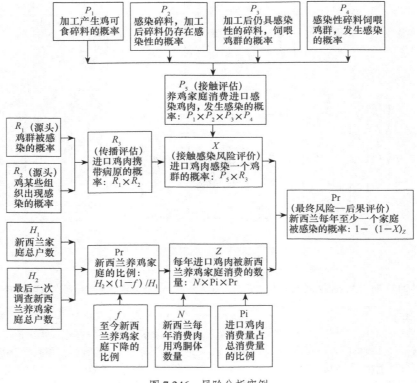

图 7-246　风险分析实例

风险分析所考虑的商品：该模型考虑的鸡肉产品有整鸡胴体（不含内脏），带骨鸡块（如鸡翅、腿），去骨鸡块。

1. 释放评估

进口鸡肉产品感染的概率用 R_3 表示，R_3 由以下两个变量决定。

来源鸡群感染的概率：R_1；屠宰时鸡的某些组织携带病毒的概率：R_2。

1）根据公开报道数据 R_1 的取值范围为：

最小值 0.3

最可能 0.7

最大值 0.9

模型所用分布是 PERT（0.3，0.7，0.9）。

2）屠宰时有活菌的概率 R_2。

为了估计这个概率，应考虑以下情况：鸡屠宰日龄；鸡被感染日龄；组织持续感染时间。

在屠宰时感染鸡不同组织携带病毒的概率，采用下列数据模拟。

鸡的屠宰日龄：鸡在 5～7 周龄被屠宰，通常是 37 日龄，但也有小到 32 日龄大到 49 日龄的；鸡被感染日龄：鸡在 1～49 日龄任何时候都可被感染。

组织持续感染时间：感染后 2～6d，病毒可在肌肉组织中繁殖，感染后 1～28d，病毒可在器官中繁殖。

由此可得仿真参数（表 7-6）。

表 7-6 仿真参数

	鸡肉	鸡内脏器官
A1，鸡屠宰日龄	PERT（32，37，49）	PERT（32，37，49）
A2，鸡初感日龄	Uniform（1，49）	Uniform（1，49）
D，组织传染性持续期（天数）	Uniform（2，6）	Uniform（2，28）

综合仿真结果可得屠宰时在不同组织中发现活菌的概率（表 7-7）。

表 7-7 不同组织中发现活菌的概率

	鸡肉	鸡内脏器官
迭代运算次数 K	20 000	20 000
子模型的平均输出结果	0.083 44	0.300 15
Beta［$K \times$ mean+1，$K \times$ (1−mean)+1］	Beta［1 669，18 332］	Beta［6 004，13 998］

3）进口鸡胴体被感染的平均概率（α=0.1）R_3 为

$$R_3 = R_1 \times R_2$$

肌肉：0.056

内脏器官：0.2

2. 接触评估

进口鸡肉引起鸡群感染的概率如下。

1）进口鸡肉产品产生鸡可食碎料的概率 P_1 如下。

整鸡胴体：1

带骨分割鸡块：0.015

去骨分割鸡块：0.005

2）感染碎料在烹饪后仍存在感染性的概率 P_2 如下。

最小值：0.5

近似值：0.8

最大值：1.0

模型中 P_2 服从 PERT 分布（0.5，0.8，1.0）

$$P_2 = 0.783$$

3）烹调后仍存在感染的碎料被饲喂给鸡群的概率 P_3 如下。

最小值：0.1

近似值：0.9

最大值：1.0

模型中 P_3 服从 PERT 分布（0.1，0.9，1.0）

$$P_3 = 0.783$$

4）IBD 在饲喂了感染废料的庭院鸡群中定殖的概率 P_4 如下。

最小值：0.25

近似值：0.5

最大值：0.75

模型中 P_4 服从 PERT 分布（0.25，0.5，0.75）

$$P_4 = 0.5$$

5）饲养庭院鸡群的家庭消费进口感染鸡肉制品，从而将疫病传入并定殖的概率 P_5 如下。

$$P_5 = P_1 \times P_2 \times P_3 \times P_4 = 0.3065$$

6）接触定植 X 评估：

$$X = P_5 \times R_3$$

肌肉：0.0162

内脏器官：0.0613

3. 最终风险（P）估计

1）进口鸡被养鸡家庭消费的数量 Z 为

$$Z = N \times Pi \times Pr$$

式中，N 为新西兰每年消费的肉用鸡数量，$N = 6.3 \times 10^7$；Pi 为进口肉用鸡占新西兰肉鸡总消费量的比例，或者说市场占有率（表 7-8）；Pr 为养鸡家庭占新西兰家庭总数的比例。

表 7-8 市场占有率

商品	市场占有率估计值/%		
	低	中	高
整鸡胴体	1	10	20
带骨分割鸡	0.1	1	10
去骨分割鸡	0.1	1	10

养鸡家庭占新西兰家庭总数的比例 Pr 估计如下。

$$Pr = [H_2 \times (1-f)] / H_1$$

式中，H_1 为新西兰家庭总数；H_2 为最后一次调查中养鸡家庭的户数；f 为到现在为止养鸡家庭下降的比例。

经调查，其中：

$$H_1 = 1.21 \times 10^6$$
$$H_2 = 7 \times 10^4$$
$$f = \text{Uniform}(0.4, 0.6)$$

所以：

$$\text{Pr} = [H_2 \times (1-f)]/H_1 = 0.2893$$

新西兰每年进口整鸡胴体或分割鸡并被养鸡家庭消费的数量见表7-9。

表7-9 新西兰每年进口整鸡胴体或分割鸡被养鸡家庭消费数量

商品	市场占有率 P_i/%	进口鸡被养鸡家庭消费数/只
整鸡胴体	1	182 231.405
	10	1 822 314.05
	20	3 644 628.099
带骨分割鸡	0.10	18 223.140 5
	1	182 231.405
	10	1 822 314.05
去骨分割鸡	0.10	18 223.140 5
	1	182 231.405
	10	1 822 314.05

2）最终风险（P）评估

每年不传入疫病的概率计为：$(1-X)_Z$

每年最少有一个庭院鸡群被感染的概率是：$P = 1 - (1-X)_Z$

4. 风险评估结论

根据所采用的假设，如果把欧盟的肉鸡进口到新西兰，即使是相当少的进口量，IBD病毒传入庭院鸡群的风险还是高的。实际上，即使仅相当于新西兰整鸡胴体或分割鸡消费量1%的少量鸡肉制品被进口到新西兰，IBD传入和定殖的概率也接近1。

风险性分析和人健康指示把维护人的健康摆在动物防疫首位，食源性疾病、人兽共患病等的发生存在规律性和条件性机制，目前只有极少数国家和科学家在做这样的事情。对于传染性疾病或人兽共患病预防重于治疗，只有预防做好了，治疗的任务也就减轻了。加强国际互联网信息共享制度，共同分析、预报，建立动物疾病预警干预系统是目前兽医公共卫生系统要做的工作之一。

动物及动物产品风险性评估、风险性管理、卫生检疫风险预警等工作对动物或动物群体特别是进口动物及产品进行人兽共患病监控（如流行病抗体监测）十分重要。对屠宰动物进行微生物和化学物质残留检测，以便进行卫生检疫风险预警，特别是对进口动物如进口由牛海绵状脑病疫区输入牛及肉骨粉在××地区引发牛海绵状脑病的风险评估，进口特种动物引发外来疾病危险性评估。针对疯牛病，日本要求进口的牛肉必须是20个月以下的年轻屠宰牛。对奶牛、羊的结核病、布鲁氏菌病检测，有助于对人感染这些疾病的卫生检疫风险预警。

第十节 动物疫病防控经济学评估

动物卫生经济学是研究如何向动物卫生行业分配资源，以及动物卫生行业内部资源如何配置的学科。目的是提高疫病预防、控制和消灭等政策措施的效率，需要运用经济学分析方法，寻求生物学和经济学之间的相对平衡。主要包括动物疫病经济损失评估、动物疫病防控措施的成本效益分析及经济学评价。兽医卫生经济学是关于兽医决策支持的学科，是为优化动物卫生管理决策过程提供概念、程序和数据构架支持的学科。在动物卫生经济学中，动物流行病的经济学研究实际上是兽医流行病学和经济学的结合，强调以群体的观点和经济评估来进行疫病预防和控制研究，是为疫病暴发国家、地区和农场疫病防控与动物卫生状况提供决策支持的重要学科。

1. 动物疫病损失及影响评估

（1）概念

疫病经济损失是指动物疫病对养殖业及其下游产业产生的经济损失，以及为控制和扑灭疫情而增加的各种常规支出及紧急支出。主要包括如下含义：因发生动物疫情造成养殖面积及其上游产业的经济损失；为控制和扑灭疫情而增加的各种常规支出及紧急支出；对其他产业或行业造成的间接经济损失和影响；对社会公共卫生、福利、生态环境等造成的影响等一系列社会经济损失。

进行动物疫病损失及影响评估要针对不同层次（如国家、地方和畜主）、不同流行程度（如重大疫病、流行病、地方病）、不同市场（如国内消费或国际贸易）等进行评估。

（2）分类

可按损失的性质分为：有形损失、无形损失；直接损失、间接损失；事前损失、事中损失和事后损失。动物疫病经济损失强调以群体的观点和经济评估来进行疫病预防和控制研究，为疫病暴发国家、地区和农场疫病防控与动物卫生状况优化提供决策支持。例如，2001年英国的口蹄疫，造成了直接损失和间接损失，使该国农业和食品领域直接经济损失31亿英镑，旅游损失25亿英镑，乡村旅游收入同比下降75%，英国当年经济增长率下降1.5%。

（3）基本程序

1）确定评估目的：确定评估工作实现什么目标。

2）确定评估对象和时段：确定疫病所造成的损失是相对而言的，是哪个层次、哪些对象的损失。时段是指灾前评估、灾时评估和灾后评估。时段的划分注意疫病的周期性，前后时段的可分性，利于损失强度计算，便于比较。

3）确定评估范围：主要确定系统的边界，即评估对象涉及多大范围，如评估问题及哪些领域、哪些部门、哪些方面等，从而明确各种对象损失评估的边界。范围不仅指空间、区域、面积，而且涵盖品种、相关的经济活动领域等内容。

4）建立损失评估指标体系：建立评估指标体系是关键环节，损失评估资料的收集与分析都是在细化指标的基础上进行的。

5）搜集疫病经济损失资料：具有真实可靠的疾病资料是进行动物疫病经济损失评估的基础。

6）疫病经济损失评估：要根据获取的资料，利用各种方法从不同角度对技术的、经济的、社会的、生态的影响进行综合分析与评估。

（4）动物疫病经济损失评估方法

1）评估模型。

疫病损失＝直接损失＋间接损失＝直接经济损失＋直接非经济损失＋间接非经济损失

$$M=f(Q,N)=f(q_1,q_2,n_1,n_2)\ ；\ M=\sum_{i=1}^{n}M_{Ai}+\sum_{i=1}^{m}M_{Bj}$$

式中，M 为总货币损失；M_{Ai} 为第 i 项直接损失；M_{Bj} 为第 j 项间接损失；n，m 为直接损失与间接损失的项数。

2）疫病损失评估方法。

调查评估法：通过向专家调查的方式获得对疫病损失的估计。最常用的是德尔斐法，一般用于疫病发病前的评估。

影子价值法：又称恢复费用法，多用于损失实值评估。

市场价值法：以现行市场价格估算扑杀、死亡家禽的费用，或计算重新购置受损物质所需费用来估计财产物质等的损失货币量。

海因里希疫病损失评估方法：灾害损失可用直接损失与间接损失比的规律来估计，即先计算直接损失，再按 1∶4 的规律，以 5 倍的直接损失量作为灾害损失估计值。但应根据具体情况确定比例。疫病间接损失一般是直接损失的 7～20 倍。

海因里希疫病损失评估方法见图 7-247。

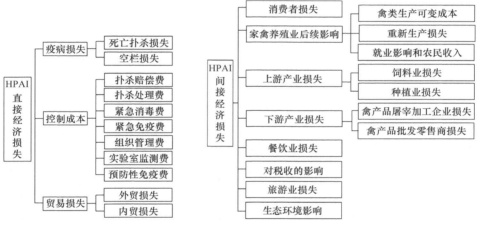

图 7-247　海因里希疫病损失评估方法

2. 动物疫病防控措施的成本效益分析及经济学评价

（1）概念

成本效益分析：对确定的动物疫病防控目标，提出若干方案，详列各种方案的所有潜在成本和效益，并把它们转换成货币单位，通过比较分析，确定该项目或方案是否可行。

（2）成本和效益计算

成本 { 损失：动物死亡、产量下降
　　　 支出：免疫费用、扑杀费用、消毒费用等

效益：减少的损失，如减少扑杀和无害化处理费用

$$S=N_S\times(P_1+P_2)$$

式中，S 为直接效益；N_S 为不实施防控的情况下，畜禽感染某疫病的数量；P_1 为畜禽扑杀补偿标准（元/羽）；P_2 为畜禽扑杀后无害化处理费用（元/羽）。

禽流感防控中的成本与效益分析见图 7-248。

（3）评价指标

有净现值：NPV＞0；内部效益率（IRR）＞社会贴现率；效益成本比＞1。

内部收益率法（internal rate of return，IRR）又称财务内部收益率法（FIRR）、内部报酬率法、内含报酬率。

内部收益率法是用内部收益率来评价项目投资财务效益的方法。所谓内部收益率，就是资金流入现值总额与资金流出现值总额相等、净现值等于零时的折现率。如果不使用电子计算机，内部收益率要用若干个折现率进行试算，直至找到净现值等于零或接近于零的那个折现率。

净现值法（NPV）是将未来所有现金流量贴现为现在的价值，与项目的初始投资支出进行比较，所得差值为净现值。当风险值大于或等于零时，项目可行。当净现值为负，项目不可行。

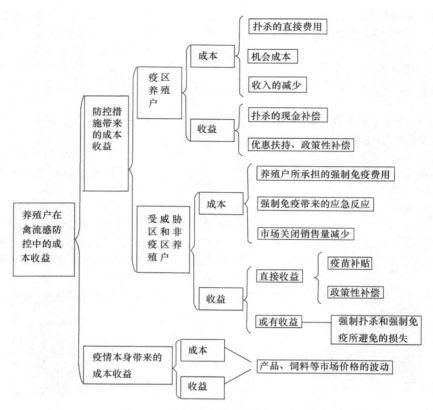

图 7-248　禽流感防控中的成本与效益分析

内部收益率法：内部收益率大于企业要求的收益率时可接受，小于时拒绝。内部收益率是指项目实施后预期未来税后净现值流量的现值与初始投资相等的贴现率，即使得项目的净现值等于零的贴现率。

第十一节　同一个世界，同一个健康

同一个世界，同一个健康［One world, one health（one medicine）］主要是针对动物及动物产品或环境引起人类健康问题，医学和兽医学等多学科、多部门联合行动，应对各种健康风险。

1．动物健康与人类健康的关联性

动物与人类健康的关联性至少有 3 个基本形式：首先，人类的许多健康风险与动物接触有关，包括动物传染给人的疾病，动物过敏原引起人的过敏，动物咬伤、蜇伤和其他接触创伤；其次，人与动物之间的纽带关系对社会心理效应是人类身心健康的重要组成部分；最后，动物可能作为环境中对人类同样是一种风险的有毒或传染性健康危害的"哨兵"。

国际上 FAO、WHO、OIE 等几大组织同意接受"同一个世界，同一个健康"理念，并制定了实现动物-人类-生态共健康的全球战略框架。框架认为，①人类健康主要面临这样的挑战：食品营养与安全；动物发展模式与安全；生态环境。②高度重视动物健康：人与动物关系正发生深刻变化；发达国家高度重视动物健康与管理；需要建立现代健康理念。

战略框架的目的是想通过国家、地区和国际疾病情报、疾病监测和疾病应急响应系统，并通过稳定的公共卫生和动物卫生服务及国家之间的战略支持，建立一个消灭风险、减少流行病给全球带来的威胁的框架。

2．医学与动物医学互补性

同一个健康理念针对人兽共患病来说，不是一个国家或地区的事情，国际上各个国家都面临着同样的威胁；也不是单独医学或兽医学的事情，需要医学、公共卫生、兽医学、环境卫生、食品安全、社会和执政当局的全面合作，也就是全社会的事务（图 7-249）。

具体地讲，就需要医学和兽医学在信息情报、防控措施方面加强交流与沟通，针对人兽共患病形成一个有机整体，而不是割裂开来。

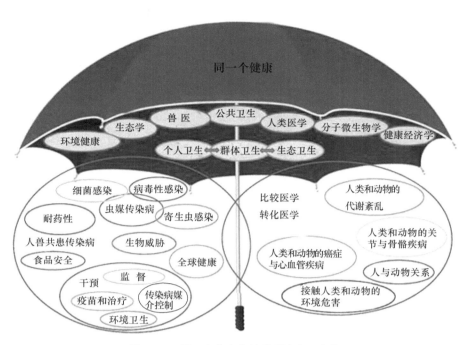

图 7-249　同一个健康发展需要的全面合作

3．人与动物健康风险的互为"预警"

很多动物疾病可能就是人类疾病的前兆，如动物布鲁氏菌病和结核流行地区也是人类该类疾病高发地域，这就是预警信号。一些人类疾病多发地区动物也可能患有同样疾病，因此，动物疾病"哨兵"对人类疾病控制非常有用，也就是人与动物交互病医学。

我国目前在这些方面还有很多需要改进的地方，特别是在人兽共患病源头控制方面没有很好地发挥兽医学的优势，医学与兽医学及与其他方面的综合协作远远不够，需要同一个健康认识的普及。

第三篇

比较医学与动物健康福利

第八章
兽医公共卫生与比较医学

比较医学是医学和兽医学的交织点，故有人称之为"广义医学"。它以兽医学的知识、技术和资源为基础，通过人类与动物的解剖、生理、病理、病象、免疫机制及疾病流行规律和诊断治疗方法的比较研究，以寻找控制和消灭疾病的途径和方法，为医学提供多方面的宝贵资料，促进基础医学和临床学科的发展。兽医学在遗传缺陷、致癌物质和残留毒物试验、实验用动物学、实验外科、器官移植、人造器官等生物医学方面的作用正日益显示其强大的生命力。尤其是在宇航医学中，动物疾病和兽医技术更是无可代替的研究手段。动物与人类的关系源远流长，很多动物疾病在人类之前就存在，但随着环境变化和生物进化，原来与人类没有关系的病原，逐渐成为危害人类的重要疾病。动物与人类存在互惠关系，同时也存在利害关系，这种利害关系也是现今兽医公共卫生十分关注的一个方面，同时也是医学，特别是预防医学、流行病学关注的重点之一。

第一节　比　较　医　学

比较医学是对动物和人类的健康与疾病进行对比研究，借以探讨和阐明人类疾病本质的一门新兴的边缘学科。比较医学是通过实验动物来研究人类各种疾病，从而为保护和增进人类健康服务的综合性学科。比较医学研究是医学发展的重要基础，是现代化医院"医、教、研"工作全面发展的重要组成部分，同时也是兽医科学在社会作用的具体体现之一，是医学与兽医学交叉的重要组成部分。

医学和兽医学这两门学科，除了对象不同之外，其他几乎都很相似，随着生物技术的飞速发展，这两大门类科学交叉也越来越多，从而加速了人类健康事业的发展。由于人体不能直接进行疾病和药物的研究，利用动物就很容易解决这个问题，在人兽共患病研究中就是突出的例子。医学的很多或者说绝大多数的药物都是在动物实验的基础上才进入医学临床试验的。

1．发育生物学比较研究中的应用

（1）生理特性比较研究

动物的体型大小与心率有关，体型越大，心率越慢，相对心脏小的动物心跳就快。呼吸频率也是如此，并与心率存在着与身体大小、心脏大小相一致的平行关系。同一个体的心率、呼吸频率、体温三者成正比关系。两栖类、爬行类动物为变温动物，体温水平与外界温度有关。

（2）脏器形态比较研究

1）胃的形态比较：动物的消化道各部分大小、形态构造因动物种类不同而有显著差异。反刍动物是复胃动物，由多个单胃组成。单胃动物之间胃的形状类似，但胃食道部（前胃部）所占比例有所不同。人是单胃，在比较上与单胃动物类似。

2）肝形态比较：动物因种类不同而在肝的分叶方式上存在差异。啮齿类动物肝的构造最为复杂，马和大鼠肝的特征是缺少胆囊。在研究肝和胆囊机能及疾病方面比较研究很有意义。

3）肺的形态比较：肺的形态因呼吸方式不同而有所不同。哺乳类和鸟类之间差异显著，肺分叶情况因动物种类不同而有所不同。

4）脑的形态比较：越是低等动物，其脑的嗅球所占比例越大；越是高等动物，其嗅球功能越弱。在鸟类和哺乳类脑活动中，睡眠与觉醒是不断交替的。因动物特性不同，脑各部分发达程度与比例差异很大，人类与动物各部分差别也很大。

5）心脏的形态比较：脊椎动物的心脏结构随等级提高而逐渐完善，在形态和机能上，与人类心脏最类似的动物是犬。

2．繁殖性能比较与节育研究

动物繁育可对人类生殖有参考价值。

3．营养代谢疾病比较研究

研究人类营养和代谢常用的实验动物是大鼠、豚鼠、犬、猪和灵长类。

（1）饥饿与营养不良比较研究

新生仔猪在代谢方面与婴儿相比有很多相似性，可以用新生仔猪来研究出生婴儿的各种营养状态。这两个物种主要不同之处是，婴儿具有大约16%的脂肪，而仔猪只有1%左右。仔猪在出生时不能吸收脂肪作为能源贮备，但到16日龄时，它们的脂肪含量已达到15%时，猪对于饥饿的代谢适应，就可形成一种有效的模型来与人出生时相比较。

大鼠、小鼠的人工实验性维生素A缺乏症的比较研究，是维生素缺乏症比较研究中较为经典的例证。对于维生素 A 缺乏症的患病大鼠，定时给以维生素 A，可以治愈干眼病，且使其生长恢复。当停用维生素 A 酸后，缺乏症的症状又会重现。

（2）营养代谢紊乱的比较研究

脂肪肝和肝硬化是饮酒过量或营养问题很常见的结果，动物的研究结果显示人的这些问题可能还来源于单纯营养缺乏。肝硬化患者食道和肝肿瘤的发病率很高，说明肝硬化强化了患者机体对某些环境致癌因子的敏感性。

4．人兽共患病比较研究

人兽共患病在病原毒力、宿主抵抗力的机制、致病机制、药物对病原的抵抗作用和化疗效果、细胞和化学分子生物学水平上揭示感染特点等方面的研究，都是在动物体中研究后得出的基本论点。

5．药效学与毒理学比较研究

1）在进行药物动力学研究中，主要是用动物实验数据应用于医学临床上。

2）药物毒理学比较研究：药物的毒理学研究中必然选择动物进行毒性实验，化学性毒物对动物的选择苛刻度小一些，对生物药类就要有针对性。如受体类研究中，有的是人体固有的，有的是动物体固有的。

6．肿瘤比较研究

肿瘤发生的因素很多，而且人类所具有的肿瘤在动物和植物中都有，包括遗传因素、生物学因素、辐射作用及化学性致癌等，癌或肿瘤的复制、模型制作、机制研究、治疗试验等都离不开动物，比较医学在这方面的作用更大。

第二节　动物对人类疾病的风险预警作用

动物或哨兵动物（animal sentinel）作为人类疾病的预警系统，动物既是人类疾病的传媒，也可以利用动物为人类疾病预警服务。哨兵动物定义为用于污染影响测定或病原的最近似生态系统指示和监控的动物，能直接涉及人类健康并提供人类健康风险灾情预警。

已知蚯蚓、燕子、蝙蝠、其他野生动物，甚至宠物都可以作为人类疾病、过敏原、环境污染物方面的哨兵动物。现在公共卫生系统还没有足够认识到哨兵动物在监测和减少人类环境危害健康危险物的重要作用，还缺乏威胁动物健康与人类健康新发疾病的科学信息交流，还难以进行这方面的证据整合。

动物在某些人类疾病，特别是营养缺乏症和中毒疾病容易发生的地方，也常有同样的疾病，而且发生于人患病之前，或比人更为严重，故可作为人类疾病的预警体系。例如，近年来发现中国家畜患缺硒症的地方，恰好也是人类克山病的发病地区，这就为克山病的病因和防治提供了重要启示。20 世纪 50 年代发生于日本九州熊本县的水俣病，首先是由兽医师在当地病猫的中枢神经系统中查出，然后确定人水俣病病因的。在马来西亚的西尼罗河病毒引起鸟类发病，后又导致人患西尼罗河病毒病，鸟可以作为人类西尼罗河病毒病的前哨动物。另外，农药、化学药物、放射性物质和其他环境污染毒物的中毒，也常先表现于家畜而后发生于人，因而有助于人类对这些疾病的监测。许多病原，如布鲁氏菌、伯纳特立克次体、汉坦病毒在动物中感染时为无症状居多，如果病原以气溶胶释放引起人有可见症状的疾病应该是动物患病在先。动物的潜伏期较短，如裂谷热在犊牛和羔羊仅 12h，而人的潜伏期需要几天，动物的预警作用明显。

对于重大疫病要准确发出早期预警信息就不是个简单的事情了，除了上述机制外，还可以利用理论性预测及预警动物进行预警。理论性预测需要大量疾病流行数据，经过计算机处理，预测重大疾病未来流行趋势。现在我国已用医学预警系统、地理信息系统对急性传染病、慢性传染病、寄生虫病、地方病等早期预报，给予直接预警、定性预警、定量预警或长期预警。

预警动物在兽医公共卫生预警当中将来可能会发挥重要作用。例如，禽流感最敏感动物是鸡和鸭，对其禽流感疾病监测可及时预测该病的流行趋势及对人类的威胁。对海产贻贝的海藻毒素检测，可及时预报藻类毒素的流行情况。

狗是人类最常见的宠物，最新研究表明狗不但给人类带来乐趣，同时在人的健康方面具有较高的利用价值。狗不仅可预防人类患病，也可以使人从患病状态中很快恢复，甚至对一些种类疾病如癌症、接近发生血糖症、低血糖症作为早期预警系统。

动物很难快速适应环境变化，因此是气候变化所造成影响的宝贵"指示器"。美国预防医学和兽医公共卫生专家呼吁在全球范围内建立动物监测系统，观测疾病在动物中的蔓延情况，以便人类在遭受疫病袭击之前作出防范。

观测野生动物健康情况能够帮助人类预测疾病暴发地，并提前采取预防措施。野生动物可以成为我们的预警系统，我们已经看到气候变化对疾病产生的影响。"野生动物预警"曾经在部分地区取得良好效果，非洲国家刚果（布）的猎人通过向相关部门报告丛林中死于埃博拉的大猩猩，有效避免了这种疾病在当地居民中暴发；在南美洲，相关部门发现灵长类动物感染黄热病后，及时为生活在当地的居民接种了疫苗。

WHO、FAO 和 OIE 于 2005 年 12 月 25 日宣布，联合建立世界上第一个针对传染人的动物疾病早期预警和快速干预系统。建立这一系统是为了弥补至今在动物传染病早期检测和快速干预方面存在的漏洞，正是这些漏洞造成了疯牛病、SARS 和禽流感的跨境传播。三大组织将通过互联网共享信息，共同分析有关数据，并决定是否对某种动物传染病的出现发出警报和采取干预措施，尽量降低传染病对公共健康造成的威胁。

下面将哨兵动物的公共卫生功能分类叙述。

1．作为灰尘和空气污染对人类健康威胁的哨兵动物

沙尘暴在全球各大陆每年都有几天发生，遗留很多微生物、过敏原和污染物于空气中，动物对这样的空气高度敏感，可以警示我们气源性污染物可能引起人类健康问题。

美国地质调查科学家在加勒比海珊瑚礁发现一种病可预示霉菌危害，同样的真菌在越洋沙尘暴经过的珊瑚礁岩上也被发现。

两栖类动物如青蛙和蟾蜍是空气质量非常好的哨兵动物，因为它们通过皮肤呼吸，生活在气-水界面上。科学家发现蛙可以在各地监控环境污染、气源性疾病和其他污染。

从能量爆发产生的气源性颗粒可能影响我们人类健康，由于动物高度敏感最先感知，这就为决策者提供了对预测人类健康危害和我们相关生态将产生影响的基础资料和信息。

2．作为饮水中健康威胁的哨兵动物

化学污染物和病原微生物污染饮水对人健康造成威胁，许多动物包括水生和陆地的都可以作为污染水的哨兵动物。水中贻贝体中化学物质含量增高，鳄鱼繁殖障碍及白鲸的肿瘤都预示着水污染严重。美国地质调查科学家研究了美国波多马克河中的具有异常状况的小嘴巴斯鱼，为雌雄间性，既不是雄性，也不是雌性。原因是化学物质污染了河水后产生了环境类（生殖）激素作用。这些化学物质不仅威胁当地鱼群，异常间性鱼也预警对人类健康的威胁。许多河流和港口是城市饮水的来源，这样的监控系统能够帮助我们理解水污染对人类健康造成的威胁。乞沙比克湾中许多条纹巴斯鱼状如皮包骨，皮肤溃疡失去完整结构。分枝杆菌可以引起皮肤这样的病变，条纹巴斯鱼分枝杆菌皮肤溃疡可持续几年，如果长期食用这些捕获的鱼，则人类健康、公共卫生及生态系统安全令人担心。现在对这些鱼感染的分枝杆菌的公共卫生意义进行评价，尤其是捕获鱼和处理感染鱼的相关人员的健康危险。水中残留氯导致鱼死亡就可能预示对人类健康的影响。

3．作为人类饮食消费中健康威胁的哨兵动物

河流和小溪中的琵琶鱼看起来是新鲜的，但事实上可能含有污染物。水中和水底沉淀中存在污染，如汞和DDT，它们在鱼体中产生富集作用，在吃鱼时对人构成潜在威胁。燕子在食品网络中也能起到对毒性物质的哨兵作用，燕子天性食昆虫，可以预警土壤和水中含有PCB和砷的污染，这些污染物可能存在于土壤、湖泊和港口的深层，美国已开始使用燕子作为预警动物评估土壤中的重金属、二噁英、PCB及其他污染物。美国地质科学家在巴基斯坦发现用于治疗牛的药物对黑白秃鹫却是高毒性的。这些野生捕猎者秃鹫作为预警动物可以预示一些问题药物，它们如果突然数量降低，就可能预警这些

药物将产生公共卫生问题。

4．作为媒介源性和动物源性疾病对人类健康威胁的哨兵动物

人类的文明严重影响全球环境，现在迫切需要快速鉴别和知道环境变化对人健康影响的危害物方法，如果野生动物和其他动物能够作为有效早期预警系统来预示环境对人健康的威胁，将对公共卫生实践和环境卫生政策具有重要影响。近些年来，一些动物受环境污染影响造成一些不利健康影响，促使人们关注环境污染物对人健康的影响。例如，两栖类动物数量的急剧下降，鱼、鲸和爬行动物繁殖异常，筑巢禽类行为异常等，将来不可避免地在野生动物群体中看到疾病和群体数量变化。如何利用野生动物的这些变化对人健康的预警作用，是我们兽医公共卫生工作者必须探讨的任务之一。

动物园动物、野生动物、宠物及家畜都可以为公共卫生服务。作为新发传染病的预警哨兵，因西尼罗河病毒感染曾在美国 Bronx Zoo 门外死亡一个乌鸦，从而为人们提供该病流行趋势；浣熊和狐狸也是哨兵动物，可以预警狂犬病的暴发。蝙蝠一直作为公共卫生调查系统中狂犬病的哨兵动物。上海崇明岛地区的湿地是西伯利亚与澳大利亚-新西兰候鸟飞跃的中转站，每年有大批鸟类路过此地，中国科学家在此设立了野鸟疫病监测站，观察候鸟发病和携带病原状况，实际上也是将候鸟作为哨兵动物，主要观察禽流感的携带情况。

草原犬也是具有预警价值的动物，可以预警鼠疫的发生和蔓延程度。鼠疫菌在环境中以低含量存在，在蚤体内以从草原犬到草原犬方式传播。当蚤携带病菌叮咬人时就可以引起人传染病的流行。宠物也是很好的哨兵动物，蜱携带莱姆病、巴贝西虫病的病原，而这些病原可感染宠物和人引起神经或血液性疾病。观察野生动物与人类疾病之间的关系，将信息贮存于国家相关信息中心，有利于警示流行于全国性疾病的发生，有可能是最有价值的预警方式。

5．作为环境化学物质对人类健康威胁的哨兵动物

对毒性物质和疾病进行登记，有助于用哨兵动物和相关动物来评估环境中的化学物质对人类健康潜在的影响。在这方面可以拓宽预警动物的范围，包括哺乳动物、伴侣动物、食用动物、鱼、两栖动物及其他野生动物。预警动物资料包括在自然条件下野生动物和在实验条件下动物观察资料。来自于监控程序或有价值的观察哨兵动物资料，如人类健康危害、风险评估、评价疾病原因或机制的信息等都具有巨大的应用价值。虽然这些资料不能作为唯一的评价人健康风险的决定因素，但这些资料明显增加了风险评估的价值，提供了早期预警信息以便于进一步研究或监控治疗活动过程。选择什么种类哨兵动物来进行这方面探索，要有科学性和法规依据。

江苏省环境监测中心以监测科研为契机，探索以生物预警监测为先导、理化分析测试为后盾的监测模式，

355

针对长江水系饮用水源地环境安全问题，采用人外周血淋巴细胞、鱼外周血红细胞和蚕豆根尖细胞为试验生物材料，彗星试验和微核试验检测水环境污染的遗传毒性，用有机等理化分析追踪水、底泥、鱼和底栖生物中的有毒污染物，探查污染来源的方法，调查沿江开发对长江江苏段水生生物及水环境质量的影响，为保护长江环境安全和沿江地区人民身体健康服务。在预警方式探索上提供了有价值的科学依据。

6. 宠物作为环境引发人患癌危险的哨兵动物（室内空气污染）

传统上与氡、环境烟草性烟雾和类似室内残留物接触有关的癌症，都是通过实验室啮齿动物或人的流行病学研究来评价的。实验室研究的优点是能够很好地控制试验，但对人类危险性评估中从啮齿动物到人、从高剂量到出现典型表现，有很多推测具有不确定的局限性。这些试验中使动物直接暴露于毒性物质或环境引起疾病被认为是残酷的。流行病学研究和直接评估对人的风险，传统的实验是在残留物暴露的含量程度上来操作的，这样的研究也有局限性，如错误分类、错误取消和非对照性混乱等。为弥补传统方法的不足，以皮肤涂油宠物流行病学方法，即以自然发生癌症的宠物犬接触试验来评估残留物致癌风险，进一步仔细回顾宠物流行病史可以补充传统方法的不足之处。

第三节 动物-人-环境因素相互影响与公共卫生

一、动物为人类生活提供了丰富的物质资源

丰富的动物资源是大自然赐给人类的物质宝库。时至今日，仍有靠猎取动物为生的民族，如巴西东南部游牧的高楚人。有许多国家，动物资源是维持国计民生的支柱。澳大利亚一向以"骑在羊背上的国家"而著称。号称"沙漠之舟"的骆驼，多少世纪来一直是阿拉伯人赖以取得衣食的重要来源。

随着社会的发展和进步，人类对食物的选择性越来越强。从祖先的茹毛饮血、饥不择食，到后来变成以植物性食物为主，今天又转向以动物性食物为主，并从含脂肪较多的肉食转向含蛋白质较多的肉食。

我国的动物蛋白质来源多数地区以猪肉为主，部分地区以牛、羊肉为主。另外，家禽的肉、蛋也是动物蛋白质的重要来源。在动物蛋白质中，鱼肉的比例仅次于上述肉类。鱼肉是最好的动物蛋白质食物。目前，全世界每年的捕鱼量为 7000 万～7500 万 t，占人类食用蛋白质的 1/5。

动物为人类提供了丰富多彩的衣着原料，当人类对动物的了解越来越多以后，人们发现有些动物的"产品"，动物的毛皮、羽毛等物大有用途，可以成为美化生活、实用生活的原料。丝绸早已成为人们衣着的原料，人们穿上丝绸衣衫，会感到格外的舒适、凉爽，姑娘们穿上五彩缤纷的丝绸衣裙，更显得靓丽、飘逸。华贵的毛皮大衣使人雍容尔雅，合体的皮夹克使人英姿飒爽，色彩斑斓的羊毛衫裤使人充满活力，穿上毛料大衣、西服，更让人风度翩翩。

二、人类健康与动物的关系

保持身体健康、防病治病、延缓衰老是人们的愿望。在长期的实践中，人们发现很多疾病可用各种各样的动物或动物源材料来治疗。例如，古人早就知道用医蛭吸瘀血，治疗肿毒疖疮等顽症。明代李时珍的《本草纲目》中记载的动物药有 461 种。

我国的中医药历史源远流长，广泛使用的动物药材很多，如牛黄、鹿茸、麝香和龟板等。外形丑陋的蟾蜍的耳后腺可制成蟾酥，哈士蟆、海马、水蛭、蜈蚣、土鳖虫等，也都是有药用价值的宝贵资源。长期以来，许多动物为人类的健康作出了无私的奉献，成了人类健康的忠诚卫士。利用钩虫人工感染人体，使一些过敏、哮喘、糖尿病和多发性硬化症患者痊愈。

三、濒危动物分布

中国是濒危动物分布大国。据不完全统计，列入《濒危野生动植物种国际贸易公约》附录的原产于中国的濒危动物有 120 多种（指原产地在中国的物种），列入《国家重点保护野生动物名录》的有 257 种，列入《中国濒危动物红皮书》的鸟类、两栖类、爬行类和鱼类有 400 种，列入各省、自治区、直辖市重点保护野生动物名录的还有成百上千种。随着经济的持续快速发展和生态环境的日益恶化，中国的濒危动物种类还会增加。

20 世纪 80 年代以来，中国还进口了不少动物，如湾鳄、暹罗鳄、食蟹猴、黑猩猩、非洲象等。这些外来的濒危动物，也受到国家的重点保护。由于人口众多，活动范围广，许多珍贵的野生动物被迫退缩残存在边远的山区、森林、草原、沼泽、荒漠等地区，分布区极其狭窄。由于被分割成互不连接的独立群体，近亲繁殖，品种日益退化，我们生活周围生态发生了巨大变化，也影响到生活质量。

中国已建立了数百处濒危动物类型的自然保护区，使相当一部分濒危动物得到切实保护，野驴、野牛、亚洲象、白唇鹿、羚牛、马鹿、金丝猴、大鸨等的数量已有明显增加。

近年来也遇到了虽然在数量上达到了要求，但是人工饲养的动物难于在自然环境中生存的矛盾，长此以往，必然导致生物的退化。列入了"零灭绝组织"濒危动物的中国扬子鳄也遭遇了同样的尴尬。全世界有 794 种野生动物由于缺少应有的环境保护而濒临灭绝，76 科 300 余种植物濒临灭绝。最后一次见到生活于哥斯达黎加森

林的、当地特有物种 Monte Verde 金蛙，是在 1987 年。20 世纪 70 年代以来，由于温度上升、云层升高，导致在这个非常特有的森林里生活的鸟类、爬行类和两栖类动物种群发生了巨大变化，其中有 21 种蛙类在这个森林消失。

以上资料只是人类目前所知，不知道还有多少不知名的物种正在消失。

四、动物健康与人类健康关系密切

动物健康就是人类的安全，人类的安全需要动物的健康。鼠疫是历史记载中最令人恐怖的传染病，在历史上曾多次暴发，最有名的是 1347 年席卷整个欧洲的鼠疫。据文献记载，此次鼠疫造成 2500 万欧洲人死亡，其中意大利的威尼斯、佛罗伦萨和英国的伦敦死亡人数都在 10 万以上。

非典型肺炎是一种人类从来没有过的疾病，有推测认为其来源于某些（种）野生动物，如果子狸。其实，来源于野生动物的疾病一直在威胁着人类健康。

我国对于野生动物的疾病研究几乎是空白，对其中可能给人类造成威胁的疾病及传播途径也不甚了解。同时，由于人类活动给野生动物带去的疾病，以及它对野生动物生存所构成的威胁，更是一无所知。

美国近几年对野生动物疾病的研究结果令人震惊。美国科学家列出了美国境内 45 种潜在的入侵性病毒、细菌、真菌和寄生虫。其中一个是西尼罗河脑炎病毒，它通过蚊虫叮咬传播，其迅速发展的事态超出了我们的想象。西尼罗河脑炎病毒于 1999 年被引入纽约市，在 3 年内传遍美国东北部整个温带地区。2001 年，这种疾病传播到了佛罗里达州南部及墨西哥湾沿岸诸州。这些地区蚊虫活动的季节很长，进一步助长了西尼罗河脑炎病毒的发展。这种病毒的扩散原因可能是候鸟迁徙。最容易受到这种病毒侵袭的是美国乌鸦和蓝松鸦，患病鸟的死亡率非常高。美国有 150 多种野生鸟类物种、15 个哺乳动物物种和 1 个爬行动物物种已感染上了这种病毒。目前在美国 44 个州和加拿大 5 个省份都发现了这种病毒。感染上西尼罗河脑炎病毒的野生动物物种的分布范围和数量每年都在快速增长。野马和野驴种群都面临着极高的危险。科学家担心，这种病毒可能会摧毁大量受威胁和濒危的物种，人类也不例外。

2002 年，暴发了世界上最严重的一次西尼罗河脑炎病毒的流行。美国有 4156 人感染，284 人死亡，更多的人症状可能比较轻微。此外，病毒是否已经扩散到中南美洲还不清楚，但是由于鸟类寄主每年都会迁徙，而且蚊虫带毒种群在更加温暖的气候下全年会出来活动，这种病毒很有可能扩散。

另一案例是生活在硌矶山脉南部的一种两栖动物西北蟾蜍。1999 年 5 月，美国野生动物病理学家关于它们突发大量死亡的报告，引起了广泛关注。这些蟾蜍种群都处于生病或垂死的状态，在丹佛西部，每个月都发现

有蟾蜍死亡。检验的蟾蜍尸体和活体体内都发现有壶菌。这表明，美国和世界上很多地区的两栖动物种群数量正在经历严重的、无法解释的剧减。壶菌引起的死亡阴影迅速扫荡着更加广泛的地区，甚至冲击到哥斯达黎加、巴拿马、波多黎各和澳大利亚等偏远未开发地区。科学家还不知道这种真菌是如何传播的，更搞不清楚它为什么在全世界的爬行动物种群之间如此之快地传播。然而壶菌是否是导致青蛙或蟾蜍数量下降的真正原因，还是未知数，也可能是干燥的结果，但随后带来的生态及对人类的影响也值得我们关注。

所有的哺乳动物都有可能感染上狂犬病，但目前在美国，这种疾病的发作主要影响到浣熊、北美臭鼬和狐狸，偶尔波及美洲旱獭。鸟类、野兔、松鼠、田鼠、家鼠则很少被感染。蛇、海龟、蜥蜴、青蛙、蟾蜍、蝾螈、鱼和昆虫不会得狂犬病。

自古以来，人类得的很多传染病都与动物息息相关。据有关统计，自 1980 年以来的短短二十几年里，人类已从动物那里感染了 38 种疾病，也就是说，每年都会有一两种新病原体或原有病原体的变异体加入到侵害人类健康的行列中来。能够侵害人类的病原体共有 1407 种，有 58% 来自动物。目前，有 177 种"活跃"的病原体"正在肆虐"或伺机"卷土重来"，威胁着人类的健康。

国际间、省际间及农贸市场等动物交易市场越来越多，规模越来越大。动物聚集，频繁接触，卫生条件差，一旦检疫工作出现忽视或疏漏，这种场所很容易形成动物间交叉感染病毒的"温床"。

饲养宠物之风越来越时尚，除了猫、狗之外，还养起了蜥蜴、毒蛇、豚鼠等。人类接触各类动物疾病的机会也就越来越多，动物致病菌进入人体，与人类致病菌发生组合和变异的机会也自然增多。许多人畜共患疾病与饲养宠物有关，如猫抓病、狂犬病、弓形虫病等。

五、环境-动物的关系影响人类健康

海岸环境容易受到附近居民、休闲和商业活动的影响，油污的泄露或偶发事件也能严重影响海岸环境，改变沿海生态平衡，随之而来的可能是疾病暴发。海洋生物如海鸟、海龟及珊瑚礁等的疾病状况直接影响人类健康。即人类活动增加影响周围环境，进而影响生态系统，反过来也对人类自身健康形成不良影响。海鸟寿命较长，又是食物链的高级阶段，其巢穴独立，数量巨大，具有不同的生态轨迹，可能接触不同威胁因素，能显示出所积累不同污染物的不良影响。不同的生活方式可反映环境改变对其生命的影响。

近年来，社会上养殖场越办越多，养殖种类和数量也与日俱增，生态环境遭受破坏。特别是鸡、鸭等动辄饲养成千上万，甚至几十万只。养殖场的动物群居在一起，容易引起瘟疫流行，动物排泄出的粪便和污物进入河流或四处倾泻，环境受到严重污染。

有一段时间，人类为了开发和建设，向深山老林进

357

军，野生动物的栖息环境人为地发生巨变，野生动物四处逃窜，而野生动物携带的致病菌往往是人们尚不知晓的，人类对它们可能没有任何免疫能力。

在巴西有很多这样的森林，有一个小镇叫拉波瑞雅，在100年前欧洲人才知道有这样一个小镇，有很多年轻人因为工业的需要去那里砍伐树木，其中30%的人都死了，他们感染了一种病毒就是丙型肝炎，当时我们认为这种病毒不会单独传染给人，一定要和其他的乙型肝炎一起，但事实并不是这样。人类到森林里去，暴露在病毒面前，这些病毒是我们不了解的，有很多疾病连我们病毒学家都没有听到过。这是由于人们进入森林，改变了自然界的平衡，破坏了这些平衡造成的。因为我们改变了这个生态环境，在过去50年里有35%的森林已经消失了，人们在进入这些地区的时候也会改变那里的生物种群的数量，比如说蚊子、猴子，种群变化了，病毒也就变化了。新发的传染病有很多的途径，比如说飞机，人员密集，到各种森林里面旅游，去一些不必要的场所活动带来这些传染病。由于人类不断侵占森林等野生动物地盘，野生动物居住地离我们越来越近，如澳大利亚很多袋鼠、树熊、考拉成了城市"居民"，这种变化也给人类带来了环境及健康问题。

全球变暖的问题，只要气候改变，有两种生物很受影响，一种是野生的啮齿动物，另一种就是昆虫。在美国的西南部，因为降雨量不正常，坚果的数量增加，一种吃这种坚果作为食物的小老鼠数量就增加了100倍，人和鼠接触的概率也增加了100倍，就增加了传染病的风险。只要气候有改变，新现传染病的概率就会上升，尤其是由啮齿动物和昆虫传播的疾病。全球变暖，海洋温度升高，"赤潮"、蓝藻发生频繁，产生各种不同类型的生物毒素，重金属、PCB等污染沿海水域，造成水质严重污染。野鸭、海鸥等水鸟吃了浓缩污染物的软体动物，一些生活或工业垃圾如塑料，呈环行物缠绕于水鸟的颈或身体上，过滤嘴烟头被幼小动物吃下，大量燃油泄露于海上，导致生态灾难，就可导致动物大量死亡，也容易引起动物疾病并对人类产生重要影响。

很多野生动植物病原体对温度、降雨量和湿度非常敏感，这些因素的共同作用可能会影响到生物多样性。气候变暖可以增加病原体生长率和存活率、疾病的传染性及寄主的易受感染性。定向的气候变暖对疾病最明显的影响与病原体传播的地理范围有关。多世代循环病原体数量和其他病原体的季节性增长，在气候变化条件下可能通过2种机制：温度升高——更长的病原体生长季节和病原体生长速度加快。气候变化最有可能影响在陆地动物身上传染的病原体自由生长阶段、媒介阶段或带菌者阶段。

科学家认为，最近几十年气候变暖导致了带菌者和疾病在纬度上的转移，这个假说得到了实验室研究和实地研究的支持。这些研究表明：①节肢动物带菌者和寄生虫在低于临界温度的时候死亡或无法生长；②随着温度的升高，带菌者的繁殖速度、数量增长和咬伤动物的次数也增加了；③随着温度的升高，寄生虫的生长速度加快，传染期加长。最近，厄尔尼诺-南方波动的变化已经明显影响到了海洋和陆地的病原体，包括珊瑚虫病、牡蛎病原体、作物病原体、里夫特裂谷热。气候变暖以几种不同的方式已经或将要改变疾病的严重性或流行性。在温带，冬季将会更短，气温将会更温和，这就增加了疾病的传播率。在热带海洋，夏季更加炎热，可能使寄主在热度的压力下更加容易受到影响。危及两栖动物的壶菌、鱼类冷水病和昆虫真菌病原体等几种类型的疾病随着温度的升高，其流行严重性将会降低。

蚊子出现在更高海拔，调查显示，一些高海拔地区以前从来没有疟疾或其他蚊子传播的疾病，现在也开始发生。1997年坦桑尼亚和印度尼西亚的热带高地第一次暴发了疟疾。登革热以前只在海拔1000m以下的地区发生，现在在墨西哥近海拔2000m的地区也有报道。在哥伦比亚超过海拔2000m的地区发现了登革热和黄热病的媒介昆虫。

"气候变化"这一术语不仅意味着冰盖融化、海平面上升、威胁沿海城市和国家安全，气温升高和降水量波动还会改变危险病原体的分布。气候变化导致气温升高和降雨量改变，使病原体存活时间更长，疾病更容易传播。另外，气候变化还导致水源地变化，家畜在外饮水时与野生动物接触更频繁。这些因素都会造成疾病在更大范围内传播。

根据《广东省林业发展"十一五"和中长期规划》，广东将在野生动物疫源疫病多发区域、候鸟迁徙通道、野生动物集中分布区域等地建立一个省级陆生野生动物疫源疫病监测预警中心和16个重要疫源疫病监测站点，构建陆生野生动物疫源疫病监测预警体系，防止野生动物与人类之间的疾病传播。

至今仍没有一个全球性的系统去监测病原体如何从动物传播给人类。人们应该主动解决有关主要病原的争议，建立一个全球性的疾病预警系统，监督病原体如何传染给那些易和野生动物接触的人群。全球疾病预警系统的建立，将有助于人们描述传播给人类的微生物的差异性，并有助于资料的保存；有助于确定哪些动物病原体在未来可能会对人类造成威胁；也可能帮助发现一些地方性疾病，以加强控制防止其变成世界性疾病。

关注动物健康是关键。人类现在对环境的破坏日益严重，那些原本躲藏在原始森林、热带雨林、偏僻山野的野生动物被迫与人发生往来，隐藏在这些野生动物身上的病毒于是也有了和人类亲密接触的机会。而人类在进化的路上与人类初始的生活环境渐行渐远，抵抗力也越来越差，根本不能和动物相比。关于人类应当吸取的教训，欧洲有关专家认为，人类一直将健康的注意力过分聚集在人类的自身，而忽视了动物健康。环境污染和对动物的不良饲养方式成为疾病产生的根源，而人口的高密度和高流动性又增加了疾病传播的危险。目前，科学家对各种病毒的认知和控制能力还很有限，世界各国必须联合防范，才能避免今后有更多病毒危害人类。

六、药物与动物病原不断"赛跑"

科学家通过包括动物实验在内的种种方法研制出来的药物不仅是人类健康的福音，也可能是人类健康的噩梦。人类对药物的使用不但可能帮助病菌家族淘汰那些较弱的群体，而且给那些强势病菌一个更加宽松的生存空间。更加令人恐怖的是，药物的大量使用，可能加速病菌的基因突变，病菌在动物体内的自然变异过程可能需要几万年，然而，药物的使用可能让这个过程缩短到几百年，甚至是几十年。

七、动物传染给人的疾病危害

历史上曾有多次因为动物引起的人类传染病大流行，并对人类造成了极大损失。在1400年前，罗马帝国因鼠疫大流行造成人口死亡过半，从此一蹶不振。中世纪鼠疫多次在欧洲流行，造成人口大量死亡及引起社会的极大恐慌和动乱。人类的艾滋病、埃博拉病毒来自灵长类动物。鼠类传染50多种人类的疾病，如鼠疫、出血热、钩端螺旋体、森林脑炎等。据估计，有史以来，全世界死于鼠源性疾病的人数远远超过直接死于各次战争的人数。

人们尚对传染性非典型肺炎记忆犹新，现在"禽流感"又成为不速之客，亚洲有10多个国家和地区相继出现疫情。目前，"禽流感"暴发流行在一些国家和地区仍呈上升态势，我国禽流感致死率在63%，对人类健康的威胁依然存在。人们一方面在积极地与传染病进行抗争，另一方面不禁要问：为什么近年来会连续发生如此大规模的传染病？为什么原来只在动物之间传播的"禽流感"会传染人类？人和动物之间到底发生了什么？在动物疫源疾病问题变得日益突出的今天，人们不得不认识到：动物疫源疾病为何频发？

动物疫源疾病是指各种动物携带的病原体通过自然环境传播给人类而发生流行的传染性疾病。简单地说，就是由动物传染给人的疾病。近年来，随着经济社会的发展，犬、猫、鸟和金鱼等宠物越来越多地进入千家万户，各种野味被摆上了餐桌，动物疫源疾病的问题也日益突出，对人类健康和生命安全构成严重威胁。传染性非典型肺炎和现在的"禽流感"，正使人类在反思自身行为的过程中，充分认识到自己的一些不良行为习惯会"引火烧身"。

动物传染给人的疾病，不仅是人类健康的大敌，有时甚至造成社会性的灾难，影响社会发展。根据有关资料，目前已知的200多种动物传染病和150多种寄生虫病中，至少有200种可以传染给人类。另有不少人类传染病和寄生虫病还不很清楚，有些不明原因的发热、腹泻等，可能是人畜共患病。而随着宠物饲养和食用野生动物的增加，有些动物所患的疾病对人的危害越来越严重。例如，许多西方国家由于养猫的数量大增，使人感染弓形虫病越来越多，有的地区高达80%以上，我国情

况类似。美国人饲养的冈比亚大鼠已经造成了猴痘病毒的传播，西方一些国家近些年出现的因为食用感染朊病毒牛肉而感染疯牛病的势头此起彼伏。所以我们在饲养宠物和食用野生动物的同时，必须防止人与动物共患病，确保人的自身健康。

运输、旅游、移民及都市化浪潮使结核病有抬头之势，鼠疫、出血热病例有所增加。

对人类造成威胁的重大瘟疫都是动物传染给人的。人和动物接触时，一定要有防护意识。动物是人类疫病病原体的携带者或病原库。有很多病原是在动物和人之间自然地传播着。人的艾滋病病毒就是来源于非洲的猴子，鼠疫、埃博拉等疫病也都是由动物传染给人的。

野生动物生活在自己的自然环境中，与人类的环境不同，并处于相对隔离状态。人类对野生动物所携带的病原并不完全了解。非法掠杀、贩运野生动物，有可能把人类环境中不存在的病原传播给人，造成人类的疫病。

动物还是许多人类过敏性疾病的祸原，动物身上的寄生虫如虱、蜱、螨等都是人的过敏原。猫和狗是人们较为喜爱的宠物，也是最常见的引起过敏的动物。动物过敏原主要来自于它们的唾液、粪便、尿、皮毛和脱落的皮屑等。这些过敏原可以像尘螨和霉菌一样存于家畜中，即便是鸟、鸡、鸭、鹅、牛、马、豚鼠等也常常会引起过敏。

八、人与伴侣动物（宠物）互惠关系

伴侣动物能为老年人做些什么？最近，美国兽医学和生物学专家通过研究发现，伴侣动物和其年迈的主人之间相互影响、相互依赖的关系有利于老年人的生理和心理健康。拥有伴侣动物的老人生活更愉快，寿命更长。

由美国科学家在加拿大安大略州惠灵顿县做的一次调查表明，伴侣动物拥有者的身体状况比不拥有伴侣动物的人好。其中部分原因是因为伴侣动物饲养者一般活动量大而多，身体也就健康。遛狗的同时也增加老人与他人交际的机会，从而可减轻孤独感。此外，少量的运动对老人的身体健康也有利。

在配偶去世后接着饲养死者留下的伴侣动物的例子不胜枚举。这时，宠物便成了连接生者与逝者之间的纽带，对生者起着重要的精神依赖作用。同时，宠物也有助于调整其生活内容，使他感到每天有责任去关怀宠物，而宠物欣然接受这种关爱又反过来给他以满足。这一切都有利于生者在感受丧失亲人之痛苦的同时与宠物建立更为紧密的关系。

据报道，拥有伴侣动物的老人在心脏病发作时的幸存可能性要大于没有伴侣动物的老人。此外，科学实验也证明，抚摸伴侣动物可降低人的血压，饲养宠物有利于人体的心血管系统。去医院看病的老人中不饲养宠物的人多。

在疾病治疗方面，宠物可帮助慢性疾病和残疾人的康复，也可协助养老院的服务。在国外，已在老人中心

开展利用伴侣动物协助治疗的项目，最常采用的是中小型动物，尤其是犬。这些治疗项目的主要成果是改善了生活质量。

动物在人们的日常生活中增加了一份永恒的关爱，一份难以表白的支持。老人（包括一些残疾者）与宠物的关系表现为相互支持和关怀，绵绵不绝，忠贞不渝；双方都成为对方倾注爱心的对象，并且都获得对方毫无保留的回报。在生活的压力变得不堪承受时，这种关爱就成了鼓励的源泉。在老人的生活环境出现重大变故时，伴侣动物就成为他们生命的助动力。

九、动物疾病传播给人的应对措施

1. 防止动物疾病跨区域传播

人类越来越多意识到全球是一个整体，某地暴发疾病，可能全球的人和动物都会成为受害者。要防止区域性动物疾病跨区域传播，除了借助有效的治疗手段外，还必须对自然疫源地进行综合治理，监测是其中最重要的一环。

2004 年 5 月，FAO 与 OIE 签署一项合作协议，以加强在控制动物疾病跨境传播方面的协调与合作，建立信息和预警机制，并进一步明确分工：OIE 负责整理各国提供的信息，并在国际牲畜贸易方面建立安全标准；FAO 负责向各国推广良好的农牧业生产经验，并在疾病监控领域提供帮助。两个组织认为，在紧急情况下，快速传播信息并促使各国加强合作对控制动物疾病蔓延十分重要，可以有效防止动物疾病跨界传播或传染给人类。

目前，美国已建立起由多个联邦政府机构参与的野生动物疾病监测体系，美国疾病控制和预防中心正在积极努力地对人类和动物疾病进行综合监测。加拿大、英国、法国等也建立了专门对野生动物疾病进行监测的系统。在经过 SARS 灾难之后，我国一些省份也陆续在野生动物疫源疫病多发区域、候鸟迁徙通道、野生动物集中分布区域等地建立了重要疫源、疫病监测站点，构建陆生野生动物疫源疫病监测预警体系，防止外来动物疾病的传入。

2. 加强对动物疾病的实验研究

为防止动物疾病的传播，对新兴动物传染病发病机制的研究还需要加强。动物疾病的病原体要想跨越物种界限，成为人群中的流行病，不仅本身需要有传染性，还要具备在人与人之间有效传播的能力，在这一过程中遗传物质的交换发挥着重要作用。然而，科学家目前对类似过程的分子机制知之甚少，研究还处于起步阶段，因此，加强全球相关科研能力建设的任务非常紧迫。

动物疾病的研究虽然主要为了减少疾病对家畜的危害，从而保证畜牧业的发展，但它同时也对医学的进展起过巨大的促进作用，对人类健康直接作出过许多重要贡献。例如，近代医学上最早证实的细菌性疾病是动物炭疽（1878 年），最早证实的人和动物的病毒性疾病是牛的口蹄疫（1897 年）。首先发现的昆虫传播的疾病是牛的得克萨斯热（1893 年），其后才发现蚊传播疟疾和黄热病及虱、蚤传播斑疹伤寒。更为突出的例子是 E.琴纳于 1796 年发现牛痘苗可以预防天花，从而使人类通过种痘，于 20 世纪 70 年代在全世界范围内基本消灭了这种可怕的传染病。L.巴斯德于 1882～1885 年创制预防炭疽和狂犬病的疫苗，使这两种严重的人畜共患病受到了控制。R.柯赫于 1882 年证实人和动物的结核病都是由他所发现的结核杆菌所致，并接着制成结核菌素，用以诊断人和牛的结核病。继而法国的医学家 A. L. C.卡尔梅特和兽医学家 C.介朗从一株牛型结核杆菌培育出卡介苗（BCG），对防治人的结核病作出了杰出贡献。1911 年，F. P.劳斯最先证明使鸡胸肌中的纤维肉瘤传递于另一些鸡的病原为一种病毒，为发现病毒致癌的先驱。

3. 关键是做好疾病预防工作

在各种预防措施中，最重要的是要保护好野生动物，保护生物多样性。人畜共患传染病增多的主要原因之一就是动物生态环境的恶化。环境污染和生态变迁使得很多病原体发生变异，并促进其快速传播，多种人与动物共患传染病迅速异化，并加快向人类传播，从而导致许多新的烈性传染病不断出现。

预防工作还有一个重要的环节是生产抗病毒药物。第三个重要环节是要重视饮食卫生。食品检疫部门会把有病的畜禽排除在食品流通环节之外。即使有少量携带病菌的畜禽进入流通环节，食品加工厂也会通过高温、紫外线、冷冻等方法消灭病毒。家庭购买的鲜肉可以通过烹调的方法除去病毒，不少病毒在 70℃ 以上就会死亡。需要提醒的是，生的肉类和禽蛋要避免接触熟食和凉拌菜，以免发生交叉污染。

第四节　动物实验模型

动物实验模型、昆虫模型、细胞模型等模型都是兽医公共卫生、医学进行科学研究、实际卫生安全检测及评价工作等不可或缺的工具或手段，哨兵动物是动物实验模型中的一种（见前述）。它们在兽医学和医学中为人类健康作出了巨大贡献，现在正是蓬勃发展时期。

实验动物在食品微生物学的研究中具有重要地位。利用实验动物可以进行食品病原的分离鉴定，毒力的检测或评价、分型等工作，同时也能对食品微生物所产生的功能因子等进行生物学效应测定等研究。作为人体替代物，在食品安全中用动物或细胞模型直接说明对人体安全造成危害的严重程度，使用非常广泛。

动物模型在人类疾病研究中具有非常重要的意义：可以避免对人体造成危害；可提供发病率低、潜伏期长及病程长的疾病材料；增加方法学上的可比性；样品来源和分析方便，结果可靠；有助于更全面地认识疾病的本质。

一、斑马鱼模型

近年来斑马鱼已成为研究动物胚胎发育的优良材料和人类疾病起因的最佳模式生物。斑马鱼在人类癌症、心脏病和先天性缺陷等疾病研究方面发挥了良好的模型作用。

1. 癌症起因

斑马鱼在癌症研究方面是一个非常有价值的模型。它们能像人类一样患癌症,而且遗传背景相对简单。定量分析发现在患白血病的斑马鱼中,淋巴母细胞渗入肾脏和脾脏。将这些白血病淋巴母细胞重新注射到斑马鱼体内,并检测这些肿瘤细胞的可转移性,7d 后这些淋巴母细胞很快分布到斑马鱼体内,甚至到胸腺中。而用患有白血病的鱼与同类鱼杂交,所产生的后代也发生白血病。近年来,台湾学者利用显微荧光注射技术,成功培育出来的具有荧光色肝脏、肠道、胰脏的斑马荧光鱼,可应用于脂肪肝、肝癌、直肠癌或突变基因引发的结肠癌起因方面的研究。

2. 心脏病预警

对于有些人来说,听力下降或者丧失预示着心脏病的发生。这种基因变异将导致蛋白质的变化。斑马鱼模型中发现这种约为人类手指一半长的鱼体内具有非常明显的 *eya4* 基因,与人类非常相似。另外,斑马鱼的身体几乎是透明的,在试验过程中,甚至可以拍下它们心脏照片,而且可能观察到血液在身体各部分中的流动,这些都为试验研究的进行提供了绝对便利。通过研究斑马鱼 *eya4* 基因不仅让人类找到了总体观察心脏功能的新途径,而且成功地发现了听力下降可能是心脏病的前兆。

3. 先天性缺陷

由于人和鱼的基因及发育机制相似,近年来斑马鱼已成为研究动物胚胎发育的优良材料。斑马鱼的试验已经明确调控机制在于 *Dpr2* 基因。*Dpr2* 基因控制信号输出量的大小,在必要时可以引起受体分解,使信号传达不下去,以此控制中胚层的形成。这一发现,为将来揭示人的出生缺陷之谜提供了新思路。还可在人类其他疾病起因、作用的靶器官和药物治疗方面获得更多的应用。

二、动物疾病的昆虫模型

超过 60% 的人类疾病基因在果蝇中有直系同源物。肿瘤、神经疾病、畸形综合征、代谢异常与肾脏疾病中的基因有果蝇同源物的可能更大。因此,可以以果蝇为模型研究这些人类疾病的发病机制。全基因组测序的完成使得反向遗传学操作简便易行,更凸显出果蝇在后基因组时代作为模式生物的重要性与优势。果蝇作为模式生物的优势还在于,许多基因、基本的生化途径及信号通路从果蝇到人高度保守。在很多情况下,果蝇的单个基因便具有哺乳类多个相关家族成员的功能,如果蝇的 *p53* 基因相当于人 *p53*、*p63*、*p73* 基因共同的祖先。果蝇中相对较少的基因数目及几乎没有重复基因的现象使其成为基因组遗传分析理想的对象。

果蝇作为遗传学研究的经典模式生物,用以阐明真核生物遗传学的基本原理与概念,包括性别决定的染色体结构基础、遗传连锁、染色体动力学与行为等。作为研究人类疾病发病机制的重要模型,果蝇主要用于肿瘤、神经退行性疾病、代谢疾病等方面的研究。在药物开发与筛选药物新作用靶点中也有非常广泛的应用。果蝇还可作为传播人类疾病的昆虫模型,如疟蚊(疟疾)、伊蚊(登革热)等,寻找预防与治疗措施,并用于全球暖化与气候变迁的初期预警系统,以及酒瘾遗传、生物节律研究等诸多领域,现在很难说出哪个生物学领域不曾或不将感受到果蝇的影响。

在利用果蝇模型研究的人类疾病中,目前应用较多的是神经退行性疾病,包括帕金森病、阿尔兹海默病、多聚谷氨酰胺病及脆性 X 综合征等。此外,果蝇还可作为肿瘤、心血管疾病、线粒体、人类神经退行性疾病模型等的研究模型。

三、原发性免疫缺陷疾病动物模型

原发性免疫缺陷病可分为 B 淋巴细胞缺陷,T 淋巴细胞缺陷,T、B 淋巴细胞联合免疫缺陷和其他免疫细胞功能缺陷 4 种类型。患病动物体液免疫缺陷,细胞免疫正常。

1. B 淋巴细胞缺陷动物疾病模型

临床常表现为免疫球蛋白缺失,细胞免疫正常。如 CBA/N 小鼠,起源于 CBA/H 品系,为 X 染色体隐性遗传,其基因符号为 *xid*。纯合型雌鼠(*xid/xid*)和杂合型雄鼠(*xid/y*)对 II 型抗原(非胸腺依赖性抗原)及双链 DNA 等没有反应。对胸腺依赖性抗原缺乏抗体反应,IgG3、IgM 低下。如果移植正常鼠的骨髓到 *xid* 宿主,B 细胞缺失可得到恢复。而将 *xid* 鼠的骨髓移植到受射线照射的同系正常宿主,其仍然表现为不正常的表型。

Arabin 马缺乏 X-链的 γ-球蛋白,表现为 B 淋巴细胞缺乏,T 淋巴细胞正常,完全缺乏 IgM、IgA 和 IgC。其是 X-连锁婴儿无 γ-球蛋白血症的唯一动物模型。

2. T 淋巴细胞缺陷动物疾病模型

胸腺分泌淋巴细胞缺陷导致细胞免疫功能丧失,临床表现为毛发缺乏和胸腺发育不全。现在有多种遗传性无胸腺动物,如裸小鼠、裸大鼠、裸豚鼠和遗传性无脾症小鼠动物模型。

3. T、B 淋巴细胞联合免疫缺陷动物疾病模型

这是最严重的免疫缺陷疾病,动物临床表现为低 γ-球蛋白血症、低淋巴细胞血症,由于 B 淋巴细胞缺乏,在淋巴结生发中心消失,由于 T 淋巴细胞缺乏,脾动脉周围细胞鞘和淋巴结副皮质区缩小、淋巴细胞减少。

四、获得性免疫缺陷动物模型

1. 灵长类动物

(1)人免疫缺陷病毒 1 型动物模型

由于猩猩的遗传特征(尤其是组织相容性复合物)

比狒狒和猴子更接近于人类，因此当人免疫缺陷病毒 1 型（HIV-1）从 AIDS 患者分离出不久，研究者就将被激活并感染 HIV-1 的单核细胞接种猩猩，结果导致其发生血液感染。黑猩猩感染 HIV-1 的早期情况与人很相似，但两者感染的晚期颇不相同，黑猩猩后期不出现任何临床症状，这些结果表明黑猩猩对 HIV-1 的感受性高，可作为 HIV-1 急性感染模型。

豚尾猴模型可用于性传播感染途径的艾滋病，以及可以用于性感染之后的发病机制的研究，对研究 AIDS 的病理发生、治疗、疫苗、母婴传播及流行病学等都有重要价值。

（2）猴免疫缺陷病毒（SIV）动物模型

由于猴免疫缺陷病毒（SIV）与 HIV-1 有些类似，SIV 的细胞受体为 CD4，并可使猴子致病，因此用 SIV 感染亚洲猴属作为模型替代 HIV-1 感染模型具有重要意义，大多数实验都是应用此类模型，用于 AIDS 发病机制研究、药物治疗、疫苗研制。

（3）嵌合猴/人免疫缺陷病毒动物模型

HIV-1 重要基因与 SIV 做成嵌合体病毒（SIVHIV-1，简称 SHIV），并用来感染猴属动物，用以研究 HIV 不同基因的功能及病毒与宿主的相互作用。SHIV 病毒株不仅能感染猴子，还会使猴子出现类似 AIDS 的病症。

2. 非灵长类动物　这类动物模型属于逆转录病毒慢病毒感染所致，人 AIDS 病毒为逆转录病毒，故其形态及核苷酸序列与非灵长类的许多致病性慢病毒相关。

（1）绵羊肺腺瘤

脱髓鞘性脑白质炎病毒（MVV）感染绵羊后数月至数年可引起慢性进行性间质性肺炎及严重的脱髓鞘性脑脊髓炎。MVV 感染的某些方面与 AIDS 相似，脑严重衰竭，无免疫抑制，引起的进行性脑白质病与 HIV 感染时的脑病有共同特征，它们的发病机制也可能相似。

（2）山羊关节炎

脑炎病毒（CAEV）与 MVV 在抗原上相关但也有差别。它引起 2～4 月龄山羊脑白质炎，出现麻痹和死亡。这些早期感染有些并不引起幼山羊出现任何明显的神经异常，但却使成年山羊患滑膜炎、关节炎和绵羊肺腺瘤病样肺炎。

（3）马传染性贫血病

马传染性贫血病毒（EIAV）引起马匹慢性、持续性感染，与 AIDS 患者临床表现相似。

（4）牛免疫缺陷病毒病

1969 年，从患有持续性淋巴细胞增多、淋巴结病和中枢神经系统病变的母牛白细胞首次分离到牛免疫缺陷病毒（BIV），它感染小牛后 3～12 周，出现轻微的淋巴细胞增多和淋巴结病，与艾滋病相关病征相似。

3. 其他动物

（1）小鼠

近年来，重度联合免疫缺陷鼠上移植人体有关器官和组织建立嵌合体鼠模型取得较满意的效果，使小鼠用于 HIV-1 的研究和 AIDS 的抗病毒治疗及疫苗效力等研究的动物模型有望成功。1994 年，Kullmann 等在鼠肾囊接种新生儿胸腺、肝组织，在鼠外周血内人 T 细胞含量高达 6.4%，静脉接种 HIV-1，在胸腺内可检出 HIV-1，且 T 细胞从胸腺迁移，引起外周 HIV-1 感染。此模型对研究 HIV-1 的母胎垂直感染可能会有一定的意义。

此外，人们建立了转基因小鼠用于 AIDS 研究。目前，主要有 4 种转基因鼠：①HIV-1 的 *tat* 转基因小鼠，主要用于卡波氏肉瘤的病理研究；②*LTR* 转基因鼠；③*Nef* 转基因鼠；④HIV-1 全序列前病毒 DNA 转基因小鼠。转基因小鼠的出现为 HIV 动物模型的研究开辟了新天地。

（2）兔

初步研究表明，家兔的淋巴细胞系和巨噬细胞系可感染 HIV-1。家兔感染 HIV-1 的模型具有其重要性，可用于病毒对身体主要器官的效应及了解病毒的致病机制，另外的好处是家兔供应来源易得便宜，可用于与免疫相关的 HLA 研究及机体被 HIV-1 感染后的细胞免疫功能实验。

五、遗传性高血压大鼠模型

遗传性高血压大鼠有自发性高血压大鼠（SHR）、Dahl 盐敏感鼠、新西兰种鼠、米兰鼠、里昂种和以色列种 6 种。近年来从 SHR 又培育出易卒中、自发性血栓形成、易动脉脂肪沉积和心肌缺血等亚种，成为研究人类原发性高血压、卒中和其他心血管并发症的理想动物模型。

六、自发肿瘤疾病模型动物

自发性动物模型是取自动物自然发生的疾病，或由于基因突变的异常表现通过定向培育而保留下来的疾病模型，如大鼠的结肠腺癌、肝细胞癌模型，家犬的基底细胞癌、间质细胞癌模型等十余种。几乎所有人类肿瘤疾病在实验动物中都可以有相似的肿瘤疾病，肿瘤在不同种系动物中发病率有差异，利用高发病率品系动物来研究自发性肿瘤疾病，更接近人群发病情况。小鼠乳腺癌在 C3H、A/He、DBA/1、DBA/2 发病率较高，在 C3H 雌性动物年龄超过 9 个月后，乳腺肿瘤发病率可高达 100%；肺肿瘤多在 A/He、A/JAX，皮肤肿瘤在 C57L/He、BR/cd，肝脏肿瘤在 C3H、C3Hf、C3He、C57，淋巴网状系统肿瘤在 C58、C57L，血管内皮瘤在 HK、BALB/c 等发病率较高，在实际工作中应进行针对性选择。

动物大肠癌模型：动物大肠癌的自然发病率很低，仅田鼠较易发生大肠息肉和肿瘤。早期使用诱癌的化学剂多是芳香胺类，1965 年 Laqueur 应用苏铁素（cycasin）及其配基——甲基偶氮氧甲醇（MAM）成功地诱发了大鼠大肠癌，之后，又合成了一系列类似物。目前用以诱发大肠癌的致癌剂主要是间接致癌剂二甲阱及直接致癌剂亚硝胺类。选用的动物有小鼠、大鼠及豚鼠等。

七、遗传性糖尿病动物模型

艾氏等给 Wistar 大鼠持续进行了 10d 自制的脂肪乳灌胃，之后进行连续 2d 的腹腔注射四氧嘧啶，第 1 天 120mg/kg，第 2 天 100mg/kg，末次给药后 72h 的空腹血糖升高，对外原性胰岛素不敏感，并以血糖值≥16.7mmol/L 作为糖尿病大鼠，成模率可达 90%。

八、自发性癫痫动物模型

长爪沙鼠是研究癫痫病的理想动物模型。Bionomics 公司 2002 年 9 月 9 日宣布建立了世界上第一个遗传性人类癫痫病的动物模型，从而为癫痫病的治疗带来重大突破。

九、心血管系统疾病动物模型

1．心肌缺血的动物模型

急性心肌缺血动物模型的制备方法有很多，可概括分为两类：一是开胸法诸如冠脉结扎法、冠脉夹闭法、微量直流电刺激法、化学灼烧法及冠脉局部滴敷药物法；二是闭胸法，通过注射或接种使动物产生相应疾病。包括异物法如微珠球塞法和球囊堵塞法及冠脉内注射药物诱发冠脉痉挛法。开胸法直观省时，易掌握，冠脉病变的部位恒定，个体间差异小，但需行开胸手术并要求以呼吸机辅助呼吸，创伤大，动物死亡率高达 30%～60%。

2．动脉粥样硬化动物模型

除田鼠和地鼠外，一般温血动物只要方法适当都能形成动脉粥样硬化的斑块病变。常选用兔、猪、大鼠、鸡、鸽、猴和犬等动物。常用的复制方法有高胆固醇、高脂肪饲料喂养法，免疫学方法，儿茶酚胺类药物注射法，同型半胱氨酸注射法，幼乳大白鼠法及胆固醇-脂肪乳剂静脉注射法等。

十、神经系统疾病动物模型

实验性变态反应性脑脊髓炎（EAE）是一典型的实验模型。早在 1944 年 Ferraro 根据对一系列实验结果的总结，指出 EAE 和人的脱髓鞘病有相似之处。1947 年 Freund 等报告，以脑或脊髓加 Freund 佐剂（FA）进行免疫，仅需一次注射就能引起豚鼠 EAE，而且成功率相当高。以后，以兔、小鼠、大鼠、羊、猫、田鼠及猴等动物用同样方法均能复制成功，以豚鼠最为敏感。

十一、肝硬化动物模型

选体重 150～200g 的 Wistar 大鼠，将 D-氨基半乳糖配制成 10%的生理盐水溶液，用 1mol/L NaOH 将 pH 调节至 7.0，以 250mg/kg 的剂量行腹内注射，每天一次，每周 6d，约半年即可形成肝硬化。

十二、泌尿系统疾病模型

肾小球肾炎疾病模型：在动物身上建立肾小球肾炎的方法有很多，最常用的是通过免疫手段，主要采用的实验动物有大鼠、兔及狗。

1．肾炎

1）肾小球肾炎：Masugi 型肾炎动物模型是选用羊抗兔肾血清引起兔或大白鼠的肾小球肾炎。以出现蛋白尿为标志，可认为已形成了严重的肾小球肾炎。

2）慢性肾小球肾炎：动物模型是用异种动物（兔、大白鼠、狗）肾小球基底膜和弗氏佐剂，给绵羊或猕猴注射，可复制成慢性肾小球肾炎。猕猴以选用 2.2～4.5kg 体重的健康猴较好。

3）异种蛋白引起的肾炎：可先由静脉注入异种蛋白以使动物致敏，然后将蛋白直接从动脉作决定性注射，以引起急性肾炎。兔耳静脉注入不稀释的鸡蛋白可造成的肾炎病变，与人类肾炎的病理改变很相似。

4）ECHO9 病毒引起肾小球肾炎：选用出生 6d 的 HAM/ICR 系小鼠，每只用含 ECHO9 病毒的肾组织培养液 0.1mL 腹腔注射，注射 6d 后，幼鼠肾组织学改变类似于急性肾小球肾炎。肾小球细胞增生，肾小管内有透明管型。注射 2～3 周，幼鼠肾小球损害可达高峰，6 周后减轻甚至消失。

2．自身免疫肾小管间质性肾炎

肾脏含有特殊的抗原，它仅存在于肾皮质。用兔肾皮质中肾小管的基底膜与弗氏完全佐剂免疫豚鼠，可造成自身免疫肾小管间质性肾炎。

3．肾病

1）升汞中毒性肾病：用不同浓度的升汞溶液给狗、家兔和大白鼠皮下或肌肉注射，可造成基本病变相似的坏死性肾病。

2）藏红花红 O 造成的肾病：选用家兔作实验。藏红花红 O 可选择性地引起近端和远端明曲管上皮广泛坏死，造成的模型与临床表现较一致，故在国内较为常用。

4．肾结石、膀胱结石

在动物身上复制泌尿系统的结石是比较困难的，也不能复制人体结石形成的全部复杂过程。一般是以异物移植入膀胱内，也有用维生素 A 的食物饲养动物或静注细菌等方法造成。有文献报道，乙二醇和乙醛酸钠中毒时，在肾内形成草酸钙结晶，有利于结石的发生。

十三、内分泌疾病模型

缺碘性甲状腺肿：地方性甲状腺肿除少数地区是由食物高碘和致甲状腺肿物质引起外，主要病因是缺碘。该模型复制方法很多，如用人工配制的低碘饮食饲养动物及用硫脲类和某些磺胺类药物抑制甲状腺组织的过氧化酶以阻碍甲状腺合成。后一种方法致甲状腺肿的机制和低碘性甲状腺肿的发病机制相差很大，不能真实地表现人类甲状腺肿的病理演变，因此在使用上受到一定限制。

十四、呼吸系统疾病动物模型

1. 慢性支气管肺炎模型

常选用大鼠、豚鼠或猴吸入刺激性气体（如二氧化硫、氯、氨水、烟雾等）复制人类慢性气管炎。现发现猪黏膜下腺体与人类相似，且经常发生气管炎及肺炎，故认为是复制人类慢性气管炎较合适的动物。用去甲肾上腺素可以引起与人类相似的气管腺体肥大。

2. 肺气肿模型

给兔等动物气管内或静脉内注射一定量木瓜蛋白酶、菠萝蛋白酶、败血酶、胰蛋白酶、致热溶解酶，以及由脓性痰和白细胞分离出来的蛋白溶解酶等，可复制成实验性肺气肿。

3. 肺水肿模型

用氧化氮吸入可造成大鼠和小鼠中毒性肺水肿，或用气管内注入 50% 葡萄糖液（家兔及狗分别为 1mL 及 10mL）引起渗透性肺气肿。腹腔注入 6% 氯化铵水溶液可引起大鼠（0.4mL/kg）、豚鼠（0.5～0.7mL/kg）肺水肿。

4. 支气管痉挛、哮喘模型

常选用豚鼠复制急性过敏性支气管痉挛。用生理盐水配成 1 : 10 鸡蛋白溶液作致敏抗原，给每只（250g 体重）豚鼠腹腔内注射 0.5mL，致敏注射后 1 周，动物对抗原的敏感性逐渐升高，至 3～4 周时最高。此时再用 1 : 3 鸡蛋白 2mL 加弗氏完全佐剂雾化（在雾化室内），致敏动物在此雾化室内十几秒钟到数分钟内，就出现不安，呼吸加紧加快，然后逐渐减慢变弱，甚至出现周期性呼吸，直到呼吸停止而死亡。

狗每周两次暴露于犬弓蛔虫（Toxocara canis）、猪蛔虫（Ascaris suum）或混合草籽浸出物的气溶胶中可引起实验性哮喘。给 8～10 倍稀释猪蛔虫浸出物皮试阳性狗以猪蛔虫气溶胶吸入，也可引起哮喘。

5. 实验性矽肺模型

常选用大鼠、家兔、狗或猴来复制模型。取一定量含游离 SiO_2 99% 以上的 DQ-12 型石英粉，经酸化处理后，选取尖粒 95% 在 5μm 以下的那一段混悬液，烤干后准确称取需用量加生理盐水制成混悬液（灭菌），大鼠用 50mg/mL，每只气管内注入 1mL；家兔用 120mg/mL，用尘量按 120mg/kg 体重计算，在暴露气管后注入，均可复制成典型的矽肺模型。

十五、消化系统疾病动物模型

1. 病毒性肝炎模型

常用方法是注射乙型肝炎患者血清复制乙型肝炎模型。但大部分实验动物对甲型肝炎病毒不易感。我国已有报道红面猕猴、恒河猴、人及野生树鼩中毒后出现人甲型肝炎现象。近年来发现某些鸭肝炎病毒特征与人肝炎病毒十分相似，故用鸭作为人肝炎模型也开始增多。

2. 免疫性肝炎模型

慢性或迁延性肝炎患者体内存在着抗肝细胞成分抗体。国外有人用肝组织悬液加弗氏佐剂免疫豚鼠，成功地诱发了肝细胞变性及坏死病变。也有人报道肝膜蛋白（LSP）加弗氏佐剂分次注射产生动物免疫性肝炎模型。

3. 胃、肠道溃疡模型

在动物身上复制胃、肠道溃疡的方法有较多，但所用的方法不同，引起的溃疡病变也各有特点。常用的方法有以下几种。

（1）应激法

以各种强烈的伤害性刺激（如强迫制动、饥饿、寒冷等）引起动物发生应激性溃疡。如把动物浸入冷水中或放在应激箱中不断地遭受电刺激，使之剧烈不安，一昼夜即能引起胃黏膜出血及溃疡。这种方法简单，成功率达 99% 以上。

（2）药物法

给动物投服或注射一定量的组织胺、胃泌素、肾上腺类固醇、水杨酸盐、血清素、利血平、保泰松等可造成动物胃肠溃疡。例如，给豚鼠小剂量的组织胺，连续数天，可引起胃、十二指肠、食道等发生溃疡。可用利血平、血清紧张素、阿司匹林等诱发大白鼠或小白鼠的胃溃疡。

（3）烧灼法

用电极烧灼胃底部的胃壁，可造成如人的胃溃疡病变；用浓乙酸给大鼠胃壁内注射或涂抹于胃壁浆膜面上可造成慢性溃疡。烧灼法复制胃、肠道溃疡模型的优点是方法简便，溃疡部位可由制作者自己选择。

（4）结扎幽门法

选用大鼠、小鼠或豚鼠，麻醉后，无菌条件下在剑突下由腹正中切开腹壁皮肤及肌层，切口长约 3cm，暴露胃，沿胃向右，辨清幽门和十二指肠的联结处，避开血管，于其下穿线，将幽门完全结扎。术后绝对禁食禁水。幽门结扎后，可刺激胃液分泌并使高酸度胃液在胃中潴留，造成胃溃疡。

其他还可用外科手术方法从肠道上部排除可中和胃酸的碱性胆汁、胰液或十二指肠液造成溃疡。还可用刺激、损伤或毁损脑组织等方法造成溃疡。

十六、实验动物效果的局限性

动物实验也有其局限性，特别是药物效果实验要考虑其特点，总体来说动物实验结果与人体效果一致性仅为 20%～25%。

1）人类疾病有 2% 以下概率在动物见过。

2）动物实验和人的实验结果一致性范围为 5%～25%。

3）95% 的药物通过动物实验后因对人无作用或危险而被弃用。

4）市售的至少有 50 种药物能够引起动物癌症，但却在使用。

5）宝洁公司在没有动物实验的情况下使用麝香，在鼠却能引起肿瘤。宝洁公司说动物实验与人无关。

6）很多药物在人与动物之间的差别的原因，88%医生认为是解剖、生理差异不同引起的。

7）在鉴定引起人癌症所用大鼠时，仅37%是有效的。

8）啮齿类动物是癌症研究中使用最多的动物，而这类动物是不患肿瘤性疾病的，如肺癌、肉骨瘤和结缔组织瘤，不能比较。

9）一些结果因为不能用于人，大约90%结果都被废弃。

10）因为饮食和寝具等因素可以改变动物实验结果，不同位置寝具可以引起90%以上的患肿瘤率。

11）9%的麻醉动物倾向于恢复，但最终死亡。

12）实验动物性别差别可以引起矛盾的结果。

13）估计有83%的药物或物质在鼠体内代谢与人类不同。

14）依据动物实验，柠檬汁是致死性的，而砷、肉毒毒素、毒芹提取物却是安全的。

15）一般来说，修饰的动物不适合作动物模型。

16）88%死胎是因为药物引起的。

17）61%的缺陷婴儿出生是由药物引起的，而德国科学家动物实验结果却是安全的，德国战后缺陷儿出生率上升200%。

18）医院中1/6的人就是依据动物实验结果来治疗的。

19）美国每年有150万人接受医院治疗，死亡10万。

20）WHO：儿童接种麻疹疫苗，这些儿童患麻疹概率比未接种儿童高14倍。

21）经粗放治疗的患者40%有不良反应报告。

22）现在美国有20万种药物在使用，而WHO认为只有240种为基本药物。

23）德国医生议会认为：6%致死性疾病和25%的器官疾病是药物引起的，而这些都是经过动物实验的。

24）阿司匹林动物实验没有成功。

25）至少有450种方法可以作为动物实验的候选方法。

26）全球使用实验动物数量巨大，每秒就会有33种动物因实验而死亡，在英国每4s就会有一只实验动物死亡。

第五节 实验动物健康处理

一、实验动物健康（常见疾病）

实验动物已经在生物、医药、化工、农业、畜牧、环保、军工外贸、商检、宇航等科学领域得到广泛应用。但由于将实验动物当成经济动物、观赏动物、野生动物等，由此引起流行性出血热、鼠疫杆菌病、嗜肺军团菌病、β-溶血性链球菌病、真菌病等人畜共患病，并导致比较严重的公共卫生安全问题，必须加强法制管理，建立完善的实验动物与公共卫生技术队伍。

动物潜在性感染，对实验结果的影响也很大。例如，观察肝功能在实验前后变化时，必须要排除实验用的家兔是否患有球虫病，不然家兔肝脏上已有很多球虫囊，肝功能必然发生变化，所测结果波动很大。

健康动物对各种刺激的耐受性一般比不健康、有病的动物要大，实验结果稳定，因此一定要选用健康动物进行实验。患有疾病或处于衰竭、饥饿、寒冷、炎热等条件下的动物，均会影响实验结果，选用的动物应没有该动物所特有的疾病，如小鼠的脱脚病（鼠痘）、病毒性肝炎和肺炎、伤寒；大鼠的沙门菌病、病毒性肺炎、化脓性中耳炎；豚鼠的维生素C缺乏症、传染性肺炎。

实验用小鼠、大鼠、地鼠、豚鼠的主要疾病，包括病毒病、细菌病、真菌病、寄生虫病、肿瘤病和非传染性疾病等。

1．实验动物细菌性传染病

人兽共患病病原菌是一级动物必须排出的病原菌。动物致病菌和条件致病菌是二级动物要求排出的病原菌。实验动物易感染的病原菌包括：沙门菌、波氏杆菌、巴氏杆菌、分枝杆菌、耶尔森氏菌、棒状杆菌、泰泽氏菌、链球菌、假单胞菌、布鲁氏菌等。所引起实验动物表现与其他动物差别不是很大。

2．实验动物病毒性传染病

（1）鼠痘

鼠痘又称为小鼠脱脚病，为小鼠的一种常见急性传染病，由鼠痘病毒（ectromelic virus）引起。特征是感染后不但引起全身或局部皮肤痘疹，还发生肢体末端皮肤坏死坏疽，使之发生脱脚、断尾和外耳缺损等病症。易感动物为小鼠，通过皮肤和呼吸道传染。

（2）淋巴细胞脉络丛脑膜脑炎

淋巴细胞脉络丛脑膜脑炎是由淋巴细胞脉络丛脑膜脑炎病毒（LCMV）引起的一种人和多种动物共患的急性传染病，主要侵害神经系统，呈现脑脊髓炎症状。小鼠感染表现有大脑型、内脏型和迟发型3种。人类感染表现为流感样症状和脑膜脑炎。易感动物：小鼠、大鼠、豚鼠、地鼠、棉鼠、兔、犬、猴等实验动物均能感染。通过皮肤、黏膜或吸入途径感染。只有带毒的小鼠和金黄色鼠可以向种内种间动物传播病毒。可经唾液、鼻腔分泌物和尿液排毒，小鼠之间通过子宫传播。

（3）流行性出血热

流行性出血热是由流行性出血热病毒引起的主要发生在大鼠的烈性传染病，是一种人兽共患的自然疫源性传染病。主要特征为高热、出血和肾脏损伤。易感动物包括大鼠、小鼠、沙鼠、兔、人。自然宿主主要为小型啮齿类动物。实验动物通过螨叮咬，带毒血尿污染伤口；人感染是由于接触带毒动物及其排泄物或污染的尘埃飞扬形成气溶胶吸入引起感染。

（4）仙台病毒肺炎

由仙台病毒引起的一种呼吸道传染病。特征是引起大鼠自发性急性肺炎，临床表现与流感类似，仔幼鼠感染后能致死。易感动物包括大鼠、小鼠、仓鼠。主要通过呼吸道感染。

（5）小鼠肝炎

由小鼠肝炎病毒引起的小鼠高度传染性疾病，特征是在正常情况下多数不显性感染，在一些因素作用下，可激发为致死性病变，主要表现肝炎和脑炎，对实验研究影响极大。感染途径包括消化道、呼吸道和接种，胎盘也能传染。

（6）兔瘟

兔瘟又称病毒性出血症，由兔出血症病毒引起的家兔急性致死性传染病。特征是传染力极强，发病急，病程短，发病率和死亡率甚高，呼吸器官和实质器官有出血点。病兔、死兔及隐性感染都是传染源，主要通过消化道、呼吸道感染，病料污染过的环境、空气也能传播。

（7）犬细小病毒病

犬细小病毒病又名犬病毒性肠炎，由犬细小病毒引起的一种接触性急性致死性传染病，特征是剧烈呕吐，腹泻和白细胞显著减少（急性出血性肠炎），有的病例表现非化脓性心肌炎。直接接触和消化道途径感染。

（8）犬传染性肝炎

犬传染性肝炎是由 Rubarth 于 1947 年首次发现的由犬传染性肝炎病毒（ICHV）引起的犬的一种急性、高度接触性败血性的传染病。该病的特征是循环障碍、肝小叶中心坏死、肝实质细胞和内皮细胞的核内出现包含体。

（9）猴痘

猴痘是由猴痘病毒引起的皮肤丘疹、痘疱性传染病。临床特征与天花相似，以皮肤发疹为主要特征。人主要是与患病动物接触所致。

（10）猴获得性免疫缺陷综合征

猴获得性免疫缺陷综合征是猕猴 D 型逆转录病毒或猴免疫缺陷病毒引起的一种高致死性传染病。病程进展缓慢，病猴淋巴结肿大，身体消瘦，反复腹泻，终因体弱复合感染而死亡。临床上表现发热、不适、厌食、腹泻，体征为全身淋巴结肿大、脾肿大、体重减轻，易发肿瘤。

（11）犬心丝虫病（dirofilariosis）

犬心丝虫病（dirofilariosis）是由于丝虫科的犬恶心丝虫寄生于犬心脏的右心室及肺动脉，引起循环障碍、呼吸困难及贫血等症状的一种丝虫病。犬心丝虫病除感染犬外，猫、狐、狼等肉食动物也可感染。本病在我国分布甚广，据报道，广东的犬心丝虫的感染率高达 50%左右。微丝蚴被中间宿主——蚊吸入体内后，经过两次蜕皮变为感染性幼虫。中华按蚊、白纹伊蚊、淡色库蚊等多种蚊子均可作为其中间宿主。除蚊外，其微丝蚴也可在猫蚤与犬蚤体内完成发育。犬类动物被丝虫阳性蚊叮咬而感染本病。当蚊吸血的时候，幼虫从喙逸出钻入终宿主的皮内，经淋巴或血液而达于心脏及大血管，间或停留于皮下组织。虫体达性成熟期，需经 8~9 个月。成虫于终宿主体内可生存数年。患犬可发生慢性心内膜炎，心脏肥大及右心室扩张，间或有静脉充血导致腹水、肝肿大等病变（图 8-1）。临床表现咳嗽，心悸亢进，脉细而弱，心内有杂音，腹围增大，呼吸困难，运动后尤为显著。末期发生贫血，逐渐消瘦衰竭而死亡。死亡剖检，可在右心室和肺动脉中见有大量的心丝虫。

预防　防止和消灭中间宿主是很重要的措施，为此除消灭犬蚤外，池塘和水库中养鱼是消灭蚊虫的好办法，也可用药进行预防。

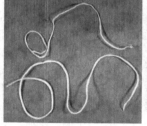

图 8-1　犬心脏上的心丝虫及对犬的感染

（12）眼虫病（thelaziasis）

眼虫病（thelaziasis）是由结膜吸吮线虫寄生于犬结膜囊和瞬膜下引起的以结膜炎和角膜炎为主要特征的疾病。全国 17 个省、直辖市、自治区已有本病的报道，其中以湖北、山东、江苏发生较多。

（13）其他疾病

如兔球虫病、疥螨等，参看其他的动物疾病章节。

二、实验动物的饲料保障与安全

供给营养适宜的饲料是保证实验动物正常生长、发育、繁殖，以及对各种外界因素的反应保持相对恒定，增强体质的重要条件。

1．适宜的营养成分

实验动物饲料的各种营养供给参考标准（基本营养

成分相对含量）见表8-1。

表8-1 实验动物饲料各种营养参考标准

营养成分种类/营养成分	大鼠、小鼠、地鼠	家兔、豚鼠
蛋白质/g%	20～25	18～20
脂肪/g%	5～10	4～8
钙/g%	0.9～1.2	1.2～1.5
磷/g%	0.6～0.8	0.8～1.0
赖氨酸/g%	8～10	7～9
蛋氨酸/g%	4～6	4～6
维生素A/（IU/100g）	1500	1500
维生素D/（IU/100g）	200	200
维生素C/（mg/100g）	0	60～80
维生素E	特殊实验需要可加入5～10mg/100g	

2．科学设计各种实验动物饲料配方

1）各种实验动物的饮料配方，应根据其不同需要量科学设计。

2）应根据不同实验动物的特异需要，适当添加蛋白质、维生素C及纤维素等。

3）确定后的饮料配方不得任意更改，力求稳定。

4）饲料中不得添加抗菌剂、抗虫剂、防腐防霉剂及激素等其他药物。

5）不得用非标准饲料饲养实验动物。

3．原料要求及保管

1）精选新鲜、无杂质、无毒、无污染、无霉变、无虫蛀鼠咬的各种原料。

2）应设专门饲料库房：饲料库房应保持干燥、通风、无虫、无野鼠，经常保持清洁卫生，各种饲料或原料应分类堆放整洁。

3）维生素类原料应存放在避光、低温、干燥处。

4）加工后成品与原料应分开保管。

5）饲料库房内严禁存放杂品及毒性药品等。

6）饲料库必须严格领发、保管制度及完善管理手续。

4．加工制作

选择优质原料按饲料配方比，准确称重，充分混匀。植物油、维生素及无机盐类先与少量粉料混匀，再与大量粉料充分混匀后加工。制成的料块应有适宜的硬度及适口性。

料块成品装入无毒清洁饲料桶或清洁牛皮纸袋内，封口贴有注明饲料种类、制作日期及制作人的标签，成品料块存放不得超过两个月。

5．定期检测分析营养成分

各种饲料成品应每半年抽样检测、分析营养成分一次。必要时随时抽样检测分析。

三、实验动物许可证制度

由科技部、卫生部、农业部等7部局发布的《实验动物许可证管理办法》，从2002年1月1日起正式实施。

该文件规定了贯彻落实《实验动物管理条例》的具体措施，对实验动物许可证的申请、审批、管理等作出了详尽的规定。实验动物许可证由各省、自治区、直辖市科技主管部门负责受理，进行考核和审批、印制、发放和管理，并负责年检管理，年检不合格的单位，吊销其许可证，并报科技部及有关部门备案，予以公告。从硬件和软件两个方面，有力地促进了实验动物机构的建设，大大提高了实验动物的质量和动物实验技术水平。有利于推进我国实验动物的法制化管理，促进实验动物市场化建设。《实验动物许可证管理办法》还规定，凡未取得实验动物许可证的单位不得从事实验动物的生产、经营活动，使用未取得实验动物许可证的单位所生产的实验动物及相关产品，所进行的实验动物结果不予承认。对于已取得实验动物许可证的单位，违反管理条例或使用、生产不合格动物的，一经核实，发证机关有权收回其许可证，予以公告。

第六节　动物健康福利

一、基本概念

宠物（动物），又称宠爱的动物（pet animal）或陪伴（伴侣）动物（companion animal），按照1987年的《保护宠物动物的欧洲公约》的定义，是指为个人娱乐或者陪伴目的而被人类在某类场所特别是在家庭拥有或意图被拥有的任何动物。其包括家养的或者驯养的食肉动物、啮齿动物和鱼类等动物。

拥有（keep）包括占有和养护的意思。宠物的拥有者，一般包括宠物的主人、宠物的占有者（如主人的近亲属、主人委托的人或者照料、医疗机构）、宠物收容机构等。

饲养（breed，board）是指给宠物吃东西。饲养包括非商业和商业的，商业的饲养是指为了利益（或者利润）而给宠物、往往是给相当数量的宠物提供食物。

贸易（trade）是指为了利益（或为"利润"）而进行的包括转移宠物所有权的正常（或者为"有规则的"）商业交易。这种交易一般是有一定规模或者一定数量的宠物交易。宠物如果迷失或者被主人抛弃，就变成了流浪动物。

流浪动物（stray animal）是指没有家或没有在主人（拥有人）控制（管理）之下的宠物。

动物收容所（animal sanctuary）是指可以收留一定数量宠物的非营利机构，一旦国家的法律允许或者得到有关机构的许可，这类机构就可以收留流浪的宠物。目前，欧盟各成员国城市基本都有宠物收容机构，在我国的北京、上海、广州等地，也具有少量的民间收容机构。

医疗是指由取得有关资格的兽医诊治的过程。

监督管理机关是指国家法律法规、行政规章规定的，或者被有关上级机关分配履行监督、管理（宠物）职责的行政机关，如国家农业部、县行政部门和警察机构。

动物福利（animal welfare，animal right）概念由5个基本要素组成（动物享有"五大自由"，简称5F，F为Free的缩写）：①生理福利，即无饥渴之忧虑；②环境福利，也就是要让动物有适当的居所；③卫生福利，主要是减少动物的伤病；④行为福利，应保证动物表达天性的自由；⑤心理福利，即减少动物恐惧和焦虑的心情。按照国际公认标准，动物被分为农场动物、实验动物、伴侣动物、工作动物、娱乐动物和野生动物6类。OIE尤其强调了农场动物的福利，指农场动物是供人吃的，但在成为食品之前，它们在饲养和运输过程中，或者因卫生原因遭到宰杀时，其福利都不容忽视。良好的动物福利要求：良好的疾病预防和兽医处理；适当的饲养场所；较好的管理和营养；人道处理和人道屠宰。

2003年的《关于宠物动物非商业性转移的健康要求以及修订92/65/EEC理事会指令的欧洲议会与欧盟理事会条例》附件1基于越境动物疾病控制的目的，把常见的宠物动物分为3类，第一类是犬和猫，第二类是雪貂，第三类是非脊椎动物（蜜蜂和甲壳动物除外）、观赏性热带鱼、两栖动物、爬行动物、鸟（被理事会90/539/EEC和92/65/EEC指令覆盖的家禽以外的所有品种）、啮齿动物和家兔。在日常生活中，常见的宠物动物一般是猫、狗、马、猴、猪、鸟、兔、小白鼠、鱼、两栖类（如蜥蜴、乌龟、青蛙）等。而猫、狗的数量在宠物动物中占绝大多数。对于一些把野生动物驯化为宠物动物的现象，《保护宠物动物的欧洲公约》在导言中表明了"不鼓励"的态度。在实践中，欧盟国家的立法都限制了宠物动物的种类，并禁止把一些陆生野生动物驯养成宠物动物。例如，瑞典1988年的《动物福利法令》（2002年被修订）规定，除了鱼和部分两栖野生动物（如青蛙和蟾蜍）外，禁止把其他野生动物作为宠物动物饲养，禁止把狗和狼杂交的后代作为宠物动物饲养。

目前，我国的法律缺乏对宠物动物的定义和分类的规定。但在生物科学上，我国与欧盟的分类基本一致。这一节主要介绍宠物健康福利，畜禽健康福利参考《动物检疫检验学》。

二、中国宠物动物福利法的渊源

1. 国际条约

目前国际上还没有一个专门针对宠物动物的普遍性国际公约，因此，对宠物的法律保护问题，只能依靠其他国际条约的非专门性规定、区域性条约和国内立法来解决。

由于一些宠物来源于经过驯养、繁殖、交易的野生动物，因此，我国参与缔结或者参加的相关国际条约也可以纳入宠物福利法的渊源之中。这些条约主要有：1971年的《关于保护国际重要湿地特别是水禽栖息地公约》及其议定书，1973年的《濒危野生动植物物种国际贸易公约》（1979年修订），1982年的《联合国海洋法公约》，1992年的《生物多样性公约》，1972年的《保护世界文化和自然遗产公约》，1983年的《中日候鸟及其生境保护协定》等。

2. 国内立法

（1）国家级的立法

在法律层次上，我国于1992年实施的《进出境动植物检疫法》和宠物进出口检疫有关，1998年实施的《动物防疫法》与宠物防疫有关。另外，1989年实施2004年修订的《野生动物保护法》的部分条文也和宠物驯养繁殖有关。

在法规层次上，我国于1994年实施的《种畜禽管理条例》和属于种畜禽的宠物犬、猫、鸟等的福利保护有关，1997年实施的《进出境动植物检疫法实施条例》和宠物进出口检疫有关，2001年修订的《饲料和饲料添加剂管理条例》和宠物繁殖饲养及在主人家里的饲养有关，2004年实施的《兽药管理条例》和宠物免疫与医疗有关。

在部门规章的层次上，农业部1989年实施了《兽药药政药检管理办法》和《进口兽药管理办法》，1996年实施了《兽用生物制品管理办法》，1998年实施了《种畜禽管理条例实施细则》，1998年修订了《兽药管理条例实施细则》，2002年实施了《动物检疫管理办法》、《动物免疫标识管理办法》和《兽药生产质量管理规范》，2003年修订了《饲料和饲料添加剂预混合饲料生产许可证管理办法》，2004年实施了《动物源性饲料产品安全卫生管理办法》，2005年实施了《兽药注册办法》，2005年实施了《兽药生产质量管理规范检查验收办法》、《兽用生物制品注册分类及注册资料要求》、《化学药品注册分类及注册资料要求》、《中兽药、天然药物分类及注册资料要求》、《兽医诊断制品注册分类及注册资料要求》、《兽用消毒剂分类及注册资料要求》、《兽药变更注册事项及申报资料要求》和《进口兽药再注册资料项目》等。这些都与宠物动物尤其是宠物犬、猫、鸟类的福利保护有关。

（2）地方层次的立法

主要指一些民族自治地方的自治条例和单行条例。这些规范性的文件如果涉及宠物免疫、传染病应急防治、野生动物驯化为宠物等情况，则可以成为宠物福利法的渊源。例如，2003年凉山彝族自治州人民代表大会常务委员会通过的《凉山彝族自治州实施〈四川省〈中华人民共和国动物防疫法〉实施办法〉的补充通知》。2002年实施的《广东省动物防疫条例》和2004年实施的《云南省动物防疫条例》。地方行政规章和其他规范性文件，如现行的《北京市养犬管理规定》、《太原市限制养犬的规定》、《深圳经济特区限制养犬规定》、《齐齐哈尔市限制养犬规定》、《宁波市限制养犬规定》、《呼和浩特市严格限制养犬规定》、《南宁市严格限制养犬规定》等。

三、欧盟及其成员国宠物动物福利法的渊源

1. 普遍性国际条约

欧盟及其前身参与缔结或者参加的与宠物动物驯养、繁殖、交易有关的普遍性国际条约，主要有1950年的《保护鸟类的国际条约》，1971年的《关于保护国际重要湿地特别是水禽栖息地公约》，1973年的《濒危野生动植物种国际贸易公约》，1979年的《保护迁徙野生动物种公约》，1997年的《人道诱捕标准国际协定》，1969年的《小羊驼保护和管理公约》等。

2. 欧洲的有关区域性公约和其他法律文件

《保护宠物动物的欧洲公约》对欧盟各成员国宠物福利保护立法的影响是非常显著的。还有《关于宠物动物外科手术的决议》，《关于饲养宠物动物的决议》，《关于捕猎和保护鸟类的比利时、荷兰、卢森堡三国经济联盟条约》等。

欧盟机构的宠物福利保护法律文件的形式主要有欧盟条约、宣言、条例、指令、决定、建议、意见等。这些文件可以归纳为主要的或基本的渊源及次要的或派生的渊源两大类。1991年，欧洲理事会通过的欧洲议会号召的《保护动物的宣言》，该宣言指出，应充分地尊重动物所需求的福利，属于欧盟基本法律的范畴。还有《关于介绍共同体的方法从根除和预防的角度建立控制狂犬病的领航计划的理事会决定》（89/445/EEC），《关于动物在共同体内部贸易过程中的兽医检查理事会指令》（89/662/EEC），《关于在运输途中保护动物的理事会指令》（91/628/EEC），《关于在屠宰或宰杀时保护动物的理事会指令》（92/119/EC），《关于分段运输的共同体标准和修订91/628/EEC指令附件所指的定期计划的理事会指令》（97/1255/EC），《关于保护用于放牧目的的动物的理事会指令》（98/58/EC）等，《关于宠物动物非商业性转移的健康要求以及修订92/65/EEC理事会指令的欧洲议会与欧盟理事会条例》（2003/998/EC），《关于为从第三国非商业性转移到共同体的犬、猫、雪貂建立示范健康证明的委员会决定》（2004/203/EC）等文件。

欧盟各成员国的宠物福利立法，可以分为法律和法令两个层次。在一些大陆法系的欧盟成员国，法律层次又可以分为宪法的基本规定和一般法律的规定，一般法律的规定包括动物福利保护基本法或者综合性法律的规定、专门的宠物福利法的规定、其他法律对宠物福利保护的附带规定。目前，很多欧盟成员国颁布了包括宠物福利保护内容在内的动物福利保护基本法，如丹麦的《动物福利法》，葡萄牙的《保护动物法》，德国的《动物福利法》，瑞典的《动物福利法》。目前，基本上所有的欧盟国家都颁布了专门的动物福利保护法律或者法令，如英国的《狗法》，《控制狗的法令》，《宠物动物法》；瑞典的《猫狗监管法》，《狗的饲养、销售和喂食法》，《狗标

记和登记条例》等。但每个国家的宠物福利保护法律体系因为国情和法律背景的差异而有所不同。此外，欧洲法院和欧盟成员国国内法院作出的相关判决，也会对宠物福利的保护产生一定的影响。

四、欧盟宠物动物福利法的一般规定

1987年《保护宠物动物的欧洲公约》把宠物福利保护的原则归纳为以下两个：一个是任何人不得引起宠物动物不必要的疼痛、痛苦或者忧伤；另一个是任何人不得抛弃宠物动物。

1. 宠物动物的购买和转让

由于欧洲很多人都喜好宠物，因此，宠物市场非常广阔。出卖或者转让宠物的途径也很多，如人们可以在商店、饲养场或者繁殖场购买，也可以在一些街头市场发现，还可以通过赠与、交换等方式从他人手中得到，甚至可以通过发奖品、奖金或者红利的方式获得。但如果这些方式一旦缺乏监管，动物的品质是值得怀疑的，如宠物是否和其母亲一起待够了法律规定的最低哺乳期，宠物在出卖前是否享有足够的活动空间，是否得到符合法律规定的膳食供应，是否做了绝育手术等。《保护宠物动物的欧洲公约》禁止在街头市场买卖宠物。目前，欧洲的许多国家已经形成了宠物的定点购买或者转让制度。

为了防止一些人只看重宠物的外表和行为特征或者忽视宠物的外观和能力缺陷（如无毛发、牙齿长得不够周正、眼睑和眼睛的尺寸不正常等），《保护宠物动物的欧洲公约》规定，拥有人必须在选择宠物时，要对自己选择宠物的解剖、生理和行为学特征可能导致的健康和福利风险负责。为此，欧盟通过了《关于宠物动物饲养的决议》，要求各成员国应鼓励宠物饲养协会重新考虑修订那些因为宠物选择而影响宠物福利的饲养标准，如果适当的话，通过信息释放和教育的手段，使法官和宠物的被转让者或者被赠送者了解到，过分追求宠物外观和行为特征或者忽视宠物外观和行为缺陷（而这些特征或者缺陷恰恰可能会影响动物将来所得到的福利），宠物的被转让者或者被赠送者必须对自己的选择后果负责。

2. 宠物动物外观的改变

改变宠物的外貌和体形，使其更符合主人的喜好，这是人之常情。在宠物数量众多的欧盟成员国，宠物美容业一直保持旺盛的劲头，但是宠物的美容也有法可依。例如，《保护宠物动物的欧洲公约》规定，除非基于宠物体格的原因或者为了保护特殊的宠物，或者是为了防止宠物的繁殖，禁止以改变狗的面貌和其他非医疗目的给狗动手术，尤其包括截尾巴、剪耳朵、清音化、拔指甲和尖牙。但是按照该公约规定，成员国可以对禁止截宠物尾巴提出保留。事实上，比利时、德国、丹麦、芬兰和葡萄牙在批准该公约的时候对该条提出了保留。例如，丹麦1991年的《动物福利法》规定，狩猎用的狗在5岁前，可以请兽医截尾。

目前，在欧盟内部，剪耳、拔指甲、拔尖牙、清音

化等传统习惯已经被广泛地禁止了，但由于一些养狗者热爱狗技表演或竞赛，并以养表演出色的狗或者血统纯正的狗而自豪，加上一些主人不希望自己的狗在野外环境中刮伤狗尾巴或被猎物咬伤，致使截狗尾巴的传统目前还在一些国家流传。值得注意的是，一些国家采取激励方式鼓励人们不截狗尾巴，如挪威和瑞典的法律规定，截了尾巴的狗不能参加表演。一些国家的法律还规定，未截尾巴的长尾巴品种狗和短尾巴品种狗可以在同一判分标准下进行竞赛。在法律许可的国家，一些人为了逃避医院的麻醉和手术费用，干脆就自己动手，用刀来解决狗尾巴的问题。这种不人道的做法不仅会危及狗的健康，还会给狗的心理带来一定的影响，为此，这些国家的法律一般都施加了由兽医执行手术的要求。

为了逐步制止非因《保护宠物动物的欧洲公约》所豁免的情况对宠物实施整形手术，尤其是截尾巴、剪耳朵的行为，《关于宠物动物外科手术的决议》规定，各成员国应当让法官、饲养者和兽医知道，"切断"性手术是不应当被执行的，应当鼓励饲养协会按照本公约要求改进饲养标准，应当考虑逐步停止那些已经遭受整形手术狗的展览和买卖。

此外，《保护宠物动物的欧洲公约》还规定，除非基于医疗或者经过批准的动物实验等目的，否则不得给宠物吃任何可能影响动物健康或者福利的物品，也不得采取其他任何可能带来类似效果的处理活动。

3. 宠物动物的照管

宠物动物的照管包括饮食、照料、栖息、活动、娱乐等方面内容，在动物福利的保护中得到了《保护宠物动物的欧洲公约》和欧盟成员国的共同重视。例如，《保护宠物动物的欧洲公约》规定：任何拥有或者照顾宠物的人，应该为其提供栖息场所、照顾，并且考虑动物物种和饲养的动物行为学需要，尤其是，①给它们适合的和充足的食物和水；②提供给它们适当的锻炼机会；③采取各种合理的措施防止其逃跑。想拥有宠物的人如果不具备这些条件，该公约规定，其不应当拥有宠物动物；另外，即使拥有者具备了这些条件，但宠物不能够适应被关闭的情况，拥有者也应当放弃其拥有的宠物动物。为了保护宠物动物免受未成年人因缺乏知识和判断力不足而不适当地对待宠物，该公约还规定：没有得到未成年人父母或者其他行使父母监护权的人同意，任何人不得对未满 16 岁的未成年人出售宠物。

欧盟一些成员国也结合本国的国情做了类似的规定。例如，意大利的动物保护法令和规章规定，宠物犬的容身场所面积不得小于 8m^2，房间的牢固度、温度、湿度和通风条件都必须符合一定的标准。按照丹麦 1991 年的《动物福利法》规定，如果主人想把属于大型动物的宠物动物锁进笼子，必须征得警方的同意。瑞典 2002 年修订的《动物福利法》规定，动物应该得到充足的食物、水和充分的照顾；动物建筑和一些容纳动物的其他房间应该为动物提供充足、洁净的空间、庇护处；对于动物

建筑的建设，应该得到政府或者得到政府授权的国家农业部的事先同意，违犯该规定，政府可以责令设施的所有者缴纳建设费用 4 倍的罚款；动物应当在适合其健康和自然行为需求的环境中容身和被照管；动物不应当过度劳动（如对于宠物马），不应当得到可能伤害其健康的责打或者驾驶；为动物系链子时，不应当导致动物疼痛、限制动物的活动自由或者动物的容身空间。在狗的活动方面，瑞典 2002 年修订的《动物福利法》和《动物福利法令》和 2003 年对宠物动物的特殊规定（SJVFS 2003：24），所有的狗每天都应当得到主人提供的锻炼和有规律行走的机会。对于一些仅仅把狗放在院子里锻炼或者仅牵着狗外出的人，这些法律也作了否定性的评价。德国的法律规定，如果狗被主人单独留在家里长达 8h 以上，就应受到处罚；如果主人不能按照法律规定的要求照顾宠物，应当聘请他人照顾或者交费把宠物送到有关的经营机构去看管。动物如果有群居、温度和湿度的需要，甚至包括发情期的交配需要，主人应当尽量创造条件予以满足。由于一些喜欢独自居住或者栖息的动物，主人不得为其提供干扰其生活的同类或者其他动物；对于害羞的爬虫类，主人应该为其准备藏身的场所；对水质特别敏感的鱼类宠物，主人应当经常换水；对于攻击性的鱼类，由于会引起其他的宠物鱼感到恐慌和忧伤，在瑞典等欧洲国家是禁止其作为宠物饲养的。

4. 宠物动物的训练、竞技、展览和表演

科学的训练不仅有利于动物的身心健康，还有利于增进人类与宠物之间的感情，反之，如果宠物的表演才能和天赋被人类过分甚至变态地利用或者发挥，那就会影响宠物的身心健康。《保护宠物动物的欧洲公约》和欧盟成员国都规定了宠物的科学训练和宠物有条件地参与广告、娱乐、竞技等表演活动的条款："任何宠物动物都不得以对其健康和福利有害的方式来进行训练，尤其是以强迫宠物超过自然能力、力气或者借助能导致动物伤害或者不必要疼痛、痛苦或者忧伤的人工帮助方式。"瑞典《动物福利法》规定，禁止训练动物养成好斗的习气；在可能导致伤害的情况下，动物的拥有者或者照料者不得把动物训练为体育竞赛（如斗狗、斗鸡）动物或者把动物用于体育竞赛活动；把动物运用于其他的体育竞技项目（如赛跑）时，不得给动物服用改变动物性情的物质。

在动物的竞技、展览和表演方面，《保护宠物动物的欧洲公约》设立的宠物动物广告、娱乐、竞技或者其他类似表演活动的开展条件为：其一，创造适当的符合该公约规定的宠物拥有条件；其二，不使宠物的健康和福利存在风险；其三，在竞技中或者其他任何时候，不得给宠物吃足以增加或者减少宠物自然表现性状的并且给宠物健康和福利带来风险的物质，具有类似效果的处理活动或者设施也不要采取或者施加。欧盟成员国结合各自的国情作了可能存在巨大差异的规定。例如，瑞典《动物福利法令》规定，任何一场动物竞技比赛，均应当有

兽医公共卫生学

国家农业部任命的兽医参加，在比赛之前，兽医应当仔细地检查赛场，如果发现可能伤害参赛动物福利的情况，可以要求取消比赛。兽医的出场费用由组织比赛的单位承担。宠物猫和狗不得巡回在动物园展出（但可以在规定的马戏团、动物表演场、动物花园、动物公园等场所展出），可见，该国的保护标准很高。

5. 宠物动物的免疫和医疗

宠物动物的免疫和医疗是保证动物福利的重要环节。在欧盟国家，给宠物打预防针是强制性的，并且和登记一起构成宠物外出和出国的基本条件。

关于宠物医疗问题，《保护宠物动物的欧洲公约》规定，如果手术可能导致剧烈的疼痛，兽医或者其他在其监管之下的人应当为其进行麻醉手术；如果不必进行麻醉，那么手术必须由各成员国法律所许可的人进行。该公约各成员国也作了相关的规定，动物患病、受伤或者处于危险的边缘，应该得到尽可能的帮助。瑞典《动物福利法》规定："除非动物在疾病或者伤害非常严重必须被立即杀死的情况下，一只生病或者受伤的动物应该得到毫不延迟的必要照顾。"为了防止动物受到不必要的外科手术和注射，该法第10条规定了"必要性"和"动物实验除外"两个条件。除非情况紧急，外科手术或者注射必须由兽医亲自进行；如果疾病预防、疾病观察、疾病减缓和治疗等工作可能导致动物的明显伤害，而情况也非紧急，则只能由兽医亲自进行。德国《动物福利法》规定动物的治疗必须由专门的兽医进行。切除动物器官的一部分甚至全部，以必需、器官移植、绝育等为前提，有关手术的目的、理由、性质、涉及动物的数量、地址、时间、持续时间、执行人等要通知主管机构。

为了保证宠物得到主人的尽心医疗帮助，一些欧洲国家规定了自愿性的宠物医疗保险制度和意外保险。由于宠物动物一般都很健康，加上宠物动物医疗保险很贵，在实践中，买保险的人少。

6. 宠物动物的运输

在欧洲的很多国家，狗可以乘坐公共交通工具，可以住旅馆，有的甚至可以和主人一起上下班，狗乘坐公共交通工具，主人必须为狗购买车票，票价和儿童票一样。禁止主人把宠物单独留在家里而自己却出去旅行度假，因此宠物与主人同游是很自然的事情。这就催生了宠物旅馆行业。当然，一些为人服务的旅馆也会为狗提供专门的休息房间。目前，欧盟和欧盟成员国都有关于宠物运输的相关规定。

欧盟的《关于宠物动物非商业性转移的健康要求以及修订92/65/EEC理事会指令的欧洲议会与欧盟理事会条例》规定，附件1所列的第一类和第二类宠物在共同体内非商业性转移，或者自共同体以外的国家非商业性地进入共同体时，应该被清楚地文身或者携带电子装置，以鉴别其身份及主人的姓名与住址。在共同体内非商业性转移附件1所列的第一类和第二类宠物的主人，必须携带兽医签发的已经注射狂犬病疫苗的证明文件。附件

1所列的第一类和第二类宠物进入共同体前的三个月，必须注射狂犬病疫苗；注射30d以后还要进行一次抗体压制注射。狂犬病疫苗和抗体压制注射必须记载在兽医签发的证明文件上。

葡萄牙《保护动物法》（禁止使用受伤的动物）规定，如果脊椎动物在进入国境时，被发现具有明显的伤害，可以禁止其进入国内；如果这些动物伤势严重，其活着意味着继续受罪，应当采取安乐死的办法。除非基于危险、健康或者其他卫生原因，公共交通的营运人不得拒绝运输宠物；但公共交通的营运人可以要求其主人陪同，并且采取一定的安全和卫生措施。德国《动物福利法》规定，特殊的宠物在运输之中应该得到主人的陪伴。为宠物提供旅馆服务要取得相应的许可；而要取得许可，经营者要具有相应的房产、动物服务设施和照顾经验。瑞典《动物福利法》规定，动物的运输方式应当适合运输的目的，并且为动物提供抵御炎热或者寒冷的遮蔽条件，采取措施使动物不受震荡、磨损或者其他类似的伤害；在尽可能的情况下，动物应被适当分开，避免在拥挤和相互接触的情况下被运输。

7. 宠物动物福利的知识普及和教育

饲养宠物应当具有一定的相关知识，了解得越多，对动物福利的保护就越有利。《保护宠物动物的欧洲公约》规定，各成员国在动物饲养、繁殖、训练、贸易、生产动物食品等方面，应该制定鼓励有关组织和个人更多地了解动物福利保护知识的计划。

由于未成年人对动物福利保护意义认识不太清楚，缺乏必要的伦理观念和动物福利保护知识，《保护宠物动物的欧洲公约》规定，除非其监护人同意，各成员国不应该鼓励把狗作为礼物送给不满16周岁以下未成年人的行为。另外，为了让宠物得到真正喜欢自己的人的饲养，该条约还规定，各成员国应当站在保护动物的立场上教育其人民，不得鼓励把宠物作为奖品、奖金或者红利来派发，不得从事非计划性的宠物繁殖活动，不得把获得的野生动物作为宠物来饲养，不负责任地或者未经过仔细考虑地获得宠物，将导致弃养动物或者流浪动物的增加。

8. 宠物动物的安全防卫

为了防止宠物猫、狗在公共场所伤害其他动物或者人类，《保护宠物动物的欧洲公约》要求主人采取合理的措施，防止宠物逃跑，欧盟各成员国的法律法规都规定了主人对宠物采取一定的安全防卫措施，如狗戴口罩或者口笼，主人要牵狗的缰绳，猫和狗要免疫等。如果狗具有攻击人的倾向，主人不得放其出户；如果狗造成了他人人身、其他动物或者他人财产的损失，主人应当承担赔偿责任。宠物伤人，主人或保险公司往往要支付很高的赔偿金，因此，宠物的安全防卫工作都做得比较好。

9. 宠物动物的宰杀和尸体处理

宰杀宠物在欧盟是受严格限制的，一般适用于严重生病或者严重受伤的动物及一些被收容但转让不出去

的流浪宠物。流浪的猫、狗，它们往往成群结队，栖息于居民住宅区、水管、旅社、工厂和医院周围。它们可能得到周围居民的容忍，并得到一些食物的供应，而有的则可能因伤害居民对公共健康构成危害而被专业机构收容并扑杀。在欧洲认为流浪的猫、狗还会对野生猫或狼的生存资源构成威胁，流浪狗有时会群体攻击农场的牲畜。而这些野生猫或者狼，却是欧盟及其成员国的重点保护动物，因此，一些国家制定了流浪宠物人道扑杀计划。对于扑杀时的福利保护问题，《保护宠物动物的欧洲公约》规定，所有的扑杀活动，除了紧急情况或者为了终结宠物痛苦外，均应当由兽医进行；所有的扑杀活动，应该以对身体和精神伤害最小的方式进行，不得采用淹死、喂毒药和非瞬间电死的方式扑杀动物；对流浪动物的扑杀应该采取措施避免它们感到疼痛、痛苦或者忧伤。

宠物动物尸体的处理在欧盟国家分为火化和土葬处理两种方式。对于宠物动物的土葬，包括骨灰土葬和尸体土葬两种方式，欧盟的一些成员国已经形成了完善的制度。在实践中也出现了大量的宠物公墓。

五、我国宠物动物的福利

我国宠物动物福利的保护问题和欧盟国家一样，也涉及宠物主人的资格、宠物购买或者转让、宠物饲养和繁殖、流浪宠物收容和处理、宠物医疗、宠物运输、宠物尸体处理等问题。由于特殊的历史背景，我国香港地区的动物福利立法起步较早。早在 20 世纪 30 年代，香港就有了法律公告禁止残酷虐待动物，并有针对动物和禽鸟的公共卫生规定。随后，又公布动物饲养规定，猫、狗条例和野生动物保护条例等。直到 1999 年，香港政府还颁布了新的防止残酷对待动物的法律公告，增加修订条款。这些成文法规形成完整的管理之网。台湾于 1998 年颁布了《动物保护法》，这是一部综合性动物保护法律，具有全新的视野和明晰完善的规定，值得借鉴。而中国内地的相关条例包括：2003 年 1 月 1 日起正式实施的《北京市公园条例》（在公园中惊吓、殴打、伤害动物要处以 50 元以上 100 元以下的罚款，构成犯罪的要依法追究刑事责任）等。

1. 宠物动物饲养的资格和条件

规定宠物饲养者的资格和条件，是因为宠物管理在现实生活中遇到了一些问题。例如，《保护宠物动物的欧洲公约》指出，人类对宠物尊严、价值、地位和作用的认识不足；宠物品种广泛，数量众多，对人类和其他动物构成卫生和安全方面的威胁；一些野生动物被驯化成宠物；很多宠物在不符合其健康和快乐条件下生长；人们对宠物知识的了解甚少等，立法作出相应的规定是必要的。

关于宠物饲养者的资格问题，欧盟国家的法律不仅规定了主人的年龄资格，还规定了主人能够提供的宠物房间大小、光照、通风等条件。在我国，一些国家层次

的立法作出了零碎的规定，众多地方性规范文件只对宠物犬的饲养条件作出了简单的规定，却忽略了饲养猫、兔等其他宠物动物的资格标准的规定。

在国家立法的层次，1998 年的《动物防疫法》规定："患人畜共患传染病的人员不得直接从事动物诊疗以及动物饲养、经营和动物产品生产、经营活动。"但对于宠物动物饲养者的其他条件，其他层次的国家立法则没有涉及。

地方规范性文件的层次，在养犬人的资格方面，规定得比较详细的要数《北京市养犬管理规定》。该规定要求："个人养犬，应当具备下列条件：有合法身份证明；有完全民事行为能力；有固定住所且独户居住；住所在禁止养犬区域以外。"可见，该条对主人的身份、主人的民事行为能力、主人的居住状况和居住地域等方面提出了限制要求。根据该项规定，不满 18 岁的人、精神病患者、植物人、没有购买或租赁或借住独立的住房的人，以及在禁止养犬区域居住的人，是不能养狗的。《合肥市限制养犬规定》也规定了主人饲养小型观赏犬的前提条件：有本市常住户口或暂住户口；具有完全民事行为能力，独户居住。对外来人员携带小型观赏犬进入本市的条件和义务作了规定，条件是不准携带烈性犬和大型犬。义务是应当携带当地公安部门核发的犬类准养证或县级以上动物防疫监督机构出具的犬类健康和免疫注射证明；进入本市暂住的，须按规定到市公安部门办理犬类准养证。遗憾的是，目前，基本上各地方所有的规范性文件还没有对狗主人的经济条件作出规定。因为如果狗主人的经济条件不好，势必会影响狗所享有的福利。其他地方关于养犬的专门规定也基本与北京的规定一致。值得注意的是，一些地方的其他规范性文件对养犬提出了一些新的限制。例如，南京市民政局 2003 年颁布的《南京市城市居民最低生活保障工作实施细则》把饲养高档宠物动物的人排除在最低生活保障金享受者的范围之外。究其原因，高档宠物动物是指用特殊的方式喂养的动物，其饲养是一种纯粹的高消费行为；养得起高档宠物的前提肯定是养得起自己，既然养得起自己，就不应享受最低生活保障金。

关于个人饲养犬的其他前提条件，一些地方的规范性文件也作了规定。例如，《北京市养犬管理规定》规定："个人养犬前，应当征得居民委员会、村民委员会的同意。对符合养犬条件的，居民委员会、村民委员会出具养犬条件的证明，并与其签订养犬义务保证书。"从取得证明之日起的 30d 内，养犬人还须到公安机关办理登记手续，领取养犬登记证。值得注意的是，我国的很多地方仍然坚持限制甚至严格限制养犬的原则，反映到其规范性文件的名称上，"限制"二字应用得比较多，如《太原市限制养犬的规定》、《深圳经济特区限制养犬规定》、《齐齐哈尔市限制养犬规定》、《宁波市限制养犬规定》等；一些地方的规范性文件的标题还用了"严格限制"等措辞，如《呼和浩特市严格限制养犬规定》、《南宁市严格限制

养犬规定》等。由于民族和饮食习惯，我国普遍存在吃狗肉、猫肉等宠物的地方特色，动物福利观念还不强。

2. 宠物犬的饲养福利标准

我国的一些国家层次的立法也涉及宠物动物在饲养中的福利保护问题，如《进出境动植物检疫法》和《进出境动植物检疫法实施条例》涉及宠物动物在进出边境时的检疫问题，《种畜禽管理条例》涉及属于种畜禽的宠物动物的管理问题，《动物防疫法》《动物检疫管理办法》和《动物免疫标识管理办法》涉及宠物犬、猫、鸟的防疫问题，《饲料和饲料添加剂管理条例》涉及宠物动物饲料的管理问题，但这些规定所涉及的宠物动物福利问题是非常不完善的，和欧盟国家的规定相比，无论是宠物动物福利的广度问题还是深度问题，我国还要做很多的工作。在地方层次，一些地方规范性文件，如《北京市养犬管理规定》，对宠物动物福利的规定仅限于犬。即使对于犬的福利，一般只涉及防疫和虐待、遗弃等方面的内容，而国外宠物福利涉及的有关栖息场所的环境、户外活动的保证、食物的数量保证、玩具的提供等问题，则没有涉及。

因为动物防疫是涉及动物和公众生命健康的大问题，国家和地方两个层次的立法都很重视。在国家层次，《动物防疫法》规定："饲养、经营动物的单位和个人，应当依照本法和国家有关规定做好动物疫病的计划免疫、预防工作，并接受动物防疫机构的监测、监督。"动物凭检疫证明出售、运输、参加展览、演出和比赛，《动物检验管理办法》规定了检验合格证对赛马等动物的最长有效期，即15d。《动物免疫标识管理办法》规定，对动物重大疫病实行强制免疫制度；动物免疫标识包括免疫耳标和免疫档案两类，任何人不得运输无免疫耳标的动物。对于携带宠物动物进入国境的，《进出境动植物检疫法》规定，主人必须持有输出国家或者地区的检疫证件，并按照相关条款规定办理检疫审批手续。在地方规范性文件的层次上，基本上所有的宠物动物管理规定都详细地规定了宠物犬的防疫要求，如《北京市养犬管理规定》规定："养犬人取得养犬登记证后，携犬到畜牧兽医行政部门批准的动物诊疗机构对犬进行健康检查，免费注射预防狂犬病疫苗，领取动物防疫监督机构出具的动物健康免疫证。"第一年之后，犬还要接受一年一次的免疫。年检时，养犬人必须出示动物健康免疫证。养殖犬类的单位和个人，必须对犬进行预防接种；销售犬的单位和个人，必须具有动物健康免疫证和检疫证明。《上海市养犬须知》规定，宠物犬应当接受一年一次的狂犬病疫苗注射。

关于禁止虐待和遗弃宠物犬的问题，所有的地方性养犬管理规定都做了明确的规范，如《北京市养犬管理规定》规定："不得虐待、遗弃所养犬。"但遗憾的是，这些规范性的文件对于违反该规定的行为却没有设立任何法律责任。因此，我国的地方宠物福利保护文件对宠物犬的保护是非常不全面的，还是体现了人类唯我独尊的思想。《北京市动物防疫条例（草案）》涉及宠物饲养问题，禁止使用饭店、宾馆、餐厅、食堂产生的未经无害化处理的餐厨垃圾饲喂动物。

3. 弃养宠物动物和流浪宠物动物的福利保护

和欧盟一样，流浪的宠物动物也成了中国的一个社会问题。由于经济比较发达，对狗的监管环节严密，欧盟国家对流浪狗和猫的收容和处理规定都比较详细，可执行性也强。在我国，对于弃养宠物犬和流浪犬的福利保护问题，《北京市养犬管理规定》和其他一些地方的规范性文件也作了简单的规定。养犬人因故确需放弃所饲养犬的，应当将犬送交犬类留检所，并到公安机关办理注销手续。如果被放弃的犬疑似患有狂犬病，那么，按照《北京市养犬管理规定》，由动物防疫监督机构进行检疫。对确认患有狂犬病的犬，动物防疫监督机构应当依法采取扑杀措施，并进行无害化处理。为了给流浪宠物动物的收容明确法律依据，2004年北京市人民政府提请市人民代表大会常务委员会审议了《北京市动物防疫条例（草案）》。该草案规定："被遗弃、被没收以及无主动物的收容处理工作由畜牧兽医行政管理部门负责组织。犬类的收容处理工作由公安部门负责组织。鼓励单位和个人依法设立符合动物防疫条件的动物收容场所。"除了北京以外，上海、武汉、成都等流浪宠物数量巨大的大城市也急需颁布鼓励个人和有关组织收容动物的政策。

另外，为了控制宠物的数量，防止过多的宠物被主人抛弃而流浪，除了要控制每家可以饲养的宠物数目之外，还有必要借鉴欧盟部分国家的立法经验，建立宠物绝育制度，即非繁殖场所的宠物必须进行绝育。

4. 宠物动物的运输福利保护

关于宠物犬的运输问题，我国一些地方的养犬管理法规或规章虽然都作出了规定，但其对宠物规定基本上限于公共交通工具运输，缺乏宠物专门运输的福利保护规定。即使对于公共交通运输的规定，也是限制性的，如宠物不得进入候车室等公共场所，不得乘坐除小型出租汽车以外的公共交通工具等，有的地方，如北京，甚至还对宠物犬乘坐电梯和出租车作出了更加严格的限制，如为犬戴犬套，或者将犬装入犬袋、犬笼等。可见，地方规范性文件对犬在运输中的福利没有作正面的规定。

5. 宠物动物的收养

在人类世界，有一个收养的法律问题。对于狗来说，也存在一个类似的送养与接受饲养的社会现象。欧盟国家对于宠物收养资格和收养条件的规定，与宠物饲养的资格和条件的规定一样。我国法律关于宠物收养的条件，除了符合《动物防疫法》规定的条件，即患有人畜共患传染病的人员不得直接从事动物饲养、经营的活动外，还要符合地方规范性文件的规定。地方性文件一般都缺乏宠物收养的规定，有关的准则可以参考宠物购买资格的规定和购买后的登记和预防手续规定。但对于收养人的经济和心理道德条件，地方规范性文件都没有涉及。

6. 宠物动物的户外活动空间

关于宠物的户外活动空间问题，欧盟国家有详尽的规定，违反了要承担一定的行政甚至刑事责任。而在我国，中央层次的法律法规和规章没有统一的规定，但一些地方法规或规章却有一些规定。遗憾的是，这些规定仅涉及宠物犬在户外活动空间问题，对于猫等宠物的户内活动空间问题，却缺乏相应的规定。

在我国的所有宠物动物中，狗最具灵性，所以和猫、老鼠等宠物相比，它的饲养更广泛。但狗最容易伤人，所以其安全和卫生问题也得到了城市立法者和居民的强烈关注。对于狗的活动空间，地方法规和行政规章均采取了对犬严格限定活动范围的立法原则。例如，《北京市养犬管理规定》规定："天安门广场以及东、西长安街和其他的主要道路禁止遛犬。市人民政府可以在重大节假日或者举办重大活动期间划定范围禁止遛犬。区县人民政府可以对本行政区域内的特定地区划定范围禁止养犬、禁止遛犬。居民会议、村民会议、业主会议经讨论决定，可以在本居住区内划定禁止遛犬的区域。"养犬人应当遵守下列规定：①不得携犬进入市场、商店、商业街区、饭店、公园、公共绿地、学校、医院、展览馆、影剧院、体育场馆、社区公共健身场所、游乐场、候车室等公共场所；②不得携犬乘坐除小型出租汽车以外的公共交通工具；携犬乘坐小型出租汽车时，应当征得驾驶员同意，并为犬戴嘴套，或者将犬装入犬袋、犬笼，或者怀抱；③携犬乘坐电梯的，应当避开乘坐电梯的高峰时间，并为犬戴嘴套，或者将犬装入犬袋、犬笼；居民委员会、村民委员会、业主委员会可以根据实际情况确定禁止携犬乘坐电梯的具体时间；④携犬出户时，应当对犬束犬链，由成年人牵领，携犬人应当携带养犬登记证，并应当避让老年人、残疾人、孕妇和儿童；⑤对烈性犬、大型犬实行拴养或者圈养，不得出户遛犬；因登记、年检、免疫、诊疗等出户的，应当将犬装入犬笼或者为犬戴嘴套、束犬链，由成年人牵领……"现实生活中也存在主人带狗进入公共浴室人狗同浴遭到抗议或调查的事件，发生了宠物动物进入公共场所遭到处罚的事件。

在狗的活动空间问题上，中国和欧盟国家关于狗的差距在于两点：一是狗在人们和立法者心目中的地位问题。在人类中心主义充斥的当代中国，狗在人们心目中充其量只享有"亲密、忠实但很低下的仆人"的地位；在立法者心目中，它充其量也就是"与人保持亲密关系的动物"；在一些喜食动物的地方，一些人还认为，"不管动物与人怎么亲密，它总是一道菜"。二是狗的品种和出生后的培训问题。在德国，虽然偶尔可以听见狗吠，看见狗追人，但很少见到人被咬。其原因在于：其一，狗必须戴狗链；其二，狗非常听主人的话。

六、我国正在形成的宠物立法与监督制度

1. 限制与管理相结合的制度

限制养犬包括区域限制、数量限制、品种限制和疾病限制4个方面。关于区域限制，如《北京市养犬管理规定》：本市行政区域内的医院和学校的教学区、学生宿舍禁止养犬。在重点管理区内，每户只能养一只犬，不得养烈性犬、大型犬。禁养犬的具体品种和体高、体长标准，由畜牧兽医行政部门确定，向社会公布。其他的地方性规定均有类似的要求。各地方之所以这么规定，是为了防止犬的数量过多或恶犬伤人，对环境和社会秩序造成不应有的危害。关于疾病限制，是指主人所申请养的犬不得患有狂犬病等法律规定的其他传染性疾病。很多地方基本上采取高收费的方式来对待养犬者。这意味着只有家庭比较富裕的人才能养得起狗。由于这一政策限制了人喜欢狗并与其接近的"人性"，所以得到包括富人在内的大多数城市居民的广泛抵制。养犬者主动去登记、注册的人非常少，很多狗的饲养处于地下状态。基于严格限制的政策得不到公众的欢迎，而且管理效果确实很不理想，于是最近几年，一些地方，如北京、贵阳、乌鲁木齐等地，对严格限制养犬的方针作了修改，并放宽了养狗的限制。

2. 经济刺激、扶助和收费制度

经济刺激和扶助制度包括收费优惠、特别帮助制度，它的适用对象一般是对社会有益的犬（如导盲犬、残疾人的扶助犬、陪伴鳏寡人的犬）或对社会影响最小的犬（如绝育犬）。在收费优惠方面，《北京市养犬管理规定》规定：养犬应当缴纳管理服务费。对盲人养导盲犬和肢体重残人养扶助犬的，免收管理服务费。对养绝育犬的或者生活困难的鳏寡老人养犬的，减半收取第一年管理服务费。在特别帮助方面，《青岛市养犬管理办法》规定，对盲人肢体残疾的人饲养的导盲犬和生活辅助用犬，不受体高和体长的限制。

对于服务收费，各地方的情况不同，所制定的地方性规定也会有所差异。例如，《北京市养犬管理办法》第13条规定只收管理服务费，重点管理区内每只犬第一年收1000元，以后每年收500元。《上海市养犬须知》规定每年缴纳2000元的犬类管理费、保险费和防疫费。有的地方根本不用交纳注册登记费，《乌鲁木齐市养犬规定》免了养犬者以前每年4000元的注册登记费。《贵阳市城镇养犬规定》规定养犬者只需要缴纳卫生费和免疫费。另外，还可以借鉴受英国法规影响的香港《猫狗条例》的规定，对有关机关扣留动物的，主人要缴纳扣留费。

3. 登记、注册与活动许可制度

（1）登记与年检制度

登记包括首次登记、变更登记和注销登记3类。首次登记一般是到公安机关。变更登记主要针对养犬人住所变更的情况。注销登记主要针对犬死亡、犬失踪及犬被合法弃养等情况。对于未按照要求进行首次登记、变更登记的，绝大多数地方的养犬规范性文件规定了处罚措施。但对犬死亡、犬失踪而不报告的主人，绝大多数地方性规范文件都未规定处罚措施。对于宠物犬的出售、赠予、更新（如整容）管理问题，一些地方规范性文件作了规定。例如，《合肥市限制养犬规定》规定，经登记注册的犬，因其出售、赠予、更新、走失或死亡的，购

犬人、受赠人、养犬人应当在 30d 内到公安部门办理过户、审验注册或注销手续。在北京，宠物犬在年检的时候，应当按照《北京市养犬管理规定》，出示有效养犬登记证和动物健康免疫证。但在一些地方，如贵阳市，一般不需要办理年检手续。

（2）从业资格制度

从业资格制度是指制造宠物用品（如宠物粮食制作等）、从事宠物服务（如宠物繁殖、宠物销售、宠物展览、宠物美容、宠物医疗、宠物药品生产、宠物尸体处理等），要具有相应的执业资格。例如，《合肥市限制养犬规定》："开办为宠物服务的商店、医院（诊所）及犬类交易市场，应当依法办理登记注册手续。犬只交易必须持《犬类准养证》方可进入犬类交易市场进行交易。"

（3）活动许可制度

由于宠物是特殊的动物，必须进行特殊的管理，因此一些地方对宠物活动的开展规定了许可程序。《北京市动物防疫条例（草案）》规定："开办动物交易市场，举办动物交易会、动物拍卖会和动物展览会的，应当取得畜牧兽医行政管理部门的许可，依法办理工商登记注册。从事经营活动的场所应当符合动物防疫条件，经审核合格后，由兽医卫生监督机构发放《动物防疫合格证》。兽医卫生监督机构应当加强对动物交易市场、动物交易会和动物展览会的动物防疫监督。"

4. 公共环境、卫生与社会安全保护制度

1）排除环境污染和干扰制度。犬可以产生噪声污染，并可对居民造成一定干扰甚至伤害，其排泄物也可以产生相应的污染，对此，一些地方规定了严格的管制措施，如携犬出户时，对犬在户外排泄的粪便，携犬人应当立即清除；养犬不得干扰他人正常生活；犬吠影响他人休息时，养犬人应当采取有效措施予以制止等。违反者，可能会受到相应的处罚。

2）疫犬隔离和扑杀制度。之所以对宠物犬进行限制和严格管理，原因之一在于犬可能会染上传染病，并对人和其他动物产生危害。因此，《动物防疫法》、各地方动物管理规范性文件和宠物动物管理专门性文件都规定了严格的疫犬隔离和扑杀制度，并要求各职责机构制定相应的应急预案。

5. 宠物市场的规范化管理制度

在市场经济社会，宠物的繁殖、交易、服务、委托管理等市场经营行为要纳入市场化管理的轨道。目前，在北京、上海、广州、深圳等地，与宠物有关的业务已经行业化、规模化和市场化。例如，上海市的宠物美容业、宠物医疗业、宠物时装设计与制作业、宠物用品（如食物、衣物、洗澡用品、化妆用品和玩具等）商店、宠物殡葬公司、宠物看护中心、良种宠物繁殖和训练基地、宠物交易所等行业。北京和上海等地的一些家政公司设立了宠物保姆的岗位，即把宠物寄养在家政公司；有的家政公司派人上门遛狗、遛猫或者喂食，收费按照小时计算。有的人干脆开起了专门的宠物看护所（中心）或

宠物托管所。而这些行业的管理，已经出现越来越多的问题，如宠物死在看护中心，这会产生从业者的职业知识培训问题。一般品种的花毛狗经过整容，如剪毛、染色、切割等方法之后，就变成了黝黑发亮的黑贝狗，这会产生欺诈问题。宠物化妆用品，如香水、指甲刀、剪发器的生产和销售，会产生产品标准的确定和质量监管等问题。虽然我国的价格法、产品质量法、兽药法等行业性的法律、法规和规章对这些问题作了一般的规定，但由于缺乏专门的有针对性的具体规定，因此，宠物市场的规范化管理制度还不完善。

6. 已经逐渐形成一门新兴学科

动物福利是近年来发展起来的一门新型学科，它是动物生产高度集约化及社会文明进步的必然结果，从福利产生的根源，畜禽各生产环节所产生的问题，以及研究福利的目的和对策等 4 个方面阐述了动物福利研究的必要性。随着人类逐渐关注动物福利，不少国家开始提倡合理、人道地利用动物，尽量为它们提供优良的生活环境。动物福利既涉及动物保护、自然环境、人文政治、国际贸易，还有社会自身的发展等，需要多领域的专家来共同探讨。重视生产中的动物福利，善待动物，不仅仅是人类爱心的体现，也与人类健康息息相关。

动物福利同时也关系到经济问题。中国是一个农业大国，农产品出口越来越多。欧盟、美国、加拿大及澳大利亚等国都有动物福利方面的法律，世界贸易组织的规则中也有明确的动物福利条款。如果肉用动物在饲养、运输、屠宰过程中不按动物福利的标准执行，检验指标就会出问题，而影响肉食品的出口。这样的情况已经发生，不久前欧盟销毁的从我国进口的肉食品就是出于这样的原因。

畜牧业的这些变化得到整个欧盟的广泛支持。2000年，某快餐连锁店宣布，将要求鸡蛋供应商为蛋鸡提供较大的饲养空间。因此，在我国的《畜牧法》中增加了提倡"动物福利"的规定，尽管是初步的，尚不够明确具体，但已向饲养业提醒，我们应当树立动物福利的先进观念，朝着这个方向努力，同时，更重要的是向世界昭示，我国畜牧业正在全面与世界文明接轨。改善经济动物的饲养条件，不但有其伦理基础，而且对于提高畜牧业的经济效益和社会效益是必要的。恶劣环境下饲养的动物不但发病率和死亡率升高，而且产品质量低下，乃至产生某些物质，有害健康，不适宜食用。

所以在肉类和畜产品的贸易中，很多国家和地区已经涉及饲养动物的方式，是否符合动物福利的标准，这在 WTO 贸易规章中也有体现。因此，动物福利已是一门蓬勃发展的研究领域和独立的学科，在动物医学院或兽医学院讲授，还授予高等的专业学位。我国有的动物医学院已经开始引入这一课程。评价动物福利的方法已不是只凭感觉或直觉，而是建立在生理学、病理学和行为学等科学方法的基础上。

七、动物福利与食品质量安全

世界上100多个国家已有了动物福利立法，一些著名的品牌食品企业都把动物福利列入对肉食品质量评估的内容。随着动物福利组织在世界范围内的蓬勃发展，WTO的规则中也写入了动物福利条款，各国就动物的保护和尽一切可能保留生物的多样性已达成共识。关注动物福利是提高畜禽产品质量及畜禽产品进入国际市场的必然趋势，也是今后我国畜禽养殖业必须面对的一个主要难题。

长期以来，动物福利观念对绝大多数中国人而言闻所未闻，甚至荒谬可笑。然而，一个现实的问题是，近几年，中国出口到欧洲国家的肉类制品多次遭到抵制，就是因为动物福利标准太低。

随着现代养殖技术的发展，畜禽生产及其产品在满足消费需求的同时，往往对动物福利、畜禽健康及环境污染等问题关注较少。现代规模化养猪场中，饲养环境较为单一，生猪的正常行为得不到发挥，常导致刻板行为、转圈、咬尾等异常行为的发生。通过在饲养环境中增加各种物件，即使用环境富集技术或设备，使生猪在采食、刨草料等行为上花费更多的时间，从而避免不良行为的发生，改善生猪的福利。

人道养殖认证标签：在发达国家，人们考虑到家畜与人类之间的密切关系，强调在饲养、运输和屠宰家畜过程中，应该以人道方式对待它们，尽量减少其不必要的痛苦。许多国家更是订立法律，强制执行动物福利标准。欧盟的福利法规中规定：需要给猪提供玩具（稻草、干草、木头、链子等，见图8-2），否则农场主会被罚2500欧元。农场主可以在猪舍里放置可供操作自如的材料，来改善猪的福利。为了便于消费者选择购买，从2004年开始，欧盟市场出售的鸡蛋必须在标签上注明来源于自由放养还是笼养的母鸡所生，欧洲正逐步淘汰和废除用铁丝笼子饲养蛋鸡。

图8-2 某奶业给奶牛"挠痒痒"

随着动物福利组织在世界范围内的蓬勃发展，WTO的规则中也写入了动物福利条款。挪威于1974年就颁布了《动物福利法》，该法规定，为使家畜如牛、羊、猪和鸡等免遭额外痛苦，屠宰前一定要通过二氧化碳或者快速电击将其致昏，再行宰杀。德国于1986年和1998年分别制定了《动物保护法》和《动物福利法》。这两部法律都规定："脊椎动物应先麻醉后屠宰，正常情况下应无痛屠宰"。

2003年，美国开始对在符合动物福利标准条件下生产的牛奶和牛肉等产品贴上"人道养殖"动物产品的认证标签。这个项目是由一个独立的非盈利组织——养殖动物人道关爱组织（HFAC）发起的，并得到了美国一些动物保护组织的联合支持。新的"人道养殖认证"标签是向消费者保证，提供这些肉、禽、蛋及奶类产品的机构在对待家畜方面符合文雅、公正、人道的标准。同时，美国还对蛋鸡行业制定了"动物关爱标准"，并使用"动物关爱标准"标志。

一项网上调查显示，43%的欧盟消费者会在购买肉品时考虑动物福利，而75%的受调查者相信可以通过购买选择来影响动物福利的状况，有一半以上的消费者表示，愿意花更多的钱来购买在动物福利方面做得好的动物源性食品。同时，随着广大消费者越来越清楚地意识到动物福利与食品安全质量的关系，欧盟的销售企业必须向消费者保证肉蛋奶制品的饲养、运输与屠宰过程完全符合动物福利标准的要求，否则就会被消费者拒绝。

目前，我国的饲养、运输和屠宰等过程都存在着一些不容忽视的问题，远远达不到发达国家制定的动物福利标准，从而在一定程度上影响了我国畜禽产品的国际贸易，产生较多的"应急性反应"问题。欧美等发达国家消费者在畜禽产品消费上首要关心的有3点：一是其产品是否安全，对消费者自身健康是否存在潜在风险；二是其产品在生产过程中是否损害环境；三是其产品的养殖场是否执行动物福利的规定。由于越来越多的国家尤其是发达国家将动物福利与国际贸易紧密挂钩，动物福利潜在的贸易壁垒作用不可小视。

我国目前关于动物福利方面的法规有《野生动物保护法》、《实验动物管理条例》，动物福利方面的立法正处于研讨、立项阶段。我国首部《动物福利通则》即将出台，这将对我国动物福利立法起到积极的促进作用。《动物福利通则》只属于一种推荐性标准，并不具有强制性。而目前国家有关部门开展的有机产品认证、WTO认证都对动物福利、畜禽健康提出了明确的要求。

WTO认证标准从其创建之初就特别关注与农产品质量相关方的利益和需求，其中重要一项就是动物福利的要求。强调的是食品安全、环境保护、员工和动物健康、安全、福利。WTO实施过程中，对动物生产过程中的疾病、药物、饲料、卫生、动物福利等方面都进行了严格的规定。例如，WTO采取分级评价的方式，按照各关键控制点的重要性和必要性划分为3级：一级关键控制点基于通用HACCP的所有食品安全事项和与食品安全直接相关的动物福利事宜；二级关键控制点增加其他的动物福利、工人福利和环境保护，强调可持续发展；三级关键控制点增加动物福利、工人福利和环境保护，以及保证的改善措施。

第四篇

生态平衡与兽医公共卫生

第九章
生态平衡与生物入侵

第一节　生　态　系　统

一、生态系统的概念

生态系统（ecosystem）是英国生态学家 Tansley 于 1935 年首先提出来的，是指在一定的空间内生物成分和非生物成分通过物质循环和能量流动相互作用、相互依存而构成的一个生态学功能单位。它把生物及其非生物环境看成是互相影响、彼此依存的统一整体。

生态系统不论是自然的还是人工的，都具有下列共同特性：①生态系统是生态学上的一个主要结构和功能单位，属于生态学研究的最高层次。②生态系统内部具有自我调节能力。其结构越复杂，物种数越多，自我调节能力越强。③能量流动、物质循环是生态系统的两大功能。④生态系统营养级的数目因生产者固定能值所限及能流过程中能量的损失，一般不超过 5～6 个。⑤生态系统是一个动态系统，要经历一个从简单到复杂、从不成熟到成熟的发育过程。

二、生态系统的组成

生态系统有 4 个主要的组成成分，即非生物因素、生产者、消费者和分解者。

1. 非生物因素

气候因素，如光、温度、湿度、风、雨、雪等；无机物质，如 C、H、O、N、CO_2 及各种无机盐等；有机物质，如蛋白质、碳水化合物、脂类和腐殖质等。

2. 生产者

生产者主要指绿色植物、自养生物，也包括蓝绿藻和一些光合细菌，是能利用简单的无机物质制造食物的自养生物，在生态系统中起主导作用。

3. 消费者

消费者属异养生物类，主要指以其他生物为食的各种动物，包括植食动物、肉食动物、杂食动物和寄生动物等。这部分与兽医公共卫生关系最密切。

1）植食动物：直接采食植物以获得能量的动物，如牛、马、羊、象、食草昆虫和啮齿类等，是第一性消费者。

2）肉食动物：以捕捉动物为主要食物的动物称为肉食动物。其中捕食植食动物者，是第一级肉食动物、第二性消费者，如蛙、蝙蝠、某些鸟类等。以第一级肉食动物为食物的动物，如狐、狼等，是第二级肉食动物、第三性消费者，这些动物一般体躯较大而强壮，数量较少。狮、虎、鹰等凶猛动物主要以第二级肉食动物和植食动物为生，是第三级肉食动物或第四性消费者，有时它们被称为顶部肉食动物，其数量更少。有些动物的食性并无严格限定，它们是既食动物又吃植物的杂食性动物，如某些鸟类、鲤鱼等。

4. 分解者

分解者属异养生物类，主要是细菌和真菌，也包括某些原生动物和蚯蚓、白蚁、秃鹫等大型腐食性动物。它们分解动植物的残体、粪便和各种复杂的有机化合物，吸收某些分解产物，最终能将有机物分解为简单的无机物，而这些无机物参与物质循环后可被自养生物重新利用。

三、生态系统的结构

生态系统的结构意含两方面，一是形态结构，如生物种类，种群数量，种群的空间格局，种群的时间变化，以及群落的垂直和水平结构等；形态结构与植物群落的结构特征相一致，外加土壤、大气中非生物成分及消费者、分解者的形态结构。二为营养结构，营养结构是以营养为纽带，把生物和非生物紧密结合起来的功能单位，构成以生产者、消费者和分解者为中心的三大功能类群，它们与环境之间发生密切的物质循环和能量流动。

生态系统是生物与环境之间进行能量转换和物质循环的基本功能单位。为了生存和繁衍，每一种生物都要从周围的环境中吸取空气、水分、阳光、热量和营养物质；生物生长、繁育和活动过程中又不断向周围的环境释放和排泄各种物质，死亡后的残体也复归环境。对任何一种生物来说，周围的环境也包括其他生物，例如，绿色植物利用微生物活动从土壤中释放出来的氮、磷、钾等营养元素，食草动物以绿色植物为食物，肉食性动物又以食草动物为食物，各种动植物的残体既是昆虫等小动物的食物，又是微生物的营养来源。微生物活动的结果又释放出植物生长所需要的营养物质。经过长期的自然演化，每个区域的生物和环境之间、生物与生物之间，都形成了一种相对稳定的结构，具有相应的功能，这就是人们常说的生态系统。

四、生态系统的初级生产和次级生产

生态系统中的能量流动始于绿色植物的光合作用。光合作用积累的能量是进入生态系统的初级能量，这种能量积累过程就是初级生产。初级生产积累能量的速率称为初级生产力，所产生的有机物质称为初级生产量或第一性生产量。

次级生产是除生产者外的其他有机体的生产，即消费者和分解者利用初级生产量进行同化作用，表现为动物和其他异养生物生长、繁殖和营养物质的储存。动物和其他异养生物靠消耗植物的初级生产量制造的有机物质或固定的能量，称为次级生产量或第二性生产量，其生产或固定率称次级（第二性）生产力。动物的次级生产量可由公式表示：$P=C-FU-R$。式中，P 为次级生产量；C 为动物从外界摄取的能量；FU 为以粪、尿形式损失的能量；R 为呼吸过程中损失的能量。

五、生态系统中的分解

生态系统的分解（或称分解作用）是指死的有机物质逐步降解的过程。分解时，无机元素从有机物质中释放出来并矿化，光合作用时无机元素的固定正好是相反的过程。从能量的角度看，前者是放能，后者是储能。从物质的角度看，它们均是物质循环的调节器，分解过程其实十分复杂，它包括物理粉碎、碎化、化学和生物降解、淋溶、动物采食、风的转移及有时的人类干扰等几乎同步的各种作用。将之简单化，可看作碎裂、异化和淋溶 3 个过程的综合。由于物理的和生物的作用，把死残落物分解为颗粒状的碎屑称为碎裂；有机物质在酶的作用下分解，从聚合体变成单体，如由纤维素变成葡萄糖，进而成为矿物成分，称为异化；淋溶则是可溶性物质被水淋洗出来，是一种纯物理过程。分解过程中，这 3 个过程是交叉进行、相互影响的。

分解过程的速率和特点，取决于资源的质量、分解者种类和理化环境条件 3 个方面。资源质量包括物理性质和化学性质，物理性质包括表面特性和机械结构，化学性质如 C：N、木质素、纤维素含量等，它们在分解过程中均起重要作用。分解者则包括细菌、真菌和土壤动物（水生态系统中为水生小型动物）。

六、生态系统中的能量流动

能量是生态系统的基础，一切生命都存在着能量的流动和转化。没有能量的流动，就没有生命和生态系统。能量流动是生态系统的重要功能之一，能量的流动和转化是服从于热力学第一定律和第二定律的，因为热力学就是研究能量传递规律和能量形式转换规律的科学。

能量流动可在生态系统、食物链和种群 3 个水平上进行分析。生态系统水平上的能流分析，是以同一营养级上各个种群的总量来估计，即把每个种群都归属于一个特定的营养级中（依据其主要食性），然后精确地测定每个营养级能量的输入和输出值。这种分析多见于水生生态系统，因其边界明确、封闭性较强、内环境较稳定。食物链层次上的能流分析是把每个种群作为能量从生产者到顶极消费者移动过程中的一个环节，当能量沿着一个食物链在几个物种间流动时，测定食物链每一个环节上的能量值，就可提供生态系统内一系列特定点上能流的详细和准确资料。实验种群层次上的能流分析，则是在实验室内控制各种无关变量，以研究能流过程中影响能量损失和能量储存的各种重要环境因子。

生态系统中的能量流动涉及食物链、食物网、营养级、生态金字塔等概念。植物所固定的能量通过一系列的摄食和被摄食关系在生态系统中传递，这种生物之间的传递关系称为食物链（food chains），如第一章所述，在动物就表现为"大鱼吃小鱼的关系"。一般食物链是由 4～5 环节构成的，如草→昆虫→鸟→蛇→鹰。但在生态系统中生物之间的摄食和被摄食的关系错综复杂，这种联系像是一个无形的网把所有生物都包括在内，使它们彼此之间都有着某种直接或间接的关系，这就是食物网（food web）。一般而言，食物网越复杂，生态系统抵抗外力干扰的能力就越强，反之亦然。在任何生态系统中都存在着两种最主要的食物链，即捕食食物链（grazing food chain）和碎屑食物链（detrital food chain），前者是以活的动植物为起点的食物链，后者则以死生物或腐屑为起点。在大多数陆地和浅水生态系统中，腐屑食物链是最主要的，如一个杨树林的植物生物量除 6% 是被动物摄食外，其余 94% 都是在枯死凋落后被分解者所分解。一个营养级是指处于食物链某一环节上的所有生物种群的总和，在对生态系统的能流进行分析时，为了方便，常把每一生物种群置于一个确定的营养级上。生产者属第一营养级，植食动物属第二营养级，第三营养级包括所有以植食动物为食的食肉动物，一般一个生态系统的营养级数目为 3～5 个。生态金字塔（ecological pyramids）是指各个营养级之间的数量关系，这种数量关系可采用生物量单位、能量单位和个体数量单位，分别构成生物量金字塔、能量金字塔和数量金字塔。

七、生态系统中的物质循环

生态系统的物质循环是指地球上各种化学元素，从周围环境到生物体，再从生物体回到周围环境的周期性循环（与物质不灭定律相似）。能量流动和物质循环是生态系统的两个基本过程，它们使生态系统各个营养级之间和各种组成成分之间组成一个完整的功能单位。但是能量流动和物质循环的性质不同，能量流经生态系统最终以热的形式消散，能量流动是单方向的，因此生态系统必须不断地从外界获得能量；而物质的流动是循环式的，各种物质都能以可被植物利用的形式重返环境。同时两者又是密切相关不可分割的。

生物地球化学循环可以用储存池和流通率两个概念加以描述。储存池（pool）是由存在于生态系统某些生物或非生物成分中一定数量的某种化学物质所构成的。这些储存池借助于有关物质在储存池与池之间的转移而彼此相互联系，物质在生态系统单位面积（或体积）和单位时间的移动量就称为流通率（flux rate）。一个储存池的流通率（单位/天）和该储存池中的营养物质总量之比即周转率（turnover rate），周转率的倒数为周转时间（turnover time）。

生物地球化学循环可分为三大类型，即水循环、气体型循环和沉积型循环。水循环的主要路线是从地球表面通过蒸发进入大气圈，同时又不断从大气圈通过降水而回到地球表面，H 和 O 主要通过水循环参与生物地球化学循环。在气体型循环中，物质的主要储存池是大气和海洋，其循环与大气和海洋密切相关，具有明显的全球性，循环型能最为完善。属于气体型循环的物质有 O_2、CO_2、N、Cl、Br、F 等。参与沉积型循环的物质，主要是通过岩石风化和沉积物的分解转变为可被生态系统利用的物质，它们的主要储存池是土壤、沉积物和岩石，循环的全球性不如气体型循环明显，循环性能一般也很不完善。属于沉积型循环的物质有 P、K、Na、Ca、Ng、Fe、Mn、I、Cu、Si、Zn、Mo 等，其中 P 是较典型的沉积型循环元素。气体型循环和沉积型循环都受到能流的驱动，并都依赖于水循环。

生物地球化学循环是一种开放的循环，其时间跨度较大。对生态系统来说，还有一种在系统内部土壤、空气和生物之间进行的元素周期性循环，称为生物循环（biocycles）。养分元素的生物循环又称为养分循环（nutrient cycling），它一般包括以下几个过程：吸收，即养分从土壤转移至植被；存留，指养分在动植物群落中的滞留；归还，即养分从动植物群落回归至地表的过程，主要以死残落物、降水淋溶、根系分泌物等形式完成；释放，指养分通过分解过程释放出来，同时在地表有一积累过程；储存，即养分在土壤中的储存，土壤是养分池，除 N 外的养分元素均来自土壤。其中，吸收量＝存留量＋归还量。

八、生态系统的主要形式

1. 森林生态系统

森林生态系统分布在湿润或较湿润的地区，其主要特点是动物种类繁多，群落的结构复杂，种群的密度和群落的结构能够长期处于较稳定的状态。

森林的具体作用有以下几个方面：①调节生物圈中 O_2 和 CO_2 的相对平衡；②净化空气；③消除噪音；④涵养水源，保持水土，防风固沙；⑤调节气候，增加降水，美化环境；⑥为野生动物提供生活环境和种群繁殖场所，同时也为一些病原生物提供庇护场所和环境。为其他生态系统提供基础生境。

2. 草原生态系统

草原生态系统分布在干旱地区，这里年降雨量很少。与森林生态系统相比，草原生态系统的动植物种类要少

得多，群落的结构也不如前者复杂。在不同季节或年份，降雨量很不均匀，因此，种群密度和群落的结构也常常发生剧烈变化。

3. 海洋生态系统

海洋占地球表面积的 71%。整个地球上的海洋是连成一体的，可以看作一个巨大的生态系统。海洋中的生物种类与陆地上的大不相同。海洋中的植物绝大部分是微小的浮游植物。海洋中藻类生物为地球提供约 80% 的氧气，是人类生存的基础条件之一。海洋中的动物种类很多，从单细胞的原生动物到动物中个体最大的蓝鲸，大都能够在水中游动。海洋中的某些洄游鱼类，在一生中的一定时期是在淡水中生活的，如鲑鱼、大马哈鱼等。在此过程中可为其他动物提供食物，形成一个特殊的生态环境。海洋在调节全球气候方面起着重要作用，同时，海洋中还蕴藏着丰富的资源。

4. 湿地生态系统

按照《关于特别是作为水禽栖息地的国际重要湿地公约》的定义，沼泽地、泥炭地、河流、湖泊、红树林、沿海滩涂等，甚至包括在低潮时水深不超过 6m 的浅海水域，都属于湿地。

湿地常常作为生活用水和工农业用水的水源，被人们直接利用。湿地还能够补充地下水。在多雨或河流涨水的季节，湿地就成为巨大的蓄水库，起到调节流量和控制洪水的作用，又被称为"地球之肾"。

5. 农田生态系统

农田生态系统是人工建立的生态系统，其主要特点是人的作用非常关键，人们种植的各种农作物是这一生态系统的主要成员。农田中的动物种类较少，群落的结构单一。人们必须不断地从事播种、施肥、灌溉、除草和治虫活动，才能够使农田生态系统朝着对人有益的方向发展。因此，可以说农田生态系统是在一定程度上受人工控制的生态系统。一旦人的作用消失，农田生态系统就会很快退化，占据优势的作物就会被杂草和其他植物所取代。

6. 淡水生态系统

淡水生态系统包括河流生态系统、湖泊生态系统和池塘生态系统等类型，其中的生物都是适于在淡水中生活的。

7. 畜牧生态系统

畜牧生态系统是以生态平衡为前提，横向实行草业、饲料工业、饲养业、驯养业、养鱼业、乡镇企业全面发展；纵向实行牧、工、商、运、服一体化经营。模拟草原生态系统的物种共生和物质循环再生原理，运用系统工程方法，将多种现代生态技术组合对接，并将各种生产环节用食物链串接成统一的生态体系，充分挖掘生产潜力，进行无废物、无污染生产，以获得长期稳定的生态经济效益的系统。

畜牧生态系统特点是：整体的综合性、知识与技术的密集性、顺应自然的灵活性。完整的系统应具备一定

数量畜禽群体、饲养基地、沼气池、鱼塘、林地、食用菌生产等环节，使初级产品经多次和多极利用，变废物为资源，形成最佳能流与物流循环状态，实现生态、经济、社会三效益的统一。

综上所述，在各种类型的生态系统中，生活着各种类型的生物群落。在不同的生态系统中，生物的种类和群落结构都有差别。但是，各种类型的生态系统在结构和功能上都是一个统一整体。

第二节　生态平衡与失调

一、生态平衡

1. 生态平衡的概念

生态平衡是指生物系统的相对平衡。任何一个生态系统都是结构和功能相互依存，相互完善，从而使生态系统在一定时间内各组分通过制约、转化、补偿、反馈等处于最优化的协调状态，表现出高的生产力，能量和物质的输入和输出接近相等，物质的贮存量相对稳定，信息的控制自如且传递畅通，在外来干扰下，通过自我调节可以恢复到原初的稳定状态，这就是生态平衡。

由于生态系统中的能量流动和物质循环不停地进行，生态系统的各个组分及其所处的环境不断地变化，而且，任何自然因素和人类活动都会对生态系统的平衡产生影响，所以，生态平衡是相对的、暂时的动态平衡。

一个生态系统的发展过程中可以呈现出 3 种系统状态。初期的生态系统，输入大于输出，系统内部的物质不断增加，这是增长系统。成熟的生态系统，处于稳定状态。衰老的生态系统，输入小于输出，生物量下降，生产力衰退，环境变劣，从而引起某些生物种群迁出或消亡，原有的平衡被打破，导致生态系统进行逆行演替，甚至瓦解。

2. 生态系统的自我调节

生态系统有一定的弹性，所以有一定的调节能力。生态系统内某一环节，在允许的限度内，如果产生变化，则整个系统可以进行适当调节，维持相对稳定的状态。受到轻度破坏后可以自我修复。

一般来讲，生态系统的自动调节能力的大小取决于成分的多样性，即多样性导致稳定性，人工建造的生态系统，组分单纯，结构简单，自我调节能力较差，对于剧烈的干扰比较敏感，生态平衡通常是脆弱的，容易遭到破坏。反之，生物群落中的物种多样，食物链（网）复杂，能流和物流多渠道运行，则系统的自我调节能力就强，生态平衡就容易维护。例如，亚寒带针叶林生态系统，根据加拿大的哈德逊公司收购动物毛皮的近百年的账目记载，猞猁和雪兔种群，每 10 年左右就发生多与少的规律性变化，雪兔种群高峰早于猞猁种群的高峰 1～2 年，大体上是第一年雪兔多，第二年则猞猁数量也多。再如草地鼠对草原有一定的破坏作用，但在牧草生长不良的季节，某些鼠类可能处于休眠状态，生殖率也降低。休眠这种行为保护，使草地鼠的死亡率降低，从而保持其种群平衡；草地鼠出生率下降，又减轻了对草群的压力，为雨季草群复苏创造了条件。在热带雨林的生态系统中，营养结构复杂，各个营养级的生物种类繁多，假如其中的某种草食动物（如梅花鹿）大量减少，甚至灭绝了，还可以由这个营养级的多种生物（如野兔、马鹿等）来代替，仍然可以维持其生态平衡。

3. 生态阈限

生态系统虽然具有自我调节能力，但只能在一定范围内、一定条件下起作用，如果干扰过大，超出了生态系统本身调节能力，生态平衡就会被破坏，这个临界限度称为生态阈限。

生态阈限取决于环境的质量和生物的数量。在阈限内，生态系统能承受一定程度的外界压力和冲击，具有一定程度的自我调节能力。超过阈限，自我调节不再起作用，系统也就难于回到原初的生态平衡状态。生态阈限的大小取决于生态系统的成熟程度。生态系统越成熟，它的种类组成越多，营养结构越复杂，稳定性越高，对外界的压力或冲击的抵抗能力也越大，即阈值高；相反，一个简单的人工的生态系统，则阈值低。

人是生态系统中最活跃、最积极的因素，人类活动愈来愈强烈地影响着生态系统的相对平衡。人类用强大的技术力量，改变着生态系统的面貌，其目的是为了索取更多的资源，并且常常获得胜利。可是在不合理的开发和利用下，对于每一次这样的胜利，自然界都报复了我们。每一次胜利，在第一步都确实取得了我们预期的结果，但是在第二步和第三步却有完全不同的、出乎预料的影响，常常把第一个结果又取消了。

当外界干扰远远超过了生态阈限，生态系统的自我调节能力已不能抵御，从而不能恢复到原初状态时，则称为"生态失调"。

生态失调的基本标志，可以从生态系统的结构和功能这两方面的不同水平上表现出来，诸如一个或几个组分缺损，生产者或消费者种群结构变化，能量流动受阻，食物链中断等。

二、破坏生态平衡的因素

破坏作用造成对生态系统 3 方面的压力：①生物种类成分的改变；②引起生物赖以生存的环境条件改变；③引起生态系统信息流通系统的破坏，从而改变生物繁殖状况。

导致生态平衡被破坏的因素，按其属性分为自然因素和人为因素。

1. 自然因素对生态平衡的影响

自然因素主要指自然界发生的异常变化，如火山爆发、地震、山洪、海啸、泥石流和雷电火灾等使生态系统在短时间内遭到破坏，甚至毁灭的因素。但是，这些异常自然变化的频率不高，而且在地理分布上有一定的局限性和特定性，对生态系统的危害还不是很大。

2. 人为因素对生态平衡的影响

（1）破坏植被引起生态平衡的破坏

人类由于种种原因，大面积毁坏森林、草原和其他植物，破坏了生态平衡。意大利人在阿尔卑斯山南坡，砍光了松林，发生了一系列气候、土壤的物相变化，摧毁了那里原有的高山畜牧业基地。我国东北西辽河流域的科尔沁沙地，就是近代人们破坏植被引起生态平衡破坏的产物。由于长江上游滥伐树木，对土地资源利用不合理，现在长江每年要从四川省夹带 640 万 t 表土入海。

（2）食物链破坏导致生态系统平衡的破坏

河北省北部地区，在麦收时节，据统计，每亩①麦田有 50～100 只青蛙，一只青蛙一天可食 20～200 只害虫。因此，依靠这种天然的"除虫剂"——青蛙，基本上可以控制害虫，保证小麦的收成。近年来，由于有些人大肆捕捉青蛙，不到几年，该地区蛙类几乎濒于绝灭。结果害虫大肆繁殖，造成小麦等农作物受害。这就是人们出于眼前的利益捕捉蛙类，切断了蛙类-害虫-小麦之间的食物链，打破了麦田的生态平衡，结果害虫四起，造成农作物减产的严重损失。

（3）污染物对生态系统的危害

四川省宜宾地区有 1000 多个炼硫磺的土窑炉，每年排放二氧化硫 10 万 m^3，使山上浓烟弥漫，有些山头寸草不生，一片黑褐色焦土，使当地生态环境遭到严重破坏，致使 $600km^2$ 内农作物受到损失。

生态因素的破坏是自然因素和人为因素的共同作用，常常是人为因素强化自然因素的结果。例如，由于人为破坏植被而造成的山洪暴发、水土流失、干旱和风沙灾害等，已成为当前自然界生态平衡遭到破坏的重要表现。此外，人类对自然环境的污染引起生态系统的破坏，导致的连锁反应也是非常突出的。

（4）养殖业对生态环境的影响

大气污染来自粪便、饲料发酵及畜禽呼吸的恶臭会产生大量的氨气、二氧化碳、甲烷、硫化氢、粪臭素等有毒有害气体，不但污染养殖场周围空气，导致畜禽应激，降低畜禽肉品品质，而且直接影响到人类健康。

1）废渣污染：畜禽粪便中含有大量的金属、非金属化合物，会在土壤中蓄积，造成土壤中 N、P、Cu、Zn 等含量超标致使土壤受到污染甚至失去使用价值。仅北京市规模化养殖场每日就产生猪粪 14 967t，鸡粪 7348t，牛粪 1530t，鸭粪 1522t，全年共排放畜禽粪便 926 万 t。其中，猪粪排泄量占总粪量的 59%，鸡粪占 29%，牛、鸭粪各占 6%。养殖业所造成的污染还有来自畜禽养殖场的一些废弃物，如洗刷用具、病死畜禽、孵化残余物、

---

① 1 亩≈666.7m²

霉变饲料等。

2）水体污染：不经处理直接排放的养殖场污水中含有大量氮、磷化合物、重金属和病原微生物（如大肠杆菌、肠球菌、蛔虫卵及毛首线虫卵等），将会严重污染生活水源和灌溉水源，造成疫病传播，影响人畜健康。

三、生态平衡失调

生态系统中各组分之间及其与环境之间不断进行着的物质、能量和信息的交换，通常以"流"的形式（物质流、能量流、信息流）来定量表述强度。这种交换维系了系统与环境、系统内部各组分之间的关系，形成了一个动态的、可以实行反馈调控和相对独立的体系。系统中的任一组分只要其状态发生了变化，定可通过"流"的相应改变（路径、方向、强度和速率等）去影响其他组分，最终将波及整个系统，这种变化如果超出了生态系统本身的调节能力范围，将造成生态系统平衡的失调，甚至造成整个系统功能的丧失。例如，现在频繁发生的"赤潮"（redtide）和"水华"（water bloom）两种现象，就是生态系统平衡失调而引起的结果。

1. 赤潮

赤潮是海洋水体里的显微藻类，主要是裸甲球藻或其他藻类在短时间内大量繁殖的结果。引起赤潮的藻类繁殖到一定的密度时往往使一块一块的海水出现异常的颜色，由于通常为红色，故称为"赤潮"。近几年在我国海域越来越频繁发生的赤潮现象，已引起了人们的高度关注和警惕，人们有谈赤潮色变的感觉。赤潮对海洋生态及渔业都构成了极大的危害。由于裸甲球藻等显微藻类繁殖极快，抢夺了其他海洋生物的营养源，并且它能产生毒素，其他海洋生物吞食这些藻类后容易死亡，所以赤潮发作时往往造成鱼虾等海产的大量损失。

近期频繁发生的赤潮现象，与人类活动密切相关，特别是工农业废弃物的大量入海，尤其是氮、磷高含量污水入海，造成海水中营养物质的大量增加（科学上称为富营养化），正是赤潮频发的主要因素。近年来排入大海的氮、磷以每年 50%～200% 的速度增长。因此，赤潮现象的频繁发生，我们人类有着不可推卸的责任。

赤潮一般多发于海湾等近海地带，很少见于深海及江河的入海口。现在没有能准确预报赤潮的发生时间及地点的方法，在温度、盐度及风力适宜的情况下就会发生赤潮。到目前为止，也没有一种能够阻止赤潮发生及扩张的有效手段。现在科学家正在深入了解赤潮的成因及分析引起赤潮的这些藻类，并希望以此找到控制赤潮的方法。赤潮生物的尸体在腐烂过程中会产生硫化氢等有害物质或生物毒素，它们会毒死海洋动物，或把毒素残存于动物体内。人们误食含有这些生物毒素的海产品，会中毒，甚至死亡。大批鱼虾、贝类的腐烂，还会使赤潮发生的海域水质发臭，影响该地区的旅游业。可见，赤潮危及海洋渔业、海产品养殖业、海上旅游业、人类健康和生态平衡。

383

海洋赤潮在自然生态条件下也有可能发生，但发生频率是很低的。随着人类活动的加剧，海洋赤潮日趋泛滥。调查发现，海洋赤潮几乎都是出现在人口居住较稠密的沿海水域。人类活动与海洋赤潮的发生之间到底存在什么样的联系呢？

随着现代化工农业生产的迅猛发展，沿海地区人口的增多，大量工农业废水和生活污水排入海洋，其中相当一部分未经处理就直接排入海洋，导致近海、港湾富营养化程度日趋严重。同时，由于沿海开发程度的增高和海水养殖业的扩大，也带来了海洋生态环境和养殖业自身污染问题；海运业的发展导致外来有害赤潮种类的引入；全球气候的变化也导致了赤潮的频繁发生。

中国有 4 亿多人口生活在沿海地区，目前沿海工农业总产值占全国的 60% 以上。如果我们不能将海洋经济推向一个可持续发展的良性循环，后果不堪设想。

与赤潮类似，在内陆湖泊中由于蓝藻等藻类的突然增殖和过量生长而出现水华现象。这些蓝藻也会产生毒素，危害其他湖泊生物的安全，它的危害同样不可低估。水华现象是世界范围内的，它的起因与赤潮一样，主要也是由于水体富营养化引起的。例如，云南昆明市内著名风景点滇池，在 20 世纪 80 年代以前，池水清澈，水体的氮、磷等标示富营养化的指标很低，根本就没有发生过水华。但是进入 20 世纪 90 年代以后，由于滇池周围工业生产区域的不断扩充，每年从这些工厂中排入的污水不断增加，使得滇池水体的氮、磷含量，富营养化程度也不断提高。因而不但发生了水华，而且每年发生的次数越来越多。这使得以前盛产的水产品逐年减少，虾和高价值的鱼类已经灭绝，只剩下了少数几种劣质鱼类。

2．逐步消失的湿地

湿地为鱼类、许多鸟类和两栖类动物提供了栖息场所，成为生态系统里重要的环节。另外，湿地有很强的消化污染物的能力。但是在世界范围内，湿地的面积正在高速缩减。从美国的亚马孙盆地到伊拉克，湿地都逃不过悲剧命运。湿地消失的根源是人类的农业活动、水利活动和其他发展活动，开垦更多的耕地，修建更多的大坝使湿地逐渐消失。科学家估计，在过去的一个世纪里，湿地面积已经缩减了 50%。31 年前，132 个国家曾在伊朗签订了《保护湿地条约》。但是实际上条约的约束力和作用是相当有限的。

超级大坝不断增加，人们以为修建超级大坝显示了自己改造自然的能力。的确，大坝改造了自然，提供了电力，但也给环境带来很多不利影响。大坝改变了河流的自然流向，改变了洪水自然泄洪的方向。大坝在地面上形成非天然的蓄水库，这样影响了鱼类的自然分布。在 1950 年，世界范围内的大型大坝大约有 5000 个，但到了 2000 年，超级大坝的数量激增到 45 000 个，而且规模不断加大，对自然的改造作用也越来越大。平均来说，每天都有 2 个高度超过 15m 的大坝建成，新建大坝基本上都位于发展中国家。有些巨型大坝高度超过 180m，宽度超过 1500m。修建这样的大坝的代价是惊人的，要淹没大面积的土地，无数物种要另择栖息地。

3．越来越少的珊瑚礁

在所有的海洋生物中，有 1/4 的栖息地是珊瑚礁。但是在过去的 50 年内，珊瑚礁的数量已经减少了 27%。在 1998 年发生的厄尔尼诺现象中，世界珊瑚礁的数量就减少了 16%。造成珊瑚礁死亡的最直接原因是海水变暖。当然，海洋中来自太阳的辐射增加和渔民野蛮的捕鱼方式也是珊瑚礁消失的重要原因。

4．过度捕鱼

人类科学技术使捕鱼速度和数量都超过了海洋天然补给能力，这样的结果使很多鱼类数量正在锐减，甚至到了灭绝的边缘。现在海洋中鱼类的总量正在以每年 1% 的速度减少。科学家提出把特定的海洋区域划为保护区，停止捕鱼，让大自然有时间和机会重新积蓄，但人类似乎不愿意给自然这样的机会，限制捕鱼会直接影响渔民的收入和生活质量。而鱼类市场只讲究价格和利润，却从不考虑物种保护。

第三节　生态畜牧业

生态畜牧业是以生态平衡为前提，以畜牧业为主的复合生产体系，是模拟草原生态系统的物种共生和物质循环再生原理，运用系统工程方法，将多种现代生态技术组合对接，并将各种生产环节用食物链串接成统一的生态体系，充分挖掘生产潜力，进行无废物、无污染生产，以获得长期稳定的生态经济效益的系统。

一、我国生态畜牧业发展模式

我国生态畜牧业发展现状：生态畜牧业是将畜牧业自身的发展和生态经济有机结合起来，以生态技术和方法为措施，实现资源高效转化、持续利用和环境保护的目的，是畜牧业发展的最高层次，也是畜牧业可持续发展的最佳方式。

1．发展模式

目前在我国，根据不同地区社会、经济、自然条件和畜牧业经济的自身条件，可将生态畜牧业划分为草地生态畜牧业、山区生态畜牧业、农区生态畜牧业和城郊生态畜牧业 4 个基本类型。而生态畜牧业发展模式又可分为资源配置型生产模式、多级利用型生产模式、综合利用型生产模式及系统调控型生产模式。其中多级利用型生产模式中的农户发展生态畜牧业的成功模式主要有以下 10 种。

1）猪-沼-菜模式：每户建 1 口 6～8m³ 沼气池，养 2 头以上的猪，配套 1 亩左右的露地菜，猪粪入池，沼肥种菜，以沼渣作底肥，沼液作追肥，通过沼液叶面喷施来抑虫防病。

2）猪-沼-果模式：每户建1口沼气池，年出栏3～5头猪，1～2亩果树，用沼渣、液作为速效有机肥用于果树追肥，能使果品品质提高1～2个等级，增产幅度可达15%以上，生产成本下降40%。

3）猪-沼-大棚蔬菜模式：在0.8亩塑料大棚内建8m³沼气池，饲养3～5头猪。人畜粪便进入沼气池内，沼气烧饭或为棚内生产照明、升温，为棚内生产提供二氧化碳肥；沼渣、液过管网作肥料改良土壤；棚内生产基本不施化肥，农药量也大大减少，增产幅度20%～30%，且品质大大提高。由于猪舍沼气池建在日光温室内，猪生长快且节省饲料，增加了养猪的经济效益。

家畜的粪便喂蝇蛆，蝇蛆是鸡的高蛋白质饲料，鸡粪发酵后喂牛，牛粪喂鱼，鱼塘淤泥是优质有机肥料。

4）"生物链"模式：建1只8～10m³沼气池，饲养100只鸡、3～5头猪、3亩水面的鱼、种5亩农田。以沼气为中间环节，连接鸡、猪、鱼和农作物，使之形成封闭的生物链循环。具体内容：饲料→养鸡→鸡粪作饲料喂猪→猪粪尿进沼气池，沼气作为生活用能，沼液、沼渣喂鱼→鱼塘泥和部分沼渣肥田。这种模式具有多业并举和互补的特点。

5）鸡-猪-鱼模式：饲料喂鸡，鸡粪喂猪，猪粪发酵后喂鱼，塘泥作肥料。

6）鸡-猪模式：用饲料喂鸡，鸡粪再生处理后喂猪，猪粪作农田肥料。

7）猪-沼-鱼模式：该模式主要在养鱼户中发展，人畜粪便入池发酵后喂鱼，沼渣作为池塘基肥，沼液作追肥，从而降低饵料成本，减少鱼塘化肥施用量，控制鱼类疾病。

8）种-养-加模式：该模式适用于从事传统农产品加工的农户，如做豆腐、磨粉等。以加工的下脚料（如豆渣、粉渣）喂猪，猪粪入池，沼肥用于种植无公害水稻、蔬菜等；沼气用于烧饭、加工、照明。

9）牛-鱼模式：将杂草、稻草或牧草氨化处理后喂牛，牛粪发酵后喂鱼，塘泥作农田肥料。

10）鸡-猪-牛模式：用饲料喂鸡，鸡粪再生处理后喂猪，猪粪处理后喂牛，牛粪作农田肥料。这样可大大减少人、畜、粮的矛盾，有效地降低饲料成本。

2．发展现状

1）规模化养殖程度逐步提高，节粮型畜牧业结构逐步显现。养殖小区和适度规模化养殖场健康发展，节粮型的饲养结构逐步形成。

2）饲料工业取得长足发展。饲料工业的产量占世界总产量的第二位，农作物秸秆利用得好，极大地促使资源节约型畜牧业发展。

3）标准化生产已经普及，畜产品安全水平稳步提高。在畜牧业生产环节和产品质量控制环节上，加强了对畜牧产品的绿色化和环境无公害化要求、设施标准、基地标准等方面的标准化建设。

4）畜牧业科技水平明显提高，优质种畜禽的供应能力显著增强。我国猪良种覆盖率已达到97%，奶牛达到73%，蛋鸡和白羽肉鸡基本实现良种化。

5）草地改良和改善草地生态环境，转换草地畜牧业生产。推广牧区和半牧区舍饲、季节性放牧、划区轮牧等养殖方式，使草原植被和生态环境明显改善。

6）动物防疫体系逐步建立。国家投入大量资金，建设了国家动物疫情测报中心、农业部兽医诊断中心、国家动物疫病流行病学研究中心、国家动物疫病参考实验室、出入境检验检疫机构等一批动物防疫重点项目，加强了省（自治区、直辖市）、市、县三级动物防疫设施建设，初步形成了全国动物疫病测报网络。

7）根据不同自然生态环境条件，科学构建适宜的养殖模式。

二、世界生态畜牧业发展现状

1．世界生态畜牧业现状

自1972年国际上一个致力于拯救农业生态环境、促进健康安全食品生产的组织——国际有机农业运动联合会（IFOAM）成立后，各国纷纷兴起发展生态畜牧业的浪潮。至2000年，全球194个国家中有141个国家开始或已经开始发展生态畜牧业。据统计，目前在世界上实行生态管理的农业用地约1055万hm²，其中澳大利亚生态农业用地面积最大，拥有529万hm²，占世界总生态用地面积的50%；其次是意大利和美国，分别有95万hm²和90万hm²。若从生态农业用地占农业用地面积的比例来看，欧洲国家普遍较高，大多数亚洲国家的生态农业用地面积较小。在全球生态农业用地中，生态牧场占地350万hm²。另据IFOAM统计，近年来，生态肉品的生产每年以20%的速度增长，生态畜产品的消费与日俱增，如2002年全球生态牛奶的销售额达12亿美元，比2001年增加26%。

2．世界生态畜牧业的主要模式

世界各国根据各自资源条件，在生态畜牧业的实践过程中探索出了各具特色的发展模式，但综观世界各国生态畜牧业的发展现状，世界生态畜牧业的发展模式主要有4种：一是以集约化发展为特征的农牧结合型生态畜牧业发展模式，这种模式以美国和加拿大为典型代表；二是以草畜平衡为特征的草原生态畜牧业发展模式，这种模式以澳大利亚和新西兰为典型代表；三是以农户小规模饲养为特征的生态畜牧业，这种模式以日本和中国为典型代表；四是以开发绿色、无污染天然畜产品为特征的自然畜牧业，这种模式以英国、德国等欧洲国家为典型代表。

3．世界各国发展生态畜牧业采取的主要措施

（1）高度重视和支持生态畜牧业的发展

在发展生态畜牧业方面，许多国家政府出台了相关的法律、法规和政策，以鼓励和支持生态畜牧业的发展。例如，《欧洲共同体农业法》有专门条款鼓励欧盟范围内

的生态畜牧业发展；澳大利亚联邦政府于20世纪90年代中期提出了可持续发展的国家农林渔业战略，并推出了"洁净食品计划"；奥地利于1995年实施了支持生态畜牧业发展的特别项目，国家提供专门资金鼓励和帮助农场主发展生态畜牧业；法国于1997年制定并实施了"有机农业中期计划"。另外，从20世纪90年代开始，一些发达国家开始运用经济方式补贴生态畜牧业的发展，如对生态牧场和自然草场的建设给予资金扶持，对生态畜产品的科研进行资助，对生态牧场进行经营性补贴等。这种做法充分反映了政府对生态畜牧业发展的高度重视。

（2）采用高新科技促进畜牧业资源的循环利用和高效转化

在畜牧业资源利用方面，许多国家采取各种措施，按照"整体、协调、循环、再生"的原则，以确保畜牧资源的低耗、高效转化和循环利用。一是培育优良畜禽品种，降低饲料消耗，提高饲料转化率，加快畜禽生长速度；二是采取标准化养殖技术，对饲料配制、饲养管理、疫病防治等畜牧业生产全程进行标准化科学管理；三是利用现代化新技术，向集约化方向发展，确保畜牧业的低投入、高产出和高效益；四是建立"资源—产品—废弃物—资源"的闭环式经济系统，充分利用畜牧业资源，如利用农作物秸秆发展节粮型畜牧业，将畜禽粪便制成生物有机肥或生产沼气等以消除畜牧业发展可能带来的环境污染；五是避免掠夺式利用草场，采取人工种草和围栏放牧等方式，做到以草定畜、草畜平衡，防止草原荒漠化，维护草原生态环境。

（3）不断加大对畜牧业污染的防治

畜牧业生产带来的环境污染，是畜牧业发展过程中所共同面临的严重问题，尤其是对于畜牧业发展较快、人口密集的国家和地区，其污染问题和带来的威胁更为严重。因此，世界各国纷纷采取各种措施，致力于控制和降低畜牧业污染以保护生态环境。主要表现在几个方面：一是制定防污染法规，如英国、法国、俄罗斯、美国、日本、丹麦、荷兰、意大利等国家都先后制定了相应的畜牧业污染防治法规及标准，对畜禽饲养规模、场地选择、畜牧业污染的排放量及污染处理系统、设施和措施等都作出了具体要求，使畜牧业污染防治走向科学化、系列化、无污染化。二是不断开发新的技术以降低畜禽粪便中的氮素污染，如通过培育优良品种、科学配料，应用酶制剂、生长素、矿物质添加剂等及运用生物制剂处理、饲料颗粒化等方式，达到降低畜牧业污染的目的。例如，美国设计的饲料配方，使肉鸡的肉料比已达到1∶（1.7～1.8），猪的肉料比达到1∶（2.5～2.9），这种低消耗高产出的生产模式，在一定程度上降低了排泄物中氮的含量，产生了一定的环保效果。三是开发和应用畜用防臭剂，以减轻畜禽排泄物及其气味的污染，如应用丝兰属植物提取物、天然沸石为主的偏硅酸盐矿石、绿矾（硫酸亚铁）、微胶囊化微生物和酶利剂等，来吸附、抑制、分解、转化排泄物中的有毒有害成分，将氨变成

硝酸盐，将硫化氢变成硫酸，从而减轻或消除污染。四是运用生物净化方式，实现对畜粪及其污水的净化与污染消除，主要是利用厌氧发酵原理，将污物处理为沼气和有机肥。五是实现畜禽粪便的再利用，以减少粪便污染，实现废物资源化的效果。目前已有许多国家利用鸡粪加工成饲料，德国、美国的鸡粪饲料"托普蓝"已作为蛋白质饲料出售。英国和德国的鸡粪饲料进入了国际市场，猪粪也被用来喂牛、鱼、羊等。

三、世界生态畜牧业发展的基本趋势

1. 生态畜牧业将成为21世纪畜牧业的主导模式

随着高新技术的迅猛发展，生态畜牧业得到广大消费者、政府和经营企业的一致认可，消费生态食品已成为一种新的消费时尚。尽管生态食品的价格比一般食品贵，但在西欧、美国等生活水平比较高的国家仍然受到人们的青睐，不少工业发达国家对生态食品的需求量大大超过了对本国的产品需求。随着世界生态畜产品需求的逐年增多和市场全球化的发展，生态畜牧业将会成为21世纪世界畜牧业的主流和发展方向。

2. 生态畜牧业的规模将不断扩大，速度将不断加快

随着可持续发展理念的深入人心，可持续发展战略也得到了各国政府的共同响应。生态畜牧业作为可持续农业发展的一种实践模式和一支重要力量，进入了一个崭新的发展时期，预计在未来几年，其规模和速度将不断加强，并将进入产业化发展的时期。据预测，今后几年许多国家生态食品的市场增长率为20%～50%，这就为生态畜产品的扩张提供了十分广阔的市场空间。

3. 生态畜牧业的生产和贸易相互促进、协调发展

随着全球经济一体化和世界贸易自由化的发展，各国在降低关税的同时，与环境技术贸易相关的绿色壁垒则日趋盛行，尤其是对与畜产品生产和贸易有关的环保技术和产品卫生安全标准要求更加严格，食品的生产方式、技术标准、认证管理等延伸扩展性的附加条件对畜产品国际贸易将产生重要影响。这就要求生态畜产品在进入国际市场前，必须经过权威机构按照通行的标准加以认证。

4. 各国生态食品的标准及认证体系将逐步趋于统一

目前，国际生态农业和生态农产品的法规与管理体系分为个联合国层次、国际非政府组织层次、国家层次3个层面。联合国层次目前尚属建议性标准。在未来几年，随着生态农业的不断发展，这3个层次之间的标准和认证体系将彼此协调统一，逐步融合成一个国际化的生态食品标准和认证体系，各国间将逐渐消除贸易歧视，削弱和淡化因标准歧视所引起的技术壁垒和贸易争端。在畜牧业方面，也将毫无疑问地遵循这一逐步融合的共同标准。

第四节　外来生物入侵

一、生物入侵的概念

生物入侵是指生物由原生存地经自然的或人为的途径侵入到另一个新环境，对入侵地的生物多样性、农林牧渔业生产及人类健康造成经济损失或生态灾难的过程。

对于一个特定生态系统与栖息环境来说，任何非本地生物都称外来生物，它指的是出现在其自然分布范围（过去或现在）和分布位置以外（即在原分布范围以外自然定植的、或没有直接或间接引进、或没有人类活动就不能定植）的一种物种、亚种或低级分类群，包括这些物种能生存和繁殖的任何部分、配子或繁殖体。

而外来入侵物种是指对生态系统、栖境、物种、人类健康带来威胁的外来种。外来入侵物种包括植物、动物和微生物。生物入侵不仅能引起物种的消失与灭亡，还会瓦解生态系统功能。美国目前每年要为生物入侵付出 1370 亿美元，外来入侵物种给我国造成的经济损失，平均每年也达 574 亿人民币之巨。生物入侵对人体健康同样产生影响。影响人体健康的外来入侵物种主要指一些有毒的杂草，如豚草，豚草的花粉是引起过敏性鼻炎和支气管哮喘等变态反应症疾病的主要致敏原。

1954 年美国人艾尔特在《动物入侵生态学》中率先提出"生物入侵"这个概念。到 1982 年左右，生物入侵问题才被人们广泛认识。随着全球化进程的加快，20 世纪 90 年代中后期，外来生物入侵才真正引起全世界的广泛关注。

外来入侵物种甚至可以通过对生产过程的影响间接威胁一个国家的生存。例如，爱尔兰的马铃薯饥荒发生在 19 世纪 40 年代，其主要原因是从北美洲引进了一种蘑菇，造成当地马铃薯大规模减产，而马铃薯是爱尔兰人的主要食物，其后果是饥饿导致 150 万人死亡，这是人类史上因生物入侵造成的最大悲剧。

二、外来入侵物种概述

外来入侵物种不仅威胁本地的生物多样性，引起物种的消失与灭绝，还瓦解生态系统的功能，降低人们基本生命支持系统的健康水平，受入侵物种影响的国家和地区将付出巨大的生态和经济代价。入侵物种形成广泛的生物污染，危及土著群落的生物多样性并影响农业生产，造成巨大的经济损失。尤其是近年来，为防止水土流失，治理沙丘及重建生态系统而开展了大规模的退耕还林工程，有的地区过度盲目地引进了大量生长期短，易于管理，更能适应环境的外来物种。然而，人们并没有意识到这种盲目地引进是要付出代价的，它们正在逐渐排挤、取代当地物种，并且不断扩大到自然和半自然地区，影响到那里生态系统的种类和功能，进而引起当地居民、自然资源保护者、水源管理者和其他相关人员

的矛盾。最近 500 年加速了生境丧失和物种灭绝的速率，对生态系统构成了严重的胁迫，这种破坏是长期的、持久的。快速发展的国际贸易，将加速这种外来物种的形成。

外来物种被海关截获的情况：数百种入侵生物在敲击国门，但都被海关截获了，它们并没有进来，但很危险了，像地中海食蝇，我们截获的概率已经很高了。2002 年深圳口岸截获了 572 种有害生物，其中有 48 种是我们国家明令禁止的，上了黑名单的达到 8000 多批次。根据国际惯例，真正截获的外来生物只占总数 5% 以下，没有截获的可能更多。在我国口岸生物进来以后，有很多活体材料还要试种、隔离、消灭，都有一个全套的控制措施。

1. 作为宠物

一些动物作为宠物而在城市中广泛养殖，生存能力较强的一些鹦鹉，如小葵花凤头鹦鹉（*Cacacatua sulpurea*）和虹彩吸蜜鹦鹉（*Richoglossus haematodus*），在当地野化后，数量大增，过度利用结果实的灌木，或者过度采食嫩叶，危害当地植被。巴西龟（*Trachemys scripta*）已经是全球性的外来入侵种，目前在我国从北到南的几乎所有的宠物市场上都能见到巴西龟出售。虽然我国还没有报道关于巴西龟的危害，但这已经被世、自然保护联盟（IUCN）（2001）列为世界最危险的 100 个入侵种之一，同时巴西龟也是疾病传播的媒介。台湾引进南美洲产"宠物鼠"，也曾引起疾病传播的恐惧。水族箱中常饲养的清道夫是吸口鲇属的 *Plecostomus punctatus*，原产拉丁美洲，最近报道在北京南长河、南方的珠江和汉江采集到。在台湾宜兰冬山河报道，该物种在宜兰没有天敌，繁殖力很强，每次产下 300～500 粒卵，孵化率几乎达 100%。以其他鱼类的卵为食，使台湾本地鱼种逐渐减少。为此，宜兰还发动了一场清鱼行动。

2. 作为水产养殖品种

水产养殖业是我国的重要产业之一，具有悠久的历史。几乎所有可以利用开展养殖的水域，如河流、湖泊、池塘、水库、稻田和公园都或多或少地在开展养殖业。涉及的外来物种包括从国外引进的，如克氏原螯虾、罗氏沼虾、红螯螯虾、虹鳟鱼、口孵非鲫、欧洲鳗、匙吻鲟、淡水白鲳，以及一些食肉性鱼类（特别以小型鱼类为食）如加州鲈等。从额尔齐斯河引入的河鲈（*Perca fulviatilis*）已导致新疆博斯腾湖中的新疆大头鱼的灭绝。除了这些从国外引进的物种外，我国南方本地产鱼类，如"四大家鱼"（青鱼、草鱼、鲢鱼、鳙鱼）被引进到西北和西南部高海拔水域，这些物种及随这些物种引进而带入的小型杂鱼所引起的灾难并不亚于国外的物种。鳙鱼（*Aristichthys nobilis*）在云南杞麓湖和星云湖的养殖，导致当地鱼种大头鲤数量急剧减少，现在不得不依靠人工培育。我国 20 世纪 40 年代早期从日本引进克氏原螯虾开展人工养殖，与大多数水生物种不同，雌性克氏原

螯虾自己孵化卵，因此不需要花钱进行人工孵化。一旦池塘投放了原种，克氏原螯虾即可实现自我维持，在收获后，不需要再投放原种。克氏原螯虾常常和其他农作物，特别是水稻一起混养。收获时逃逸的个体在堤坝上挖洞生存下来。到下个季节，又形成繁殖种群，以残留的农作物和其他食物为生。在南京、安徽滁县先有养殖，然后扩散到我国中部、北部和南部地区，并在野外形成了大量种群。

3．作为改善环境的植物

为快速解决生态环境退化、植被破坏、水土流失和水域污染等长期困扰着我们的问题，人们往往片面地看待外来物种的某些特点，这就为外来物种的入侵提供了一个极好的机会。现在很多地区都在积极地进行植被恢复工作，但其中使用的一些物种是危险的外来物种。目前已经有一些物种形成入侵，典型的案例有互花米草、薇甘菊和凤眼莲等。互花米草（Spartina alterniflora）自1979年从美国东海岸被引进，首先于1980年10月在福建沿海等地试种，之后得到大规模宣传，1982年扩种到江苏、广东、浙江和山东等地。当初引种的目的是为保滩护岸、改良土壤、绿化海滩与改善海滩生态环境。现在这个物种已经在浙江、福建、广东、香港大面积逸生，1990年仅福建宁德东吾洋一带的水产业一年的损失就达1000万元以上。已经成为沿海地区影响当地渔业产量的物种。

4．异地放生

在中国、越南、马来西亚、泰国、韩国和柬埔寨，人们因放生捕获的动物，特别是鸟类、鱼类、乌龟而做的善事受到尊敬，但一项研究显示，在放生的鸟类中，有6%是外来的；多数鱼类、龟鳖类更是在国外捕获用来圈养的物种，而这些物种有可能具有入侵性。很显然，具有文化含义的"做善事"并未考虑到对本土生态体系产生的有害影响。原因是，人们没有外来入侵物种的概念，也不了解外来入侵种带来的危害。

5．植物园、动物园、野生动物园的引入

我国许多城市都有动物园、植物园、鸟园。已经有许多外来植物从植物园逃逸归化，也有形成入侵的事例。动物园虽然还没有报道有入侵问题，但也有一些物种在野外自然繁殖，如八哥（Acridotheres cristatellus）已经在北京形成了自然种群。特别是现在各地时兴建立野生动物园，大量物种被散放到自然区域中，如不加强管理措施，防止动物园、植物园、鸟园和野生动物园外来物种的逃逸（其中可能会携带外来的野生生物疾病），这些潜在的外来入侵种源可能会带来灾难性生态入侵。

6．无意引种

很多外来入侵生物是随人类活动而无意传入的。通常是随人及其产品通过飞机、轮船、火车、汽车等交通工具，作为偷渡者或"搭便车"被引入到新的环境。尤其是近年来，随着国际贸易的不断增加，对外交流的不断扩大，国际旅游业的快速升温，外来入侵生物借助这些途径越来越多地传入我国。除交通工具外，建设开发、军队转移、快件服务、信函邮寄等也会无意引入外来物种。

这些外来物种为什么会造成这么巨大的危害？我国本身就有很多有害生物，为什么这些外来的跟本地的不一样呢？首先，这些外来的物种在一个新的生态系统当中，可能获得了更好的生存空间和条件。因为绝大部分外来的适应不下去就会死掉，一旦适应下来的这些都是有特殊本领、特殊生物学特性的。还有可能就是遇到了一些特殊的条件，如空间的问题，然后是营养。再如鱼类有浅层鱼、深层鱼，它在这一个水体当中并不一定都占满了，如在1m的位置一层，还没有占满，没有鱼类生存，一个新的物种来了以后，刚好喜欢这一带，那就等于找到最合适的空间，所以这个空间也是很重要的。因为在植物和鱼类方面空间非常重要，植物、外来植物也是一样。这个地方原来生存的那些植物很脆弱、很容易挤压，它就占领了这个空间。营养方面主要对动物、昆虫非常重要，因为有它在新的条件下，可能找到了更适合的食物，更充足的食物，使它的繁殖数量非常大，这样的话它有条件了，它就可以生存了。另外一个就是它比本地的物种有更强的适应力。它在入侵过程当中，可能会获得竞争优势。稻水象甲这种害虫，非常有特性，它在美国是雌雄两性交配产卵来生活的，到了我国以后情况完全变了，它进行孤雌生殖，不需要雄虫。稻水象甲就是个雌虫，产了卵就可以生下一代。这种特性是在入侵过程当中获得的，有一只虫子足以形成一个种群，对它的扩散生活就非常有利，现在普遍认为物种灭绝速度很快，很多都是土著的先灭绝的。没有竞争能力的这些灭绝了，真正有竞争能力的，而且它还在获得更新的适合生存的特性。

入侵生物丧失了原产地固有的自然控制因素。在原来的地方，因为生物是协同进化的，不可能让某一种无限度膨胀，总有很多因素在控制它。控制它的东西，害虫在原产地都有很多天敌来吃它，不能让它数量太大。但它到一个新的地方以后，并没有把它的天敌带过来，它在新的地方可以没"人"管了，可以肆无忌惮，这样它的数量就越来越大，就可以猖獗发挥其危害了，现在有很多人认为生物入侵是以生态爆炸方式进行的。环境方面也有一定的影响，有些脆弱的生态环境，更有可能遭受入侵物种的危害。因为如果生态环境特别好的话，入侵物种不容易生存下来，就是受到的抵抗力非常强，它就生存不下去。如果受抵抗力比较弱，它很快就占领了。

三、外来物种入侵现状

到目前为止，国内尚没有外来入侵动植物种类的系统报道。与外来入侵动植物相比，我国对外来微生物种类的调查更为少见。地球上的生物物种每年以0.1%~1.1%的速率在急剧减少。这种生物多样性的极度锐减，除了人类大规模开垦土地导致自然生境快速丧失外，它的另一个主要因素就是生物入侵。随着全球化、商业和

旅游的增长及对自由贸易的重视，有意或无意地为物种传播提供了前所未有的机会。数千年来，海洋、山脉、河流和沙漠作为天然屏障，为特有类、爬行类、鱼类、昆虫类、甲壳类、软体动物等、植物（乔木、灌木、草本）和微生物物种及生态系统提供了进化所必需的隔离环境。然而，在短短数百年间，因世界各种因素结合在一起，使这些阻隔失去效用或弱化，外来物种横越千里到达新的生境成为外来入侵物种。目前我国外来入侵物种的类型繁多，包括动物和微生物（哺乳类、鸟类、两栖、细菌、病毒）。而且，其分布范围极其广泛，除了青藏高原上少数人迹罕至的偏远保护区外，全国34个省、自治区、直辖市都有外来入侵物种，包括各种生态系统类型（森林、草地、湿地、水域、农牧区和城市居民区）都被入侵。

根据对全国陆生、水生和海洋生态系统中外来入侵微生物、无脊椎动物、两栖类、爬行类、鱼类、鸟类、哺乳类、杂草、树木、海洋生物等调研，共查明外来入侵物种283种，其中外来入侵微生物19种；外来入侵水生植物18种；外来入侵陆生植物170种；外来入侵水生无脊椎动物25种；外来入侵陆生无脊椎动物33种；外来入侵两栖爬行类3种；外来入侵鱼类10种；外来入侵哺乳类5种。从调查结果分析，外来入侵物种中，一半以上是陆生植物，其次是陆生无脊椎动物、水生无脊椎动物和微生物。

外来入侵微生物一般是随引进的原木、幼树、苗木、花钵或土壤而无意传入的。外来入侵植物中一半左右是作为有用植物而引进的，主要用作牧草或饲料、观赏植物、纤维植物、蔬菜、草坪植物或环境植物，后演化为对生物多样性、生态环境和生产具有危害的入侵物种。

外来入侵动物中有些是有意引进造成的，主要用于养殖、观赏、生物防治，因野生放养或弃养，在野外形成自然种群，对本地动物区系和生产造成危害。

辽阔的地域使我国容易遭受入侵物种的侵害，来自世界各地的大多数外来物种都可能在我国找到合适的栖息地。目前我国几乎所有的生态系统，森林、农业区、水域、湿地、草地、城市居民区等，都可见到外来物种入侵的现象，其中以水生生态系统的情况最为严重。

引进外来物种是为了经济利益，但最终却要用惊人的投入来终结。美国已有5万多种外来物种，虽然有害的入侵物种只占其中一小部分，但它们造成的负面影响却是惊人的。美国每年有70万km²的野生生物栖息地被外来杂草侵占，每年由于入侵物种造成的经济损失达1230亿美元。

联合国生物多样性公约组织2008年3月发表的报告说，全球因生物入侵造成的经济损失高达数千亿美元。中国已成为遭受外来生物入侵最严重的国家之一。

1.环境保护部公布（危害较大）外来入侵种动物

1）蔗扁蛾（香蕉蛾）（*Opogona sacchari*）：原产非洲，1987年随巴西木进入广州，现传入我国10余个省、直辖市，威胁农作物、果树、名贵花卉等。在南方的发生更严重，在这些地区凡能见到巴西木的地方几乎都有蔗扁蛾发生危害。

蔗扁蛾（图9-1）食性十分广泛，威胁香蕉、甘蔗、玉米、马铃薯等农作物及温室栽培的植物，特别是一些名贵花卉等。感染植物轻则局部受损；重则将整段干部的皮层全部蛀空。

图9-1　蔗扁蛾

2）强大小蠹（红脂大小蠹）（*Dendroctonus valens*）：原产非洲，现分布于我国山西、陕西、河北、河南等地，严重危害松树（图9-2）。

图9-2　强大小蠹

3）非洲大蜗牛（褐云玛瑙螺）（*Achatina fulica*）：原产非洲东西部，现已扩散到我国香港、台湾、云南、福建、海南、广西等地，已成为危害农作物、蔬菜和生态系统的有害生物。寄生于蔬菜、花卉、各种农作物。杂食性，幼螺多为腐食性，成螺主要以绿色植物为主，是南方重要农业害虫（图9-3）。

图9-3　非洲大蜗牛

4）湿地松粉蚧（*Oracella acuta*）：原产美国，1988年随湿地松无性系穗进入我国，广东、广西、福建等地有报道，严重危害松林（图9-4）。

5）福寿螺（大瓶螺）（*Pomacea canaliculata*）：原产亚马孙河流域，1981年引入，现广泛分布于我国广东、广西、福建、云南、浙江等地，危害水稻，威胁入侵地

图 9-4　湿地松粉蚧

的水生贝类、植物，也是一些寄生虫病的中间宿主，可引起人的食物感染性疾病（图 9-5）。

图 9-5　福寿螺

引入扩散原因和危害：作为高蛋白质食物最先被引入台湾。1981 年引入广东，1984 年前后，已在该省作为特种经济动物广为养殖，后又被引入到其他省份养殖。但由于养殖过度，口味不佳，市场并不好，而被大量遗弃或逃逸，并很快从农田扩散到天然湿地。除威胁入侵地的水生贝类、水生植物和破坏食物链构成外，福寿螺也是卷棘口吸虫、广州管圆线虫的中间宿主。

6）牛蛙（美国青蛙）（*Rana catesbeiana*）：原分布于北美洲，1959 年引入我国，现几乎遍及我国北京以南地区，由于其适应性强，易于入侵扩散，使本地两栖类面临减少和绝灭危险（图 9-6）。

图 9-6　牛蛙

7）美国白蛾：寄主植物除桑树外，尚有草莓、柿、苹果、桃、李、海棠、山楂、梨、杏、樱桃、葡萄等 300 多种植物。该虫在辽宁、陕西、山东、吉林、河北、天津等省、直辖市均有发生和为害。以其幼虫取食叶片，严重时将整树食成光杆，影响光合作用，致使桑叶产量和质量下降，阻碍蚕业发展，降低经济效益。美国白蛾原产地为北美洲（图 9-7）。

8）松突圆蚧（Pine scale，*Hemiberlesia pitysophila*）（图 9-8）：1965 年，日本学者在我国台湾采到标本，1969 年

定为新种。1980 年，在日本冲绳诸岛、先岛诸岛发现有分布。20 世纪 70 年代末发现于广东惠安、宝安两县马尾松林，对马尾松危害严重，并迅猛扩散成灾。成虫蚕食叶片，幼虫危害水稻根部。危害秧苗时，可将稻秧根部吃光。

图 9-7　美国白蛾

图 9-8　松突圆蚧（放大）

9）苹果绵蚜（*Eriosoma lanigerum*）：原产地为美国东部。中国分布现状：山东、天津、河北、陕西、河南、辽宁、江苏、云南，甚至西藏的拉萨等地有发现（图 9-9）。

图 9-9　苹果绵蚜

危害苹果、梨、山楂、花楸、李、桑、榆、山荆子、海棠、花红等植物。喜于植物嫩梢、叶腋、嫩芽、根等部位，吸取汁液危害。叶柄被害后变成黑褐色，因光合作用受破坏，叶片早落。果实受害后发育不良，易脱落。侧根受害形成肿瘤后，不再生须根，并逐渐腐烂。

10）西花蓟马：西花蓟马（图 9-10）又称苜蓿蓟马。该虫原产于北美洲，1955 年首先在夏威夷考艾岛发现，曾是美国加利福尼亚州最常见的一种蓟马，自 20 世纪 80 年代后成为强势种类，对不同环境和杀虫剂抗性增强，因此逐渐向外扩展。迄今，西花蓟马分布遍及美洲、欧洲、亚洲、非洲、大洋洲。西花蓟马对农作物有极大的危害性，可使植株枯萎，同时还传播番茄斑萎病毒在内的多种病毒。该虫曾导致美国夏威夷的番茄减产

50%～90%。

图 9-10 西花蓟马

11）稻水象甲（*Lissorhoptrus oryzophilus*）（图 9-11）：原产地为美国东部、古巴等地。中国已分布在十余个省市。估计其分布区更大，除青海、西藏、新疆等地区外都可能有分布。

图 9-11 稻水象甲

到 1997 年，它已在 8 省（直辖市）54 个县、市出现，破坏了 310 000hm² 农田。飞翔的成虫可借气流迁移 10 000m 以上。此外，还可随水流传播。寄主种类多，危害面广。

12）马铃薯甲虫（*Leptinotarsa decemlineata*）（图 9-12）：是世界有名的毁灭性检疫害虫。原产于美国，是我国外检对象。主要侵害茄科植物，还可为害番茄、茄子、辣椒、烟草等。种群一旦失控，成、幼虫为害马铃薯叶片和嫩尖，可把马铃薯叶片吃光，尤其是马铃薯始花期至薯块形成期受害，对产量影响最大，严重的造成绝收。

图 9-12 马铃薯甲虫

13）美洲斑潜蝇（*Liriomyza sativae*）（图 9-13）：美洲斑潜蝇原分布在巴西、加拿大、美国、墨西哥、古巴、巴拿马、智利等 30 多个国家和地区，我国 1994 年在海南首次发现后，现已扩散到广东等 12 个省、直辖市、自治区。寄主包括黄瓜、番茄、茄子等 22 科 110 多种植物。成、幼虫均可为害。受害重的叶片脱落，造成花芽、

---

① 1 公亩=0.6 亩；1 亩≈666.7m²

果实被灼伤，严重的造成毁苗。受害田块受蛆率为 30%～100%，减产 30%～40%。严重的绝收。

图 9-13 美洲斑潜蝇

14）地中海实蝇（*Ceratitis capitata*）（图 9-14）：已知分布或发生过的国家或地区有近百个。已知有 253 种水果、蔬菜和坚果被记录为寄主植物。最主要的有柑橘类、枇杷、樱桃、杏、桃、李、梨、苹果、无花果、柿、番石榴和咖啡等。能以卵、幼虫、蛹和成虫随水果、蔬菜等农产品及其包装物，土壤、交通工具等远距离传播。幼虫除食害果肉外，还能引起病害使果实腐烂。

图 9-14 地中海实蝇

15）入侵红火蚁（red imported fire ant）（图 9-15）：原分布于南美洲巴拉那河（Parana）流域（包括：巴西、巴拉圭与阿根廷），在 20 世纪初因检防疫上的疏失而入侵了美国南方，造成美国农业与环境卫生上非常重要的问题与经济损失。美国南方已有 12 个州超过 1 亿公亩①的土地被入侵红火蚁所占据，经济上的损失每年估计有数十亿美元。波多黎各也在 1975～1984 年遭入侵，1998 年发现入侵南加利福尼亚州，2001 年入侵红火蚁成功地跨越太平洋，在新西兰与大洋洲建立了新的族群，且已造成部分区域农业与环境上的危害。

图 9-15 入侵红火蚁

2003 年台湾桃园与嘉义地区发现疑似火蚁入侵农地案例，有农民与民众被蚂蚁叮咬而送医的案例。香港也现红火蚁，从最初在一湿地公园发现 40 处蚁丘起，此后，

蚁丘数目每天都在刷新。随后在广东吴川等部分地区发现红火蚁，澳门也现红火蚁。

火蚁（fire ant）的名称便是在描述被其叮咬后如火灼伤般疼痛感，其后会出现如灼伤般的水疱。入侵红火蚁蚁巢在受到外力干扰骚动时极具攻击性，成熟蚁巢的个体数可达到 20 万～50 万只个体，火蚁以螫针叮咬，大量酸性毒液的注入，除立即产生破坏性的伤害与剧痛外，毒液中的毒蛋白往往会造成被攻击者产生过敏而有休克死亡的危险，若脓疱破掉，易引起细菌的二次性感染。1998 年在南卡罗来纳州约有 33 000 人因被蚁叮咬而需要就医，15%会产生局部严重的过敏反应，2%会产生严重系统性反应而造成过敏性休克。

农业部已将红火蚁列为我国进境植物检疫有害生物和全国植物检疫性有害生物，制定并启动《红火蚁疫情防控应急预案》。

危害之一：红火蚁会吃向日葵、大豆、玉米等诸多农作物的种子，或在农作物上"放牧"蚜虫、粉蚧等害虫，间接危害农作物。

危害之二：红火蚁牙坚齿利，见啥咬啥，还会咬穿电线、电缆护套，或往电气设备中搬填泥沙，导致电路短路。红火蚁不但危害自然环境中的农田、蔬菜园、竹林，而且可以侵入都市区，如公园绿地、草地、花园、校园及高尔夫球场等。

危害之三：红火蚁还严重危害人类健康。被红火蚁叮咬后，皮肤会出现红斑、红肿，有痛痒感，有时还会引起高烧、疼痛，一些体质敏感的人可能产生过敏性的休克反应，严重者会死亡。

美国得克萨斯州每年因红火蚁破坏电气设备损失 1100 多万元，每年因红火蚁危害家畜、野生动物、人类公共健康损失约 3 亿美元，每年用于对红火蚁患者的医治约达 800 万美元，每年因为红火蚁，美国经济损失高达 50 亿美元！

红火蚁的传播，除了陆地上繁殖扩散，还通过货物贸易、苗木运输等途径，蔓延世界各地。数量庞大的红火蚁，所到之处，一路吃尽蚯蚓、种子、果实、鸟蛋，或损坏变压器、发电机、路灯、电脑等。在北美洲，因红火蚁的出现，野生鹌鹑的数量越来越少。红火蚁还有可能影响植物生态系统，它有一个天生的特性，就是去搬动和吃掉植物的种子。红火蚁还喜欢攻击蜜蜂，影响植物的传粉。放任红火蚁，最终必将严重危及生态平衡。

16）食人鲳（*Pygocentrus nattereri*）：又称为食人鱼（图 9-16）或水虎鱼，分布于安地斯山脉以东、南美洲的中南部河流，巴西、圭亚那的沿岸河流。

食人鱼栖息在主流、较大支流，河宽甚广、水流较湍急处。居性的肉食鱼类，成鱼主要在黎明和黄昏时觅食，以昆虫、蠕虫、鱼类为主，但有些相近种只吃水果和种子。活动以白天为主，中午会到有遮蔽的地方休息。食人鱼常成群结队出没，每群会有一个领袖，其他的会跟随领袖行动，连攻击的目标也一样。在干季时，水域变小，使得食人鱼集结成一大群，经过此水域的动物或人就容易受到攻击。

珠江上游巴江河里现食人鱼同类——脂鲤鱼（图 9-17），该品种是热带鱼类，这种鱼的特点就是长有肢鳍，嘴中均有牙，尽管体型较小，但却与狂暴凶猛的食人鱼属于同科。如果过量繁殖脂鲤鱼有可能对当地水生动物带来危害，原本是观赏鱼的脂鲤鱼可能是市民放生后进入的巴江河。

图 9-16　食人鱼

图 9-17　脂鲤鱼

到目前为止，在花都水域发现外来入侵物种有巴西龟、攀鲈、清道夫、埃及塘虱、罗非鱼等，这些物种的存在给本地水生资源带来了严重的危害，直接威胁当地原生水生物种的繁殖与生存。

2. 其他外来入侵动物

中国是世界上物种多样性特别丰富的国家之一。已知有陆生脊椎动物 2554 种，鱼类 3862 种，高等植物约 30 000 种，包括昆虫在内的无脊椎动物、低等植物和真菌、细菌、放线菌种类更为繁多。目前严重危害我国的外来动物有 40 余种。其他外来动物，还有原产于东非的褐云玛瑙螺，原产于北美洲的麝鼠，原产于前苏联的松鼠，原产于南美洲的海狸鼠等。不过在我国浩繁的生物种类中到底有多少外来物种尚不得而知。

1）海狸鼠：海狸鼠也称獭狸（图 9-18）、沼狸，原产于南美洲，以草食为主，适于生活在水边，属于半两栖动物。野生的个体危害方式主要是采食和掘洞行为。河狸鼠啃食稻苗、马铃薯，导致大量减产，还啃食果树 1m 高以下的主干，造成果树成片枯死。这种行为显然对当地的自然植被构成威胁。掘洞行为常造成堤岸、码头设施、沿河公路和铁路遭到破坏。河狸鼠也会将多种传染性疾病传染给人类、家畜。

图 9-18　獭狸

2）德国小蠊（图 9-19）：对人们造成的危害与其他蟑螂类似，主要是它们在活动期间将许多有害物质及病菌等传播到食品及用具中，对人们生命健康造成危害。能传播数十种疾病，在家庭常见的 7 种蟑螂中，以德国小蠊体型最小、繁殖最快和适应能力最强。德国小蠊传播病菌能力毫不逊色于苍蝇，也可能携带多种细菌、病毒，能够传播细菌性痢疾、霍乱、伤寒、

肝炎等三四十种疾病。其尸体还能导致人体过敏、诱发哮喘等疾病。

图 9-19　德国小蠊

部分危害严重的外来物种还有紫茎泽兰、薇甘菊、空心莲子草、豚草、毒麦、机草、凤眼莲、鰕虎鱼（图 9-20）、麦穗鱼（图 9-21）、食蚊鱼（图 9-22）、鲈（图 9-23）、克氏螯虾（图 9-24）等。

图 9-20　鰕虎鱼

图 9-21　麦穗鱼

图 9-22　食蚊鱼

图 9-23　鲈

图 9-24　克氏螯虾

3．全国外来入侵物种经济损失评估

外来入侵物种造成的经济损失可以分为直接经济损失和间接经济损失两大类。前者主要是指外来病虫害和杂草对农林牧渔业、交通等行业或人类健康造成的物品损毁、实际价值减少或防护费用增加等，后者是指对生态系统服务功能、物种多样性和遗传多样性造成的经济损失。

经对影响我国国民经济行业 4 个门类的 200 多种外来入侵物种危害的分析和计算表明，外来入侵物种每年对我国国民经济有关行业造成直接经济损失共计 198.59 亿元。其中，农林牧渔业 160.05 亿元；交通运输仓储和邮政业 8.47 亿元；水利环境和公共设施管理业 0.87 亿元；人类健康 29.21 亿元。受外来入侵物种危害最严重的行业是农林牧渔业。危害人类健康的外来入侵物种虽然种类不多，但经济损失巨大，对其他行业的危害也不容忽视。

外来入侵物种对我国生态系统、物种及遗传资源造成的间接经济损失每年为 1000.17 亿元，其中外来入侵物种对我国生态系统造成的经济损失为每年 998.25 亿元，对我国物种多样性造成的经济损失为每年 0.71 亿元，对我国遗传资源造成的经济损失为每年 1.21 亿元。外来入侵物种对我国造成的总经济损失为每年 1198.76 亿元，为国内生产总值的 1.36%。

四、外来物种入侵途径

大多数外来物种的传入与人类活动有关。在对外交往中，人们有意或无意将外来物种引入我国。但也有一些入侵种类属于自然传入，与人类活动无关或没有明显关联。根据传播途径来分，主要包括：自然传播、进出口贸易（农业、商业、水产业、林业）、观赏、药用、入境旅游、运输、修饰用材料、边境走私、隔离屏障去掉

后逃逸、人类有意引入等。根据《国际自然保护同盟（IUCN）防止因生物入侵而造成的生物多样性损失指南》（国家环境保护总局自然生态保护司，2001）中的分类，又可分为有意传入和无意传入。

1．有意传入

从国外引入植物的主要目的是为发展经济和保护生态环境。植物引种对我国农林业等多种产业发展起到了重要的促进作用，但人为引种也导致了一些严重的生态学后果。需要强调的是人们的一些不科学的思想意识往往加重了外来种的入侵。有的人认为"外来的就一定比本地的好"，不加分析地盲目引种。如目前草坪引种、退耕还林还草工作中，大量引入外来种，不注意充分利用本地种，很可能导致入侵种种类增加，危害加剧。

外来物种的入侵从字面上理解是增加了一个地区的生物多样性，事实上，历史上那些无害的生物也是通过人的努力而扩大了分布范围的，一些驯化的作物或动物已经成了人类的朋友，如我们食物中的马铃薯、番茄、芝麻、南瓜、白薯、芹菜等，树木中的洋槐、英国梧桐、火炬树，动物饲料中的苜蓿，动物中的红鳟鱼、海湾扇贝等，这些物种进入到异国他乡带来的利益是大于危害的。

然而，对于生态平衡和生物多样性来讲，生物的入侵毕竟是个扰乱生态平衡的过程。因为，任何地区的生态平衡和生物多样性是经过了几十亿年演化的结果，这种平衡一旦打乱，就会失去控制而造成危害。

人们最初引进物种时，仅是进入了原产地生态系统的一个组分，食物网中的一些天敌或者它所控制的物种是没有办法引进的，这样，控制不好成灾就不可避免，而成灾的一个直接后果是对当地的生态多样性造成危害，甚至是灭顶之灾。

举例1：为了保护海岸带免受海水的侵蚀，1963年南京大学钟崇信教授从英国和丹麦引进大米草，经过几十年的努力，引种成功了50多万亩，而且使大米草的分布范围从温带向南扩大到了北纬21°～27°，并证明大米草具有明显的生态效应与经济效应。然而，不幸的事还是发生了，由于大米草的强烈扩张性，大米草很快影响了贝类等的养殖，使贝类产量急剧下降。而再除去大米草，则是十分困难的事情。人们逐步认识到了引种大米草对中国自然海滩生态系统的可能负面影响，连引种大米草的仲教授本人也认为需要开展进一步的研究。

举例2：陕西长青自然保护区是以保护大熊猫为主的保护区。该保护区的前身是国有林场，20世纪60年代为了生产的需要，引种了大量日本落叶松。目前，落叶松大量繁殖，其落叶造成了土壤的酸性，原来生长良好的大熊猫的食物箭竹却适应不了日本落叶松产生的酸性环境而生长不起来，造成箭竹死亡或根本不能萌发。

举例3：水葫芦（凤眼莲），20世纪70年代作为猪饲料引进我国，后又被证明该物种具有明显吸收污染物功能，是水污染净化的优良种类。因此，国内大部分水域开始引种，没有想到，它的侵占能力是如此巨大，引进数株水葫芦，几个月后就会密布水面，且分布区域由我国南方热带亚热带地区，直到北方温带寒温带地区。许多湖泊如滇池、洞庭湖、微山湖深受其害。国家曾投资40亿元人民币处理滇池的水葫芦污染，收效却不大，可见生物入侵的危害有多大。

2．随人类活动无意传入

很多外来入侵生物是随人类活动而无意传入的。尤其是近年来，随着国际贸易的不断增加，对外交流的不断扩大，国际旅游业的迅速升温，外来入侵生物借助多种途径越来越多地传入我国。

1）船只携带。在海洋中，经过亿万年所形成的数以万计的物种，由于受到外界环境的限制，如海洋间大陆的阻隔、温度的差别及低盐的河口径流等，许多种生物仅能生活在一个局部的海域，成为该海域的地方种或本地种。也有些生物，由于其成体或幼体游动或漂浮，海流和海潮的传送，以及某些动物（如海龟、鲸和海鸟等）的携带，其分布范围扩大，成为广布种。但是有些种类的转移却与人类的船只携带有关。

携带的方式主要通过压舱水的异地排放。压舱水一般来自船舶的始发港或途径的沿岸水域。据估计世界上每年由船舶转移的压舱水有100亿t之多。因此许多细菌和动植物也被吸入并转移到下一个挂靠的港口。我国沿岸海域有害赤潮生物有16种左右，其中绝大部分主要是通过压舱水等途径在全世界各沿岸海域传播。外来赤潮生物种加剧了我国沿海赤潮现象的发生。另一种通过船舶引入的方式是营固着生活的生物（如藤壶等）附着在船只上被带入新的领域。这些外来生物被引入后，有的种类根本破坏或改变了原来的生态面貌。例如，食肉性的红螺（*Rapana thomasiana*）于1947年自日本海迁移到黑海，10年后，几乎将黑海塔乌塔海滩的牡蛎完全消灭。

船上装载的生物繁殖体有时可能被丢弃，或在船沉没后逸出，随浪冲出海岸。东海和南海一些无人小岛上生长的匙叶伽蓝菜（*Kalanchoe spathulata*）和芦荟等，便可能是早年海船上的弃物。

2）海洋垃圾。废弃的塑料物和其他人造垃圾漂浮的海洋生物正向南极洲和一些热带岛屿进犯，对当地的物种造成威胁。这些垃圾使向亚热带地区扩散的生物增加了1倍，在高纬度地区甚至增加了2倍多。与像椰子或木材之类的自然漂浮物相比，海洋生物更喜欢附在塑料容器等不易被降解的垃圾上漂浮，借助这些载体，它们几乎可以漂浮到世界的任何地方。

3．自然传入

外来入侵物种还可通过风力、水流自然传入，鸟类等动物还可传播杂草的种子。例如，紫茎泽兰是从中缅、中越边境自然扩散入我国的。薇甘菊可能是通过气流从东南亚传入广东；稻水象甲也可能是借助气流迁飞到中国大陆。

五、中国外来入侵物种的特点

1．容易形成入侵

中国从北到南 5500 公里，东到西 5200 公里，跨越 50 个纬度，5 个气候带：寒温带、温带、暖温带、亚热带和热带。多样的生态系统使中国容易遭受入侵物种的侵害。来自世界各地的大多数外来种都可能在中国找到合适的栖息地。

2．涉及面积广

全国 34 个省、直辖市、自治区，无一没有外来种。除极少数位于青藏高原的保护区外，几乎或多或少都能找到外来杂草。

3．已被入侵的生态系统多

几乎所有的生态系统，从森林、农业区、水域、湿地、草地、城市居民区等都可见到。其中以水生生态系统的情况最为严重。

4．入侵物种类型多

从脊椎动物（哺乳类、鸟类、两栖类、爬行类、鱼类都有），无脊椎动物（昆虫、甲壳类、软体动物），高、低等植物，小到细菌、微生物、病毒都能够找到例证。

5．无意引入多

由于交通越来越发达，流动人员和物资，以及压舱水无意带入的物种很多。

6．有目的引入多

中国引种历史悠久，早期引入常通过民族迁移和地区之间贸易实现。随着经济发展和改革开放，几乎与养殖、饲养、种植有关单位都存在大量的外地或外国物种引进项目。这些单位有农业、林业、园林、水产、畜牧、特种养殖业、各种饲养繁殖基地，其中大部分引种以提高经济收益、观赏、环保等为主要目的。

7．入侵物种的危害已经显现

无意引入的病虫害在农林牧和园林等各个行业造成巨大经济损失的案例很多，并已经引起相关部门，包括海关检疫部门的重视。农业方面，美国白蛾、美洲斑潜蝇、甘薯长喙壳菌和豚草；畜牧业方面，紫茎泽兰；林业方面，松突圆蚧、松材线虫；园林方面，蔗扁蛾等。水产养殖外地引进种四大家鱼；人工养殖国外引进种獭狸；农业畜禽饲料国外引进种水花生和水葫芦；园林观赏和水质净化种类水葫芦；环保方面，沿海护滩国外引进大米草。对当地自然生态环境，包括物种组成、种群结构、食物链结构、水土流失控制、土壤营养循环、生物多样性保护等生态学方面的改变或丧失，以及环境污染情况也十分严重。陆地、淡水水域和海洋近海入侵种的危害已经十分明显。

8．在自然植被恢复过程中有意或无意引入大量外来物种

中国对外来物种危害的认识还只局限于病虫害和杂草等造成了严重经济损失，没有意识到或者不重视外来种对当地自然生态系统的改变和破坏。对没有造成严重经济损失的，却正在排挤、取代当地物种，改变当地生态系统的物种没有给予足够的重视。因而在许多自然植被的恢复过程中大规模地有意或无意引入外来物种，结果必将造成中国当地丰富而特有的生物多样性丧失，而且很难恢复。

六、生物入侵对自然生态系统的影响

1．改变地表覆盖，加速土壤流失

由于植物食性动物的采食和践踏而加速土壤流失的情况在世界各地均有发生，尤其是岛屿。

2．改变土壤化学循环，危及本土植物生存

某些外来植物在营养代谢过程中沉积某些物质，从而改变了周围土壤的化学成分，使周围的本土植物难以正常生长而失去竞争能力。

3．改变水文循环，破坏原有的水分平衡

入侵的外来植物主要通过比本土植物多用或少用降水而影响当地水文循环。

4．增加自然火灾发生频率

自然火灾发生格局是自然生态系统动态的重要组成之一，当外来生物入侵后，改变了这一格局，则对自然生态系统造成重要影响。

5．阻止本土物种的自然更新

外来动植物均可以阻止本土物种的自然更新，从而使生态系统结构和功能发生长期无法恢复的变化。20 世纪 50 年代传入我国的紫茎泽兰扩散蔓延于我国西南省区，侵占林地、荒山，阻碍森林生长和更新。

6．改变本土群落基因库结构

外来物种与本土近缘物种杂交，从而改变本土物种基因型在生物群落基因库中的比例，使群落基因结构发生变化。而且有时这种杂交后代由于更强的抗逆能力而使本土物种面临更大的压力。这种情况不但发生在植物中，在鱼类、两栖和无脊椎动物中也时有发生。

7．加速局部和全球物种灭绝速度

根据 Macdonald 等对全球脊椎动物的统计，941 种濒危动物中的 18.4%受到外来物种的威胁，但分布格局差异很大，岛屿上的比例明显高于陆地（除澳大利亚外），达到 31.0%；在各大洲中以澳大利亚最为突出，达到 51.7%。

七、控制

大多数外来物种是依赖人为干扰来传播的，为减少外来入侵物种的威胁，建议如下。

1）在物种抵达时及尚未广泛逸为野生前，尽快鉴定及评估其入侵性和对本地生态及原生物种的影响，并对恶性入侵种尽快消除，以免广泛蔓延。

2）采取人工防治、机械或物理防除、替代控制、化学防除、生物防治、综合治理等方法，加以消灭。

3）加强出入境检疫工作，制定外来入侵物种管理方面的法律法规，加强对海洋有害物种引进的管理，尤

其是严格防范通过压舱水携带的海洋外来物种入侵的巨大威胁。

4）加强对外来入侵物种的生物学特性、入侵生态学、控制措施等方面的研究，建立入侵物种数据库。

5）把外来入侵物种纳入国家生物多样性政策、战略和行动计划，着力提高公众的生物多样性保护意识，制定经济奖惩措施及其他政策手段。制定包括外来物种入侵的《生物安全法》。

6）对外来物种风险评估、预警、引进、消除、控制、生态恢复、赔偿责任等作出明确规定，特别要加强农业、林业、养殖业等有意引进外来物种的管理，并建立外来入侵物种的名录制度、风险评估制度，在环境影响评价制度中增加有关外来物种入侵风险分析的内容。修改《进出境动植物检疫法》中的危险性生物名录，增补对生态环境、生物多样性构成威胁的外来入侵物种或可能构成威胁的潜在外来入侵物种。

7）进一步加强跨部门协调机制，加强信息交流。外来入侵物种管理涉及多个部门，应进一步加强部门协调，加强外来入侵物种发生、发展和暴发的信息交流，要重视对境外外来入侵物种发生、发展和暴发的情报分析，建立数据库和早期预警系统，发布预警名录。

8）加强公众教育，提高公众意识。广泛宣传防治外来入侵物种的相关知识，提高全民防范意识，减少对外来入侵物种的有意或无意引进。

9）加强财政投入，促进外来入侵物种防治。国家应从财政预算中拨出专款，用于外来入侵物种的预防、控制、清除、科学研究和公众教育。

八、健全法制刻不容缓

我国政府高度重视外来生物入侵问题，发布了《中国外来生物入侵预防与管理的国家发展策略行动框架报告》，该报告确立了未来 10 年的总体目标。由农业部等多个相关部门参加的全国外来生物防治协作组，成立了外来物种管理办公室。国家环境保护部、中国科学院等有关部门目前正在着手建立外来物种引入风险评估体系，以防止外来有害物种进入我国。今后，所有的外来物种引入前都必须进行生态风险评估。国家林业局已在全国建立了 500 多个国家级中心测报点，防范外来有害生物的入侵。有关部门还将加强基础研究和早期预警工作，编制外来有害生物入侵名单，并严格控制新物种的引进，防止发生新的生物入侵。

目前在我国现有的法律法规中，与生物入侵有关的只有相关检疫法，这些法律对防范外来有害生物入侵缺乏健全而有力的规定。

由于认识到一个国家孤立的行动无法控制所有可能引入入侵物种的行为，我国也相继加入了包括生物多样性公约（CBD）等在内的一些重要的国际或地区协议和机构。全球入侵物种项目（GISP）还建立了全球数据库，以收集入侵种的相关信息。但由于各公约或机构所使用的术语多有分歧，所涉及的外来入侵的范围又多受具体公约目的的限制，主要针对经济、人类生活及健康或食物安全造成危害的动植物，而鲜有涉及对生态系统功能的威胁，特别是缺乏对于外来入侵淡水水生物种有约束力的条款，因此这些国际性措施并不足以有效地阻止和对抗外来入侵物种。对此，我国必须加强和完善本国法律体系，强化我国的履约能力，促进国际间的信息共享及国家或地方政府协调与管理能力的建设。

值得欣喜的是，有关部门正在起草"外来物种环境安全管理办法"，其立法目的是：预防外来物种入侵，清除外来物种入侵对环境造成的危害，维护我国的生态安全。

《中华人民共和国农业法》在第 64 条第 1 款中增加了一项内容，即"从境外引进生物物种资源应当依法进行登记或者审批，并采取相应安全控制措施。"单一的农业、渔业、林业、海洋部门难以担负起综合研究和监督管理的职能。因此，当务之急是成立由环保部门牵头、多部门协作的专门机构，制定外来物种入侵防治计划，尽快展开相关工作。

有法可依，还需监管得力。应建立相应的公共危机管理机制和快速应急反应体系，成立权威领导机构，协调农业、林业、牧业、渔业、海洋、检验检疫、环保等各部门、各行业统一行动，形成联防之势。同时，建立责任制，明确"责任田"，才能将防治工作落到实处。

已有的省份出台了相关规定，如《河南省农业重大有害生物及外来生物入侵突发事件应急预案》。

第五篇

环境污染与兽医公共卫生

第十章
环境污染对生物的不利影响

一、环境污染源

造成环境污染的污染物发生源称为污染源，一般是指向环境排放有害物质或对环境产生有害物质的场所、设备和装置。按污染物的来源，可分为天然污染源和人为污染源。天然污染源是指自然界自行向环境排放有害物质或造成有害影响的场所，如正在活动的火山。人为污染源是指人类生产、生活等社会活动所形成的污染源。污染源是环境保护的主要工作对象，因为污染源和环境资源相互依存，相互转化，是利用环境资源的主要场所。如果说污染危害生态系统，环境的生态问题离不开污染源的话，那么环境的社会经济问题和污染源更加息息相关。

人为污染源有多种，按其排放污染物的种类，可分为：有机污染源、无机污染源、热污染源、噪声污染源、放射性污染源、病原体污染源和同时排放多种污染物的混合污染源。事实上，大多数污染源不是单一的，都属于混合污染源。按被污染的主要对象不同，可分为大气污染源、水体污染源和土壤污染源等；按排放污染物的空间分布方式，可分为点污染源、面污染源；污染源常见的分类法，是按人类社会活动功能来分，可分为工业污染源、农业污染源、交通运输污染源和生活污染源。

1. 工业污染源

工业生产中的一些环节，如原料生产、加工过程、燃烧过程、加热和冷却过程、成品整理过程等使用的生产设备或生产场所都可能成为工业污染源。除废渣堆放场和工业区降水径流构成的污染外，多数工业污染源属于点污染源。它通过排放废气、废水、废渣和废热，污染大气、土壤和水体，还产生噪声、振动、核辐射来危害周围的环境。最好的例证如北方冬天有雪的时候，没有几天白雪就会变成黑雪，而北极和南极没有污染的地区就不会变颜色。

2. 农业污染源

在农业生产过程中对环境造成有害影响的农田和各种农业设施称为农业污染源。不合理施用化肥和农药会破坏土壤结构和自然生态系统，特别是破坏土壤生态系统，并随着污染物迁移，危害水体和大气。畜牧养殖可

产生如粪便、排泄物等污染源，特别是带染病原的污染源对动物和人健康威胁最大。预计 2020 年全国全年将有 40 亿 t 畜禽粪便产生。

3. 交通运输污染源

对周围环境造成污染的交通运输设施和设备称为交通运输污染源。这类污染源主要是：①交通工具运行中产生的噪声和振动；②运载的有毒有害物泄漏，或是清洗（清扫）车体、船的扬尘、污水（油轮压舱水）；③城市汽油、柴油、煤油等燃烧产生的汽车尾气等。交通运输污染源排放的污染物主要有一氧化碳、氮氧化物、碳氢化合物、二氧化硫、铅化合物、苯并（α）芘、石油和石油制品及有毒有害的运载物。它们对城市环境、河流、湖泊、海湾和海域构成威胁（特别是发生事故时），这类污染源排出的废气是大气污染物的主要来源之一。

4. 生活污染源

人类消费活动产生废水、废气和废渣都可能造成环境污染。生活污染源污染环境途径有三：①消耗能源排放废气，引发大气污染。例如，中国的一些城市里，居民普遍使用小煤炉做饭、取暖，这些小煤炉在城市区域范围内构成大气的面污染源。②排出生活污水（包括粪便）污染水体。生活污水中含有机物、合成洗涤剂和氯化物及致病菌、病毒和寄生虫卵等。③城市生活产生的厨房垃圾、废塑料、废纸、金属、煤灰和碴土等，随意堆放污染环境。

污染源是造成环境污染的源发地，其中工业污染源排出的污染物种类最多，数量最大，对环境造成危害也最大。

二、环境污染物

自然环境的质量包括物理的、化学的和生物的 3 个方面。这 3 个方面质量相应地受到 3 种环境污染因素的影响，即化学污染物、物理污染因素和生物污染体。物理污染因素主要是一些能量性因素，如放射性、噪声、振动、热能、电磁波等。生物污染体包括细菌、病毒、寄生虫、水体中异常生长的藻类等。

1. 水体污染物

水体中的主要化学污染物质有如下几类：①有害金

属，如 As、Cd、Cr、Cu、Hg、Pb、Zn 等；②有害阴离子，如 CN^-、F^-、Cl^-、Br^-、S^{2-}、SO_4^{2-} 等；③营养物质，如 NH_4^+、NO_3^-、NO_2^-、PO_4^{3-} 等；④有机物，如酚、醛、农药、表面活性剂、多氯联苯、脂肪酸、有机卤化物等；⑤放射性物质，如 ^3H、^{32}P、^{90}Sr、^{131}I、^{144}Ce、^{232}Th、^{238}U 等核素。

2. 大气污染物

大气中的主要化学污染物来自于化石燃料的燃烧。燃烧的直接产物 CO_2 和 H_2O 是无害的。污染物产生于这样一些过程：①燃料中含硫，燃烧后产生污染气体 SO_2；②燃烧过程中，大气中 N_2 参与反应生成 NO，再经过复杂过程产生各种氮氧化物（以 NO_x 表示）；③燃料粉末或石油细粒末因燃烧而散逸；④燃烧不完全，产生 CO 等中间产物；⑤燃料使用过程中加入添加剂，如汽油中加入铅有机物，作为内燃机汽缸的抗震剂，经燃烧后，铅化合物进入大气。

3. 土壤污染物

土壤中的主要化学污染物是农药、肥料、重金属等。

4. 畜禽养殖业污染物

当人们享用着日益丰盈的肉、蛋、奶等畜禽产品时，可能不会想到，畜禽粪便已经对人们赖以生存的环境构成严重威胁。资料显示，在我国畜禽养殖形成的污染废弃物总量已经超过了工业固体废弃物，未经净化处理的污染物最终通过地表径流进入江河湖海，导致氮、磷超标，加剧了富营养化。根据污染调查估算的结果，1988 年全国畜禽污染物 COD（水污染物化学需氧量）、氮、磷的流失量分别为 455.1 万 t、249.4 万 t 和 23.7 万 t，2001 年分别为 689.6 万 t、369.3 万 t 和 29.7 万 t。1999 年，我国畜禽粪便产生总量约为 19 亿 t，而同期全国各工业行业固体废弃物为 7.8 亿 t，畜禽粪便产生量是工业固体废弃物的 2.4 倍，部分地区如河南、湖南、江西这一比例甚至超过 4 倍，除北京、天津、上海等少数工业发达的城市地区外，大多数地区都超过了一倍以上。

从畜禽粪便的土地负荷来看，我国总体的土地负荷警戒值已经达到 0.49，部分地区如北京、上海、山东、河南等地，已经呈现出严重或接近严重的环境压力水平。

5. 化学工业污染物

目前已知化学物质总数近 1000 万种，且这个数字还在不断增大，其中 6 万～7 万种是人们日常使用的，约 7000 种是工业上大量生产的。到目前为止，在环境中已发现近 10 万不同种类的化合物。其中有很多对于各种生物具有一定的危害性，或是立即发生作用，或是通过长期作用而在植物、动物和人的生活中引起这样或那样不良的影响。进入环境的化学污染物数量也是惊人的，仅烧煤，世界范围内每年约有 3000t 汞进入大气。

上述环境污染概念中所说的附加物质一般都是指有害的化学物质，所以称为污染物。但另有一些天然或人为产生的附加物质是无害于环境或生物体的，这些物质称为沾染物，如燃烧或呼吸过程产生的 CO_2，从蓄电池中漏出的少量 H_2 等。在污染物和沾染物之间并没有严格的界限。例如，所谓 CO_2 "无毒无害"，是有一定前提的，目前大气中 CO_2 平均浓度约 360×10^{-6}（V/V）。由于它的温室效应，会使地球温度升高 1.5～4.5℃，由此会引发一系列的全球性环境问题。

第二节　污染物在生物体内的转运与转化

环境污染物经各种途径和方式同机体接触而被吸收、分布和排泄等的过程称为转运。这些过程都有类似的机制，即环境污染物在被机体吸收、分布和排泄的每一过程都需要通过细胞的膜结构。细胞膜包括细胞外层的细胞膜（质膜），细胞内的内质网膜、线粒体膜和核膜等，这些膜也称为生物膜。一般生物膜由脂质分子和蛋白质分子组成，脂质分子主要是磷脂类，其亲水的磷酸部分和碱基部分，向着膜的内外表面；疏水的脂肪酸部分，向着膜的中心；蛋白质分子镶嵌在脂质分子层内，疏水性氨基酸多在膜内，亲水性氨基酸则露在膜外。许多环境污染物的毒性作用，往往与生物膜这种结构直接有关。有些环境污染物的专一性受体，就是生物膜上的某些特殊蛋白质。例如，有机磷化合物的专一性受体是生物膜表面上的乙酰胆碱酯酶。

1. 污染物透过细胞膜的方式

接触机体的环境污染物透过生物膜的生物转运过程，主要分为被动转运和特殊转运两种形式。①被动转运：特点是生物膜不起主动作用，不消耗细胞代谢能量，有简单扩散和滤过两种方式。简单扩散过程是环境污染物由生物膜的高浓度一侧透过生物膜向低浓度一侧转运，这是脂溶性有机化合物的主要转运方式。滤过过程是环境污染物通过生物膜上的亲水性孔道的转运过程，亲水性孔道由生物膜中蛋白质分子的亲水性氨基酸组成，直径小的约为 4Å（如肠道上皮细胞），直径大的为 40Å（如肾小球和毛细血管上皮细胞）。滤过是分子直径小于生物膜亲水性孔道直径的水溶性化合物的主要转运方式。②特殊转运：特点是具有特定结构的环境污染物和生物膜中的蛋白质构成的载体形成可逆性复合物进行转运，生物膜有主动选择性。这种转运形式包括主动转运和易化扩散两种形式。主动转运是环境污染物由生物膜低浓度一侧逆浓度梯度向高浓度一侧转运，这种转运需要消耗细胞代谢能量，是水溶性大分子化合物的主要转运形式。易化扩散也称促进扩散或载体扩散，是环境污染物与生物膜的载体结合，由生物膜高浓度一侧向低浓度一侧转运。这种转运不能逆浓度梯度进行，也不消耗细胞代谢能。

2. 污染物的吸收

污染物的吸收是指接触机体的环境污染物通过多种

途径透过生物膜进入血液的过程。吸收的途径主要经皮肤、肺和胃肠道。皮肤是人体的一道相当良好的屏障，能将环境污染物隔绝于体外，但也有不少有毒的环境污染物可通过皮肤被吸收，引起全身性中毒。肺的肺泡上皮细胞层极薄，表面积大，血管丰富，许多气体、挥发性液体和气溶胶，特别是脂溶性的环境污染物能通过简单扩散的方式被肺迅速和完全地吸收。胃肠道更是环境污染物的主要吸收途径，其方式也是简单扩散，少数是主动转运。分子质量较小、不易溶于脂质而溶于水的环境污染物可通过小肠上皮细胞上直径为 4Å 的亲水性孔道被吸收。

3. 污染物在机体的分布

污染物在机体的分布是指环境污染物随血液或其他体液的流动，分散到全身各组织细胞。有些环境污染物进入血液后，一部分可以和血浆蛋白质（主要是白蛋白）结合，而不易透过生物膜；另一部分呈游离状态，可以到达一定的组织细胞，呈现某种生物学作用。环境污染物和血浆蛋白质的结合是可逆的，在一定条件下，可以转变成游离状态。这种结合状态和游离状态呈动态平衡，它们的毒理学作用也是不同的。

被吸收的环境污染物，有些可在脂肪组织或骨组织中蓄积和沉积。例如，铅有 90% 沉积在骨骼中；DDT 和六六六等有机氯化合物则大量蓄积在脂肪组织中。在脂肪或骨骼中沉积的环境污染物，一般对机体的毒性作用较小，但在一定的条件下，可被重新释放，进入全身循环中。例如，当饥饿时，体内的储备脂肪便会重新分解代谢，而蓄积在脂肪中的有机氯化合物，也随之游离出来。体内还存在一些能阻止或减缓外来污染物由血液向组织器官分布的屏障，如血脑屏障和胎盘屏障等。它们可以分别阻止或减缓环境污染物由血液进入中枢神经系统和由母体透过胎盘进入胎儿体内。动物出生时，血脑屏障尚未完全建立，因此有许多环境污染物，对初生动物的毒性比成年动物高。例如，铅对初生大鼠引起的一些脑病变，在成年动物的脑中并不出现。

4. 污染物的排泄

进入机体的环境污染物及其代谢转化产物被机体清除的过程称为排泄。排泄的主要途径是通过肾脏进入尿液和通过肝脏的胆汁进入粪便，也有一部分可通过其他排泄途径排出体外：①肾脏排泄。肾脏是环境污染物最重要的排泄器官。其转运方式是肾小球滤过和肾小管主动转运。除相对分子质量在 2 万以上或与血浆蛋白质结合的环境污染物外，一般进入机体的环境污染物，都可经肾小球滤过进入尿液。有些存在于血浆中的环境污染物则可通过肾小管的近曲小管上皮细胞主动转运，而进入肾小管腔，随尿液排出。②随同胆汁排泄。这也是一种主要排泄途径。胃肠道吸收的环境污染物，通过门脉循环进入肝脏，被代谢转化。其代谢物和未经代谢的环境污染物，主要通过主动转运，进入胆汁，随粪便排出。③其他排泄途径。有些环境污染物随同呼出的气体、汗液等排出体外。此外，有些污染物可通过乳汁排泄，对婴儿可能造成不良影响。

5. 污染物的转化

有机污染物质进入动物体后，除很少一部分水溶性强、分子质量小的毒物可以原形排出外，绝大部分都要经过某种酶的代谢（或转化），从而改变其毒性，增强其水溶性而易于排泄。肝脏、肾脏、胃、肠等器官对各种毒物都有生物转化功能，其中以肝脏最为重要。对污染物的代谢过程可分为两步：第一步进行氧化、还原和水解。这一代谢过程主要与混合功能氧化酶系有关，它具有对多种外源性物质（包括化学致癌物质、药物、杀虫剂等）和内源物质（激素、脂肪酸等）的催化作用，使这些物质羟基化、去甲基化、脱氨基化、氧化等。第二步发生结合反应，一般通过一步或两步反应，就可能使原属活性物质转化为惰性物质或解除其毒性，但也有转化为比原物质活性更强而增加其毒性的情况。例如，1605（农药）在体内被氧化成 1600，其毒性增大。无机污染物质，包括金属和非金属污染物，进入动物体后，一部分参加生化代谢过程，转化为化学形态和结构不同的化合物，如金属的甲基化和脱甲基化反应，发生络合反应等；也有一部分直接蓄积于细胞各部分。各种污染物质经转化后，有的被排出体外。

第三节　污染物在生物体内的浓缩、积累与放大

1. 生物浓缩

与周围环境交换物质和摄取营养，是所有生物体本质性机能。但在此过程中，同时也将污染物引入体内，并可能富集积贮在某些脏器之中。经过较长一段时间的连续摄取，生物体内污染物浓度大于环境媒体中的浓度，并达到平衡的过程就称为生物浓集。生物浓集因子（BF）为进入环境的污染物在生物体中累积浓度（C_b）与在环境媒体中的浓度（C_e）在平衡状态下的比值，即 $BF = C_b/C_e$。经生物浓集的污染物还可能通过食物链进一步发生生物放大作用，对居于食物链末端生物的正常机体功能构成威胁。例如，DDT 是一种人工合成的有机氯杀虫剂，几乎不溶于水，但有极强的脂溶性。它可通过食物链高度浓集于生物的体内，使居于食物链末端人体的累积浓度比最初环境浓度高出数百万倍，对机体构成很大危害，如图 10-1 所示。

2. 生物积累

生物积累是指生物体在生长发育过程中，直接通过环境和食物蓄积某些元素或难以分解化合物的过程。生物积累使这些物质的蓄积随该生物体生长发育而不断增多。生物放大或生物富集分别属于生物积累的一种。生物积累＝生物放大＋生物富集。

所谓生物积累，就是生物从周围环境（水、土壤、

401

大气）和食物链蓄积某种元素或难降解物质，使其在机体中的浓度超过周围环境中浓度的现象。生物积累也用生物浓缩系数表示。

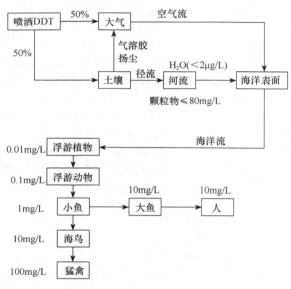

图 10-1 DDT 农药在环境中的迁移和生物放大作用

早在1887年，人们就发现牡蛎能够不断地从海水中蓄积铜元素，以致使这些牡蛎的肉呈绿色，称为"牡蛎绿色病"。科学家研究得最多的是生物体从环境中积累有毒重金属和难以分解的有机农药。关于生物积累的研究，对于阐明物质在生态系统中的迁移和转化规律，以及利用生物体对环境进行监测和净化等，具有重要的意义。某些生物具有特别强的生物积累能力。例如，褐藻在一生中能够较多地积累锶，水生的蓼属植物在一生中能够积累一定数量的 DDT。这些生物可以用作指示生物，甚至可以作为重金属污染和有毒化学药品污染的生物学处理手段。

鱼则能大量积累海水中钒。牡蛎在 50μg/L 的氯化汞溶液中对汞的积累，观察到第 7 天，牡蛎（按鲜重每千克计）体内汞的含量达 25μg，浓缩系数为 500；第 14 天达 35μg，浓缩系数为 700；第 19 天达 40μg，浓缩系数为 800；到第 42 天增加到 60μg，浓缩系数增为 1200。此例说明，在代谢活跃期内的生物积累过程中，浓缩系数是不断增加的。鱼体中农药残毒积累同鱼的年龄和脂肪含量有关，农药残留量随着鱼体长大而增加。在许多情况下，生物个体大小同积累量的关系，比该生物所处的营养等级的高低，更为重要。

（1）积累原则

物质的迁移-积累行为是受下述原则支配的：任何机体在任何时刻，机体内某种元素或难分解化合物的浓度水平取决于摄取和消除这两个相反过程的速率，摄取量如大于消除量，就发生生物积累。

（2）影响生物积累的因素

环境中物质浓度的大小对生物积累影响不大。在生物积累过程中，不同种生物，同一种生物的不同器官和组织，对同一种元素或物质的平衡浓缩系数的数值，以及达到平衡所需要的时间，有很大的差别。有些情况下，生物在污染环境中经历很长时间，浓缩系数也达不到平衡。实验表明，生物体对物质分子的摄取和保持，不仅取决于被动扩散，还取决于主动运输、代谢和排泄，这些过程对生物积累的影响都随生物种类的不同而异。

水生态系统中，单细胞浮游植物能从水中很快地积累重金属和有机卤素化合物。其摄取主要是通过吸附作用。因此，摄取量是表面积的函数，而不是生物量的函数。同等生物量的生物，其细胞较小者所积累的物质多于细胞较大者。在生态系统的水生食物链中，对重金属和有机卤素化合物积累得最多的通常是单细胞植物，其次是植食性动物。鱼类既能从水中、也能从食物中进行生物积累。鱼积累 DDT 等杀虫剂的试验表明，水中无子孓时鱼体内积累的 DDT 比有子孓时要多，这说明从水中直接积累的重要性。陆地环境中的生物积累速度通常不如水环境中高。就生物积累的速率而言，土壤无脊椎动物传递系统较高。人们之所以更重视植物传递系统，是因为植物的生物量比土壤无脊椎动物大得多。在大型野生动物中，生物积累的水平相对说是较低的。

生物机体对化学性质稳定物质的积累性可作为环境监测的一种指标，用以评价污染物对环境的影响，研究污染物在环境中的迁移转化规律。对某种特定元素来说，某些生物种类比同一环境中的其他种类有特别强的积累能力，常称为"积累者生物"。

3．生物放大

生物放大是指在同一食物链上的高营养级生物，通过吞食低营养级生物蓄积某种元素或难降解物质，使其在机体内的浓度随营养级数提高而增大的现象。生物放大一词是专针对具有食物链关系的生物说的，如果生物之间不存在食物链关系，则用生物浓缩或生物积累来解释。

生物放大的程度也用生物浓缩系数表示，可使食物链上高营养级生物体内这种元素或物质的浓度超过周围环境中的浓度。例如，1966 年有人报道，美国图尔湖自然保护区内生物群落受到 DDT 的污染，在位于食物链顶级、以鱼类为食的水鸟体中 DDT 浓度，比当地湖水高出 $(1.0 \times 10^5) \sim (1.2 \times 10^5)$ 倍。在北极地区地衣+北美驯鹿+狼的食物链上，明显存在着 ^{137}Cs 生物放大现象。

但是，生物放大并不是在所有条件下都能发生。有些物质只能沿食物链传递，不能沿食物链放大；有些物质既不能沿食物链传递，也不能沿食物链放大。

化学品在生物体内生物积累过程中，虽然它们在环境中的浓度不高，但能通过食物链被浓集。农药使用会产生生物积累，通过生物积累过程，农药渗透到食物链中各个台阶。生物积累是食物链的表征，通过食物链，原先以很低浓度甚至是数量很不明显存在于环境中的物质，随着捕食者品尝它们的被食者，在食物链的每一个台阶浓集，而且步步高升。

典型例子是非生物降解有机氯杀虫剂（如滴滴涕、狄氏剂和艾氏剂）。这种杀虫剂具有较大脂溶性和较强持久性，甚至在停止使用了 17 年之后，某些农田土壤可能仍然保持原来残留量的 39%，因此对人体健康和生态环境特别有害。水生生态系统中各种水平生物体内的农药浓度，沿食物链的每一层台阶，农药的浓度都在增加。例如，水体含营养物，沐浴在阳光下，其中农药浓度很低。但水中浮游生物的农药浓度为水中的 265 倍；吃浮游生物的小鱼农药浓度是水体的 500 倍；食小鱼的大鱼的农药浓度增至水体的 75 000 倍；而食鱼鸟体内脂肪中的农药浓度达到水体的 80 000 倍。例如，牛食用了田间地头喷洒农药的杂草，人食用了这样的牛肉，人体内农药已经富集 13 倍。

还发现合成除虫菊酯（苄氯菊酯）这种杀虫剂可在原生动物中积累。原生动物在食物链中有较高营养水平，是非常重要的食物链的起点。

第四节　环境污染物对动物及人体的影响

一、对动物行为的影响

内分泌干扰素是使用各种重金属、农药和工业添加剂产生干扰性作用的副产品或副作用物质。这类物质能引起动物性器官的生理改变，从而出现"性别扭曲"。这类物质也是导致鱼类、鸟类和两栖动物习性变得野蛮或反常的原因，在最坏的情况时，这些动物会自相残杀。环境污染可以引起鱼、笨拙的蛙、大胆的鼠、还有跌落海鸥的亢奋，使动物的行为越来越古怪。研究发现，受百治磷杀虫剂毒害的雄掠鸟，其鸣唱、展羽、飞翔和觅食的频率比未受毒害时要高 50%。

DDT 是被国际法律禁止的一种长效化学污染物，它可使雄性海鸥在鸥群中乱性。农药莠去津能使金鱼过度活动。很多鱼、虾、蟹及水生昆虫由于水体污染而产生对污染物的回避能力，如杂色鳟对 DDT 有较强的回避能力。化学污染物能使水生动物捕食行为受到破坏，影响它们的食欲，最终导致捕食停止或降低捕食能力。杀虫剂、五氯苯酚和镉等污染物破坏水生动物的警惕行为，增加了被捕食的机会，增加了死亡率，使种群数量下降。

污染物可改变动物的生理机能，特别是影响生殖器官而引起性别反常效应。少量污染就可以改变大批物种的群居和交配行为。这很可能构成远比精子数量减少更为严重的生存问题。调查污染对白鹭、海鸥、狒猴、猎鹰和青蛙的影响结果发现，接触到杀虫剂的雄性掠鸟在歌唱、炫耀、飞行和突袭方面的活动量减少了一半。而接触了低剂量杀虫剂硫丹的水螵居然很难发觉配偶发出的吸引异性的信息素。

二、对动物繁殖的影响

由于生物积累作用，在食物链上层捕食者（如海豹和食鱼鸟类）中出现了繁殖失调，肉类加工厂排放物中的毒性物质，抑制了鱼类生殖腺的发育。污染物在浓度较低时，就可改变许多动物的交往和交配习性。而这对它们的生存都将有更大的威胁。例如，污染物浓度升高时，这些动物的精子成活率将下降。来自农业排放物、大气沉降物和污水处理厂的营养物（硝酸盐和磷酸盐）的过量输入已经引起水体富营养化，这种富营养化对该海域的整个食物网有广泛的影响。持久有机污染物首先大量出现在鱼脂肪中，然后在捕食鱼类的动物体内富集。多氯联苯（PCB）引起海豹子宫疾病和不育症，DDT 使食鱼鸟类（如白尾海鹰和海鸡）的卵壳越来越薄并易碎。

污水对鱼类有雌激素作用。例如，大不列颠排污口的流出物引起拟鲤雌雄同体化，工业污水中含有一种类雌激素，肉食加工厂和造纸厂污水对鱼类有雌激素影响。暴露到雌激素和异雌激素的鱼类产生一种雌黄蛋白质，这种物质通常被用作激素分解质存在的一种生物指标。大不列颠沿岸水域的鰕虎鱼中有些两性生物种呈现出不正常的生殖器乳头状突起，这说明激素分解质可能对这种小型底栖生物有影响。波罗的海三脊刺鱼暴露到雌激素物质时，呈现雌雄同体化和性别转换。

三、对动物生长和发育的影响

污染物能对鱼类甲状腺激素水平、相关酶活性及甲状腺结构等产生直接影响。同时，污染物还可以通过干扰鱼类甲状腺系统对由甲状腺激素调节的重要生理过程如生长、繁殖和发育等产生间接影响。污染物主要通过干扰鱼类甲状腺激素的合成与分泌、转运、清除，以及与甲状腺激素受体（TR）的相互作用等机制对鱼类产生不利影响。水环境中的 pH、洗涤剂、除草剂、重金属离子（Pb^{2+}、Cu^{2+}、Hg^+）对黑眶蟾蜍蝌蚪具有毒性效应，这些水体污染物不但对蝌蚪的生存造成危害，还对蝌蚪的红细胞有致畸作用；而其慢性毒害表现为蝌蚪身体畸形，肤色变浅，生长发育迟缓等。

四、引起动物和人的其他损害

除上述几种损害外，环境污染物对人体或动物健康的损害，可表现为特异性损害和非特异性损害两个方面。特异性损害就是环境污染物可引起人体急性或慢性中毒，以及产生致畸作用、致突变作用和致癌作用等，此外，还可引起致敏作用。非特异性损害主要表现在一些多发病的发病率增高，人体抵抗力和劳动能力的下降。

环境污染与一般中毒有所不同，一般说来，环境污染物的作用范围广，可经大气、水体、土壤、食物等多种途径作用于生物体；污染物浓度一般不高，但作用时间长，可同时有几种污染物作用于生物体；受影响的生物数量大、种类多，但受害的程度不等，因此环境污染

403

常打乱生物群体内部的数量比例；污染物在生物体内可能解毒，也可能增毒，还可被生物浓缩并经食物链网造成间接危害。

化学污染物的危害对人体和动物体健康来说是它们的毒性。环境污染物对人体健康的影响具有 3 个方面特征：①体质下降，免疫力差；②患有特殊的病症；③寿命缩短。某些化学污染物质对人体或生物有明显的急性毒害作用，如三氧化二砷、氰化钾等被称为毒物；还有一些化学污染物在一定条件下才显示毒性者被称为毒剂。这些条件包括剂量、形态、进入生物体的途径和个体抗毒能力等。例如，一般铁的化合物是无毒的，但作为多种维生素添加剂的 $Fe_2(SO_4)_3$，对小儿的死亡剂量为 $4\sim10g$。$Cr(III)$ 是人体必需元素，但高价的 $Cr(VI)$ 有很强毒性；与此情况相反，高价的 $As(V)$ 毒性小于低价的 $As(III)$；同是三价砷，其氧化物 As_2O_3（砒霜）是剧毒的，其硫化物 As_2S_3 却是低毒的；至于元素砷，现代瑞士山区居民还把它作为强身剂服用。以蒸气形态进入人体呼吸道的汞是剧毒的，按我国车间空气标准，汞浓度不超过 $0.01mg/m^3$。与此相反，进入人体消化道的

液态汞可通过粪便很快地全部排出体外，因而是低毒或无毒的。

严重的大气污染，直接危害着人们的身体健康。国内外研究表明，癌症与环境因素有一定关系，尤以肺癌与大气污染最为明显。目前癌症已成为我国城市居民死亡的首位原因，大城市癌症死亡率为 $129.9/10$ 万，中小城市为 $104/10$ 万。呼吸系统疾病是农村地区居民死亡的首位原因，而大气污染则是呼吸系统疾病尤其是慢性支气管炎的主要诱因之一。全世界每年有 300 多万人死于主要由于环境污染造成的癌病。

污染物在生态系统中的富集和积累作用，使食物链后端的生物，难以存活或繁育。环境污染物还可引起动物和人体的突变、致畸等严重损害。

环境变化和病害之间存在互相影响的关系，生物多样性缺失会促进群落中疾病增长；物种丰富的群落具有消灭病原体传播的潜在能力，如寄生虫通过"无用"传播方式，进入到无法转入下一个生命周期的宿主体内，产生疾病稀释效应，使疾病传播终止。许多种群急剧衰退，随着就是其他物种入侵增加。

第五节　环境类激素污染及对人体的危害

在我们日常生活中经常接触到一些化学物质，如饮水管道的新型铝塑管、食品的外包装、保证农业增产的农药和化肥等，这些都可能对食品带来一定程度的污染。环境中有些化学物质进入人体后具有一定的激素干扰性作用，特别是异源雌激素、雌激素、类激素物质和内分泌干扰性化学物质，可在生物体内富集，影响人体的正常生长、发育和繁衍，危害人类健康，特别是对儿童影响更大。

一、激素干扰性物质对人体的影响

目前，这些激素干扰性物质对人体的确切影响所知不多，主要是因为人们无法接受通过人体实验，获得危害性实验数据。但通过动物和人的细胞培养实验，已经获得了大量的关于这些物质具有毒性的证据。人们越来越担心这些激素干扰性物质对男性和女性生殖系统的危害。

1.　对男性健康危害趋势

英格兰和威尔斯地区，在 $1979\sim1991$ 年睾丸癌的发生率大大提高，仅在 1991 年就出现了 1137 例新的睾丸癌病例。个体在母体子宫内发育过程中，受到一些激素干扰性物质的影响，被认为是后期男性个体患睾丸癌的主要原因。也就是说睾丸癌的发生在个体出生前就由于母体接触某些激素干扰性化学物质而引发了。

睾丸癌主要是危害年轻男子的癌症，并不是由于年龄提高使得睾丸癌的发生率增加。在丹麦从 $1945\sim1990$ 年 45 年间，睾丸癌发生率提高了 300%，在波罗的海各国每年该病的发生率提高 2.3%。

许多研究表明，在过去 40 年左右的时间里，男子精子计数值下降了许多。特别是在欧洲，$1971\sim1990$ 年，

男子精子计数值平均每年每毫升精液下降 3.1×10^2。

隐睾和尿道下裂等生殖器官畸形方面，在英格兰已经清楚发现隐睾发生率的提高，其他国家也观察到尿道下裂发生率增加。

在丹麦、荷兰、瑞典、德国、挪威、芬兰、加拿大和美国，过去的 $20\sim40$ 年，男婴的出生率低于女婴的出生率。造成这种情况出现的确切原因并不为人所知，但环境污染使人们接触了大量激素干扰性物质可能是原因之一。在意大利这些受到二噁英严重污染的国家，支持了这一假设。在二噁英污染事故发生后的 8 年间，接触了最大量二噁英的 9 对夫妇生了 12 个女孩而没有 1 个儿子。

2.　对女性健康危害趋势

美国从 20 世纪 40 年代开始每年乳腺癌的发生率上升 1%，丹麦从 1945 年到 1980 年该病发生率上升了 50%，英国在过去的几十年间也大大提高了该病发生率。研究表明，乳腺癌发生率提高与接触 DDT、二噁英和多氯联苯（PCB）等激素干扰性物质有密切关系。

在美国，女孩子青春期比从前大大提前。这一现象与青春期提前女孩子的母亲在怀孕期体内的 PCB 和 DDT 代谢产物 DDE 含量有密切关系，与此相关的女孩子要提前 11 个月进入青春期，但男孩进入青春期时间并不受影响。研究表明，过早进入青春期可大大提高患乳腺癌的可能性。

二、激素干扰性化学物质

激素干扰性化学物质又称为环境类激素（hormone disrupting chemicals），依其来源将它们分成 3 类：工业化学物质、天然激素和农药。

兽医公共卫生学

1．工业化学物质

（1）邻苯二甲酸酯类（phthalates）

1）邻苯二甲酸酯类用途及其生物毒害作用。

从 20 世纪 30 年代开始，邻苯二甲酸酯被广泛用于制作塑料，塑料主要由邻苯二甲酸二乙基己酯制成，作为塑化剂使用。食品包装材料的印刷墨水也含有邻苯二甲酸酯类，在婴儿的成方奶粉、奶酪、人造奶油和水果甜点，以及乙烯树脂地板、乳漆和聚氯乙烯塑料玩具中也发现有邻苯二甲酸酯类。被广泛应用的邻苯二甲酸酯类主要有邻苯二甲二乙基己酯（DEHP）（图 10-2）、邻苯二甲酸单乙基己酯（MEHP）、邻苯二甲酸二甲酯（DMP）、邻苯二甲酸丁酯·苄酯（BBP）（图 10-2）、邻苯二甲酸二丁酯（DBP）和邻苯二甲酸二辛酯（DOP）。

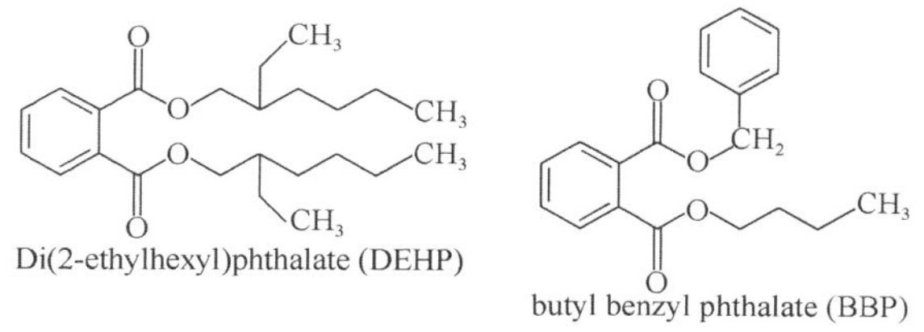

Di(2-ethylhexyl)phthalate (DEHP)

butyl benzyl phthalate (BBP)

图 10-2　DEHP 和 BBP 化学结构式

邻苯二甲酸酯类是脂溶性物质，因此趋于溶于奶油、奶酪等奶制品中，而且它更可能在生物体脂肪组织中蓄积。

几种邻苯二甲酸酯类特别是 DEHP 是睾丸组织毒物，它可引起睾丸组织锌缺乏和睾丸生殖细胞的衰竭。长期职业接触高水平的邻苯二甲酸酯类可引起流产和其他孕期综合征。

BBP 和 DBP 对不同的乳腺癌细胞品系都具有雌激素作用，可与彩虹鲑雌激素受体结合和引发雌激素受体的转录活性。它们也是一种雌激素受体的兴奋剂，它的作用可以在体内蓄积，可与目前已经存在的任何雌激素累加发挥作用。BBP 也是一种抗雄激素物质，在含有人睾酮受体的酵母检测实验中，可阻断双氢睾酮的活性。它的作用与目前众所周知的抗雄激素化学物质氟硝丁酸胺（flutamide）相当。

体内研究实验证实在低剂量情况下，DBP 可损伤雄鼠生殖系统，DBP 除了模拟雌激素，还破坏雄激素系统。进一步研究表明，DBP 不是与雄激素受体结合，而是破坏雄激素调控的雄性性别分化，这项研究证明尽管 DBP 可能不是雌激素，但它是一种内分泌干扰物质。DBP 和 DEHP 在鼠怀孕期可引起胚胎雄性性别分化紊乱，DEHP 可引起睾丸和附睾畸形，多代研究发现 DBP 可引起包括尿道下裂等器官功能障碍。

2）邻苯二甲酸酯类污染途径。

儿童可以通过撕咬和咀嚼那些含有邻苯二甲酸酯类的玩具和塑料制品，而将这类有害物质吸收至体内。在许多建筑装饰材料，如 PVC 地板中含有 DEHP，在家庭灰尘中含有 DEHP 和其他邻苯二甲酸酯类，可随着呼吸进入

人体内，特别是儿童呼吸频率比成人高两倍，而且儿童经常在户内玩耍，所以进入儿童体内的此类物质就更多。

人受这类物质的威胁主要来自于食品，有些食品从其包装材料和加工过程中吸收邻苯二甲酸酯类物质。英国农业部在 1996 年做了这方面的研究，发现在婴儿的奶粉、鱼制品食物中，都存在不同程度的邻苯二甲酸酯类的污染，最高污染量是 10.2mg/kg，BBP 最高浓度是 0.25mg/kg。由于这些物质在环境中持续存在，也不同程度地污染地下水、河流和饮用水。1999 年在荷兰的饮用水中发现 3.5μg/L 的 DEHP。

（2）烷基酚类化合物（alkylphenol compounds，APEs）

1）烷基酚类化合物的用途及激素干扰作用。烷基酚如壬基酚、辛基酚等物质主要用于合成乙氧基化烷基酚（APE）表面活性剂（去污剂），它还可用于合成塑料，它的衍生物亚磷酸烷基酚酯可用作抗紫外线塑料的稳定剂。在欧洲乙氧基烷基酚被用于工业去污剂，如清洗羊毛和金属的去污剂；在工业加工过程中聚合物乳剂；避孕药壬苯醇醚的润滑剂；各种实验室里所用的洗涤剂如 Triton X-100（一种表面活性剂的商品名）；在一些农药中也有使用。

壬基酚促进人乳腺癌细胞的生长，危害人类的健康。它促进乳腺癌细胞的生长所需要的浓度是正常雌激素促进其生长的 1000～10 000 倍。但这种雌激素作用也同样在彩虹鲑的肝细胞、鸡的胚胎成纤维细胞及鼠的雌激素受体中发现。它能够体现雌激素作用的组织浓度辛基酚是 0.1μmol/L。在用含有人雌激素受体的酵母检测实验中也显示了相似的结果。

通常它在污水处理工厂被降解，但遗憾的是只有一部分能够被降解，主要转化为其他的烷基酚化合物，然后随着被处理的污水排向河流和海洋。烷基酚化合物可被鱼、鸟等动物体富集，因此常常导致这些动物内脏器官的烷基酚含量高于周围环境上万倍。

2）烷基酚化合物的污染途径：受污染的河流蒸发将烷基酚化合物带到空气中，造成空气污染；各种饮用水管道可释放烷基酚类化合物和邻苯二甲酸进入饮用水，还可以通过洗发香波、化妆品、避孕药物器具的润滑剂造成皮肤的吸收；家用和工业用的润滑剂和洗涤剂；从被污染的河水净化得到的饮用水；吸入或误食有农药污染的食物及来源于用受烷基酚污染的水灌溉土地的食物等。

（3）双酚 A（bisphenol A）（图 10-3）

bisphenol A

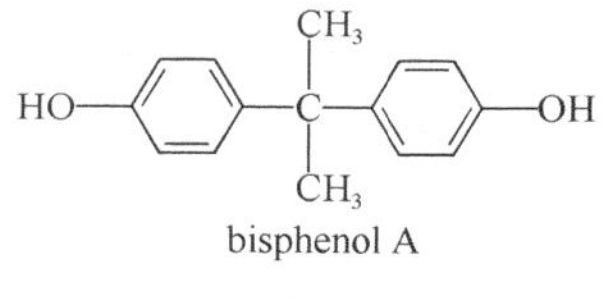

图 10-3　双酚 A 化学结构式

1）双酚 A 激素干扰作用：双酚 A 应用于环氧树脂和聚碳酸酯塑料产品中，这些塑料多用于制作饮料包装

袋。环氧树脂一般作为食品罐头、瓶盖和水管的外被防锈漆层。在牙科中所用的一些聚合物材料也含有双酚A。

1938年，在卵巢切除的鼠体内双酚A显示了雌激素作用；1993年在MCF-7人乳腺癌细胞培养实验中也同样发现了其雌激素作用，最低作用浓度为2～5ppm（2～5μg/L）；它也是一种抗雄性激素物质，在含有人雄激素受体的酵母检测实验中可阻断双氢睾酮的作用；从罐装蔬菜中提取的含有双酚A的汁液同样对人乳腺癌细胞具有雌激素作用；双酚A对鼠子宫和阴道产生的作用与雌激素相同，阴道尤其敏感；受双酚A影响的子宫内发育的雄鼠前列腺肥大；双酚A作为一种雌激素以同样的方式，在发育鼠调控生育力和性行为的大脑区域发挥作用；最新研究表明母体每天接触2.4μg/kg双酚A的雌性幼鼠初情期与阴道开放期明显缩短。这个研究可能预示，受

双酚A影响的女孩青春期可能要提前。

2）双酚A的污染途径：在一些罐装蔬菜食品汁液中有双酚A的污染，最高值是在青豆罐头中，平均每听含有23μg双酚A，这些汁液都有雌激素作用，且58%都是由雌二醇产生的雌激素作用；蔬菜本身并不含有双酚A，在检查其他食物包括浓缩乳、猪肉和豆类等食物都未发现含有双酚A，但对其包装的罐头盒进行水浸125℃加热30min处理，发现其水浸液具有雌激素样作用，这也说明在罐装食品中的双酚A主要来源于封装后灭菌过程中包装物的双酚A溶出。一些用聚碳酸酯制作的透明塑料瓶也可以向食物中释放双酚A；一些牙科用的树脂材料也含有双酚A。

（4）二噁英及其类似物（doxin-like compounds）（图10-4）

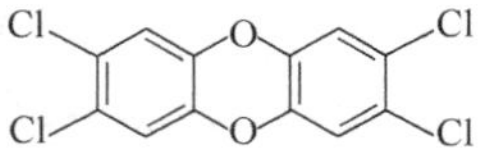

A polychlorina ted dibenzodio xin,
TCDD（2，3，7，8-tetrachlorodibenzo-*p*-dioxin）

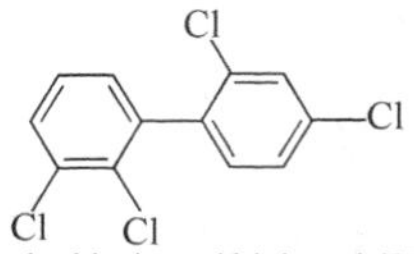

A polychlorinated biphenyl (PCB)

图10-4　TCDD和PCB化学结构式

氯代二苯-对-二噁英（polychlorodibenzo-*p*-dioxins，PCDD）和氯代二苯并呋喃（polychloro-dibenzofurans，PCDF）通常称为二噁英，都属于氯代含氧三环芳烃化合物。由于氯原子取代位置的不同，构成了210个同系物异构体，其中有75个PCDD和135个PCDF。基于与其毒性的相似性，其他一些卤代芳烃化合物，如多氯联苯（PCB）、氯代二苯醚、溴代（PBDD/Fs和PBB）及其混合卤代芳烃化合物也包括在内，统称二噁英及其类似物。

1）二噁英及其类似物的生物毒性：PCDD和PCDF不是人为故意制造出来的，而是由于在一些如菌螨酚、氯酚、氯代联苯醚除草剂、六氯苯和氯乙烯等含氯化合物的生产和使用过程中产生的，尤其在焚烧一些混有含氯芳香族化合物的城市垃圾和污物及造纸业用的含氯漂白剂都可产生该类物质。也存在于一些旧的电器中。

PCB对生物降解的抵抗力很强，所以在自然环境中持续存在。而且它为脂溶性物质，在生物体内富集，对处于食物链最高位置的生物影响最大。它的羟化代谢物具有雌激素作用，特别是其对位的羟化代谢产物是一种雌激素类似物。许多PCDD具有毒性和致癌性，受到PCB影响的孩子大脑发育迟缓和IQ值低。

二噁英可引起动物死亡，属于极强毒性，其中2，3，7，8-TCDD（三氯二苯并二噁英）对豚鼠经口LD$_{50}$仅为1μg/（kg·bw）。中毒特点为染毒几天内出现严重体重丢失，伴随肌肉和脂肪组织急剧减少，称为废物综合征；导致胸腺萎缩和免疫抑制作用；氯痤疮特征性毒性表现，但很难与青春痤疮相区分；引起肝脏毒性，以肝脏肿大、实质细胞增生与肥大为共同特征及转氨酶明显升高。

二噁英生殖毒性主要以雄性的雌化突出。2，3，7，8-TCDD使大鼠、小鼠及灵长类雌性动物受孕、座窝数与子宫重量减少，以及以月经周期和排卵周期改变为表现的卵巢功能障碍。二噁英可以引起睾丸形态发生改变，主要以精细胞减少为特征，输精管中精细胞及成熟精子退化、数量减少。流行病研究表明，长期在生产三氯酚时接触2，3，7，8-TCDD的男性工人，血清睾酮水平降低，而血中促卵泡生成素（FSH）和黄体激素（LH）增加。对动物具有致畸性，其中对小鼠致畸作用最敏感。它对动物具有极强的致癌性，在4种动物种属（大鼠、小鼠、仓鼠和鱼）中进行的19次研究均呈阳性结果。对啮齿动物不断进行2，3，7，8-TCDD染毒，可以在两性诱发多部位肿瘤。人群接触2，3，7，8-TCDD及其同系物与人群所有癌症的总体危险性增加有关，据此国际癌症研究机构（IARC）于1997年将其判定为确定对人致癌的I类致癌物。

2）二噁英及其类似物污染来源：PCDD/Fs的高度亲脂性和稳定性，由含氯化学物质生产与使用、固体垃圾焚烧、纸张漂白等造成的环境污染，水体中通过水生植物、浮游动植物-食草鱼-食鱼鱼类及鹅、鸭、家禽等这一食物链过程，在鱼体和家禽及其蛋中生物富集。同时大气污染也造成陆生动植物的生物富集，因此二噁英的生物富集作用是其主要的污染食品的来源。而且伴随工业化进程，食品包装材料发生改变。许多软饮料及奶制品采用纸盒包装，咖啡采用滤纸过滤。由于纸张在氯漂白过程中产生PCDD/Fs，包装材料中的PCDD/Fs可以迁移造成食品污染。

重金属及其有机化合物也会起到类激素作用。

2. 天然激素

（1）植物雌激素（phytoestrogens）

对人体较有影响的天然激素干扰性物质，主要是来源于植物的植物雌激素。它一般在植物体内都呈现一种含量较低的水平。在以大豆为基础的植物性食品中植物雌激素含量相对较高。有一些具有抗雌激素作用，抗雌激素的植物雌激素可能减少人体患乳腺癌的机会。有的化学公司强调植物抗雌激素作用，声称可以抵消他们生产的化学物质的雌激素作用。但这一说法并不确实，人类长期与植物雌激素共存，可能已经进化出在大部分情况下对其降解解毒的方法。对那些新的人造的激素干扰性化学物质，它并不一定就具有中和抵消作用。

（2）雌性激素污染

英国研究者发现在一些没有处理的污泥废水流入的河流中，有雌激素作用，可使河里的雄性鲑鱼体内产生卵黄原蛋白。进一步对污泥废水进行分级分离处理可鉴别出含有雌酮和17β-雌二醇，它们是污泥废水的主要发挥雌激素作用的化学物质。这两种激素在自然情况下，以结合的形式从妇女的尿中排出体外。在污泥废水中，被微生物再度活化。一些研究观察到在一些污泥中含有避孕药乙炔基雌二醇，但还是天然雌激素的影响更为重要。

3. 农药

农药的使用大大提高了现代农业的经济效益，也控制了害虫和虫媒传染病。但农药的普遍使用也带来了环境污染，危害有益昆虫和鸟类及食品农药残留问题。全世界每年至少有 2 万人死于农药污染，100 万人因此得病。而且大量的农药目前已界定为内分泌干扰物质。

（1）DDT（二二三、滴滴涕、二氯二苯三氯乙烷）（图10-5）

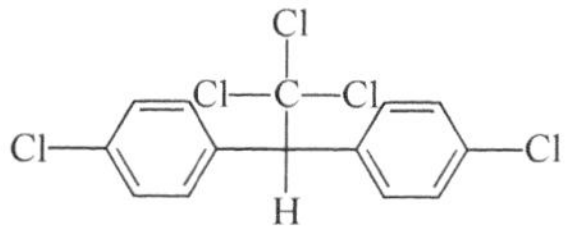

图 10-5　DDT 化学结构式

DDT 对野生生物有着类激素影响，使得卵壳变薄、损害雄性动物繁殖能力和改变其行为方式。农药对妇女的雌激素代谢有严重影响。雌二醇在妇女体内有两条代谢途径，一条是通过 16a-羟化雌酮（16aOHE）；另一条是通过 2-羟化雌酮（2OHE）。这两条途径不是相等的。当 16aOHE 相对 2OHE 高时，就大大增加了妇女患乳腺癌的危险，若 16aOHE 浓度低于 2OHE 时，得乳腺癌的可能性减小。这是因为 2OHE 是一种较弱的雌激素。这两种激素的平衡可以受到外界某些化学物质的影响，激素性乳腺癌与 DDE 等有机氯农药有很大的关系。通过 MCF-7 乳腺癌细胞鉴定试验，具有雌激素作用的含氯农药包括几种 DDT 的同分异构体，o, p'-DDT、p, p'-DDT、迪厄尔丁（Dieldrin）、内硫酚（endosulfan）、甲氧氯（methoxychlor）和毒杀芬（toxaphene）。它们通常在

10μmol 量时就可以表现出雌激素作用，而且这些物质的作用具有一定的加和性。有资料显示接触高浓度的含氯农药 Chlordeconer 的人们精子活力降低、精子畸形增多。DDT 的代谢物 p, p'-DDE 可阻断雄鼠的雄激素作用，关闭了雄鼠的雄性信号。发挥作用的最低浓度为 0.2μmol 或 63.6ppm，生活在用 DDT 处理的居住区的人们体内有 140ppm DDT。生活在佛罗里达州 Apopke 湖里的鳄鱼 DDT 使它们的阴茎很小，严重影响它们的繁殖功能。而且 p, p'-DDE 毒性还可以通过胎盘传给胎儿，抑制雄性激素受体，提高了动物和人的雄性个体生殖系统畸形的发生率。

（2）林丹（Lindane）

林丹是有机氯农药，在全世界严格控制下使用。2000 年 7 月，欧洲管理委员会禁止林丹在欧洲农业上使用。但它的一些其他产品还在使用，如灭蚁乐，这是一种持续存在的污染源，在人乳中也有发现。林丹的雌激素作用在几个系统里都被证实，包括在大西洋鲑的初级肝细胞中产生卵黄蛋白和卵壳蛋白。林丹在女性生殖道分泌物中的浓度就足以损害精子。

（3）农利灵（Vinclozolin、杂环类农药）

农利灵是杀真菌农药，现已证明它是内分泌破坏物质，产生抗雄激素作用。在子宫内受到低剂量农利灵影响的雄鼠性器官发生改变、射精量减少、前列腺重量减轻。幼鼠受此影响可使青春期滞后。农利灵的抗雄激素作用是由于其两个代谢产物能与雄激素受体结合，阻止受体的活性。

（4）多菌灵（苯并脒唑 44 号、Carbendazim、杂环类农药）

多菌灵是杀真菌农药。它破坏精子的生成和损伤成年鼠的睾丸发育。可能以杀真菌剂一样的机制，通过破坏组织内细胞的分配而破坏雄性动物生殖功能。它也是一种哺乳动物子宫内发育致畸因子，可导致子宫内发育小鼠缺眼和脑积水。

（5）速克灵（腐霉利、Procymidone、杂环类农药）

速克灵与农利灵相似，是一种抗雄激素剂，它能阻断雄激素与人雄激素受体结合。鼠妊娠期接触速克灵的雄性后代出现乳头永久存在、阴茎畸形等繁殖畸形。

（6）敌杀死（溴氰菊酯、凯安保、Deltamethrin）

敌杀死是一种拟除虫菊酯类杀虫剂。德国环境机构将其列为潜在的内分泌破坏物质，它可影响精子和胚胎。研究表明长期接触敌杀死的成年鼠可引起一些睾丸细胞的死亡。

（7）乐果（Dimethoate）

乐果是有机磷杀虫剂，也被德国环境机构列为内分泌破坏物质。用它饲喂成年雄鼠，可损伤睾丸、精子生成和降低血液中睾酮浓度；还可减少母羊体内甲状腺激素浓度和影响鼠的甲状腺代谢。

（8）大扶农（呋喃丹、克百威、虫螨威、Carbofuran）

大扶农是一种氨基甲酸酯类的杀虫剂，也列为内分

泌破坏物质。它可引起子宫内雄鼠和成年雄鼠的精子和生殖系统损伤，损伤成年兔子精子生成，影响母羊甲状腺代谢，导致甲状腺激素浓度升高。

（9）螨克（双甲脒、二甲脒、双虫脒、Amitraz）

螨克是一种杀螨剂，它通过结合去甲肾上腺素能受体而阻断去甲肾上腺素的作用，损伤鼠子宫。

（10）敌百虫（trichlorfon）

敌百虫是一种有机磷杀虫剂，也被列为内分泌破坏物质，它可引起乳房肿瘤和影响精子卵子的生成。敌百虫降解产物敌敌畏（dichlorvos）可损伤人免疫系统的功能，敌百虫本身就可以损伤鲤鱼免疫系统的功能。

（11）敌力脱（propiconazole）

敌力脱是一种杂环类杀真菌剂，也是潜在的内分泌破坏物质，它可影响类固醇代谢。

（12）代森联（metiram）

代森联是一种二硫代氨基甲酸盐类杀虫剂，被证实是内分泌破坏剂，它可减少甲状腺激素的浓度。

（13）莠去净（atrazine）

作为除草剂的莠去净可影响鼠生殖系统的发育。母体接触一定剂量莠去净，其子代中雌性个体初情期滞后，雄性个体前列腺肿大，还可以影响妇女激素代谢，有可能引发乳腺癌。

（14）利谷隆（除草剂 326、Linuron）

利谷隆是一种以尿素为基础的除草剂，它显示出与雄激素受体弱的亲和力。进行鼠的多代研究发现，它可引起睾丸畸形、雄激素依赖的组织变小等雄性后代生殖组织异常。

（15）其他拟除虫菊酯（other pyrethroids）

通过人乳腺癌细胞试验发现，拟除虫菊酯、敌虫菊酯（速灭杀丁、杀灭菊酯）是一种雌激素；安棉宝（苄氯菊酯、permethrin）是一种弱的雌激素；d-反式丙烯除虫菊酯（d-trans allethrin）可能是一种抗雌激素物质。

综上所述，环境中存在着许多化学物质，对人体有一定干扰作用，干扰人体正常的激素代谢。有的是天然的，有的是出于某种目的人工合成的。它们通过空气污染、土壤污染、水体污染长期存在于环境中，再通过呼吸、饮食进入生物体内，并在生物体内富集，对生物体产生毒害。当我们使用这些激素干扰性化学物质时，为了我们自己，为了我们的子孙，也为了我们的地球，一定要尽可能少地将其散布到自然环境中。

第十一章
微生物耐药性与公共卫生

细菌感染威胁着人类的生存。1928 年，Flemming 发现了青霉素，1941 年青霉素用于临床，细菌性疾病的治疗从此进入了抗生素时代。抗生素这一"神奇的药物"曾使人类有效控制了许多可怕的细菌感染性疾病，发病率和死亡率明显下降。然而进入 20 世纪 80 年代，细菌感染并不因为抗菌药物的广泛使用而减少，而是出现了更多的细菌感染；更令人担忧的是，越来越多的细菌产生了耐药性，甚至多重耐药性，变得愈加难以对付，成为人类健康面临的严重问题之一。

第一节　细菌耐药的一般机制

抗生素对微生物的作用机制可简单分为五大类：①抑制细菌细胞壁的合成。细菌细胞质的浓度常大于细胞生存环境中溶液的浓度，由于渗透压差使得细胞外的水分不断扩散进入细胞，细胞壁的存在则可防止细胞因不断膨胀而使得细胞膜破裂导致细菌死亡。细菌细胞壁的主要组成为形成网状结构的肽聚糖，抗生素如青霉素便会阻止细菌合成完整的肽聚糖，这样就使得由残缺的肽聚糖所组成的细胞壁变得脆弱，导致菌体裂解死亡。②抑制蛋白质的合成。由于蛋白质合成是所有细胞（不论真核或原核）都具备的基本功能，因此此类抗生素似乎不具备选择性毒性，然而原核细胞（细菌）及真核细胞（动植物）在核糖体的结构上有显著的差异。原核细胞具备的是 70S 核糖体，真核细胞则主要是 80S 核糖体。因此以 70S 核糖体为作用目标的抗生素可以杀死细菌但不至于对宿主细胞造成严重的伤害。③造成菌体细胞膜损伤。一些抗生素（如多黏菌素 B）会嵌入细胞膜形成通道，增加细胞膜的通透性，导致细胞内的重要物质自菌体流失。④抑制核酸的合成。有些抗生素会干扰微生物 DNA 的复制或转录，如利福平及喹诺酮类。⑤抑制重要新陈代谢物的合成。微生物的某特定产物可能被其正常受体的结构类似物抑制，此现象名为竞争性抑制。

微生物要演化出抗药性，必须先能产生一些突变种，若恰好歪打正着，这些具抗药性的突变种便可通过抗生素的压力而存活下来。一旦抗生素所造成的选择压力变大（如因抗生素的滥用），这些抗药性菌株便能比其他菌株繁殖得更好，成为优势族群。但要产生抗药性突变并不容易，故造成抗药性菌株大量出现的主因是水平基因转移，即不具抗药性的细菌可自其他细菌获得与抗药能力有关的基因（不一定是经由突变而得），而随着抗药性菌株的优势增殖，抗药基因传播的机会也因此上升了。过去因为在饲料中添加抗生素可促进牲畜生长和预防疾病，使得抗生素不但未用在刀刃上，反而加速了抗药性的传播。

细菌体是一单细胞生物，其分裂繁殖非常快速，基因突变的概率也特别大。产生的抗药性可能经不同的途径来形成，如可以合成分泌一些产物，而这些产物可以破坏抗生素，因此抗生素尚未作用到细菌体就被这些产物破坏了；或者原本抗生素要作用于细菌体的某一特定部位，但细菌的基因将该部位的结构突变，使得抗生素无法作用于其上，因此细菌就不会被杀死；或者细菌的细胞壁结构发生了变化，造成抗生素无法穿透细胞壁，无法到达作用部位，细菌也因此不被抗生素杀死而存活下来。

在有抗生素存在的环境中就能进行一种物竞天择、优胜劣汰的自然竞争。经由此种自然竞争，只剩下抗药性细菌可存活下来并不断繁殖其后代。换句话说，使用愈多的抗生素，在人体或动物体内就一直在进行优胜劣汰的细菌筛选作用，这些筛选存留的抗药性细菌，又可经人类和动物的各种排泄物、分泌物释放到环境中，或传到其他人或动物身上。因此，抗生素使用的愈多、愈普遍，筛选出来的抗药性细菌比例就愈来愈高。一般而言，抗生素愈过度使用，愈没有节制的地区或国家，该地抗药性细菌的比例也就愈高。

耐药性的程度用该药对细菌的最小抑菌浓度（MIC）表示。从遗传学的角度可将细菌耐药性分为固有耐药和获得性耐药两种。而获得性耐药病原菌因各种不同原因对抗菌药物产生了抵抗力（即由原来敏感变为不敏感）。其中多重耐药性是指细菌同时对多种作用机制不同（或结构完全各异）的抗菌药物具有耐受性（图 11-1）；交叉耐药性是指细菌对某一种抗菌药物产生耐药性后，对其他作用机制相似的抗菌药物也产生耐药性。

耐药菌株产生和扩散速度不仅仅是临床上广泛使用抗菌药物的结果，还与兽医学、畜牧业、农业和水产养

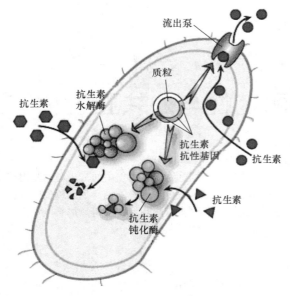

图 11-1　细菌耐药模式图

（图中标注：流出泵、质粒、抗生素、抗生素水解酶、抗生素抗性基因、抗生素钝化酶、抗生素）

殖滥用抗生素有密切关系。例如，美国生产的 40%以上的抗生素用于畜牧业，其中 80%混入饲料作为生长促进剂，因为进食含亚治疗剂量抗生素饲料的动物能增重 4%～5%。畜牧业长期大量非治疗性应用抗生素必然导致耐药性细菌的出现，主要是动物源性病原菌，直接与感染动物（或动物粪便）接触，动物体内耐药菌进入人体消化道，然后将耐药基因转移到人体致病菌中，导致耐药基因扩散，抗生素耐药性细菌库不断增大。

抗菌药物的滥用是造成耐药菌株在医院内扩散的主要原因。调查发现，医护人员的手是耐药菌的主要传播途径，人-人传播的危险性最大。患者呼吸道和消化道正常（敏感）菌群能迅速被医院流行的耐药菌株所取代，通常数天之内，每毫升呼吸道分泌物或每毫克粪便中耐药菌的数量达到数万亿个。如操作不严格，机械通气或患者大小便失禁将大大增加医务人员手污染的可能性。

第二节　动物及环境中耐药微生物状况

迄今为止，几乎所有致病微生物和非致病（条件）微生物或多或少均有耐药株，其中典型的耐药菌主要有：1961 年的对 β-内酰胺类抗生素耐药的 MRSA，1967 年和 1992 年的对 β-内酰胺类抗生素耐药的耐青霉素肺炎球菌（PRSP），1986 年的对糖肽类抗生素耐药的耐糖肽肠球菌（GRE）和同年发现的对糖肽类抗生素耐药的耐万古霉素肠球菌（VRE），1990 年对 β-内酰胺类抗生素耐药的 β-内酰胺酶阴性耐氨苄西林流感嗜血杆菌（BLNAR），1991 年的产金属 β-内酰胺酶的嗜麦芽窄食单胞菌、铜绿假单孢杆菌和沙雷菌（MBL），1992 年的耐全部抗结核药的耐多药结核杆菌（MDR-TB），1997 年的耐糖肽类抗生素的耐糖肽金葡菌（GISA），1998 年的耐包括三代头孢、单环类在内的大多数 β-内酰胺类抗生素的超广谱酶（ESBL，40 多种细菌可以产生）的革兰氏阴性菌，2002 年 10 月又发现耐万古霉素的金葡菌（VRSA）。近两年美国发现的能耐 30 多种药的超级金葡菌。从食品分离的多重耐药性沙门菌常常同时耐 5 种抗生素：氨苄西林、氯霉素、链霉素、磺胺和四环素（R 型：ACSSuT）。在 1700 多种感染性微生物中近 50%是动物源性的，食源性病原菌主要为动物源性，这些病原菌耐药性和传播直接关系到人类健康。在人类医疗领域之外，特别是农业、畜牧业中使用抗菌药囊括了人类自身所使用的多种抗菌药，全球每年消耗的抗生素总量中有 90%被用于食用动物。据 WHO 2001 年统计，每年约有 1200 万 t 和 90 万 t 抗菌药物被用于食用动物，分别作为饲料添加剂和治疗用，仅有 130 万 t 抗菌药用于人类健康治疗，可见抗菌药在食用动物中的使用量是人用量的 10 倍，且 90%都是作为饲料添加剂用于提高饲料转化率。

国内的情况可能更糟糕。在食源性动物中大量使用抗生素，易引起人兽共患病原菌耐药性出现和蔓延。国家细菌耐药监测中心曾对 71 株（1986 年分离）和 86 株（2001 年分离）正常猪粪便标本分离的大肠埃希氏菌进行耐药性试验，环丙沙星的耐药率从 1986 年的 0 增加到 2001 年的 65.4%。意识到这些问题后，瑞典等欧洲国家很早就禁止在食用动物生产中使用抗生素。2000 年 WHO 建议立即停止人畜共同使用的药物。

2001 年李家泰等代表中国细菌耐药监测研究组（BRSSG），对 1998～1999 年从 13 家医院分离的 2081 株致病菌进行敏感试验，结果，MRSA 检出率为 27.55%，院内感染（HAI）明显高于社区感染（CAI），分别为 81.82%和 21.84%；PRSP 的检出率为 22.50%，红霉素为 42.5%，环丙沙星为 65%，氧氟沙星为 22.5%；大肠杆菌对各种喹诺酮类呈交叉耐药，耐药率高达 60%。2000～2001 年从 13 家医院分离的 805 株革兰氏阳性菌进一步分析，MRSA 检出率为 37.4%，其中 HAI 的检出率明显高于 CAI，分别为 89.2%和 30.2%；MRSE 为 33.8%，PRSP 为 26.6%，屎肠球菌（AREF）对氨苄西林耐药率为 73.8%，远高于对粪肠球菌的 16.4%。这说明 MDR 如 MRSA、PRSP、AREF 等耐药状况与 1998～1999 年监测结果相似。

另据我国国家细菌耐药性监测中心和中国药品生物制品检定所 2002 年报告（6 个省市、60 余家医院）：对 MRSA 的平均耐药率，1988 年为 34.8%，1999 年为 33.8%，2000 年为 29.7%，其中对庆大霉素的耐药率为 65.7%，氯霉素为 44%，环丙沙星为 73.7%，红霉素为 89.1%，复方新诺明为 67%，四环素为 61%，MDR 为

9.7%。在全球 MRSA 感染已成为医院感染的代名词；表皮葡萄球菌，青霉素的耐药率为 92.5%，苯唑西林为 69.5%，环丙沙星为 45.9%，红霉素为 75.8%，庆大霉素为 22.9%，氯霉素为 38.2%，克林霉素为 44%，四环素为 55.4%，头孢噻肟为 8.7%，复方新诺明为 73.9%。阿米卡星由 7.9%升至 14%，头孢哌酮由 12.9%升至 22.1%，头孢他啶由 10.0%升至 18.1%，环丙沙星由 8.9%升至 21.0%，庆大霉素由 27.1%升至 33.0%，哌拉西林由 14.9%升至 27.0%；对多重耐药的铜绿假单胞菌的耐药率，1994 年与 2000 年相比：双重耐药菌由 10.8%升至 15.3%，三重耐药菌由 4.5%升至 11.6%，四重耐药菌由 4.1%升至 9.3%；对沙门菌属（包括伤寒、副伤寒、非伤寒）的耐药率，1994～1997 年与 1998～2000 年相比：氨苄西林为 4.4%～43.5%，氯霉素为 0～28.3%，复方新诺明为 16.7%～49.5%，四环素为 0～50%，环丙沙星为 0.6%～15.9%，头孢噻肟为 0.6%～14.6%，头孢他啶为 0～11.5%。

2015 年，复旦大学等报道我国部分地区自来水，甚至长江、珠江水都能直接测出抗生素，红霉素、磺胺嘧啶、磺胺二甲基嘧啶分别为 460ng/L、209ng/L、184ng/L，鸭蛋里也能测出抗生素。

微生物耐药率不断增加的原因主要是：不合理使用和滥用，如美国用于人类抗感染与农牧业应用各占 50%，其中用于院内抗感染仅占 20%，而社区却占了 80%，滥用率为 20%～50%；在农牧业中治疗性应用仅占 20%，而预防和促生长应用却占了 80%，滥用率为 40%～80%，每年有 4 万死亡病例是由耐药菌所致。我国的滥用现象较美国更为严重，WHO 对我国滥用抗菌药的评估是：中国 97%的病毒性支气管感染患者使用了抗菌药；在初级医疗保健体系中 30%～60%患者使用了抗菌药；私人医师对 41%的儿科患者使用了抗菌药；医院获得性感染显著增加；食源性感染大幅度增加。就连美国 FDA 在 2000 年 4 月刚批准问市的"超级抗菌药"利奈唑胺（linezolid），即在同年的 5～12 月已有 5 例耐药报告，其速度之快令人惊讶!总之，细菌耐药性已成为全球性问题，突出表现在耐药的速度越来越快，耐药的程度越来越重，耐药的微生物越来越多，耐药的频率越来越高，耐药造成的后果越来越棘手，耐药造成的负担越来越不堪承受。

微生物耐药性包括细菌、真菌、寄生虫及病毒 4 种。很明显，耐药性微生物的问题不是地区性或国家性问题，而是国际性的问题。

第三节 耐药性对人及动物健康的威胁

1. 耐药性对人及动物健康的危害

据统计，我国每年有 8 万人直接或间接死于滥用抗生素，因此造成的机体损伤及病菌耐药性更是无法估量，滥用抗生素使我们为战胜疾病的代价越来越高。第二次世界大战中，几十到 100 单位的青霉素挽救了无数伤员的生命。相同病情，现在几百万单位的青霉素也没有效果。也许有一天，曾经用青霉素一针见效的病症，将会重新变成抗生素发明出来之前那样的绝症。人们对抗生素滥用的后果有了越来越深刻的认识。耐药将使人们在动物和人类疾病预防及治疗中更多地使用抗生素，残留的抗生素有致癌、致畸、致突变的作用。例如，氯霉素能引起人骨髓造血机能的损伤；磺胺类能破坏人的造血系统、诱发人的甲状腺癌。此外，长期食用有抗生素残留的食品，会降低人体的免疫力。由于抗生素的"三致"作用，易产生耐药性，并降低人体免疫力。因此，抗生素已被称为"人类健康的超级隐形杀手"。抗生素对人体危害包括过敏反应、毒性反应、二重感染、影响免疫系统。

近些年来，动物和人出现了超强耐药的"超级恶菌"和多重耐药性病菌，几乎到了无药可医的地步。1999 年，美国科学家在肉鸡饲料中发现对目前所有抗生素均有耐药性的"超级恶菌"。如这些"超级恶菌"能使人畜致病，那将是无药可医的灾难性后果，其危害不会亚于目前人类的 SARS 和艾滋病，已引起世界的关注。

细菌对抗菌药物产生耐药性是在所处不利环境条件下为生存繁殖所作出的本能性反应，只要药物胁迫存在，就会本能地产生耐药性。这是细菌在长期进化过程中所获得的生存本领。

由于兽医临床和饲料添加剂大剂量、大范围、种类无限制使用抗菌药物，导致动物源性病原菌的耐药谱比人源性耐药菌广得多，耐药强度比人源性耐药菌强得多，已构成人类健康的潜在威胁。因此，为控制耐药菌产生，切断人、畜间病原菌耐药性传递，加强对动物源性病原菌耐药性的研究远比人源性病原菌迫切。

抗生素对土壤、植物的转移污染：抗生素以原形或代谢方式经由畜禽粪便排泄到环境中，不仅污染土壤、水体，降低农作物的安全标准，降低土壤的农业价值，而且会再次污染人的食物链。江苏农业科学院食品安全检测所做了一系列的试验，令科研人员吃惊的是：在畜禽粪便中检测出金霉素、链霉素、磺胺噻唑、青霉素等多种抗生素的残留，其中浓度最高的是青霉素，有一份样品，1kg 猪粪中竟检出 40mg 抗生素。而美国专家曾对某块特殊的土壤进行检测，发现其青霉素含量高达 200ppm。若照这个比列，粪便和土壤的抗生素含量已经达到用于治疗用途的基础量，若被植物吸收后转移污染动物食品，必然加大人的耐药性。

抗生素残留对土壤生物的活动、群结构代谢功能、种族元素数量等都会产生影响，使土壤生物的生物区系发生改变，微生物的分解作用降低，土质结构改变，肥力下降。另外，抗生素还影响水中微生物种群，阻碍水中有机物的无机化过程，影响水的自净能力。

抗生素在肉中残留后经肉品的热加工，使其毒性增加若干倍，对鼠等实验动物产生一些毒性，对人体毒性目前还没有评价报告。复旦大学2015年报道，对江苏、浙江、上海1000多名8～11岁的在校儿童尿液进行检验，近60%儿童检出尿液中含有抗生素。

2．防止细菌耐药的对策

（1）国家对抗生素的生产、销售实行宏观控制

国家应对抗生素生产严格管理与控制。目前，国外许多国家对抗生素的生产实行宏观控制，销售也严格管理，滥用抗生素的现象得到有效控制。而我国对抗生素（包括人用与兽用）的生产未进行总量控制，各制药厂根据市场需求大量生产，我国基层医生和兽医诊疗水平较低，滥用抗生素的现象十分严重，抗生素消耗量很大。

严格控制抗生素饲料添加剂的生产与应用。欧盟1996年允许在饲料中使用抗生素的药品有9种，1999年减少到4种，并为以后全面禁止使用作准备。正当国外禁止和限制使用抗生素饲料添加剂时，我国1989年首批公布饲料用抗生素有7种，1994年增加到12种。甚至一些兽药厂将抗生素滤渣（抗生素生产过程中的工业"三废"）加工后在全国大量销售，此举不但易引起耐药菌产生，而且存在各种安全隐患。

限制人畜共用药的品种，国家应严格规定一些新抗生素在一定时限内不允许用于动物，防止人畜混用。国家应严格禁止将临床应用的或人畜共同应用的抗微生物药用作饲料添加剂或生长促进剂。如果兽医临床上和饲料添加剂中大量使用这些新抗生素，会加速耐药菌的产生，加快动物源性耐药菌株向人源性菌传播。这样做的结果不但危害人类，同时也增加饲养成本。

（2）正确应用抗生素

根据WHO调查，住院患者中应用抗生素治疗的约占30%。据我国医院2000年统计，住院患者中使用抗生素治疗率达80.2%，大大超过国际水平。兽医临床滥用抗生素更严重。不合理用药或滥用药物不但疗效差，而且易引起耐药菌产生，甚至发生药源性疾病。据报道，中国每年有20万人死于不合理用药引起的药物不良反应，其中8万余人死于滥用抗生素。

（3）建立环境安全型畜禽舍

现代规模化饲养场中有大量病原微生物随空气和排泄物排放到外界环境，是动物源性耐药菌主要排放场所。因此，现代养殖场应建立环境安全型畜禽舍。基本要求是能够从空气、饲料、饮水、排泄物等方面实行病原微生物总量控制，包括空气质量控制技术、饲料与饮水的灭菌消毒、粪便处理等。空气质量控制包括进入空气、畜禽舍内空气、排气和粪道排粪时气体质量控制。畜禽舍中空气质量控制采用空气电净化防病防疫技术，采用电净化防疫防病技术装备的畜禽舍空气中微生物含量是一般畜禽舍的万分之几至百万分之几。

还应考虑如下措施控制动物源性微生物耐药问题。

1）所有用于食用动物疾病控制的抗菌药物必须要有处方。

2）在缺乏公共卫生安全评估的前提下，如果某些抗菌药物已用于人类治疗时，则应中止或尽快分阶段停止作为生长促进剂的使用。

3）建立国家级检测系统，以控制在食用动物中使用抗菌药物的情况。

4）考虑到食用动物中应用抗菌药物后对人类应用它们可产生耐药性，应引入安全评估的许可证制度。

5）检测耐药性，以认识因此而引出的健康问题，并及时采取正确措施，保护人类健康。

6）制定兽医指南，减少在食用动物中滥用和误用抗菌药物。

| 第六篇 |

兽医公共卫生在国家应对
重大应急事件中的作用

第十二章
国家生物安全中兽医的作用

在当前国际形势下，兽医或兽医公共卫生工作者在应对紧急公共卫生事件中能够起到重要作用。恐怖主义是危害当今世界的大敌，也是我国国防力量和警方今后防护的主要对象之一。恐怖主义的威胁有多严重，有多急迫，各国政府看法不一。在各种恐怖活动中，因生物恐怖的材料最容易获得、易于隐蔽施行，因而危害较大，有时也可能上升为一种战略性恐怖行动。食品和水源常作为生物恐怖袭击优先攻击的目标，食品流通渠道广，受污染方式多，防范难度相对较大，又因为食品和水源常常以集中食用或饮用形式为主，一次攻击可达到多个杀伤目标的目的，因此，可作为战略性武器使用，以达到造成民众恐惧、社会动荡和破坏经济的战略目的。美国在"9·11"恐怖袭击事件后，国土安全问题迅速跃升为美国政府面临的最为紧迫的问题。其中在食品领域的防恐问题成为美国国土安全政策的重点之一。

现在，恐怖主义袭击形式不断改变，一旦时机成熟，生物恐怖就可能出现。虽然美国目前是遭受恐怖袭击最多的国家之一，但各国可能都面临恐怖主义的威胁。现在已把恐怖主义列为第四代战争主义的内容，"第四代战争"具体表现形式多种多样，从各种犯罪行动到低强度、中强度武装冲突等，都可能对国家安全造成严重威胁。最近几年，因各种因素，我国也出现了恐怖活动事件，由于改革开放，经济发展，外来的恐怖活动可能增加，极端民族主义分子也可能制造恐怖活动。因此，我们应当建立国家公共卫生应急系统，以适当地减少天然疾病的暴发和工业化学物质的泄露，做到面对突然的生物恐怖袭击事件，可利用这些系统及时检测和快速反应。预防虽然并不是完全有效，但它却是防御的第一道防线，对食品生物恐怖最关键的预防措施是建立和强化已存在的食品安全处理程序和补充合理的安全措施。通过对生物恐怖袭击目的、动机、途径等相关特点的研究，找到相应的应对措施，建立相应控制机制，保护我国社会的安全稳定。

一、食品和水源易受生物恐怖攻击的因素

1. 食品作为"武器"的动机与目的

通常所说的食品安全与食品的生物恐怖主要区别在于：生物恐怖是指以化学、生物或放射性物质蓄意污染食品、水源的方式，造成人员伤害或死亡，并造成社会、经济和政治严重后果；而普通食品安全是指这些物质非蓄意污染而造成的食品污染。食品在供应和食用阶段，其安全性是最重要的，食品的食源性感染和中毒自古以来也是最常采用的达到不良目的的方式之一，包括暗杀、引起顽固的难以医治的病症和恐怖主义袭击。尽管现代食品工业生产和供应系统已日趋完善，但它同卫生保健系统一样，也易受自然、人工掺假和污染的侵害。

将食品武器化的方法和目标选择主要是依赖攻击人员的动机和目的。在古时是以破坏农田和作物的方式将食品纳入"武器"的范畴，在国家和军队间破坏农业、作物和食品供应作为战略性攻击的方式。随着食品加工和分布的复杂化和远距离化，人们依赖远距离食品供应程度增加了，同时感染和中毒的机会也增加了。食品是病原微生物及其毒素的天然载体，恐怖主义所采用的方式常常是借助于食品和水源的污染或掺假方式来达到较大规模袭击的目的。进行食品生物恐怖袭击者多数是一些不满的个人或小群体，如愤怒的超市雇佣者或食品加工者，一些个人恩怨，还有宗教团体，如美国俄勒冈州发生的沙门菌食品污染事件。生物恐怖通过污染水的途径造成局部地区紊乱，如隐孢子虫病。腹泻性疾病的暴发能够造成严重后果，可使警力丧失，飞行员和军事基地失去战斗力。学校是公众注意的地方，任何敌视力量都可能将其作为袭击的主要对象，而且由于学校有集中的厨房和单一菜单，更容易使其成为生物恐怖袭击的主要目标之一。

（1）污染食品作为武器的动机和目的

动机主要有两大类：战争和恐怖主义（复仇/理想主义者）。战争期间由于战争进程的需要，可能使用生物武器手段。作为复仇或为理想而战者，如果有时机也可能

使用这些手段。

目的有如下几种。

1）选定目标：特殊需要选定特定目标，以达到特殊目的。

2）造成大量伤亡和破坏，从而导致如下结果。

A．产生恐慌并引起媒体注意。

B．破坏民众信心。

C．破坏特殊食品生产或生产单位，进而破坏市场，破坏经济。

D．有些病原或毒物能引起较长时间的损伤，破坏性强。

（2）恐怖主义选择食品作为武器的原因

通过食品袭击的手段可以引起疾病和失能，但并不广泛致死，只可能造成恐慌状态，人们接受程度比其他方式造成的结果较高。

1）破坏日常生活。

2）掺假食品并不能大量杀死选择的目标。

3）大多数人集体共用一定种类食品原料时（如紧急食品救济）。

（3）破坏目标

1）局部目标。

2）食品销售者，如连锁店。

3）对特殊集团的食品供应：军事基地、学校、船或飞机。

4）食品生产单位，尤其是肉和乳的生产单位。

（4）食品恐怖主义的潜在危害

1）造成人员疾病和死亡：食源性疾病可造成大批人员食物中毒或食源性疾病，甚至死亡。

2）对经济和贸易的影响：对经济的损害可能是主要动机，目标主要针对产品、生产者、工业或国家。例如，1978年以色列出口几个欧洲国家橘类水果，由于汞污染，导致贸易严重损失，给国家造成灾难性后果；1989年智利葡萄污染氰化物，结果使出口加拿大和美国的葡萄全部召回；1998年美国召回了可疑污染李氏杆菌的香肠和午餐肉1400万kg；1997年美国因O157：H7大肠杆菌污染召回1100万kg牛肉。

3）对公共卫生事业的影响：如SARS之类的病原通过食品或水源造成疾病的流行。

4）对社会和政治的影响：如果将疯牛病病毒之类的病原施放到食用动物群体中，并造成流行，不但会引起巨大经济损失，而且会造成长远的社会和政治影响：一方面，疾病本身难以彻底去除；另一方面，人们心理的恐慌是长远的。所以不能小觑生物恐怖袭击所造成危害的后果。

2．获得食品的途径复杂多样

获得食品的途径是指食品从种子或胚胎直到制成食品，经口到胃的整个过程。可以将食品获得途径分成两个大的类型：多食品获得途径和少食品获得途径。

多食品获得途径：是指多供应途径，多种来源，食品种类复杂性，制备地点复杂等。

少食品获得途径：是指食品来源受限，种类受限，较少的供应，较少的制备地点等。两者相比，少食品途径更易受到攻击，因为少食品获得途径一般更集中化生产（图12-1）。

（1）来源复杂

食品的国内市场活力无限，但来源复杂。有从大型农场或食品厂进入超市的食品，也有从个体生产者进入自由市场的，有从国外进口的。所经检验和控制渠道也不同，安全系数各异。

（2）种类繁多

中国是人口大国，又是以美食著称的民族。我国所具有的食品难以计数，如单从大类分就有动物性食品、植物性食品，主食和副食之分，有新鲜的、长期保藏的、需烹调的、即食的等，真是五花八门，应有尽有。这一方面给予食品的安全控制造成复杂局面，另一方面也为恐怖袭击提供更多机会。饮食的多样性具有双重意义，一方面减少了更大群体受害的可能性，另一方面又为恐怖袭击增加了机会。

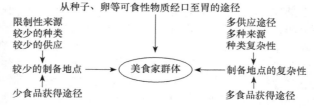

图 12-1　食品获得途径

（3）供应渠道复杂

除了来源复杂外，食品供应渠道也是相当复杂的，有进口的，国营的，超市的，自由市场的，有集中的，也有分散的。

（4）制备场所复杂

食品生产场所也是相当复杂的，有大型加工厂，有生产周期较长的发酵食品厂，也有集中餐饮的饭店、食堂。越是集中的地方，安全越容易出现漏洞。例如，工地施工单位的大锅饭，管理不严，没有任何检测和监督过程，恐怖分子极容易得手。

3．食品供应过程中的易受攻击性

（1）对食品源的攻击

对食品源的攻击主要是针对食物链的各个环节，从农场到餐桌的各个过程中，任何易受攻击环节，都取决于食品和使用的毒物两方面，如对作物或食用动物饲养场的攻击，可造成作物或动物的大面积死亡，同时也可间接对人造成损害。对食用动物养殖场的病原微生物攻击，杀死大量的动物或腐败动物的肉制品，可能也是生物恐怖的一种途径。例如，用鸡新城疫病毒或鸡瘟病毒就能够对养鸡场造成毁灭性打击；用白斑病病毒袭击养虾场可产生类似的效果。其他方式对湖泊或水塘袭击，如围堤溃破，水蔓延到周围，使病原扩散，导致广泛传播，对人健康造成威胁。对小麦可用小麦穗状病毒，可造成小麦大面积减产或绝收。禽流感是一种禽类急性高度致死性传染病，家禽、野禽及水禽都可感染，以鸡为甚，死亡率达 90%以上。当传播给人时会破坏人体免疫机能，造成人员的死亡。

（2）对食品供应环节的攻击

由于现代食品工业集中化和食品供应的远距离化，为集中袭击食品供应提供了较多机会。现在我国市场食品供应非常丰富，人们的饮食具有多种途径。恐怖分子仅靠一种单一途径难以造成大量伤亡。一般来说，较长的、较窄的或更严格的食品生产和贸易途径，容易遭受恐怖袭击。表 12-1 分析了食品主要加工过程及供应中危险集中的位点，植物或动物高密度或集中操作过程较多，容易集中施放生物毒性材料，每个集中点都是生物攻击最危险的部位。

表 12-1　食品供应易遭受生物恐怖主义攻击的主要环节

生长、收获/屠宰	加工	食品制备
单一作物	集中加工	单一厨房
动物集中饲养和屠宰	高密度材料	较少的选择
动物废料的应用	机械加工	雇佣者操作
依靠抗生素/生长促进剂	雇佣者操作	设备维修

在食品供应过程中，可被恐怖主义利用的潜在病原包括两种类型：次高危险类病原和高危险类病原。高危险类病原主要指肉毒梭菌及其产生的肉毒毒素，属高毒物质，最大致死计量为 $LD_{50}=0.001mcg/kg$。次高危险类包括沙门菌、志贺菌、大肠杆菌 O157：H7、霍乱弧菌、蓖麻毒素、西茄毒素、河豚毒素、微囊藻毒素、T2 毒素和黄曲霉毒素等。这些病原体或毒素较容易获得，对环境抵抗力较强，能够在食品中存活较长时间。在食品供应中还存在有毒化学物质的威胁，包括氰化物、砷、亚硝酸盐、铊等。氰化物可以用一些植物如草莓、利马豆、水果籽等产生。有非故意性污染造成大面积暴发疫病的先例。例如，1985 年美国一起因耐药伤寒沙门氏消毒乳，使 17 万人感染；上海市 1991 年由甲型肝炎病毒污染毛蚶使 30 多万人受累及，死亡 100 多人，造成历史上最大的食源性疾病暴发；1994 年美国因肠炎沙门菌污染巴氏消毒液体冰淇淋，在预混合过程中污染，使 41 个州 22 万人感染；1996 年日本大阪府堺市因萝卜芽

的午餐污染大肠杆菌 O157：H7，使 8000 多名学生感染，并有 11 人死亡。这些病原即使在食品中施放较少的量，也足以造成大面积人群感染，危害十分巨大，同时在社会上引起巨大的恐慌，造成严重的经济损失，是恐怖分子首选的一类病原。

4. 食品有害物质的掺假方法

掺假和污染的方法并没有很多（表 12-2），如 DNA 修饰方法也可能作为掺假方法。DNA 修饰方法在现代技术条件下完全有可能成为食品的掺假方法之一，如我国流行的 SARS 病毒，只含有单链 RNA 核酸，最容易与其他生物核酸杂交，形成新的病原。如果将其与动物的其他病毒放到一起，很容易形成新的病毒，感染食用动物后即可直接或通过食品传染给人，造成大的流行。化学物质或病原可以在食品加工的任何环节加入，包括以水作为媒介。掺假与食用的间隔时间越长，掺假的物质就可能越专业，毒性可能就越大。

表 12-2　食品掺假和污染的方式

掺假或污染方式	掺假或污染途径与过程
遗传修饰	基因改造等
生长时期的化学添加剂	动植物组织中较牢固结合、表面残留等
生长时期的感染源	药物残留与蓄积等
化学和感染试剂	收获、保藏、加工、销售等
水源供应污染/掺假	灌溉、加工、制备等

国内近些年还出现了以鼠药为毒药，尤其是毒鼠强为代表，以食品为媒介制造多起恐怖杀人事件。南京"9·14"汤山特大投毒案过程中致 42 人死亡，300 多人中毒，由于指挥抢救及时、有效，大大减少了死亡人数。近年来，贵州鼠药投毒案频发，仅 2002 年 1～9 月，贵州省高级法院审判的二审刑事案件中利用鼠药投毒的就有 32 件，51 人死亡，约占同期审理故意杀人案件的 10%。鼠药中毒死亡率是多种传染病的 66.7 倍。以上数字显示，鼠药已经成为夺取无辜生命的方便的作案手段和我国恐怖活动的独特方式之一。

毒鼠强、氟乙酰胺等为国家明令禁止使用的剧毒急性鼠药，人畜食后会很快出现中毒症状甚至死亡。为何鼠药如此受凶手"青睐"？实际上，买鼠药太方便了。在一些地区的集贸市场，"毒鼠强"、"三步倒"等剧毒鼠药很容易买到，有的甚至制成糖果状，与食品同柜出售。据国家卫生部公布的 2001 年全国重大食物中毒情况：2001 年全国共收到重大食物中毒事件报告 185 起，化学性食物中毒居首位，占总中毒起数的 48.65%，其中鼠药中毒 46 起，约占化学性食物中毒的 50%，中毒人数 2540 人，死亡 42 人。导致中毒的鼠药多为国家明令禁止生产使用的毒鼠强或氟乙酰胺，中毒原因以误食或投毒为主。

近些年来，发生的多起投毒案大多都使用这类剧毒鼠药或农药。无论是用鼠药还是农药投毒，此类案件有

个共同特点，投毒者一般是为了泄私愤，原本只针对某个人或某个群体，但结果却殃及不特定的群体；投毒案很多发生在农村，甚至是家庭成员间，投毒案因其不可预见性和偶然性，受害者根本无从防范，一旦投毒者得逞，后果不堪设想。建议工商、公安、城管等有关职能部门进一步加大管理力度，采取有效措施，切实加强对鼠（农）药生产、销售环节的管理，防止和减少利用鼠（农）药杀人案件的发生。

一些病原菌具有耐冷的性质，如单核细胞增多性李氏杆菌和小肠结肠耶氏菌，进入食品后在非加热、

烹调情况下，这些菌都能在食品中存在，甚至在冷藏条件下也能够繁殖。在加工的肉和非巴氏消毒乳中均能发现单核细胞增多性李氏杆菌，食用后会造成脑炎、脑膜脑炎、流产和死胎等。另外一些病原菌具有耐热性质，如结核分枝杆菌，在感染的乳腺和污染的乳制品中存在，最后引起人的结核杆菌病。包囊形式的寄生虫，如隐孢子虫、贾第氏虫和溶组织阿米巴，对氯等消毒剂都有耐受性，因此，在污染的水源或食品加工用水中存活能力极强。表12-3列出了食品恐怖袭击武器化的可能范围。

表 12-3　掺假或污染食品的武器化物质

污染物类别	污染物性质	污染物实例
化学物质	金属元素	汞、铅等
	化合物	硝酸盐、杀虫剂、氰化物等
传染病原	肠道病原	葡萄球菌、梭菌、沙门菌、弯杆菌等
	寄生虫	隐孢子虫、贾第氏虫、环孢子虫等
	新生儿病原	单核细胞增多性李氏杆菌等
	长潜伏期的病原	耶氏菌、结核杆菌、溶组织阿米巴等
	产生继发性疾病的病原	肾小球肾炎性链球菌等
含毒素产品或生物制品	动物、植物、微生物源	河豚、西加鱼、曼陀罗、毒蘑菇等

许多食源性病原菌的致病过程使它们具备了天然"武器化"的功能，使用这些微生物作为武器，要求有机会将这些病原掺入食品系统中，以便使它们在食品中能够存活，并在食用之前能够产生毒性物质或具有致病性。食源性病原菌武器化概念要求复杂的生物学操作原理，因此在使用上应掌握一定的专业知识和技能。

化学物质或添加剂掺假在食品中危害也不浅。例如，1981 年西班牙因有毒的食用油使 20 000 多人受害，800 多人死亡，有些造成永久性伤害。1985 年美国因用涕灭威农药杀灭西瓜地里的害虫，结果使 1373 人误食西瓜上的农药受害。我国因饮用掺入甲醇的假酒而使人中毒事件也不在少数，造成很多人中毒、失明甚至死亡。这些事件的性质与恐怖主义性质相同。

二、战略性生物恐怖与食品防护

1. 农业工程中生物恐怖

（1）能够达到的目的

对农业的攻击，恐怖分子有方便的技术方法，还有较为复杂的高技术袭击，如一些烈性的、罕见的病毒攻击，所造成损害难以估量和防范。它的效果等同于向森林放火一样，放火容易救火难。对农业的攻击可达到如下一些目的：减少食品产量；影响农业部门或农业户，造成明显的经济损失；导致出口障碍；对食品安全产生担心，导致社会不稳定，有时后果严重，可能会造成国家灾难。

（2）获得和使用潜在恐怖病原的有利条件

1）获得病原的技术障碍较小，许多动植物病原是从

环境或实验室分离，具备这样简单的条件即可。

2）攻击动植物无需特殊设备或专家，且仅需少量病原，因为许多病原具有在动植物间的高度传播性。

3）作物是直接暴露的目标，相对容易受到攻击；家畜和家禽多为集中饲养，饲养方法增加了动物的应激程度，对传染病敏感，一旦攻击损失较大。

4）一些食品生产企业具有独特的地理位置，一个单位受到攻击，会影响到其他部门、地区，甚至国家的经济。

5）基因工程的普遍使用，一些基因工程突变病原容易成为特殊致病体或奇强致病病原体。

6）动物和动物产品在短时间内快速运到各地，增加了病原的传播速度。

7）由于攻击农业对人没有直接生命损失，农业恐怖主义比其他恐怖形式更易被人们接受和产生。

除了这些对农业直接的影响外，还有随后的连带影响，如海运、零售、出口，甚至是旅游业等，经济损失是巨大的，如英国的疯牛病、一些国家的口蹄疫等，都给相应国家造成巨大经济损失。

（3）可能被生物恐怖分子利用的攻击食用动物的病原

能够造成大规模杀伤或损伤的病原不在少数，其中包括口蹄疫病毒、水疱性口炎病毒、猪水泡病毒、牛瘟病毒、裂谷热病毒、兰舌病病毒、山羊豆和绵羊豆病毒、非洲马瘟病毒、非洲猪瘟病毒、典型猪瘟病毒、新城疫病毒、鸡瘟病毒、牛传染性胸膜肺炎病毒、块状皮肤病病毒、禽流感等。OIE 将如下 9 种疾病列为农业恐怖主义可能使用的 A 级病原：阿卡班病、疯牛病、骆驼痘病、传染性羊胸膜肺炎、反刍兽考得里氏体、日本脑炎、牛

恶性卡他热、梅那哥病毒、尼帕病毒。这些病原都是可造成大面积流行和巨大经济损失的，有些目前还没有有效的预防方法。

表 12-4 分析了北爱尔兰的猪瘟流行的各个环节，同时也是恐怖袭击的可能环节，在采取预防措施上值得借鉴。在这次猪瘟发生过程中，已感染猪 429 头，受影响猪 700 000 头，为预防本病的连续发生，优先屠宰 800 万头，损失 23 亿美元。表 12-4 分析了相关的、可能的传播途径，造成这次大面积疾病流行因素包括运输卡车、邻居和动物等，可能成为传播的主要手段，这恰好可能为比较专业的恐怖分子利用，可直接造成猪瘟等烈性传染病的流行。

表 12-4　引起北爱尔兰 1997～1998 年猪瘟流行的可能传播途径分布

传播途径	在第一次测量前（n=39）/%	在第一次测量后（n=39）/%
动物	17	2
运输卡车	52	11
相关人员	6	15
快速服务公司	—	13
污染的精液人工授精	—	8
泥浆	—	1
邻居	22	39
不明原因	3	11

（4）潜在的植物病原

有些植物病原体虽然不对人体造成直接的威胁，但对植物，尤其是食用作物可造成大面积损坏，甚至绝收，产生粮食恐慌，如小麦穗状病毒和小麦杆锈病病毒，一旦使用将使所累及的植物绝收，造成巨大损失。有些既对植物造成损伤，也能对人体产生损害，如黄曲霉及其毒素，可造成植物患病，也可使人中毒，并有长期影响。其他的包括：稻米细菌花叶病-米黄单胞菌，细菌枯萎病-茄科罗尔斯通氏菌，紫色线状霜霉病-指疫霉，黄瘝病-非洲韧皮杆菌，亚洲韧皮杆菌，土豆结楛病（potato wart）-马铃薯癌肿病菌，李子痘-李子痘斑病毒，玉米菲律宾霜霉病-菲律宾斜尖状孢，大豆锈病-豆薯层锈菌，橘子变色病-叶绿焦枯菌。

现在基因工程手段的普遍使用及耐药菌株的增多，越来越多的人参与基因工程的研究，制造出致病能力更强、耐药性更广谱的菌株并不是幻想。一旦将可怕的新型菌株用到食品这个媒介中，将制造更大的灾难。因此，我们必须加强这方面的信息追踪，及早进行这方面的防护与监测。

2．水源的生物恐怖

水源是指食品加工用水、直接饮用水、瓶装水及液体饮料。除直接饮用水外，水库、河流等间接饮用水也包括在内。现在的水源供应方式如水库、自来水供应系统都很容易接近，并且无法做到很好的全面防护。对水源攻击的特点是水源供应集中化，如果对水源使用相关的病原或化学毒物攻击，将使饮用同一水源的人同时受到攻击，产生较大的恐慌，造成疾病流行，甚至死亡。

对水源的恐怖攻击方式目前有两类：一种是对水供应系统的相关设施的攻击，另一方式就是向水源中施放有毒物质或病原。对水源系统的直接攻击可能是破坏水坝、供水站、水供应管道、水处理系统或污水处理厂，直接破坏对城市水的供应。对水源施放有毒物质或病原包括施放化学物质、生物物质或放射性物质。据估计，有 6 万多种化学品可能用于恐怖袭击水源，我们现在的水源供应中必检项目最多 100 多个。例如，美国几家大型水厂在对可能的恐怖袭击所用的病原——隐孢子虫的例行检测中均未检到，说明在世界范围内对水源的检测能力是不够的，我国的情况同样如此。

（1）向水源投放化学毒物

水厂用几种方式处理水，可使大多数病原死亡，但对化学物质就很难保证了。尽管有 6 万多种化学物质可能用于水源的攻击中，但与生物病原相比，使用起来更困难。施放化学物质可能性较小的原因：供应水体积巨大，具有强大的稀释功能，化学物质进入水体很快被稀释；很多化学物质在水中很短时间内就被分解，恐怖分子必须大量施放有毒物质才能达到目的，这也是相当困难的一件事。但在今后的预防工作中必须注意恐怖分子使用强毒物质，强毒物质即使被稀释也会有较大的毒性，也会产生毒性袭击效果。放射性物质施放的可能性也比较小，因为供水系统很容易检测到放射性物质，这些物质也相对容易被过滤掉，同时恐怖分子操作起来也相当困难。

（2）向水源施放病原

对水源的生物污染或攻击是有先例的。例如，1993 年美国的威斯康星州的 Milwaukee 的供水系统因污染了隐孢子虫导致约 40 万人发病（腹泻），累及 80 多万人，100 多人死亡。水源污染的多数例子是非故意性污染，但从这些例子已经看出我们的水源是容易受到恐怖袭击的。

在水源、供水系统或瓶装水中，故意投放的可能病原或毒素种类并不会很多，因为病原首先要适应水环境，进入水中不会马上死亡，如病毒、寄生虫包囊、大肠杆菌等，寄生虫如隐孢子虫、贾第虫包囊；病毒如天花病毒；细菌如炭疽芽胞杆菌；毒素如蓖麻毒素。这些病原在水中稳定，不易被氯分解，能抵抗紫外线和其他消毒方式处理，恐怖分子容易操作。投放于水中的病原或毒素分布较快，散布的面积也会较大，如果是病原在潜伏期中会大量散布开来。向水中投放生物病原或毒素，恐怖分子可能在城市的任何一点如加水泵站或蓄水池，将污染物或毒素等直接投放于城市水处理系统或使工厂雇佣者直接放于瓶装水中。有些微生物对水处理方式不敏感，如用氯处理的水，对炭疽芽胞则没有什么作

419

用。有些微生物可在水环境中增殖，如霍乱弧菌等，如果灭活程度不好，在水中可保持或增加其数量。另外，恐怖分子可能在水经过城市供水处理系统后施放病原，这样一来就逃逸了供水系统对生物病原的灭活处理过程，增加了危害程度。

水源的处理方法包括过滤（用活性炭）、消毒（用氯处理）和凝胶沉淀等方法，病原体很难存活，大多数细菌繁殖体都可被灭活，只有上述少部分耐力强的或芽胞型的菌体可存活。但部分病毒或寄生虫有可能通过或能够耐过这个处理系统，如隐孢子虫。

我国现在的大型水处理厂还是国家管理，将来也许还会有个人来管理，其安全性难以完全保证，因此也会给恐怖分子增加破坏的机会。

3. 对食品有潜在威胁的毒物

食品的种类十分复杂，如有植物性食品和动物性食品之分，而植物性食品或动物性食品又有复杂的种类之分，如植物性食品又可分为主食和副食，而动物性食品又可分为肉、蛋、奶等。食品种类繁多，所能传播的病原种类也就多，在食品原料和成品阶段就会受到各种病原的侵袭及危害。这些病原或毒剂有的直接通过食品媒介危害人类，有的造成食用动植物大面积伤害，甚至有的具有长期效应，对食品安全构成长期威胁。这些病原或毒物对食品生物恐怖袭击的潜在效应就是造成人们的疾病和死亡，经济和商业损失，影响公共卫生事业，最后影响到社会和政治稳定。

能够以食品这个媒介散播毒物或传播的病原有如下几类。

（1）化学毒物

可施放于食品或水源的有毒化学物质大约有 6 万种之多，如氰化物类；有毒化合物如砷；重金属类如铊；添加剂类如亚硝酸盐；鼠药类如毒鼠强；饮料掺假类如甲醇；农药类如涕灭威。

（2）生物毒剂

细菌类：如沙门菌、炭疽杆菌、霍乱弧菌、志贺菌、O157：H7 大肠杆菌、李氏杆菌等。

病毒类：禽流感病毒、疯牛病病毒、甲型肝炎病毒、口蹄疫病毒、水疱性口炎病毒、猪水泡病病毒、牛瘟病毒、裂谷热病毒、兰舌病病毒、山羊和绵羊痘病毒、非洲马瘟病毒、典型猪瘟病毒、新城疫病毒、鸡瘟病毒、牛传染性胸膜肺炎病毒、块状皮肤病病毒、阿卡斑病毒、骆驼痘病毒、反刍兽考得里氏体、日本脑炎病毒、牛恶性卡他热病毒、尼帕病毒、小麦穗状病毒、小麦秆锈病病毒、稻米细菌花叶病-米黄单胞菌、细菌枯萎病病毒、紫色线状霜霉病-指疫霉等。

寄生虫：隐孢子虫、贾第虫等。

（3）动植物毒素

如肉毒毒素、微囊藻毒素、河豚毒素、西茄毒素、蓖麻毒素、T-2 毒素、黄曲霉毒素、金黄色葡萄球菌肠毒素等。

上述所列的毒物、病原及毒素，一旦进入食品这个媒介，时机成熟的话，都会造成较大面积或大面积伤害，而且发展速度都是相当快的。因此要重视对这些毒性物质的检验、监督，及早防范。

4. 公共卫生反应

对食品病原菌等的恐怖袭击，首先是对病原的鉴定，然后通过流行病学信息进行食品污染的鉴别、切断传播途径、提出建议，从医学角度出发，尽可能缓和突然死亡状况。从公共卫生角度采取的相关行动应该包括如下内容。

（1）确定所使用或引起疾病的病原

（2）相关措施

1）流行病学：鉴定污染的食品，从流行环节中去除同一批次的食品，并在公共卫生中提醒注意。

2）从医学角度：尽量救治中毒的患者。

（3）对公开化生物恐怖袭击应采取的行动

1）启动法律/公共卫生法定程序进行检验。

2）评估袭击的可靠程度。

3）加强相关食品生产链和运输链的安全。

4）中毒人员的调查。

（4）非公开化的袭击

最初是公共卫生下属机构的初步反应，然后按一般程序进行检测，依靠完整的公共卫生基层机构快速行动。

三、食品/水源安全防护战略及应对措施

1. 建立健全预防应对体系，完善各类准备措施

（1）建立监测和预警体系

对食品链实施监控、早期预警，能有效防范生物恐怖袭击的发生，并最大程度地减少损失。首先是公共卫生基层机构，尤其是建立健全食品卫生检测检验机构，如食品生产企业安全检测机构、动植物检疫局、卫生防疫站、市场动检站等基层食品安全检测机构。这些基层机构的完善和正常工作，才能保证食品卫生监督职能的正常进行。在此基础上再扩展其他功能。建立健全监测预警系统，加强信息的沟通与交流，是预防措施中最基本的方式之一。强化国家食品安全标准的执行，如 HACCP 和 HACCP 系统，食品监督调查，食品检验、食源性疾病调查、教育和训练等。要充分发挥和利用已有的食品安全检查体系，进一步修改、补充完善相关体系。分析与每个食物链可能相关的危险，要考虑国内各地特色，包括生物、人、化学物质、放射性物质。预防恐怖袭击并不是一定需要高科技和高花费，关键是提高对问题警觉程度和提高防范措施的有效性，食品工业安全保障系统应该是最重要的环节之一。

现在我国已建立重大疾病预防机制和相关体系，但这种系统较少考虑食品的恐怖袭击，食品这种媒介能够传播许多种类有害病原或毒物。因此，在国家预防和反应机制中必须包括食品预防和反应体系，以确保在食品等遭到恐怖袭击时反应的准确性和有效性。

对食品蓄意破坏的预防和反应战略主要包括两种主要措施，即预防和反应，包括准备。食品工业、国家机构和私人企业具备最基本的食品安全保障机制，包括良好的农业生产保障体系和良好的食品工业操作规程。监督、准备和反应对食品安全都是必需的，在已有的国家应急计划和对食品安全威胁与其他威胁之间的平衡之中，建立优先原则，在公共卫生优先原则中必须包括食品安全。应该建立食品追溯和召回体系，对发出去的食品在监督过程中发现疑问，应立即进行追踪，如问题比较大，则应该召回，防止危险进一步扩大，使危险减少到最低程度。

（2）进行人员培训，配置专业队伍

食品和水源等的生物恐怖袭击必须由专业人员来处置，因此，在相关的位置上要配备精炼的专业人员。这就要对专业人员和周围的相关人员进行培训，如保安人员、公司的管理人员、运输人员等都要接受生物制剂的相关知识的训练，使他们具备生物病原防范的普通知识，在各自位置上发挥不可替代的作用。

（3）配备专业器材和设施

只有具备了完善的专业器材和设施，才能对生物恐怖危机进行有效防范，并在遭到袭击时做到应对有度。动植物检疫局、卫生防疫站、食品工业安全检验及市场动物性食品检验站等部门是食品安全最重要门户之一，大多数专业技术人员均集中在这些部门，要做到快速有效地监督检验，必须同时具有精良的专业器材，否则，再好的人才也难以发挥作用。因此，要加强相关器材的投入和配备。

（4）加大研究力度，建立快速有效的检测方法体系

对一些新出现的病原和对食品供应体系具有巨大威胁的病原或毒物，要加大对这些病原在食品或食用动物中各种特性了解的研究，以及对其调查、采样、分析方法的研究力度，并建立快速的检验方法，以便在平时工作中做到有效监督。

（5）重视食品工业的预防和反应体系

食品工业体系包含多个环节，包括农业生产和收获，农产品加工和制造，储藏和运输，销售和零售，食品服务行业，跟踪体系和市场召回，监督检验等。这些环节都是恐怖袭击的关键环节，但食品工业有能力和责任减少从食品原料到制成品过程中可能的人为污染。政府有责任加强食品工业安全检验能力，相互配合，使其漏洞更少。

（6）加强公众教育

加强各种媒体的宣传教育，使广大群众认识到生物恐怖的危害，真正做到人民群众共同防范，才是最有效的方式。恐怖主义的最大特点是隐蔽性极强，方式多样化，而食品又是人们最常接触的媒介之一，种类繁多，无处不在。只有人民群众才能在最广泛的范围内观察到各种细节或动向，并能提供第一手材料，尤其是个别的、比较小的恐怖事件，公众的警觉性至关重要。

2．建立健全相关的法规制度

应建立《公共卫生安全预防和应对生物恐怖法案》，它应包括如下内容。

1）生物恐怖及其他公共卫生方面紧急事件的应对体系原则。

2）危险性生物战剂和有毒介质的控制法案。

3）食品和药品供应安全、饮用水安全法案等。

这个法案应成为食品等公共卫生应对生物恐怖的指导性文件，文件内容应对防范和应对生物恐怖袭击的主管部门、具体措施、资金使用等方面作详细规定。法案中能够明确各部门的职责和分工，在法案的指导下使各部门互相配合，工作效率更高。每年国家需专门在预算中投入专项资金，用于这方面的防范工作。自"9·11"事件后，美国十分重视生物恐怖法案的制定，并不断修改补充。例如，《2002年公共卫生安全和生物恐怖准备与反应法》为食品和生物恐怖问题制定了严格的指导性原则。

3．建立健全相关信息交流渠道

强化警报和反应系统互相合作的重要性，相关部门应互通信息，使恐怖分子可趁之机更少。国家和地方食品安全相关部门要建立信息共享系统，快速信息交流是预防食品生物恐怖的第一道防线，其作用不可忽视。这在美国等国家已得到验证，在SARS发生时所建立的国际信息共享对其控制起到至关重要的作用，这是比较成功的经验。

4．借鉴外国的先进经验

美国在生物恐怖的防护方面做的工作最多。例如，在2002年公共卫生安全和生物恐怖主义准备及反应公共法律条款107-188中颁布了：①生物恐怖主义和其他公共卫生紧急状态的国家应急措施；②生物试剂和毒素的控制，包括食品和药品供应的保护性安全与安全措施，以及饮用水的安全。此后又增加新的修正建议，应对生物恐怖，建议国家设置新的职位（确定全职人员），建立新的应急工作队，提供应对生物恐怖的教育和训练，并在州级和国家要建立相关基金，加强分支机构和计划的准备等，并于2003年12月底前实施。

在食品供应防护方面颁布有15项规则：①食品安全和安全战略；②食品掺假防护条例；③食品的强制性扣留；④禁止反复性或严重食品进口侵害；⑤食品/饲料设施的登记；⑥食品检验记录登记；⑦进口食品运输的原始记录；⑧拒绝非经审查的权威性签字的材料进入美国；⑨严格船运检验；⑩国家进口食品注意条款；⑪用于检测的国家基金；⑫调查和信息基金；⑬人兽共患病调查；⑭委托其他政府官员执行检验的权威；⑮组建原则。

食品记录制度是食品防护中非常重要的环节，它能够使生产、运输、保藏等环节紧密相连，使恐怖分子难以下手。食品记录制度能够立即确认食品的来源。在食品记录规则指导下，食品的生产者、加工者、包装者、运输者、收发者、保存者和进口者均应该具备

极好的记录，这些对国内外食品均有效。这样才能帮助食品检验部门确保安全关。为了减少各公司的负担过重，记录可用任何以表格、文件或电子的形式执行。针对食品安全要求如下记录内容：①公司的名字，谁代表公司接受来源食品或谁是该批食品的接受者；②地址，电话和传真号，E-mail；③食品的类型，包括商标和特殊变化；④收到或发放日期；⑤条形码或其他鉴别号码；⑥质量和包装类型；⑦运输者的名字、地址、电话等资料。

5．研究国内外恐怖活动规律和特点，制定应对措施

我国利用食品媒介来搞恐怖活动的特点有些与国外相似，有些则不同，如近些年出现的以鼠药、特别是毒鼠强等较强毒品掺入食品中，导致或大或小的恐怖事件。

要重视和严格控制毒鼠药之类的有毒药品的生产、销售、购买和使用，要动用国家强制力量保障其实施。对食品和水源生物恐怖活动的反应要各系统一致行动，分开行动是资源的浪费，如国家紧急应急计划中包括许多高级实验室检验能力应作为一个整体看待，协同作战，共同鉴定食品中的非常物质，这样才能发挥快速有效的应急反应整体能力。

6．建立快速检测方法，把好安全关

快速检测是控制和预防生物恐怖的十分有效和必备的手段之一，也是食品工业最主要的安全把关手段。食品安全部门要广泛引用成熟的快速检验方法，积极创新和发展快速检验方法，国家和企业也要加大这方面的投入，以最快的检测速度和最有效的食品损害评价方法将恐怖威胁减小到最低程度。

第二节　VPH在重大人兽共患病控制、抗震救灾、水患后的疫情控制中的作用

国务院于2006年发布了4类公共卫生突发事件专项应急预案。4类公共卫生突发事件专项应急预案是："国家突发卫生事件应急预案"，"国家突发事件医疗卫生救援应急预案"，"国家突发重大动物疫情应急预案"，"国家重大食品安全事故应急预案"。

编制公共卫生类突发事件专项应急预案，是为了有效预防、及时控制和消除公共卫生类突发事件及其危害，指导和规范相关应急处理工作，最大程度地减少对公众健康造成的危害，保障公众身心健康与生命安全。在这4类公共卫生事件应急处理中，兽医起着重要作用。

国家突发公共卫生事件应急预案适用于突然发生，造成或者可能造成社会公众身心健康严重损害的重大传染病、群体性不明原因疾病、重大食物和职业中毒，以及因自然灾害、事故灾难或社会安全等事件引起的严重影响公众身心健康的公共卫生事件的应急处理工作。预案规定，建立全国统一的突发公共卫生事件监测、预警与报告网络体系，开展日常监测工作。各级人民政府卫生行政部门根据监测信息，及时分析并作出预警。发生突发公共卫生事件时，事发地各级人民政府及其有关部门要按照分级响应的原则和有关规定，作出相应级别的应急反应。实施中采取边调查、边处理、边抢救、边核实的方式。特别重大突发公共卫生事件应急处理工作由国务院或国务院卫生行政部门和有关部门组织实施，事发地省级人民政府按照统一部署组织协调开展有关工作。其他级别的应急处置工作由地方各级人民政府负责组织实施。

国家突发公共事件医疗卫生救援应急预案适用于突发公共事件所导致的人员伤亡、健康危害的医疗卫生救援工作。如果为人兽共患病，则应有兽医人员参加。

国家重大食品安全事故应急预案适用于在食物（食品）种植、养殖、生产加工、包装、仓储、运输、流通、消费等环节中发生食源性疾患，造成社会公众大量病亡或者可能对人体健康构成潜在的重大危害，并造成严重社会影响的重大食品安全事故。预案规定，各部门应当按照各自职责，加强对食品安全日常监管，建立全国统一的重大食品安全事故监测、报告网络体系，设立全国统一的举报电话，并建立通报、举报制度。重大食品安全事故发生后，一级应急响应由国家应急指挥部或国家应急指挥部办公室组织实施，二级以下由省级人民政府负责组织实施。

一、突发公共事件应急机制

应该说，一个国家如何建立突发公共事件应急处理机制，是与该国的经济发展水平、政治体制和面临突发事件的范围和频度等因素相关联的，因此不可能有统一的应急处理突发公共事件的机制，但突发公共事件的应急处理毕竟有一些规律性的东西可以把握和普遍适用的规则可以遵循。

突如其来的传染性非典型肺炎，对我国突发事件应急机制和相关的法律、法规，都是一次严峻的挑战。如果不仅仅从传染病的视角，而是从一场波及社会各方面的突发事件的视角反思"非典型肺炎"，可以清楚地看到，建立健全我国突发事件应急处理的管理机制特别是法律机制已经刻不容缓。

我国虽然已经制定了若干突发事件应急处理的规定，但它们散见于各项有关法律、法规和规章中，而且大多是针对单一灾种、事件或疾病的，如《防震减灾法》、《防洪法》、《安全生产法》、《传染病防治法》、《海上交通安全法》、《监控化学品管理条例》、《突发公共卫

生事件应急条例》、《传染性非典型肺炎防治管理办法》、《国家自然灾害救助应急预案》等，没有形成纲领性的突发事件应急处理基本法；我国宪法和法律虽然规定了戒严制度和战争状态，并制定了戒严法，但未确立国家紧急状态制度。与美国的突发公共事务应急处理机制不同，我国在相当程度上和范围内，在应对突发公共事件方面，政策和行政手段还代替着法律的功能。

我国也缺乏各级政府处理突发事件的应急机构，我国各级政府虽然也有一些处理突发事件的议事协调机构，如防治非典型肺炎领导小组及一些职能部门，如卫生机构、安全生产监督管理部门等，但它们是政府的某一个工作部门或议事协调机构或临时成立的机构，有的缺乏法定权限，有的机构之间的关系还不顺，还像美国应急事务管理总署成立以前那样，还不是处理突发应急事件的专门机构。

我国的突发事件应急处理机制特别是法律机制，应从如下方面考虑。

1）设立由行政首长负责的各级政府应对突发公共事件应急处理的专门机构，由涉及突发公共事件应急处理的有关部门参加，通过立法赋予其特别权力，建立从中央到地方的突发公共事件应急处理组织体系。

2）制定突发公共事件应急处理计划，由主管部门及相关部门制定，并通过立法加以确定；将防制突发公共事件的经费纳入各级国民经济和社会发展计划，明确有关部门在防制突发公共事件中的责任，并加强主管部门的协调能力。

3）修改宪法，确立紧急状态及其宣告法律制度，在此基础上制定全国紧急状态法，明确国家实行紧急状态的条件、程序及紧急状态时权力的行使等。

4）制定突发公共事件应急处理法、减灾基本法，并按公共卫生应急事件（如非典型肺炎等传染病、炭疽等）、生物恐怖威胁、环境灾害（如化学品污染、核污染等）、自然灾害（如地震、洪灾等）、国土安全、供水安全、电站安全等方面，分别制定有关突发公共事件应急处理的单项法律或行政法规，或将有关法律规范体现在相关立法中。

5）通过立法来完善由应急处理主体、紧急行政措施、应急处理法律后果及违法行为的法律责任等构成的应急处理机制。

二、重大动物疫病应急机制

健全应急机制、防控重大疫情：重大动物疫病防控工作，是保证畜牧业健康发展和公共卫生安全的重要任务。随着全球经济一体化进程和我国养殖业快速发展，动物及动物产品国际贸易和国内流通日趋频繁，重大动物疫情发生和扩散蔓延的风险在增加，防控重大动物疫病的任务日益繁重。

当前，从全球疫情形势看，禽流感疫情继续呈发展态势，扩散蔓延速度明显加快。由于禽流感等重大疫情具有突发性、危害性、传播性等特点，防控工作的关键是要建立健全应急机制，切实加强应急管理，确保把疫情控制在疫点上，防止扩散和蔓延。

重大动物疫情应急管理，是国家突发公共事件管理体系的重要组成部分。近年，中央提出"加强领导、密切配合，依靠科学、依法防治，群防群控、果断处置"防控禽流感的重大方针，国务院颁布了《重大动物疫情应急条例》、《国家突发公共事件总体应急预案》和《国家重大动物疫情应急预案》，为加强重大动物疫情应急管理，提高应急处置能力，提供了有力的法律和制度保障。

近几年，农业部和地方各级兽医部门严格执行《重大动物疫情应急条例》和《国家突发重大动物疫情应急预案》，迅速扑灭了多起家禽禽流感疫情，有效遏制了亚洲Ⅰ型口蹄疫的扩散，及时防控了四川猪链球菌病疫情发展，有效防堵了周边国家疫情传入。

加强重大动物疫情应急管理，是一项长期而艰巨的任务，必须建立健全禽流感等重大疫情应急管理长效机制。农业部将从以下方面加强应急能力建设：一是结合禽流感等重大动物疫情发展态势和特点，进一步增强应急预案的可操作性；二是加强应急预备队伍培训和演练，做到关键时刻，拉得出、用得上，提高突发疫情应急处置水平；三是加快推进兽医管理体制改革，切实解决一些地方的"人散、线断、网破"问题；四是加强动物疫情测报网络体系建设，提高重大动物疫情的预警预报能力；五是加强应急管理基础设施和支撑体系建设，完善应急防疫物资和防控技术储备。

1.重大动物疫病防控，进一步完善应急机制

各级兽医部门要进一步完善应急机制，制定应急方案，推进应急体系建设。完善应急手段，建立健全物资储备制度，加强应急预备队培训和演练，提高应急处置能力。完善重大动物疫病免疫方案，规范免疫程序，组织好全国免疫大检查，提高免疫密度和质量。制定养殖小区和中小规模养殖场兽医卫生管理制度和方案，提高防疫水平。切实做好调运奶牛的强化免疫和隔离检疫，有效防止调运动物发生疫情。进一步加强重大动物疫病监测，完善疫情监测方案，规范采样送样和阳性畜禽处置工作。加强疫情报告，强化风险分析和预警预报。加大人畜共患病防控力度，落实强制免疫政策，实施扑杀净化措施。进一步完善重大动物疫病防控定点联系制度，加强对各地防控工作的监督检查和指导。加大兽医实验室生物安全监管力度，依法查处从事病原微生物实验活动的违法行为，严防高致病性微生物扩散。

2.动物卫生监督，推进动物标志及疫病可追溯体系建设

建立和完善动物标志及疫病可追溯体系。依据《畜牧法》、《畜禽标识与养殖档案管理办法》及有关规定，全面推进动物标志及疫病可追溯体系建设，完善"6个系统"（即技术支持系统、信息采集系统、监督检查系统、屠宰检疫系统、兽药标签监管系统、机构队伍支持系统），切实提高动物卫生监督执法能力和水平，有效防控重大

423

动物疫病、保障动物产品质量安全，保护健康养殖业发展。加快推进动物卫生监督体制改革，全面加强动物卫生监督体系建设。加强对动物及动物产品生产、运输、加工、储存、销售等环节的监管，切实规范产地检疫和屠宰检疫工作，严禁病死动物和检疫不合格动物出场出户。

3．兽医管理体制改革，组建完成三级机构

组建完成省、市、县三级兽医行政管理、执法监督、技术支持机构。要始终把机构编制和经费保障问题作为改革的核心内容，切实解决畜牧兽医机构编制问题，完善动物防疫经费保障机制。要积极推进官方兽医制度、执业兽医制度建设。要突出抓好乡镇畜牧兽医站建设，稳定基层防疫和畜牧技术推广队伍，健全村级防疫网络。

4．无规定动物疫病区建设，组织开展监测与评估

在无规定动物疫病区建设中，重点开展监测与评估工作，按照国际标准逐步推进国际认证。同时尽快建立和完善动物标志溯源系统，提升畜禽产品国际竞争力。要通过推进无规定动物疫病区建设，有效防控重大动物疫病，促进对外贸易，推进畜牧业产业升级。

5．兽药行业监管，坚决淘汰不达标企业和产品

当前，我国畜产品安全问题日益突出，特别是兽药残留和养殖过程中使用各类违禁物等安全隐患还远未消除。因此，农业部要求严格执行兽药行业准入制度和准入条件，坚决淘汰达不到准入条件的企业和产品。加强对兽药生产企业的监督，建立兽药企业监督员和兽药企业巡查制度，建立和完善兽药生产企业产品质量责任制，逐步建立企业诚信档案和不良信用记录公开制度。

6．建立政府预警网络，利用动物疫病预警机制应对生物恐怖袭击

可能利用野生动物一些烈性传染病病原进行生物恐怖袭击。很多动物如禽流感、鼠疫、炭疽病、土拉热及霍乱等敏感，在一些重要的水域、场所增加一些敏感动物，如果这些动物发病，就很可能预示类似袭击发生，起到预警作用。

很多恐怖袭击所采用的病原是人兽共患的，所以动物可以起到预警作用。对生物恐怖袭击的早期监测是兽医和医学共同的任务。对可疑人群和动物群体进行调查和评价是关键措施之一，动物患病或死亡是非常有效的预警信号之一。其中，哨兵动物就是有效工具之一，特别是对农业生物恐怖袭击最恰当的手段之一。

首先，动物能够在人表现临床症状前出现症状，并使我们有机会采取预防措施。因为动物对一些病原比人更敏感，而且比人有较短的潜伏期。其次，如果释放于环境中的生物致病因子持续存在，积极的动物疾病调查就可能较早地发现。另外，当地没有的病原如果被发现，可能也预示有恐怖袭击的可能。如野生鸟（禽）类、家畜商业运输过程、局部或国际间贸易等所累及的动物，在生物病原的人为释放造成流行扩散过程中起着重要作用。水库中的鸭子中毒死亡，可能预示水中有放毒的危险。可以利用野生动物医院、小动物医院或兽医门诊等窗口，从动物疾病信息中获得有价值的资料，为预防生物恐怖袭击起到网络预警作用。监测动物群体移动当中的生物病原对防止其扩散，并及时采取措施防止事态进一步发展非常重要。以往对有效地监测这些可能的恐怖病原中预警动物的重要作用没有足够重视。美国CDC（疾病控制中心）为了制定预防恐怖袭击的应急计划，首先列定可能的生物和化学危害原，传染性危害病原依对公共卫生风险程度分为 A、B、C 三级。

预警动物或哨兵动物对生物战或生物恐怖袭击如何界定其对人造成危害前动物的潜伏期和感染剂量是关键，还需要清楚知道使用预警动物的局限性在哪。首先的必要条件是预警动物必须能够在人群受到攻击之前最可能显示证据，如炭疽杆菌以气溶胶形式最短潜伏期是多少并不清楚，在"9·11"事件中，邮件粉末攻击少于 4d，而 1979 年前苏联军队实验室泄露，人炭疽显示症状少于 2d，死亡在 6d 之内。有证据表明，对炭疽感染绵羊和牛比人敏感性高。鼠疫在以气溶胶呼吸道吸入情况下，猫的潜伏期（12d）比人的短（16d）。猫在鼠疫预警中应该有潜在应用价值，而这几种动物对野兔热就不是很敏感，预警作用不大。

第七篇

兽医公共卫生的发展趋势

第十三章
影响兽医公共卫生未来发展新趋势的因素

第一节　兽医公共卫生的应用或服务范围

一、兽医公共卫生未来的任务和作用

1．VPH 未来的任务概述

兽医科学涵盖了所有的兽医行为，包括动物产品和健康状态。兽医公共卫生学是社会发展到一定阶段的必然产物，也就是当社会具备了相当文明、经济基础、社会发展的群体性规模及相关环境等因素的必然需求。兽医专业最适合针对动物性和环境储存池的传染性疾病暴发和中毒的常规操作，对人类和动物卫生的保健服务。所有兽医学科毕业生都要经过综合医疗培训，强调预防性、经济性、动物卫生和生产种群等方面，因为它们与人类卫生和健康密切相关。在未来 20 年里，我们迫切地需要拓展人类和动物医学的联系，特别是人兽共患病方面。

VPH 是多学科交叉，面对多方面复杂的任务。兽医不但涉及政府、非政府和私营部门，而且与其他专家譬如医师、护士、微生物学家、环境专家、保健人员、食物工艺师、农业科学家，相对应的兽医职员和辅助人员等都有密切关系，主要职能是对疾病治疗、控制和预防动物源性疾病。VPH 通过减少暴露于由动物和畜产品交叉感染引发的隐患而直接改善了人类的健康，兽医学可以促进动物健康，使畜产品质量和数量都有所提高。通过国内和国际贸易鼓励小规模生产商和大规模农业促进经济发展；促进农村经济增长减少农村—城市的转移。

VPH 核心领域包括：诊断、监视、流行病学、控制、预防和消除动物传染病；动物源性食品安全；实验动物设施和疾病诊断、实验室安全管理；生物医学研究；卫生教育和扩展及生物产品和医疗设备生产和控制。也包括家养和野生动物群管理，饮用水和环境保护，公共卫生紧急状态管理等。在 21 世纪同一个全球性健康目标。在世界范围内，所有国家通过各部门联合行动，使每个人均能获得安全的食物、安全的饮用水。

在公共卫生中 VPH 能够起重要作用的领域：疾病调查，流行病学，控制动物性传染病和传染性疾病；社会，人-动物的关系，关于行为和精神方面（包括动物促进政策和动物福利标准）；非传染性疾病的流行病学和预防（包括改善健康的生活方式）；公共卫生和环境机构的领导、经营和管理，如政府机关、私营部门与组织和学术

机关；风险分析，卫生经济学，成本效益，成本分析，效应分析和其他评估卫生业务传递和公共卫生程序的方法等。

VPH 服务的社会环境，特别是在兽医服务的乡区里家庭妇女，在防止动物性传染病和动物源性疾病上有着巨大潜力，应关注对农村妇女的公共卫生教育。兽医工作必须与周围人员配合进行，否则很难达到目的。

VPH 还对动物相关的公共卫生许多领域具有重要作用，包括对公共卫生程序的设计和分析。这个程序的有效性经过改进，可以确保 VPH 技术在地方和全国范围内体现。

VPH 将面临发达的和发展中国家之间与日俱增的人口迅速改变的背景，与日俱增的都市化、贫穷和科学技术发展不平衡造成差距等变化背景。这些变化体现在土地利用、环境和气候上，而且，这些变化都将使 VPH 作为人类健康系统的一部分提出新挑战。

此外，与 VPH 有直接关系的其他方面变化：耕种方法；在家畜生产强度上的转变；新的扩展行为，譬如水产养殖和竞争性耕种，并且需要采取友好的环保式方法；新技术发展和兴起，譬如遗传工程和转基因动植物；在家畜饲料使用添加剂、抗菌剂和营养成分的使用；废物处置；注意增加在边远地区的技术储备和改善农村贫穷状况，推进乡区妇女的权益；推动市区的田园化，从乡村引进绿色饲养家畜和相关文化。

2．兽医公共卫生在重要和新领域中应起的作用及面临的挑战

（1）VPH 在食物生产链中的作用

从个别散养动物到牧群，人口和 HACCP 等焦点问题上，增加参与者的科技知识和责任心，能够保证食物链生产的质量和数量；新技术发展和实施促进食物和饲料生产；储藏和商品化、毒性残留的相关问题和改善卫生学标准；新的社会需要，特别是对消费者的要求给以更大关注，这些与 VPH 都有密切关系，同时，VPH 在这些方面应起到更好的作用。

（2）VPH 在贸易、旅行和人与动物关系中的作用

国际旅行、动物和畜产品的国际贸易持续扩展，与旅行和移民有关的饮食习惯的改变；确保产品质量，国际协定和世界贸易组织协议的实施和保障；在进出口和

旅游市场方面增加对消费者的关注。这些问题都与VPH的职能密切相关，并且是不可缺少的组成部分。另外，人和动物之间相互关系，动物和人福利的角色，都会随着都市和周围郊区动物及人口的增加呈现新的要求，生物医学应用等都离不开VPH实质性作用。

（3）VPH面对自然和人类活动造成的灾害

对VPH未来需求是多方面的，譬如与自然气候有关的问题（干旱、饥荒、洪水、飓风）、地震、工业和核事故（如日本核事故后水产品安全）、偶然或人为导致的流行病、新出现和再度出现的动物性传染病、人畜共患病和其他传染性疾病的蔓延。

（4）VPH在减少的资源状况下所能起的作用

VPH如何在减少政府资助和服务私有化趋向情况下，维持传统VPH服务的可持续性；VPH服务拓展可供选择的机制等情况下如何积极发挥职能作用，都是面临的新问题。

（5）国家政府必须重视VPH所能起的作用

VPH在公共卫生部门里现在还不被重视，对其职能的理解还不够。政府必须给予充分的权利才能发挥其职能。其实，对于VPH在国家、未来作用方面，兽医官员及兽医界本身认识就不很明确，需要相关人员的共同呼吁。

二、兽医公共卫生人员的专业发展

兽医学教育和职业资格是严格而有序的，作为兽医公共卫生人员必须有坚实的专业基础和专业能力才能适应社会的需要，目前VPH对农业、公共卫生、生态系统卫生和生物医学来说贡献较小。这种情况与兽医科学的目标：保护动物健康，减轻动物痛苦，增加动物资源，促进公共卫生和医学发展的社会利益并未完全吻合。作为兽医工作者要充分认识这些问题，现在就应该加强培养和训练相关人才，应对社会需求和挑战。这种需求外在因素包括：兽医科学广泛的社会需要，知识和技术快速发展，生态系统卫生状况下降威胁健康或人类生存；在公共卫生中人兽共患病的重要性越来越突出，公众对公共卫生提高了关注度，全球性外来动物疾病危险性增加，潜在的恐怖威胁，宿主与家畜利害关系增加了，与健康领域相关的其他职业竞争等。内在因素包括：对社会需求的漠视，努力加强学术氛围和相关课程，以鼓励学生改善小动物实践中对其他领域的损害；新的毕业生面临食用动物生产、公共卫生、生态系统卫生及生物医学的需求，特殊情况（重大应急事件）应对系统的不完善；尽管在比较医学中的特殊性，面对兽医资格体系，现在的兽医教育体系还存在很多缺陷。鉴于这些问题，有必要强化兽医公共卫生专业方向教育，兽医公共卫生课程或教育现在还很不完善。随着相关卫生状况的发展和科学技术的进步，兽医课程VPH内容应该扩展到毕业后的VPH的培训中。完善VPH课程体系的宗旨是将提供给所有的毕业生最新知识和专业技术，以便他们能更

加积极地面对VPH所涉及的各种社会需求。

1. 兽医公共卫生的本科训练

兽医公共卫生课程应在所有的兽医院校开设。大学期间的课程内容除了基础兽医课程外，对VPH专业或方向来讲，还应注重公共卫生实践，流行病学基础，生物统计学方法，公共卫生伦理学，环境和职业公共卫生管理，身体健康与心理健康的综合平衡，生态系统卫生，实验动物，与环境风险性接触。核心课程包括兽医公共卫生学，流行病学，环境毒理学，预防医学（或预防兽医学），医用生物统计学，食品安全，实验室诊断与病理学，实验室生物安全，动物福利，公共卫生行政管理，病原媒介控制，风险评估，人兽共患病学。

核心课程涵盖的意义如下。

（1）公共卫生政策和系统的发展

全球食品系统包括肉、乳、蛋、鱼及各种鲜产食品；食品安全法规；公共卫生法规；公共和环境卫生条件对食品工业的影响；传染病的预防和控制。

（2）社会效益

食品系统的生物安全：各种危险因素、生产和连带责任、收获前的食品安全；人兽共患病的流行病学；社会的营养问题；重大疫病安全风险性评估。

（3）安全评价和基础科学

食源性疾病和食品安全危害调查；动植物调查和监控；分子流行病学分析进展；风险性评价；食品监控中的微生物学利用。

（4）管理程序

风险性传播和风险性处理。食品安全保护、人畜共患病和环境卫生相关内容都应包括在内，在未来几十年VPH将成为兽医行业主要行为之一的过程中，VPH培训将成为食品卫生培训必修课程。国内所有兽医专业应安排相应的课程，以应对当前和未来国家对VPH的需要。这个工作在一些国家已经开展，如印度，其相关院校已增加了奶和肉类卫生、人畜共患病、人类健康和环境卫生等课程。而我国还没有涉及人类健康和环境卫生之类的课程。

其他的课程包括传染病学、微生物学、寄生虫病学、病理学、免疫学和生物统计学也要求加强VPH的课程涉及的相关内容。另外，食品安全、管理和共享方法也是重要的，公共卫生还包括社会经济方面的课程内容。灾难预防如飓风、洪水、干旱和人为造成的传染病，都应涵盖在VPH的课程中。

VPH培训可在兽医课程终末期开始，这时学生已完成了微生物学、寄生虫病学和病理学的相关课程，VPH的实践培训在这些课程中已涉及大部分。本科生培训应为进一步进行VPH研究生的培养提供坚实基础。国家应提供一个机制使绝大多数兽医能受到VPH的有效培训，即使对不能得到大学教育的其他学生也应如此。设有兽医专业的相关院校都应设立VPH系，并且由受到良好公共卫生方面培训的人员担任教员。

2．毕业后的专业训练

毕业后专业训练的基本内容应包括：①职业资格考试训练；②专业化训练，如病理、小动物疾病诊断；③继续教育；④新发或再发人兽共患病诊断与控制新技术培训；⑤风险评估知识和技术。

（1）专项培训的内容和课程

应包含：社会和行为学基础，环境卫生学，流行病学基础，流行病方法学，生物统计学方法，公共卫生伦理（职业实践与法规、科学研究与法规），卫生服务机构管理原则，公共卫生管理学，环境管理原理，可支撑的管理系统，公共卫生风险管理，环境经济和政策，土地和水资源管理，废弃物综合管理，食品质量、卫生和安全管理，计划管理和研究方法学，重大公共卫生事件的应对处理原则，暴露或接触环境危害物防护等。

随着社会和科学技术的不断进步，兽医公共卫生专业人员除了进行专业方面的训练、强化外，还应在如下几方面进行学习和培训。

1）兽医公共卫生的设计、应对和处理。

优先进行分子流行病学分析、设计、指导和评价，兽医公共卫生的设计、应对和处理知识。偶然事件的处理系统：公共卫生的作用，信息技术，多机构的共同处理机制。中间实践环节，突发紧急事件应急计划，危险性传播的原理，重大灾难事件的社会心理学处理方法，公共卫生法规，食源性疾病的调查。

2）职业健康和安全。

工作伤害的预防和工效学；危害物的识别、评价和控制；卫生、管理艺术和效应变更；健康福利的经济处理模式；公共卫生的作用，职业健康与安全；职业医学；危险传播的原理，灾难发生的社会心理学处理方法，公共卫生法规等。

3）VPH的研究生教育和持续职业发展。

VPH研究生培养应包括传染病学，人畜共患病控制，生物统计学，环境卫生，动物与人类营养和食品安全等方面的进一步培训。公共卫生管理、卫生立法和经济学、公共职业健康和健康教育都应包括在内。相对特殊的方面（小规模的畜牧业、屠宰和肉类检疫）和公众健康的问题也必须要强调。国际贸易等根据卫生和控制农作物有害措施达成的世贸组织协议管理规定，需要透明的控制，保证动物源食品安全和卫生。质量控制体系的等效性也是一个重要的问题。VPH的研究生教育还应包括风险交流和管理方面的培训。

现代化畜牧业促进了预防性兽药和畜禽养殖达到一个较高水平，并且将注意力集中到种群水平，这就要求从事VPH的兽医必须成为流行病学专家。兽医专业中流行病学是必修课程，但在VPH相关食品卫生与其他相关学科教学和研究工作中易被忽视。大多数兽医甚至缺乏基础的VPH知识，结果使其没有兴趣从事这方面的职业。

VPH的研究生教育必须适应国家兽医和其他卫生职业的需求。学科建设必须为学生提供最新理论知识和结合实际的专门技术，而私营企业、卫生专业人员和政府机关的VPH官员在其中发挥互补作用。

VPH研究生教育应分为3个不同培养目标和方向：①非公共卫生所雇佣的兽医，包括从事食品动物卫生、生产工作和与伴侣动物接触的兽医从业者；②受雇于公共卫生的兽医，其他公共健康工作人员，如卫生和健康检查员；③教育计划的两个水平也是要求的：针对兽医和其他卫生工作人员的VPH教育，获得必需知识和技能的课程；使VPH工作人员技术和知识更新并为动物和人类提供健康服务的课程。

4）硕士文凭。在一些农科类大学，尤其是强调公共卫生教育的学校，学制2～3年的研究生教育计划，应包括流行病学、人畜共患病的控制和环境保护方向。课程应包括理论和实践内容，特定VPH学科的专门知识应授予理学硕士或公共卫生硕士文凭。

5）凭证或证书。在一些国家，兽医学会设有登记或在册的兽医专家，包括VPH、食品卫生和技术方面的专家。我国逐步完善兽医师制度，让有资格的兽医师对关键问题把关。世界上几乎没有能够处理VPH所有问题的学术机构，在学校之间、院校之间开展国际合作是必需的。

（2）远程学习和知识传输

现代教育课程还可以通过互联网等途径获得。以使全世界或国内的学生们利用最新途径获取知识信息并参加远程课程学习。考试也可以类似的方式进行。国际间的课程、研究生水平的课程和继续教育课程也可以在VPH和相关学科的国际或国家认可的中心进行组织。国家也可以设立VPH远程培训中心，进行在职人员的专业培训。

（3）辅助人员的培训

辅助人员和辅助专业人员在VPH中的重要性已经普遍认可。除在动物健康中提供临床服务之外，兽医和其他相关技术员及辅助人员同样可以对家畜生产商提供卫生消息，并传授给他们关于疾病的传播和预防及其他健康知识或技能。

3．VPH附属机构和社团的作用

（1）兽医和医疗专业人员

兽医应是卫生信息和促进思想转变的高效宣传员，是鼓励社团组织和促进公共卫生的实际领导者。他们能运用动物疾病的案例向家畜生产者传授人畜共患病预防知识。兽医技术人员，除了作为兽医助手，如果受到良好的培训和较全面地掌握VPH知识，也能对那些高危人群宣传教育。同样，医生也能向他们的患者宣传人畜共患病的传播和预防知识。护士和其他与患者密切接触的医护人员在卫生健康教育方面也发挥重要的作用。

公共卫生顾问和农业生产方面的代理人，在挨家挨户访问时可向社区和家庭提供卫生建议，尤其是在农村地区，在控制疾病方面起着关键作用。他们与高危人群接触密切，尤其是那些住在边远地区对于疾病的传播没有其他信息来源的人群。健康顾问在健康教育和宣传如何预防感染知识等方面起着主要作用。

（2）社区参与和教育

社区（包括乡、村、镇）参与通常是指个人和家庭为了他们自身的健康和幸福，提高他们个人及社区的经济发展能力的过程。

政府相关部门必须在控制和减少动物源疾病的战略执行方面发挥作用。专门的教育材料必须与特定目标群体教育水平相匹配以获得最好的结果，还应注意到不同的宗教信仰、文化传统和当地居民的语言。准备适当的材料用于与当地社区交流有关疾病的信息，并鼓励他们接受健康的生活方式。卫生教育项目要传达给当地基层主要领导、学校教师、学生、父母（监护人）、家畜生产者和农村社区。有用的本土知识应得到尊重和使用。

通过大众传媒发布预防和控制人畜共患病信息。广播和电视对于卫生健康教育是非常有价值的手段，但为了有效地推行卫生教育项目，所做的节目应当明确、准确指定观众。专业教师应该是教授卫生课程的主要人选，尤其是在农村和其他人畜疾病高危地区。因为专业教师受过 VPH 系统培训，能教给他们的学生有关基本的卫生和人畜共患病传播途径与预防措施知识。除了在校学生，

对家畜生产者的教育也是非常重要的，因为他们在控制和消除人畜共患病的过程中是最关键因素之一。

在农村地区，母亲通常是家庭主要的看护者、烹饪者、家庭主妇和非正式的医疗顾问。VPH 信息和知识传递到这些妇女当中尤其重要，因为家庭的食物通常是由她们准备的。然而，农村的妇女通常没有疾病传播的基础知识，对她们进行卫生健康教育对家庭疾病预防是非常关键的，因为她们是教育孩子的主要实施者。建议使用广播和电视，因为许多上了年纪的妇女文化水平低，她们是广播和电视的主要听众和观众。广播和电视应关注妇女群体，并提供渠道教育她们和支持她们获得相关的卫生知识。

基层干部和有影响力的个人应当受到相关培训，这样可以鼓励健康的生活方式。在社区他们也可以培训其他人，获得事半功倍的效果。政府要适时确定一个了解流行病学方面和社会方面的卫生健康问题教育团队，这是相当重要的，因为这个团队清楚地了解问题的所在，应对的策略和任务。要贯彻和改进现行的和将来的计划，这个团队必须不断地调整和评估所采取的对策，为政府提供科学的建议，这是一项长期的社会责任。

第二节　气候和环境变化对野生动物群体的影响及相互制约因素

气候变化对未来影响包括水资源、生态系统、粮食、纤维、林产品、沿海及低洼地区、工业、人居环境和社会、健康等方面，所有这些因素都涉及公共卫生问题。有关天气问题如干旱、饥荒、洪水、飓风、全球变暖、地震，进而连锁反应涉及工业、核事故和偶然或由人为地导致流行病。典型的气候变化预计会增加人和动物的媒介传播和其他疾病的风险，许多气候变化潜在的影响将需要几年甚至数十年才变得明显。

一些自然疫源性疾病由于人为的环境破坏，导致这些疫源性疾病直接暴露于现代社会面前，给社会公共卫生安全带来巨大压力和新的问题，如人们狂吃果子狸而引发的 SARS，2007 年洪水使洞庭湖鼠灾泛滥，20 亿田鼠洞庭湖"跑马圈地"，全民动员鼠口夺地，直接影响到当地的农业生产，并带来巨大经济损失，同时也带来安全隐患，因为许多人类和畜禽的疾病与野生动物密切相关。

很多野生动植物病原体对温度、降雨量和湿度非常敏感，这些因素的共同作用可能会影响到生物多样性。气候变暖可以增加病原体的生长率和存活率、疾病的传染性及寄主的易受感染性。定向的气候变暖对疾病最明显的影响与病原体传播的地理范围有关，多世代循环的病原体数量和其他病原体的季节性增长，在气候变化的条件下可能通过 2 种机制——更长的生长季节和病原体生长速度加快。气候变化最有可能影响到陆地动物身上病原体自由生长的阶段、媒介阶段或带菌者阶段。

人类疾病及家养动物间相互传染的疾病也对野生动物生存构成了严重威胁。例如，家猫携带的弓形虫传染

导致了美国加州野生海豹种群的濒临灭绝；狂犬病的暴发也导致了非洲野狗野生种群的濒临灭绝。显然，动物疾病的暴发与流行已对社会和经济的可持续发展、生态环境建设和人类健康构成了严重的威胁。动物疫病加重的原因是多方面的，一是目前我国动物养殖密度过高、养殖环境恶劣，致使动物免疫力下降、病原微生物大量繁殖，养殖场、人、畜禽、野生动物缺乏隔离，生活接触频繁，致使病原体交叉感染、传播的机会增大，同时病原体变异、重组的速率也会加快；二是由于人类活动影响加剧，如滥吃滥捕野生动物及侵占野生动物的栖息地等，使人、家畜、宠物与动物接触的机会加大，增大了疾病在人与野生动物之间交叉传播的机会；三是在全球经济一体化的背景下，人流、物流加快，使异地疾病通过交通、运输渠道被传入的机会也大大增加了；四是气候变化和生态环境改变也加剧了疾病的传播。日益变暖的气候总体上是有利于（我国）北方病原微生物的越冬生存，厄尔尼诺引发的洪水灾害会有利于喜湿病原微生物的繁衍。气候变化引发的宿主动物（如鼠类）数量的变化，往往伴随着相关疾病（如鼠疫、出血热、钩端螺旋体病等）的流行。

最近几十年气候变暖导致了带菌者和疾病在纬度上的转移，研究表明：①节肢动物带菌者和寄生虫在低于临界温度的时候死亡或无法生长；②随着温度的升高，带菌者的繁殖速度、数量增长和咬伤动物的次数也增加了；③随着温度的增加，寄生虫的生长速度加快，传染期加长。厄尔尼诺变化已经明显影响到了海洋和陆地的

病原体，包括珊瑚虫病、牡蛎病原体、作物病原体。气候变暖以几种不同的方式已经或将要改变疾病的严重性或流行性。在温带，冬季将会更短，气温将会更温和，这就增加了疾病的传播率。在热带海洋，夏季更加炎热，可能使寄主在热度的压力下更加容易受到影响，危及两栖动物的壶菌、鱼类冷水病和昆虫真菌病原体等几种类型的疾病随着温度的升高，其流行的严重性将会降低。

最后一次见到生活于哥斯达黎加 Monte Verde 森林的、当地特有物种 Monte Verde 金蛙，是在 1987 年。20 世纪 70 年代以来，由于温度上升、云层升高，导致

在这个非常特有的森林里生活的鸟类、爬行类和两栖类动物种群发生了巨大变化，其中有 21 种蛙类在这个森林消失。

蚊子出现在更高海拔地区，调查显示，一些高海拔地区以前从来没有疟疾或其他蚊子传播的疾病，现在也开始发生。1997 年，坦桑尼亚和印度尼西亚的热带高地第一次暴发了疟疾。登革热以前只在海拔 1000m 以下的地区发生，现在在墨西哥近海拔 2000m 的地区也有报道。在哥伦比亚超过海拔 2000m 的地区发现了登革热和黄热病的媒介昆虫。

第三节　人口增加和迁移过快

人口增加是地球必然规律，但人口增加将带来众多问题，如旅游等迁移活动增加，必然带来公共卫生安全问题。全球性人口平稳的增长导致了复杂社会范围和环境的变动。例如，当农村人口流向市区寻找工作，卫生、教育和其他基本服务方面，在乡镇和城市乃至全球性扩展。当都市一些产业发展了，而其他的产业破产，均能改变都市结构和框架。人和动物新的流动形成具有史无前例特点的新定居区和生态环境。由于这些变动，在发展中国家以种田和畜牧业为主要生存方式演变成了城市生活方式。VPH 的服务职能也会随之发生改变，如私人服务关系及经济性能的转变。人口迁移增加带来了精神卫生、职业卫生与安全、公共卫生、生殖卫生等问题，如结核病是全球严重的公共卫生问题和经济学问题，它使世界上贫穷、最受忽视和伤害的群体处于疾病与贫困的恶性循环之中。与之继发引起的与环境污染有关的卫生问题在发展中国家和发达国家可能增加。

动物性传染病的样式将出现改变。许多动物性传染病作为新发性（涌现）或老病新发性（再度出现的）疾病出现。动物性传染病增加有许多原因，包括环境的改变，在以前无人居住的区域定居，由于人口增加对动物蛋白质更大的需求，动物产品的扩增及活体动物、畜产品和其他粮食的贸易加速。相应的，人的疾病的样式也将改变，高人口密度，在国家之间人口的流动和在生活方式上的变化将影响着疾病的种类。

国家卫生事业的管理呈全球化趋势，这些趋势包括作为增加经济效益和在政府政策上反应方式的变化，向分散化决策和私有化发展。伴随这些在国家卫生事业上的变化，政府和公众认为，兽医公共卫生的作用主要应该是改善公共卫生和动物福利。

城市化继续扩大，很多城市扩展到森林边缘，使原来野生动物的活动空间越来越小，改变了生态模式，引起新的卫生与安全问题。例如，我国对野生动物保护政策的逐步落实，一些野生动物的活动空间延伸到居民的生活空间中，经常侵扰民宅，破坏农民的庄稼，同时也可能带来新的病原。澳大利亚的城市建在森林边缘，野生动物的活动空间被挤占，一些如考拉、树袋熊、袋鼠等野外生活的动物反而到城市里来寻找食物，特别是这些动物到垃圾堆里寻找食物，或者是人们直接给动物食物，使人与动物直接接触的机会大大增加了，构成了新的生态构架，也带来了流行病和疾病传播的新模式。

第四节　影响兽医公共卫生未来的其他因素

1. 新技术的发展和应用

许多新技术在畜牧业和食品工业被采用了，刺激了与农业相关的工业进一步发展。但是，新技术的引进也增加了微生物学和毒理学风险，也与动物福利有关。新技术还可能在农场经营实践上引起深刻变化，迫使农民需要获取关于动物福利和健康的新知识，并为他们的工作者提供适当训练。如对动物药物用途及使用方法进行必要的训练，这些药物对人类健康具有潜在的影响和产生耐药性风险。

集约经营种植业可能引起其他问题。当食物生产和质量提高时，新技术的介入减少了对劳力的需求。当年轻的工作者迁移走向市区寻找工作时，农村人口和服务下降。农村人口减少更大的压力可能来自小型与中型农场农业的物价调控，在农场生产和其他市场方面的制约。这样使农民无所适从，生存出现了问题。在这些情况下，他们变得无能为力和无法支付医疗与兽医服务，这就可能引起人和家畜持续性健康问题。

大容量、高密度家畜（禽）饲养系统同样会引起废物和污染物的大量产生。这预示着对动物和人类健康及对环境的短期和长期的风险。这样的饲养方式的改变，也改变了一些疾病发生模型、环境污染与保护的对象，同时也是 VPH 最为关注的一个方面。

2. 贸易的全球化

贸易的全球化促进了食源性传染病和其他疾病传播，譬如疯牛病扩散的风险。相应地，需要被严密监测在生产期间和管理期间加工和分配的食物和家畜饲料。

目前世界上的每个国家都不是被隔离的,需要国际间贸易来保证充足的食物供应。预防措施是防止和控制食物源性传染的关键环节。这个过程要求国际间确保食物质量和食物安全程序的合作能力,而程序就是公共卫生和卫生监督的控制集成的战略。对于每个国家还要求有很强的动物检疫检验能力。VPH 在动物和畜产品全国与国际贸易中越来越能体现其重要价值,如动物及动物产品中肠炎沙门菌和鼠伤寒沙门菌的多重耐药性,特别是在蛋品中的国际间传播;猪瘟、口蹄疫、猪繁殖障碍和呼吸综合征等都在国际贸易中造成重大经济损失。新西兰虽然相对隔绝,在国际贸易中也引发了一些新的疾病,包括 20 世纪 90 年代的鸡传染性法氏囊病和兔嵌杯样病毒病。

尽管如此,国际间贸易仍然不断增加,这就需要新的和不同的方法来对食物安全和对外来动物传染病加以严格控制,这些目标可以通过食物安全保证程序来实现,如 HACCP 等。

3. VPH 对动物及动物产品源疾病、新发和再发人兽共患病的监视、控制和挑战

（1）食物源性和动物性传染疾病

每年成千上万人由食物源性疾病和动物性传染病导致数以万计人员死亡,特别是在发展中国家的孩子。食物生产、存贮、处理和准备中不当的方法导致许多熟知的疾病暴发。

食用动物是许多新发的和重要食源性疾病的储存池,包括大肠埃希菌 O157:H7、疯牛病病毒、禽流感病毒等都是通过动物源性食品传播。VPH 的主要职责就是针对这些疾病造成的威胁,特别在沿整个食物链中减少健康的风险将起到主要作用。

（2）微生物的耐药性

抗菌药物无容置疑地拯救了成千上万人的生命。VPH 的职责是在食用了含抗菌剂食物后对人类健康后果的最根本评估和反应,对其过程进行监督和控制,特别是对屠宰前的监督和控制。

（3）新发和再发人兽共患病

众多新发和再度出现的人兽共患病直接地从动物到人传播;在某些情况下,通过节肢动物发生传输时,动物充当了中间或偶然宿主。新发动物源性的病原生物重要性不仅由于它们引发了疾病,重要的是新的人类疾病可能从未怀疑动物储存宿主中出现。例如,流行性感冒病毒株可能从鸟或猪这样的储存宿主中出现,HIV 普遍认为是由非人类病毒演变来的,禽流感、SARS 等就是以新的病原面貌出现。在传染媒介源和动物性传染病出现的概率上,环境和生态学改变起着长期和深远的作用。VPH 服务功能需要强调预防这样疾病的重要性,突出它们的经济和健康后果。

VPH 专业技术是对新现和再发（人兽共患）传染病的公共卫生反应的一个必要组分。对于兽医和其他 VPH 专家,可以更多地为公共卫生反应提供动物疾病传统监视和控制上的专门技术。VPH 对传染性疾病的全方位控制活动使其职责的范围扩大了。

公共卫生监视是对健康数据的持续和系统的收集、分析和扩展。从临床和兽医诊断实验室得到的疾病报告在公共卫生监视中是个重要因素。VPH 专家与其他公共卫生官员、农业和诊断实验室职员在这些活动中是必要的合作伙伴。新现的和再发人兽共患病发生前和发生时的监视中,VPH 作用越来越受到重视。

控制和防止传染病发生需要多重学科和多方的努力,它要求许多医疗保健者提供专业技巧和专门技术,包括 VPH 专家。在这方面,VPH 要为动物性传染病的诊断和预防去发展和实施指南,包括 VPH 对暴发传染病的反应能力上,将改进能力检测,控制和防止人兽共患病的发生。

（4）转基因动物性食品的安全性评价

对于转基因动物来说,完全转基因动物是不可能的,主要是指 1 个或几个基因的转移,使食用动物获得新的功能或品质,或者是将转基因成分添加到动物性食品中,使动物性食品品质和功能得到改善。目前真正意义上的转基因动物性食品还没有,有转基因鱼 35 种,如鲑鱼,克隆动物也处于初步阶段,以 99% 的失败率进行探索,主要以克隆改善肉品质、增加奶产量和品质、功效、抗病基因为主。较多的是以转基因植物作为饲料饲喂动物,以转基因微生物及产品等作为食品添加剂、加工用酶等与人体直接接触或食用。转基因动物安全性更为复杂。

所谓基因改造食品（genetically engineered food）就是食品中含有以人为方式,自一生物体分离出基因,再植入另一生物体内所产生的食品原料。虽然利用基因改造生物在食品生产或制造上具有许多优点,但在评估其安全性时,仍应考虑可能产生的预期及不可预期的风险。基因改造食物已从 1996 年开始无声无息地进入美国和许多国家市场,目前美国 60%～80% 的食物已有基因改造成分,25% 的玉米、45% 的黄豆（80% 的食用油来自黄豆）、50% 的棉花及芥子油已是基因改造的农作物。有些牛肉、牛奶、乳制品更是来自生长过程使用基因改造的激素牛。而欧洲国家、非洲国家都不欢迎这种粮食。

关于转基因食品的安全性目前许多还处于观点阶段,缺乏实验支持。基因改造的食物可能令食物产生新的过敏原和毒素,并可能制造超级病毒,传播有抗抗生素的基因,造成其他的细菌和病毒能抵抗抗生素（这种基因不会被热破坏或消化液分解）,并造成除草剂增加了三倍以上的用量,和人类及动物、植物基因混乱等。这类基因改造的食物,是利用生物科技将外来基因转移到植物身上而产生的农产品,它可以改变该植物形状、特性,可以增加植物的抗药性与抗虫害能力。但一些零散的报告也暴露出安全问题,值得 VPH 在将来评价中予以极大的关注。据 1995 年英国一位生化学家普兹塔（Arpad Pusztai）针对基因改造食品的安全性所做的实验发现,将基因改造过的马铃薯饲喂老鼠,结果发现了老鼠胃壁增厚,胃腺窝增长,老鼠免疫力降低,脑萎缩的现象。

另外，胸腺、肾脏、肠道、脾脏也都有不良影响迹象。另外，美国一项研究也发现，一位对巴西胡桃过敏的人，吃了一种注入巴西胡桃基因改造生产的大豆，竟然也出现相同的过敏现象。据报道美国曾发生一起基因工程修饰的细菌生产的食品添加剂，导致食品因含色氨酸（tryptonphan）过多，导致 37 人死亡，1500 人终身健康伤害，引起嗜酸细胞性肌痛综合征（eosinophil myalgia syndrome，EMS）。这也可能是一个极端的例子。1820 只绵羊在基因修饰的棉花地放牧后死亡，其症状和死后解剖证明有毒性反应，这一结果是印度民间组织披露的，发生在 4 个村庄，实际情况可能更糟。在转基因大豆饲喂大鼠的肝脏电镜超微结构发现有毒性反应，饲喂母鼠 3 周后，所产幼鼠 50%死亡。

还有几个例子，"孟山都"公司的秘密报告称，吃了转基因玉米的老鼠，其血液和肾脏中出现异常反应。黑凤蝶幼虫吃了 Bt 转基因抗虫玉米花粉污染的苦苣菜 4d 后有 40%死亡，而存活者幼体较小，可以推断 Bt 转基因抗虫玉米花粉含有毒素。转基因食品的安全性评价关于对健康危险的研究较少；对潜在危害的安全实验技术缺乏，现有的安全性评价方式可能不适合转基因食品的安全性评价；转基因食品能够或可能携带非预期毒性物质；可能有增加过敏反应的危险。但总体来说，还没有一个正式报告说明转基因食品对人具有健康风险。

4. VPH 可能的演变方式

（1）VPH 结构内涵的演变

在过去几年里，消费者越来越关注食品安全问题，而且成为政府对消费者和贸易伙伴在农产品承诺的新焦点。但是，政府对这些变化的反应与想象的还差很多，如加拿大、新西兰、英国和美国等国家，在服务传递的结构变化上，巩固了与食物安全有关立法和功能行为。大多结构变化赋予"农场到餐桌"模式更多实用意义，并在一个全国水平认可 VPH 服务传递多重学科的本质。但目前它仍然属于早熟产物，实施起来还有很多困难，我国也是如此。

这些 VPH 结构调整试图解决一些常规争端，即在政府权力范围内，由一个政府控制的机构负责处理相关问题。在这些结构模型中，由政府承担验核和监视作用，保证服务的一致性和统一标准。在食物、相关的技术和控制战略中，如 HACCP 和风险管理，提供了更新的技术和在实践中的实施。结果，焦点集中在功能控制（如生产控制、处理和实施）而不是对不同的食物本身而言。

我国 VPH 的监督制度主要由政府部门来执行，但将来也可能由一些私有性质的团体来执行，在多数发达国家，VPH 服务传递由个体或私有代办处承担的方法是常见的。但不管谁来具体执行，由政府制定的立法宗旨应该是坚定的。私有化服务或作用能够同样（或更好）地保证服务。

（2）VPH 的经济转折涵义

国家经济转型过程是对 VPH 独特的挑战，特别是当转折发生在传统农业区，该区依然停滞在向一个快速发展中工业区段的二元的经济结构时。最普遍的关心是在传递或需要 VPH 服务时的都市化作用，人们带着他们的动物、他们的传统实践和他们的文化嗜好向市区流动时，这些都对城市人口有潜在的健康风险（如动物病、废物处置、食品污染）。

加强基础和应用研究，应对 VPH 新挑战的需要。VPH 研究中由于缺乏寄主间相互作用足够的基本知识，对许多动物传染病种类和对人传播途径认识不够而不能制定有效的防制措施。对于传染性疾病，传染寄主间的生物互作同样是重要的。典型地寄主间相互作用的分子生物学现在了解还很少，在基础研究中辨认分子机制下的免疫抑制、抗原性、黏附能力和毒性等是非常重要的。某些情况下，在人和动物寄主中这些分子生物学成分也许是非常不同的。

已有很多分子生物学技术用于人兽共患病的研究、预防及控制等方面，使用这些技术追踪许多传染物质譬如那些引起非洲睡眠病、大肠杆菌 O157：H7、狂犬病和 HIV 的起源。在应用方面分子基因方法将变得更快、更容易和更廉价。大量的研究分子基因数据（生物信息方面的）兴趣在于分析、解释和改进方法上，这些对于 VPH 研究将是难能可贵的。

监视不仅涉及设计实际程序的技巧，还要训练 VPH 人员与获得农业社团和公众的合作。在许多情况下这些程序很难实施，如制定程序控制欧洲绵羊瘙痒病的过程中遇到了很多困难。现在，有些发达国家疾病监视程序采用地理信息系统（GIS）技术，该系统同卫星数据更易接近和提炼数据处理方法，对于监视和其他 VPH 研究将变得越来越有用。特别是 GIS 跟踪因感染疾病发生而改变的土地利用样式（如森林或灌溉的清洁）。

风险分析已成为一个有用工具，它可能在有充足的流行病学信息的地方使用。加强对因果关系可信度的另外两种可能性：一是数学理论，即使用现场研究或为干预的结果拓展可测试性的假说，虽然流行性和地方性疾病的数学理论是非常广泛的，但给予动物疾病的关注却较少；二是建立因果关系的可能性，是实验流行病学，即可以涉及现场或实验室研究，在这个领域的例子有：英国计划筛查体弱獾的牛型结核，去验证从獾到牛传播的假说；坦桑尼亚联邦共和国通过狗接种对狂犬病发生持续的研究，测试在人和野生物假说中家养的狗是传染储存池的证据。

对微生物耐药性问题关注越来越多，如果在畜牧业中较少使用抗菌药物会带来怎样的后果也是 VPH 研究的重点之一。

数学模型在控制程序设计上可能是有用的。模型的好处是，它们可被用以探索大范围流行病学和控制关键环节。这种方法在人的疾病控制上证明是非常成功的，参照麻疹接种程序设计，最近被用于引导铲除英国牛的疯牛病（BSE）决策上。

433

控制程序的一个重要组分是以成本-利益或成本效益分析的经济风险评估形式，这些方法还未广泛应用于动物和人疾病的交叉或临界之间关系的分析。另外，许多关于动物性传染病的成本核算缺乏可靠的信息支持，实际工作中 VPH 经常面临复杂化局面：农民在健康保险和畜牧养殖投资选择时，态度可能更倾向于畜牧养殖。这又是社会学成本-利益研究需要涉及的问题，同时，对社会公共卫生来说又是矛盾的。

未来的 VPH 科学研究和实践需要多重学科联合研究与合作，涉及微生物学家、寄生虫学家、免疫学家、分子生物学家、临床工作者、流行病学家、统计员、经济学家、社会学家和兽医之间的合作，经常涉及几个不同的部门，还需要长期的努力和资助。

（3）VPH 不同发展阶段面临不同需求

VPH 是公共卫生的必要组成部分，人-动物-环境及其所有相互作用的组合之间，包括了各种各样的合作类型。这类组合相关的例子包括动物疾病、化工残渣、动物产品系统、自然保护、野生生物和水污染之间的相互关系。

为了更好地了解 VPH 在不同地域实施可能出现的地方性差异，在国家和地区经济发展层面上可将 VPH 分成 3 个发展阶段。

阶段一：实际上就是指无组织的农业社会阶段，对动物疾病没有足够的认识，对于改进家畜和食物的生产，政府支持很少。由于国民收入与生产直接相连，在这个阶段下国家或地区在世界上是最穷的。低生产力导致营养不良和更低生产食物的能力，进一步破坏这些国家供养自己人口的能力。在这个状况下国家或地区，VPH 主要作用几乎不涉及公共卫生。

阶段二：财富积累和对动物疾病纳入公共卫生范畴及疾病控制立法阶段。肉的检查、监督和生产是在有序的管理之中，至少在法规层面上。还缺乏如现代质量管理系统基于良好的生产实践规范（GMP）、HACCP 或良好的兽医实践这样科学管理模式。VPH 仅仅为控制一些动物病而制定肉和食品的检验程序。对动物传染于人的疾病预防的重点，不在于程序上根除动物病，而是在 VPH 系统形成兽医诊断技能。食品卫生系统已有很大进步，虽然也涉及环境污染，与宠物有关的动物福利和健康风险，但还没有进入实质阶段。

阶段三：为一种相对富有的生活方式阶段，高度组织的农业生产系统和工业化肉与牛奶生产。集约经营饲养动物方式，水，废物环保方式处理，并根据 HACCP 或良好兽医实践建立检疫规程质量管理系统。政府控制主要包括监测牧群和实际产量系统，而不是个体动物的检查。在发达国家，VPH 的主要职能为疫病防疫，支持利用流行病学工具和风险分析。如有可能，VPH 的决策应该建立在实际健康和生产数据上。消费者要求产品是高质量和安全的，并且为动物福利和环境保护适当考虑，VPH 专家的部分责任就是保证这样的需要，满足公众需求而且会充当他们的公共卫生顾问。

VPH 服务发展的一个重要方面是都市化，在迅速增长的城市里大量居民与动物亲密接触。在更贫穷的市区，VPH 也许涉及动物传染病和与动物相关的伤害（如狗咬）的控制程序和狗群管理。相对而言，在富裕的地区，VPH 对公园和操场的污染更关心，多数与宠物有关，越来越多的人受过敏的伤害，这些可能与宠物或住宅附近活动的动物，寄生虫或传染媒介，如飞尘、小蜘蛛、壁虱及蚤等有关。

5．VPH 如何面对未来的挑战

VPH 能够有效面对未来挑战，首先就要建立一个有效的 VPH 系统，在公共卫生和防疫宽广的区域具备训练有素的职员和公共卫生系统的完美组合，不断采用先进技术使 VPH 系统逐步完善。但目前在世界各地，VPH 职员的各部分，主要是兽医，都集中于临床或肉检工作，缺乏在关键决策位置 VPH 人员来面对未来挑战，这就需要相关部门和大专院校极力关注 VPH 的发展和社会不断增长的需要，保证训练有素的 VPH 职员与社会同步发展。在我们现今社会里，公共卫生直接面临各种变化，并随时受这些变化的影响。

（1）VPH 机构与程序的组织和管理

在国际层次上，实行 VPH 程序的组织和管理要求不适用于单一组织模式，VPH 程序的功能、活动和资源分布在多种机构和单位，如农业、卫生和环境。一个 VPH 计划或作为具有联络功能的结合点起作用，或是承担广泛的国际程序的技术合作。国际水平的组织要求包括全球和地区性的合作单位，国家和国家间的顾问和专门的参考中心。

VPH 任务之一是促进不同部门间的合作，尤其是农业和卫生部门之间，这两个部门的功能和资源都与食品生产和人畜共患病有关，但是两个部门的功能和资源却经常是分散和隔离的。必须在最高级别的政府部门建立一个有效制度性的计划来协调和监督部门之间的协作。联合国粮农组织、世界兽医局和世界卫生组织就有关共同利益的 VPH 问题举行定期合作，成员国还需要更强的政治行动，使协作更加有效。

（2）在国家和次国家水平实行 VPH 组织和管理上的要求

在一个国家的管理机构内对 VPH 同等机构最合适的定位存在着争议，包括农业部或卫生部在内，最可能的定位，如在意大利，卫生部就是个例外。无论 VPH 的功能如何定位，其最终是对卫生、消费者保护、农业和环境的管理，要对人畜共患病的控制和食品卫生方面的合作给予足够的重视。当不同的部门涉及 VPH 任务时，要给予有效的协同与合作。

VPH 在卫生保护方面有其基本任务。任一国家都在倡导人、动物和环境之间建立可持续发展关系，获得最适宜的人类健康。VPH 卫生与健康保护方面的关键活动是要解决动物相关的问题，应该包括以下内容：评估与人畜共患病、一般的动物卫生和福利、动物源性食品和动物产品的卫生有关公共卫生需求；制定 VPH 与为改善动物卫生的技术、VPH 与特定相关药理问题，即控制兽药残留和抗生素残留的结合战略；明确技术和其他资源的供求，分析与计划、管理和规章有的管理问题，确定和动员其他部门可用的资源；鼓励社会团体介入和部门间合作；分析和发展教育性活动；监测和评估动物健康的效果和动物源性产品的安全。

动物和人类健康相关的国际组织中的 VPH，如 FAO、OIE 和 WHO，积极参加已知基础上制定的长期计划或项目，承担成员国、尤其是发展中国家提供技术建议和支持。国家 VPH 发展计划应当按领域明确优先次序进行发展，这可能包括动物疾病的控制，如人畜共患病、食品安全、环境保护和处理突发事件的应对措施。各省、市、地区性计划的发展应适应特殊的环境。在任何水平上制定 VPH 发展计划，都需要有效的管理来确保对资源最佳使用来达到社会目标。

（3）部门间的协作与联络

VPH 的目的是保护人类健康、动物和环境免受由于急剧变化受到危险的威胁。在这一复杂的领域需要很强的部门间的合作、资源动员和社会团体的参加。例如，为了确保食品质量与安全，VPH 必须集中力量使健康知识、食物链和环境方面结合在一个体系内。在 VPH 体系内，兽医、医生和其他卫生专业人员，包括流行病学家，职业的卫生工人，食品技术专家，环境保护专家和实验室人员之间必须存在紧密的联系。

鉴于现在强调要发展从农场到餐桌的保证食品安全途径，VPH 的关键作用必须得到承认。动物生产、动物健康和福利与食品安全紧密相连，VPH 最主要的角色就是要确保达到相关部门的综合协调。VPH 的专业人员需要有科学管理、协调能力和技术素质，包括预防和控制人畜共患病和食源性疾病能力，还能够熟练处理自然和人为的灾难，如地震、水灾、生物安全重大事件等的能力。为了能够改进 VPH 在面临新的挑战时的管理和职能，VPH 全体人员要熟悉流行病学、管理、经济、社会学、信息技术和风险评估的基本原理，以及公共政策的相关问题、法律概念、医学和社会科学的其他学科相关知识及规定。

（4）国家和国际间合作与参考中心的任务和需要

合作与参考中心的一些任务和功能包括：提供诊断、鉴定和病原分型的服务；从事野外疾病的流行病学调查；提供生物制品，如疫苗、血清、抗原、PCR 引物及 DNA 探针、参考菌株；收集、分析和存档健康信息；保存文化捐赠；培训、建议、咨询、报告、组织会议和研讨会，质量控制和科研；发展措施来预防和控制对公共健康影响重大的人类和动物疾病。

（5）信息科技和 VPH 的最新进展

信息技术的最新进展意味着大量的信息可随时能够获得。现在还不清楚这些进展如何影响公共卫生，尤其是 VPH，但它们提供了非同寻常的机遇。总体上，出现的信息技术都是将高固定成本和低边际成本结合起来。而且，越多的用户能够阅读电子信息，那么信息技术越流行，反过来获得这种信息的用户也越多。

1）通信和信息发布：目前，风险预警和风险信息交流很少用于信息发布。国际互联网站点的数目还将不断增加，提供更多前所未有的参考信息资源。大多数学院、图书馆、研究机构及政府机构和私有企业已经有或即将有自己的网站，通过互联网快速获取信息。

2）报告系统：与经济发展水平无关，每个国家在疾病报告质量上都不相同。报告质量不仅受到国家报告疾病意愿的影响，也受对这些疾病诊断能力的影响。政府设立的诊断实验室，不论是省级还是国家级的，都应该积极对人畜共患病暴发进行调查，私人的实验室应提供这样的日常诊断服务，因为私人诊所（人、动物）数量巨大，分布广泛，他们提供的基础数据更能反映实际情况，并且可能最早发现，而现在我国各报告系统或网站很少采用他们的资料和信息。

3）实际有效的数据库：一些有关人畜共患病的数据库有可能都是大型的，而且多维 GIS 的概念使用都是按常规进行的。对于安全（数据传送和加密，数据读取和输入）必须达成一致，口令、登录和进入必须严格控制。最终，这样的数据库和相关信息资源在国家内和国家间都应是透明的。分享数据库有很多益处，这些数据包括文本、数字数据、图像和多维图表（如全息图）。搜索和整合数据的软件工具必须有效；一些软件要有预测性能，或运算法则的建立要根据所获得的单独用户的情况。

GIS 的特征之一是涉及非常大的数据库。疾病风险地图的经验表明每一个问题都有最佳处理数据。然而，由于必需数据库的建立非常昂贵，一个共识的趋势是建立多用途数据库。

4）数据质量和数据报告：如果质量和完整性不能保证，所有可能的数据和适用性都是没有价值的。数据的质量对于改善卫生和控制疾病的成本效益是非常重要的。应当强调在适当的安全范围内快速共享准确信息的好处。信息时代的关键特征之一是快速，对形势控制和创建信任的最好途径之一是准确快速地提供信息。

（6）VPH 的经济意义

VPH 风险管理的效益和成本评估是制定 VPH 发展计划的重要组成部分。这些分析应包括预期的经济效益和可能性，执行计划选择的费用，以及由风险管理决定对企业和社会产生的其他费用。

主要参考文献

澳大利亚与新西兰农业资源管理委员会．2008．澳大利亚疫病控制策略．北京：中国农业科学技术出版社

巴剑波．2006．防范生物恐怖袭击对策研究．中国行政管理，247（1）：99-103

陈炳卿，刘志诚，王茂起．2001．现代食品卫生学．北京：人民卫生出版社

陈继明．2008．重大动物疫病检测指南．北京：中国农业科学技术出版社

郭志儒，高宏伟．2004．我国应尽快建立兽医与人医一体化的公共卫生体系．中国兽医学报，24（3）：209-211

廖如燕，陈胤瑜，宋卫，等．2008．国境口岸生物恐怖事件应对策略与措施的探讨．中国国境卫生检疫杂志，31（2）：65-68

刘家发，朱建如．2005．生物恐怖袭击的应急救援策略．公共卫生与预防医学，16（3）：39-41

柳增善．2007．食品病原微生物学．北京：中国轻工业出版社

牛瑞燕，孙子龙，李候梅．2006．动物福利的现状与对策．动物医学进展，27（2）：108-111

翁鸣．2003．关注农产品国际贸易中的动物福利问题．世界农业，7：7-9

颜景辰．2008．中国生态畜牧业发展战略研究．北京：中国农业出版社

余四九．2008．未来兽医教育展望——美国兽医学院协会预测项目最终报告介绍．动物医学进展，29（12）：94-100

张朝武．2003．卫生微生物学．北京：人民卫生出版社

张学松．2003．浅谈动物福利问题．中国禽业导刊，20（12）：41-43

张彦明．2003．兽医公共卫生学．北京：中国农业出版社

郑明光．2000．动物性食品卫生学．长春：吉林科学技术出版社

郑增忍，李明，陈茂盛．2008．风险分析．北京：中国农业出版社

朱其太，于维军，颜景堂．2003．直面中国动物福利——食人鱼入侵带给我们的启示．山东家禽，（9）：10-13

Chaia JY, Murrellb KD, Lymbery AJ. 2005. Fish-borne parasitic zoonoses. Int J Parasitol, 35(11-12): 1233-1254

Domingo JL. 2000. Health risks of genetically modified foods: Many opinions but few data. Science, 288: 1748-1749

Hayes RB, Ziegler RG, Gridley G, et al. 1999. Dietary factors and risks for prostate cancer among blacks and whites in the United States. Cancer Epidemiol Biomar Prev, 8: 25-34

Millstone E, Brunner E, Mayer S. 1999. Beyond substantial equivalence. Nature, 401:525-526

Park SY, Murphy SP, Wilkens LR, et al. 2007. Calcium, vitamin D, and dairy product intake and prostate cancer risk: The multiethnic cohort study. Am J Epidemiol, 166(11): 1259-1269

Peters KM,Parsons GR. 1989.Age determination in larval and juvenile sheepshead, *Archosargus probatocephalus*. Fish Bull, 87: 985-988

Shina EH, Guka SM, Kima HJ, et al. 2008. Trends in parasitic diseases in the Republic of Korea. Trends Parasitol, 24(3): 143-150